건축산업기사실기완벽대비서

2025

산업인력공단의
최신 출제기준을 반영한

건축산업기사 실기

임근재 편저

Architecture

1권 건축시공

미듬

합격지원
NAVER 카페 운영
합격하자 건축기사 검색
● 빠르고 정확한 답변
● 학습자료 제공

멘토스

건축산업기사 실기 완벽대비서

2025 미듬

산업인력공단의
최신 출제기준을 반영한

건축산업기사 실기

임근재 편저

1권 건축시공

멘토스

정오표 바로가기

미듬 건축산업기사 실기는 학습자의 편의를 위하여 수시로 정오표를 업로드 하고 있습니다. QR 코드를 스캔하여 바로 정오표를 확인하세요!

합격 ROAD MAP

« START

한 눈에 보기 …… 한 눈에 보기를 통해 핵심 내용과 키워드를 확인합니다.

용어 미리보기 …… 익숙 진 용어를 획인하고 기출연도를 통해 빈도를 파악합니다.

Day별 학습 …… Day별 학습진도를 통해 플랜을 세우고 꾸준히 학습을 합니다.

핵심 기출문제 …… 핵심 기출문제를 통해 학습 내용을 점검하고 문제유형을 파악합니다.

과년도 기출문제 …… 과년도 기출문제와 풀이를 통해 학습을 최종 마무리합니다.

PASS »

머리말

최근 산업의 발전과 생활수준의 향상으로 건축물 또한 대형화, 고층화, 다양화되어 가고 있으며, 이에 따라 시공기술에 대한 중요성도 점차 부각되고 있다. 다시 말해 한 사람의 건축가가 전체 프로젝트를 총괄하던 과거와는 달리, 디자인, 환경, 시공기술 등 건축 전반에 걸쳐 전문화·세분화가 급속히 진행되면서 새로운 기술과 공법들을 필요로 하고 있는 것이다.

이러한 시대적 요구에 따라 자격증 시험에서도 그러한 변화가 나타나고 있으며, 시험을 준비하는 수험생들은 이에 대한 적극적 대비가 필요하다. 이 책은 오랫동안 학생들을 가르쳐 온 강의 경험과 현장에서의 실무 경력을 바탕으로 최근의 흐름을 정확히 분석하여 효율적인 시험 준비를 위한 최적의 교재를 목표로 기획되었다.

이 책의 특징

1. 새로운 출제경향에 맞게 최근의 기출문제를 추가하여 내용을 정리하였다.
2. 전체 내용을 한눈에 파악할 수 있도록 요약하였다.
3. 효과적인 학습을 위해 챕터에 해당하는 용어를 미리 파악할 수 있도록 하였다.
4. 시공은 나열식 구성을 피하고 가급적이면 모든 내용을 표로 만들어 한눈에 파악할 수 있도록 정리하였다.
5. 공정은 답안지를 외워서 작성하는 형식이 아니라 정확한 데이터를 분석하여 규칙에 맞는 공정표를 작성할 수 있도록 하였다.
6. 내용을 100% 이해하고 정확한 답안을 작성하도록 매 문제마다 실전처럼 풀이과정을 수록하고 최종답안을 작성할 수 있는 체계를 구축하였다.
7. 공기단축은 단축순서마다 변화되는 공정표를 모두 수록하여 공기단축 과정 전체를 파악할 수 있도록 하였다.
8. 최근의 공정관리에 해당하는 EVMS기법을 자세히 수록하여 최근 경향에 대비하였다.
9. 적산은 풀이방법을 공식화하여 다양한 문제에 대한 적응력과 빠른 시간에 문제를 풀 수 있는 능력, 그리고 검산이 가능하도록 하였다.
10. 보다 많은 그림을 삽입하여 수험생의 이해를 극대화하였다.
11. 모든 문제에 출제된 연도와 회차를 표시하여 출제빈도를 파악할 수 있도록 하였다.
12. 유사문제 및 출제예상문제도 수록하여 폭넓은 문제 구성이 되도록 하였다.

이 책이 수험생들에게 자격증 취득이라는 선물과 실무에 초석이 될 수 있도록 최대한의 노력과 정성을 들이느라 애썼다. 그러나 미흡한 부분이 없지 않을 것이며, 이에 대해서는 지속적으로 보완하여 더 좋은 교재가 되도록 노력할 것을 약속드린다.

부디 건축기사 실기를 준비하는 수험생들에게 요긴한 길잡이가 되길 바라며, 출간을 위해 애써주신 모든 분들께 감사드린다.

시험정보

세세항목은 생략하였으며 큐넷 홈페이지(http://www.q-net.or.kr)에서 확인할 수 있습니다.

직무분야	건 설	중직무분야	건 축	자격종목	건축산업기사	적용기간	2025. 1. 1. ~ 2029. 12. 31.
○ 직무내용 : 건축시공 및 구조에 관한 공학적 기술이론을 활용하여, 건축물 공사의 공정, 품질, 안전, 환경, 공무관리 등을 통해 건축 프로젝트를 전체적으로 관리하고 공종별 공사를 진행하며 시공에 필요한 기술적 지원을 하는 등의 업무를 수행하는 직무이다. ○ 수행준거 : 1. 견적, 발주, 설계변경, 원가관리 등 현장 행정업무를 처리할 수 있다. 　　　　　　2. 건축물 공사에서 공사기간, 시공방법, 작업자의 투입규모, 건설기계 및 건설자재 투입량 등을 관리하고 감독할 수 있다. 　　　　　　3. 건축물 공사에서 안전사고 예방, 시공품질관리, 공정관리, 환경관리 업무 등을 수행할 수 있다. 　　　　　　4. 건축 시공에 필요한 기술적인 지원을 할 수 있다.							
실기검정방법		필답형			시험시간		2시간 30분	

실기 과목명	주요항목	세부항목
건축시공실무	1. 공정관리를 위한 자료관리	1. 자료 수집하기　　　　2. 자료 정리하기 3. 자료 보관하기
	2. 공정표작성	1. 공종별세부공정관리계획서 작성하기 2. 세부공정내용 파악하기 3. 요소작업(Activity)별 산출내역서 작성하기 4. 요소작업(Activity) 소요공기 산정하기 5. 작업순서관계 표시하기 6. 공정표 작성하기
	3. 진도관리	1. 투입계획 검토하기　　　2. 자원관리 실시하기 3. 진도관리계획 수립하기　4. 진도율 모니터링하기 5. 진도 관리하기　　　　　6. 보고서 작성하기
	4. 품질관리 자료관리	1. 품질관리 관련자료 파악하기 2. 해당 공사 품질관리 관련자료 작성하기
	5. 자재 품질관리	1. 시공기자재보관계획수립하기　2. 시공기자재검사하기 3. 검사·측정시험장비관리하기
	6. 현장환경점검	1. 환경점검계획수립하기　　2. 환경점검표작성하기 3. 점검실시 및 조치하기
	7. 현장자원관리	1. 노무관리하기　　　　　　2. 자재관리하기 3. 장비관리하기
	8. 건축목공시공계획수립	1. 설계도면검토하기　　　　2. 공정표작성하기 3. 인원투입계획하기　　　　4. 자재장비투입계획하기

9. 검사하자보수	1. 시공결과확인하기	2. 재작업검토하기	
	3. 하자원인파악하기	4. 하자보수계획하기	
	5. 보수보강하기		
10. 조적미장공사시공계획수립	1. 설계도서검토하기	2. 공정관리계획하기	
	3. 품질관리계획하기	4. 안전관리계획하기	
	5. 환경관리계획하기		
11. 방수시공계획수립	1. 설계도서검토하기	2. 내역검토하기	
	3. 가설계획하기	4. 공정관리계획하기	
	5. 작업인원투입계획하기	6. 자재투입계획하기	
	7. 품질관리계획하기	8. 안전관리계획하기	
	9. 환경관리계획하기		
12. 방수검사	1. 외관검사하기	2. 누수검사하기	
	3. 검사부위손보기		
13. 타일석공시공계획수립	1. 설계도서검토하기	2. 현장실측하기	
	3. 시공상세도작성하기	4. 시공방법절차검토하기	
	5. 시공물량산출하기	6. 작업인원자재투입계획하기	
	7. 안전관리계획하기		
14. 검사보수	1. 품질기준확인하기	2. 시공품질확인하기	
	3. 보수하기		
15. 건축도장시공계획수립	1. 내역검토하기	2. 설계도서검토하기	
	3. 공정표작성하기	4. 인원투입계획하기	
	5. 자재투입계획하기	6. 장비투입계획하기	
	7. 품질관리계획하기	8. 안전관리계획하기	
	9. 환경관리계획하기		
16. 건축도장시공검사	1. 도장면의 상태 확인하기	2. 도장면의 색상 확인하기	
	3. 도막두께확인하기		
17. 철근콘크리트시공계획수립	1. 설계도서검토하기	2. 내역검토하기	
	3. 공정표작성하기	4. 시공계획서작성하기	
	5. 품질관리계획하기	6. 안전관리계획하기	
	7. 환경관리계획하기		
18. 시공 전 준비	1. 시공상세도 작성하기	2. 거푸집 설치 계획하기	
	3. 철근가공 조립계획하기	4. 콘크리트 타설 계획하기	
19. 자재관리	1. 거푸집 반입·보관하기	2. 철근 반입·보관하기	
	3. 콘크리트 반입검사하기		
20. 철근가공조립검사	1. 철근절단가공하기	2. 철근조립하기	
	3. 철근조립검사하기		

21. 콘크리트양생 후 검사보수	1. 표면상태 확인하기	2. 균열상태검사하기	
	3. 콘크리트보수하기		
22. 창호시공계획수립	1. 사전조사실측하기	2. 협의조정하기	
	3. 안전관리계획하기	4. 환경관리계획하기	
	5. 시공순서계획하기		
23. 공통가설계획수립	1. 가설측량하기	2. 가설건축물시공하기	
	3. 가설동력 및 용수확보하기	4. 가설양중시설 설치하기	
	5. 가설환경시설 설치하기		
24. 비계시공계획수립	1. 설계도서작성검토하기	2. 지반상태확인보강하기	
	3. 공정계획작성하기	4. 안전품질환경관리계획하기	
	5. 비계구조검토하기		
25. 비계검사점검	1. 받침철물기자재설치검사하기	2. 가설기자재조립결속상태검사하기	
	3. 작업발판안전시설재설치검사하기		
26. 거푸집동바리시공 계획수립	1. 설계도서작성검토하기	2. 공정계획작성하기	
	3. 안전품질환경관리계획하기	4. 거푸집동바리구조검토하기	
27. 거푸집동바리검사점검	1. 동바리설치검사하기	2. 거푸집설치검사하기	
	3. 타설 전·중 점검보정하기		
28. 가설안전시설물설치 점검해체	1. 가설통로설치점검해체하기	2. 안전난간설치점검해체하기	
	3. 방호선반설치점검해체하기	4. 안전방망설치점검해체하기	
	5. 낙하물방지망설치점검해체하기	6. 수직보호망설치점검해체하기	
	7. 안전시설물해체점검정리하기		
29. 수장시공계획수립	1. 현장조사하기	2. 설계도서검토하기	
	3. 공정관리계획하기	4. 품질관리계획하기	
	5. 안전환경관리계획하기	6. 자재인력장비투입계획하기	
30. 검사마무리	1. 도배지검사하기	2. 바닥재검사하기	
	3. 보수하기		
31. 공정관리계획수립	1. 공법 검토하기	2. 공정관리계획하기	
	3. 공정표작성하기		
32. 단열시공계획수립	1. 자재투입양중계획하기	2. 인원투입계획하기	
	3. 품질관리계획하기	4. 안전환경관리계획하기	
33. 검사	1. 육안검사하기	2. 물리적 검사하기	
	3. 화학적 검사하기		
34. 지붕시공계획수립	1. 설계도서확인하기	2. 공사여건분석하기	
	3. 공정관리계획하기	4. 품질관리계획하기	
	5. 안전관리계획하기	6. 환경관리계획하기	

	35. 부재제작	1. 재료관리하기	2. 공장제작하기
		3. 방청도장하기	
	36. 부재설치	1. 조립준비하기	2. 가조립하기
		3. 조립검사하기	
	37. 용접접합	1. 용접준비하기	2. 용접하기
		3. 용접후검사하기	
	38. 볼트접합	1. 재료검사하기	2. 접합면관리하기
		3. 체결하기	4. 조임검사하기
	39. 도장	1. 표면처리하기	2. 내화도장하기
		3. 검사보수하기	
	40. 내화피복	1. 재료공법선정하기	2. 내화피복시공하기
		3. 검사보수하기	
	41. 공사준비	1. 설계도서 검토하기	2. 공작도 작성하기
		3. 품질관리 검토하기	4. 공정관리 검토하기
	42. 준공 관리	1. 기성검사준비하기	2. 준공도서작성하기
		3. 준공검사하기	4. 인수 · 인계하기

출제 경향과 학습 전략

건축시공

출제경향
① 각 공사별 공법재료 및 사용재료의 특징(장·단점) 기입
② 공사방법에 대한 순서
③ 용어정리
④ 제품, 공법의 종류
⑤ 그림에 따른 명칭

학습전략
① 특징을 정리하여 기입할 때에는 비교대상을 찾아서 대표적인 특징을 쓸 수 있도록 한다.
② 공사순서의 문제는 부분점수를 기대할 수 없으므로 정확히 이해하여 완벽한 답안을 작성하도록 한다.
③ 용어정리에 대한 문제는 정확한 Key-Word가 기재될 수 있도록 한다.
④ 재료별, 공법별 종류를 정확하게 분류하여 정리한다.
⑤ 그림의 형태에 대한 모양과 그에 대한 명칭을 정확하게 기재할 수 있도록 한다.

공정관리

출제경향
① 공정의 일반사항
② 공정표에 사용되는 용어
③ 네트워크 공정표 작성
④ 공정관리(공기단축)
⑤ 공정관리(EVMS)
⑥ 공정관리(자원배당)

학습전략
① 공정의 개념을 명확히 이해한다.
② 공정표의 종류와 특징 및 용어를 정리한다.
③ 공정표 작성에 관하여 정확한 기법을 숙달한다.
④ 일정계산을 하여 주공정선의 표시와 더불어 정확하게 작성하는 연습까지 하여야 한다.
⑤ 공정의 배점은 8점 내외이나 반드시 득점할 수 있도록 한다.

INFORMATION

품질관리

출제경향
① 시공기술 품질관리
② 데이터 정리 방법
③ 자재 품질관리

학습전략
① 품질관리 개념, 데밍의 사이클, 순서 등을 이해한다.
② 평균값($\bar{x}$), 중위수($\tilde{x}$), 표본표준편차(σ), 표본분산, 변동계수(CV)를 구할 수 있어야 한다.
③ 각 자재별 시험방법 및 합격 유무 판단을 할 수 있어야 한다.

건축적산

출제경향
① 적산의 일반사항
② 각 공사별 재료량 산출

학습전략
① 적산기준에 대하여 이해한다.
② 8~14점 정도의 배점이지만 반드시 득점해야 하는 부분이다.
③ 산출근거를 명시하여 답안지를 작성하는 연습까지 한다.
④ 최종의 소수위, 단위 등을 확인한다.

수험자 유의사항

1. 시험문제지를 받는 즉시 응시하고자 하는 종목의 문제지가 맞는지 여부를 확인하여야 합니다.
2. 시험문제지 총면수·문제번호 순서·인쇄상태 등을 확인하고, 수험번호 및 설명을 답안지에 기재하여야 합니다.
3. 부정행위 방지를 위하여 답안작성(계산식 포함)은 흑색 또는 청색 필기구만 사용하되, 동일한 한가지 색의 필기구만 사용하여야 하며, 흑색, 청색을 제외한 유색 필기구 또는 연필류를 사용하거나 2가지 이상의 색을 혼합 사용하였을 경우 그 문항은 0점 처리됩니다.
4. 답란에는 문제와 관련 없는 불필요한 낙서나 특이한 기록사항 등을 기재하여서는 안 되며, 부정의 목적으로 특이한 표식을 하였다고 판단될 경우에는 모든 득점이 0점 처리됩니다.
5. 답안을 정정할 때에는 반드시 정정부분을 두 줄로 그어 표시하여야 하며, 두 줄로 긋지 않은 답안은 정정하지 않은 것으로 간주합니다.
6. 계산문제는 반드시 계산과정과 답 란에 계산과정과 답을 정확히 기재하여야 하며 계산과정이 틀리거나 없는 경우 0점 처리됩니다.(단, 계산연습이 필요한 경우는 연습란을 이용하여야 하며, 연습란은 채점대상이 아닙니다.)
7. 계산문제는 최종 결과 값(답)에서 소수 셋째 자리에서 반올림하여 둘째 자리까지 구하여야 하나 개별 문제에서 소수 처리에 대한 요구사항이 있을 경우 그 요구사항에 따라야 합니다.(단, 문제의 특수한 성격에 따라 정수로 표기하는 문제도 있으며, 반올림한 값이 0이 되는 경우는 첫 유효숫자까지 기재하되 반올림하여 기재하여야 합니다.)
8. 답에 단위가 없으면 오답으로 처리됩니다.(단, 문제의 요구사항에 단위가 주어졌을 경우는 생략되어도 무방합니다.)
9. 문제에서 요구한 가지 수(항수) 이상을 답란에 표기한 경우에는 답란기재 순으로 요구한 가지 수(항수)만 채점하여 한 항에 여러 가지를 기재하더라도 한 가지로 보며 그중 정답과 오답이 함께 기재되어 있을 경우 오답으로 처리됩니다.
10. 한 문제에서 소문제로 파생되는 문제나, 가지 수를 요구하는 문제는 대부분의 경우 부분배점을 적용합니다.
11. 부정 또는 불공정한 방법으로 시험을 치른 자는 부정행위자로 처리되어 당해 시험을 중지 또는 무효로 하고, 3년간 국가기술자격시험의 응시자격이 정지됩니다.
12. 복합형 시험의 경우 시험의 전 과정(필답형, 작업형)을 응시하지 않은 경우 채점대상에서 제외됩니다.
13. 저장용량이 큰 전자계산기 및 유사 전자제품 사용 시에는 반드시 저장된 메모리를 초기화한 후 사용하여야 하며 시험 위원이 초기화 여부를 확인할 시 협조하여야 합니다. 초기화되지 않은 전자계산기 및 유사 전자제품을 사용하여 적발 시에는 부정행위로 간주합니다.
14. 시험위원이 시험 중 신분확인을 위하여 신분증과 수험표를 요구할 경우 반드시 제시하여야 합니다.
15. 시험 중에는 통신기기 및 전자기기(휴대용 전화기 등)를 지참하거나 사용할 수 없습니다.
16. 문제 및 답안(지), 채점기준은 일체 공개하지 않습니다.
17. 국가기술자격 시험문제는 일부 또는 전부가 저작권법상 보호되는 저작물이고, 저작권자는 한국산업인력공단입니다. 문제의 일부 또는 전부를 무단 복제, 배포, 출판, 전자출판 하는 등 저작권을 침해하는 일체의 행위를 금합니다.

※ 수험자 유의사항 미준수로 인한 채점상의 불이익은 수험자 본인에게 책임이 있음

국가기술자격검정 실기시험 문제 및 답안지

2023년도 산업기사 일반 검정 제1회

자격종목(선택분야)	시험시간	수험번호	성명	형별
건축산업기사				A

감독위원 확 인 란

* 다음 물음의 답을 해당 답란에 답하시오.

1. 흙막이 공법에서 구체공법의 종류 4가지만 쓰시오.

   가. _____   나. _____
   다. _____   라. _____

   득점 / 배점 4

2. 흙막이가 붕괴되는 여러 가지 원인들 중 히빙, 보일링, 파이핑을 제외한 대책을 4가지만 쓰시오.

   가. _____
   나. _____
   다. _____
   라. _____

   득점 / 배점 4

3. 다음 용어를 설명하시오.

   가. 압밀 : _____
   나. 다짐 : _____
   다. 사운딩 : _____
   라. 주상도 : _____

   득점 / 배점 4

구성과 특징

한눈에 보기

전체를 한눈에 파악할 수 있도록
핵심 내용을 도안으로 정리

용어 미리보기

본문 내용 파악이 용이하도록
단원별 용어와 출제빈도 정리

Daily 공부량 표시

전체의 공부 일정을 파악하기 쉽도록
Daily 공부량 표시

회독 표기란

반복학습이 가능하도록
회독 표기란 표시

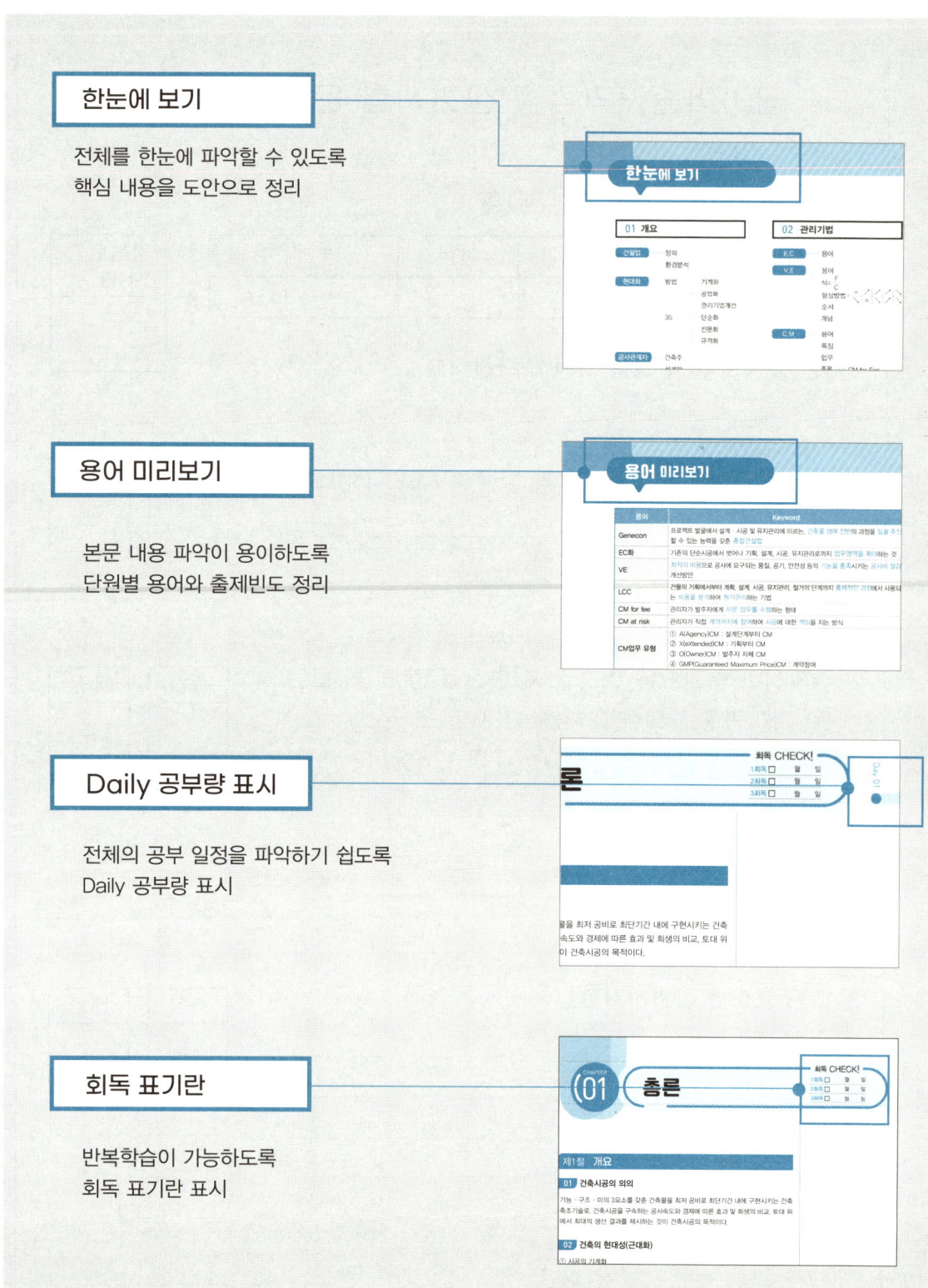

보충 내용 및 출제빈도

본문 좌우에 기출문제 유형과 빈도를
표기하여 핵심을 쉽게 찾을 수 있도록
정리

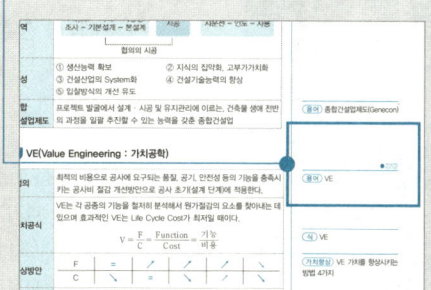

보충 예제

본문의 내용에 맞는 유형의 문제로
숙달과정을 익히도록 구성

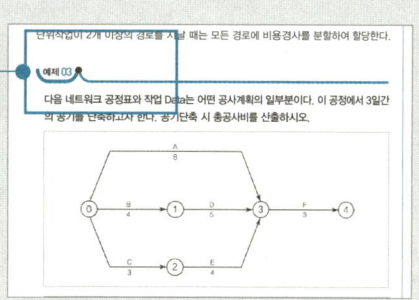

핵심 기출문제 및 해설

핵심 기출문제를 통해 학습내용을 점검하고
중요 내용을 다시 한번 복습하도록 구성

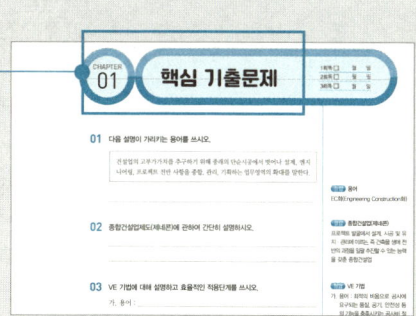

● 각 과목의 특성에 따라 구성의 차이가 있음

목 차

PART 01 건축시공

제1장 총론	1-3
한눈에 보기	1-4
용어 미리보기	1-7
제1절 개요	1-9
● 핵심 기출문제	1-11
제2절 관리기법	1-13
● 핵심 기출문제	1-17
제3절 시공방식(공사실시방식)	1-23
● 핵심 기출문제	1-28
제4절 입찰 및 계약	1-34
● 핵심 기출문제	1-40
제5절 시공계획 및 관리	1-45
● 핵심 기출문제	1-49
제2장 가설공사	1-53
한눈에 보기	1-54
용어 미리보기	1-54
제1절 개요	1-55
제2절 측량	1-56
제3절 기준점과 규준틀	1-57
제4절 가설 건축물	1-58
제5절 환경(비산먼지 발생대책)	1-59
제6절 비계 및 비계다리	1-60
제7절 안전설비	1-66
제8절 중대재해법 및 공사중지	1-70
● 핵심 기출문제	1-71
제3장 철근콘크리트공사	1-81
한눈에 보기	1-82
용어 미리보기	1-86
제1절 철근공사	1-91
● 핵심 기출문제	1-99
제2절 거푸집공사	1-107
● 핵심 기출문제	1-117
제3절 콘크리트공사 – 재료	1-127
● 핵심 기출문제	1-132

제4절 콘크리트공사 – 배합/성질	1-141
● 핵심 기출문제	1-150
제5절 콘크리트공사 – 시공	1-158
● 핵심 기출문제	1-164
제6절 콘크리트공사 – 종류	1-171
● 핵심 기출문제	1-187

제4장 철골/PC/커튼월 　　　　　　　　　1-201

한눈에 보기	1-202
용어 미리보기	1-204
제1절 철골공사	1-207
제2절 PC(Pre – Cast) 공사	1-223
제3절 커튼월	1-224
● 핵심 기출문제	1-227

제5장 조적공사 　　　　　　　　　　　　　1-251

한눈에 보기	1-252
용어 미리보기	1-254
제1절 벽돌공사	1-255
제2절 블록공사	1-262
제3절 석공사	1-266
제4절 타일공사	1-270
제5절 ALC(Autoclaved Lightweight Concrete)	1-274
● 핵심 기출문제	1-276

제6장 목공사 　　　　　　　　　　　　　　1-293

한눈에 보기	1-294
용어 미리보기	1-295
제1절 재료	1-297
제2절 성질	1-298
제3절 제재 및 공학 목재	1-299
제4절 가공	1-300
제5절 접합(부재가공, 보강철물, 접착제)	1-301
제6절 세우기(목조건물)	1-303
제7절 수장	1-304
제8절 경골 목구조	1-304
● 핵심 기출문제	1-306

제7장 방수공사	1-315
한눈에 보기	1-316
용어 미리보기	1-317
제1절 방수공사 분류	1-319
제2절 지하실 방수	1-319
제3절 침투성 방수(시멘트 모르타르계 방수)	1-320
제4절 아스팔트 방수	1-322
제5절 합성 고분자계 시트 방수	1-326
제6절 개량형 아스팔트 시트 방수	1-327
제7절 도막 방수	1-328
제8절 멤브레인 방수 영문 표시 기호	1-329
제9절 시일재 방수	1-330
제10절 인공지반녹화 방수방근 공사	1-331
제11절 기타 방수	1-332
● 핵심 기출문제	1-333
제8장 지붕공사 및 홈통공사	1-341
용어 미리보기	1-342
제1절 지붕공사	1-343
제2절 홈통공사	1-347
● 핵심 기출문제	1-348
제9장 창호 및 유리공사	1-349
한눈에 보기	1-350
용어 미리보기	1-351
제1절 창호공사	1-353
제2절 유리공사	1-358
● 핵심 기출문제	1-363
제10장 마감공사	1-369
한눈에 보기	1-370
용어 미리보기	1-372
제1절 미장공사	1-375
제2절 도장공사	1-381
제3절 합성수지공사	1-385
제4절 금속공사	1-386
제5절 단열공사	1-388
제6절 수장공사	1-391
● 핵심 기출문제	1-392

건축자격증전문가가 설계한
더 쉽고 빠른 합격전략서!

PART 01

건축 시공

CONTENTS

01장 총 론
02장 가설공사
03장 철근콘크리트공사
04장 철골/PC/커튼월
05장 조적공사
06장 목공사
07장 방수공사
08장 지붕공사 및 홈통공사
09장 창호 및 유리공사
10장 마감공사

미듬 건축산업기사
cafe.naver.com/ikaiscom

CHAPTER 01
총 론

CONTENTS

제1절 개요	9
제2절 관리기법	13
제3절 시공방식(공사실시방식)	23
제4절 입찰 및 계약	34
제5절 시공계획 및 관리	45

한눈에 보기

01 개요

02 관리기법

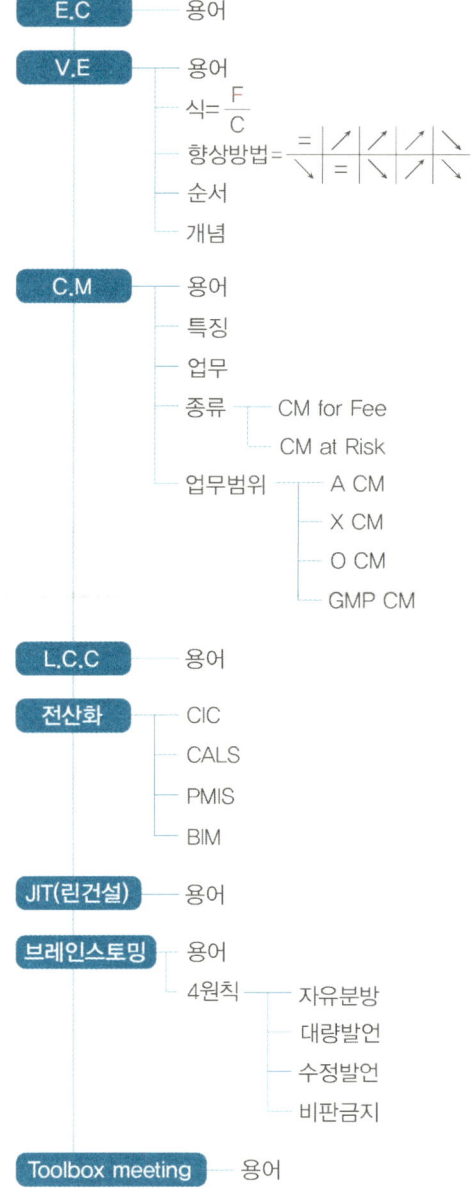

Thinking Map

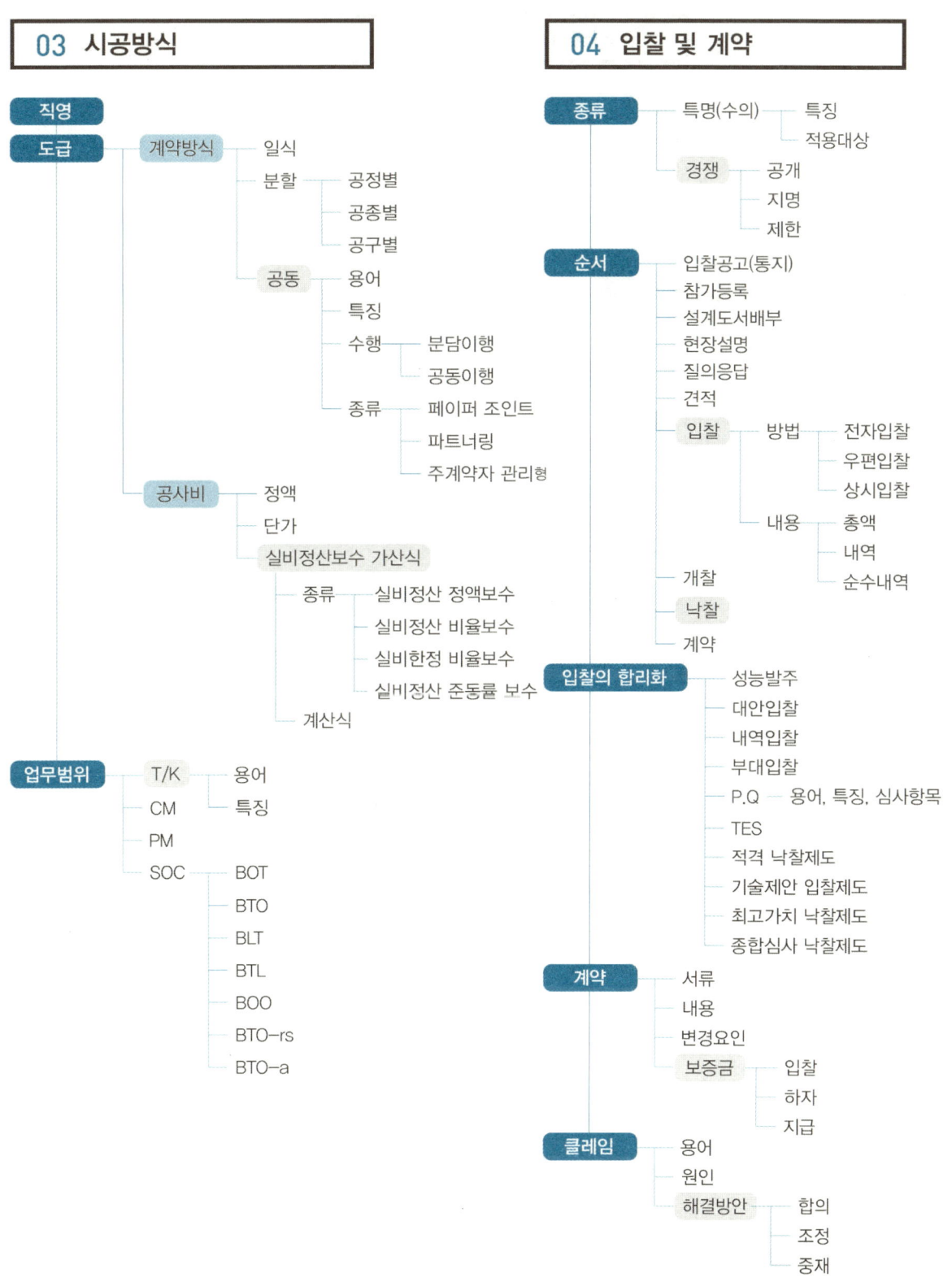

05 시공계획

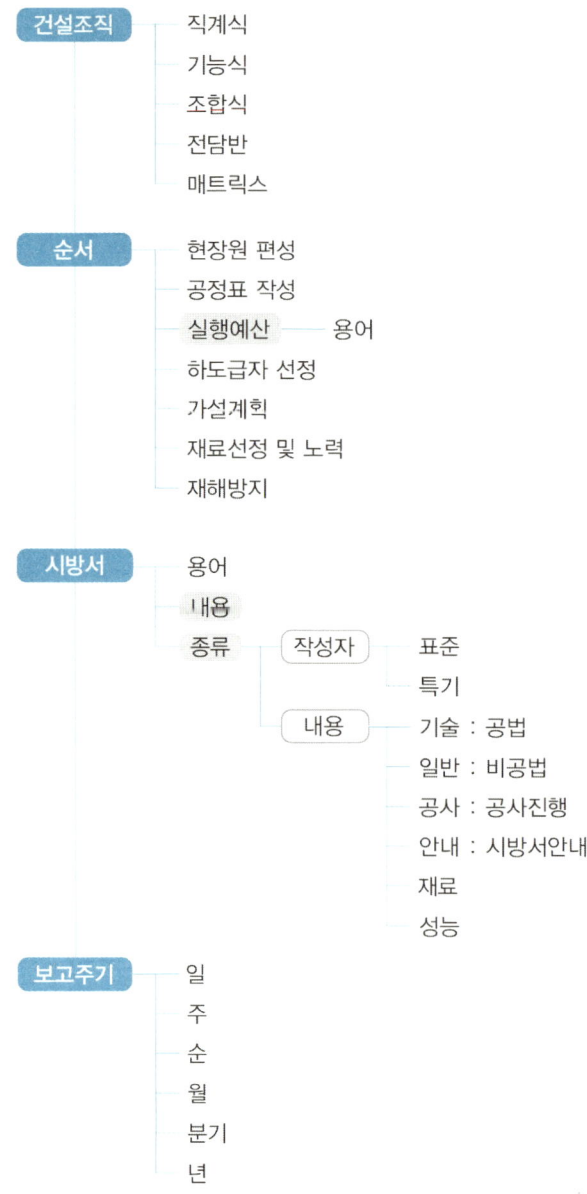

용어 미리보기

용어	Keyword	출제연도
Genecon	프로젝트 발굴에서 설계·시공 및 유지관리에 이르는, 건축물 생애 전반의 과정을 일괄 추진할 수 있는 능력을 갖춘 종합건설업	
EC화	기존의 단순시공에서 벗어나 기획, 설계, 시공, 유지관리로까지 업무영역을 확대하는 것	
VE	최적의 비용으로 공사에 요구되는 품질, 공기, 안전성 등의 기능을 충족시키는 공사비 절감 개선방안	22③
LCC	건물의 기획에서부터 계획, 설계, 시공, 유지관리, 철거의 단계까지 총체적인 과정에서 사용되는 비용을 분석하여 원가관리하는 기법	23③·22①
CM for fee	관리자가 발주자에게 자문 업무를 수행하는 형태	24③
CM at risk	관리자가 직접 계약까지에 참여하여 시공에 대한 책임을 지는 방식	24③
CM업무 유형	① A(Agency)CM : 설계단계부터 CM ② X(eXtended)CM : 기획부터 CM ③ O(Owner)CM : 발주자 자체 CM ④ GMP(Guaranteed Maximum Price)CM : 계약참여	22③
CALS	(Continuous Acquisition & Life Cycle Support) 건축물이 생산되는 전 과정을 정보화하여 건설 관련 이용자가 누구나 이용할 수 있는 정보통합전산망	22③
PMIS	건축물이 생산되는 전과정을 정보화하여 프로젝트 참여자가 이용할 수 있는 정보통합전산망	
CIC	(Computer Integrated Construction) Computer를 이용한 건축 전 생산활동을 능률적으로 처리하고자 하는 기법	22③
직영공사	건축주가 직접 공사에 관한 계획을 세우고 재료 구입, 노무자 고용, 시공기계, 가설재 등을 확보하여 공사를 시행하는 것을 말한다.	24③
공동도급	대규모 공사에 대하여 시공자의 기술, 자본 및 위험의 부담을 감소시킬 목적으로 여러 개의 건설회사가 공동출자 기업체를 조직하여 한 회사의 입장에서 공사를 수급, 시공하는 방식	22①·21③
파트너링	(Partnering agreement) 발주자가 직접 공사에 참여하고 프로젝트 관련자들이 상호 신뢰를 바탕으로 프로젝트의 성공과 이익을 공동목표로 하여 관리하는 방식	21②
페이퍼 조인트 (Paper Joint)	서류상으로는 공동도급 형태를 취하지만, 실질적으로는 한 회사가 수주공사 전체를 수행하며 나머지 회사는 하도급의 형태 또는 단순이익의 배당을 받는 일종의 담합형태	
단가 도급	공사금액을 구성하는 물량 또는 단위공사에 대한 단가만을 확정하고 공사가 완료되면 실시수량의 확정에 따라 청산하는 방식	22②·21②
실비정산 보수가산식 도급	공사의 실비를 건축주와 도급자가 확인 청산하고, 건축주는 미리 정한 보수지급방법에 따라 도급자에게 그 보수액을 지불하는 방식	22③,②
일괄수주방식 (Turn Key)	건설업자가 대상계획의 기업, 금융, 토지조달, 설계, 시공, 기계·기구 설치 등 주문자가 필요로 하는 모든 것을 조달하여 주문자에게 인도하는, 모든 요소를 포괄한 도급계약방식	24③·21②
BOT	건설된 공공시설물을 투자자가 일정기간 소유, 운영한 뒤 시설물의 소유권을 발주자에게 이전하는 방식	24①·23②·21③
BOO	공공시설사업의 시행, 운영, 소유까지 투자자가 행사하며, 발주자는 사업시행에 대한 통제하는 방식	24①,②·21②
BTO	건설된 공공시설물의 소유권을 발주자에게 먼저 이전하고, 투자자는 일정기간 동안의 운영권을 갖는 방식	24①,②·23②·21③

용어	Keyword	출제연도
BLT	공공시설물을 완공한 후 일정기간 임대하고, 그 임대료로 투자자금을 회수하고 발주자에게 양도하는 방식	
BTL	공공시설물을 완공하고 소유권을 이양하지만 약정된 기간 동안 임대료를 받아 공사비를 회수하는 방식	24②
BTO-rs	(Risk Sharing) 정부와 민간 기업이 사업의 시설투자비와 운영비용을 부담하고 초과수익이나 손해가 발생하면 이를 공유하는 형태	
특명입찰 (수의 계약)	건축주가 가장 적격한 건설회사 하나를 선정하여 공사조건에 대한 협의를 통하여 공사계약을 체결	23②,①
공개경쟁입찰	최소한의 자격을 가진 건설회사가 참여하여 조건 중 건축주가 가장 좋은 조건을 제시한 건설회사와 공사계약을 체결하는 입찰 방식	23①
지명경쟁입찰	건축주가 공사수행에 가장 적합하다고 인정되는 3~7개 건설회사를 선정하여 경쟁입찰을 하는 방식	23①
성능발주방식	설계단계에서 시공법을 결정하지 않고 요구성능만을 시공자에게 제시하여 시공자가 재료나 시공방법을 선택하여 제시 하는 방식	
순수내역입찰	입찰자가 물량을 산출하여 단가를 적용한 다음 입찰금액을 산정하는 방식	
대안입찰	최초 설계된 기본방침 범위 내에서 해당 추정공사비용 및 공기를 벗어나지 않으면서도 동등 이상의 기능과 효과를 가진 방안을 시공자가 제시할 경우 이를 건축주가 채택할 수 있는 방식	
부대입찰	공사입찰 시 하도급 업체의 견적서와 계약서를 입찰서류에 첨부하여 입찰하는 제도	
적격낙찰제도	비용 이외에 기술능력, 공법, 시공경험, 품질능력, 재무상태 등 공사 이행능력을 종합심사하여 공사에 적격하다고 판단되는 입찰자에게 낙찰시키는 제도	
종합심사낙찰제도	입찰제 개선과 시공 품질 제고, 적정 공사비 확보를 정착시키기 위해 가격과 공사수행능력 및 사회 책임의 점수를 합산하여 높은 점수의 입찰자를 낙찰자로 선정하는 제도	
PQ	(PQ ; Pre-Qualification) 입찰 참가자격 사전심사제로서 발주자가 공사의 특성 및 전문성을 고려하여 시공·경험 실적, 기술력, 경영상태, 신인도 등을 종합평가하여 시공자를 결정하는 방식	
TES	(TES ; Two Envelope System) 공사 입찰 시 기술제안서와 가격제안서를 따로 받아 기술능력 우위업체 중 예정가격 내에서 협상이나 입찰에 의해 낙찰하는 방식	
기능식 조직	(Functional Organization) 업무를 기능 중심으로 나누어 각각의 전문적인 책임자가 작업을 지시하는 조직 형태	
조합식 조직	(Line & Staff Organization) 전문적인 사업관리지식을 갖춘 관리자(Staff)들의 지원을 받는 조직형태	
전담반 조직	사업의 성격이 구체적이고 분명하지만 그 내용이 복잡한 경우 관리자를 필두로 각 분야의 전문가들이 모여서 사업수행 기간 동안 운영되는 한시적 조직	
패스트 트랙	설계와 시공을 분리하여 진행하지 않고 공기단축을 위하여 n차수로 나누어서 병행하여 진행하는 공법	
WBS	작업의 공종별 분류 체계(WBS ; Work Breakdown Structure)	
실행 예산	실제공사를 행하기 위해 공사현장조건, 내역서, 계약조건, 설계도서를 기준으로 작성된 공사비 내역서	

CHAPTER 01 총론

제1절 개요

01 건축시공의 의의

기능·구조·미의 3요소를 갖춘 건축물을 최저 공비로 최단기간 내에 구현시키는 건축 축조기술로, 건축시공을 구속하는 공사속도와 경제에 따른 효과 및 희생의 비교, 토대 위에서 최대의 생산 결과를 제시하는 것이 건축시공의 목적이다.

02 건축의 현대성(근대화)

① 시공의 기계화
② 재료의 건식화
③ 건축 부품의 단순화, 규격화, 전문화
④ 관리기법의 개선

03 건축생산의 3S화

① 단순화(Simplification)
② 규격화(Standardization)
③ 전문화(Specialization)

(종류) 건축생산의 3S System

04 공사관계자

1. 건축주 (Owner)	① 공사 시행의 주체(발주자) ② 건설공사를 시공자에게 도급하는 자	
2. 설계자 (Designer)	① 설계도서 작성자 ② 일반적으로 설계사무소에서 수행	
3. 감리자 (Inspector)	① 발주자의 입장에서 감독기능을 보완 ② 계약서, 설계도서, 관련 법규대로 시공하는지를 확인 ③ 공사 중 발생되는 문제 지도, 조언 ④ 공사의 진도 파악 및 공사비 내역명세의 조사	(용어) 감리자 ●23③ (종류) 감리자의 역할
4. 시공자	① 발주자로부터 건설공사를 도급받은 건설업자(하도급업자 포함) ② 재료, 노무관리 및 공사추진 등 공사 일체를 책임지고 수행 ③ 도급 시 계약이행의 의무자	
5. 담당원	① 발주자가 지정한 감독관 / 보조 감독관 ② 건설기술관리법, 주택법에 의한 책임감리원	

05 건설노무자

1. 고용형태	① 직용노무자 • 원도급자에게 직접 고용되어 임금을 받는 노무자 • 잡역 등 미숙련 노무자가 많다. ② 정용노무자 • 주로 전문건설업체에 소속되어 출역일수로 임금을 받는다. • 기능공의 역할을 수행한다. ③ 임시고용노무자 : 주로 단순노동력을 제공하는 보조노무자
2. 임금형태	① 정액 임금제 : 출역에 따라 임금을 지불한다. ② 기성고 임금제 : 작업효율에 따라 임금을 지불한다.

06 도급자

(용어) 원도급, 하도급, 재도급

1. 원도급	건축주와 직접 계약을 체결한 자
2. 하도급	건축주와 관계없이 원도급자와 도급공사 일부를 수행하기로 계약한 자
3. 재도급	건축주와 관계없이 원도급자와 도급공사 전부를 수행하기로 계약한 자

07 프로젝트 진행순서

(순서) 프로젝트 진행

타당성 조사/분석 → 설계 → 계약(구매·조달) → 시공 → 시운전 및 완공 → 인도

CHAPTER 01 핵심 기출문제

01 건축시공의 현대화 방안에 있어서 건축생산의 3S System을 쓰시오.

가. _____ 나. _____

다. _____

정답 건축생산의 3S System
가. 전문화(Specialization)
나. 단순화(Simplification)
다. 규격화(Standardization)

02 대형 건축물 프로젝트의 추진과정에서 순서에 맞게 빈칸을 채우시오. ● 21③

가. 프로젝트 착상 및 타당성 분석

나. _____

다. 구매 및 조달

라. _____

마. 시운전 및 완공

바. _____

정답 대형 건축물 프로젝트 진행
나. 설계(Design)
라. 시공(Construction)
바. 유지관리 또는 인도(Turn over)

03 다음 설명에 해당되는 용어를 쓰시오.

가. 건축주와 직접 계약을 체결한 자 ( )

나. 건축물이 설계도서대로 시공되는지의 여부를 확인 및 감독하는 자
( )

다. 건설프로젝트의 전 과정에 CM업무를 수행하는 자
( )

정답 용어
가. 원도급자
나. 감리자
다. 건설사업 관리자(CMr)

04 다음 설명에 맞는 공사관계자를 기재하시오. ● 24②

가. 건축주와 공사전체를 직접 계약한 사람 ( )

나. 건축주와 관계없이 원도급자와 도급공사 일부를 수행하기로 계약한 사람
( )

다. 건축주와 관계없이 원도급자와 도급공사 전부를 수행하기로 계약한 사람
( )

정답 용어 – 공사관계자
가. 원도급자
나. 하도급자
다. 재도급자

정답 감리자의 역할
가. 발주자의 입장에서 감독기능을 보완
나. 계약서, 설계도서, 관련 법규대로 시공하는지를 확인
다. 공사 중 발생되는 문제 지도, 조언
라. 공사의 진도 파악 및 공사비 내역 명세의 조사

05 감리자의 역할에 대하여 3가지를 쓰시오. • 23③

가.
나.
다.

06 다음 ( ) 안에 도급공사에 관계되는 용어를 쓰시오.

> 건설공사를 완성하고 그 대가를 받는 영업을 (가)라(이라) 하고, 건축주와 직접 도급계약을 한 시공업자를 (나)라(이라) 하며, 이 도급공사의 전부를 건축주와는 관계없이 다른 공사자에게 도급주어 시행하는 것을 (다)라(이라) 하고, 부분적으로 분할하여 제3자인 전문건설업자에게 도급을 주어 시행하는 것을 (라)라(이라) 하는데, 현 건설업법에서는 위의 설명 중 (마)는(은) 금지되어 있다.

가. 나.
다. 라.
마.

정답 도급공사 용어
가. 건설업   나. 원도급자
다. 재도급   라. 하도급
마. 재도급

06 고용형태로 분류한 건설노무자에 대한 설명이다. ( ) 안에 알맞은 용어를 쓰시오.

가. 원도급업자에게 직접 고용되어 임금을 받는 노무자로서 잡역 등 미숙련자가 많다. (   )
나. 직종별 전문업자 혹은 하도급업자에 상시 종속되어 있는 기능노무자로서 출역일수에 따라 임금을 받는다. (   )
다. 날품노무자로서 보조노무자이고, 임금도 싸다. (   )

정답 노무자
가. 직용노무자
나. 정용노무자
다. 임시고용노무자

07 건축물의 유지관리를 위한 정기적인 검사방법을 3가지 쓰시오.

가.
나.
다.

정답 유지관리 정기검사
가. 초기점검
나. 정기점검
다. 정밀점검

제2절 관리기법

01 E.C화(Engineering Construction)

1. 정의	① 기존의 단순시공에서 벗어나 기획, 설계, 시공, 유지관리로까지 업무영역을 확대하는 것 ② 건설수요 고도화, 다양화, 복잡화에 따라 보다 높은 종합화, 시스템화 필요 ③ 국내 건설시장 개방에 따른 대응으로 고부가가치 추구
2. 영역	Soft: Project – 기획 – 타당성 조사 – 기본설계 – 본설계 Hard: 시공 Soft: 시운전 – 인도 – 사용 (협의의 시공: 기본설계~시공)
3. 특성	① 생산능력 확보 ② 지식의 집약화, 고부가가치화 ③ 건설산업의 System화 ④ 건설기술능력의 향상 ⑤ 입찰방식의 개선 유도
4. 종합건설업제도	프로젝트 발굴에서 설계·시공 및 유지관리에 이르는, 건축물 생애 전반의 과정을 일괄 추진할 수 있는 능력을 갖춘 종합건설업

(용어) E.C화

(용어) 종합건설업제도(Genecon)

02 VE(Value Engineering : 가치공학)

●22③

1. 정의	최적의 비용으로 공사에 요구되는 품질, 공기, 안전성 등의 기능을 충족시키는 공사비 절감 개선방안으로 공사 초기(설계 단계)에 적용한다.
2. 가치공식	VE는 각 공종의 기능을 철저히 분석해서 원가절감의 요소를 찾아내는 데 있으며 효과적인 VE는 Life Cycle Cost가 최저일 때이다. $$V = \frac{F}{C} = \frac{\text{Function}}{\text{Cost}} = \frac{\text{기능}}{\text{비용}}$$
3. 향상방안	F: =, ↗, ↗, ↗, ↘ C: ↘, =, ↘, ↗, ↘
4. FAST (기능계통도)	정의된 개개의 기능들을 기능 상호 간의 관련성으로 연결하여 체계화한 그림(Functional Analysis System Technique)
5. 사고방식	① 고정관념 제거 ② 발주자, 사용자 중심의 사고 ③ 기능 중심의 접근 ④ 조직적 노력(Team Design)
6. 효과	① 원가절감 ② 기술력 향상 ③ 기업체질 개선 ④ 급격한 외부환경의 변화에 대응

(용어) VE

(식) VE

(가치향상) VE 가치를 향상시키는 방법 4가지

(사고방식) VE의 사고방식 4가지

(종류) 적용대상 ●22②	7. 적용대상	① 수량이 많거나 반복효과가 큰 것 ② 원가절감액이 큰 것 ③ 공사내용이 복잡하고 원가절감효과가 큰 것 ④ 장시간 숙달되어 개선에 의한 효과가 큰 것 ⑤ 그 공사에 특수한 개선효과가 있는 것 ⑥ 하자가 빈번한 요소
(순서) VE 추진절차 4단계 (순서) VE의 기본추진절차를 순서대로 나열하시오.	8. 순서	기본단계 / 상세 순서 1. 대상선정 / 방침과 계획 – 대상의 선정 – 프로젝트 계획 2. 기능정의 / 정보수집 – 기능의 정의 3. 기능평가 / 기능의 평가 – 기능에 비용 배분 – 가치의 평가 4. 아이디어 발상 5. 아이디어 구체화 / 아이디어 구체화 – 테스트와 증명(평가) 6. 제안 / 제안 – 심사 7. 실시 정보 수집 (활동준비·테마의 설정·팀(Team) 구성) → 탐색 (기능 정의·기능 정리) → 분석 (기능 평가·대체안의 구체화) → 제안

03 사업관리방식(Construction Management ; CM)

(용어) CM	1. 정의	관리자(Manager ; CMr)가 건축주의 입장에서 건설공사의 기간, 범위, 비용, 품질 등을 조정하기 위한 목적으로 계획, 설계 및 공사의 시작과 완공에 이르기까지 적용되는 전문적인 관리과정으로서 공사의 적정품질을 유지하면서 공기와 공사비를 최소화하는 역할을 한다.
(용어) CM for Fee ●24③ (용어) CM at Risk ●24③ (용어) CM업무 유형 ●22③	2. 유형	비용: ① CM for Fee 방식 : 관리자가 발주자에게 자문 업무를 수행하는 형태 ② CM at Risk 방식 : 관리자가 직접 계약에 참여하여 시공에 대한 책임을 지는 방식 업무: ① A(Agency)CM : 설계단계부터 CM ② X(eXtended)CM : 기획부터 CM ③ O(Owner)CM : 발주자 자체 CM ④ GMP(Guaranteed Maximum Price)CM : 계약참여
(특징) CM의 장·단점	3. 특성	장 점 ① 설계자와 시공자 간의 의사교환 조정 가능 ② 프로젝트의 모든 단계에 걸쳐 공법 및 기술의 활용 다양화 ③ 최선의 결정을 내리는 데 도움 ④ 공기단축, 원가절감, 품질향상 단 점 ① 공사비 증가 위험 수반 ② 전반적인 공사관리능력 필요 ③ 관리인 전문성 결여에 따른 부실시공

4. 주요업무	Pre-Design (기획) 단계	① 공사일정 계획 ② 공사예산 분석 ③ 현지상황 파악	① 설계부터 공사관리까지 전반적인 지도·조언 관리업무 ② 부동산 관리업무 ③ 입찰 및 계약 관리업무 ④ 원가 관리업무 ⑤ Genecon 관리업무 ⑥ 현장조직 관리업무 ⑦ 공정관리업무
	Design (설계) 단계	① 설계도면 검토 ② 관리기법 확인 ③ 초기 구매 활동	
	Pre-Construction (발주) 단계	① 입찰자 자격심사 ② 입찰서 검토분석 ③ 시공자 선임	
	Construction (시공) 단계	① 현장조직 편성 ② 공사계획 관리 ③ 공사감리	
	Post-Construction (추가적 업무) 단계	① 분쟁(Claim) 관리 ② 유지관리 ③ 하자보수관리	

(종류) CM의 주요업무 5가지

(종류) CM의 단계적 역할

04 LCC(Life Cycle Cost)

1. 정의	건물의 기획에서부터 계획, 설계, 시공, 유지관리, 철거의 단계까지 총체적인 과정에서 사용되는 비용을 분석하는 원가관리기법
2. 방법	$LCC = \dfrac{초기시설비 + 운전관리비 + 유지관리비 + 폐각비}{건물수명}$

●23③·22①
(용어) LCC

05 전산화

1. CIC	(Computer Integrated Construction) Computer를 이용한 건축 전 생산활동을 능률적으로 처리하고자 하는 기법
2. CALS	(Continuous Acquisition & Life Cycle Support) 건축물이 생산되는 전 과정을 정보화하여 건설 관련 이용자가 누구나 이용할 수 있는 정보통합전산망
3. PMIS	(Project Management Information System) 프로젝트에 연관된 사람들이 이용할 수 있는 통합정보전산망

●22③
(용어) CIC

●22③
(용어) CALS

(용어) PMIS

(용어) JIT(Just in Time)

●22③

(종류) 브레인스토밍 4원칙

06 린건설(Lean Construction)

1. 정의	선·후행작업의 적정한 연계성을 파악하고, 후행작업의 요구에 따라 선행작업이 진행됨으로써 낭비(재고, 시간, 원가, 품질)를 최소화하는 가장 효율적인 건설생산체계
2. 원리	① 가치의 구체화 ② 가치의 흐름 확인 ③ 흐름생산 ④ 당김생산 ⑤ 완벽성 추구

07 기타

1. Brain Storming	① 여러 사람이 모여 자유분방하게 이야기하면서 아이디어를 창출하는 기법 ② 4원칙(자유발언, 대량발언, 수정발언, 비판금지)
2. Toolbox Meeting	작업 전 또는 후에 작업공구함 주위에서 그날의 작업이나 문제점에 대하여 간단히 토론하는 모임

CHAPTER 01 핵심 기출문제

01 다음 설명이 가리키는 용어를 쓰시오.

> 건설업의 고부가가치를 추구하기 위해 종래의 단순시공에서 벗어나 설계, 엔지니어링, 프로젝트 전반 사항을 종합, 관리, 기획하는 업무영역의 확대를 말한다.

정답 용어
EC화(Engineering Construction화)

02 종합건설업제도(제네콘)에 관하여 간단히 설명하시오.

정답 종합건설업(제네콘)
프로젝트 발굴에서 설계, 시공 및 유지·관리에 이르는, 즉 건축물 생애 전반의 과정을 일괄 추진할 수 있는 능력을 갖춘 종합건설업

03 VE 기법에 대해 설명하고 효율적인 적용단계를 쓰시오.

가. 용어 :

나. 효율적인 적용단계 :

정답 VE 기법
가. 용어 : 최적의 비용으로 공사에 요구되는 품질, 공기, 안전성 등의 기능을 충족시키는 공사비 절감 개선방안으로 공사 초기에 적용한다.
나. 효율적인 적용단계 : 초기설계단계

04 건축생산을 비롯한 공업생산의 원가관리 수법의 하나인 VE(Value Engineering) 수법에서 물건 또는 서비스의 가치를 정의하는 식을 쓰시오.

정답 VE
$$Value(가치) = \frac{F(기능)}{C(비용)}$$

05 Value Engineering 개념에서 $V = \dfrac{F}{C}$ 식의 각 기호를 설명하시오.

가. V :
나. F :
다. C :

정답 가치공학(VE)
가. V(value) : 가치
나. F(function) : 기능
다. C(cost) : 비용

제1장 총론 1- **17**

정답 VE 가치 향상방법
가. 기능을 일정하게 하고 비용을 절감하는 방법
나. 비용을 일정하게 하고 기능을 향상시키는 방법
다. 비용을 절감하고 기능을 향상시키는 방법
라. 기능의 가치 하락보다 비용의 가치 절감을 더 크게 하는 방법

06 원가절감기법인 VE(Value Engineering)의 가치를 향상시키는 방법 4가지를 쓰시오.

가. _____
나. _____
다. _____
라. _____

정답 VE의 사고방식
가. 고정관념의 제거
나. 발주자, 사용자 중심의 사고방식(고객본위)
다. 기능 중심의 접근
라. 조직적 노력(Team Design)

07 VE의 사고방식 4가지를 쓰시오.

가. _____
나. _____
다. _____
라. _____

정답 VE 적용 공사종류
가. 수량이 많거나 반복 효과가 큰 공사
나. 원가 절감액이 큰 공사
다. 공사 내용이 복잡하고 원가 절감의 효과가 큰 공사
라. 장시간 숙달되어 개선에 의한 효과가 큰 공사
마. 그 공사에 특수한 개선 효과가 있는 공사
바. 하자가 빈번한 공사

08 관리기법의 하나인 VE를 효율적으로 적용할 수 있는 공사의 종류 3가지를 쓰시오.
● 22②

가. _____
나. _____
다. _____

정답 가치공학의 기본추진절차
가. 정보수집단계
나. 기능분석단계
다. 대체안 개발단계
라. 실시단계

09 가치공학(Value Engineering)의 기본추진절차를 4단계로 구분하여 쓰시오.

가. _____
나. _____
다. _____
라. _____

10 아래 〈보기〉에서 가치공학(Value Engineering)의 기본추진절차를 순서대로 나열하시오.

가. 정보수집	나. 기능정리	다. 아이디어 발상
라. 기능정의	마. 대상선정	바. 제안
사. 기능평가	아. 평가	자. 실시

( ) → ( ) → ( ) → ( ) → ( ) → ( ) → ( ) → ( ) → ( )

정답 VE 순서
마 → 가 → 라 → 나 → 사 → 다 → 아 → 바 → 자

11 다음 설명이 가리키는 용어명을 쓰시오.

가. 설계에서부터 각종 공사 정보의 활용성 및 시공성을 고려하여 원가절감 및 공기단축을 꾀할 수 있는 설계와 시공의 통합 시스템은? (　　　　　)

나. 발주자가 요구하는 성능, 품질을 보장하면서 가장 싼값으로 공사를 수행하기 위한 수단을 찾고자 하는 체계적이고 과학적인 공사방법은? (　　　　　)

다. 건설업체의 공사 수행능력을 기술적 능력, 재무능력, 조직 및 공사능력 등 비가격 요인을 검토하여 가장 효율적으로 공사를 수행할 수 있는 업체에 입찰참가자격을 부여하는 제도는? (　　　　　)

정답 용어
가. 건설사업관리(C.M)
나. VE기법
다. 입찰자격 사전심사제도(PQ제도)

12 다음 설명이 가리키는 용어를 쓰시오.

가. 건설업체의 공사 수행능력을 기술적 능력, 재무능력, 조직 및 공사능력 등 비가격적 요인을 검토하여 가장 효율적으로 공사를 수행할 수 있는 업체에 입찰참가자격을 부여하는 제도는? (　　　　　)

나. 설계에서부터 각종 공사정보의 활용성을 고려하여 원가절감 및 공기 단축을 꾀할 수 있는 설계와 시공의 통합시스템은? (　　　　　)

정답 용어
가. PQ(Pre-Qualification) : 입찰참가자격 사전심사제도
나. CM(Construction Management)

13 CM 계약의 장점과 단점을 2가지씩 쓰시오.

가. 장점 : ① _____
② _____

나. 단점 : ① _____
② _____

정답 CM 계약의 장단점
가. 장점
① 설계자와 시공자의 통합관리로 조정 가능, 의사소통 개선, 마찰감소
② VE/단계적 발주로 원가절감, 공기 대폭 단축 가능
나. 단점
① 프로젝트의 성패가 상당부분 CM 관리자의 능력에 좌우됨
② 대리인형 CM인 경우 공사품질에 책임이 없어 문제 발생 시 책임소재 불명확

14 사업관리(CM)란 건설의 전 과정에 걸쳐 프로젝트를 보다 효율적이고 경제적으로 수행하기 위하여 각 부문의 전문가들로 구성된 통합된 관리기술을 건축주에게 서비스하는 것을 말하는데, 그 주업무를 5가지 쓰시오.

가. _____
나. _____
다. _____
라. _____
마. _____

> **정답** CM의 주요업무
> 가. 사업관리 일반
> 나. 계약관리
> 다. 사업비관리
> 라. 공정관리
> 마. 품질관리, 안전관리

15 다음의 공사관리 계약방식에 대하여 쓰시오.

가. CM for Fee 방식 : _____

나. CM at Risk 방식 : _____

> **정답** 공사관리 계약방식
> 가. CM for Fee 방식 : 관리자가 발주자의 대행인으로서 공사관리 업무를 수행하는 방식
> 나. CM at Risk 방식 : 관리자가 직접 계약에 참여하여 시공에 대한 책임을 지는 방식

16 아래 설명하는 CM의 종류를 보기에서 골라 기호로 쓰시오.

〈 보기 〉
① A(agency) CM　　② X(eXtended) CM
③ O(Owner) CM　　④ GMP(Guaranteed Maximum Price) CM

가. CM의 고유업무뿐만 아니라 하도급 업체와 직접 계약을 체결하여 공사에 소요되는 금액도 책임을 지는 방식　　(　　)
나. 건설업의 전 과정인 기획단계에서 부터 설계, 발주, 시공, 유지 관리 등에 걸쳐 사업을 관리하는 방식　　(　　)
다. 설계단계에서부터 설계, 시공의 전 과정을 관리하는 방식　　(　　)
라. 발주자 자체가 CM업무를 수행하는 방식　　(　　)

> **정답** CM의 종류
> 가. ④　　나. ②
> 다. ①　　라. ③

17 다음은 건설사업관리(CM)의 단계적 역할을 설명한 것이다. 해당 단계를 〈보기〉에서 골라 기호로 쓰시오.

① Design 단계　　② Pre-Construction 단계
③ Pre-Design 단계　　④ Post-Construction 단계
⑤ Construction 단계

가. 비용의 분석 및 VE기법의 도입, 대안공법의 검토단계　　(　　)
나. 설계도면, 시방서에 따른 공사진행 검사 및 검토단계　　(　　)
다. 사업의 타당성 검토 및 사업수행의 구체적 계획수립단계　　(　　)

> **정답** CM의 단계적 업무
> 가. ①　나. ⑤　다. ③

18 다음 설명하는 용어를 〈보기〉에서 골라 번호를 쓰시오.

| ① CIC | ② EC | ③ CALS |
| ④ VE | ⑤ PMIS | ⑥ LCC |

가. 건설산업의 설계·입찰·시공·유지관리 등 전 과정에서 발생하는 정보를 발주청, 설계·시공업체 등 관련 주체가 정보통신망을 활용하여 교환·공유하는 시스템이다. ( )

나. 종래의 단순시공에서 벗어나 고부가가치를 추구하기 위해 사업발굴에서 유지관리에 이르기까지 사업(Project) 전반에 대한 업무영역의 확대를 말한다. ( )

다. 건물의 기획에서부터 계획·설계·시공·유지관리·철거의 단계까지 총체적인 과정에서 사용되는 비용을 말한다. ( )

정답 용어
가. ③ 나. ② 다. ⑥

19 Life Cycle Cost(LCC)에 대해 간단히 설명하시오. ● 23③ · 22①

정답 LCC
건축물의 초기 기획단계에서 설계, 시공, 유지관리, 해체에 이르는 일련의 과정에 소요되는 비용을 분석하는 원가관리기법

20 다음 용어를 설명하시오.

가. LCC(Life Cycle Cost) :

나. VE(Value Engineering) :

다. Task Force 조직 :

정답 용어
가. LCC(Life Cycle Cost) : 건축물의 초기투자비용과 설계, 시공, 유지관리, 해체 전 과정에 필요한 제 비용을 합한 전 생애 주기 비용을 말함
나. VE(Value Engineering) : 발주자가 요구하는 기능, 성능을 보정하면서 가장 저렴한 비용으로 공사를 수행하는 대안 창출을 통한 원가절감기법(가치공학)
다. Task Force 조직 : 건축공사, 중요공사에서 전문가들이 모여 사업수행 기간 동안만 한시적으로 운영하는 건설관리조직을 말함

21 건설사업통합전산망 CALS(Computer Aided acquisition and Logistic Support)에 관하여 기술하시오.

정답 CALS
건설사업의 설계·입찰·시공·유지관리 등 전 과정에서 발생되는 정보를 발주청, 설계·시공업체 등 관련 주체가 초고속 정보통신망을 활용하여 정보를 실시간으로 교환, 공유하는 건설 분야의 통합정보통신 시스템을 말한다.

정답 PMIS
사업의 전 과정에서 건설 관련 주체 간 발생되는 각종 정보를 체계적·종합적으로 관리하여 최고 품질의 사업목적물을 건설하도록 지원하는 전산시스템

정답 Just in Time
즉시생산시스템으로 조립에 필요한 양만큼만 제조·생산하여 조달하는 시스템
가. 공기단축 및 공사비 절감
나. 현장 작업장 면적 감소
다. 노무인력 감소
라. 가설재 감소

정답 CIC
컴퓨터를 통한 건설통합 System으로서 컴퓨터, 정보통신 및 자동화 조립기술을 토대로 건설생산에 기능, 인력들을 유기적으로 연계하여 각 건설업체의 업무를 각 사의 특성에 맞게 최적화하는 개념

정답 용어
가. ④　　나. ③
다. ②　　라. ①

정답 브레인스토밍의 4원칙
가. 자유발언　나. 대량발언
다. 수정발언　라. 비판금지

---

22 PMIS(Project Management Information System)에 대해 설명하시오.

23 Just in Time에 대해 설명하시오.

24 CIC(Computer Integrated Construction)를 설명하시오.

25 다음 관리기법에 사용되는 용어들이다. 보기에서 알맞게 골라 적으시오.
　가. 선후행의 적정한 연계성을 파악하고 후행작업의 요구에 따라 선행작업이 진행되어 낭비를 최소화하는 건설생산체계　(　　)
　나. 최적의 비용으로 공사에 요구되는 품질, 공기, 안전성 등의 기능을 충족시키는 개선방안　(　　)
　다. 컴퓨터를 이용한 건축 전생산활동을 능률적으로 처리하고자 하는 기법　(　　)
　라. 건축물이 생산되는 전과정을 정보화하여 건설관련 이용자가 누구나 이용할 수 있는 정보통합전산망　(　　)

〈보기〉
① CALS　② CIC　③ VE　④ Just In Time

26 브레인스토밍의 4원칙을 쓰시오.
　가.　　　　　　　　　　　나.
　다.　　　　　　　　　　　라.

제3절 시공방식(공사실시방식)

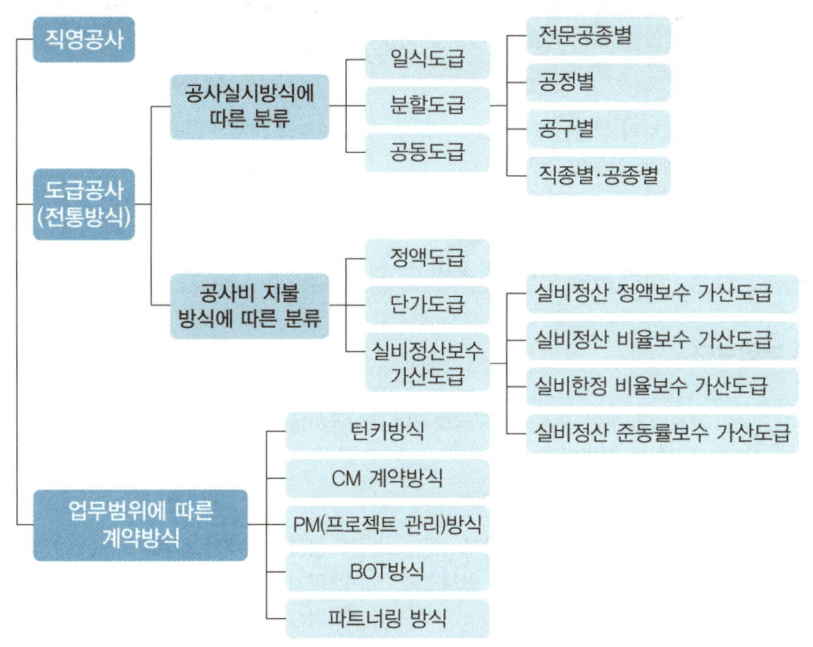

종류 공사실시방식

●24①

종류 공사비 지불방식

I. 전통 계약방식

01 공사실시방식에 따른 분류

(1) 직영공사

1. 정의	건축주가 직접 공사에 관한 계획을 세우고 재료 구입, 노무자 고용, 시공기계, 가설재 등을 확보하여 공사를 시행하는 것을 말한다.
2. 적용	① 건축주가 공사에 관련된 능력이 있을 때 ② 단순, 간단한 공사의 경우 ③ 준공기일에 여유가 있을 때 ④ 재료와 노동력 조달이 특별히 용이할 때 ⑤ 일반도급으로 단가를 정하기 곤란하거나, 실험 연구 등의 과정이 필요할 때

●24③

용어 직영공사

	장 점	단 점
3. 특성	① 양질의 공사 가능 ② 임기응변 처리 가능 ③ 발주계약 등의 수속 절감	① 공사비 증가 ② 규모가 커지면 시공관리 곤란

●24②,③

종류 직영공사 특징

(2) 일식도급

1. 정의	총도급이라고도 불리며, 대상공사 전부를 도급자에게 맡겨 현장 시공업무 일체를 일괄하여 시행하는 것으로 가장 일반적인 형태이다.	
2. 특성	장 점	단 점
	① 공사의 책임한계 명확 ② 계약, 감독이 간단 ③ 전체 공사 관리가 원활 ④ 가설재의 중복비용이 없음 ⑤ 공사비 선정, 공정관리 용이	① 하도급 단계가 많을수록 공사 조잡 우려 ② 공사비 증대 우려

(3) 분할도급

1. 정의	재료와 노무를 구분하여 도급하거나 대상공사를 공정 또는 기능별로 구분하여 도급하는 방법이다.		
2. 특성	장 점		단 점
	① 우량시공 기대(전문업자 시공) ② 건축주와 시공자와의 의사소통 원활 ③ 중소업자에게도 공사기회 확대		① 공사의 전체적 통제에 어려움 발생 ② 공사감독자 업무 증대 ③ 가설, 장비비 중복투자로 비용 증대
3. 종류별 특성	공구별 분할도급	① 대규모 공사에서 영역(지역)별로 분할 ② 업체 상호 간의 경쟁효과(공기단축, 기술개발)	
	공정별 분할도급	① 공사의 순서별로 분할(토, 구체, 마무리 공사 등) ② 공정별로 예산이 확보되었을 때 편리	
	전문공종별 분할도급	① 설비나 전기공사를 건축공사와 분리 계약 ② 전문성 높은 양질의 공사 기대 ③ 공사의 전체적 통제 관리 곤란	
	직종별, 공종별 분할도급	① 전문직종별 또는 각 공종별로 발주 ② 건축주의 의도를 철저히 반영시키고자 할 때	

(4) 공동도급(Joint Venture)

1. 정의	대규모 공사에 대하여 시공자의 기술, 자본 및 위험의 부담을 감소시킬 목적으로 여러 개의 건설회사가 공동출자 기업체를 조직하여 한 회사의 입장에서 공사를 수급, 시공하는 방식이다.	
2. 특성	장 점	단 점
	① 융자력의 증대 ② 위험의 분산 ③ 기술의 확충·강화 및 경험의 증대 ④ 시공의 확실성	① 업체 간 책임소재가 불분명 ② 단일회사 운영 시보다 경비가 증대 ③ 각 회사의 경영방식 차이에서 오는 능률저하 우려 ④ 사무관리, 현장관리의 혼란 우려

3. 이행방식	공동이행방식 (Sponsorship)	수개의 기존 건설회사가 출자하여 조직한 새로운 건설회사의 책임하에 시공하는 방식으로 손익계산은 출자비율에 따른 공동책임으로 한다.
	분담이행방식 (Consortium)	대상공사를 분할하여 기존의 건설회사가 분할된 공사(공정)에 대한 책임을 갖고 시공하는 방식이다.
4. 종류	주계약자형 관리방식	공사비율이 가장 높은 업체를 주계약자(Leading Company)로 선정하며, 주계약자는 자신의 분담공사뿐만 아니라 전체공사의 계획, 관리, 조정 및 책임을 갖고 시행하는 방식으로 다음과 같은 효과가 있다. ① 분쟁(Claim) 감소 ② 공기 및 비용 절감 ③ 품질향상
	파트너링 (Partnering Agreement)	발주자가 직접 공사에 참여하고 프로젝트 관련자들이 상호 신뢰를 바탕으로 프로젝트의 성공과 이익을 공동목표로 하여 관리하는 방식
	페이퍼 조인트 (Paper Joint)	서류상으로는 공동도급 형태를 취하지만, 실질적으로는 한 회사가 수주공사 전체를 수행하며 나머지 회사는 하도급의 형태 또는 단순이익의 배당을 받는 일종의 담합형태이다.

용어 공동이행/분담이행

종류 공동 도급

용어 Partnering Agreement

용어 페이퍼 조인트

02 공사비 지불방식에 따른 분류

(1) 정액 도급(Lump sum Contract)

1. 정의	공사비 총액을 확정하여 계약하는 방식으로 공사관리업무가 간편하고, 도급업자는 공사원가를 절감하려는 노력을 할 수 있으나 공사변경에 따른 도급액의 증감이 곤란하다.	
2. 특성	장 점	단 점
	① 공사관리업무 간편 ② 총액 확정으로 자금, 공사계획 등의 수립이 명확	① 공사금액 확정시 까지 상당한 기간 및 노력 소요 ② 공사 변경에 따른 도급금액의 증감이 곤란하므로 설계변경이 많은 공사에는 부적당 ③ 공사비가 적을 경우 부실공사 우려

용어 정액 도급

특징 정액 도급 단점

(2) 단가 도급(Unit Price Contract)

1. 정의	공사금액을 구성하는 물량 또는 단위공사에 대한 단가만을 확정하고 공사가 완료되면 실시 수량의 확정에 따라 청산하는 방식이다.	
2. 특성	장 점	단 점
	① 공사의 신속한 착공 ② 설계변경으로 인한 수량증감의 계산이 용이 ③ 간단한 계약 가능	① 공사비 예측의 어려움 및 공사비 증대 우려 ② 자재, 노무비 절감의욕의 저하 ③ 대형공사에서는 부적합

용어 단가 도급

특징 단가 도급

(3) 실비정산 보수가산식 도급(Cost Plus Fee Contract)

1. 정의	공사의 실비를 건축주와 도급자가 확인 청산하고, 건축주는 미리 정한 보수지급방법에 따라 도급자에게 그 보수액을 지불하는 방식이다.	
2. 특성	장 점	단 점
	① 양심적 시공 기대 ② 공사품질 향상 ③ 양질의 공사 기대	① 공사기간 연장의 우려 ② 공사비 절감노력 결여 ③ 공사비 증대 우려
3. 종류	구 분	내 용
	① 실비정산정액 보수가산식 총공사비 = A + F (A : 실비, F : 정액보수)	실비가 얼마나 소요될 것인지를 불문하고 미리 계약한 일정액의 수수료를 보수로서 지급하는 것이다.
	② 실비정산비율 보수가산식 총공사비 = A + Af (f : 비율)	공사의 진척에 따라 일정한 시기에 공사에 사용된 실비와 함께 보수로서 사용된 실비에 미리 계약된 비율을 곱한 금액을 시공자에게 지급하는 방법이다.
	③ 실비한정비율 보수가산식 총공사비 = A′ + A′f (A′ : 한정된 실비)	실비비율 보수가산식의 일종이나 시공자는 제한된 금액 이내에서 공사를 완성하여야 한다.
	④ 실비정산준동률 보수가산식 ㉮ 비율보수인 경우 　총공사비 = A + Af′ ㉯ 정액보수인 경우 　총공사비 = A + (f − Af′) (f′ : 준동률 보수)	실비를 미리 금액에 따라 여러 단계로 구분한 뒤, 지급 공사비는 각 단계 금액 증감에 따라 비율보수 또는 정액보수를 적용한다.

II. 업무범위에 따른 계약방식

01 일괄수주방식(Turn Key Contract)

1. 정의	건설업자가 대상계획의 기업, 금융, 토지조달, 설계, 시공, 기계·기구 설치 등 주문자가 필요로 하는 모든 것을 조달하여 주문자에게 인도하는, 모든 요소를 포괄한 도급계약방식이다.
2. 특성	**장 점** / **단 점**

	장 점	단 점
2. 특성	① 책임시공 ② 설계, 시공 간의 의사소통 원활 ③ 공사비 절감 ④ 공기단축 ⑤ 창의성, 기술개발 용이	① 건축주의 의도 반영이 불충분 ② 설계, 견적기간이 짧다. ③ 최저낙찰 시 공사의 질 저하 우려 ④ 중소업체에게 불리

●24③·21②
(용어) Turn Key 도급계약제도

(특징) Turn Key Base의 장·단점을 각각 3가지씩

02 공사관리방식(Project Management ; PM)

1. 정의	건설사업의 기획에서 조사, 설계, 시공, 유지관리, 해체 등 건축물의 Life Cycle 전 과정에 대한 최소의 투자와 최대의 효과를 얻기 위한 목표를 설정하고 관리하는 종합관리기술을 말한다.
2. 관리 영역	① 제안단계(Proposal)　② 착수단계(Preimplementation) ③ 실행단계(Execution)　④ 인도단계(Turn over) ⑤ 보증단계(Warranty)

03 민간자본 유치방식

1. 정의		민간자본(Social Overhead Capital ; SOC)에 의한 공공시설물의 건설을 촉진하는 방안으로 투자자는 건설된 공공시설물을 일정기간 경영함으로써 투자비를 회수하는 시공방식이다.
2. 종류	BOT	건설된 공공시설물을 투자자가 일정기간 소유, 운영한 뒤 시설물의 소유권을 발주자에게 이전하는 방식이다.
	BOO	공공시설사업의 시행, 운영, 소유까지 투자자가 행사하며, 발주자는 사업시행에 대한 통제를 한다.
	BTO	건설된 공공시설물의 소유권을 발주자에게 먼저 이전하고, 투자자는 일정기간 동안의 운영권을 갖는 방식이다.
	BLT	공공시설물을 완공한 후 일정기간 임대하고, 그 임대료로 투자자금을 회수하고 발주자에게 양도하는 방식
	BTL	공공시설물을 완공하고 소유권을 이양하지만 약정된 기간 동안 임대료를 받아 공사비를 회수하는 방식
	BTO-rs	(Risk Sharing) 정부와 민간 기업이 사업의 시설투자비와 운영비용을 부담하고 초과수익이나 손해가 발생하면 이를 공유하는 형태
	BTO-a	(Adjusted) 정부가 최소한의 운영비용 수준의 위험을 부담하되 초과이익이 발생하면 이를 공유하는 방식

●24①·23②·21③
(용어) BOT

●24①,②·21②
(용어) BOO

●24①,②·23②·21③
(용어) BTO

●24②
(용어) BTL

CHAPTER 01 핵심 기출문제

● 전통 계약방식

01 직영공사의 정의 및 장점 2가지를 쓰시오.

가. 정의 :

나. 장점 : ①
②

정답 직영공사
가. 정의 : 건축주가 직접 공사에 관한 계획을 세우고 재료 구입, 노무자 고용, 시공기계, 가설재 등을 확보하여 공사를 시행하는 것
나. 장점
① 양질의 공사 가능
② 임기응변 처리 가능
③ 발주계약 등의 수속 절감

02 공사비 지불 방식에 따른 계약방식 3가지를 쓰시오.

가. 　　　　　　　　　　나.
다.

정답 공사비 지불 방식에 따른 계약방식
가. 정액도급
나. 단가도급
다. 실비정산보수가산도급

03 도급공사의 설명을 읽고 해당되는 도급명을 쓰시오.

　가. 대규모 공사의 시공에 있어서 시공자의 기술·자본 및 위험 등의 부담을 분산, 감소시킬 수 있다.
　나. 양심적인 공사를 기대할 수 있으나 공사비 절감 노력이 없어지고 공사기일이 연체되는 경향이 있다.
　다. 모든 요소를 포괄한 도급계약으로, 주문자가 필요로 하는 모든 것을 조달 및 완수한다.
　라. 도급업자에게 균등한 기회를 주며, 공기단축·시공기술 향상 및 공사의 높은 성과를 기대할 수 있다.
　마. 공사비 총액을 확정하여 계약하는 방식으로, 공사발주와 동시에 공사비가 확정되고 관리업무를 간편하게 한다.

가. 　　　　　　　　　　나.
다. 　　　　　　　　　　라.
마.

정답 도급계약의 종류
가. 공동도급
나. 실비정산 보수가산식 도급
다. 턴키도급
라. 공구별 분할도급
마. 정액도급

04 다음 도급계약방식의 분류를 설명한 것 중 ( ) 안에 들어갈 내용을 써 넣으시오.

> 도급공사는 공사실시방식에 따라 공동도급, 분할도급, (가)으로 분류하며 공동도급의 운영방식은 공동이행방식, (나), 주계약자형 공동도급방식으로 분류된다.

가. .... 나. ....

정답 공사 시공방식
가. 일식도급
나. 분담이행방식

---

05 공동도급의 장점과 단점을 각각 2개씩 서술하시오.

가. 장점 : ① ....
           ② ....
나. 단점 : ① ....
           ② ....

정답 공동도급의 특징
가. 장점
  ① 위험의 분산
  ② 자본금의 증가
나. 단점
  ① 공통경비(공사비)의 증가
  ② 책임소재 불분명

---

06 공동도급의 정의와 장점 3가지를 쓰시오. ● 22① · 21③

가. 정의 : ....
           ....
나. 장점 : ① ....
           ② ....
           ③ ....

정답 공동도급
가. 정의 : 2개 이상의 시공자가 공사를 수급할 목적으로 공동의 기업체를 조직하여 한 회사의 입장에서 공사를 수급하는 방식
나. 장점
  ① 융자력의 증대
  ② 위험의 분산
  ③ 기술의 확충 및 경험의 증대
  ④ 시공의 확실성

---

07 공동도급을 수행하는 공동이행방식과 분담이행방식의 차이점을 쓰시오. ● 23③

....
....
....

정답 공동이행방식과 분담이행방식의 차이점
공동이행방식은 여러 기존 건설회사가 출자하여 조직한 새로운 건설회사의 책임하에 시공하는 방식으로 손익계산은 출자비율에 따른 공동책임이며 분담이행방식은 대상공사를 분할하여 기존의 건설회사가 분할된 공사(공정)에 대한 책임을 갖고 시공하는 방식

---

08 공동도급의 종류 3가지를 쓰시오.

가. ....
나. ....
다. ....

정답 공동도급의 종류
가. 주계약자 관리형
나. 페이퍼 조인트
다. 파트너링(파트너십)

09 컨소시엄(Consortium) 공사에 있어서 페이퍼 조인트(Paper Joint)에 관하여 기술하시오.

> **정답** 페이퍼 조인트
> 서류상으로는 여러 회사의 공동도급 형태이지만 실제로는 한 회사가 공사를 주도적으로 진행하고 다른 건설사는 하도급 형태로 이루어지거나, 단순한 이익배당에만 관여하는 공사도급형태이다.

10 정액도급, 단가도급의 장점을 각각 2가지씩 쓰시오. • 22② · 21①

가. 정액도급
　① _____
　② _____
나. 단가도급
　① _____
　② _____

> **정답** 정액도급과 단가도급의 장점
> 가. 정액도급
> 　① 공사관리 업무 간편
> 　② 총액 확정으로 자금, 공사계획 등의 수립이 명확
> 나. 단가도급
> 　① 공사의 신속한 착공
> 　② 설계변경으로 인한 수량증감의 계산이 용이
> 　③ 간단한 계약 가능

11 단가도급의 정의와 장점 2가지를 쓰시오. • 22② · 21②

가. 정의 : _____

나. 장점 ① _____
　　　　② _____

> **정답** 단가도급
> 가. 정의
> 　공사금액을 구성하는 물량 또는 단위공사에 대한 단가만을 확정하고 공사가 완료되면 실시 수량의 확정에 따라 정산하는 도급
> 나. 장점
> 　① 공사의 신속한 착공이 가능
> 　② 설계변경으로 인한 수량증감의 계산이 용이
> 　③ 계약절차가 간단

12 건축주와 시공자가 공사실비를 확인 정산하고 정해진 보수율에 따라 시공자에게 보수를 지급하는 도급방식을 무엇이라고 하는가?

_____

> **정답** 용어
> 실비정산 비율보수 가산식 도급

13 실비정산 보수 가산식 도급의 정의와 단점 2가지를 쓰시오. • 22③,②

가. 정의 : _____

나. 단점 : ① _____
　　　　　② _____

> **정답** 실비정산 보수 가산식 도급
> 가. 정의 : 공사의 실비를 건축주와 도급자가 확인 정산하고, 건축주는 미리 정한 보수지급방법에 따라 도급자에게 그 보수액을 지불하는 방식
> 나. 단점
> 　① 공사기간 연장의 우려
> 　② 공사비 절감노력 결여
> 　③ 공사비 증대 우려

14 공사비 지불방식에 따른 도급방식 중 실비정산 보수 가산도급에서 공사비 산정방식의 종류를 4가지 쓰시오.

가. _____ 나. _____

다. _____ 라. _____

정답 실비정산 보수 가산식 도급
가. 실비정산비율 보수 가산식
나. 실비정산정액 보수 가산식
다. 실비한정비율 보수 가산식
라. 실비준동률 보수 가산식

15 아래에 표기된 실비정산 보수 가산방식의 종류를 보기에 주어진 기호를 사용하여 적절히 표기하시오.

| A : 공사실비   A' : 한정된 실비   f : 비율보수   F : 정액보수 |

가. 실비비율보수 가산식 : _____

나. 실비한정비율보수 가산식 : _____

다. 실비정액보수 가산식 : _____

정답 실비정산보수 가산식 도급
가. A+A×f
나. A'+A'×f
다. A+F

16 다음 용어를 설명하시오.

가. 성능발주방식 : _____

나. CM : _____

다. LCC : _____

라. 실비정산보수 가산도급 : _____

정답 용어
가. 성능발주방식 : 발주자는 설계에서 시공까지 건물의 요구 성능만을 제시하고 시공자가 자유로이 재료나 시공방법을 선택하여 요구 성능을 실현하는 방식
나. CM : 건축주를 대신하여 설계자와 시공자를 관리하는 조직으로 설계에서부터 각종 공사의 활용성 및 시공성을 고려하여 원가절감 및 공기단축을 꾀할 수 있는 설계와 시공의 통합시스템이다.
다. LCC : 건물의 기획에서부터 계획, 설계, 시공, 유지관리, 철거의 단계까지 총체적인 과정에서 사용되는 비용을 말한다.
라. 실비정산보수 가산도급 : 공사비의 실비를 3자(건축주, 감독자, 시공자) 입회하에 확인 청산하고, 건축주는 미리 정한 보수율에 따라 공사비를 지급하는 방법이다.

17 다음 설명하는 공사계약방식을 기재하시오.   •24③

가. 건설업자가 기획, 설계, 시공 등의 주문자가 필요로 하는 모든 것을 조달하여 주문자에게 인도하는 방식 (_____)

나. 공사의 실비를 건축주와 도급자가 확인 정산하고, 건축주는 미리 정한 보수지급방법에 따라 도급자에게 그 보수액을 지불하는 방식 (_____)

정답 공사계약방식
가. 턴키방식
나. 실비정산보수가산방식

정답 도급비용

실비한정비율보수 가산식(A′+A′f)으로 계산
(A′ : 한정된 실비, f : 보수비율)
도급비용
= 90,000,000 + (90,000,000 × 0.05)
= 94,500,000 < 100,000,000
∴ 도급비용 : 94,500,000원

정답 설계시공 일괄계약(T/K)
가. 설계와 시공의 의사소통 개선
나. 책임시공으로 책임한계 명확
다. 공기단축 및 공사비 절감노력 왕성

정답 파트너링 방식 계약제도

파트너링 방식 계약제도는 발주자가 직접 설계와 시공에 참여하여 발주자, 설계, 시공자와 프로젝트 관련자들이 하나의 팀으로 조직하여 공사를 완성하는 방식이다.

정답 용어
가. BOT(Build–Operate–Transfer) 방식
나. BTO(Build–Transfer–Operate) 방식
다. BOO(Build–Operate–Own) 방식

정답 BOT 방식과 BTO 방식

BOT는 건설된 시설물을 투자자가 일정기간 소유, 운영한 뒤 시설물의 소유권을 발주자에게 이전하는 방식이며, BTO는 건설된 시설물의 소유권을 발주자에게 먼저 이전하고, 투자자는 일정기간 동안의 운영권을 갖는 방식이다.

---

18 실비정산비율보수 가산 도급비용을 계산하시오.

> 가. 제한금액 : 1억 원   나. 공사비 : 9천만 원   다. 보수율 : 5%

19 설계시공 일괄계약(Design–Build Contract)의 장점을 3가지 기술하시오.

가.
나.
다.

● 업무범위에 따른 계약방식

20 파트너링 방식 계약제도에 관하여 설명하시오.

21 다음 설명이 뜻하는 계약방식의 용어를 쓰시오.   •24①

가. 사회간접시설의 확충을 위해 민간이 자금조달과 공사를 완성하여 투자액의 회수를 위해 일정기간 운영하고 시설물과 운영권을 발주 측에 이전하는 방식
(   )

나. 사회간접시설의 확충을 위해 민간이 자금조달과 공사를 완성하여 소유권을 공공부문에 먼저 이양하고, 약정기간 동안 그 시설물을 운영하여 투자금액을 회수하는 방식   (   )

다. 사회간접시설의 확충을 위해 민간이 자금조달과 공사를 완성하여 시설물의 운영과 함께 소유권도 민간에 이전되는 방식
(   )

22 BOT 방식과 BTO 방식을 비교하여 설명하시오.   •23②

23 BOT(Build – Operate – Transfer contract) 방식을 설명하시오. • 21③

정답 BOT
공공시설물의 건축을 활성화하기 위하여 민간자본을 유지하기 위한 방안으로써 민간자본에 의하여 건설된 시설물을 투자자가 일정기간 소요·운영한 뒤 시설물의 소유권을 발주자에게 이전하는 방식이다.

24 BOT(Build – Operate – Transfer contract) 방식을 설명하고 이와 유사한 방식을 3가지 쓰시오.

가. BOT 방식 :

나. 유사한 방식 :

정답 용어
가. 공공시설물의 건축을 활성화하기 위하여 민간자본을 유지하기 위한 방안으로써 민간자본에 의하여 건설된 시설물을 투자자가 일정기간 소요·운영한 뒤 시설물의 소유권을 발주자에게 이전하는 방식이다.
나. BTO 방식, BOO 방식, BTL 방식

25 다음 설명하는 계약방식을 알맞게 기재하시오. • 24②

가. 건설된 공공시설물의 소유권을 발주자에게 먼저 이전하고 투자자는 일정기간 동안의 운영권을 갖는 방식 (   )
나. 공공시설사업의 시행, 운영, 소유까지 투자자가 행사하며 발주자는 사업시행에 대한 통제를 하는 방식 (   )
다. 공공시설물을 완공한 후 일정기간 임대하고, 그 임대료로 투자자금을 회수하고 발주자에게 양도하는 방식 (   )

정답 계약 방식
가. BTO
나. BOO
다. BLT

26 민간이 자금조달을 하여 시설을 준공한 후 소유권을 정부에 이전하되, 정부의 시설임대료를 통해 투자비를 회수하는 민간투자사업 계약방식의 명칭을 쓰시오.

정답
BTL

27 다음에서 설명하는 계약방식을 보기에서 골라 쓰시오. • 21②

> 성능발주방식, BOT, BTO, BOO, CM, 파트너링 방식, 턴키도급, 공동도급

가. 설계단계에서 시공법을 결정하지 않고 요구성능만을 시공자에게 제시하여 시공자가 자유로이 재료나 시공방법을 결정하여 제시하는 방식
(   )
나. 공공시설물을 민간이 투자하여 완성하고 운영하여 비용을 회수하고 소유하는 방식 (   )
다. 발주자가 사업에 같이 참여하는 공동도급의 형태 (   )
라. 건설업자가 기획, 설계, 시공 등의 주문자가 필요로 하는 모든 것을 조달하여 주문자에게 인도하는 모든 요소를 포괄하는 도급계약방식 (   )

정답 계약방식
가. 성능발주방식
나. BOO
다. 파트너링 방식
라. 턴키도급

제4절 입찰 및 계약

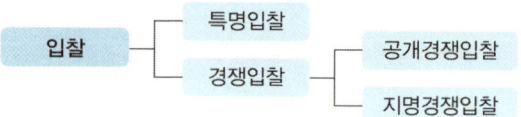

01 입찰의 종류

(1) 특명입찰

1. 정의	건축주가 가장 적격한 건설회사 하나를 선정하여 공사조건에 대한 협의를 통하여 공사계약을 체결하는 수의계약에 의한 방식이다.	
	장 점	단 점
2. 특성	① 공사의 기밀을 유지 ② 입찰업무가 간단 ③ 우량공사가 기대	① 공사비 증대 ② 초기공사금액 결정이 어려움 ③ 시공자 독선 우려

(2) 일반공개입찰

1. 정의	복수의 참여 건설회사가 제시한 공사조건 중 건축주가 가장 좋은 조건을 제시한 건설회사와 공사계약을 체결하는 방식이다.	
	장 점	단 점
2. 특성	① 균등한 기회를 부여 ② 공사비를 절감 ③ 담합의 우려가 적음	① 과다경쟁 ② 부적격자 낙찰 우려 ③ 입찰업무 번잡

(3) 지명경쟁입찰

1. 정의	건축주가 공사수행에 가장 적합하다고 인정되는 3~7개 건설회사를 선정하여 경쟁입찰을 하는 방식이다.	
	장 점	단 점
2. 특성	① 부적격자 배제 ② 시공상 신뢰도 향상	① 담합(Combination) 우려 ② 공사비 상승 우려

02 입찰의 순서

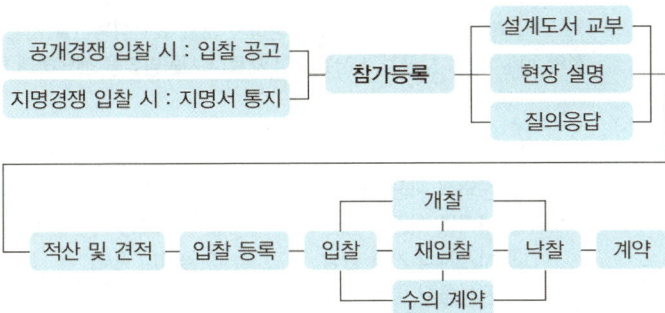

순서 공개경쟁입찰

1. 설계도서	① 설계도면 ② 시방서 ③ 현장설명서 ④ 질의응답서 ⑤ 공사내역서(공사비 1억 이상 추정 공사)

2. 현장설명 시 언급사항	① 도급자의 결정방법
	② 공사기간
	③ 공사비 지불방법
	④ 대지 주변 여건
	  • 현장 인접도로, 대지, 가옥 상황
	  • 입목, 농작물 상황
	  • 동력, 수도, 우물 등 공급원
	⑤ 그 지역의 노무, 식량, 자재 수급 여건

3. 입찰보증금	① 입찰 금액의 5~10%를 입찰등록 시 예치 ② 낙찰 후 응찰자 계약 포기 시 건축주에게 귀속
4. 입찰	방법 ① 우편입찰 : 특수우편, 등기우편 등을 이용하여 작성된 입찰서를 조달청의 입찰담당자에게 입찰집행개시일시 전에 도착하게 하여 입찰하는 방법 ② 전자입찰 : 현장설명장소에 방문할 필요 없이 internet 등 WEB 환경을 통하여 하는 입찰 ③ 상시입찰 : 입찰 개시 3일 전부터 입찰서를 투입할 수 있음 내용 ① 총액입찰 : 공사비 총액만 제출 ② 내역입찰 : 단가가 기입된 물량내역서 제출(물량은 발주자가 제시) ③ 순수내역입찰 : 입찰자가 물량을 산출하여 단가를 적용한 다음 입찰금액을 산정하는 방식
5. 재입찰	재입찰은 개찰 결과 입찰가격이 내정가격을 초과했을 때에 일정한 시간을 주고 입찰자 중에서 희망자로 하여금 재입찰시킨다. 그러나 다시 초과할 때에는 희망자와 수의계약을 하거나 설계변경을 하여 다시 입찰에 부친다.
6. 패스트 트랙	설계와 시공을 분리하여 진행하지 않고 공기단축을 위하여 n차수로 나누어서 병행하여 진행하는 공법

종류 현장설명 시 필요한 사항 4가지

용어 우편입찰제도

용어 패스트 트랙

03 입찰제도의 합리화 방안

1. 성능 발주 방식	정의	설계단계에서 시공법을 결정하지 않고 요구성능만을 시공자에게 제시하여 시공자가 자유로이 재료나 시공방법을 선택하게 하는 방식이다.	
	특성	장 점	단 점
		① 창의적 시공 기대 ② 설계와 시공의 일원화 ③ 시공자의 기술 향상 ④ 공사품질 향상	① 성능확인 곤란 ② 성능표현 곤란 ③ 공사비 증대
2. 대안 입찰	정의	최초 설계된 기본방침 범위 내에서 해당 추정공사비용 및 공기를 벗어나지 않으면서도 동등 이상의 기능과 효과를 가진 방안을 시공자가 제시할 경우 이를 건축주가 채택할 수 있는 방식이다.	
	특성	장 점	단 점
		① 기술 축적 ② 부실시공 방지 ③ 건설업체의 기술개발 및 견적 능력 향상 ④ 공사비 절감	① 채택되지 않을 경우의 기준 모호 ② 입찰기간 장기화 ③ 심의, 시간소요
3. 부대입찰	공사입찰 시 하도급할 업체의 견적서와 계약서를 입찰서류에 첨부하여 입찰하는 제도		
4. 내역입찰	입찰 시 입찰자로 하여금 총공사비에 대한 재료명세, 단가 등 필요한 사항을 기입한 산출내역서를 제출하게 하는 방식이다.		
5. 제한 경쟁입찰	참가자격을 지역별, 공사경험 유무 등으로 제한하여 자격 있는 건설회사만을 입찰하게 하는 방식이다.		
6. 사전자격 심사제	정의	(PQ ; Pre-Qualification) 입찰 참가자격 사전심사제로서 발주자가 공사의 특성 및 전문성을 고려하여 시공 경험실적, 기술력, 경영상태, 신인도 등을 종합평가하여 시공자를 결정하는 방식이다.	
	특성	장 점	단 점
		① 부실시공 방지 ② 부적격업체 사전 배제 ③ 효과적인 경쟁유도 ④ 기술·경영 등 종합적인 평가 가능	① 시공경험 위주의 심사 ② 공정한 전문 심사기준 미흡 ③ 신규 참여업체에게 불리
7. 선기술 후가격 분리제도	(TES ; Two Envelope System) 공사 입찰 시 기술제안서와 가격제안서를 따로 받아 기술능력 우위업체 중 예정가격 내에서 협상에 의해 낙찰하는 방식		
8. 적격 낙찰제도	비용 이외에 기술능력, 공법, 시공경험, 품질능력, 재무상태 등 공사 이행능력을 종합심사하여 공사에 적격하다고 판단되는 입찰자에게 낙찰시키는 제도		

9. 기술제안 입찰제도	발주자가 제시한 실시 설계서 및 입찰 안내서에 따라 입찰자가 공사비 절감, 공기단축, 공사관리 방안 등에 관한 기술 제안서를 작성하여 입찰서와 함께 제출하는 입찰 방식
10. 최고 가치 낙찰제도	LCC의 최소화로 투자의 효율성을 얻기 위해 입찰가격과 기술능력을 종합적으로 평가하여 발주처에 최고 가치를 줄 수 있는 업체를 낙찰자로 선정하는 제도
11. 종합 심사 낙찰제도	입찰제 개선과 시공 품질 제고, 적정 공사비 확보를 정착시키기 위해 가격과 공사수행능력 및 사회 책임의 점수를 합산하여 높은 점수의 입찰자를 낙찰자로 선정하는 제도

(종류) 종합 심사 낙찰제도

04 낙찰자 선정방법

1. 최저가 낙찰제	입찰자가 제시한 공사금액 중 가장 낮은 금액으로 결정되는 방식이나 Dumping에 의한 부실공사의 원인을 제공할 수 있다.
2. 제한적 최저가 낙찰제	공사예정가의 확정비율(90%) 이상의 금액 중 가장 낮은 금액을 공사가격(낙찰가)으로 결정하는 방식이다.
3. 저가심의 최저가 낙찰제	건축주가 결정(심의)한 비율금액 이상의 금액 중 가장 낮은 금액을 낙찰가로 결정하는 방식이다.
4. 부찰제	예정가의 85% 이상, 100% 이내의 응찰가에 대한 평균 금액에 가장 가까운 직상의 금액을 낙찰가로 한다.

(종류) 낙찰자 선정방식 4가지

05 계약

1. 계약 관련 서류	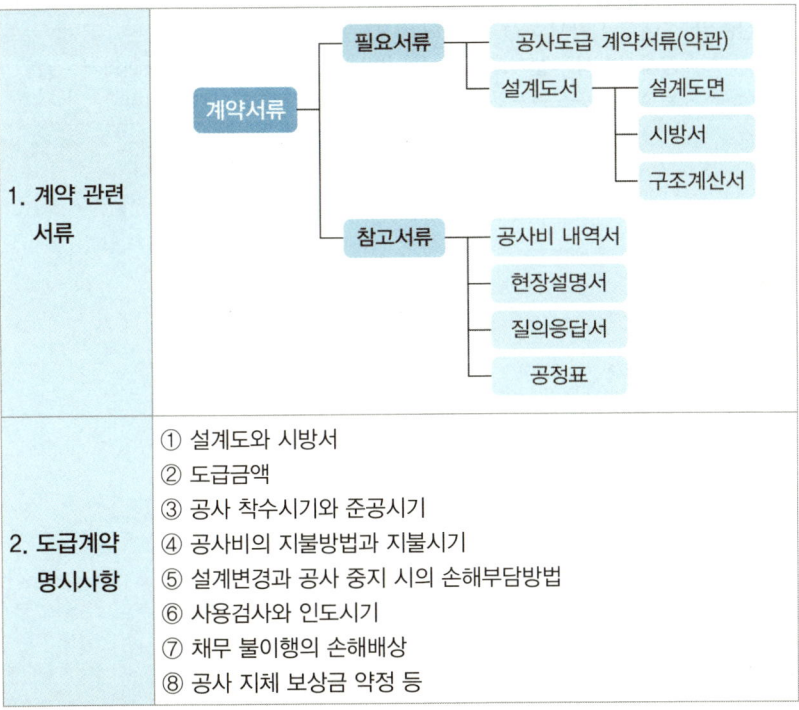
2. 도급계약 명시사항	① 설계도와 시방서 ② 도급금액 ③ 공사 착수시기와 준공시기 ④ 공사비의 지불방법과 지불시기 ⑤ 설계변경과 공사 중지 시의 손해부담방법 ⑥ 사용검사와 인도시기 ⑦ 채무 불이행의 손해배상 ⑧ 공사 지체 보상금 약정 등

(종류) 도급계약서 첨부서류 3가지

(종류) 계약서 표기 사항

06 시방서

1. 정의	설계도면만으로는 나타낼 수 없는 부분에 대하여 기재한 공사 설명 문서로서 설계단계에서 작성한다.	
2. 종류	표준	대한 건축학회에서 발행된 공통 시방서
	특기	표준시방서에 기재되지 않은 특수재료, 특수공법 등을 설계자가 작성(해당 공사의 특수사항을 기재한다.)
	기술	건축물의 요구품질, 시공방법 등을 지시한 시방서
	일반	공사기일 등 공사 전반에 걸친 비기술적 사항에 대한 규정
	공사	설계도면과 함께 특정공사별 공사진행의 지침서로 활용
	안내	공사시방서를 작성하는 데 안내 및 지침이 되는 시방서
	재료	자재 생산자가 작성하는 시방서
	성능	목적하는 최종결과와 성능만을 규정한 시방서
3. 기재 내용	① 재료에 관한 사항 ② 공법, 공사 순서에 관한 사항 ③ 시공 기계, 기구에 관한 사항 ④ 시공에 대한 주의사항 ⑤ 보양, 청소 정리에 관한 사항	
4. 기재 시 주의사항	① 공사 전반에 걸쳐 누락 없이 세밀하게 기재한다. ② 간단명료하게 작성한다. ③ 재료의 품종 공법의 정도 및 마무리 정도를 규정한다. ④ 도면의 표시가 불충분한 부분은 충분히 보충 설명한다. ⑤ 오자, 오기가 없어야 한다.	
5. 우선순위	시방서와 설계서에 표시된 사항이 다를 때 또는 시공상 부적당할 때 현장 책임자는 공사감리자와 협의하고 즉시 알려야 한다. 건축물의 설계도서 작성기준에서 시방서나 설계도서의 중요도는 아래와 같다. 공사시방서 – 설계도면 – 전문시방서 – 표준시방서 – 산출내역서 – 승인된 상세시공도면 – 관계법령의 유권해석 – 감리자의 지시사항	

(종류) 시방서

(용어) 기술시방

(용어) 성능시방

(종류) 시방서 기재되어야 할 사항 4가지

(우선순위) 시방서, 도면

07 공사분쟁(Claim)

1. 정의	계약 당사자 간의 계약조건에 대한 요구 또는 주장이 불일치되어 양 당사자에 의해 해결될 수 없는 것을 말한다.
2. 발생요인	① 계약에 없는 추가작업 요구 ② 공기지연 ③ 당초 예상한 것과 다른 방식과 방법으로 수행토록 요구하는 작업 ④ 계약체결 후 변경, 수정, 개정, 과장 혹은 해명된 계약도서의 작업 ⑤ 설계도서의 불충분한 상태로 야기된 예상 밖의 작업 ⑥ 발주자 공급재의 지연, 불량, 부적합 ⑦ 파업
3. 대책	① 합리적인 계약서류 작성 ② 계약서류의 철저한 파악 ③ 각종 수신, 발신 서류의 편철화 ④ 철저한 공사계획 수립 및 수정 ⑤ 시공과정상의 회의록, 일지, 대화 등의 문서화
4. 해결방안	① 협상(Negotiation) ② 조정(Mediation) ③ 중재(Adjudication) : 중재 + 소송
5. 계약변경 요인	① 설계의 하자 ② 시방서나 도면에 표시된 지정품의 시장부재 ③ 발주자의 요구조건 변동 ④ 미공개된 기존 조건의 공개 ⑤ 공사의 원래 의도와 모순된 계약서 및 도서내용 ⑥ 법규, 사용상의 요구와 같은 외적인 요소의 변경

(종류) 클레임 발생원인

●23②

(종류) 계약분쟁 해결방안 3가지

(종류) 공사의 수행 중 계약변경의 요인 3가지

08 위험도(Risk Management)

1. 개요	건설사업의 시행 중에 발생할 수 있는 손해 또는 손실의 가능성, 즉 재정적 손실과 인명피해와 같은 불이익을 의미
2. 관리체계	위험도인식 – 위험도 분석 및 평가 – 대응관리 – 조직관리
3. 대응방법	보증, 보험, 위험도 회피, 손실감소 및 위험도 방지, 전이, 보유

●22①

(종류) 리스크 관리 대안

CHAPTER 01 핵심 기출문제

● 입찰

01 다음의 입찰 방법을 간단히 설명하시오.

가. 공개경쟁입찰 :

나. 지명경쟁입찰 :

다. 특명입찰 :

> **정답** 용어
> 가. 최소한의 자격을 가진 모든 업체가 참여할 수 있는 입찰방식
> 나. 3~7개 업체를 지명하여 입찰하는 방식. 부적격자의 사전제거로 공사의 신뢰성 확보 가능, 담합의 우려가 있음
> 다. 1개의 업체와 협의하여 계약하는 방식. 공사기밀 유지가능, 공사비 상승 우려

02 공개경쟁입찰과 지명경쟁입찰의 차이점과 공개경쟁입찰의 장점 2가지를 쓰시오.

가. 차이점 :

나. 공개경쟁입찰의 장점 : ①
②

> **정답** 공개경쟁입찰
> 가. 차이점
>   공개경쟁입찰은 최소한의 자격을 가진 모든 업체의 참여가 가능하고, 지명경쟁입찰은 건축주가 지명하는 3~7개의 업체만이 입찰에 참여할 수 있다.
> 나. 공개경쟁입찰의 장점
>   ① 균등한 기회를 부여
>   ② 다수의 경쟁으로 공사비를 절감
>   ③ 담합의 우려가 적음

03 특명입찰(수의계약)의 장단점을 2가지씩 쓰시오.

가. 장점 : ①
②
나. 단점 : ①
②

> **정답** 특명입찰(수의계약)의 장단점
> 가. 장점
>   ① 양질의 시공 기대
>   ② 입찰 수속 간단
> 나. 단점
>   ① 공사비 증대
>   ② 시공자의 독선 우려

04 공개경쟁입찰의 장단점을 각각 2가지씩 쓰시오.

가. 장점 : ①
②
나. 단점 : ①
②

> **정답** 공개경쟁입찰의 장단점
> 가. 장점 ① 균등한 기회를 부여
>   ② 공사비를 절감
>   ③ 담합의 우려가 적음
> 나. 단점 ① 과다경쟁
>   ② 부적격자 낙찰 우려
>   ③ 입찰업무 번잡

05 우편입찰제도에 관하여 기술하시오.

정답) 우편입찰제도
소정의 입찰서식을 이용하여 작성된 입찰서류를 특수우편·등기우편을 이용하여 조달청의 입찰 담당자에게 입찰서 제출 마감일 이전에 도착시켜 입찰에 응하는 방법을 말한다.

06 다음은 입찰순서이다. 괄호 안에 적당한 단어를 보기에서 골라 넣으시오.

• 23② · 21①

| ① 참가 신청 | ② 입찰 | ③ 개찰 |
| ④ 낙찰 | ⑤ 계약 | ⑥ 현장 설명 |

입찰공고 - (가) - 설계도서 배부 - (나) - 질의응답 - 견적 - (다) - (라) - (마) - (바)

가. _____ 나. _____ 다. _____
라. _____ 마. _____ 바. _____

정답) 입찰 순서
가. ① 나. ⑥ 다. ②
라. ③ 마. ④ 바. ⑤

07 공개경쟁입찰의 순서를 보기에서 골라 번호로 나열하시오.

① 입찰	② 현장설명	③ 낙찰
④ 계약	⑤ 견적	⑥ 입찰등록
⑦ 입찰공고		

( ) → ( ) → ( ) → ( ) → ( ) → ( ) → ( )

정답) 공개입찰 순서
⑦ → ② → ⑤ → ⑥ → ① → ③ → ④

08 입찰과정에서 현장 설명 시 필요한 사항을 4가지 쓰시오.

가. _____
나. _____
다. _____
라. _____

정답) 입찰현장 설명 시 필요사항
가. 대지조건(교통, 용수 등)
나. 현장조건(지하매설물 등)
다. 도급자 결정방법
라. 공사비 지불방법

09 입찰제도 중 공사비로 낙찰자 선정방식의 종류를 4가지만 적으시오.

가. _____
나. _____
다. _____
라. _____

정답) 낙찰자 선정방식
가. 최저가 낙찰제
나. 적격심사 최저가 낙찰제도
다. 제한적 최저가 낙찰제
라. 부찰제

10 다음 용어를 간단히 설명하시오.

　가. 성능발주 :

　나. 콘스트럭션 매니지먼트(Construction Management) :

> **정답** 시공용어
> 가. 설계단계에서 시공법을 결정하지 않고 요구성능만을 시공자에게 제시하여 시공자가 재료나 시공방법을 선택·제시하는 방식이다.
> 나. 공사관리자(Manager ; CMr)가 건축주의 입장에서 건설공사의 기간, 비용, 품질 등을 조정하기 위한 목적으로 계획·설계 및 시공과정을 일괄하는 통합관리 방식이다.

11 대안입찰제도에 대하여 설명하시오.

> **정답** 대안입찰제도
> 처음 설계된 내용(원안)보다 기본 방침의 변경 없이 공사비를 낮추면서 동등 이상의 기능과 효과를 갖는 방안(대안)을 시공자가 제시할 경우 이를 검토하여 채택하는 입찰제도

12 다음 용어를 간단히 설명하시오.

　가. 부대입찰제도 :

　나. 대안입찰제도 :

> **정답** 용어
> 가. 하도급업체의 보호육성 차원에서 입찰자에게 하도급자의 계약서를 입찰서에 첨부하도록 하여 하도급의 계열화를 유도하는 입찰방식
> 나. 처음 설계된 내용보다 기본방침의 변경 없이 공사비를 낮추면서 동등 이상의 기능과 효과를 갖는 방안을 시공자가 제시할 경우 이를 검토하여 채택하는 입찰방식

13 PQ(Pre Qualification) 제도의 장점에 대하여 3가지만 쓰시오.

　가.

　나.

　다.

> **정답** PQ제도의 장점
> 가. 부실시공을 방지
> 나. 무자격자나 자격미달업체 배제
> 다. 입찰자가 감소되므로 입찰시간과 비용을 절감

14 건설공사 입찰과정에서 실시하는 PQ제도의 장점과 단점을 각각 3가지씩 쓰시오.
• 23①

가. 장점 ① _____
　　　　② _____
　　　　③ _____
나. 단점 ① _____
　　　　② _____
　　　　③ _____

정답 PQ제도
가. 장점
　① 부실시공 방지
　② 기업의 경쟁력 확보
　③ 입찰자 감소로 입찰 시 소요 시간과 비용 감소
나. 단점
　① 자유경쟁 원리에 위배
　② 대기업에 유리한 제도
　③ 평가의 공정성 확보 문제
　④ 신규참여 업체에 장벽으로 간주
　⑤ PQ 통과 후 담합 우려

15 T.E.S(Two Envelope System : 선기술 후가격 협상제도)에 대하여 설명하시오.

_____
_____
_____
_____

정답 TES(선기술 후가격 협상제도)
공사 입찰 시 기술제안서와 가격제안서를 따로 받아 기술능력 우위업체와 예정가격 내에서 협상하거나 경쟁시켜 낙찰하는 방식

16 입찰 방식 중 적격낙찰제도에 대하여 간단히 설명하시오.

_____
_____
_____

정답 적격낙찰제도
비용 이외에 기술능력, 공법, 품질관리 능력, 시공경험, 재무상태 등 공사이행능력을 종합심사하여 공사에 적격하다고 판단되는 입찰자에게 낙찰시키는 제도

● 계약 & 클레임

17 건축주와 도급자 당사자 간 계약 체결 시 포함되어야 할 계약내용에 대하여 4가지만 쓰시오.

가. _____
나. _____
다. _____
라. _____

정답 건축주와 도급자 간의 계약 내용
가. 도급금액
나. 공사기간
다. 건물의 인도시기 및 검사일
라. 공사금액 지불시기 및 방법

18 공사의 수행 중에 발생할 수 있는 "계약변경의 요인" 3가지를 쓰시오.

가.
나.
다.

정답 계약변경 요인
가. 계약사항의 변경
나. 설계도면이나 시방서의 하자
다. 상이한 현장조건

19 현행 건설계약 제도상 자주 사용되는 보증금의 종류를 3가지만 적으시오.

가.
나.
다.

정답 계약상 보증금의 종류
가. 입찰보증금
나. 계약보증금
다. 하자보증금

20 계약서류 조항 간의 문제점이나 계약서류와 현장조건 또는 시공조건의 차이점에 의해 발생되는 문제점에 대해 발주자나 시공자가 이의를 제기하여 발생하는 클레임의 유형 4가지를 쓰시오.

가.
나.
다.
라.

정답 클레임의 종류
가. 공사지연(공기지연)
나. 현장 공사조건의 변경
다. 공사비 지불지연
라. 도면과 시방서의 불일치

21 건설공사에서 계약분쟁의 해결방법 3가지를 쓰시오. •23②

가.
나.
다.

정답 계약분쟁 해결방법
가. 상호합의에 의한 해결(합의)
나. 조정 및 중재에 의한 해결 (조정, 중재)
다. 재판에 의한 해결(소송)

22 건설 프로젝트 관리에서 리스크 관리 대안 4가지를 쓰시오. •22①

가.   나.
다.   라.

정답 리스크 관리 대안
가. 리스크 회피   나. 리스크 감소
다. 리스크 전이   라. 리스크 보유

제5절 시공계획 및 관리

01 시공계획

(1) 시공계획

1. 정의	공사의 목적이 되는 건축물을 설계도면 및 시방서에 따라 소정의 공사기간 내에 예산에 맞게 최소의 비용으로 안전하게 시공할 수 있는 조건과 방법을 세우는 것이다.
2. 원칙	① 작업량의 최소화 　② 기계화 시공 도입 ③ 장비, 설비의 효율적 이용 　④ 공사 관계자와의 의견 수립
3. 사전조사 사항	① 계약조건의 검토(설계도서 포함) ② 작업장소, 시공기계의 설치장소 ③ 운반로의 상황 ④ 노무자 및 관계 직원 숙소 ⑤ 현지 조달 자재 및 노무 수 ⑥ 용수 및 전기 가설비 ⑦ 시공기계의 사용·용량·수량 ⑧ 선행될 공사 종목과 공사량 ⑨ 자재, 노무 조달과 공급 실지 가격 ⑩ 외주 부분의 공사량
4. 공사계획의 순서	① 현장원 편성 　② 공정표 작성 ③ 실행 예산의 편성과 조성 　④ 하도급자의 선정 ⑤ 가설준비물의 결정 　⑥ 재료의 선정 및 노력의 결정 ⑦ 재해 방지
5. 공기 지배요소	① 1차 지배요소 : 건축물 구조, 용도, 규모 ② 2차 지배요소 : 도급자의 능력, 기후조건, 자금능력 ③ 3차 지배요소 : 건축주의 요구조건, 설계 변경사항, 설계의 타당성 여부, 감리능력

(순서) 공사계획의 순서

(2) 친환경 시공계획서

1. 저에너지 건물 조성기술	고단열·고기능 외피구조, 기밀 설계, 일조 확보, 친환경 자재 사용 등을 통해 건물의 에너지 및 환경부하를 절감하는 기술
2. 고효율 설비기술	고효율 열원설비, 최적 제어설비, 고효율 환기설비 등을 이용하여 건물에서 사용하는 에너지량을 절감하는 기술
3. 신·재생 에너지 이용기술	태양열, 태양광, 지열, 풍력, 바이오매스 등의 신·재생 에너지를 이용하여 건물에서 필요한 에너지를 생산·이용하는 기술
4. 외부환경 조성기술	자연지반의 보존, 생태면적률의 확보, 미기후의 활용, 빗물의 순환 등 건물 외부의 생태적 순환기능의 확보를 통해 건물의 에너지 부하를 절감하는 기술
5. 에너지 절감 정보기술	건물 에너지 정보화 기술, LED 조명, 자동제어장치 및 지능형 전력망 연계기술 등을 이용하여 건물의 에너지를 절감하는 기술

(종류) 친환경 시공계획서 포함 내용

(3) 건설조직

1. 직계식 조직	정의	(Line Organization) 건설사업에서 전통적으로 사용되어 온 방식으로서 지휘명령 계통이 완전히 하나가 되는 가장 단순한 조직형태이다.	
	특성	장점	단점
		① 설계와 시공이 완전히 분리된 공사에 적합 ② 각자 책임 권한이 분명 ③ 운영상 경비 감소	① 거대 규모, 고도 기능, 복잡한 프로젝트에 부적합 ② 횡적인 업무협조 곤란 ③ 비전문화 업무수행에 따른 효용 저하
2. 기능식 조직	정의	(Functional Organization) 업무를 기능 중심으로 나누어 각각의 전문적인 책임자가 작업을 지시하는 조직 형태이다.	
	특성	장점	단점
		① 선분화로 업무능률 향상 ② 직능별 업무 할당 ③ 전문적 지도·감독 기능	① 지휘명령 계통의 혼란 우려 ② 권한다툼 및 책임전가 ③ 업무조정의 어려움
3. 조합식 조직	정의	(Line & Staff Organization) 직계식 조직에 전문적인 사업관리지식을 갖춘 관리자(Staff)들의 지원을 받는 조직형태이다.	
	특성	장점	단점
		① 조직 전체에 방침의 일관성 유지 ② Staff의 권고·조언으로 조직의 독선 방지 ③ Staff에 의한 업무의 객관적 평가	① Staff의 월권행위 우려 ② Staff에 너무 의지하거나 반대로 Staff를 활용하지 않는 경우 효율성 저하
4. 기타 조직	전담반 조직 (Task Force 조직)	① 사업의 성격이 구체적이고 분명하지만 그 내용이 복잡한 경우 관리자를 필두로 각 분야의 전문가들이 모여서 사업수행 기간 동안 운영되는 한시적 조직이다. ② 긴급공사·중요공사나 일정한 기간 내에 완수해야 하는 경우 또는 상호 의존적 기능을 요하는 경우 효과적인 역할을 한다.	
	매트릭스 조직	① 단일공사로는 추진하기 어려운 지하철, 공항 건설, 고속도로, 발전소 등과 같은 대규모 사업에 적합한 구조로서 기능조직과 전담반 조직을 결합한 형태이다. ② 최적의 자원 및 각 부분의 전문가들을 효과적으로 배치할 수 있는 장점이 있다.	

용어 기능식 조직

용어 조합식 조직

용어 Task Force(전담반 조직)

02 공사관리

(1) 시공관리

1. 정의	시공계획과 이에 의거한 실제시공의 기능상의 조정을 도모하는 것이다.
2. 목적	① 공정관리 – 공기단축 ② 품질관리 – 양질의 공사 ③ 원가관리 – 비용절감 ④ 안전관리 – 재해방지 ⑤ 환경관리 – 저공해 공사

3. 대상	6M	5R
	① 인력관리(Men) ② 재료관리(Material) ③ 기계설비관리(Machine) ④ 자금관리(Money) ⑤ 시공법의 관리(Method) ⑥ 자료의 축적(Memory)	① Right Product : 적정한 생산관리 ② Right Quality : 적정한 품질관리 ③ Right Quantity : 적정한 자재, 물량관리 ④ Right Time : 공정관리(적기 생산관리) ⑤ Right Price : 회계관리(적정 가격관리)

● 23①
(종류) 시공관리 3대 목표

(2) 원가관리

1. 정의	주어진 예산과 일정을 토대로 품질, 원가, 공기 등의 목표를 위하여 제반자원의 소요비용을 효율적으로 관리하고 통제하는 것이다.
2. 원가 관리 요소	① 원가산정 : 건설공사의 소요비용 예측 ② 원가계획 : 원가절감을 위한 실행계획 수정 ③ 원가통제 : 계획된 일정에 따른 원가흐름 통제 ④ 원가회계 : 자금의 수입과 지출을 계정으로 정리

(3) 공정관리

1. 정의	지정된 공사기간 내에 공사예산에 맞추어 정밀도가 높은 양질의 시공을 위한 관리를 말한다.
2. 순서	① 수순계획(Planning) ② 일정계획(Scheduling) ③ 진도관리(Monitoring) ④ 통제(Control)
3. 분류체계	① 작업분류체계 : 작업의 공종별 분류 　(WBS ; Work Breakdown Structure) ② 조직분류체계 : 관리조직별 분류 　(OBS ; Organization Breakdown Structure) ③ 원가분류체계 : 공사비 내역별 분류 　(CBS ; Cost Breakdown Structure)

(종류) 분류체계(Breakdown Structure)

(용어) WBS

(4) 품질관리

1. 정의	설계도서가 요구하는 품질을 확보하고 하자 발생을 최소화함으로써 산업 경쟁력을 확보하며 소비자의 만족도를 높인다.	
2. 순서	① 계획(Plan) ② 실시(Do) ③ 검토(Check) ④ 시정(Action)	① 품질관리 항목 선정 ② 품질기준 결정 ③ 교육 및 작업 실시 ④ 품질시험 및 검사 ⑤ 공정의 안전성 검토 ⑥ 이상 원인 조사 및 조치 ⑦ 관리한계선의 재결정
3. 품질경영의 영역	① 1단계 : 품질관리(Quality Control) ② 2단계 : 품질보증(Quality Assurance) ③ 3단계 : 품질인증(Quality Verification)	
4. 품질문제 해결순서	품질문제 모집단 구성 → 표본의 추출 → 데이터 분석처리 검토 → 모집단의 정도 → 의사결정 관측 → 조치행동	

(5) 안전관리

1. 정의	건설공사에서 발생되는 산업재해의 원인을 분석하여 재해 및 결함을 사전에 예방함으로써 생산성 향상을 기대함을 목적으로 한다.
2. 대책(3E)	① 기술(Engineering) : 안전공학 ② 교육(Education) : 안전교육 ③ 규제(Enforcement) : 안전규제

(6) 공사 보고 주기

일보 → 주보 → 순보 → 월보 → 분기보 → 연보

CHAPTER 01 핵심 기출문제

01 시공관리의 3대 목표를 쓰시오.

가. _____
나. _____
다. _____

정답 시공관리 3대 목표
가. 원가관리
나. 공정관리
다. 품질관리

02 건축시공 기술을 분류할 때 해당되는 관리항목을 3가지씩 쓰시오.

가. 하드웨어 기술 : _____
나. 소프트웨어 기술 : _____

정답 관리항목
가. 재료, 기계, 자금
나. 계획, 관리, 운영

03 공사내용의 분류방법에서 목적에 따른 Breakdown Structure(분류체계)의 3가지 종류를 쓰시오.

가. _____
나. _____
다. _____

정답 Breakdown Structure
가. 작업분류체계(WBS ; Work Breakdown Structure)
나. 조직분류체계(OBS ; Organization Breakdown Structure)
다. 원가분류체계(CBS ; Cost Breakdown Structure)

04 통합공정관리 용어 중 WBS의 정의를 쓰시오.

_____
_____

정답 WBS의 정의
프로젝트의 모든 작업 내용을 계층적으로 분류한 작업분류체계

05 공사계획의 일반적인 순서를 〈보기〉에서 골라 쓰시오.

가. 공정표 작성	나. 하도급자의 선정	다. 재료선정
라. 현장원 편성	마. 실행예산 편성	바. 가설준비물 결정
사. 재해방지		

( ) → ( ) → ( ) → ( ) → ( ) → ( ) → ( )

정답 공사계획 순서
라 → 가 → 마 → 나 → 바 → 다 → 사

06 다음이 설명하는 건설관리조직의 명칭을 쓰시오.

> 건설사업에서 전통적으로 사용되어 온 것으로, 사업성격이 분명하고 단순하며 각 업무가 분절되어도 서로 큰 영향을 미치지 않은 경우에 적합하지만 CM 등이 적용되는 대규모 공사에서는 부적합하고 자칫 관료적이 되기 쉬운 건설관리조직

정답 건설조직
기능식 조직(Functional Organization)

07 다음 설명이 의미하는 시방서명을 쓰시오.

가. 공사기일 등 공사 전반에 걸친 비기술적인 사항을 규정한 시방서 ( )
나. 모든 공사의 공통적인 사항을 건설교통부가 제정한 시방서 ( )
다. 특정공사별로 건설공사 시공에 필요한 사항을 규정한 시방서 ( )
라. 공사시방서를 작성하는 데 안내 및 지침이 되는 시방서 ( )

정답 시방서의 종류
가. 일반시방서
나. 표준시방서
다. 공사시방서
라. 안내시방서

08 다음 용어를 설명하시오.

가. 기술시방서(Descriptive Specification) :

나. 성능시방서(Performance Specification) :

정답 용어설명
가. 기술시방서 : 건축물의 요구품질, 시공방법 등을 지시한 시방서
나. 성능시방서 : 목적하는 최종결과와 성능만을 규정한 시방서

09 다음 예와 같이 설계도면과 시방서상에 상이점이 발생한 경우 어느 것이 우선하는가를 쓰시오.

> 가. 설계도면과 공사시방서에 상이점이 있을 때
> 나. 표준시방서와 전문시방서에 상이점이 있을 때
> 다. 도면 중에서 기본도면(1/100, 1/200 축척)과 상세도면(1/30, 1/50 축척)에 상이점이 있을 때

가.
나.
다.

정답 시방서와 도면의 우선순위
가. 공사시방서
나. 전문시방서
다. 상세도면

10 공사목적물을 계약된 공기 내에 완성하기 위하여, 공사손익을 사전에 예시하고 이익계획을 정확히 하여 합리적이고 경제적인 현장운영 및 공사수행을 도모하도록 사전에 작성되는 예산을 무엇이라 하는가?

정답 용어
실행예산

11 건설공사 현장의 보고(報告) 중 주기가 짧은 것부터 긴 것을 〈보기〉에서 골라 번호를 쓰시오.

| 가. 순보 | 나. 분기보 | 다. 일보 |
| 라. 월보 | 마. 주보 | |

( ) → ( ) → ( ) → ( ) → ( )

정답 현장의 보고 주기
다 → 마 → 가 → 라 → 나

12 건설재료 중에서 구조재료가 갖추어야 할 조건 3가지를 쓰시오.

가.
나.
다.

정답 구조재료의 조건
가. 소요강도 충족
나. 내구성이 클 것
다. 변형이 적을 것

13 친환경 시공계획서에 포함되어야 할 내용 4가지를 기입하시오.

가.
나.
다.
라.

정답 친환경 시공계획서
가. 저에너지 건물 조성기술
나. 고효율 설비기술
다. 신·재생에너지 이용기술
라. 외부환경 조성기술
마. 에너지절감 정보기술

미듬 건축산업기사

멘토스는 당신의 쉬운 합격을 응원합니다!

Engineer Architecture

CHAPTER 02
가설공사

CONTENTS

제1절 개요	55
제2절 측량	56
제3절 기준점과 규준틀	57
제4절 기설 건축물	58
제5절 환경(비산먼지 발생대책)	59
제6절 비계 및 비계다리	60
제7절 안전설비	66
제8절 중대재해법 및 공사중지 기준	70

한눈에 보기

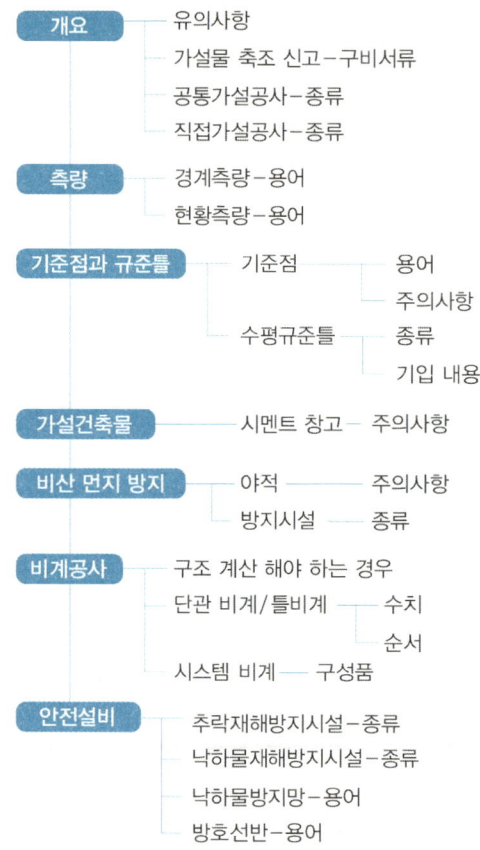

용어 미리보기

용어	Keyword	출제연도
기준점(벤치마크)	공사를 진행할 때 높이의 기준이 되는 원점	
베이스 플레이트 (Base Plate)	강관비계나 틀비계 하부에 전체 비계를 지지하기 위하여 설치된 판형철물	
달비계	현수선(Wire Rope)에 의해 작업하중이 지지되는 곤돌라(Gondola)식 상자 모양의 비계로서 외부 마감, 외부 수리, 청소 등의 용도	24① · 22③
말비계	사다리, 말 등으로 층고 3.6m 미만의 내부공사에만 사용함을 원칙으로 한다.	24① · 22③
낙하물 방지망	작업 도중 자재, 공구 등의 낙하로 인한 피해를 방지하기 위하여 개구부 및 비계 외부에 수평방향으로 설치하는 망	24①,③ · 22②
방호선반	개구부 및 비계 외부 안전통로 출입구 상부에 수평으로 설치하는 목재 또는 금속 판재	24①,③ · 22②
추락 방호망	고소작업 중 근로자의 추락 및 물체의 낙하를 방지하기 위하여 수평으로 설치하는 보호망(낙하물 방지 겸용 방망은 그물코 크기가 20mm 이하)	24①,③ · 22②
개구부 수평보호 덮개	근로자 또는 장비 등이 바닥 등에 뚫린 부분으로 떨어지는 것을 방지하기 위하여 설치하는 판재 또는 철판망	24①,③ · 22②
강관 비계	강관으로 현장에서 조립하여 설치하는 비계	24① · 22③
시스템 비계	수직재, 수평재, 가새로 조립해서 사용하는 비계	24① · 22③

CHAPTER 02 가설공사

제1절 개요

01 개요

1. 정의		가설공사는 건축공사 기간 중 임시로 설치하여 공사를 완성할 목적으로 쓰이는 제반시설 및 수단의 총칭으로, 공사가 완료되면 해체, 철거, 정리하게 되는 성질의 것이다.
2. 요구성능		① 가설재의 반복사용 고려 ② 가설재의 고강도화 ③ 시공 용이성(고정설비화) ④ 안전성, 효율성 ⑤ 경제성, 전용성
3. 가설건축물 축조신고	신고대상	공사에 필요한 규모의 범위 안에서의 공사용 가설건축물
	구비서류	① 가설건축물 축조신고서 ② 가설건축물 배치도, 평면도 ③ 건축허가서, 시공자 각서 ④ 토지사용 허가서

(주의사항) 가설계획 시 유의사항

(구비서류) 가설건축물 축조 시

02 공통가설공사와 직접가설공사

1. 공통가설공사	① 대지경계 측량, 대지정리 ② 가설진입로, 가설울타리(Fence), 가설건물(현장 사무실, 초소) ③ 공사용 동력용수, 급·배수설비, 기계, 기구설비 ④ 시험 설비 : 재료시험, 토질시험, 기타 ⑤ 운반 : 재료의 반입·운반·보관, 현장 내의 소운반 기재반송, 잔물처리 운반 ⑥ 인접건물 보상, 보양 : 도로면 포장, 지하 매설물, 수채, 가공선, 수목, 인접가옥 보호 및 원상 복구
2. 직접가설공사	① 규준틀 설치 ② 비계 설치 ③ 안전시설(낙하물 방지망, 보호막) 설치 ④ 줄쳐보기 및 먹매김 ⑤ 건축물 보양

(종류) 공통가설비 항목을 5가지

(종류) 공통가설과 직접가설 항목

03 가설 울타리

1. 높이	① 1.8m 이상(지반면이 공사현장 주위의 지반면보다 낮은 경우에는 공사현장 주위의 지반면에서의 높이 기준)으로 설치 ② 야간에도 잘 보이도록 발광 시설을 설치 ③ 차량과 사람이 출입하는 가설울타리 진입구에는 시건장치가 있는 문을 설치 ④ 공사장 부지 경계선으로부터 50m 이내에 주거·상가건물이 집단으로 밀집되어 있는 경우에는 높이 3m 이상으로 설치	
2. 구조	① 공사현장 주위의 지반면에서 높이 1.8m 이상 ② 기둥은 75mm의 각재 또는 통나무 끝마구리 직경 70mm 이상의 것을 간격 1.8m 이내로 배치 ③ 가로대 또는 가시철선의 간격은 200mm 이내 ④ 가시철선을 사용할 때에는 각 기둥 사이에 가새를 대고, 끝 또는 모서리의 기둥은 버팀기둥으로 한다.	
3. 환경 피해 저감	공사현장의 비산먼지로 인한 환경 피해발생을 위하여 필요시 가설울타리 상부에 방진망을 추가로 설치(방진망 높이는 울타리 높이에서 제외)	
4. 가설 출입구	고려 사항	① 자재를 적재하고 필요한 곳까지 가깝게 이동할 수 있는지 동선 확인 ② 승강기 자재와 같이 부피가 크고 중량이 있는 자재를 승강로 주변까지 이동할 수 있는지 확인 ③ 자재를 수직 이동할 수 있는 곳까지 편리하게 이동할 수 있는지 확인 ④ 편하게 토사 반출을 하기 위해서는 6m 폭의 게이트가 필요
5. 공사표지판	① 공사명　　② 공사기간　　③ 공사내용 ④ 사업개요　　⑤ 시공사　　⑥ 현장대리인	

(고려사항) 출입구 설치 시

●23①
(종류) 공사표지판 기입 내용

제2절 측량

01 평판측량

(종류) 평판측량에 필요한 기구 5가지

1. 사용기구	평판, 삼각대, 앨리데이드(Alidade), 구심기, 다림추, 자침기, 폴(Pole)
2. 평판의 설치	① 정치(정준) : 앨리데이드의 수준기를 이용하여 평판이 수평이 되도록 한다. ② 치심(구심) : 구심기와 다림추를 이용하여 평판의 측점을 표시하는 위치가 지상측점과 일치하도록 한다. ③ 정위(표정) : 앨리데이드와 자침기를 이용하여 평판이 일정한 방향과 방위를 유지하도록 한다.
3. 장점	① 측량 소요시간 절약 ② 야장(측량기록표) 불필요 ③ 측량기기 간단(운반 편리)
4. 단점	① 가시거리 제약(50cm 정도) ② 일기에 영향을 받음(건습에 의한 기기의 신축오차 발생) ③ 작업정밀도 부족 ④ 축척이 다른 지도 작성 곤란

02 고저(수준) 측량

1. 정의	지반면의 각 지점 간의 고저차를 측정하여 기준점(Bench Mark)으로부터 높이를 파악하는 것을 말하며, 현장에서 많이 사용한다.
2. 측량법	미지점 표고(H) = 기지점 표고(h) + [후시(Back Sight) − 전시(Fore Sight)] *(B.S, F.S, A, B, h, P지점 표고(H) 도해)*
3. 경계측량	내 대지와 인접대지 또는 도로 경계선을 구분하기 위해서 실시하는 측량으로 공사착공 전에 실시한다.
4. 현황측량	대지 내 시설물의 위치 등을 표시하여 준공검사 시 사전허가와 비교하기 위하여 실시하는 측량

구분: 평판측량, 레벨측량기구

용어: 경계측량

제3절 기준점과 규준틀

01 기준점

1. 정의	건축물 각 부위의 위치, 높이, 폭 등의 시공기준 원점을 설정하기 위한 것으로서 이동, 변형이 없도록 견고하게 설치해야 한다.
2. 설치 요령	① 기준점(Bench Mark)은 바라보기 좋고 공사에 지장이 없는 곳에 설정한다. ② 건물의 각부에서 헤아리기 좋도록 2개소 이상 여러 곳에 표시해 둔다. ③ 기준점은 공사 착수 전에 설정하여 공사 완료 시까지 존치하여야 한다. ④ 기준점은 대개 지정 지반면에서 0.5~1m 위에 두고 그 높이를 기준표 밑에, 또한 현장기록부에 기록하여 둔다.
3. 시기	착공과 동시에 설치하여 준공 시까지 유지(담당원 승인)

●22① · 21③
용어: 기준점

●23① · 22① · 21③
주의사항: 기준점 설치 시

02 수평규준틀과 세로규준틀

1. 수평 규준틀	종류	① 평규준틀 : 모서리가 아닌 부위에 설치한다. ② 귀규준틀 : 모서리 부위, 기둥 등에 설치한다.
	설치	① 건물의 주위 모서리, 칸막이벽, 또한 필요한 곳에선 벽에서 약 1~2m 떨어진 곳에 설치한다. ② 규준틀 말뚝은 변형을 빨리 발견하기 위하여 엇빗형 또는 오늬형으로 자른다.
	기입 사항	① 터파기의 위폭, 밑폭 ② 잡석지정폭 ③ 기초판 · 주각폭 ④ 건물의 각부 위치
2. 세로 규준틀	설치	① 건물의 모서리 등 기준이 될 수 있는 곳 ② 면이 긴 경우 중앙부, 기타 요소에 설치한다.
	기입 사항	① 개구부 위치, 치수 ② 쌓기 단수 ③ 줄눈의 위치 ④ 앵커, 매립철물의 위치 ⑤ 테두리보, 인방보의 위치

●22③
목적: 수평규준틀

종류: 세로규준틀에 기입사항 4가지

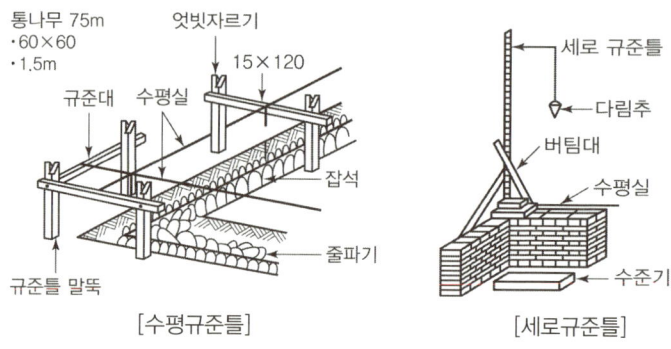

[수평규준틀]   [세로규준틀]

제4절 가설 건축물

1. 현장사무실	① 최소면적 : 3.3m²/인 ② 구대(Over Bridge) : 대지가 협소한 경우 인근 보도의 상부에 설치하거나 필로티 형식으로 현장 사무소를 축조하는 구조물
2. 시멘트 창고	① 간단한 나무 구조로 하되 기밀하게 하여 통풍이 안 되게 한다. ② 마루 높이는 지면에서 30cm 이상 높여 방습 처리에 유의한다. ③ 시멘트 창고의 창은 채광용으로 설치한다.(여름철의 습기, 외기의 침입을 막기 위해 환기창은 설치하지 않는다.) ④ 시멘트의 쌓기 높이는 13포 이하로 한다.(단, 장기간 저장 시에는 7포 이하) ⑤ 시멘트는 반입한 순서대로 먼저 반입된 것부터 꺼내 쓰도록 한다. ⑥ 제조일로부터 3개월 이상이 경과한 시멘트는 재시험하여 사용한다.

주의사항) 시멘트 창고의 관리방법 4가지

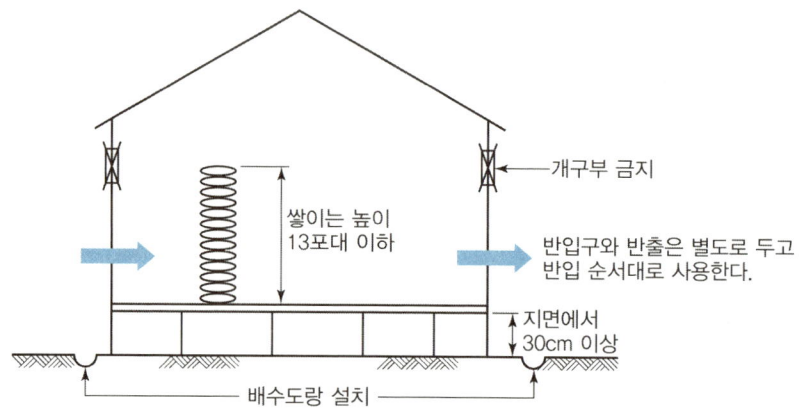

제5절 환경(비산먼지 발생대책)

항목	내용
1. 야적	• 야적 물질 1일 이상 보관 시 방진덮개 설치 • 공사장 경계 높이 1.8m 방진벽 설치 • 야적 물질로 인한 비산먼지 발생 억제를 위하여 살수시설 설치
2. 싣기, 내리기	• 고정식 또는 이동식 살수시설 설치 운영 • 풍속이 평균 8m/sec 이상일 경우 작업 중지
3. 채광, 채취	• 발파 작업 시 살수시설 등 설치, 젖은 가마니 등 방지시설 설치
4. 수송	• 덮개를 설치하고 적재함 상단 5cm까지만 적재 • 자동식 세륜시설과 측면 살수시설 설치 • 공사장 안 차량통행 20km/h 이하 운행 • 통행차량 운행기간 중 통행도로 1일 1회 이상 살수
5. 야외절단, 연마	• 집진시설, 간이 칸막이 설치 • 풍속이 평균 8m/sec 이상일 경우 작업 중지
6. 건축물 내 작업	• 바닥 청소, 내화피복, 벽체연마, 절단, 분사식 도장 작업 등은 해당 측에 방진막 설치 • 철구조물의 분사방식에 의한 도장 시 방진막 설치
7. 비산먼지 방지시설	• 방진망, 방진벽, 방진막, 방진덮개, 세륜시설

(종류) 야적 시 대책

●24②
(종류) 비산먼지 방지시설

제6절 비계 및 비계다리

01 개요

(1) 구조계산 해야 하는 경우

① 높이 31m 이상인 비계구조물
② 브라켓 비계
③ 높이 10m 이상에서 외부작업용 작업발판 및 안전시설물을 일체화하여 설치하는 가설구조물
④ 공사현장에서 제작, 조립·설치하는 복합형 가설구조물

(2) 종류

	재료별	형태별	지지방식별
1. 비계의 종류	① 통나무 ② 강관비계 ③ 강관틀비계	① 외줄비계 ② 겹비계 ③ 쌍줄비계	① 지주비계 ② 달비계 ③ 말비계

[외줄비계] [겹비계] [쌍줄비계]
비계발판, 기둥, 장선, 띠장

용어) 강관비계 ●24① · 23③ · 22①,③

용어) 달비계 ●24① · 23③ · 22①,③

용어) 말비계 ●24① · 23③ · 22①,③

용어) 시스템비계 ●24① · 23③ · 22①,③

2. 용어

① 강관비계 : 단관비계용 강관을 강관조인트와 클램프 등으로 조립하여 설치한 비계
② 강관틀비계 : 주틀, 교차가새, 띠장틀 등을 현장에서 조립하여 세우는 형태의 비계
③ 달비계 : 상부에서 와이어로프 등으로 매달린 형태의 비계
④ 말비계 : 주로 건축물의 천장과 벽면의 실내 내장 마무리 등을 위해 바닥에서 일정 높이의 발판을 설치하여 사용하는 비계
⑤ 시스템 비계 : 수직재, 수평재, 가새재 등 각각의 부재를 공장에서 제작하고 현장에서 조립하여 사용하는 조립형 비계로 고소작업에서 근로자가 작업장소에 접근하여 작업할 수 있도록 설치하는 작업대를 지지하는 가설 구조물
⑥ 달기체인 : 바닥에서부터 외부비계 설치가 곤란한 높은 곳에 작업공간을 확보하기 위한 달비계를 설치하기 위한 체인 형식의 금속제 인장부재
⑦ 달기틀 : 달비계의 작업발판을 지지하는 부재
⑧ 발바퀴(Caster) : 이동식 비계의 기둥재 밑둥에 조립하여 수평으로 이동이 가능하도록 하기 위하여 사용하는 바퀴
⑨ 선반 브라켓 : 구조물의 돌출 부위 등으로 인해 작업공간을 별도로 설치하여야 할 필요가 있을 때 또는 외줄비계의 경우 비계기둥에 부착하여 작업발판을 설치할 목적으로 사용되는 브라켓 형태의 부재

(3) 비계매기

치수) 단관비계 ●22③

구분	단관비계		틀비계
1. 비계 기둥 간격	• 띠장 방향 : 1.85m 이하 • 장선 방향 : 1.5m 이하 • 31m 넘는 밑부분 2본 이하 • 1개에 작용하는 하중 7kN • 구조물과의 거리 300mm 이내	1. 주틀	• 40m 초과금지 • 20m 초과 ┐ 틀높이 2m 이하 • 중량작업 ┘ 주틀의 간격 1.8m 이하 • 하중한도 　① 주틀 사이 : 4.0kN(1.8m 간격) 　② 주틀기둥 1개당 : 24.5kN
2. 띠장	• 수직간격 2m 이하 • 이음 : 겹침이음 • 이음간격거리 : 100mm 이내 • 이음위치 : 300mm 이상 • 하중한도 : 4kN(1.85m 간격)	2. 교차 가새	• 각단, 각 스팬마다 설치
		3. 벽이음	• 수직 6m, 수평 8m 이내
3. 장선	• 내 · 외측 모든 비계 결속 • 간격 : 1.85m 이하 • 띠장으로 50mm 이상 돌출	4. 보강재	• 띠장 방향으로 길이 4m 이하 • 높이 10m 마다 띠장 방향으로 버팀기둥 설치
4. 가새	• 수평면에 대해 40~60° • 배치간격 : 10m		
5. 벽이음	• 수직, 수평 5m 이하		
6. 연결 철물	커플링(coupling), 커플러(coupler), 클램프(clamp)		

종류) 단관비계 연결철물

02 일반사항 및 시공

1. 일반 사항	① 작업발판, 통로 및 계단에는 근로자가 안전하게 통행할 수 있도록 75lux 이상의 채광 또는 조명시설 설치 ② 사용 중이거나 작업 중일 때에는 비계를 수평으로 이동하거나 변경 금지 ③ 동결지반 위에는 비계 설치 금지 ④ 도괴 방지와 비계기둥의 좌굴 보강을 위하여 벽이나 구조물에 벽 연결철물로 고정 ⑤ 구조체에서 300mm 이내로 떨어져 쌍줄비계로 설치하되, 별도의 작업발판을 설치할 수 있는 경우에는 외줄비계로 할 수 있다. ⑥ 높이 31m 이상인 비계구조물은 구조계산서를 확인
2. 지반	① 비계가 설치되어 있는 동안에 전체 비계 구조물을 지지 ② 콘크리트, 강재 표면 및 단단한 아스팔트 등과 같은 지반은 깔목을 설치하지 않은 상태에서 받침 철물만을 사용하여 지지 ③ 연약지반은 비계기둥이 침하하지 않도록 다지고 두께 45mm 이상의 깔목을 소요폭 이상으로 설치하거나 콘크리트를 타설 ④ 비계기둥 3개 이상을 밑둥잡이로 연결 ⑤ 경사진 지반의 경우에는 피봇형 받침 철물을 사용하거나 수평을 유지

3. 벽 이음재	① 풍하중 및 수평하중에 의해 영구 구조체의 내·외측으로 움직임을 방지하기 위해 설치하는 부재
	② 수직재와 수평재의 교차부에서 비계면에 대하여 직각이 되도록 하여 수직재에 설치
	③ 벽 이음재는 전체를 한 번에 풀지 않고, 부분적으로 순서에 맞게 해체
	④ 띠장에 부착된 벽 이음재는 비계기둥으로부터 300mm 이내에 부착
	⑤ 벽 이음재로 사용되는 앵커는 비계 구조체가 해체될 때까지 유지
	⑥ 벽 이음재 종류
	  • 박스형 벽 이음재(Box Ties)
	  • 립형 벽 이음재(Lip Ties)
	  • 관통형 벽 이음재(Through Ties)
	  • 창틀용 벽 이음재(Reveal Ties)

4. 안전 난간	① 추락의 위험이 있는 곳에는 높이가 0.9m 이상인 안전난간을 설치 ② 중간 난간대는 상부 난간대와 바닥면의 중간에 설치하여야 한다. 다만, 높이가 1.2m를 초과하는 경우에는 수평난간대 간의 간격이 0.6m 이하가 되도록 중간 난간대를 추가로 설치 ③ 안전난간의 설치가 곤란한 곳에서는 추락 방호망을 설치 ④ 안전난간은 예상되는 수평하중 및 충격하중에 대하여 저항할 수 있도록 설치 ⑤ 안전난간과 작업발판 사이에는 재료, 기구 또는 공구 등이 떨어지는 것을 방지할 수 있도록 발끝막이판을 설치
5. 해체 및 철거	① 해체 및 철거는 시공의 역순으로 진행 ② 비계에 결함이 발생했을 경우에는 정상적인 상태로 복구한 후에 해체 ③ 규칙적이고 계획적으로 진행되어야 하며, 수평부재부터 차례로 해체 ④ 모든 분리된 부재와 이음재는 비계로부터 떨어뜨리지 말고 내려야 하며, 아직 분해되지 않은 비계부분은 안정성을 유지 ⑤ 해체된 부재들은 비계 위에 직재해서는 안 되며, 해체된 부재들은 지정된 위치에 보관

(종류) 벽 이음새

●23③

(주의사항) 비계 해체 시

5. 해체 및 철거	⑥ 벽 이음재는 가능하면 나중에 해체 ⑦ 비계를 해체할 경우에는 다음 사항에 주의 　• 모든 벽 이음재를 한 번에 제거하지 말 것 　• 모든 가새를 먼저 제거하지 말 것 　• 모든 중간매개체와 발판 끝의 장선을 제거하지 말 것 　• 모든 중간 난간대를 한 번에 제거하지 말 것 ⑧ 해체된 비계 부재를 취급하거나 보조 장치를 설치할 경우에는 건물의 마감에 손상을 주지 않도록 할 것 ⑨ 비계기둥의 이음부에서 비계기둥, 띠장 등을 해체할 경우에는 이음 위치와 해체 순서를 확인 ⑩ 공사가 완료될 때까지는 모든 공사용 비계 철거

03 강관 파이프 비계

(용어) 강관 비계 ●22③
(특성) 강관 파이프 ●21②

구 분		강관(Pipe) 비계	
1. 단관(강관) 비계	정의	강관으로 현장에서 조립하여 설치하는 비계	
		장점	단점
	특성	① 조립·해체가 용이하다. ② 사용횟수가 목재 비계보다 많다. ③ 재료강도가 커 고층 건축시공에 유리하다. ④ 작업장이 미관상 좋다.	① 최초 구입비가 비싸다. ② 조립기능을 요구한다.
	설치 순서	Base Plate 설치 → 비계기둥 설치 → 띠장 설치 → 가새 및 버팀대 설치 → 장선 설치 → 발판	
2. 하부 고정		Base Plate 설치	
3. 결속선 및 결속재		① Coupler(+, -, 45°) ② Coupling ③ Clamp	

(순서) 강관 파이프 설치
(치수) 강관 파이프 부재 시공 ●22③

04 시스템 비계

●22③
(용어) 시스템 비계
(구성품) 시스템 비계
(장점) 일체형 발판

1. 용어	수직재, 수평재, 가새로 조립해서 사용하는 비계
2. 수직재	① 본체와 접합부가 일체화된 구조, 양단부에는 이탈방지용 핀구멍 ② 접합부는 수평재와 가새가 연결될 수 있는 구조 ③ 접합부 종류는 디스크형, 포켓형 ④ 디스크형 4개 또는 8개의 핀구멍 설치
3. 수평재	① 본체와 접합부가 일체화된 구조 ② 본체 또는 결합부에는 가새재를 결합시킬 수 있는 핀구멍 ③ 일체형 작업 발판 장점 　• 공장생산으로 균일한 품질 확보 　• 작업자의 안정성 확보 　• 재래식에 비해 넓은 편이라 작업성 향상

4. 가새재	① 본체와 연결부가 일체화된 구조 ② 고정용, 길이 조절용 ③ 외관에 내관을 연결하는 구조
5. 연결조인트	① 삽입형과 수직재 본체로 된 일체형 ② 연결조인트와 수직재와의 겹침 길이는 100mm 이상
6. 설치	① 수직재와 수평재는 직교 ② 가새 40~60° ③ 수직재와 받침 철물의 연결 길이는 받침철물의 전체 길이 1/3 이상이 되도록 설치

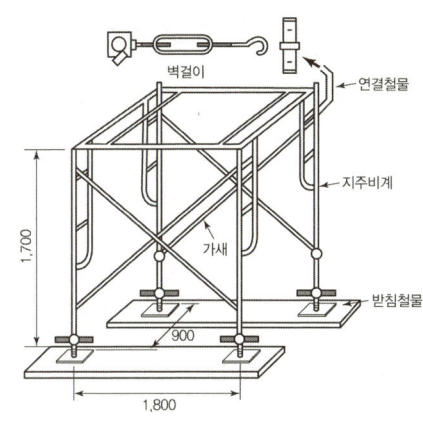

[강관 파이프 비계]

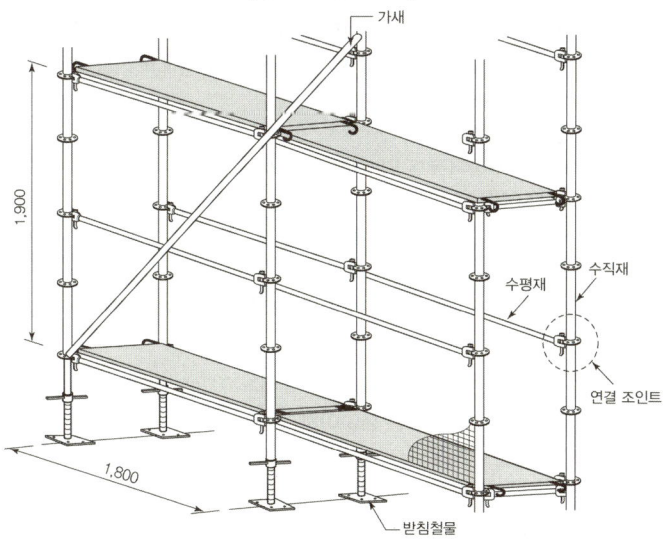

[시스템 비계]

05 달비계와 말비계

1. 달비계	현수선(Wire Rope)에 의해 작업하중이 지지되는 곤돌라(Gondola)식 상자 모양의 비계로서 외부 마감, 외부 수리, 청소 등의 용도로 사용된다.
	① 와이어로프, 달기 체인, 달기 강선 또는 달기 로프는 한쪽 끝을 비계의 보 등에, 다른 쪽 끝을 영구 구조체에 각각 부착
	② 체인을 이용한 달비계의 체인, 띠장 및 장선의 간격은 1.5m 이내
	③ 작업발판과 철골 보와의 거리는 0.5m 이상을 유지
	④ 비계를 달아매는 체인은 보와 띠장을 고리형으로 체결
	⑤ 체인을 이용한 달비계의 외부로 돌출되는 띠장과 장선의 길이는 1m 정도
	⑥ 달기틀의 설치간격은 1.8m 이하로 하며, 철골보에 확실하게 체결
	⑦ 작업바닥의 테두리 부분에 낙하물 방지를 위한 발끝막이판과 추락 방지를 위한 안전난간을 설치
	⑧ 작업바닥 위에서 받침대나 사다리 사용 금지
	⑨ 달비계에 자재 적재 금지
	⑩ 와이어로프를 설치할 경우에는 와이어로프용 부속철물을 사용하여야 하며, 와이어로프는 수리하여 사용 금지
	  • 이음매가 있는 것
	  • 한 가닥에서 소선수가 10% 이상 절단된 것
	  • 지름의 감소가 공칭지름의 7%를 초과하는 것
	  • 꼬인 것, 심하게 부식 또는 변형된 것
	⑪ 와이어로프의 일단은 권상기에 확실히 감겨 있어야 하며 권상기에는 제동장치를 설치
	⑫ 와이어로프의 변동 각이 90°보다 작은 권상기의 지름은 와이어로프 지름의 10배 이상이어야 하며, 변동 각이 90° 이상인 경우에는 15배 이상
	⑬ 달기틀에 설치된 작업발판과 보조재 등을 매달고 이동할 경우에는 낙하하지 않도록 고정
	⑭ 달비계 안전계수
	  • 달기 와이어로프 및 달기 강선의 안전계수는 10 이상
	  • 달기 체인 및 달기훅의 안전계수는 5 이상
	  • 달기 강대와 달비계의 하부 및 상부 지점의 안전계수는 강재의 경우 2.5 이상, 목재의 경우 5 이상
	⑮ 달비계에 구명줄을 설치하고 근로자에게 안전대를 착용하여 달비계의 구명줄에 체결하도록 한다.

2. 말비계	사다리, 말 등으로 층고 3.6m 미만의 내부공사에만 사용함을 원칙으로 한다. ① 말비계의 설치높이는 2m 이하 ② 말비계는 수평을 유지하여 한쪽으로 기울지 않도록 함 ③ 말비계는 벌어짐을 방지할 수 있는 구조이어야 하며, 이동하지 않도록 견고히 고정 ④ 말비계용 사다리는 기둥재와 수평면과의 각도는 75° 이하, 기둥재와 받침대와의 각도는 85° 이하가 되도록 설치 ⑤ 계단실에서는 보조지지대나 수평연결 등을 하여 말비계가 전도되지 않도록 설치 ⑥ 비계에 사용되는 작업발판의 전체 폭은 0.4m 이상, 길이는 0.6m 이상 ⑦ 작업발판의 돌출길이는 100~200mm 정도로 하며, 돌출된 장소에서는 작업 금지 ⑧ 작업발판 위에서 받침대나 사다리 사용 금지

06 작업발판 및 작업계단, 경사로

1. 작업발판	① 높이가 2m 이상인 장소(작업발판의 끝, 개구부 등 제외)에서 작업함에 있어서 작업발판을 설치 ② 작업발판의 전체 폭은 0.4m 이상이어야 하고, 재료를 저장할 때는 폭이 최소한 0.6m 이상, 최대 폭은 1.5m 이내 ③ 2개 이상의 지지물에 고정 ④ 작업발판을 붙여서 사용할 경우 발판 사이의 틈 간격이 30mm 이내 ⑤ 작업발판을 겹쳐서 사용할 경우 연결은 장선 위에서 하고, 겹침 길이는 200mm 이상 ⑥ 중량작업을 하는 작업발판에는 최대적재하중을 표시한 표지판을 비계에 부착 ⑦ 발끝막이판의 높이는 바닥에서 100mm 이상이어야 하며, 비계기둥 안쪽에 설치
2. 작업계단	① 공사장의 출입 및 각종 자재 운반을 위한 가설계단을 설치하며, 계단의 지지대는 비계 등에 견고하게 고정 ② 계단의 단 너비는 350mm 이상이어야 하며, 디딤판의 간격은 동일 ③ 높이 7m 이내마다와 계단의 꺾임 부분에는 계단참을 설치 ④ 디딤판은 항상 건조 상태를 유지하고 미끄럼 방지효과가 있는 것이어야 하며, 물건을 적재하거나 방치하지 않음 ⑤ 계단의 끝단과 만나는 통로나 작업발판에는 2m 이내의 높이에 장애물이 없어야 한다. 다만, 비계 단의 높이가 2m 이하인 경우는 예외 ⑥ 높이 1m 이상인 계단의 개방된 측면에는 안전난간을 설치 ⑦ 수직구 및 환기구 등에 설치되는 작업계단은 벽면에 안전하게 고정될 수 있도록 설계하고 구조전문가에게 안전성을 확인한 후 시공하여야 한다.
3. 경사로	① 경사로 지지기둥은 3m 이내마다 설치 ② 경사로 폭은 0.9m 이상이어야 하며, 인접 발판 간의 틈새는 30mm 이내가 되도록 설치 ③ 경사로 보는 비계기둥 또는 장선에 클램프로 연결 ④ 발판을 지지하는 장선은 1.8m 이하의 간격으로 발판에 3점 이상 지지하도록 하여 경사로 보에 연결 ⑤ 발판의 끝단 돌출길이는 장선으로부터 200mm 이내 ⑥ 발판은 장선에 2곳 이상 고정하고, 이음은 겹치지 않게 맞대어야 하며, 발판널에는 단면 15mm×30mm 정도의 미끄럼막이를 300mm 내외의 간격으로 고정 ⑦ 경사각은 30° 이하이어야 하며, 미끄럼막이를 일정한 간격으로 설치 ⑧ 경사각이 15° 미만이고 발판에 미끄럼 방지장치가 있는 경우에는 미끄럼막이를 설치하지 않을 수 있음 ⑨ 높이 7m 이내마다와 경사로의 꺾임 부분에는 계단참을 설치 ⑩ 경사로의 끝단과 만나는 통로나 작업발판에는 2m 이내의 높이에 장애물이 없어야 함

●23③·21②,③

(수치) 경사로

07 사다리

1. 고정 사다리	① 고정 사다리의 기울기는 90° 이하, 그 높이가 7m 이상인 경우에는 바닥으로부터 높이가 2.5m 되는 지점부터 등받이울을 설치 ② 사다리 폭은 300mm 이상이어야 하며, 발 받침대 간격은 250~350mm 이내 ③ 벽면 상부로부터 0.6m 이상의 여장 길이 ④ 옥외용 사다리는 철재를 원칙으로 하며, 높이가 10m 이상인 사다리에는 5m 이내마다 계단참 설치 ⑤ 사다리 전면의 사방 0.75m 이내에는 장애물이 없어야 함
2. 이동 사다리	① 사다리의 길이는 6m 이내 ② 사다리의 경사는 수평면으로부터 75° 이하로 하는 것을 원칙 ③ 사다리 폭은 300mm 이상이어야 하며, 발 받침대 간격은 250~350mm 이내 ④ 벽면 상부로부터 0.6m 이상의 여장 길이 ⑤ 접이식 사다리를 사용할 경우에는 각도고정용 전용 철물로 각도를 유지 ⑥ 이동용 사다리는 이어서 사용 금지
3. 연장 사다리	① 총 길이는 15m 이내 ② 잠금쇠와 브래킷을 이용하여 길이를 고정시킨 후 사용 ③ 도르래 및 로프는 소요강도 충족

제7절 안전설비

01 용어

1. 낙하물 방지망	작업 도중 자재, 공구 등의 낙하로 인한 피해를 방지하기 위하여 개구부 및 비계 외부에 수평방향으로 설치하는 망
2. 방호선반	상부에서 작업 도중 자재나 공구 등의 낙하로 인한 재해를 방지하기 위하여 개구부 및 비계 외부 안전통로 출입구 상부에 설치하는 낙하물 방지망 대신 설치하는 목재 또는 금속 판재
3. 수직 보호망	가설구조물의 바깥면에 설치하여 낙하물 및 먼지의 비산 등을 방지하기 위하여 수직으로 설치하는 보호망
4. 안전난간	추락의 우려가 있는 통로, 작업발판의 가장자리, 개구부 주변 등의 장소에 임시로 조립하여 설치하는 수평난간대와 난간기둥 등으로 구성된 안전시설
5. 추락 방호망	고소작업 중 근로자의 추락 및 물체의 낙하를 방지하기 위하여 수평으로 설치하는 보호망. 다만, 낙하물 방지 겸용 방망은 그물코 크기가 20mm 이하일 것
6. 수직형 추락방망	건설현장에서 근로자가 위험장소에 접근하지 못하도록 수직으로 설치하여 추락의 위험을 방지하는 방망
7. 발끝막이판 (Toeboard)	근로자의 발의 미끄러짐이나, 작업 시 발생하는 잔재, 공구 등이 떨어지는 것을 방지하기 위하여 작업발판이나 통로의 가장자리에 설치하는 판재

8. 개구부 수평보호 덮개	근로자 또는 장비 등이 바닥 등에 뚫린 부분으로 떨어지는 것을 방지하기 위하여 설치하는 판재 또는 철판망
9. 안전대 부착설비	추락할 위험이 있는 높이 2m 이상의 장소에서 근로자에게 안전대를 착용시킨 경우 안전대를 안전하게 걸어 사용할 수 있는 설비
10. 낙하물 투하설비	높이 3m 이상인 장소에서 낙하물을 안전하게 던져 아래로 떨어뜨리기 위해 설치되는 설비

● 24①,③ · 22②
(용어) 개구부 수평보호 덮개

02 추락 재해 방지시설

● 24② · 23② · 21②,③
(종류) 추락 재해 방지시설
● 24③
(수치) 추락 방호망

1. 추락 방호망

① 테두리로프를 섬유로프가 아닌 와이어로프로 하는 경우에는 인장강도가 15kN 이상
② 설치지점으로부터 10m 이상의 높이에서 시멘트 2포대(80kg)를 포개어 묶은 중량물을 추락 방호망의 중앙부에 낙하시켰을 때 클램프 또는 전용 철물의 손상이나 파괴 등이 없어야 함
③ 작업면으로부터 추락 방호망의 설치지점까지의 수직거리(H)를 말하며 10m 초과 금지
④ 수평으로 설치하고 추락망호망의 중앙부 처짐(S)은 추락 방호망의 짧은 변 길이(N)의 12~18%
⑤ 추락 방호망의 길이 및 나비가 3m를 넘는 것은 3m 이내마다
⑥ 같은 간격으로 테두리로프와 지지점을 달기로프로 결속
    추락 방호망의 짧은 변 길이(N)가 되는 내민길이(B)는 3m 이상
⑦ 추락 방호망과 이를 지지하는 구조체 사이의 간격은 300mm 이하
⑧ 추락 방호망의 이음은 0.75m 이상의 겹침
⑨ 추락 방호망의 검사는 설치 후 1년 이내에 최초로 하고, 그 이후로 6개월 이내마다 1회씩 정기적으로 검사

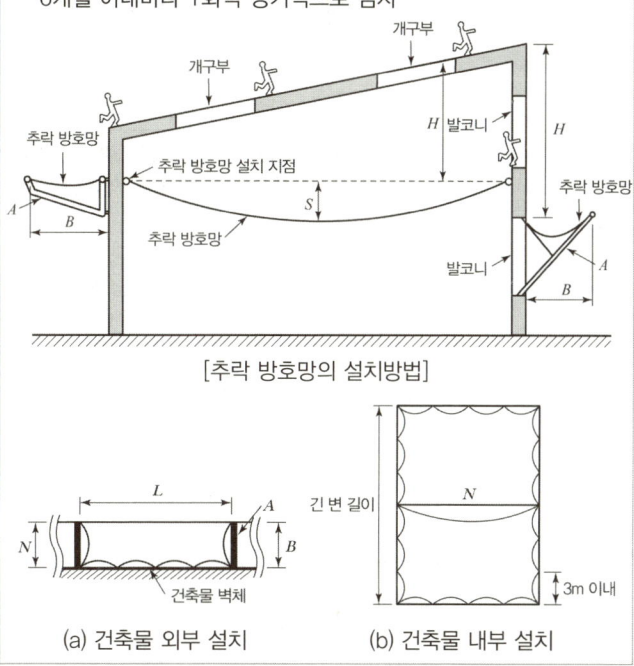

[추락 방호망의 설치방법]

(a) 건축물 외부 설치 (b) 건축물 내부 설치

수치 안전난간 설치 시

	2. 안전난간	① 통로, 작업발판의 가장자리, 개구부 주변, 경사로 등에는 안전난간을 설치 ② 비계기둥의 안쪽에 설치하는 것이 원칙 ③ 바닥면으로부터 0.9m 이상의 높이 유지 ④ 높이가 1.2m 이하일 경우 중간 난간대는 상부 난간대와 바닥면 등의 중간에 설치 ⑤ 1.2m를 초과하여 설치하는 경우에는 중간 난간대를 2단 이상으로 균등하게 설치하고 난간의 상하 간격은 0.6m 이하 ⑥ 발끝막이판의 높이는 바닥에서 100mm 이상 ⑦ 가장 취약한 지점에서 가장 취약한 방향으로 작용하는 100kg 이상의 하중에 견딜 수 있는 강도 ⑧ 난간기둥의 설치간격은 수평거리 1.8m를 초과하지 않는 범위
	3. 개구부 수평 보호덮개	① 상부판과 스토퍼로 구성 ② 수평개구부에는 12mm 합판과 45mm×45mm 각재 또는 동등 이상의 자재를 이용 ③ 근로자, 장비 등의 2배 이상의 무게를 견딜 수 있도록 설치 ④ 개구부 단변 길이가 200mm 이상인 곳에는 수평보호덮개를 설치 ⑤ 상부판은 개구부를 덮었을 경우 개구부에 밀착된 스토퍼로부터 100mm 이상을 본 구조체에 걸치게 설치 ⑥ 철근을 사용하는 경우에는 철근간격 100mm 이하의 격자모양 ⑦ 스토퍼는 개구부에 2면 이상을 밀착시켜 미끄럼 방지
	4. 리프트 승강구 안전문	① 측면에는 안전난간 및 위험표지판을 설치 ② 여닫이문일 경우에는 여닫이 방향을 건물 내측으로 설치 ③ 리프트 승강구 안전문의 기둥은 구조체에 견고하게 고정
	5. 엘리베이터 개구부용 난간틀	① 난간대는 2단 이상으로 설치하여야 하며, 난간틀의 아래에는 100mm 이상의 발끝막이판을 설치 ② 상부 난간대는 바닥면, 발판 또는 통로의 표면으로부터 0.9m 이상 1.5m 이하의 높이를 유지 ③ 중간 난간대는 순 간격이 0.45m 이내가 되도록 설치 ④ 엘리베이터 개구부용 난간틀에는 위험표지판을 설치
	6. 수직형 추락방망	① 앵커, 버클 등을 이용하여 건축물의 벽체나 기둥에 견고하게 설치 ② 달기로프 등 연결부를 이용하여 벽체 등의 수직(높이)방향으로 0.75m 이내마다 고정 ③ 바닥에는 길이방향으로 3m 이내마다 고정 ④ 양끝을 240kg 이상의 힘으로 잡아당겨 견고하게 고정 ⑤ 수직방향으로 1.5m 이상 설치되어야 한다. 다만, 발코니 치켜올림부가 300mm 이상인 경우에는 1.2m 이상으로 설치
	7. 안전대 부착 설비	① 추락할 위험이 있는 높이 2m 이상의 장소에서 근로자에게 안전대를 착용시킨 경우 안전대를 안전하게 걸어 사용할 수 있는 부착설비를 설치 ② 높이 1.2m 이상, 수직방향 7m 이내의 간격으로 강관(48.6 : 2.4mm) 등을 사용하여 안전대걸이를 설치하고, 인장강도 14,700N 이상인 안전대걸이용 로프를 설치 ③ 바닥면으로부터 높이가 낮은 장소(추락 시 물체에 충돌할 수 있는 장소)에서 작업하는 경우 바닥면으로부터 안전대 로프 길이의 2배 이상의 높이에 있는 구조물 등에 부착설비를 설치 ④ 안전대의 로프를 지지하는 부착설비의 위치는 반드시 벨트의 위치보다 높아야 함 ⑤ 줄의 지지로프를 이용하는 근로자의 수는 1인

03 낙하물 재해 방지시설

1. 낙하물 방지망	① 그물코 크기가 20mm 이하의 추락 방호망에 적합 ② 내민길이는 비계 또는 구조체의 외측에서 수평거리 2m 이상 ③ 수평면과의 경사각도는 20° 이상 30° 이하로 설치 ④ 낙하물 방지망의 설치높이는 10m 이내 또는 3개 층마다 설치 ⑤ 낙하물 방지망과 비계 또는 구조체와의 간격은 250mm 이하 ⑥ 벽체와 비계 사이는 망 등을 설치하여 폐쇄한다. 외부공사를 위하여 벽과의 사이를 완전히 폐쇄하기 어려운 경우에는 낙하물 방지망 하부에 걸침띠를 설치하고, 벽과의 간격을 250mm 이하로 함 ⑦ 낙하물 방지망의 이음은 150mm 이상의 겹침 ⑧ 버팀대는 가로방향 1m 이내, 세로방향 1.8m 이내의 간격으로 강관(48.6 : 2.4mm) 등을 이용하여 설치하고 전용 철물을 사용하여 고정 ⑨ 설치 후 3개월 이내마다 정기적으로 검사를 실시
2. 방호선반	① 주출입구 및 리프트 출입구 상부 등에는 방호장치 자율안전기준에 적합한 방호선반 또는 15mm 이상의 판재 등의 자재를 이용하여 방호선반을 설치 ② 근로자, 보행자 및 차량 등의 통행이 빈번한 곳의 첫 단은 낙하물 방지망 대신에 방호선반을 설치 ③ 방호선반의 설치높이는 지상으로부터 10m 이내 ④ 방호선반의 내민길이는 구조체의 최외측에서 수평거리 2m 이상 ⑤ 수평면과의 경사각도는 20° 이상 30° 이하 정도로 설치 ⑥ 방호선반 하부 및 양 옆에는 낙하물 방지망을 설치
3. 수직보호망	① 비계 외측에 비계기둥과 띠장 간격에 맞추어 제작 설치하고, 빈 공간이 생기지 않도록 함 ② 구조체에 고정할 경우에는 350mm 이하의 간격으로 긴결 ③ 지지재는 수평간격 1.8m 이하로 설치 ④ 고정 긴결재는 인장강도 981N 이상으로서 방청처리된 것 ⑤ 수직보호망은 설치 후 3개월 이내마다 정기적으로 검사 ⑥ 연결재의 상태는 1개월마다 정기적으로 검사

04 보호구의 명칭 및 작업 용도

명칭	용도
1. 안전모	물체가 떨어지거나 날아올 위험이 있는 작업
2. 안전대	높이/길이 2m 이상 추락 위험이 있는 작업
3. 안전화	물체의 끼임, 감전, 정전기, 대전 위험이 있는 작업
4. 보안경	물체가 흩날릴 위험이 있는 작업
5. 보안면	용접 시 불꽃이 튈 위험이 있는 작업
6. 방열복	고열에 의한 화상 위험이 있는 작업
7. 절연용 보호구	감전의 위험이 있는 작업
8. 방진마스크	분진이 심하게 발생하는 하역작업
9. 안전모	이륜자동차(오토바이 등) 운행작업
10. 방한모, 방한화, 　　 방한복, 방한장갑	영하 18℃ 이하 냉동어장 하역작업

제8절 중대재해법 및 공사중지 기준

01 중대재해법

1. 종류	중대산업재해와 중대시민재해
2. 중대 산업재해	산업재해 중 다음 각 목의 어느 하나에 해당하는 결과를 야기한 재해 ① 사망자가 1명 이상 발생 ② 동일한 사고로 6개월 이상 치료가 필요한 부상자가 2명 이상 발생 ③ 동일한 유해요인으로 급성중독 등 대통령령으로 정하는 직업성 질병자가 1년 이내에 3명 이상 발생
3. 중대 시민재해	특정 원료 또는 제조물, 공중이용시설 또는 공중교통수단의 설계, 제조, 설치, 관리상의 결함을 원인으로 하여 발생한 재해로서 다음 각 목의 어느 하나에 해당하는 결과를 야기한 재해를 말한다. 다만, 중대산업재해에 해당하는 재해는 제외 ① 사망자가 1명 이상 발생 ② 동일한 사고로 2개월 이상 치료가 필요한 부상자가 10명 이상 발생 ③ 동일한 원인으로 3개월 이상 치료가 필요한 질병자가 10명 이상 발생

02 건설공사 작업 중지 기준(악천후 시)

1. 작업중지 기준	① 산업재해 발생의 급박한 위험이 있는 경우 ② 중대재해가 발생하였을 경우 ③ 악천후시(비, 눈, 바람, 기상상태 불안정을 규정)
2. 타워크레인	① 순간풍속 10m/s 이상 : 설치, 해체, 수리, 점검 작업 중지 ② 순간풍속 15m/s 이상 : 운전작업 중지
3. 철골 작업	① 강풍 : 평균풍속 10m/s 이상시 ② 강우 : 1mm/hr 이상시 ③ 강설 : 1cm/hr 이상시 ※ 시스템비계 설치, 해체 작업시 작업중지 기준 동일

CHAPTER 02 핵심 기출문제

● 개요

01 가설설비계획의 입안 시 유의해야 할 사항을 3가지 쓰시오.

가. _____ 나. _____
다. _____

정답 가설설비계획 입안 시 유의점
가. 전용성 고려
나. 경제성 고려
다. 시공성 고려

02 가설건축물 축조신고 시 구비서류를 3가지만 쓰시오.

가. _____
나. _____
다. _____

정답 가설건축물 축조신고 시 구비서류
가. 가설건물축조 신고서
나. 토지주의 사용허가서
다. 건축물 현황도

03 다음 〈보기〉에서 직접가설비와 간접가설비를 구분하여 기호로 쓰시오.

① 양중·하역설비   ② 숙소
③ 급·배수 설비   ④ 운반설비
⑤ 현장사무소   ⑥ 공사용 전기설비
⑦ 안전설비   ⑧ 기자재 창고

가. 직접가설비 : _____
나. 간접가설비 : _____

정답 가설공사 항목
가. 직접가설비 : ①, ⑦
나. 간접가설비 : ②, ③, ④, ⑤, ⑥, ⑧

04 가설공사 항목 중 공통가설과 직접가설 항목을 〈보기〉에서 골라 기호로 쓰시오.

① 가설건물   ② 규준틀   ③ 용수설비
④ 공사용 동력   ⑤ 방호선반   ⑥ 먹매김
⑦ 운반   ⑧ 콘크리트 양생

가. 공통가설 : _____
나. 직접가설 : _____

정답 가설공사 항목
가. 공통가설 : ①, ③, ④, ⑦
나. 직접가설 : ②, ⑤, ⑥, ⑧

05 건설공사 현장 인근 사람들이 보기 쉬운 곳에 게시하는 공사표지판에 기입사항 4가지를 쓰시오.

가. _____ 나. _____

다. _____ 라. _____

정답 공사표지판에 기입사항
가. 공사명 나. 공사기간
다. 공사내용 라. 사업개요
마. 시공사 바. 현장대리인

● 공통가설공사

06 시멘트 창고 관리방법 4가지를 쓰시오.

가. _____

나. _____

다. _____

라. _____

정답 시멘트 창고 관리방법
가. 마루 높이는 지면에서 30cm 이상 높여 방습처리에 유의한다.
나. 창은 채광용으로 두고 여름철의 습기·외기의 침입을 막기 위해 환기창은 두지 않는다.
다. 반입구와 반출구는 별도로 두고 반입 순서대로 사용한다.
라. 지붕은 경사지붕으로 하고, 창고 주위에 배수도랑을 설치한다.

● 직접가설공사

07 기준점(Bench Mark)의 정의 및 설치 시 주의사항을 3가지 쓰시오.

가. 정의 : _____

_____

_____

나. 주의사항

① _____

② _____

③ _____

정답 기준점(Bench Mark)
가. 정의 : 공사 중에 높낮이의 기준이 되는 점으로 건축물 인근에 설치한다.
나. 주의사항
① 이동의 염려가 없는 곳에 설치한다.
② 현장 어디서나 바라보기 좋고 공사에 지장이 없는 곳에 설치한다.
③ 최소 2개소 이상 설치한다.
④ 지면에서 0.5~1m 정도 위치에 설치하는 것이 좋다.
⑤ 착공과 동시에 설치하고 완공 시까지 존치시킨다.

08 가설공사에서 사용되는 수평규준틀과 수직규준틀의 설치 목적을 각각 2가지씩 기재하시오.

가. 수평규준틀

① _____

② _____

나. 수직규준틀(세로규준틀)

① _____

② _____

정답 규준틀 설치 목적
가. 수평규준틀
① 터파기의 윗변, 아랫변의 표기
② 건물의 각부 위치
나. 수직규준틀(세로규준틀)
① 조적공사 쌓기 높이
② 쌓기 단수

● 비계공사

09 다음에서 설명하는 비계의 명칭을 기재하시오. • 24①·22③·21①,③
가. 강관으로 현장에서 조립하여 설치하는 비계 ( )
나. 와이어로프로 옥상에서 매달아서 외부 작업용으로 사용하는 비계
( )
다. 실내에서만 사용하는 비계 ( )
라. 수직재, 수평재, 가새로 조립해서 사용하는 비계 ( )

정답 비계 명칭
가. 강관비계
나. 달비계
다. 말비계
라. 시스템비계

10 비계공사 시 사용되는 벽 이음재의 종류 4가지를 쓰시오.
가. _____ 나. _____
다. _____ 라. _____

정답 비계 벽 이음재
가. 박스형 나. 립형
다. 관통형 라. 창틀용

11 통나무 비계에 비하여 단관 파이프 비계의 장점 4가지를 쓰시오. • 21②
가. _____
나. _____
다. _____
라. _____

정답 단관 파이프 비계의 장점
가. 조립·해체가 용이하다.
나. 사용횟수가 많다.
다. 강도가 커서 고층 건축시공에 유리하다.
라. 작업장이 미관상 좋다.

12 강관비계를 수직 수평 경사방향으로 연결 또는 이음 고정시킬 때 사용하는 부속철물의 명칭을 3가지 쓰시오.
가. _____ 나. _____
다. _____

정답 강관비계 이음고정 부속철물
가. 커플러(Coupler)
나. 커플링(Coupling)
다. 클램프(Clamp)

13 강관 파이프 비계의 연결철물 종류와 기둥 하단 설치 철물을 쓰시오.
가. 연결철물 종류 : _____
나. 기둥 하단 설치 철물 : _____

정답 강관 파이프 비계 철물
가. 연결철물 종류 : 자재형 클램프, 고정형 클램프
나. 기둥 하단 설치 철물 : 베이스 플레이트

14 다음은 강관비계를 설치하는 방법이다. ( ) 안에 적당한 수치를 기재하시오.

• 22③

> 강관 파이프 비계를 설치할 때 기둥은 (가)m가 넘는 부분은 2본 이상 설치하며, 띠장의 간격은 (나)m 이하로 설치하고, 기둥 1본의 최대 적재하중은 (다)kN, 기둥 사이 1.85m 이내의 최대 적재하중은 (라)kN으로 한다.

가. _____ 나. _____
다. _____ 라. _____

정답 강관 비계
가. 31   나. 2
다. 7.0   라. 4.0

15 강관틀비계의 설치에 관한 다음 설명 중 ( ) 안에 적합한 숫자를 적으시오.

> 세로틀은 수직방향 (가)m, 수평방향 (나)m 내외의 간격으로 건축물의 구조체에 견고하게 긴결해야 하며, 높이는 원칙적으로 (다)m를 초과할 수 없다.

가. _____ 나. _____
다. _____

정답 비계 연결대
가. 6
나. 8
다. 40

16 비계 해체 시 주의사항에 대한 설명이다. 〈보기〉에서 틀린 항목 2개를 고르고 옳은 내용으로 수정하시오.

• 23③

> 〈보기〉
> 가. 해체 및 철거는 시공의 역순으로 진행하여야 한다.
> 나. 해체 착수 전에 비계에 결함이 발생했을 경우에는 정상적인 상태로 복구한 후에 해체하여야 한다. 특히, 벽 이음재와 가새는 반드시 확인하여야 한다.
> 다. 해체는 규칙적이고 계획적으로 진행되어야 하며, 수직부재부터 차례로 해체하여야 한다.
> 라. 해체 및 철거 시에는 도괴, 낙하, 추락 등의 방지를 위한 조치를 취하여야 한다.
> 마. 모든 분리된 부재와 이음재는 비계로부터 떨어뜨리지 말고 내려야 하며, 아직 분해되지 않은 비계부분은 안정성이 유지되도록 작업하여야 한다.
> 사. 해체된 부재들은 비계 위에 적재해서는 안 되며, 해체된 부재들은 지정된 위치에 보관하여야 한다.
> 아. 벽 이음재는 가능하면 먼저 해체한다.

정답 비계 해체 시 주의사항
다. 수직부재 → 수평부재
아. 먼저 → 나중에

17 다음 곤돌라형 달비계에 사용 금지된 와이어로프에 대한 설명이다. 각 항목에 맞는 기준을 고르시오.   • 23③

> 가. 이음매가 (① 있는 것 ② 없는 것)
> 나. 이음매가 있는 와이어로프의 한 꼬임에서 끊어진 소선의 수가
>   (① 3% ② 5% ③ 10% ④ 15%) 이상인 와이어로프
> 다. 지름의 감소가 공칭지름의 (① 3% ② 7% ③ 10% ④ 15%)를 초과하는 꼬인 와이어로프
> 라. 꼬임이 (① 있는 것 ② 없는 것)

가. _____ 나. _____
다. _____ 라. _____

정답 곤돌라형 달비계
가. ①   나. ③
다. ②   라. ①

18 다음 달비계 안전계수를 써 넣으시오.   • 23②

> 가. 달기 와이어로프 및 달기 강선의 안전계수 (①) 이상
> 나. 달기 체인 및 달기훅의 안전계수 (②) 이상
> 다. 달기 강대와 달비계의 하부 및 상부 지점의 안전계수 강재의 경우
>   (③) 이상, 목재의 경우 (④) 이상

① _____ ② _____
③ _____ ④ _____

정답 달비계 안전계수
① 10   ② 5
③ 2.5   ④ 5

19 다음은 달비계 관련 내용이다. 다음 가, 나 항목별 내용에 맞는 답을 고르시오.   • 24③

가	나
① 이음매가 없는 것 ② 와이어로프의 한 꼬임에서 끊어진 소선의 수가 10% 이상인 것 ③ 지름의 감소가 공칭지름의 7% 이상인 것 ④ 변형이 없고 부식되지 않은 것 ⑤ 꼬임이 없고 반듯한 것 ⑥ 열과 전기충격에 의해 손상되지 않은 것	① 안전블록 ② 안전모 ③ 안전대 ④ 안전그네 ⑤ 구명줄

1) "가"항에서 달비계에 사용되면 안 되는 와이어로프 항목을 고르시오.
   _____

2) 근로자의 추락 위험을 방지하기 위하여 다음과 같은 조치를 한다.
   다음 ( ) 안에 알맞은 내용을 "나"항의 보기에서 골라 기호로 쓰시오.

   > 달비계에 (가)을 설치하고, 근로자에게 (나)를 착용하도록 하고 근로자가 착용한 안전줄을 달비계의 (가)에 체결하도록 한다.

가. _____ 나. _____

정답 달비계
1) ②, ③
2) 가 - ⑤, 나 - ③

20 다음은 가설공사에 대한 내용이다. ( ) 안에 적당한 수치를 기입하시오.

가. 가설 경사로는 견고한 구조로 해야 하고, 경사는 ( )도 이하로 한다. 경사가 ( )도를 초과할 때는 미끄러지지 않는 구조로 한다.
나. 수직갱에 가설된 통로길이가 15m 이상일 때는 ( )m 이내마다 계단참을 설치하고, 건설공사에 사용되는 높이 8m 이상인 비계다리에는 ( )m 이내마다 계단참을 설치한다.

정답 가설공사
가. 30, 15
나. 10, 7

21 다음은 가설통로 중 경사로에 관한 설명이다. ( ) 안에 적당한 숫자를 기재하시오.

경사로 설치 시 경사각은 (가)도 이하이어야 하며, (나)도 이상일 경우 미끄럼 막이를 일정한 간격으로 설치하고, 높이 (다)m 마다 경사로의 꺾임 부분에는 계단참을 설치하여야 한다.

가. _____ 나. _____ 다. _____

정답 가설통로 중 경사로
가. 30   나. 15   다. 7

● 시스템 비계

22 시스템 비계 구성품 3가지를 쓰시오.

가. _____ 나. _____
다. _____

정답 시스템 비계
가. 수직재   나. 수평재
다. 가새   라. 받침철물

● 안전설비

23 가설공사 시 추락, 낙하, 비산방지를 위한 안전설비의 종류를 3가지 쓰시오.

가. _____ 나. _____
다. _____

정답 가설공사 안전설비
가. 방호시트
나. 방호선반
다. 낙하물 방지망

24 안전난간에 관한 설명이다. ( ) 안에 적당한 수치를 기재하시오.

안전난간설치 시 발끝막이판의 높이는 바닥에서 (①) 이상이어야 하며, 상부난간대는 발판으로부터 (②)m 이상의 높이이어야 하고 난간의 상하 간격은 (③)m 이하이어야 하고, 구조적으로 가장 취약한 지점에서 가장 취약한 방향으로 작용하는 (④)kg 이상의 하중에 견딜 수 있는 강도를 가져야 한다.

① _____ ② _____
③ _____ ④ _____

정답 안전난간
① 100mm   ② 0.9
③ 0.6   ④ 100

25 다음 시설에 맞게 보기에서 골라 기호로 쓰시오. • 24③·22②

가. 작업 도중 자재, 공구 등의 낙하로 인한 피해를 방지하기 위하여 개구부 및 비계 외부에 수평으로 설치하는 망 ( )

나. 상부에서 작업 도중 자재나 공구 등의 낙하로 인한 재해를 방지하기 위하여 개구 및 비계 외부 안전 통로 출입구 상부에 설치하는 낙하물 방지망 대신 설치하는 목재 또는 금속판재 ( )

다. 고소 작업 중 근로자의 추락 및 물체의 낙하를 방지하기 위하여 수평으로 설치하는 보호망 ( )

라. 근로자 또는 장비 등이 바닥 등에 뚫린 부분으로 떨어지는 것을 방지하기 위하여 설치하는 판재 또는 철판망 ( )

〈보기〉
① 개구부 수평보호덮개 ② 안전난간 ③ 방호선반 ④ 낙하물 방지망
⑤ 수직보호망 ⑥ 추락 방호망 ⑦ 수직형 추락방망

가. _____ 나. _____
다. _____ 라. _____

정답 가설공사 안전설비
가. ④ 나. ③
다. ⑥ 라. ①

---

26 다음 설명에 맞는 안전설비항목을 〈보기〉에서 골라 기호로 쓰시오. • 24①

가. 건설현장에서 근로자가 위험장소에 접근하지 못하도록 수직으로 설치하여 추락의 위험을 방지하는 방망 ( )

나. 상부에서 작업 도중 자재나 공구 등의 낙하로 인한 재해를 방지하기 위하여 개구 및 비계 외부 안전 통로 출입구 상부에 설치하는 목재 또는 금속 판재 ( )

다. 가설 구조물의 바깥면 등에 설치하여 낙하물의 비산 등을 방지하기 위해 설치하는 보호망 ( )

라. 근로자 또는 장비 등이 바닥 등에 뚫린 부분으로 떨어지는 것을 방지하기 위하여 설치하는 판재 또는 철판망 ( )

〈보기〉
① 개구부 수평보호덮개 ② 안전난간 ③ 방호선반
④ 낙하물 방지망 ⑤ 수직 보호망 ⑥ 추락 방호망
⑦ 수직형 추락방망

정답 안전설비항목
가 - ⑦ 나 - ③
다 - ⑤ 라 - ①

---

27 다음 용어를 설명하시오.

가. 낙하물 방지망 : _____

나. 방호선반 : _____

정답 용어
가. 낙하물 방지망 : 작업 도중 자재, 공구 등의 낙하로 인한 피해를 방지하기 위하여 외부비계에 수평방향으로 설치하는 망
나. 방호선반 : 주출입구 및 리프트 출입구 상부 등에 설치한 낙하 방지 안전시설

28 다음은 낙하물 방지망에 관한 내용이다. ( ) 안에 적당한 수치를 기재하시오.

낙하물 방지망의 설치 높이는 (①)m 마다 설치하며, 비계 또는 구조체의 외측에서 내민길이는 (②)m 이상 설치하며, 경사는 (③) 이상 (④) 이하로 한다.

① _____ ② _____
③ _____ ④ _____

정답 낙하물 방지망
① 10 ② 2
③ 20도 ④ 30도

29 건설현장에서 사용되는 추락재해 방지시설 4가지를 쓰시오.

가. _____ 나. _____
다. _____ 라. _____

정답 추락재해 방지시설
가. 추락방호망
나. 안전난간
다. 개구부 수평 보호덮개
라. 리프트 승강구 안전문
마. 수직형 추락방망

30 다음은 추락재해 방지 시설의 추락방호망에 관한 내용이다. ( ) 안에 적당한 수치를 기재하시오.

작업면으로부터 추락방호망의 설치지점까지의 수직거리는 (가)m 초과금지하며, 수평으로 설치하고 추락방호망의 중앙부 처짐은 추락방호망의 짧은 변길이의 (나)% 이내로 하며 같은 간격으로 테두리로프와 지지점을 달기로프로 결속 추락방호망의 짧은 변길이가 되는 내민길이는 (다)m 이상으로 한다.

가. _____ 나. _____ 다. _____

정답 추락방호망
가. 10
나. 12~18
다. 3

31 다음 설명하는 보호장구를 〈보기〉에서 골라 기재하시오.

〈보기〉
① 안전화   ② 안전대   ③ 안전모   ④ 방열복

가. 물체의 낙하, 충격 및 바닥으로 날카로운 물체에 의한 찔림 위험으로부터 발을 보호하는 장구 ( )
나. 물체의 낙하 및 비래에 의한 위험을 방지 또는 경감시키기 위한 보호장구 ( )
다. 고열작업에서 화상과 열중증을 방지하기 위하여 사용하는 보호장구 ( )
라. 높은 장소의 작업에서 작업자를 보호하기 위하여 작업자의 허리와 구조물 또는 발판 등을 연결하기 위한 줄 ( )

정답 보호장구
가. ① 나. ③
다. ④ 라. ②

32 다음 설명하는 내용에 적합한 보호장구를 기재하시오.

가. 물체의 낙하, 충격 및 바닥으로 날카로운 물체에 의한 찔림 위험으로부터 발을 보호하는 장구 (　　　)
나. 용접 시 불꽃이나 물체가 흩날릴 위험이 있는 작업 (　　　)
다. 고열작업에서 화상과 열중증을 방지하기 위하여 사용하는 보호장구 (　　　)
라. 높은 장소의 작업에서 작업자를 보호하기 위하여 작업자의 허리와 구조물 또는 발판 등을 연결하기 위한 줄 (　　　)

정답 보호장구
가. 안전화   나. 보안면
다. 방열복   라. 안전대

● 측량

33 평판측량과 레벨측량의 기구를 〈보기〉에서 각각 골라 기호를 쓰시오.

〈보기〉
① 앨리데이드   ② 평판   ③ 구심기
④ 다림추   ⑤ 자침기 ⑥ 레벨
⑦ 스태프(Staff)

가. 평판측량 :
나. 레벨측량 :

정답 측량기구
가. 평판측량 : ①, ②, ③, ④, ⑤
나. 레벨측량 : ⑥, ⑦

● 환경 및 기타

34 공사현장의 비산먼지로 인한 피해를 방지하기 위해 설치하는 시설 3가지를 쓰시오.

가. 　　　　　　　　나.
다.

정답 비산먼지 피해 방지 시설
가. 방진망   나. 방진벽
다. 방진막   라. 방진덮개
마. 세륜시설

35 비산먼지 발생 억제를 위한 방진시설을 할 때 야적(분체상 물질을 야적하는 경우에 한함) 시 조치사항 3가지를 쓰시오.

가.
나.
다.

정답 비산먼지 방지대책
가. 야적 물질 1일 이상 보관 시 방진덮개 설치
나. 1.8m 이상의 높이로 방진벽 설치
다. 비산먼지의 발생을 억제하기 위한 살수시설 설치

36 중대재해에 대한 설명이다. 해당 내용에 맞는 인원수를 기재하시오.

> 중대재해라 함은 산업재해 중 사망 등 재해의 정도가 심한 것으로, 사망자가 (가)인 이상 발생한 재해사고, 동일한 사고로 6개월 이상 치료가 필요한 부상자가 (나)인 이상 발생한 재해사고, 동일한 유해요인으로 급성중독 등 직업성 발병자가 1년 이내에 (다)인 이상 발생한 재해를 말한다.

가. _____ 나. _____ 다. _____

정답 중대재해
가. 1 나. 2 다. 3

37 건설공사에서 악천 후에 따른 철골 공사 중지 기준이다. ( ) 안에 적당한 수치를 기재하시오.

> 가. 풍속 : (①)m/s 나. 강수량 : (②)mm/hr
> 다. 강설량 : (③)cm/hr

① _____ ② _____ ③ _____

정답 철골 공사 중지 기준
① 10 ② 1 ③ 1

Engineer Architecture

CHAPTER 03
철근콘크리트공사

CONTENTS

제1절	철근공사	91
제2절	거푸집공사	107
제3절	콘크리트공사 – 재료	132
제4절	콘크리트공사 – 배합/성질	141
제5절	콘크리트공사 – 시공	158
제6절	콘크리트공사 – 종류	171

한눈에 보기

01 철근공사

- 공작도
  - 정의
  - 종류
- 종류
  - 원형(○)
  - 이형(D)
  - 고강도(HD)
    - 직경 ↓
    - 철근량 ↓
    - G의 크기 ↑
    - 공기 ↓
    - 가공이 어렵다
  - 피아노선(강성)
- 가공
  - 절단
  - 구부리기
    - 밴트
    - 후크
      - 원형철근
      - 이형(기둥, 보, 굴뚝)
      - 대근, 늑근
- 이음
  - 직접이음
    - 용접
    - 압접
      - 강도상이
      - 재질상이
      - 지름 6mm 차이 ⟶ 시공 불가
  - 간접이음 — 결속선이음
  - 기계적 이음
    - 슬리브 압착
    - 슬리브 충진
    - 나사식
    - Cad Welding
    - G-loc splice
    - Easy coupler
  - 주의
    - 응력 ↓ 위치
    - 1/2 이상 ×
    - 엇갈려서 시공
- 정착
  - 위치
  - 도해
- 간격
  - 25mm 이상
  - 1.0D 이상 } 중 큰 값
- 피복두께
  - 목적
    - 내구성(중성화)
    - 내화성
    - 시공성
    - 부착강도 ↑
- 시공순서
  - 일반 : 기초-기둥-벽-보-바닥-계단
  - 기초철근
    - 먹줄(거푸집설치)
    - 간격표시
    - 직교철근
    - 대각철근
    - 스페이서설치
    - 기둥주근
    - 대근감기
- 방청
  - 원인
    - 중성화
    - 건조수축
    - 염분
    - 단면크기 ↓
  - 대책
    - 피복두께
    - 염분허용량 준수
    - W/C ↓
    - 마감재
    - 방청도료

02 거푸집

- 짜기시 주의사항
  - 소요강도 충족
  - 변형 ×
  - 시멘트풀 ×
  - 조립, 해체용이
  - 전용성 ↑
- 구성부재 — 널, 띠장, 장선, 보, 지주, 캠버
- 부속재료
  - 간격재(스페이서) — 간격/피복두께 ⟶ 철재 / Con'c / 모르타르 / 플라스틱 (종류)
  - 긴결재(폼타이)
  - 격리재(세퍼레이터)
  - 박리재
- 설계(고려하중)
  - 수평 : 생콘크리트 중량, 작업하중, 충격하중
  - 수직 : 생콘크리트 중량, 측압
  - ※ Con'c Head—용어
  - ※ 요인 : 단면저×높이, 속도 ↑, 강도 ↑
           철근량 ↓, 투수성 ↓
- 존치기간
  - 수평
    - 14MPa
    - 설계기준강도 2/3 이상 / 설계기준강도 이상
  - 수직
    - 5MPa
    - 재령

	조강	보통
20℃ 이상	2	4
10~20℃ 미만	3	6

- 순서
  - 일반 : 기초-기둥-벽-계단-보-바닥
  - RC 1개층
    - 기초판 거푸집
    - 기초판 철근배근
    - 기둥철근 기초판 정착
    - 기초판 콘크리트 타설
    - 기둥 철근배근
    - 기둥 거푸집
    - 벽의 한편 거푸집
    - 벽 철근배근
    - 벽의 딴편 거푸집
    - 바닥, 보 거푸집
    - 바닥, 보 철근배근
    - 콘크리트 타설
- 종류
  - 벽전용
    - 대형패널 : 대형화
    - 갱폼 — 특수한 모양/거푸집/가설물 일체
      - 장점 : 시간단축
              가설비, 노무비 절감
      - 단점 : 초기투자비 ↑
              대형 양중장비 필요
  - 바닥전용
    - 테이블폼
    - 플라잉폼 } 일체식 거푸집
    - ※ 특징
      - 조립분해 × : 시간단축
      - 처짐량 ×
      - 전용률 ↑
      - 초기투자비 ↑
  - 벽+바닥 — 터널폼
  - 무지주공법
    - 보우빔
    - 페코빔
  - 이동
    - 슬라이딩
    - 트래블링
  - 바닥판식
    - 워플 : 무량판구조
    - 하프슬라브
    - ※ V.H 분리타설

Thinking Map

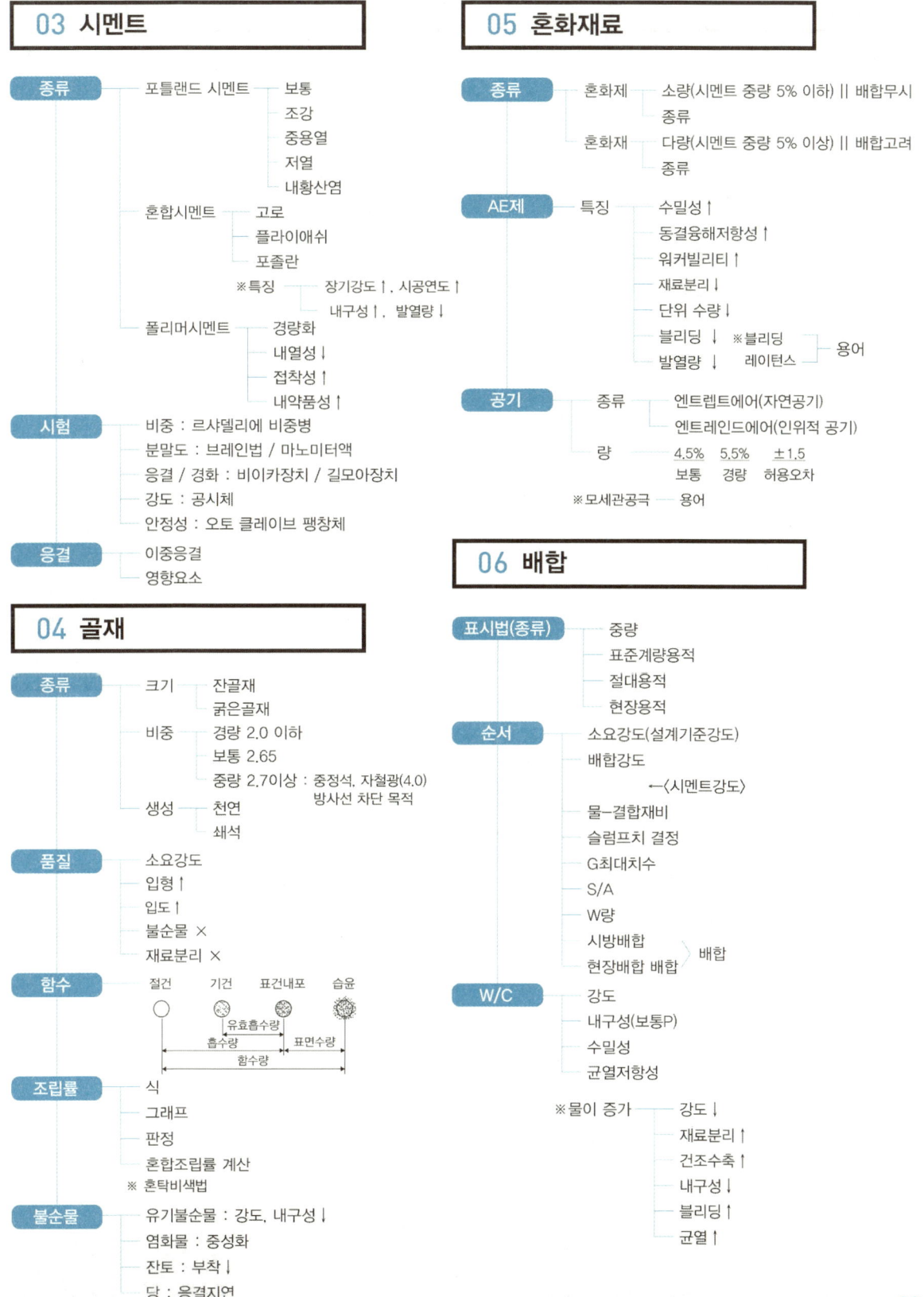

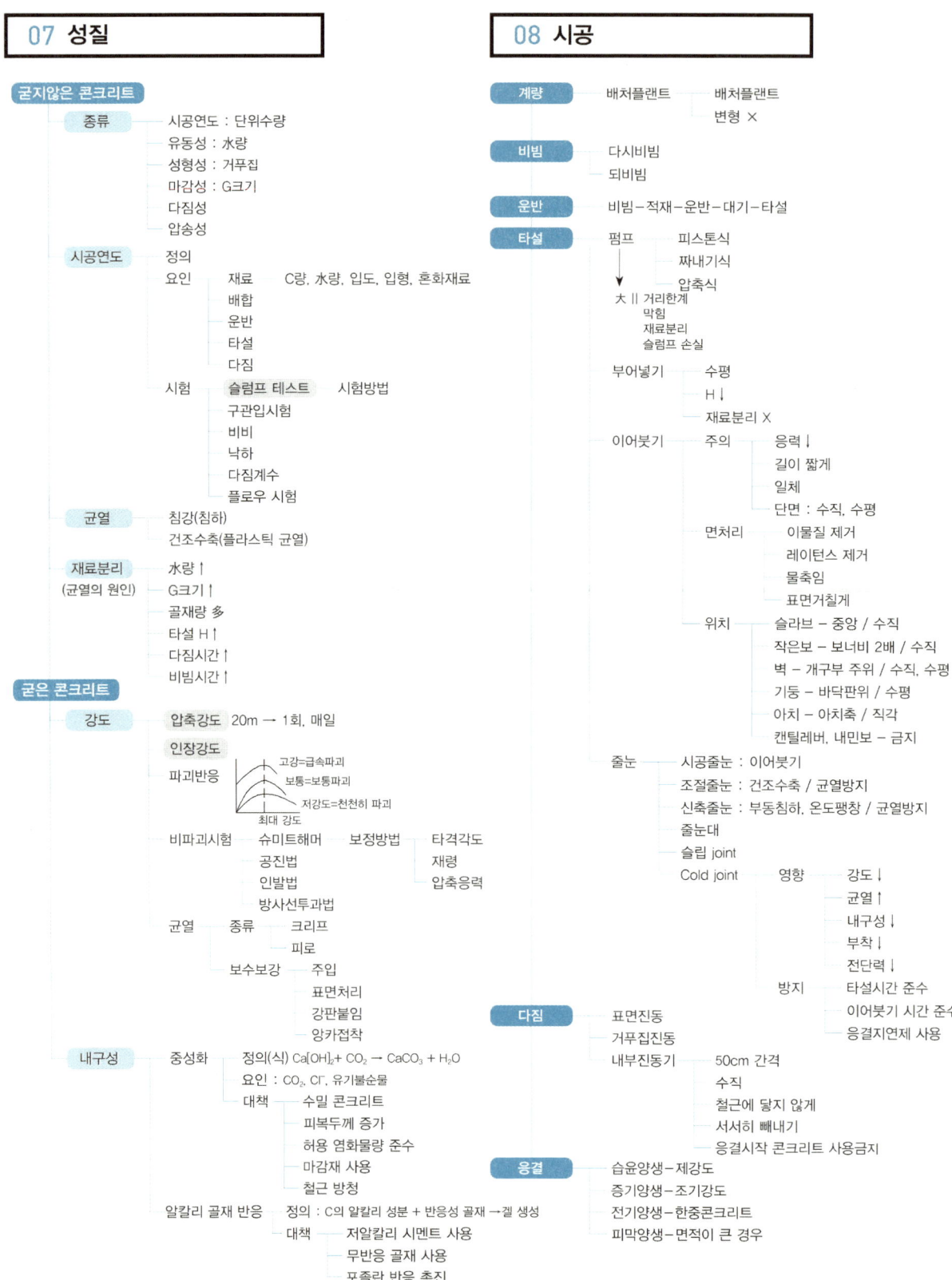

Thinking Map

09 종류

- **서중콘크리트**
  - 정의
  - 대책
    - AE제 : 시공연도
    - 재료냉각
    - 중용열 시멘트
    - 시간단축

- **한중콘크리트**
  - 정의
  - 대책
    - AE제
    - 보온양생
    - W/C ↓
  - 보온방법
    - 단열
    - 가열
    - 피복

- **AE 콘크리트**

- **쇄석 콘크리트**

- **유동화 콘크리트**
  - 정의
  - 제조(종류)

- **폴리머 콘크리트**
  - 비용↑, 내화성↓
  - 수밀성↑
  - 접착성↑
  - 약품, 마모, 충격저항↑

- **섬유보강 콘크리트**
  - 종류 : 합성섬유, 유리, 강/탄소섬유

- **경량콘크리트**
  - 경량골재
  - 골재 X
  - 발포제
  - 기포제 흡입
  - ALC

- **매스콘크리트**
  - 정의
  - 대책
    - 저열시멘트
    - 프리콜링
    - 파이프쿨링
    - 시멘트량↓

- **진공(버큠)콘크리트**

- **쇼트크리트**
  - 정의
  - 종류
    - 시멘트건
    - 본닥터
    - 제트크리트
  - 특징
    - 시공성↑
    - 가설비↓
    - 건조수축
    - 균열
    - 숙련공

- **프리스트레스트**
  - 정의
  - 종류
    - 프리텐션
    - 포스트텐션
  - 정착법
    - 쐐기
    - 나사
    - 용접
    - 루프
  - 순서
    - 프리텐션
      - 거푸집설치
      - PS강재 긴장
      - 콘크리트 타설
      - 프리스트레스 부여
    - 포스트텐션
      - 쉬스관 설치
      - 콘크리트 타설
      - PS강재 쉬스관 내 설치 및 긴장
      - 그라우팅
      - 프리스트레스 부여

- **프리패브(PC)**
  - 순서
    - 거푸집 설치
    - 창호 설치
    - 철근 배근
    - 매입철물 설치
    - 검사
    - 콘크리트 타설 및 표면마무리
    - 양생
    - 거푸집 탈형

- **레디믹스트 콘크리트**
  - 표시 : G크기 – 강도 – 슬럼프치
  - 종류
    - 센추럴
    - 슈링크
    - 트랜싯

- **외장용 노출 콘크리트**
  - 정의
  - 목적
    - 미추구
    - 경량
    - 간소함
    - 마감공정 X

- **고성능 콘크리트**
  - 고강도
  - 고내구성
  - 고유동성

- **해양 콘크리트**
  - 해상대기
  - 해중
  - 물보라지역

용어 미리보기

1. 철근공사

용어	Keyword	출제연도
이형철근	원형철근 표면에 마디와 리브를 붙여 부착력을 강화한 철근	
온도조절 철근 (수축·온도 철근)	콘크리트의 건조수축, 온도변화, 기타의 원인에 의하여 콘크리트에 일어나는 인장응력에 대하여 가외로 더 넣는 보조적인 철근	
배근용 철근	콘크리트가 인장력을 받는 곳에 설치한 배근	
조립용 철근	철근의 조립에서 정확한 철근의 위치나 간격, 피복두께 등의 위치 확보를 위하여 쓰이는 보조적인 철근	
와이어 클리퍼	철선 절단용 기구	
가스압접	철근을 서로 맞대어 불꽃으로 가열하고 압력을 가한 맞댄이음	
피복두께	콘크리트 외면에서부터 첫 번째 나오는 철근의 표면까지의 거리	21③
배력근	슬래브에서 주근과 직교되어 장방향으로 배근되는 철근	

2. 거푸집공사

용어	Keyword	출제연도
잭 서포트	하중이나 진동이 큰 부분에 설치하는 지주	
솟음(Camber)	보, 슬래브 및 트러스 등에서 그의 정상적 위치 또는 형상으로부터 처짐을 고려하여 상향으로 들어 올리는 것	
격리재(Separator)	거푸집이 오무라드는 것 방지하는 부속재료	24①,③·23③
폼타이긴결재(Form Tie)	거푸집이 벌어지는 것 방지하는 부속재료	24①,③·23③
스페이서	철근간격이나 피복두께를 유지하기 위하여 사용되는 부속재료	24①·23③
박리제	콘크리트와 거푸집의 박리를 용이하게 하는 부속재료	23③
컬럼밴드	기둥거푸집의 고정과 측압버팀용으로 사용되는 보강 재료	
콘크리트 헤드 (Con'c head)	수직거푸집에서 타설된 콘크리트 윗면으로부터 최대측압이 발생하는 수직의 거리	
갱(Gang)폼	특수한 벽체를 만드는 벽전용 거푸집	
터널(Tunnel) 폼	벽과 바닥을 일체로 제작하기 위한 벽 바닥 전용 거푸집	
슬라이딩/슬립 (Sliding) 폼	수평적 또는 수직적으로 반복된 구조물을 시공이음이 없이 균일한 형상으로 시공하기 위하여 거푸집을 연속적으로 이동시키면서 콘크리트를 타설하여 구조물을 시공하는 거푸집	
페코 빔(Pecco Beam)	간격(간사이) 조정을 위한 신축이 가능한 빔을 이용한 무지주 공법	
데크 플레이트 (Deck Plate)	아연도 철판을 절곡 제작하여 거푸집으로 사용하여 콘크리트 타설 후 사용 철판을 바닥하부 마감재로 사용하는 공법	23③·22③
데크합성슬래브	데크플레이트와 콘크리트가 일체가 되어 하중을 부담하는 구조	24①·23③·22③
데크복합슬래브	데크플레이트의 홈에 철근을 배치한 철근콘크리트와 데크플레이트가 하중을 부담하는 구조	23③·22③
데크구조슬래브	데크플레이트가 연직하중, 수평가새가 수평하중을 부담하는 구조	

3. 콘크리트 - 재료/배합

용어	Keyword	출제연도
고로 슬래그	철강 제조시 발생하는 철광석의 돌성분과 석회석이 합해진 부산물	
플라이애쉬(애시)	화력발전소 석탄을 태운 구형입자의 재	
실리카 흄(퓸)	실리콘 혹은 페로 실리콘 등의 규소합금의 제조 시에 발생하는 폐가스를 집진하여 얻어지는 부산물의 일종으로 비정질의 이산화규소(SiO_2)를 주성분으로 하는 초미립자	
헛응결	가수 후 20분 정도 지나면 응결이 진행되는 것처럼 보이나 다시 묽어지는데 이 응결을 말함	
골재의 종류	① 잔골재 : No.4(5mm)체 중량으로 85% 통과하는 것 ② 굵은골재 : No.4(5mm)체 중량으로 85% 남는 것	22①
골재 - 절대건조상태	골재를 100~110℃의 온도에서 중량변화가 없어질 때까지(24시간 이상) 건조한 상태	
골재 - 기건상태	골재를 공기 중에 건조하여 내부는 수분을 포함하고 있는 상태	
골재 - 습윤상태	골재의 내부는 이미 포화상태이고, 표면에도 물이 묻어 있는 상태	
골재 흡수량	표면건조 내부 포수상태의 골재 중에 포함되는 물의 양	
골재 표면수량	함수량과 표면건조 내부 포수 상태의 골재 내에 함유된 수량의 차(함수량 - 흡수량)	
골재 함수량	습윤상태 골재의 내·외부에 함유된 전수량	
골재 유효흡수량	흡수량과 기건상태의 골재 내에 함유된 수량과의 차	
표면건조 내부포수상태	골재표면은 마른 상태이고 내부에 물이 포화된 상태	
잔골재율	전골재 안에 포함된 잔골재의 용적 백분율	
굵은골재의 최대 치수	중량으로 90% 이상 통과시키는 체눈의 크기	
조립률(FM)(Finess Modulus)	체가름 시험을 통해 골재의 입도를 간단한 수치로 나타낸 것	
샌드벌킹	모래에서 함수율 8~10일 때 부피가 최대로 된 상태	
혼화제	약품의 성질로 콘크리트 성질을 개선하는 혼화재료	
혼화재	시멘트와 반응하여 콘크리트의 성질을 개선하는 혼화재료	
유동화제	미리 비벼 놓은 콘크리트에 첨가하거나, 콘크리트 비빔 시 섞어 사용함으로써 그 유동성을 증대시키는 것을 주목적으로 하는 혼화재료	24③·23①·22③
방청제	염화물 등으로 인한 철근이 부식되는 것을 방지하기 위하여 사용되는 혼화재료	24③·23①·22③
발포제	발포제 : 알루미늄, 아연의 분말	22③
AE제	콘크리트 속에 인위적으로 공기를 생성하는 혼화제	24③·23①·22③
엔트랩트 에어	콘크리트에 자연적으로 함유된 공기	
엔트레인드 에어	약품투입 등으로 콘크리트에 인위적으로 함유된 공기	
포졸란 반응	시멘트와 물이 만나 생성된 수산화칼슘과 상온에서 콘크리트 내부의 물질이 반응하여 겔을 형성하는 반응	
모세관 공극	콘크리트 내의 재료들 입자 사이에 물이 모세관현상이 발생한 뒤 모세관수가 증발하여 생긴 공극	
물시멘트비	모르타르나 콘크리트에서 골재가 표면건조 포화상태에 있을 때에 반죽 직후 물과 시멘트의 질량비	

용어	설명	
물-결합재비	모르타르나 콘크리트에서 골재가 표면건조 포화상태에 있을 때에 반죽 직후 물과 시멘트와 혼화재료의 질량비	
슬럼프 플로	아직 굳지 않은 콘크리트의 유동성 정도를 나타내는 지표로, 콘크리트의 슬럼프 시험방법에 규정된 방법에 따라 슬럼프콘을 들어올린 후에 원모양으로 퍼진 콘크리트의 직경(최대 직경과 이에 직교하는 직경의 평균)을 측정한 값	
배처 플랜트 (Batcher Plant)	콘크리트를 제조하는데 재료를 자동으로 계량하고 자동으로 비비는 설비	
워싱턴미터 (Washington Meter)	굳지 않은 콘크리트 내 공기량을 측정하는 기기	
디스펜서(Dispenser)	콘크리트 내 AE제를 계량하는 기기	
이넌데이터(Inundater)	모래의 습윤상태와 절건상태의 부피가 같은 성질을 이용하여 모래를 계량하는 장치	

4. 콘크리트의 성질

용어	Keyword	출제연도
시공연도(Workability)	반죽질기 여하에 따르는 작업의 난이 정도 및 재료의 분리에 저항하는 정도	24①,②,③ · 21①,②
유동성(반죽질기) (Consistency)	콘크리트의 움직이는 성질	24①,③ · 21①
성형성(Plasticity)	콘크리트가 거푸집에 잘 채워지는 정도	24③ · 21①
마감성(Finishability)	골재의 최대치수에 따르는 콘크리트 표면정리의 난이 정도	24①,②,③ · 21①
블리딩	콘크리트 타설 후 생콘크리트의 자중압에 의해 콘크리트 내 수분이 상승하는 현상	
레이턴스	블리딩으로 인한 잉여수가 증발된 뒤 콘크리트 표면에 남는 하얀 이물질	
침강균열	콘크리트를 타설하고 다짐하여 마감작업을 한 이후에도 계속되어 발생되는 콘크리트의 침하현상에 따라 생기는 균열	
소성수축균열	콘크리트는 외기와 접하면서 건조하기 시작하고 건조된 콘크리트의 외부는 줄어들게 되나 내부는 아직도 수분을 많이 함유하고 있으므로 외부의 수축 작용으로서 발생되는 균열(소성수축균열)	
균열보수법 주입공법	주입부위 천공 후 에폭시를 주사기를 이용 20~30cm 간격으로 주입	
크리프	하중의 증가 없이 일정한 하중(고정하중 등)이 지속될 때 나타나는 소성 변형	
중성화	공기 중의 탄산가스의 작용을 받아 콘크리트 중의 수산화칼슘이 서서히 탄산칼슘으로 되어 콘크리트의 알칼리성이 상실되는 현상	24③ · 22③
알칼리 골재반응 (Alkali Aggregate Reaction)	시멘트의 알칼리 성분과 골재 중의 Silica, 탄산염 등의 광물이 화합하여 알칼리 Silica Gel이 생성되어 팽창되면서 콘크리트에 균열, 조직붕괴가 일어나는 현상	22②
염해	콘크리트 중의 염화물에 의하여 강재가 부식되어 콘크리트 구조물이 손상되는 현상	

Terminology

5. 콘크리트 – 시공

용어	Keyword	출제연도
다시비빔	콘크리트가 재료 분리가 일어났을 때 재 비빔	
되비빔	콘크리트가 응결이 시작된 뒤 재 비빔	
시공줄눈 (Construction Joint)	거푸집의 측압을 고려하여 계획적으로 이어 붓기에 의해 형성되는 줄눈	23③ · 21③
신축줄눈 (Expansion Joint)	건축물의 온도에 의한 신축팽창, 부동침하 등에 의하여 발생하는 건축물의 전체적인 불규칙 균열을 한 곳에 집중시키도록 설계 및 시공 시 고려되는 줄눈	21③
조절줄눈(Control Joint)	지반 등 안정된 위치에 있는 바닥판이 건조수축에 의하여 표면에 균열을 방지하기 위하여 설치하는 줄눈	21③
줄눈대(Delay Joint)	장스판 구조물에서 신축줄눈을 설치하지 않고, 건조수축을 감소시키기 위해서 구간을 두어 설치하는 줄눈	
콜드조인트(Cold Joint)	콘크리트 시공과정 중 휴식시간 등으로 응결하기 시작한 콘크리트에 새로운 콘크리트를 이어칠 때 일체화가 저해되어 생기게 되는 줄눈	24③ · 23③ · 21③
양생(보양)	콘크리트 타설후 제강도가 발현되도록 보호하는 행위	

6. 콘크리트 – 종류

용어	Keyword	출제연도
서중 콘크리트	하루 평균기온이 25℃를 초과하는 경우에 시공되는 콘크리트	24① · 23① · 21③
한중 콘크리트	하루 평균기온이 4℃ 이하가 예상되는 조건일 때 시공되는 콘크리트	23①
서모콘(Thermo–Con)	자갈, 모래 등의 골재를 사용하지 않고 시멘트와 물 그리고 발포제를 배합하여 만든 일종의 경량 콘크리트	
차폐용 콘크리트	주로 생물체의 방호를 위하여 X선, γ선 및 중성자선을 차폐할 목적으로 사용되는 콘크리트	
유동화 콘크리트	미리 비빈 베이스 콘크리트에 유동화제를 첨가하여 유동성을 증대시킨 콘크리트	
저탄소 콘크리트	시멘트 대체 혼화재로서 플라이애시 및 콘크리트용 고로슬래그 미분말을 결합재로 대량 치환하여 제조된 콘크리트 중 치환율이 50% 이상, 70% 이하인 콘크리트	24① · 22①,②
레디믹스트 콘크리트	레미콘 공장에서 콘크리트를 제조 · 운반하여 현장에서 타설되는 콘크리트	23②
센트럴믹스트 콘크리트 (Central mixed concrete)	믹싱 플랜트의 고정믹서에서 비빔이 완료된 콘크리트를 현장으로 운반되는 콘크리트	23②
슈링크믹스트 콘크리트 (Shrink mixed concrete)	믹싱 플랜트의 고정 믹서에서 어느 정도 비빈 것을 운반 도중에 완전히 비빈 콘크리트	23②
트랜싯믹스트 콘크리트 (Transit mixed concrete)	트럭 믹서에 모든 재료가 공급되어 운반 도중에 안전히 비벼지는 콘크리트	23②

폴리머 함침 콘크리트	결합재로 시멘트와 시멘트 혼화용 폴리머(또는 폴리머 혼화재)를 사용한 콘크리트	
프리스트레스트 콘크리트	긴장재를 설치하고 콘크리트를 타설·양생 후 스트레스트를 부여하여 만든 콘크리트	23①·22②·21②
프리텐션	강현재에 미리 인장력을 가한 상태로 콘크리트를 타설, 완전 경화 후 강현재 단부에서 스트레스트를 부여하는 공법	
포스트 텐션	콘크리트를 부어 넣기 전에 덕트(쉬스관)를 묻어 두고 콘크리트를 부어 넣은 후 쉬스 구멍에 강현재를 통하여 긴장시키고 그라우팅 후 스트레스트를 부여하는 공법	
덕트(쉬스관)	포스트텐션 공법에서 긴장재를 삽입하기 위하여 설치하는 관	
매스(Mass) 콘크리트	구조물의 부재치수는 일반적인 표준으로서 넓이가 넓은 평판구조의 경우 두께 0.8m 이상, 하단이 구속된 벽체의 경우 두께 0.5m 이상인 콘크리트	24①·23①·22②·21②
진공(Vacuum) 콘크리트	콘크리트가 경화하기 전에 진공 매트(Vacuum Mat)로 수분과 공기를 흡수하고, 대기의 압력으로 콘크리트를 다진 콘크리트	
쇼트 크리트	컴프레서 혹은 펌프를 이용하여 노즐 위치까지 호스 속으로 운반한 콘크리트를 압축공기에 의해 시공면에 뿜어서 만든 콘크리트	
고강도 콘크리트	설계기준강도가 보통 콘크리트는 40MPa 이상, 경량콘크리트는 27MPa 이상인 콘크리트	24①
폭렬현상	화재 시 콘크리트 내부가 고열로 인하여 생성된 수증기가 밖으로 분출되지 못하여 생긴 수증기의 압력으로 콘크리트가 떨어져 나가는 현상	
그라우팅(Grouting)	프리팩트콘크리트나 포스트텐션 공법에서 덕트(쉬스관) 등에 모르타르 주입하는 공법	
긴장재	프리스트레스트 콘크리트에 사용되는 강재(강선, 강연선, 강봉)를 잡아 늘린 상태의 재료	
외장용 노출 콘크리트	외장마감 처리를 하지 않고 타설된 콘크리트 자체가 최종 마감면으로 활용되는 콘크리트	
선행 냉각(Pre-cooling)	매스 콘크리트의 시공에서 콘크리트를 타설하기 전에 콘크리트의 온도를 제어하기 위해 얼음이나 액체질소 등으로 콘크리트 원재료를 냉각하는 방법	
관로식 냉각(Post-cooling)	매스 콘크리트의 시공에서 콘크리트를 타설한 후 콘크리트의 내부온도를 제어하기 위해 미리 묻어 둔 파이프 내부에 냉수 또는 공기를 강제적으로 순환시켜 콘크리트를 냉각하는 방법	
프리플레이스트 콘크리트	미리 거푸집 속에 특정한 입도를 가지는 굵은골재를 채워놓고, 그 간극에 모르타르를 주입하여 제조한 콘크리트	23①·22②·21②

철근콘크리트공사

회독 CHECK!
1회독 □ 월 일
2회독 □ 월 일
3회독 □ 월 일

제1절 철근공사

01 개요

(1) 종류/시험

<table>
<tr><td rowspan="2">1. 형태</td><td>원형철근</td><td colspan="2">철근의 지름을 Φ로 표시한다.</td></tr>
<tr><td>이형철근</td><td colspan="2">
① 철근의 지름을 D로 표시한다.
② 원형철근 표면에 마디와 리브를 붙여 부착력을 강화한 것(40% 정도)
③ 이형봉강은 표면에 돌기가 있어야 하며 축선 방향의 돌기를 종방향 리브라 하고, 축선 방향 이외의 돌기를 횡방향 리브라 한다.
④ 횡방향 리브의 틈은 종방향 리브와 횡방향 리브가 떨어져 있는 경우 및 종방향 리브가 없는 경우에는 횡방향 리브의 결손부의 너비를, 또 종방향 리브와 횡방향 리브가 접속하여 있는 경우에는 종방향 리브의 너비를 각각 횡방향 리브의 틈으로 한다.
</td></tr>
</table>

⑤

종류		기호[1]	도색에 의한 색 구별 표시
이형 봉강	일반용	SD300	녹색
		SD400	황색
		SD500	흑색
		SD600	회색
		SD700	하늘색
	용접용	SD400W	백색
		SD500W	분홍색
	특수 내진용	SD400S	보라색
		SD500S	적색
		SD600S	청색
		SD700S	주황

[1] 표시 방법 : SD(Steel Deformed bar)와 하부 항복점 또는 항복 강도의 최소치로 표기하며, 용접용 및 특수내진용의 경우, W(Weldable) 및 S(Seismic) 표기를 이어서 사용한다.

용어 이형철근

● 24②

종류 도색에 의한 색 구별법

종류 PS 콘크리트 긴장재 종류 3가지

1. 형태	P.S 긴장재	① 피아노선(Piano Wire) : 철근 강도의 5배인 고강도 철선 ② PC 강선(Prestressing Wire) ③ PC 강연선(Prestressing Wire Stand) ④ PC 강봉(Prestressing Steel Bar)
	용접철망	① 철선을 간격 15cm 정도로 직교시키고 교차점은 용접한다. ② 넓은 바닥판, 도로포장에 이용한다.
2. 용도	배근용 철근	Con'c가 인장력을 받는 곳에 설치한 배근으로 콘크리트의 단점을 보완하기 위하여 사용된 철근
	수축 · 온도 철근	콘크리트의 건조수축, 온도변화, 기타의 원인에 의하여 콘크리트에 일어나는 인장응력에 대하여 가외로 더 넣는 보조적인 철근
	조립용 철근	철근의 조립에서 정확한 철근의 위치나 간격, 피복두께 등의 위치 확보를 위하여 쓰이는 보조적인 철근
3. 시험		① 인장강도 ② 휨강도

(용어) 온도조절 철근

(목적) 온도철근 배근

(종류) 철근시험

2) 작업순서

1. 순서	① 공작도 작성　　　　② 재료반입 ③ 재료 검사 및 시험　　④ 저장 ⑤ 가공(절단, 구부리기)　⑥ 조립(이음, 정착, 간격, 피복두께) ⑦ 조립부 검사	
2. 공작도	정의	구조 계산에 의거하여 철근의 절단, 구부리기 등을 현장에서 정확히 작업하기 위해 현장에서 철근의 모양, 치수, 지름, 길이, 이음위치 · 가공 등을 명확히 작성한 도면
	종류	① 기초 상세도　　　② 기둥과 벽의 상세도 ③ 보 상세도　　　　④ 바닥판 상세도
3. 저장		① 철근은 지름, 길이별로 구분하고 종류별로 정돈하여 불합격품과 섞이지 않게 한다. ② 철근은 직접 땅바닥에 놓지 않으며, 장기간 우로에 노출되지 않게 한다. ③ 철근은 먼지, 진흙, 기름 등이 묻지 않도록 한다. ④ 철근은 가공 조립 순서에 맞춰 정리해 둔다.

(순서) 철근공사 작업

(용어) 공작도

(종류) 공작도 종류

02 철근의 가공

(1) 개요

1. 가공 온도	① 직경 25mm 이하는 상온에서 가공 ② 직경 28mm 이상은 가열해서 가공
2. 종류	① 절단 ② 구부리기 　㉠ 중간부 구부리기(Bent) 　㉡ 말단부 구부리기(Hook)
3. 공구	① 구부리기용 : 후커(Hooker), 바벤더(Bar-bender) ② 철근 절단용 : 모루, 용접기, 쇠톱 ③ 철선 절단용 : 와이어 클리퍼(Wire Clipper)

(용어) 와이어 클리퍼

(2) Hook(단부 구부림)

1. 설치 장소	① 원형철근의 말단부는 원칙적으로 훅(Hook)을 둔다.(부착력에 대한 고려) ② 이형철근은 원칙적으로 훅을 생략할 수 있으나 다음의 경우에는 훅을 두어야 한다. 　㉠ 기둥 및 보의 외곽부 철근 　㉡ 굴뚝근, 대근, 늑근 및 고정근 　㉢ 도면에서 지시된 부분 　㉣ 시공이음부
2. 종류 및 기준	구부림각 180°　구부림각 135°　구부림각 90°

3. 주철근 연장길이	180°	4d 이상, 또한 60mm 이상
	90°	12d 이상

4. 스트럽 띠철근 연장길이	180°	D16 이하	6d 이상
		D19, D22 및 D25	12d 이상
	135°		6d 이상

5. 구부림의 최소 내면 반지름	D10~D25	3d
	D29~D35	4d
	D38 이상	5d

> 종류) Hook 설치하는 경우 3가지

03 철근의 이음

(1) 일반사항

1. 종류	① 직접이음 : 용접, 가스압접 ② 간접이음 : 용접, 결속선 이음(겹침이음) ③ 기계적(슬리브 : Sleeve) 이음 　㉠ 슬리브 압착　　㉡ 슬리브 충진 　㉢ 그립-조인트　　㉣ 나사 이음 　㉤ Cad Welding　　㉥ G-loc Splice
2. 위치	① 철근이음의 위치는 가급적 응력(인장력)이 적게 발생하는 곳으로 한다. ② 아울러 한 위치에서 철근수의 1/2 이상을 하지 않으며, 상호 엇갈려서 잇는다. ③ 기둥은 기둥높이의 2/3 이하에서 보는 압축을 받는 곳에서 잇는 것이 좋다.

> 종류) 철근 이음방법 4가지

종류 · 철근 이음위치 시 주의사항 ●21①

3. 주의사항		① 상세도 원칙 ② 상세도에 표기되지 않은 사항은 구조 설계기준에 의거, 위치와 방법 결정 ③ D35 이상은 겹친 이음 금지 ④ D35 이상의 철근과 D35 미만의 철근의 이음 시 압축력을 받는 곳에서는 겹친 이음 가능 ⑤ 장래 이음에 대비하여 철근을 미리 삽입하는 경우 노출부위에 부식이나 손상 방지 조치 ⑥ 용접, 가스압접, 슬리브이음 등은 사전 성능시험 실시 ⑦ 가스압접 및 기계적 이음은 재축에 직각으로 가공하여 실시 ⑧ 가스압접은 압접부위를 압접 당일 연마하여 유해물 제거 ⑨ 용접이음 시 이물질은 화염청소로 제거
4. 이음 길이		① 보통 겹침이음에서 발생하며 압축과 인장에 따라 달리 발생하며, Hook을 두는 경우 Hook의 길이는 이음길이에 산입하지 아니한다. ② 인장이음 : 30cm 이상, $\dfrac{f_y}{\sqrt{f_{ck}}} \times 0.6d$ 이상 ③ 압축이음 : 30cm 이상, $0.072 f_y \cdot d$ 이상

(2) 겹침이음

주의사항	① 이음길이는 갈고리 중심 간 길이로 한다. ② 겹침 철근의 직경(d)이 다를 경우에는 작은 쪽 철근 직경을 기준으로 한다. ③ 이음부위는 #18~#20 철선으로 2개소 이상 묶는다. ④ D35 이상의 철근은 겹침이음을 하지 않는다.

(3) 가스압접

용어 · 가스압접

1. 정의		철근을 서로 맞대어 불꽃으로 가열하고 압력을 가한 맞댄 이음
2. 특징	장점	① 콘크리트를 부어넣기가 용이하다. ② 잔토막도 유효하게 이용된다. ③ 겹침이음 길이가 필요 없다. ④ 내력이 증가된다. [압접부의 부풀음]
	단점	① 공정상, 작업상 복잡화 ② 용접 부위의 검사 곤란 ③ 기상의 영향(풍우, 저온 시) ④ 숙련공에 대한 의존도가 높다.

3. 시공 시 주의사항	① 접합온도 : 1,200~1,300℃ ② 압접소요시간 : 1개소에 3~4분 ③ 압접 압력 : 3kgf/mm² 이상, 개선면 간격 3~4mm ④ 압접 작업은 철근을 조립하기 전에 행한다. ⑤ 철근의 지름이나 종류가 같은 것을 압접하는 것이 좋다. ⑥ 축심의 엇나감(틀어짐)은 철근 지름의 1/5 이하가 되어야 한다.
4. 금지	① 철근의 지름 차이가 6mm를 초과하는 경우 ② 철근의 재질이 서로 다른 경우 ③ 항복점 강도가 서로 다른 경우

(종류) 가스압접을 해서는 안 되는 경우

(4) 기계적(Sleeve) 이음

1. 특징		① 전기나 Gas를 사용하지 않으므로 화재 염려가 적다. ② 기후에 관계없이 시공할 수 있다. ③ 별도의 철근 마무리 작업이 필요 없다. ④ 이음 속도가 빠르다. ⑤ 철근 규격이 상이하면 채택이 어렵다. ⑥ 접합상태는 시각적인 검사가 어렵다.
2. 종류	슬리브 압착	슬리브의 길이를 철근 지름의 5~8배 정도로 현장에서 유압 프레스로 압착하여 이음
	슬리브 충진	슬리브 내부에 약액을 충진시켜 철근을 이음
	그립 조인트	슬리브를 한쪽에서 서서히 압착하여 철근을 이음
	나사이음	내부에 나사가 처리된 커플러 사용
	Cad-Welding	철근과 Sleeve 사이에 발파제 및 Cad-Weld 금속분을 넣고 발피시켜 용융으로 이음
	G-loc Splice	깔때기 모양의 G-loc sleeve를 이용하며 철근의 지름이 다를 때는 Reducer insert를 이용하여 철근을 이음

04 철근의 정착

	구분	정착위치
1. 위치	기둥의 주근	기초
	보의 주근	기둥
	작은 보의 주근 보 밑에 기둥이 없을 때	보 상호 간
	지중보의 주근	기초 또는 기둥
	벽철근	기둥, 보 또는 바닥판
	바닥철근	보 또는 벽체
2. 주의 사항	① 부재 중심을 넘겨 정착 ② 정착길이에 Hook의 길이는 포함되지 않음 ③ 허용오차는 10% 내외	

(위치) 정착위치

3. 정착 도해	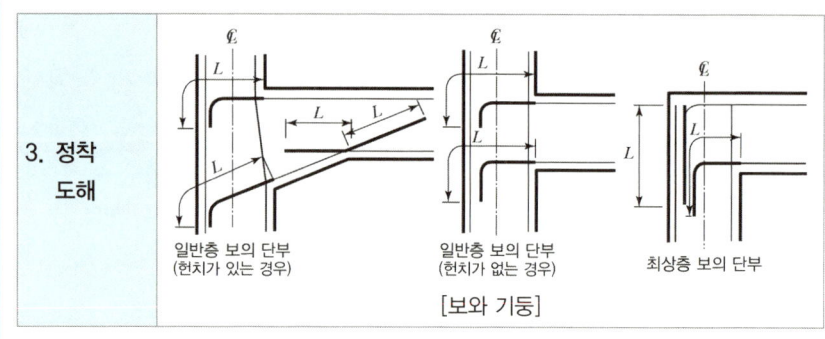 일반층 보의 단부 (헌치가 있는 경우) 일반층 보의 단부 (헌치가 없는 경우) 최상층 보의 단부 [보와 기둥]

05 철근의 조립

(1) 간격

1. 목적	① 콘크리트의 유동성(시공성) 확보 ② 재료분리 방지 ③ 소요강도 유지 및 확보

2. 최소 간격	① 철근 사이의 수평 순간격
	   • 25mm 이상
	   • 철근의 공칭 지름 이상
	② 상단과 하단에 2단 이상으로 배치된 경우 상하 철근의 순간격은 25mm 이상
	③ 나선철근 또는 띠철근이 배근된 압축부재에서 축방향 철근의 순간격은 40mm 이상, 철근 공칭 지름의 1.5배 이상
	④ 벽체 또는 슬래브에서 휨 주철근의 간격은 벽체나 슬래브 두께의 3배 이하로 하여야 하고, 450mm 이하

(2) 피복두께

1. 정의	콘크리트 외면에서부터 첫 번째 나오는 철근의 표면까지의 거리		
2. 목적	① 내구성(중성화 방지) ② 내화성 확보 ③ 시공성(Con'c 타설) 증대 ④ 부착력 증대		
3. 기준 두께	① 보통 콘크리트		
	구분	피복두께(단위 : mm)	
	수중 콘크리트	100	
	흙(영구)	75	
	흙+공기 노출	D19 이상	50
		D16 이하	40
	슬래브, 벽체, 장선	D35 초과	40
		D35 이하	20
	보, 기둥	40	
	쉘, 절판	20	

	② 특수 환경에 노출되는 콘크리트		
3. 기준 두께	구분		피복두께(단위 : mm)
	벽체, 슬래브		50
	기타 부재	노출등급 EC1, EC2	60
		노출등급 EC3	70
		노출등급 EC4	80

4. 도해	[철근 순간격과 피복두께]

(도해) 피복두께

(수치) 보철근 배근 가능 개수

(계산) 보폭의 최솟값 구하기

(3) 조립순서

1. RC조	기초 → 기둥 → 벽 → 보 → 슬래브 → 계단
2. SRC	기초 → 기둥 → 보 → 벽 → 슬래브 → 계단
3. 기초철근	① 거푸집 먹줄치기 ② 간격표시 ③ 직교철근 배근 ④ 대각철근 배근 ⑤ 스페이서 설치 ⑥ 기둥 주근 배근 ⑦ 대근 감기

●24②

(순서) 일반철근의 조립(부재별)

(순서) 기초철근의 조립

(4) 철근 선조립(Pre-fab) 공법

1. 정의	기둥, 보, 바닥, 벽체 등 부위별로 공장 또는 현장작업에서 철근 또는 연강선재를 기계적 이음이나 전기저항 용접하여 유닛화된 철근 조립부재와 구조용 용접철망 및 철근 격자망을 현장에서 크레인 등을 이용, 조립하는 공법을 말한다.
2. 특징	① 시공정밀도가 높아 안전율이 높다. ② 철근의 피복이 정확하다. ③ 굵은 철근의 사용이 가능하여 고층건물에 유리하다. ④ 재료량 및 노무량을 절감할 수 있다. ⑤ 콘크리트의 연속타설이 가능하여 공기를 단축할 수 있다.

(특징) 철근 선조립 공법의 시공측면 장점 3가지

종류 철근 부식원인

종류 철근의 방청법

06 철근의 방청

1. 원인	① 중성화(CO_2, Cl^-) ② 염분 ③ 전기로 인한 부식(전식) ④ 건조수축
2. 방지대책	① 수밀한 콘크리트 ② 마감재 사용 ③ 염분허용량 준수 ④ W/C 최소화 ⑤ 방청도료

CHAPTER 03 핵심 기출문제

● 철근공사

01 다음 용어를 정리하시오.

가. 이형철근 : _____

나. 배력근 : _____

> **정답** 용어 – 이형철근, 배력근
> 가. 이형철근 : 콘크리트와의 부착력을 증가시키기 위해 표면에 리브와 마디를 설치해서 만든 철근
> 나. 배력근 : 슬래브에서 주근과 직교되어 장방향으로 배근되는 철근

02 다음 이형봉강의 용도에 따라 구분하는 도색을 쓰시오. ●24②

가. 일반용   (   )
나. 용접용   (   )
다. 내진용   (   )

> **정답** 이형봉강의 용도에 따라 구분하는 도색
> 가. 일반용 – (녹색)
> 나. 용접용 – (백색)
> 다. 내진용 – (보라색)

03 온도조절 철근이란 무엇인지 간단히 쓰시오.

> **정답** 온도조절 철근
> 온도 변화와 콘크리트 수축에 의한 균열 저감을 위해 배근되는 철근

04 온도철근의 배근 목적에 대하여 설명하시오.

> **정답** 온도철근
> 온도 변화에 따라 콘크리트의 수축으로 생기는 균열을 방지하기 위하여 배근하는 철근

05 현장에서 반입된 철근은 시험편을 채취한 후 시험을 하여야 하는데, 그 시험의 종류 2가지를 쓰시오.

가. _____
나. _____

> **정답**
> 가. 인장강도 시험
> 나. 휨강도 시험

06 철근콘크리트 기둥에서 띠(Hoop)철근의 역할 2가지를 쓰시오.

가. _____
나. _____

> **정답** 띠철근의 역할
> 가. 콘크리트의 가로방향 변형 방지
> 나. 기둥의 좌굴방지

● 가공

07 철근의 단부에 갈고리(Hook)를 설치해야 하는 경우를 3가지 쓰시오.

가. _____
나. _____
다. _____

> **정답** 철근 단부에 갈고리(Hook) 설치
> 가. 원형철근
> 나. 이형철근의 기둥, 보, 굴뚝의 주근
> 다. 늑근, 대근, 띠철근인 경우

08 철근의 단부에 갈고리(Hook)를 만들어야 하는 철근을 모두 골라 번호를 쓰시오.

① 원형철근   ② 스터럽
③ 띠철근   ④ 지중보의 돌출부 부분의 철근
⑤ 굴뚝의 철근

> **정답** 갈고리(Hook) 설치 철근
> ①, ②, ③, ⑤

● 이음

09 철근공사에 있어 이음위치의 선정 시 주의할 사항을 3가지만 쓰시오. • 21①

가. _____
나. _____
다. _____

> **정답** 철근 이음위치 선정
> 가. 큰 응력을 받는 곳은 피한다.
> 나. 동일 장소에 이음이 반수 이상 집중되지 않도록 한다.
> 다. 상호 엇갈리게 잇는다.

10 철근의 이음방법을 4가지 쓰시오.

가. _____
나. _____
다. _____
라. _____

> **정답** 철근의 이음방법
> 가. 결속선이음(겹침이음)법
> 나. 용접이음법
> 다. 기계적 이음
> 라. 가스압접

11 철근의 이음방법에는 콘크리트와 부착력에 의한 (가) 외에 (나) 또는 연결재를 사용한 (다)이 있다.

가. _____
나. _____
다. _____

> **정답** 철근의 이음
> 가. 겹침이음
> 나. 가스압접이음
> 다. 기계적 이음

12 철근공사 시 이음을 겹침이음으로 하지 않고 용접이음으로 한 경우 장점을 3가지 쓰시오.

가. _____
나. _____
다. _____

> **정답** 용접이음의 장점
> 가. 콘크리트 타설 시 시공성 확보
> 나. 강재량 절약
> 다. 이음부위 강도 확보 가능

13 철근콘크리트 공사에서 철근이음을 하는 방법으로 가스압접이 있는데, 가스압접으로 이음을 할 수 없는 경우를 3가지 쓰시오.

가. _____
나. _____
다. _____

> **정답** 철근이음
> 가. 철근의 지름차이가 6mm를 초과하는 경우
> 나. 철근의 재실이 서로 다른 경우
> 다. 항복점 강도가 서로 다른 경우

● 정착

14 기둥주근은 (가), 큰 보의 주근은 (나), 작은 보 주근은 (다), 직교하는 단부보 하부에 기둥이 없을 때 보 상호 간에, 바닥철근은 보 또는 (라)에 정착한다. ( ) 안에 알맞은 것을 〈보기〉에서 골라 쓰시오.

〈보기〉
① 벽체   ② 기초   ③ 큰 보
④ 기둥   ⑤ 지붕

가. _____ 나. _____
다. _____ 라. _____

> **정답** 철근의 정착
> 가. 기초
> 나. 기둥
> 다. 큰 보
> 라. 벽체

15 아래 그림을 보고 철근의 정착길이에 해당되는 부분을 굵은 선으로 표시 하시오.

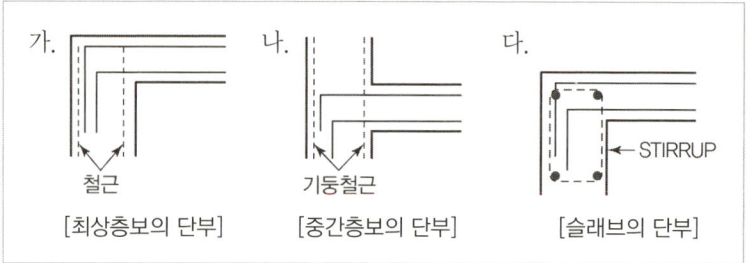

정답 철근의 정착 도해

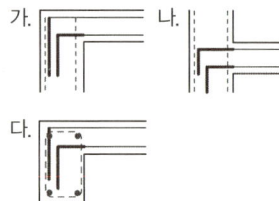

● 간격

16 철근콘크리트공사를 하면서 철근 간격을 일정하게 유지하는 이유를 3가지 쓰시오.

가.
나.
다.

정답 철근 간격 유지 이유
가. 콘크리트의 유동성(시공성) 확보
나. 재료분리 방지
다. 소요의 강도 유지 및 확보
라. 철근의 부착력 확보

17 철근콘크리트공사에서 철근의 간격재(Spacer)를 3가지 쓰시오.

가.
나.
다.

정답 철근 간격재
가. 모르타르 재료의 간격재
나. 철판을 절곡시킨 간격재
다. 철근을 조립한 간격재

18 다음 용어를 간단히 설명하시오.

가. 스페이서(Spacer) :

나. 온도조절 철근 :

정답 용어 – 철근
가. 스페이서(Spacer) : 철근의 간격이나 피복두께를 유지하기 위하여 설치하는 부속재
나. 온도조절 철근 : 일방향 슬래브에서 온도 변화에 따른 콘크리트의 수축으로 생긴 균열을 최소화하기 위한 철근

19 다음 건축공사 표준시방서에 따른 철근의 간격에 대한 설명 중 (   ) 안에 알맞은 내용을 쓰시오.

> 철근 사이의 수평 순간격은 (가)mm 이상, 공칭직경 (나)배 이상으로 한다. 상단과 하단에 2단으로 배치된 경우 상·하 철근의 순간격은 (다)mm 이상으로 한다.

가. _____ 나. _____

다. _____

정답 철근 간격
가. 25mm
나. 1.0배
다. 25mm

20 다음 그림과 같은 철근콘크리트 T형보에서 하부의 주근 철근이 1단으로 배근될 때 배근 가능한 개수를 구하시오.(단, 보의 피복두께는 3cm이고, 늑근은 D10-@200이며, 주근은 D16을 이용하고, 사용 콘크리트의 굵은골재의 최대치수는 20mm이며, 이음정착은 고려하지 않는 것으로 한다.)

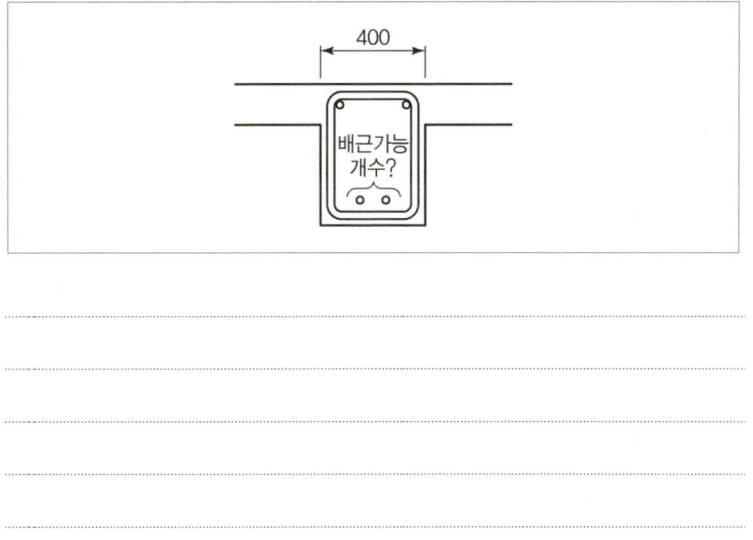

[유사문제]
- D-25 1열 배근(4개)
- 피복 40mm
- G최대 치수 18mm
- 스트럽 D10

정답 철근 개수
1) 철근의 최소 간격
   ① 25mm 이상 ⎤
   ② 1.0D 이상 ⎦ 중 가장 큰 값
   ∴ ① 25mm 이상
      ② 1.0×16 = 16mm
   ∴ 철근의 간격 25mm
2) 철근의 개수(n)
   ① 400-(30×2+10×2)
      = 320
   ② 320 = 16×n+(n-1)×25
   ∴ n = 8.41 → 8개

● 피복두께

21 피복두께의 정의와 유지목적을 적으시오.   • 23① · 21③

가. 정의 : _____

나. 유지목적

　① _____

　② _____

　③ _____

정답 피복두께
가. 정의 : 콘크리트 표면에서 단면 내 가장 근접한 철근의 표면까지의 순간격
나. 유지목적
　① 내구성 확보
　② 내화성 확보
　③ 시공성 확보

정답 피복두께

가. 도해

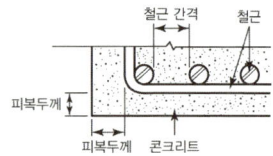

나. 목적
① 콘크리트 내구성 확보
② 콘크리트 시공성 확보
③ 콘크리트 내화성 확보
④ 콘크리트와의 부착력 확보

정답 보통 콘크리트의 피복두께
① 100   ② 75
③ 50   ④ 40

정답 피복두께
가. 철근콘크리트 외면으로부터 첫 번째 철근의 표면까지의 최단거리
나. 40mm
다. 20mm
라. 40mm

---

22 피복두께의 정의를 보의 단면으로 나타내며, 스트럽근과 인장철근까지의 그림으로 도시하고 목적 2가지를 쓰시오.

가. 도해

나. 목적 : ①
②

23 다음 보통 콘크리트의 피복두께를 기재하시오.   • 23②

구분	피복두께(단위 : mm)	
수중 콘크리트	①	
흙(영구)	②	
흙+공기노출	D19 이상	③
	D16 이하	④

①   ②
③   ④

24 피복두께의 정의를 쓰고 다음 부재의 피복두께를 기재하시오.   • 24③

옥외의 공기나 흙에 직접 접하지 않는 콘크리트	슬라브, 벽체	D35 초과	(나)
		D35 이하	(다)
	보, 기둥		(라)

가. 정의 :

나.   다.
라.

25 콘크리트 내부의 철근이 부식되기 위해 필요한 3요소는 무엇이며, 이에 대한 대책은 이들 3요소를 억제하거나 콘크리트 중으로의 침투를 막으면 된다. 이를 위한 방법 3가지는 무엇인가?

가. 강재피해의 요소
① _____
② _____
③ _____

나. 피해 방지대책
① _____
② _____
③ _____

정답 철근 방청
가. 강재피해의 요소
　① 물　② 공기　③ 염분
나. 피해 방지대책
　① 피복두께를 두껍게 한다.
　② 콘크리트의 물시멘트비를 작게 한다.
　③ 염분의 허용량을 준수한다.

● **철근의 방청**

26 콘크리트 배합 시 잔골재를 세척 해사로 사용했을 때 콘크리트의 염화물 함량을 측정한 결과 염소이온량이 0.3~0.6kg/m³이었다. 이때 철근콘크리트의 철근부식 방지에 따른 유효한 대책을 4가지 쓰시오.

가. _____
나. _____
다. _____
라. _____

정답 철근 방청법
가. 철근에 아연도금하거나 에폭시 코팅철근 사용
나. 콘크리트에 방청제 혼입
다. 골재에 제염제 혼합사용
라. 철근피복두께 확보

27 철근콘크리트 구조물에 균열이 발생하고 철근이 녹스는 원인을 5가지만 쓰시오.

가. _____
나. _____
다. _____
라. _____
마. _____

정답 철근의 녹발생 원인
가. 건조수축 균열
나. 중성화
다. 소요단면 부족
라. 부동침하
마. 염분과다 사용으로 철근부식

● 시공

28 일반적인 건축물의 철근 조립순서를 〈보기〉에서 골라 쓰시오. •24②

| ① 기둥철근 | ② 기초철근 | ③ 보철근 |
| ④ 바닥철근 | ⑤ 계단철근 | ⑥ 벽철근 |

조립순서 : ( ) → ( ) → ( ) → ( ) → ( ) → ( )

정답 철근 조립순서
② → ① → ⑥ → ③ → ④ → ⑤

29 철근콘크리트 구조에서 기초 철근의 조립순서를 기호로 나열하시오.

가. 직교철근 배근	나. 거푸집위치 먹줄치기
다. 대각선 철근 배근	라. 철근간격 표시
마. 기둥주근 설치	바. 스페이서 설치

조립순서 : ( ) → ( ) → ( ) → ( ) → ( ) → ( )

정답 기초 철근 조립순서
나 → 라 → 가 → 다 → 바 → 마

30 철근공사에서 철근선조립공법의 시공적 측면에서의 장점을 4가지 쓰시오.

가. _____
나. _____
다. _____
라. _____

정답 철근선조립공법
가. 시공 정밀도가 높아 안전율이 높다.
나. 철근의 피복이 정확하다.
다. 재료량 및 노무량을 줄일 수 있다.
라. 굵은 철근의 사용이 가능하여 고층 건물에 유리하다.

제2절 거푸집공사

01 거푸집 구성

(1) 개요

1. 역할	① 콘크리트의 단면 형상 유지 ② 콘크리트의 초기 보양 ③ 철근에 대한 피복 콘크리트 두께 유지 ④ 콘크리트 표면 마감의 품질 확보
2. 요구성능	① 안정성 : 외력에 충분히 견딜 수 있는 강성확보 ② 정밀성 : 형상, 치수의 정확성 ③ 시공성 : 조립, 해체가 용이 ④ 수밀성 : 시멘트 풀이 새지 않게 치밀시공 ⑤ 경제성 : 반복 사용이 가능한 많은 재질 선택

(목적) 거푸집 역할 3가지

(2) 재료

1. 구성재료		① 널　　　　　② 띠장, 장선　　　　　③ 멍에 ④ 지주(서포트) : 거푸집 및 콘크리트의 무게와 하중을 지지하기 위하여 설치하는 부재 또는 높은 작업 장소 발판, 재료운반이나 위험물 낙하 방지를 위해 설치하는 임시 지지대 • 강관 • 시스템화 지주 • 잭 서포트(Jack Support) : 하중이 큰 부분에 설치하는 지주 ⑤ 솟음(Camber) : 보, 슬래브 및 트러스 등에서 그의 정상적 위치 또는 형상으로부터 처짐을 고려하여 상향으로 들어 올리는 것 또는 들어 올린 크기
2. 부속재료	격리재 (Separator)	거푸집 상호 간의 간격을 유지, 측벽 두께를 유지하기 위한 것으로 볼트를 사용한다.
	긴결재 (Form tie)	기둥이나 벽체 거푸집과 같이 마주보는 거푸집에서 거푸집 널을 일정한 간격으로 유지시켜 주는 동시에 콘크리트 측압을 최종적으로 지지하는 역할을 하는 인장부재로 매립형과 관통형으로 구분된다.
	간격재 (Spacer)	철근과 거푸집 간격을 유지하기 위한 것으로 재질상 다음과 같이 구분된다. ① 철근재 ② 철판재 ③ 파이프재(PVC재) ④ 모르타르재
	박리제 (Form Oil)	중유, 석유, 동·식물유, 아마유, 파라핀, 합성수지 등을 사용, 콘크리트와 거푸집의 박리를 용이하게 하는 것

(용어) 잭 서포트

(용어) 솟음(Camber)
●24①,③

(용어) 세퍼레이터(격리재)
●24①,③ · 23③

(용어) 폼타이(긴결재)
●24① · 23③

(용어) 스페이서(간격재)

(종류) 철근간격재 종류 3가지

(용도) 스페이서
●23③

(용어) 박리제

3. 기타 구성품	연결대	받침기둥 길이의 1/2~1/3 위치에서 기둥 간을 연결하여 횡력에 대항하는 부재로 받침기둥의 길이가 4.5m 이상이면 2단으로 설치한다.
	가새	수평력에 대항하기 위하여 45° 좌우대칭으로 설치한다.
	와이어클리퍼 (Wire Clipper)	콘크리트 경화 후 거푸집 긴장철선을 절단하는 절단기이다.
	꺽쇠 (Clamp)	철제 멍에를 고정하기 위한 양끝이 구부러진 꺽쇠 모양의 철물로서 주로 긴장재에 연결된다.
	컬럼밴드 (Column Band)	기둥거푸집의 고정과 측압버팀용으로 사용되는 것으로 주로 합판거푸집에서 사용된다.

02 거푸집 설계

(1) 고려하중

1. 개요	① 구조물의 종류, 규모, 중요도, 시공조건, 환경조건 고려 ② 연직하중, 수평하중, Con'c 측압 등에 대해 고려 ③ 강도뿐만 아니라 변형에 대해서도 고려

2. 하중종류	① 연직하중 = 고정하중 + 활하중
	   ③ 고정하중 : 철근콘크리트 중량 + 거푸집 중량(0.4kN/m²)
	
	      철근콘크리트 중량 ・보통 콘크리트 24kN/m³
	                              ・제1종 경량골재 콘크리트 20kN/m³
	                              ・제2종 경량골재 콘크리트 17kN/m³
	   ⑥ 활하중 : 수평투영면적당 2.5kN/m²
	   ⑥ 연직하중 : 5kN/m²(슬래브 두께와 무관)
	② 수평하중
	   ③ 동바리는 고정하중과 공사 중 발생하는 활하중 고려
	   ⑥ 고정하중의 2%와 상단 수평방향 1.5kN/m² 중 큰 값 고려
	   ⑥ 거푸집 = 0.5kN/m²
	   ② 풍압, 유수압, 지진 등은 별도 고려

3. 부재별 고려하중	① 수평부재 : 생콘크리트 중량, 작업하중, 충격하중 ② 수직부재 : 생콘크리트 중량, 측압

(용어) 와이어클리퍼

(용어) 컬럼밴드

(종류) 거푸집 설계 시 고려하중

(2) 측압

1. 계산식

(단위 : t/m²)

타설속도 (m/h)			10 이하의 경우		10을 초과 20 이하의 경우		20을 초과하는 경우
H(m)			1.5 이하	1.5를 초과 4.0 이하	2.0 이하	2.0을 초과 4.0 이하	4.0 이하
부위	기둥		$W_0 H$	$1.5 W_0 + 0.6 W_0 \times (H-1.5)$	$W_0 H$	$2.0 W_0 + 0.8 W_0 \times (H-2.0)$	$W_0 H$
	벽	길이 ≤3m		$1.5 W_0 + 0.2 W_0 \times (H-1.5)$		$2.0 W_0 + 0.4 W_0 \times (H-2.0)$	
		길이 >3m		$1.5 W_0$		$2.0 W_0$	

비고 1. H는 아직 굳지 않은 콘크리트 헤드(m)
　　　(측압을 구하는 위치에서 그 상부의 콘크리트 타설높이)
　　2. W_0는 생콘크리트의 단위 체적중량(t/m³)

2. 증가 요인

① 사용철근·철골량이 적을수록　② 온도가 낮을수록
③ 분말도가 작을수록　　　　　　④ 단위사용 시멘트량이 작을수록
⑤ 슬럼프가 크고 배합이 좋을수록　⑥ 벽두께가 두꺼울수록
⑦ 부어 넣기 속도가 빠를수록　　⑧ 시공연도가 좋을수록
⑨ 다지기가 충분할수록(진동기 사용 시 30% 증가)

3. Con'c head

수직거푸집에서 타설된 콘크리트 윗면으로부터 최대 측압이 발생하는 수직의 거리
① 기둥 : 위에서 부터 1m 밑에 측압은 2.5t/m²
② 벽 : 위에서 부터 0.5m 밑에 측압은 1t/m²

[콘크리트 타설 시작]

[하부는 콘크리트 경화 시작]

[최대 측압 높이]

● 24①,② · 23② · 21③

(종류) 측압에 영향을 주는 요소

(용어) Con'c head

(노해) 측압

03 거푸집 시공(조립)

(1) 거푸집과 동바리 시공

1. 거푸집	① 비계와 같은 가설물에 연결 금지 ② 보, 바닥판은 처짐 변형을 감안하여 1/300 정도 솟음(Camber) 설치 ③ 조임재 시공 시 Con'c 표면에서 25mm 이내에 있는 강재는 거푸집 해체 후 구멍을 뚫어 제거한 후 고품질 모르타르로 때움 ④ 거푸집 해체한 면에서 구멍과 기타 결함이 있는 곳 땜질로 보수 ⑤ 6mm 이상 돌기물 제거
2. 동바리	① 동바리 지지 바닥의 소요지지력 확보 ② 곡면 거푸집 설치 시 거푸집 변형대책 수립 ③ 침하방지, 전용 연결철물 사용, 상하 반전 사용금지 ④ 강관동바리 2개 이상 금지 ⑤ 높이가 3.5m 이상인 경우 2m마다 수평연결재 2개 방향으로 설치 ⑥ 동바리 하부의 받침목 또는 받침판 2단 이상 금지

> 주의사항 거푸집 시공 시
> 주의사항 동바리 시공 시

(2) 허용오차

1. 수직	① 높이 30m 미만 : 25mm 이하 ② 높이 30m 이상 : $\dfrac{H}{1,000}$ 이하, 150mm 이하
2. 수평	① 슬래브, 보밑 : 25mm 이하 ② 슬래브의 개구부 : 13mm 이하

3. 부재
단면
치수
	① 슬래브 제물바탕 : 19mm 이하
	② 부재 단면 치수
	  • 300mm 미만 : +9mm, -6mm
	  • 300 이상~900mm 미만 : +13mm, -9mm
	  • 900mm 이상 : +25mm

(3) 조립순서

1. 부재별	① 기초 → 기둥 → 벽 → 계단 → 보 → 바닥 ② 기초 → 기둥 → 내벽 → 계단 → 큰보 → 작은 보 → 바닥 → 외벽
2. RC조 독립 기초	① 잡석다짐　　　　　　　　　② 밑창 콘크리트 타설 ③ 먹매김(거푸집, 철근)　　　　④ 기초 거푸집 설치 ⑤ 기초판 철근배근　　　　　　⑥ 기둥 철근 기초에 정착 ⑦ 콘크리트 타설　　　　　　　⑧ 양생
3. RC조 1개층	① 기초 거푸집　　　　　　　　② 기초판 철근배근 ③ 기둥 철근 기초에 정착　　　④ 기초판 콘크리트 타설 ⑤ 기둥 철근배근　　　　　　　⑥ 기둥 거푸집 벽의 한편 거푸집 ⑦ 벽 철근배근　　　　　　　　⑧ 벽의 딴편 거푸집 ⑨ 보·슬래브 거푸집　　　　　⑩ 보·슬래브 철근배근 ⑪ 콘크리트 타설(기둥+벽+보+슬래브)

> 순서 일반 거푸집 조립(부재별)
> 순서 RC조 1개층 시공

04 거푸집 설치 후 시험 및 검사항목

항목	시험, 검사 방법	시기, 회수	판정
거푸집, 동바리의 재료 및 체결재의 종류, 재질 형상치수	외관 검사	거푸집, 동바리 조립 전	지정한 품질 및 치수의 것일 것
동바리의 배치	외관 검사 및 스케일에 의한 측정	동바리 조립 후	경화한 콘크리트 부재는 거푸집의 허용오차 규정에 적합할 것
조임재의 위치 및 수량	외관 검사 및 스케일에 의한 측정	콘크리트 타설 전	
거푸집의 형상 치수 및 위치	스케일에 의한 측정	콘크리트 타설 전 및 타설 도중	
거푸집과 최외측 철근과의 거리	스케일에 의한 측정		철근피복 허용오차 규정에 적합할 것

05 거푸집 존치기간

1. 수직재	기초, 보 옆, 기둥 및 벽 거푸집 널 ① 콘크리트 압축강도 5MPa 이상일 때 ② 평균기온 10℃ 이상일 때는 아래 표와 같다.			
	시멘트의 종류 평균기온	조강포틀랜드시멘트	보통포틀랜드시멘트 고로슬래그시멘트(1종) 포틀랜드포졸란시멘트(1종) 플라이애시시멘트(1종)	고로슬래그시멘트(2종) 포틀랜드포졸란시멘트(2종) 플라이애시시멘트(2종)
	20℃ 이상	2	4	5
	20℃ 미만 10℃ 이상	3	6	8
2. 수평재	단층	바닥판 밑, 지붕판 밑, 보 밑 거푸집 널 ① 설계기준 강도의 2/3 이상 콘크리트 압축강도가 얻어질 때 ② 또한 최소 콘크리트 압축강도 14MPa 이상		
	다층	설계기준 강도 이상		
3. 받침기둥	① 수평재 거푸집 존치기간 경과 시까지 ② 큰보 – 작은 보 – 바닥판의 순으로 바꾸어 댄다.			

06 거푸집 종류

(1) 재료별 특성

1. 강재 거푸집	정의	① 거푸집의 사용재를 철재로 하여 규격화(Moulding)된 건축물에서 표준타입의 거푸집을 변형시키지 않고 조립함으로써, 인력의 감소와 생산성 향상을 증대시킨다. ② 가장 초보적인 단계의 시스템화 거푸집이다.	
	특성	① 조립성이 간단하다. ② 전용성이 높다. ③ 콘크리트면이 평활하여 정밀도가 높다. ④ 메탈 폼의 녹이 콘크리트 표면과 내부에 묻게 된다. ⑤ 초기 투자비가 크다.	
2. 섬유재 거푸집	정의	타설 콘크리트의 잉여수를 조기에 제거하기 위하여 거푸집널 내부에 섬유재를 부착한 거푸집	
	특성	① 경화시간의 단축 ② 표면강도의 증가 ③ 동결융해 저항성의 향상 ④ 중성화 속도의 지연, 염분 침투성의 저감 등 내구성 향상 ⑤ 물곰보 방지로 미관 향상	
3. 유로폼	정의	① 코팅합판과 강재틀로 된 규격화된 거푸집 ② 규격화된 거푸집으로 Modular Form이라고 함	
	특성	① 구조가 간단하며 전용률 증대(경제성) ② 조립·해체작업이 간단(공기단축) ③ 현장가공이 불가능 ④ 목재거푸집과 혼용 가능	
4. 알루미늄 합금 거푸집	정의	알루미늄 합금을 거푸집 프레임으로 사각틀을 구성하고 알루미늄 Panel을 코팅하여 전용회수를 증가시킨 거푸집	
	특성	장점	단점
		① 중량감소 ② 공기단축 ③ 전용률이 높다. ④ 비강도가 크고 강성이 크다. ⑤ 복잡한 모양 성형 가능 ⑥ 거푸집 해체 시 소음감소 ⑦ 해체 시 안정성 ⑧ 골조품질(수직도, 수평도) 우수 ⑨ 견출작업이 감소	① 고가 ② 초기투자비가 높다. ③ 전문인력이 필요

(용어) 강재거푸집

(특징) 알루미늄거푸집

● 특수거푸집 종류

벽전용	바닥전용	벽·바닥 전용
① 대형패널 ② 갱(Gang) 폼 ③ 클라이밍(Climbing) 폼	① 테이블 폼 ② 플라잉 폼	터널 거푸집
무지주 공법	이동거푸집	바닥판식
① 보우빔 ② 페코빔	① 슬라이딩/슬립 폼 ② 트레블링	① 데크플레이트 ② 하프슬래브 ③ 워플 폼

(2) 벽 전용 거푸집

1. 갱(Gang) 폼	정의	① 거푸집을 사용할 때마다 작은 부재의 조립, 분해를 반복하지 않고 대형화, 단순화하여 한 번에 설치하고 해체하는 거푸집 시스템이다. ② 주로 특수한 모양의 벽체용 거푸집으로 사용한다.	
	특성	장점	단점
		① 인력 및 비용절감 ② 콘크리트 이음부위 감소로 마감 단순화 ③ 기능공의 기능도 영향 미약	① 설치장비 필요 ② 초기 투자비 과다 ③ 거푸집 조립시간 필요
2. 클라이밍 (Climbing) 폼	정의	① 벽체용 거푸집으로서 거푸집과 벽체 마감공사를 위한 비계틀을 일체로 조립하여 한꺼번에 인양시켜 거푸집을 설치하는 공법이나. ② 수직적으로 반복되거나 높이가 높은 건축물 또는 구조물에 적용된다.	
	특성	① 비계설치 불필요 ② 고소작업 시 안전성 증대 ③ 콘크리트면의 품질 양호 ④ 인력절감 및 시공속도 빠름 ⑤ 초기 투자비 증대	

(3) 바닥전용 거푸집

테이블 (Table) 폼	정의	① 거푸집판, 장선, 멍에, 받침기둥 등을 일체로 제작하여 사용이 용이하게 된 바닥용 거푸집 공법이다.(플라잉 폼과 같다) ② 반복 모듈을 가진 수직재 및 수평재에 적용된다.
	특성	① 조립분해 과정의 생략(설치기간 단축) ② 거푸집 처짐량 최소 ③ 초기 투자비 증대 ④ 장비필요

●24③·22③·21③
(종류) 벽 전용 거푸집

(용어) 갱폼

●23①·21③
(특징) 갱폼의 장단점

(특징) 클라이밍 폼 장점 3가지

(용어) 테이블 폼

(특징) 테이블 폼

(4) 벽과 바닥전용 거푸집

터널(Tunnel) 폼	정의	① 벽식 철근콘크리트 구조를 시공할 경우 벽과 바닥의 콘크리트 타설을 한 번에 가능하게 하기 위하여, 벽체용 거푸집과 슬래브 거푸집을 일체로 제작하여 한 번에 설치하고 해체할 수 있도록 한 거푸집이다. ② 1개 실내의 거푸집이 일체로 제작되는지 또는 2개 이상의 조각으로 제작되는지에 따라 트윈 셸(Twin Shell)과 모노 셸(Mono Shell)로 구분한다.
	특성	① 병원, 호텔과 같이 같은 크기가 반복되는 구조에 적용 ② 거푸집 일체성 ③ 조립해체 공정감소와 공사비 절감 ④ 트윈 셸은 Joint 발생 ⑤ 인양 장비 필요

(5) 이동 거푸집

1. 슬라이딩/슬립 (Sliding) 폼	정의	① 수평적 또는 수직적으로 반복된 구조물을 시공이음이 없이 균일한 형상으로 시공하기 위하여 거푸집을 연속적으로 이동시키면서 콘크리트를 타설하여 구조물을 시공하는 거푸집 공법이다. ② 거푸집 높이는 약 1.2m이고 하부가 약간 벌어진 원형 철판 거푸집을 요크(Yoke)로 서서히 끌어올리는 공법으로 사일로(Silo) 공사 등에 적당하다.
	특성	① 내외비계 발판이 필요 없음 ② 공기가 1/3 단축 ③ 연속성 확보 ④ 조립·해체가 없음 ⑤ 돌출부위가 있는 구조물 사용 불가
2. 트래블링 (Traveling) 폼	정의	① 한 구간의 콘크리트를 타설한 후 거푸집을 낮추고 다음에 콘크리트를 타설하는 구간까지 구조물을 따라 거푸집을 이동시키면서 콘크리트를 계속적으로 타설하는 거푸집 공법이다. ② 수평적으로 연속된 구조물에 적용한다.
	특성	① 최대한의 거푸집 전용 가능 ② 시공정밀도의 향상 ③ 공사비의 절감 ④ 공기단축 가능 ⑤ 관리의 용이성 및 안전성 제고

(6) 무지주 공법

1. 정의	거푸집 공사 시 층고가 높거나, 간이 경량 건축물일 때 상판 거푸집을 지지하는 수직재(Support)를 사용하지 않고, 수평보로 지탱하는 공법
2. 종류	① 보우 빔(Bow Beam) : 철근의 장력을 이용하여 만든 조립보 ② 페코 빔(Pecco Beam) : 간격(간사이) 조정을 위한 신축이 가능한 조립보

(7) 바닥판식

1) Deck Plate

1. 데크 플레 이트 (Deck Plate)	정의		0.8mm 정도의 아연도 철판을 절곡 제작하여 거푸집으로 사용하여 콘크리트 타설 후 사용 철판을 바닥하부 마감재로 사용하는 공법이다.
	특성		① 바닥판과 보의 일체성 증대 ② 공기 및 공사비 감소 ③ 비계설치 필요 ④ 작업 중 소음 발생
	종류	데크합성 슬래브	데크플레이트와 콘크리트가 일체가 되어 하중을 부담하는 구조
		데크복합 슬래브	데크플레이트의 홈에 철근을 배치한 철근콘크리트와 데크플레이트가 하중을 부담하는 구조
		데크구조 슬래브	데크플레이트가 연직하중, 수평가새가 수평하중을 부담하는 구조
2. 복합 (페로) 데크 (Ferro Deck)	정의		① 철근과 거푸집을 동시에 Pre-Fab화한 복합화 공법 ② 거푸집 대용 Plate와 Slab 철근 주근을 공장에서 조립하고 현장에서 배력근만 설치하고 Con'c를 타설하는 공법
	특성		① 공기단축 ② 공사비 절감 ③ 시공단순 및 정밀도 향상 ④ 안전성 높음

용어 Deck Plate ●23③·22③

용어 데크합성 슬래브 ●24①·23③·22③

용어 데크복합 슬래브 ●23③·22③

용어 데크구조 슬래브

2) 워플(Waffle) 폼

1. 정의	무량판 구조에서 2방향 장선 슬래브 공사 시 사용되는 기성재 거푸집
2. 특성	① 거푸집 조립에 소요되는 시간 단축 ② 무량판 구조에 적용 ③ 초기 투자비 증대

용어 워플 폼

용어 무량판 구조

3) 하프(Half) 슬래브

1. 하프 슬래브	정의	① 트러스형의 철근을 매입시킨 PC판을 외부형틀로 하고, 그 안쪽을 현장 콘크리트로 일체화시키는 공법이다. ② 종래의 전체 PC 부재에 의해 조립하는 데 따른 단점을 보완할 목적으로 전 부재의 반을 공장 PC 부재로 제작하고 나머지는 현장 타설 Topping Concrete로 시공하는 콘크리트 공법이다.
	특성	① 공기단축 ② 거푸집 · 동바리 등의 가설재 절감 ③ 접합부 일체성 확보 ④ 공인된 구조설계 구조 미비 ⑤ 설계소요시간 증대
2. V.H 분리타설	정의	보통 Half Slab 공법과 병행하여 적용되는 공법으로 기둥 · 벽 등 수직부재를 먼저 타설하고 PC판과 맞물려 Topping Concrete를 타설한다.
	특성	① 공기단축 ② 인건비 절감 ③ 타설 접합면의 일체화 ④ 하층의 작업공간 확보 ⑤ Slab 거푸집 불필요 ⑥ 공인된 구조설계기준 미흡 ⑦ 작업공정의 증가

(용어) V.H 분리타설

(종류) 작업발판 일체형 거푸집

> **참고** Reference
>
> **작업발판 일체형 거푸집**
> - 갱폼
> - 슬립폼
> - 클라이밍폼
> - 터널폼

CHAPTER 03 핵심 기출문제

● 개요

01 콘크리트 공사 중 거푸집 짜기 시공상 주의사항에 대하여 5가지를 쓰시오.

가.
나.
다.
라.
마.

정답 거푸집 짜기의 시공상 주의사항
가. 소요 자재가 절약되고, 반복 사용이 가능해야 한다.
나. 형상, 치수가 정확하고, 처짐·배부름·뒤틀림 등의 변형이 없어야 한다.
다. 시멘트풀이 새지 않게 수밀해야 한다.
라. 외력에 대해 충분히 안전해야 한다.
마. 조립·해체 시 파손, 손상이 되지 않아야 한다.

02 거푸집에서 시멘트 페이스트의 누출을 발견하였을 때 현장에서 취할 수 있는 조치를 쓰시오.

정답 시멘트풀 누출 시 조치
넝마, 천 등으로 시멘트로 누출 부위를 메운 후 각목, 판자, 철판 등으로 보강한다.

03 잭 서포트(Jack Support)에 대하여 설명하시오.

정답 잭 서포트(Jack Support)
건축물 상판 구조물에 작용하는 과다한 하중 및 진동으로 인한 균열, 붕괴의 위험을 방지하기 위해 보나 슬래브 밑에 세워 하중을 지지하는 역할을 하는 동바리

● 거푸집 부속재

04 다음은 거푸집공사에 관계되는 용어설명이다. 알맞은 용어를 쓰시오.

가. 슬래브에 배근되는 철근이 거푸집에 밀착하는 것을 방지하기 위한 간격재(굄재) (　　　　)

나. 벽거푸집이 오므라지는 것을 방지하고 간격을 유지하기 위한 격리재 (　　　　)

다. 거푸집 긴장철선을 콘크리트 경화 후 절단하는 절단기 (　　　　)

라. 콘크리트에 달대와 같은 설치물을 고정하기 위하여 매입하는 철물 (　　　　)

마. 거푸집의 간격을 유지하며 벌어지는 것을 막는 긴장재 (　　　　)

정답 용어
가. 스페이서(Spacer) : 간격재
나. 세퍼레이터(Separator) : 격리재
다. 와이어 클리퍼(Wire Clipper) : 절단기
라. 인서트(Insert) : 매입철물
마. 폼타이(Form Tie) : 긴결재

05 다음 설명이 의미하는 거푸집 관련 용어를 쓰시오.

가. 철근의 피복두께를 유지하기 위해 벽이나 바닥 철근에 대어주는 것 (　　　　)

나. 벽거푸집의 간격을 유지하여 격리와 긴장재 역할을 하는 것 (　　　　)

다. 기둥 거푸집의 고정 및 측압 버팀용으로 주로 합판 거푸집에서 사용되는 것 (　　　　)

라. 거푸집의 탈형과 청소를 용이하게 만들기 위해 합판 거푸집 표면에 미리 바르는 것 (　　　　)

정답 용어
가. 스페이서(Spacer)
나. 세퍼레이터(Separator)
다. 칼럼밴드(Column Band)
라. 박리제

06 다음 설명하는 내용을 아래의 〈보기〉에서 골라 쓰시오.

| ① 박리제　　② 격리제　　③ Gang Form |
| ④ Pecco Beam　　⑤ 콘크리트 헤드 |

가. 사용할 때마다 작은 부재의 조립, 분해를 반복하지 않고 대형화·단순화하여 한 번에 설치하고 해체하는 거푸집 시스템 (　　　　)
나. 거푸집을 쉽게 떼어낼 수 있도록 거푸집면에 칠하는 약제 (　　　　)
다. 거푸집 간격을 유지 (　　　　)
라. 타설된 콘크리트 윗면으로부터 최대 측압면까지의 거리 (　　　　)
마. 신축이 가능한 무지주 공법 (　　　　)

정답 용어
가. ③　　나. ①
다. ②　　라. ⑤
마. ④

● 설계 시 고려하중

07 다음의 거푸집을 계산할 때 고려하여야 할 것을 〈보기〉에서 모두 골라 번호를 쓰시오.

> ① 적재하중　② 생콘크리트 중량　③ 작업하중
> ④ 안전하중　⑤ 충격하중　⑥ 생콘크리트 측압력
> ⑦ 고정하중

가. 보, 슬래브 밑면 : _____
나. 벽, 기둥, 보 옆 : _____

정답 거푸집 고려하중
가. ②, ③, ⑤
나. ②, ⑥

08 콘크리트 헤드(Concrete Head)에 대해 설명하시오.

_____
_____
_____

정답 콘크리트 헤드
수직부재에서 최종 타설된 콘크리트 면으로부터 최대 측압이 발생하는 곳까지의 수직거리

09 수직 거푸집을 설치하고 콘크리트를 타설할 때 거푸집에 작용하는 측압을 도식화하시오.

가. 1차 타설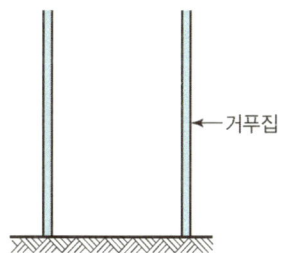

나. 2차 타설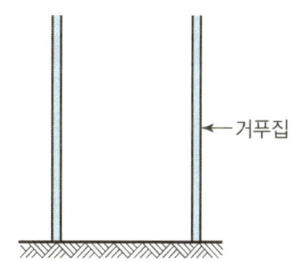

정답 거푸집 측압
가. 1차 타설
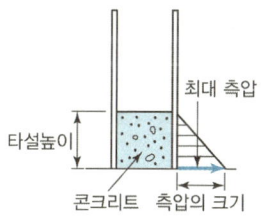

나. 2차 타설
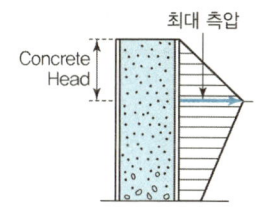

10 콘크리트 타설 시 수직거푸집에 측압이 발생한다. 아래 요인을 보고 측압이 증가하는 경우를 고르시오.
● 23② · 21①

> 가. 컨시스턴스(① 크다　② 작다)　나. 투수성(① 크다　② 작다)
> 다. 거푸집 강성(① 크다　② 작다)　라. 부어넣기 속도(① 크다　② 작다)
> 마. 슬럼프(① 크다　② 작다)　바. 부재의 크기(① 크다　② 작다)

가. _____　나. _____
다. _____　라. _____
마. _____　바. _____

정답 수직거푸집 측압
가. ①　나. ②
다. ①　라. ①
마. ①　바. ①

11 거푸집 측압에 영향을 주는 요소를 4가지 적으시오.

가. _____
나. _____
다. _____
라. _____

> **정답** 거푸집 측압에 영향을 주는 요소
> 가. 콘크리트 타설 속도
> 나. 콘크리트 타설 높이
> 다. 시멘트량
> 라. 사용 철근량
> ※ 증가·감소 원인 기재 시 부연설명이 필요함

12 다음 거푸집 측압에 영향을 주는 요인이 측압을 증가시키는 경우를 표기하시오.

• 24①,② · 21③

가. 부재의 수평단면　　　　(① 크다　② 작다)
나. 거푸집의 투수성　　　　(① 크다　② 작다)
다. 거푸집의 강성　　　　　(① 크다　② 작다)
라. 대기온도　　　　　　　(① 크다　② 작다)

> **정답** 거푸집 측압 증가요인
> 가. ① 크다
> 나. ② 작다
> 다. ① 크다
> 라. ② 작다

13 다음 ( ) 안에 알맞은 말을 〈보기〉에서 골라 번호를 쓰시오.

① 높을	② 낮을	③ 빠를
④ 늦을	⑤ 두꺼울	⑥ 얇을
⑦ 클	⑧ 작을	

생콘크리트의 측압은 슬럼프가 (가)수록, 벽두께가 (나)수록, 부어 넣기 속도가 (다)수록, 대기습도가 (라)수록 크다.

가. _____　나. _____
다. _____　라. _____

> **정답** 콘크리트 측압
> 가. ⑦
> 나. ⑤
> 다. ③
> 라. ①

14 아래 표는 거푸집 설치 후 시험 및 검사에 관한 내용이다. 빈칸에 맞는 말을 보기에서 골라 기호로 쓰시오.

• 22②,①

항목	시험, 검사 방법	시기, 회수	판정
거푸집, 동바리의 재료 및 체결재의 종류, 재질 형상치수	가	거푸집, 동바리 조립 전	지정한 품질 및 치수의 것일 것
동바리의 배치	나	동바리 조립 후	경화한 콘크리트 부재는 거푸집의 허용오차 규정에 적합할 것
조임재의 위치 및 수량	다	콘크리트 타설 전	
거푸집의 형상 치수 및 위치	라	콘크리트 타설 전 및 타설 도중	
거푸집과 최외측 철근과의 거리	마		철근피복 허용오차 규정에 적합할 것

<보기>
① 외관 검사   ② 스케일에 의한 측정   ③ 외관 검사 및 스케일에 의한 측정

가. _____   나. _____
다. _____   라. _____
마. _____

정답 거푸집 설치 후 시험 및 검사 항목
가. ①   나. ③
다. ③   라. ②
마. ②

● 존치기간

15 거푸집 존치기간에 영향을 미치는 것을 4가지 쓰시오.
가. _____
나. _____
다. _____
라. _____

정답 거푸집 존치기간에 영향을 미치는 요인
가. 부재의 종류, 위치
나. 콘크리트의 강도
다. 시멘트의 종류
라. 평균온도(기온)

16 다음은 거푸집의 존치기간에 관한 규정이다. ( ) 안에 알맞은 수치를 써 넣으시오.
● 22①

수직 거푸집의 경우는 압축강도가 (①)MPa 이상이면 제거가 가능하며, 수평 거푸집 단층일 경우 설계 기준강도의 (②) 이상의 강도가 얻어질 때, 최소 (③)MPa 이상이 되어야 해체가 가능하다.

① _____   ② _____   ③ _____

정답 거푸집의 존치기간
① 5   ② 2/3   ③ 14

17 건축공사표준시방서에 거푸집널 존치기간 중 평균기온이 10℃ 이상인 경우에 콘크리트의 압축강도 시험을 하지 않고 거푸집을 떼어낼 수 있는 콘크리트의 재령(일)을 나타낸 표이다. 빈칸에 알맞은 숫자를 표기하시오.

시멘트 종류 평균 기온	조강포틀랜드 시멘트	보통포틀랜드 시멘트/ 고로슬래그 시멘트(1종)	고로슬래그 시멘트(2종)/ 포졸란 시멘트(2종)
20℃ 이상	①	③	5일
20℃ 미만 10℃ 이상	②	6일	④

정답 콘크리트별 재령일

시멘트 종류 평균 기온	조강포틀랜드 시멘트	보통포틀랜드 시멘트/ 고로슬래그 시멘트(1종)	고로슬래그 시멘트(2종)/ 포졸란 시멘트(2종)
20℃ 이상	2일	4일	5일
20℃ 미만 10℃ 이상	3일	6일	8일

① 2일 ② 3일 ③ 4일 ④ 8일

18 다음은 거푸집 존치기간에 관한 내용이다. 아래 표에 맞는 일수를 기재하시오.

• 21②,③

구분	조강포틀랜드 시멘트	보통포틀랜드 시멘트
20°C 이상	①	③
10°C 이상~20°C 미만	②	④

정답 거푸집 존치기간
① 2일　② 3일
③ 4일　④ 6일

19 콘크리트의 압축강도를 시험하지 않을 경우 수평거푸집의 존치기간을 쓰시오. (재령에 의한 경우)

정답 수평거푸집의 존치기간

단층	① 설계기준강도 2/3 이상 ② 또한 최소 Con'c 압축강도 14MPa 이상
다층	설계기준강도 이상

● 시공

20 철근콘크리트 공사에서 형틀(거푸집) 가공조립은 정밀하고 견고하게 완성되어야 설계도 형상에 의하여 콘크리트 구조체를 형성할 수 있다. 〈보기〉의 구조 부위별 형틀(거푸집) 조립작업 순서를 맞게 그 기호순으로 나열하시오.

| 가. 보받이 내력벽 | 나. 외벽 | 다. 기둥 |
| 라. 큰 보 | 마. 바닥 | 바. 작은 보 |

( ) → ( ) → ( ) → ( ) → ( ) → ( )

정답 거푸집 설치 순서
다 → 가 → 라 → 바 → 마 → 나

21 RC조 지상 1층 건축물의 골조공사에 관한 사항이다. 시공순서를 〈보기〉에서 골라 그 기호를 쓰시오.

가. 기둥철근 기초에 정착	나. 보 및 바닥판 철근 배근
다. 기둥철근 배근	라. 벽한편 거푸집 및 기둥 거푸집 설치
마. 콘크리트 치기	바. 벽 철근 배근
사. 기초판, 기초보 철근 배근	아. 보 및 바닥판 거푸집 설치
자. 기초판 및 기초보 콘크리트 치기	차. 기초 및 기초보 옆 거푸집 설치
카. 벽판편 거푸집 설치	

( ) → ( ) → ( ) → ( ) → ( ) → ( ) →
( ) → ( ) → ( ) → ( ) → ( )

정답 RC조 1개층 시공순서
차 → 사 → 가 → 자 → 다 → 라 → 바 → 카 → 아 → 나 → 마

● 종류

22 벽체 전용 시스템 거푸집 4가지를 쓰시오. •24③·22③·21③

가. _____ 나. _____
다. _____ 라. _____

정답 벽체 전용 시스템 거푸집
① 대형 패널 폼 ② 갱 폼
③ 클라이밍 폼 ④ 셔터링 폼

23 갱폼의 장단점을 2가지씩 기술하시오. •22②

가. 장점
　① _____
　② _____
나. 단점
　① _____
　② _____

정답 갱폼의 장단점
가. 장점
　① 조립·해체작업이 간편하므로 시간과 인력의 단축 가능
　② 가설설비가 불필요하므로 가설비, 노무비의 절약 가능
나. 단점
　① 중량물이므로 대형 양중장비가 소요
　② 거푸집 제작비용이 크므로 초기 투자비용이 증가

24 갱폼의 장점 4가지를 쓰시오. •23①

가. _____
나. _____
다. _____
라. _____

정답 갱폼의 장점
가. 인건비가 단축
나. 공기가 단축
다. 이음 부위 감소
라. 콘크리트 마감 작업 단순화
마. 기능공의 영향 미비

25 사용할 때마다 작은 부재의 조립, 분해를 반복하지 않고 대형화·단순화하여 한 번에 설치하고 해체하는 거푸집을 총칭하여 시스템거푸집이라고 한다. 이 시스템거푸집 중 거푸집판, 멍에, 서포트 등을 일체로 제작하여 수평, 수직방향으로 이동하는 바닥 전용 거푸집을 무엇이라고 부르는가?

_____
_____

정답 용어
플라잉 폼(Flying Form) 혹은 테이블 폼(Table Form)

26 대형 시스템 거푸집 중에서 테이블 폼(Table Form)의 장점을 3가지 쓰시오.

가. _____
나. _____
다. _____

정답 테이블 폼의 장점
가. 거푸집 조립, 해체, 설치시간이 단축되므로 공기단축이 가능하다.
나. 비교적 넓은 구획의 수평이동이 용이하다.
다. 주로 강재를 사용하므로 정밀도가 우수하고 처짐, 외력에 대한 안전성이 확보된다.

정답 터널 폼

대형 형틀로서 슬래브와 벽체의 콘크리트 타설을 일체화하기 위한 것으로 한 구획 전체의 벽판과 바닥판을 ㄱ자형 또는 ㄷ자형으로 짜서 아파트 공사 등에 사용하는 거푸집

정답 슬라이딩 폼(Sliding Form)

콘크리트를 부어 넣으면서 거푸집을 연속적으로 끌어올려 Silo, 굴뚝 등 단면 형상의 변화가 없는 구조물에 사용되는 거푸집

정답 용어 설명

가. 슬립폼 : 시공이음 없이 연속으로 콘크리트를 타설하기 위한 수직 활동 거푸집 공법으로 Silo 등의 시공에 사용
나. 트래블링폼 : System 폼으로서 한 구간 콘크리트 타설 후 다음 구간으로 수평이동이 가능한 거푸집 공법

정답 무지주 공법

가. 수평지지보 : 받침기둥 없이 보를 걸어서 거푸집을 지지하는 방식
나. 종류 : ① 보우빔(Bow beam)
② 페코빔(Pecco beam)

정답 거푸집의 종류

가. 대형 Panel Form
나. 클라이밍 폼
다. 테이블 폼
라. 이동 거푸집

---

27 대형 System 거푸집 중 터널 폼(Tunnel Form)을 설명하시오.

28 거푸집의 종류 중 슬라이딩 폼에 관하여 간략히 설명하시오.

29 다음 거푸집을 간단히 설명하시오.
　　가. 슬립폼 :

　　나. 트래블링폼 :

30 무지주공법의 수평지지보에 대하여 간단히 기술하고, 수평지지보의 종류를 2가지 쓰시오.
　　가. 수평지지보 :

　　나. 종류 : ①
　　　　　　　②

31 다음에 설명된 공법의 명칭을 쓰시오.
　　가. 사용할 때마다 창문 부재의 조립, 분해를 반복하지 않고 대형화·단순화하여 한 번에 설치하고 해체하는 거푸집 시스템　　(　　　　)
　　나. 벽체용 거푸집으로 거푸집과 벽체 마감공사를 위한 비계틀을 일체로 조립하여 한꺼번에 인양시켜 실시하는 공법　　(　　　　)
　　다. 바닥에 콘크리트를 타설하기 위한 거푸집으로서 거푸집판, 장선, 멍에, 서포트 등을 일체로 제작하여 부재화한 거푸집공법　　(　　　　)
　　라. 수평적 또는 수직적으로 반복된 구조물을 시공이음이 없이 균일한 형상으로 시공하기 위하여 거푸집을 연속적으로 이동시키면서 콘크리트를 타설하여 구조물을 시공하는 거푸집공법　　(　　　　)

32. 다음 설명이 가리키는 용어명을 쓰시오.

가. 신축이 가능한 무지주공법의 수평지지보
나. 무량판 구조에서 2방향 장선 바닥판구조가 가능하도록 된 특수상자 모양의 기성재 거푸집
다. 한 구획 전체의 벽판과 바닥판을 ㄱ자형 또는 ㄷ자형으로 짜는 거푸집

가. _____
나. _____
다. _____

정답 용어
가. 페코 빔(Pecco Beam), 보우 빔(Bow Beam)
나. 워플 폼(Waffle Form)
다. 터널 폼(Tunnel Form)

33. 다음에 설명된 공법의 명칭을 쓰시오.

가. 무량판 구조에서 2방향 장선 바닥판 구조가 가능하도록 된 특수상자 모양의 기성재 거푸집
나. 시스템거푸집으로 한 구간 콘크리트 타설 후 다음 구간으로 수평 이동이 가능한 거푸집 공법
다. 유닛 거푸집을 설치하여 요크로 거푸집을 끌어 올리면서 연속해서 콘크리트를 타설 가능한 수직활동 거푸집
라. 아연도 철판을 절곡 제작하여 거푸집으로 사용하여 콘크리트 타설 후 사용 철판을 바닥하부 마감재로 사용하는 공법

가. _____ 나. _____
다. _____ 라. _____

정답 거푸집 종류
가. 워플 폼
나. 트래블링 폼
다. 슬라이딩 폼
라. 데크 플레이트

34. 다음 설명에 해당하는 용어를 쓰시오.

가. RC조 구조방식에서 보를 사용치 않고 바닥슬래브를 직접 기둥에 지지시키는 구조방식을 무엇이라고 하는가? ( )
나. 대형 형틀로서 슬래브와 벽체의 콘크리트 타설을 일체화하기 위한 것으로 Twin Shell Form과 Mono Shell Form으로 구성되는 형틀은? ( )
다. 콘크리트 표면에서 제일 외측에 가까운 철근의 표면까지의 치수를 말하며 RC조의 내화성·내구성을 결정하는 중요한 요소는? ( )

정답 용어 정리
가. 무량판구조
나. 터널 폼(Tunnel form)
다. 피복두께

35 콘크리트 구조체 공사의 VH(Vertical Horizontal) 타설공법에 관하여 기술하시오.

정답 VH(Vertical Horizontal) 분리타설
침하균열을 방지하기 위하여 기둥·벽 등 수직부재를 먼저 타설하고 수평부재를 나중에 분리하여 타설하는 방법으로 보통 하프슬래브 공법과 병행하여 적용되는 공법이다.

36 다음 설명에 해당하는 용어를 쓰시오.

① 바닥(Slab)콘크리트 타설을 위한 슬래브 하부 거푸집판이다.
② 아연도 철판을 절곡하여 제작하며 별도의 해체작업이 필요 없다.
③ 작업 시 안전성 강화 및 동바리 수량 감소로 원가절감이 가능하다.

정답 용어
데크 플레이트

37 다음은 데크 플레이트에 관한 설명이다. 보기에서 적당한 기호를 골라 적으시오.
● 24① · 23③ · 22③

가. 거푸집재의 용도로만 사용하는 데크 플레이트　　　　(　　　)
나. 콘크리트와 일체로 되어 구조체를 형성하는 데크 플레이트　　(　　　)
다. 주근 철근이 배근되어 있고 거푸집 데크 플레이트의 용도로도 사용되는 데크 플레이트　　　　　　　　　　　　　　　　(　　　)

〈보기〉
① 데크 플레이트　　② 복합 데크 플레이트　　③ 합성 데크 플레이트

정답 데크 플레이트
가. ①　　　나. ③
다. ②

제3절 콘크리트공사 - 재료

01 재료

(1) 시멘트

1) 종류

포틀랜드 시멘트	혼합시멘트	특수시멘트	성분
① 보통 포틀랜드 ② 중용열 포틀랜드 ③ 조강 포틀랜드 ④ 저열 포틀랜드 ⑤ 내황산염 포틀랜드	① 고로슬래그 ② 플라이애시 ③ 포졸란	① 알루미나 시멘트 ② 팽창 시멘트 ③ 초조강 시멘트	① 규산 이석회 ② 규산 삼석회 ③ 알루민산 삼석회 ④ 알루민산철 사석회

●24① · 23①

(종류) 포틀랜드 시멘트 종류 5가지

(종류) 혼합시멘트 종류 3가지

(종류) 시멘트 화합물(성분)

2) 시멘트 특성

1. 중용열	① 발열량이 작다. ② 수축률이 작다. ③ 방사선 차단용이나 단면이 큰 부재 콘크리트에 사용한다.
2. 조강	① 조기강도가 크다. ② 수화 발열량이 크다. ③ 긴급공사나 한중 콘크리트 공사에 사용한다.
3. 고로	① 비중이 낮다.(2.9) ② 응결시간이 길며 단기강도가 부족하다. ③ 바닷물에 대한 저항이 크다. ④ 수화열이 적으며 수축 균열이 적다. ⑤ 대단면 공사, 해안 공사, 지중 구조물 등에 사용한다.
4. 플라이애시	① 시공연도를 증대시키며 사용수량을 감소시킬 수 있다. ② 초기강도는 다소 떨어지나 장기강도는 증가한다. ③ 수밀성이 좋으므로 수리구조물에 적합하다. ④ 수화열이 적고 건조수축이 적다. ⑤ 해수에 대한 내화학성이 크다.
5. 포졸란	① 워커빌리티 증진　　② 블리딩 감소, 재료분리 감소 ③ 수밀성 증진　　　④ 초기강도 감소, 장기강도 증가 ⑤ 해수, 화학적 저항성 증대　⑥ 발열량 감소 ⑦ 건조수축 감소　　⑧ 단위수량 증가 우려
6. 알루미나 시멘트	① 단기강도는 크나 장기강도는 적다. ② 해수, 화학약품에 대한 저항력이 크다. ③ 취약성이 있고 수화열량이 크다. ④ 긴급공사, 해안공사, 동절기공사에 사용된다. ⑤ 조기강도는 24시간에 보통 포틀랜드 시멘트 28일 강도를 낸다.

(종류) 시멘트의 종류 및 특징 연결

(용어) 플라이애시

(특징) 플라이애시 시멘트 특징 3가지

3) 성질

1. 비중	① 3.15 이상 ② 풍화유무(풍화 진행 시 비중 감소) ③ 르샤델리에 비중병		※ 풍화 ① $C + W = Ca[OH]_2$ ② $Ca[OH]_2 + CO_2 \Rightarrow CaCO_3 + H_2O$
2. 분말도	① 입자의 가는 정도 ② 분말도가 크면 조기강도가 크다. ③ 브레인법 : (마노미터액) / 체가름 시험		
3. 응결 / 경화	용어	① 응결 : 시멘트의 유동성이 없어질 때까지 ② 경화 : 시멘트의 강도가 발현되기 시작	

	응결	① 이중응결
		  ㉠ 헛응결 : 가수 후 20분 정도 지나면 응결이 진행되는 것처럼 보이나 다시 묽어지는데 이를 헛응결이라 한다.
		  ㉡ 본응결
		② 시멘트 성분, 분말도, 수량, 온도, 습도, 혼화재에 따라 영향
		③ 비이커 장치 / 길모아 장치	

4. 강도	① 압축강도(kN) ② 공시체 : 28일 재령(수중양생)		
5. 안정성	① 균열이 발생하는 정도 ② 오토클레이브 팽창체		

(2) 골재

1) 종류와 요구성능

1. 종류	크기	① 잔골재 : No.4(5mm)체 중량으로 85% 통과하는 것 ② 굵은골재 : No.4(5mm)체 중량으로 85% 남는 것

	중량(비중)	① 경량 : 2.0 이하
		② 보통 : 2.65
		③ 중량 : 2.7 이상
		  ㉠ 중정석, 자철광
		  ㉡ 방사선 차단목적

	생성원인	① 천연골재 ② 인공골재 : 쇄석, 고로슬래그
	순환골재	건설폐기물을 물리적 또는 화학적 처리과정 등을 통하여 품질기준에 적합하게 만든 골재로 재생골재라고도 함

	골재 요구성능	종류

2. 요구성능	① 소요강도 충족
	② 입도, 입형이 좋을 것
	③ 재료 분리가 일어나지 않을 것
	④ 불순물을 함유하지 않은 것
		※ 불순물
		① 흙, 석탄, 유기불순물, 석면은 강도 저하
		② 염화물
		  • 철근 부식, 중성화
		  • 잔골재 중량의 0.04% 이하
		  • 콘크리트 체적의 0.3kg/m³ 이하

2) 성질 및 품질

1. 함수율	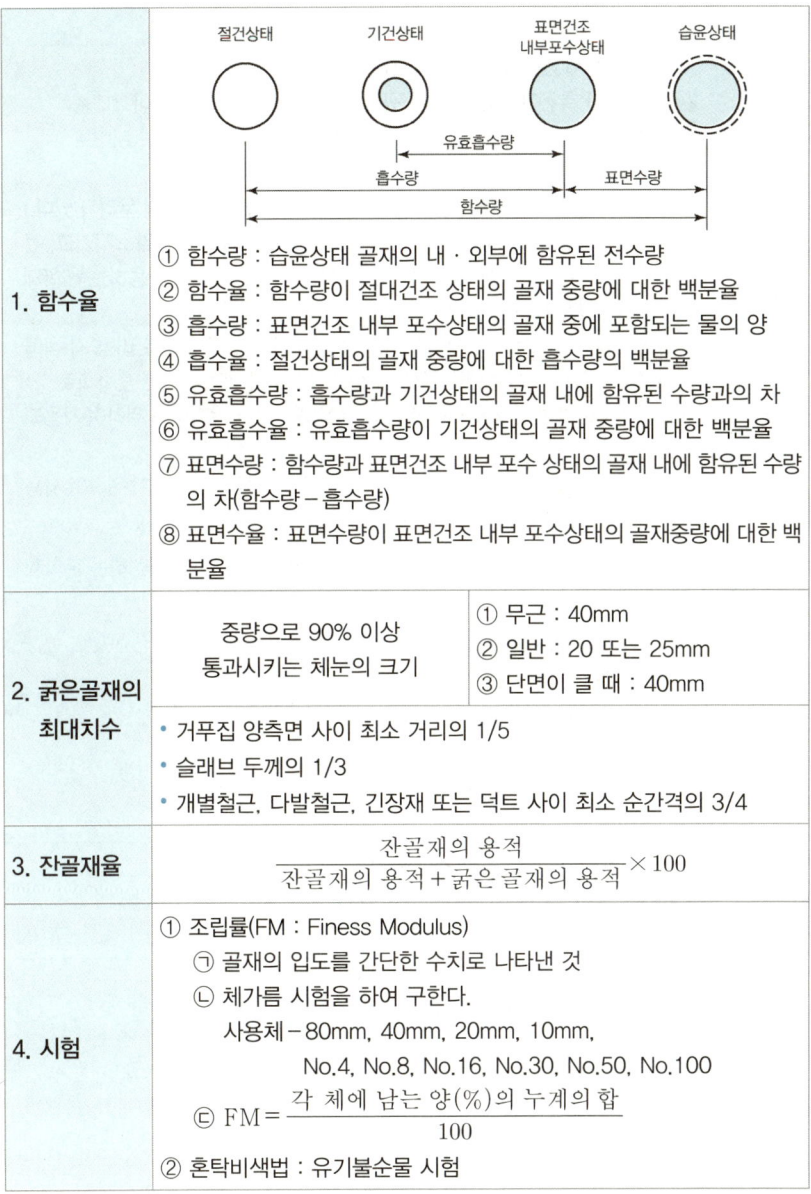 ① 함수량 : 습윤상태 골재의 내·외부에 함유된 전수량 ② 함수율 : 함수량이 절대건조 상태의 골재 중량에 대한 백분율 ③ 흡수량 : 표면건조 내부 포수상태의 골재 중에 포함되는 물의 양 ④ 흡수율 : 절건상태의 골재 중량에 대한 흡수량의 백분율 ⑤ 유효흡수량 : 흡수량과 기건상태의 골재 내에 함유된 수량과의 차 ⑥ 유효흡수율 : 유효흡수량이 기건상태의 골재 중량에 대한 백분율 ⑦ 표면수량 : 함수량과 표면건조 내부 포수 상태의 골재 내에 함유된 수량의 차(함수량 − 흡수량) ⑧ 표면수율 : 표면수량이 표면건조 내부 포수상태의 골재중량에 대한 백분율	
2. 굵은골재의 최대치수	중량으로 90% 이상 통과시키는 체눈의 크기	① 무근 : 40mm ② 일반 : 20 또는 25mm ③ 단면이 클 때 : 40mm
	• 거푸집 양측면 사이 최소 거리의 1/5 • 슬래브 두께의 1/3 • 개별철근, 다발철근, 긴장재 또는 덕트 사이 최소 순간격의 3/4	
3. 잔골재율	$$\frac{잔골재의\ 용적}{잔골재의\ 용적 + 굵은\ 골재의\ 용적} \times 100$$	

4. 시험	① 조립률(FM : Finess Modulus)
	  ㉠ 골재의 입도를 간단한 수치로 나타낸 것
	  ㉡ 체가름 시험을 하여 구한다.
	     사용체 − 80mm, 40mm, 20mm, 10mm,
	            No.4, No.8, No.16, No.30, No.50, No.100
	  ㉢ $FM = \dfrac{각\ 체에\ 남는\ 양(\%)의\ 누계의\ 합}{100}$
	② 혼탁비색법 : 유기불순물 시험	

(3) 혼화재료

1) 구분

구분	혼화제	혼화재
배합	무시	고려
성분	화학물질	광물질
사용량	소량	다량
대표재료	AE제	포졸란
정의	약품의 성질로 콘크리트를 개선하는 혼화재료	시멘트와 반응하여 콘크리트 성질을 개선하는 혼화재료

2) 혼화제와 혼화재

① 혼화제

1. 종류		
	① 표면 활성제 : 공기 연행제(AE제), 분산제
	② 응결 경화 촉진제 : 염화칼슘, 규산소다, 염화제이철, 염화마그네슘
	③ 방수제 : 소석회, 암석의 분말, 규조백토, 규산백토, 명반, 수지비누
	④ 발포제 : 알루미늄, 아연의 분말
	⑤ 방동제 : 염화칼슘, 식염(다량 사용하면 강도의 저하와 급결의 우려가 있다.)
	⑥ 감수제 : 소정의 컨시스턴시를 얻는 데 필요한 단위수량을 감소시키고, 콘크리트의 시공연도(Workability) 등을 향상시키기 위하여 사용하는 혼화재료로 표준형, 지연형 및 촉진형의 3종류가 있다.
	⑦ 유동화제 : 미리 비벼 놓은 콘크리트에 첨가하거나, 콘크리트 비빔 시 섞어 사용함으로써 그 유동성을 증대시키는 것을 주목적으로 하는 혼화재료
	⑧ 방청제 : 염화물 등으로 인한 철근이 부식되는 것을 방지하기 위하여 사용되는 혼화재료
	⑨ 응결 경화 지연제 : 콘크리트 타설 시 콜드조인트 등을 방지하기 위하여 사용하는 혼화재료

2. AE제	용어	콘크리트 속에 작은 기포를 고르게 발생시켜 내구성을 개선하는 혼화제
	특징	① 수밀성 증가 ② 동결융해 저항성 증진 ③ 워커빌리티 증진 ④ 재료분리 감소 ⑤ 단위수량 감소 ⑥ 블리딩 현상 감소 ⑦ 발열량 감소
	용도	① AE 콘크리트 : 내구성 향상 ② 쇄석 콘크리트 : 시공연도 증진 ③ 한중 콘크리트 : 동결 융해 저항성 증진

3. 공기	종류	① 자연적 공기(Entrapped Air) ② 인위적 공기(Entrained Air)
	영향	① 공기량 1% 증가 시 압축강도 4% 정도 감소 ② AE제 첨가 시 증가 ③ 기계비빔이 손비빔보다 증가 ④ 비빔시간은 3~5분까지 증가하나 그 이상 감소 ⑤ 온도가 높을수록 감소 ⑥ 진동을 주면 감소 ⑦ 자갈의 입도에는 영향이 없으나 굵은 모래를 사용하면 공기량이 감소

② 혼화재

1. 종류	① 성질 개량 및 중량재 : 포졸란		
	② 착색재 : 빨강 – 제2산화철, 노랑 – 크롬산 바륨, 파랑 – 군청, 갈색 – 이산화망간, 검정 – 카본블랙, 초록 – 산화크롬		
2. 포졸란	반응 정의	① 포졸란 물질은 자체적으로는 물과 반응하여 경화하는 성질을 가지고 있지 않다. ② 상온에서 수산화칼슘(Ca[OH]$_2$)과 반응하여 수경성을 가지고 Sillicate 성분을 생성하는 반응	
	종류	① 고로슬래그 ③ 포졸란	② 플라이애시 ④ 실리카 퓸
	특징	① 워커빌리티 증진 ② 블리딩, 재료분리 감소 ③ 수밀성 증진 ④ 초기강도 감소, 장기강도 증가 ⑤ 해수 화학적 저항성 증대 ⑥ 발열량 감소 ⑦ 건조수축 감소	
3. 실리카 퓸	정의	실리콘 혹은 페로 실리콘 등의 규소합금의 제조 시에 발생하는 폐가스를 집진하여 얻어지는 부산물의 일종으로 비정질의 이산화규소(SiO_2)를 주성분으로 하는 초미립자를 말한다.	
	특성	① 수화 활성이 크다. ② 시멘트 입자의 사이에 분산되어 고성능 감수제와의 병용에 따라 보다 치밀하게 되어 고강도 및 투수성이 작은 콘크리트를 만들 수 있다. ③ 단위수량을 증대시키지만 고성능 감수제를 사용함에 따라 단위수량을 감소시킬 수 있다. ④ 수화 초기의 발열의 저감 ⑤ 포졸란 반응에 따른 알칼리 저감 ⑥ 중성화 깊이 증대(단점)	

(종류) 혼화재

(연결) 착색재

(목적) 혼화재 사용목적

●21③

(특징) 플라이애시

(용어) 실리카 퓸

CHAPTER 03 핵심 기출문제

● 재료 – 시멘트

01 KSF 5201 규정에서 정한 포틀랜드 시멘트의 종류를 5가지 쓰시오.
• 24① · 23①

가. _____
나. _____
다. _____
라. _____
마. _____

정답 포틀랜드 시멘트 종류
가. 1종 : 보통 포틀랜드 시멘트
나. 2종 : 중용열 포틀랜드 시멘트
다. 3종 : 조강 포틀랜드 시멘트
라. 4종 : 저열 포틀랜드 시멘트
마. 5종 : 내황산염 포틀랜드

02 시멘트 주요화합물을 4가지 쓰고, 그중 28일 이후 장기강도에 관여하는 화합물을 쓰시오.

가. 주요화합물
　① _____　② _____
　③ _____　④ _____

나. 콘크리트의 28일 이후의 장기강도에 관여하는 화합물
　_____

정답
가. 주요화합물
　① $2CaO \cdot SiO_2$(규산 이석회)
　② $3CaO \cdot SiO_2$(규산 삼석회)
　③ $3CaO \cdot Al_2O_3$
　　(알루민산 삼석회)
　④ $4CaO \cdot Al_2O_3 \cdot Fe_2O_3$
　　(알루민산철 사석회)
나. 콘크리트의 28일 이후의 장기강도에 관여하는 화합물
　$2CaO \cdot SiO_2$(규산 이석회)

03 혼합시멘트의 종류에 대한 명칭 3가지를 쓰시오.

가. _____
나. _____
다. _____

정답 혼합시멘트의 종류
가. 고로 시멘트
나. Fly ash 시멘트
다. 실리카 시멘트

04 혼합시멘트 중 플라이애시 시멘트의 특징을 4가지 쓰시오.
• 21③

가. _____
나. _____
다. _____
라. _____

정답 플라이애시 시멘트의 특징
가. 시공연도 증대
나. 단위수량 감소
다. 장기강도 증가
라. 해수저항성 증가

05 다음 설명에 해당하는 시멘트 종류를 고르시오.

> 조강 시멘트, 실리카 시멘트, 내황산염 시멘트, 중용열 시멘트, 백색 시멘트, 콜로이드 시멘트, 고로슬래그 시멘트
>
> 가. ① 특성 : 조기강도가 크고 수화열이 많으며 저온에서 강도의 저하율이 낮다.
> ② 용도 : 긴급공사, 한중공사
> 나. ① 특성 : 석탄 대신 중유를 원료로 쓰며, 제조 시 산화철분이 섞이지 않도록 주의한다.
> ② 용도 : 미장재, 인조석 원료
> 다. ① 특성 : 내식성이 좋으며 발열량 및 수축률이 작다.
> ② 용도 : 대단면 구조재, 방사선 차단물

가. _____
나. _____
다. _____

정답 용어
가. 조강 시멘트
나. 백색 시멘트
다. 중용열 시멘트

06 시멘트의 재료시험 방법에 대해 4가지 쓰시오.

가. _____
나. _____
다. _____
라. _____

정답 시멘트 재료시험 방법
가. 분말도 시험
나. 강도 시험
다. 비중 시험
라. 오토클레이브 팽창도 시험

07 다음은 시멘트의 풍화작용에 대한 설명이다. ( ) 안에 알맞은 말을 각각 써넣으시오.

> 시멘트가 대기 중에서 수분을 흡수하여 수화작용으로 (가)가 생기고, 공기 중 (나)를 흡수하여 (다)를 생기게 하는 작용

가. _____
나. _____
다. _____

정답 시멘트 풍화작용
가. $Ca(OH)_2$: 수산화석회
나. CO_2 : 이산화탄소
다. $CaCO_3$: 탄산석회

정답 포틀랜드 시멘트의 품질 시험 기계, 기구명
가. 마노미터액, 체가름 체
나. 비이카 장치, 길모아 장치
다. 오토클레이브 팽창체

08 다음은 포틀랜드 시멘트의 품질 시험에 관한 항목이다. 각 시험에 사용되는 기계, 기구명을 쓰시오. • 22②
가. 분말도　　　　　　　　(　　　　　　　　　)
나. 응결 및 경화　　　　　(　　　　　　　　　)
다. 안정성 시험　　　　　(　　　　　　　　　)

정답 분말도 시험
가. 체가름 시험
나. 브레인법

09 시멘트 분말도 시험법을 2가지 쓰시오.
가.
나.

정답 시멘트 응결시간에 미치는 요소
가. 시멘트의 분말도가 크면 응결이 빠르다.
나. 온도가 높고, 습도가 낮을수록 응결이 빠르다.
다. 시멘트의 화학성분 중 알루민산 삼석회가 많을수록 응결이 빠르다.

10 시멘트의 응결시간에 영향을 미치는 요소를 3가지 설명하시오.
가.
나.
다.

정답 헛응결(False Set)
가수한 시멘트풀이 10~20분경에 응결이 시작되었다가 다시 묽어지는데 이때의 응결을 헛응결이라 한다.

11 철근콘크리트 공사에서의 헛응결(False Set)에 대하여 기술하시오.

● 재료 – 골재

12 다음 설명하는 내용을 〈보기〉에서 골라 기호로 쓰시오. • 22①
가. 콘크리트의 질량을 경감시킬 목적으로 사용하는 보통의 암석보다 밀도가 낮은 골재
나. 모르타르 또는 콘크리트를 만들기 위하여 시멘트 및 물과 반죽 혼합하는 모래, 자갈, 부순돌, 기타 이와 유사한 입상의 재료
다. 암석을 크러셔 등으로 분쇄하여 인공적으로 만든 골재
라. 건설폐기물을 물리적 또는 화학적 처리과정 등을 통하여 순환골재 품질기준에 적합하게 만든 골재로 재생골재라고도 함

<보기>
① 순환 골재 ② 부순골재 ③ 경량골재 ④ 골재
⑤ 굵은 골재 ⑥ 골재 ⑦ 자갈

가. _____ 나. _____
다. _____ 라. _____

정답 골재
가. ③   나. ④
다. ②   라. ①

13 중량콘크리트의 용도를 쓰고, 대표적으로 사용되는 골재 2가지를 쓰시오.

가. 용도 : _____
나. 사용골재 : _____

정답 중량콘크리트
가. 용도 : 방사선 차단
나. 사용골재 : 중정석(Barite), 철광석(자철광 : Magnetite)

14 콘크리트용 굵은골재(조골재)로서의 요구품질 4가지를 쓰시오. •22③

가. _____
나. _____
다. _____
라. _____

정답 콘크리트용 굵은골재(조골재)의 요구품질
가. 소요강도가 충족되어야 한다.
나. 입형이 좋아야 한다.
다. 입도가 좋아야 한다.
라. 유기불순물이 없어야 한다.

15 다음은 골재의 함수상태이다. 해당하는 사항을 기재하시오. •22③

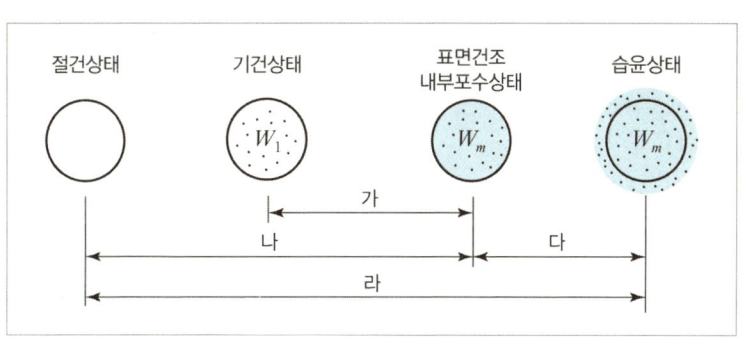

가. _____ 나. _____
다. _____ 라. _____

정답 골재의 함수상태
가. 유효흡수량   나. 흡수량
다. 표면수량   라. 함수량

16 다음 골재 함수량에 관한 설명에서 관련되는 것을 연결하시오.

(1) 기건상태 • • (가) 골재 내부에 약간의 수분이 있는 대기 중의 건조상태

(2) 흡 수 량 • • (나) 습윤상태의 골재 표면에 물의 양

(3) 절건상태 • • (다) 골재의 표면 및 내부에 있는 물의 전 중량

(4) 함 수 량 • • (라) 표면건조 내부 포화상태의 골재 중에 포함되는 물의 양

(5) 표면수량 • • (마) 건조기 내에서 온도 110℃ 이내로 정중량이 현재까지 건조한 것

(6) 유효흡수량 • • (바) 흡수량과 기건상태의 골재 내에 함유된 수량과의 차

정답 골재의 함수량
(1) (가) (2) (라) (3) (마)
(4) (다) (5) (나) (6) (바)

17 콘크리트의 유효흡수량에 대해 기술하시오.

정답 콘크리트의 유효흡수량
골재의 흡수량과 기건상태 골재 내의 함유된 수량과의 차

18 골재의 흡수량과 함수량에 대해 기술하시오.

가. 흡수량 :

나. 함수량 :

정답 골재의 함수
가. 흡수량 : 표면건조 내부 포수상태의 골재 중에 포함되는 물의 양
나. 함수량 : 습윤상태의 골재 내·외부에 함유된 전 수량

19 다음 각 콘크리트에 사용되는 굵은골재의 치수를 기재하시오. •23②

가. 일반 콘크리트 (   )
나. 무근 콘크리트 (   )
다. 단면이 큰 콘크리트 (   )

정답 굵은골재 최대 치수
가. 20 또는 25mm
나. 40mm
다. 40mm

20 굵은 골재의 공칭 최대치수는 다음 값을 초과하지 않아야 한다. (   ) 안에 적당한 수치를 기재하시오. •23①

가. 거푸집 양 측면 사이의 최소 거리의 (   )
나. 슬래브 두께의 (   )
다. 개별 철근, 다발철근, 긴장재 또는 덕트 사이 최소 순간격의 (   )

정답 굵은골재의 공칭 최대치수
가. 1/5
나. 1/3
다. 3/4

21 다음 용어를 설명하시오.

가. 슬럼프 플로(Slump Flow) :

나. 조립률 :

> **정답** 용어
> 가. 슬럼프 플로(Slump Flow) : 슬럼프테스트를 하여 Con'c가 옆으로 퍼진 정도로 초유동화 콘크리트의 시공연도를 측정할 때 사용한다.
> 나. 조립률 : 체가름 시험을 통해 골재의 입도를 간단한 수치로 나타낸 것

22 다음 용어를 간단히 설명하시오.

가. 잔골재율(S/A) :

나. 조립률(FM) :

> **정답** 용어
> 가. 잔골재율(S/A) : 잔골재량과 골재 전량과의 절대용적률
> 나. 조립률(FM) : 체가름 시험을 통해 골재의 입도를 간단한 수치로 나타낸 것

23 콘크리트의 제조과정에서 다음의 성분이 과량 함유된 경우 우려되는 대표적 피해현상을 쓰시오.

가. 유기불순물 :

나. 염화물 :

다. 점토 덩어리 :

라. 당분 :

> **정답** 콘크리트 불순물
> 가. 유기불순물 : 콘크리트 강도 및 내구성 저하
> 나. 염화물 : 중성화 및 철근 부식
> 다. 점토 덩어리 : 부착력 저하와 균열
> 라. 당분 : 응결지연

● 재료 – 혼화재료

24 콘크리트의 혼합재료는 혼화제와 혼화재로 구분할 수 있다. 다음 혼화제 및 혼화재의 정의 및 종류를 쓰시오.

가. 혼화제
　① 정의 :

　② 종류 :

나. 혼화재
　① 정의 :

　② 종류 :

> **정답** 혼화재료
> 가. 혼화제
> 　① 정의 : 콘크리트의 성질을 개선하기 위한 약품의 성질을 갖고 있는 재료로 소량 사용
> 　② 종류 : 표면활성제(AE제, 분산제, AE감수제), 유동화제, 응결경화촉진제, 응결지연제, 방청제, 방동제, 방수제, 고성능 감수제
> 나. 혼화재
> 　① 정의 : 시멘트 성질을 개량하는 혼화재료로 다량으로 사용
> 　② 종류 : 고로슬래그, 실리카 퓸, 착색제, 팽창제

정답 혼화제와 혼화재
가. 차이점 : 혼화제는 약품자체의 성질로, 혼화재는 시멘트와 반응하여 콘크리트의 성질을 개량하거나 특수한 성질을 부여함
나. 혼화재의 종류
① 고로슬래그
② 플라이애쉬
③ 실리카 품
④ 포졸란

정답
가. 초록색 : ④ 산화크롬
나. 빨간색 : ⑤ 제2산화철
다. 노란색 : ③ 크롬산 바륨
라. 갈색 : ⑥ 이산화망간

정답 혼화재의 종류
가. 포졸란
나. 플라이애시
다. 고로슬래그

정답 혼화제의 사용목적
가. 시공연도 개선
나. 단위수량 감소
다. Bleeding 감소
라. 알칼리 골재반응 억제

정답 혼화재 종류
실리카 품

---

25 혼화제와 혼화재의 차이점을 쓰고 혼화재의 종류 3가지를 쓰시오. • 22①

가. 차이점 :

나. ①
②
③

26 각 색깔에 맞는 콘크리트용 착색제를 보기에서 찾아 번호로 쓰시오.

| ① 카본블랙 | ② 군청 | ③ 크롬산 바륨 |
| ④ 산화크롬 | ⑤ 제2산화철 | ⑥ 이산화망간 |

가. 초록색 – (   )   나. 빨간색 – (   )
다. 노란색 – (   )   라. 갈색 – (   )

27 콘크리트 제조 시에 최근에는 수화열 저감, 워커빌리티의 증대, 장기강도발현, 수밀성 증대 등 다양한 장점을 얻고자 혼화재를 사용한다. 대표적인 혼화재를 3가지 쓰시오.

가.
나.
다.

28 혼화제의 사용목적 4가지를 쓰시오.

가.
나.
다.
라.

29 전기로에서 금속규소나 규소철을 생산하는 과정 중 부산물로 생성되는 매우 미세한 입자로써 고강도 콘크리트 제조 시 사용되는 포졸란계 혼화재의 명칭을 쓰시오.

30 다음은 콘크리트에 사용되는 혼화재료의 설명이다. 보기에서 골라 기호를 넣으시오. • 24③ · 23① · 22③

가. 콘크리트의 움직이는 성질을 일시적으로 증가시키는 혼화재료( )
나. 염화물 등으로 인한 철근이 부식되는 것을 방지하여 위하여 사용되는 혼화재료 ( )
다. 콘크리트 타설시 콜드조인트 등을 방지하기 위하여 사용되는 혼화재료 ( )
라. 콘크리트의 시공성을 높이고 재료분리 등을 방지하기 위하여 사용되는 혼화재료 ( )

〈보기〉
① 유동화제 ② 방청제 ③ 응결지연제 ④ AE제

정답 혼화재료
가. ① 나. ②
다. ③ 라. ④

30 콘크리트에 사용되는 염화칼슘, 플라이애쉬, 유동화제, 팽창제의 사용하는 목적을 1가지씩 기재하시오. • 22②

가. 염화칼슘 :
나. 플라이애쉬 :
다. 유동화제 :
라. 팽창제 :

정답 혼화재료의 목적
가. 염화칼슘 : 응결경화 촉진제, 방동제
나. 플라이애쉬 : 워커빌리티 증진, 수밀성 증진, 재료분리 감소
다. 유동화제 : 유동성 증가
라. 팽창제 : 건조수축 저감, 무수축 모르타르

31 다음은 혼화재료의 종류에 대한 설명이다. 아래 설명이 뜻하는 혼화재료의 명칭을 쓰시오.

가. 공기 연행제로서 미세한 기포를 고르게 분포시킨다. ( )
나. 시멘트와 물과의 화학반응을 촉진시킨다. ( )
다. 화학반응이 늦어지게 한다. ( )

정답 혼화재료
가. AE제(표면활성제)
나. 응결경화 촉진제
다. 응결경화 지연제

32 AE제 사용 시 목적 4가지만 쓰시오. • 24② · 23②

가.
나.
다.
라.

정답 AE제 사용 시 장점
가. 수밀성 증가
나. 동결융해 저항성 증가
다. 워커빌리티 증가
라. 재료분리 감소
마. 단위수량 감소
바. 블리딩 현상 감소
사. 발열량 감소

33 다음 용어에 대하여 기술하시오.

가. 엔트랩트 에어(Entrapped Air) :

나. 엔트레인드 에어(Entrained Air) :

다. 모세관 공극(Capillary Cavity) :

정답 용어 설명
가. 엔트랩트 에어 : 일반 콘크리트에 자연적으로 들어가는 1~2% 공기량을 말한다.
나. 엔트레인드 에어 : 연행공기라 하여 AE제를 사용할 때 함유되는 3~6% 공기
다. 모세관 공극 : 콘크리트 내의 재료들 입자 사이에 물이 모세관현상이 발생한 뒤 모세관수가 증발하여 생긴 공극

34 다음은 경화 콘크리트 내부의 공극의 종류를 나타낸 것이다. 크기가 작은 것부터 큰 것의 순서를 번호로 나열하시오.

| ① 엔트랩트 에어 ② 모세관 공극 ③ 겔공극 ④ 엔트레인드 에어 |

(　) → (　) → (　) → (　)

정답 콘크리트 내부의 공극 크기
① → ④ → ② → ③

35 콘크리트 공사에서 다음 설명에 알맞은 용어를 〈보기〉에서 골라 번호로 쓰시오.

| ① 디스펜서 | ② 이넌 데이터 | ③ 쇼트 크리트 |
| ④ 컨시스턴시 | ⑤ 워세 크리터 | ⑥ 레이턴스 |

가. 물·시멘트비를 일정하게 유지시키면서 골재를 계량하는 방식　(　)
나. 모래의 용적계량 장치　(　)
다. 모르타르를 압축공기로 분사하여 바르는 콘크리트 시공방법　(　)
라. 콘크리트를 부어 넣은 후 블리딩 수의 증발에 따라 그 표면에 나오는 미세한 물질　(　)

정답 용어
가. ⑤
나. ②
다. ③
라. ⑥

제4절 콘크리트공사 - 배합/성질

01 배합

(1) 종류와 순서

1. 종류	중량배합	콘크리트 1m³에 소요되는 재료의 양을 중량(kg)으로 표시한 배합
	절대용적배합	콘크리트 1m³에 소요되는 재료의 양을 절대 용적으로 표시한 배합
	표준계량 용적배합	콘크리트 1m³에 소요되는 재료의 양을 표준 계량용적(m³)으로 표시한 배합으로, 시멘트는 1,500kg/1m³으로 한다.
	현장계량 용적배합	콘크리트 1m³에 소요되는 재료의 양을 시멘트는 포대수로, 골재는 현장 계량에 의한 용적(1m³)으로 표시한 배합
2. 순서	① 소요강도(설계기준강도) 결정 ② 배합강도 결정 ③ 시멘트강도 결정 ④ 물 – 결합재비 결정 ⑤ 슬럼프치 결정 ⑥ 굵은골재 최대 치수 결정 ⑦ 잔골재율 결정 ⑧ 단위수량의 결정 ⑨ 시방배합 산출 및 조정 ⑩ 현장 배합의 결정	

(종류) 배합

(순서) 배합설계

(2) 결정요소 사항

1. 배합 강도	① 구조물에 사용된 콘크리트의 강도가 설계기준 강도보다 작아지지 않도록 현장 콘크리트의 품질변동을 고려하여 콘크리트의 배합강도(f_{cr})를 설계 기준강도(f_{ck})보다 충분히 크게 한다. ② 설계기준 압축강도 35MPa 이하인 경우 $f_{cr} = f_{ck} + 1.34s$ (MPa) $f_{cr} = (f_{ck} - 3.5) + 2.33s$ (MPa) ┤ 큰 값 ③ 설계기준 압축강도 35MPa 초과인 경우 $f_{cr} = f_{ck} + 1.34s$ (MPa) $f_{cr} = 0.9f_{ck} + 2.33s$ (MPa) ┤ 큰 값 여기서, s : 압축강도의 표준편차(MPa) ④ 레디믹스트 콘크리트의 경우에는 배합강도(f_{cr})를 호칭강도(f_{cn})보다 크게 한다. ⑤ 레디믹스트 콘크리트 사용자는 규정에 따라 기온보정강도(T_n)를 더하여 생산자에게 호칭강도(f_{cn})로 주문한다. $f_{cn} = f_{cq} + T_n$ (MPa) 여기서, T_n : 기온보정강도(MPa) ⑥ 콘크리트 압축강도의 표준편차는 실제 사용한 콘크리트의 30회 이상의 시험실적으로부터 결정하는 것을 원칙으로 한다. 압축강도의 시험횟수가 29회 이하이고 15회 이상인 경우는 그것으로 계산한 표준편차에 보정계수를 곱한 값을 표준편차로 사용한다.

시험횟수	표준편차의 보정계수
15	1.16
20	1.08
25	1.03
30 이상	1.00

주) 위 표에 명시되지 않은 시험횟수는 직선 보간한다.

1. 배합강도

⑦ 콘크리트 압축강도의 표준편차를 알지 못할 때, 또는 압축강도의 시험 횟수가 14회 이하인 경우

호칭강도(MPa)	배합강도(MPa)
21 미만	$f_n + 7$
21 이상 35 이하	$f_n + 8.5$
35 초과	$1.1f_n + 5$

(용어) 물결합재비

2. 물 – 결합재비

정의: 혼화재로 고로슬래그 미분말, 플라이애시, 실리카 퓸 등 결합재를 사용한 모르타르나 콘크리트에서 골재가 표면 건조 포화상태에 있을 때에 반죽 직후 물과 결합재의 질량비(기호 : W/B)

※ 물시멘트비(W/C) : 모르타르나 콘크리트에서 골재가 표면 건조 포화 상태에 있을 때에 반죽 직후 물과 시멘트의 질량비

(용어) 물시멘트비

(종류) 물시멘트비가 클 때 문제점 4가지

(종류) 현장가수로 인한 문제점 4가지

고려사항:
① 소요의 강도, 내구성, 수밀성 및 균열저항성
② 콘크리트의 압축강도를 기준으로 물 – 결합재비를 정하는 경우
  - 압축강도와 물 – 결합재비와의 관계는 시험에 의하여 정하는 것을 원칙
  - 배합에 사용할 물 – 결합재비는 기준 재령의 결합재 – 물비와 압축강도와의 관계식에서 배합강도에 해당하는 결합재 – 물비 값의 역수
③ 콘크리트의 탄산화 작용, 염화물 침투, 동결융해 작용, 황산염 등에 대한 내구성을 기준으로 하여 물 – 결합재비를 정할 경우 아래 표에 따라 결정한다.

콘크리트의 탄산화 작용, 염화물 침투, 동결융해 작용, 황산염 등에 대한 내구성을 기준으로 하여 물 – 결합재비를 정할 경우

항목	일반	EC (탄산화)				ES (해양환경, 제설염 등 염화물)				EF (동결융해)				EA (황산염)		
	E0	EC1	EC2	EC3	EC4	ES1	ES2	ES3	ES4	EF1	EF2	EF3	EF4	EA1	EA2	EA3
내구성 기준압축강도 f_{cd}(MPa)	21	21	24	27	30	30	30	35	35	24	27	30	30	27	30	30
최대 물–결합재비[1]	–	0.60	0.55	0.50	0.45	0.45	0.45	0.40	0.40	0.55	0.50	0.45	0.45	0.50	0.45	0.45

주 1) 경량골재 콘크리트에는 적용하지 않음. 실적, 연구성과 등에 의하여 확증이 있을 때는 5% 더한 값으로 할 수 있음

3. 단위수량

① 단위수량은 최대 185kg/m³ 이내의 작업이 가능한 범위 내에서 될 수 있는 대로 적게 한다.
② 굵은골재의 최대 치수, 골재의 입도와 입형, 혼화 재료의 종류, 콘크리트의 공기량 등에 영향을 받음

4. 단위 결합재량	① 단위결합재량은 원칙적으로 단위수량과 물-결합재비로부터 정함 ② 요구성능 : 소요의 강도, 내구성, 수밀성, 균열저항성, 강재를 보호하는 성능 ③ 단위결합재량의 하한값 혹은 상한값이 규정되어 있는 경우에는 이들의 조건이 충족	
5. 굵은골재의 최대 치수	① 굵은골재의 최대 치수는 다음 값을 초과하지 않아야 함 • 거푸집 양 측면 사이의 최소 거리의 1/5 • 슬래브 두께의 1/3 • 개별 철근, 다발철근, 긴장재 또는 덕트 사이 최소 순간격의 3/4 ② 굵은골재의 최대 치수 | 구조물의 종류	굵은골재의 최대 치수(mm)
---	---
일반적인 경우	20 또는 25
단면이 큰 경우	40
무근콘크리트	40 (부재 최소 치수의 1/4을 초과해서는 안 됨)	
6. 슬럼프 및 슬럼프 플로	① 슬럼프 : 아직 굳지 않은 콘크리트의 반죽질기를 나타내는 지표로, 콘크리트의 슬럼프 시험방법에 규정된 방법에 따라 슬럼프콘을 들어올린 직후에 상면의 내려앉은 양을 측정한 값 ② 슬럼프 플로 : 아직 굳지 않은 콘크리트의 유동성 정도를 나타내는 지표로, 콘크리트의 슬럼프 시험방법에 규정된 방법에 따라 슬럼프콘을 들어올린 후에 원모양으로 퍼진 콘크리트의 직경(최대직경과 이에 직교하는 직경의 평균)을 측정한 값 ③ 시험기구 : 수밀성 평판, 플로콘, 다짐막대, 계측기기 ④ 슬럼프 콘에 콘크리트를 거의 같은 양의 3층으로 나누어 채우고 다짐봉으로 25회씩 똑같이 다진다. 슬럼프 콘에 콘크리트를 채우기 시작하고 나서 슬럼프콘의 들어올리기를 종료할 때까지의 시간은 3분 이내로 하며, 슬럼프 시험의 측정 단위는 0.5cm로 표기한다. ⑤ 슬럼프는 운반, 타설, 다지기 등의 작업에 알맞은 범위 내에서 될 수 있는 한 작은 값 | 종류		슬럼프 값
철근콘크리트	일반적인 경우	80~150
	단면이 큰 경우	60~120
무근콘크리트	일반적인 경우	50~150
	단면이 큰 경우	50~100 | ⑥ 슬럼프 치 허용오차(단위 : mm) | 슬럼프	허용오차
---	---
25	±10
50 및 65	±15
80이상	±25 | ⑦ 슬럼프 플로 허용 오차(단위 : mm) | 슬럼프 플로	허용오차
---	---
500	±75
600	±100
700	| ※ 700mm는 굵은골재의 최대 치수가 13mm인 경우에 한하여 적용	용어 슬럼프 플로 종류 슬럼프 시험에 사용되는 기구 4가지 ●23③ 수치 슬럼프 시험

7. 슬럼프 손실 요인	① 수분의 증발로 인한 경우 ② 운반 시간이 긴 경우 ③ 펌프 압송거리가 클 때 ④ 타설 시간이 길어질 때 ⑤ 서중 콘크리트 일 때		
8. 공기량	레디믹스트 콘크리트(단위 : %)		
	콘크리트 종류	공기량	허용오차
	보통 콘크리트	4.5	±1.5
	경량 콘크리트	5.5	
	포장 콘크리트	4.5	
	고강도 콘크리트	3.5	

(종류) 슬럼프 손실 요인 ●23③

(3) 계량장비

1. 콘크리트	① Batching Plant : 비빔재료 계량 ② Mixing Plant : 비빔설비 ③ Batcher Plant : 재료 계량 + 비빔
2. 재료	① Dispenser : AE제 계량 ② Air meter, Washington Meter : 공기량 측정 ③ Inundater : 모래 계량 ④ Wacecreter : W/C 계량 ⑤ Over Flow System, Siphon System, Float System : 물 계량

(용어) 디스펜서
(용어) 워싱턴미터
(용어) 이넌데이터, 워세크리터

02 콘크리트의 성질

(1) 굳지 않은 콘크리트의 성질

1) 용어

1. 시공연도 (Workability)	반죽질기 여하에 따르는 작업의 난이 정도 및 재료의 분리에 저항하는 정도를 나타내는 굳지 않은 콘크리트의 성질을 말한다.
2. 반죽질기 (Consistency)	① 수량의 다소에 따르는 반죽의 되고 진 정도를 나타내는 굳지 않은 콘크리트의 성질을 말한다. ② 시멘트 페이스트(Cement Paste)의 농도를 지배한다.
3. 성형성 (Plasticity)	① 거푸집에 쉽게 다져 넣을 수 있고, 거푸집을 제거하면 천천히 형상이 변하기는 하지만 허물어지거나 재료가 분리되거나 하는 일이 없는 굳지 않은 콘크리트의 성질을 말한다. ② 구조체에 타설된 콘크리트가 거푸집에 잘 채워질 수 있는지의 난이 정도를 나타낸다.
4. 마감성 (Finish ability)	도로포장 등에서 골재의 최대치수에 따르는 표면정리의 난이 정도를 나타낸다.
5. 압송성 (Pump ability)	펌프시공 콘크리트의 경우 펌프에 콘크리트가 잘 밀려가는지의 정도를 표현한다.
6. 다짐성 (Compact ability)	콘크리트 다짐 시 묽기 등의 영향에 따른 다짐의 효율성을 나타낸다.

(용어) 시공연도 ●24①,②,③·21①,②
(용어) 유동성 ●24①,③·21①
(용어) 성형성 ●24②,③·21①
(용어) 마감성 ●24①,③·21①
(용어) 다짐성

2) 시공연도

	재료	시공
1. 요인	① 시멘트량 ② 물의 양 ③ G 최대치수 ④ 잔골재율 ⑤ 혼화재료	① 운반거리 ② 운반높이 ③ 타설량 ④ 타설시간 ⑤ 작업자의 능력
2. 시험항목	① 슬럼프 테스트 ③ 다짐계수 시험 ⑤ 비빔 시험	② 플로 시험 ④ 구관입 시험 ⑥ 낙하 시험

(종류) 시공연도에 영향을 미치는 요인

●21②

(종류) 시공연도(반죽질기)확인법

3) 재료 분리

1. 정의	콘크리트 비빔 시 사용된 재료의 비중차에 의하여 타설된 콘크리트 내 재료별 구성비율의 균질성이 소실된 상태
2. 원인	① 굵은골재의 최대치수가 지나치게 큰 경우 ② 입자가 거친 잔골재를 사용한 경우 ③ 단위 골재량이 너무 많은 경우 ④ 단위 수량이 너무 많은 경우 ⑤ 배합이 적절하지 않은 경우
3. 대책	① 콘크리트의 성형성(Plasticity)을 증대시킨다. ② 잔골재율을 크게 한다. ③ 물·시멘트비를 작게 한다. ④ AE제, 플라이애시를 사용한다.
4. 블리딩	콘크리트 타설 후 생콘크리트의 자중압에 의해 콘크리트 내 수분이 상승하는 현상
5. 레이턴스	① 블리딩으로 인한 잉여수가 증발된 뒤 콘크리트 표면에 남는 하얀 이물질 ② 부착력 감소(이어붓기 시, 마감공사 시)
6. 모세관 공극	콘크리트 내의 재료입자 사이에 물이 모세관 현상이 발생한 후 모세관수가 증발하여 생긴 공극

(종류) 재료 분리의 원인 및 대책

(용어) 블리딩

(용어) 레이턴스

(용어) 모세관 공극

4) 균열

① 종류

1. 건조수축 (플라스틱 균열)	정의	콘크리트는 외기와 접하면서 건조하기 시작하고 건조된 콘크리트의 외부는 줄어들게 되나 내부는 아직도 수분을 많이 함유하고 있으므로 외부의 수축 작용으로서 발생되는 균열(소성수축균열)
	원인	분말도가 큰 시멘트, 흡수율이 큰 골재, 사용수량 과다 시
2. 소성수축 균열	정의	굳지 않은 콘크리트에서 발생되는 초기균열로서 콘크리트 타설 후 블리딩의 속도보다 표면의 증발 속도가 빠른 경우 표면 수축에 의해 발생되는 불규칙 균열

(용어) 소성수축균열

용어 침강균열

종류 레미콘 균열원인

종류 콘크리트 균열의 원인 재료상, 시공상 결함

종류 타설 후 재료에 의한 균열원인 3가지

2. 소성수축 균열	원인	① 물의 증발속도가 1kg/m²/h 이상일 때 ② 블리딩이 적은 된비빔의 콘크리트일 때 ③ 건조한 바람이 심하게 불 경우 ④ 고온 저습한 기온일 경우
3. 침하(침강) 균열	정의	콘크리트를 타설하고 다짐하여 마감작업을 한 이후에도 계속되어 발생되는 콘크리트의 침하현상에 따라 생기는 균열
	원인	① 철근 직경이 너무 큰 경우 ② 콘크리트 피복두께가 작을 때 ③ 불충분한 다짐 ④ 슬럼프가 큰 경우 ⑤ 수밀하지 못한 거푸집 사용 시

② 원인

1. 하중	① 하중　　　　　　　　② 지진 ③ 과하중　　　　　　　④ 단면ㆍ철근량의 부족 ⑤ 부동침하
2. 외적 요인	① 환경ㆍ온도의 변화　　② 콘크리트 부재 양면의 온도ㆍ습도차 ③ 동결융해　　　　　　④ 화재, 표면 가열 ⑤ 내부 철근의 부식　　⑥ 외부로부터 침입하는 염화물
3. 재료	① 시멘트의 이상 응결　② 시멘트의 이상 팽창 ③ 콘크리트의 침하ㆍ블리딩　④ 골재에 포함되어 있는 염화물 ⑤ 시멘트의 수화열　　⑥ 콘크리트의 건조수축 ⑦ 알칼리 골재반응　　⑧ 콘크리트의 중성화
4. 시공	① 혼화재료의 불균일한 분산 ② 장시간의 비빔 ③ 펌프 압송 시 시멘트량, 수량의 중량 ④ 급속한 타입속도 ⑤ 불균일한 타설, 곰보현상 ⑥ 배근위치의 이동, 철근의 피복두께의 부족 ⑦ 콜드 조인트　　　　⑧ 거푸집의 배부름 ⑨ 누수　　　　　　　⑩ 동바리의 침하 ⑪ 초기의 급격한 건조　⑫ 경화 전의 진동이나 재하 ⑬ 거푸집의 조기 제거　⑭ 초기동해
5. 대책	① 슬럼프 값을 내린다. ② 골재는 굵은 것을 사용한다. ③ 골재는 둥근 입형을 사용한다. ④ 실적효율이 큰 골재를 사용한다. ⑤ 감수효과가 큰 골재를 사용한다. ⑥ 세골재율(가는 골재율)을 적게 한다. ⑦ 시멘트 사용량을 줄인다. ⑧ 타설 시 콘크리트 온도를 낮춘다. ⑨ Cold Joint가 생기지 않도록 한다. ⑩ 재료분리가 생기지 않도록 한다.

③ 콘크리트 균열 보수 및 보강법

1. 보수	표면처리법	① 0.2mm 이하의 정지된 균열에 적용 ② 폴리머시멘트, 모르타르 등 보수
	주입공법	주입부위 천공 후 에폭시(Epoxy)를 이용 20~30cm 간격으로 주입
	충전공법	U, V자 커팅 후 실링재, 에폭시, 폴리머시멘트, 모르타르 등을 충전
2. 균열보강	강판접착공법	균열 부위에 강판을 붙이고 기존 콘크리트와 볼트로 체결하는 방법
	강재앵커공법	균열 부위에 강재앵커(꺽쇠모양)를 이용하여 보강하는 방법
	탄소섬유판공법	탄소섬유판을 에폭시 수지 등을 이용 균열면에 부착하여 보강하는 공법
	Prestressed공법	구조체가 절단될 우려가 있는 경우 강봉이나 PC 강선을 균열에 직각 방향으로 배근하여 Prestress를 부여하여 보강하는 공법
	단면증가 공법	구조체의 단면을 증가시켜 보강하는 공법
3. 보수재료 요구성능	① 부착력　② 충진성　③ 내후성 ④ 내구성　⑤ 무수축성	

(종류) Con'c 균열, 보수보강 방법

(용어) 표면처리법

(용어) 주입공법

(종류) 균열보수 재료의 요구성능

(2) 굳은 콘크리트 성질

1) 강도

1. 종류	① 압축강도　② 인장강도　③ 휨강도　④ 전단강도	
2. 시험 (압축강도)	① 120m³마다, 매일, 공구별, 층별 ② 공시체(지름 15cm, 높이 30cm) ③ 24시간 뒤 탈형, 20±3℃ 수중양생	
3. 합격기준 (35MPa 이하)	① 1회(3개)의 평균강도가 설계기준강도 − 3.5MPa 이상 ② 3회(9개)의 평균강도가 설계기준압축강도 이상	
4. 비파괴시험	표면 경도법	• Concrete 표면의 타격 시 반발의 정도로 강도를 추정한다. • 시험장치가 간단하고 편리하여 많이 쓰인다.
	공진법	물체 간 고유 진동주기를 이용하여 동적 측정치로 강도를 측정한다.
	음속법	피측정물을 전달하는 음파의 속도에 의해 강도를 추정한다.
	복합법	인발법 + 음속법을 병행해서 강도를 추정하며 가장 믿을 만하고 뛰어난 방법이다.
	인발법	• Concrete에 묻힌 Bolt 중에서 강도를 측정한다. • Pre − Anchor법, Post − Anchor법이 있고, P.S Concrete에 사용한다.
	Core 채취법	시험하고자 하는 Concrete 부분을 Core Drill을 이용하여 채취하고 강도시험 등 제시험을 한다. Core 채취가 어렵고 측정치에 한계가 있다.

(시험) Con'c 강도시험 (　) 넣기

(종류) 비파괴 검사법

5. 표면경도법	① 슈미트해머 사용 ② 3~5cm 간격 20개소 측정 ③ 보정방법 　㉠ 타격 방향에 의한 보정 　㉡ 응력 상태에 의한 보정 　㉢ 건조 상태에 따른 보정 　㉣ 재령에 의한 보정

● 크리프

1. 정의	하중의 증가 없이 일정한 하중(고정하중 등)이 지속될 때 나타나는 소성 변형
2. 영향	① 재령이 짧을수록　② 응력이 클수록 ③ 부재치수가 작을수록　④ 대기온도가 높을수록 ⑤ W/C가 클수록　⑥ 단위시멘트량이 많을수록 ⑦ 다짐이 나쁠수록

2) 내구성

① 중성화와 알칼리 골재반응

1. 중성화	정의 및 식	공기 중의 탄산가스의 작용을 받아 콘크리트 중의 수산화칼슘이 서서히 탄산칼슘으로 되어 콘크리트의 알칼리성이 상실되는 현상이다. $Ca(OH)_2 + CO_2 \rightarrow CaCO_3 + H_2O$
	진행속도	① 단기재령일수록 빠르다. ② 중용열, 혼합시멘트 사용 시 빠르다. ③ 경량골재 사용 시 기공이 많아져서 빠르다. ④ W/C 비가 높을수록, 온도가 높을수록 빠르다.
	원인	CO_2, Cl^-, 유기불순물
	증상	콘크리트 중성화에 따른 철근의 부식은 철근의 체적을 팽창(2.5배)시켜 콘크리트의 균열이 촉진되어 내구성이 저하된다.
	대책	① 피복두께 증가 ② W/C 비를 작게 한다.(AE제나 감수제를 사용) ③ 밀실한 콘크리트 타설(CO_2 침입방지) ④ 시멘트는 알칼리 함량이 시방범위 내에 있는 것을 사용 ⑤ 방청철근 사용(Epoxy Coated Re-Bar)
2. 알칼리 골재 반응	정의	Alkali Aggregate Reaction 시멘트의 알칼리 성분과 골재 중의 Silica, 탄산염 등의 광물이 화합하여 알칼리 Silica Gel이 생성되어 팽창되면서 콘크리트에 균열, 조직붕괴가 일어나는 현상이다.
	종류	① 알칼리 – 실리카 반응 ② 알칼리 – 탄산염 반응 ③ 알칼리 – 실리게이트 반응

2. 알칼리 골재 반응	원인	① 시멘트 원료의 점토광물이 주된 원인을 제공 ② 경화 후 외부로부터 침투하는 염분, 혼합제 ③ 콘크리트가 습윤 상태나 다습할 경우 ④ 해사에 부착된 염분(NaCl) ⑤ 콘크리트 중에서 수분 이동에 따라 알칼리가 농축
	대책	① 반응성 골재, 알칼리 성분, 수분 중 한 가지는 배제 ② 비반응성 골재사용 ③ 저알칼리 시멘트(고로 시멘트, Fly Ash 등) 사용 ④ 포졸란 반응 사전 촉진 ⑤ 염분 사용 금지 ⑥ 방수제를 사용하여 수분을 억제

(종류) 알칼리 골재반응 대책 ●22②

② 기타

1. 염해	정의	콘크리트 중의 염화물에 의하여 강재가 부식되어 콘크리트 구조물이 손상되는 현상이다.
	영향	① 콘크리트의 중성화 촉진 ② 철근 부식 증대 ③ 균열 및 건조수축 증가 ④ 조기강도는 증대되나 장기강도는 감소
	대책	① 콘크리트 중의 염소 이온량을 적게 한다. ② 철근의 피복두께를 충분히 확보한다. ③ 양질의 방청제를 사용한다. ④ 밀실한 콘크리트를 타설한다. ⑤ 물·시멘트비를 작게 한다.
2. 동결 융해	원인	① 콘크리트 중의 사유수가 동결하여 수입팽창(9%)을 일으켜 균열이 발생된다. ② 초기 양생 불량 : 콘크리트의 초기 동해에 대한 저항성은 일반적으로 압축강도 4MPa 이상이면 동해를 받지 않는다.
	영향	콘크리트의 강도, 내구성, 수밀성이 현저히 저하된다.
	대책	① AE제(4~6%)를 사용한다. ② W/C 비와 단위수량을 작게 한다. ③ 흡수율이 작은 골재를 사용한다. ④ 진동다짐, 재료분리 방지, 콘크리트 타설 시 이음부를 적게 한다.

3. 전식		① 철근에서 콘크리트쪽 전류 흐름의 영향
		   ㉠ 철근의 부식
		   ㉡ 균열유발
		② 콘크리트에서 철근쪽 전류 흐름의 영향
		   ㉠ 콘크리트 연화
		   ㉡ 부착강도 저하

(용어) 염해

CHAPTER 03 핵심 기출문제

● 배합

01 콘크리트의 배합표시법 종류를 3가지 쓰시오.

가. _____ 나. _____
다. _____

정답 콘크리트 배합표시법
가. 절대용적배합
나. 중량배합
다. 표준계량 용적배합

02 다음 문장의 ( ) 안을 적당한 용어로 채우시오.

> 물시멘트비는 시멘트에 대한 물의 ( ) 백분율이다.

정답 W/C
중량

03 콘크리트의 표준배합설계 순서를 〈보기〉에서 골라 번호로 쓰시오.

① 슬럼프값의 결정	② 시방배합의 산출 및 조정
③ 배합강도의 결정	④ 물-결합재비의 산정
⑤ 잔골재율의 결정	⑥ 소요강도의 결정
⑦ 굵은골재 최대치수의 결정	⑧ 현장배합의 조정
⑨ 시멘트 강도의 결정	⑩ 단위수량의 결정

( ) → ( ) → ( ) → ( ) → ( ) → ( ) → ( ) →
( ) → ( ) → ( )

정답 배합설계 순서
⑥ → ③ → ⑨ → ④ → ① → ⑦
→ ⑤ → ⑩ → ② → ⑧

04 콘크리트 타설 시 현장 가수로 인한 문제점을 3가지 쓰시오.

가. _____
나. _____
다. _____

정답 콘크리트 가수 시
가. 콘크리트의 강도저하
나. 재료분리현상 유발
다. 수분의 상승에 따른 콘크리트 강도의 불균일성
라. 수밀성 저하
마. 응결 지연
바. 건조수축률의 증대
사. Creep 증대
아. 철근부식의 촉진
자. 탄성변형량 증대

05 다음은 슬럼프 콘에 관한 시험방법이다. ( ) 안에 적당한 숫자를 기재하시오.

슬럼프 콘에 콘크리트를 거의 같은 양의 3층으로 나누어 채우고 다짐봉으로 (가)회씩 똑같이 다진다. 슬럼프 콘에 콘크리트를 채우기 시작하고 나서 슬럼프콘의 들어 올리기를 종료할 때까지의 시간은 (나)분 이내로 하며, 슬럼프 시험의 측정 단위는 (다)cm 로 표기한다.

가. _____   나. _____
다. _____

정답 슬럼프 콘 시험방법
가. 25
나. 3
다. 0.5

06 콘크리트 슬럼프 저하 원인 3가지를 쓰시오.

가. _____   나. _____
다. _____   라. _____

정답 콘크리트 슬럼프 저하 원인
가. 수분의 증발
나. 운반 시간이 긴 경우
다. 펌프 압송거리가 클 때
라. 타설 시간이 길어질 때
마. 서중 콘크리트 일 때

07 콘크리트가 슬럼프 손실이 발생하는 경우 2가지만 기재하시오.

가. _____
나. _____

정답 슬럼프 손실 요인
가. 수분의 증발로 인한 경우
나. 운반 시간이 긴 경우
다. 펌프 압송거리가 클 때
라. 타설시간이 길어질 때
바. 서중 콘크리트일 때

● 성질 – 굳지 않는 콘크리트

08 굳지 않는 콘크리트의 성질을 4가지 쓰시오.

가. _____   나. _____
다. _____   라. _____

정답 굳지 않는 콘크리트 성질
가. 반죽질기(유동성)
나. 시공연도
다. 성형성
라. 마감성

09 콘크리트 공사 시 다음 설명이 뜻하는 용어를 쓰시오.

가. 수량에 의해 변화하는 콘크리트 유동성의 정도   (   )
나. 컨시스턴시에 이어붓기 난이도 정도 및 재료분리에 저항하는 정도
(   )
다. 마감성의 난이를 표시하는 성질   (   )
라. 거푸집 등의 형상에 순응하여 채우기 쉽고, 분리가 일어나지 않는 성질
(   )

정답 용어
가. 반죽질기(Consistency)
나. 시공연도(Workability)
다. 마감성(Finishability)
라. 성형성(Plasticity)

정답 굳지 않는 콘크리트 성질
가. – ④
나. – ⑥
다. – ②
라. – ①
마. – ⑤
바. – ③

10 다음 중 서로 연관이 있는 것끼리 연결하시오.

가. 워커빌리티　　•　　　　•　① 다짐성
나. 컨시스턴시　　•　　　　•　② 안정성
다. 스테빌리티　　•　　　　•　③ 성형성
라. 컴팩터빌리티　•　　　　•　④ 시공성
마. 모빌리티　　　•　　　　•　⑤ 가동성
바. 플라스티시티　•　　　　•　⑥ 유동성

정답 시공연도에 영향을 주는 요인
가. 잔골재율　　나. 단위수량
다. 공기량　　　라. 비빔시간

11 콘크리트의 시공연도(Workability)에 영향을 미치는 요인을 4가지 쓰시오.

가. ＿＿＿＿＿＿＿＿＿　나. ＿＿＿＿＿＿＿＿＿
다. ＿＿＿＿＿＿＿＿＿　라. ＿＿＿＿＿＿＿＿＿

정답 워커빌리티
가. 정의
　작업의 난이 정도와 재료분리의 저항을 나타내는 굳지 않은 콘크리트의 성질
나. 시험종류
　① 슬럼프테스트 ② 플로시험
　③ 다짐계수시험 ④ 구관입시험
　⑤ 비비시험　　 ⑥ 낙하시험

12 워커빌리티의 정의와 시험종류 3가지를 쓰시오.　　　　•21②

가. 정의 : ＿＿＿＿＿＿＿＿＿＿＿＿＿＿＿＿＿
　　　　　＿＿＿＿＿＿＿＿＿＿＿＿＿＿＿＿＿
나. 시험종류 : ① ＿＿＿＿＿＿＿＿＿＿＿＿＿
　　　　　　　② ＿＿＿＿＿＿＿＿＿＿＿＿＿
　　　　　　　③ ＿＿＿＿＿＿＿＿＿＿＿＿＿

정답 반죽질기 확인방법
가. 슬럼프시험　　나. 흐름시험
다. 비비시험　　　라. 구관입시험
마. 리몰딩시험　　바. 낙하시험

13 반죽질기를 확인하는 방법(시공연도를 측정하는 시험방법) 4가지를 쓰시오.

가. ＿＿＿＿＿＿＿＿＿　나. ＿＿＿＿＿＿＿＿＿
다. ＿＿＿＿＿＿＿＿＿　라. ＿＿＿＿＿＿＿＿＿

정답 슬럼프 시험 기구
가. 슬럼프콘
나. 수밀성 평판
다. 다짐막대
라. 계측기기

14 슬럼프 시험에 사용되는 기구를 4가지 쓰시오.

가. ＿＿＿＿＿＿＿＿＿＿＿＿＿＿＿＿＿＿＿
나. ＿＿＿＿＿＿＿＿＿＿＿＿＿＿＿＿＿＿＿
다. ＿＿＿＿＿＿＿＿＿＿＿＿＿＿＿＿＿＿＿
라. ＿＿＿＿＿＿＿＿＿＿＿＿＿＿＿＿＿＿＿

15 다음은 콘크리트의 슬럼프 테스트 순서이다. 빈칸을 완성하시오.

가. 수밀평판을 수평으로 설치한다.
나. ① _____
다. ② _____
라. ③ _____
마. 위의 '다' 항과 '라' 항의 작업을 2회 되풀이하고 윗면을 고른다.
바. 슬럼프 콘을 조용히 들어 올린다.
사. ④ _____

> **정답** 슬럼프 시험
> ① 슬럼프 콘을 중앙에 놓는다.
> ② 콘크리트 체적의 1/3만큼 콘크리트를 채운다.
> ③ 다짐막대로 25회씩 다진다.
> ④ 시료의 높이를 측정하여 30cm에서 뺀 값이 슬럼프 값이다.

16 콘크리트 슬럼프 손실에 대해서 간단히 기술하시오.

> **정답** 슬럼프 손실
> 시간의 경과에 따른 콘크리트 반죽질기의 감소현상이다. 콘크리트 혼합물의 수화작용이나 수분의 증발 등으로 혼합수가 감소하여 발생한다.

17 다음은 콘크리트 균열의 원인이다. 〈보기〉를 보고 재료상의 원인과 시공상의 원인을 골라 기호로 쓰시오. • 22①

〈보기〉
① 시멘트의 이상응결   ② 혼화 재료의 불균일한 분산
③ 펌프 압송 시 시멘트량, 수량의 증량 ④ 콘크리트의 건조 수축
⑤ 초기의 급격한 건조   ⑥ 골재에 포함되어 있는 염화물

가. 재료상의 원인 : _____
나. 시공상의 원인 : _____

> **정답** 콘크리트의 균열 원인
> 가. 재료상의 원인 : ①, ④, ⑥
> 나. 시공상의 원인 : ②, ③, ⑤

18 콘크리트의 균열 발생 요인 중에서 콘크리트 타설 후 재료에 의한 균열발생 원인을 3가지 쓰시오.

가. _____   나. _____
다. _____

> **정답** 콘크리트 균열 발생 원인
> 가. 알칼리 골재 반응에 의한 균열
> 나. 블리딩 현상에 의한 침강균열
> 다. 콘크리트의 건조 수축

19 콘크리트공사에서 소성수축균열(Plastic Shrinkage Crack)에 관해서 기술하시오.

> **정답** 용어 – 소성수축 균열
> 굳지 않은 콘크리트에서 발생되는 초기균열로서 콘크리트 타설 후 블리딩의 속도보다 표면의 증발속도가 빠른 경우 표면 수축에 의해 발생되는 불규칙 균열

● 성질 – 굳은 콘크리트

20 콘크리트가 공기 중의 탄산가스의 작용을 받아서 콘크리트 중의 수산화칼슘이 서서히 탄산칼슘으로 되어 콘크리트의 알칼리성을 상실하는 현상을 무엇이라고 하는가?
• 24③ · 22③

정답 용어 – 콘크리트의 중성화
중성화

21 콘크리트의 중성화에 대한 다음 ( ) 안을 채우시오.

가. 공기 중 탄산가스의 작용으로 콘크리트 중의 (①)이 서서히 (②)으로 되어 콘크리트가 알칼리성을 상실하게 되는 과정
나. 반응식 : (③) + CO_2 → (④) + H_2O

가. ①   ②
나. ③   ④

정답 중성화
가. ① 수산화칼슘
   ② 탄산칼슘
나. ③ $Ca(OH)_2$
   ④ $CaCO_3$

22 콘크리트 내의 Cl^-에 대한 규정에 대하여 2가지 기술하시오.

가.   나.

정답 Cl^-에 대한 규정
가. 잔골재 중량의 0.04% 이하
나. 콘크리트 내 $0.3kg/m^3$ 이하

23 우리나라에 유입되고 있는 중국서 발생한 다량의 탄산가스(CO_2)가 철근콘크리트 구조물에 미치는 영향을 3가지 쓰시오.
• 24③

가.   나.
다.

정답 탄산가스(CO_2)가 철근구조물에 미치는 영향
가. 강도저하
나. 내구성저하
다. 철근부식

24 콘크리트의 중성화에 대한 저감대책 4가지를 쓰시오.

가.   나.
다.   라.

정답 콘크리트 중성화 저감대책
가. 물 – 결합재비를 낮춘다.
나. 콘크리트의 수밀성 증가
다. 염분 허용량 준수
라. 유기불순물 함유 골재 사용 금지

25 콘크리트의 알칼리 골재반응의 정의와 대책 3가지를 쓰시오.
• 22②

가. 정의 :

정답 알칼리 골재반응
가. 정의 : 시멘트의 알칼리 성분과 골재 중의 실리카, 탄산염 등의 광물이 화합하여 알칼리 겔이 생성되어 콘크리트의 균열을 일으키는 현상

나. 대책 : ① _____
　　　　　② _____
　　　　　③ _____

나. 대책
① 저알칼리 시멘트 사용
② 무반응 골재 사용
③ 포졸란 반응 사전 촉진

26 다음 설명을 읽고 (　) 안에 들어갈 알맞은 말을 쓰시오.

> 건축표준 시방서에 의한 레디믹스트 콘크리트의 강도는 (　가　) 시험결과에 의하여 검사 로트(lot)의 합격 여부가 결정되며, 시험횟수는 1일 1회 이상 또는 (　나　)m^3마다 1회로 규정되어 있기 때문에 보통은 1검사 로트는 (　다　)m^3가 된다.

가. _____　　나. _____
다. _____

정답 콘크리트 강도시험
가. 3회
나. 120
다. 360
※ KSF 4009 규정은 시방서와 상이함(150m^3/450m^3)

27 콘크리트의 압축시험에서 대표적인 파괴 양상을 쓰시오.

가. 저강도 : _____
나. 일반강도 : _____
다. 고강도 : _____

정답 콘크리트 파괴 현상
가. 최대 강도 이후에 완만한 변형 파괴
나. 탄성에서 소성으로 변하면서 최대강도 이후에 압축 파괴
다. 최대 강도 이후에 급격한 변형 파괴

28 콘크리트 구조물의 압축강도를 추정하고 내구성 진단, 균열의 위치, 철근의 위치 등을 파악하는 데 있어서 구조체를 파괴하지 않고 비파괴적인 방법으로 측정하는 검사방법을 4가지 쓰시오.

가. _____
나. _____
다. _____
라. _____

정답 콘크리트 비파괴 검사법
가. 슈미트해머법(반발경도법)
나. 공진법
다. 방사선투과법
라. 인발법

29 콘크리트의 압축강도를 조사하기 위해 슈미트해머를 사용할 때 반발경도를 조사한 후 추정강도를 계산할 때 실시하는 보정 방안 3가지를 쓰시오.

가. _____
나. _____
다. _____

정답 슈미트해머 보정 방안
가. 타격각도 보정
나. 콘크리트 재령 보정
다. 압축응력에 따른 보정

30 다음 용어를 간략히 설명하시오.

　　가. 레이턴스 :

　　나. 크리프 :

> **정답** 용어
> 가. 레이턴스 : 블리딩으로 인한 잉여수가 증발된 뒤 콘크리트 표면에 남는 하얀 이물질
> 나. 크리프 : 하중의 증가 없이 일정한 하중을 계속적으로 가하면 시간의 흐름에 따라 증가되는 콘크리트의 소성변형을 뜻하며 콘크리트 구조물의 처짐 증대, 균열 확대, Prestress의 감소를 유발한다.

31 경화된 콘크리트의 크리프 현상에 대한 설명이다. 맞으면 ○, 틀리면 ×로 표시하시오.

　　가. 재하기간 중 습도가 클수록 크리프는 커진다. (　　)
　　나. 재하개시 재령이 짧을수록 그리프는 거진다. (　　)
　　다. 재하응력이 클수록 크리프는 커진다. (　　)
　　라. 시멘트 페이스트량이 적을수록 커진다. (　　)
　　마. 부재치수가 작을수록 크리프는 커진다. (　　)

> **정답** 콘크리트 크리프
> 가. ×
> 나. ○
> 다. ○
> 라. ×
> 마. ○

32 콘크리트 구조물의 균열발생 시 보강방법을 3가지 쓰시오.

　　가.
　　나.
　　다.

> **정답** 콘크리트 균열보강법
> 가. 강판접착공법
> 나. 앵커접착공법
> 다. 탄소섬유판공법
> 라. 프리스트레스트 공법

33 다음 콘크리트의 균열보수법에 대하여 설명하시오.

　　가. 표면처리법 :

　　나. 주입공법 :

> **정답** 콘크리트 균열보수법
> 가. 표면처리법 : 보통 진행 정지된 0.2mm 이하의 경미한 균열에 폴리머시멘트나 Mortar로 보수하는 방법
> 나. 주입공법 : 주입구멍을 천공하고 주입 파이프를 20~30cm 간격으로 설치하여 깊이 20mm 정도로 저점도의 에폭시 수지를 밀봉제로 주입하는 공법이다.

34 구조적인 균열에 대한 보수재료가 갖추어야 하는 요구조건을 3가지만 쓰시오.

가. _____

나. _____

다. _____

> **정답** 구조적 균열에 대한 보수재료 요건
> 가. 보수대상 구조물 표면에 대한 부착력이 우수할 것
> 나. 적합한 점도와 완전주입이 가능한 충전성을 갖출 것
> 다. 경화 시 수축이 없을 것

35 철근콘크리트의 선팽창 계수가 1.0×10^{-5}이라면 10m 부재가 10℃의 온도변화 시 부재의 길이 변화량은 몇 cm인가?

_____

> **정답** 온도 변화에 따른 길이 변화
> 길이 변화(Δl)
> $= 10m \times 1.0 \times 10^{-5} \times 10℃$
> $\quad \times 1{,}000mm$
> $= 1mm$
> $\therefore 0.1cm$

제5절 콘크리트공사 - 시공

01 시공

(1) 계량 / 비빔 / 운반

1) 일반

1. 계량	2. 비빔	3. 운반
① 배처 플랜트 ② 배칭 플랜트 ③ 믹싱 플랜트	① 손비빔 ② 기계비빔 ① 다시비빔 : 재료분리 후 비빔 ② 되비빔 : 응결 진행 후 비빔	① 손차 ② 슈트 ③ 타워 ④ 콘크리트 펌프 ⑤ 콘크리트 플레이스 붐(CPB)

※ 콘크리트 플레이스 붐(Concrete Place Boom) : 고층 부위에 콘크리트를 타설하는 장비

2) 운반

1. 운반	① 트럭믹서 또는 트럭 애지테이터의 사용을 원칙 ② 슬럼프가 25mm 이하는 덤프트럭 사용가능 ③ 운반거리가 100m 이하의 평탄 운반로에는 손수레 등의 사용 가능		
2. 펌프	압송 방식	① 압축공기의 압력에 의한 방식(압축 공기식, 소형) ② 피스톤으로 압송하는 방식(피스톤 압송식, 중형) ③ 튜브 속의 콘크리트를 짜내는 방식(스퀴즈식, 대형)	
	특징	장점 ① 공기단축 ② 작업의 연속성 ③ 운반성능향상	단점 ① 압송거리 제한 ② 압송관 폐쇄 ③ 콘크리트 품질 열화
	폐쇄 현상	① 관경이 작을 때 ② 관 길이가 길 때 ③ 굴곡관일 때 ④ 된비빔 콘크리트 타설 시	
3. 슈트	① 연직슈트 사용 ② 투입구의 간격, 투입순서 등을 타설 전 검토 ③ 경사슈트는 수평 2에 대해 연직 1 정도 ④ 토출구에서 조절판 및 깔때기 설치(재료분리 방지)		

용어) 배처 플랜트

용어) 다시비빔

용어) 되비빔

종류) 압송방식

특징) 펌프공법의 장단점 3가지씩

3) 부어 넣기

1. 방법		① 수평으로 ② 높이는 낮게 ③ 일체성 확보(줄눈 발생 억제)
2. 주의사항		① 타설 전에 철근, 거푸집 및 그 밖의 것이 설계에서 정해진 대로 배치되어 있는지 확인 ② 흡수할 우려가 있는 곳은 미리 습하게 해두고 콘크리트를 직접 지면에 쳐야할 경우에는 미리 밑창 콘크리트를 시공 ③ 타설한 콘크리트를 거푸집 안에서 횡방향으로 이동시켜서는 안 된다. ④ 한 구획 내의 콘크리트는 타설이 완료될 때까지 연속해서 타설 ⑤ 콘크리트는 그 표면이 한 구획 내에서는 거의 수평이 되도록 타설 ⑥ 콘크리트 타설의 1층 높이는 다짐 능력을 고려하여 결정 ⑦ 콘크리트를 2층 이상으로 나누어 타설할 경우, 상층의 콘크리트 타설은 원칙적으로 하층의 콘크리트가 굳기 시작하기 전에 해야 하며, 상층과 하층이 일체가 되도록 시공 ⑧ 슈트, 펌프배관, 버킷, 호퍼 등의 배출구와 타설 면까지의 높이는 1.5m 이하 ⑨ 고인 물을 제거하기 위하여 콘크리트 표면에 홈을 만들지 않음
3. 이어붓기	일반 사항	① 시공이음은 될 수 있는 대로 전단력이 작은 위치에 설치하고, 부재의 압축력이 작용하는 방향과 직각 ② 전단이 큰 위치에 시공이음을 설치할 경우 시공이음에 장부 또는 홈을 두거나 적절한 강재를 배치하여 보강 ③ 설계에 정해져 있는 이음의 위치와 구조 준수 ④ 외부의 염분에 의한 피해를 받을 우려가 있는 해양 및 항만 콘크리트 구조물 등에 있어서는 시공이음부를 설치하지 않음 ⑤ 부득이 시공이음부를 설치할 경우에는 만조위로부터 위로 0.6m와 간조위로부터 아래로 0.6m 사이인 감조부 부분 피함
	수평 시공 이음	① 거푸집에 접하는 선은 될 수 있는 대로 수평한 직선 ② 구 콘크리트 표면의 레이턴스, 품질이 나쁜 콘크리트, 꽉 달라붙지 않은 골재 입자 등을 완전히 제거하고 충분히 흡수 ③ 새 콘크리트를 타설할 때 구 콘크리트와 밀착되게 다짐 ④ 시공이음부가 될 콘크리트 면은 경화가 시작되면 되도록 빨리 쇠솔이나 잔골재 분사 등으로 면을 거칠게 하며 충분히 습윤 상태로 양생
	연직 시공 이음	① 시공이음면의 거푸집을 견고하게 지지하고 이음부분의 콘크리트는 진동기를 써서 충분히 다진다. ② 시공이음 면은 쇠솔이나 쪼아내기 등에 의하여 거칠게 하고, 수분을 충분히 흡수시킨 후에 시멘트풀, 모르타르 또는 습윤면용 에폭시수지 등을 바른 후 새 콘크리트를 타설 ③ 새 콘크리트를 타설한 후 적당한 시기에 재진동 다지기 ④ 시공 이음면의 거푸집 철거는 굳은 후 되도록 빠른 시기 ⑤ 일반적으로 연직시공이음부의 거푸집 제거 시기는 콘크리트를 타설하고 난 후 여름에는 4~6시간 정도, 겨울에는 10~15시간 정도

주의사항) 이어붓기 시 주의사항 4가지

시공법) 시공줄눈 이음면 처리방법

4. 부재별		① 보, 바닥판의 이음은 그 간사이(Span)의 중앙부에 수직으로 한다. 다만, 캔틸레버로 내민보나 바닥판은 이어붓지 않는다. ② 바닥판은 그 간사이의 중앙부에 작은보가 있을 때에는 작은보 너비의 2배 정도 떨어진 곳에 둔다. ③ 기둥은 기초판, 연결보 또는 바닥판 위에서 수평으로 한다. ④ 벽은 개구부 등 끊기 좋고 또한 이음자리 막기와 떼어내기에 편리한 곳에 수직 또는 수평으로 한다. ⑤ 아치의 이음은 아치축에 직각으로 설치한다.
5. 신축이음		① 양쪽의 구조물 혹은 부재가 구속되지 않는 구조 ② 필요에 따라 이음재, 지수판 등을 배치 ③ 단차를 피할 필요가 있는 경우에는 장부나 홈을 두든가 전단 연결재를 사용

6. 제한시간	온도	비빔에서 타설완료	이어붓기 시
	25℃ 이상	1.5시간(90분) 이내	2시간(120분) 이내
	25℃ 미만	2시간(120분) 이내	2.5시간(150분) 이내

4) 줄눈

① 기능성 줄눈

1. 시공 줄눈	정의	Construction Joint ① 거푸집의 측압을 고려하여 계획적으로 콘크리트 타설 구획을 정함으로써 형성되는 줄눈이다. ② 콘크리트를 한 번에 계속하여 부어 나가지 못할 때에 생기는 줄눈이다.

	설치위치	① 구조물의 강도에 영향이 없는 곳
		② 전단력이 작은 곳
		③ 압축력의 방향과 직각으로 구획
		④ 1일 콘크리트 타설이 끝나는 위치
		⑤ 전단력이 큰 곳에 부득이 설치 시 다음과 같은 조치를 취한다.
		  ㉠ 촉 또는 홈(Key Joint)을 둔다.
		  ㉡ 강재 또는 철근으로 적절히 보강한다.

2. 신축 줄눈	정의	Expansion Joint 건축물의 온도에 의한 신축팽창, 부침동하 등에 의하여 발생하는 건축물의 전체적인 불규칙 균열을 한 곳에 집중시키도록 설계 및 시공 시 고려되는 줄눈이다.
	설치위치	① 하중배분이 다른 곳 ② 기초가 다른 곳 ③ 기존 건축물의 증축 경계부위 ④ 건축물 길이 50~60m마다
3. 조절 줄눈		Control Joint 지반 등 안정된 위치에 있는 바닥판이 건조수축에 의하여 표면에 균열이 생길 수 있는데, 이것을 막기 위하여 설치하는 줄눈이다.

4. 줄눈대	Delay Joint ① 100m가 넘는 장스판 구조물에서 신축줄눈을 설치하지 않고, 건조수축을 감소시키기 위해서 설치하는 줄눈으로 구조물의 일정 부위를 남겨놓고 콘크리트를 타설한 후 초기 건조 수축이 완료되면 나머지 부분을 타설할 목적으로 설치된다. ② 줄눈의 폭이 5cm 또는 그 이상도 된다.	(용어) 줄눈대
5. 미끄럼 줄눈	Sliding Joint ① 단위 구조체에서 다른 구조체에 대한 직각방향·움직임이 발생하는 경우 설치하는 줄눈이다. ② 줄눈 위치 및 구조는 설계 시 부터 안전도, 외관, 시공상의 편의를 고려하여 결정하는 것이 중요하다.	
6. 슬립 줄눈	Slip Joint 조적벽과 철근콘크리트 바닥판 사이에서 온·습도에 의한 팽창률이 각각 다르므로 접합을 방지하고 상호 자유로운 움직임을 위하여 설치하는 줄눈이다.	

② Cold Joint

1. 정의	콘크리트 시공과정 중 휴식시간 등으로 응결하기 시작한 콘크리트에 새로운 콘크리트를 이어칠 때 일체화가 저해되어 생기게 되는 줄눈이다.	●24①·23③·21③ (용어) 콜드조인트
2. 원인/대책	① 타설 시 응결부터 종결까지의 시간초과 ② 장기간 운반 및 대기로 재료 분리된 콘크리트 사용 시 ③ 구조물의 수화열 발생 ④ 분말도가 높은 시멘트 사용 시	※ 대책 ① 타설시간 준수 ② 이어붓기 시간 준수 ③ 응결지연제 사용	(종류) 콜드조인트 대책
3. 피해	① 구조물의 내력상 약점　② 경화 시 균열발생 ③ 철근부식 촉진　　　　④ 마감재 균열	●24① (종류) 콜드조인트 피해

5) 다짐

1. 목적	① 콘크리트의 밀실한 충전 ② 소요강도, 수밀성, 내구성 확보 ③ 재료분리, 곰보 방지	(종류) 콘크리트 다짐
2. 종류	① 막대형 진동기 : 일반적으로 적용 ② 거푸집 진동기 : 기둥, 벽체에 사용 ③ 표면 진동기 : 슬래브 등 단면이 얇은 곳에 사용	(용어) 막대식, 거푸집, 표면 진동기
3. 사용방법	① 진동다지기를 할 때에는 내부진동기를 하층의 콘크리트 속으로 0.1m 정도 찔러 넣는다. ② 내부진동기는 연직으로 찔러 넣으며, 삽입간격은 0.5m 이하 ③ 1개소당 진동 시간은 다짐할 때 시멘트풀이 표면 상부로 약간 부상하기까지	(종류) 진동기 사용 시 주의사항

3. 사용방법	④ 내부진동기는 콘크리트로부터 천천히 빼내어 구멍이 남지 않도록 ⑤ 내부진동기는 콘크리트를 횡방향으로 이동시킬 목적으로 사용 금지 ⑥ 진동기의 형식, 크기 및 대수는 1회에 다짐하는 콘크리트의 전 용적을 충분히 다지는 데 적합하도록 부재 단면의 두께 및 면적, 1시간당 최대 타설량, 굵은골재 최대 치수, 배합, 특히 잔골재율, 콘크리트의 슬럼프 등을 고려하여 선정	
4. 다짐효과	빈배합 된비빔 → 빈배합 묽은 비빔 → 부배합 묽은 비빔	
5. 과다사용	① 공기량 감소　② 재료분리　③ 블리딩 현상	

(순서) 진동기 효과 순서

(괄호) 진동기 과다 사용 시

6) 표면 마감 처리

1. 일반 사항	① 콘크리트의 표면은 요구되는 정밀도와 물매에 따라 평활한 표면 마감 ② 블리딩, 들뜬 골재, 콘크리트의 부분 침하 등의 결함은 콘크리트 응결 전에 수정 처리 완료 ③ 기둥, 벽 등의 수평이음부의 표면은 소정의 물매와 거친 면으로 마감 ④ 이미 굳은 콘크리트에 새로운 콘크리트를 칠 때는 전단 전달을 위한 접촉 면은 깨끗이 하고 레이턴스기 없도록 하고 요철의 크기가 대략 6mm 정도 거칠게 처리

2. 표면 마무리	콘크리트 면의 마무리	평탄성
	마무리 두께 7mm 이상 또는 바탕의 영향을 많이 받지 않는 마무리의 경우	1m당 10mm 이하
	마무리 두께 7mm 이하 또는 양호한 평탄함이 필요한 경우	3m당 10mm 이하
	제물치장 마무리 또는 마무리 두께가 얇은 경우	3m당 7mm 이하

7) 양생

(용어) 양생 ●24②,③

(종류) 양생 목적 ●24②

(종류) 양생 방법

1. 일반 사항	① 타설한 후 소요 기간까지 경화에 필요한 온도, 습도 조건을 유지 ② 양생 기간 중에 예상되는 진동, 충격, 하중 등의 유해한 작용으로부터 보호 ③ 재령 5일이 될 때까지는 물에 씻기지 않도록 보호
2. 종류	① 단열 보온 : 주로 외부면에 단열재 등으로 보온 유지 ② 가열 보온 : 구조물 내부 또는 구조물 자체 내에서 온도를 높여 경화를 촉진 ③ 증기 양생 : 거푸집을 빨리 제거하고 단시일에 소요강도를 내기 위해서 고온, 고압 증기로 보양하는 것. PC 제품에 이용 ④ 습윤 양생 : 살수 또는 수중보양 조치 ⑤ 전기 양생 : 콘크리트 중에 전기 · 저항열을 이용하여 보온 ⑥ 피막 양생 : 포장 콘크리트 등의 보양에 이용 피막제 뿌림 ⑦ Pre-Cooling : 물, 골재 등을 미리 차갑게 하여 수화열을 내린다. ⑧ Pipe-Cooling : 콘크리트 속에 미리 Pipe를 배관하고 냉각수를 유통시켜 내부 열을 감소시킨다.

3. 습윤 양생	① 콘크리트는 타설한 후 경화가 될 때까지 양생 기간 동안 직사광선이나 바람에 의해 수분이 증발하지 않도록 보호 ② 콘크리트는 타설한 후 습윤 상태로 노출면이 마르지 않도록 한다. ③ 거푸집판이 건조될 우려가 있는 경우에는 살수 ④ 막 양생을 할 경우에는 충분한 양의 막 양생제를 적절한 시기에 균일하게 살포			

양생기간 표준

일평균기온	조강포틀랜드 시멘트	보통포틀랜드 시멘트	고로 슬래그 시멘트 2종 플라이애시 시멘트 2종
15℃ 이상	3일	5일	7일
10℃ 이상	4일	7일	9일
5℃ 이상	5일	9일	12일

4. 온도 제어 양생	① 경화가 충분히 진행될 때까지 경화에 필요한 온도조건을 유지 ② 온도 제어 방법, 양생 기간 및 관리방법에 대하여 콘크리트의 종류, 구조물의 형상 및 치수, 시공 방법 및 환경조건을 종합적으로 고려 ③ 증기 양생, 급열 양생, 그 밖의 촉진 양생 : 양생을 시작하는 시기, 온도상승 속도, 냉각속도, 양생온도 및 양생시간 등을 정하여 실시

CHAPTER 03 핵심 기출문제

● 시공 – 비빔

01 다음 두 용어를 구분지어 설명하시오.

가. 다시비빔(Remixing) :

나. 되비빔(Retempering) :

정답 비빔
가. 다시비빔 : 아직 엉기지 않은 콘크리트를 시간 경과 또는 재료 분리된 경우에 다시 비벼 쓰는 것
나. 되비빔 : 콘크리트가 응결하기 시작한 것을 다시 비비는 것

● 시공 – 운반

02 콘크리트 공사 시에 레미콘 공장에서 현장타설까지의 진행순서를 〈보기〉에서 골라 쓰시오.

| ① 비빔시간 | ② 대기시간 | ③ 주행시간 |
| ④ 타설시간 | ⑤ 적재시간 | |

( ) → ( ) → ( ) → ( ) → ( )

정답 레미콘 타설 진행
① → ⑤ → ③ → ② → ④

03 콘크리트 펌프의 압송방식 2가지를 쓰시오.

가.

나.

정답 콘크리트 펌프의 압송방식
가. 스퀴즈식(짜내기식) 압송방식
나. 피스톤식 압송방식

04 콘크리트 펌프공법의 장단점을 각각 3가지씩 기록하시오.

가. 장점 : ①
②
③

나. 단점 : ①
②
③

정답 펌프공법의 장단점
가. 장점
① 공사기간단축
② 공사비절감
③ 노무절감
나. 단점
① 압송거리 한계
② 압송 시 슬럼프 저하
③ 압송관의 폐색(막힘)현상 우려

● 시공 – 부어 넣기

05 콘크리트 타설 시 현장가수로 인한 문제점을 4가지 쓰시오.

가.
나.
다.
라.

정답 콘크리트 타설 시 현장가수로 인한 문제점
가. 콘크리트의 강도저하
나. 재료분리 및 블리딩 현상 증가
다. 건조수축 균열 증가
라. 내구성 및 수밀성능의 저하

● 시공 – 이어붓기

06 콘크리트 타설 시 시공 Joint 처리방법이다. ( ) 안에 알맞은 말을 쓰시오.

가. 이음면은 ( )
나. 수평부재에서는 ( )
다. 수직부재에서는 ( )
라. 이음부 처리는 ( )

정답 시공 Joint
가. 길이가 짧게
나. 수직으로
다. 수평으로
라. 이물질 제거 후 물축임을 한다.

07 콘크리트 시공 시 비빔에서 타설 후 이어붓기까지의 제한 시간은 25도 미만에서는 (가)분 이내, 25도 이상에서는 (나)분 이내로 타설 완료하여야 한다.

가.   나.

정답
가. 150
나. 120

08 다음 ( ) 안에 적당한 말을 써 넣으시오.

> 콘크리트 타설이음부의 위치는 구조부재의 내력에의 영향이 가장 작은 곳에 정하도록 하며 다음을 표준으로 한다.
> 가. 보, 바닥슬래브 및 지붕슬래브의 수직 타설이음부는 스팬의 (①) 부근에 주근과 직각방향으로 설치한다.
> 나. 기둥 및 벽의 수평 타설이음부는 바닥슬래브(지붕슬래브), 보의 (②)에 설치하거나 바닥슬래브, 보, 기초부의 (③)에 설치한다.

① _____
② _____
③ _____

정답 콘크리트 이어붓기
① 중앙
② 하단
③ 상단

09 철근콘크리트 부재의 이어치기는 수직, 수평, 직각의 형태로 구분된다. 주어진 부재의 이어치기를 이들 3형태에 맞게 번호로 답하시오.

| ① 보 | ② 기둥 | ③ 슬래브 |
| ④ 벽 | ⑤ 아치 | |

가. 수직 ( )
나. 수평 ( )
다. 축에 직각 ( )

정답 콘크리트 이어붓기
가. ①, ③, ④
나. ②, ④
다. ⑤

10 무근 콘크리트의 붓기 이음새에 전단력을 보강하기 위한 방법을 3가지만 쓰시오.

가. _____
나. _____
다. _____

정답 무근 콘크리트 이음새 보강 방법
가. 이어붓기 이음새에 촉 또는 홈(Keyed Joint)을 둔다.
나. 석재를 삽입하여 보강한다.
다. 철근을 삽입 보강한다.

● 시공 – 줄눈

11 다음 콘크리트 줄눈의 종류를 쓰시오. •21③

가. 콘크리트 작업관계로 경화된 콘크리트에 새로 콘크리트를 타설할 경우 발생하는 Joint ( )
나. 온도 변화에 따른 팽창, 수축 혹은 부동침하, 진동 등에 의해 균열이 예상되는 위치에 설치하는 Joint ( )
다. 균열을 전체 벽면 중의 일정한 곳에만 일어나도록 유도하는 Joint ( )
라. 시공상 콘크리트를 한 번에 계속해서 부어나가지 못할 때 타설 구획을 정함으로써 형성되는 Joint ( )

정답 콘크리트 줄눈의 종류
가. 콜드조인트
나. 신축줄눈
다. 조절줄눈
라. 시공줄눈

12 다음에 설명하는 콘크리트의 줄눈 명칭을 쓰시오.

> 지반 등 안정된 위치에 있는 바닥판이 수축에 의하여 표면에 균열이 생길 수 있는데 이러한 균열을 방지하기 위해 설치하는 줄눈

정답 용어
조절줄눈(Control Joint)

13 미경화 콘크리트의 건조수축에 의한 균열을 감소시킬 목적으로 구조물의 일정 부위를 남겨놓고 콘크리트를 타설한 후 초기 건조수축이 완료되면 나머지 부분을 타설할 목적으로 설치하는 줄눈의 명칭은 무엇인지 쓰시오.

정답 용어 – 줄눈
Delay Joint(줄눈대)

14 다음 콘크리트 줄눈의 종류를 쓰시오.

가. 콘크리트 작업관계로 경화된 콘크리트에 새로 콘크리트를 타설할 경우 발생하는 Joint ( )
나. 온도변화에 따른 팽창·수축 혹은 부동침하·진동 등에 의해 균열이 예상되는 위치에 설치하는 Joint ( )
다. 균열을 전체 벽면 중의 일정한 곳에만 일어나도록 유도하는 Joint ( )
라. 장 span의 구조물(100m가 넘는)에 Expansion Joint를 설치하지 않고, 건조수축을 감소시킬 목적으로 설치하는 Joint ( )

정답 줄눈의 종류
가. 콜드 조인트(Cold Joint)
나. 신축줄눈(Expansion Joint)
다. 조절줄눈(Control Joint)
라. Delay Joint(수축대 설치)

15 다음 그림을 보고 줄눈 이름을 쓰시오.

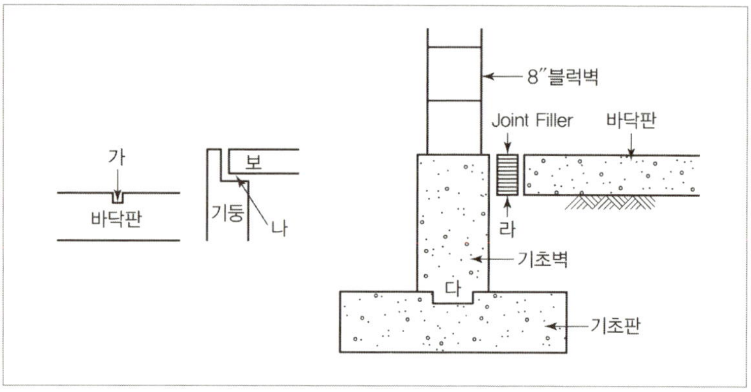

가. _____ 나. _____
다. _____ 라. _____

정답 줄눈명칭
가. 조절줄눈(Control Joint)
나. 슬라이딩 Joint
다. 시공줄눈(Construction Joint)
라. 신축줄눈(Expansion Joint)

16 콜드조인트와 시공줄눈의 차이점을 쓰시오.

정답 콜드조인트와 시공줄눈의 차이점
콜드 조인트는 콘크리트 시공과정 중 휴식시간 등으로 응결하기 시작한 콘크리트에 새로운 콘크리트를 이어칠 때 일체화가 저해되어 생기는 줄눈이며 시공줄눈은 콘크리트를 한번에 계속하여 부어 나가지 못할 때에 이어붓기의 계획에 의해 생기는 줄눈

17 콘크리트 시공과정 중 휴식시간 등으로 응결하기 시작한 콘크리트에 새로운 콘크리트를 이어칠 때 일체화가 저해되어 생기는 줄눈은?

정답 용어
콜드조인트(Cold Joint)

18 콜드조인트(Cold Joint)가 구조물(건물)에 미치는 영향을 간단히 쓰고 방지대책을 쓰시오.

가. 영향 : _____

나. 방지대책 : ① _____
　　　　　　　② _____
　　　　　　　③ _____

정답 콜드조인트
가. 영향 : 일체화 저하로 강도저하, crack 발생 증가, 누수 발생, 부착력 저하, 전단력 저하의 우려가 있다.
나. 방지대책
① 타설시간 준수
② 이어붓기 시간 준수
③ 응결 지연제 사용

19 콜드조인트에 대하여 설명하고 구조체에 생기는 영향을 쓰시오. • 24①

가. 정의 :

나. 영향 :

정답 콜드조인트
가. 정의 : 콘크리트 시공과정 중 휴식시간 등으로 응결하기 시작한 콘크리트에 새로운 콘크리트를 이어칠 때 일체화가 저해되어 생기게 되는 줄눈
나. 영향
① 구조물의 내력상 약점
② 경화 시 균열 발생
③ 철근부식 촉진
④ 마감재 균열

● 시공 - 다짐

20 굳지 않은 콘크리트의 다지기 방법 3가지를 쓰시오.

가.
나.
다.

정답 굳지 않은 콘크리트의 다지기 방법
가. 콘크리트 표면 다짐
나. 콘크리트 내부 진동다짐 (Vibrating-compaction)
다. 거푸집 두드림

21 다음 설명에 적합한 진동기의 명칭을 쓰시오.

가. 콘크리트에 꽂아서 사용하여 진동에 의하여 콘크리트를 액상화시켜 다짐 효과가 크다. ( )
나. 거푸집을 진동시키는 것으로 얇은 벽이나 공장제작 콘크리트에서 사용된다. ( )
다. 타설된 콘크리트 위를 다짐하는 용도로 사용한다. ( )

정답 진동기의 종류
가. 막대식 진동기
나. 거푸집 진동기
다. 표면진동기

22 다음은 진동기를 과도 사용할 경우이다. ( ) 안에 알맞은 용어를 쓰시오.

> 진동기를 과도 사용할 경우에는 (가) 현상을 일으키고, AE콘크리트에서는 (나)이 많이 감소된다.

가. 나.

정답 진동기 과도 사용 시
가. 재료분리
나. 공기량

23 건축 신축현장에 콘크리트를 타설할 때 진동다짐기의 사용에 있어서 주의할 점을 4가지를 쓰시오.

가.
나.
다.
라.

정답 진동다짐기 사용 시 주의점
가. 수직으로 사용한다.
나. 삽입 간격은 50cm로 한다.
다. 공극이 남지 않도록 서서히 뺀다.
라. 굳기 시작한 콘크리트에는 사용하지 않는다.

24 다음 〈보기〉 중 꽂이식 진동기의 효과가 가장 잘 발휘될 수 있는 것부터 순서대로 번호를 쓰시오.

① 빈배합 묽은 비빔   ② 부배합 묽은 비빔   ③ 빈배합 된 비빔

( ) → ( ) → ( )

정답 진동기 사용 효과
③ → ① → ②

● 시공 – 양생

25 콘크리트를 타설 후 수화작용을 충분히 발휘시키면서 외력에 의한 균열발생을 예방하고 오손, 변형, 파손 등으로부터 콘크리트를 보호하는 것은?

정답 용어
양생(Curing)

26 콘크리트 초기 양생 목적 및 양생 방법 3가지를 쓰시오.

가. 초기 양생 목적 :
  ①
  ②

나. 양생 방법 :
  ①
  ②
  ③

정답 콘크리트 초기 양생 목적 및 양생 방법
가. 초기 양생 목적
  ① 경화에 필요한 온도, 습도 유지
  ② 외부 진동, 충격, 하중 등의 유해한 작용으로부터 보호
나. 양생 방법
  ① 습윤양생
  ② 증기양생
  ③ 전기양생
  ④ 피막양생

27 콘크리트 시공에 적용될 수 있는 보양방법의 종류를 4가지만 쓰시오.

가.   나.
다.   라.

정답 콘크리트 보양
가. 습윤양생   나. 전기양생
다. 증기양생   라. 피막양생
마. 가열양생   바. 단열양생

제6절 콘크리트 공사 - 종류

01 종류

(1) 기후 / 환경

1) 서중 콘크리트

1. 정의	일 평균 기온이 25℃를 초과하는 경우에 시공되는 콘크리트	
2. 문제점/ 대책	문제점	대책
	① 슬럼프 감소 ② Cold Joint 발생 ③ 소성 수축 균열 발생 ④ 단위수량 증가 ⑤ 강도 및 내구성 저하 ⑥ 시공연도 저하	① 냉각수 사용 ② 골재 사전 냉각 ③ 저열 시멘트 사용 ④ 표면활성제 사용 ⑤ 차양막 설치
3. 타설	① 콘크리트를 타설하기 전에 지반과 거푸집 등을 조사하여 콘크리트로부터의 수분흡수로 품질변화의 우려가 있는 부분은 습윤 상태로 유지하는 등의 조치를 하여야 한다. 또 거푸집, 철근 등이 직사일광을 받아서 고온이 될 우려가 있는 경우에는 살수, 덮개 등의 적절한 조치를 하여야 한다. ② 콘크리트는 비빈 후 즉시 타설하여야 하며, 지연형 감수제를 사용하는 등의 일반적인 대책을 강구한 경우라도 1.5시간 이내에 타설하여야 한다. ③ 콘크리트를 타설할 때의 콘크리트의 온도는 35℃ 이하이어야 한다.	

(용어) 서중 콘크리트
(종류) 서중 콘크리트 품질의 문제점
(종류) 서중 콘크리트 대책
(수치) 서중 콘크리트 타설

2) 한중 콘크리트

1. 정의	일평균기온이 4℃ 이하 또는 콘크리트 타설 완료 후 24시간 동안 일최저기온이 0℃를 유지해야 하는 경우 시공되는 콘크리트
2. 재료	① 포틀랜드 시멘트를 사용(AE제 사용원칙) ② 재료를 가열할 경우, 물 또는 골재를 가열하는 것으로 하며, 시멘트는 어떠한 경우라도 직접 가열할 수 없음 ③ 물 - 결합재비는 원칙적으로 60% 이하 ④ 배합강도 및 물 - 결합재비는 적산온도방식에 의해 결정 ⑤ 동결되어 있거나 골재에 빙설이 혼입되어 있는 골재 사용금지
3. 시공일반	① 응결 및 경화 초기에 동결되지 않도록 할 것 ② 양생종료 후 따뜻해질 때까지 받는 동결융해작용에 대하여 충분한 저항성을 가지게 할 것 ③ 공사 중의 각 단계에서 예상되는 하중에 대하여 충분한 강도를 가지게 할 것
4. 타설	① 콘크리트 온도는 구조물의 단면 치수, 기상 조건 등을 고려하여 5~20℃의 범위에서 결정 ② 기상 조건이 가혹한 경우나 부재 두께가 얇을 경우에는 타설 시 콘크리트의 최저온도는 10℃ 정도를 확보 ③ 철근이나 거푸집 등에 빙설 제거 ④ 타설한 후 즉시 시트나 기타 적당한 재료로 표면을 덮고 방풍 조치

(용어) 한중 콘크리트
(수치) 한중 콘크리트 ( ) 넣기
(종류) 한중 콘크리트 대책(O, ×)

종류 한중 콘크리트 초기양생 주의사항

5. 초기 양생	① 콘크리트 타설이 종료된 후 초기동해를 받지 않도록 초기양생을 실시 ② 특히 구조물의 모서리나 가장자리의 부분은 보온하기 어려운 곳이어서 초기동해를 받기 쉬우므로 초기양생에 주의 ③ 콘크리트를 타설한 직후에 찬바람이 콘크리트 표면에 닿는 것을 방지 ④ 소요 압축강도가 얻어질 때까지 콘크리트의 온도를 5℃ 이상으로 유지하고 소요 압축강도에 도달한 후 2일간은 구조물의 어느 부분이라도 0℃ 이상이 되도록 유지 ⑤ 양생 일수는 시험에 의해 정하는 것이 원칙이나 5℃ 및 10℃에서 양생할 경우의 일반적인 표준은 다음 표와 같다. • **한중 콘크리트 양생 종료 때의 소요 압축강도의 표준(MPa)** 	구조물의 노출 \ 단면(mm)	300 이하	300 초과 ~800 이하	800 초과
---	---	---	---
(1) 계속해서 또는 자주 물로 포화되는 부분	15	12	10
(2) 보통의 노출상태에 있고 (1)에 속하지 않는 부분	5	5	5 | • **소요의 압축강도를 얻는 양생일수의 표준(보통의 단면)** | 구조물의 노출상태	시멘트의 종류	보통 포틀랜드 시멘트	조강포틀랜드 보통포틀랜드 +촉진제	혼합 시멘트 B종
---	---	---	---	---
(1) 계속해서 또는 자주 물로 포화되는 부분	5℃	9일	5일	12일
	10℃	7일	4일	9일
(2) 보통의 노출상태에 있고 (1)에 속하지 않는 부분	5℃	4일	3일	5일
	10℃	3일	2일	4일	 ⑥ 매스 콘크리트의 초기양생은 단열보온 양생 ⑦ 초기양생 완료 후 2일간 이상은 콘크리트의 온도를 0℃ 이상으로 보존

● 23③ · 22③

종류 한중 콘크리트 양생 방법

6. 보온 양생	① 급열 양생 : 양생기간 중 어떤 열원을 이용하여 콘크리트를 가열하는 양생 ② 단열 양생 : 단열성이 높은 재료로 콘크리트 주위를 감싸 시멘트의 수화열을 이용하여 보온하는 양생 ③ 피복 양생 : 시트 등을 이용하여 콘크리트의 표면 온도를 저하시키지 않는 양생 ④ 열을 가할 경우에는 콘크리트가 급격히 건조하거나 국부적으로 가열되지 않게 ⑤ 급열 양생의 경우 가열설비의 수량 및 배치는 시험가열을 실시한 후 결정 ⑥ 단열 양생의 경우 계획된 양생 온도를 유지하도록 관리하며 국부적으로 냉각되지 않게

3) 수중 콘크리트

1. 정의		담수 중이나 안정액 중 혹은 해수 중에 타설되는 콘크리트
2. 재료	굵은골재 최대치수	① 굵은골재의 최대치수는 수중 불분리성 콘크리트의 경우 40mm 이하를 표준으로 하며, 부재 최소 치수의 1/5 및 철근의 최소순간격의 1/2 이하를 초과 금지 ② 현장타설말뚝 및 지하연속벽에 사용하는 콘크리트의 경우는 25mm 이하, 철근 순간격의 1/2 이하를 표준
	배합강도	① 수중에서 시공할 때의 강도가 표준공시체 강도의 0.6~0.8배 ② 현장타설 콘크리트말뚝 및 지하연속벽 콘크리트는 수중에서 시공할 때 강도가 대기 중에서 시공할 때 강도의 0.8배, 안정액 중에서 시공할 때 강도가 대기 중에서 시공할 때 강도의 0.7배로 하여 배합강도를 설정
	물-결합재비	① 일반 수중 콘크리트 : 50% 이하 ② 현장타설말뚝/지하연속벽 : 55% 이하
3. 철근 배근		① 현장타설말뚝 및 지하연속벽 콘크리트는 다짐작업을 고려하여 철근의 피복두께를 100mm 이상 ② 외측 가설벽, 차수벽의 경우, 철근의 피복두께를 80mm 이상 ③ 간격재는 보통 깊이방향으로 3~5m 간격, 같은 깊이 위치에 4~6개소 주철근에 설치 ④ 철근망태의 설치는 굴착이 끝난 다음 공벽의 붕괴나 진흙 침전이 생길 염려가 있어 굴착 종료 후 될 수 있는 대로 빠른 시기에 실시
4. 타설	트레미관	① 타설 시 물을 정지(유속 50mm/s 이하) ② 트레미관 이용 타설 ③ 트레미의 안지름은 수심 3m 이내에서 250mm, 3~5m에서 300mm, 5m 이상에서 300~500mm 정도, 굵은골재 최대치수의 8배 이상 ④ 트레미 1개로 타설할 수 있는 면적 30m² 이하 ⑤ 트레미의 하단을 타설된 콘크리트 면보다 0.3~0.4m 아래로 유지
	콘크리트 펌프	① 콘크리트 펌프의 배관은 수밀 ② 콘크리트 펌프의 안지름은 0.10~0.15m 정도가 좋으며, 수송관 1개로 타설할 수 있는 면적은 5m² 정도 ③ 배관 속으로 물이 역류하거나 배관 속의 콘크리트가 수중 낙하하는 일이 없도록 선단부분에 역류밸브 설치

(수치) 피복두께

4) 해양 콘크리트

1. 정의	항만, 해안 또는 해양에 위치하여 해수 또는 바닷바람의 작용을 받는 구조물에 쓰이는 콘크리트 ① 해중 : 바닷물 속의 콘크리트 ② 해양 대기 중 : 바닷바람이 접하는 콘크리트 ③ 물보라 지역 : 평균 만조면에서 파고의 범위 ④ 간만대 지역 : 평균 간조면에서 평균 만조면까지의 범위			
2. 배합	내구성으로 정해지는 최소 단위 결합재량(kg/m³)			
	굵은골재의 최대 치수(mm) 환경구분	20	25	40
	물보라 지역, 간만대 및 해양 대기 중 (노출등급 ES1, ES4)	340	330	300
	해중 (노출등급 ES3)	310	300	280
3. 시공	① 만조위로부터 위로 0.6m, 간조위로부터 아래로 0.6m 사이의 감조부분에는 시공이음 금지 ② 충분히 경화되기 전에 직접 해수에 닿지 않도록 보호 ③ 보통포틀랜드 시멘트를 사용할 경우 대개 5일 동안 양생 ④ 혼합시멘트를 사용할 경우에는 이 기간을 설계기준압축강도의 75% 이상의 강도가 확보될 때까지 양생 ⑤ 간격재의 개수는 기초, 기둥, 벽 및 난간 등에는 2개/m² 이상, 보 및 슬래브 등에는 4개/m² 이상			
4. 강재의 방식	① 콘크리트 피복두께를 크게 하는 것 ② 균열폭을 작게 하는 것 ③ 적절한 재료와 시공 방법을 사용하는 것			

(2) 재료

1) AE 콘크리트

1. 정의	콘크리트에 AE(공기 연행제 : Air Entrained Agent)를 함입시켜 시공연도를 개량한 것이다.
2. 특징	① 수밀성 증가 ② 동결융해 저항성 증가 ③ 워커빌리티 증진 ④ 재료분리 감소 ⑤ 단위수량 감소 ⑥ 블리딩 감소 ⑦ 발열량 감소 ※ 강도 감소

(특징) AE 특징 6가지

(목적) AE제 사용목적 3가지

3. 공기량	AE제, AE감수제 또는 고성능 AE감수제를 사용한 콘크리트의 공기량은 굵은골재 최대 치수와 노출등급을 고려하여 아래 표와 같이 정하며, 운반 후 공기량은 이 값에서 ±1.5% 이내이어야 한다.

굵은골재의 최대치수	공기량(%)	
	심한 노출	일반 노출
10	7.5	6.0
15	7.0	5.5
20	6.0	5.0
25	6.0	4.5
40	5.5	4.5

- 심한 노출 : 노출등급 EF2, EF3, EF4
- 일반 노출 : 노출등급 EF1

2) 쇄석 콘크리트

1. 정의	양질의 암석을 파쇄시켜 골재로 사용한 콘크리트

2. 특징	① 부착강도 증가로 콘크리트 강도 증가
	② 시공연도 저하
	  ㉠ AE제 사용
	  ㉡ 굵은골재의 크기 조금 작게
	  ㉢ 굵은 모래 사용

3) 경량 콘크리트

1. 정의		① 기건 비중 2.0 이하, 단위 중량 1.4~2.0t/m³ ② 건축물을 경량화하고 열을 차단하는 데 유리하다.
2. 특징	장점	① 자중이 적어 콘크리트 운반, 부어 넣기 노력이 절감된다. ② 내화성이 크고 열전도율이 적으며 방음효과가 크다.
	단점	① 시공이 번거롭고 재료 처리가 필요하다. ② 강도가 작고, 건조 수축이 크며 다공질이다.

3. 종류		① 보통 경량 콘크리트 : 보통 포틀랜드 시멘트에 경량 골재를 쓴 것이다.
		② 기포 콘크리트 : 콘크리트 중에 무수한 기포를 함유하게 한 것으로 절연 재료로 적당하며, 열전도율이 보통 콘크리트의 1/10 정도로 건조수축이 대단히 크다.
		③ 톱밥 콘크리트
		  ㉠ 시멘트 : 모래 : 톱밥 = 1 : 1 : 1
		  ㉡ 수축 팽창이 크다.
		  ㉢ 단위 체적 중량 : 650~1,150kg/m³
		④ 서모콘(Thermo-Con) : 자갈, 모래 등의 골재를 사용하지 않고 시멘트와 물 그리고 발포제를 배합하여 만든 일종의 경량 콘크리트로서 물·시멘트비는 43% 이하로 한다.

(종류) 경량 콘크리트 제조 재료 (주재료, 혼화재료)

(용어) 서모콘

4. 경량 골재 콘크리트	정의	골재의 전부 또는 일부를 경량골재를 사용하여 제조한 콘크리트로 기건 단위질량이 2,100kg/m³ 미만인 것
	용어	① 모래경량 콘크리트 : 잔골재는 일반골재(또는 일반 골재와 경량골재 혼용)를 사용하고 굵은골재를 경량골재로 사용한 콘크리트 ② 전경량 콘크리트 : 잔골재와 굵은골재 모두를 경량골재로 사용한 콘크리트를 지칭하며 경량골재 콘크리트 2종에 해당함 ③ 프리 웨팅(pre-wetting) : 경량골재를 건조한 상태로 사용하면 경량골재 콘크리트의 제조 및 운반 중에 물을 흡수하므로 이를 줄이기 위해 경량골재를 사용하기 전에 미리 흡수시키는 행위
	골재의 종류	① 천연경량골재 : 경석, 화산암, 응회암 등과 같은 천연재료를 가공한 골재 ② 인공경량골재 : 고로슬래그, 점토, 규조토암, 석탄회, 점판암과 같은 원료를 팽창, 소성, 소괴하여 생산되는 골재 ③ 바텀애시경량골재 : 화력발전소에서 발생되는 바텀애시를 가공한 골재로 잔골재의 형태
	물리적 품질	① 경량골재의 단위용적질량 | 종류	단위용적질량의 최댓값(kg/m³)	
	인공·천연 경량골재	바텀애시 경량골재
잔골재	1,120 이하	1,200 이하
굵은골재	880 이하	
잔골재와 굵은골재의 혼합물	1,040 이하	| ② 강열감량 측정은 5% 이하 ③ 점토 덩어리량 측정은 2% 이하 ④ 바텀애시경량골재의 염화물(NaCl 환산량) 함유량 측정은 0.025g/cm³ 이하
	배합 및 시공	① 공기연행 콘크리트로 하는 것을 원칙 ② 최대 물-결합재비는 60% 이하를 원칙 ③ 결합재량의 최솟값은 300kg/m³ 이상 ④ 슬럼프는 일반적인 경우 대체로 80~210mm를 표준 ⑤ 공기량은 5.5%를 기준으로 그 허용오차는 ±1.5%

4) 방사선 차폐용 콘크리트

1. 정의	주로 생물체의 방호를 위하여 X선, γ선 및 중성자선을 차폐할 목적으로 사용되는 콘크리트
2. 배합	① 콘크리트의 슬럼프는 일반적인 경우 150mm 이하 ② 물－결합재비는 50% 이하를 원칙 ③ 철광석, 자철광, 중정석, 철편
3. 시공	① 이어치기 부분에 대하여 기밀이 최대한 유지될 수 있는 방안 강구 ② 설계에 정해져 있지 않은 이음은 설치할 수 없음 ③ 이어치기 부분으로부터 방사선의 유출을 방지할 수 있도록 그 위치 및 형상을 결정

(용어) 차폐용 콘크리트

5) 순환 골재 콘크리트

1. 정의	건설폐기물을 물리적 또는 화학적 처리과정 등을 통하여 순환골재 품질기준에 적합하게 만든 골재를 이용한 콘크리트		
2. 굵은골재의 최대치수	25mm 이하로 하되, 가능하면 20mm 이하의 것을 사용		
3. 순환골재 사용비율	설계기준 압축강도	사용 골재	
		굵은골재	잔골재
	27MPa 이하	굵은골재 용적의 60% 이하	잔골재 용적의 30% 이하
		혼합사용 시 총 골재 용적의 30% 이하	

6) 폴리머 콘크리트

1. 정의	결합재로 시멘트와 시멘트 혼화용 폴리머(또는 폴리머 혼화재)를 사용한 콘크리트
2. 배합	① 물－결합재비는 30~60%의 범위에서 가능한 한 적게 ② 폴리머－시멘트비는 5~30%의 범위
3. 시공 및 양생	① 시공온도는 5~35℃를 표준 ② 제조회사에서 지정한 가사시간 내에 사용 ③ 물로 촉촉하게 하거나 흡수조정재로 처리하며 시공 ④ 흙손 마감의 경우는 수회에 걸쳐 누르며 필요 이상의 흙손질을 피함 ⑤ 시공 후 1~3일간 습윤 양생을 실시 ⑥ 사용될 때까지의 양생 기간은 7일을 표준 ⑦ 동절기, 하절기 옥외시공 등 품질저하 우려가 있는 경우 대책 강구
4. 특징	① 단위 체적당 단가가 고가 ② 고강도, 다양한 용도, 경량성, 내구성, 속경성 양호 ③ 초기 고강도 발현 ④ 완전한 수밀성 ⑤ 높은 접착성(석재, 금속, 목재와 결합 용이) ⑥ 내약품성, 내마모성, 내충격성, 전기절연성 좋음 ⑦ 난연성, 내화성 저하

(특징) 폴리머 콘크리트

7) 유동화 콘크리트

용어) 유동화 콘크리트

1. 정의	미리 비빈 베이스 콘크리트에 유동화제를 첨가하여 유동성을 증대시킨 콘크리트

2. 용어	① 베이스 콘크리트
	  • 유동화 콘크리트를 제조할 때 유동화제를 첨가하기 전 기본배합의 콘크리트
	  • 숏크리트의 습식 방식에서 사용하는 급결제를 첨가하기 전 콘크리트
	② 유동화제 : 배합이나 굳은 후의 콘크리트 품질에 큰 영향을 미치지 않고 미리 혼합된 베이스 콘크리트에 첨가하여 콘크리트의 유동성을 증대시키기 위하여 사용하는 혼화제

3. 배합 및 품질관리	① 슬럼프 증가량은 100mm 이하를 원칙으로 하며, 50~80mm를 표준 ② 유동화 콘크리트의 슬럼프(mm) ③ 베이스 콘크리트 및 유동화 콘크리트의 슬럼프 및 공기량 시험은 50m³마다 1회씩 실시

콘크리트의 종류	베이스 콘크리트	유동화 콘크리트
보통 콘크리트	150 이하	210 이하
경량골재 콘크리트	180 이하	210 이하

종류) 유동화 콘크리트 제조방법

4. 제조방법	① 배처플랜트에서 운반한 베이스 콘크리트에 공사 현장에서 트럭교반기(애지테이터 트럭)에 유동화제를 첨가하여 균일하게 될 때까지 교반하여 유동화 ② 레디믹스트 콘크리트 공장에서 트럭교반기(애지테이터 트럭)의 베이스 콘크리트에 유동화제를 첨가하여 즉시 고속으로 교반하여 유동화 ③ 레디믹스트 콘크리트 공장에서 트럭교반기(애지테이터 트럭)의 베이스 콘크리트에 유동화제를 첨가하여 저속으로 교반하면서 운반하고 공사 현장 도착 후에 고속으로 교반하여 유동화

8) 섬유보강 콘크리트

종류) 섬유보강재

1. 정의	보강용 섬유를 혼입하여 주로 인성, 균열 억제, 내충격성 및 내마모성 등을 높인 콘크리트
2. 목적	하중 또는 체적변화 등에 의한 콘크리트의 균열 제어
3. 종류	① 무기계 섬유 : 강섬유, 유리섬유, 탄소섬유 ② 유기계 섬유 : 아라미드섬유, 폴리프로필렌섬유, 비닐론섬유, 나일론 등
4. 보강용 섬유	① 초고성능 섬유보강 콘크리트에 사용되는 강섬유의 인장강도는 2,000 MPa 이상 ② 시멘트계 복합재료용 섬유로 무기계와 유기계 사용 가능
5. 특징	① 방식성, 내구성 우수 ② 온도철근이 불필요하며, 수축균열이 적다. ③ 내충격성이 크다. ④ 연성, 인성이 크다. ⑤ 강도가 크다.

9) 팽창 콘크리트

1. 정의	팽창재 또는 팽창시멘트의 사용에 의해 팽창성이 부여된 콘크리트
2. 적용 범위	① 수축보상용 콘크리트 : 콘크리트의 수축으로 인한 체적감소를 억제 ② 화학적 프리스트레스트용 콘크리트 : 수축보상용 콘크리트보다도 큰 팽창력을 가져야 함 ③ 충전용 모르타르와 콘크리트
3. 배합	① 단위 시멘트량 : 화학적 프리스트레스용 콘크리트의 단위 시멘트량은 단위 팽창재량을 제외한 값 ② 보통 콘크리트인 경우 260kg/m³ 이상, 경량골재 콘크리트인 경우 300kg/m³ 이상 ③ 질량으로 계량하며, 그 오차는 1회 계량분량의 1% 이내 ④ 포대 팽창재를 사용하는 경우에는 포대수로 계산 ⑤ 1포대 미만의 것을 사용하는 경우에는 반드시 질량으로 계량
4. 시공	① 다른 재료를 투입할 때 동시에 믹서에 투입 ② 강제식 믹서를 사용하는 경우는 1분 이상으로 하고, 가경식 믹서를 사용하는 경우는 1분 30초 이상 비빔 ③ 비비고 나서 타설을 끝낼 때까지의 시간은 1~2시간 이내 ④ 팽창 콘크리트에 급격하게 살수 금지
5. 양생	① 콘크리트 온도는 2°C 이상을 5일간 이상 유지 ② 거푸집널의 존치기간은 평균기온 20°C 미만인 경우에는 5일 이상, 20°C 이상인 경우에는 3일 이상을 원칙 ③ 압축강도 시험을 할 경우 설계기준 강도의 2/3 이상 값에 도달한 것이 확인될 경우 해체(최저 강도는 14MPa 이상)

(3) 공법

1) 레디믹스트 콘크리트

1. 정의		레미콘 공장에서 콘크리트를 제조·운반하여 현장에서 타설되는 콘크리트
2. 표시		① 종류 – G최대치수 – 호칭강도 – 슬럼프치 　(예 : 보통 – 25mm – 21MPa – 12cm) ② 호칭강도 = 소요(설계기준)강도 + 온도 보정치 ③ 보통골재는 표면건조 내부포수상태, 인공경량골재는 절대건조상태의 질량 표기 ④ 물결합재비는 혼화재를 사용한 경우로 $\dfrac{물}{시멘트+혼화재}$ 의 질량 백분율로 계산하여 표기
3. 특징	장점	① 협소한 장소에서 대량의 콘크리트를 얻을 수 있다. ② 공사추진이 정확하고 기일 연장 등이 없다. ③ 품질이 균등하다. ④ 가격이 명백해지며 비용이 저렴해진다.
	단점	① 현장과 제조자의 충분한 협의가 필요하다. ② 운반차 출입경로, 짐부리기 설비가 필요하다. ③ 부어 넣기 작업도 운반과 견주어 강행해야 한다. ④ 운반 중 재료분리, 시간경과의 우려가 많다.

●23②
용어 레디믹스트 콘크리트

●23③
수치 레디믹스트 콘크리트 표시 방법

4. 레미콘 공장 선정 시 유의사항	① 현장과의 거리 ③ 주변의 교통량 ⑤ 운반차의 수 ⑦ 품질관리 상태	② 운반시간 ④ 콘크리트 제조능력(일) ⑥ 공장의 제조설비
5. 종류	① 센트럴믹스트 콘크리트(Central mixed concrete) : 믹싱 플랜트의 고정믹서에서 비빔이 완료된 콘크리트를 현장으로 운반한다. ② 슈링크믹스트 콘크리트(Shrink mixed concrete) : 믹싱 플랜트의 고정 믹서에서 어느 정도 비빈 것을 운반 도중에 완전히 비빈다. ③ 트랜싯믹스트 콘크리트(Transit mixed concrete) : 트럭 믹서에 모든 재료가 공급되어 운반 도중에 비벼진다.	
6. 시험 및 확인사항	① 강도 ③ 공기량(4~5%, ±1.5%) ⑤ 제조시간	② 슬럼프치 ④ 염화물 함유량

2) 프리스트레스트 콘크리트

1. 정의	외력에 의하여 일어나는 응력을 소정의 한도까지 상쇄할 수 있도록 미리 인공적으로 그 응력의 분포와 크기를 정하여 내력을 준 콘크리트를 말하며, PS 콘크리트 또는 PSC라고 약칭하기도 함
2. 용어	① 그라우트(grout) : PS 강재의 인장 후에 덕트 내부를 충전시키기 위해 주입하는 재료 ② 덕트(duct) : 프리스트레스트 콘크리트를 시공할 때 긴장재를 배치하기 위해 미리 콘크리트 속에 설치하는 관 ③ 프리스트레스(prestress) : 하중의 작용에 의해 단면에 생기는 응력을 소정의 한도로 상쇄할 수 있도록 미리 계획적으로 콘크리트에 주는 응력 ④ 프리스트레싱(prestressing) : 프리스트레스를 주는 일 ⑤ PS 강재(prestressing steel) : 프리스트레스트 콘크리트에 작용하는 긴장용의 강재로 긴장재 또는 텐던이라고도 함

	장점	단점
3. 특징	① 내구성과 복원성이 큼 ② 구조물에 대한 적응성과 안정성이 큼 ③ 공기단축 및 가설물의 최소화 ④ 작은 단면으로 큰 응력에 견딜 수 있음 ⑤ 구조물의 자중 감소	① 단가가 고가 ② 강성이 적어 처짐 및 충격에 주의 ③ 고도의 기술 요구 ④ 운반 및 양중에 유의

4. 프리텐션	정의	강현재에 미리 인장력을 가한 상태로 콘크리트를 넣고 완전 경화 후 강현재 단부에서 인장력을 푸는 방법이다.
	종류	① 롱라인 법(Long Line Method) ② 단독형틀법(Individual Mold Method) ③ 정착프리텐션법(Anchored Pre-Tensioning) ④ 프리포스트 병용법(Pre-Post-Tensioning)

4. 프리텐션	시공 순서	① 거푸집 설치 ② 강현재 설치 ③ 긴장 후 정착 ④ 콘크리트 타설 ⑤ 양생 ⑥ Stress 부여
5. 포스트텐션	정의	콘크리트를 부어 넣기 전에 얇은 쉬스(Sheath)를 묻어 두고 콘크리트를 부어 넣은 후 쉬스 구멍에 강현재를 통하여 긴장시키고 고정시킨다.
	시공 순서	① 거푸집 설치 ② Sheath관 설치 ③ 콘크리트 타설 ④ 양생 ⑤ 쉬스(Sheath)관 내 긴장재 삽입 ⑥ 긴장 후 정착 ⑦ 그라우팅 ⑧ 양생 후 Stress 부여
6. 정착구 (Anchorage) 방법		① 쐐기식(Wedge System) ② 나사식(Screw System) ③ 루프식(Loop System) ④ 용융합금식
7. PS 강재의 종류		① 피아노선 ② PC강선(Pre-stressing Wire) ③ PC강연선(Pre-stressing Wire Stand) ④ PC강봉(Pre-stressing Steel Bar)

(순서) 프리텐션, 포스트텐션 공법의 시공순서 차이점

(용어) 포스트텐션

(순서) 포스트텐션 공법

(용어) 쉬스관

(용어) 그라우팅

(용어) 긴장재

(종류) 프리스트레스트 정착구 접착공법

(종류) 프리스트레스트 긴장재

3) 외장용 노출 콘크리트

1. 정의	외장마감 처리를 하지 않고 타설된 콘크리트 자체가 최종 마감면으로 활용되는 콘크리트	
2. 목적	① 마감공사생략에 따른 공기 단축 ② 마감재 미사용에 따른 재료 절감 ③ 경량화 및 단순미 구현 ④ 마감면을 고강도·고품질의 콘크리트 활용	
3. 품질	요구성능	성능 저하에 영향을 주는 요소
	① 색채 균일 성능 ② 균열 발생 억제 성능 ③ 충전 및 재료분리 저항성능 ④ 내구성능	① 탄산화 작용 ② 염화물 침투 ③ 동결융해 ④ 황산염 ⑤ 알칼리골재반응으로 대표되는 　사용재료 품질의 영향

(용어) 외장용 노출 콘크리트

(목적) 외장용 노출 콘크리트

	종별	표면 마감의 정도	거푸집널의 정도
4. 치장 마감	A종	홈이음, 요철(凹凸) 등이 지극히 작고 양호한 면	규정에 의한 표면가공품의 거푸집널로 거의 손상이 없는 것
	B종	홈이음, 요철(凹凸) 등이 작고 양호한 면으로 글라인더 처리 등에 따라 평활하게 조정	규정의 거푸집널로 거의 손상이 없는 것
	C종	제물치장 그대로인 상태에서 홈이음 제거를 행한 것	규정의 거푸집널로 사용상 지장이 없는 정도의 것

4) 매스(Mass) 콘크리트

1. 정의	구조물의 부재치수는 일반적인 표준으로서 넓이가 넓은 평판구조의 경우 두께 0.8m 이상, 하단이 구속된 벽체의 경우 두께 0.5m 이상
2. 용어	① 관로식 냉각(Post-cooling) : 매스 콘크리트의 시공에서 콘크리트를 타설한 후 콘크리트의 내부온도를 제어하기 위해 미리 묻어 둔 파이프 내부에 냉수 또는 공기를 강제적으로 순환시켜 콘크리트를 냉각하는 방법 ② 선행 냉각(Pre-cooling) : 매스 콘크리트의 시공에서 콘크리트를 타설하기 전에 콘크리트의 온도를 제어하기 위해 얼음이나 액체질소 등으로 콘크리트 원재료를 냉각하는 방법 ③ 온도제어양생 : 콘크리트를 타설한 후 일정 기간 콘크리트의 온도를 제어하는 양생 ④ 온도균열지수(Thermal crack index) : 매스 콘크리트의 균열 발생 검토에 쓰이는 것으로, 콘크리트의 인장강도를 온도에 의한 인장응력으로 나눈 값 ⑤ 내부구속 : 콘크리트 단면 내의 온도 차이에 의한 변형의 부등분포에 의해 발생하는 구속작용 ⑥ 외부구속 : 새로 타설된 콘크리트 블록의 온도에 의한 자유로운 변형이 외부로부터 구속되는 작용
3. 균열 방지 및 제어 방법	① 콘크리트의 선행 냉각, 관로식 냉각 등에 의한 온도저하 및 제어방법 ② 팽창콘크리트의 사용에 의한 균열방지방법 ③ 수축·온도철근의 배치에 의한 방법
4. 재료 및 배합	① 시멘트는 부재의 내부온도상승이 작은 것을 택함 ② 고로 슬래그 미분말을 혼입하는 경우 슬래그를 사용하지 않는 경우보다 발열량이 증가하여 오히려 콘크리트 온도가 상승하는 경우도 있음 ③ 저발열형 시멘트에 석회석 미분말 등을 혼합하여 수화열을 더욱 저감시킨 혼합형 시멘트는 충분한 실험을 통해 그 특성을 확인 ④ 저발열형 시멘트는 91일 정도의 장기 재령을 설계기준압축강도의 기준 재령 ⑤ 굵은골재의 최대 치수는 작업성이나 건조수축 등을 고려하여 되도록 큰 값을 사용 ⑥ 배합수는 저온의 것을 사용 ⑦ 얼음을 사용하는 경우에는 비빌 때 얼음덩어리가 콘크리트 속에 남아 있지 않도록 ⑧ 단위 시멘트량이 적어지도록 배합

5. 냉각 방법	① 선행 냉각 방법 　• 냉수나 얼음을 따로따로 혹은 조합해서 사용하는 방법 　• 냉각한 골재를 사용하는 방법 　• 액체질소를 사용하는 방법 ② 관로식 냉각 : 파이프의 재질, 지름, 간격, 길이, 냉각수의 온도, 순환 속도 및 통수 기간 등을 검토

5) 진공(Vacuum) 콘크리트

1. 정의	콘크리트가 경화하기 전에 진공 매트(Vacuum Mat)로 수분과 공기를 흡수하고, 대기의 압력으로 콘크리트를 다진 콘크리트이다.
2. 특징	① 조기강도, 내구성, 내마모성이 커진다. ② 건조수축이 적게 되므로 콘크리트 기성재 제조에 이용된다. ③ 진공 처리로 인하여 물·시멘트비가 적게 되며 표면의 공기구멍이 작게 된다.

(용어) 진공 콘크리트

6) 쇼트 크리트

1. 정의	컴프레서 혹은 펌프를 이용하여 노즐 위치까지 호스 속으로 운반한 콘크리트를 압축공기에 의해 시공면에 뿜어서 만든 콘크리트	
2. 용어	① 급결제 : 터널 등의 쇼트 크리트에 첨가하여 뿜어 붙인 콘크리트의 응결 및 조기의 강도를 증진시키기 위해 사용되는 혼화제 ② 토출배합 : 쇼트 크리트에 있어서 실제로 노즐로부터 뿜어 붙여지는 콘크리트의 배합으로 건식방법에서는 노즐에서 가해지는 수량 및 표면수를 고려하여 산출되는 쇼트 크리트의 배합	
3. 초기 강도	재령	쇼트 크리트의 초기강도(MPa)
	24시간	5.0~10.0
	3시간	1.0~3.0
4. 종류	① 건나이트(Gunite) ② 본닥터(Bonductor) ③ 제트크리트(Jetcrete)	
5. 특징	① 밀착성 우수 ② 수밀성, 강도, 내구성 우수 ③ 얇은 벽바름 녹막이에 유효 ④ 균열 발생 우려 ⑤ 다공질 ⑥ 건조수축 발생	

(용어) 쇼트 크리트

(종류) 쇼트 크리트

(특징) 쇼트 크리트 장단점

7) 프리플레이스트 콘크리트

1. 정의	미리 거푸집 속에 특정한 입도를 가지는 굵은골재를 채워놓고, 그 간극에 모르타르를 주입하여 제조한 콘크리트
2. 용어	① 대규모 프리플레이스트 콘크리트 : 시공속도가 40~80m³/h 이상 또는 한 구획의 시공면적이 50~250m² 이상일 경우 ② 고강도 프리플레이스트 콘크리트 : 재령 91일에서 압축강도 40MPa 이상이 얻어지는 프리플레이스트 콘크리트
3. 주입 모르타르 품질	① 유동성 : 유하시간의 설정 값은 16~20초, 고강도 프리플레이스트 콘크리트의 유하시간은 25~50초를 표준으로 함 ② 재료 분리 저항성 : 블리딩률의 설정 값은 시험 시작 후 3시간에서의 값이 3% 이하, 고강도 프리플레이스트 콘크리트의 경우에는 1% 이하로 함 ③ 팽창성 : 팽창률의 설정 값은 시험 시작 후 3시간에서의 값이 5~10%, 고강도 프리플레이스트 콘크리트의 경우는 2~5%를 표준으로 함
4. 사용골재	① 굵은골재의 최소 치수는 15mm 이상 ② 굵은골재의 최대 치수는 부재단면 최소 치수의 1/4 이하, 철근콘크리트의 경우 철근 순간격의 2/3 이하 ③ 굵은골재의 최대 치수는 최소 치수의 2~4배 정도 ④ 굵은골재의 최소 치수를 크게 하는 것이 효과적이며, 굵은골재의 최소 치수가 클수록 주입모르타르의 주입성이 현저하게 개선되므로 굵은골재의 최소 치수는 40mm 이상
5. 주입관의 배치	① 주입관은 확실하고 원활하게 주입 작업이 될 수 있는 구조로서 그 안지름은 수송관과 같거나 그 이하 ② 연직주입관의 수평 간격은 2m 정도를 표준 ③ 수평주입관의 수평 간격은 2m 정도, 연직 간격은 1.5m 정도를 표준 ④ 대규모 프리플레이스트 콘크리트 주입관의 간격은 일반적으로 5m 전후

8) 고강도 콘크리트

1. 정의	설계기준강도가 40MPa 이상, 경량콘크리트는 27MPa 이상인 콘크리트를 말한다.		
2. 특징	① 강도증진 ③ 균질한 콘크리트	② 부재의 경량화 ④ 내구성 증진	
3. 고성능 콘크리트	① 고강도 콘크리트 ③ 고내구성 콘크리트	② 고유동성 콘크리트	
4. 폭렬현상	정의	화재 시 콘크리트 내부가 고열로 인하여 생성된 수증기가 밖으로 분출되지 못하여 생긴 수증기의 압력으로 콘크리트가 떨어져 나가는 현상	
	방지 대책	① 섬유제를 혼입 ③ 방화 피막재 붙임	② 방화 페인트 도포 ④ 방화 시스템(스프링클러) 설치

5. 배합	① 굵은골재의 최대 치수는 25mm 이하로 하며, 철근 최소 수평 순간격의 3/4 이내의 것을 사용 ② 단위 시멘트량은 가능한 한 적게 ③ 단위 수량 및 잔골재율은 가능한 한 작게 ④ 슬럼프 플로의 목표값은 설계기준압축강도 40MPa 이상 60MPa 이하의 경우 구조물의 작업 조건에 따라 500, 600 및 700mm로 구분 ⑤ 공기연행제를 사용하지 않는 것을 원칙
6. 시공 및 양생	① 기둥과 벽체 콘크리트, 보와 슬래브 콘크리트를 일체로 하여 타설할 경우에는 보 아래면에서 타설을 중지한 다음, 기둥과 벽에 타설한 콘크리트가 침하한 후 보, 슬래브의 콘크리트를 타설 ② 수직부재에 타설하는 콘크리트의 강도와 수평부재에 타설하는 콘크리트 강도의 차가 1.4배를 초과하는 경우에는 수직부재에 타설한 고강도 콘크리트는 수직-수평부재의 접합면으로부터 수평부재 쪽으로 안전한 내민 길이를 확보 ③ 고강도 콘크리트는 낮은 물-결합재비를 가지므로 철저히 습윤 양생

(배합) 고강도 콘크리트

9) 수밀 콘크리트

1. 정의	수밀성이 큰 콘크리트 또는 투수성이 작은 콘크리트
2. 적용 범위	투수, 투습에 의해 안전성, 내구성, 기능성, 유지관리 및 외관 변화 등의 영향을 받는 구조물인 각종 저장시설, 지하구조물, 수리구조물, 저수조, 수영장, 상하수도시설, 터널 등 높은 수밀성이 필요한 콘크리트 구조물에 적용
3. 요구성능	① 균열, 콜드조인트, 이어치기부, 신축이음, 허니컴, 재료 분리 등 외부로부터 물의 침입이나, 내부로부터 유출의 원인이 되는 결함이 없도록 ② 시공할 때는 균일하고 치밀한 조직을 갖는 콘크리트 ③ 이음부 및 거푸집 긴결재 설치 위치에서의 수밀성이 확보되도록 필요에 따라 방수 시공
4. 재료 및 배합	① 공기연행제, 감수제, 공기연행감수제, 고성능공기연행감수제 또는 포졸란 등을 사용하는 것을 원칙 ② 단위수량 및 물-결합재비는 되도록 작게 하고, 단위 굵은골재량은 되도록 크게 ③ 소요 슬럼프는 되도록 작게 하여 180mm 이하(타설이 용이할 경우 120mm 이하) ④ 공기연행감수제를 사용하는 경우라도 공기량은 4% 이하 ⑤ 물-결합재비는 50% 이하를 표준
5. 시공 및 양생	① 가능한 한 연속으로 타설하여 콜드조인트가 발생하지 않도록 함 ② 0.1mm 이상의 균열 발생이 예상되는 경우 누수를 방지하기 위한 방수를 검토 ③ 방수제의 사용 방법에 따라 배치플랜트에서 충분히 혼합하여 현장으로 반입시키는 것을 원칙 ④ 연속 타설 시간 간격은 외기온도가 25℃를 넘었을 경우에는 1.5시간, 25℃ 이하일 경우에는 2시간 이내 ⑤ 콘크리트 다짐을 충분히 하며, 가급적 이어치기 금지 ⑥ 충분한 습윤 양생을 실시

(수치) 수밀 콘크리트 ( ) 넣기

(수정) 수밀 콘크리트 특징

10) 고유동 콘크리트

1. 정의	굳지 않은 상태에서 재료 분리 없이 높은 유동성을 가지면서 다짐 작업 없이 자기 충전이 가능한 콘크리트
2. 용어	① 슬럼프 플로 도달시간 : 슬럼프 플로 시험에서 소정의 슬럼프 플로에 도달(일반적으로 500mm)하는 데 요하는 시간 ② 증점제 : 굳지 않은 콘크리트의 재료 분리 저항성을 증가시키는 작용을 갖는 혼화제
3. 적용 범위	① 보통 콘크리트로는 충전이 곤란한 구조체인 경우 ② 균질하고 정밀도가 높은 구조체를 요구하는 경우 ③ 타설 작업의 최적화로 시간 단축이 요구되는 경우 ④ 다짐 작업에 따르는 소음과 진동의 발생을 피해야 하는 경우
4. 자기 충전성 3가지 등급	① 1등급 : 최소 철근 순간격 35~60mm의 복잡한 단면 형상을 가진 철근 콘크리트 구조물, 단면 치수가 작은 부재 또는 부위에서 자기 충전성을 가지는 성능 ② 2등급 : 최소 철근 순간격 60~200mm의 철근콘크리트 구조물 또는 부재에서 자기 충전성을 가지는 성능(일반 구조물 또는 부재 2등급 표준) ③ 3등급 : 최소 철근 순간격 200mm 이상으로 단면 치수가 크고 철근량이 적은 부재 또는 부위, 무근 콘크리트 구조물에서 자기 충전성을 가지는 성능
5. 품질	① 슬럼프 플로 시험에 의하여 정하고, 그 범위는 600mm 이상 ② 슬럼프 플로 500mm 도달시간 3~20초 범위를 만족 ③ 자기 충전성은 U형 또는 박스형 충전성 시험을 통해 평가하며, 충전높이는 300mm 이상

11) 합성 구조 콘크리트

1. 정의	강재 단일 부재 혹은 조립 부재를 철근콘크리트 속에 배치하거나 외부를 감싸게 하여 강재와 철근콘크리트가 합성으로 외력에 저항하는 구조
2. 용어	① 콘크리트 충전 강관 기둥(concrete filled tubular column) : 원형 또는 각주형의 강관 속에 콘크리트를 충전한 기둥 ② 강·콘크리트 샌드위치 부재(steel-concrete sandwich member) : 두 장의 강판을 강재로 연결하여 그 사이를 콘크리트로 충전한 구조 부재

12) 저탄소 콘크리트(Low Carbon Concrete)

1. 정의	시멘트 대체 혼화재로서 플라이애시 및 콘크리트용 고로슬래그 미분말을 결합재로 대량 치환하여 제조된 콘크리트 중 치환율이 50% 이상, 70% 이하인 콘크리트

2. 종류	굵은골재의 최대 치수(mm)	슬럼프 또는 슬럼프 플로(mm)	호칭강도 MPa(= N/mm²)					
			18	21	24	27	30	35
	20, 25	80, 120, 150, 180, 210	○	○	○	○	○	○
		500*, 600*	–	–	–	○	○	○

CHAPTER 03 핵심 기출문제

● 종류 – 수중 콘크리트

01 다음 설명에 해당되는 용어를 쓰시오.

> 가. 물, 이수 중의 콘크리트 치기를 할 때 보통 안지름 25cm 이상으로 하고 관 선단이 항상 채워진 콘크리트 중에 묻히도록 하여 콘크리트 타설을 용이하게 하기 위한 관을 무엇이라 하는가?
> 나. 붙임 모르타르를 바탕면에 바른 후 타일붙임을 시작하면 시간경과에 따라 붙임 모르타르의 응결이 진행되는데, 타일의 기준 접착강도를 얻을 수 있는 최대 한계시간을 무엇이라 하는가?

가. _____ 나. _____

정답 용어
가. 트레미관
나. 오픈타임(Open Time)

● 종류 – 서중 콘크리트

02 다음 ( ) 안에 적당한 용어와 수치를 기재하시오.

> 높은 외부기온으로 인하여 콘크리트의 슬럼프 또는 슬럼프 플로 저하나 수분의 급격한 증발 등의 우려가 있을 경우에 시공되며 하루 평균기온이 25℃를 초과하는 경우를 (가)콘크리트로 시공하며, 콘크리트는 비빈 후 즉시 타설하여야 하며, 지연형 감수제를 사용하는 등의 일반적인 대책을 강구한 경우라도 (나)시간 이내에 타설하여야 한다. 이때 콘크리트를 타설할 때의 콘크리트의 온도는 (다)℃ 이하이어야 한다.

가. _____ 나. _____ 다. _____

정답 콘크리트 시공
가. 서중
나. 1.5
다. 35

03 하절기 콘크리트 시공 시 발생하는 문제점으로써 콘크리트 품질 및 시공면에 미치는 영향에 대해 5가지를 쓰시오.

가. _____
나. _____
다. _____
라. _____
마. _____

정답 서중 콘크리트
가. 단위수량의 증가로 인한 내수성·수밀성 저하
나. 슬럼프 저하 발생으로 충전성 불량, 표면마감 불량 발생
다. 초기발열증대에 따른 온도 균열 발생
라. 장기강도 저하
마. 초기의 급격한 수분증발로 초기 건조수축균열 발생

04 하절기 콘크리트에서 발생할 수 있는 문제점에 대한 대책 중 관계되는 것을 보기에서 모두 골라 기호로 쓰시오.

> 가. AE제 감수제의 사용
> 나. 사용재료의 온도 상승 방지
> 다. 중용열 시멘트의 사용
> 라. 운반·타설시간의 단축방안 강구
> 마. 응결촉진제의 사용
> 바. 단위시멘트량의 증가

[정답] 서중 콘크리트 대책
가, 나, 다, 라

● 종류 – 한중 콘크리트

05 한중 콘크리트에 대한 설명이다. 보기 내용이 맞는지의 여부를 ○, ×로 답하시오.
• 22②

> 〈보기〉
> 가. 물–결합재비는 원칙적으로 60% 이하로 사용한다.
> 나. 공기 연행제를 사용해야 한다.
> 다. 타설할 때의 콘크리트 온도는 구조물의 단면치수, 기상조건 등을 고려하여 5~20℃의 범위에서 정하여야 한다.
> 라. 기상조건이 가혹한 경우나 단면 두께가 300mm 이하인 경우에는 타설 시 콘크리트의 최저 온도를 10℃ 이상 확보하여야 한다.

가. _____ 나. _____
다. _____ 라. _____

[정답] 한중 콘크리트
가. ○   나. ○
다. ○   라. ○

06 다음 한중 콘크리트에 대한 설명이다. ( ) 안에 적당한 단어나 숫자를 기재하시오.
• 23②

> 가. 타설일의 일평균기온이 (①)℃ 이하 또는 콘크리트 타설 완료 후 24시간 동안 일최저기온 0℃ 이하가 예상되는 조건이거나 그 이후라도 초기동해 위험이 있는 경우 한중 콘크리트로 시공하여야 한다.
> 나. 한중 콘크리트에는 (②) 콘크리트를 사용하는 것을 원칙으로 한다.
> 다. 물–결합재비는 원칙적으로 (③)% 이하로 하여야 한다.

가. _____ 나. _____ 다. _____

[정답] 한중 콘크리트
가. 4
나. 공기연행
다. 60

07 한중 콘크리트에 대한 설명이다. ( ) 안에 적당한 단어나 숫자를 적으시오.
• 23③

> 한중 콘크리트는 (가) 콘크리트를 사용하는 것을 원칙으로 하며, 물 결합재비는 가급적 (나) 사용해야 하며, 원칙적으로 (다)% 이하로 하여야 한다.

가. _____ 나. _____ 다. _____

[정답] 한중 콘크리트
가. 공기연행
나. 적게
다. 60

---

08 한중 콘크리트의 문제점에 대한 대책을 보기에서 골라 기호를 쓰시오.

> 가. AE제 사용   나. 응결지연제 사용
> 다. 보온양생   라. 물-결합재비를 60% 이하로 유지
> 마. 중용열 시멘트 사용   바. Pre-cooling 방법 사용

[정답] 한중 콘크리트 대책
가, 다, 라

---

09 한중 콘크리트 동결 저하 방지대책을 2가지 쓰시오.

가. _____
나. _____

[정답] 한중 콘크리트 대책
가. AE제 사용
나. 초기 양생(5MPa 발현 시까지)
다. 재료 가열
라. 콘크리트 보온양생

---

10 한중 콘크리트 양생방법 3가지를 기재하시오.
• 22③

가. _____ 나. _____
다. _____

[정답] 한중 콘크리트 양생방법
가. 급열양생
나. 단열양생
다. 피복양생

---

11 다음은 한중 콘크리트 양생방법에 관한 설명이다. ( ) 안에 알맞은 양생방법을 보기에서 골라 기호로 쓰시오.
• 23③

> 〈보기〉
> ① 피복양생   ② 급열양생   ③ 봉함양생   ④ 단열양생

가. 양생기간 중 어떤 열원을 이용하여 콘크리트를 가열하는 양생 ( )
나. 단열성이 높은 재료로 콘크리트 주위를 감싸 시멘트의 수화열을 이용하여 보온하는 양생 ( )
다. 시트 등을 이용하여 콘크리트의 표면 온도를 저하시키지 않는 양생 ( )
라. 콘크리트 공시체를 봉투 등을 이용하여 대기와 차단하는 양생 ( )

[정답] 한중 콘크리트 양생방법
가. ②
나. ④
다. ①
라. ③

12 한중 콘크리트에 관한 내용 중 ( ) 안을 적당히 채우시오.

가. 한중 콘크리트는 초기강도 ( )MPa까지는 보양을 실시한다.
나. 한중 콘크리트 물-결합재비는 ( )% 이하로 한다.

13 다음 ( ) 안에 공통으로 들어가는 알맞은 용어를 쓰시오.

> 가. 한중 콘크리트에서는 초기강도 발현이 늦어지므로 ( )를 이용하여 거 푸집의 해체시기, 콘크리트 양생기간 등을 검토한다.
> 나. 양생온도가 달라져도 그 ( )가 같으면 콘크리트의 강도는 비슷하다고 본다.

14 다음은 콘크리트의 문제점을 설명한 것이다. 해당 콘크리트를 보기에서 골라 기호로 쓰시오.

> 가. 서중 콘크리트   나. 한중 콘크리트
> 다. 유동화 콘크리트   라. 매스(Mass) 콘크리트
> 마. 진공 콘크리트   바. 프리플레이스트 콘크리트

① 수화반응이 지연되어 콘크리트의 응결 및 강도발현이 늦어진다.
(   )

② 슬럼프 로스가 증대하고, 슬럼프가 저하하며 동일 슬럼프를 얻기 위해 단위수량이 증가한다.
(   )

③ 슬럼프의 경시변화가 보통 콘크리트보다 커서 여름에는 30분, 겨울에는 1시간 정도에서 베이스 콘크리트의 슬럼프로 되돌아오는 경우도 있다.
(   )

④ 수화열이 내부에 축적되어 콘크리트 온도가 상승하고 균열이 발생하기 쉽다.
(   )

● 종류 - 경량 Con'c

15 경량 콘크리트를 제조하기 위한 재료에 대하여 쓰시오.

가. 주재료 :
나. 혼화재료 :

16 다음 용어를 설명하시오.

가. 코너비드 :
나. 차폐용 콘크리트 :

● 종류 – 섬유 보강 콘크리트

17 다음 (   ) 안에 알맞은 말을 쓰시오.

> 콘크리트의 휨강도, 전단강도, 인장강도, 균열저항성, 인성 등을 개선하기 위하여 단섬유상 재료를 균등히 분산시켜 제조한 콘크리트를 (   ) 콘크리트라 하며, 사용되는 섬유질 재료는 합성섬유, (   )섬유, (   )섬유 등이 있다.

정답 섬유보강 콘크리트
섬유보강, 강, 유리

18 섬유보강 콘크리트에 사용되는 섬유의 종류를 3가지 쓰시오.

가.
나.
다.

정답 섬유 종류
가. 합성섬유
나. 강섬유
다. 유리섬유

● 종류 – 폴리머 시멘트 콘크리트

19 폴리머 시멘트 콘크리트의 특성을 보통 시멘트 콘크리트와 비교하여 4가지만 쓰시오.

가.
나.
다.
라.

정답 폴리머 시멘트 콘크리트
가. 부재단면의 축소와 경량화가 가능하다.
나. 내열성이 약하고 경화 시 수축성이 작다.
다. 골재와의 접착성이 좋다.
라. 우수한 내약품성이 있다.

● 종류 – 수밀 콘크리트

20 다음은 수밀 콘크리트에 대한 설명이다. (   ) 안에 적당한 단어나 숫자를 기재하시오.
● 21②

가. 배합은 콘크리트의 소요의 품질이 얻어지는 범위 내에서 단위수량 및 물−결합재비는 되도록 (① 크게 / ② 작게) 하고, 단위 굵은 골재량은 되도록 (① 크게 / ② 작게) 한다.
나. 콘크리트의 소요 슬럼프는 되도록 작게 하여 (   )mm를 넘지 않도록 하며, 콘크리트 타설이 용이할 때에는 120mm 이하로 한다.
다. 물−결합재비는 (   ) 이하를 표준으로 한다.

정답 수밀 콘크리트
가. ②/①
나. 180
다. 50%

21 다음은 수밀 콘크리트의 특징이다. 틀린 내용을 하나 고르고 옳은 내용으로 수정하여 작성하시오.

> ① 배합은 콘크리트의 소요의 품질이 얻어지는 범위 내에서 단위수량 및 물-결합재비는 되도록 크게 하고, 단위 굵은 골재량은 되도록 작게 한다.
> ② 콘크리트의 소요 슬럼프는 되도록 작게 하여 180mm를 넘지 않도록 하며, 콘크리트 타설이 용이할 때에는 120mm 이하로 한다.
> ③ 물-결합재비는 50% 이하를 표준으로 한다.
> ④ 공기연행제를 사용하는 것을 원칙으로 한다.

가. 틀린 문항 :
나. 내용 수정 :

[정답] 수밀 콘크리트의 특징
가. 틀린 문항 : ①
나. 내용 수정 : 크게 → 작게, 작게 → 크게

● 종류 – 유동화 콘크리트

22 유동화 콘크리트의 제조방법을 3가지 쓰시오.

가.

나.

다.

[정답] 유동화 콘크리트 제조법
가. 배처플랜트에서 운반한 베이스 콘크리트에 공사 현장에서 트럭교반기(애지테이터 트럭)에 유동화제를 첨가하여 균일하게 될 때까지 교반하여 유동화
나. 레디믹스트 콘크리트 공장에서 트럭교반기(애지테이터 트럭)의 베이스 콘크리트에 유동화제를 첨가하여 즉시 고속으로 교반하여 유동화
다. 레디믹스트 콘크리트 공장에서 트럭교반기(애지테이터 트럭)의 베이스 콘크리트에 유동화제를 첨가하여 저속으로 교반하면서 운반하고 공사 현장 도착 후에 고속으로 교반하여 유동화

● 종류 – 레디믹스트 콘크리트

23 레디믹스트 콘크리트에 대해 설명하시오.

[정답] 레디믹스트 콘크리트
콘크리트 제조설비를 갖춘 공장에서 생산되며, 아직 굳지 않은 상태로 현장에 운반되는 콘크리트

24 Remicon(20-30-150)은 Ready Mixed Concrete의 규격에 대한 수치이다. 이 3가지의 수치가 뜻하는 바를 간단히 쓰시오.

가. 20 :   나. 30 :
다. 150 :

[정답] 레미콘 규격
가. 굵은 골재 최대치수(20mm)
나. 콘크리트 호칭강도(30MPa)
다. 슬럼프값(150mm)

25 다음은 레디믹스트 콘크리트에 관한 설명이다. ( ) 안에 적당한 말을 기재하시오.

> 레디믹스트 콘크리트의 종류는 보통콘크리트, 경량콘크리트, 포장콘크리트, 고강도 콘크리트로 하고, 구입자는 (가), (나), (다)를 조합한 표에 표한 표시한 범위 내에서 종류를 지정하는 것을 원칙으로 한다.

가. _____ 나. _____
다. _____

[정답] 레디믹스트 콘크리트
가. 굵은 골재의 최대치수
나. 슬럼프
다. 호칭강도

26 레미콘 공장 선정 시 유의사항 3가지를 쓰시오.

가. _____
나. _____
다. _____

[정답] 레미콘 공장 선정 시 유의사항
가. 현장과의 거리
나. 운반 시간
다. 콘크리트 제조 능력
라. 운반차의 수
마. 공장의 제조 설비
바. 품질관리 상태

27 다음 용어에 대해 설명하시오.

가. AE 감수제 : _____

나. Shrink Mixed Concrete : _____

[정답] 용어 설명
가. AE 감수제
   AE(Air Entraining Agent)제의 성능과 더불어 감수효과를 증대시킨 혼화제
나. Shrink mixed Concrete
   믹싱 플랜트 고정믹서에서 어느 정도 비빈 콘크리트를 트럭믹서에 실어 운반 도중 완전히 비비는 것

28 다음은 레미콘 비비기와 운반방식에 따른 종류의 설명이다. 보기에서 명칭을 골라 번호로 쓰시오.

> ① 센트럴 믹스트 콘크리트   ② 트랜싯 믹스트 콘크리트
> ③ 슈링크 믹스트 콘크리트

가. 트럭믹서에 모든 재료가 공급되어 운반 도중에 비벼지는 것 ( )
나. 믹싱 플랜트 고정믹서에서 어느 정도 비빈 것을 트럭 믹서에 실어 운반도중 완전히 비비는 것 ( )
다. 믹싱 플랜트 고정믹서로 비빔이 완료된 것을 애지테이터 트럭으로 운반하는 것 ( )

[정답] 레디믹스트 콘크리트
가. ②
나. ③
다. ①

29 레미콘 받아들이기 시 품질검사 항목 5가지를 쓰시오. • 24②

가. _____ 나. _____
다. _____ 라. _____
마. _____

정답 레미콘 들여오기 시 품질검사 항목
가. 강도   나. 슬럼프치
다. 공기량 라. 염화물 함유량
마. 제조시간

● 종류 – 고성능 콘크리트

30 고성능 콘크리트(High Performance Concrete)는 물리적 특성으로 구분하여 3가지 종류로서 고성능 콘크리트를 대별할 수 있다. 다음 고성능 콘크리트의 특성에 따른 3가지로 구분된 콘크리트 명칭을 쓰시오.

가. _____
나. _____
다. _____

정답 고성능 콘크리트
가. 고강도 콘크리트
나. 고내구성 콘크리트
다. 고유동성 콘크리트

31 다음은 고강도 콘크리트에 관한 사항이다. 알맞은 기호를 고르시오. • 22①

재료 및 배합	보기	
(1) 단위 수량	① 크게	② 작게
(2) 단위 시멘트량	① 크게	② 작게
(3) 잔골재량	① 크게	② 작게
(4) 슬럼프치	① 크게	② 작게

(1) _____ (2) _____
(3) _____ (4) _____

정답 고강도 콘크리트
(1) ② (2) ②
(3) ② (4) ②

32 고강도 콘크리트의 폭렬현상에 대하여 설명하시오.

_____
_____
_____

정답 콘크리트 폭렬현상
화재 시 콘크리트 내부가 고열로 인하여 생성된 수증기가 밖으로 분출되지 못해 수증기의 압으로 콘크리트가 떨어져 나가는 현상으로 고강도 콘크리트에서 발생된다.

33 콘크리트 구조물의 화재 시 급격한 고열현상에 의하여 발생하는 폭렬현상 방지 대책을 2가지 쓰시오.

가. _____
나. _____

정답 폭렬현상 방지 대책
가. 내화 도료의 도포
나. 내화 모르타르 시공
다. 표층부 메탈라스 시공
라. 유기질 섬유 혼입
마. 강관 등의 콘크리트 피복

● 종류 – 외장용 노출 콘크리트

34 외장용 노출 콘크리트(Exposed Con'c)의 시공목적을 4가지 쓰시오.

가. _____
나. _____
다. _____
라. _____

> **정답** 외장용 노출 콘크리트의 시공목적
> 가. 마감공사 생략에 따른 공기 단축
> 나. 고도의 강도 추구
> 다. 외장재 절약과 마감의 다양성 추구
> 라. 아름다운 미 추구

● 종류 – 프리스트레스트 콘크리트

35 콘크리트의 인장응력이 생기는 부분에 미리 압축력을 주어 콘크리트의 인장강도를 증가시켜 휨저항을 크게 한 콘크리트의 명칭은?

_____

> **정답** 콘크리트 종류
> 프리스트레스트 콘크리트
> (Prestressed Concrete)

36 프리스트레스트 콘크리트에 이용되는 긴장재의 종류를 3가지 쓰시오.

가. _____
나. _____
다. _____

> **정답** PS 콘크리트 강선
> 가. PC 강선
> 나. PC 강봉
> 다. PC 강연선(PC 꼬은 선)

37 PS 콘크리트에서 프리텐션 공법과 포스트텐션 공법을 간단히 쓰시오.

가. 프리텐션 공법 : _____
_____
_____

나. 포스트텐션 공법 : _____
_____
_____

> **정답** 프리스트레스트 콘크리트
> 가. 강현재에 인장력을 가한 상태로 콘크리트를 부어 넣고 경화 후 단부에서 인장력을 풀어주어 콘크리트에 스트레스트를 부여한다.
> 나. 덕트를 설치하고 콘크리트를 경화시킨 뒤 덕트 관내 구멍에 강현재를 삽입, 긴장시키고, 시멘트 페이스트로 그라우팅한 후 경화시켜 스트레스트를 부여한다.

38 프리스트레스트 콘크리트의 정착구(定着具 ; Anchorage)의 대표적인 정착공법에 대하여 3가지만 쓰시오.

가. _____
나. _____
다. _____

> **정답** 프리스트레스트 정착공법
> 가. 쐐기식(Wedge System) 정착방식
> 나. 나사식(Screw System) 정착방식
> 다. 루프식(Loop System) 정착방식

39 Pre-Stressed Concrete에서 Pre-Tension 공법과 Post-Tension 공법의 차이점을 시공순서를 바탕으로 쓰시오.

가. Pre-Tension 공법 :

나. Post-Tension 공법 :

정답 프리스트레스트 콘크리트
가. PC강재 긴장 → 콘크리트 타설 → PC강재와 콘크리트 접합 후 Pre-stress 도입
나. 덕트 설치 → 콘크리트 타설 → 덕트 내 PC강재 삽입·긴장·고정 → 그라우팅 후 콘크리트에 Pre-stress 도입

40 ( ) 안에 알맞은 용어를 쓰시오.

가. 프리스트레스트 콘크리트에 사용되는 강재(강선, 강연선, 강봉)를 (　　　　)라고 한다.
나. 포스트텐션 공법은 (　　　　) 설치 후 - 콘크리트 타설 - 콘크리트 경화 후 강재를 삽입하여 긴장, 정착 후 그라우팅하여 완성시키는 방법이다.

정답 프리스트레스
가. 긴장재
나. 덕트

41 프리스트레스트 콘크리트에 관한 다음 기술 중 ( ) 안에 알맞은 용어를 쓰시오.

> 콘크리트에 프리스트레스를 가하기 위하여 사용되는 강재로 강선, 철근, 강연선 등을 총칭하는 것을 긴장재라 하며, (가)방식에 있어서 PC강재의 배치구멍을 만들기 위하여 콘크리트를 부어 넣기 전에 미리 배치된 튜브(관)를 (나)(이)라 한다.

가. _____ 나. _____

정답 프리스트레스트 콘크리트
가. 포스트 텐션
나. 덕트

42 PC에 있어서, 프리스트레스를 주는 방법에는 프리텐션 공법과 포스트텐션 공법이 있다. 부재의 제작과정을 각 공법에 따라 순서대로 기호로 쓰시오.

> A : 프리스트레싱 포스를 콘크리트에 전달
> B : 콘크리트 타설
> C : P.S 강재의 긴장
> D : 부재 내 강재의 덕트 설치
> E : P.S 강재와 콘크리트의 부착

가. 프리텐션 공법 :

나. 포스트텐션 공법 :

정답 프리스트레스트 콘크리트
가. 프리텐션 공법 : C-B-E-A
나. 포스트텐션 공법 : D-B-C-E-A

43 Pre – Stressed Concrete 중 Post – Tension 공법의 시공순서를 보기에서 골라 번호를 쓰시오.

① 강현재 삽입　　② 그라우팅
③ 콘크리트 타설　　④ 강현재 긴장
⑤ 덕트 설치　　　　⑥ 강현재 고정
⑦ 콘크리트 경화

(　)→(　)→(　)→(　)→(　)→(　)→(　)

정답 포스트텐션 공법
⑤ → ③ → ⑦ → ① → ④ → ⑥ → ②

44 프리스트레스트(Prestressed) 콘크리트의 작업명을 공정순으로 보기의 번호로 나열하시오.

① 덕트 설치　　　② 강현재 고정
③ 강현재 삽입　　④ 강현재 긴장
⑤ 콘크리트 타설　⑥ 그라우팅
⑦ 콘크리트 경화　⑧ 거푸집 조립

(　)→(　)→(　)→(　)→(　)→(　)→(　)→(　)

정답 프리스트레스트 콘크리트 순서
⑧ → ① → ⑤ → ⑦ → ③ → ④ → ② → ⑥

45 프리패브 콘크리트 공사 작업순서를 보기에서 골라 선택하시오.

① 양생 후 탈형　　② 개구부 Framo 설치
③ 표면마감　　　　④ 철근, 철물류 삽입
⑤ 중간검사　　　　⑥ 거푸집 조립

베드 거푸집 청소→(　)→(　)→(　)→설비, 전기배관→(　)→콘크리트 타설→(　)→(　)→보수와 검사→야적

정답 프리패브 공사의 작업순서
⑥ → ② → ④ → ⑤ → ③ → ①

● 종류 – 매스 콘크리트

46 매스 콘크리트 온도균열의 기본대책을 [보기]에서 고르시오.

가. 응결촉진제 사용　　나. 중용열시멘트 사용
다. Pre – cooling방법 사용　라. 단위시멘트량 감소
마. 잔골재율 증가　　　바. 물 – 결합재비 증가

정답 매스 콘크리트 온도균열의 기본대책
나, 다, 라

정답 매스 콘크리트의 수화열 감소 방안
가. 수화열이 낮은 시멘트를 사용할 것
나. 굵은 골재의 크기를 가능한 크게 할 것
다. 단위 시멘트량을 적게 할 것
라. 선행냉각공법을 사용할 것
마. Post 쿨링 공법을 사용할 것

47 매스 콘크리트의 수화열 감소 방안 4가지를 기재하시오. • 22③
가.
나.
다.
라.

정답 온도균열 방지 대책
가. 수화열이 낮은 시멘트 사용
나. 혼화재 사용
다. 굵은 골재 크기를 가능한 한 크게 할 것
라. 단위 시멘트량을 감소시킬 것
마. 냉각공법을 적용
바. 콘크리트 타설 온도를 낮출 것

48 콘크리트 응결 경화 시 콘크리트 온도 상승 후 냉각하면서 발생하는 온도균열 방지 대책 3가지를 쓰시오.
가.
나.
다.

정답 매스 콘크리트 냉각공법
가. 선행 냉각(pre-cooling) : 매스 콘크리트의 시공에서 콘크리트를 타설하기 전에 콘크리트의 온도를 제어하기 위해 얼음이나 액체질소 등으로 콘크리트 원재료를 냉각하는 방법
나. 관로식 냉각 : 매스 콘크리트의 시공에서 콘크리트를 타설한 후 콘크리트의 내부온도를 제어하기 위해 미리 묻어 둔 파이프 내부에 냉수 또는 공기를 강제적으로 순환시켜 콘크리트를 냉각하는 방법으로 포스트 쿨링(post-cooling)이라고도 함

49 Pre-cooling 방법과 Post-cooling 방법에 대해 설명하시오.
가. Pre-cooling :

나. Post-cooling :

● **종류 – 쇼트 크리트 콘크리트**

정답 쇼트 크리트
가. 쇼트 크리트 : 모르타르를 압축공기로 분사하여 바르는 뿜칠 콘크리트 공법으로 건나이트라고도 한다.
나. 장점 : 시공성이 좋고 가설공사비 감소
다. 단점 : 건조수축, 균열이 크고, 숙련공을 필요로 함

50 쇼트 크리트(Shotcrete)에 대해 설명하고, 장단점을 쓰시오.
가. 쇼트 크리트 :

나. 장점 :
다. 단점 :

51 쇼트 크리트(Shotcrete)에 대하여 간단히 기술하고, 종류 3가지를 쓰시오.

가. 쇼트 크리트 : _____

_____

나. 종류 : ① _____

② _____

③ _____

> **정답** 쇼트 크리트
> 가. 쇼트 크리트 : 모르타르를 압축 공기로 분사하여 바르는 뿜칠 콘크리트 공법으로 건나이트라고도 한다.
> 나. 종류 : ① 시멘트건
> ② 본닥터
> ③ 제트크리트
> ④ 건나이트

● 종류 – 콘크리트 용어(각종 콘크리트)

52 다음 설명에 해당하는 콘크리트의 명칭을 쓰시오. ● 24①

> 가. 콘크리트 면에 미장 등을 하지 않고, 직접 노출시켜 마무리한 콘크리트
> 나. 부재 단면치수 80cm 이상, 콘크리트 내·외부 온도차가 25℃ 이상으로 예상되는 콘크리트
> 다. 건축구조물이 20층 이상이면서 기둥 크기를 적게 하도록 콘크리트 강도를 높게 하는 구조물에 사용되는 콘크리트로서 보통 설계기준 강도가 보통 40MPa 이상인 콘크리트

가. _____ 나. _____

다. _____

> **정답** 콘크리트의 종류
> 가. 외장용 노출 콘크리트
> 나. 매스 콘크리트
> 다. 고강도 콘크리트

53 다음 설명에 해당하는 콘크리트의 명칭을 쓰시오. ● 24①·22②

가. 거푸집에 골재와 철근을 미리 넣고 트레미관을 이용하여 모르타르를 주입하여 만드는 콘크리트 (   )

나. 단면이 80cm 이상이고 내부 열이 높은 콘크리트 (   )

다. PS강재를 이용하여 콘크리트의 인장능력을 키운 콘크리트
(   )

라. 시멘트 대체 혼화재로서 플라이애시 및 콘크리트용 고로슬래그 미분말을 결합재로 대량 치환하여 제조된 콘크리트 중 치환율이 50% 이상, 70% 이하인 콘크리트 (   )

> **정답** 콘크리트의 종류
> 가. 프리플레이스트 콘크리트
> 나. 매스 콘크리트
> 다. 프리스트레스트 콘크리트
> 라. 저탄소 콘크리트

54 다음은 콘크리트에 대한 설명이다. ( ) 안에 맞는 콘크리트를 기재하시오.

가. 일평균 기온이 25도 이상일 때 시공되는 콘크리트 ( )
나. 단면이 80cm 이상이고 내부 열이 높은 콘크리트 ( )
다. PS강재를 이용하여 콘크리트의 인장능력을 키운 콘크리트 ( )
라. 거푸집에 골재와 철근을 미리 넣고 트레미관을 이용하여 모르타르를 주입하여 만드는 콘크리트 ( )

정답 콘크리트 종류
가. 서중 콘크리트
나. 매스 콘크리트
다. 프리스트레스트 콘크리트
라. 프리플레이스트 콘크리트

55 시멘트 대체 혼화재로서 플라이애쉬 및 콘크리트용 고로슬래그 미분말을 결합재로 대량 지환하여 제조된 콘크리트 중 치환율이 50% 이상, 70% 이하인 콘크리트를 무엇이라 하는가?

정답 용어
저탄소 콘크리트

56 저탄소 콘크리트에 사용되는 혼화재 종류 2가지를 쓰시오.

가. _____ 나. _____

정답 저탄소 콘크리트에 사용되는 혼화재 종류
가. 플라이애시
나. 고로슬래그

Engineer Architecture

CHAPTER 04
철골/PC/커튼월

CONTENTS

제1절	철골공사	207
제2절	PC(Pre-Cast) 공사	223
제3절	커튼월	224

한눈에 보기

01 철골

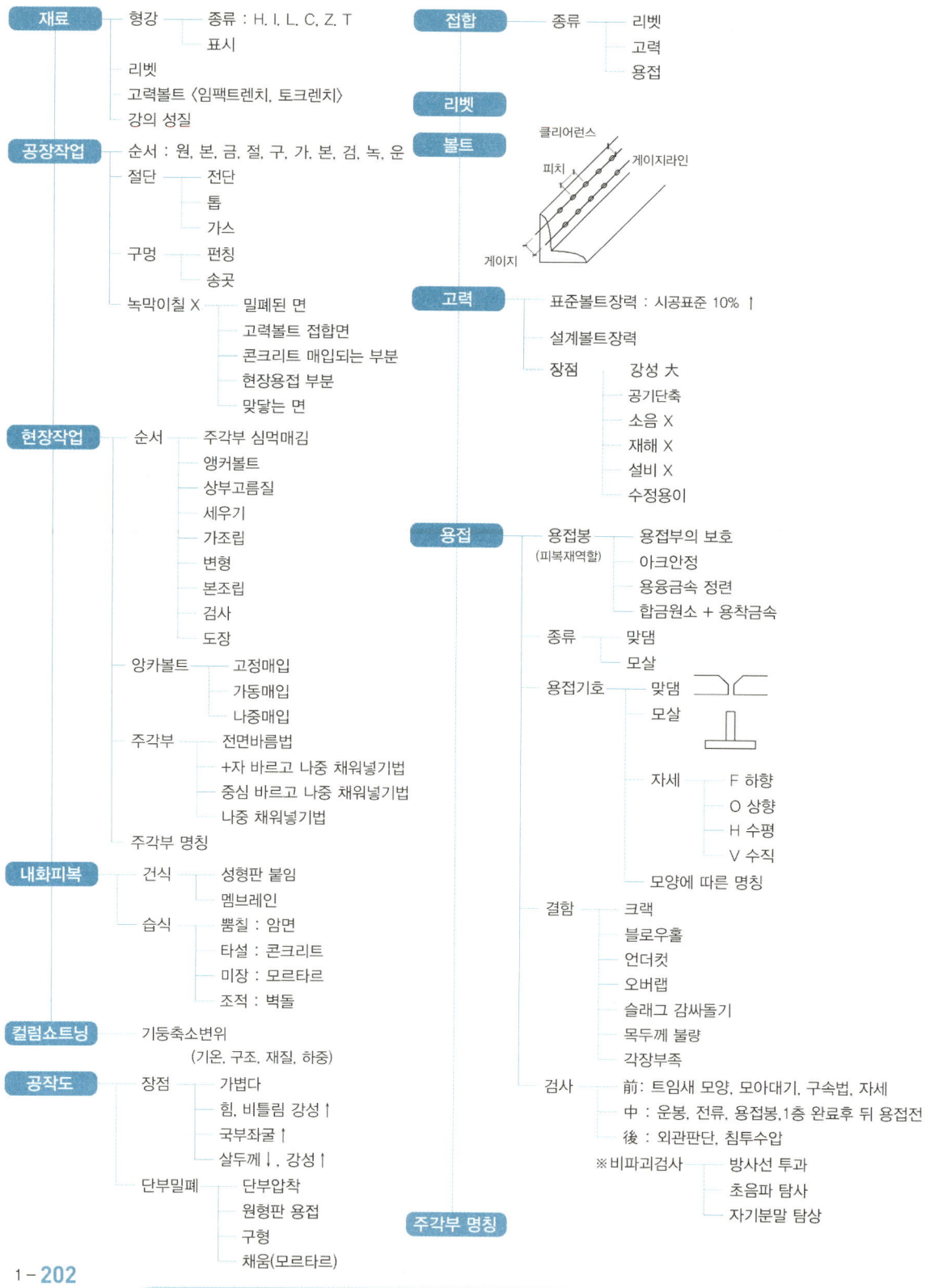

Thinking Map

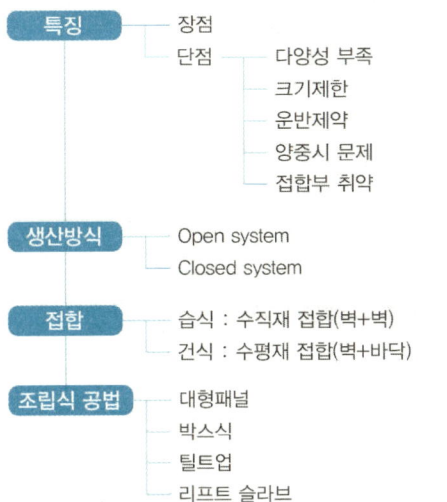

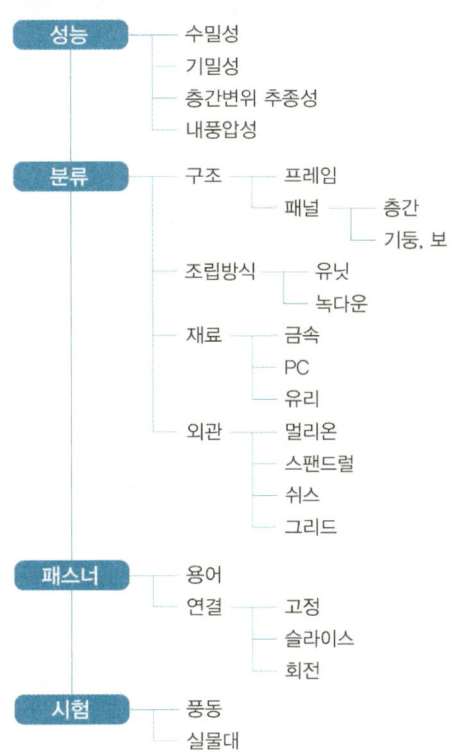

용어 미리보기

용어	Keyword	출제연도
볼트축 전단형 볼트	고력볼트에서 일정한 응력에 도달하면 볼트 축 끝 부분이 절단 되는 볼트	
리머	철골공사에서 구멍을 뚫고 구멍주위를 가심질 하는 기구	
드리프트 핀	철골 공사에서 구멍의 중심을 맞추는 공구	
무수축 모르타르	주각부 상부고름용에 사용되는 수축성이 적은 모르타르	
뉴머틱 해머	리벳접합에서 리벳팅하기 위한 도구	
임팩트렌치 (Impact Wrench)	고력볼트를 조일 때 사용하는 조임기구	
내화피복	화재 발생 시 강재의 온도상승 및 강도저하를 방지하기 위하여 불연성 재료로 강재를 피복하는 방법	
게이지라인	응력방향으로 체결된 리벳의 중심을 연결하는 선	
표준볼트 장력	현장시공의 기준값으로 설계볼트장력보다 10% 더한 값	
설계볼트 장력	설계 시 허용전단력을 구하기 위한 장력	
맞댐용접	한쪽 또는 양쪽부재의 끝을 용접이 양호하게 될 수 있도록 끝단면을 비스듬히 절단하여 용접하는 방식	
살용접	두 부재를 일정한 각도로 접합한 후, 2개 이상의 판재를 겹치거나 T자형, +자형에서 삼각형 모양으로 접합부를 용접하는 방식	
피복재(Flux)	용접봉을 감싸는 피복재로서 금속화물, 탄산염, 셀룰로오스, 탈산재 등으로 구성	
목두께	용접의 유효 두께	
블로홀	용융금속 응고 시 방출가스가 길쭉하게 된 구멍에 남아 혼입되어 있는 현상	22③·21③
슬래그 감싸들기	용접봉의 피복재, 심선과 모재가 변하여 Slag가 용착 금속 내에 혼입된 것	24①·22③·21③
언더컷	과대전류 혹은 용입불량으로 모재 표면과 용접 표면이 교차되는 점에 모재가 녹아 용착 금속이 채워지지 않은 현상	24①·22③·21③
오버랩	겹침이 형성되는 현상으로서 용접 금속의 가장자리에 모재와 융합되지 않고 겹쳐지는 것	24①·22③·21③
컬럼쇼트닝 (기둥 축소 변위)	(Column Shortening) 고층건물에서 위층부터 누적되는 축하중에 의해 기둥과 벽 등의 축소량이 생기는데, 수직부재 간의 축소량이 다르게 나타나는 현상	
스캘럽 (Scallop)	용접 시 인접부재가 열영향을 받는 것을 방지하기 위하여 용접부재를 모따기한 것	23②
엔드탭 (End Tab)	용접 결함이 생기기 쉬운 용접 비드(Bead)의 시작과 끝 지점에 용접을 정확히 하기 위하여 모재의 양단에 부착하는 보조 강판	
뒷댐재 (Back Strip)	맞댄 용접 시 루트부에 완전 용입을 얻을 수 있도록 뒤쪽에 대는 보조 강판재	

Terminology

용어	Keyword	출제연도
메탈터치 (Metal Touch)	기둥이음의 밀착도에 따라 축응력과 휨응력의 25%까지 직접 전달시키기 위해 이음면을 정밀 가공하는 이음방법	
밀시트	철강제품의 품질보증을 위해 공인된 시험기관에서 발급하는 제조업체의 품질보증서	23②
쉬어커넥터	슬래브 및 데크 플레이트에 등에 사용되며 강재와 콘크리트의 전단을 보강하기 위하여 사용되는 철물	
전단연결재 (Shear Connector)	철골철근콘크리트 구조체에서 철골과 콘크리트와의 일체성 확보를 위해 콘크리트 속에 매립된 철골 연결재	22①
스터드볼트	철골철근콘크리트 구조체에서 철골과 콘크리트와의 일체성 확보를 위해 철골부재에 부착하여 콘크리트 속에 매립된 볼트	
거싯 플레이트 (Gusset Plate)	철골보에서 기둥과 보를 연결시켜 주는 판재	
철골철근콘크리트 구조	철골조 뼈대 주위에 철근 배근을 하고 콘크리트를 부어 일체가 되게 한 구조	
Closed System	완성된 건축물의 형태가 사전에 상정되고 이를 구성하는 부재, 부품들이 어느 특정한 타입의 건물에만 사용될 수 있도록 부재, 부품을 주문 생산하는 방식	
Open System	특정 건물에만 적용되는 것이 아니고 일반 건축물을 구성하는 각 부품을 표준화하여 여러 형태의 건축물에 사용되도록 생산하는 방식	
틸트 업(Tilt Up)	지상의 수평진 곳에서 벽판 및 구조체로 제작한 후 이를 일으켜서 건축물을 구축하는 공법	
커튼월 스팬드럴 방식	수평선 강조하기 위하여 구체틀을 수평으로 노출하여 설치하는 공법	
Closed Joint System	접합부분을 seal재로 완전히 밀폐시켜 틈 없이 비처리하는 방식	
Open Joint System	벽의 외측면과 내측면 사이에 공간을 두어 옥외의 기압과 같은 기압을 유지하게 하여 비처리하는 방식	
실물대 시험 (Mock Up Test)	풍동시험(Wind Tunnel Test) 설계풍하중을 토대로 설계대로 실물모형을 제작하여 설정된 최악의 외부환경상태에 노출시켜 설정된 외기조건이 실물모형에 어떠한 영향을 주는가를 비교, 분석하는 실험	
풍동시험 (Wind Tunnel Test)	건물주변 600m 반경의 지형 및 건물배치를 축소모형으로 만들고 원형 Turn Table의 풍동 속에 설치한 후, 과거 10~50년 또는 100년간의 최대 풍속을 가하여 바람의 영향을 파악하는 시험	

미듬 건축산업기사

멘토스는 당신의 쉬운 합격을 응원합니다!

철골/PC/커튼월

회독 CHECK!
1회독 □ 월   일
2회독 □ 월   일
3회독 □ 월   일

제1절 철골공사

01 재료

(1) 종류

1. 형강	종류	H, I, L, ㄷ, Z, T
	표시법	형태 - 웨브(A)×플랜지(B)×A_t×B_t
2. 강판	종류	① 박판(얇은 판) : 두께 3.2mm 미만 ② 후판(두꺼운 판) : 두께 3.2mm 이상
3. 접합 철물	리벳	① 둥근머리 리벳(가장 많이 사용) ② 민머리 리벳 ③ 평머리 리벳
	일반볼트	가조립용
	고력 볼트	종류	① 볼트축 전단형 ② 너트축 전단형 ③ 그립볼트 ④ 지압형
		순서	※ 고력볼트 전용렌치(임팩트렌치) ① 너트회전시키는 외측소켓과 핀테일을 붙잡는 내측소켓 ② 모터가 회전하는 동안 어느 한쪽이 정지하면 다른 쪽이 회전 ③ 외측소켓이 회전 후 내측소켓이 핀테일 잡은 채 절단 ④ 핀테일 제거

- (종류) 형강의 종류
- (표시법) 형강의 표시방법
- (종류) 리벳의 종류
- (종류) 고력볼트 종류
- (용어) 볼트축 전단형 볼트
- (순서) T/S형 볼트 체결 순서

(2) 일반 구조용 압연 강재

●24③

종류의 기호	적용	인장강도(N/mm^2)
SS235	강관, 강대, 평강 및 봉강	330~450
SS275	강관, 강대, 형강, 평강 및 봉강	410~550
SS315		490~630
SS410	두께 40mm 이하의 강관, 강대, 형강, 평강 및 지름, 변 또는 맞변거리 40mm 이하의 봉강	540 이상
SS450		590 이상
SS550	두께 40mm 이하의 강관, 강대, 평강	690 이상
비고 봉강에는 코일 봉강을 포함한다.		

- (연결) 강재와 인장강도

(3) 성질

1. 강의 성질	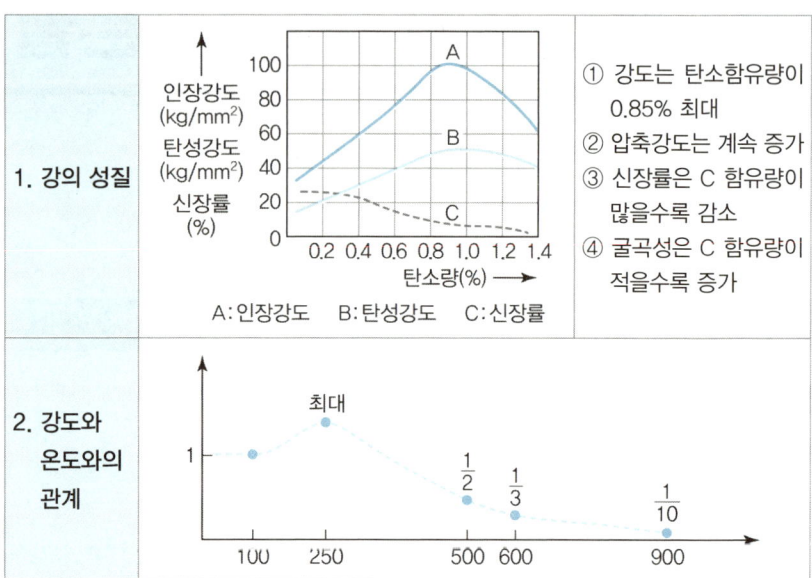 A : 인장강도 B : 탄성강도 C : 신장률	① 강도는 탄소함유량이 0.85% 최대 ② 압축강도는 계속 증가 ③ 신장률은 C 함유량이 많을수록 감소 ④ 굴곡성은 C 함유량이 적을수록 증가
2. 강도와 온도와의 관계	100 : 1, 250 : 최대, 500 : 1/2, 600 : 1/3, 900 : 1/10	

02 공장작업

1. 순서	원척도 작성 → 본뜨기 → 변형 바로잡기 → 금긋기 → 절단 및 가공 → 구멍 뚫기 → 가조립 → 본조립 → 검사 → 녹막이칠 → 운반	
2. 원척도	정의	정밀시공을 위하여 설계도 및 시방서에 따라 철물제작소에서 각부 상세 및 재의 길이 등을 원척(축척 1 : 1 도면)으로 그린다.
	작성 내용	① 층높이 · 기둥높이 · 기둥중심 간 간격, 보길이 ② 강재의 형상, 치수, 물매, 구부림 정도 ③ 리벳의 피치, 개수, 게이지 라인(Gauge line), 클리어런스(Clearance) ④ 파이프 · 철근 등의 관통개소, 보밑 치켜올리기 등
3. 변형 바로 잡기	① 강판 : 플레이트 스트레이닝 롤(Plate Straining Roll) ② 형강 : 스트레이닝 머신(Straining Machine), 프릭션 프레스(Friction Press), 파워 프레스(Power Press), 짐 크로(Jim Craw) ③ 경미한 것 : 모루(Anvil) 위에서 쇠메(Hammer) 치기	
4. 절단	전단 절단	채움재, 띠철, 형강, 판 두께 13mm 이하의 연결판, 보강재
	절단 절단	① 기계절단 ② 가스절단 : 자동 가스 절단기 이용 ③ 플라즈마 절단 ④ 레이저 절단

	볼트의 호칭(mm)	허용 오차(mm)	
		마찰이음	지압이음
크기	M20	+0.5	±0.3
	M22	+0.5	±0.3
	M24	+0.5	±0.3
	M27	+1.0	±0.3
	M30	+1.0	±0.3

5. 구멍 뚫기

시공
① 구멍뚫기는 소정의 지름으로 정확하게 드릴 및 리머 다듬질을 병용하여 마무리
② 판 두께 13mm 이하 강재에 구멍을 뚫을 때에는 눌러 뚫기 (press punching)
③ 볼트구멍의 직각도는 1/20 이하
④ 볼트구멍의 엇갈림 : 마찰이음으로 부재를 조립할 경우, 구멍의 엇갈림은 1.0mm 이하, 지압 이음으로 부재를 조립할 경우, 구멍의 엇갈림은 0.5mm 이하

가심질
(Reaming)
① 허용 편심거리 1.5mm 이하일 때에는 리머(Reamer)로 수정한다.
② 3장 이상 겹칠 때 구멍지름보다 1.5mm 작게 뚫고 Reaming 한다.

(용어) 리머

6. 가조립

각 부재는 1~2개의 볼트 또는 핀으로 가조립하고, 드리프트 핀(Drift pin)으로 부재를 당겨 구멍을 일치시킨다.

(용어) 드리프트 핀

7. 본조립

① 리벳접합
② 고력볼트접합
③ 용접접합

8. 녹막이 칠

방청 도료 / 방법
① 광명단(방청페인트)
② 징크로 메이트(Zinchro Mate)
③ 징크 더스트(Zinc Dust)
④ 미네랄 스프릿(Mineral Sprit)
⑤ 시멘트 모르타르, 콘크리트 도포
⑥ 아연도금
⑦ 전기 방식법

●22②,①

녹막이칠 금지부분
① 콘크리트에 매입되는 부분
② 조립에 의하여 맞닿는 면
③ 현장 용접하는 부분(용접부에서 100mm 이내)
④ 고장력 볼트 마찰 접합부의 마찰면
⑤ 밀착 또는 회전시키기 위한 기계 깎기 마무리면
 (단, 이면은 원칙적으로 Grease칠을 한다.)
⑥ 폐쇄형 단면을 한 부재의 밀폐된 면

(종류) 녹막이칠 하지 않는 부분

03 현장작업

(1) 순서

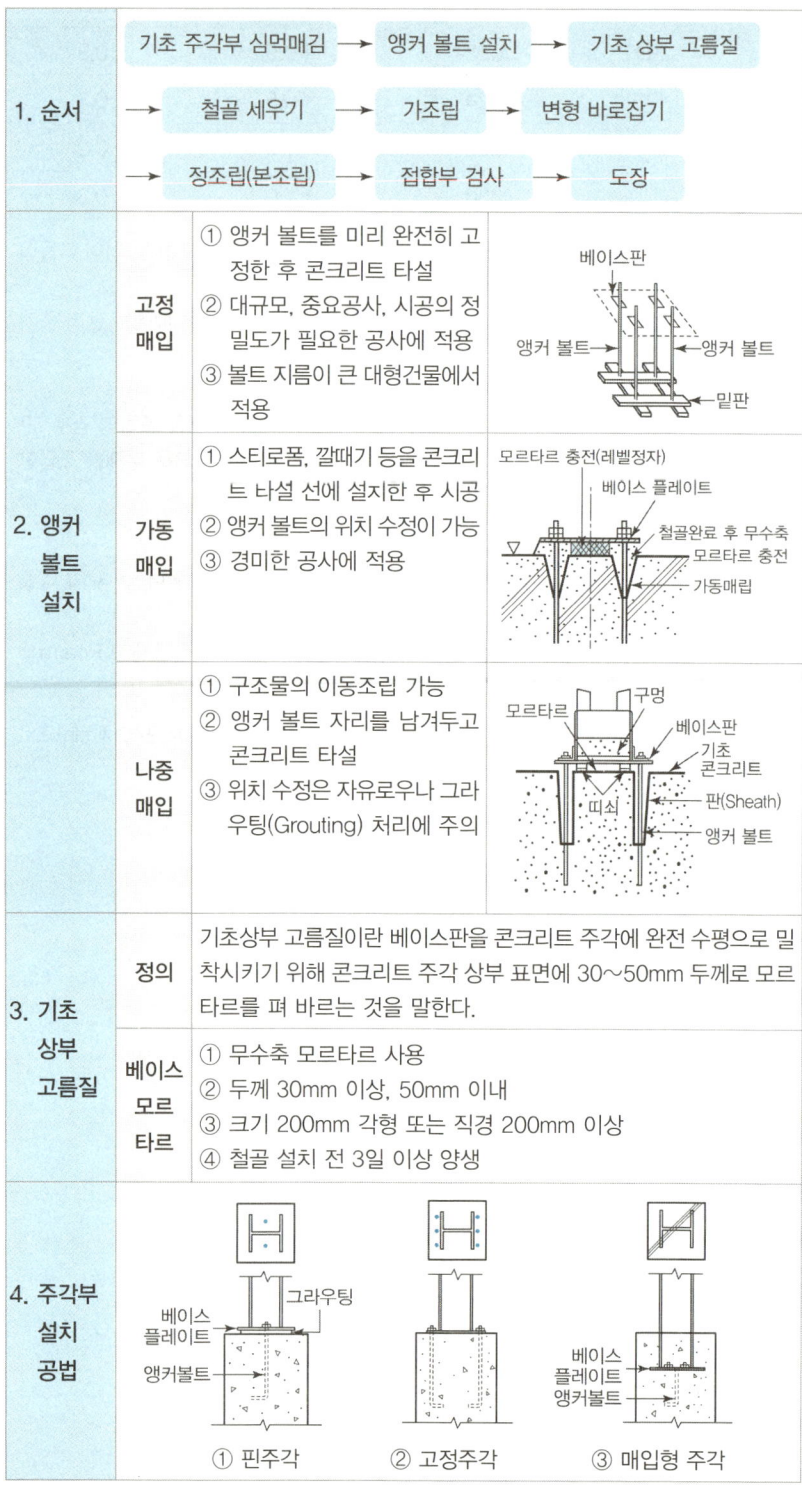

1. 순서	기초 주각부 심먹매김 → 앵커 볼트 설치 → 기초 상부 고름질 → 철골 세우기 → 가조립 → 변형 바로잡기 → 정조립(본조립) → 접합부 검사 → 도장	
2. 앵커 볼트 설치	고정 매입	① 앵커 볼트를 미리 완전히 고정한 후 콘크리트 타설 ② 대규모, 중요공사, 시공의 정밀도가 필요한 공사에 적용 ③ 볼트 지름이 큰 대형건물에서 적용
	가동 매입	① 스티로폼, 깔때기 등을 콘크리트 타설 선에 설치한 후 시공 ② 앵커 볼트의 위치 수정이 가능 ③ 경미한 공사에 적용
	나중 매입	① 구조물의 이동조립 가능 ② 앵커 볼트 자리를 남겨두고 콘크리트 타설 ③ 위치 수정은 자유로우나 그라우팅(Grouting) 처리에 주의
3. 기초 상부 고름질	정의	기초상부 고름질이란 베이스판을 콘크리트 주각에 완전 수평으로 밀착시키기 위해 콘크리트 주각 상부 표면에 30~50mm 두께로 모르타르를 펴 바르는 것을 말한다.
	베이스 모르타르	① 무수축 모르타르 사용 ② 두께 30mm 이상, 50mm 이내 ③ 크기 200mm 각형 또는 직경 200mm 이상 ④ 철골 설치 전 3일 이상 양생
4. 주각부 설치 공법		① 핀주각 ② 고정주각 ③ 매입형 주각

5. 기초 상부 고름질	공법	1) 전면바름 마무리 ① 기둥 저면의 주위에서 3cm 이상 넓게 지정된 높이로 수평되게 된 바름 ② 1 : 2 모르타르로 펴바르고 경화 후 세우기를 한다. 2) 나중채워넣기 중심 바름 ① 기둥 저면의 중심부만 지정 높이만큼 수평으로 된 바름 ② 1 : 1 모르타르로 바르고 기둥을 세운 후 사방에서 모르타르를 다져 넣는 방법이다. 3) 나중채워넣기 +자 바름 기둥 저면에서 대각선방향 +자형으로 지정 높이만큼 수평으로 모르타르를 바르고 기둥을 세운 후 그 주위에 1 : 1 모르타르를 다져 넣는 방법이다. 4) 나중채워넣기 베이스 플레이트 중앙에 구멍을 낼 수 있을 때 채용되는 방법으로 세우기에 있어 기초 위에 플레이트 4귀에 와셔 등 철판괴임을 써서 높이 조절을 하고 기둥을 세운 후 1 : 1 모르타르를 베이스 플레이트의 중앙부 구멍에 다져 넣는 것이다.
6. 주각부 명칭		래티스, 웨브 플레이트, 클립 앵글, 베이스 플레이트, 윙 플레이트, 사이드 앵글, 앵커 볼트 [주각부 보강재]

(종류) 주각부 고름질 방법

(명칭) 주각부

(2) 세우기용 장비

1. 가이데릭	① Boom의 회전 360° ② 붐의 길이가 마스터(주축)보다 짧다.
2. 스티프레그 데릭	① Boom의 회전 270° ② 붐의 길이가 마스터의 길이보다 길다. ③ 낮고 긴 평면 유리
3. 트럭 크레인	① 트럭에 설치된 크레인 ② 기동성이 좋다.
4. 진폴	① 소규모 ② 가장 간단한 장비

(종류) 철골 세우기 장비

(용어) 진폴

5. 타워 크레인	정의		타워 위에 크레인을 설치한 것으로 가장 광범위하게 사용된다.
	설치 방식		① 고정식 : 기초면에 base 고정 ② 주행식 : base 밑에 차량 장착
	상승 방식		① Crane Climbing(Climbing 방식) ② Mast Climbing(Telescoping 방식)
	종류	Jib 형식	① 경사 Jib(Luffing형) : 수평과 수직이동이 가능하며 대형 크레인 • 현장이 협소한 경우 • 인접건물이 방해되는 경우 • 타 대지에 침범하게 되는 경우 ② 수평 Jib(T형) : 수평으로만 이동

(경우) Luffing Crane 사용

(3) 내화공법

1) 공법

1. 정의		화재 발생 시 강재의 온도상승 및 강도저하를 방지하기 위하여 불연성 재료로 강재를 피복하는 방법
2. 도장공법		내화도료 공법 : 팽창성 내화도료
3. 습식공법	타설공법	콘크리트, 경량콘크리트
	조적공법	콘크리트 블록, 경량콘크리트 블록, 돌, 벽돌
	미장공법	철망 모르타르, 철망 파라이트 모르타르
	뿜칠공법	뿜칠 압면, 습식 뿜칠 압면, 뿜칠 모르타르, 뿜칠 플라스터, 실리카, 알루미나 계열 모르타르
4. 건식공법	성형판 붙임공법	무기섬유혼입 규산칼슘판, ALC 판, 무기섬유강화 석고보드, 석면 시멘트판, 조립식 패널, 경량콘크리트 패널, 프리캐스트 콘크리트판
	휘감기공법	–
	세라믹울 피복공법	세라믹 섬유 블랭킷
5. 합성공법		① 이중공법 : 다른 공법으로 2번 시공 ② 이종공법 : 2개의 공법을 절반씩 나누어 각기 사용

(정의) 내화공법 ●22②
(종류) 내화피복 공법 ●21①
(종류) 내화피복 습식 공법 ●24①·23②·22②
(종류) 내화피복 공법의 재료
(정의) 습식 내화공법 ●24③
(용어) 타설공법 ●24③
(용어) 조적공법 ●24③
(용어) 미장공법 ●22③·21②
(정의) 건식 내화공법 ●24③
(용어) 합성공법

2) 검사 및 보수

1. 미장 · 뿜칠	① 시공면적 5m²당 1개소로 두께를 확인하면서 시공 ② 뿜칠 시공 후에는 코어를 채취하여 두께 및 비중을 측정한다. ③ 측정빈도는 각 층마다 또는 1,500m²마다 각 부위별로 1회씩 실시한다.(1회 : 5개)
2. 조적, 성형판 멤브레인	① 재료반입 시 두께 및 비중을 확인한다. ② 확인빈도는 각 층마다 또는 1,500m²마다 각 부위별로 1회씩 실시한다.(1회 : 3개 실시)
3. 검사 (모든 공법)	모든 공법의 검사에서 연면적 1,500m² 미만은 2회 이상 검사하며 검사에 불합격한 것은 덧뿜칠하거나 재시공하여 보수한다.

04 접합

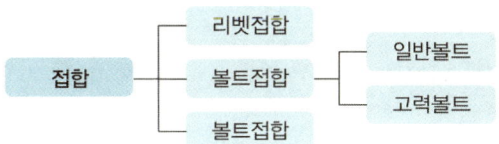

(종류) 접합방법

(1) 리벳접합

1. 사용 공구	① 조리벳터 ② 뉴머틱 해머 ③ 리벳 홀더 ④ 스냅	※ 따내기 공구 ① 치핑해머 ② 리벳커터 ③ 드릴링	
2. 가열 온도	① 600~1,100℃의 범위이고, 800℃가 적당하다. ② 1,100℃를 초과하면 변질이 생기고 600℃ 이하일 때는 리벳 조임이 불량하게 된다.		
3. 용어	① 피치(Pitch) : 게이지 라인상에서 인접하는 리벳의 중심 간 간격		

최소 피치	표준	최대 피치	
		인장재	압축재
2.5d	4d	12d, 30t 이하	8d, 15t 이하

	② 연단거리 : 리벳 구멍에서 부재 끝단까지 거리 ③ 게이지 라인(Gauge Line) : 응력방향으로 체결된 리벳의 중심을 연결하는 선 ④ 게이지(Gauge) : 게이지 라인과 게이지 라인과의 거리 ⑤ 클리어런스(Clearance) : 리벳과 수직재 면과의 거리 ⑥ 그립(Grip) : 리벳으로 접하는 부재의 총두께(그립의 길이는 5d 이하)

4. 특징	장점	단점
	① 접합부 응력이 확실 ② 전단 접합 ③ 결함부 발견 용이	① 재해 위험 ② 소음이 발생 ③ 용접에 비하여 강재 소모량 증가
5. 불량 리벳	① 흔들거리는 것 ② 머리모양이 틀린 것 ③ 머리가 갈라진 것 ④ 머리의 축심이 일치하지 않는 것 ⑤ 머리가 판에 밀착되지 않는 것 ⑥ 강재 간의 틈이 있는 것 ⑦ 기타 결함이 있는 것 등	

(용어) 뉴머틱 해머

(용어) 리벳 홀더

(용어) 피치

(용어) 게이지 라인, 게이지

(2) 고력볼트 접합

1) 일반사항

1. 사용 공구	① 임팩트 렌치(Impact Wrench) ② 토크 렌치(Torque Wrench)	
2. 특징	① 불량 개소의 수정이 용이하다. ③ 경제적인 시공을 기대할 수 있다. ⑤ 재해의 위험이 적다. ⑦ 공사 기간을 단축시킨다. ⑨ 현장 시공 설비가 간편하다.	② 이음 부분의 강도가 크다. ④ 소음이 적다. ⑥ 노동력이 절약된다. ⑧ 강재량 증가
3. 볼트 종류	① 볼트축 전단형(TC 볼트) : 너트가 일정한 죔응력에 도달하면 볼트축에 홈이 나있는 부분이 떨어져 나가는 방식 ② 너트 전단형(PI식) : 일정한 토크에 도달하면 상하 2개의 너트가 어긋남으로 조임이 완료되는 형식 ③ 그립(Grip) : 너트 대신 Coller 사용하여 죔기구는 핀테일을 붙잡고 동시에 칼라(Coller)를 밀어 넣어 조이는 방식 ④ 지압형 : 볼트의 나사부분보다 축부가 굵게 되어 있어 좁은 볼트 구멍에 때려 박도록 되어 있는 형식	
4. 접합 종류	① 마찰접합　　② 인장접합　　③ 지압접합	

2) 조립

1. 조립	볼트길이	① 볼트 길이는 조임길이에 아래 길이를 합한 길이 ② 조임길이는 접합하는 판두께 ③ 더하는 길이는 너트 1개, 와셔 2장 두께, 나사피치 3개의 합
	접합부 마찰면 처리	① 기름 제거　　② 녹 제거 ③ 밀스케일 제거　　④ 표면 거칠기 확보 ⑤ 틈새 발생 : 필러 끼움
	조임시공법의 확인 — 토크 관리법에 의한 확인	① 볼트 호칭마다 토크 계수 값이 거의 같은 로트를 1개 시공로트 ② 시공로트에서 대표로트 1개 선택 후 이중 5세트 임의 선택 ③ 축력계 이용 5세트 볼트 장력 평균값이 규정값에 만족하고 각각의 측정값은 평균값의 ±15% 이내 ④ 불합격 시 동일로트로부터 10세트 임의선정 실험 후 동일조건하에 합격 여부 판단
	너트 회전법에 의한 경우	실제 접합부에 상응하는 적절한 두께의 철판을 조임작업에 이용하는 볼트 5개 이상 조임하여 거의 같은 회전량이 생기는 것을 확인

용어 임팩트 렌치

종류 고력볼트 조임기구
　● 24① · 22③ · 21③

특징 고장력 볼트 장점

용어 고장력 볼트 접합

종류 고력볼트

종류 그림과 명칭

명칭 고력볼트 부위별 명칭

접합부 고력볼트 접합부 마찰면

검사 고력볼트 조임검사를 행하는 볼트 수

1. 조립	볼트장력	① 표준볼트장력 : 현장시공의 기준값으로 설계볼트장력보다 10% 더한 값 ② 설계볼트장력 : 설계 시 허용전단력을 구하기 위한 장력
	볼트조임	① 1차 조임 – 먹매김 – 본조임으로 표준볼트 장력 준수 ② 와셔는 볼트머리와 너트 쪽에 1장씩 끼우고 너트 회전 ③ 와셔 및 너트는 바깥, 안쪽 구분하여 사용 　(너트는 표시기호, 와셔는 면치기가 있는 쪽이 바깥쪽) ④ 토크렌치와 축력계의 정밀도는 ±3% 오차 범위 내 정비품 사용 ⑤ 1차 조임부터 본조임까지는 같은 날 시공원칙 ⑥ 1차 조임 후 금매김은 볼트, 너트, 와셔 및 부재를 지나게 그림. ⑦ 본조임은 1차 조임 완료 후 너트 120°(M12는 60°) 회전 　(단, 볼트의 길이가 볼트 호칭의 5배를 넘길 경우 너트 회전량은 공사시방서에 따른다.)
	조임 후 검사	① 토크 관리법으로 검사하는 경우 시험에서 얻어진 평균토크 값의 ±10% 이내의 것 ② 너트 회전법은 1차 조임 후 너트의 회전량이 120°±30° (M12는 60~90°)의 범위 이내 ③ 범위를 넘어선 볼트 교체 ④ 볼트 여장은 너트면에서 돌출된 나사산이 1~6개의 범위일 때 합격 ⑤ 1번 사용한 볼트는 재사용할 수 없다. [합격]　[불합격(회전과다)]　[불합격(회전부족)]
2. 너트 풀림 방지법		① 이중 너트를 사용한다. ② 스프링 와셔(Spring Washer)를 사용한다. ③ 너트를 용접한다. ④ 콘크리트에 묻는다.

(용어) 표준볼트장력/설계볼트장력

(판정) 합격·불합격

(종류) 너트풀림 방지법 3가지

(3) 용접 접합

1) 일반사항

●24③·22①·21②

		장점	단점
1. 특징		① 이음과 응력 전달이 확실 ② 철골의 중량 감소 ③ 강재량의 절약(경제적) ④ 무진동 ⑤ 무소음 ⑥ 수밀성 유지	① 숙련공이 필요 ② 용접내부 시공검사 곤란 ③ 용접열에 의한 결함, 변형 발생
2. 용접 접합 종류	피복아크 용접	피복재를 유착시킨 용접봉을 사용한 수동용접으로 가장 많이 사용되는 방법	
	서브 머지드 용접	용접부 표면에 미세한 입상의 플럭스를 공급하고 플럭스 내부에서 피복하지 않은 용접봉을 사용하는 용접	

(특징) 용접 접합

●23②

(종류) 용접방법

			직류	교류
2. 용접 접합 종류	가스 실드 아크(Arc) 용접	가스로서 아크를 보호하며 진행하는 용접		
	일렉트로 슬래그 용접	용융슬래그 속에 용접봉을 연속으로 공급하며, 용접봉과 용융금속 내부에 흐르는 전류에 의한 전기 저항발열로써 전극을 용접시키는 방법		
3. 용접기 종류	아크 용접		① 작업용이 ② 공장용접 ③ 전류 안정적	① 비용저렴 ② 현장용접 ③ 고장이 적음
4. 용접봉	구성	① 심선 : 특수금속 ② 피복재(Flux) : 용접봉을 감싸는 피복재로서 금속화물, 탄산염, 셀룰로오스, 탈산재 등으로 구성		
	피복재 역할	① 용제역할로서 접합부를 깨끗하게 한다. ② 접합 시 산화물이 생기는 것을 방지한다. ③ 조성제로 접합이 잘 되게 한다. ④ 슬래그를 제거한다. ⑤ 냉각응고 속도를 낮춘다. ⑥ 용착금속 중 불순물을 정련하여 슬래그(Slag)로 떠오르고, 응고하면 용착금속의 표면을 덮는다. ⑦ 피복재가 젖어 있으면 수소가 용융금속에 혼입되어 은점(Fish Eye) 갈램의 원인이 된다.		
5. 용접 자세	F O H V	① Flat Position : 하향자세 ② Over Position : 상향자세 ③ Horizontal Position : 수평자세 ④ Vertical Position : 수직자세		

2) 맞댐용접(Butt Weld)

1. 정의 및 도해	한쪽 또는 양쪽부재의 끝을 용접이 양호하게 될 수 있도록 끝단면을 비스듬히 절단하여 용접하는 방식
2. 시공	① 유효 단면 목두께는 얇은 재의 판두께로 한다. ② 보강 살붙임은 3mm를 초과하지 못한다. ③ 용접 부족, 수축균열, 슬래그 유입 등의 결함을 없애기 위하여 밑면 따내기를 하거나 뒷받침판을 댄다. ④ 판두께가 다를 때에는 낮은 편에서 높은 편으로 용접을 이행한다. ⑤ 고저차가 6mm 이상이면 두꺼운 트임새 부분에서 낮은 편의 두께에 맞추고 1/5 경사로 표면을 깎아 마무리한다.

3. 용접 기호	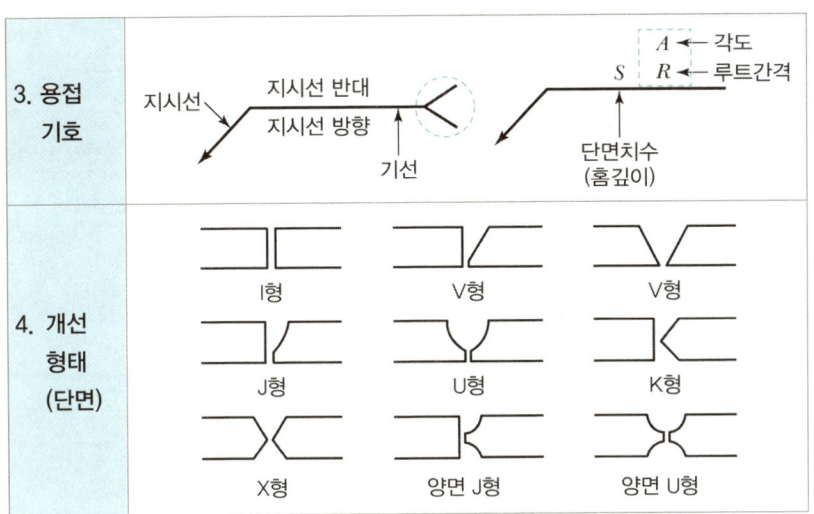	기호 용접기호
4. 개선 형태 (단면)	I형, V형, V형, J형, U형, K형, X형, 양면 J형, 양면 U형	

3) 모살용접(Filler Weld)

1. 정의 및 도해	두 부재를 일정한 각도로 접합한 후, 2개 이상의 판재를 겹치거나 T자형, +자형에서 삼각형 모양으로 접합부를 용접하는 방식	용어 모살용접
2. 시공	① 유효 단면은 다리길이(각장) 및 목두께의 곱으로 한다. ② 보통 다리의 길이는 용접 치수보다 크게 하고 목두께는 다리길이의 0.7배이다. ③ 부등변 모살 용접이면 짧은 변 길이를 다리 길이로 한다. ④ 보강 살붙임은 0.1S+1mm 또는 3mm 이하로 한다. (S : 유효 다리길이) ⑤ 유효 용접길이는 실제 용접길이에서 유효 목두께의 2배를 감한 것으로 유효길이는 다리 길이의 10배 이상이며, 40mm 이상으로 한다.	
3. 모양에 따른 명칭	① 맞댐용접 ② 겹친 모살용접 ③ 모서리 모살용접 ④ T형 양면 모살용접 ⑤ 단속 모살용접 ⑥ 갓용접 ⑦ 덧판용접 ⑧ 양편 덧판용접 ⑨ 산지용접 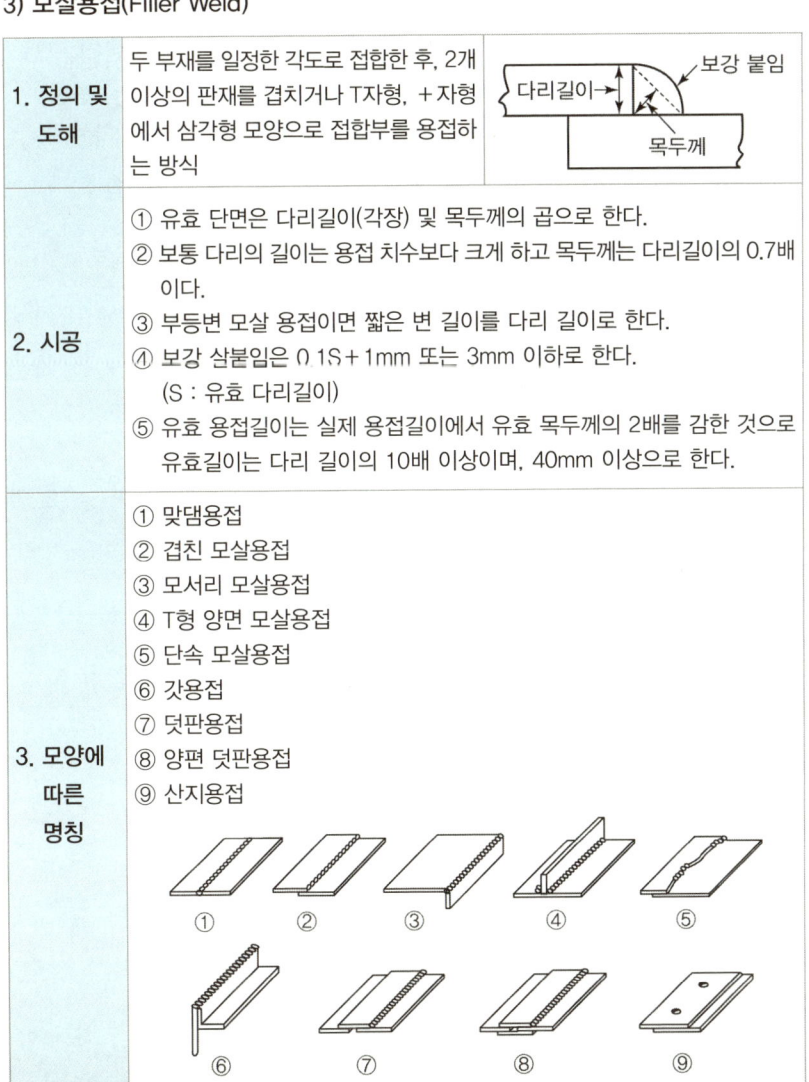	명칭 용접모양에 따른 그림명칭

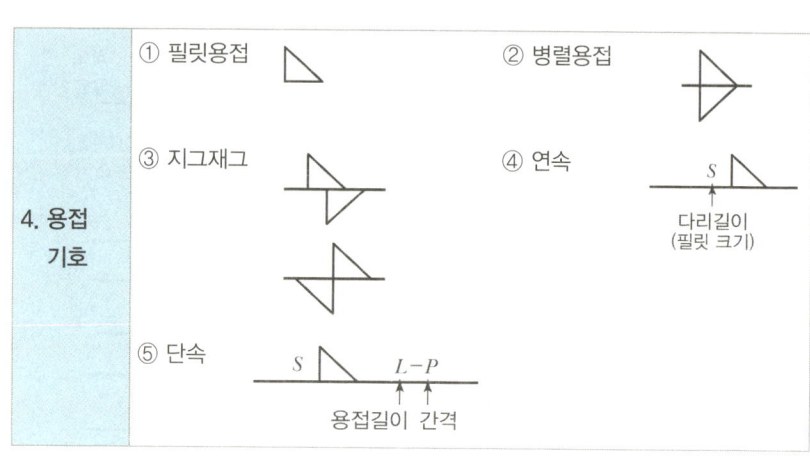

4) 용접기호

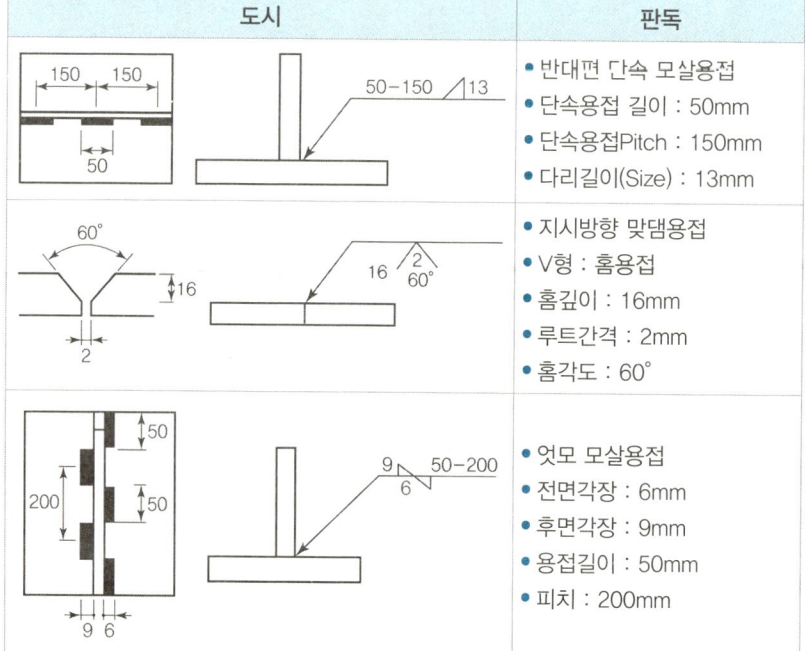

5) 보조기호

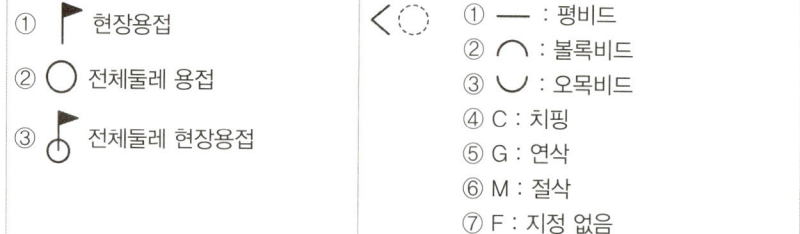

6) 용접

	시기		검사항목
1. 검사	용접 전		트임새 모양, 모아 대기법, 구속법, 자세의 적부
	용접 중		용접봉, 운봉, 전류, 제1층 용접 완료 뒷용접 전
	용접 후		외관판단, 비파괴검사, 절단 등이 있으나, 절단검사는 될 수 있는 대로 피한다.(비파괴검사의 종류 : 방사선 투과검사, 초음파 탐상법, 자기분말 탐상법, 침투 탐상법)
2. 결함	원인		① 용접 시 전류에 높낮이가 고르지 못할 경우 ② 용접속도가 일정치 못하고, 기능이 미숙할 때 ③ 용접봉의 잘못된 선택과 관리 보관이 불량할 경우 ④ 용접부의 개선 정밀도, 청소상태가 나쁠 때 ⑤ 용접방법, 순서에 의한 변형이 생길 경우
	종류	Crack	용착금속과 모재에 생기는 균열로서 용접결함의 대표적인 결함
		Blow Hole	용융금속 응고 시 방출가스가 길쭉하게 된 구멍에 남아 혼입되어 있는 현상
		Slag 감싸들기	용접봉의 피복재, 심선과 모재가 변하여 Slag가 용착 금속 내에 혼입된 것 **방지** : 용접 시 전류를 약간 높이고 슬래그가 선행되지 않는 속도로 용접할 것
		Crater	용접 시 Bead 끝에 항아리 모양처럼 오목하게 피인 현상
		Under Cut	과대전류 혹은 용입불량으로 모재 표면과 용접 표면이 교차되는 점에 모재가 녹아 용착 금속이 채워지지 않은 현상 **방지** : 용접봉의 각도를 적절히 하고 운봉 시 용접비드 가장자리에서 잠시 멈출 것
		Pit	작은 구멍이 용접부 표면에 생기는 현상
		용입불량	용입 깊이가 불량하거나, 모재와의 융합이 불량한 것
		Fish Eye	Blow Hole 및 혼입된 Slag가 모여서 둥근 은색반점이 생기는 결함현상
		Over Lap	겹침이 형성되는 현상으로서 용접 금속의 가장자리에 모재와 융합되지 않고 겹쳐지는 것 **방지** : 운행속도를 증가

(종류) 착수 전 검사 항목

(종류) 용접검사 작업 중과 후의 종류 구분하기
● 24② · 22② · 21①,③

(종류) 용접부의 비파괴시험 방법

● 21①,②

(종류) 용접결함의 종류
● 24② · 22③ · 21③

(용어) 블로홀
● 24② · 22③ · 21③

(용어) 슬래그 감싸들기
● 24①

(방지책) 슬래그 감싸들기

● 24② · 23③ · 22③ · 21③

(도해) (용어) 언더컷
● 24①

(방지책) 언더컷

(종류) 과대전류에 의한 결함

● 24② · 23③ · 22③ · 21③

(도해) (용어) 오버랩
● 24①

(방지책) 오버랩

2. 결함	종류	Throat (목두께) 불량	용접 단면에 있어서 바닥을 통하는 직선으로부터 잰 용접의 최소 두께가 부족한 현상
3. 용어	기둥 축소 변위 (Column Shortening)	정의	고층건물에서 위층부터 누적되는 축하중에 의해 기둥과 벽 등의 축소량이 생기는데, 수직부재 간의 축소량이 다르게 나타나는 현상을 말한다.
		원인	① 재질이 상이한 경우 ② 단면적이 상이한 경우 ③ 높이가 다른 경우 ④ 하중이 차이 나는 경우 ⑤ 방위에 따른 건조수축의 차이 ⑥ 크리프 현상에 의한 차이
	가용접 (Tack Weld)		조립을 목적으로 하는 임시용접
	루트(Root)		용접부 단면에서의 밑바닥 (맞댄 용접에서 트임새 끝의 최소간격)
	레그(Leg)		모살 용접에 있어서 한쪽 용착면의 폭
	목두께(Throat)		용접의 유효두께
	비이드(Bead)		용착금속이 모재 위에 열상을 이루고 이어지는 용접층
	위빙 (Weaving)		용접봉을 용접방향에 대하여 서로 엇갈리게 움직여서 용착금속을 녹여 붙이는 운봉방법
	스틱(Stick)		용접 중에 용접봉이 모재에 붙어 떨어지지 않는 것
	플럭스(Flux)		자동 용접 시 용접봉의 피복재 역할을 하는 분말상 재료
	스캘럽 (Scallop)		용접 시 인접부재가 열영향을 받는 것을 방지하기 위하여 용접부재를 모따기한 것
	뒷댐재 (Back Strip)		맞댄 용접 시 루트부에 완전 용입을 얻을 수 있도록 뒤쪽에 대는 보조 강판재
	엔드탭 (End Tab)		용접 결함이 생기기 쉬운 용접 비드(Bead)의 시작과 끝 지점에 용접을 정확히 하기 위하여 모재의 양단에 부착하는 보조 강판
	가우징 (Gouging)		양쪽 용접을 하는 경우 충분한 용입을 얻기 위하여 배면 용접 전에 용접 금속부분이 나타날 때까지 홈을 파는 것

3. 용어	메탈터치 (Metal Touch)		기둥이음의 밀착도에 따라 축응력과 휨응력의 25%까지 직접 전달시키는 이음방법을 메탈터치 가공이라 한다.(나머지 75%는 용접, 볼트 등으로 전달)
	밀시트 (Mill Sheet)	용어	철강제품의 품질보증을 위해 공인된 시험기관에서 발급하는 제조업체의 품질보증서이다.
		내용	① 품질 보증서 ② 재료의 역학적 시험 내용 : 각종 강도표시 ③ 화학성분시험 내용 : 철, 황, 규소, 납, 탄소 등의 구성비 ④ 규격표시 : 길이, 두께, 크기 및 형상, 단위중량 ⑤ 시험규준의 명시 : 시방서, KS
	허니콤보 (Honeycomb Beam)		보의 웨브 부위를 육각형 단면 등으로 잘라 어긋난 재용접을 함으로써 보의 춤을 높인 형태이다.
	쉬어커넥터 (Shear Connector)		철골철근콘크리트 구조체에서 철골과 콘크리트와의 일체성 확보를 위해 콘크리트 속에 매립된 철골 연결재 ① 합성슬라브 쉬어커넥터(듀벨바, 스피럴바, 옴니어바) ② 철골조의 쉬어커넥터(스터드 볼트, 하트형, 이형철근 구부리기) ③ GPC 공법의 쉬어커넥터(매입앵커형, 꺾쇠형, 집게형)
	거싯 플레이트 (Gusset Plate)		철골보에서 기둥과 보를 연결시켜 주는 판
	라멜라 티어링 (Lamellar Tearing)		용접시 열 영향부의 국부 열변형으로 모재 내부에 구속응력이 생겨 미세한 균열이 발생되는 현상

05 경량철골 및 기타

(1) 강관 파이프 구조

1. 특성	장점	① 경량이며 외관이 미려하다. ② 폐쇄 단면이므로 어느 방향에 대해서도 강도가 균일하다. ③ 국부 좌굴에 대하여 강하다. ④ 살두께를 작게 하면서도 휨 효과가 크다.
	단점	① 접합부의 절단 가공이 어렵다. ② 접합부 강성저하가 우려된다.
2. 순서		가공 원칙도 → 본뜨기 → 금매김 → 절단 → 조립 → 세우기
3. 단부 밀폐 방법		① 가열하여 구형으로 가공　② 스피닝(Spinning)에 의한 방법 ③ 관의 단부 압착 후 밀폐　④ 원판, 반구형판을 용접 ⑤ 모르타르 채움

(2) 경량 철골 공사

1. 재료	경량 형강은 1.6~4mm 두께로 여러 종류가 있으나 그중에서도 립(Lip)이 달린 ㄷ자 형강(Lip Channel)이 많이 쓰인다.
2. 특성	① Flange가 큰 관계로 단면적에 비해 단면 2차 반경이 크다. ② 강재량은 적으면서 휨강도와 좌굴강도는 크다. ③ 판두께가 얇기 때문에 국부좌굴, 국부변형, 부재의 비틀림이 생기기 쉽다. ④ 녹슬기 방지에 특별한 주의를 요한다.

06 철골철근콘크리트 구조

1. 정의	철골조 뼈대 주위에 철근 배근을 하고 콘크리트를 부어 일체가 되게 한 구조
2. 특성	① 단면에 비해 강성이 크고 인성이 있어 내진적 ② 콘크리트가 강재를 덮어 내화, 내구적 ③ 기둥의 면적을 줄일 수 있어 고층, 초고층 건축물에 적용 ④ 휨 모멘트를 받으면 철골과 콘크리트 부착이 어려움

07 합성 보

1. 정의	콘크리트 슬래브와 철골보를 전단연결재(Shear connector)로 연결하여 구조체를 일체화시켜 내력 및 강성을 향상시킨 보
2. 특성	① 철골부재의 장점과 콘크리트 구조의 장점을 합성시켜 재료 절약 ② 부재의 휨강성의 증가로 적재 하중에 의한 처짐 감소 ③ 진동이나 충격하중을 받는 보에 유리 ④ 데크 플레이트 사용 시 시공성 향상

08 철골 보 – 기둥 접합부

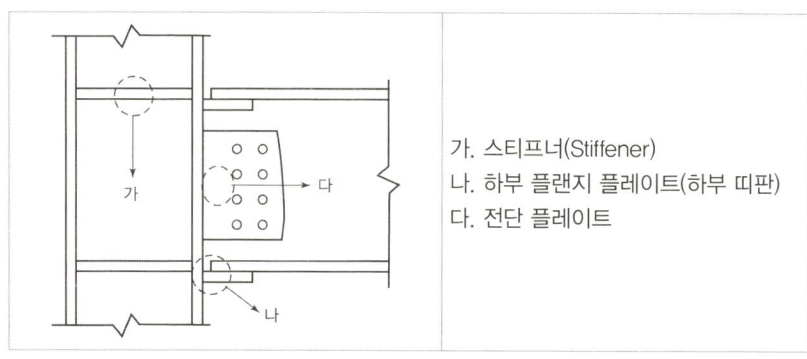

가. 스티프너(Stiffener)
나. 하부 플랜지 플레이트(하부 띠판)
다. 전단 플레이트

제2절 PC(Pre-Cast) 공사

01 PC 공사

1. 특징	장점	① 공기단축 : 동절기 시공 가능 ② 품질향상 : 양질의 공장 생산품 사용 ③ 시공용이 : 규격화 표준화된 제품 사용 ④ 원가절감 : 공기 단축 및 공장 대량생산으로 원가의 절감, 가설비용 절감 ⑤ 안전향상 : 고도의 인력작업 감소로 위험요소 감소 ⑥ 성력화 : 노동력 의존도가 줄어든다. ⑦ 공해감소 : 작업 중 발생되는 폐자재, 소음, 분진 등 공해 감소
	단점	① 다양성 부족 ② 접합부위의 강도 부족 ③ 운반 거리상의 제약 ④ 현장에서의 양중 문제 별도 고려 ⑤ 설계의 구조기준 미흡 ⑥ 기술개발 및 투자 부족
2. 생산 방식	Open System	특정 건물에만 적용되는 것이 아니고 일반 건축물을 구성하는 각 부품을 표준화하여 여러 형태의 건축물에 사용되도록 생산하는 방식을 말한다.
	Closed System	완성된 건축물의 형태가 사전에 상정되고 이를 구성하는 부재, 부품들이 어느 특정한 타입의 건물에만 사용될 수 있도록 부재, 부품을 주문 생산하는 방식
3. 접합	습식	① 주로 수직재의 접합 시(벽판+벽판) ② 약간의 수정이 용이
	건식	① 주로 수평재 간의 접합 시 이용(벽판+바닥면) ② 수정이 곤란하므로 정밀하게 시공
4. 순서		거푸집 청소 → 거푸집 조립 → 창문틀 설치 → 철근 조립 → 설비재 설치 → 중간 검사 → 콘크리트 타설 → 표면 마무리 → 양생 → 거푸집 탈형

(용어) Closed System

02 조립식 공법

1. 대형 패널	창호 등이 설치된 건축물의 대형판을 아파트 등의 구조체에 이용하는 방법
2. 박스식 공법	건축물의 1실 또는 2실 등의 구조체를 박스형으로 지상에서 제작한 후 이를 인양 조립하는 공법
3. 틸트 업 (Tilt-Up) 공법	지상의 수평진 곳에서 벽판 및 구조체로 제작한 후 이를 일으켜서 건축물을 구축하는 공법
4. 리프트슬래브 (Lift-Slab) 공법	지상에서 여러 층의 슬래브를 제작한 후 이를 순차적으로 들어올려 구조체를 축조하는 공법
5. 커튼월	창문틀 등을 건축물의 벽판에 설치하는 구조체에 붙여 대어 이용하는 방법

제3절 커튼월

01 일반사항

1. 요구성능	① 내진, 내풍압, 내구, 내화성 ② 방수, 수밀성 ③ 기밀, 차음성 ④ 재료의 공급, 운반 및 시공의 용이성 ⑤ 층간변위추종성			
2. 분류	재료	외관	조립	구조방식
	① 금속제 ② PC ③ ALC 패널 ④ GPC ⑤ 성형판	① Mullion Type ② Spandrel Type ③ Gride Type ④ Sheath Type	① Unit Wall ② Stick Wall ③ Window Wall	① 패널 ② 샛기둥 ③ 커버

3. 종류	Mullion Type	수직선 강조, 수직지지대 사이에 판넬을 끼워 수직지지대가 노출되는 방식
	Spandrel Type	수평선 강조, 창과 Spandrel의 조합구성
	Grid Type	수직, 수평의 격자형 외관 표현방식
	Sheath Type	구조체를 판넬로 은폐, 샤시가 판넬 안으로 은폐되는 형식
	Unit Wall	공장에서 완전조립 후 현장설치
	Stick Wall	부재를 현장에 반입하여 현장에서 조립, 설치하는 방법으로 Knock Down System이라고도 함
	Window Wall	Stick Wall과 유사하지만 창호주변이 패널로 구성되어 창호/유리, 패널의 개별발주 방식

02 부착

1. 패스너 (Fastener)	정의	구조체와 Curtain Wall의 긴결 및 시공오차를 조절하기 위한 연결철물로서 1차 Fastener와 2차 Fastener로 구성된다.
	종류	① 1차 Fastener : 구조체와 연결된 Fastener ② 2차 Fastener : 1차 Fastener와 커튼월과 연결된 Fastener
	접합방식	① Sliding 방식(슬라이드 방식) : Curtain Wall 하부에 장치되는 Fastener는 고정하고 상부에 설치하는 Fastener는 Sliding 되도록 한 방식 ② Rocking 방식(회전 방식) : Curtain Wall의 상부와 하부의 중심부에 1점씩 Pin으로 지지하고 다른 지점은 Sliding 방식의 Fastener로 지지하는 방식 ③ Fixed 방식(고정 방식) : Curtain Wall의 상하부 Fastener를 용접으로 고정하는 방식 [Sliding 방식] [Rocking 방식] [Fixed 방식]
2. 설치순서		패스터 설치 → 멀리온 부착 → 횡재의 부착 → 패널 끼우기 → 유리 끼우기 → 시일재 → 보양

(종류) 패스너 긴결방식

03 비처리 방식

1. 정의		커튼월의 접합부 누수방지를 위한 방법으로 정밀한 시공을 통해 접합부의 구조적 안전과 기밀성 및 방수성을 확보하는 접합부 처리방식
2. 종류	Closed joint system	접합부분을 seal재로 완전히 밀폐시켜 틈 없이 비처리하는 방식
	Open joint system	벽의 외측면과 내측면 사이에 공간을 두어 옥외의 기압과 같은 기압을 유지하게 하여 비처리하는 방식
3. 누수방지대책		① 멀리온과 패널의 이음매 처리 철저 ② 오픈 조인트 설치 시 물의 이동으로 인한 누수 차단 철저 ③ 클로즈드 조인트 설치 시 틈새 없이 시공 ④ 용도에 적합한 실런트 사용

(용어) Closed joint system

(용어) Open joint system

(대책) 누수대책

04 시험

용어 풍동시험

용어 실물대 시험

●21③
종류 커튼월 성능 시험 항목

1. 종류	풍동시험 (Wind Tunnel Test)	건물주변 600m 반경의 지형 및 건물배치를 축소모형으로 만들고 원형 Turn Table의 풍동 속에 설치한 후, 과거 10~50년 또는 100년간의 최대 풍속을 가하여 실시하는 시험으로, 건물준공 후에 나타날지도 모를 문제점을 파악하고 설계에 반영시킬 목적으로 실시한다.
	실물대 모형시험 (Mock Up Test)	풍동시험(Wind Tunnel Test) 설계풍하중을 토대로 설계대로 실물모형을 제작하여 설정된 최악의 외부환경상태에 노출시켜 설정된 외기조건이 실물모형에 어떠한 영향을 주는가를 비교, 분석하는 실험이다.
2. 품질 검사	예비시험	본 시험에 앞서 설계풍압력의 50%를 일정시간(30초) 동안 가압한 후, 시험체의 이상 유무를 관찰하여 계속 시험이 가능한지를 판단하기 위해 예비시험을 실시한다.
	기밀시험	시속 40km, 7.8kgf/m²에서의 공기누출량을 측정한다.
	정압수밀시험	설계풍압력의 20% 압력하에서 3.4ℓ/min·m²의 유량을 15분 동안 살수하여 시험체의 바깥으로 누수가 발생하지 않았는지 관찰한다.
	동압수밀시험	규정된 압력의 상한값까지 1분 동안 정압으로 예비 가압하여 시험체의 이상 유무를 확인하고, 시험체 전면에 4ℓ/min·m²의 유량을 균등히 살수하면서 정해진 압력에 따라 맥동압을 10분 동안 가한 상태에서 누수가 발생하지 않았는지 관찰한다.
	내풍압시험	설계풍압력의 100%를 단계별로 증감하여 구조재의 변위 및 시험체의 파손유무를 확인한다.
	층간변위시험	실험체 각 부위의 변형 정도를 측정하고, 변형파괴 유무를 관찰한다.
	기타	구조성능시험, 영구변형시험 등도 있다.

● ALC 패널 설치 공법

종류 ALC 패널 설치 공법 4가지

1. 수직철근보강공법	패널 간의 접합부에 접합철물을 통해 수직보강 철근을 배근하고 모르타르를 충전함으로써 패널의 상·하부를 고정시키는 수직벽 패널 설치방법
2. 슬라이드공법	패널 간의 수직줄눈 공동부에 패널하부는 보강철근을 배근하고 모르타르를 충전하여 고정시키고, 상부는 접합철물을 설치하여 패널상단이 면내 수평방향으로 슬라이드되도록 하는 수직벽 패널 설치방법
3. 볼트조임공법	패널 장변방향의 양단에 구멍을 뚫고, 이를 관통하는 볼트로 설치하는 수직 또는 수평벽 패널의 설치방법
4. 타이플레이트공법	패널의 측면을 타이플레이트로 구조체에 설치하는 수직 또는 수평벽 패널 설치방법
5. 커버플레이트공법	패널의 양단부를 커버플레이트와 볼트를 이용하여 설치하는 수평벽 패널 설치방법

CHAPTER 04 핵심 기출문제

● 개요

01 다음 〈보기〉 중 철골구조에 이용되는 일반적인 형강명을 모두 골라 기호로 쓰시오.

① B형강 ② C형강 ③ E형강 ④ H형강
⑤ I형강 ⑥ K형강 ⑦ L형강 ⑧ N형강
⑨ T형강 ⑩ Z형강

정답 형강의 종류
②, ④, ⑤, ⑦, ⑨, ⑩

02 다음 형강을 단면 형상의 표시방법으로 표시하시오.

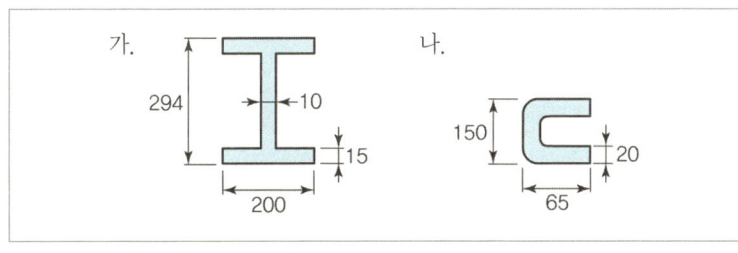

가. _____
나. _____

정답 형강표시법
가. H – 294×200×10×15
나. C – 150×65×20

03 다음은 일반 구조용 압연강재에 관한 기계적 성질 중 인장강도에 관한 내용이다. 설명에 맞는 강재를 〈보기〉에서 골라 쓰시오. ●24③

〈보기〉
① SS235 ② SS450 ③ SS550 ④ SS275 ⑤ SS315 ⑥ SS410

가. 인장강도(N/mm^2) : 330~450   (   )
나. 인장강도(N/mm^2) : 490~630   (   )
다. 인장강도(N/mm^2) : 590 이상   (   )

정답 구조용 압연강재 – 인장강도
가. ①   나. ⑤   다. ②

04 기둥축소(Column Shortening) 현상에 대한 다음 항목을 기술하시오.

가. 원인 : _____

나. 기둥축소에 따른 영향 2가지
　① _____
　② _____

정답 기둥축소 현상
가. 구조의 차이, 재료의 재질에 따른 응력차이, Creep 변형 등
나. ① 기둥의 축소 변위 발생
　② 철골구조재의 변형, 조립불량 발생
　※ 창호재의 변형, 조립불량 발생 등

● 공장 작업

05 철골공사의 공장가공 순서를 아래의 〈보기〉를 참고로 하여 순서대로 나열하시오.

① 구멍뚫기	② 가조립	③ 본뜨기	④ 본조립
⑤ 녹막이칠	⑥ 변형 바로잡기	⑦ 원척도 작성	⑧ 본조립 검사
⑨ 절단 및 가공	⑩ 운반(현장반입)	⑪ 금긋기	

( ) → ( ) → ( ) → ( ) → ( ) → ( ) → ( ) →
( ) → ( ) → ( ) → ( )

정답 철골 공장 가공순서
⑦ → ③ → ⑥ → ⑪ → ⑨ → ①
→ ② → ④ → ⑧ → ⑤ → ⑩

06 철골 절단방법을 3가지만 쓰시오.

가. _____
나. _____
다. _____

정답 철골 절단법
가. 전단절단
나. 기계절단
다. 가스절단
라. 플라즈마 절단
마. 레이저 절단

07 철골공사에서 철골에 녹막이칠을 하지 않는 부분 4가지만 쓰시오.　● 22②,①

가. _____
나. _____
다. _____
라. _____

정답 철골 녹막이칠 금지부분
가. 고장력볼트 접합부의 마찰면
나. 콘크리트에 밀착되거나 매입되는 부분
다. 조립에 의하여 맞닿는 면
라. 폐쇄형 단면의 밀폐되는 면

08 철골운반 시 조사 및 검토사항 4가지를 쓰시오.

가. _____
나. _____
다. _____
라. _____

정답 철골운반 시 검토사항
가. 운반차의 용량
나. 운송부재의 길이
다. 수송 중 장애물
라. 교량, 도로의 구조

● 접합

09 철골부재의 접합방법 3가지를 쓰시오.

가. _____
나. _____
다. _____

정답 철골부재의 접합방법
가. 리벳 접합
나. 용접 접합
다. 고장력 볼트 접합

10 철골공사의 접합에 이용되는 머리모양에 따른 리벳의 종류를 3가지 쓰시오.

가. _____
나. _____
다. _____

정답 리벳머리 종류
가. 둥근리벳
나. 민리벳
다. 평리벳

11 강재의 접합방법 중 고장력 볼트 접합의 장점 4가지를 쓰시오.

● 24① · 22③ · 21③

가. _____
나. _____
다. _____
라. _____

정답 고장력 볼트 접합의 장점
가. 불량 개소의 수정이 용이하다.
나. 이음 부분의 강도가 크다.
다. 경제적인 시공을 기대할 수 있다.
라. 소음이 적다.
마. 재해의 위험이 적다.

12 철골공사 중 용접 접합과 고장력볼트 접합의 장점을 각각 2가지씩 쓰시오.

가. 용접 접합
  ① _____
  ② _____
나. 고장력볼트 접합
  ① _____
  ② _____

정답
가. 용접 접합
  ① 강재의 양을 절약할 수 있다.
  ② 접합부의 일체성과 수밀성이 확보된다.
나. 고장력볼트 접합
  ① 현장 시공설비가 간단하다.
  ② 불량부분의 수정이 쉽다.

13 다음 관계있는 것을 〈보기〉에서 번호를 골라 쓰시오.

〈보기〉
① 고장력볼트 ② 구멍맞추기
③ 세우기   ④ 현장리벳치기

가. 뉴매틱 해머 : (　　)   나. 진폴 : (　　)
다. 드리프트 핀 : (　　)   라. 임팩트렌치 : (　　)

[정답] 기계·기구명
가. ④ 나. ③ 다. ② 라. ①

14 고력볼트의 마찰접합에서는 설계볼트장력과 미끄럼계수의 확보가 반드시 보장되어야 한다. 이와 관련된 고력볼트 접합부의 마찰면 처리에 대하여 기술하시오.

[정답] 고력볼트 마찰면
가. 기름 제거
나. 녹 제거
다. 밀스케일 제거
라. 틈새 발생 시 필러 끼움

15 구조 볼트접합과 관련하여 용어를 쓰시오.
가. 볼트 중심 사이의 간격　　　　　　　　　(　　　)
나. 볼트 중심 사이를 연결하는 선　　　　　　(　　　)
다. 볼트 중심 사이를 연결하는 선 사이의 거리 (　　　)

[정답] 용어
가. 피치(Pitch)
나. 게이지라인(Gauge Line)
다. 게이지(Gauge)

16 다음 설명하는 용어를 쓰시오.
철골구조 접합방법에서 마찰력으로 응력을 전달하는 접합방법
　　　　　　　　　　　　　　　　(　　　　　)

[정답] 용어
고장력 볼트 접합

17 고력볼트 F10 T에서 10이 가리키는 의미를 쓰시오.

[정답] 고력볼트 표시
F : Friction Grip Joint(마찰접합)
10 : 1000MPa
T : Tensile Strength(인장강도)

18 철골공사 시 각 부재의 접합을 위해 사용되는 고장력 볼트 중 특수형의 볼트 종류를 4가지 쓰시오.
가.
나.
다.
라.

[정답] 고장력 볼트 중 특수형 볼트
가. Bolt축 전단형(TC Bolt식)
나. Nut 전단형(PI 너트식)
다. 고장력 Grip Bolt
라. 지압형 Bolt

19 다음 설명에 맞는 용어를 기재하시오.

> 철골부재의 접합에 사용되는 고장력볼트 중 볼트의 장력 관리를 손쉽게 하기 위한 목적으로 개발된 것으로 본조임 시 전용 조임기를 사용하여 볼트의 핀테일이 파단될 때까지 조임시공하는 볼트의 명칭

정답 용어
볼트축 전단형 고력볼트

20 철골공사에서 고력볼트 접합의 종류에 대한 설명이다. ( ) 안에 알맞은 용어를 쓰시오.

가. Torque Control 볼트로서 일정한 조임 토크치에서 볼트축이 절단
( )

나. 2겹의 특수너트를 이용한 것으로 일정한 조임 토크치에서 너트(Nut)가 절단
( )

다. 일반 고장력볼트를 개량한 것으로 조임이 확실한 방식
( )

라. 직경보다 약간 작은 볼트구멍에 끼워 너트를 강하게 조이는 방식
( )

정답 고력볼트 종류
가. 볼트축 전단형 고력 Bolt
나. 너트 전단형 고력 Bolt
다. Grip형 고력 Bolt
라. 지압형 고력 Bolt

21 T/S(Torque Shear)형 고력볼트의 시공순서 번호를 나열하시오.

> 가. 팁레버를 잡아당겨 내측 소켓에 들어 있는 핀테일을 제거
> 나. 렌치의 스위치를 켜 외측 소켓이 회전하며 볼트를 체결
> 다. 핀테일이 절단되었을 때 외측 소켓이 너트로부터 분리되도록 렌치를 잡아당김
> 라. 핀테일에 내측 소켓을 끼우고 렌치를 살짝 걸어 너트에 외측 소켓이 맞춰지도록 함

( ) → ( ) → ( ) → ( )

정답 고력볼트 시공
라 → 나 → 다 → 가

22 표준볼트장력과 설계볼트장력을 비교하여 설명하시오.

정답 용어/비교
설계볼트장력은 고력볼트의 설계 시 허용전단력을 구하기 위한 기준값이며, 표준볼트장력은 설계볼트장력에 10%를 할증한 값으로 현장시공의 기준값으로 쓰인다.

23 철골공사에서 고장력 볼트 조임에 쓰는 기기 2가지와 일반적으로 각 볼트군에 대하여 조임검사를 행하는 표준볼트의 수에 대해 쓰시오.

가. 조임기기 : ① _____
② _____

나. 조임검사를 행하는 볼트의 수 : _____

정답 고장력 볼트 조임
가. ① 임팩트렌치 ② 토크렌치
나. 전체 Bolt 수의 10% 이상 혹은 각 Bolt 군에 1개 이상

24 철골공사에서 고장력 볼트 조임의 장점을 4가지 쓰시오.

가. _____
나. _____
다. _____
라. _____

정답 고장력 볼트 조임의 장점
가. 접합부의 강성이 높다.
나. 노동력 절약, 공기단축에 효과적이다.
다. 마찰접합, 소음이 없다.
라. 화재, 재해의 위험이 적다.
마. 피로강도가 높다.
바. 현장시공 설비가 간단하다.
사. 불량부분 수정이 쉽다.
아. 너트가 풀리지 않는다.

25 철골공사의 용접작업에서 아크용접의 경우 용접봉의 피복재는 금속산화물, 탄산염, 셀룰로오스, 탈산제 등을 심선에 도포한 것이다. 피복재의 역할 4가지만 쓰시오.

가. _____
나. _____
다. _____
라. _____

정답 아크용접 피복재의 역할
가. 용제역할로서 접합부를 깨끗이 한다.
나. 접합 시 산화물이 생기는 것을 방지한다.
다. 조성제로 접합이 잘 되게 한다.
라. 슬래그를 제거한다.
마. 냉각응고 속도를 낮춘다.

26 철골공사 용접방법 중 다음에 설명하는 용접방법을 기재하시오.

가. 한쪽 또는 양쪽 부재의 끝을 용접이 양호하게 될 수 있도록 끝단면을 비스듬히 절단(개선)하여 용접하는 방식 ( )

나. 두 부재를 일정한 각도로 접합한 후, 2개 이상의 판재를 겹치거나 T자형, +자형에서 삼각형 모양으로 접합부를 용접하는 방법 ( )

정답 용어정리
가. 맞댐 용접
나. 모살 용접

27 다음 설명에 해당되는 답을 기재하시오.

가. 용접하는 두 부재 사이를 트이게 홈(groove)을 만들고 그 사이에 용착금속을 채워 두 부재를 결합하는 용접 접합방식 ( )

나. 필렛용접에서 유효 용접길이는 실제 용접길이에서 유효목두께의 몇 배를 감한 것으로 하는가? ( )

정답 용접
가. 맞댐 용접
나. 2배

28 다음 설명하는 용접방법을 보기에서 골라 알맞게 적으시오.

〈보기〉
① 피복아크 용접   ② 서브 머지드 용접
③ 가스 실드 아크 용접   ④ 일렉트로 슬래그 용접

가. 용융슬래그 속에 용접봉을 연속으로 공급하며, 용접봉과 용융 금속 내부에 흐르는 전류에 의한 전기 저항발열로써 전극을 용접시키는 방법 (   )
나. 용접부 표면에 미세한 입상의 플럭스를 공급하고 플럭스 내부에서 피복하지 않은 용접봉을 사용하는 용접 (   )
다. 피복재를 유착시킨 용접봉을 사용한 수동용접으로 가장 많이 사용되는 방법 (   )
라. 가스로서 아크를 보호하며 진행하는 용접 (   )

정답 용접방법
가. ④   나. ②
다. ①   라. ③

29 강구조 공사 접합방법 중 용접의 장점을 4가지 쓰시오.

가.
나.
다.
라.

정답 용접접합의 장점
가. 이음과 응력 전달이 확실
나. 강재량의 절약
다. 무소음, 무진동
라. 일체성, 수밀성 확보

30 철골공사에서 용접접합의 단점 2가지를 쓰시오.

가.
나.

정답 용접접합의 단점
가. 숙련공이 필요
나. 용접 내부 시공검사 곤란
다. 용접열에 의한 결함 및 변형 발생
라. 재시공 곤란(모재부터 다시 가공)

31 철골용접 시 용접부에 대한 다음 도식을 보충 설명하시오.

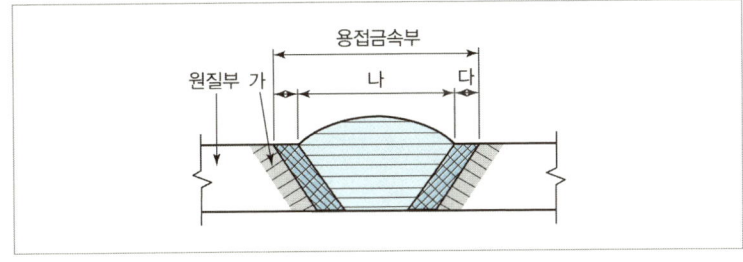

가.
나.
다.

정답 용접부위 명칭
가. 변질부
나. 용착금속부
다. 융합부

32 다음 맞댄 용접의 각 부 모양에 대한 명칭을 쓰시오. •23②

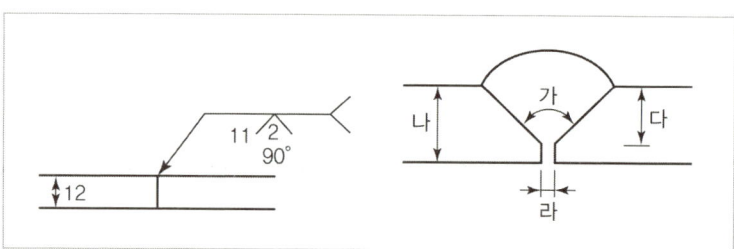

가. .... 나. ....
다. .... 라. ....

정답 용접방법
가. 개선각 나. 목두께
다. 보강살붙임 라. 루트간격

33 다음 맞댐용접에 대한 표기에 맞는 지수를 써 넣으시오. •23②

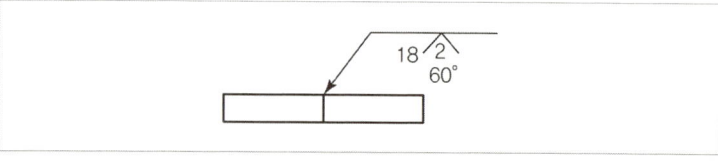

가. .... 나. ....
다. .... 라. ....

정답 맞댐용접
가. 90도 나. 12mm
다. 11mm 라. 2mm

34 다음의 용접기호로써 알 수 있는 사항을 4가지 쓰시오.

가. .... 나. ....
다. .... 라. ....

정답 용접기호
가. V형 맞댄 용접이다.
나. 홈각도(개선각) : 화살표 쪽 60°
다. 홈깊이(개선깊이) : 18mm
라. 트임새 간격(루트 간격) : 2mm

35 다음의 용접기호로써 알 수 있는 사항을 4가지 쓰시오. •24③

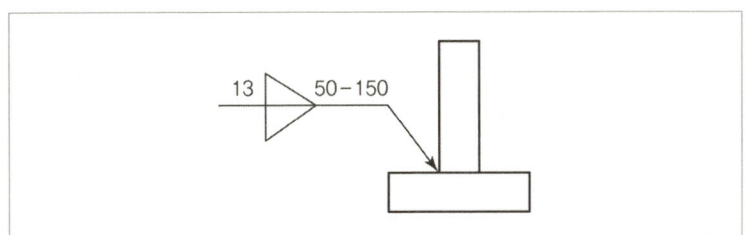

가. _____ 나. _____
다. _____ 라. _____

정답 용접기호
가. 병렬 단속 모살용접이다.
나. 다리길이는 13mm이다.
다. 용접길이는 50mm이다.
라. 용접 간격은 150mm이다.

36 철골공사 시 용접부에 주어진 조건에 맞게 용접기호를 도면에 표기하시오.

〈조건〉 ① 개선각 45°   ② 화살표 방향 용접
        ③ 현장용접   ④ 간격 3mm

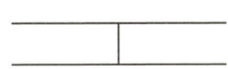

정답 용접기호

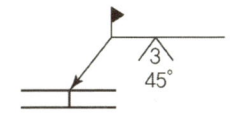

37 다음 철골의 용접 기호를 간단히 설명하시오.

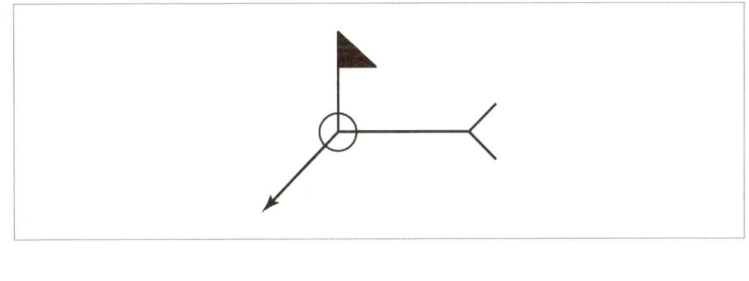

정답 용접기호
전체 둘레 현장 용접

38 용접자세 표현기호가 의미하는 방향은?
가. F : _____
나. H : _____
다. V : _____
라. O : _____

정답 용접자세 표현기호
가. F : 하향자세 용접
나. H : 수평자세 용접
다. V : 수직자세 용접
라. O : 상향자세 용접

39 다음 철골구조에서 용접모양에 따른 명칭을 쓰시오.

가. _____ 나. _____
다. _____ 라. _____
마. _____ 바. _____
사. _____ 아. _____
자. _____

정답 용접 종류
가. 맞댄용접
나. 겹침모살용접
다. 모서리모살용접
라. T자 용접(T자 양면모살)
마. 단속모살용접
바. 갓용접
사. 덧판용접
아. 양면덧판용접
자. 산지용접

40 철골 용접접합에서 발생하는 결함항목을 4가지만 쓰시오. • 21②

가. _____ 나. _____
다. _____ 라. _____

정답 용접결함
가. 슬래그 감싸들기
나. 언더컷(Undercut)
다. 오버랩(Overlap)
라. 공기구멍(Blow Hole)
마. 크랙(Crack)
바. 크레이터(Crater)

41 다음의 설명에 해당되는 용접결함의 용어를 쓰시오. • 22③ · 21③

가. 용접금속과 모재가 융합되지 않고 단순히 겹쳐지는 것　(　　　)
나. 용접상부에 모재가 녹아 용착금속이 채워지지 않고 홈으로 남게된 부분
　　　　　　　　　　　　　　　　　　　　　　　　　　(　　　)
다. 용접봉의 피복재 용해물인 회분이 용착금속 내에 혼합된 것　(

라. 용융금속이 응고할 때 방출되었어야 할 가스가 남아서 생기는 용접부의 빈 자리 （　　　）

정답 용어
가. 오버랩　　나. 언더컷
다. 슬래그 감싸들기　라. 블로홀

42 용접결함 중 슬래그 혼입의 원인과 그에 따른 방지대책을 각각 2가지씩 기재하시오.

가. 원인 : ① _____
② _____

나. 대책 : ① _____
② _____

정답 용접 결함(슬래그 감싸들기)
가. 원인
① 용접 중에 발생하는 슬래그가 용접부 안으로 들어간 경우
② 용접부의 청소상태가 불량한 경우
나. 대책
① 용접 중 혼입된 슬래그를 제거하고 용접한다.
② 용접부위의 청소를 확실히 한다.

43 보기에 주어진 철골공사에서의 용접결함 종류 중 과대전류에 의한 결함을 모두 골라 기호로 적으시오.

① 슬래그 감싸들기	② 언더컷	③ 오버랩
④ 블로홀	⑤ 크랙	⑥ 피트
⑦ 용입 부족	⑧ 크레이터	⑨ 피시아이

정답 용접결함
②, ⑤, ⑧

44 아래 그림을 보고 적당한 기호를 골라 적으시오.
● 24② · 23③ · 21①

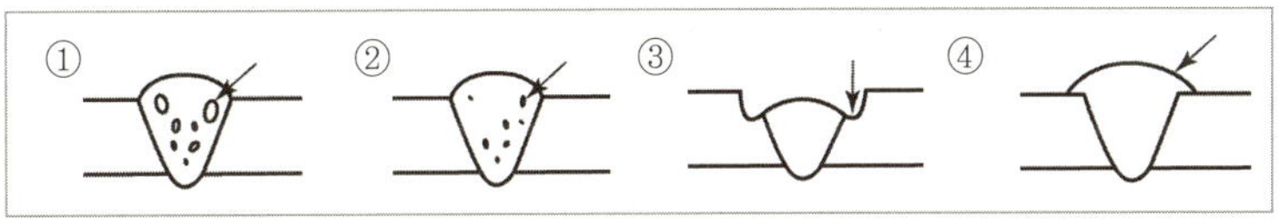

가. 언더컷 _____　나. 블로우 홀 _____
다. 오버랩 _____　라. 슬래그 혼입 _____

정답 용접결함
가. 언더컷 - ③
나. 블로우 홀 - ①
다. 오버랩 - ④
라. 슬래그 혼입 - ②

45 다음 설명하는 용접결함의 해결방안에 대한 용접결함을 〈보기〉에서 골라 쓰시오.
● 24①

〈보기〉
① 오버랩　② 언더컷　③ 슬래그 혼입

가. 용접 시 전류를 약간 높이고 슬래그가 선행되지 않는 속도록 용접할 것 （　　　）

나. 용접봉의 각도를 적절히 유지하고 운봉 시 용접 비드 가장자리에서 잠시 멈출 것 （　　　）

다. 운봉의 운행속도를 증가시킬 것 （　　　）

정답 용접결함
가. ③　　나. ②　　다. ①

46 그림과 같은 철골조 용접부위 상세에서 각각의 명칭을 쓰시오.

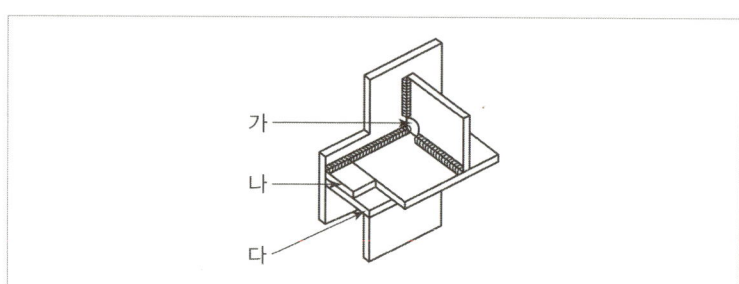

가. _____ 나. _____
다. _____

정답 용어
가. 스캘럽(Scallop : 곡선 모따기)
나. 엔드탭(End tab : 보조강판)
다. 뒷댐재(Back strip : 뒷댐재)

47 철골공사에 사용되는 용어를 설명하였다. 알맞은 용어를 쓰시오.

가. 철골부재 용접 시 이음 및 접합부위의 용접선이 교차되어 재용접된 부위가 열영향을 받아 취약해지기 때문에 모재에 부채꼴 모양의 모따기를 한 것 ( )

나. 철골기둥의 이음부를 가공하여 상하부 기둥 밀착을 좋게 하여 축력의 25%까지 하부 기둥 밀착면에 직접 전달시키는 이음방법 ( )

다. Blow hole, crater 등의 용접결함이 생기기 쉬운 용접 bead의 시작과 끝 지점에 용접을 하기 위해 용접 접합하는 모재의 양단에 부착하는 보조강판 ( )

정답 용어
가. 스캘럽(Scallop)
나. 메탈 터치(Metal touch)
다. 엔드탭(End tab)

48 다음 용어를 설명하시오.

가. 스캘럽(Scallop) : _____

나. 뒷댐재(Back Strip) : _____

정답 용어
가. 철골부재 용접 시 이음 및 접합부위의 용접선이 교차되어 재용접된 부위가 열영향을 받아 취약해지기 때문에 모재에 부채꼴 모양의 모따기를 한 것
나. 한면 맞댄용접 시 용융금속의 녹아 떨어짐(용락)을 방지하기 위해 루트(Root) 간격 하부에 대어 주는 받침쇠를 말함

49 철골부재 용접 시 인접부재가 열영향을 받아 취약해지는 것을 방지하기 위하여 모따기하는 것을 무엇이라 하며, 그것을 간단히 그림으로 나타내시오.

가. 용어 : _____
나. 도해

정답 스캘럽 – 용어, 도해
가. 용어 : 스캘럽
나.
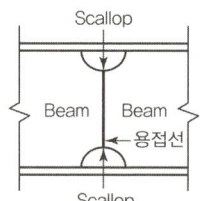

50 다음 용어를 간단히 설명하시오. •23①

가. 밀시트 : _____

나. 스캘럽 : _____

정답 용어
가. 밀시트 : 철강 제품의 품질 보증을 위해 공인된 시험기관에서 발급하는 제조업체의 품질보증서
나. 스캘럽 : 용접 시 인접부재가 열영향을 받는 것을 방지하기 위하여 용접 부재를 모따기 한 것

51 밀시트(강재 시험성적서)로 확인할 수 있는 사항을 1가지만 적으시오.

_____

정답 밀시트
가. 품질 보증서
나. 재료의 역학적 시험 내용 : 각종 강도 표시
다. 화학 성분 시험 내용 : 철, 황, 규소, 납, 탄소 등의 구성비
라. 규격표시 : 길이, 두께, 크기 및 형상, 단위중량
마. 시험규준의 명시 : 시방서, KS

52 강구조에서 메탈터치(Metal Touch)에 대한 개념을 간략하게 그림을 그려서 정의를 설명하시오.

가. 정의 : _____

나. 도해

정답 메탈터치
가. 정의 : 철골 수직 부재에서 맞닿는 면을 정밀하게 가공하여 밀착시켜 축방향력을 직접 전달하기 위한 가공

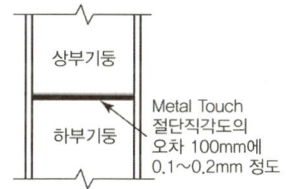
Metal Touch 절단직각도의 오차 100mm에 0.1~0.2mm 정도

53 다음 보기는 용접부의 검사 항목이다. 〈보기〉에서 골라 알맞은 공정에 해당번호를 써넣으시오.

〈보기〉
① 트임새 모양 ② 전류 ③ 침투수압 ④ 운봉
⑤ 모아대기법 ⑥ 외관판단 ⑦ 구속 ⑧ 용접봉
⑨ 초음파검사 ⑩ 절단검사

가. 용접 착수 전 : _____   나. 용접 작업 중 : _____
다. 용접 완료 후 : _____

정답 용접 검사
가. 용접 착수 전 : ①, ⑤, ⑦
나. 용접 작업 중 : ②, ④, ⑧
다. 용접 완료 후 : ③, ⑥, ⑨, ⑩

55 다음 〈보기〉의 용접부 검사항목을 용접착수 전, 작업 중, 완료 후의 검사작업으로 구분하여 번호로 쓰시오.

〈보기〉
① 홈의 각도, 간격 치수 ② 아크전압 ③ 용접속도
④ 청소상태 ⑤ 균열, 언더컷 유무 ⑥ 필렛의 크기
⑦ 부재의 밀착 ⑧ 밑면 따내기

가. 용접 착수 전 검사 (　　) 　나. 용접 작업 중 검사 (　　)
다. 용접 완료 후 검사 (　　)

정답 용접부 검사
가. ①, ④, ⑦
나. ②, ③, ⑧
다. ⑤, ⑥

56 철골용접부위의 품질상태를 검사하는 방법을 2가지 쓰시오.

가. _____　나. _____

정답 용접부위 검사법
가. 방사선 투과 검사
나. 자기 초음파 검사

57 용접부위 비파괴시험 방법 4가지를 쓰시오.　•24②·22②·21①,③

가. _____　나. _____
다. _____　라. _____

정답 용접부위 비파괴시험
가. 방사선 투과시험
나. 초음파 탐상법
다. 자기분말 탐상법
라. 침투탐상법

● 현장작업

58 철골세우기 공사의 시공순서를 〈보기〉에서 골라 쓰시오.

① 세우기　② 현장리벳치기　③ 리벳검사
④ 앵커볼트 매입　⑤ 볼트 가조임　⑥ 볼트 본조임
⑦ 변형 바로 잡기

(　)→(　)→(　)→(　)→(　)→(　)→(　)

정답 철골 세우기 순서
④→①→⑤→⑦→⑥→②→③

59 철골 주각부의 현장 시공 순서에 맞게 번호를 나열하시오.

① 기초 상부 고름질　② 가조립　③ 변형 바로잡기
④ 앵커 볼트 설치　⑤ 철골 세우기　⑥ 철골 도장

정답 철골 주각부 시공
④-①-⑤-②-③-⑥

60 철골공사 주각부 설치 공법을 그림에 알맞은 것을 골라 적으시오.

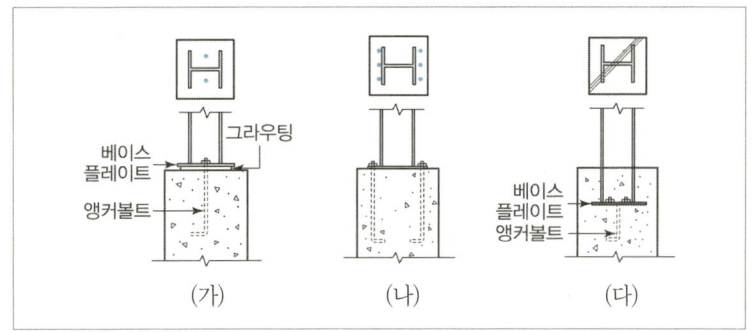

가. _____ 나. _____
다. _____

정답 주각부 설치 공법
가. 핀주각 공법
나. 고정 주각 공법
다. 매립형 주각 공법

61 다음 ( ) 안에 적당한 공법을 쓰시오.

철골공사에서 앵커볼트를 매입하는 공법은 (가) 매입공법과 (나) 매입공법이 있으며, 기초상부의 고름방법은 (다), (라), (마), (바)이 있다.

가. _____ 나. _____
다. _____ 라. _____
마. _____ 바. _____

정답 철골 현장 작업
가. 고정
나. 가동 또는 나중
다. 전면 바름 공법
라. 나중 채워 넣기 중심 바름 공법
마. 나중 채워 넣기 +자 바름법
바. 전면(완전) 나중채워넣기 방법

62 철골공사의 기초 Anchor Bolt는 구조물 전체의 집중하중을 지탱하는 중요한 부분이다. 이 Anchor Bolt 매입공법의 종류 3가지를 쓰시오.

가. _____
나. _____
다. _____

정답 앵커볼트 매입공법
가. 고정 매입 공법
나. 가동 매입 공법
다. 나중 매입 공법

63 철골 세우기에서의 기초 상부 고름질의 방법을 3가지 쓰시오.

가. _____
나. _____
다. _____

정답 주각부상부 고름질 방법
가. 전면바름 마무리법
나. 나중채워넣기 중심바름법
다. 나중채워넣기 +자 바름법
라. 나중채워넣기법

64 철골공사를 시공할 때 베이스 플레이트(Base Plate)의 시공 시에 사용되는 충전재의 명칭을 쓰시오.

65 다음 용어를 설명하시오.

가. 전단연결재(Shear Connector) :

나. 거싯 플레이트(Gusset Plate) :

다. 데크 플레이트(Deck Plate) :

66 다음 각부의 명칭을 〈보기〉에서 골라 번호를 쓰시오.

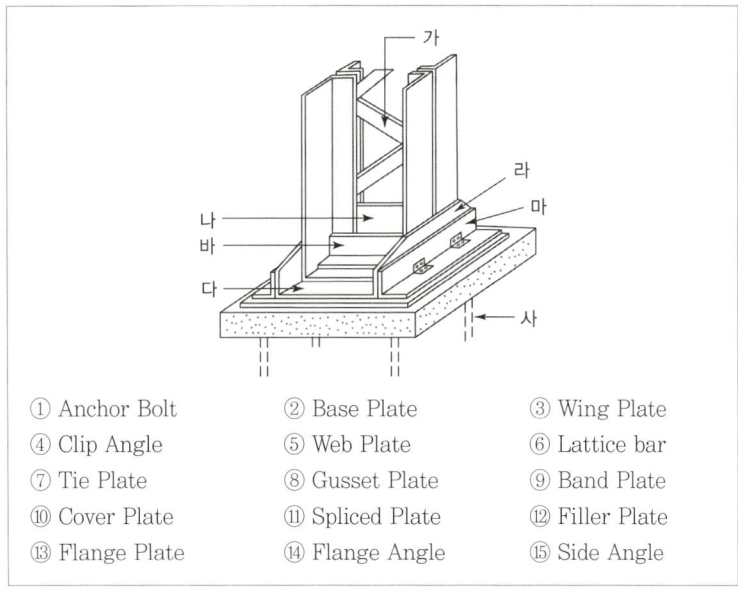

① Anchor Bolt   ② Base Plate   ③ Wing Plate
④ Clip Angle   ⑤ Web Plate   ⑥ Lattice bar
⑦ Tie Plate   ⑧ Gusset Plate ⑨ Band Plate
⑩ Cover Plate   ⑪ Spliced Plate ⑫ Filler Plate
⑬ Flange Plate   ⑭ Flange Angle ⑮ Side Angle

가.   나.
다.   라.
마.   바.
사.

67 다음 그림은 철골 보-기둥 접합부의 개략적인 그림이다. 각 번호에 해당하는 구성재의 명칭을 쓰고, 다번 부재의 용접 방법의 종류 2가지를 쓰시오.

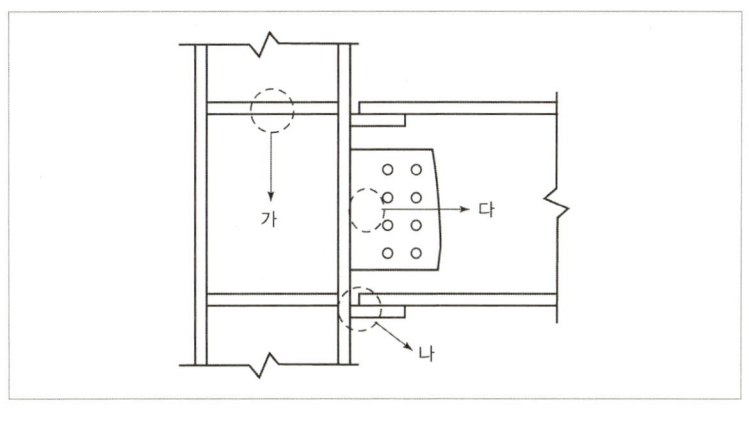

가. _____ 나. _____
다. _____

정답 철골 보-기둥 접합부의 명칭
가. 스티프너(Stiffner)
나. 하부 플랜지 플레이트(하부 띠판)
다. 전단 플레이트

68 철골 세우기용 기계 3가지를 쓰시오.

가. _____ 나. _____
다. _____

정답 철골 세우기용 기계
가. 가이데릭
나. 스티프레그데릭
다. 타워크레인

69 타워크레인의 종류로는 T형 타워 크레인(T-Tower Crane)과 러핑 크레인(Luffing Crane)이 있는데, 이 중 러핑 크레인을 사용하는 경우 2가지를 쓰시오.

가. _____ 나. _____

정답 Luffing Crane 사용 이유
가. 주변 건물에 방해되는 경우
나. 타 대지에 침범하게 되는 경우

70 철골철근콘크리트 구조체에서 철골과 콘크리트와의 일체성 확보를 위해 설치하는 전단 연결재를 무엇이라고 하는가?

_____

정답 용어
스터드 볼트

71 쉬어커넥터의 정의와 종류 3가지를 쓰시오. • 22①

가. 정의 : _____

_____

나. 종류 ① _____
　　　　② _____
　　　　③ _____

정답 쉬어커넥터
가. 정의 : 콘크리트와의 합성구조에서 양자 사이의 일체성을 확보하기 위해 설치하는 연결재
나. 종류
① 합성슬라브 쉬어커넥터(듀벨바, 스피럴바, 옴니아바)
② 철골조의 쉬어커넥터(스터드볼트, 하트형, 이형철근 구부리기)
③ GPC 공법의 쉬어 커넥터(매입앵커형, 전단 응력 전달 꺾쇠형, 집게형)

● 내화피복

72 철골의 내화피복공법의 종류를 6가지 쓰고, 각각에 사용되는 재료를 하나씩 쓰시오. ●24①

	공 법	재 료
가		
나		
다		
라		
마		
바		

정답 내화피복공법의 종류와 재료

	공 법	재 료
가	타설공법	콘크리트
나	조적공법	벽돌
다	미장공법	철망모르타르
라	도장공법	방화페인트
마	성형판 붙임공법	ALC판
바	멤브레인 공법	암면

73 철골조 내화피복의 시공공법을 4가지 들고 설명하시오. ●21①

가.
나.
나.
라.

정답 내화피복공법
가. 타설공법 : 콘크리트를 타설하여 일정두께 이상을 확보하는 공법
나. 조적공법 : 벽돌, 블록 등을 쌓아 피복하는 공법
다. 미장공법 : 모르타르를 발라 피복두께를 확보하는 공법
라. 도장공법 : 내화페인트를 칠하여 소요두께의 피막을 형성하는 공법

74 다음은 내화피복의 공법을 설명하는 내용이다. 적합한 공법을 〈보기〉에서 골라 적으시오. ●24③

〈보기〉
타설공법, 조적공법, 뿜칠공법, 미장공법, 성형판 붙임공법, 합성공법

가. 콘크리트, 경량콘크리트 등을 타설하여 강재를 피복하는 공법
(   )
나. 모르타르, 펄라이트 등으로 강재에 발라 피복하는 공법   (   )
다. 다른 공법으로 2번하거나 2개의 공법을 절반씩 나누어 각지 사용
(   )
라. 벽돌, 블록 등을 쌓아 강재를 피복하는 공법   (   )

정답 내화피복의 공법
가. 타설공법
나. 미장공법
다. 합성공법
라. 조적공법

75 철골공사에서 내화피복공법 종류에 따른 재료를 각각 2가지씩 쓰시오. •23②

공법	재료
타설공법	
조적공법	
미장공법	

정답 내화공법

공법	재료	
타설공법	콘크리트	경량 콘크리트
조적공법	벽돌	블록
미장공법	철망 모르타르	철망 펄라이트 모르타르

76 철골 내화피복 공법 중 습식 공법을 설명하고, 습식 공법의 3가지 종류와 사용재료 3개를 쓰시오.

가. _____

나. _____

다. _____

정답 철골 내화피복 습식공법
가. 습식 공법 : 화재 발생 시 강재의 온도 상승 및 강도 저하를 방지하기 위하여 강재 주위에 콘크리트나 모르타르와 같이 물을 혼합한 재료를 타설 또는 미장하는 공법
나. 종류 : 조적, 타설공법, 미장공법
다. 사용재료 : 벽돌, 콘크리트, 모르타르

77 다음 〈보기〉를 보고 철골조 내화피복공법 중 건식 공법을 고르시오. •21②

〈보기〉
타설공법, 조적공법, 성형판 붙임공법, 합성공법, 세라믹 울 공법, 내화도료공법, 뿜칠공법

정답 철골조 내화피복
성형판 붙임공법, 세라믹 울 공법

● **경량 및 기타 철골구조**

78 강재를 이용한 구조물로 가정하여, 경량형 강재의 장단점에 대하여 각 2가지씩 쓰시오. •23①

가. 장점
　① _____
　② _____

나. 단점
　① _____
　② _____

정답 경량 형강재의 장단점
가. 장점
　① 강재량에 비해 단면효율이 크다.
　② 성형가공이 용이하다.
나. 단점
　① 국부좌굴 및 뒤틀림이 생기기 쉽다.
　② 부식에 약하여 방청도료를 사용해야 한다.

정답 파이프 구조 건축물의 장점
가. 경량이며 외관이 경쾌하고 미려하다.
나. 휨강성, 비틀림 강성이 우수하다.
다. 국부좌굴, 가로좌굴에 유리하다.
라. 살두께가 적으면서도 휨효과가 크다.

79 파이프 구조를 이용한 건축물의 장점에 대하여 4가지만 쓰시오.
가.
나.
다.
라.

정답 파이프 단부 밀폐방법
가. 관 끝을 압착하여 용접·밀폐시키는 방법
나. 원판, 반구형을 용접하는 방법
다. 가열하여 구형으로 하는 방법

80 파이프 구조에서 파이프 절단면 단부는 녹막이를 고려하여 밀폐하여야 하는데, 이때 실시하는 밀폐방법에 대하여 3가지만 쓰시오.
가.
나.
다.

정답 용어
철골철근콘크리트 구조

81 철골 구조물 주위에 철근 배근을 하고 그 위에 콘크리트가 타설되어 일체가 되도록 한 구조물로 초고층 구조물 하층부의 복합구조로 많이 채택되는 구조를 쓰시오.

● PC/커튼월

정답 용어 정리
Closed System

82 주문공급방식으로서 대형구조물이나 특수구조물에 적합한 PC(Precast Concrete) 생산방식의 명칭을 쓰시오.

정답 커튼월 시험 항목
가. 기밀시험
나. 정압수밀시험
다. 동압수밀시험
라. 층간변위시험

83 커튼월 공사의 성능시험 항목을 4가지 쓰시오.
가.   나.
다.   라.

정답 커튼월 공법
가. 패널, 샛기둥
나. Unit wall method, Stick wall(Knock down) Method

84 다음 커튼월 공법의 분류를 쓰시오. ●23②
가. 구조형식에 의한 분류 2가지

나. 조립방식에 의한 분류 2가지

85 커튼월 공사를 주프레임 재료를 기준으로 크게 3가지로 분류할 수 있는데 그 세 가지의 커튼월을 쓰시오.

가. _____ 나. _____
다. _____

> **정답** 커튼월 분류
> 가. 패널방식
> 나. 샛기둥방식
> 다. 커버방식

86 커튼월 조립방식에 의한 분류에서 각 설명에 해당하는 방식을 번호로 쓰시오.

• 23②

| ① Stick Wall 방식　② Window Wall 방식　③ Unit Wall 방식 |

가. 구성 부재 모두가 공장에서 조립된 프리패브(Pre-Fab) 형식으로 현장상황에 융통성을 발휘하기가 어렵고, 창호와 유리, 패널의 일괄발주 방식임 ( )

나. 구성 부재를 현장에서 조립·연결하여 창틀이 구성되는 형식으로 유리는 현장에서 주로 끼운다. 현장 적응력이 우수하여 공기조절이 가능 창호화 유리, 패널의 분리발주 방식 ( )

다. 창호와 유리, 패널의 개별발주 방식으로 창호 주변이 패널로 구성됨으로써 창호의 구조가 패널 트러스에 연결할 수 있어서 비교적 경제적인 시스템 구성이 가능한 방식 ( )

> **정답** 커튼월 조립방식 분류
> 가. ③
> 나. ①
> 다. ②

87 다음은 커튼월 공법의 외관형태별 분류방식에 대한 설명이다. 〈보기〉에서 그 명칭을 골라 번호를 쓰시오.

| ① 격자방식　② 샛기둥 방식
③ 피복방식　④ 스팬드럴 방식 |

가. 수평선을 강조하는 창과 스팬드럴 조합으로 이루어지는 방식 ( )
나. 수직기둥을 노출시키고, 그 사이에 유리창이나 스팬드럴 패널을 끼우는 방식 ( )
다. 수직, 수평의 격자형 외관을 보여주는 방식 ( )
라. 구조체를 외부에 노출시키지 않고 패널로 은폐시키며 새시는 패널 안에서 끼워지는 방식 ( )

> **정답** 커튼월의 종류
> 가. ④
> 나. ②
> 다. ①
> 라. ③

88 커튼월의 외관 형태에 따른 타입 4가지를 쓰시오.

가. _____ 나. _____
다. _____ 라. _____

> **정답**
> 가. 멀리온　나. 스팬드럴
> 다. 그리드　라. 시스형

89 다음의 용어를 설명하시오.

스팬드럴(Spandrel) 방식 :

> **정답** 용어
> 커튼월 외벽 붙이기에서 구조물의 수평재(보)가 노출될 수 있도록 커튼월을 붙이는 방법

90 Fastener는 커튼월을 구조체에 긴결시키는 부품을 말한다. 이는 외력에 대응할 수 있는 강도를 가져야 하며 설치가 용이하고 내구성 · 내화성 및 층간변위에 대한 추종성이 있어야 한다. 커튼월 공사에서 구조체의 층간변위, 커튼월의 열팽창, 변위 등을 해결하는 Fastener의 긴결방식 3가지를 쓰시오.

가. 　　　　　　　　　　　　나.
다.

> **정답** Fastener 긴결방식
> 가. 슬라이드 방식
> 나. 회전 방식
> 다. 고정 방식

91 커튼월 공사 시 누수방지대책과 관련된 다음 용어에 대해 설명하시오.

가. Closed Joint :

나. Open Joint :

> **정답** 용어 – 비처리 방식
> 가. Closed Joint : 커튼월과 접하는 부분을 Seal재로 완전히 밀폐시켜 틈 없이 비처리하는 방식
> 나. Open Joint : 벽의 외측면과 내측면 사이에 공간을 두어 옥외의 기압과 같은 기압을 유지하여 비처리하는 방식

92 커튼월 알루미늄바 설치 시 누수 방지 대책을 시공적 측면에서 4가지 기재하시오.

가.
나.
다.
라.

> **정답** 누수 방지 대책
> 가. 멀리온과 패널의 이음매 처리 철저
> 나. 오픈 조인트 설치 시 물의 이동으로 인한 누수 차단 철저
> 다. 클로즈드 조인트 설치 시 이음새 없이 시공
> 라. 용도에 적합한 실런트 사용

93 Wind Tunnel Test(풍동시험)과 Mock-up Test(외벽성능시험)에 관하여 기술하시오.

가. Wind Tunnel Test(풍동시험) :

나. Mock-up Test(외벽성능시험) :

> **정답** 풍동시험과 외벽성능시험
> 가. Wind Tunnel Test(풍동시험)
> 건물준공 후 문제점을 사전에 파악하고 설계에 반영하기 위해 건물주변 600mm 반경 내 실물축적 모형을 만들어 10~50년간의 최대풍속을 가하여 실시하는 시험
> 나. Mock-up Test(외벽성능시험)
> 풍동시험을 근거로 3개의 실물모형을 만들어 건축예정지의 최악조건으로 시험하며 재료품질, 구조계산치 등을 수정할 목적으로 행하는 실물대모형시험

94 구조물을 신축하기 전에 실시하는 Mock-up Test의 정의와 시험항목을 3가지만 쓰시오.

　가. 정의 : _____

　　　　　　_____

　나. 시험항목 : _____

　　　　　　_____

정답 Mock-up Test
가. 정의 : 풍동시험을 근거로 3개의 실물모형을 만들어 건축예정지의 최악조건으로 시험하여 재료품질, 구조계산치 등을 수정할 목적으로 행하는 실물대 모형시험
나. 시험항목 : 예비시험, 기밀시험, 정압수밀시험, 동압수밀시험, 층간변위시험

95 커튼월(Curtain Wall)의 실물모형실험(Mock-up Test)에 성능시험의 시험종목을 4가지만 쓰시오. ●21③

　가. _____　　나. _____

　다. _____　　라. _____

정답 Mock-up Test 종목
가. 기밀시험
나. 수밀시험
다. 풍압시험
라. 층간 변위 시험

96 다음은 조립식 공법에 대한 설명이다. 설명에 해당하는 용어를 쓰시오.

　가. 창호 등이 설치된 건축물의 대형 판을 아파트 등의 구조체에 이용하는 방법
　　　　　　　　　　　　　　　　　　　　(　　　　　　　)

　나. 건축물의 1실 혹은 2실 등의 구조체를 박스형으로 지상에서 제작한 후 이를 인양조립하는 방법　　　　　　(　　　　　　　)

　다. 지상의 평면에서 벽판 및 구조체를 제작한 후 이를 일으켜서 건축물을 구축하는 공법　　　　　　　(　　　　　　　)

　라. 지상에서 여러 층의 슬래브를 제작한 후 이를 순차적으로 들어 올려 구조체를 축조하는 공법　　　　　(　　　　　　　)

　마. 창문틀 등을 건축물의 벽판에 설치한 후 구조체에 붙여 대어 이용하는 방법
　　　　　　　　　　　　　　　　　　　　(　　　　　　　)

정답 조립식 공법
가. 대형 패널 공법
나. 박스식 공법
다. 틸트업(Tilt-up) 공법
라. 리프트 슬래브(Lift slab) 공법
마. 커튼월 공법

미듬 건축산업기사

멘토스는 당신의 쉬운 합격을 응원합니다!

Engineer Architecture

CHAPTER 05
조적공사

CONTENTS

제1절	벽돌공사	255
제2절	블록공사	262
제3절	석공사	266
제4절	타일공사	270
제5절	ALC	274

한눈에 보기

04 조적공사

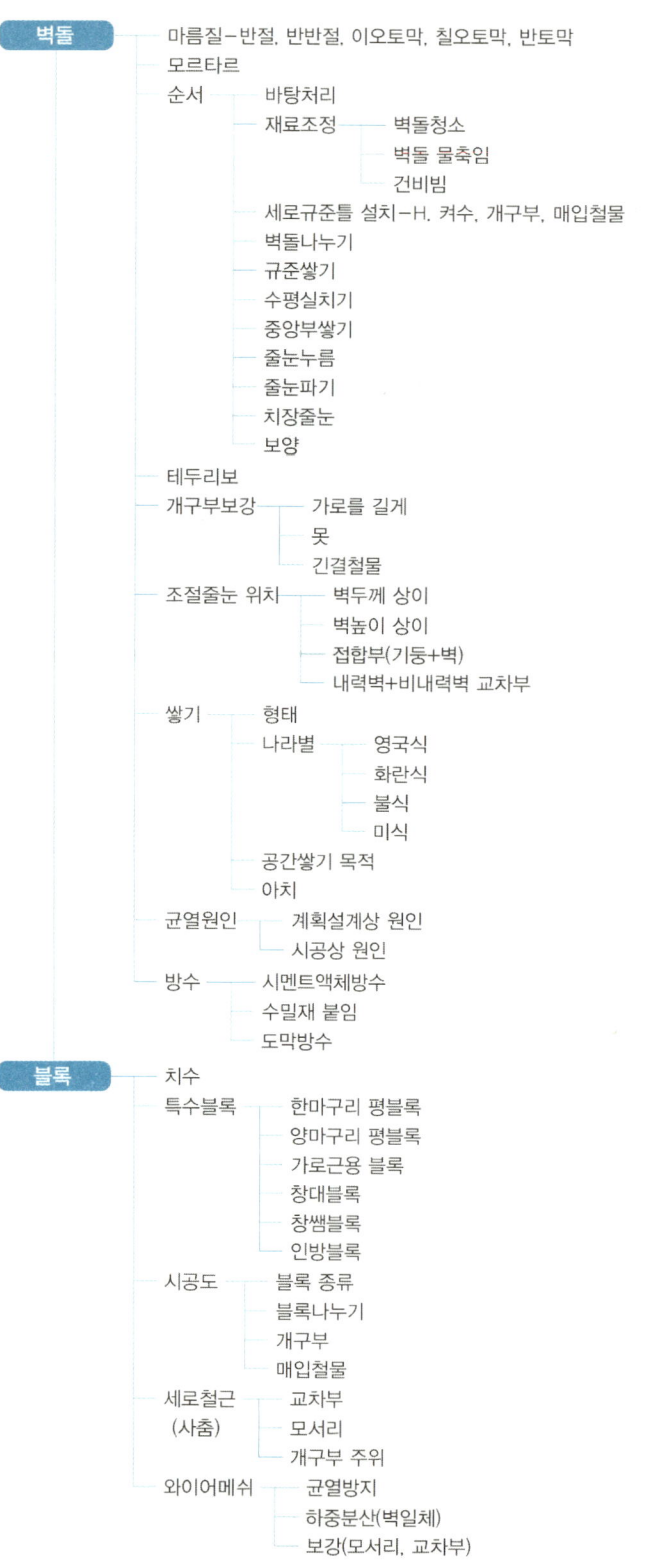

Thinking Map

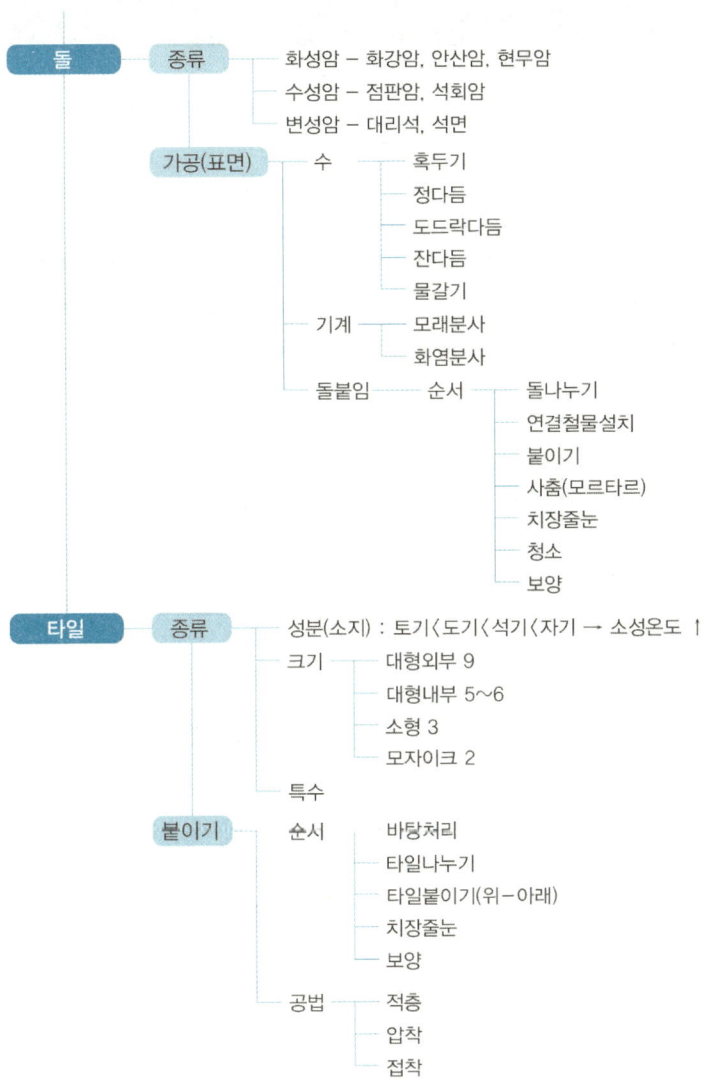

용어 미리보기

용어	Keyword	출제연도
세워쌓기	길이면이 내보이도록 벽돌 길이면을 수직으로 세워 쌓는 것	
영롱쌓기	난간벽(Parapet)과 같이 상부 하중을 지지하지 않는 벽에 있어서 장식적인 효과를 기대하기 위해 벽체에 구멍을 내어 쌓는 것	
영식쌓기	A켜는 마구리 쌓기, B켜는 길이쌓기로 교대로 쌓으며 이오토막을 이용하여 통줄눈을 생성하지 않는 쌓기 법	
엇모쌓기	담 또는 처마 부분에 내쌓기를 할 때 45° 각도로 모서리가 면에 나오도록 쌓는 방법	
창대쌓기	창문하부에 방수목적으로 벽돌윗면을 15° 내외로 경사지게 옆세워 쌓는 방법	
거친아치	보통벽돌을 사용하되 줄눈을 쐐기 모양으로 사용하는 것	
공간쌓기 (Cavity wall bond)	방수를 목적으로 벽과 벽사이에 공간을 두고 쌓는 방법	
백화현상	벽체에 침투된 물이 모르타르 중의 석회분과 결합한 후 증발되면서 공기 중의 탄산가스(CO_2)와 반응하여 벽돌면을 하얗게 오염시키거나 표면을 벗겨 버리는 현상	23①
창쌤블록	창문옆에 설치하여 문틀설치가 용이하게 만든 블록	
창대블록	개구부 하부 설치하여 빗물유입 방지를 목적으로 만든 블록	
대린벽	서로 교차되는 내력벽	
벽량	단위면적당 내력벽의 길이	
석재가공 – 모래분사	고압공기의 압력으로 모래를 분사시켜 석재면을 거칠게 만드는 공법	
앵커긴결법	건물 벽체에 단위석재를 독립적으로 설치하여 석재와 바탕재를 Anchor로 연결하는 공법	22②
타일 – 떠붙임공법	가장 오래된 타일붙이기 방법으로 타일 뒷면에 붙임모르타르를 얹어 바탕 모르타르에 누르듯이 하여 1매씩 붙이는 방법	22③・21③
타일 – 압착공법	평평하게 만든 바탕 모르타르 위에 붙임 모르타르를 바르고, 그 위에 타일을 두드려 누르거나 비벼 넣으면서 붙이는 방법	22③・21③
타일 – 개량압착공법	평평하게 만든 바탕모르타르 위에 붙임 모르타르를 바르고 타일 뒷면에 붙임 모르타르를 얇게 발라 두드려 누르거나 비벼넣으면서 붙이는 방법	22③
타일 – 동시줄눈법	타일면에 진동기(Vibrator)로 충격을 주어 줄눈 사이로 모르타르가 밀려나오게 붙이는 공법	
오픈타임 (Open Time)	타일 붙임용 모르타르의 기본 접착강도를 얻을 수 있는 한계의 시간으로 모르타르를 바르고 타일을 붙일 때까지의 한계시간	

CHAPTER 05 조적공사

제1절 벽돌공사

01 벽돌과 모르타르

<table>
<tr><td rowspan="4">1. 크기</td><td>구분</td><td></td><td>길이</td><td>높이</td><td>두께</td></tr>
<tr><td>표준형</td><td>치수(mm)</td><td>190</td><td>57
90</td><td>90</td></tr>
<tr><td>내화벽돌</td><td>치수(mm)</td><td>230</td><td>65</td><td>114</td></tr>
<tr><td colspan="5">※ 조적조의 줄눈 두께는 가로·세로 10mm가 표준, ( )은 내화벽돌</td></tr>
</table>

2. 마름질

(a) 온장 / (b) 칠오토막 / (c) 이오토막 / (d) 반격지
(e) 반토막 / (f) 반절 / (g) 반반절 / (h) 경사반절

3. 벽돌 품질

구분	등급	압축강도(MPa)	흡수율(%)
콘크리트 벽돌	1종	13 이상	7 이하
	2종	8 이상	13 이하
점토 벽돌	1종	24.5 이상	10 이하
	2종	14.7 이상	15 이하

(명칭) 벽돌 마름질의 그림과 명칭

4. 모르타르	모르타르의 종류		용적배합비(잔골재/결합재)
	줄눈 모르타르	벽용	2.5~3.0
		바닥용	3.0~3.5
	붙임 모르타르	벽용	1.5~2.5
		바닥용	0.5~1.5
	깔모르타르	바탕용	2.5~3.0
		바닥용	3.0~6.0
	안채움 모르타르		2.5~3.0
	치장줄눈용 모르타르		0.5~1.5

5. 충전 모르타르	구분	단층 및 2층 건물		3층 건물	
		시멘트	잔골재	시멘트	잔골재
	용적비	1	3.0	1	2.5

02 줄눈과 벽두께

1. 일반 줄눈	막힌줄눈	세로 줄눈의 상하가 단속되는 형태
	통줄눈	세로 줄눈의 상하가 연속되는 형태
	두께	가로·세로 각 10mm

2. 치장줄눈

(a) 민줄눈　(b) 평줄눈　(c) 둥근줄눈　(d) 오목줄눈
(e) 빗줄눈　(f) 역빗줄눈　(g) 볼록줄눈
[치장줄눈의 종류]

3. 조절줄눈

불균등한 상부하중으로 인하여 벽체의 균열이 예상되는 다음의 곳에는 조절줄눈(Control Joint)을 설치하여야 한다.
① 벽 높이가 변하는 곳
② 벽 두께가 변하는 곳
③ 콘크리트 기둥과의 접합부
④ 내력벽과 비내력벽과의 접합부

4. 벽두께

① B로 표시
② 1B = 길이 방향 크기, 0.5B = 마구리 방향 크기
③ 1B = 0.5B + 줄눈 + 0.5B
④ 2.5B = 1.0B + 줄눈 + 1.0B + 줄눈 + 0.5B

03 쌓기 순서

1. 순서	바탕처리 → 물 축이기 → 건비빔 → 세로 규준틀 설치 → 벽돌 나누기 → 규준 쌓기 → 수평실 치기 → 중간부 쌓기 → 줄눈 누름 → 줄눈 파기 → 치장 줄눈 → 보양
2. 물축이기	① 시멘트 벽돌 : 2~3일 전에 물축이기 ② 붉은 벽돌 : 전면을 습윤 ③ 시멘트 블록 : 모르타르 접합부만 습윤 ④ 내화 벽돌 : 건조상태(물축임을 하지 않는다.)
3. 세로규준틀	① 건조한 목재(10cm 각재)를 2면 이상 대패질하여 사용 ② 기입 내용 : 쌓기 높이, 쌓기 단수(켜수), 개구부 위치, 나무벽돌, 앵커볼트 위치 등 ③ 모서리나 구석에 견고하게 설치, 면이 긴 경우 중앙부
4. 벽돌나누기	수평계획으로 실제로 벽돌을 놓아 보는 일
5. 규준쌓기	모서리에 3~4장, 2~3단 놓아 보는 일
6. 수평실치기	규준쌓기 맨 밑부분 단에 수평으로 설치하는 실(수평보기)
7. 중간부쌓기	수평실에 맞추어 벽돌을 놓는 일
8. 일반사항	① 가로 및 세로 줄눈의 너비는 10mm가 표준 ② 공사시방서에서 정한 바가 없을 때에는 영식 쌓기 또는 화란식 쌓기 ③ 세로줄눈의 모르타르는 벽돌 마구리면에 충분히 발라 쌓기 ④ 가급적 동일한 높이로 쌓기 ⑤ 하루의 쌓기 높이는 1.2m(18켜 정도)를 표준으로 하고, 최대 1.5m(22켜 정도) 이하 ⑥ 연속되는 벽면의 일부를 트이게 하여 나중쌓기로 할 때에는 그 부분을 층단 들여 쌓기 ⑦ 직각으로 오는 벽체의 한편을 나중 쌓을 때에도 층단 들여 쌓기로 하는 것을 원칙으로 하지만 부득이할 때에는 담당원의 승인을 받아 켜걸음 들여쌓기로 하거나 이음보강철물을 사용 ⑧ 콘크리트 기둥(벽)과 슬래브 하부면과 만날 때는 그 사이에 모르타르를 충진 ⑨ 수직보기 : 다림추, 수준기(수평, 수직)
9. 줄눈누름	벽돌 사이에 모르타르가 충진되도록 흙손을 이용 누름
10. 줄눈파기	1~2cm 정도 줄눈을 파낸다.
11. 치장줄눈	원하는 모양의 줄눈 형성(배합비 1 : 1)

(순서) 벽돌쌓기

(위치) 세로규준틀 설치

(종류) 세로규준틀 기입내용

●24①,③ · 22② · 21②

(수치) 벽돌쌓기 주의사항

●22③

(종류) 수평, 수직보기

04 보강 벽돌 쌓기

1. 벽종근 및 벽횡근	① 종근은 기초까지 정착되도록 콘크리트 타설 전에 배근 ② 벽체 부분의 철근은 굽으면 안 되고, 종근은 상시 내진설계로 배근 ③ 횡근은 횡근용 벽돌 내에 배근하고 종근과의 교차부를 결속선으로 긴결 ④ 우각부 및 T형 합성부의 횡근은 종근을 구속하도록 배근 ⑤ 철근의 피복 두께는 20mm 이상
2. 벽돌쌓기	① 최하단의 벽돌쌓기는 수평, 완성 후에 누수되지 않도록 바닥면과 벽돌 사이에 바탕 모르타르 바름 ② 줄눈바름면의 전체에 줄눈 모르타르를 고루 배분 ③ 벽돌의 1일 쌓기 높이는 1.5m 이하 ④ 줄눈 모르타르는 공동 부분에 노출되지 않도록 ⑤ 시공 중 배수가 불가능한 벽돌 공동 내에는 우수 등이 침입하지 않도록 양생
3. 축차충전	① 벽돌쌓기에 의해 생기는 수직줄눈 공동부(철근을 삽입하지 않는 공동부를 포함)에 대한 모르타르 및 콘크리트의 충전은 충전압력으로 벽돌이 미끄러져 이동되지 않는 시기에 실시 ② 모르타르 및 콘크리트 충전에는 가는 환봉 등을 사용하여 밀실 ③ 모르타르 및 콘크리트 충전은 표준 벽돌쌓기 2~3단마다 실시 ④ 횡 방향 줄눈 공동의 모르타르 및 콘크리트의 충전은 벽돌의 상단과 동일 면 이상의 높이가 되도록 수평 유지 ⑤ 1일 작업 종료 시 종줄눈 공동부의 모르타르 및 콘크리트의 충전 높이는 벽돌의 상단부터 약 50mm 아래
4. 층고충전	① 공동부 최소직경은 80mm 이상 ② 벽돌쌓기는 충전 모르타르 및 콘크리트 타설 시의 측압에 견디도록 ③ 벽돌쌓기 시 낙하 및 노출된 모르타르는 신속히 제거 ④ 청소구 및 점검구는 충전하기 전에 모르타르 및 콘크리트가 누출되지 않도록 ⑤ 벽돌벽 공동부 내부에는 충전하기 전에 벽돌공동부 내부를 충분히 물축임 ⑥ 공동부의 타설은 원칙적으로 반복하여 타설한다. 1회의 타설높이는 1.5m 이하 ⑦ 타설되는 각 층의 긴결은 콘크리트 봉형 진동기(공칭봉경 28mm 이하)를 사용 ⑧ 봉형 진동기는 각 층마다 사용하고, 그 층의 하부에 선단이 도달하도록 수직으로 삽입한다. 그 삽입간격은 약 400mm 이하

05 쌓기법

1) 형태별

1. 길이쌓기	① 벽돌을 길게 나누어 놓아 길이면이 내보이도록 쌓는 것 ② 1장 길이쌓기의 벽두께를 0.5B라 한다.
2. 마구리쌓기	① 벽돌의 마구리면이 내보이도록 쌓는 것 ② 1장 마구리쌓기의 벽두께를 1.0B라 한다.
3. 세워쌓기	길이면이 내보이도록 벽돌 벽면을 수직으로 세워 쌓는 것
4. 옆세워쌓기	마구리면이 내보이도록 벽돌 벽면을 수직으로 세워 쌓는 것
5. 영롱쌓기	난간벽(Parapet)과 같이 상부 하중을 지지하지 않는 벽에 있어서 장식적인 효과를 기대하기 위해 벽체에 구멍을 내어 쌓는 것
6. 엇모쌓기	담 또는 처마 부분에 내쌓기를 할 때 45° 각도로 모서리가 면에 나오도록 쌓는 방법

  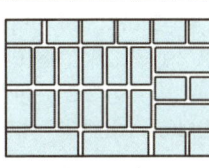 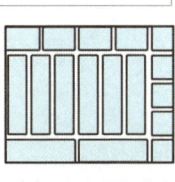

(a) 마구리쌓기   (b) 길이쌓기   (c) 옆세워쌓기   (d) 길이세워쌓기

2) 나라별 쌓기법

1. 영식쌓기	① A켜는 마구리 쌓기, B켜는 길이 쌓기로 교대로 쌓아 통줄눈이 거의 생기지 않는다. ② 마구리켜의 벽끝에는 이오토막 또는 반절을 사용한다. ③ 벽돌쌓기 중 가장 튼튼한 쌓기법이다.
2. 화란식 쌓기	① 영식 쌓기와 같은 방법이며 길이켜의 벽끝에는 칠오토막을 사용한다. ② 길이켜의 세로 줄눈의 상하가 맞지 않게 되는 수가 있으나, 일하기가 쉽고 모서리가 다소 견고하게 된다. ③ 벽돌쌓기 중 가장 일반적인 쌓기법이다.
3. 불식쌓기	① 길이와 마구리면이 한 켜에서 번갈아 나오게 쌓는다. ② 통줄눈이 많이 생겨 덜 튼튼하지만 외관이 좋다.
4. 미식쌓기	① 뒷면은 영식 쌓기로 하고, 표면은 치장 벽돌쌓기로 한다. ② 치장 벽돌은 5켜 정도는 길이 쌓기로 하고, 다음 한 켜는 마구리 쌓기로 한다.

3) 부위별 쌓기

1. 공간쌓기 (Cavity wall bond)	① 목적 : 방습, 단열, 결로방지 ② 공간은 3~6cm로 보통 0.5B 이내로 한다. ③ 벽의 연결은 벽돌, 철물, 철선, 철망 등으로 상호 60cm 정도의 간격으로 긴결한다.(벽면적 0.4m² 마다 1개소 긴결)

		④ 주벽체는 외벽이며 안벽은 보통 0.5B 쌓기로 한다.
		⑤ 물빠짐 구멍을 2m 간격마다 설치(지름 10mm)
2. 내쌓기 (corbel)		① 내쌓기는 한 켜당 1/8B 또는 두 켜당 1/4B, 내미는 정도는 2B까지이다.
		② 마구리쌓기가 유리하다.
3. 창대쌓기		① 창대벽돌은 윗면을 15° 내외로 경사지게 옆세워 창문 밑에 쌓는다.
		② 벽면에서의 돌출 길이는 벽돌 벽면에 일치시키거나 1/8~1/4B 정도 내밀어 쌓는다.
		③ 창대쌓기의 길이는 1.5B 또는 벽두께 이하로 하며 방수처리에 주의한다.
4. 아치쌓기		① 개구부 상단에서 상부하중을 옆벽면으로 분산시키기 위한 쌓기법으로 부재의 하부에서 인장력이 생기지 않도록 해야 한다.
		② 조적 벽체의 개구부 상부에서는 원칙적으로 아치를 틀어야 한다.
		③ 아치의 종류
		㉮ 본아치 : 아치벽돌을 사용한 것
		㉯ 막만든아치 : 보통벽돌을 아치벽돌 모양으로 다듬어 사용하는 것
		㉰ 거친아치 : 보통벽돌을 사용하되 줄눈을 쐐기 모양으로 사용하는 것
		㉱ 층두리아치 : 아치 너비가 클 때 아치를 겹으로 둘러쌓은 것
		④ 개구부의 너비가 1.8m 이상이면 목재, 석재, 철근이나 철근콘크리트로 만든 인방보 등으로 보강하여야 한다.(1m일 때는 평아치도 가능하다.)
		⑤ 인방보(Lintel)는 좌우 벽면으로 20~40cm 정도가 물려야 한다.
5. 벽체 중단		① 층지어 쌓기 : 벽체 중간부
		② 켜걸름 쌓기 : 벽체 교차부

용어) 창대쌓기

종류) 형태별 아치의 종류

용어) 본아치, 막아치, 거친아치, 층두리아치

06 내화벽돌 쌓기

	등급	SK – NO	내화도
1. 품질 (내화도)	저급	26~29	1,580~1,650℃
	보통	30~33	1,670~1,730℃
	고급	34~42	1,750~2,000℃

2. 제게르추 (SK)	제게르 콘(SK ; Seger Corn) : 고로 안의 고온도(600~2,000℃)를 측정하는 세모뿔형으로 된 온도계
3. 시공	① 내화벽돌은 기건성이므로 물축이기를 하지 않고 쌓아야 되며, 보관 시에도 우로를 피한다.
	② 모르타르는 내화 모르타르 또는 단열 모르타르를 사용한다.
	③ 줄눈 너비는 6mm를 표준으로 한다.
	④ 굴뚝, 연도 등의 안쌓기는 구조벽체에서 0.5B 정도 떼어 공간을 두고 쌓되 간격 60cm 정도마다 엇갈림으로 구조 벽체와 접촉하여 자립할 수 있도록 쌓는다.
	⑤ 내화벽돌 쌓기가 끝나는 대로 줄눈의 흙손으로 눌러 두고 줄눈은 줄바르고 평활하게 한다.

07 한중 시공

1. 준비	① 사전에 시공계획서 제출 ② 벽 작업 중단 시 벽의 상부로부터 양쪽 600mm 이상 덮개 설치 ③ 건조상태 ④ 4℃ 이하는 물과 모래를 가열하여 4~40℃ 유지(모르타르) ⑤ −7℃ 이하에서 벽돌 및 쌓기재료는 −7℃ 이하가 되지 않도록 유지
2. 보양	① 0~4℃ : 내후성 강한 덮개 ② −4~0℃ : 내후성 강한 덮개(24시간) ③ −7~−4℃ : 보온덮개, 방한시설로 24시간 보호 ④ −7℃ 이하 : 울타리, 보조열원, 적외선 발열램프로 동결온도 이상 유지

(수치) 시공 시 주의사항 (   ) 넣기

08 창문틀 세우기

1. 세우기	먼저 세우기	① 창문틀 옆의 벽돌을 쌓기 전에 창문틀을 먼저 정확한 위치에 견고히 세워 쌓는 것 ② 시공상의 어려움은 따르나 방수처리 효율면에서는 유리하다.
	나중 세우기	① 가창문틀을 세워서 벽돌을 쌓은 후에 본창문틀을 나중에 끼워 대는 것 ② 강재 창호 설치 시 응용된다.
2. 개구부 보강		① 가로틀을 길게 연장하여 벽체 물림 보강 ② 못으로 보강 ③ 긴결 철물로 보강

(종류) 목재 문틀의 보강방법

09 조적식 구조 제한

1. 기초	① 연속기초이며, 무근 콘크리트 이상 ② 두께는 최하층 벽두께의 2/10를 가산한 두께
2. 칸막이 벽	① 90mm 이상 ② 직상층 중요한 구조물일 경우 190mm 이상
3. 내력벽	① 높이 4m 이하 ② 길이 10m 이하(10m를 넘으면 부축벽 설치) ③ 두께는 높이의 1/20 이상 ④ 내력벽 위에 테두리보 설치 ⑤ 평면상 내력벽의 길이는 550mm 이상 ⑥ 내력벽으로 둘러싸인 한 개 실의 바닥면적은 80m² 이하

(수치) 조적조 구조 제한

10 하자

> 원인 벽돌벽 균열의 원인 설계상, 시공상

1. 균열	계획·설계상 원인	① 기초의 부동침하 ② 건물의 평면, 입면의 불균형 및 불합리 배치 ③ 불균형 또는 큰 집중하중, 횡력 및 충격 ④ 벽돌벽의 길이, 높이, 두께와 벽돌 벽체의 강도 ⑤ 문꼴 크기의 불합리, 불균형 배치
	시공상 원인	① 벽돌 및 모르타르의 강도 부족과 신축성 ② 벽돌벽의 부분적 시공 결함 ③ 이질재와의 접합부 ④ 모르타르의 들뜨기

● 23①,②

> 용어 백화현상

2. 백화현상	정의	벽체에 침투된 물이 모르타르 중의 석회분과 결합한 후 증발되면서 공기 중의 탄산가스(CO_2)와 반응하여 벽돌면을 하얗게 오염시키거나 표면을 벗겨 버리는 현상 • $CaO + H_2O \rightarrow Ca(OH)_2$ • $Ca(OH)_2 + CO_2 \rightarrow CaCO_3 + H_2O$
	대책	① 흡수율이 적고 질이 좋은 벽돌 및 모르타르를 사용한다. ② 줄눈을 수밀하게 시공한다. ③ 구조적으로 비막이를 잘 한다. ④ 파라핀 도료칠 등의 벽면 방수처리를 한다.

● 23①

> 대책 백화현상 방지

제2절 블록공사

01 블록과 모르타르

> 종류 블록의 치수 3가지

	형상	치수			허용값
		길이	높이	두께	길이·두께·높이
1. 규격	기본형 블록	390	190	210 190 150 100	±2%

	구분	기건비중	압축강도(N/mm²)	흡수율(%)
2. 품질	A종	1.7 미만	4.0 이상	–
	B종	1.9 미만	6.0 이상	–
	C종	–	8.0 이상	10 이하

	구분		배합비			
			시멘트	석회	모래	자갈
3. 줄눈 모르타르	모르타르	줄눈용	1	1	3	
		사춤용	1		3	
		치장용	1		1	
	그라우트	사춤용	1		2	3

4. 종류	사용 위치	① 한마구리 평블록 : 모서리나 벽 단부 ② 양마구리 평블록 : 모서리나 벽 단부 ③ 가로근용 블록 : 수평철근 배근용 ④ 인방블록 : 개구부 상단 설치하여 개구부 보강 ⑤ 창대블록 : 개구부 하부 설치하여 빗물유입 방지 ⑥ 창쌤블록 : 개구부 옆면에 설치하여 창문틀의 설치용이
	명칭	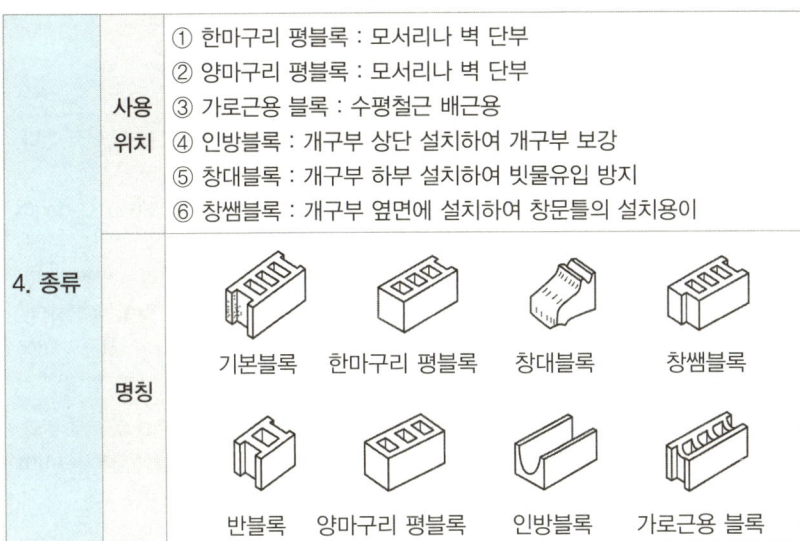

(용어) 인방블록, 창대블록, 창쌤블록

(명칭) 블록 그림과 명칭

02 시공

1. 시공도 작성	① 블록 나누기 및 블록의 종류 선택 ② 벽과 중심 간의 치수 ③ 창문틀 등 개구부의 안목치수 ④ 철근의 삽입 및 이음 위치, 철근의 지름 및 개소 ⑤ 나무 벽돌, 앵커 볼트, 급·배수관, 전기배선관의 위치
2. 준비작업	① 세로 규준틀의 설치 : 곧고 건조한 목재로 10cm 각을 양면 대패질하여 블록 켜수 등 시공도에 기록된 사항을 기입하여 정위치에 견고하게 세운다. ② 반입된 블록의 치수 및 평균오차를 측정하여 먼저 쌓은 것과 대조하고 모양, 치수 및 강도 등에 대한 검사를 엄밀히 한다. ③ 기초 또는 바닥판 윗면은 깨끗이 청소하고 충분히 물축이기를 한다.
3. 쌓기	① 블록의 모르타르 접착면은 적당히 물축이기를 하여 모르타르 경화에 지장이 없도록 한다. ② 속 빈 블록은 테이퍼(Taper)에 의한 쉘 두께가 두꺼운 편이 위로 가게 쌓는다. ③ 하루 쌓기 높이는 1.5m(7켜) 이내, 보통 1.2m(6켜)로 한다.
4. 벽 습기 침투원인	① 재료 자체의 방수성 부족 및 보양 불량 ② 물흘림, 물끊기, 빗물막이 등의 불완전 시공 ③ 치장줄눈의 불완전 시공 및 균열 ④ 창호재 등 개구부 접합부 시공 불량
5. 조적조 지상외벽 방수공법	① 시멘트 액체 방수법을 이용하여 방수 처리하는 방법 ② 수밀성(방수성능)이 있는 재료를 부착하여 처리하는 방법 ③ 에폭시 수지 등의 도막방수 재료를 표면에 도포하는 방법

(종류) 블록시공도에 기입해야 할 내용

(원인) 벽 습기 침투

(종류) 조적조 외벽방수공법

03 보강 블록조

1. 줄눈		통줄눈으로 하며 세로근과 가로근으로 보강한다.
2. 세로근		① 사용 철근은 D10 이상으로 하며, 배근 간격은 40cm 또는 80cm로 한다. 벽모서리, 벽교차부, 문꼴 주위에서는 D13을 사용한다. ② 세로 철근은 원칙적으로 벽체에서 이음을 하지 않으며 테두리보(Wall Girder)에서 잇는다. ③ 사용 철근은 수직선에 대하여 30° 이상 구부리지 않으며, 같은 단면적이라면 굵은 것을 조금 넣는 것보다는 가는 것을 많이 넣는 것이 유리하다. ④ 세로 철근의 정착길이는 철근지름의 40배 이상이어야 하며, 철근의 피복 두께는 2cm 이상이어야 한다.
3. 가로근		① 사용 철근은 D10 이상으로 하며, 배근 간격은 60cm 또는 80cm로 한다. ② 가로근은 세로근 교차부마다 결속하고 블록 빈 속에 정확히 배치하여야 하며, 결속선은 #18~#20 철선을 달구어서 사용한다. ③ 가로근이 배근되는 곳은 가로근용 블록(두께 15cm 이상)을 사용한다. ④ 이음은 엇갈리게 하여야 하며 이음 길이는 25d 이상, 모서리에서는 40d 이상을 정착한다. ⑤ 가로근의 대용으로 와이어 메쉬를 사용할 경우 설치 간격은 60cm 이하이다.
4. 공동부 사춤		① 세로 줄눈과 철근을 넣은 빈 속에는 모르타르 또는 콘크리트로 사춤을 하여야 한다. ② 사춤은 원칙적으로 매 켜마다 하여야 하나, 보통 블록 3~4켜마다 블록 윗면에서 5cm 정도 하단에서 마감한다. ③ 사춤 모르타르는 1:3~1:5, 사춤용 콘크리트는 1:2.5:3.5~1:3:6, 골재는 10mm 체를 통과하여야 한다.

(위치) 보강 블록조 세로 철근 넣어야 하는 곳 3개소

(수치) 세로근 배근

(위치) 보강 블록조 사춤부위 3개소

04 거푸집 블록조

1. 정의	속이 비어 있는 ㄱ자형, ㄷ자형, T자형, ㅁ자형 블록을 거푸집으로 활용하여 블록 내부를 철근과 콘크리트를 넣어 라멘 구조체로 할 수도 있다.
2. 특성	① 공기를 단축할 수 있다. ② 줄눈은 시멘트풀이 흘러내리면 곰보 우려가 있다. ③ 블록의 파손 우려가 있어 다짐을 충분히 하지 못한다.(강도상 문제가 있음) ④ 콘크리트 타설 결과를 확인할 수 없으며 철근의 피복이 불완전하다. ⑤ 콘크리트를 여러 차례 나누어 붓기 때문에 이음새에 의한 강도상 결함이 있을 수 있다.
3. 시공	① 1일 쌓기 높이는 1m 정도로 한다. ② 1회 부어넣는 높이는 60cm 이하로 한다. ③ 콘크리트를 충전할 때는 먼저 블록 내에 물축임을 한 다음 콘크리트를 부어 넣는다. ④ 충전 콘크리트의 이음 부위(Construction Joint)는 가로 줄눈과 일치되지 않도록 블록 상단으로부터 5cm 정도 하부에서 처리한다.

(특징) 거푸집 블록조의 단점 4가지

05 테두리보 / 인방보 / 기초보

1. 테두리보 (Wall girder)	정의	조적조 벽체를 일체화하고, 하중을 균등히 분포시키기 위하여 조적벽의 상부에 설치하는 보
	목적	① 수직 균열의 방지 ② 벽체의 일체화를 통한 수직 하중의 분산 ③ 세로근의 정착 및 이음 부위
2. 인방보 (Lintel)	정의	개구부 상부의 하중과 벽체 하중에 대하여 안전을 위해 설치하는 보(벽체 끝에 200mm 이상 걸침)
	설치 방법	① 철근콘크리트 보 ② 인방블록 이용 ③ 철제 보 ④ 벽돌 이용 ⑤ 나무 보
3. 기초보 (Footing beam)		① 기초의 부동침하를 억제한다. ② 내력벽을 연결하여 벽체를 일체화시킨다. ③ 상부 하중을 균등히 지반에 분포시킨다.

● 23③
(종류) 테두리보의 목적

(종류) 인방보 설치방법 3가지

06 용어

1. 내력벽	상층의 벽, 지붕, 바닥 등의 연직하중과 건물에 가해지는 풍압력, 지진력 등의 횡력이 수평하중을 받는 주요 벽체
2. 대린벽	① 서로 직각으로 교차되는 내력벽 ② 10m 이하
3. 부축벽 (Buttress)	① 부축벽의 길이는 층 높이의 1/3 ② 단층에서 1m 이상, 2층의 밑에서 2m 이상 ③ 평면상에서 전후, 좌우 대칭
4. 벽량(cm/m^2)	① 단위면적(m^2)에 대한 면적 내에 있는 내력벽의 길이 ② 보통 $15cm/m^2$ 이상 ③ 내력벽으로 둘러싸인 바닥면적 $80m^2$ 이하

(용어) 대린벽

(수치) 대린벽

(용어) 벽량

(수치) 벽량

제3절 석공사

01 재료

		장점	단점
1. 석재 특징		① 장중한 외관미가 있다. ② 내구성, 내마모성, 내수성이 있다. ③ 압축강도가 크다.	① 운반, 가공이 어렵다. ② 큰 자재(장대석)를 얻기 어렵다. ③ 인장강도가 작다. ④ 비내화적이다.
2. 생성원인 분류		① 화성암 : 화강암, 현무암, 안산암, 감람석 ② 수성암 : 점판암(철평석, 슬레이트), 사암, 응회암, 석회암 ③ 변성암 : 사문석, 반석, 대리석, 트래버틴, 석면	
3. 종류별 특성	화강암	① 경도, 강도, 내마모성, 내구성, 빛깔, 광택 등과 가공성이 우수하다. ② 화열에 약하다. ③ 큰 재료를 얻을 수 있으므로 구조재, 장식재로 사용된다.	
	안산암	① 화강암과 비교하여 내열성이 우수하다. ② 큰 재료(장대석)가 거의 없다.	
	사암	① 진흙 → 이판암 → 점판암의 순으로 전개되며 얇게 쪼개진다. ② 지붕재료, 판석 등으로 사용된다.	
	점판암	① 강도, 내구력이 약하나 내화력이 크다. ② 외벽재, 경량구조재로 이용한다.	
	응회암	① 강도가 약하고 흡수율도 높아 풍화, 변색되기 쉬우나 채석, 가공이 용이하다. ② 경량, 다공질이다.	
	대리석	① 광택과 빛깔이 미려하므로 내부 장식용으로 사용된다. ② 산 및 화열에 약하고 내구성이 적으므로 외장용으로는 사용하지 않는다.	
	트래버틴	① 대리석의 일종으로 다공질 무늬가 있다. ② 실내 장식재로 이용된다.	
4. 시장품	잡석	부정형인 200mm 정도의 막 생긴 돌	
	간사	한면이 약 200~300mm 정도의 네모진 막 생긴 돌	
	견치돌	네모뿔형으로 생긴 돌	
	장대석	단면 300~600mm 정도의 각재로 구조용 석재	
	판돌	넓고 평평한 사각형으로 돌	
5. 등급	1등급	흠(구름무늬, 얼룩), 점(흰점, 검은점), 띠(흰줄, 검은줄), 철분(녹물), 끊어지는 줄(균열, 짬), 산화, 풍화 등이 조금도 없는 석재	
	2등급	1등급 기준에 결점이 심하지 않은 석재	
	3등급	시공의 실용상 지장이 없는 것	

종류) 생성원인별 구분

●23③

종류) 석재의 등급

6. 사용상 주의사항	① 산출량을 조사하여 공급에 차질이 없도록 한다. ② 취급상 1m³ 이하로 가공한다.(사용 최대치수를 정한다.) ③ 예각을 피한다. ④ 내화 구조물은 강도보다 내화성에 주의한다. ⑤ 높은 곳, 특히 돌출부에서의 석재 사용은 가급적 피한다. ⑥ 구조재 사용 석재의 품질은 압축강도 50kg/cm² 이상, 흡수율 30% 이하로 한다. ⑦ 운반상의 문제를 고려한다.(중량물, 모서리 파손) ⑧ 바닥재, 외장재는 내산성·내수성 있는 재료를 사용한다.

주의사항 석재사용상 주의사항

02 석재의 가공(표면)

●22①

1. 순서		혹두기	정다듬	도드락다듬	잔다듬	물갈기
		큰혹 작은혹	거친정 중간정 고운정	거친다듬 중간다듬 고운다듬	거친다듬 중간다듬 고운다듬	거친갈기 물갈기 본갈기 정갈기
2. 수작업	혹두기	마름돌의 거친면을 쇠메로 다듬어 면을 보기 좋게 한다.				
	정다듬	정으로 쪼아 평탄한 거친 면처리를 한다.				
	도드락다듬	도드락망치로 정다듬한 면을 더욱 평탄하게 다듬는 일이나, 후일 돌이 부스러질 우려가 있고 자국이 남게 되므로 물갈기 등에는 쓰지 않는 것이 좋다.				
	잔다듬	도드락 다듬면 위에서 자귀같이 생긴 날망치로 곱게 쪼아 먼다듬을 하는 수법이다.				
	물갈기	① 잔다듬 또는 톱켜기면을 철사, 금강사, 카보런덤, 모래, 숫돌 등으로 물을 주어 갈아 광택이 나게 하는 것이다. ② 거친갈기, 물갈기, 본갈기, 정갈기의 순으로 마무리하며 광내기 시에는 광내기 가루와 버프(Buff)를 써서 닦는다.				
3. 특수가공 (기계가공)	화염분사	① 석재 표면을 가열한 후 급랭시켜 돌의 표면부분을 박리시키는 방법이다. ② 버너와 돌의 간격 30~40mm를 두고 원형을 그리며 열가공을 한다.				
	모래분사	고압공기의 압력으로 모래를 분사시켜 석재면을 거칠게 만드는 공법				
	플래너 피니쉬	철판을 깎는 기계로서 돌 표면을 대패질하듯 훑어서 평탄하게 마무리하는 방법이다.				

순서 가공순서

순서 석재의 물갈기 마감 순서

용어 모래분사, 화염분사법

03 돌 붙이기

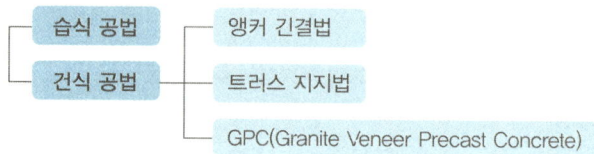

1) 습식과 건식 공법의 특징

1. 습식 공법	장점	① 시공이 간단하다. ② 소규모 건축물에 적합하다.
	단점	① 구조체 변형 발생 시 붙임돌에 균열 등의 변형이 생긴다. ② 온도, 습도의 변화에 의해 붙임돌이 휘거나 틀린다. ③ 동결, 백화, 얼룩의 우려가 있다. ④ 모르타르에 의한 표면 오염이 쉽고 처리가 쉽지 않다. ⑤ 시공 속도가 매우 느리다.
2. 건식 공법	장점	① 동결, 백화 현상이 없다. ② 겨울철 공사가 가능하다. ③ 시공 속도가 빠르다. ④ 공법을 다양화할 수 있다. ⑤ 고층 건물에 유리하다.
	단점	① 충격으로 파손되기 쉽다. ② 줄눈 부위 처리가 어렵다. ③ 특수가공 부분(모서리 등)과 구조체의 연결이 까다롭다. ④ 구조체 재질에 따라 부속 철물이 늘어날 수 있다.

2) 건식 공법

1. 앵커긴결법	① 건물 벽체에 단위석재를 독립적으로 설치하여 석재와 바탕재를 Anchor로 연결하는 공법이다. ② 판재의 두께는 30~50mm 이상으로 한다. ③ 부분적 보수가 어려우며 습식보다는 고가이다.
2. 강재트러스 지지법	① 미리 조립된 강재 트러스에 여러 장의 석재를 지상에서 설치한 후 조립식으로 설치한다. ② 지상작업으로서 작업의 시공성, 품질관리가 용이하다. ③ 트러스와 구조체 간의 응력전달에 대한 구조계산이 필요하다. ④ 타워 크레인 등 양중계획이 필요하다.

3. GPC	정의	강재 거푸집 내 화강석 판재를 부착한 후 콘크리트를 타설하여 일체화시키는 공법
	장점	① 조립 공법으로, 규격화 시 대량 생산이 가능하다. ② 동결 및 백화 현상을 막을 수 있다. ③ 용접 및 볼트 고정으로 구조체와의 설치가 확실하고 용이하다. ④ 시공 속도가 빠르다. ⑤ 겨울철 공사가 가능하다.
	단점	① 부재가 중량이다. ② 부재의 운반, 취급이 용이하지 않고, 파손 우려가 있다. ③ 부재수를 다양화시키기 곤란하다. ④ 양중 장비(크레인 등)가 필요하다.

04 돌쌓기

1. 돌다듬 정도	거친돌 쌓기	잡석, 간사 등을 적당한 크기로 쪼개어 쓰고, 맞댄 면은 그대로 또는 거친 다듬으로 하여 불규칙하게 쌓는 것이다.
	다듬돌 쌓기	돌의 모서리 맞댄 면을 일정하게 다듬어 쌓기의 원칙에 따라 쌓는 것으로서 튼튼하고 외관도 미려하다.
2. 줄눈의 구성	바른층 쌓기	수평·수직 줄눈이 일매지게 형성되는 쌓기로서 성층 쌓기라고도 한다.
	허튼층 쌓기	줄눈이 불균일하게 형성되며 거친돌(막돌) 쌓기에서 주로 볼 수 있다.
	층지어 쌓기	허튼층 쌓기의 형태나, 일성한 간격으로 일매진 수평줄눈이 형성되게 쌓는 방식이다.
3. 보양	돌면 청소	물씻기(희석염산 사용 시 곧바로 물씻기)
	보양재	호분, 하드론지, 종이

05 석축 쌓기

1. 메 쌓기	석재의 접촉면의 마찰을 크게 하고 돌 뒤에 뒤 고임돌만 다져 넣는 것
2. 사춤 쌓기	표면에 모르타르를 줄눈 치장하고 뒤에는 잡석 다짐
3. 찰 쌓기	돌과 돌 사이에 모르타르를 다져 넣고, 뒤 고임에 콘크리트 채움을 한 것

제4절 타일공사

01 재료

1. 성분	품질(소성온도)	자기>석기>도기>토기
	흡수율 크기	토기>도기>석기>자기
2. 용도	외부용	흡수성이 적고 외기에 대한 저항이 큰 것
	내부용	아름답고 위생적인 것
	바닥용	마모에 강하고 미끄러지지 않는 것
3. 유약 처리상	무유	표면에 유약을 바르지 않은 것
	시유	표면에 유약을 바른 것
4. 면처리		① 크링커 ② 스크래치 ③ 태씨스트리 ④ 천무늬 타일

02 시공 붙이기

1. 순서		바탕처리 → 재료조정 → 타일나누기 → 붙이기 → 치장줄눈 → 보양
2. 바탕처리		① 이물질을 제거하고 표면을 거칠게 한다. ② 물축임을 충분히 한다.
3. 타일 나누기		① 가급적 온장이 사용되도록 계획한다. ② 설비재와의 관계 고려 ③ 줄눈을 일치(바닥+벽, 벽+벽) ④ 모양, 패턴을 고려
4. 벽타일 붙이기	떠붙이기	① 타일의 뒷면에 모르타르를 떠서 벽체 바탕에 1장씩 붙이는 공법 ② 모르타르의 두께 : 12~24mm ③ 1일 붙이는 높이 : 1.2~1.5m(소형), 0.7~0.9m(대형) ④ 재래식 방법으로 백화의 우려가 있다.
	압착 붙이기	① 바탕면에 타일접착용 모르타르를 바르고 타일을 눌러 붙이는 공법 ② 모르타르 두께 : 5~7mm ③ 1회 붙임면적 : 1.2m² ④ 오픈타임은 30분 이내로, 붙임시간은 15분 이내
	개량압착	① 바탕면에 타일접착용 모르타르를 바르고 타일에도 붙임 모르타르를 발라 붙이는 공법(내부용) ② 모르타르 두께 : 바탕용(3~6mm), 붙임용(3~4mm) ③ 1회 붙임면적 : 1m²

4. 벽타일 붙이기	접착공법	① 접착제를 벽체 바탕에 2~3mm 두께로 바른 후 타일을 붙이는 공법 ② 1회 붙임면적 : $2m^2$ 이내 ③ 바탕면은 충분히 건조(여름 : 1주, 기타 : 2주 이상) 후 시공
	동시줄눈 (밀착공법)	① 타일면에 진동기(Vibrator)로 충격을 주어 붙이는 공법(외장용) ② 붙임 모르타르의 두께 : 5~8mm ③ 1회 바름면적 : $1.2m^2$ 이하 ④ 줄눈수정 : 타일 붙인 후 15분 이내
	판형 붙이기	낱장 붙이기와 같은 방법으로 하되 타일 뒷면의 표시와 모양에 따라 그 위치를 맞추어 순서대로 붙이고 모르타르가 줄눈 사이로 스며 나오도록 표본 누름판을 사용하여 압착한다.
5. 바닥타일 붙이기		시멘트 페이스트 붙이기, 압착붙이기, 개량압착붙이기, 접착붙이기
6. 치장 줄눈		① 타일을 붙인 후 3시간이 경과하면 줄눈파기를 하여 줄눈 부분을 충분히 청소한다. ② 24시간 경과한 때 붙임 모르타르의 경화 정도를 보아 치장 줄눈을 하되, 작업 직전에 줄눈 바탕에 물을 뿌려 습윤케 한다.

용어 동시줄눈(밀착공법)

7. 줄눈의 크기

타일 구분(외부)	대형 벽돌형	대형(내부 일반)	소형	모자이크
줄눈너비	9mm	5~6mm	3mm	2mm

※ 단, 창문선·문선 등 개구부 둘레와 설비기구류와의 마무리 줄눈 너비는 10mm 정도로 한다.

●24①

줄눈크기 타일

8. 타일의 크기, 줄눈폭 및 두께

사용 부위	재질	크기 (mm)	두께 (mm)	줄눈폭 (mm)
욕실바닥	자기질	200×200 이상	7 이상	4
욕실벽	유색시유도기질	200×250 이상	6 이상	2
현관바닥	자기질 (무유색소지 또는 시유타일)	300×300 이상	7 이상	5
세탁실바닥		150×150 이상	7 이상	4
주방벽	자기질	200×200 이상	6 이상	2
발코니바닥	유색시유도기질	200×200 이상	7 이상	4
(60m² 이상 전면 발코니)	자기질	250×250 이상	7 이상	4
홀	자기질	150×150 이상	좌동	좌동
외부바닥	지정	지정크기	11 이상	지정 크기
외부타일	지정	90×90 이상 (1변이 190 이상인 경우는 60 이상)	(석기질 : 15 이상)	
외부바닥(테라스, 현관)	지정	150×150 이상	11 이상	지정 크기

03 보양 및 청소

1. 보양	① 외기의 기온이 2℃ 이하일 때에는 타일작업장 내의 온도가 10℃ 이상이 되도록 시공 부분을 보양하여야 한다. ② 타일을 붙인 후 3일간은 진동이나 보행을 금한다. ③ 줄눈을 넣은 후 경화 불량의 우려가 있거나 24시간 이내에 비가 올 우려가 있는 경우에는 폴리에틸렌 필름 등으로 차단·보양한다. ④ 줄눈넣기가 완료된 후 7일 동안은 바닥에 설치된 타일 위로 보행하거나 통행해서는 안 된다. ⑤ 마지막 점검 전에 타일 표면을 중성용 클리너로 깨끗이 헹구고 보호막을 제거한다.
2. 청소	① 타일면에 붙은 불결한 재료나 모르타르, 시멘트 페이스트 등을 제거하고 손이나 헝겊 또는 스펀지 등으로 물을 축여 타일면을 깨끗이 씻어 낸 다음 마른 헝겊으로 닦아낸다. ② 공업용 염산의 30배 희석 용액을 사용하였을 때에는 물로 산 성분을 완전히 씻어낸다. ③ 접착제를 사용하여 타일을 붙였을 때에는 담당원의 지시에 따라 승인된 용제로 깨끗이 청소한다. ④ 줄눈넣기가 완성되면 세라믹 타일 전체를 청소한다.

04 타일 검사

1. 시공 중 검사	하루 작업이 끝난 후 비계발판의 높이로 보아 눈높이 이상이 되는 부분과 무릎 이하 부분의 타일을 임의로 떼어 뒷면에 붙임 모르타르가 충분히 채워졌는지 확인하여야 한다.
2. 두들김 검사	① 붙임 모르타르의 경화 후 검사봉으로 전면적을 두들겨 검사한다. ② 들뜸, 균열 등이 발견된 부위는 줄눈 부분을 잘라내어 다시 붙인다. ③ 벽타일 붙이기 중 떠붙임공법의 경우는 접착용 모르타르 밀착 정도를 검사하여 중앙부를 기준으로 밀착 정도 80% 이상이면 합격처리하고, 불합격 시는 주변 8장을 다시 떼어내 확인하여 이 중 한 장이라도 불합격이 있으면 시공물량을 재시공한다.
3. 접착력 검사	① 타일의 접착력 시험은 일반건축물의 경우 타일면적 200m²당, 공동주택은 10호당 1호에 한 장씩 시험한다. 시험 위치는 담당원의 지시에 따른다. ② 시험할 타일은 먼저 줄눈 부분을 콘크리트면까지 절단하여 주위의 타일과 분리시킨다. ③ 시험할 타일은 시험기 부속장치의 크기로 하되, 그 이상은 180×60mm 크기로 타일이 시공된 바탕면까지 절단한다. 다만, 40mm 미만의 타일은 4매를 1개조로 하여 부속 장치를 붙여 시험한다. ④ 시험은 타일 시공 후 4주 이상일 때 실시한다. ⑤ 시험결과의 판정은 타일 인장 부착강도가 0.39N/mm² 이상이어야 한다.

수치) 타일검사

05 하자

1. 하자종류	① 박리, 박락 ② 동해 ③ 백화현상
2. 박리·박락 원인	① 구조체 균열 ② 동해 ③ 바름바탕 불량 ④ 붙임 모르타르 불량 ⑤ Open Time 미준수 ⑥ 줄눈 시공 불량
3. 동해방지	① 소성온도가 높은 타일을 사용한다. ② 흡수율이 낮은 타일을 사용한다. ③ 줄눈누름을 충분히 하여 우수의 침투를 방지한다. ④ 모르타르의 단위수량을 적게 한다. ⑤ 바탕면과 접착모르타르의 접착성을 좋게 한다.
4. Open Time	타일 붙임용 모르타르의 기본 접착강도를 얻을 수 있는 한계의 시간으로 모르타르를 바르고 타일을 붙일 때까지의 한계시간은 보통 내장타일은 10분, 외장타일은 20분 정도로 한다.

(종류) 타일의 결점

(종류) 박리·박락 원인

(용어) Open Time

06 용어

1. MCR 공법	거푸집에 전용 시트를 붙이고, 콘크리트 표면에 요철을 부여하여 모르타르가 파고 들어가는 것에 의해 박리를 방지하는 공법
2. 깔개 모르타르	비탕면에 된비빔 모르타르를 깔고 나무흙손 등으로 바닥면을 마감한 후 반듯한 나무흙손으로 미장한 바탕
3. 대지	타일 유닛을 일체로 붙여놓은 큰 종이 또는 비닐판
4. 마스크 붙임	유닛(unit)화된 50mm 각 이상의 타일 표면에 모르타르 도포용 마스크를 덧대어 붙임 모르타르를 바르고 마스크를 바깥에서부터 바탕면에 타일을 바닥면에 누름하여 붙이는 공법
5. 통로 줄눈	타일의 줄눈이 잘 맞추어지도록 의도적으로 수직·수평으로 설치한 줄눈
6. 흡수 조정재	모르타르의 수분 건조를 방지하기 위해 사전에 바탕면에 도포하는 합성수지 에멀션 재료
7. 타일 먼저 붙임	가줄눈재	타일을 거푸집에 깔아 줄붙임하거나 타일 유닛을 제작할 경우, 줄눈 폭 확보를 위해 타일 사이에 집어넣는 성형 줄눈재
	줄눈 결정	거푸집 면에 타일을 깔개 붙임할 경우에 줄눈의 통로를 잘 맞추기 위해 600mm 간격으로 거푸집에 미리 설치한 통로 줄눈
	치줄눈	거푸집 면에 타일을 단체로 깔개 붙임할 경우에 타일 줄눈 부위에 설치하는 발포 플라스틱제 가줄눈

제5절 ALC(Autoclaved Lightweight Concrete)

01 개요

1. 정의	강철제 탱크 속에 석회질 또는 규산질 원료와 발포제를 넣고 고온·고압하에서 15~16시간 양생하여 만든 다공질의 경량기포 콘크리트를 총칭하여 ALC라 한다.
2. 종류	① ALC Panel ② ALC Block
3. 특징	① 경량성 : 기건비중이 콘크리트의 1/4 정도 ② 단열성 : 열전도율이 콘크리트의 1/10 정도 ③ 불연성, 내화성이 뛰어나다. ④ 흡음성이 뛰어나다.(흡음률이 10~20% 정도) ⑤ 건조 수축이 적고, 균열발생이 적다. ⑥ 흡수율이 높아 동해에 대한 방수·방습처리가 필요하다.

(종류) ALC 재료

(특징) ALC

02 시공

1. 일반사항	① 슬래브는 작업 전 청소 및 모르타르로 수평 ② 블록벽체의 개구부와 개구부 사이는 60mm 이상 ③ 모든 창호에 인방보를 설치하는 것이 좋으나, 개구부의 폭이 900mm 미만인 경우에는 인방보를 설치하지 않아도 무방
2. 쌓기	① 슬래브나 방습턱 위에 고름 모르타르를 10~20mm 두께로 깐 후 첫단 블록을 올려놓고 고무망치 등을 이용하여 수평 ② 쌓기 모르타르는 교반기를 사용하여 배합하며 1시간 이내에 사용 ③ 쌓기 모르타르는 블록의 두께와 동일한 폭을 갖는 전용흙손을 사용 ④ 줄눈의 두께는 1~3mm 정도 ⑤ 블록 상·하단의 겹침길이는 블록길이의 1/3~1/2을 원칙으로 하고 100mm 이상 ⑥ 블록은 각 부분이 가급적 균등한 높이로 쌓아가며 하루 쌓기 높이는 1.8m를 표준으로 하고 최대 2.4m 이내 ⑦ 콘크리트 구조체와 블록벽이 만나는 부분 및 블록벽이 상호 만나는 부분에 대해서는 접합철물을 사용하여 보강하는 것이 원칙 ⑧ 공간쌓기의 경우 공사시방 또는 도면에서 규정한 사항이 없으면 바깥쪽을 주벽체로 하며 내부공간은 50~90mm 정도로 하고, 수평거리 900mm, 수직거리 600mm마다 철물연결재로 긴결 ⑨ 블록의 절단은 전용 톱을 사용하여 정확하게 절단하며 접착면이나 노출면이 평활

3. 보강작업	① 모서리 　통행이 빈번한 벽체의 모서리 부위는 면접기 또는 별도의 보강재로 보강 ② 개구부 　• 개구부 상부에 설치되는 인방보의 단부는 응력상 안전하도록 지지구 조체에 묻혀야 하며, 최소 걸침길이는 다음 표와 같음 | 인방보의 길이(mm)	2,000 이하	2,000~3,000	3,000 이하
---	---	---	---
최소 걸침길이(mm)	200	300	400	 　• ALC 인방보의 보강철근은 방청 처리된 호칭지름 5mm 이상의 철근을 사용 　• 문틀세우기는 먼저 세우기를 원칙으로 하며, 문틀의 상·하단 및 중간에 600mm 이내마다 보강철물을 설치 　• 문틀세우기를 나중 세우기로 할 때는 블록 벽을 먼저 쌓고 문틀을 설치한 후 앵커로 고정 ③ 테두리보 설치
4. 방수 및 방습	① 지표면의 습기가 블록벽체에 영향을 줄 수 있는 최하층 바닥 위에 첫단 블록을 쌓을 때는 바닥에 아스팔트 펠트 등과 같이 방수성능이 우수하고 모르타르와 접착력이 좋은 재료를 사용하여 벽두께와 같은 폭으로 방습층을 설치 ② 상시 물과 접하는 부분에는 방수턱을 설치 ③ 시멘트 액체방수를 사용할 경우, 취약부위 또는 균열 발생의 우려가 있는 부위에는 부분적으로도 도막방수를 추가 시공 ④ 창호의 방수는 다음 방법 중 현장여건에 따라 담당원과 협의하여 선정·적용 　• 창문틀은 외부벽면과 동일 선상 또는 외부로 돌출되게 시공하고, 접합부는 실란트로 마무리 　• 창문틀을 외부 벽면에서 들여 설치할 경우에는 창대석 또는 플래싱을 설치하고, 접합부는 실란트로 마무리
5. ALC 패널 설치공법	① 수직철근 공법 ② 슬라이드 공법 ③ 볼트 조임 공법 ④ 커버 플레이트 공법

(종류) ALC 패널 설치공법

CHAPTER 05 핵심 기출문제

● 벽돌공사

01 다음 벽돌 구조에서 벽돌의 마름질 토막의 명칭을 쓰시오.

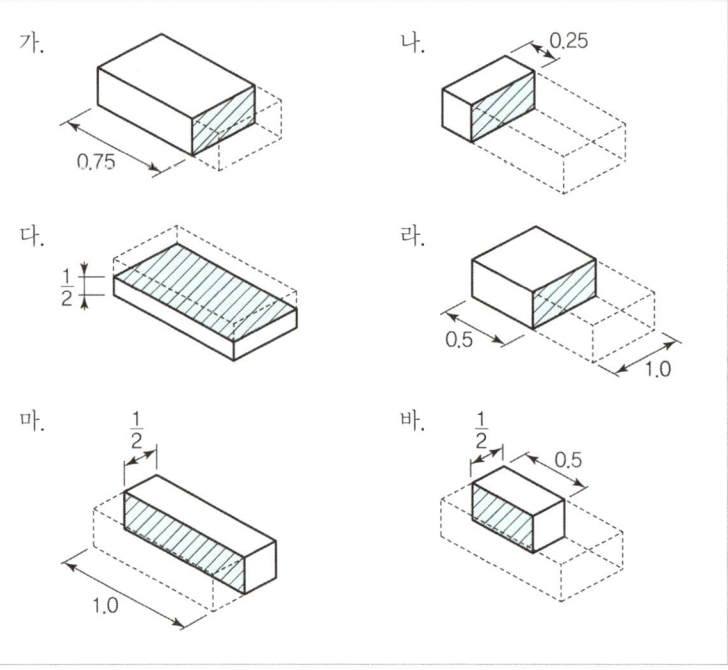

가. _____ 나. _____
다. _____ 라. _____
마. _____ 바. _____

정답 벽돌의 마름질
가. 칠오토막
나. 이오토막
다. 반격지(가로반절)
라. 반토막
마. 반절
바. 반반절

02 벽돌 공사에서의 사용용도와 서로 연관 있는 모르타르 용적 배합비를 고르시오.

용 도	용적 배합비(잔골재/결합재)
㉠ 벽용 줄눈 모르타르	ⓐ 1 : 2.5~1 : 3.0
㉡ 벽용 붙임용 줄눈 모르타르	ⓑ 1 : 0.5~1 : 1.5
㉢ 치장줄눈 등 모르타르	ⓒ 1 : 1.5~1 : 2.5

㉠ _____
㉡ _____
㉢ _____

정답 모르타르 용적 배합비
㉠ : ⓐ ㉡ : ⓒ ㉢ : ⓑ

03 다음 줄눈 그림에 맞는 각 명칭을 〈보기〉에서 골라 기재하시오. •24③

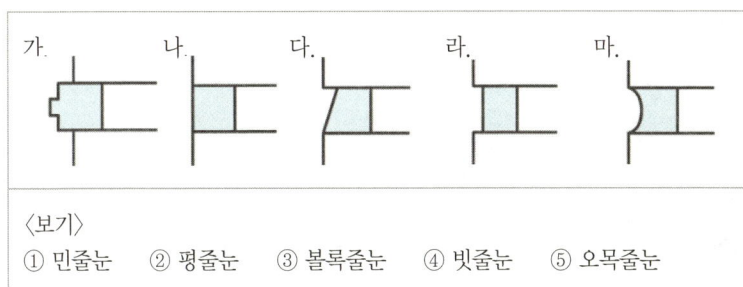

〈보기〉
① 민줄눈 ② 평줄눈 ③ 볼록줄눈 ④ 빗줄눈 ⑤ 오목줄눈

가. _____ 나. _____
다. _____ 라. _____
마. _____

정답 줄눈의 명칭
가. ③ 나. ① 다. ④
라. ② 마. ⑤

04 세로규준틀이 설치되어 있는 벽돌조건축물의 벽돌쌓기 순서를 〈보기〉에서 골라 번호로 쓰시오.

① 기준 쌓기   ② 벽돌에 물 축이기 ③ 보양
④ 벽돌 나누기 ⑤ 재료 건비빔   ⑥ 벽돌면 청소
⑦ 줄눈파기   ⑧ 중간부 쌓기   ⑨ 치장줄눈
⑩ 줄눈누름

( ) → ( ) → ( ) → ( ) → ( ) → ( ) →
( ) → ( ) → ( ) → ( )

정답 벽돌쌓기 순서
⑥ → ② → ⑤ → ④ → ① → ⑧
→ ⑩ → ⑦ → ⑨ → ③

05 일반적인 벽돌 및 블록쌓기 순서를 〈보기〉에서 골라 번호로 쓰시오.

| ① 중간부 쌓기 | ② 접착면 청소 | ③ 보양 | ④ 줄눈파기 |
| ⑤ 물축이기 | ⑥ 규준쌓기 | ⑦ 치장줄눈 | |

( ) → ( ) → ( ) → ( ) → ( ) → ( ) → ( )

정답 조적쌓기 순서
② → ⑤ → ⑥ → ① → ④ → ⑦ → ③

06 조적재 쌓기 시공 시 기준이 되는 세로 규준틀의 설치위치에 대하여 2가지만 쓰시오.

가.
나.

정답 세로 규준틀의 설치위치
가. 건물의 모서리(구석) 등 기준이 되는 곳에 설치
나. 벽의 끝부분

07 세로 규준틀에 기입해야 할 사항을 4가지 쓰시오.

가.   나.
다.   라.

정답 세로 규준틀 기입사항
가. 개구부 치수
나. 쌓기 단수 및 높이
다. 앵커, 매입철물의 위치
라. 테두리보, 인방보의 위치

08 다음 ( ) 안에 적당한 단어나 수치를 기재하시오.   • 24①,③ · 21②

벽돌쌓기 시 줄눈은 (가)mm로 하고, 도면 또는 공사시방서에서 정한 바가 없을 때에는 (나) 쌓기나 (다) 쌓기법으로 하며, 1일 벽돌량쌓기 표준높이는 (라)이다.

가.   나.
다.   라.

정답 벽돌쌓기
가. 10
나. 영국식
다. 화란식
라. 1.2m

09 조적공사에 대한 설명이다. 〈보기〉 내용이 맞는지의 여부를 ○, ×로 답하시오.   • 24① · 22②

〈보기〉
가. 하루의 쌓기 높이는 1.2m를 표준으로 하고, 최대 1.5m 이하로 한다.
나. 공사시방서에서 정한 바가 없을 때에는 영식 쌓기 또는 불식 쌓기로 한다.
다. 가로 및 세로줄눈의 너비는 도면 또는 공사시방서에 정한 바가 없을 때는 10mm로 하고, 세로줄눈은 통줄눈이 되지 않도록 한다.

가.   나.
다.

정답 조적공사
조적공사
가. ○   나. ×   다. ○

10 조적공사에서 사용되는 수평과 수직보기 도구 3가지를 쓰시오.

가. _____ 나. _____

다. _____

> **정답** 조적공사 수평, 수직보기 도구
> 가. 다림추 나. 수평수준기
> 다. 수직수준기 라. 수평실

11 다음은 조적공사 시공 시 유의하여야 할 점이다. 빈칸을 채우시오.

가. 한랭기 공사 시 (   )에서 모르타르 온도가 4~(   )℃ 이내가 되도록 유지함
나. 벽돌 표면온도는 (   )℃ 이하가 되지 않도록 관리함
다. 가로, 세로의 줄눈나비는 (   )cm를 표준으로 함
라. 모르타르용 모래는 (   )mm 체에 100% 통과하는 적당한 입도일 것

> **정답** 조적공사 시공
> 가. 4℃ 이하, 40
> 나. 영하 7℃
> 다. 1
> 라. 5

12 학교, 사무소 건물 등의 목재 문틀이 큰 충격력 등에 의해 조적조 벽체로부터 빠져나오지 않게 하기 위한 보강방법의 종류를 3가지 쓰시오.

가. _____

나. _____

다. _____

> **정답** 조적조 개구부 보강방법
> 가. 창문틀 상·하 가로틀에 뿔을 내어 옆벽에 물려서 쌓는다.
> 나. 창문틀 중간에 60cm 간격으로 꺾쇠나 볼트, 대못으로 고정한다.
> 다. 긴결철물을 이용하여 옆벽에 물려 쌓기하고 사춤을 철저히 한다.

13 조적벽체에서 테두리보(Wall Girder)의 역할에 대하여 3가지만 쓰시오.

가. _____
나. _____
다. _____

> **정답** 테두리보의 역할
> 가. 분산된 벽체를 일체화한다.
> 나. 집중하중을 균등 분산한다.
> 다. 벽의 균열을 방지한다.

14 조적조 벽체의 시공에서 Control Joint를 두어야 하는 위치를 〈보기〉에서 모두 골라 기호로 쓰시오.

가. 최상부 테두리보	나. 벽의 높이가 변하는 곳
다. 창문의 창대틀 하부벽	라. 콘크리트 기둥과 접하는 곳
마. 벽의 두께가 변하는 곳	바. 모든 문 개구부의 인방 상부벽의 중앙

> **정답** 조적조 벽체 조절줄눈의 위치
> 나, 라, 마

15 다음 설명에 해당되는 용어를 쓰시오.

> 가. 보의 응력은 일반적으로 기둥과 접합부 부근에서 크게 되어 단부의 응력에 맞는 단면으로 보 전체를 설계하면 현저하게 비경제적이기 때문에 단부에만 단면적을 크게 하여 보강한 것을 무엇이라 하는가?
> 나. 조적조 건물에서 내력벽 길이의 합(cm)을 그 층의 바닥면적(m^2)으로 나눈 값을 무엇이라고 하는가?
> 다. 조적조에서 벽체의 길이를 규제하기 위해 설정한 것으로 서로 마주 보는 벽을 무엇이라고 하는가?

가. _____ 나. _____

다. _____

정답 용어
가. 헌치(Haunch)
나. 벽량
다. 대린벽

16 조적구조의 안전 규정에 대한 다음 문장 중 ( ) 안에 적당한 내용을 쓰시오.

> 조적조 대린벽으로 구획된 벽길이는 (가) 이하이어야 하며, 내력벽으로 둘러싸인 바닥면적은 (나) 이하이어야 한다.

가. _____ 나. _____

정답 조적조 안전 규정
가. 10m
나. 80m^2

17 다음 벽돌쌓기면에서 보이는 모양에 따라 붙여지는 쌓기명을 쓰시오.

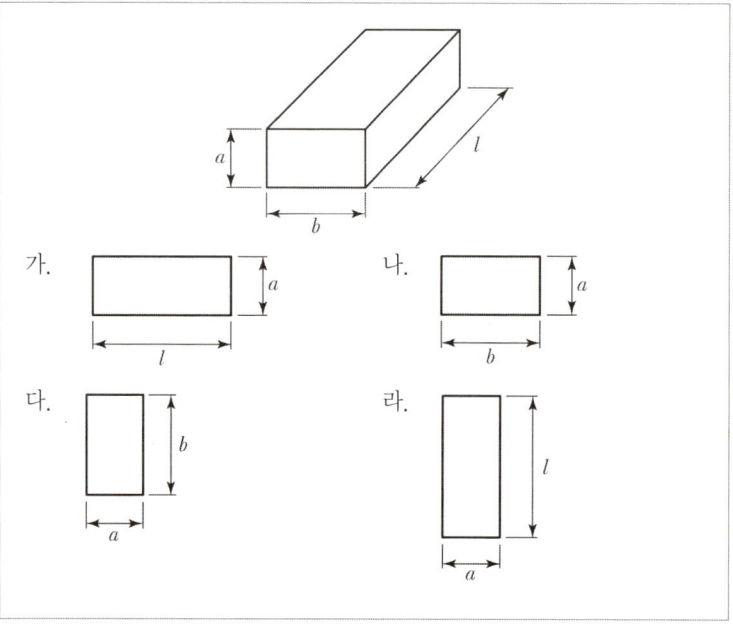

가. _____ 나. _____

다. _____ 라. _____

정답 벽돌쌓기
가. 길이쌓기   나. 마구리쌓기
다. 옆세워쌓기 라. 길이세워쌓기

18 조적공사 중 벽돌쌓기 방법에서 사용되는 국가명칭이 들어간 벽돌쌓기 방법을 4가지 적으시오.

가. _____
나. _____
다. _____
라. _____

정답 나라별 쌓기법
가. 영식 쌓기
나. 화란식 쌓기
다. 불식 쌓기
라. 미식 쌓기

19 다음과 같이 5단으로 된 벽돌벽이 있다. 비어 있는 란에 주어진 벽돌쌓기 방식에 따라 벽돌표시를 직접 그리고 사용된 벽돌기호를 〈보기〉에서 골라 벽돌 안에 직접 표시하시오.

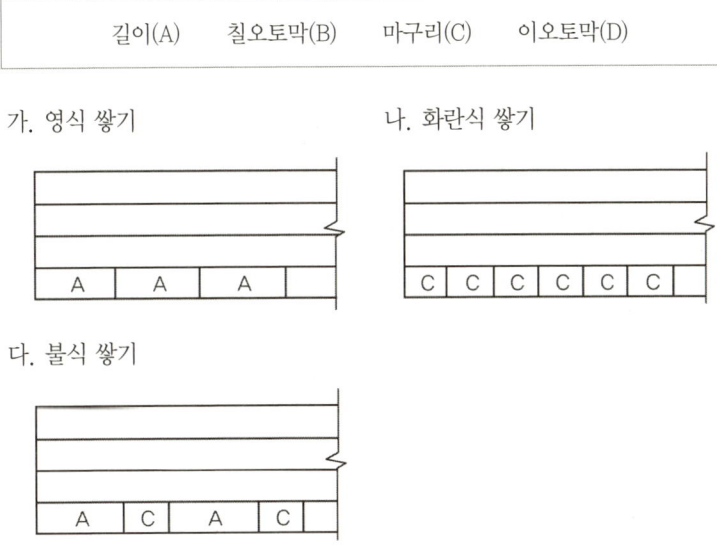

정답 벽돌쌓기 방식
가. 영식 쌓기
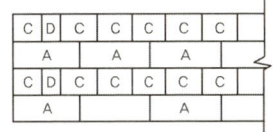

나. 화란식 쌓기
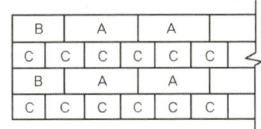

다. 불식 쌓기
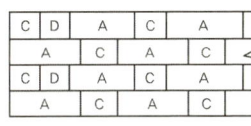

20 벽돌쌓기 방식 중 영식 쌓기 특성을 간단히 설명하시오.

_____
_____
_____

정답 영국식 쌓기
가장 튼튼한 쌓기 형식으로 한 켜는 길이, 다음 켜는 마구리쌓기로 하며, 모서리 벽 끝에 이오토막 또는 반절을 마구리켜에 사용한다.

21 다음이 설명하는 용어를 쓰시오.

가. 창 밑에 돌 또는 벽돌을 15도 정도 경사지게 옆세워 쌓는 방법 (   )
나. 벽돌벽 등에 장식적으로 구멍을 내어 쌓는 방법   (   )

22 벽돌벽을 이중벽으로 하여 공간쌓기로 하는 목적을 3가지 쓰시오.

가. _____
나. _____
다. _____

23 다음이 설명하는 것을 〈보기〉에서 골라 쓰시오.

| ① 본아치 | ② 막만든아치 |
| ③ 거친아치 | ④ 층두리아치 |

가. 보통 벽돌을 써서 줄눈을 쐐기 모양으로 하는 아치   (   )
나. 아치너비가 클 때에 아치를 겹으로 둘러 튼 아치   (   )
다. 아치벽돌을 주문 제작하여 쓰는 아치   (   )
라. 보통 벽돌을 쐐기 모양으로 다듬어 쓰는 아치   (   )

24 다음 아치의 형태에 따른 아치명을 쓰시오.

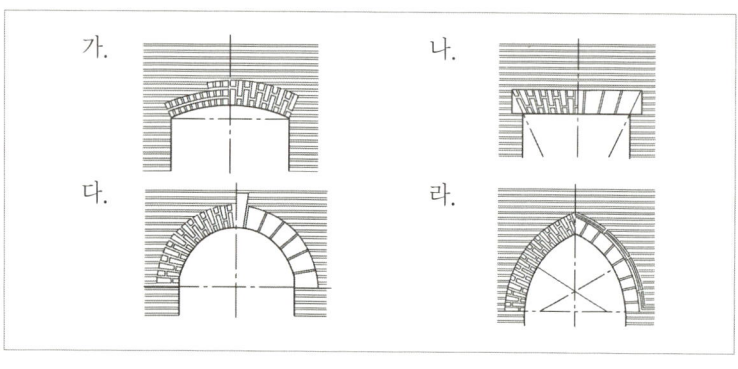

가. _____
나. _____
다. _____
라. _____

25 건물의 벽돌벽에 균열이 발생하지 않도록 하기 위하여 설계 및 시공상 주의할 점을 기술하시오.

　　가. 설계상 :

　　나. 시공상 :

정답 균열 발생의 원인
가. 설계상
　① 불균형 하중
　② 벽돌벽체의 강도 부족
　③ 기초의 부동침하
　④ 평면, 입면의 불균형
　⑤ 문꼴 크기의 불합리 및 불균형 배치
나. 시공상
　① 재료의 신축성
　② 몰탈사춤 부족
　③ 벽돌 및 모르타르의 강도 부족
　④ 이질재와의 접합부 시공

26 벽돌벽의 표면에 생기는 백화현상의 정의와 발생 방지대책을 3가지 쓰시오.

●23①,②

　　가. 백화현상의 정의 :

　　나. 방지대책
　　　①
　　　②
　　　③

정답 백화현상
가. 벽체에 침투된 물이 모르타르 중의 석회분과 결합한 후 벽으로 흘러나와 물이 증발되면서 공기 중의 탄산가스(CO_2)와 반응하면서 하얗게 오염시키거나 표면을 벗겨버리는 현상이다.
나. 방지대책
　① 벽체방수(파라핀 도료, 실베스터법 등)
　② 흡수율 낮은 벽돌 사용(벽돌의 소성온도를 높임)
　③ 줄눈을 수밀하게 시공
　④ 구조적인 비막이 고려(처마, 채양, 돌림띠 등)

27 조적조(벽돌, 블록, 돌)를 바탕으로 하는 지상부 건축물의 외부벽면의 방수공법의 종류를 3가지 쓰시오.

　　가.
　　나.
　　다.

정답 조적조 외부벽면 방수법
가. 시멘트 액체 방수법을 이용하여 방수처리하는 방법
나. 수밀성(방수성능)이 있는 재료를 부착하여 처리하는 방법
다. 에폭시 수지 등의 도막방수 재료를 표면에 도포하는 방법

● 블록공사

28 한국산업규격(KS)에 제시된 속 빈 블록치수 3가지를 쓰시오.

가.
나.
다.

> 정답 블록치수
> 가. 390×190×100
> 나. 390×190×150
> 다. 390×190×190

29 다음 설명이 뜻하는 용어를 쓰시오.

가. 창문틀의 밑에 쌓는 블록은? ( )
나. 문꼴 위에 쌓아 철근과 콘크리트를 다져 넣어 보강하는 U자형 블록은?
( )
다. 창문틀의 옆에 쌓는 블록은? ( )

> 정답 블록의 종류
> 가. 창대블록(Window Sill Block)
> 나. 인방블록(Lintel Block)
> 다. 창쌤블록(Window Jamb Block)

30 다음 블록의 명칭을 쓰시오.

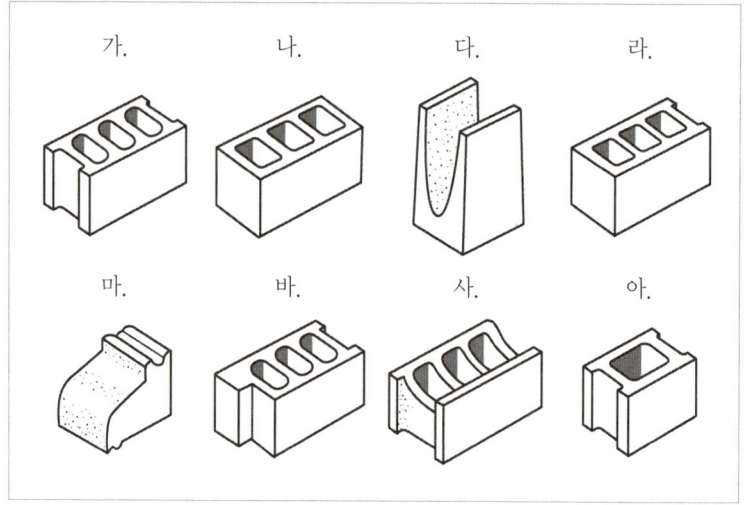

가.
나.
다.
라.
마.
바.
사.
아.

> 정답 블록의 종류
> 가. 기본블록
> 나. 양마구리 평블록
> 다. 인방블록
> 라. 한마구리 평블록
> 마. 창대블록
> 바. 창쌤블록
> 사. 가로근용 블록
> 아. 반블록

31 블록 쌓기 시공도에 기입하여야 할 사항에 대하여 4가지만 쓰시오.

가. _____
나. _____
다. _____
라. _____

정답 블록 쌓기 시공도 기입사항
가. Block의 종류, Block 나누기
나. 창문틀 등 개구부의 안목치수
다. 쌓기 높이, 단수
라. 매입철물의 종류, 위치

32 보강철근콘크리트 블록조에서 세로철근을 반드시 넣어야 하는 위치 3개소를 쓰시오.

가. _____ 나. _____
다. _____

정답 보강블록조 세로철근 배근 위치
가. 교차부
나. 모서리
다. 개구부 주위

33 보강블록구조의 시공에서 반드시 모르타르 또는 콘크리트로 사춤을 채워 넣는 부위를 3가지만 쓰시오.

가. _____
나. _____
다. _____

정답 보강블록조 사춤 부위
가. 벽끝
나. 모서리
다. 교차부
라. 문꼴 주위(개구부)

34 다음 ( )에 알맞은 수치를 기재하시오.

보강콘크리트 블록조에서 블록 안에 들어가는 세로철근의 정착 길이는 철근지름의 (가)배 이상이어야 하며, 이 때 철근의 피복두께는 (나)mm 이상이어야 한다.

가. _____
나. _____

정답 보강블록조
가. 40
나. 20

35 보강 블록벽 쌓기 시 와이어 메쉬(Wire Mesh)의 역할을 3가지 쓰시오.

가. _____
나. _____
다. _____

정답 와이어 메쉬(Wire Mesh)의 역할
가. 벽체의 균열 방지
나. 횡력, 편심하중의 균등분산
다. 모서리, 교차부의 보강

정답 거푸집 블록조의 단점
가. 줄눈이 많아서 강도가 부족하다.
나. 블록살 두께가 얇아서 충분한 다짐이 곤란하다.
다. 줄눈 사이에 시멘트 풀이 흘러 곰보 발생이 우려된다.
라. 시공결과의 판단이 불명확하다.

정답 블록구조 인방보 설치 방법
가. 인방용 블록을 사용하여 현장에서 철근과 콘크리트를 보강하여 제작하여 설치
나. 현장에서 거푸집으로 제작 철근과 콘크리트를 이용하여 설치
다. 기성콘크리트 보를 만들어 들어 올려서 설치

정답 블록 벽체의 습기, 빗물 침투 원인
가. 재료자체의 방수성 결여 및 보양 불량
나. 물흘림, 물끊기, 빗물막이의 불완전 시공
다. 치장줄눈의 불완전 시공 및 균열
라. 개구부, 창호재 접합부의 시공불량

정답 석재의 종류
가. ②, ⑤, ⑦
나. ①, ⑥
다. ③, ④

36 거푸집 블록조의 콘크리트 부어넣기에 있어서 일반 RC조와 비교할 때 시공 및 구조적으로 불리한 점을 4가지만 쓰시오.

가. _____
나. _____
다. _____
라. _____

37 블록구조에서 인방보를 설치하는 방법 3가지를 기술하시오.

가. _____
나. _____
다. _____

38 블록 벽체의 결함 중 습기, 빗물 침투현상의 원인을 4가지만 쓰시오.

가. _____
나. _____
다. _____
라. _____

● 석공사

39 다음 〈보기〉의 암석 종류를 생성원인별로 찾아 번호로 쓰시오.

① 점판암	② 화강암	③ 대리석
④ 석면	⑤ 현무암	⑥ 석회암
⑦ 안산암		

가. 화성암 : _____
나. 수성암 : _____
다. 변성암 : _____

40 석재의 등급은 다음 설명의 기준에 의하여 1에서 3등급으로 구분한다. 각 설명에 해당하는 등급을 쓰시오.

> 가. 1등급 기준에 결점이 심하지 않은 석재
> 나. 시공의 실용상 지장이 없는 것
> 다. 흐름(구름무늬, 얼룩), 점(흰점, 검은점), 띠(흰줄, 검은줄), 철분(녹물), 끊어지는 줄(균열, 짬), 산화, 풍화 등이 조금도 없는 석재

가. .... 나. .... 다. ....

정답 석재의 등급
가. 2등급
나. 3등급
다. 1등급

41 석재의 가공순서를 보기에서 골라 기호로 쓰시오.

> 〈보기〉
> ① 도드락다듬   ② 혹두기   ③ 잔다듬   ④ 정다듬

정답 석재의 가공순서
② - ④ - ① - ③

42 석재의 표면마감에서 혹두기, 정다듬, 도드락다듬, 잔다듬, 물갈기의 기존 공법 외에 특수가공 공법의 종류를 2가지만 쓰고, 설명하시오.

가. ....
나. ....

정답 석재 특수가공 공법
가. 모래분사법
(Sand Blasting Method) : 석재면에 고압으로 모래를 분출시켜 면을 곱게 하거나 때를 벗겨내는 데 쓰이는 방법으로 석재마모가 심하나.
나. 화염분사법
(Burner Finish Method) : 프로판 가스버너 등으로 석재면을 달군 다음 찬물을 뿌려 급랭시키면 표면에 얇은 층이 떨어져 나가 거친면으로 마무리하는 공법

43 건축공사 표준시방서에 의한 석재의 물갈기 마감공정을 순서대로 쓰시오.

....

정답 석재 물갈기 공정순서
가. 거친갈기
나. 물갈기
다. 본갈기
라. 정갈기

44 석재의 가공이 완료되었을 때 가공 검사의 내용에 대하여 4가지를 쓰시오.

가. ....
나. ....
다. ....
라. ....

정답 석재가공 완료 시 검사내용
가. 마무리 치수의 정도(정확성 확인)
나. 모서리각의 바르기 여부
다. 면의 평활도
라. 다듬기 솜씨의 정도 확인

정답 앙카 긴결법
가. 정의 : 건물 벽체에 단위 석재를 독립적으로 설치하여 석재와 바탕재를 앙카로 연결하는 공법
나. 장점
   ① 시공 속도가 빠르다.
   ② 겨울철 공사가 가능하다.
   ③ 동결, 백화 현상이 없다.
   ④ 공법을 다양화할 수 있다.
   ⑤ 고층건물에 유리하다.

정답 돌붙임 시공순서
라 → 사 → 다 → 마 → 바 → 가 → 나

정답 바닥돌 깔기
가. 원형 깔기
나. 마름모 깔기(엇모무늬)
다. 바둑무늬 깔기
라. 아자무늬 깔기
마. 오늬무늬 깔기

정답 타일의 종류
가. 도기질타일, 석기질타일, 자기질 타일, 토기질 타일
나. 내장타일, 외장타일, 바닥타일

---

45 석재 붙임 공법 중 앙카 긴결법을 설명하고 습식 공사에 비해 장점 3가지를 기재하시오.

가. 정의 : _____

나. ① _____
   ② _____
   ③ _____

46 돌붙임 시공 순서를 〈보기〉에서 골라 번호를 쓰시오.

가. 청소	나. 보양	다. 돌붙이기
라. 돌나누기	마. Mortar 사춤	바. 치장줄눈
사. 탕개줄 또는 연결철물 설치		

( ) → ( ) → ( ) → ( ) → ( ) → ( ) → ( )

47 바닥돌 깔기의 경우 형식 및 문양에 따른 명칭을 5가지만 쓰시오.

가. _____ 나. _____
다. _____ 라. _____
마. _____

● 타일공사

48 타일의 종류를 소지 및 용도에 따라 분류하시오.

가. 소지 : _____

나. 용도 : _____

49 아래 설명에 적합한 타일을 보기에서 골라 기호로 적으시오.(단, 번호 중복 기재 가능)

| ① 토기질 타일   ② 도기질 타일   ③ 석기질 타일   ④ 자기질 타일 |

가. 외장에 사용하는 타일은 ( ), ( )을 사용하고 내동해성이 우수한 것으로 한다.

나. 내장에 사용하는 타일은 (　), (　), (　)을 사용하고 한랭지 및 이에 준하는 장소의 노출부위에는 (　), (　)을 사용한다.
다. 바닥 타일은 유약을 바르지 않은 (　), (　)을 사용한다.

정답 용도별 타일
가. ③, ④
나. ②, ③, ④, ③, ④
다. ③, ④

50 점토소성 제품인 타일의 선정에서 외장타일에 발생할 수 있는 결점(흠집)의 종류를 3가지만 쓰시오.

가. _____ 나. _____
다. _____

정답 타일의 결점(흠집)
가. 치수의 오차
나. 색조의 차이
다. 공기구멍(기포)의 혼입

51 벽타일 붙이기 시공순서를 쓰시오.

가. 바탕처리 → 나. (　　　) → 다. (　　　)
→ 라. (　　　) → 마. (　　　)

나. _____ 다. _____
라. _____ 마. _____

정답 벽타일 시공순서
나. 타일 나누기
다. 벽타일 붙임
라. 치장줄눈
마. 보양

52 다음 타일에 사용되는 줄눈의 크기를 기재하시오.   • 24①

사용 부위	크기	두께(mm)	줄눈폭(mm)
욕실 바닥	200×200	7 이상	①
욕실 벽	200×250	6 이상	②
세탁실 바닥	150×150	7 이상	③
주방 벽	200×200	6 이상	④

① _____ ② _____
③ _____ ④ _____

정답 타일에 사용되는 줄눈의 크기
① 4   ② 2
③ 4   ④ 2

53 벽타일 붙이기 공법의 종류를 4가지를 적으시오.   • 23① · 21②

가. _____ 나. _____
다. _____ 라. _____

정답 타일붙임 공법
가. 떠붙이기(적층) 공법
나. 압착 공법
다. 개량적층 공법
라. 개량압착 공법
마. 밀착(동시줄눈) 공법

54 다음 타일 붙임공법의 명칭을 쓰시오.

> 바탕면에 타일접착용 모르타르를 바르고 타일에도 붙임 모르타르를 발라 두드려 누르거나 비벼 넣으며 붙이는 공법으로 압착 공법을 한층 발전시킨 공법

정답 타일 붙이기
개량압착 공법

55 타일공사에서 떠붙임공법과 압착붙임공법의 차이점을 쓰시오.

정답 떠붙임공법과 압착붙임공법의 차이점
떠붙임공법은 타일 뒷면에 붙임용 모르타르를 바르고 벽면의 아래에서 위로 붙여나가는 종래의 공법이며, 압착붙임공법은 바탕면을 고르고 붙임 모르타르를 고르게 바른 후 그곳에 타일을 눌러 붙이는 공법이다.

56 다음은 타일붙임 공법에 대한 설명이다. ( ) 안에 알맞은 공법을 〈보기〉에서 골라 기호로 쓰시오.

> ① 개량압착 공법 ② 압착붙이기 공법 ③ 떠붙이기 공법
> ④ 개량떠붙이기 공법 ⑤ 밀착(동시줄눈) 공법

가. 타일 뒷면에 붙임용 모르타르를 바르고 벽면의 아래에서 위로 붙여 가는 종래의 일반적인 공법은 (　　　)이다.
나. 바탕면에 먼저 붙임 모르타르를 고르게 바르고 그곳에 타일을 눌러 붙이는 공법은 (　　　)이다.
다. 바탕면에 붙임 모르타르를 발라 타일을 눌러 붙인 다음 충격공구(손진동기)로 타일면에 충격을 가하는 공법은 (　　　)이다.

정답 타일붙임 공법
가. ③　나. ②　다. ⑤

57 다음이 설명하는 타일 공법을 쓰시오.

가. 가장 오래된 타일붙이기 방법으로 타일 뒷면에 붙임모르타르를 얹어 바탕모르타르에 누르듯이 하여 1매씩 붙이는 방법　(　　　)
나. 평평하게 만든 바탕 모르타르 위에 붙임 모르타르를 바르고, 그 위에 타일을 두드려 누르거나 비벼 넣으면서 붙이는 방법　(　　　)
다. 평평하게 만든 바탕모르타르 위에 붙임 모르타르를 바르고 타일 뒷면에 붙임 모르타르를 얇게 발라 두드려 누르거나 비벼넣으면서 붙이는 방법
(　　　)

정답 타일부착 공법
가. 떠붙임 공법
나. 압착 공법
다. 개량압착 공법

58 타일시공법 중 붙임재 사용법에 따른 공법을 1가지씩 쓰시오.

  가. 타일 측에 붙임재를 바르는 공법 : _____
  나. 바탕 측에 붙임재를 바르는 공법 : _____

정답 붙임재 사용
가. 떠붙임 공법
나. 압착 공법 혹은 밀착 공법

59 다음 타일 시공검사에 관한 내용이다. ( ) 안에 적당한 수치를 기재하시오.

• 24③

> 1) 벽타일 붙이기 중 떠붙임 공법의 경우는 접착용 모르타르 밀착정도를 검사하여 중앙부를 기준으로 밀착정도 (가)% 이상이면 합격처리하고 불합격 시는 주변 8장을 다시 떼어내 확인하여 이중 1장이라도 불합격이 있으면 시공물량을 재시공한다.
> 2) 타일의 접착력 시험은 일반건축물의 경우 타일면적 (나)m^2당, 공동주택은 (다)당 1호에 한 장씩 시험한다.
> 3) 시험결과의 판정은 타일 인장강도가 (라)N/mm^2 이상이어야 한다.

  가. _____   나. _____
  다. _____   라. _____

정답 타일 시공검사
가. 80
나. 200
다. 10
라. 0.39

60 타일공사에서 타일의 박리·박락의 원인 4가지를 쓰시오.

  가. _____
  나. _____
  다. _____
  라. _____

정답 타일 박리 원인
가. 구조체 균열
나. 동해에 의한 팽창
다. 바름바탕 불량
라. 붙임 모르타르 불량

● ALC

61 ALC 경량기포콘크리트 제조 시 필요한 재료 2가지를 쓰시오.

  가. _____   나. _____

정답 ALC재료
가. 석회질
나. 규산질
다. 발포제

62 ALC 제조 시 주재료와 기포제조방법을 쓰시오.

  가. 주재료 : _____
  나. 기포제조방법 : _____

정답 ALC 제조
가. 주재료 : 석회질, 규산질
나. 기포제조방법
  : 발포제(알루미늄분말)

63 ALC(Autoclaved Lightweight Concrete)의 건축재료로서의 특징을 4가지 쓰시오.

가.
나.
다.
라.

정답 건축재료 ALC의 특징
가. 경량성
나. 내화성이 우수하다.
다. 단열, 차음성능이 우수하다.
라. 흡수성이 크다.

64 ALC(Autoclaved Lightweight Concrete) 패널의 설치공법을 4가지 쓰시오.

가.
나.
다.
라.

정답 ALC 패널의 설치공법
가. 수직철근 보강 공법
나. 슬라이드(Slide) 공법
다. 볼트조임 공법
라. 커버플레이트 공법

65 다음은 욕실 바닥 타일 붙이기 순서이다. 그림을 보고 보기에서 골라 알맞게 기재하시오.

〈보기〉
기포 콘크리트, 자기질 타일, 고름 모르타르, 보호모르타르(XL15), 액체방수 1종

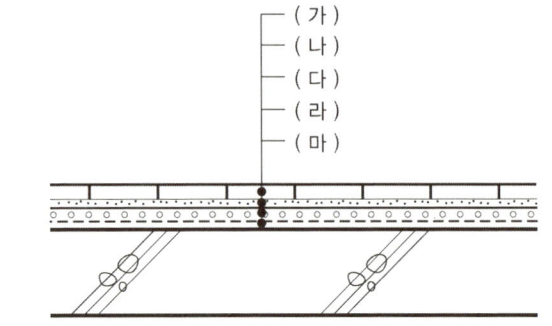

가.
나.
다.
라.
마.

정답 욕실 바닥 타일 붙이기 순서
가. 타일
나. 고름모르타르
다. 보호모르타르(XL15)
라. 기포콘크리트
마. 액체방수 1종

Engineer Architecture

CHAPTER 06
목공사

CONTENTS

제1절 재료	297
제2절 성질	298
제3절 제재 및 공학 목재	299
제4절 가공	300
제5절 접합(부재가공, 보강철물, 접착제)	301
제6절 세우기(목조건물)	303
제7절 수장	304
제8절 경골 목구조	304

한눈에 보기

용어 미리보기

용어	Keyword	출제연도
분할	제재목의 끝 부분에서 상하가 관통하여 갈라진 결함	24② · 23③
윤할	나무가 생장과정에서 받는 내부응력으로 인하여 목재 조직이 나이테에 평행한 방향으로 갈라지는 결함	24② · 23③
할렬	목재가 건조과정에서 방향에 따른 수축률의 차이로 나이테에 직각 방향으로 갈라지는 결함	24② · 23③
섬유포화점	목재를 건조하면 유리수가 증발하고 세포수만 남은 상태의 함수율	
호칭치수	건조 및 대패 가공이 되지 않은 목재의 치수 또는 일반적으로 불리는 목재치수	
실제(마감)치수	건조 및 대패 마감된 후의 실제적인 최종 치수	24②
각재	두께가 75mm 미만이고 너비가 두께의 4배 미만인 것 또는 두께와 너비가 75mm 이상인 것	
판재	두께가 75mm 미만이고 너비가 두께의 4배 이상인 것	24②
공학목재	목재, 또는 목질 요소를 구조용 목적에 맞도록 접합 및 성형하여 제조되는 목재 제품	
OSB	얇고 가늘고 긴 목재 스트랜드를 각 층별로 동일한 방향으로 배열하되 인접한 층의 섬유방향이 서로 직각이 되도록 하여 홀수의 층으로 구성한 배향성 스트랜드 보드	
합판	얇게 만든 단판을 섬유방향과 직교되게 3, 5, 7, 9 등의 홀수로 붙여 만든 판형 제품	22②
집성목재	단판을 섬유방향과 평행하게 붙여 만든 목재 제품	
파티클 보드	목재의 조각을 충분히 건조시킨 후 유기질의 접착제를 첨가하여 가열 · 압축하여 만든 제품	22②
섬유판	목질의 섬유를 합성수지와 접착제를 섞어 판상으로 만든 제품	22①
이음	2개 이상의 목재를 길이 방향으로 접합	22①
맞춤	수직재와 수평재 등을 각도를 갖고 맞추는 접합	22①
쪽매	사용 널재를 옆으로 이어대는 접합	22①
마름질	재료를 소요수치로 형태에 맞춰 자르는 일	
바심질	자르기와 이음, 맞춤, 장부 등의 깎아내기를 하고, 구멍파기, 볼트 구멍뚫기, 홈파기, 대패질을 하는 것	
듀벨	볼트와 같이 사용하며 전단력을 보강하는 철물	
통재기둥	밑층에서 위층까지 1개의 재로 상 · 하층 기둥을 형성한 부재	
버팀대	가새를 댈 수 없는 곳에서는 45° 경사로 대어 수직모서리를 보강하는 부재.	
귀잡이	수평으로 댄 버팀대로 수평모서리를 보강하는 부재	
징두리 판벽	내부 벽하부에서 1~1.5m 정도 널로 댄 벽	

미듬 건축산업기사

멘토스는 당신의 쉬운 합격을 응원합니다!

CHAPTER 06 목공사

제1절 재료

1. 특성	장점	① 비중이 작고 연질이다.(가공이 용이) ② 비중에 비해 강도가 크다.(구조용재) ③ 열전도율이 작다.(보온 효과) ④ 탄성 및 인성이 크다. ⑤ 색채 무늬가 있어 미려하다. ⑥ 수종이 많고 생산량이 비교적 많다.
	단점	① 가연성이다.(250℃에서 인화되고, 450℃에서 자체 발화) ② 함수율에 따른 변형이 크다.(제품의 치수변동) ③ 부패, 충해, 풍해가 있다.(내구성이 약함)
2. 구조용재 요구사항		① 건조변형, 수축이 적을 것 ② 강도가 큰 것 ③ 재료의 공급이 원활한 것 ④ 내부식성, 내충해성 있을 것 ⑤ 가공이 용이한 것
3. 품질검사 항목		① 평균나이테 간격, 함수율 및 비중 측정방법 ② 수축률 시험방법 ③ 흡수량 측정방법 ④ 인장강도 시험방법 ⑤ 압축강도 시험방법 ⑥ 휨, 전단 시험방법(KSF 2208, KSF 2209)
4. 목재의 건조법	이유	수축 변형 방지
	효과	① 수축 변형 감소 ② 강도 증가 ③ 내구성 증가
	방법		천연건조	인공건조
① 별도의 시설비가 필요 없음	① 초기 시설비 필요
② 건조 시간이 오래 걸림	② 건조 시간이 짧음
③ 건조하고 통풍이 잘 되는 직사광선이 없는 그늘에서 건조	③ 증기실, 열기실에서 건조
④ 대량으로 건조 가능	④ 천연건조에 비해 결함 발생 우려
	⑤ 열기법, 훈연법, 진공법, 증기법, 고주파법	
5. 목재의 균열 (갈라짐)		① 분할(Split) : 제재목의 끝부분에서 상하가 관통하여 갈라지는 결함 ② 윤할(Shake) : 나무가 생장과정에서 받는 내부응력으로 인하여 목재조직이 나이테에 평행한 방향으로 갈라지는 결함 ③ 할렬(Check) : 목재가 건조과정에서 방향에 따른 수축률의 차이로 나이테에 직각 방향으로 갈라지는 결함

(성능) 구조용재 요구성능

(종류) 품질검사 항목

●24①
(종류) 건조 이유
●24①
(종류) 건조 효과

(종류) 인공건조법

(종류) 천연건조 장점

●23③
(종류) 목재의 균열
●24②
(용어) 윤할

제2절 성질

1. 함수율	종류	① 건량 기준 함수율(%) : 함유 수분의 무게를 목재의 전건 무게로 나누어서 구하며 일반적인 목재에 적용되는 함수율 ② 습량 기준 함수율(%) : 함유 수분의 무게를 건조 전 목재의 무게로 나누어서 구하며 펄프용 칩에 적용되는 함수율
	수치	① 내장 마감재로 사용되는 목재의 경우에는 함수율 15% 이하로 하고, 필요에 따라서 12% 이하의 함수율을 적용 ② 한옥, 대단면 및 통나무 목공사에 사용되는 구조용 목재 중에서 횡단면의 짧은 변이 900mm 이상인 목재의 함수율은 24% 이하 ③ 일반적인 함수율 | 건조재 12	건조재 15	건조재 19	생재	
---	---	---	---	---
			생재 24	생재 30
12% 이하	15% 이하	19% 이하	19% 초과 24% 이하	24% 초과	 함수율은 건량 기준 함수율
	섬유 포화점	① 목재를 건조하면 유리수가 증발하고 세포수만 남은 상태의 함수율로 보통 30%가 된다. ② 섬유포화점 이하에서는 함수율이 감소하면 강도가 증가하고 건조수축이 증가한다.
2. 수축률	섬유 포화점	① 섬유포화점 30% 이상 : 신축하지 않음 ② 섬유포화점 30% 이하 : 함수율 감소에 비례하여 수축
	수축률	① 심재와 변재 　㉠ 심재(수심부) : 작다. 　㉡ 변재(수피부) : 크다. ② 목재의 방향성 　㉠ 축방향(0.35%) : 작다. 　㉡ 지름방향(8%) : 중간 　㉢ 촉방향(14%) : 크다.
3. 강도	크기	인장>휨>압축>전단
	가력방향	섬유평행>섬유직각
	섬유 포화점	① 섬유포화점 이상에서는 강도의 변화가 없다. ② 섬유포화점 이하에서는 함수율이 낮을수록 강도는 증대한다. (전건상태에서는 섬유포화점 강도의 약 3배)

[용어] 섬유포화점

[특징] 섬유포화점과 관련된 함수율 증가와 강도의 변화

	요인	물, 불, 햇빛, 균, 벌레	
4. 내구성	방부 방충법	① 표면탄화법 : 표면을 태워 균의 기생을 제거하는 방법 ② 일광직사법 : 햇빛을 30시간 이상 쪼이는 방법 ③ 수침법 : 물속에 목재를 담가 균이 기생하지 못하게 하는 방법 ④ 피복법 : 금속이나 기타 재료로 목재를 감싸는 방법 ⑤ 방부제법(도포, 뿜칠, 침지가압, 생리적 침투) : 방부제를 바르거나 침투시키는 방법	종류 방부처리법 ●23②·21② 종류 방부제 처리법

	구분	품명	특징
5. 방부제	유성	콜타르	상온에서 침투불가, 도포용
		크레오소트	방부력, 침투력 우수, 냄새, 흑갈색용액, 외부용
		아스팔트	가열도포, 흑색 도료 칠 불가, 보이지 않는 곳만 사용
	유용성	유성 페인트	유성 페인트 도포 피막형성, 착색자유, 미관효과 우수
		P.C.P	방부력 가장 우수, 무색, 도료칠 가능

6. 방화법 (난연법)	① 대단면화 ② 피복법 ③ 방화제법 ④ 불연성 도료칠	종류 난연처리법

제3절 제재 및 공학 목재

01 제재

1. 종류	① 호칭치수 : 건조 및 대패 가공이 되지 않은 목재의 치수 또는 일반적으로 불리는 목재치수 ② 실제(마감)치수 : 건조 및 대패 마감된 후의 실제적인 최종 치수 ③ 목재의 단면은 원목(통나무)의 경우에는 지름으로 표시하고 각재의 경우에는 단면의 가로 및 세로 치수로 표시한다.	용어 호칭치수 ●24② 용어 실제치수
2. 단면 치수	① 원목, 조각재 및 제재목은 제재 치수로 표시하며 필요에 따라서 건조하지 않고 대패 마감된 치수로 표시할 수도 있다. ② 경골목조건축용 구조용재는 건조 및 대패 마감된 치수로 표시 ③ 구조용 집성재의 단면 치수는 층재의 건조 및 대패마감, 적층 및 접착 후 대패마감까지 이루어진 최종 마감치수로 표시 ④ 집성재의 두께는 층재의 마감치수와 적층수를 곱한 값에서 최종 대패 마감 시 윗면과 밑면에서 깎여나간 두께를 뺀 값으로 표시하고, 집성재의 너비는 층재의 너비 또는 한 층에서 횡으로 사용된 층재들의 너비의 합에서 최종 대패마감 시 양 측면에서 깎여나간 두께를 뺀 값으로 표시 ⑤ 창호재, 가구재, 수장재 등은 설계도서에 정한 것을 마감치수로 한다.	
3. 제재목	각재	두께가 75mm 미만이고 너비가 두께의 4배 미만인 것 또는 두께와 너비가 75mm 이상인 것	●24② 용어 판재
	판재	두께가 75mm 미만이고 너비가 두께의 4배 이상인 것	

02 공학목재

1. 정의	① 목재, 또는 목질 요소를 구조용 목적에 맞도록 접합 및 성형하여 제조되는 목재 제품 ② 목질요소(목섬유, 칩, 스트랜드, 스트립, 플레이크, 단판 또는 이들이 혼합된 것)	
2. 종류	OSB	얇고 가늘고 긴 목재 스트랜드를 각 층별로 동일한 방향으로 배열하되 인접한 층의 섬유방향이 서로 직각이 되도록 하여 홀수의 층으로 구성한 배향성 스트랜드 보드(Oriented Strand Board)의 영문 명칭 약자
	합판	얇게 만든 단판을 섬유방향과 직교되게 3, 5, 7, 9 등의 홀수로 붙여 만든 판형 제품
	집성목재	단판을 섬유방향과 평행하게 붙여 만든 목재 제품
	파티클 보드	목재의 조각을 충분히 건조시킨 후 유기질의 접착제를 첨가하여 가열·압축하여 만든 제품
	MDF	목질 섬유를 펄프로 만들어 얻은 목섬유를 액상의 합성수지 접착제, 방부제 등을 첨가·결합시켜 성형·열압하여 만든 중밀도의 목질 판상 제품
	섬유판	목질의 섬유를 합성수지와 접착제를 섞어 판상으로 만든 제품

제4절 가공

1. 순서	헌치도 작성 → 재료반입/검사 → 먹매김 → 마름질 → 바심질 → 감추임면에 번호기입 → 접합	
2. 먹매김	정의	마름질, 바심질을 하기 위해 재의 축방향에 심먹을 넣고 가공형태를 기호로써 표시하는 일
	기호	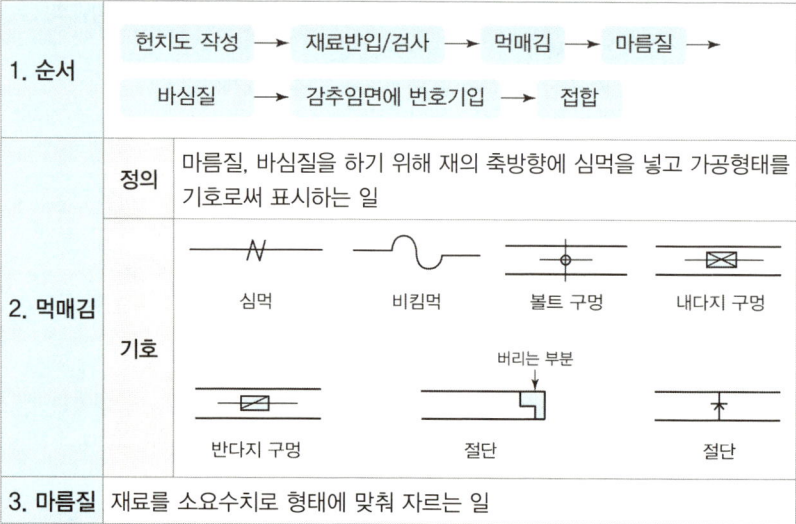
3. 마름질	재료를 소요수치로 형태에 맞춰 자르는 일	

4. 바심질	정의	자르기와 이음, 맞춤, 장부 등의 깎아내기를 하고, 구멍파기, 볼트 구멍 뚫기, 홈파기, 대패질을 하는 것	
	대패질	대패 마감 정도	평활도	뒤틀림
		상급	광선을 경사지게 비추어서 거스러미 및 대팻자국이 전혀 없는 것	휨 또는 뒤틀림이 극히 작아서 직선 자를 표면에 대었을 때에 틈이 보이지 않는 것
		중급	거스러미 및 대팻자국이 거의 없는 것	휨 또는 뒤틀림이 작고 직선 자를 표면에 대었을 때 약간의 틈이 보이는 것
		하급	다소의 거스러미 및 대팻자국은 허용하지만 톱자국이 없는 것	휨 또는 뒤틀림 정도가 마감 작업 및 사용상 지장이 없는 것
	모접기	(a) 실모 (b) 둥근모 (c) 쌍사모 (d) 게눈모 (e) 큰모 (f) 평골모 (g) 실오리모 (h) 티미리 (i) 뺨접기 (j) 등미리 (k) 쌍사모 [모접기 종류]	

(종류) 모접기 종류, 그림연결

제5절 접합(부재가공, 보강철물, 접착제)

01 부재가공

1. 종류	이음	2개 이상의 목재를 길이 방향으로 잇는 것
	맞춤	수직재와 수평재 등을 각도를 갖고 맞추는 것
	쪽매	사용 널재를 옆으로 이어대는 것
2. 이음 맞춤 시 주의사항		① 이음, 맞춤은 가능한 한 응력이 적은 곳에서 만든다. ② 재료는 될 수 있는 대로 적게 깎아내어 약해지지 않도록 한다. ③ 접합면은 정확히 가공하여 밀착시켜 빈틈이 없게 한다. ④ 큰 응력을 받는 부분이나 약한 부분은 철물로써 보강한다. ⑤ 이음, 맞춤의 단면은 응력의 방향에 직각으로 한다. ⑥ 이음, 맞춤의 끝부분은 작용하는 응력이 균등히 전달되도록 한다.

(용어) 이음
(용어) 맞춤
(용어) 쪽매
(주의사항) 이음 맞춤 시

명칭 쪽매 종류
● 24③ · 21①,③

2. 이음 맞춤 시 주의사항	⑦ 공작이 간단한 것을 쓰고 모양에 치중하지 않는다. ⑧ 볼트 구멍의 여유 크기는 3mm로 한다. ⑨ 부재 단면의 지정이 없을 때에는 구조재와 수장재는 제재 치수로, 창호재와 가구재는 마무리 치수로 한다.
3. 쪽매	[반턱쪽매] [틈막이대쪽매] [딴혀쪽매] [오니쪽매] [제혀쪽매] [빗쪽매]

02 보강철물

1. 못	시공	① 널 두께는 못지름의 6배 이상 ② 못길이는 널 두께의 2.5~3배, 널두께가 10mm 이하일 때는 4배, 재의 마구리에 박는 것은 3~3.5배 정도 ③ 못은 15° 정도 기울게 박는다.
	종류	보통못, 둥근머리못, 거푸집못(이중머리못), 플랫못, 양끝못, 가시못 코치스크류
2. 나사못 / 코치스크류		① 나사 틀어박기에 앞서 나사못 지름의 1/2 정도의 구멍을 뚫는다. ② 나사못은 처음부터 틀어박는 것을 원칙으로 하고, 때려박더라도 나사못 길이의 나중 1/3은 틀어박아야 한다. ③ 코치스크류 등에 있어서는 그 길이의 1/2 정도까지 때려박고 나머지는 틀어 조인다.
3. 꺾쇠		① 실용길이는 9~12cm, 갈구리 4~5cm ② 보통꺾쇠, 엇꺾쇠, 주걱꺾쇠가 있다.
4. 볼트		① 볼트 구멍은 볼트지름보다 1.5mm를 초과해서는 안 된다. ② 구조용은 12mm 이상, 경미한 곳은 9mm 정도의 지름을 사용한다.
5. 듀벨		볼트와 같이 사용하며 듀벨에는 전단력, 볼트에는 인장력을 부담시킨다.
6. 띠쇠		보통 띠쇠, ㄱ자쇠, ㄷ자쇠, 감잡이쇠, 안장쇠 등이 있다.

용어 꺾쇠

용어 듀벨

제6절 세우기(목조건물)

1. 토대	① 기초 콘크리트에 기초 볼트를 매입한 다음 윗바탕 모르타르를 고름질한다. ② 기초 심먹과 일치하여 심먹을 친 다음 토대를 설치한다. ③ 크기는 보통 기둥과 같게 하거나 다소 크게 한다.
2. 통재기둥	① 모서리나 벽의 중간 기준이 되는 곳에는 통재기둥을 세운다. ② 통재기둥은 밑층에서 위층까지 1개의 재로 상·하층 기둥이 되는 것으로서, 길이는 대개 5~7m 정도 필요하며 가로재와의 접합부는 심히 따내는 일을 피하고 적당한 철물로 보강한다.
3. 평기둥	① 평기둥의 간격은 2m 정도(1.8m)로 치수는 10.5cm 각 정도로 한다. ② 평기둥은 한층에 서는 기둥으로서 토대와 층도리, 깔도리, 처마도리 등 가로재에 의해 구획한다.
4. 샛기둥	① 샛기둥은 본기둥 사이에서 벽체를 이루는 것으로서 가새의 옆휨(좌굴)을 막는 데 유효하다. ② 샛기둥의 크기는 본기둥의 반쪽 또는 1/3쪽으로 하고 간격은 40~60cm(45cm)로 한다.
5. 가새	① 모양은 X자형, A자형으로 건물 전체에 대하여 대칭으로 배치한다. ② 수평에 대한 각도는 60° 이하(보통 45°)로 한다. ③ 가새와 샛기둥이 만날 때는 샛기둥을 따내고 가새는 따내지 않는다. ④ 크기 　㉠ 압축가새 : 기둥 크기의 1/3 이상 　㉡ 인장가새 : 기둥 크기의 1/5 이상 또는 동등 내력을 갖는 철근 대용
6. 버팀대	가새를 댈 수 없는 곳에서는 45° 경사로 대어 수직귀를 굳힌다.
7. 귀잡이	수평으로 댄 버팀대로 수평귀를 굳힌다.

- 순서 1층 마루 순서
- 종류 1층 마루 종류
- 종류 2층 마루 종류
- 순서 목조반자틀 시공순서
- 용어 징두리판벽
- 종류 방부, 방충 목재를 사용하는 경우

제7절 수장

1. 마루	1층 마루	동바리돌 – 동바리 – 멍에 – 장선 – 밑창널 – 방수지 – 마루널
	2층 마루	① 홑마루(장선마루) : 장선 – 마루널 ② 보마루 : 보 – 장선 – 마루널 ③ 짠마루 : 큰 보 – 작은 보 – 장선 – 마루널
2. 목조 반자틀		달대받이 – 반자돌림대 – 반자틀받이 – 반자틀 – 달대 ※ 경량철골 반자구성 : 인서트 – 볼트(달대) – 행거 – 채널 – M바
3. 판벽	걸레받이	벽 하부의 바닥과 접하는 부분에 높이 20cm 정도로 설치한 것
	징두리판벽	내부 벽하부에서 1~1.5m 정도 널로 댄 것
	고막이	외벽 하부지면에서 50cm 정도 설치한 것
4. 방부 및 방충 처리 목재 사용		① 콘크리트 및 토양과 직접 접하는 부위 ② 기타 장기간 습윤한 환경에 노출되는 부분 ③ 급수 및 배수시설에 근접한 목재로서 수분으로 인한 열화의 가능성이 있는 경우 ④ 목재가 직접 우수에 맞거나 습기 차기 쉬운 부분의 모르타르 바름, 라스 붙임 등의 바탕으로 사용되는 경우 ⑤ 목재가 외장마감재로 사용되는 경우 ⑥ 목재 부재가 외기에 직접 노출되는 경우 ⑦ 구조내력상 중요한 부분에 사용되는 목재로서 콘크리트, 벽돌, 돌, 흙 및 기타 이와 비슷한 투습성의 재질에 접하는 경우

제8절 경골 목구조

1. 토대	① 토대는 방부·방충 처리한 것, 가압식 방부 처리 목재 사용 ② 1층의 모든 벽 아래쪽에 토대 설치 ③ 토대는 앵커볼트 또는 이와 유사한 강도를 갖는 강철 띠쇠 등의 철물을 사용하여 기초구조에 고정 ④ 앵커볼트는 지름 12mm 이상, 길이 230mm 이상의 것으로서 끝부분이 기초구조 내에 180mm 이상의 깊이로 묻히도록 설치 ⑤ 기초구조로부터 토대로 수분이 전달되는 것을 방지하기 위하여 토대 밑면에 수분의 침투를 방지할 수 있는 방수지 시공

2. 바닥 구조	바닥장선	설계도서에 따라 610mm 이하의 간격으로 배치
	옆막이장선	바닥장선과 같은 방향으로 양 단부에 설치
	끝막이장선	바닥장선의 양 끝에는 바닥장선과 같은 단면의 부재로 끝막이(헤더)장선을 설치한다.
	보막이	바닥장선의 높이가 235mm 이상인 경우에는 바닥장선 사이에 2.4m 이하의 간격으로 바닥장선과 같은 치수의 부재로 보막이를 설치
	바닥개구부 및 헤더	① 바닥장선과 같은 치수를 갖는 부재를 사용하여 개구부 헤더장선, 개구부 옆막이장선 등을 설치하여 보강 ② 개구부 헤더장선의 길이가 1,200mm를 초과하는 경우에는 개구부의 헤더장선 및 옆막이장선을 이중으로 설치
3. 벽체	밑깔도리	각각의 벽면마다 하나의 부재로 사용
	스터드	① 내력벽의 밑깔도리, 윗깔도리, 스터드 및 헤더에는 허용응력을 지닌 규격구조재를 사용 ② 스터드의 간격은 설계도서에 따르며 특별히 명시된 바가 없는 경우에는 610mm 이하 ③ 1층 및 2층의 내력벽은 설계도서에 따르는 경우를 제외하고 원칙적으로 같은 내력벽선상에 설치
	헤더	① 1종 구조재를 사용하여 조립보 또는 상자보를 만들어서 설치 ② 조립보는 1종 구조재 2장, 3장 또는 4장을 300mm 간격으로 박아서 접합 ③ 상자보는 1종 구조재를 사용, 못을 100~300mm 간격으로 박아서 상하 플랜지 부재는 벽체의 스터드와 같은 치수의 부재를 사용하고 웨브부재의 치수 및 못의 간격은 설계도서에 따름
	윗깔도리	각각의 벽면마다 하나의 부재로 사용
4. 지붕틀	서까래	① 지붕구조는 서까래와 천장 장선구조, 서까래와 조름보구조 또는 트러스구조 ② 지붕 서까래 또는 천장장선 상호 간의 간격은 설계도서에 특별히 명시된 바가 없는 경우 610mm 이하
	마룻대	지붕 최상단의 부재
	조름보	서까래와 서까래가 만나는 부분 아래에 설치하는 보강재

CHAPTER 06 핵심 기출문제

● 재료

01 목재의 품질검사는 건축공사 시 사용되는 목재의 변형, 균열 등의 발생으로부터 미연에 방지하기 위하여 실시한다. 목재의 품질검사 항목을 3가지 쓰시오.

가.
나.
다.

정답 목재의 품질검사 항목
가. 목재의 수축률 시험방법
나. 목재의 흡수량 측정방법
다. 목재의 압축, 인장강도 시험방법

02 구조용 목재의 요구조건을 4가지만 쓰시오.

가.
나.
다.
라.

정답 구조용 목재의 요구조건
가. 강도가 크고, 직대재를 얻을 수 있을 것
나. 건조변형, 수축성이 적을 것
다. 산출량이 많고, 구입이 용이할 것
라. 잘 썩지 않고, 충해에 대한 저항이 클 것

03 목재의 건조 이유와 효과 3가지를 쓰시오. • 24①

가. 건조 이유 :

나. 건조 효과 : ①
②
③

정답 목재의 건조 이유와 효과
가. 건조 이유 : 수축으로 인한 변형을 방지하기 위함이다.
나. 건조 효과 : ① 수축변형 감소
② 강도 증가
③ 내구성 증가

04 목재의 건조방법 중 인공건조법의 종류 3가지를 쓰시오.

가.   나.
다.

정답 목재의 인공건조
가. 열기건조   나. 훈연건조
다. 진공건조   라. 증기건조
마. 고주파건조

05 목재의 천연건조(자연건조) 시 장점 2가지를 쓰시오.

가. _____ 나. _____

[정답] 목재의 자연건조 장점
가. 별도의 설치비가 필요 없음
나. 대량으로 건조 가능

06 각 설명에 해당하는 목재 균열의 종류를 보기에서 골라 쓰시오. •24② ·23③

〈보기〉
① 분할   ② 윤할   ③ 할렬

가. 나무가 생장과정에서 받는 내부응력으로 인하여 목재 조직이 나이테에 평행한 방향으로 갈라지는 결함 (   )
나. 제재목의 끝 부분에서 상하가 관통하여 갈라진 결함 (   )
다. 목재가 건조과정에서 방향에 따른 수축률의 차이로 나이테에 직각 방향으로 갈라지는 결함 (   )

[정답] 목재 균열의 종류
가. ②
나. ①
다. ③

07 다음 설명하는 목재에 관한 용어를 기재하시오. •24②

가. 두께가 75mm 미만이고 너비가 두께의 4배 이상인 것 (   )
나. 건조 및 대패 마감된 후의 실제적인 최종 치수 (   )
다. 나무가 성장과정에서 받는 내부 응력으로 인하여 목재 조직이 나이테에 평행한 방향으로 갈라지는 결함 (   )

[정답] 용어 - 목재
가. 판재
나. 실제치수
다. 윤할

● 성질

08 다음 목재에 관계되는 용어를 설명하시오.

가. 섬유포화점 : _____

나. 집성재 : _____

[정답] 용어
가. 섬유포화점 : 생나무가 건조하여 세포수만 남고, 자유수가 증발하여 함수율이 30%가 된 상태로서 이 점을 경계로 수축 및 강도변화가 현저해진다.
나. 집성재 : 두께 1.5~5cm 정도의 나무단판을 합성수지 접착제를 이용하여 섬유평행방향으로 몇 장 접착하여 하나의 큰 부재로 한 목재

09 목재의 섬유포화점과 관련된 함수율 증가에 따른 강도변화에 대하여 쓰시오.

가. 섬유포화점 이상 : _____
나. 섬유포화점 이하 : _____

[정답] 목재의 강도
가. 섬유포화점 이상에서는 강도가 일정함
나. 섬유포화점 이하에서는 함수율이 낮을수록 강도는 증대한다.

10 다음 목재의 수축변형에 대한 설명 중 (　) 안에 알맞은 말을 써 넣으시오.

> 목재는 건조수축하여 변형하고 연륜방향의 수축은 연륜의 (　가　)에 약 2배가 된다. 또 수피부는 수심부보다 수축이 (　나　)다. (　다　)는 조직이 경화되고, (　라　)는 조직이 여리고 함수율도 (　마　)고 재질도 무르기 때문이다.

가. _____   나. _____
다. _____   라. _____
마. _____

정답 목재의 성질
가. 직각방향
나. 크(다)
다. 심재부
라. 변재부
마. 크(다)

11 목재 방부처리법에 대하여 4가지를 쓰고 간단히 설명하시오. ● 23② · 21②

가. _____
나. _____
다. _____
라. _____

정답 목재의 방부처리법
가. 표면탄화법 : 목재표면 3~4mm 정도를 태워 수분을 제거하는 방법
나. 방부제법 : 방부제를 칠하거나 뿌리거나 가압주입시키는 방법
다. 일광직사법 : 목재에 30시간 이상 햇빛을 쪼이는 방법
라. 피복법 : 금속이나 기타 재료로 목재를 감싸는 방법
마. 방부제법 : 방부제를 바르거나 침투시키는 방법

12 목재의 방부처리법 중 방부제 처리법에 대한 종류를 3가지 쓰시오.

가. _____   나. _____
다. _____

정답 목재 방부제 처리법
가. 도포법   나. 상압주입법
다. 가압주입법 라. 생리적주입법
마. 침지법

13 목재 난연처리법의 종류를 3가지 쓰시오.

가. _____   나. _____
다. _____

정답 목재의 난연처리
가. 대단면화
나. 피복법
다. 방화제법
라. 불연성도료칠

14 다음은 목공사의 단면치수 표기법이다. (　) 안에 알맞은 말을 써 넣으시오.

> 목재의 단면을 표시하는 치수는 특별한 지침이 없는 경우 구조재, 수장재는 모두 (　가　)치수로 하고 창호재, 가구재의 치수는 (　나　)치수로 한다. 또 제재목을 지정치수대로 한 것을 (　다　)치수라 한다.

가. _____   나. _____
다. _____

정답 목재치수
가. 제재
나. 마무리
다. 정

15 다음 설명하는 공학목재 제품을 보기에서 골라 기호로 쓰시오. •22②

가. 얇게 만든 단판을 섬유방향과 직교되게 3, 5, 7, 9 등의 홀수로 붙여 만든 판형제품
나. 목재의 조각을 충분히 건조시킨 후 유기질의 접착제를 첨가하여 가열, 압축하여 만든 제품
다. 목질의 섬유를 합성수지와 접착제를 섞어 판상으로 만든 제품

〈보기〉
① OSB   ② 합판   ③ 파티클보드
④ 집성목재   ⑤ MDF   ⑥ 섬유판

가. _____   나. _____
다. _____

정답 공학목재
가. ②   나. ③
다. ⑥

● 접합

16 목재 접착제 중 내수성이 큰 것부터 순서대로 〈보기〉에서 골라 기호로 쓰시오.

(가) 아교   (나) 페놀수지   (다) 요소수지

( ) → ( ) → ( )

정답 접착제 내수성 크기
(나) → (다) → (가)

17 목재 연결철물의 큰 분류상 종류를 3가지만 쓰시오.

가. _____   나. _____
다. _____

정답 목재 연결 철물
가. 못(나사못)
나. 듀벨
다. 띠쇠(꺽쇠)
라. 볼트

18 다음 그림의 꺽쇠 명칭을 쓰시오.

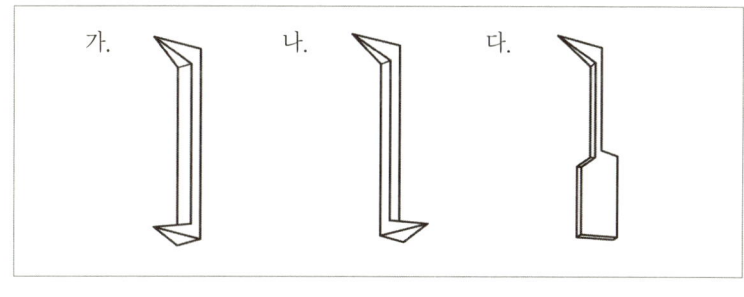

가. _____   나. _____
다. _____

정답 꺽쇠 종류
가. 보통꺽쇠
나. 엇꺽쇠
다. 주걱꺽쇠

19 목공사의 마무리 중 모접기의 종류를 다음 〈보기〉에서 골라 쓰시오.

〈보기〉 ① 쌍사모 ② 둥근모 ③ 티미리 ④ 게눈모 ⑤ 큰모

가. _____ 나. _____
다. _____

정답 모접기의 종류
가. ③ 티미리
나. ④ 게눈모
다. ② 둥근모

20 목공사 마무리 중 모접기(면접기)의 종류 3가지를 쓰시오.

가. _____ 나. _____
다. _____

정답 모접기의 종류
가. 실모접기
나. 둥근모접기
다. 큰모접기

21 다음 설명에 알맞은 용어를 쓰시오.

가. 나무나 석재의 모나 면을 깎아 밀어서 두드러지게 또는 오목하게 하여 모양 지게 하는 것
나. 모서리 구석 등에 표면 마구리가 보이지 않게 45° 각도로 빗잘라 대는 맞춤
다. 무량판 구조 또는 평판 구조에서 특수상자 모양의 기성재 거푸집
라. 굵은골재를 거푸집에 넣고 그 사이 공극에 특수 모르타르를 적당한 압력으로 주입하여 만드는 콘크리트

가. _____ 나. _____
다. _____ 라. _____

정답 용어
가. 모접기(면접기)
나. 연귀맞춤
다. 워플(Waffle) 폼
라. 프리팩트 콘크리트

22 다음은 목재의 접합에 관한 내용이다. 〈보기〉에서 골라 적당한 단어를 쓰시오.

● 22 ①

가. 2개 이상의 목재를 길이 방향으로 잇는 것   (   )
나. 사용 널재를 옆으로 이어 대는 것   (   )
다. 수직재와 수평재 등 각도를 갖고 맞추는 것   (   )

〈보기〉
맞춤, 쪽매, 이음

정답 용어
가. 이음   나. 쪽매
다. 맞춤

23 목공사 접합에서 사용되는 이음 맞춤 시 주의사항 4가지를 기재하시오. •22③

가. _____
나. _____
다. _____
라. _____

정답 이음 맞춤 시 주의사항
가. 이음 맞춤은 가능한 한 응력이 적은 곳에서 만든다.
나. 재료는 될 수 있는 대로 적게 깎아내어 약해지지 않도록 한다.
다. 접합면은 정확히 가공하여 밀착시켜 빈틈이 없게 한다.
라. 큰 응력을 받는 부분이나 약한 부분은 철물로 보강한다.
마. 이음, 맞춤의 단면은 응력의 방향에 직각으로 한다.
바. 공작이 간단한 것을 쓰고 모양에 치중하지 않는다.

24 목공사에서 바닥의 마루를 설치할 때 사용되는 쪽매 4가지를 쓰시오. •21③

가. _____ 나. _____
다. _____ 라. _____

정답 쪽매의 종류
가. 반턱 쪽매 나. 틈막이대 쪽매
다. 딴혀 쪽매 라. 오니 쪽매
마. 제혀 쪽매 사. 맞댐 쪽매

25 목공사에 사용되는 쪽매의 그림이다. 각 명칭을 기재하시오. •24③·21①

가. _____ 나. _____
다. _____ 라. _____
마. _____

정답 쪽매 명칭
가. 오늬   나. 반턱
다. 딴혀   라. 제혀
마. 빗쪽매

26 다음은 목공사에 관한 설명이다. ( ) 안에 알맞은 말을 쓰시오.

가. 창문틀이나 창문의 모서리 등에서 맞춤재의 마구리를 감추면서 튼튼하게 맞춤을 하는 것을 (가)라 한다.
나. 널재를 나란히 옆으로 붙여 대어 판재를 넓게 하는 것을 (나)라 한다.
다. 기둥 맨 상단의 처마 부분에 수평으로 걸어 기둥 상단을 고정하면서 지붕틀을 받아 지붕의 하중을 기둥에 전달하는 부재를 (다)라 한다.
라. 1층 납작마루의 시공순서는 동바리돌 → 멍에 → (라) → 마루널의 순서로 한다.
마. 목구조에서 접합부 보강용 철물로 사용되며, 전단력에 저항하는 보강철물을 (마)이라 한다.

정답 용어
가. 연귀 맞춤
나. 쪽매
다. 깔도리
라. 장선
마. 듀벨

가. ....
나. ....
다. ....
라. ....
마. ....

● 목구조

27 목구조의 횡력 보강 부재를 3가지 적으시오.

가. ....
나. ....
다. ....

정답 횡력 보강 부재
가. 가새
나. 버팀대
다. 귀잡이

28 다음 용어에 대해 기술하시오.

가. 가새 : ....

나. 버팀대 : ....

다. 귀잡이 : ....

정답 용어 설명
가. 수평력에 저항하는 부재로서 건물 전체의 변형을 방지하기 위하여 설치하는 부재
나. 수평력에 저항하는 부재로 수직 모서리를 보강하는 부재
다. 수평력에 저항하는 부재로 수평 모서리를 보강하는 부재

29 다음 설명에 해당되는 용어를 쓰시오. •23①

가. 목구조에서 밑층에서 위층까지 1개의 부재로 된 기둥으로 5~7m 정도의 길이로 타 부재의 설치기준이 되는 기둥 (   )

나. 기초의 종류 중 2개 이상의 기둥을 하나의 기초에 연결 지지시키는 기초 방식 (   )

정답 용어
가. 통재기둥
나. 복합기초

30 다음 설명하는 목재의 용어를 보기에서 골라 쓰시오.

〈보기〉
토대, 도리, 기둥, 평보, 인방보, ㅅ자보, 띠쇠, 가새, 달대

가. 개구부를 보호하기 위하여 개구부 상단에 설치하는 부재 (　　　)
나. 지붕틀 하부에 수평으로 설치되는 인장 부재 (　　　)
다. 수평력에 대항하여 건물 전체에 균등하게 사선으로 배치되는 부재
　　　　　　　　　　　　　　　　　　　　　　　　　　 (　　　)
라. 기둥 최하부에 수평으로 설치되는 부재 (　　　)

정답 용어
가. 인방보　　나. 평보
다. 가새　　　라. 토대

31 다음은 목공사의 마루에 대한 내용이다. (　) 안에 알맞은 말을 써 넣으시오.

나무 마루에는 바닥마루(1층 마루)로서 (　가　)마루와 (　나　)마루가 있고, 층마루(2층 마루)로서 (　다　)마루, (　라　)마루, 짠마루가 있다.

가.
나.
다.
라.

정답 마루
가. 동바리
나. 납작
다. 홑(장선)
라. 보

32 목조 반자틀의 시공순서를 〈보기〉에서 골라 번호로 쓰시오.

① 반자틀받이　　② 반자틀　　③ 반자돌림대
④ 달대받이　　　⑤ 천장재 붙이기　⑥ 달대

(　) → (　) → (　) → (　) → (　) → (　)

정답 목조 반자틀 시공 순서
④ → ③ → ① → ② → ⑥ → ⑤

33 수장공사 시 바닥 하부에서 1~1.5m의 높이까지 널을 댄 벽의 명칭은?

정답 용어
징두리 판벽

미듬 건축산업기사

멘토스는 당신의 쉬운 합격을 응원합니다!

Engineer Architecture

CHAPTER 07
방수공사

CONTENTS

제1절	방수공사 분류	319
제2절	지하실 방수	319
제3절	침투성 방수(시멘트 모르타르계 방수)	320
제4절	아스팔트 방수	322
제5절	합성 고분자계 시트 방수	326
제6절	개량형 아스팔트 시트 방수	327
제7절	도막 방수	328
제8절	멤브레인 방수 영문 표시 기호	329
제9절	시일재 방수	330
제10절	인공지반녹화 방수방근 공사	331
제11절	기타 방수	332

한눈에 보기

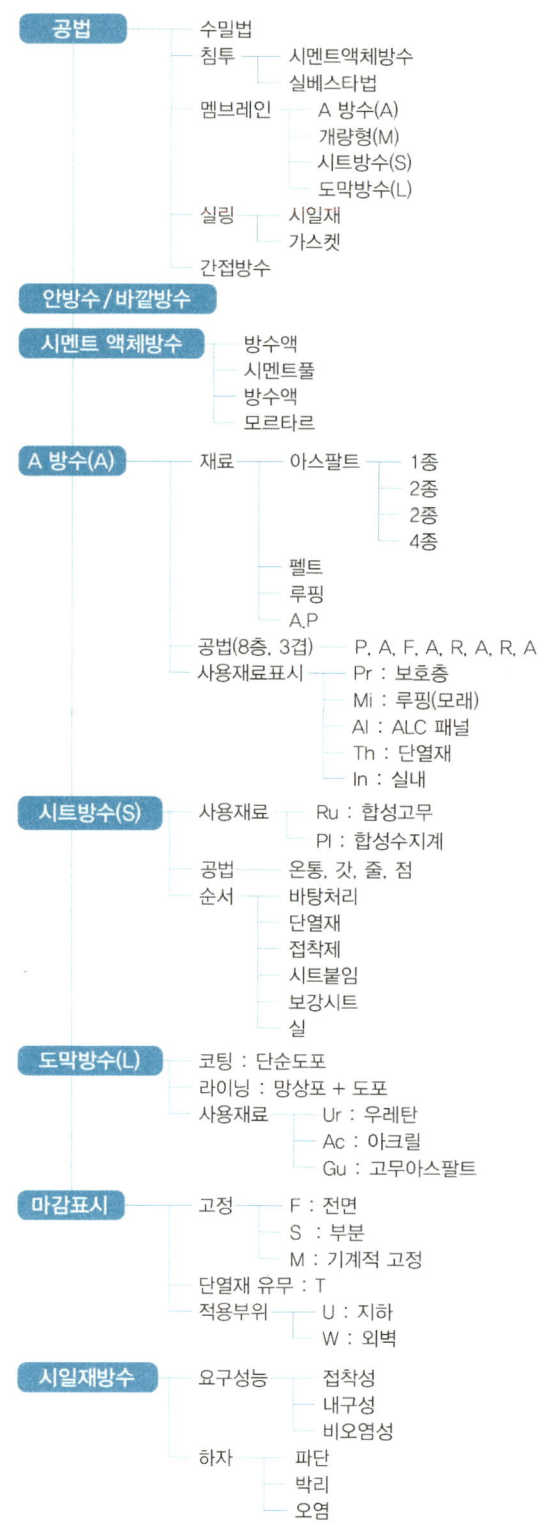

용어 미리보기

용어	Keyword	출제연도
멤브레인 방수	바탕에 얇은 방수막을 형성하여 붙이는 공법	
구체 방수	콘크리트에 방수제를 직접 넣어 방수하는 공법	
아스팔트 침입도	25℃에서 100g의 추가 5초 동안 바늘을 누를 때 침이 관입되는 정도	
아스팔트 컴파운드	블로운 아스팔트에 동·식물성 유지나 광물성 분말 등을 혼합하여 만든 아스팔트	
아스팔트 프라이머	아스팔트와 휘발성의 용제를 혼합하여 액체화시킨 교착제	
시트 방수	합성고무 또는 합성수지를 주성분으로 하는 두께 1mm 정도의 합성고분자 루핑을 접착제로 바탕에 붙여 단층 방수막을 형성하는 공법	
복합 방수	시트방수와 도막방수를 병행 하는 방수공법	
도막 방수	합성수지계 또는 합성고무계의 에멀션 또는 용제를 바탕면에 칠하거나 흙손밀기 또는 뿜칠하여 두께 0.5~1mm 정도의 방수 피막을 형성하는 공법	
라이닝공법	유리섬유, 합성섬유 등의 망상포를 적층하여 도포하는 방법	

미듬 건축산업기사

멘토스는 당신의 쉬운 합격을 응원합니다!

CHAPTER 07 방수공사

회독 CHECK!
- 1회독 ☐ 월 일
- 2회독 ☐ 월 일
- 3회독 ☐ 월 일

제1절 방수공사 분류

1. 부위별	① 지상 방수 : 옥상, 외벽, 내벽 방수 ② 지하실 방수 : 안방수, 바깥 방수
2. 공법별	① 멤브레인 방수 : 아스팔트, 합성 고분자계 시트 방수, 개량형 A방수, 도막 방수 ② 침투성 방수 : 시멘트 모르타르계 방수공사, 침투성방수 ③ 수밀재 붙임 : 금속판, 타일, 테라초판, 대리석판 붙임법 ④ 구체 방수 : 수밀 콘크리트(콘크리트에 방수제 첨가) ⑤ 실링 방수 : 실런트, 코킹을 이용한 방수 ⑥ 간접 방수 : 이중벽 쌓기, Dry Area 설치

(용어) 멤브레인 방수
● 23① · 21③

(종류) 멤브레인 방수

(용어) 구체 방수

제2절 지하실 방수

구분	안방수	바깥방수
1. 바탕만들기	따로 만들 필요가 없다.	따로 만들어야 한다.
2. 사용환경	수압이 작을 때	수압과 상관이 없다.
3. 공사시기	자유롭다.	본공사에 선행되어야 한다.
4. 공사정도	간단하다.	상당히 까다롭다.
5. 본공사 추진	방수공사에 관계없이 추진한다.	방수공사에 영향을 받는다.
6. 경제성	비교적 싸다.	비교적 고가이다.
7. 내수압처리	불가하다.	가능하다.
8. 보호누름	필요하다.	없어도 무방하다.
9. 시공순서	지하구조체 완성 – 방수층 설치 – 보호 누름 – 보호 모르타르	보통지정 시공 – 바닥 방수층시공 – 바닥 콘크리트 – 외벽 콘크리트 – 외벽 방수층 시공 – 보호누름 벽돌 시공 – 되메우기

● 24③ · 22①

(특징) 안방수, 바깥방수 비교 / 차이점

(특징) 안방수, 바깥방수 장단점

(순서) 바깥방수 시공

제3절 침투성 방수(시멘트 모르타르계 방수)

01 시멘트 액체방수

1. 정의	콘크리트 등의 구조체에 방수액을 침투시켜 구조체 자체의 방수성능을 증진시키는 방수공법이다.		
2. 바탕처리	① 결함, 균열부위 보수 및 청소 ② 바탕은 평활히 하고 필요에 따라 물흘림 경사(1/200)를 둔다.		
3. 시공순서	시멘트 액체방수	바닥용	바탕면 정리 및 물청소 – 방수액침투 – 방수시멘트페이스트 – 방수 모르타르
		벽체/천장용	바탕면 정리 및 물청소 – 바탕접착제 도포 – 방수시멘트페이스트 – 방수 모르타르
	폴리머 시멘트 모르타르 방수	1종	폴리머시멘트모르타르 반복 3회
		2종	폴리머시멘트모르타르 반복 2회
	시멘트혼입 폴리머계 방수		프라이머 – 방수재 – 방수재 – 보강포 – 방수재 – 방수재
4. 주의사항	① 바탕 상태는 평탄하고, 휨, 단차, 들뜸, 레이턴스, 취약부 및 현저한 돌기물과 콘크리트 관통 크랙 등의 결함이 없는 것을 표준 ② 실링재 또는 폴리머 시멘트모르타르 등으로 바탕면처리(방수 바탕면 정리를 해야 하는 곳) ③ 시멘트 액체방수층 내부의 수분이 과도하게 흡수되지 않도록 바탕을 물로 적신다. ④ 방수층은 흙손 및 뿜칠기 등을 사용하여 소정의 두께로 조정 (부착강도 측정이 가능하도록 최소 4mm 두께 이상을 표준으로 한다) ⑤ 치켜올림 부위에는 방수 시멘트 페이스트를 바르고, 그 위를 100mm 이상의 겹침을 둔다. ⑥ 각 공정의 이어 바르기의 겹침은 100mm 정도로 하여 소정의 두께로 조정 ⑦ 이어 바르기 또는 다음 공정이 미장공사일 경우에는 솔 또는 빗자루로 표면을 거칠게 마감		

순서) 바닥용 액체방수

02 폴리머 시멘트 모르타르 방수공사

			1층(초벌바름)			2층(재벌 또는 정벌바름)			3층(정벌바름)		
	부위		배합		도막 두께	배합		도막 두께	배합		도막 두께
			C	S		C	S		C	S	
1. 배합/ 바름 두께	수직 부위	2종	1	0~1	1~3	1	2~2.5	7~9			
		1종	1	0~0.5	1~3	1	2~2.5	7~9	1	2~3	10
	수평부위		1	0~1	1~3	1	2~2.5	20~25			
	① 용적비는 다음의 상태를 표준 ② 시멘트 : 포틀랜드 시멘트의 단위용적 질량으로 1.2kg 정도 ③ 모래 : 표면건조 포수상태에서 가볍게 채워 넣은 상태 ④ 사용하는 모래가 건조되어 있을 때에는 모래의 양을 줄이고, 젖어 있을 경우에는 증가하는 등의 조정 ⑤ 도막 두께는 mm											
2. 비빔	① 폴리머 시멘트 모르타르의 폴리머 분산제의 혼입비율은 10% 이상으로 정하고, 물시멘트비는 30~60%의 범위 내에서 용도에 따른 작업가능성을 고려하여 최저비의 시험비빔으로 결정 ② 폴리머 시멘트 모르타르의 비빔 및 사용 가능 시간 　㉠ 폴리머 시멘트 모르타르의 비빔은 배처 믹서에 의한 기계비빔이 원칙 　㉡ 비빔 전에 소정 양의 폴리머 분산제와 시험비빔에 의하여 결정한 양의 물을 혼합 　㉢ 모래, 시멘트, 필요에 따라 혼화재료의 순으로 믹서에 투입 　㉣ 상기의 건비빔한 혼합체에 소정 양의 물로 희석한 폴리머 분산제를 첨가하여 폴리머 시멘트 모르타르의 색상이 균등하게 될 때까지 비빔 　㉤ 폴리머 시멘트 모르타르는 비빔 후, 20℃의 경우에 45분 이내의 사용이 기준											
3. 시공	시멘트 액체 방수에 준함											

제4절 아스팔트 방수

01 재료

종류		용도
1. 아스팔트	1종	보통의 감온성을 갖고 있으며, 비교적 연질로서 공사 기간 중이나 그 후에도 알맞은 온도 조건에서 실내 및 지하 구조 부분에 사용한다.
	2종	비교적 낮은 감온성을 갖고 있으며, 일반 지역의 경사가 느린 보행용 지붕에 사용한다.
	3종	감온성이 낮은 것으로서 일반 지역의 노출 지붕 또는 기온이 비교적 높은 지역의 지붕에 사용한다.
	4종	감온성이 아주 낮으며 비교적 연질의 것으로, 일반 지역 외에 주로 한랭 지역의 지붕, 그 밖의 부분에 사용한다.
2. 아스팔트 프라이머		① 아스팔트와 휘발성의 용제를 혼합하여 액체화시키 교착제 ② 방수 시공 시 밑바탕에 도포하여 모재와 방수층과의 부착을 좋게 한다.
3. 아스팔트 펠트		유기성 섬유를 펠트(felt)상으로 만든 원지에 가열 용융한 스트레이트 아스팔트를 침투시켜 만든 것이다.
4. 아스팔트 루핑		원지에 스트레이트 아스팔트를 침투시킨 다음 그 양면에 블로운 아스팔트를 도포하고, 광물질 분말을 살포하여 마무리한 것이다.
5. 직조망 아스팔트 루핑		① 천연섬유 또는 합성섬유 등 망형의 원단에 스트레이트 아스팔트를 함침시켜 가공한 시트 ② 인장, 인열 등의 강도가 크고, 보통 원지를 기재로 한 루핑보다 신축성이 크다. ③ 드레인, 관통 배관, 모서리 주위 등의 국부적인 보강 재료로 사용
6. 스트레치 아스팔트 루핑		① 합성수지를 주재료로 한 다공질인 펠트상 부직포 원반에 방수 공사용 아스팔트 3종 또는 4종을 함침·도포하여 표면에 광물질 분말을 살포한 시트 부패 ② 변질되지 않고 저온에서도 잘 취화되지 않으며 신장률이 크다. ③ 파단되지 않는다. ④ 바탕면과 친숙성이 좋아 온도변화가 많은 지역이나 건물의 수축, 팽창에 대한 대응이 양호
7. 모래 붙은 스트레치 루핑		① 일반적으로 누름이 없는 지붕 방수의 최상층 마감용으로 이용 ② 스트레치 루핑의 한쪽 표면에 이음부 100mm를 제외하고 모래알을 부착하고 나머지 표면에 광물질 분말을 부착
8. 구멍 뚫린 루핑		방수층과 바탕을 절연하기 위해 사용하는 루핑으로 전면에 규정 크기의 관통된 구멍을 일정 간격으로 만든 시트
9. 아스팔트 주요성질	침입도	① 아스팔트의 경도를 구분하여 시공연도의 기준으로 한다. ② 25℃에서 100g의 추가 5초 동안 바늘을 누를 때 0.1mm 들어가는 것을 침입도 1이라 한다. ③ 아스팔트의 품질판정에 가장 중요한 요소이다.

용어) 스트레이트 아스팔트

특징) 스트레이트 아스팔트와 블로운 아스팔트 비교

용어) 블로운 아스팔트

용어) 아스팔트 컴파운드

용어) 아스팔트 프라이머

용어) 침입도

9. 아스팔트 주요성질	연화점	① 아스팔트를 가열하여 액체상태의 점도에 도달했을 때의 온도이다. ② 일반적으로 연화점과 침입도는 반비례한다. ③ 추운 지역에선 저연화점 재료, 더운 지역은 고연화점 재료를 사용한다.
	인화점	아스팔트를 가열하여 불을 붙일 때 점화되는 순간의 온도이다.

02 용도별 아스팔트 방수층의 종류

순서 아스팔트 방수 순서

종별 방수층	보행용 전면접착(A-PrF)			보행용 부분접착 (A-PrS)	노출용 부분접착 (A-MiS)	ALC바탕 부분접착 (A-AlS)	단열재삽입 전면접착 (A-ThF)
	a	b	c				
1층	아스팔트 프라이머 (0.4kg/m²)	아스팔트 프라이머 (0.4kg/m²)	아스팔트 프라이머 (0.4kg/m²)	아스팔트 프라이머 (0.4kg/m²)	아스팔트 프라이머 (0.4kg/m²)	아스팔트 프라이머 (0.4kg/m²)	아스팔트 프라이머 (0.4kg/m²)
2층	아스팔트 (2.0kg/m²)			모래 붙은 구멍 뚫린 루핑	모래 붙은 구멍 뚫린 루핑	모래 붙은 구멍 뚫린 루핑	아스팔트 (2.0kg/m²)
3층	아스팔트 펠트	아스팔트 펠트	아스팔트 루핑	아스팔트 (2.0kg/m²)	아스팔트 (2.0kg/m²)	아스팔트 (2.0kg/m²)	아스팔트 루핑
4층	아스팔트 (1.5kg/m²)	아스팔트 (1.5kg/m²)	아스팔트 (1.5kg/m²)	아스팔트 루핑	아스팔트 루핑	스트레치 루핑	아스팔트 (2.0kg/m²)
5층	아스팔트 루핑	아스팔트 루핑	스트레치 루핑	아스팔트 (1.5kg/m²)	아스팔트 (1.5kg/m²)	아스팔트 (1.5kg/m²)	단열재
6층	아스팔트 (1.5kg/m²)	아스팔트 (1.5kg/m²)	아스팔트 (1.5kg/m²)	스트레치 루핑	스트레치 루핑	스트레치 루핑	아스팔트 (1.7kg/m²)
7층	아스팔트 루핑	아스팔트 루핑	스트레치 루핑	아스팔트 (1.5kg/m²)	아스팔트 (1.7kg/m²)	아스팔트 (1.7kg/m²)	스트레치 루핑
8층	아스팔트 (1.5kg/m²)	아스팔트 (2.1kg/m²)	아스팔트 (2.1kg/m²)	스트레치 루핑	모래 붙은 스트레치 루핑	모래 붙은 스트레치 루핑	아스팔트 (1.7kg/m²)
9층	아스팔트 루핑	-	-	아스팔트 (2.1kg/m²)	-	-	모래 붙은 스트레치 루핑
10층	아스팔트 (2.1kg/m²)	-	-	-	-	-	-
보호 및 마감	현장타설 콘크리트 및 콘크리트 블록			자갈 및 아스팔트 콘크리트		마감도료 또는 없음	

주 1) 보행용 전면접착공법(A-PrF)의 경우. a, b, c의 3종류가 있으며 부위에 따라 선택하여 적용할 수 있다.
  2) 배관, 설비물 등 복잡한 부위가 많은 바탕에서의 루핑류 사용량은 바탕면적에 대해 1.2kg/m²로 한다.
  3) 표 중, ( )의 수치는 사용량을 나타낸다.

03 시공

1. 아스팔트 프라이머	① 바탕을 충분히 청소한 다음 솔, 롤러 또는 뿜칠기구 등으로 시공 범위 전면에 균일하게 도포하여 건조 ② 결함부위와 미세 핀홀이 많은 바탕면에는 붓 또는 롤러로 문질러 핀홀 내부까지 프라이머가 도포되도록 충전 작업을 선행, 미세 핀홀이 많은 바탕면에서는 뿜칠기구 사용을 자제
2. 아스팔트 용융 및 취급	① 아스팔트의 용융온도는 표의 용융온도를 표준으로 하며, 용융 중에는 최소한 30분에 1회 정도로 온도를 측정하고, 접착력 저하 방지를 위하여 200℃ 이하가 되지 않도록 한다. ② 용융한 아스팔트가 인화되지 않도록 주의함은 물론 미리 용융 솥 가까운 곳에 소화기 등을 준비 ③ 아스팔트 용융 솥은 가능한 한 시공 장소와 근접한 곳에 설치 | 종류	온도(℃) | |---|---| | 1종 | 220~230 | | 2종 | 240~250 | | 3종 | 260~270 | | 4종 | 260~270 |
3. 루핑 붙임	① 볼록, 오목모서리 부분은 일반 평면부 루핑을 붙이기 전에 너비 300mm 정도의 스트레치 루핑을 사용하여 균등하게 덧붙임 한다. ② 콘크리트 이음타설부는 일반 평면부 루핑을 붙이기 전에 너비 75mm 정도의 절연용 테이프를 붙인 후, 너비 300mm 정도의 스트레치 루핑으로 덧붙임 한다. ③ PC 패널 부재의 이음 줄눈부는 일반 평면부의 루핑을 붙이기 전에 PC 부재의 거동에 따른 파손방지를 위해 PC 패널 양측 부재에 각각 100mm 정도 걸친 폭으로 스트레치 루핑으로 절연 덧붙임 한다. ④ ALC 패널 지지부는 모래 붙은 구멍 뚫린 아스팔트 루핑을 붙이기 전에 너비 75mm 정도의 절연용 테이프를 붙인다. ⑤ 일반 평면부의 루핑 붙임은 흘려 붙임으로 한다. 또한 루핑의 겹침은 길이 및 너비 방향 100mm 정도로 하고, 겹침부로 부터 삐져나온 아스팔트는 솔 등으로 균등하게 바른다. ⑥ 루핑은 원칙적으로 물 흐름을 고려하여 물매의 아래쪽에서부터 위쪽을 향해 붙이고, 또한 상·하층의 겹침 위치가 동일하지 않도록 붙인다. 어쩔 수 없이 물매의 위쪽에서 아래로 붙이는 경우에는 루핑의 겹침을 150mm로 한다. ⑦ 치켜올림부의 루핑을 평면부와 별도로 하여 붙이는 경우에는 평면부 루핑을 붙인 후, 그 위에 150mm 정도의 겹침을 두고 붙인다.

04 시멘트 액체방수와 아스팔트 방수 비교

구 분	아스팔트 방수	시멘트 액체방수
1. 바탕 처리	완전 건조, 보수 처리 보통, 바탕 모르타르 바름을 한다.	보통 건조, 보수 처리 엄밀히 한다.
2. 외기에 대한 영향	적다.	직감적이다.
3. 방수층의 신축성	크다.	거의 없다.
4. 균열의 발생 정도	비교적 안 생긴다.	잘 생긴다.
5. 방수층의 중량	자체는 적으나 보호누름이 있으므로 총체적으로 크다.	비교적 가볍다.
6. 시공의 용이도	번잡하다.	간단하다.
7. 시공 시일	길다.	짧다.
8. 보호누름	절대 필요하다.	안 해도 무방하다.
9. 경제성(공사비)	비싸다.	다소 싸다.
10. 방수 성능 신용도	보통이다.	비교적 의심이 간다.
11. 재료 취급, 성능판단	복잡하지만 명확하다.	간단하지만 신빙성이 적다.
12. 결함부 발견	용이하지 않다.	용이하다.
13. 보수 범위	광범위하고 보호 누름도 재시공한다.	국부적으로 보수할 수 있다.
14. 보수비	비싸다.	싸다.
15. 방수층 끝마무리	불확실하고 난점이 있다.	확실히 할 수 있고 간단하다.

특징) 아스팔트 방수와 시멘트 액체방수 비교

제5절 합성 고분자계 시트 방수

1. 정의	합성고무 또는 합성수지를 주성분으로 하는 두께 1mm 정도의 합성고분자 루핑을 접착제로 바탕에 붙여 단층 방수막을 형성하는 공법이다.

2. 재료

		종류	약칭
균질시트		가황고무계	균질 가황고무
		비가황고무계	균질 비가황고무
		염화비닐 수지계	균질 염화비닐 수지
		열가소성 엘라스토머계	열가소성 엘라스토머
		에틸렌 아세트산 비닐수지	균질 에틸렌아세트산 비닐수지
복합시트	일반 복합형	가황고무계	일반복합 가황고무
		비가황고무계	일반복합 비가황고무
		염화비닐 수지계	일반복합 염화비닐 수지
	보강 복합형	–	보강 복합

3. 특성

장점	단점
① 내후성, 신축성, 접착성 우수 ② 공기 단축 ③ 내약품성	① 접착 불완전 시 균열, 박리 ② 보호층 필요 ③ 복잡한 형상시공 어려움

4. 시공

순서: 바탕처리 → 단열재 깔기 → 프라이머 칠 → 접착제 칠 → 시트 붙이기 → 보강시트 붙이기 → 조인트 seal → 물채우기 시험

주의사항
① 시트의 접합부는 원칙적으로 물매 위쪽의 시트가 물매 아래쪽 시트의 위에 오도록 겹친다.
② 시트 상호 간의 접합 너비는 종횡으로 가황고무계 방수시트는 100mm, 비가황고무계 방수시트는 70mm로 하며, 염화비닐 수지계 방수시트는 40mm(전열용접인 경우에는 70mm)
③ 치켜올림부와 평면부와의 접합 너비는 가황고무계 방수시트 및 비가황고무계 방수시트의 경우에는 150mm로 하고, 염화비닐 수지계 방수시트는 40mm(전열용접인 경우에는 70mm)
④ 방수층의 치켜올림 끝부분은 누름고정판으로 고정한 다음 실링용 재료로 처리

접합방법
① 온통(전면)접착법
② 줄접착
③ 점접착
④ 들뜬(갓) 접착

제6절 개량형 아스팔트 시트 방수

1. 정의		한쪽 면에 자착면을 부착하여 시공하는 공법, 토치를 이용해 열을 가하여 용융시켜 부착시키는 공법 두 가지가 있다.
2. 공법의 종류	자착식 공법	단일층 또는 복층으로 하여 양쪽 면 혹은 한쪽 면에 자착층을 두고 그 위에 박리층으로 한 시트로 가열할 필요 없이 스티커처럼 떼서 붙이는 방식
	토치 공법	단일층 또는 복층으로 하여 개량 아스팔트 시트 표면을 토치로 가열하여 녹여 붙이는 방식으로 열공법에 비하면 시공성이 좋다.
3. 시트 붙이기		① 상호 겹침은 길이방향으로 200mm, 너비방향으로는 100mm 이상, 물매의 낮은 부위에 위치한 시트가 겹침 시 아랫면에 오도록 접합 ② 방수시트의 접합부와 하층 개량 아스팔트 방수시트의 접합부가 겹쳐지지 않도록 한다. ③ 큰 움직임이 예상되는 부위는 미리 너비 300mm 정도의 덧붙임용 시트로 처리한다. ④ 벽면 방수시트 붙이기는 미리 개량 아스팔트 방수시트를 2m 정도로 재단하여 시공하고, 높이가 2m 이상인 벽은 같은 작업을 반복한다.
4. 특수 부위 처리		① 오목모서리와 볼록모서리 부분은 너비 200mm 정도의 덧붙임용 시트로 처리 ② 드레인 주변은 드레인 안지름 정도 크기의 구멍을 뚫은 500mm 각 정도의 덧붙임용 시트를 드레인의 몸체와 평면부에 걸쳐 붙인다. ③ 파이프 주변은 파이프의 바깥지름 정도 크기의 구멍을 뚫은 한 변이 파이프의 직경보다 400mm 정도 더 큰 정방형의 덧붙임용 시트를 파이프 면에 100mm 정도, 바닥면에 50mm 정도 걸쳐 붙인다.

제7절 도막 방수

1. 정의		합성수지계 또는 합성고무계의 에멀션 또는 용제를 바탕면에 칠하거나 흙손밀기 또는 뿜칠하여 두께 0.5~1mm 정도의 방수 피막을 형성하는 공법이다.
2. 재료	우레탄 고무계	폴리이소시아네이트, 폴리올, 가교제를 주원료로 하는 우레탄 고무에 충전재 등을 배합한 우레탄 방수재로 성능에 따라 1류와 2류로 구분
	아크릴 고무계	아크릴 고무를 주원료로 하여 충전재 등을 배합한 아크릴 고무계 방수재
	클로로프렌 고무계	클로로프렌 고무를 주원료로 하여 충전제 등을 배합한 클로로프렌 고무계 방수재
	실리콘 고무계	올가노 폴리실록산을 주원료로 하여 충전재 등을 배합한 실리콘 고무계 방수재
	고무 아스팔트	아스팔트와 고무를 주원료로 하는 고무 아스팔트계 방수재
3. 보강포		유리섬유 직포, 합성섬유 직포, 합성섬유 부직포
4. 시공 순서		방수재의 조합, 비빔 및 점도 조절 – 프라이머의 도포 – 접합부, 이음타설부 및 조인트부의 처리 – 보강포 붙이기 – 방수재의 도포
5. 공법	코팅공법	도막 방수재를 단순히 도포만 하는 방법
	라이닝공법 (Lining)	유리섬유, 합성섬유 등의 망상포를 적층하여 도포하는 방법

(용어) 도막 방수
●22②

(종류) 도막 재료

(용어) 라이닝 공법

제8절 멤브레인 방수 영문 표시 기호

방수층의 종류	사용재료	바탕과의 고정상태, 단열재 유무, 적용부위
아스팔트 방수(A)	Pr : 보호층 필요(보행용) Mi : 모래 붙은 루핑 Al : ALC패널 방수층 Th : 단열재 삽입 In : 실내용	F : 전면부착 S : 부분부착 T : 바탕과의 사이에 단열재 M : 바탕과 기계적으로 고정시키는 방수층 U : 지하에 적용하는 방수층 W : 외벽에 적용하는 방수층
시트 방수(S)	Ru : 합성 고무계 Pl : 합성 수지계	
개량형 아스팔트 방수(M)	Pr : 보호층 필요 Mi : 모래 붙은 루핑	
도막 방수(L)	Ur : 우레탄 Ac : 아크릴 고무 Gu : 고무아스팔트	
A : Asphalt S : Sheet M : Modified Asphalt L : Liquid	Pr : Protected AL : ALc Th : Thermal Insulated Mi : Mineral Surfaced In : Indoor Ru : Rubber Pl : Plastic Ur : Urethane Rubber Ac : Acrlic Rubber Gu : Gum	F : Fully Bonded S : Spot Bonded T : Thermal Insulated M : Mechanical Fasteneed U : Underground W : Wall

> **기호** 방수공사 표시방법 중 최후의 영문자 내용

제9절　시일재 방수

(종류) 합성고분자 방수법

(특징) 실링방수제 요구성능

(원인) 하자원인

1. 정의	실링 방수는 부재 접합부 사이의 공극에 탄성재를 충전하여 방수적으로 일체화하는 틈막이 방수공법이다.		
2. 재료	코킹	① 수축률이 작고 접착성이 우수 ② 내수, 내산, 내후, 내알칼리성	
	실런트	① 고점성 재료가 시간 경과 후 고무 성능으로 형성 ② 내후, 내수, 내약품성 우수하고 시공 용이 ③ 커튼 월 공사, 고층 건물에 주로 이용 ④ 1액형(공기 중의 수분에 의해 경화)과 2액형(경화제의 작용으로 경화)으로 구분	
	개스킷	미리 성형된 제품으로, 창유리 끼우기 등에 사용되는 재료 ① 지퍼 개스킷 ② 글레이징 개스킷(건축용 개스킷) ③ 줄눈 개스킷(성형 줄눈재)	
3. 요구 성능	주요 요구성능		시공계획
	1) 접착성		① 실리콘재의 접착성을 고려해서, 외장재의 재질이나 표면 마무리를 생각한다. ② PC/커튼 월이나 RC조에서는 충분한 건조가 가능하도록 공정을 짠다. ③ 실적이 없을 경우에는 접합 시험을 한다.
	2) 내구성		① 목표 수명의 설정 및 무브먼트 등의 사용조건을 명확히 한다. ② 목표 수명을 달성하도록 재료 선정을 함과 동시에 조인트의 형상치수를 결정한다.
	3) 비오염성		① 오염이 문제가 되는 벽에서는 실리콘계 실링재를 피한다. 부득이하게 사용할 경우에는 물흘림의 설치 오염방지제의 도포 및 클리닝 등을 고려한다. ② 방수성과 비오염성의 균형을 꾀한다.
4. 하자	① 실링재 자신이 파단해버리는 응집파괴(파단) ② 부재의 피착면으로부터 벗겨지는 접착파괴 ③ 도장의 변질(박리) ④ 접착부 줄눈 주변의 오염		
5. 시공 순서	① 피복면 청소　　　　　　② 백업(Back up)재 부착 ③ 마스킹 테이프 부착　　　④ 프라이머 도포 ⑤ 실링재 충진　　　　　　⑥ 주걱누름 ⑦ 줄눈 주위 청소		

제10절 인공지반녹화 방수방근 공사

1. 녹화시스템	녹화시설의 복합적 성능 발현과 유지에 필수적인 구성요소가 합리적으로 일체화된 기술적 체계이며 구조부, 녹화부, 식생층으로 구분	
2. 인공지반녹화시스템	건축물의 옥상, 지하주차장의 상부(지붕층) 슬래브 등에서 자연으로 조성된 흙 지반이 아닌, 인공으로 조성된 콘크리트 지반 위에 구성된 녹화시스템	
3. 방수층	건축물 구조체 내부로의 수분과 습기의 유입을 차단하는 기능을 하며 녹화시스템의 기반이 되는 구성요소의 층	
4. 방근층	식물의 뿌리가 하부에 있는 녹화시스템 구성요소로 침투·관통하는 것을 지속적으로 방지하는 기능	
5. 보호층	상부에 위치하는 구성요소에 의해 하부 구성요소가 물리적·기계적 손상을 입지 않도록 보호하는 기능	
6. 분리층	녹화시스템 구성요소 간의 화학적 반응이나 상이한 거동 특성으로 인해 발생하는 손상을 예방하는 기능	
7. 배수층	토양층의 과포화수를 수용하여 배수 경로를 따라 배출시키는 역할을 하는 층	
8. 여과층	토양층의 토양과 미세 입자가 하부의 구성요소로 흘러내리거나 용출되는 것을 방지하는 역할	
9. 식생층	녹화 유형에 알맞은 식물들의 조합으로 녹화시스템의 표면층을 형성하며 필요에 따라 과도한 수분 증발, 토양 침식 또는 풍식, 그리고 이입종의 유입을 방지하기 위해 멀칭층을 포함	
10. 멀칭(Mulching)층	농작물을 재배할 때, 흙이 마르는 것과 비료가 유실되는 것을 막기 위해 땅의 표면을 덮은 층	

제11절 기타 방수

1. 방수모르타르	① 벽, 바닥 등의 구조체의 표면에 방수제를 혼입한 모르타르를 발라 간단히 방수의 효과를 기대한다. ② 모르타르의 강도는 다소 떨어지더라도 방수 능력을 극대화하여야 하며, 모재와의 부착력 증진을 위하여는 바탕면을 상당히 거칠게 하여야 한다. ③ 매회 바름 두께는 6~9mm 정도로 총 두께 12~25mm를 유지하도록 한다. ④ 바탕은 건조시킬 필요가 없으므로 콘크리트를 부어 넣은 후 곧이어 바르는 것이 좋다.
2. 아스팔트재	① 아스팔트와 모르타르를 혼합하여 시공하는 방수법이다. ② 방수시공은 가열상태에서 유지되어야 한다.
3. 벤토나이트 방수	① 벤토나이트가 물을 많이 흡수하면 팽창하고, 건조하면 극도로 수축하는 성질을 이용한 방수공법이다. ② 뿜칠시공도 가능하나 시공 후 보수가 어렵다.
4. 침투성 방수	① 투명한 처리가 필요한 경우 이용하는 방법이다. ② 콘크리트 벽돌조, 석고 미장면, 제치장 콘크리트면 등에 적용한다. ③ 실리콘, 파라핀 도료 및 비누용액(실베스터법) 등 사용

5. 금속판 방수	1) 재료
	  ① 납판 : 29.3kg/m³ 이상
	  ② 스테인리스강 : 두께 0.4mm 이상
	2) 시공
	  ① 납판
	    ㉠ 겹침이음 폭은 최소 2.5cm 이상으로 한다.
	    ㉡ 이음부위는 접합 직전에 깎아내거나 쇠솔질 처리를 한다.
	    ㉢ 기타 부분 : 납땜 용접 처리를 한다.
	  ② 동판 : 다른 금속과 접촉이 적도록 분리하여 사용한다.
	  ③ 스테인리스 강판 : 바탕판에 용접 시 부식에 주의한다.

6. 간접 방수	① 공간벽 ② Dry Area ③ 방습층

CHAPTER 07 핵심 기출문제

1회독 □ 월 일
2회독 □ 월 일
3회독 □ 월 일

● 안방수 / 바깥방수

01 방수공법 중 콘크리트에 방수제를 직접 넣어 방수하는 공법을 무엇이라고 하는가?

정답 용어정리
구체 방수

02 방수공법으로 안방수와 바깥방수의 장단점을 쓰시오.
   가. 안방수
      ① 장점 :
      ② 단점 :
   나. 바깥방수
      ① 장점 :
      ② 단점 :

정답 안방수와 바깥방수
가. 안방수
   ① 장점 : 공사시기가 자유롭고 공사비가 저렴하다.
   ② 단점 : 수압이 적고 얕은 지하실에서 사용되며 내수압성이 떨어진다.
나. 바깥방수
   ① 장점 : 수압이 크고 깊은 지하실에서 사용되며 내수압성이 크다.
   ② 단점 : 공사시기가 본 공사에 선행하므로 자유롭지 못하고 공사비가 고가이다.

03 안방수와 바깥방수의 차이점을 4가지 쓰시오. •22①
   가.
   나.
   다.
   라.

정답 안방수, 바깥방수 비교
가. 안방수는 수압이 적은 얕은 지하에 사용, 바깥방수는 수압이 큰 깊은 지하에 사용
나. 안방수는 시공이 간단, 바깥방수는 시공이 난이함
다. 안방수는 비교적 저렴함, 바깥방수는 비교적 고가임
라. 안방수는 보호누름 필요, 바깥방수는 불필요

제7장 방수공사 1-**333**

04 지하실 바깥방수 시공순서를 〈보기〉에서 골라 번호를 쓰시오.

① 밑창(버림)콘크리트 ② 잡석다짐 ③ 바닥콘크리트
④ 보호누름 벽돌쌓기 ⑤ 외벽콘크리트 ⑥ 외벽방수
⑦ 되메우기 ⑧ 바닥방수층 시공

( ) → ( ) → ( ) → ( ) → ( ) → ( ) → ( ) → ( )

정답 바깥방수 시공순서
② → ① → ⑧ → ③ → ⑤ → ⑥ → ④ → ⑦

05 지하실 바깥방수법의 시공공정 순서를 쓰시오.

밑창콘크리트 − (가) − 바닥콘크리트 타설 − 벽콘크리트 타설 −
(나) − (다) − 되메우기

가. _____ 나. _____
다. _____

정답 지하실 바깥방수법 시공 순서
가. 바닥방수층 시공
나. 외벽(바깥벽)방수 시공
다. 보호누름 벽돌 쌓기(시공)

06 지하실 외벽의 경우에 안방수와 바깥방수를 다음의 관점에서 각각 비교하여 쓰시오.

구분	안방수	바깥방수	보기	
(1) 사용환경			① 수압이 작고 얕은 지하실	② 수압이 크고 깊은 지하실
(2) 바탕처리			① 따로 만들 필요 없음	② 따로 만들어야 함
(3) 공사시기			① 자유롭다	② 본 공사에 선행
(4) 시공용이			① 간단하다	② 번거롭다
(5) 보호누름			① 필요하다	② 필요 없다

정답 안방수와 바깥방수 비교

구분	안방수	바깥방수
(1) 사용환경	①	②
(2) 바탕처리	①	②
(3) 공사시기	①	②
(4) 시공용이	①	②
(5) 보호누름	①	②

07 고무계 우레탄 방수의 보호 및 마감과 부위 용도 3가지를 쓰시오.

가. _____ 나. _____
다. _____

정답 고무계 우레탄 방수의 보호 및 마감과 부위 용도
가. 약간의 보행이 가능한 지붕
나. 운동장 지붕
다. 개방복도
라. 발코니

● **시멘트 모르타르계 방수**

08 바닥용 시멘트 액체 방수층 시공순서를 보기에서 골라 순서대로 쓰시오.

• 21①

> 방수 모르타르, 방수액 침투, 바탕면 정리 및 물청소, 방수 시멘트 페이스트 1차,
> 방수 시멘트 페이스트 2차

정답 바닥용 시멘트 액체 방수층 시공순서
바탕면 정리 및 물청소 – 방수 시멘트 페이스트 1차 – 방수액 침투 – 방수 시멘트 페이스트 2차 – 방수 모르타르

09 다음은 방수재료에 대한 설명이다. 보기를 보고 알맞은 단어를 넣으시오.

• 21①

> 방수 모르타르   방수 시멘트 페이스트   방수용액   프라이머
> 발수제   백업재   실링재   경화재
> 시멘트 혼입 폴리머계 방수재

가. 시멘트, 모래와 방수제 및 물을 혼합하여 반죽한 것 ( )
나. 시멘트와 방수제 및 물을 혼합하여 반죽한 것 ( )
다. 물에 방수제를 넣어 희석 또는 용해한 것 ( )
라. 분산제와 수경성 무기분체(시멘트와 규사 및 기타 첨가물)로 혼합하여 분산제에 함유된 수분을 시멘트 경화반응에 공급하고 급속히 응집·고화시켜 피막을 형성하는 방수제 ( )

정답 방수재료
가. 방수 모르타르
나. 방수 시멘트 페이스트
다. 방수용액
라. 시멘트 혼입 폴리머계 방수재

● **멤브레인 방수**

10 방수공사에서 사용되는 재질에 의한 분류 중 멤브레인 방수공사의 종류를 3가지 쓰시오.

• 23① · 21③

가. _____   나. _____
다. _____

정답 멤브레인 방수
가. 아스팔트방수
나. 시트(Sheet)방수
다. 도막 방수

11 다음은 방수공사에 대한 설명으로 ( ) 안에 알맞은 용어를 쓰시오.

> 가. 멤브레인 방수층이란 불투수성 피막을 형성하여 방수하는 공사를 총칭하며, (①), (②), (③)이 여기에 해당된다.
> 나. 방수를 도막재와 병용하여 방수층을 보강하는 재료로써 일반적으로 유리섬유제품이나 합성섬유 제품을 사용한다. 이것을 (④)(이)라 한다.

① _____   ② _____
③ _____   ④ _____

정답 방수공법
① 아스팔트 방수법
② 시트 방수법
③ 도막방수법
④ 라이닝 공법

12 옥상 8층 아스팔트 방수공사의 표준 시공순서를 쓰시오.(단, 아스팔트 종류는 구분하지 않고 아스팔트로 하며, 펠트와 루핑도 구분하지 않고 아스팔트 펠트로 표기한다.)

가. 1층 (   )   나. 2층 (   )
다. 3층 (   )   라. 4층 (   )
마. 5층 (   )   바. 6층 (   )
사. 7층 (   )   아. 8층 (   )

정답 아스팔트 방수시공 순서
가. 1층 : 아스팔트 프라이머
나. 2층 : 아스팔트
다. 3층 : 아스팔트 펠트
라. 4층 : 아스팔트
마. 5층 : 아스팔트 펠트
바. 6층 : 아스팔트
사. 7층 : 아스팔트 펠트
아. 8층 : 아스팔트

13 다음은 옥상에 아스팔트 방수공사를 한 그림이다. 콘크리트 바탕으로부터 최상부 마무리까지의 시공순서를 번호에 맞춰 쓰시오.(단, 아스팔트 방수층 시공순서는 세분하지 않는다.)

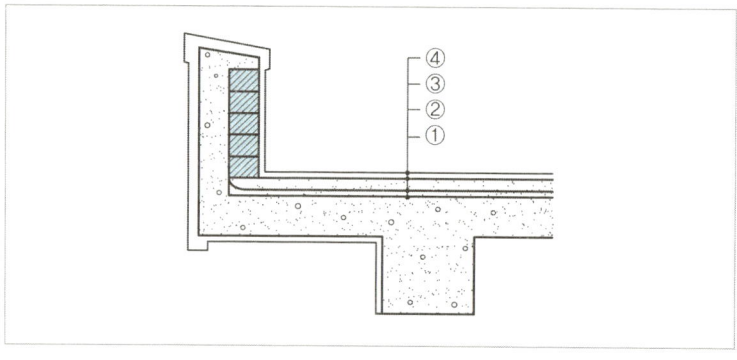

① _____   ② _____
③ _____   ④ _____

정답 아스팔트 방수
① 바탕처리
② Asphalt 방수층 시공
③ 보호 누름 콘크리트
④ 마감 모르타르 시공

14 다음 용어를 간단히 설명하시오.

　　가. 아스팔트 프라이머 :

　　나. 침입도 :

정답 용어
가. 아스팔트를 휘발성 용제로 녹인 것으로 모재와 방수층의 부착을 좋게 한다.
나. 아스팔트의 경연성 정도를 측정하는 기준으로 작업의 시공연도에 영향을 미치며, 100g의 침이 25℃ 온도에서 5초 동안에 관입하는 척도

15 다음 공법에 대하여 기술하시오.

　　가. 도막방수 :

　　나. 시트방수 :

정답 방수공법
가. 도막방수 : 도료상의 방수제를 여러 번 칠하여 상당한 두께의 방수막을 형성하는 공법
나. 시트방수 : 합성고무 또는 합성수지를 주성분으로 하는 시트 1겹을 접착제로 바탕에 붙여서 방수층을 형성하는 공법

16 Sheet 방수공법의 장단점을 각각 2가지 쓰시오. • 22③

　　가. 장점 ①
　　　　　②
　　나. 단점 ①
　　　　　②

정답
가. 장점
　① 한 번의 시공으로 공기단축이 가능하다.
　② 방수층의 두께가 균일하다.
나. 단점
　① 온도에 따른 영향이 크다.
　② 복잡한 부위 시공이 곤란하다.

17 도막방수와 비교한 시트방수특징에 해당하는 번호를 골라 적으시오. • 23②

　① 핀홀과 같은 안정성이 떨어진다.
　② 겹침부에 취약하다.
　③ 기후의 영향을 받는다.
　④ 흘러내림이 있다.
　⑤ 굴곡부같은 곳에 적용하기 어렵다.
　⑥ 자재 자체의 방수성이 좋다.

정답 도막방수와 비교한 시트방수 특징
②, ③, ⑤, ⑥

정답 시트 방수
가. 온통접착, 줄접착, 점접착
나. 시트 상호간 이음 겹침길이는 겹친이음은 5cm 이상, 맞댐이음은 10cm 이상으로 하고 테이프로 보강하고 seal 등으로 충진하여 수밀하게 시공한다.

18 시트 방수공사에서 시트 방수재를 붙이는 방법 3가지를 쓰고, 시트이음방법을 설명하시오.

가. 붙이는 방법 : _____

나. 시트이음방법 : _____

19 다음은 시트방수공사의 항목들이다. 시공순서대로 기호를 나열하시오.

가. 단열재 깔기	나. 접착제 도포	다. 조인트 실(Seal)
라. 물채우기 시험	마. 보강 붙이기	바. 바탕처리
사. 시트 붙이기		

( ) → ( ) → ( ) → ( ) → ( ) → ( ) → ( )

정답 시트방수 시공순서
바 → 가 → 나 → 사 → 마 → 다 → 라

20 다음 〈보기〉에서 열거한 항목을 이용하여 시트방수의 시공순서를 기호로 쓰시오.

① 접착제칠   ② 마무리   ③ 바탕처리
④ 시트 붙이기 ⑤ 프라이머칠

( ) → ( ) → ( ) → ( ) → ( )

정답 시트방수 시공순서
③ → ⑤ → ① → ④ → ②

21 지붕처마구조의 방수공법순서를 보기에서 골라 기호로 적으시오.

① 컬러 아스팔트 싱글
② 보호 모르타르
③ 투습 방수지
④ 콘크리트 구조체

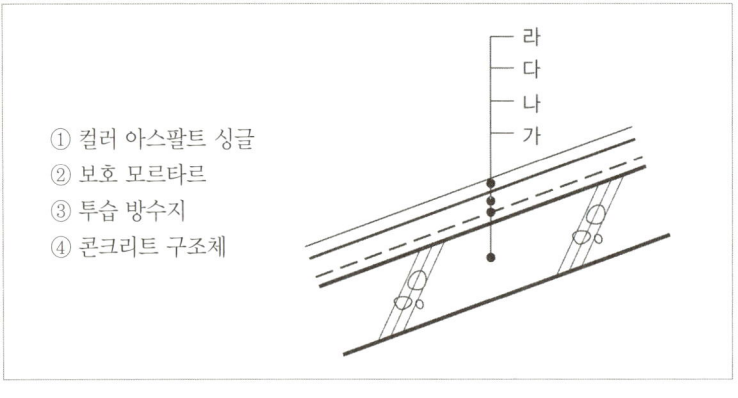

가. _____ 나. _____
다. _____ 라. _____

정답 방수공법순서
가. ④
나. ③
다. ②
라. ①

22 지붕 방수 공사에 사용되는 도막재 종류 3가지를 기재하시오. • 22②

가. _____ 나. _____
다. _____

정답 도막재 종류
가. 우레탄 고무계
나. 아크릴 고무계
다. 클로로프렌 고무계
라. 실리콘 고무계
마. 고무 아스팔트

23 건축공사표준시방서의 방수공사 표시방법 중 각 공법에서 최후의 문자는 각 방수층에 대하여 공통으로 고정상태, 단열재의 유무 및 적용부위를 의미한다. 이에 사용되는 영문기호 F, M, S, U, T, W 중 4개를 선택하여 그 의미를 설명하시오.

가. _____
나. _____
다. _____
라. _____

정답 용어
가. F(Fully Bonded) : 바탕에 전면 밀착시키는 공법
나. M(Mechanical Fastened) : 바탕과 기계적으로 고정시키는 방수층
다. S(Spot Bonded) : 바탕에 부분적으로 밀착시키는 공법
라. U(Underground) : 지하에 적용하는 방수층
마. T(Thermal Insulated) : 바탕과의 사이에 단열재를 삽입하는 방수층
바. W(Wall) : 외벽에 적용하는 방수층

24 건축공사표준시방서에서 표기한 방수층의 영문기호 중 아스팔트 방수층에 적용되는 영문기호 Pr, Mi, Al, Th, In의 의미를 설명하시오.

가. Pr : _____
나. Mi : _____
다. Al : _____
라. Th : _____
마. In : _____

정답 아스팔트방수 영문기호
가. Pr : (Protected) – 보행 등에 견딜 수 있는 보호층이 필요한 방수층
나. Mi : (Mineral Surfaced) – 최상층에 모래 붙은 루핑을 사용한 방수층
다. Al : (Alc) – 바탕이 ALC 패널용의 방수층
라. Th : (Thermal Insulated) – 방수층 사이에 단열재를 삽입한 방수층
마. In : (Indoor) – 실내용 방수층

25 건축공사표준시방서에서 정의하는 방수공사의 표기법에서 최초의 문자는 방수층의 종류에 따라 달라지는데 다음 대문자 알파벳이 나타내는 의미를 쓰시오.

가. A : _____ 나. S : _____
다. M : _____ 라. L : _____

정답 멤브레인 방수 – 영문표기법
가. A : 아스팔트방수
나. S : 시트방수
다. M : 개량형 아스팔트방수
라. L : 도막방수

● 합성고분자 방수

26 합성고분자 방수법의 종류에 대해서 3가지 쓰시오.

가. _____ 나. _____
다. _____

정답 합성고분자 방수법
가. 도막방수
나. 시트방수
다. 시일재에 의한 방수

27 실링방수제가 수밀성과 기밀성을 확보하면서 방수제로서 기능을 만족하고, 이를 장기적으로 유지시키기 위해서 요구되는 실링방수제의 품질성능요소를 3가지 쓰시오.

가. _____ 나. _____
다. _____

정답 실링방수제의 품질성능 요소
가. 접착성
나. 내구성
다. 오염방지성

28 실링방수제의 주요 하자 요인을 크게 3가지로 분류하시오.

가. _____ 나. _____
다. _____

정답 실링방수제의 하자 요인
가. 실링재 자신의 파단
나. 접착면과의 박리
다. 접착부나 줄눈 주위의 오염

Engineer Architecture

CHAPTER 08
지붕공사 및 홈통공사

CONTENTS

제1절 지붕공사   343
제2절 홈통공사   347

용어 미리보기

용어	Keyword	출제연도
물매	수평 10cm에 대한 수직 높이의 비율	
아귀토	수키와 처마 끝에 막새 대신에 회진흙 반죽으로 둥글게 바른 것	
알매흙	암키와 밑의 진흙	
홍두깨흙	수키와 밑의 진흙	
내림새	처마 끝에 있는 암키와	
막새	처마 끝에 덮는 수키와에 와당이 딸린 기와	

CHAPTER 08 지붕공사 및 홈통공사

제1절 지붕공사

01 일반사항

1. 지붕재료 요구성능	① 내수적이고 습도에 의한 신축이 적을 것 ② 열전도율이 적고 불연재일 것 ③ 내구적이며 경량일 것 ④ 동해에 대하여 안전할 것 ⑤ 모양과 색조가 좋으며 건물에 잘 조화될 것		
2. 물매	정의	수평 10cm에 대한 수직 높이의 비율을 말한다.	
	구분	평지붕	지붕의 경사가 1/6 이하인 지붕
		완경사 지붕	지붕의 경사가 1/6에서 1/4 미만인 지붕
		일반 경사 지붕	지붕의 경사가 1/4에서 3/4 미만인 지붕
		급경사 지붕	지붕의 경사가 3/4 이상인 지붕
	재료별 경사	지붕재료	경사(물매)
		평잇기 금속 지붕	1/2 이상
		기와지붕 및 아스팔트 싱글	1/3 이상
		금속 기와	1/4 이상
		금속판 지붕 (일반적인 금속판 및 금속패널 지붕)	
		금속 절판	
		합성고분자 시트 지붕 아스팔트 지붕 폼 스프레이 단열 지붕의 경사	1/50 이상
3. 시공	골조 – 데크 – 방습지 – 단열재 – 바탕보드 – 방수층 – 지붕 잇기		

02 한식 기와

(명칭) 한식 기와에 이용되는 각종 기와의 명칭

기와 종류	
	① 착고 : 지붕마루에 암키와와 수키와의 골에 맞추어지도록 특수 제작한 수키와 모양의 기와를 옆세워 댄 것
	② 부고 : 착고 위에 옆세워 댄 수키와
	③ 머거블 : 용마루 끝 마구리에 옆세워 댄 수키와
	④ 단골막이 : 착고막이로 수키와 반토막을 간단히 댄 것
	⑤ 보습장 : 추녀마루의 처마 끝에 암키와장을 삼각형으로 다듬어 댄 것
	⑥ 내림새 : 처마 끝에 있는 암키와
	⑦ 막새 : 처마 끝에 덮는 수키와에 와당이 딸린 기와
	⑧ 착고막이 : 지붕마루 수키와 사이의 골에 맞추어 수키와를 다듬어 옆세워 댄 것
	⑨ 너새 : 박공 옆에 직각으로 대는 암키와
	⑩ 감새 : 박공 옆면에 내리덮는 날개를 옆에 댄 평기와
	⑪ 산자 : 서까래 위에 기와를 잇기 위하여 가는 싸리나무, 가는 장작 따위를 새끼로 엮어 댄 것
	⑫ 아귀토 : 수키와 처마 끝에 막새 대신에 회진흙 반죽으로 둥글게 바른 것
	⑬ 알매흙 : 암키와 밑의 진흙
	⑭ 홍두깨흙 : 수키와 밑의 진흙
	⑮ 회첨골 : 골추녀에 암키와를 낮게 두 줄로 깐 것

(용어) 아귀토, 알매흙

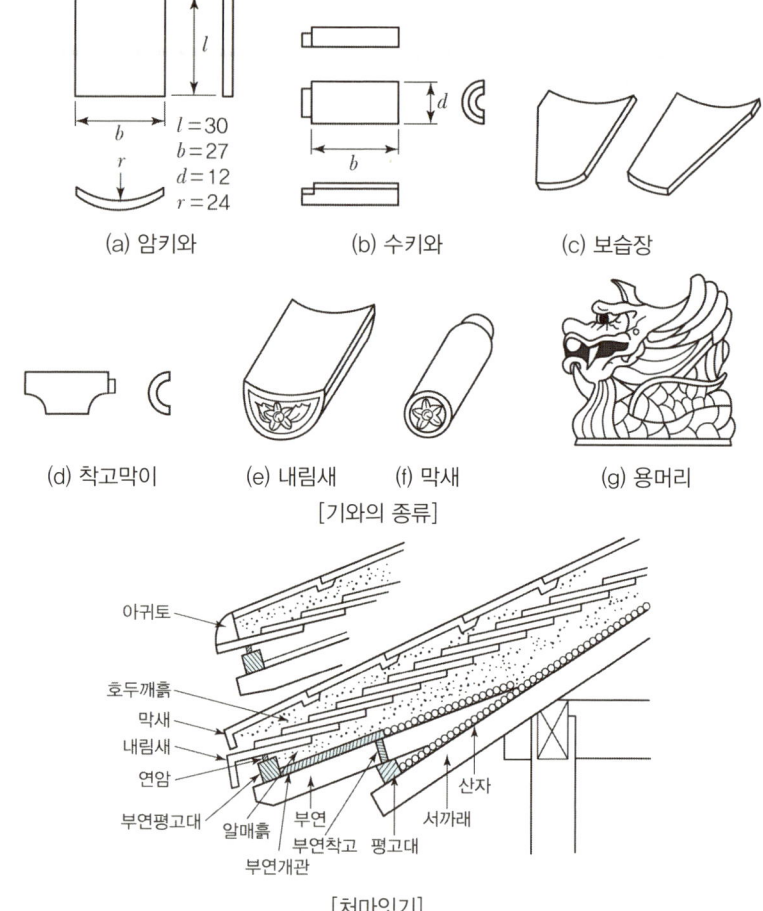

[기와의 종류]

[처마잇기]

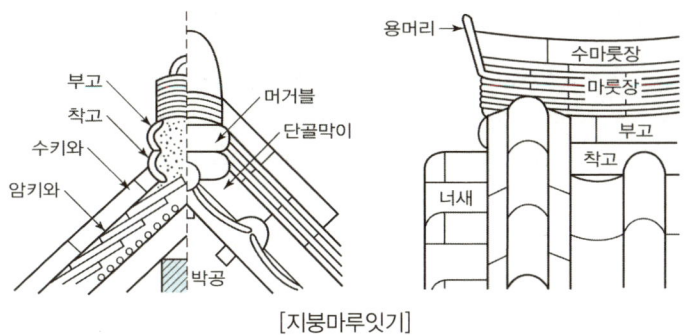

[지붕마루잇기]

03 시멘트 기와

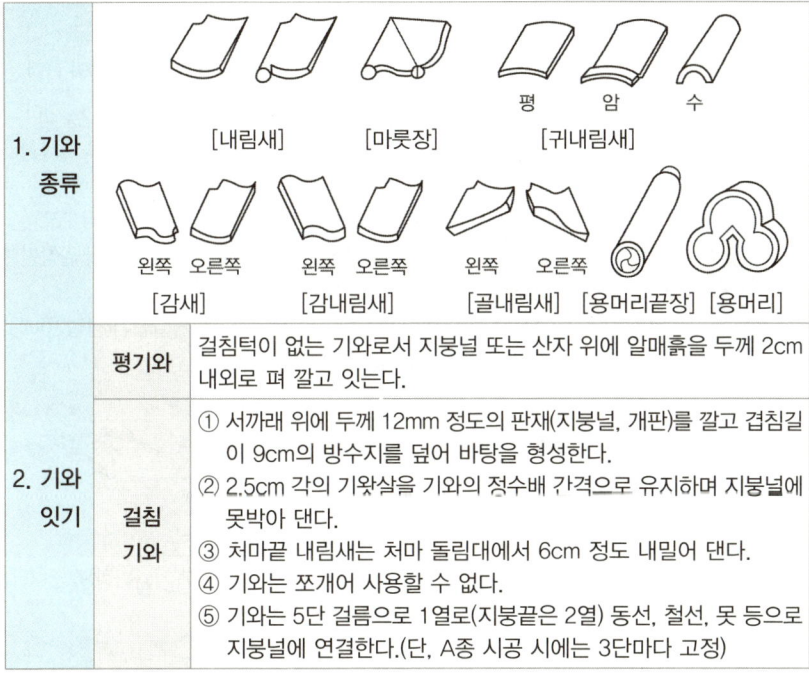

1. 기와 종류		[내림새] [마룻장] [귀내림새] 평 암 수 왼쪽 오른쪽 왼쪽 오른쪽 왼쪽 오른쪽 [감새] [감내림새] [골내림새] [용머리끝장] [용머리]
2. 기와 잇기	평기와	걸침턱이 없는 기와로서 지붕널 또는 산자 위에 알매흙을 두께 2cm 내외로 펴 깔고 잇는다.
	걸침 기와	① 서까래 위에 두께 12mm 정도의 판재(지붕널, 개판)를 깔고 겹침길이 9cm의 방수지를 덮어 바탕을 형성한다. ② 2.5cm 각의 기왓살을 기와의 정수배 간격으로 유지하며 지붕널에 못박아 댄다. ③ 처마끝 내림새는 처마 돌림대에서 6cm 정도 내밀어 댄다. ④ 기와는 쪼개어 사용할 수 없다. ⑤ 기와는 5단 걸름으로 1열로(지붕끝은 2열) 동선, 철선, 못 등으로 지붕널에 연결한다.(단, A종 시공 시에는 3단마다 고정)

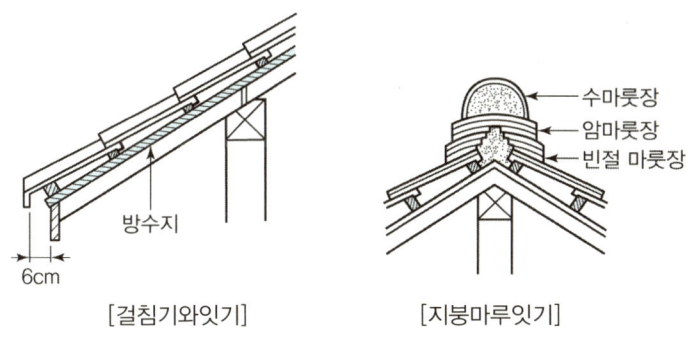

[걸침기와잇기]　　[지붕마루잇기]

04 금속판 잇기

1. 재료별 특성	아연판	산, 알칼리 및 연탄가스에 약하여 연탄 굴뚝 주위, 부엌에 맞닿는 지붕에 사용을 금지한다.
	동판	알칼리에 약하여 화장실이나 암모니아 가스가 발생하는 곳은 부적당하다.
	알루미늄판	염에 약하여 해안에는 부적당하다.
	납판	목재와 회반죽에 닿으면 썩기 쉬우나, 온도에 신축성이 크다.
	함석	탄산가스(CO_2)에 약하다.
2. 잇기	골함석	① 골함석의 두께는 보통 #28~#30이 쓰인다. ② 고정철물로는 중도리가 목조일 때에는 아연 도금못 또는 나사못을, 철골일 때에는 갈구리 볼트를 한 장의 나비에 3개씩 친다. ③ 가로 겹침길이는 큰 골판 1.5골, 작은 골판 2.5골 이상으로 한다. ④ 세로 겹침길이는 보통 15cm 정도로 골슬레이트와 같이 한다.
	평판	① 바탕 방수지의 겹침길이는 가로 9cm, 세로 12cm 이상으로 한다. ② 금속판은 신축에 대비하기 위하여 45~60cm 정도로 잘라서 잇는다. ③ 처마끝 부분은 나비 3cm 정도의 거멀띠, 밑창판을 약 25cm 간격으로 못박아 대고 감싸기판을 거멀띠에 접어 걸어 밑창판과 지붕판을 감싸기판과 같이 꺾어 접는다. ④ 금속판의 접합은 폭 1.5~2.5cm 정도의 거멀접기(감접기)에 의한 거멀쪽 이음을 각 판마다 4곳 이상 한다. [평판잇기]
	기와 가락	① 지붕널 위 물흐름 방향으로 4~6cm 각재(기와가락)를 간격 40~55cm(서까래 위치에 맞춤)로 댄다. ② 지붕판은 기와가락 옆에서 3cm 이상 꺾어 올리고, 거멀쪽 2개 이상을 써서 덮개와 같이 꺾어 접는다. ③ 기와가락을 대지 않고 중공 기와가락으로 할 수도 있다. [기와가락 잇기]
3. 순서		① 경량철골 설치 ② Purlin 설치(지붕레벨고려) ③ 부식방지를 위한 철골용접부위의 방청도장 실시 ④ 서까래 설치(방부처리를 할 것) ⑤ 금속기와 Size에 맞는 간격으로 기와걸이 미송각재를 설치 ⑥ 금속기와 설치

(수치) 골판잇기( ) 넣기

(순서) 금속기와 잇기

제2절 홈통공사

1. 재료	① 홈통은 보통 함석 #28~#30을 주로 사용하며 동판은 0.3~0.5mm의 것을 쓰고 플라스틱 제품도 쓰인다. ② 구리판, PVC(염화비닐계), 아연도금 철판 등을 이용한다.
2. 우수배수 흐름	지붕 → 처마홈통 → 깔때기홈통 → 장식통 → 선홈통
3. 처마홈통	① 안홈통과 밖홈통이 있으며 물흘림 경사는 1/100~1/200 정도로 한다. ② 안홈통의 물매는 1/50 정도로 한다. ③ 밖홈통의 모양은 반달형(반원형)과 쇠시리형으로 한다. ④ 처마홈통의 이음은 2~3cm 이상으로 한다. ⑤ 홈걸이 띠쇠는 아연도금 또는 녹막이칠을 하여 서까래 간격에 따라 85~135cm(보통 90cm) 간격으로 서까래에 못박아 댄다.
4. 깔때기 홈통	① 처마 홈통과 선홈통을 연결하는 홈통으로 각형 또는 원형으로 한다. ② 15° 기울기를 유지하여 설치하며 선홈통과의 접합부에 장식통을 댈 수도 있다.
5. 장식홈통	① 선홈통 상부에 대어 우수방향을 돌리며, 우수의 넘쳐흐름을 방지하고, 장식용이다. ② 선홈통에 60mm 이상 꽂아 넣는다.
6. 선홈통	① 원형 또는 각형으로 하고 상하 이음은 위통을 밑통에 5cm 이상 꽂아 넣고 가로는 감접기로 한다. ② 선홈통 걸이(leader strap)는 아연도금 또는 녹막이칠을 하여 85~120cm(보통 120cm) 간격으로 벽체에 고정한다. ③ 선홈통 위는 깔때기 홈통 또는 상식통을 받고, 밑은 시하 배수 토관에 직결하거나 낙수받이돌 위에 빗물이 떨어지게 한다. ④ 선홈통 하부의 높이 120~180cm 정도는 철관 등으로 보호한다. ⑤ 선홈통은 처마 길이 10m 이내마다 또는 굴뚝 등으로 처마 홈통이 단절되는 구간마다 설치한다.
7. 학각	선홈통에 연결하지 않고 처마 홈통에서 직접 밖으로 빗물을 배출하게 된 것으로 그 모양은 학두루미형으로 장식을 겸한다.

순서) 지붕면에서 지상으로 배수 과정

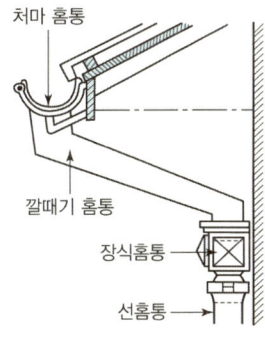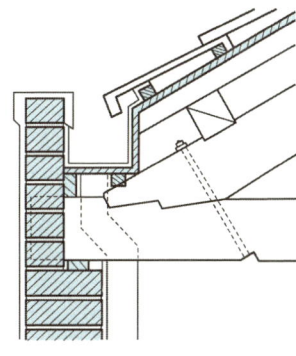

[홈통]

CHAPTER 08 핵심 기출문제

01 다음은 한식기와 잇기에 대한 설명이다. ( ) 안에 해당하는 용어를 써넣으시오.

> 한식기와 잇기에서 산자 위에서 펴 까는 진흙을 (가)(이)라 하며, 수키와 처마 끝에 막새 대신에 회백토로 둥글게 바른 것을 (나)(이)라 한다.

가. _____

나. _____

정답 한식기와 잇기
가. 알매흙
나. 아귀토

02 금속판지붕공사에서 금속기와의 설치 순서를 번호로 나열하시오.

> ① 서까래 설치(방부처리를 할 것)
> ② 금속기와 Size에 맞는 간격으로 기와걸이 미송각재를 설치
> ③ 경량철골 설치
> ④ Purlin 설치(지붕레벨고려)
> ⑤ 부식방지를 위한 철골용접부위의 방청도장 실시
> ⑥ 금속기와 설치

( ) → ( ) → ( ) → ( ) → ( ) → ( )

정답 금속기와 시공순서
③ → ④ → ⑤ → ① → ② → ⑥

Engineer Architecture

CHAPTER 09
창호 및 유리공사

CONTENTS

제1절 창호공사   353
제2절 유리공사   358

한눈에 보기

01 창호

- **성능**
  - 내풍압성
  - 기밀성
  - 수밀성
  - 개폐성
- **분류**
  - 재료
    - W
    - S
    - PL
    - AL
    - SS'T
  - 개폐
  - 성능
    - 방음
    - 단열
    - 방화
- **목재문**
  - 양판문
  - 플러쉬문
  - 널문
- **특수문**
  - 회전문 – 방풍
  - 주름문 – 방도
  - 무테문 – 현관
  - 아코디언 – 칸막이
  - 셔터 – 방화
- **용어**
  - 박배 : 창문다는 일
  - 마중대 : 미닫이, 여닫이/선대
  - 여밈대 : 미서기/선대
  - 풍소란 : 바람막이
- **강재창호**
  - 제작순서
    - 원척도
    - 녹떨기
    - 변형
    - 금매김
    - 절단
    - 구부리기
    - 조립
    - 접합(용접)
    - 검사
  - 현장설치
    - 반입
    - 변형잡기/검사
    - 녹막이칠
    - 위치(먹매김)
    - 구멍파기
    - 가설치/검사
    - 긴결철물 고정/설치
    - 사춤
    - 보양
- **창호철물**
  - 미서기
  - 여닫이
    - 자유정첩
    - 레버토리힌지
    - 도어클로저/도어체크
    - 플로어힌지
    - 도어스톱

02 유리

- **특수**
  - 안전유리
    - 강화
    - 망입
    - 겹
  - 절단불가 (현장)
    - 강화
    - 망입
    - 복층
  - 로이유리 — 적외선 반사율↑ / 금속막코팅 / 열손실 저감
  - 자외선 투과
  - 자외선 차단
- **제품**
  - 프리즘
  - 유리블록
  - 기포유리
  - 유리섬유
  - 물유리
- **시공**
  - 퍼티
  - 가스킷
  - 실링
  - 서스페셔(매닥기)
  - 물유리
  - SSG (구조용 접착제)
  - SPG : 구멍 + 볼트
  - ※ 이중외피(Double skin)

용어 미리보기

용어	Keyword	출제연도
박배	창문을 다는 일	
풍소란	마중대, 여밈대가 서로 접하는 부분의 틈새에 바람막이	
모헤어 (mohair)	창의 외부로부터 들어오는 바람과 먼지를 차단하여 창호틈 사이로 벌레나 해충이 들어오지 못하게 하는 폴리프로필렌 재질의 합성섬유	
양판문	문의 울거미를 짜고 그 중간에 양판을 끼워 넣은 문	
플러시문	울거미를 짜고 중간살을 간격 30cm 이내로 배치하며, 양면에 합판을 교착한 문	
도어클로저	자동으로 문이 닫히는 장치	
레버토리힌지	공중용 화장실, 정화실에 쓰이며, 저절로 닫히지만 15cm 정도 열려있게 된 것	
피벗힌지	자재 여닫이 중량문 사용	
플로어힌지	중량이 큰 여닫이 문에 사용되고, 힌지 장치를 한 철틀함이 바닥에 설치된다.	
열파손	유리는 열전도율이 낮아 갑작스러운 강열이나 냉각 등 급격한 온도변화에 따라 파손되는 현상	
열깨짐	태양의 복사열 작용에 의해 열을 받는 부분과 받지 않는 부분(끼우기홈 내)의 팽창성 차이 때문에 발생하는 응력으로 인하여 유리가 파손되는 현상	
단열간봉	(warm-edge spacer) 복층유리의 간격을 유지하며 열전달을 차단하는 재료	
세팅 블록	새시 하단부의 유리끼움용 부재료로서 유리의 자중을 지지하는 고임재	
접합유리	두 장 이상의 판유리에 합성수지 필름을 이용하여 붙여낸 유리	
강화유리	판유리를 열처리한 후 냉각공기로 급랭강화시켜 강도를 높인 유리	
복층유리	2장 또는 3장의 유리를 일정한 간격을 띄고 내부를 기밀(진공, 특수기체, 공기)하게 만든 유리	
로이유리	적외선 반사율이 높은 금속막 코팅을 이중유리 또는 3중 유리 안쪽에 붙인 친환경 유리	
배강도 유리	일반 유리보다 2배 정도 강도가 발현되는 유리	

미듬 건축산업기사

멘토스는 당신의 쉬운 합격을 응원합니다!

CHAPTER 09 창호 및 유리공사

제1절 창호공사

01 일반사항

1. 요구성능	① 내풍압성 ② 기밀성 ③ 차음성 ④ 개폐성 ⑤ 내구성 ⑥ 단열성 ⑦ 방화성
2. 표시기호	일련번호 / 재료 / 종류 **재료** Al : 알루미늄 G : 유리 P : 플라스틱 S : 강철 SS : 스테인리스 W : 목재 **종류** D : 문 W : 창 S : 셔터

(종류) 창호 성능에 따른 분류

(기호) 창/문/재료

02 목재창호

1. 일반사항	① 창호 제작에 사용되는 목재는 홍송, 삼송, 적송, 가문비나무, 참나무, 나왕 등으로 함수율 13~18%(보통 15%)의 무절재 나무이다. ② 목재 창호의 보통 출입문 나비는 60~120cm, 높이는 180~220cm 정도 ③ 창문 및 문틀 크기의 도면 치수는 특별한 지정이 없는 한, 문틀은 제재치수, 창문짝은 마무리치수로 한다.
2. 주문치수	설계도의 치수±3mm(대패 마무리 고려)
3. 유리홈 깊이	유리두께 이상, 6~9mm
4. 용어	**박배** 창문을 다는 일 **마중대** 미닫이, 여닫이 문짝이 서로 맞닿는 선대 **여밈대** 미서기, 오르내리창이 서로 여며지는 선대 **풍소란** 마중대, 여밈대가 서로 접하는 부분의 틈새에 바람막이

(용어) 풍소란

03 철재 창호

1. 용도	스틸도어, 행거도어, 셔터, 주름문, 방화문
2. 제작 순서	원척도 → 신장 녹처리 → 변형 바로잡기 → 금매김 → 절단 → 구부리기 → 조립 → 용접 → 마무리(검사)
3. 현장 시공 순서	현장반입 → 변형 수정 → 녹막이칠 → 먹매김 → 구멍파기, 따내기 → 가설치 → 창틀주위 사춤 → 양생
4. 멀리온	창 면적이 클 때에는 스틸바만으로는 약하므로 이것을 보강하고, 또 외관을 꾸미기 위하여 #16의 강판을 45×90mm 정도의 중공형으로 접어 간격 약 2~3m로 가로 또는 세로로 댄다.

04 알루미늄 창호

1. 특성	장점	① 비중은 철의 약 1/3로 가볍다. ② 녹슬지 않고 수명이 길다. ③ 공작이 자유롭고 기밀성이 있다. ④ 여닫음이 경쾌하고 미려하다.
	단점	① 용접부가 철보다 약하다. ② 콘크리트, 모르타르 등의 알칼리성에 대단히 약하다. ③ 전기·화학작용으로 이질 금속재와 접촉하면 부식된다. ④ 알루미늄 새시 표면은 철이 잘 부착되지 않는다.
2. 주의 사항		① 풍압에 견디기 위해서 단면을 크게 하거나 멀리온 등으로 보강한다. ② 철재는 아연 도금 처리를 하여 보강한다. ③ 콘크리트나 모르타르와 접촉되는 부분에 역청 도료나 아크릴계 도료를 칠하여 녹막이 처리를 한다. ④ 알루미늄 새시는 강도상 무리가 있으므로 나중세우기를 한다.

05 합성수지제 창호

1. 용어	모헤어 (mohair)	창의 외부로부터 들어오는 바람과 먼지를 차단하여 창호틈 사이로 벌레나 해충이 들어오지 못하게 하는 폴리프로필렌 재질의 합성섬유
2. 순서		창호 제작 – 운반 및 저장 – 먹매김 – 창호 설치

06 복합 소재 창호

1. 정의	하나의 프레임에 알루미늄과 목재를 구조적으로 결합하여 사용한 창호
2. 녹막이 처리	① 알루미늄 표면에 부식을 일으키는 다른 금속과 직접 접촉하는 것은 피한다. ② 알루미늄재가 모르타르 등 알칼리성 재료와 접하는 곳은 내알칼리성 도장 처리 ③ 강재의 골조, 보강재, 앵커 등은 아연도금 처리한 것 사용 ④ 알루미늄 창호와 접하여 목재를 사용하는 경우 목재의 함유염분, 함수율이 높은 것을 사용하면 부식이 일어나므로 주의

07 문의 종류

1. 목재문	플러시문	울거미를 짜고 중간살을 간격 30cm 이내로 배치하며, 양면에 합판을 교착한 문
	양판문	문의 울거미를 짜고 그 중간에 양판을 끼워 넣은 문
	도듬문	울거미를 짜고 그 중간에 가는 살을 가로, 세로 약 20cm 간격으로 짜대고 종이를 두껍게 바른 문
	널문	널을 이어 대어 만든 문
2. 특수문	주름문	문을 닫았을 때 창살처럼 되는 문으로 방도용
	회전문	현관의 방풍용으로 회전 지도리를 사용
	양판철재문	갑종방화문, 을종방화문
	행거도어	대형문에 이용하고 중량문일 때 레일 및 바퀴를 설치하기도 한다.
	아코디언도어	칸막이용으로 가변적 구획을 할 수 있다.
	무테문	현관용으로 테두리에 울거미가 없는 문
	접문	문짝끼리 경첩으로 연결하고 상부에 도어 행거를 사용한 칸막이용

(용어) 플러시문

(용어) 양판문

08 창호철물

(1) 여닫이 창호철물

명칭	형태	명칭	형태
1. 경첩 (Hinge)		5. 피벗 힌지 (Pivot Hinge)	상부 힌지 / 하부 힌지
2. 자유경첩 (Spring Hinge)		6. 도어 클로저 (Door Closer, Door Check)	H형 / 니카나형
3. 레버토리 힌지 (Lavatory Spring Hinge)	상부 힌지 / 하부 힌지	7. 손잡이볼 (Pin Tumble Look)	손잡이 볼 / 레버 핸들
4. 플로어 힌지 (Floor Hinge)	힌지 / 톱 피벗 / 플로어 힌지	8. 체인로크 (Chain Lock)	

종류와 특징	자유경첩	안팎 개폐용 철물로 자재문에 사용
	레버토리 힌지	공중용 변소, 정화실에 쓰이며, 저절로 닫혀지지만 15cm 정도 열려있게 된 것
	도어클로저, 도어체크	자동으로 문이 닫히는 장치
	크레센트	오르내리창이나 미서기 창의 자물쇠
	피벗힌지 지도리	자재 여닫이 중량문 사용
	플로어 힌지	중량이 큰 여닫이문에 사용되고, 힌지 장치를 한 철틀함이 바닥에 설치된다.
	함자물쇠	손잡이를 돌리면 자물통, 즉 래치볼트와 열쇠로 회전하여 잠그는 데드볼트가 있다.
	실린더 자물쇠	핀 텀블러 룩이라 한다.

용어) 레버토리 힌지

용어) 도어클로저

용어) 피벗힌지

용어) 플로어 힌지

(2) 미서기 및 미닫이 창호철물

명칭	형태	명칭	형태
1. 꽂이쇠		2. 걸대	
3. 스프링 캐치		4. 도어 행거	
5. 호차		6. 손잡이	
7. 문고리		8. 크레센트 자물쇠	
9. 오르내리 창용 달차		10. 오르내리 창용 추	

(종류) 미서기 창호 철물

제2절 유리공사

01 재료

1. 특성	① 취성이 있다. ② 파편이 날카로워 위험하다. ③ 두께가 얇다. ④ 내구성이 크다. ⑤ 불연 재료이다. ⑥ 광선투과율이 높다.	
2. 물리적 성질	강도	① 유리의 강도는 휨강도를 말한다. ② 두께에 따라 강도가 다르다. ③ 1.9mm → 700 / 3.0mm → 650 / 5.0mm → 500 / 6.0mm → 450
	비중	① 2.2~6.3(보통 2.5 내외) ② 납, 아연, 바륨, 알루미나 등이 포함되면 커진다. ③ 납유리 비중 4.0
	열전도율	① 0.48kcal/m·h·℃ ② 대리석, 타일보다 작다. ③ 콘크리트의 1/2
	연화성	① 740℃ ② 칼리 유리 1,000℃
	내열성	① 1.9mm → 105℃ 이상 온도차 발생 시 파괴 ② 3.0mm → 80~100℃ ③ 5.0mm → 60℃
	열파손	유리는 열전도율이 낮아 갑작스러운 강열이나 냉각 등 급격한 온도 변화에 따라 파손되는 현상
3. 제품 성능	① 내하중 ② 설치 부위의 차수성, 배수성 ③ 내진성 ④ 내충격성 ⑤ 차음성 ⑥ 열깨짐 방지성 ⑦ 단열성 ⑧ 태양열 차폐성	
4. 광학 유리	① 크라운 유리 ② 프린트 유리	

용어) 열파손

●23③

종류) 광학유리

02 용어

1. 끼우기 홈	유리를 지지하기 위한 창틀에 설치하는 홈으로서 그 홈의 단면치수는 끼우기 판유리의 두께에 따라 내풍압성능, 내진성능, 열깨짐 방지성능 등을 고려하여 정함
2. 에칭(etching)	화학약품에 의한 부식현상을 응용한 가공
3. 열깨짐	태양의 복사열 작용에 의해 열을 받는 부분과 받지 않는 부분(끼우기홈 내)의 팽창성 차이 때문에 발생하는 응력으로 인하여 유리가 파손되는 현상
4. 치솟음	휨가공에서 발생하는 현상으로 유리의 단부가 형틀과는 다르게 소정의 곡률로 되지 않는 부분
5. 클린 컷	유리를 절단한 후 그 절단면에 구멍 흠집, 단면결손, 경사단면 등의 결함이 없이 깨끗이 절단된 상태

	실링재에 의한 커튼월 공법	개스킷 사용 시의 경우
6. 클리어런스 (clearance) 및 지지깊이	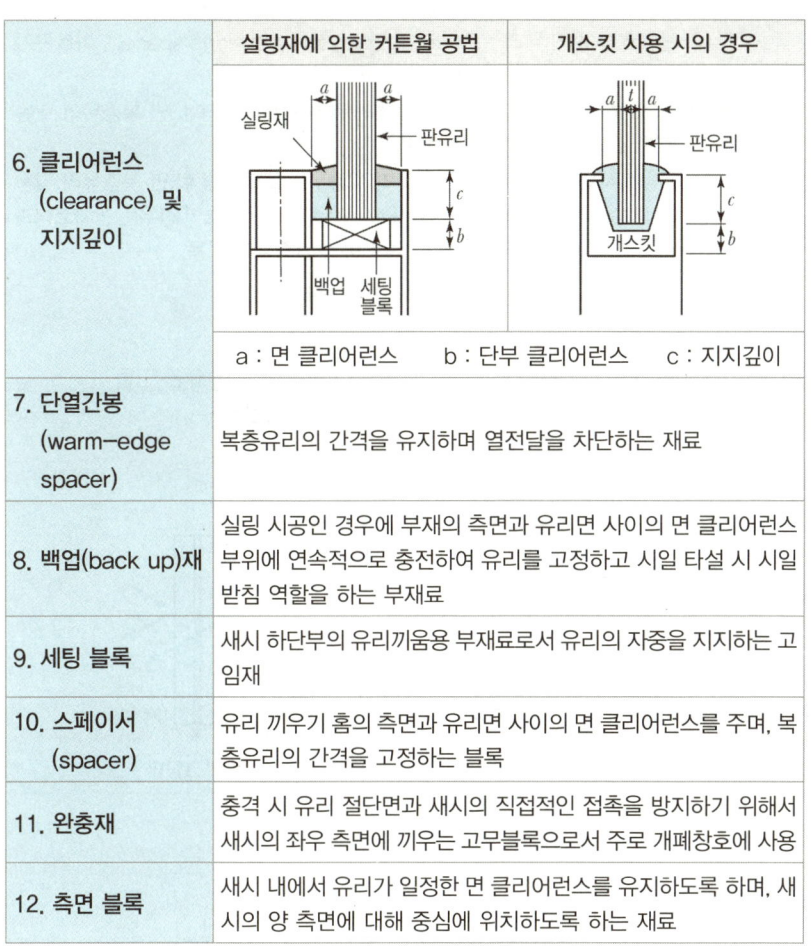	
	a : 면 클리어런스 b : 단부 클리어런스 c : 지지깊이	
7. 단열간봉 (warm-edge spacer)	복층유리의 간격을 유지하며 열전달을 차단하는 재료	
8. 백업(back up)재	실링 시공인 경우에 부재의 측면과 유리면 사이의 면 클리어런스 부위에 연속적으로 충전하여 유리를 고정하고 시일 타설 시 시일 받침 역할을 하는 부재료	
9. 세팅 블록	새시 하단부의 유리끼움용 부재료로서 유리의 자중을 지지하는 고임재	
10. 스페이서 (spacer)	유리 끼우기 홈의 측면과 유리면 사이의 면 클리어런스를 주며, 복층유리의 간격을 고정하는 블록	
11. 완충재	충격 시 유리 절단면과 새시의 직접적인 접촉을 방지하기 위해서 새시의 좌우 측면에 끼우는 고무블록으로서 주로 개폐창호에 사용	
12. 측면 블록	새시 내에서 유리가 일정한 면 클리어런스를 유지하도록 하며, 새시의 양 측면에 대해 중심에 위치하도록 하는 재료	

용어 단열간봉

03 유리 성능 및 단열

1. 성능	내하중	① 수직에서 15° 미만의 기울기로 시공된 수직유리는 풍하중에 의한 파손 확률이 1,000장당 8장을 초과하지 않아야 한다. ② 수직에서 15° 이상 기울기로 시공된 경사유리는 풍하중에 의한 파손 확률이 1,000장당 1장을 초과하지 않아야 한다.
	설치 부위 차수성/배수성	① A종 : 끼우기 홈 내로 누수를 허용하지 않는 것 ② B종 : 홈 내에서의 물의 체류를 허용하지 않는 것 ③ C종 : 홈 내에서의 물의 체류를 허용하는 것
	기타성능	① 내진성 ② 내충격성 ③ 차음성 ④ 열깨짐 방지성 ⑤ 단열성 ⑥ 태양열 차폐성

2. 단열	① 단열효과 증진 유리 : 로이코팅, 단열간봉(warm edge spacer), 아르곤가스 충진 복층유리 및 삼중유리 적용 ② 실내보온 단열이 필요한 개별창호의 경우는 로이코팅 #3면 복층유리 또는 로이코팅 #5면 삼중유리 적용 ③ 태양복사열 차단이 필요한 유리벽의 경우는 로이코팅 #2면 복층유리 적용 ④ 실내보온 단열 및 태양복사열 차단이 모두 필요한 창호의 경우는 반사코팅과 로이코팅이 함께 적용된 복층유리 또는 삼중유리 적용

로이유리의 코팅면

• 여름철 • 냉방부하가 더 많은 건물 • 상업용 건물 • 남측면 유리 시공 시	• 겨울철 • 난방부하가 더 많은 건물 • 주거용 건물 • 패시브하우스 • 북측면 유리 시공 시

04 유리 끼우기

(종류) 유리 끼우기 공법

1. 설치 공법	절단 – 설치 – 실란트 충전 – 보양
2. 끼우기 시공법	① 부정형 실링재 시공법 ② 개스킷 시공법 ③ 그레이징 개스킷 시공법 ④ 구조 개스킷 시공법 ⑤ 병용 시공법
3. 장부 고정법	① 나사 고정법 ② 철물 고정법 ③ 접착 고정법
4. 대형 판유리 시공법	① 리브보강 그레이징 시스템 시공법 ② 현수 및 리브보강 그레이징 시스템 시공법 ③ 현수 그레이징 시스템 시공법
5. SSG(structural sealant glazing) 시스템의 시공법	건물의 창과 외벽을 구성하는 유리와 패널류를 구조용 실란트(structural sealant)를 사용하여 실내 측의 멀리온, 프레임 등에 접착·고정하는 공법

(용어) SSG

05 유리 종류와 특징

(1) 안전유리

1. 접합유리	① 두 장 이상의 판유리에 합성수지 필름을 이용하여 붙여낸 유리 ② 투광성이 낮고, 차음성·보온성은 크다.	(종류) 안전유리 (용어) 접합유리
2. 강화유리	① 판유리를 열처리한 후 냉각공기로 급랭강화시켜 강도를 높인 유리 ② 판유리의 3~5배 강도 ③ 충격 강도 7~8배 ④ 파괴 시 잘게 부서진다. ⑤ 절단, 가공할 수 없다.	(용어) 강화유리

3. 망입유리	① 유리 내부에 금속망을 삽입하고 압착 성형한 판유리
	② 특징
	   ㉠ 0.4mm 이상
	   ㉡ 철선, 놋쇠선, 아연선, 구리선, 알루미늄선
	   ㉢ 도난방지, 화재방지
	   ㉣ 잘 깨어지지 않는다.
		(종류) 현장절단이 불가능한 유리 명칭 3가지

(2) 특수유리

1. 복층유리	① 2장 또는 3장의 유리를 일정한 간격을 띄고 내부를 기밀(진공, 특수기체, 공기)하게 만든 유리 ② 방서, 단열효과, 결로 방지 ③ 단열강봉 : 이중유리와 로이유리 사이에 끼는 스페이서로 플라스틱 내부에 열전도율이 낮은 소재를 삽입하여 단열성능을 향상시킨 재료	(용어) 복층유리 (용어) 단열강봉
2. 색유리	① 유리+산화금속류의 착색제를 넣어 만든 유리 ② 적색, 황색, 청색, 자색, 갈색 ③ 투명, 불투명	
3. 스테인드 글라스	I형 단면의 납테에 색유리를 끼워 만든 유리로서 납테의 모양이 다양함	
4. 자외선 투과유리	① 산화제이철의 함유량을 줄인 유리 ② 자외선 투과율 90%(석영, 코렉스글라스), 50%(비타 글라스) ③ 온실, 병원의 일광욕실	(용어) 자외선 투과유리
5. 자외선 흡수유리	① 산화제이철 10%+크롬+망간 ② 상점의 진열장, 용접공의 보호안경 ③ 퇴색 방지	(용어) 자외선 흡수유리
6. X선 차단유리	① 유리+산화납(6% 이내) ② X선 차단용	
7. 로이유리 (Low-Emissivity)	① 적외선 반사율이 높은 금속막 코팅을 이중 또는 삼중유리 안쪽에 붙인 친환경 유리 ② 고단열 복층유리(에너지 절약형) ③ 단열과 결로 방지 ④ 다양한 색상 ⑤ 이중유리, 삼중유리	(용어) 로이유리 (용어) 로이삼중유리
8. 배강도유리	일반 유리보다 2배 정도 강도가 발현되는 유리	(용어) 배강도유리

(3) 유리제품

1. 유리블록	① 빈 상자 모양의 유리를 2개 붙인 유리 ② 옆면 돌가루 부착(∵ 모르타르 시공 가능) ③ 칸막이용 ④ 실내가 보이지 않으며 채광이 용이함 ⑤ 방음·보온효과가 크며, 장식효과도 큼
2. 프리즘유리	① 입사광선의 방향 변경, 확산, 집중의 목적 ② 프리즘원리를 이용한 일종의 유리블록 ③ 지하실이나 옥상의 채광용
3. 기포유리	① 유리가루 + 발포제 ② 다포질의 흑갈색 유리판 ③ 광선이 투과되지 않음 ④ 방음 보온성이 양호(비중 0.15) ⑤ 압축강도($10kg/cm^2$) 약함 ⑥ 충격에도 약함 ⑦ 가공용이(톱질, 못질)
4. 유리섬유	① 용융유리 → 구멍에 압축공기 ② 환기장치의 먼지 흡수용 ③ 산 여과용 ④ 유리, 섬유판 → 보온, 보냉, 흡음판 ⑤ 안전온도 → 500℃
5. 물유리	① 액체상태의 유리 ② 도료, 방수제, 보색제

CHAPTER 09 핵심 기출문제

● 창호공사

01 창호를 분류하면 기능에 의한 분류, 재질에 의한 분류, 개폐방식에 의한 분류, 성능에 의한 분류로 구분할 수 있다. 이 중에서 성능에 따라 분류할 때의 종류를 3가지 쓰시오.

가. _____
나. _____
다. _____

> **정답** 성능에 따른 창호의 분류
> 가. 방음 창호
> 나. 단열 창호
> 다. 방화 창호

02 다음 설명이 의미하는 문의 명칭을 쓰시오.

가. 문을 닫았을 때 창살처럼 되는 문으로 방범용으로 쓰임 ( )
나. 울거미를 짜고 중간 살간격을 25cm 정도로 배치하여 양면에 합판을 교착한 문 ( )
다. 상부에 유리, 높이 1m 정도 하부에만 양판을 댄 문 ( )
라. 울거미 중심에 넓은 널을 댄 문 ( )

> **정답** 개구부 종류
> 가. 주름문
> 나. 플러시문(Flush door)
> 다. 징두리 양판문
> 라. 양판문(Panel door)

03 다음은 창호 공사에 관한 용어 설명이다. 각 설명이 의미하는 용어명을 쓰시오.

가. 창문을 창문틀에 다는 일
나. 미닫이 또는 여닫이 문짝이 서로 맞닿는 선대
다. 미서기 또는 오르내리창이 서로 여며지는 선대
라. 창호가 닫아졌을 때 각종 선대 등 접하는 부분에 틈새가 나지 않도록 대어 주는 것

가. _____ 나. _____
다. _____ 라. _____

> **정답** 용어
> 가. 박배
> 나. 마중대
> 다. 여밈대
> 라. 풍소란

04 강재창호의 제작순서를 〈보기〉에서 골라 번호로 쓰시오.

① 원척도	② 구부리기	③ 용접
④ 녹떨기	⑤ 접합부검사	⑥ 절단
⑦ 변형 바로잡기	⑧ 금매김	⑨ 조립

( ) → ( ) → ( ) → ( ) → ( ) → ( ) →
( ) → ( ) → ( )

정답 강재창호 제작순서
① → ④ → ⑦ → ⑧ → ⑥ → ②
→ ⑨ → ③ → ⑤

05 강재창호 현장설치 공법의 시공순서를 쓰시오.

현장반입 - (가) - (나) - (다) - 구멍파기, 따내기 - (라) -
(마) - 창문틀 주위 사춤 - (바)

가. _____
나. _____
다. _____
라. _____
마. _____
바. _____

정답 강재창호 설치순서
가. 변형 바로잡기
나. 녹막이칠
다. 먹매김
라. 가설치 및 검사
마. 묻음발 고정
바. 보양

06 알루미늄 창호의 장점을 4가지 쓰시오.   • 24② · 21①

가. _____
나. _____
다. _____
라. _____

정답 알루미늄 창호 장점
가. 비중이 철의 $\frac{1}{3}$로 가볍다.
나. 녹슬지 않고 수명이 길다.
다. 공작이 자유롭고 기밀성이 있다.
라. 여닫음이 경쾌하고 미려하다.

07 알루미늄 창호 공사 시 주의할 사항에 대하여 3가지만 쓰시오.

가. _____
나. _____
다. _____

정답 알루미늄 창호 공사 시 주의점
가. 알칼리에 약하므로 내 알칼리성 도장 필요
나. 동일 재료의 창호철물 사용
다. 비교적 강도가 약하므로 취급 시 주의

08 창호 철물에 대한 설명이다. 알맞은 철물을 ( ) 안에 쓰시오.

> 정첩으로 지탱할 수 없는 무거운 여닫이문(현관문)에는 (가)힌지, 용수철을 쓰지 않고 문장부식으로 된 힌지로 중량문(방화문)에 사용하는 (나) 힌지, 스프링 힌지의 일종으로 공중화장실, 공중전화 출입문에는 저절로 닫혀지지만 15cm 정도 열려 있게 하는 (다) 힌지 등이 사용된다.

가. _____ 나. _____
다. _____

정답 창호 철물
가. 플로어(Floor)
나. 피봇(Pivot)
다. 레버토리(Lavatory)

09 다음 설명에 적합한 여닫이 창호의 철물명칭을 쓰시오.

가. 공중전화 출입문, 화장실, 경량 칸막이문 등에 사용되며, 저절로 닫히거나 15cm 정도 열리는 문에 사용됨 (_____)

나. 정첩으로 지탱할 수 없는 중량이 큰 자재여닫이문에 사용됨 (_____)

다. 문 위틀과 문짝에 설치하여 자동으로 문을 닫는 장치 (_____)

정답 여닫이 창호 철물
가. 레버토리 힌지(Lavatory Hinge)
나. 플로어 힌지(Floor Hinge)
다. 도어 클로저(Door Closer)

10 다음 표에 제시된 창호틀 재료의 종류 및 창호별 기호를 참고하여, 우측의 창호 기호표를 완성하시오.

기호	창호틀 재료의 종류
A	알루미늄
G	유리
P	플라스틱
S	강철
SS	스테인리스
W	목재

영문기호	창문 구별
D	문
W	창
S	셔터

구분	창	문
목재	①	②
철재	③	④
알루미늄재	⑤	⑥

정답

구분	창	문
목재	1 WW	2 WD
철재	3 SW	4 SD
알루미늄재	5 AW	6 AD

● 유리공사

11 광학유리의 종류 2가지를 쓰시오.

가. _____ 나. _____

정답: 광학유리의 종류
가. 크라운 유리
나. 플린트유리

12 유리 공사 시 발생하는 열파손에 대하여 설명하시오.

정답: 유리 열파손
열전도율이 적어 갑작스런 강열이나 냉각 등 급격한 온도 변화에 따라 파손되는 현상

13 다음은 유리의 종류에 관한 설명이다. 설명이 의미하는 유리의 종류를 〈보기〉에서 골라 쓰시오.

① 접합유리(Laminated Glass)	② 자외선 투과유리
③ 복층유리(Pair Glass)	④ 열선반사유리
⑤ 자외선차단유리	⑥ 강화유리
⑦ 망입유리	⑧ 프리즘(Prism) 유리

가. 건조공기층을 사이에 두고 판유리를 이중으로 접합하여 테두리를 둘러서 밀봉한 유리 ( )
나. 일광욕실, 병원, 요양소 등에 사용 ( )
다. 두 장 이상의 판 사이에 합성수지를 겹붙여 댄 것으로서 일명 합판 유리라 함 ( )
라. 진열창, 약품창고 등에서 노화와 퇴색 방지에 사용 ( )

정답: 유리의 종류
가. ③ 나. ② 다. ① 라. ⑤

14 건축창호에 쓰이는 유리 중에서 안전이 강화된 안전유리의 종류를 3가지 쓰시오.

가. _____ 나. _____
다. _____

정답: 안전강화유리
가. 강화유리
나. 접합유리
다. 망입유리

15 공사현장에서 절단이 불가능하여 사용치수로 주문제작해야 하는 유리의 명칭 3가지를 쓰시오.

가. _____ 나. _____
다. _____

정답: 현장 절단 불가능 유리
가. 강화유리
나. 복층유리
다. 망입유리
라. 배강도유리

15 다음 용어를 설명하시오.

　가. 접합유리 :

　나. 로이유리 :

정답 용어 설명
가. 접합유리 : 두 장의 판유리 사이에 합성수지(필름)를 겹붙인 것
나. 로이유리 : 적외선 반사율이 높은 금속막 코팅을 이중유리 안쪽에 붙인 친환경 유리

16 다음 용어를 간단히 설명하시오.

　가. 로이유리 :

　나. 단열간봉 :

정답 용어정리
가. 로이유리 : 적외선 반사율이 높은 금속막 코팅을 이중유리 안쪽에 붙인 친환경 유리
나. 단열간봉 : 이중유리와 로이유리 사이에 끼는 스페이서로 플라스틱 내부에 열전도율이 낮은 소재를 삽입하여 단열성능을 향상시킨 재료

17 건물의 창과 유리를 구성하는 유리와 패널류를 구조실런트를 사용하여 실내측의 멀리온이나 프레임 등으로 고정시키는 공법과 검토사항을 쓰시오.

　가. 공법 :
　나. 검토사항 :

정답 유리 고정 방법
가. 공법 : SSG(Structural Sealant Glazing System) 공법
나. 검토사항
　① 커튼월과 동일하게 내풍압 설계
　② 충분한 접착폭과 두께 산정
　③ 층간변위에 의한 추종성
　④ 온도변화에 따른 movement
　⑤ 접착제의 내구성·수밀성·접착성

18 아래에 표기한 각 유리에 대해 설명하시오.

　가. 복층유리 :

　나. 배강도유리 :

정답 복층유리, 배강도유리 용어 설명
가. 복층유리 : 유리와 유리 사이에 진공상태를 만들거나 공기를 넣어 만든 유리
나. 배강도유리 : 보통 판유리의 강도보다 2배 정도 크게 만든 유리

19 다음 용어를 간단히 설명하시오.

가. 복층유리 :

나. 강화유리 :

정답 용어 설명
가. 복층유리 : 건조공기층을 사이에 두고 판유리를 이중으로 접합하여 테두리를 둘러 밀봉한 유리
나. 강화유리 : 판유리를 열처리한 후 냉각공기로 급랭 강화시켜 판유리의 3~5배 정도 강도를 높인 유리

Engineer Architecture

CHAPTER 10
마감공사

CONTENTS

제1절	미장공사	375
제2절	도장공사	377
제3절	합성수지공사	381
제4절	금속공사	385
제5절	단열공사	388
제6절	수장공사	391

한눈에 보기

01 미장공사

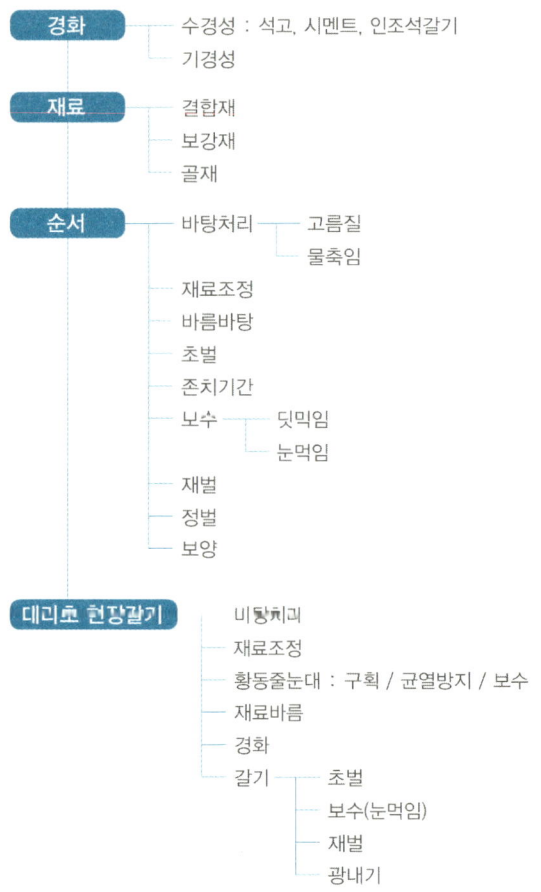

02 도장공사

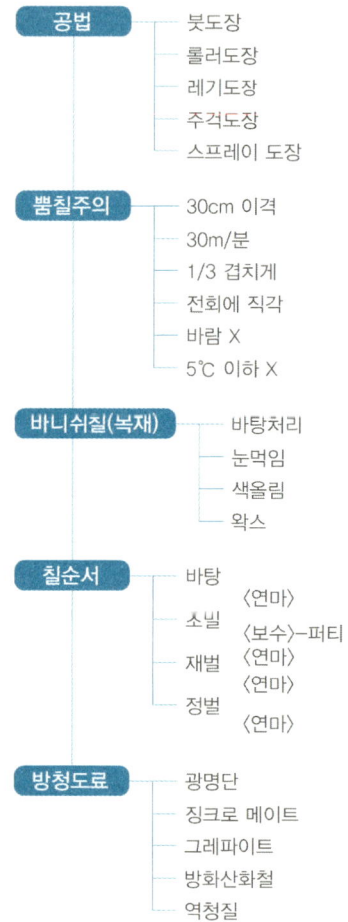

Thinking Map

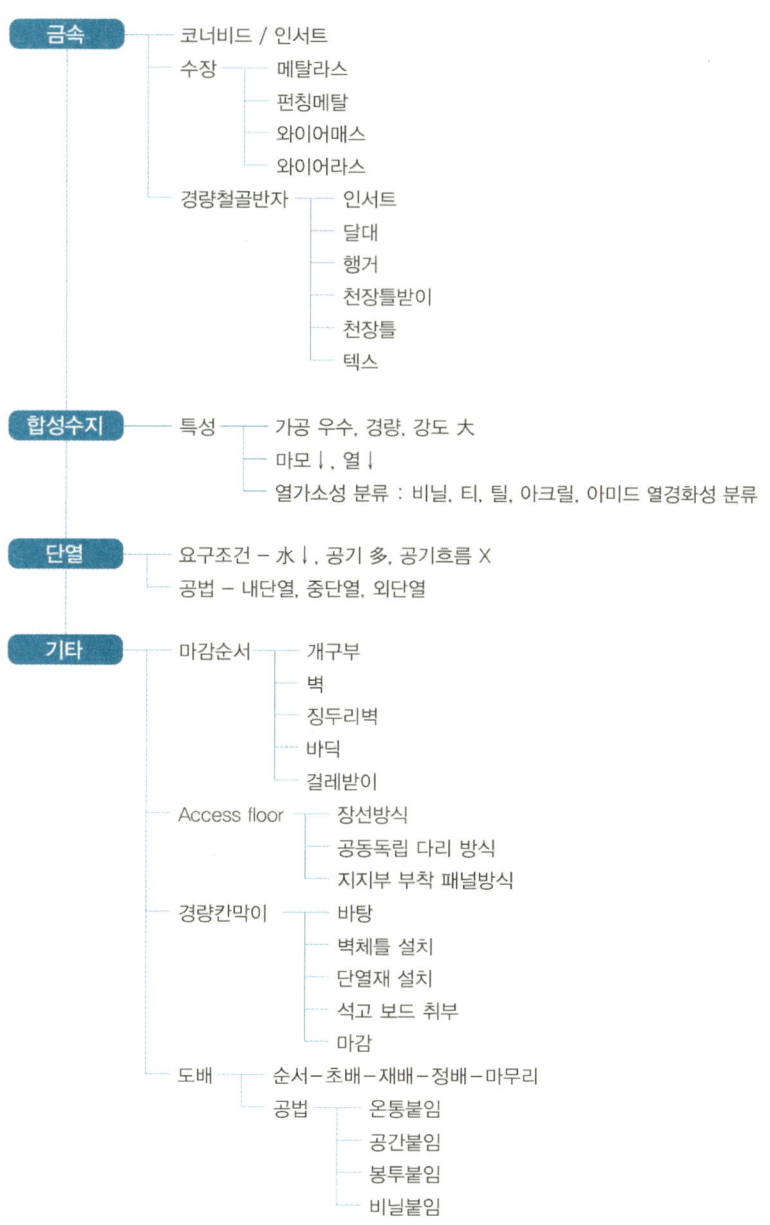

용어 미리보기

1. 미장공사

용어	Keyword	출제연도
결합재	시멘트, 플라스터, 소석회, 벽토, 합성수지 등으로서, 잔골재, 흙, 섬유 등 다른 미장재료를 결합하여 경화시키는 재료	
바탕처리	요철 또는 변형이 심함 개소를 고르게 손질바름하여 마감 두께가 균등하게 되도록 조정하고 균열 등을 보수하는 것. 또는 바탕면이 지나치게 평활할 때에는 거칠게 처리하고, 바탕면의 이물질을 제거하여 미장바름의 부착이 양호하도록 표면을 처리하는 것	
손질바름	콘크리트, 콘크리트 블록 바탕에서 초벌바름하기 전에 마감두께를 균등하게 할 목적으로 모르타르 등으로 미리 요철을 조정하는 것	
실러바름	바탕의 흡수 조정, 바름재와 바탕과의 접착력 증진 등을 위하여 합성수지 에멀션 희석액 등을 바탕에 바르는 것	
규준바름	미장바름 시 바름면의 규준이 되기도 하고, 규준대 고르기에 닿는 면이 되기 위해 기준선에 맞춰 미리 둑모양 혹은 덩어리 모양으로 발라 놓은 것 또는 바르는 작업	
고름질	바름두께 또는 마감두께가 두꺼울 때 혹은 요철이 심할 때 초벌바름 위에 발라 붙여주는 것 또는 그 바름층	
덧먹임	바르기의 접합부 또는 균열의 틈새, 구멍 등에 반죽된 재료를 밀어 넣어 때워주는 것	
수지 미장	대리석 분말 또는 세라믹 분말제에 특수 혼화제를 첨가한 레디 믹스트 모르타르를 현장에서 물과 혼합하여 뿜칠로 전체 표면을 1~3mm 두께로 얇게 바르는 공법	

2. 도장공사

용어	Keyword	출제연도
조색	몇 가지 색의 도료를 혼합해서 얻는 도막의 색이 희망하는 색이 되도록 하는 작업	24③·21②
하도(프라이머)	물체의 바탕에 직접 칠하는 것. 바탕의 빠른 흡수나 녹의 발생을 방지하고, 바탕에 대한 도막층의 부착성을 증가시키기 위해서 사용하는 도료	
상도	마무리로서 도장하는 작업 또는 그 작업에 의해 생긴 도장면	24③
실러	바탕의 다공성으로 인한 도료의 과도한 흡수나 바탕으로부터의 침출물에 의한 도막의 열화 등, 악영향이 상도에 미치는 것을 방지하기 위해 사용하는 하도용의 도료	
퍼티	바탕의 파임·균열·구멍 등의 결함을 메워 바탕의 평편함을 향상하기 위해 사용하는 살붙임용의 도료	24③·21②
눈먹임	목부 바탕재의 도관 등을 메우는 작업	24③·21②

3. 금속공사

용어	Keyword	출제연도
코너비드	기둥, 벽, 등의 모서리에 대어 미장바름할 때 설치하여 구조물을 보호하는 철물	
와이어라스	아연도금한 굵은 철선을 꼬아서 그물처럼 만든 철망	
와이어메쉬(메시)	연강철선을 직교시켜 전기용접하여 정방형 또는 장방형으로 만든 철망	
메탈라스	얇은 철판(#28)에 자름금을 내어서 당겨 마름모꼴 구멍을 그물처럼 만든 철망	
펀칭메탈	얇은 철판을 각종 모양으로 도려낸 판형 제품	
드라이브 핀 (Drive-pin)	소량의 화약이 전된 타정총(Drivit Gun)으로 순간적으로 박는 못	
인서트	반자틀에 연결된 달대를 매어 달기 위한 미리 매입하는 철물	

4. 단열 및 기타공사

용어	Keyword	출제연도
열교	건축물 구성 부위 중에서 단열이 연속되지 않은 경우 국부적으로 열관류율이 커져 열의 이동이 심하게 일어나는 부분	
표준 메쉬	유리섬유로 직조된 망으로서 바탕 모르타르에 묻히게 하여 기계적 강도를 증가시키기 위해 사용되는 내알칼리 코팅 제품	
보강 메쉬	바탕 모르타르의 외부 충격 저항성 보완 및 하부 보강을 위해 표준 메쉬 외에 추가적으로 사용되는 유리섬유로 직조된 망 제품	
Access Floor	정방형의 Floor Panel을 받침대(Pedestal)로 지지시켜 구성하는 2층 마루구조	
봉투붙임	도배지 가장자리에 접착제를 발라 붙임	
공간붙임	도배지 좌우 2면에만 접착제를 발라 붙임	
비닐붙임	도배지 반 정도만 접착제를 발라 붙임	

미듬 건축산업기사

멘토스는 당신의 쉬운 합격을 응원합니다!

CHAPTER 10 마감공사

제1절 미장공사

01 미장재료 구성

1. 결합재	① 미장의 주재료 ② 시멘트, 석고, 소석회, 돌로마이트
2. 보강재	① 결합재 결함 방지 ② 여물, 풀, 수염
3. 골재	증량, 치장의 목적
4. 혼화재료	주재료 이외 첨가하는 재료

02 경화성

●21③
(종류) 수경성, 기경성 구분하기

1. 기경성		진흙	진흙 + 모래 + 짚여물 + 물
	석회질	회반죽	소석회 + 모래 + 여물 + 해초풀
		회사벽	석회죽 + 모래
		돌로마이트 플라스터 (마그네시아 석회)	돌로마이트 석회 + 모래 + 여물
2. 수경성		시멘트 모르타르	포틀랜드 시멘트 + 모래
	석고질	순석고 플라스터	순석고 + 모래 + 물
		혼합석고 플라스터 (배합석고)	배합석고 + 모래 + 물
		경석고 플라스터 (Keen's cement)	무수석고 + 모래 + 여물 + 물

03 시공

1. 순서

바탕처리 → 재료조정 → 바름바탕 →
초벌바름 → 존치기간 → 보수(덧먹임) →
재벌바름 → 정벌바름 → 보양/정리

2. 용어

바탕처리	요철 또는 변형이 심한 개소를 고르게 손질바름하여 마감 두께가 균등하게 되도록 조정하고 균열 등을 보수하는 것. 또는 바탕면이 지나치게 평활할 때에는 거칠게 처리하고, 바탕면의 이물질을 제거하여 미장바름의 부착이 양호하도록 표면을 처리하는 것	
손질바름	콘크리트, 콘크리트 블록 바탕에서 초벌바름하기 전에 마감두께를 균등하게 할 목적으로 모르타르 등으로 미리 요철을 조정하는 것	
실러바름	바탕의 흡수 조정, 바름재와 바탕과의 접착력 증진 등을 위하여 합성수지 에멀션 희석액 등을 바탕에 바르는 것	
규준바름	미장바름 시 바름면의 규준이 되기도 하고, 규준대 고르기에 닿는 면이 되기 위해 기준선에 맞춰 미리 둑모양 혹은 덩어리 모양으로 발라 놓은 것 또는 바르는 작업	
고름질	바름두께 또는 마감두께가 두꺼울 때 혹은 요철이 심할 때 초벌바름 위에 발라 붙여주는 것 또는 그 바름층	
덧먹임	바르기의 접합부 또는 균열의 틈새, 구멍 등에 반죽된 재료를 밀어 넣어 때워주는 것	
눈먹임	인조석 갈기 또는 테라초 현장갈기의 갈아내기 공정에 있어서 작업면의 종석이 빠져나간 구멍 부분 및 기포를 메우기 위해 그 배합에서 종석을 제외하고 반죽한 것을 작업면에 발라 밀어 넣어 채우는 것	
라스먹임	메탈 라스, 와이어 라스 등의 바탕에 모르타르 등을 최초로 발라 붙이는 것	
이어 바르기	동일 바름층을 2회의 공정으로 나누어 바를 경우 먼저 바름공정의 물걷기를 보아 적절한 시간 간격을 두고 겹쳐 바르는 것	
경과시간	동일 공정 내, 공정과 공정 또는 최종 공정과 사용 가능시간 사이의 경과시간 ① 공정 내 경과시간 : 동일 공정 내에서 동일 재료를 여러 번 반복하여 바르는 경우에 바름과 바름 사이에 필요한 시간 ② 공정 간 경과시간 : 한 공정이 완료되고, 다음 공정이 시작될 때까지 필요한 시간 ③ 최종 양생 경과시간 : 최종 공정이 완료된 후 마감면이 사용 가능한 상태가 될 때까지의 필요한 시간	

04 시멘트 모르타르 바름

1. 정의	기성배합 또는 현장배합의 시멘트, 골재 등을 주재료로 한 시멘트 모르타르를 벽, 바닥, 천장 등에 바르는 공사
2. 시공 순서	바탕처리 – 재료 준비 – 초벌바름 및 덧먹임 – 고름질 – 재벌바름 – 정벌 바름 – 마무리 및 보양

3. 바름 두께	두께(mm)	바탕	
		Con'c, 블록, 벽돌	라스바탕
	24	바닥, 외벽, 기타	외벽, 기타
	18	내벽	내벽
	15	천장, 차양	천장, 차양

4. 마무리	① 마무리 정도에 따라 쇠흙손 – 나무흙손 – 솔 마무리의 순서 ② 1회 바름 공법 : 평탄한 바탕면으로 마무리 두께 10mm 정도의 천장, 벽, 기타(바닥 제외)는 1회로 마무리 ② 2회 바름 공법 : 바탕에 심한 요철이 없고 마무리 두께가 15mm 이하의 천장, 벽, 기타(바닥 제외)는 초벌바름 후 재벌바름을 하지 않고 정벌바름을 하는 경우
5. 박락 방지 대책	① 바름층의 두께를 얇게 한다. ② 시멘트 사용량을 늘린다. ③ 바름 바탕면을 거칠게 처리한다. ④ Open Time 준수 ⑤ 좁은 면 우선 시공 ⑥ 기상상태를 고려한 시공 ⑦ 충분한 공기 확보
6. 균열방지 대책	① 바름층은 소정의 두께를 확보한다. ② 조골재 사용률을 키운다. ③ 전벌바름면을 완전히 건조시킨 후 후벌바름을 한다. ④ 급속한 건소를 피한다. ⑤ 시멘트 사용량을 줄인다.

● 23① · 22①

순서) 바름 순서

치수) 시멘트 모르타르 미장바름 두께

종류) 박리 · 박락 방지법

종류) 균열방지대책

05 시멘트 스터코 바름

1. 정의	시멘트 모르타르를 흙손 또는 롤러를 사용하여 바르고 광택이나 색깔을 내는 내 · 외벽의 마감공사
2. 시공순서	바탕처리 – 재료 조정 – 실러바름 – 시멘트 모르타르 바름 – 마무리 – 돌출부 처리 – 마감도장

3. 시공	재료	바탕
	① 시멘트 모르타르 ② 합성수지 에멀션 실러 ③ 합성수지계 도료	① 콘크리트 ② 프리캐스트 콘크리트 부재 ③ 콘크리트 블록 ④ 벽돌 ⑤ 고압증기양생 경량 기포콘크리트 패널 ⑥ 목모 시멘트판 ⑦ 목편 시멘트판 및 시멘트 모르타르 면

06 석고 플라스터

1. 종류	① 순석고 플라스터 : 석고 + 물 + 모래 + 석회죽이나 Dolomite(중성, 경화가 빠르다.) ② 혼합석고 플라스터 : 배합석고 + 물 + 모래 + 여물(약알칼리성, 경화속도는 보통) ③ 경석고 플라스터(Keen's Cement) : 무수석고 + 모래 + 여물 + 물(강도가 크고 수축균열이 거의 없다. 동절기 시공도 가능하다.)
2. 특성	① 사용시간 : 초벌용·재벌용 2시간 이내, 정벌용 1.5시간 이내에 사용한다. ② 초벌바름 : 거치름눈(작살긋기)을 넣는다. ③ 재벌바름 : 졸대 바탕일 때는 완전 건조 후에 하고, 콘크리트 바탕일 때는 초벌바름 후 1~2일이 경과되어 반건조되었을 때 시공한다. ④ 정벌바름 : 수 시간~24시간 지난 후에 재벌바름이 반건조되었을 때 마무리 손질을 한다.
3. 순서	바탕 처리 → 반죽 → 초벌바름 및 라스 먹임 → 고름질 및 재벌바름 → 정벌바름
4. 석고보드	정의 : 소석고를 주원료로 하여 톱밥, 섬유, 펄라이트 등을 혼합하고 경우에 따라서 발포제를 첨가하고 물로 반죽하여 두 장의 시트 사이에 부어서 판상으로 굳힌 것 특징 - 장점 : ① 내화성, 차음성, 단열성 ② 경량, 신축성이 거의 없음 ③ 가공 용이 ④ 설치 후 도장작업 가능 특징 - 단점 : ① 강도가 약함 ② 파손의 우려가 있음 ③ 습기에 약함

(특징) 석고보드 장단점

07 돌로마이트 플라스터

1. 재료	① Dolomite 석회 + 모래 + 여물(해초풀 사용 안 함) ② 건조수축이 커서 균열발생, 지하실에는 사용하지 않는다.(수증기, 물에 약함) ③ 회반죽보다 응결시간이 길어 바르기 쉽고, 강도가 크다. ④ 마그네시아 석회라고도 한다.
2. 순서	바탕처리 – 재료조정 – 수염붙이기 – 초벌바름 및 라스먹임 – 재벌바름 – 정벌바름
3. 시공	① 재벌은 초벌 7일(균열이 없을 때)~14일(균열이 있을 때) 후에 한다. ② 정벌은 재벌 반건조 후 물을 축이면서 한다.

08 회반죽

1. 재료	① 소석회 + 모래 + 여물 + 해초풀 ② 수축률은 크나 여물로써 균열이 경감되며, 해초풀로 접착력을 증대시킨다. ③ 소석회 : 공기 중의 탄산가스(CO_2)에 의해서 굳어지므로 기경성이다. ④ 여물 : 회반죽이 건조하여 균열이 생기는 것을 방지한다. ⑤ 해초풀물 : 은행초, 미역, 해초를 끓인 물로써 입자 간의 점성을 증대시킨다. ⑥ 모래 : 점도 조절재로 소량을 쓴다. ⑦ 수염 : 졸대 바탕일 때 회반죽의 균열 방지와 박리 탈락을 방지하기 위하여 길이 50~75cm 정도의 삼오리를 벽에서 300mm 이하, 천장 및 차양에서는 250mm 이하의 간격에 두 가닥으로 못을 박아서 한 가닥은 초벌에 나머지 가닥은 재벌바름에 묻혀 바른다.
2. 시공	① 목조, Concrete 벽돌 바탕면에 시공한다. ② 초벌바름 5일 후 고름질, 10일 후 재벌바름을 하고 반건조 시 정벌바름을 한다. ③ 보양조건 : 통풍억제, 2°C 공사 중지, 5°C 이상 유지 ④ 바름두께 : 벽에는 15mm, 천장, 차양에는 12mm로 한다. ⑤ 검화 현상 : 바름면 표면에 얼룩 반점이 생기는 현상으로 바름면의 건조가 충분하지 못할 때에 나타나는 현상이다.
3. 순서	바탕처리 → 재료의 조정 및 반죽 → 수염 붙이기 → 초벌바름 → 고름질 → 덧먹임 및 재벌바름 → 정벌바름 → 마무리, 보양

(순서) 회반죽 미장 시공

09 인조석 · 테라초 갈기

1. 순서	바닥청소 → 황동줄눈대 대기 → 양생 및 경화 → 초벌갈기 → 시멘트 풀먹임 → 정벌갈기 → 왁스칠	
2. 황동 줄눈대	설치간격	1.2m² 이내, 보통 90cm 최대 간격은 2m 이내로 한다.
	목적	① 신축에 저항(균열 방지) ② 보수 용이성 ③ 바름 구획의 설정
3. 시공	① 인조석과 유사하며 마감은 갈기 방법으로 시공한다. ② 충분한 경화시간이 필요하다.(바른 후 5~7일 경과 후 시공) ③ 바름두께는 9~15mm를 표준으로 한다. ④ 걸레받이는 징두리 벽을 현장갈기할 경우 바닥갈기보다 먼저 시공한다.	
4. 종석의 크기	인조석용 종석	테라초용 종석
	5mm체 통과분 100%	15mm체 통과분 100%
	1.7mm체 통과분 0%	2.5mm체 통과분 0%

(순서) 테라초 현장갈기

(목적) 황동줄눈대 설치

10 바닥 강화재 바름

(종류) 바닥 강화재

(성능) 바닥 강화재 증진

(주의사항) 바닥 강화재 시공 시

1. 시공	① 금강사, 광물성 골재, 규사, 철분 등을 혼합 사용한다. ② 콘크리트 바닥판의 내마모성, 내화학성, 분진방지 등의 기능 향상을 목적으로 한다.
2. 종류	① 분말형 ② 액상형
3. 유의사항	① 바닥오염제거 ② 바탕면 평활 ③ 5℃ 이하 작업 중지 ④ 액상 바탕은 최소 21일 양생하여 완전 건조

11 수지 미장

(용어) 수지 미장

1. 정의	대리석 분말 또는 세라믹 분말제에 특수 혼화제를 첨가한 레디 믹스트 모르타르를 현장에서 물과 혼합하여 뿜칠로 전체 표면을 1~3mm 두께로 얇게 바르는 공법
2. 시공	① 3℃ 이하에서 시공 금지 ② 자체 기포가 발생되는 부위는 눌러서 시공 ③ 자재가 흘러내리지 않도록 밑에서 위로 쇠흙손질 할 것
3. 특징	① 평활성 확보 ② 균열발생률 낮춤 ③ 바탕면과의 부착성 증진 ④ 균질한 품질 확보
4. 적용부위	① 벽지 및 도장 바탕면 ② 계단실 벽체 미장 대체용 ③ ALC 내·외부 미장

12 셀프 레벨링재 바름

1. 정의	석고계, 시멘트계 등의 셀프 레벨링재를 이용하여 스스로 바닥의 평활함을 만드는 바름공사
2. 순서	바탕처리 – 재료 혼합 반죽 – 실러 바름 – 셀프 레벨링재 붓기 – 이어치기 처리
3. 주의사항	① 셀프 레벨링재의 표면에 물결무늬가 생기지 않도록 창문 등은 밀폐하여 통풍과 기류 차단 ② 셀프 레벨링재 시공 중이나 시공완료 후 기온이 5℃ 이하가 되지 않도록 한다.

제2절 도장공사

01 용어

1. 안료	물이나 용체에 녹지 않는 무채 또는 유채의 분말로 무기 또는 유기 화합물. 착색·보강·증량 등의 목적으로 도료·인쇄 잉크·플라스틱 등에 사용	
2. 용제	도료에 사용하는 휘발성 액체 도료의 유동성을 증가시키기 위해서 사용	●24③·21② (용어) 조색
3. 조색	몇 가지 색의 도료를 혼합해서 얻는 도막의 색이 희망하는 색이 되도록 하는 작업	
4. 하도 (프라이머)	물체의 바탕에 직접 칠하는 것. 바탕의 빠른 흡수나 녹의 발생을 방지하고, 바탕에 대한 도막층의 부착성을 증가시키기 위해서 사용하는 도료	
5. 중도	하도와 상도의 중간층으로서 중도용의 도료를 칠하는 것	●24③ (용어) 상도
6. 상도	마무리로서 도장하는 작업 또는 그 작업에 의해 생긴 도장면	
7. 실러	바탕의 다공성으로 인한 도료의 과도한 흡수나 바탕으로부터의 침출물에 의한 도막의 열화 등, 악영향이 상도에 미치는 것을 방지하기 위해 사용하는 하도용의 도료	●24③·21② (용어) 퍼티
8. 퍼티	바탕의 파임·균열·구멍 등의 결함을 메워 바탕의 평편함을 향상하기 위해 사용하는 살붙임용의 도료. 안료분을 많이 함유하고 대부분은 페이스트상이다.	
9. 경화건조	도막면에 팔이 수직이 되도록 하여 힘껏 엄지손가락으로 누르면서 90° 각도로 비틀었을 때 도막이 늘어나거나 주름이 생기지 않고 다른 이상이 없는 상태	
10. 완전건조	도막을 손톱이나 칼끝으로 긁었을 때 홈이 잘 나지 않고 힘이 든다고 느끼는 상태	
11. 지촉건조	도막을 손가락으로 가볍게 대있을 때 집칙성은 있으나 도료가 손가락에 묻지 않는 상태	
12. 착색	바탕면을 각종 착색제로 착색하는 작업	
13. 표면건조	칠한 도료의 층이 표면만 건조 상태가 되고 밑층은 부드럽게 점착이 있어서 미건조 상태에 있는 것	
14. 블리딩	하나의 도막에 다른 색의 도료를 겹칠 했을 때, 밑층의 도막 성분의 일부가 위층의 도료에 옮겨져서 위층 도막 본래의 색과 다른 색이 되는 것	
15. 색분리	도료가 건조하는 과정에서 안료 상호 간의 분포가 상층과 하층이 불균등해져서 생긴 도막의 색이 상층에서 조밀해진 안료의 색으로 강화되는 현상	
16. 피막	도료가 용기 속에서 공기와의 접촉면에 형성된 막	
17. 핀홀	도막에 생기는 극히 작은 구멍	
18. 황변	도막의 색이 변하여 노란빛을 띠는 것. 일광의 직사, 고온 또는 어둠, 고습의 환경 등에 있을 때에 나타나기 쉽다.	
19. 무늬 도료	색 무늬, 입체 무늬 등의 도막이 생기도록 만든 에나멜. 크래킹 래커, 주름무늬 에나멜 등이 있다.	●24③·21② (용어) 눈먹임
20. 눈먹임	목부 바탕재의 도관 등을 메우는 작업	

02 도료의 종류 및 특성

(1) 일반 페인트

> 종류) 유성 페인트의 구성요소

구분	재료	특성
1. 유성 페인트	안료 + 건성유 + 건조제 + 희석제	① 내후성·내마모성이 좋고 건조가 느리다. ② 알칼리에 약하다. ③ 건물의 내·외부에 널리 쓰인다. ④ 건성유를 늘이면 광택과 내구력은 증가한다. ⑤ 모르타르, 콘크리트면에 직접 사용하지 않는다.
2. 에나멜 페인트	안료 + 유성 바니시 (+ 수지 에나멜)	① 유성페인트와 유성바니시의 중간 성능이다. ② 내후성·내수성·내열성, 내약품성이 우수하다. ③ 외부용은 경도가 크다.
3. 수성 페인트	물 + 접착제 + 카세인 + 안료	① 건물내부에 많이 사용되나 물이 닿는 곳은 사용 금지된다. ② 내구성과 내수성이 떨어지며, 무광택이다. ③ 취급 간편, 작업성이 좋고 내알칼리성이다. ④ 회반죽, 모르타르, 텍스 등에 사용가능하다.
4. 에멀전 페인트	수성 페인트 + 합성수지 + 유화제	① 수성 페인트의 일종으로, 발수성이 있다. ② 내·외부 도장에 이용한다.

(2) 바니시(Vanish)와 래커(Lacquer)

> 종류) 유성 바니시 재료

	휘발성 바니시	유성 바니시
1. 바니시	① 휘발성 용제 + 수지류 ② 건조가 빠르다. 내구성이 약하다. ③ 목재, 내부용	① 지방유(건성유) + 유용성수지, 휘발성 용제 ② 건조가 느리고, 내후성이 약하다. ③ 목재, 내부용
	클리어 래커	에나멜 래커
2. 래커	① 래커에 투명한 안료를 넣은 것 ② 주로 내부 목재면에 투명한 도장 바름 및 광택 형성 ③ 건조속도가 빠르므로 Spray로 시공한다. ④ 내후성이 작아서 주로 내부에 사용한다.	① 연마성과 내후성이 좋다. ② 불투명하며 닦으면 광택이 난다.

(3) 방청도료

1. 광명단 도료	기름과 잘 반응하여 단단한 도막을 만들어 수분의 투과를 방지한다.
2. 산화철 도료	광명단 도료와 같이 널리 사용되며 정벌칠에도 쓰인다.
3. 알루미늄 도료	① 알루미늄분말을 안료로 하며 전색제에 따라 여러 가지가 있다. ② 방청효과뿐만 아니라 광선, 열반사의 효과를 내기도 한다.
4. 역청질 도료	아스팔트, 타르 피치 등의 역청질을 주원료로 하여 건성유, 수지류를 첨가하여 제조한 것이다.
5. 워시 프라이머	에칭 프라이머라고도 하며, 금속면의 바름 바탕처리를 위한 도료로 이 위에 방청도료를 바르면 부착성이 좋고 방청효과도 크다.
6. 징크로 메이트 도료	크롬산 아연을 안료로 하고 알키드 수지를 전색제로 한 것이며, 녹막이 효과가 좋고 알루미늄판이나 아연철판의 초벌용으로 가장 적합하다.

(종류) 방청도료 ●21①

03 도장 작업

(1) 공법

1. 도장 기구	① 붓 및 롤러 ② 주걱 및 레기 ③ 도장용 스프레이건
2. 붓도장	평행 및 균등하게 하고 도료량에 따라 색깔의 경계, 구석 등에 특히 주의하며 도료의 얼룩, 도료 흘러내림, 흐름, 거품 붓자국 등이 생기지 않도록 한다.
3. 롤러도장	붓도장보다 속도가 빠르지만 일정한 도막두께를 유지하기가 매우 어려우므로 표면이 거칠거나 불규칙한 부분에는 특히 주의를 요한다.
4. 주걱도징	표면의 요철이나 홈, 빈틈을 없애기 위한 것으로 주로 점도가 높은 퍼티나 충전제를 메우거나 훑고 여분의 도료를 긁어 평활하게 한다.
5. 레기 도장	자체 평활형 도료시공에 사용
6. 스프레이 도장	① 초기 건조가 빠른 래커, 조라코트 등을 압축공기로 뿜어 작업 능률을 높이는 칠 방법이다. ② 공장 칠로는 적당하지만 현장에서는 다른 면을 오염시킬 우려가 있다. ③ 건의 순행속도는 분당 30m의 속도로 한다. ④ 도면으로부터 30cm 이격시키고 뿜칠 너비의 1/3 정도 겹치게 칠한다. ⑤ 전회칠에 직각으로 교차시켜 칠한다. ⑥ 매회의 에어스프레이는 붓도장과 동등한 정도의 두께로 하고, 2회분의 도막 두께를 한 번에 도장하지 않는다.
7. 거친면칠	① 스티플칠(Stipple) : 도료의 묽기를 이용하여 바름면에 요철을 내어 입체감을 형성하는 바름법이다. ② 플라스틱칠(Plastic) : 카세인텍스칠 또는 수성 텍스칠이라고도 하며 수성도료를 되게 이겨 바름면에 요철을 내어 입체감을 형성하는 바름법이다.
8. 정전도장	① 이슬 모양의 미립화된 도료를 고전압의 정전장으로 분산시켜 부착시키는 방법이다. ② 도료의 손실이 적고, 도장효율이 좋다.

(수치) 뿜칠 (　) 넣기

(2) 바탕처리 순서

1. 목부바탕			오염, 부착물 제거 – 송진처리 – 연마지 닦기 – 옹이땜 – 구멍땜
2. 철부바탕	순서	인산염처리(1종)	덜맴, 부착물 제거 – 유류 제거 – 녹제거 – 화학처리 – 피막 마무리
		금속바탕처리용 프라이머 도장(2종)	오염, 부착물 제거 – 유류 제거 – 방청도장
		보통금속(3종)	오염, 부착물 제거 – 유류 제거 – 녹제거
	청소		① 오염제거 : 와이어브러시, 연마지, 스크레이퍼 ② 기름제거 : 휘발유, 벤젠, 솔벤트 나프타
	바탕처리 (화학처리)		① 인산염 피막 ② 파커라이징(인산철 피막) ③ 워시프라이머(에칭프라이머)
3. 플라스터, 모르타르, 콘크리트면	바탕 순서		바탕처리 – 오염, 부착물 제거 – 프라이머 – 퍼티 – 연마작업
	작업가능 도료 (모르타르)		• 합성수지에멀전 • 특수수성도료 • 아크릴도료 • 에폭시퍼티 • 염화비닐수지도료 • 불소수지도료 • 광택수성도료 • 실록산수지도료 • 바닥재도료

(3) 도장 작업 순서

1. 수성도료	바탕처리 – 하도(1회) – 퍼티먹임 – 연마 – 상도(1회차) – 상도(2회차)
2. 목재면 조합도료	바탕처리 – 하도(1회) – 나뭇결메우기 – 연마 – 상도(1회차) – 상도(2회차)
3. 철재면 조합도료	바탕처리 – 방청(1회) – 상도(1회차) – 연마 – 상도(2회차)
4. 목재 바니시	바탕처리 – 착색 – 상도(1회차) – 연마 – 상도(2회차) – 연마 – 상도(3회차)
5. 오일 스테인	착색 – 색깔고름질 – 보일드유 도장 눈먹임(1회) – 닦기 – 보일드유 도장 눈먹임(2회차) – 닦기

04 시공

1. 도료보관	① 환기가 잘되는 곳으로 직사광선을 피한다. ② 도료 보관 시 밀봉한다.
2. 시공 시 주의사항	① 온도 5℃ 이하이거나 35℃ 이상, 습도가 85% 이상일 때는 작업을 중지시킨다. ② 칠의 각 층은 얇게 하고 충분히 건조시킨다. ③ 바람이 강하게 부는 날에는 작업하지 않는다. ④ 칠하는 횟수(초벌, 재벌)를 구분하기 위해 색을 달리한다.
3. 하자원인	① 초벌건조 부족 ② 건조제 과다 사용 ③ 안료의 유성분이 적을 때 ④ 도료 희석상태 불량

4. 도장 작업별 점검사항	① 표면처리 : 표면조도 ② 하도 : 도막상태 ③ 중도/상도 : 미트스코트 작업여부 ④ 현장마감 : 오염물 제거여부	
5. 결함	번짐	도료를 겹칠하였을 때 하도의 색이 상도막 표면에 떠올라 상도의 색이 변하는 현상
	도막 과다, 도막 부족	두껍거나 얇은 것으로 2차적 원인
	흐름성	수직면으로 도장하였을 경우 도장 직후 또는 접촉건조 사이에 도막이 흘러내리는 현상
	실끌림	에어레스 도장 시 완전히 분무되지 않고 가는 실 모양으로 도장 되는 것
	기포	도장 시 생긴 기포가 꺼지지 않고 도막표면에 그대로 남거나 꺼지고 난 뒤 핀홀현상으로 남는 것
	핀홀	도장을 건조할 때 바늘로 찌른 듯한 조그만 구멍이 생기는 현상
	블로킹	도장 강재를 쌓아 두거나 받침목을 이용, 적재하였다가 분리시켰을 때 도막이 떨어지거나 현저히 변형되는 현상
	백화	도장 시 온도가 낮을 경우 공기 중의 수증기가 도장면에 응축·흡착되어 하얗게 되는 현상
	기타	들뜸, 뭉침, 색얼룩, 백화, 균열 등이 있음

(순서) 도장작업별 점검사항

제3절 합성수지 공사

01 정의 및 특성

1. 정의	① 일정 온도에서 가소성(Plasticity)이 있는 화합물질을 총칭한다. ② 합성수지의 경우 주원료는 석유, 석탄 등을 이용한 것이다.	
2. 특성	장점	① 무게가 가볍고(비중 : 1~2) 형성 및 가공이 쉽다. ② 내구성과 내수성·내산성·내알칼리성이 크다. ③ 대량생산이 가능하고 녹슬지 않는다. ④ 착색이 자유롭고 빛의 투과율이 좋으며 전성이 있다.
	단점	① 내화 및 내열성이 적다. ② 경도가 적고 내마모성이 적다. ③ 유기질 재료로서 열에 의한 변형이 아주 크다.

(특징) 합성수지

종류 열경화성 열가소성 분류/기재

02 열가소성 수지 / 열경화성 수지

1. 열가소성 수지	특성	① 일반적으로 무색투명이다. ② 열에 의해 연화하고 냉각하면 원래의 모양대로 굳는다. ③ 경도 비중은 열경화성보다 적으나 내충격성은 크다. ④ 열전도율은 작으나 열팽창계수는 크다.
	종류	① 염화비닐수지　　　② 초산 비닐수지 ③ 아크릴수지　　　　④ 폴리스틸렌수지 ⑤ 폴리에틸렌수지　　⑥ 폴리아미드수지
2. 열경화성 수지	특성	① 용제에 녹지 않고 열을 가해도 연화하지 않는다. ② 재성형이 불가능하고 건축재에 많이 이용된다. ③ 열전도율은 작으나 열팽창계수는 크다.
	종류	① 페놀수지　　　　　② 요소수지 ③ 멜라민수지　　　　④ 폴리에스테르수지 ⑤ 에폭시수지　　　　⑥ 실리콘수지 ⑦ 우레탄수지

제4절 금속공사

01 금속공사

(1) 기성재

용어 코너비드

1. 미끄럼막이	① 계단의 디딤판 끝에 모서리에 대어 미끄러지지 않게 한다. ② 황동제 철물, 타일제품, 석재, 접착 Sheet 등이 있다. ③ 시공 시 단단하게 고정하여 떨어지지 않도록 한다.
2. 계단난간	① 계단에서 사용되는 손스침이다. ② 황동제, 철제파이프 등을 용접, 나사, 볼트 등으로 잇는다.
3. 코너비드	① 기둥, 벽, 등의 모서리에 대어 미장바름할 때 설치하여 구조물을 보호하는 철물이다. ② 모르타르(콘크리트, 조적)나 못, 스테이플(목조) 등으로 고정한다.
4. 줄눈대	① 이질재와의 접합부에서 이음새를 감춰 누르는 데 사용한다. ② 아연도금 철판제, 경금속제, 황동재의 얇은 판을 프레스한 길이 1.8m 정도의 줄눈가림재이다.

(2) 수장용 철물

1. 와이어 메시	① 연강철선을 직교시켜 전기용접하여 정방형 또는 장방형으로 만든 것이다. ② Concrete 바닥판, Concrete 포장 등에 쓰인다.
2. 와이어 라스	① 아연도금한 굵은 철선을 꼬아서 그물처럼 만든 철망이다. ② 벽, 천장의 미장공사에 쓰인다.
3. 펀칭메탈	① 얇은 철판을 각종 모양으로 도려낸 것이다. ② 라지에이터 커버 등의 장식재로 쓰인다.
4. 메탈라스	① 얇은 철판(#28)에 자름금을 내어서 당겨 마름모꼴 구멍을 그물처럼 만든 것 ② 벽, 천장, 처마둘레 등 미장 바탕에 사용한다. ③ 익스팬디드 메탈(Expanded Metal)이라고도 한다.

(용어) 와이어 메시

(용어) 와이어 라스

(용어) 펀칭메탈

(용어) 메탈라스

(3) 고정용 철물

1. 인서트	① 반자틀에 연결된 달대를 매어 달기 위한 부재이다. ② Slab에 미리 간격을 정확히 배치하여 Concrete를 타설하며 이때 이동, 변형이 없도록 주의한다.
2. 팽창볼트	콘크리트 벽돌 등에 미리 설치되어 볼트, 나사못 등을 박으면 벌어져서 단단히 조여지는 철물이다.
3. 스크류앵커	팽창 볼트와 같은 종류이다.
4. 드라이브 핀 (Drive-pin)	소량의 화약이 정전된 타정총(Drivit Gun)으로 순간적으로 쳐박는 못머리가 달려 있다. [드라이비트 Drive Stud] [익스팬션 볼트] [드라이비트 건] [스크루 앵커]

(용어) 인서트

(용어) 드라이브 핀

(4) 장식용 철물

1. 메탈 실링	박강재판의 천장판으로 여러 가지 무늬가 박혀 있거나 펀칭된 것
2. 법랑 철판	얇은 두께의 저탄소강판에 법랑을 소성한 것으로 주방품, 욕조에 쓰인다.
3. 타일 가공철판	타일면의 감각을 나타낸 철판이다.
4. 레지스터	공기 환기구에 사용되는 기성제 통풍 금속물

(5) 금속의 방식

1. 이온화 경향	K>Ca>Na>Mg>Al>Na>Fe>Ni>Sn>H
2. 방식법	① 가능한 한 이종금속을 인접 또는 접촉시켜 사용 금지 ② 균질한 것을 선택하고 사용 시 큰 변형 금지 ③ 큰 변형을 준 것은 가능한 한 풀림하여 사용 ④ 표면을 평활하고 깨끗이 하며 가능한 한 건조상태로 유지할 것 ⑤ 부분적으로 녹이 나면 즉시 제거할 것

제5절 단열공사

01 성능 향상을 위한 고려사항

1. 구조 설계 시	① 열관류율이 작은 구조로 한다. ② 공기층을 설치한다. ③ 창호는 이중유리 또는 이중창을 설치한다. ④ 기밀성을 유지한다.
2. 재료 선택 시	① 열전도율이 낮을 것　② 내화성이 있을 것 ③ 흡수율이 낮을 것　④ 통기성이 작을 것 ⑤ 비중이 작고 시공성이 용이　⑥ 내부식성 ⑦ 기계적 강도 발현　⑧ 균질한 품질
3. 시공 시	① 건조상태 유지　② 저온부에 설치 ③ 밀착시공　④ 경제적인 두께 유지

종류) 단열재 요구성능

02 공법 및 용어

1. 공법	내단열	콘크리트조와 같이 열용량이 큰 구조체의 실내 측에 단열층을 설치하는 공법
	외단열	콘크리트조와 같이 열용량이 큰 구조체의 실외 측에 단열층을 설치하는 공법
	중단열	구조체 벽체 내에 단열층을 설치하는 공법
2. 용어	열교	건축물 구성 부위 중에서 단열이 연속되지 않은 경우 국부적으로 열관류율이 커져 열의 이동이 심하게 일어나는 부분
	단열 모르타르 바름	건축물의 바닥, 벽, 천장 및 지붕 등의 열손실 방지를 목적으로 외벽, 지붕, 지하층 바닥면의 안 또는 밖에 경량 단열골재를 주자재로 하여 만들어 흙손 바름, 뿜칠 등에 의하여 미장하는 공사

종류) 벽단열공법

03 단열재 종류

1. 무기질 단열재료	① 유리섬유, 다포유리, 암면, 광재면, 펄라이트, 질석, 규조토, 규산칼슘, 석영유리, 탄소분말, 알루미늄박 ② 열에 강하면서 단열성이 뛰어나고 접합부 시공이 우수하지만 흡습성이 크다.
2. 유기질 단열재료	① 동물질 섬유, 식물질 섬유, 목질 단열재, 코르크, 발포고무, 셀룰로오스, 천연양모 단열재 ② 천연재료로 되어 있기 때문에 친환경적인 단열재 ③ 열에 약하고 흡습성이 있고 비내구적이다.
3. 화학합성물 단열재료	① 발포폴리우레탄폼, 경질우레탄폼, 발포폴리스티렌 보온재, 발포폴리에틸렌 보온재, 페놀발포 보온재, 우레탄 폼, 염화비닐 ② 단열성이 우수하고 흡습성이 적으며 기후에 대한 저항성이 좋아 내구성이 뛰어나다. ③ 열에 약하고 특히 화재 시 인체에 유해한 유독성 가스와 해로운 물질이 발생한다.

04 단열재 시공 방법

1. 충전공법	펠트형 단열재 또는 보드형 단열재를 스터드 사이에 끼워 넣는 공법
2. 붙임공법	보드형 단열재를 접착제, 볼트 등을 이용하여 붙이는 공법
3. 타설공법	거푸집에 단열재를 선 부착하여 콘크리트를 타설하는 공법
4. 압입공법	현장 발포 단열재를 관을 이용하여 벽체 등의 공극에 압입하여 충전하는 공법
5. 뿜칠공법	현장 발포 단열재를 벽면 등에 뿜칠하여 붙이는 공법

05 열교 / 냉교

1. 정의	① 바닥, 벽, 지붕 등의 건축물 부위에 단열이 연속되지 않은 부분(열적 취약부위)이 있을 때 이 부위를 통해 열의 이동이 발생되는 현상이다. ② 열의 손실이라는 측면에서 냉교현상이라고도 한다.
2. 대책	단열시공을 한다. | 열교 발생 부위	열교 방지 대책
외 내 열교 발생 부위 →	외 내
열교 발생 부위		

06 외단열 공사

(1) 용어

1. 외단열 미장마감	건축물의 구조체가 외기에 직접 면하는 것을 방지하기 위해 구조체 실외측에 단열재를 설치하고 마감하는 건물단열방식으로 접착제, 단열재, 메쉬(mesh), 바탕 모르타르, 마감재 등의 재료로 구성
2. 바탕 모르타르	건물 실외 측에 설치된 단열재를 보호하고 마감재의 바탕이 되는 모르타르
3. 표준 메쉬	유리섬유로 직조된 망으로서 바탕 모르타르에 묻히게 하여 기계적 강도를 증가시키기 위해 사용되는 내알칼리 코팅 제품
4. 보강 메쉬	바탕 모르타르의 외부 충격 저항성 보완 및 하부 보강을 위해 표준 메쉬 외에 추가적으로 사용되는 유리섬유로 직조된 망 제품
5. 마감재	바탕 모르타르 위에 사용되며 흙손, 뿜칠, 롤러 등의 도구로 마감장식을 제공하는 것으로 기후환경 변화로부터 외단열 미장마감의 구성 재료를 보호하며 질감과 심미적인 마감을 목적으로 사용하는 제품
6. 미장층	단열재 위에 사용되는 바탕 모르타르, 메쉬, 미장마감재로 구성된 층
7. 기계적 고정 장치	구조체에 단열재 등 외단열 미장마감에 사용되는 구성재료를 안전하게 고정하기 위해 사용되는 파스너(fastener), 프로파일(profile), 앵커(anchor) 등의 고정 보조 부재

(2) 시공

1. 시공순서	바탕처리 – 프라이머(접착제) 도포 – 단열재설치 – 메쉬 및 바탕모르타르 – 마감재
2. 시공일반	① 외단열의 시공은 주위 온도가 5℃ 이상, 35℃ 이하에서 시공 권장 ② 충분히 양생, 건조되어야 하며 바탕면의 평활도를 유지하도록 한다. ③ 바탕면에 기름, 이물질, 박리 또는 돌출부 등의 오염을 깨끗이 제거 ④ 단열재와 바탕면의 부착 성능 향상을 위해 프라이머 사용 ⑤ 비계 발판 설치의 경우 외벽 바탕면과의 간격은 최소 300mm로 하되, 시공되는 외단열 시스템의 총 두께 등에 따라 간격을 조정하고 수평비계의 상하 부재 설치 간격은 1.8m를 유지하여 철선 또는 클립(clip) 등으로 견고하게 고정 ⑥ 건물의 수직, 수평의 기준선을 정한 후 단열재의 긴 변을 지면과 수평을 유지하며 위에서 아래로 설치하고 수직 통줄눈이 생기지 않게 엇갈리게 설치
3. 마감재	① 바탕 모르타르 ② 미장 마감재 ③ 석재 마감재 ④ 금속 마감재 ⑤ 시멘트

●23③
주의사항 외단열 붙이기

제6절 수장공사

1. 아스팔트 타일 비닐타일	주의 사항	① 타일용 프라이머를 바른 후 12시간 경과 시 접착제를 바탕면에 고르게 바르고 필요에 따라 타일류의 뒷면에도 온통 발라 붙인다. ② 붙이기 전에 가열하여 시공하면 용이하다.	●22①,② (순서) 마감공사 재료별 시공
	순서	바탕처리 → 바탕 건조 및 청소 → 프라이머 도포 → 먹줄치기 → 접착제 도포 → 타일 붙이기 → 타일면 청소 및 보양 → 왁스칠	
2. 리놀륨	주의 사항	① 임시 깔기 : 시트류의 신축이 끝날 때까지 충분한 기간(2주일) 동안 펴놓는다. ② 정깔기 및 붙임 : 접착제를 바탕면에 발라 들뜸이 없이 펴붙인다.	
	순서	바탕처리 → 깔기계획 → 임시깔기 → 정깔기 → 마무리	(순서) 리놀륨 시공
3. Access Floor	정의	정방형의 Floor Panel을 받침대(Pedestal)로 지지시켜 구성하는 2층 마루구조	(용어) Access Floor
	특성	① 공조, 배관, 전기 설비 등의 설치, 유지관리 및 보수의 편리성 확보 ② 바닥 먼지를 바닥판으로 배출하여 실내청정도를 유지한다.	
	종류	① 장선방식 ② 공동독립다리방식 ③ 지지부 부착 패널방식	(종류) Access Floor 지지방식
4. 목재데크 설치	순서	① 고름 모르타르 ② 방수층 설치 ③ 보호 모르타르 ④ 무근 콘크리트 ⑤ 목재데크	(순서) 목재데크 설치
5. 도배 공사	순서	바탕처리 – 초배 – 정배 – 마무리	●21① (종류) 도배풀칠공법
	붙임 공법	온통붙임 : 도배지 전면에 접착제를 발라 붙임 봉투붙임 : 도배지 가장자리에 접착제를 발라 붙임 공간붙임 : 도배지 좌우 2면에만 접착제를 발라 붙임 비닐붙임 : 도배지 반 정도만 접착제를 발라 붙임	
6. 경량 철골 칸막이 공사	순서	바탕처리 – 벽체틀 설치 – 단열재 설치 – 석고보드 설치 – 마감재	(순서) 경량 철골 칸막이

CHAPTER 10 핵심 기출문제

● 미장공사

01 다음 〈보기〉의 미장재료에서 기경성과 수경성 미장재료를 구분하여 쓰시오.

| 진흙 | 시멘트 모르타르 | 회반죽 | 무수석고 플라스터 |
| 돌로마이트 플라스터 | 석고플라스터 | | |

가. 기경성 미장재료 :
나. 수경성 미장재료 :

정답 미장재료
가. 진흙, 회반죽, 돌로마이트 플라스터
나. 시멘트 모르타르, 무수석고 플라스터, 석고플라스터

02 미장재료 중 수경성 재료와 기경성 재료를 각각 3가지만 쓰시오.

가. 수경성 재료
①
②
③

나. 기경성 재료
①
②
③

정답 미장재료
가. 수경성 재료
① 시멘트 모르타르
② 소석고 플라스터
③ 무수석고 플라스터
④ 인조석 갈기
나. 기경성 재료
① 돌로마이트 플라스터
② 회반죽
③ 진흙

03 기경성 미장재료 4가지를 쓰시오. ●21③

가. 　　　　　　　　　나.
다. 　　　　　　　　　라.

정답 기경성 미장재료
가. 진흙
나. 회반죽
다. 회사벽
라. 돌로마이트 플라스터

04 미장공사에서 사용되는 용어 중 다음을 설명하시오.

가. 바탕처리 :

나. 덧먹임 :

정답 용어 설명
가. 바탕처리
모재와 바름재와의 부착력을 증진시키기 위하여 모재를 평탄히 하고 지나치게 매끈한 면은 거칠게 하고 수경성 미장재료는 물축임을 하는 일련의 작업
나. 덧먹임
바르기의 접합부 또는 균열의 틈새·구멍 등에 반죽된 재료를 밀어 넣어 때우는 것

05 다음의 각종 모르타르에 해당하는 주요 용도를 〈보기〉에서 골라 쓰시오.

① 경량, 단열용   ② 내산 바닥용   ③ 보온, 불연용   ④ 방사선 차단용

가. 아스팔트 모르타르 ( )
나. 질석 모르타르 ( )
다. 바라이트 모르타르 ( )
라. 활석면 모르타르 ( )

정답 각종 모르타르
가. ②
나. ①
다. ④
라. ③

06 미장공사와 관련된 다음 용어를 간단히 설명하시오.

가. 손질바름 :

나. 실러바름 :

정답 용어
가. 손질바름 : 콘크리트, 콘크리트 블록 바탕에서 초벌바름 전에 마감두께를 균등하게 할 목적으로 모르타르 등으로 미리 요철을 조정하는 것
나. 실러바름 : 바탕의 흡수 조정, 바름재와 바탕과의 접착력 증진 등을 위하여 합성수지 에멀션 희석액 등을 바탕에 바르는 것

07 다음은 미장공사의 시공순서이다. ( ) 안에 적당한 단어를 보기에서 골라 적으시오.
• 21①

① 바탕처리   ② 초벌   ③ 재벌
④ 정벌   ⑤ 덧먹임

고름질-라스 붙임-(가)-존치기간-(나)-(다)-(라)

가.   나.
다.   라.

정답 미장공사 시공순서
가. ②
나. ⑤
다. ③
라. ④

08 다음 〈보기〉를 보고 미장순서를 기호로 표기하시오. • 24② · 23①

〈보기〉
가. 고름질 나. 초벌바름 및 라스 먹임
다. 재료준비 및 운반 라. 정벌 마. 재벌

정답 미장순서
다 - 나 - 가 - 마 - 라

09 다음은 마감공사에 대한 순서이다. 〈보기〉를 보고 골라 순서대로 쓰시오.
• 22①

〈보기〉
① 고름질 ② 초벌 또는 덧먹임 ③ 정벌
④ 바탕처리 ⑤ 보양 ⑥ 재벌

정답 미장 마감공사 시공순서
④ - ② - ① - ⑥ - ③ - ⑤

10 시멘트 모르타르 미장공사에서 채용되는 부위별 미장 시 합계 두께를 mm 단위로 쓰시오.(단, 콘크리트 바탕을 기준으로 함)

가. 바닥 : _____ 나. 천장 : _____

다. 내벽 : _____ 라. 바깥벽 : _____

정답 미장 바름 두께
가. 24mm
나. 15mm
다. 18mm
라. 24mm

11 시멘트 모르타르 바름 시공순서의 일반사항이다. 〈보기〉에서 틀린 것을 골라 올바르게 적으시오.
• 23③

〈보기〉
가. 바탕을 모르타르로 바탕의 요철을 조정하고 긁어놓은 다음 2주 이상 가능한 한 오래 방치한다.
나. 바탕은 바름하기 직전에 잘 청소하고, 완전히 건조시킨 다음 초벌 바름을 한다.
다. 모르타르의 현장배합은 표준 배합비에 따른다.
라. 마무리 두께는 공사시방서에 다르며 천정 차양은 15mm 이하, 기타는 15mm 이상으로 한다.
마. 바름 두께는 바탕의 표면부터 측정하는 것으로, 라스 먹임의 바름두께를 포함하여 측정한다.
사. 바름두께에서 메탈라스 및 와이어라스 라스 먹임의 경우는 제외한다.

정답 시멘트 모르타르 바름 시공순서
나. 완전히 건조 → 물 축임을 한 후
마. 바름두께를 포함 → 바름두께를 포함하지 않고

12 미장공사에 관한 설명이다. ( ) 안을 채우시오.

> 미장공사 시 1회의 바름 두께는 바닥을 제외하고 (가)를 표준으로 한다. 바닥층 두께는 보통 (나)로 하고 안벽은 (다), 천장·채양을 (라)로 한다.

가. _____ 나. _____
다. _____ 라. _____

정답 미장 바름 두께
가. 6mm
나. 24mm
다. 18mm
라. 15mm

13 인조석바름 또는 테라초 현장갈기 시공 시 줄눈대를 설치하는 이유에 대하여 3가지만 쓰시오.

가. _____ 나. _____
다. _____

정답 줄눈대 설치 이유
가. 바름 구획
나. 균열 방지
다. 보수 용이

14 바닥강화재 바름공사에 사용하는 강화재의 형태에 따른 분류를 쓰고, 콘크리트와 시멘트계 바닥의 어떤 성능을 증진시키기 위해 사용하는가를 쓰시오.

가. 바닥강화재의 종류 : _____

나. 성능 증진 : _____

정답 바닥강화재
가. 종류 : 분말형 바닥강화재, 액상 바닥강화재, 합성고분자 바닥강화재
나. 성능 증진 : 내마모성, 내화학성, 분진방지성

15 시멘트계 바닥 바탕의 내마모성·내화학성·분진방진성을 증진시켜 주는 바닥강화제(Hardner) 중 침투식 액상 하드너 시공 시 유의사항 2가지를 쓰시오.

가. _____

나. _____

정답 액상 하드너 시공
가. 바닥강화 시공 시 또는 시공완료 후 기온이 5℃ 이하가 되면 작업을 중지한다.
나. 타설된 면에 비나 눈의 피해가 없도록 보양 조치한다.

16 일반 석고보드 장·단점을 각각 2가지씩 쓰시오.

가. 장점
① _____
② _____
나. 단점
① _____
② _____

정답 석고보드 특징
가. 장점
① 방화성능, 단열성능 우수
② 시공이 용이함, 공기단축 가능
나. 단점
① 습기에 취약, 지하공사나 덕트 주위에 사용금지
② 접착제 시공 시 온도, 습도변화에 민감하여 동절기 사용이 어려움
※ 기타 : 못 사용 시 녹막이 필요, 충격강도에 취약 등

17 대리석분말 또는 세라믹 분말제에 특수 혼화제를 첨가한 레디 믹스트 모르타르를 현장에서 물과 혼합하여 뿜칠로 전체 표면을 1~3mm 두께로 얇게 바르는 미장공법의 명칭은?

정답 용어
수지 미장

● 도장공사

18 다음의 ( )를 채우시오.

> 뿜칠의 노즐 끝과 시공면의 거리는 (가)mm를 유지, 시공면과의 각도는 (나)°, (다) 이하는 작업 중단이 원칙

가. _____ 나. _____ 다. _____

정답 도장작업 - 뿜칠
가. 300 나. 90 다. 5℃

19 목재면 바니쉬칠 공정의 작업순서를 〈보기〉에서 골라 기호로 쓰시오.

> ① 상도(1회차) ② 연마 ③ 바탕처리 ④ 착색

( ) → ( ) → ( ) → ( )

정답 바니쉬칠 순서
바탕처리 - 착색 - 상도(1회차) - 연마 - 상도(2회차) - 연마 - 상도(3회차)
③ → ④ → ① → ②

20 다음 보기에서 수성 도료, 유성 도료를 골라 알맞게 쓰시오. •23①

> ① 알루미늄 도료   ② 아크릴 도료   ③ 합성수지 에멀션 퍼티
> ④ 합성수지 에멀션 도료   ⑤ 조합 도료   ⑥ 아크릴 도료

가. 수성 도료 : _____ 나. 유성 도료 : _____

정답 수성도료, 유성도료
가. 수성 도료 : ③, ④
나. 유성 도료 : ①, ②, ⑤, ⑥

21 유성페인트 구성요소를 3가지 쓰시오.

가. _____ 나. _____ 다. _____

정답 유성페인트 구성요소
가. 건성유   나. 건조제
다. 안료

22 목부 유성페인트 시공을 하고자 한다. 공정의 순서를 아래 〈보기〉에서 골라 기호로 쓰시오.

> 가. 정벌칠   나. 초벌칠   다. 재벌칠 1회   라. 연마
> 마. 바탕 만들기   바. 퍼티 먹임   사. 재벌칠 2회

( ) → ( ) → ( ) → ( ) → ( ) →
( ) → ( ) → ( ) → ( ) → ( )

정답 목부 유성페인트 시공순서
마 → 라 → 나 → 바 → 라 → 다 → 라 → 사 → 라 → 가

23 모르타르에 사용되는 도료 3가지를 기재하시오. • 24①

가. _____ 나. _____

다. _____

정답 모르타르에 사용되는 도료
가. 합성수지에멀션도료
나. 아크릴도료
다. 염화비닐수지도료

24 도장공사에서 유성 바니시에 사용되는 재료 2가지를 쓰시오.

가. _____

나. _____

정답 유성 바니시에 사용되는 재료
가. 유용성 수지
나. 건성유
다. 휘발성 용제(미네랄 스피릿)

25 녹막이 방지용 도료를 2가지 쓰시오.

가. _____

나. _____

정답 녹막이 방지용 도료
가. 광명단
나. 징크로메이트 도료

26 아래 보기를 보고 방청도료를 전부 고르시오. • 21①

① 아크릴도료   ② 아연 분말 프라이머
③ 광명단조합 페인트   ④ 래커 프라이머
⑤ 알루미늄도료   ⑥ 합성수지 에멀션도료

정답 방청도료
③, ⑤

27 철에서 녹제거 시에 필요한 공구 2가지와 용제 2가지를 쓰시오.

가. 공구 : _____

나. 용제 : _____

정답 녹제거 공구와 용제
가. 공구 : 와이어 브러시, 철사
나. 용제 : 휘발유, 벤젠, 솔벤트, 나프타

28 금속재 바탕처리법 중 화학적 방법 3가지를 쓰시오.

가. _____

나. _____

다. _____

정답 화학적 방법
가. 용제에 의한 방법
나. 인산피막법(파커라이징법, 본더라이징법)
다. 워시프라이머법(에칭프라이머법)
※ 기타 : 산처리법, 알칼리처리법

29
다음 설명하는 도장의 용어를 〈보기〉에서 골라 적으시오.

〈보기〉
눈먹임, 퍼티, 연마, 착색, 상도, 중도, 백업재 조색

가. 목재 바탕재의 도관 등을 메우는 작업 (　　　)
나. 몇 가지 색의 도료를 혼합해서 얻는 도막의 색이 희망하는 색이 되도록 하는 작업 (　　　)
다. 마무리로서 도장하는 작업 또는 그 작업에 의해 생긴 도장면 (　　　)
라. 바탕의 파임, 균열, 구멍 등의 결함을 메워 바탕의 평편함을 향상하기 위해 사용하는 살붙임용의 도료 안료분을 많이 함유하고 대부분은 페이스트상이다. (　　　)

정답 용어 – 도장
가. 눈먹임　　나. 조색
다. 상도　　라. 퍼티

30
도장공사에서 수성도료 시공순서를 보기에서 골라 순서대로 쓰시오.

〈보기〉
가. 바탕처리　　나. 상도 1회　　다. 상도 2회
라. 퍼티먹임　　마. 연마　　바. 하도 1회

정답 수성도료 시공순서
가 – 바 – 라 – 마 – 나 – 다

31
목재면의 조합도료 도장공정이다. 순서를 〈보기〉에서 골라 기호로 적으시오.

〈보기〉
① 나뭇결 먹임　② 바탕처리　③ 하도　④ 상도 2　⑤ 상도 1　⑥ 연마

정답 도장공정 시공순서
② – ③ – ① – ⑥ – ⑤ – ④

32. 다음은 도장 작업별 점검사항이다. 순서에 맞는 점검사항을 〈보기〉에서 골라 기호로 쓰시오.

가. 표면처리 나. 하도
다. 중도/상도 라. 현장마감

〈보기〉
① 도막상태 ② 표면조도 ③ 미스트코트 작업여부
④ 마찰계수 ⑤ 오염물 제거여부

가. _____ 나. _____
다. _____ 라. _____

정답 도장작업별 점검사항
가. ② 나. ①
다. ③ 라. ⑤

● 금속공사

33. 벽, 기둥 등의 모서리는 손상되기 쉬우므로 별도의 마감재를 감아대거나 미장면의 모서리를 보호하면서 벽, 기둥을 마무리하는 보호용 재료를 무엇이라고 하는가?

정답 용어
코너비드(Corner Bead)

34. 다음 용어를 설명하시오.

가. 코너비드(Corner Bead) : _____

나. 차폐용 콘크리트 : _____

정답 용어
가. 코너비드 : 기둥, 벽 등의 모서리에 대어 미장 바름을 보호하는 철물
나. 차폐용 콘크리트 : 중량 2.5t/m² 이상의 방사선 차폐를 위한 콘크리트

35. 다음 수장철물의 용어를 설명하시오.

가. 메탈라스 : _____

나. 펀칭메탈 : _____

정답 용어
가. 메탈라스 : 금속판에 자름금을 내어 만든 판형의 수장 철물
나. 펀칭메탈 : 금속판에 각종 모양의 구멍을 뚫어 만든 판형의 수장 철물

36 다음 금속공사에 이용되는 철물이 뜻하는 용어를 보기에서 골라 그 번호를 쓰시오.

> ① 철선을 꼬아 만든 철망
> ② 얇은 철판에 각종 모양을 도려낸 것
> ③ 벽, 기둥의 모서리에 대어 미장바름을 보호하는 철물
> ④ 테라초 현장갈기의 줄눈에 쓰이는 것
> ⑤ 얇은 철판에 자름금을 내어 당겨 늘린 것
> ⑥ 연강 철선을 직교시켜 전기 용접한 것
> ⑦ 천장, 벽 등의 이음새를 감추고 누르는 것

가. 와이어 라스 : _____ 나. 메탈라스 : _____
다. 와이어 메쉬 : _____ 라. 펀칭메탈 : _____

정답 철물종류
가. ① 나. ⑤ 다. ⑥ 라. ②

37 경량철골 반자틀 시공순서를 천장판 시공까지 쓰시오.

> 인서트 매입 → (가) → (나) → (다) → (라) → (마)

가. _____ 나. _____
다. _____ 라. _____
마. _____

정답 경량철골 반자틀 시공순서
가. 달대 설치
나. 행거
다. 천장틀받이(채널)
라. 천장틀설치(M-BAR)
마. 텍스 붙이기

● 합성수지

38 최근 건축공사에서 사용되고 있는 합성수지 재료의 물성에 관한 장단점을 각각 2가지 쓰시오.

가. 장점 : ① _____
         ② _____
나. 단점 : ① _____
         ② _____

정답 합성수지의 특징
가. 장점
　① 우수한 가공성(성형, 가공용이)
　② 경량이다.(가볍다)
나. 단점
　① 내마모성, 내화성이 약하다.
　② 경도가 작다.

37 다음 〈보기〉의 합성수지를 열경화성 및 열가소성으로 분류하여 기호를 쓰시오.

〈보기〉
① 염화비닐수지 ② 폴리에틸렌수지 ③ 페놀수지
④ 멜라민수지   ⑤ 에폭시수지   ⑥ 아크릴수지

가. 열경화성 수지 : _____
나. 열가소성 수지 : _____

정답 합성수지 종류
가. ③, ④, ⑤
나. ①, ②, ⑥

38 합성수지 중에서 열가소성 수지와 열경화성 수지를 2가지씩 기재하시오.

가. 열가소성 수지 : _____

나. 열경화성 수지 : _____

정답 합성수지 분류
가. 열가소성 수지 : 염화비닐수지, 초산비닐수지, 아크릴수지, 폴리 스티렌수지, 폴리에틸렌수지, 폴리아미드수지 등
나. 열경화성 수지 : 페놀수지, 요소수지, 멜라민수지, 폴리에스테르수지, 에폭시수지, 실리콘수지, 우레탄수지

39 돌을 이용한 공사를 진행하다 석재가 깨진 경우 사용되는 접착제를 기재하시오.

_____

정답 접착제
에폭시 접착제

● 단열공사

40 일반적인 단열재의 구비조건을 4가지 쓰시오.

가. _____
나. _____
다. _____
라. _____

정답 단열재의 구비조건
가. 열전도율이 낮을 것
나. 흡수성이 낮을 것
다. 투습성이 적고, 내화성이 있을 것
라. 비중이 작고, 상온에서 가공성이 좋을 것
마. 내후성, 내산성, 내알칼리성 재료로 부패되지 않을 것
바. 균질한 품질, 가격이 저렴할 것
사. 유독가스 발생이 적고, 인체에 유해하지 않을 것

41 건축공사의 단열 공법에서 단열부위 위치에 따른 벽 단열 공법의 종류를 쓰시오.
● 21①

가. _____
나. _____
다. _____

정답 부위에 따른 벽단열 공법
가. 외벽단열 공법
나. 내벽단열 공법
다. 중공벽단열 공법

42 아래 외단열의 그림을 보고 순서에 맞게 고르시오.

① 바탕접착제
② 시멘트 모르타르
③ 비드법 보온판
④ 바탕접착제 + 보강메시
⑤ 콘크리트 구조체

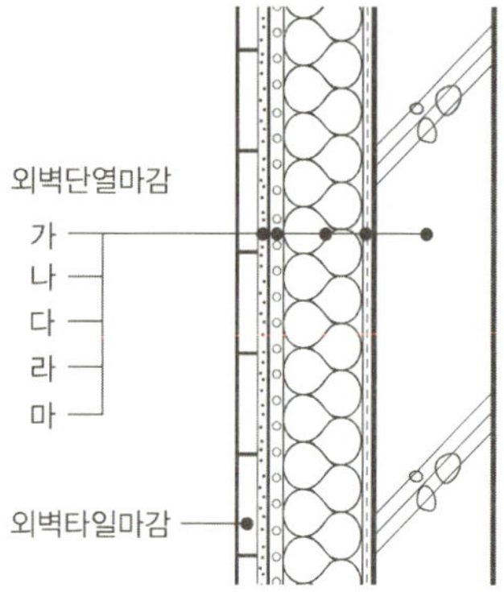

외벽단열마감
가
나
다
라
마

외벽타일마감

가. _____ 나. _____ 다. _____
라. _____ 마. _____

정답 단열시공 재료
가. ⑤   나. ①   다. ③
라. ④   마. ②

---

43 다음은 단열재의 시공방법에 관한 설명이다. ( ) 안에 적당한 단어를 〈보기〉에서 골라 적으시오.

〈보기〉
① 긴변   ② 짧은 변   ③ 위   ④ 아래

단열재를 시공할 때 건물의 수직, 수평의 기준선을 정한 후 단열재의 (가)을 지면과 수평을 유지하며 (나)에서부터 (다)의 방향으로 설치하고, 수직 통줄눈이 생기지 않도록 엇갈리게 교차하여 단열재를 설치한다.

가. _____ 나. _____ 다. _____

정답 단열재의 시공방법
가. ①
나. ④
다. ③

---

44 다음 그림을 보고 적당한 재료명칭을 쓰시오.

가
나
다

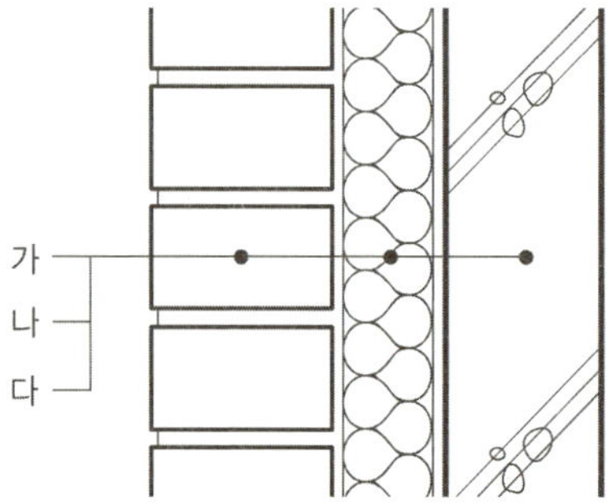

가. _____ 나. _____ 다. _____

정답 재료명칭
가. 벽돌
나. 단열재
다. 콘크리트

● 기타

45 다음 〈보기〉에서 마감공사 항목을 시공순서에 따라 번호를 쓰시오.

〈보기〉
① 벽미장(회반죽) 마감
② 걸레받이 설치(인조대리석판)
③ 징두리 설치(인조대리석판)
④ 창 및 출입문(새시)
⑤ 바닥 깔기(비닐타일)

( ) → ( ) → ( ) → ( ) → ( )

정답 마감공사 순서
④ → ① → ③ → ⑤ → ②

46 인텔리전트 빌딩의 Access 바닥에 관하여 기술하시오.

정답 Access Floor(바닥)
정방형의 Floor Panel을 받침대로 지지시켜 구성하는 2층 바닥구조로써 설비설치 및 보수유지가 간단하며, 실내먼지를 바닥에서 접진하므로 실내청정도를 유지할 수 있다.

47 2중바닥 구조인 Access Floor의 지지방식을 3가지 쓰시오.

가. _____
나. _____
다. _____

정답 악세스플로어 지지방식
가. 장선방식
나. 공동독립 다리방식
다. 지지부 부착 패널방식

48 바닥재료 중 리놀륨 시공순서를 빈칸에 쓰시오.

가. _____
나. 깔기 계획
다. _____
라. _____
마. 마무리

정답 리놀륨 시공 순서
가. 바탕 고르기
나. 깔기 계획
다. 임시 깔기
라. 정 깔기
마. 마무리

49 다음 용어를 설명하시오.

가. 정초식 : _____
나. 상량식 : _____

정답 용어
가. 정초식 : 기초공사 완료 시에 행하는 의식
나. 상량식 : 콘크리트조에서 지붕공사가 완료 시에 행하는 의식

50 다음에서 설명하는 용어를 쓰시오.

> 드라이비트라는 일종의 못박기총을 사용하여 콘크리트나 강재 등에 박는 특수못 머리가 달린 것을 H형, 나사로 된 것을 T형이라고 한다.

정답 용어
드라이브 핀(Drive Pin)

51 천장 슬래브 위에 다음 〈보기〉를 시공순서대로 나열하여 번호로 쓰시오.

> 〈보기〉
> ① 무근 콘크리트   ② 고름 모르타르   ③ 목재 데크
> ④ 보호 모르타르   ⑤ 시트방수

정답 목재 데크 설치 순서
② - ⑤ - ④ - ① - ③

52 다음 도배공사의 풀칠공법을 간단히 설명하시오.

가. 온통붙임 :
나. 봉투붙임 :
다. 비닐붙임 :

정답 도배공사 풀칠공법
가. 온통붙임 : 도배지 전면에 풀칠하여 붙이는 공법
나. 봉투붙임 : 도배지 가장자리에만 풀칠하여 붙이는 공법
다. 비닐붙임 : 도배지 절반 정도만 풀칠하여 붙이는 공법

53 아래 도면을 보고 실내 마감표 상에서 바탕, 마감, 두께를 알맞게 적으시오.

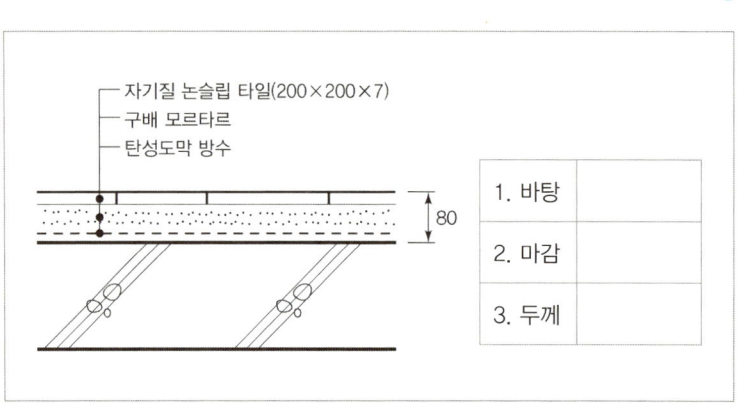

정답 실내마감표
1. 바탕 : 콘크리트
2. 마감 : 자기질 논슬립 타일
3. 두께 : 80mm

54 다음은 목재 마루타일 붙이기 순서이다. 〈보기〉에서 골라 순서를 알맞게 기재하시오.
● 23②

〈보기〉
가. 목재마루타일   나. 기포콘크리트   다. 단열재   라. 보호모르타르

정답 목재 마루타일 붙이기 순서
다 – 나 – 라 – 가

55 다음 도면을 보고 각 번호에 해당하는 재료를 〈보기〉에서 골라 기호로 쓰시오.
● 22②

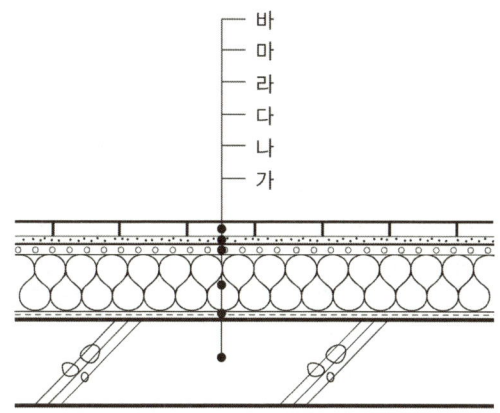

〈보기〉
PE필름, 바닥마감재 자기질 타일, 시멘트 모르타르, 콘크리트 바탕, 단열재, 표준메쉬

가. _____   나. _____
다. _____   라. _____
마. _____   바. _____

정답 실내 마감
가. 콘크리트 바탕
나. PE필름
다. 단열재
라. 표준메쉬
마. 시멘트 모르타르
바. 바닥마감재 자기질 타일

미듬 건축산업기사

멘토스는 당신의 쉬운 합격을 응원합니다!

미듬 건축산업기사

멘토스는 당신의 쉬운 합격을 응원합니다!

미듬 건축산업기사

멘토스는 당신의 쉬운 합격을 응원합니다!

건축산업기사실기완벽대비서

2025 미듬

산업인력공단의
최신 출제기준을 반영한

건축산업기사 실기

임근재 편저

2권 공정관리
건축적산
과년도 기출문제

멘토스

정오표 바로가기

미듬 건축산업기사 실기는 학습자의 편의를 위하여 수시로 정오표를 업로드 하고 있습니다. QR 코드를 스캔하여 바로 정오표를 확인하세요!

합격 ROAD MAP

《 START

한 눈에 보기 ········ 한 눈에 보기를 통해 핵심 내용과 키워드를 확인합니다.

용어 미리보기 ········ 학습 전 용어를 확인하고 기출연도를 통해 빈도를 파악합니다.

Day별 학습 ········ Day별 학습진도를 통해 플랜을 세우고 꾸준히 학습을 합니다.

핵심 기출문제 ········ 핵심 기출문제를 통해 학습 내용을 점검하고 문제유형을 파악합니다.

과년도 기출문제 ········ 과년도 기출문제와 풀이를 통해 학습을 최종 마무리합니다.

PASS 》

머리말

최근 산업의 발전과 생활수준의 향상으로 건축물 또한 대형화, 고층화, 다양화되어 가고 있으며, 이에 따라 시공기술에 대한 중요성도 점차 부각되고 있다. 다시 말해 한 사람의 건축가가 전체 프로젝트를 총괄하던 과거와는 달리, 디자인, 환경, 시공기술 등 건축 전반에 걸쳐 전문화·세분화가 급속히 진행되면서 새로운 기술과 공법들을 필요로 하고 있는 것이다.

이러한 시대적 요구에 따라 자격증 시험에서도 그러한 변화가 나타나고 있으며, 시험을 준비하는 수험생들은 이에 대한 적극적 대비가 필요하다. 이 책은 오랫동안 학생들을 가르쳐 온 강의 경험과 현장에서의 실무 경력을 바탕으로 최근의 흐름을 정확히 분석하여 효율적인 시험 준비를 위한 최적의 교재를 목표로 기획되었다.

이 책의 특징

1. 새로운 출제경향에 맞게 최근의 기출문제를 추가하여 내용을 정리하였다.
2. 전체 내용을 한눈에 파악할 수 있도록 요약하였다.
3. 효과적인 학습을 위해 챕터에 해당하는 용어를 미리 파악할 수 있도록 하였다.
4. 시공은 나열식 구성을 피하고 가급적이면 모든 내용을 표로 만들어 한눈에 파악할 수 있도록 정리하였다.
5. 공정은 답안지를 외워서 작성하는 형식이 아니라 정확한 데이터를 분석하여 규칙에 맞는 공정표를 작성할 수 있도록 하였다.
6. 내용을 100% 이해하고 정확한 답안을 작성하도록 매 문제마다 실전처럼 풀이과정을 수록하고 최종답안을 작성할 수 있는 체계를 구축하였다.
7. 공기단축은 단축순서마다 변화되는 공정표를 모두 수록하여 공기단축 과정 전체를 파악할 수 있도록 하였다.
8. 최근의 공정관리에 해당하는 EVMS기법을 자세히 수록하여 최근 경향에 대비하였다.
9. 적산은 풀이방법을 공식화하여 다양한 문제에 대한 적응력과 빠른 시간에 문제를 풀 수 있는 능력, 그리고 검산이 가능하도록 하였다.
10. 보다 많은 그림을 삽입하여 수험생의 이해를 극대화하였다.
11. 모든 문제에 출제된 연도와 회차를 표시하여 출제빈도를 파악할 수 있도록 하였다.
12. 유사문제 및 출제예상문제도 수록하여 폭넓은 문제 구성이 되도록 하였다.

이 책이 수험생들에게 자격증 취득이라는 선물과 실무에 초석이 될 수 있도록 최대한의 노력과 정성을 들이느라 애썼다. 그러나 미흡한 부분이 없지 않을 것이며, 이에 대해서는 지속적으로 보완하여 더 좋은 교재가 되도록 노력할 것을 약속드린다.

부디 건축기사 실기를 준비하는 수험생들에게 요긴한 길잡이가 되길 바라며, 출간을 위해 애써주신 모든 분들께 감사드린다.

출제 경향과 학습 전략

건축시공

출제경향

① 각 공사별 공법재료 및 사용재료의 특징(장·단점) 기입
② 공사방법에 대한 순서
③ 용어정리
④ 제품, 공법의 종류
⑤ 그림에 따른 명칭

학습전략

① 특징을 정리하여 기입할 때에는 비교대상을 찾아서 대표적인 특징을 쓸 수 있도록 한다.
② 공사순서의 문제는 부분점수를 기대할 수 없으므로 정확히 이해하여 완벽한 답안을 작성하도록 한다.
③ 용어정리에 대한 문제는 정확한 Key-Word가 기재될 수 있도록 한다.
④ 재료별, 공법별 종류를 정확하게 분류하여 정리한다.
⑤ 그림의 형태에 대한 모양과 그에 대한 명칭을 정확하게 기재할 수 있도록 한다.

공정관리

출제경향

① 공정의 일반사항
② 공정표에 사용되는 용어
③ 네트워크 공정표 작성
④ 공정관리(공기단축)
⑤ 공정관리(EVMS)
⑥ 공정관리(자원배당)

학습전략

① 공정의 개념을 명확히 이해한다.
② 공정표의 종류와 특징 및 용어를 정리한다.
③ 공정표 작성에 관하여 정확한 기법을 숙달한다.
④ 일정계산을 하여 주공정선의 표시와 더불어 정확하게 작성하는 연습까지 하여야 한다.
⑤ 공정의 배점은 8점 내외이나 반드시 득점할 수 있도록 한다.

품질관리

출제경향

① 시공기술 품질관리
② 데이터 정리 방법
③ 자재 품질관리

학습전략

① 품질관리 개념, 데밍의 사이클, 순서 등을 이해한다.
② 평균값($\bar{x}$), 중위수($\tilde{x}$), 표본표준편차(σ), 표본분산, 변동계수(CV)를 구할 수 있어야 한다.
③ 각 자재별 시험방법 및 합격 유무 판단을 할 수 있어야 한다.

건축적산

출제경향

① 적산의 일반사항
② 각 공사별 재료량 산출

학습전략

① 적산기준에 대하여 이해한다.
② 8~14점 정도의 배점이지만 반드시 득점해야 하는 부분이다.
③ 산출근거를 명시하여 답안지를 작성하는 연습까지 한다.
④ 최종의 소수위, 단위 등을 확인한다.

목 차

PART 02 공정관리

한눈에 보기	2-2
제1장 총론	**2-9**
제1절 공정계획의 개요	2-9
제2절 공정표의 종류	2-9
● 핵심 기출문제	2-13
제2장 네트워크 공정표	**2-19**
제1절 네트워크 공정표 구성	2-19
제2절 네트워크 공정표 작성 연습	2-22
제3절 일정계산	2-25
● 핵심 기출문제	2-34
제3장 횡선식 공정표(Bar Chart)	**2-75**
제1절 문제 유형 분석	2-75
제2절 유형별 문제풀이	2-76
● 핵심 기출문제	2-80
제4장 공기단축	**2-87**
제1절 개요	2-87
제2절 공기단축법	2-88
● 핵심 기출문제	2-93
제5장 공정관리기법	**2-113**
제1절 진도관리(Follow up)	2-113
제2절 자원배당	2-114
제3절 EVMS(비용시간 통합관리)	2-116
● 핵심 기출문제	2-119
제6장 품질관리	**2-127**
제1절 시공기술 품질관리	2-127
● 핵심 기출문제	2-138
제2절 통계적 품질관리	2-144
● 핵심 기출문제	2-146
제3절 자재 품질관리	2-148
● 핵심 기출문제	2-160

CONTENTS

PART 03 건축적산

한눈에 보기	3-2
제1장 총론	**3-9**
제1절 적산 기본사항	3-9
제2절 건축적산의 일반사항	3-16
제3절 수량산출 기준	3-18
● 핵심 기출문제	3-20
제2장 가설공사	**3-27**
제1절 개요	3-27
제2절 공통 가설공사	3-27
제3절 직접 가설공사	3-29
● 핵심 기출문제	3-33
제3장 토공사	**3-41**
제1절 터파기량	3-42
제2절 되메우기량	3-45
제3절 잔토처리량	3-45
제4절 건설기계 및 소운반	3-48
● 핵심 기출문제	3-50
제4장 철근콘크리트공사	**3-59**
제1절 배합비에 따른 각 재료량	3-59
제2절 콘크리트량·거푸집량	3-61
제3절 철근량	3-71
● 핵심 기출문제	3-86
제5장 철골공사	**3-107**
제1절 일반사항	3-107
제2절 수량산출	3-107
● 핵심 기출문제	3-110
제6장 조적공사	**3-115**
제1절 벽돌공사	3-115
제2절 블록공사	3-118
제3절 타일 및 석공사	3-119
● 핵심 기출문제	3-120
제7장 목공사	**3-127**
제1절 일반사항	3-127
제2절 수량 산출	3-127
● 핵심 기출문제제	3-130
제8장 기타공사	**3-135**
제1절 방수공사	3-135
제2절 지붕공사	3-135

제3절 미장공사	3-136
제4절 창호 및 유리공사	3-137
제5절 도장공사	3-137
● 핵심 기출문제	3-138

APPENDIX 부록

2024년 기출문제	
제1회 기출문제	3
제2회 기출문제	12
제3회 기출문제	18
2023년 기출문제	
제1회 기출문제	29
제2회 기출문제	36
제3회 기출문제	44
2022년 기출문제	
제1회 기출문제	55
제2회 기출문제	63
제3회 기출문제	71
2021년 기출문제	
제1회 기출문제	81
제2회 기출문제	89
제3회 기출문제	95
해설 및 정답	103

PART 02 공정관리

CONTENTS

- 01장 총론
- 02장 네트워크 공정표
- 03장 횡선식 공정표 (Bar Chart)
- 04장 공기단축
- 05장 공정관리 기법
- 06장 품질관리

미듬 건축산업기사
cafe.naver.com/ikaiscom

한눈에 보기

01 개요

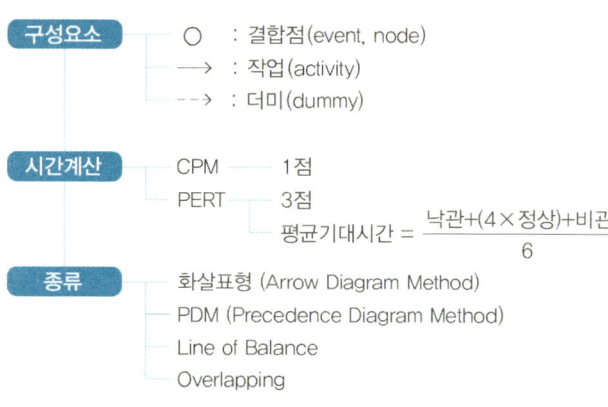

02 용어

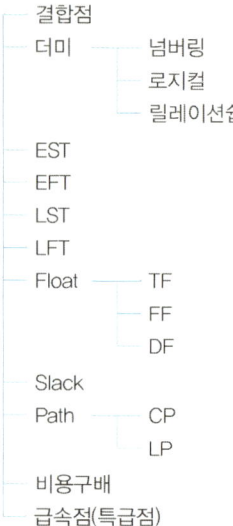

03 공정표 작성연습

명	선행관계
A	X
B	X

명	선행관계
A	X
B	X
C	X

명	선행관계
A	X
B	A
C	A

명	선행관계
A	X
B	X
C	A, B

명	선행관계
A	X
B	X
C	A, B
D	A, B

명	선행관계
A	X
B	X
C	A, B
D	B

명	선행관계
A	X
B	X
C	B
D	A, B

명	선행관계
A	X
B	X
C	A
D	A, B
E	B

명	선행관계
A	X
B	X
C	A
D	A, B
E	A, B

명	선행관계
A	X
B	X
C	X
D	A
E	A, B
F	A, B, C

Thinking Map

04 공정표 작성

- **4원칙**
  - 공정(독립)의 원칙
  - 단계원칙
  - 연결원칙
  - 활동원칙

- **기본규칙**
  - 무의미한 dummy 생략
  - 가능한 작업 상호간 교차 X
  - 역진, 회송 X

- **작성방법**
  - 개시결합점은 한개로 시작
  - 선행작업이 없는 수만큼 실선 표기
    (화살표나 결합점을 그리지 X)
  - data 분석 ─ 선행조건이 같으면
              ─ 선행조건이 다르면
  - 먼저 모양을 생각하지 않는다
  - 검토 ─ 불필요한 dummy 유무
         ─ 선행조건 만족 유무
  - 모양

- **체크사항**
  - 주공정선 표기
  - dummy 방향 정확
  - 결합점 일정
  - 결합점 번호기입

05 일정계산

- **방법**
  - EST / EFT ─ 전진계산
    - 개시 결합점에서 나간 작업의 EST는 0
    - 임의 작업의 EST는 당해 작업의 EST에 소요일수를 가산
    - 종속작업의 EST는 선행작업의 EFT 값
    - 복수의 작업에 종속되는 작업의 EST는 선행 작업 중 EFT의 최대치
  - LST / LFT ─ 역진계산
    - 종료작업의 LFT값은 계산 공기값으로 지정
    - 임의 작업에서의 LST 값은 당해 작업의 LFT값에서 소요일수를 빼서 구함
    - 선행작업의 LFT는 종속작업의 LST값
    - 종속 작업이 복수일 경우 종속 작업의 LST 최소값이 그 작업에서 LFT
  - TF : 그 작업의 LFT - 그 작업의 EFT
  - FF : 후속 그 작업의 EST - 그 작업의 EFT
  - DF : TF - FF

- **표현**
  - 작업 ─ EST / EFT ─ 활동목록표
         ─ LST / LFT
         ─ TF / FF / DF
  - 결합점 ─ EST / EFT ─ 공정표상 표기
          ─ LST / LFT
          ─ SL

06 공기단축

- **MCX법**
  - 비용/시간과의 관계
  - 비용구배
  - 순서
    - 공정표작성
    - CP(주공정선)
    - 비용구배 산출
    - CP중 비용구배 최소 작업부터
    - 부공정선이 주공정선으로 될 때 까지
    - 단축 가능 일수 범위 내에서 단축

- **SAM법**
  - 표작성
  - 비용구배
  - 단축가능일수(단축된 일수)
  - MCX법으로 계산 후 작성

07 자원배당

- **자원 4M**
  - 인력
  - 자재
  - 장비
  - 자금

- **순서**
  - 공정표 작성
  - 일정계산
  - CP계산
  - 주공정선 작업부터 배당
  - 단계의 원칙 준수

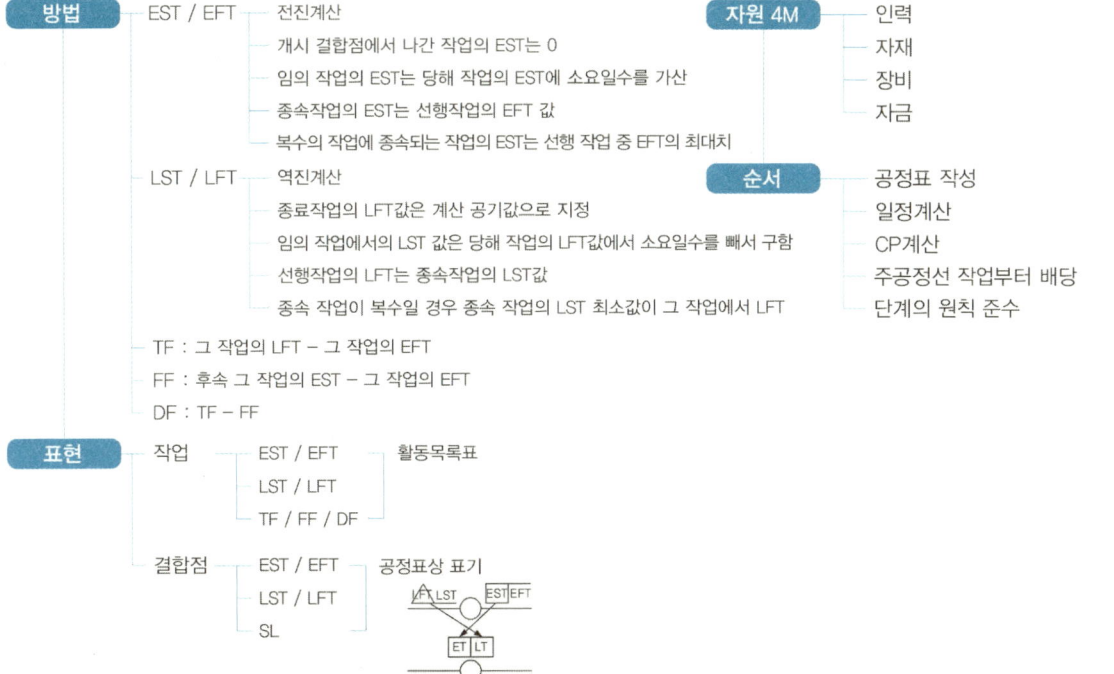

08 EVMS

측정요소
- 실행(BCWS) = 계획수량 × 계획단가
- 실행기성(BCWP) = 실제수량 × 계획단가
- 실투입비(ACWP) = 실제수량 × 실제단가

측정항목
- 일정분산(SV) = BCWP − BCWS $\begin{pmatrix} SV < 0 \text{ ------ 지연} \\ SV > 0 \text{ ------ 초과} \end{pmatrix}$
- 일정수행지수(SPI) = $\dfrac{BCWP}{BCWS}$ $\begin{pmatrix} SPI < 0 \text{ ------ 지연} \\ SPI > 0 \text{ ------ 초과} \end{pmatrix}$
  ※ SPI 가 0.8이면 100원 어치로 예정된 공사가 80원 어치 완료
- 비용분산(CV) = BCWP − ACWP $\begin{pmatrix} CV < 0 \text{ ------ 원가초과} \\ CV > 0 \text{ ------ 원가절감} \end{pmatrix}$
- 비용수행지수(CPI) = $\dfrac{BCWP}{ACWP}$ $\begin{pmatrix} CPI < 0 \text{ ------ 비용초과} \\ CPI > 0 \text{ ------ 비용절감} \end{pmatrix}$
  ※ CPI가 0.85이면 85원의 가치로 예정되었던 공사를 실제로 100원을 투입하여 완료 한 것을 의미한다.
- 총실행예산(BAC)
- 잔여비용 추정액(ETC) = $\dfrac{BAC - BCWP}{CPI}$
- 변경 실행 예산(EAC) = ACWP + ETC
  = ACWP + $\dfrac{(BAC - BCWP)}{CPI}$
  = $\dfrac{BAC}{CPI}$
- 실행공정률(PC) = $\dfrac{BCWP}{BAC}$
- 공사비 편차 추정(VAC) = BAC − EAC
- 잔여공사비 성과지표(TCPI) = $\dfrac{BAC - BCWP}{BAC - ACWP}$
- 비용차이율(CVP)
  = $\dfrac{CV}{BCWP}$ = $\dfrac{BCWP - ACWP}{BCWP}$ = $1 - \dfrac{ACWP}{BCWP}$ = $1 - \dfrac{1}{CPI}$
- 일정차이율(SVP)
  = $\dfrac{SV}{BCWS}$ = $\dfrac{BCWP - BCWS}{BCWS}$ = $1 - \dfrac{BCWP}{BCWS}$ − 1 = SPI −1

09 자재 품질 관리

목재
- 연륜밀도: (개/cm)
- 평균연륜폭 = $\dfrac{길이}{나이테\ 간격의\ 수}$ (cm/개)

시멘트
- 비중 (르샤델리에비중병) = $\dfrac{W}{V_2 - V_1}$
- 분말도(마노미터액) = $Ss\sqrt{\dfrac{T}{Ts}}$
- 응결(비이카장치, 길모아장치)
- 안정성 (오토 클레이브 시험체) / 팽창도 = $\dfrac{l_2 - l_1}{l_1}$
- 강도(공시체) = $\dfrac{P}{A}$

골재
- 조립률(F.M) = $\dfrac{각\ 체에\ 남는\ 양(\%)의\ 누게의\ 힙}{100}$
- 굵은골재
  - 밀도
    - 겉보기밀도 = $\dfrac{A}{A-C} \times P_w$
    - 절대건조상태의 시료밀도 = $\dfrac{A}{B-C} \times P_w$
    - 표면건조포화상태의 밀도 = $\dfrac{R}{B-C} \times P_w$
  - 흡수율 = $\dfrac{B-A}{A} \times 100(\%)$
- 공극률 = $\left(\dfrac{G-M}{G}\right) \times 100(\%)$
- 마모율

콘크리트
- 슬럼프치
- 압축강도 = $\dfrac{P}{A}$
- 인장강도 = $\dfrac{2P}{\pi dl}$
- 휨강도
  - 중앙점 = $\dfrac{3Pl}{2bd^2}$
  - 삼등분점 = $\dfrac{Pl}{bd^2}$

벽돌
- 압축강도 = $\dfrac{P}{A}$

블록
- 압축강도 = $\dfrac{P}{A}$

석재
- 비중 = $\dfrac{A}{B-C}$
- 흡수율 = $\dfrac{B-A}{A} \times 100(\%)$

아스팔트
- 침입도($\frac{1}{10}$mm → 침입도 1)

철근
- 인장강도 = $\dfrac{P}{A}$

Thinking Map

10 시공기술 품질관리

- **품질비용**
  - 예방비용
  - 하자비용
  - 무형비용

- **순서**
  - 품질관리 Cycle
    - P / A / D / C

- **순서**
  - 품질특성 결정
  - 표준품질 결정
  - 작업표준 결정
  - 교육/훈련
  - 작업실시
  - 품질조사
  - 관리도 작성
  - 이상 판정/수정
  - 결과 확인

- **모델화**
  - 구체적 모델
  - 그래픽 모델
  - 픽토리얼 모델
  - 스키마틱 모델
  - 수학적 모델
  - 시뮬레이션 모델

- **Q.C 수법**
  - 히스토그램 : 분포
  - 특성요인도 : 원인/결과
  - 파레토도 : 크기순
  - 체크시트 항목집중
  - 그래프 : 결과/한번에
  - 산점도 : (X, Y) 상관관계
  - 층별 : 부분집단

- **관리도**
  - 계량치
    - 평균치와 범위($\bar{x} - R$)
    - 개개수(x_i)
    - 중위수와 범위($\tilde{x} - R$)
  - 계수치
    - 불량갯수(P_n)
    - 불량률(P)
    - 결점수(C)
    - 단위당 결점수(U)

11 통계적 품질관리

- **중심치**
  - 평균치(x)
  - 중위수($\tilde{x}$)
  - 미드레인지(M)

- **흩어짐(산포)**
  - 범위(R)
  - 편차제곱합(S)
  - 분산 $= \dfrac{S}{n}$
  - 표본분산 $= \dfrac{S}{n-1}$
  - 표본표준편차 $= \sqrt{\dfrac{S}{n-1}}$
  - 변동계수(CV)

미듬 건축산업기사

멘토스는 당신의 쉬운 합격을 응원합니다!

Engineer Architecture

CHAPTER 01
총론

CONTENTS

제1절 공정계획의 개요   9
제2절 공정표의 종류   9

미듬 건축산업기사

멘토스는 당신의 쉬운 합격을 응원합니다!

CHAPTER 01 총론

회독 CHECK!
- 1회독 ☐ 월 일
- 2회독 ☐ 월 일
- 3회독 ☐ 월 일

|학|습|포|인|트|
* 공정의 기본 개요를 파악
* 공정표의 작성순서를 이해
* PERT/CPM의 차이를 명확하게 이해

제1절 공정계획의 개요

01 정의

건축물을 지정된 공사기간 내에 공사예산에 맞추어서 정밀도가 높은 양질의 시공을 하기 위하여 작성·계획하고, 공사의 공정계획 및 진척 상황을 알기 쉽게 세부계획에 필요한 시간과 순서, 자재, 노무, 기계설비 등을 일정한 형식에 의거 작성, 관리함을 목적으로 한다.

02 공정계획의 요소

① 시간(작업시간, 자재조달시간, 공사기간 등)
② 비용(순작업비용, 총공사비, 부대발생비용 등)
③ 작업량(작업자 능력, 기계효율, 현장 상황 등 고려)
④ 작업순서(기후·천후 고려, 현장 능력, 성력화 고려)

(종류) 공정계획의 요소

제2절 공정표의 종류

01 형태에 의한 분류

(1) 사선식 공정표

작업의 관련성을 나타낼 수는 없으나, 공사의 기성고를 표시하는 데 편리한 공정표로 세로에 공사량, 총인부 등을 표시하고, 가로에 월, 일수 등을 취하여 일정한 사선절선을 가지고 공사의 진행상태(기성고)를 수량적으로 나타낸다.

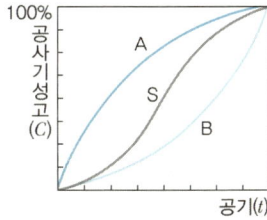

- 공사 기성고는 공사금액으로 표시
- A는 상방 허용한계
- B는 하방 허용한계
- S는 이상적인 공사속도(S-Curve)

(용어) S-Curve

(보충) S-Curve
공사의 진척상황을 나타내는 가장 이상적인 곡선

(특징) 사선식 공정표

장점	① 부분공정표에 적합하다. ② 노무자와 재료의 수배에 용이하다. ③ 전체 경향과 시공속도를 파악할 수 있다. ④ 예정과 실적의 차이를 파악하기 쉽다.
단점	① 개개작업의 조정을 할 수 없다. ② 보조적 수단에만 사용한다. ③ 작업 상호 간의 관계가 불분명하다.

(2) 횡선식 공정표(Bar Chart)

세로축에 공사 종목별 각 공사명을 배열하고 가로축에 날짜를 표기한 다음 공사명별 공사의 소요시간을 횡선의 길이로서 나타내는 공정표이다. 바차트(Bar Chart) 또는 간트차트(Gantt Chart)라고도 한다.

(특징) 횡선식 공정표

장점	① 각 공정별 공사와 전체의 공정시기 등이 일목요연하다. ② 각 공정별 공사의 착수 및 완료일이 명시되어 판단이 용이하다. ③ 공정표가 단순하여 경험이 적은 사람도 이해하기 쉽다.
단점	① 작업 상호 간의 관계가 불분명하다. ② 주공정선을 파악할 수 없으므로 관리통제가 어렵다. ③ 작업 상호 간의 유기적인 관련성과 종속관계를 파악할 수 없다. ④ 작업상황이 변동되었을 때 탄력성이 없다. ⑤ 한 작업이 다른 작업 및 Project에 미치는 영향을 파악할 수 없다.

(3) 네트워크 공정표

네트워크 공정표는 작업의 상호관계를 O(결합점 : Event)와 → (작업 : Activity)으로 표시한 망상도로, 각 결합점이나 작업에 명칭, 작업량, 소요시간, 투입 자재량, 비용 등 공정계획 및 관리상 필요한 정보를 기입하여 프로젝트 수행에 관련하여 발생되는 공정상의 문제를 도해나 수리적 모델로 해명하고 진척 관리하고자 한다. 네트워크 공정표는 대표적인 방법으로 CPM(Critical Path Method)과 PERT(Program Evaluation & Review Technique) 수법이 있다.

1) 특징

(특징) 네트워크 공정표

장점	① 개개의 작업관련이 도시되어 있어 내용이 알기 쉽다. ② 전자계산기 이용이 가능하다. ③ 주공정선에 주의하면 다른 작업에 누락이 없는 한 공정관리가 편리하다. ④ 주공정선의 작업에 현장인원 중점배치가 가능하다. ⑤ 작업자 이외에도 이해하기가 쉽다.
단점	① 작성시간이 오래 걸린다. ② 작성 및 검사에 특별한 기능이 요구된다. ③ 기법의 표현상 세분화에 한계가 있다. ④ 실제공사에서 네트워크와 같이 구분하여 이행되지 못하므로, 진척관리에 특별한 연구가 필요하다.

2) 네트워크 공정표 작성순서

공정계획	수순계획	① 프로젝트를 단위작업으로 분해한다. ② 각 작업의 순서를 붙여서 행하여 네트워크로 표현한다. ③ 각 작업시간을 견적한다.
	일정계획	④ 시간계산을 실시한다. ⑤ 공기조정을 실시한다. ⑥ 공정표를 작성한다.
공정관리		⑦ 공정관리를 실시한다.

> **특징** 네트워크 공정표 작성순서

화살형 네트워크나 원형 네트워크는 본질적으로는 차이가 없고, 실제 공정계획을 세울 때에는 다음과 같은 순서로 실시한다.

① 네트워크 작성의 준비 ② 네트워크 작성시간 간격(시간계산)
③ 일정계획   ④ 공기조정
⑤ 공정표 작성

3) PERT와 CPM의 비교

구 분	PERT	CPM
개발 및 응용	① 미 군수국 특별계획부(S.P)에 의하여 개발 ② 함대 탄도탄(F.B.M) 개발에 응용	① Walker(Dupont)와 Kelly (Remington)에 의하여 개발 ② 듀폰에 있어서 보전에 응용
대상계획 및 사업 종류	신규 사업, 비반복 사업, 경험이 없는 사업 등에 활용	반복 사업, 경험이 있는 사업 등에 이용
소요시간 추정	• 3점 시간 추정 $t_e = \dfrac{t_o + 4t_m + t_p}{6}$ 여기서, t_e : 평균기대시간, t_o : 낙관 시간치 t_m : 정상 시간치, t_P : 비관 시간치	• 1점 시간 추정 $t_e = t_m$
일정계산	• 단계중심의 일정계산 ① 최조(最早)시간(TE) : Earliest Expected Time ② 최지(最遲)시간(TL) : Latest Allowable Time	• 요소작업 중심의 일정계산 ① 최조(最早) 개시 시간 (EST : Earliest Start Time) ② 최지(最遲) 개시 시간 (LST : Latest Start Time) ③ 최조(最早) 완료 시간 (EFT : Earliest Finish Time) ④ 최지(最遲) 완료 시간 (LFT : Latest Finish Time)
MCX (최소비용)	이 이론이 없다.	CPM의 핵심이론이다.

> **계산** PERT 기대시간

02 목적이나 내용에 의한 분류

(1) 전체 공정표
착공에서 준공까지 전 공사기간에 걸쳐서 전체 공사종목에 대한 공정을 나타낸 기본 공정표로서 횡선식 공정표와 네트워크 공정표로 작성된다.

(2) 부분 공정표
① 구체 공정표와 마감공사 공정표(작업내용이나 목적으로 구분)
② 주간, 순간, 월간, 분기 공정표(시간별)
③ 단일공사 공정표
④ 재료 공정표(재료 반입에 관한 내용)
⑤ 기계 공정표
⑥ 예산 진행 공정표(사선식 공정표로 사용)

CHAPTER 01 핵심 기출문제

01 공정계획 시 고려사항 4가지를 기술하시오.

가. ....
나. ....
다. ....
라. ....

정답
가. 시간   나. 비용
다. 작업량   라. 작업순서

02 다음 내용을 읽고 적합한 공정표를 〈보기〉에서 골라 기호를 적으시오.

| (가) 횡선식 공정표 | (나) 사선식 공정표 |
| (다) 열기식 공정표 | (라) 네트워크 공정표 |

(1) 공사의 진척 상황의 파악이 용이하고, 부분 공정표에 적합하다. ( )
(2) 재료 및 노무수배가 용이하며 가장 간단한 공정표이다. ( )
(3) 작성 시 특별한 기능이 요구되며, 전반적인 공사 내용을 알기 쉽다. ( )
(4) 예정과 실시를 비교할 수 있으며 착수일과 종료일이 명시되어 있다. ( )

정답
(1) (나)   (2) (다)
(3) (라)   (4) (가)

03 사선식 공정표의 장단점을 2가지씩 쓰시오.

〈장점〉 가. ....
        나. ....
〈단점〉 가. ....
        나. ....

정답
〈장점〉
가. 부분공정표에 적합
나. 전체 시공속도 파악 용이
〈단점〉
가. 작업 상호 관계 불분명
나. 보조적 수단에만 사용

04 공정관리 중 진도관리에 사용되는 S-Curve(바나나곡선)는 주로 무엇을 표시하는 데 활용되는지 설명하시오.

정답 S-곡선
S-Curve는 공사의 진행현황을 파악할 수 있는 곡선으로 상향과 하향허용선을 표시하여 현재까지 공사의 진척상황을 알 수 있다.

05 횡선식 공정표의 단점 3가지를 쓰시오.

가.
나.
다.

정답
가. 작업 상호 간의 관계가 불분명하다.
나. 작업 상호 간의 유기적인 관련성과 종속 관계를 파악할 수 없다.
다. 주공정선 파악이 어려워 관리가 힘들다.

06 네트워크 공정표의 특징을 장점과 단점으로 나누어 3가지씩 서술하시오.

〈장점〉
가.
나.
다.
〈단점〉
가.
나.
다.

정답
〈장점〉
가. 공사 전반의 내용 파악이 용이하다.
나. 작업 상호 간의 관계가 명확하게 표시된다.
다. 작업 시작 전에 문제점을 파악하여 수정 가능하다.
라. 공정관리가 편리하다.
〈단점〉
가. 작성 및 검사에 특별한 기능이 요구된다.
나. 작성시간이 길다.
다. 세밀하게 작성하기에는 한계가 있다.
라. 진척관리에 특별한 주의가 필요하다.

07 네트워크 공정표 작성순서를 〈보기〉에서 골라 기호로 나열하시오.

(가) 공기조정　　(나) 단위작업시간 견적
(다) 작성준비　　(라) 일정계산
(마) 공정표 작성

(　) → (　) → (　) → (　) → (　)

정답
(다) → (나) → (라) → (가) → (마)

08 퍼트(PERT)에 사용되는 3가지 시간 견적치를 쓰고, 평균 기대시간을 구하는 식을 쓰시오.

가. _____
나. _____
다. _____
라. 평균 기대시간 : _____

정답
가. 낙관시간치(t_o)
나. 정상시간치(t_m)
다. 비관시간치(t_p)
라. 평균 기대시간(t_e)
$$t_e = \frac{t_o + 4 \times t_m + t_p}{6}$$

09 퍼트(PERT)에 의한 공정관리기법에서 낙관시간이 5일, 정상시간이 8일, 비관시간이 11일일 때 공정상의 기대시간을 구하시오.

정답
$$t_e = \frac{t_o + 4 \times t_m + t_p}{6}$$
$$= \frac{5 + 4 \times 8 + 11}{6}$$
$$= 8일$$

미듬 건축산업기사

멘토스는 당신의 쉬운 합격을 응원합니다!

Engineer Architecture

CHAPTER 02
네트워크 공정표

CONTENTS

제1절 네트워크 공정표 구성　　　　　19
제2절 네트워크 공정표 작성 연습　　　22
제3절 일정계산　　　　　　　　　　　25

미듬 건축산업기사

멘토스는 당신의 쉬운 합격을 응원합니다!

CHAPTER 02 네트워크 공정표

회독 CHECK!
- 1회독 □ 월 일
- 2회독 □ 월 일
- 3회독 □ 월 일

|학|습|포|인|트|
* 데이터를 이용하여 네트워크 공정표를 작성하는 방법을 숙달
* 정확한 일정계산
* 실제작업의 여유를 구하는 방법에 유의하여 계산

제1절 네트워크 공정표 구성

01 구성 요소

용어	기호	내용
결합점(Event)	○	네트워크 공정표에서 작업의 개시 및 종료를 나타내며 작업과 작업을 연결하는 기호
작업(Activity, Job)	→	네트워크 공정표에서 단위 작업을 나타내는 기호
더미(Dummy)	⇢	네트워크에서 정상적으로 표현할 수 없는 작업상호 간의 관계를 표시하는 점선 화살표

(종류) 네트워크 공정표 구성요소

●22③

(용어) 더미(Dummy)

(1) ① : 결합점(Event, Node)

① 작업의 시작과 종료를 표시하는 개시점, 종료점
② 작업과 작업의 연결점, 결합점
③ 번호를 붙이되, 작업의 진행방향으로 큰 번호 부여

(2) 명→시간 : 작업(Activity, Job)

(보충) 결합점 번호부여
● 시작은 임의의 번호로 시작
● 연속된 번호를 부여하지 않아도 가능
● 시작이 작고 종료가 크면 됨

① 작업을 나타내며 화살표의 길이와 작업일수는 관계가 없다.
② → 위는 작업명, 아래는 시간을 나타낸다.

(3) ⇢ : 더미(Dummy)

(보충) 더미
명목상 작업으로 작업이나 시간적인 요소는 없는 것이다.

① Numbering dummy : 결합점에 번호를 붙일 때 중복작업을 피하기 위해 생기는 더미

(종류) 더미의 종류

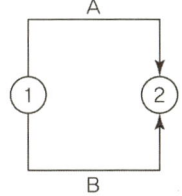
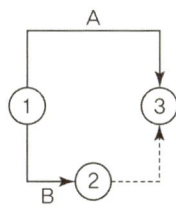

> **보충** 네트워크 공정표 작성
>
> 4원칙 중 단계의 원칙 이해

② Logical Dummy : 작업 선후 관계를 규정하기 위하여 필요한 더미

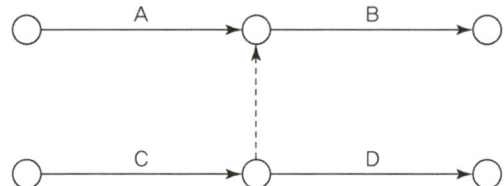

- B작업은 A와 C작업이 종료되어야만 시작할 수 있다.
- D작업은 C작업이 완료되면 시작할 수 있다.

02 공정표 작성 기본 원칙

(1) 공정원칙(단위 작업을 정확한 네트워크로 표현)

작업에 대응하는 결합점이 표시되어야 하고, 그 작업은 하나로 한다.

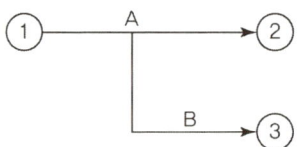

- B작업의 개시 결합점이 없으므로 정확한 네트워크로 표현되어 있지 않다.

> **종류** 공정표 작성 4원칙

(2) 단계 원칙

① 네트워크 공정표에서 선행작업이 종료된 후 후속작업을 개시할 수 있다.

- A의 후속작업은 B
- B의 선행작업은 A
※ A와 C는 선행과 후속이 아님
- B의 후속작업은 C
- C의 선행작업은 B

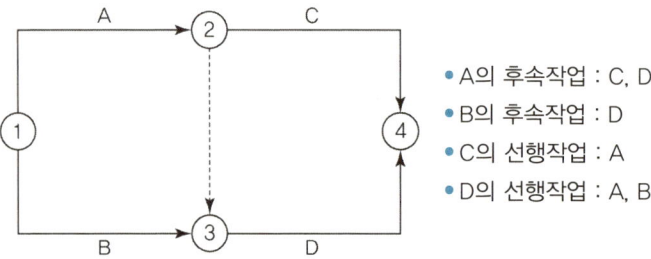

- A의 후속작업 : C, D
- B의 후속작업 : D
- C의 선행작업 : A
- D의 선행작업 : A, B

② 선행과 후속의 관계는 결합점을 중심으로 종료되는 모든 작업이 결합점에서 시작되는 모든 작업의 선행작업이며, 결합점에서 시작되는 모든 작업이 결합점에서 종료되는 모든 작업의 후속작업이다.

③ Dummy가 있는 경우 선행과 후속은 연속 개념으로 본다.

(3) 활동의 원칙

① 네트워크 공정표에서 각 작업의 활동은 보장되어야 한다.

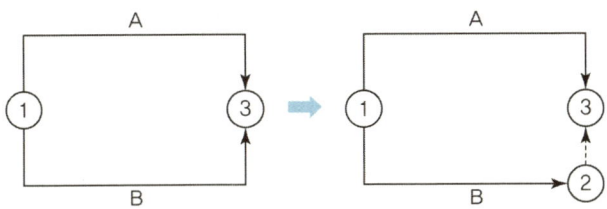

② A작업과 B작업은 공정표상에서 각각의 활동을 보장하고 있지 못하므로 위의 오른쪽과 같이 표시하여 작업의 활동이 보장되게 한다.

> 보충 **활동의 원칙**
> - 개시결합점의 번호와 종료결합점의 번호가 동시에 같은 것으로 존재하여서는 안 된다.
> - 두 결합점의 번호 중 하나만 다르면 된다.

(4) 연결의 원칙

최초 개시 결합점 및 종료 결합점은 반드시 1개씩이어야 한다.

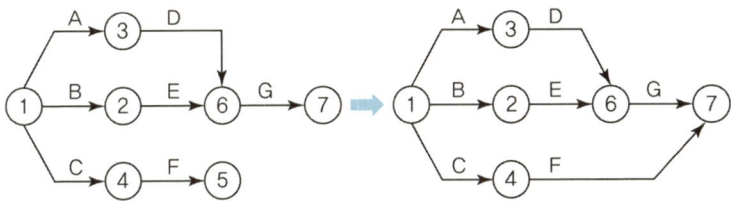

03 작성 시 주의사항

(1) 무의미한 더미(Dummy)는 생략한다.

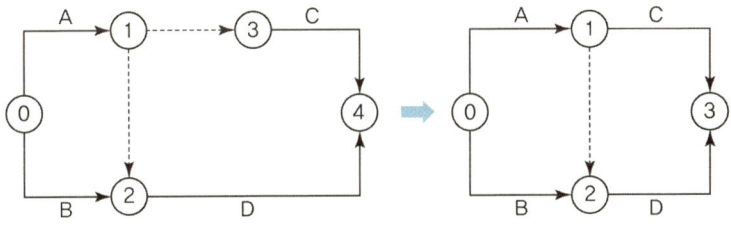

> 보충 **Dummy의 개수**
> Dummy의 수는 최소화할 것
> (공정표상에서 전체 dummy의 수가 틀리면 안 됨)

(2) 가능한 한 작업 상호 간의 교차는 피하도록 한다.

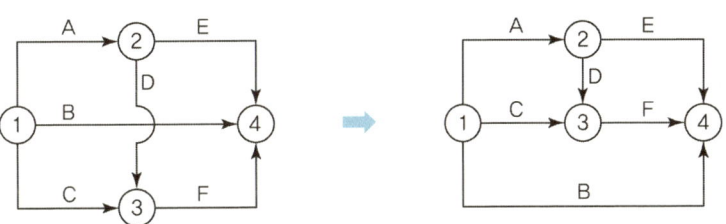

> 보충 **작업 상호 간의 교차**
> 교차될 수 있음

(3) 역진 혹은 회송되어서는 안 된다.

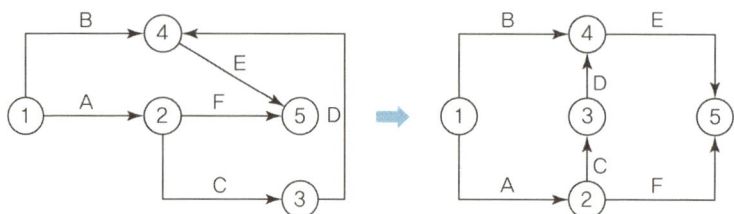

제2절 네트워크 공정표 작성 연습

(1) ②, ④ 결합점(Event) 사이에 2개의 작업 A, B가 존재할 때

보충) Dummy 위치

- 4가지 방법 중 가능한 뒤쪽에 Dummy를 두어 작성한다.
- 전부 다 가능한 공정표임

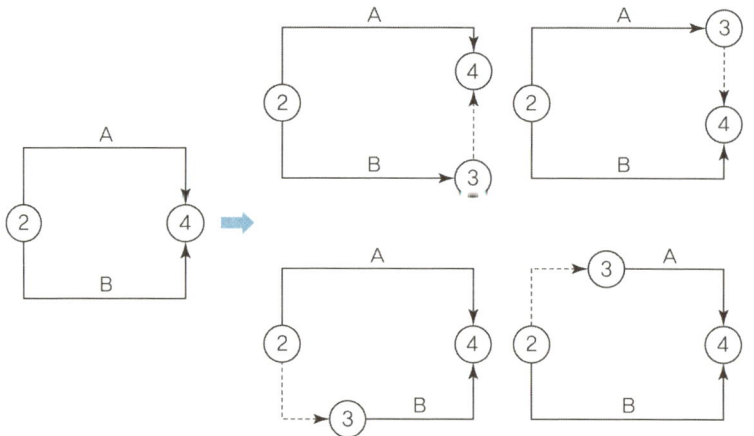

보충) Dummy 표현

두 가지 경우 다 가능하며 이외에도 다양한 형태로 나타낼 수 있으나, Dummy의 수는 변하지 않음에 유의한다.

(2) ②, ⑤ 결합점(Event)에 3개의 작업 A, B, C가 존재할 때

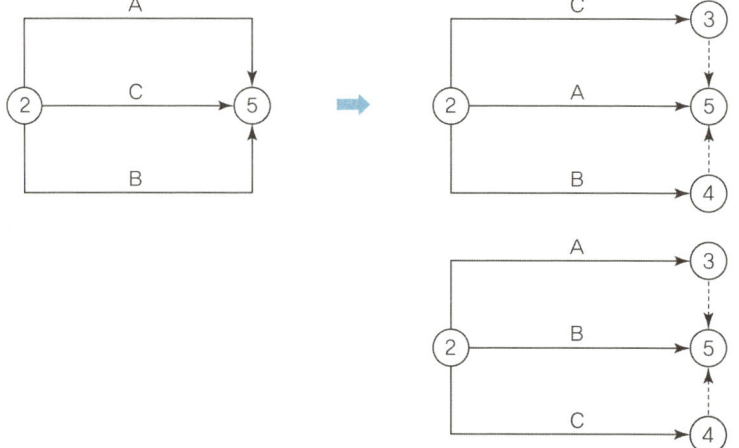

(3) A작업의 후속작업이 B, C작업일 때

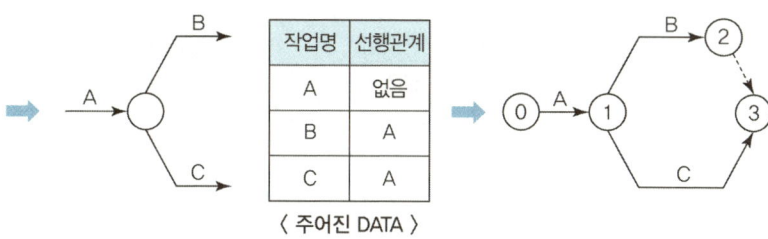

(4) A와 B의 후속작업이 C작업일 때

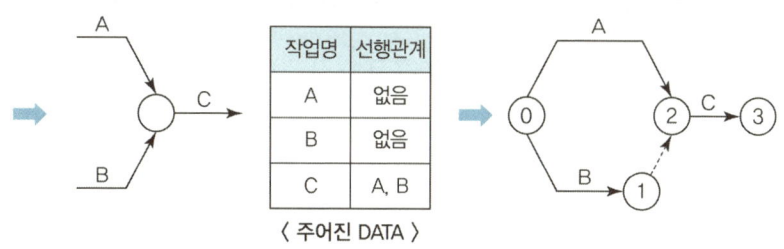

(5) A, B의 후속작업이 C, D작업일 때

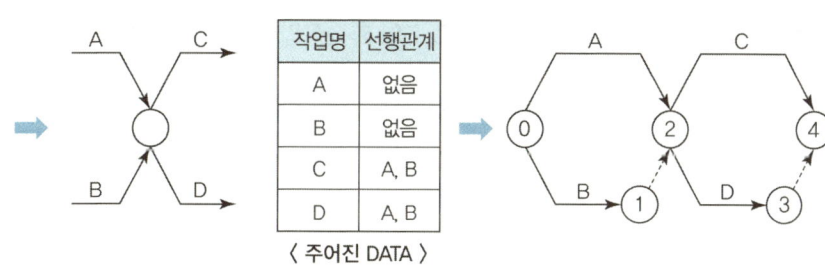

(6) A의 후속작업이 C, D작업이고 B의 후속작업이 D작업일 때

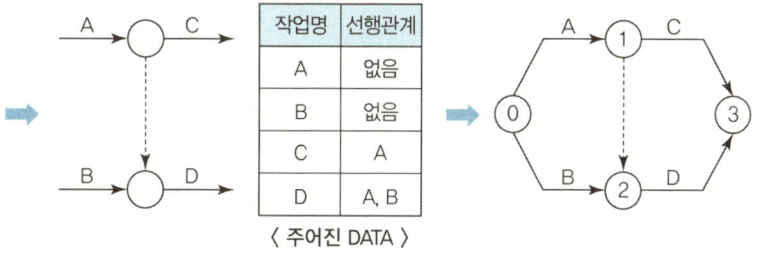

> **보충** 선·후 작업의 수
>
> 선행작업이나 후속작업이 복수가 가능하다.

> **보충** Numbering Dummy
>
> A작업과 C작업에서 Dummy가 발생해도 무방하며 이런 Dummy를 Numbering Dummy라 한다.

> **보충** Data 보는 방법
>
> - (5)번의 C, D의 선행작업이 같아 한 개의 결합점에서 동시에 시작하나
> - (6)번의 경우 C, D의 선행작업이 다르므로 각기 다른 결합점에서 시작된다.
> - 그러므로 주어진 데이터는 한 개씩 순차적으로 보는 것이 아니고 여러 작업 혹은 전부의 작업을 동시에 보도록 한다.

보충) **Dummy 방향**
- (6), (7)번의 완성된 공정표는 Dummy의 방향이 다른 것 외에는 동일하다. 그러므로 공정표 작성 시 Dummy 방향을 정확히 표현하여야 한다.
- 좌측의 데이터에서 네트워크 공정표 작성 시 반드시 순서대로 하는 것이 아니라 D작업부터 작성하면 쉽게 작성할 수 있다.

(7) A의 후속작업이 C작업이고, B의 후속작업이 C, D작업일 때

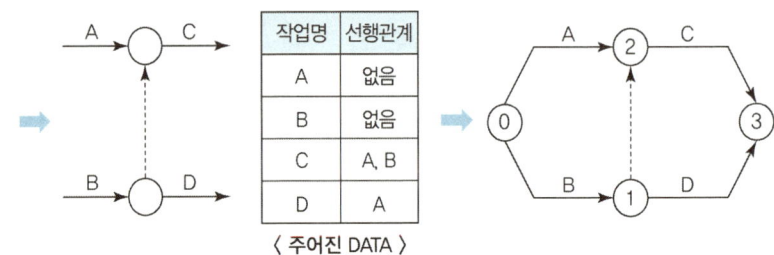

보충) **공정표 작성순서**
- C작업과 E작업을 먼저 작성한 후 D 작업을 작성하면 쉽게 공정표가 완성된다.
- (7), (8)번에서 발생된 Dummy는 작업의 선후 관계를 표시하는 것으로 이러한 Dummy를 Logical Dummy라고 한다.
- 복수의 결합점에서 Dummy로 연결될 수 있으며, 아울러 하나의 결합점에서 여러 개의 Dummy가 동시에 나갈 수 있다.
- C작업, E작업, D작업이 순으로 작성

(8) A의 후속작업이 C, D작업이고, B의 후속작업이 D, E작업일 때

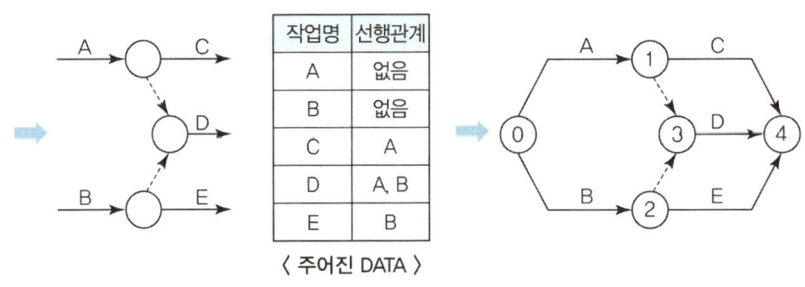

보충) **Data 분석**
D, E작업은 선행조건이 같으므로 동일 결합점에서 시작되며, C작업은 조건이 다르므로 다른 결합점에서 시작된다.

(9) A의 후속작업이 C, D, E작업이고, B의 후속작업이 D, E작업일 때

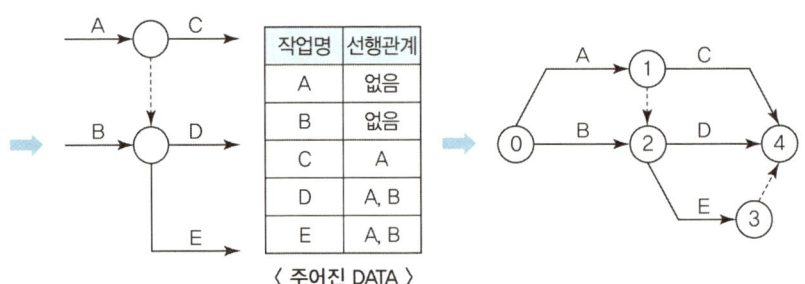

보충) **Data 분석**
- 작성 시 D, E, F의 순으로 작성하면 좋다.
- 연속해서 Dummy로 연결된 작업(A와 F)은 선행과 후속관계에 있음을 알 수 있으며, 또한 Dummy는 몇 개의 결합점을 거쳐서도 표현할 수 있다.
- 선행작업이 없는 최초의 작업이 3개 이상일 경우 작성된 작업의 순서를 잘 고려하여야 한다.

(10) A의 후속작업이 D, E, F작업이고, B의 후속작업이 E, F작업이며, C의 후속작업이 F작업일 때

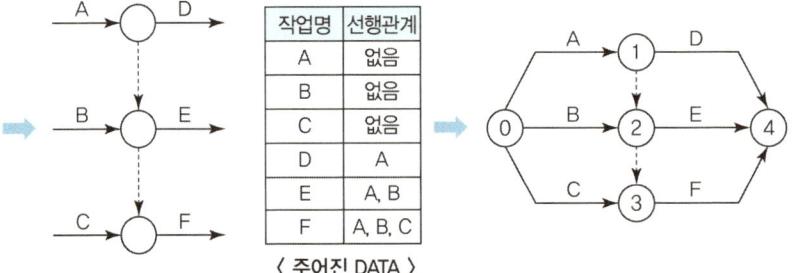

제3절 일정계산

01 용어

(1) 시간계산

네트워크 공정표상에서 소요시간을 기본으로 한 작업시간, 결합점시간, 공기, 여유 등을 계산하는 것을 말한다.

용어	기호	내용
가장 빠른 개시시각 (Earliest Starting Time)	EST	작업을 시작할 수 있는 가장 빠른 시각
가장 빠른 종료시각 (Earliest Finishing Time)	EFT	작업을 끝낼 수 있는 가장 빠른 시각
가장 늦은 개시시각 (Latest Starting Time)	LST	공기에 영향이 없는 범위 내에서 작업을 가장 늦게 개시하여도 되는 시각
가장 늦은 종료시각 (Latest Finishing Time)	LFT	공기에 영향이 없는 범위 내에서 작업을 가장 늦게 종료하여도 되는 시각

(용어) EST, LFT

(2) 결합점시각(Node Time)

화살표형 네트워크에서 시간 계산이 된 결합점의 시각

용어	기호	내용
가장 빠른 결합점시각 (Earliest Node Time)	ET	작업을 시작할 수 있는 가장 빠른 시각
가장 늦은 종료시각 (Latest Node Time)	LT	작업을 늦게 끝낼 수 있는 시각

(보충) ET / LT

ET는 결합점의 EST와 시간이 동일하며 LT는 결합점의 LFT와 동일한 시간이 된다.

(3) 공기

공사기간을 뜻하며 지정공기와 계산공기가 있으며, 계산공기는 항상 지정공기보다 같거나 작아야 한다. 만약에 계산공기가 지정공기보다 크다면 이는 공기를 단축해야 하는데 이를 공기조정이라 하며 자세한 내용은 공기단축 편에서 다루어 보기로 하자.

용어	기호	내용
계산공기	T	네트워크의 일정계산으로 구해진 공기
지정공기	T_o	발주자에 의해 미리 지정되어 있는 공기
간공기		화살표 네트워크에서 어느 결합점에서 종료결합점에 이르는 최장 패스의 소요시간, 서클 네트워크에서 어느 작업에서 최후 작업에 이르는 최장패스의 소요시간

(보충) 계산공기와 지정공기

계산된 공기는 계약서상에 있는 공기보다 작거나 최소한 같아야 한다.

(용어) 간공기

(4) 여유시간

공사가 종료되는 데 지장을 주지 않는 범위 내에서의 잔여시간을 말하며, 크게 구분하여 플로트(Float)와 슬랙(Slack)이 있다.

1) 플로트(Float)

네트워크 공정표에서 작업의 여유시간

용 어	기 호	내 용
전체여유 (Total Float)	TF	가장 빠른 개시시각에 시작하고 가장 늦은 종료시각으로 완료할 때 생기는 여유시간
자유여유 (Free Float)	FF	가장 빠른 개시시각에 시작하고 후속하는 작업이 가장 빠른 개시시각에 시작하여도 존재하는 여유시간
간섭여유 (Dependent Float)	DF	후속작업의 전체여유(TF)에 영향을 주는 여유

2) 슬랙(Slack)

네트워크 공정표에서 결합점이 가지는 여유시간

(5) 경로(Path)

① 임의의 결합점에서 화살표의 방향(또는 반대방향)으로 다른 결합점에 도달되는 작업(Activity)의 연결에 이르는 것을 말한다.
② 즉, 두 개 이상의 Activity가 연결되는 것을 Path(경로)라 한다.
③ 네트워크에서 Path는 최장패스(LP)와 주공정선(CP)이 있다. 최장패스와 주공정선의 구분은 각 패스의 범위의 차이에 있다.

용 어	기 호	내 용
최장패스 (Longest Path)	LP	임의의 두 결합점의 패스 중 소요시간이 가장 긴 경로
주공정선 (Critical Path)	CP	개시 결합점에서 종료 결합점에 이르는 패스 중 가장 긴 경로

(6) 주공정선(Critical Path)

① 개시 결합점에서 종료 결합점에 이르는 경로 중 가장 긴 경로이다.
② CP는 공기를 결정하므로 공정계획 및 공정관리상 가장 중요한 경로가 된다.
③ 주공정선상의 작업의 여유(Float)와 결합점의 여유(Slack)는 0이다.
④ Dummy도 주공정선이 될 수 있다.
⑤ 네트워크 공정표상에서 CP는 복수일 수 있다.

(종류) 여유시간

(용어) FF

(용어) DF

(용어) 슬랙

(용어) 패스

(용어) 주공정선

(보충) LP / CP
LP와 CP는 소요시간이 가장 긴 경로라는 공통점이 있으므로 용어설명 시 범위가 명확히 나타나도록 작성하여야 한다.

02 일정계산

네트워크 공정표의 일정은 크게 작업의 일정과 결합점의 일정으로 나누어 생각할 수 있다.

	작업(Activity)	결합점(Event)
일정	EST EFT LST LFT	EST EFT LST LFT
여유	TF FF DF	SLack
표기	일정표(활동목록표)를 작성하여 표기	공정표상에 표기

> **보충) 일정 계산방법**
> - 먼저 작업의 일정을 계산하고 그 데이터를 이용하여 결합점의 일정을 계산한다.
> - 결합점의 일정은 문제에서 요구하는 사항을 잘 파악하여 작성한다.

(1) EST, EFT 계산방법

① 최초의 개시 결합점에서 작업의 흐름에 따라 전진 계산한다.
② 최초 개시 결합점의 EST = 0이다.(개시 결합점에서 시작되는 모든 작업의 EST = 0이다.)
③ 임의 작업의 EFT는 EST에 소요일수를 더하여 구한다.
④ 임의의 결합점의 EST는 선행작업의 EFT로 한다.(선행작업이 복수일 때는 EFT값 중 최댓값으로 한다.)
⑤ 최종 결합점에서 끝나는 작업의 EFT의 최댓값이 계산공기이며, 최종 결합점의 LFT가 된다.

> **보충) EST, EFT 계산법**
> →, ○, +, 최댓값

위의 내용을 아래 예제에 적용시켜보면 다음과 같다.

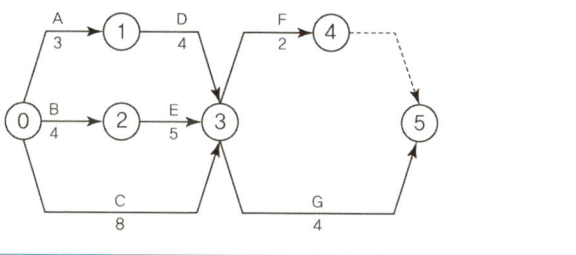

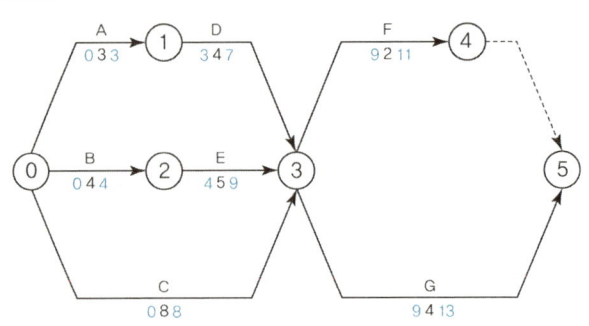

① 위 공정표에서 A작업의 예를 들면, 아래와 같이 표기되어 있다.

② 최초의 개시 결합점에서 시작되는 모든 작업에 0으로 EST를 표기한다.
③ EST + 작업일수로 해서 EFT를 계산한다.
④ 1, 2번 결합점에서 후속작업이 EST는 선행작업의 EFT값으로 결정한다.
⑤ 3번 결합점과 같이 선행작업이 복수일 경우 EFT값 중 최대값인 9일이 후속작업의 EST가 된다.(단계의 원칙 적용)
⑥ 아울러 5번 결합점에서 F작업의 11일과 G작업의 13일 중 최대값인 13일이 계산공기이자 5번 결합점의 LFT값이 된다.

(2) LST, LFT 계산방법

① 최초의 종료 결합점에서 작업의 흐름과 반대방향으로 역진 계산한다.
② 최초 종료 결합점의 LFT값은 종료 결합점에서 끝나는 작업의 EFT 값 중 최대값으로 한다.
③ 임의 작업의 LST는 LFT에 소요일수를 감하여 계산한다.
④ 임의의 결합점의 LFT는 후속작업의 LST값으로 한다.(후속작업이 복수일 때는 LST값 중에서 최소값으로 한다.)

위의 내용을 앞의 예제 1에 적용시켜보면 다음과 같다.

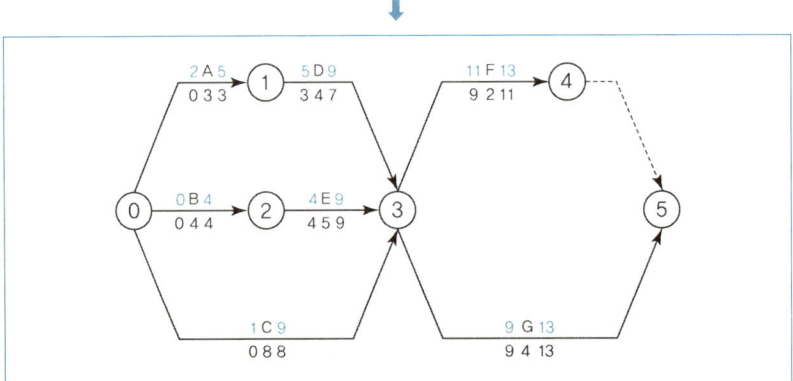

> (보충) Dummy 위치
> ● 4가지 방법 중 가능한 뒤쪽에 Dummy를 두어 작성한다.
> ● 전부 다 가능한 공정표임

> (보충) LST, LFT 계산법
> ←, 최대, −, 최솟값

> (보충) 선 · 후 작업의 수
> 선행작업이나 후속작업이 복수가 가능하다.

① 위 공정표에서 F작업의 예를 들면 아래와 같이 표기되어 있다.

② 최종 종료 결합점인 5번 결합점의 LFT는 F작업의 EFT인 11일과 G작업의 EFT인 13일 중에서 최댓값인 13일이며, 이는 F작업과 G작업의 LFT가 된다.
③ LFT − 작업일수로 해서 LST를 계산한다.
④ 3번 결합점의 LFT 값은 F작업의 LST인 11일과 G작업의 LST인 9일 중에서 최소 값인 9일을 택하여 C, D, E작업에 적용하였다.
⑤ 1, 2번 결합점의 LFT는 후속작업의 LST 값으로 한다.

(3) 주공정선(Critical Path) 계산방법

① 개시 결합점에서 종료 결합점까지의 패스 중 가장 긴 작업의 소요일수를 가진 경로를 말한다.
② 주공정선(Critical Path)상의 작업의 여유 Float와 결합점의 여유인 Slack은 항상 0이다.
③ 주공정선은 하나만 존재하는 것이 아니고 복수일 수 있다.
④ Dummy도 주공정선이 될 수 있음에 유의하여야 한다.
⑤ 주공정선의 일수가 바로 공사기간이 된다. 그러므로 주공정선상의 어느 작업에서도 공사가 지연되는 경우 전체 공기가 지연되므로 공정관리를 위하여 주공정선은 굵은 선으로 표기한다.

↓

예제에서 주공정선(Critical Path)은 ⓪ → ② → ③ → ⑤이며 공사기간은 13일이 된다.

↓

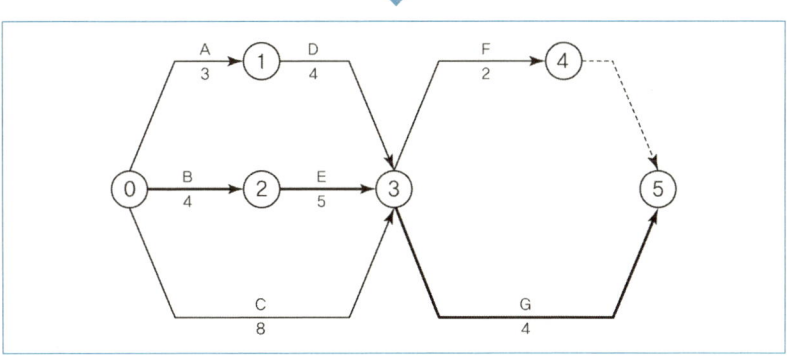

보충) 일정계산
일정계산 시 EST, EFT, LST, LFT를 구한 후 바로 주공정선을 구한다. 주공정선(CP)은 작업의 여유(Float)와 결합점의 여유(Slack)가 항상 0이므로 계산이 필요 없기 때문이다.

보충) 주공정선 표시
특별한 문제조건이 없는 한 주공정선은 굵은선 또는 이중선으로 표시하여야 한다.

보충) Data 분석
D, E작업은 선행조건이 같으므로 동일 결합점에서 시작되며, C작업은 조건이 다르므로 다른 결합점에서 시작된다.

종류) 네트워크 공정표 표현방법

보충) PDM 표현 방법

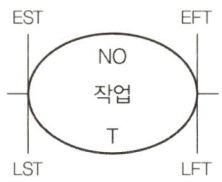

〈타원형 노드〉

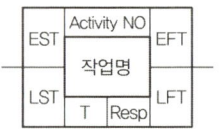

〈네모형 노드〉

용어) LOB

보충) 작업의 여유계산

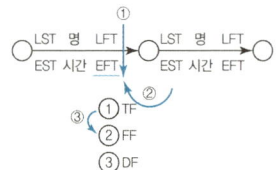

> 참고
> Reference

네트워크 표현방법
1. ADM(Arrow Diagram Method) 방식 : 작업 중심의 화살표형 표현
2. PDM(Precedence Diagram Method) 방식 : 결합점 중심의 event형 표현

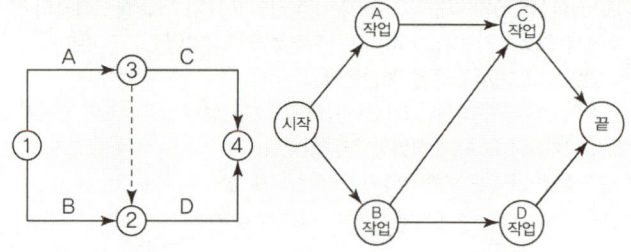

3. LOB(Line of Balance)

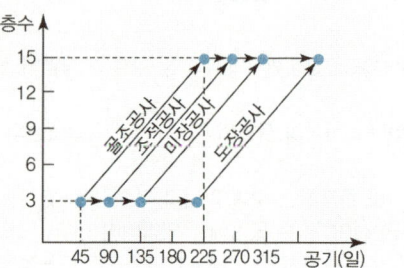

(4) 작업의 여유(Float) 계산방법

① TF(Total Float) : TF = 그 작업의 LFT − 그 작업의 EFT
  그 작업을 EST에 시작하고, LFT에 완료할 때 생기는 여유
② FF(Free Float) : FF = 후속작업의 EST − 그 작업의 EFT
  그 작업을 EST에 시작하고, 후속작업도 EST에 시작할 때 생기는 여유
③ DF(Dependent Float) : DF = TF − FF
  후속작업의 TF에 영향을 주는 여유(간섭여유)

위의 계산방법을 쉽게 정리하여 A작업의 경우에 예를 들어 보면 다음과 같이 나타낼 수 있다.

① TF 계산방법(그 작업의 LFT − 그 작업의 EFT)

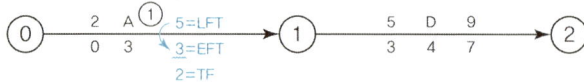

⇒ TF는 ①번과 같이 빼면 된다.

② FF 계산 방법(후속작업의 EST − 그 작업의 EFT)

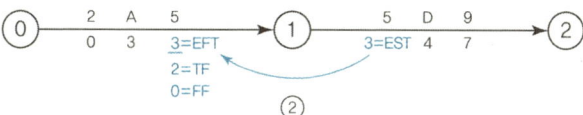

⇒ FF는 ②번과 같이 빼면 된다.

③ DF 계산방법(TF − FF)

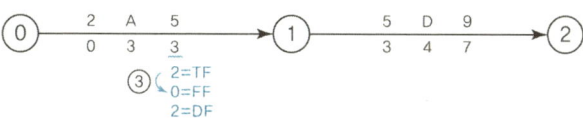

⇒ DF는 ③번과 같이 빼면 된다.

위와 같은 계산방법으로 예제 1에 적용시켜 계산하면 다음과 같다.

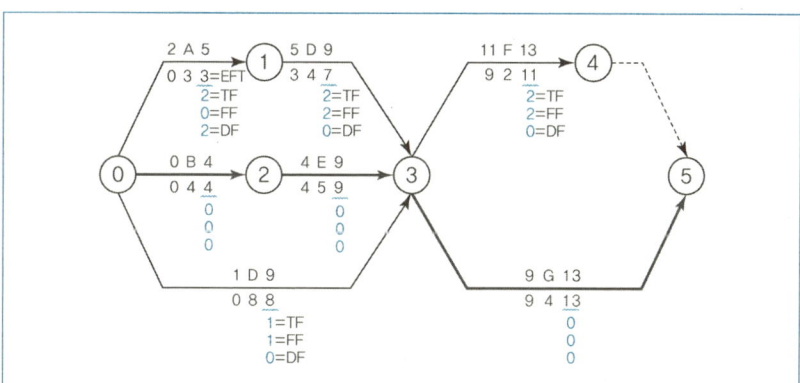

참고   Reference

위에서 F작업의 경우는 여유를 2가지 유형으로 구분할 수 있다.
가. Dummy(④~⑤)의 일정을 고려한 경우

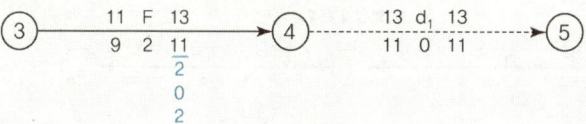

나. Dummy(④~⑤)의 일정을 고려하지 않은 경우(실제작업의 여유)

이와 같은 경우는 특히 Numbering Dummy에서 많이 볼 수 있으며, 특별한 조건이 붙지 않는 한 두 가지 모두 통용된다.

보충) 실제 작업의 여유계산

문제 요구조건에서 실제작업의 일정으로 여유를 묻는 경우는 나.번의 방법으로 작업의 일정을 계산하여야 한다.

보충 활동목록표 작성
- 활동목록표나 일정표는 답안에서 양식이 제시되지 않는 경우에도 도표로 작성함이 좋다.
- 별도로 답을 요구하는 경우 요구조건을 준수하여 작성한다.

보충 LP / CP
LP와 CP는 소요시간이 가장 긴 경로라는 공통점이 있으므로 용어설명 시 범위가 명확히 나타나도록 작성하여야 한다.

보충 최종 공정표
답안지에 작성되는 최종 공정표에는 결합점의 일정과 주공정선이 표기되어야 한다.

(5) 활동목록표(일정표 작성)

지금까지 작업의 일정을 계산한 것을 도표로 정리하여 나타낸 것을 활동목록표 또는 일정표라 한다. 예제 문제의 결과를 나타내면 다음과 같다.

작업명	EST	EFT	LST	LFT	TF	FF	DF	CP
A	0	3	2	5	2	0	2	
B	0	4	0	4	0	0	0	*
C	0	8	1	9	1	1	0	
D	3	7	5	9	2	2	0	
E	4	9	4	9	0	0	0	*
F	9	11	11	13	2	2	0	
G	9	13	9	13	0	0	0	*

(6) 공정표 작성

① 결합점의 일정은 아래의 예와 같이 두 가지 형태로 나타낸다.

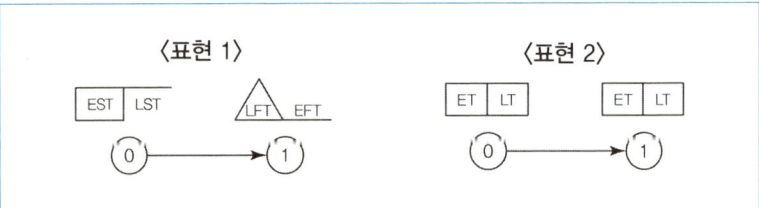

② 위 두 가지 방법에서 일정을 비교하면 아래와 같다.

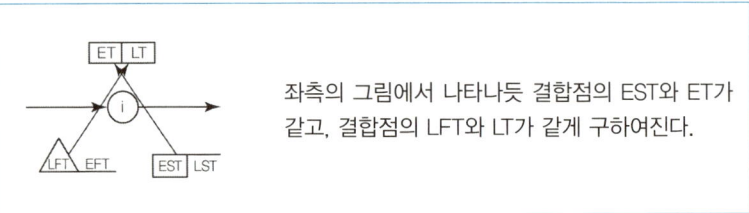

좌측의 그림에서 나타나듯 결합점의 EST와 ET가 같고, 결합점의 LFT와 LT가 같게 구하여진다.

③ 그러므로 우리는 결합점의 EST와 LFT를 구하는 방법을 살펴보자. 결합점의 EST와 LFT를 구하는 데 있어서 앞에서 구한 작업의 일정을 활용하면 편리하게 계산할 수 있다.

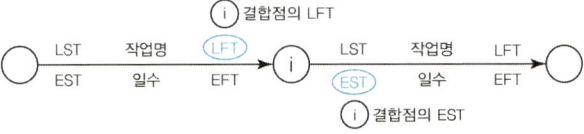

④ 나머지 결합점의 EFT와 LST는 아래와 같다.

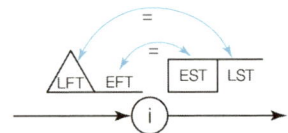

위에서 정리한 내용을 예제 1에 적용시켜 작성하면 아래와 같다.

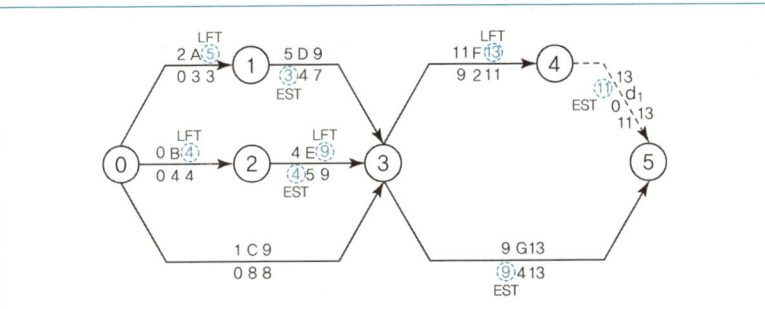

위 공정표에서 나타나듯 각 작업의 일정을 활용하여 나타낼 수 있다.

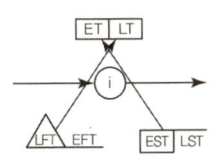

좌측의 그림에서 나타나듯 결합점의 EST와 ET가 같고, 결합점의 LFT와 LT가 같게 구하여진다.

최종 답안지 작성

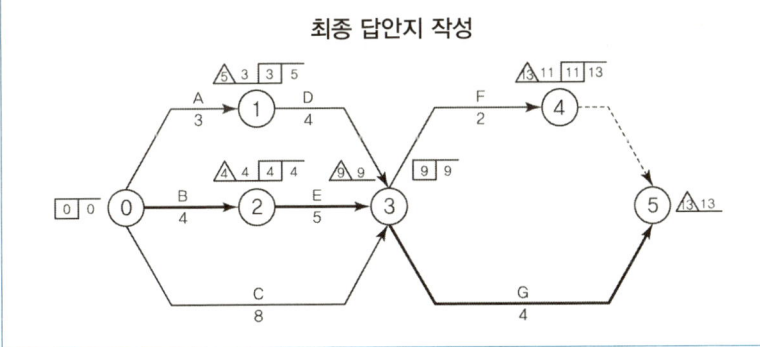

(보충) 결합점의 EST

결합점의 EST 계산 시 후속작업이 Dummy인 경우 Dummy의 EST가 결합점의 EST가 된다.

(보충) 공정표 작성 시 유의사항

① 결합점의 번호 확인(小 → 大)
② Dummy 유무 및 화살표 확인
③ 주공정선 확인(굵은 선, 이중선)
④ 한눈에 들어올 수 있게 깨끗하게 작성
⑤ 답안지가 제시된 영역의 범위 안에서 크게 작성

CHAPTER 02 핵심 기출문제

01 다음 ( ) 안에 적합한 말을 써 넣으시오.

> PERT Network에서 (①)는(은) 하나의 Event에서 다음 Event로 가는 데 요하는 작업을 뜻하며 (②)는(은) 소비하는 부분으로 물자를 필요로 한다.

① _____
② _____

정답
① 작업(Activity)
② 시간(Time)

02 다음 Network 공정표에 사용되는 용어를 설명한 것이다. ( ) 안에 적합한 말을 써 넣으시오.

> (①)는 작업을 끝낼 수 있는 가장 빠른 시각을 말하고 개시 결합점에서 종료 결합점에 이르는 가장 긴 패스를 (②)라 한다. (③)는 임의의 두 결합점 간의 패스 중 소요기간이 가장 긴 패스를 말한다.

① _____   ② _____   ③ _____

정답
① EFT
② 주공정선(CP)
③ 최장패스(LP)

03 다음에서 설명하는 네트워크 용어를 보기에서 기호로 골라 넣으시오. • 22③

가. 최초 개시결합점에서 최종 종료결합점에 이르는 경로 중 가장 긴 경로
(   )

나. 네트워크 공정표 작성 시 작업 상호 간의 관계를 정상적으로 표현하지 못할 때 나타내는 점선 화살표 (   )

다. 두 개 이상의 작업이 연결되는 것 (   )

〈보기〉
패스(Path), 더미(Dummy), 주공정선(Critical Path), EST, LT

정답
가. 주공정선(Critical Path)
나. 더미(Dummy)
다. 패스(Path)

04 다음 네트워크 공정표에 사용되는 용어이다. 〈보기〉에서 골라 표기하시오.

• 23③

〈보기〉
EST, EFT, LST, LFT, CP, SLACK, FLOAT, TF, FF, DF

가. 작업을 가장 빨리 시작할 수 있는 시간 ( )
나. 네트워크 공정표에서 결합점이 가지는 여유시간 ( )
다. 후속작업의 FF에 영향을 주는 여유 ( )

정답
가. EST
나. SLACK
다. DF

05 다음 용어를 간단히 설명하시오.

가. EST : _____
나. Slack : _____
다. Path : _____
라. CP : _____

정답
가. EST : 작업을 시작할 수 있는 가장 빠른 시각
나. Slack : 결합점의 여유시각
다. Path : 네트워크 공정표에서 둘 이상의 작업이 이어진 경로
라. CP : 최초 개시 결합점에서 최종 종료 결합점에 이르는 경로 중 공기가 가장 많이 소요되는 경로

06 네트워크 공정표에서 작업 상호간의 연관관계만을 나타내는 명목상의 작업인 더미(Dummy)의 종류 3가지를 쓰시오.

가. _____ 나. _____
다. _____

정답
가. 넘버링더미
나. 로지컬더미
다. 커넥션더미

07 네트워크(Network) 공정관리기법 중 서로 관계 있는 항목을 연결하시오.

① 계산공기   • • (가) 네트워크 중의 둘 이상의 작업이 연결된 작업의 경로
② 패스(Path)   • • (나) 네트워크 시간산식에 의하여 얻은 기간
③ 더미(Dummy)   • • (다) 작업의 여유시간
④ 플로트(Float) • • (라) 네트워크에서 작업의 상호관계를 나타내는 점선 화살선

정답
① (나) ② (가) ③ (라) ④ (다)

08 다음 설명이 뜻하는 용어를 쓰시오.

> (1) 가장 빠른 시간에 작업을 시작하고, 가장 늦은 종료시간으로 종료할 때 생기는 여유시간 (가)
> (2) 네트워크 공정표에서 어느 임의의 결합점에서 종료 결합점에 이르는 최장 패스의 소요시간 (나)
> (3) 최초 결합점에서 대상의 결합점에 이르는 경로 중 가장 긴 경로를 통하여 가장 빨리 도달하는 결합점 시각 (다)
> (4) 가장 빠른 개시시각에 시작하고, 후속 작업도 가장 빠른 개시 시각에 시작하여도 존재하는 여유시간 (라)

가. _____ 나. _____
다. _____ 라. _____

[정답]
가. TF   나. 간공기
다. ET   라. FF

09 공정관리에 대한 기술 중 ( ) 안에 알맞은 말을 쓰시오.

> 네트워크에서 공기는 주어진 (가)와 일정산출 시 구하여진 (나)로 구분할 수 있는데, 이 두 공기를 일치시키는 작업을 (다)이라 한다. 이 단계에서 계획에 수정이 있을 때에는 전체 공정의 일정계산을 다시 해야 한다.

가. _____ 나. _____
다. _____

[정답]
가. 지정 공기
나. 계산 공기
다. 공기 조정

10 네트워크 공정표에서 각 작업이 소유할 수 있는 여유(Float)를 3가지 기술하시오.

가. _____ 나. _____
다. _____

[정답]
가. TF(Total Float)
나. FF(Free Float)
다. DF(Dependent Float)

[보충] 공정표 여유
① 결합점(Slack) ② 작업(Float)
• TF   • FF   • DF

11 네트워크 공정표에서 사용되는 여유시간의 종류 4가지를 쓰시오.

가. _____ 나. _____
다. _____ 라. _____

[정답]
가. TF 나. FF 다. DF 라. SLACK

[보충] 4원칙
• 공정의 원칙   • 단계의 원칙
• 연결의 원칙   • 활동의 원칙

12 네트워크 공정표 표시원칙을 3가지만 기입하시오.

가. _____ 나. _____
다. _____

[정답]
가. 공정의 원칙   나. 단계의 원칙
다. 연결의 원칙

13 다음 네트워크 공정표 작성에 관한 기본원칙 중 설명이 틀린 것을 모두 골라 번호로 쓰시오.

> ① 개시 및 종료 결합점은 반드시 하나로 되어야 한다.
> ② 요소작업 상호간에는 절대 교차하여서는 안 된다.
> ③ ⓘ이벤트(결합점)에서 ⓙ이벤트(결합점)로 연결되는 작업은 반드시 하나이어야 한다.
> ④ 개시에서 종료 결합점에 이르는 주공정선은 반드시 하나이어야만 한다.
> ⑤ 네트워크 공정표에서 어느 경우라도 역진 또는 회송되어서는 안 된다.

(보충)
① 공정의 원칙
③ 활동의 원칙

(정답)
② 요소작업 상호 간 교차될 수 있다.
④ 주공정선(CP)은 복수일 수 있으며, 전체가 주공정선이 될 수 있다.

14 다음 공정표에서 주공정선을 구하시오.(단, 화살표상의 숫자는 Activity 소요일수이다.)

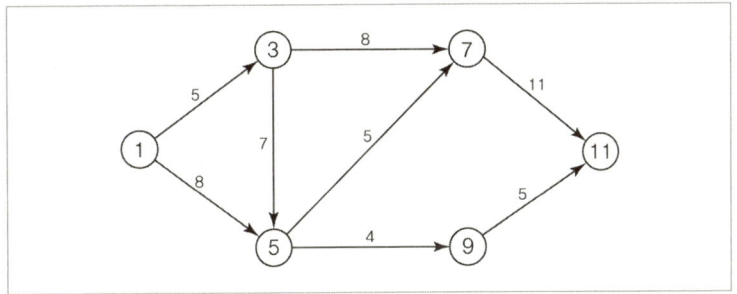

(정답) 주공정선만을 구하는 문제는 개시결합점에서 종료결합점에 이르는 패스들 중 소요시간이 가장 긴 경로를 택한다.
∴ ①-③-⑦-⑪ : 24일
  ①-③-⑤-⑦-⑪ : 28일
  ①-③-⑤-⑨-⑪ : 21일
  ①-⑤-⑦-⑪ : 24일
  ①-⑤-⑨-⑪ : 17일
∴ 주공정선(CP)은 ①-③-⑤-⑦-⑪이다.

(보충) 주공정선
각 작업의 EST와 EFT만을 구하여서 역진으로 EFT값이 최대인 작업을 찾아 연결하면 된다.

15 다음과 같은 네트워크 공정표에서 결합점 ④의 LT(가장 늦은 결합점 시각)를 구하시오.

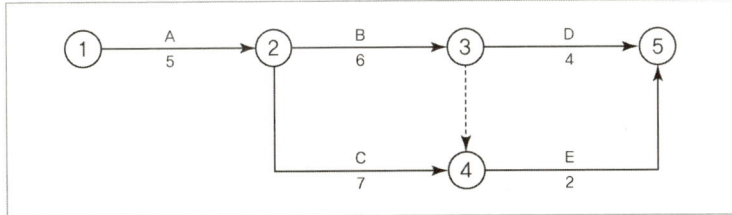

해설

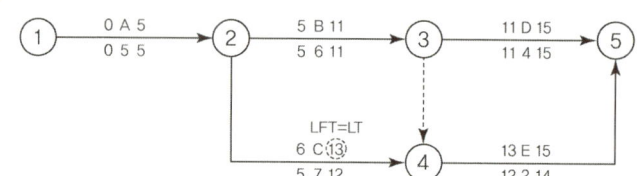

정답 ④번 결합점의 LT = 13일이 된다.

16 다음과 같은 Network 공정표의 최장 소요일수를 구하고 CP를 표기하시오.

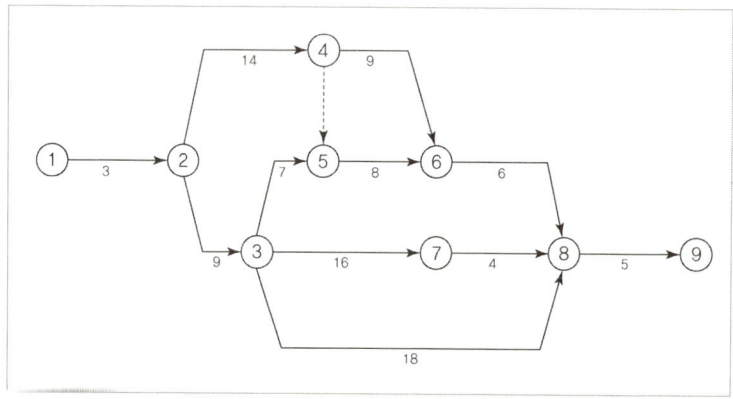

보충) 주공정선(CP)

주공정선(CP)만 구하고자 할 때는 LST, LFT를 굳이 계산할 필요가 없다.
EST와 EFT만 구해서 최종 종료결합점에서 역으로 구하면 된다.

해설

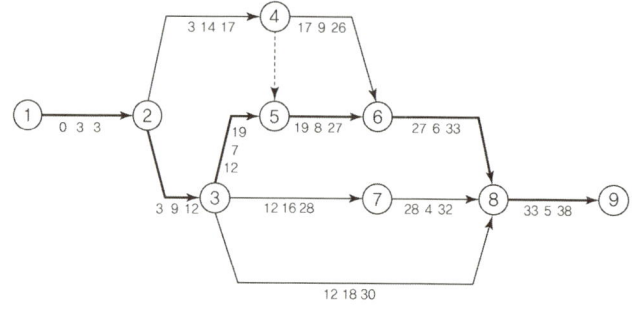

보충) 결합점의 일정

문제에서 결합점의 일정을 표시하라는 조건이 없으므로 임의 표시하거나 하지 않아도 좋다.

정답 1. 주공정선(CP) : ① → ② → ③ → ⑤ → ⑥ → ⑧ → ⑨

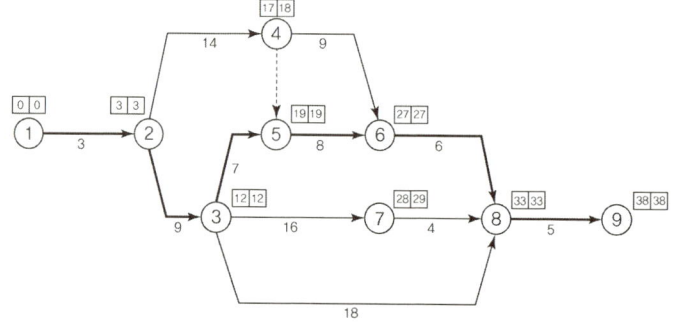

2. 최장 소요일수 : 38일

17 주어진 Network 공정표에서 ES, LS, EF, LF 등 일정시간을 계산하고, TF, FF 등 여유시간을 계산하고 CP(주공정선)를 굵은 선으로 표시하시오.

작업명	ES	EF	LS	LF	TF	FF	DF	CP
A								
B								
C								
D								
E								
F								
G								
H								
I								

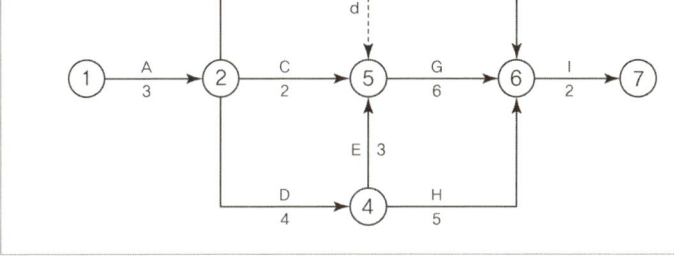

해설 주어진 공정표의 일정계산은 다음과 같다.

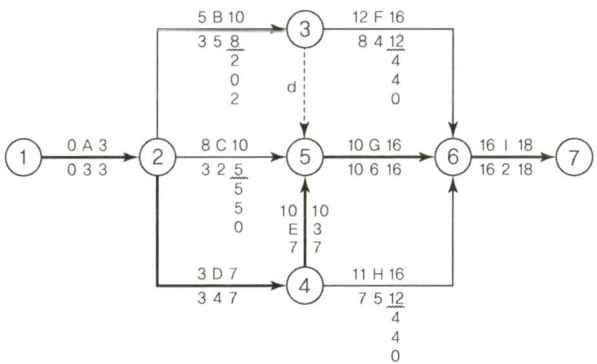

보충) 주공정선의 일정

각 작업의 EST, EFT, LST, LFT를 구한 후에 주공정선을 찾으면 일정계산이 용이하다. CP(주공정선)는
① EST = LST
② EFT = LFT
③ TF, FF, DF = 0
④ SL = 0
⑤ 결합점의 일정 EST, EFT, LST, LFT 가 동일하다.

정답

작업명	EST	EFT	LST	LFT	TF	FF	DF	CP
A	0	3	0	3	0	0	0	*
B	3	8	5	10	2	0	2	
C	3	5	8	10	5	5	0	
D	3	7	3	7	0	0	0	*
E	7	10	7	10	0	0	0	*
F	8	12	12	16	4	4	0	
G	10	16	10	16	0	0	0	*
H	7	12	11	16	4	4	0	
I	16	18	16	18	0	0	0	*

18 다음은 네트워크 공정표이다. EST, EFT, LST, LFT를 구하시오.

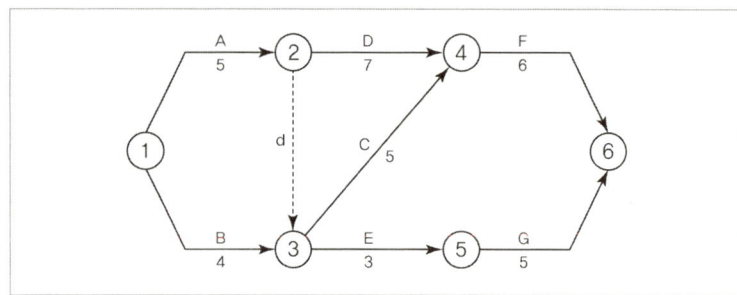

[해설] 일정을 표시할 때는 일정표를 작성해서 답을 구한다.

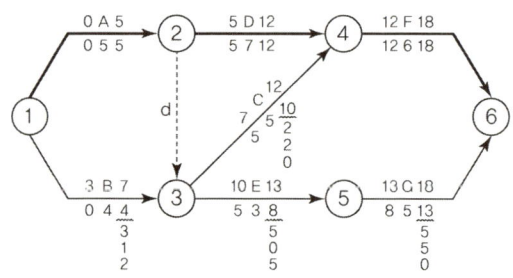

[정답] 〈일정표〉
각 작업의 EST, EFT, LST, LFT만 계산하라고 하였으나 학습목적상 여유(float)와 CP까지 구하기로 하자

작업명	EST	EFT	LST	LFT	TF	FF	DF	CP
A	0	5	0	5	0	0	0	*
B	0	4	3	7	3	1	2	
C	5	10	7	12	2	2	0	
D	5	12	5	12	0	0	0	*
E	5	8	10	13	5	0	5	
F	12	18	12	18	0	0	0	*
G	8	13	13	18	5	5	0	

[보충] 답안 작성 시
문제요구조건이 EST, EFT, LST, LFT만 주어졌으므로 여유(TF, FF, DF)는 제외하고 작성하면 된다.

19

다음에 제시된 화살표형 네트워크 공정표를 통해 일정계산 및 여유시간, 주공정선(CP)과 관련된 빈칸을 모두 채우시오.(단, CP에 해당하는 작업은 * 표시를 하시오.)

작업명	EST	EFT	LST	LFT	TF	FF	DF	CP
A	0	5	9	14	9	0	9	
B	0	16	0	16	0	0	0	*
C	5	7	14	16	9	9	0	
D	16	16	16	16	0	0	0	*
E	5	15	16	26	11	0	11	
F	16	22	21	27	5	0	5	
G	16	26	16	26	0	0	0	*
H	15	23	26	34	11	6	5	
I	22	24	29	31	7	0	7	
J	22	28	27	33	5	5	0	
K	26	33	26	33	0	0	0	*
L	26	29	31	34	5	0	5	
M	24	26	31	33	7	7	0	
N	33	38	33	38	0	0	0	*
P	29	33	34	38	5	5	0	
Q	38	41	38	41	0	0	0	*

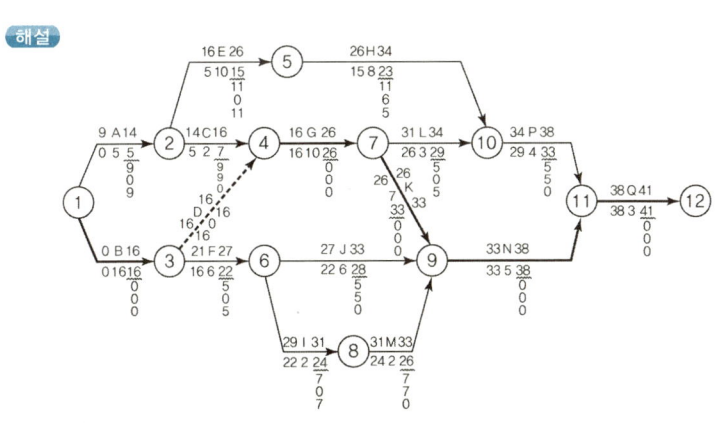

[해설]

보충 활동목록표 작성 시

표 안에 일정을 기입할 때 EST, EFT, LST, LFT의 순서를 잘 파악한 후 정확한 일정을 기입하여야 한다.

정답

작업명	EST	EFT	LST	LFT	TF	FF	DF	CP
A	0	5	9	14	9	0	9	
B	0	16	0	16	0	0	0	*
C	5	7	14	16	9	9	0	
D	16	16	16	16	0	0	0	*
E	5	15	16	26	11	0	11	
F	16	22	21	27	5	0	5	
G	16	26	16	26	0	0	0	*
H	15	23	26	34	11	6	5	
I	22	24	29	31	7	0	7	
J	22	28	27	33	5	5	0	
K	26	33	26	33	0	0	0	*
L	26	29	31	34	5	0	5	
M	24	26	31	33	7	7	0	
N	33	38	33	38	0	0	0	*
P	29	33	34	38	5	5	0	
Q	38	41	38	41	0	0	0	*

20 다음 Network 공정표를 보고 물음에 답하시오.

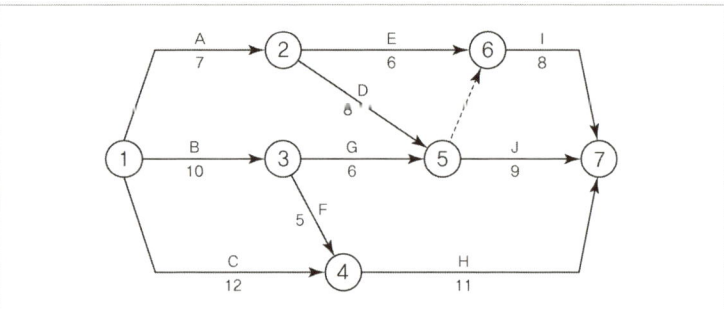

가. Network 공정표상에 주공정선을 굵은 선으로 표시하고 각 작업의 EST, EFT, LST, LFT를 기입하시오.

나. D작업의 TF와 DF를 구하시오.
① TF :
② DF :

해설

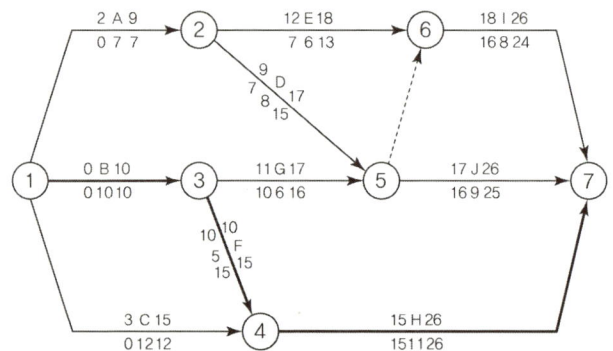

정답 가. 공정표 및 작업의 일정

(1) 공정표

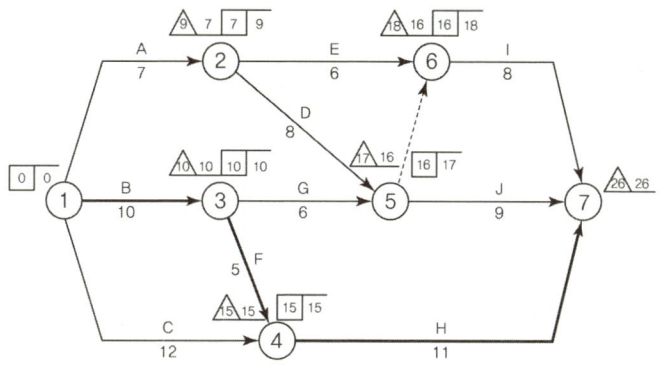

(2) 각 작업의 일정(활동목록표)

작업명	EST	EFT	LST	LFT
A	0	7	2	9
B	0	10	0	10
C	0	12	3	15
D	7	15	9	17
E	7	13	12	18
F	10	15	10	15
G	10	16	11	17
H	15	26	15	26
I	16	24	18	26
J	16	25	17	26

나. D작업의 TF / DF
① TF = LFT − EFT = 17 − 15 = 2일
② DF = TF − FF = 2 − 1 = 1일

보충 활동목록표
각 작업의 일정을 구하라고 문제에서 제시되는 경우 가급적이면 옆의 표와 같이 작성하여 정리하는 것이 좋다.

보충 여유계산 시
산출근거를 표시하여야 한다.

21 아래 공정표를 보고 주공정선을 굵게 칠하고 각 결합점의 일정을 기재하시오.

● 21③

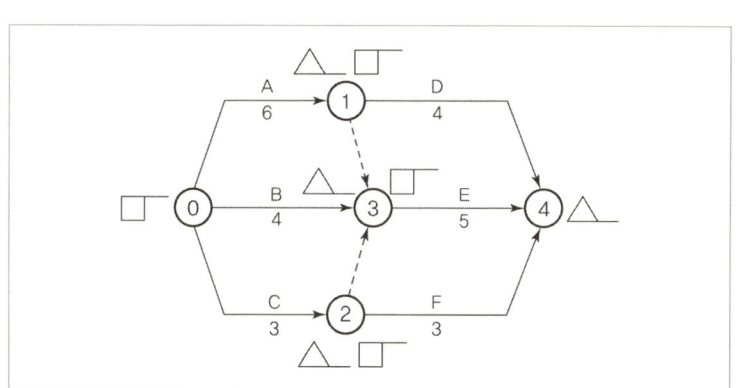

보충) 여유계산 시 산출근거를 표시하여야 한다.

정답

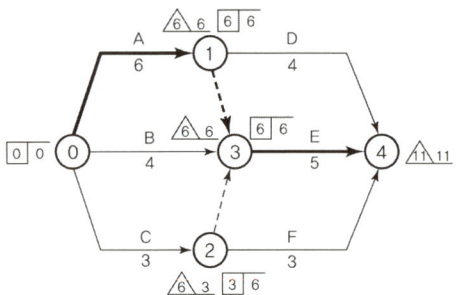

22 다음 데이터를 이용하여 네트워크 공정표를 작성하시오.

작업명	선행작업	작업시간	비 고
A	없음	5일	주공정선은 굵은 선으로 표시하고 결합점에서는 다음과 같이 표시하시오.
B	없음	6일	
C	A, B	5일	
D	B	4일	

정답

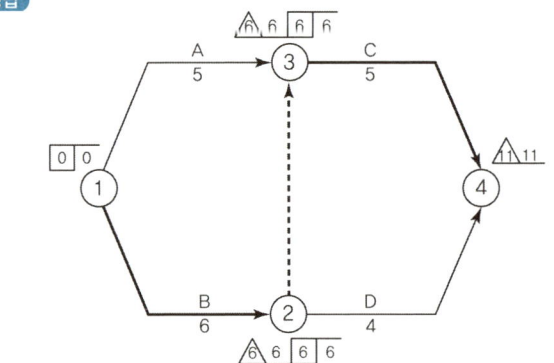

23 다음 Data를 보고 네트워크 공정표를 작성하시오.

작업명	선행관계	작업일수	비 고
A	없음	5	
B	없음	4	결합점에는 다음과 같이 표시한다.
C	없음	3	
D	없음	4	
E	A, B	2	
F	A	1	

해설

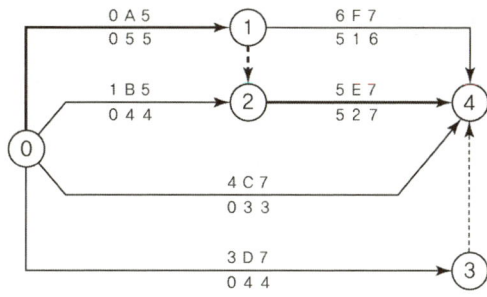

정답 〈공정표〉

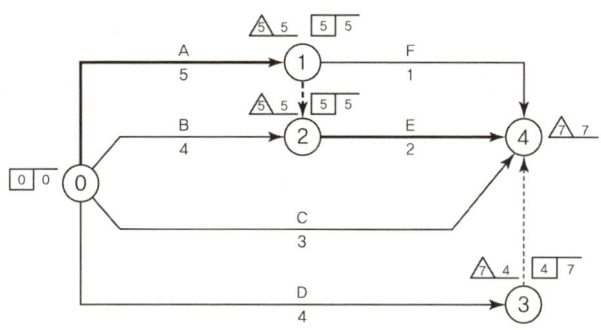

보충 Data 분석
- A, B작업과 E, F작업의 관계 고려
- C, D작업이 한 결합점에서 동시에 시작하므로 같은 결합점에서 종료되지 못한다.
  (활동의 원칙 : Dummy 발생)
- E작업보다 F작업 먼저 작성

보충 별해

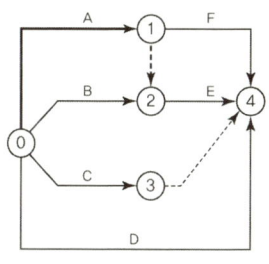

위 공정표도 정답이나 ③번 결합점의 일정은 달라진다.

24 다음 데이터를 이용하여 네트워크 공정표를 작성하시오. • 22③

작업명	작업일수	선행작업	비 고
A	6	없음	단, 주공정선은 굵은 선으로 표시하고, 결합점에서는 다음과 같이 표시한다.
B	4	없음	
C	3	없음	
D	3	B	
E	6	A, B	
F	5	A, C	

※ 작업일수는 변경되어 출제될 수 있음

해설

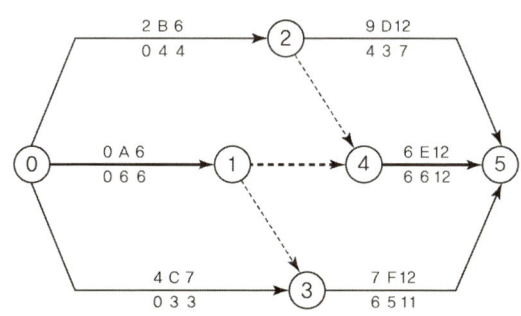

보충 Data 분석
D, E, F작업의 선행작업 조건이 각기 다르므로 한 개의 결합점에서 동시에 나가는 작업은 없고, 각기 다른 결합점에서 시작하여야 한다.

정답 〈공정표〉

25 다음 데이터를 네트워크 공정표로 작성하고, 각 작업별 여유시간을 산출하시오.

작업명	작업일수	선행작업	비 고
A	2	없음	단, 크리티컬 패스는 굵은 선으로 표시하고, 결합점에서는 다음과 같이 표시한다.
B	5	없음	
C	3	없음	
D	4	A, B	
E	3	B, C	

가. 공정표
나. 여유시간 계산

해설

정답 가. 공정표

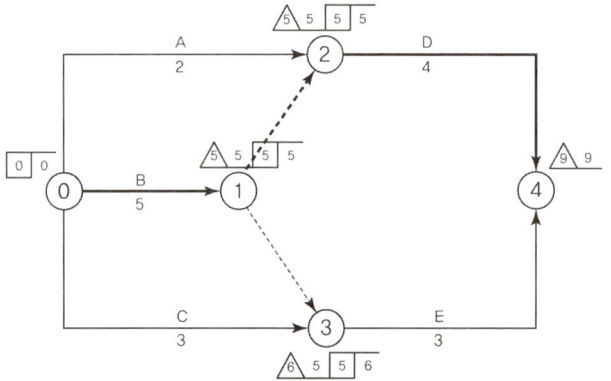

보충 Data 분석
- D, E작업은 선행작업이 다르므로 각기 다른 결합점에서 시작한다.
- B작업이 공통에 속하므로 A, B, C작업을 그릴 때 가운데 오는 것이 좋다.

보충 결합점의 번호
개시결합점의 번호보다 종료결합점의 번호가 반드시 큰 번호가 기입되어야 함에 유의하여 작성한다.

나. 여유시간 계산

작업명	TF	FF	DF	CP
A	3	3	0	
B	0	0	0	*
C	3	2	1	
D	0	0	0	*
E	1	1	0	

26 다음 데이터를 네트워크 공정표로 작성하고 각 작업별 여유시간을 산출하시오.

작업명	작업일수	선행작업	비 고
A	2	없음	단, 크리티컬 패스는 굵은 선으로 표시하고, 결합점에서는 다음과 같이 표시한다.
B	5	없음	
C	3	없음	
D	4	A, B	
E	3	A, B	

해설

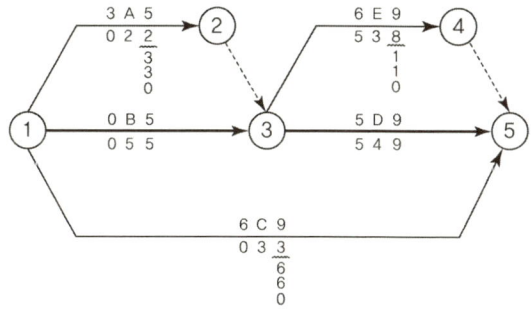

정답 1. 공정표 작성

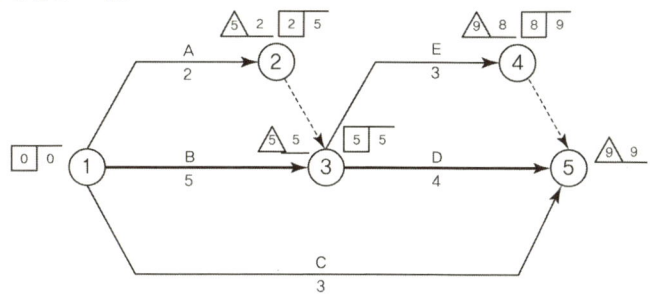

보충 Data 분석

D, E작업의 선행작업이 동일하므로 한 개의 결합점에서 동시에 시작한다.

보충 별해

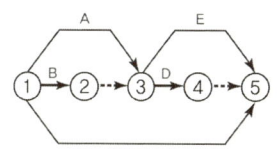

- B작업과 D작업에서 dummy가 발생하는 것으로 그려도 무방하다.
- 단, 이때는 CP에 dummy가 포함되어야 한다.

2. 작업의 여유시간

작업명	TF	FF	DF	CP
A	3	3	0	
B	0	0	0	*
C	6	6	0	
D	0	0	0	*
E	1	1	0	

27 다음 데이터를 이용하여 네트워크 공정표를 작성하고 각 작업의 여유시간을 계산하시오.

작업명	작업일수	선행작업	비 고
A	5	없음	EST LST LFT EFT
B	2	없음	
C	4	없음	i ─작업명/작업일수─ j
D	4	A, B, C	
E	3	A, B, C	더미의 여유시간은 고려하지 않을 것

가. 공정표

나. 여유시간 계산

작업명	EST	EFT	LST	LFT	TF	FF	DF	CP
A								
B								
C								
D								
E								

보충 공정표 답안은 복수가능
- 이 문제는 A, B, C작업의 순서에 따라 여러 유형의 답안이 존재한다.
- 답안의 유형에 따라 dummy의 주공정선 유무가 달라진다.
- 아울러 결합점의 일정도 달라진다.
- 작업의 일정은 문제의 조건을 반영하면 어떠한 경우에도 항상 같다.

해설

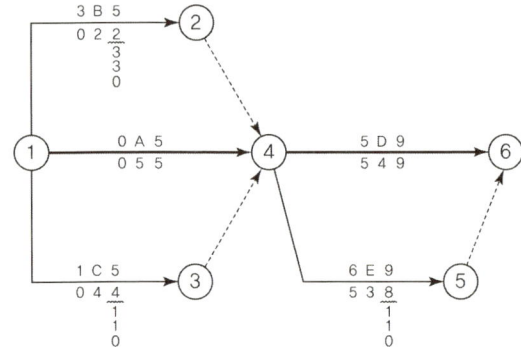

정답 가. 공정표

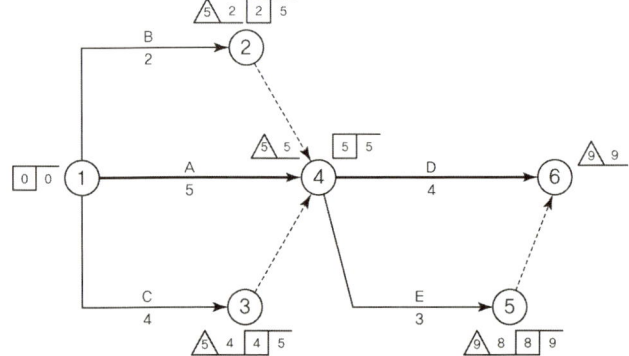

나. 여유시간 계산

작업명	EST	EFT	LST	LFT	TF	FF	DF	CP
A	0	5	0	5	0	0	0	*
B	0	2	3	5	3	3	0	
C	0	4	1	5	1	1	0	
D	5	9	5	9	0	0	0	*
E	5	8	6	9	1	1	0	

28 다음 데이터를 보고 네트워크 공정표를 작성하시오.

작업명	작업일수	선행작업	비고
A	5	없음	단, 이벤트(Event)에는 번호를 기입하고, 주공정선은 굵은 선으로 표기한다.
B	4	A	
C	2	없음	
D	4	없음	
E	3	C, D	

정답 1안

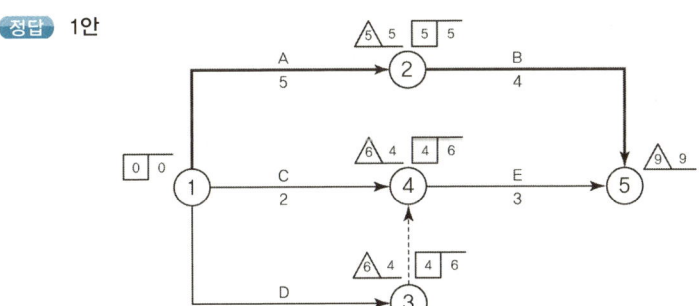

2안

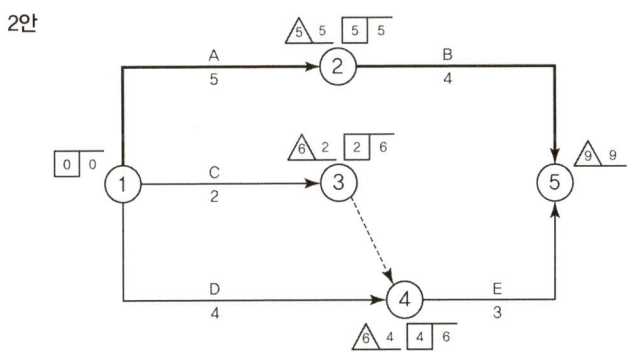

보충 공정표 답안

공정표 작성 시 넘버링 더미의 위치에 따라 답안이 복수 존재하며, 복수 답안의 수가 10개가 넘는 문제도 있다.

이럴 경우 결합점의 일정은 작성한 공정표에 따라 달라질 수 있다.

보충
- 2개의 복수답안 가능
- 결합점의 일정이 달라짐에 유의

29. 다음 데이터를 네트워크 공정표로 작성하시오.

작업명	작업일수	선행작업	비 고
A	5	없음	주공정선은 굵은 선으로 표시한다. 각 결합점 일정 계산은 PERT 기법에 의거 다음과 같이 계산한다.
B	7	없음	
C	3	없음	
D	4	A, B	
E	8	A, B	
F	6	B, C	
G	5	B, C	

해설 주어진 데이터를 이용하여 공정표를 작성하면 아래와 같이 작성되기 쉬우므로 주의하여 작성한다.

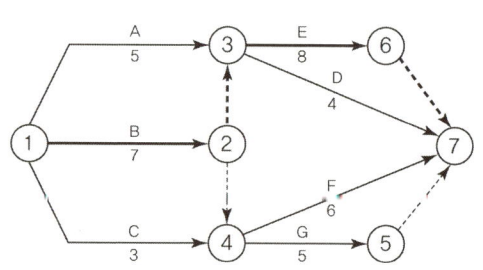

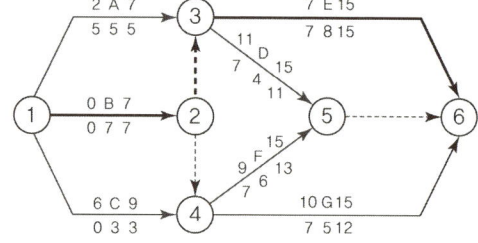

정답 〈네트워크 공정표〉

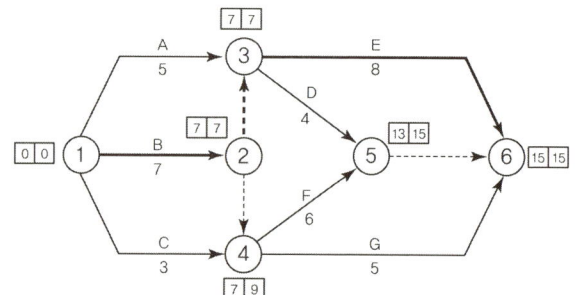

보충 Data 분석

D, E작업과 F, G작업은 선행 작업 조건이 같으므로 동시에 1개이 결합점에서 시작한다.

〈작성순서〉
① A, B, C작업 : 이때 B작업이 중앙에 오게 한다.
② D, E작업
③ F, G작업
④ 완성

보충 주의사항

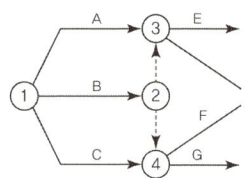

위의 공정표와 같이 되어 있을 때 종료 결합점을 그리고 나서 Dummy의 수가 최소가 되는 방법을 찾는다.

30 다음 데이터를 이용하여 네트워크 공정표를 작성하시오.(단, 주공정선은 굵은 선으로 표시한다.)

작업명	작업일수	선행작업	비 고
A	1	없음	
B	2	없음	EST | LST LFT \\ EFT
C	3	없음	
D	6	A, B, C	(i) →작업명/작업일수→ (j)
E	5	B, C	
F	4	C	

해설

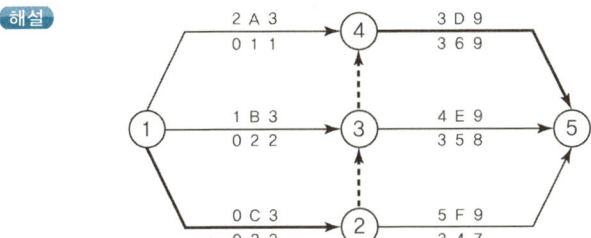

정답 〈네트워크 공정표〉

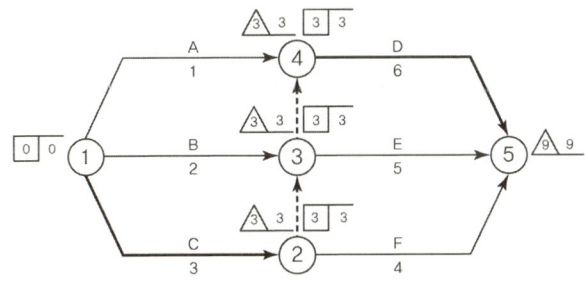

보충 선행조건 분석

- D, E, F작업의 선행조건이 같지 않으므로 서로 다른 개시 결합점을 갖게 된다.
- Data의 수가 적은 것부터 작성하는 것이 유리하므로 F작업, E작업, D작업 순으로 공정표를 작성하는 것이 좋다.

31 다음 데이터를 네트워크 공정표로 작성하고, 여유시간을 구하라.(단, 주공정선은 굵은 선으로 표시하고 소요일정 계산은 다음과 같이 표시한다.)

작업명	작업일수	선행작업	비 고
A	3	없음	결합점에는 다음과 같이 시간을 표시한다.
B	5	없음	
C	2	없음	EST LST LFT EFT
D	3	B	i →작업명→ j
E	4	A, B, C	작업일수
F	2	C	주공정선은 굵은 선으로 표시하시오.

보충) Data 분석

D, E, F작업의 공정표 작성 시 D작업과 F작업을 먼저 그린 후 E작업을 그리는 것이 편리하다.

해설

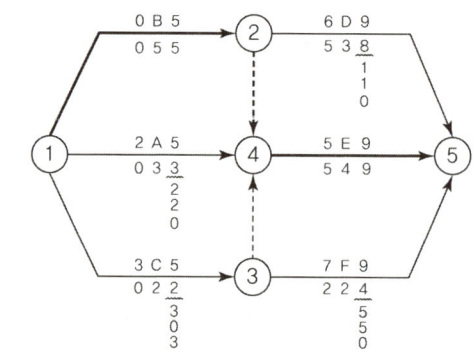

정답 1. 네트워크 공정표

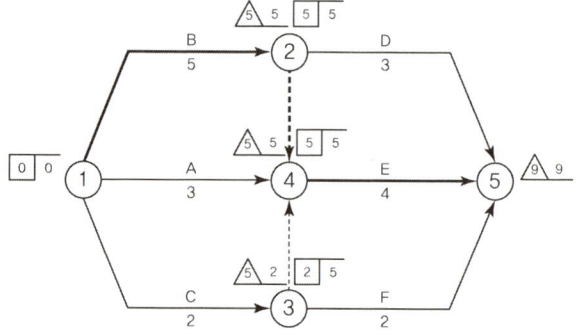

2. 작업의 여유시간

작업명	TF	FF	DF	CP
A	2	2	0	
B	0	0	0	*
C	3	0	3	
D	1	1	0	
E	0	0	0	*
F	5	5	0	

32

다음 자료로 네트워크 공정표를 작성하고 요구작업에 대하여는 여유시간을 계산하시오.(단, 주공정선은 굵은 선으로 표시한다.)

작업명	작업일수	공정관계	선행작업	비 고
A	5	0 → 1	없음	
B	4	0 → 2	없음	결합점에는 다음과 같이 시간을 표시한다.
C	6	0 → 3	없음	
D	7	1 → 4	A, B, C	
E	8	2 → 5	B, C	
F	4	3 → 6	C	
G	6	4 → 7	D, E, F	
H	4	5 → 7	E, F	
I	5	6 → 7	F	
J	2	7 → 8	G, H, I	

가. 네트워크 공정표를 작성하시오.
나. 작업 B, D, F, G, I의 TF, FF, DF를 계산하시오.

해설 주어진 문제의 Data 중에서 공정관계는 무시하고 작업의 선행조건만을 이용하여 공정표를 작성하는 것이 좋다.

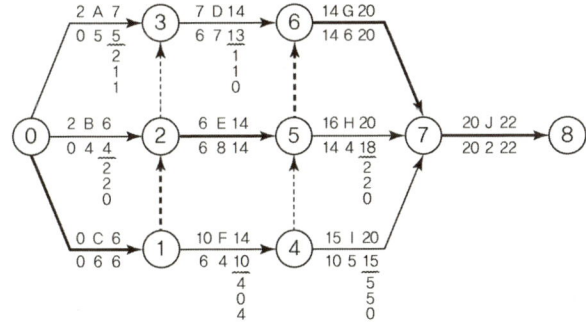

보충) Data 분석

문제 26번의 Data가 반복된 경우이다.
- 일정 계산 시 선행과 후속의 관계를 잘 고려하여 구한다.
- 주어진 요구조건의 작업의 여유는 일정표를 작성하여 기입한다.

정답 1. 네트워크 공정표

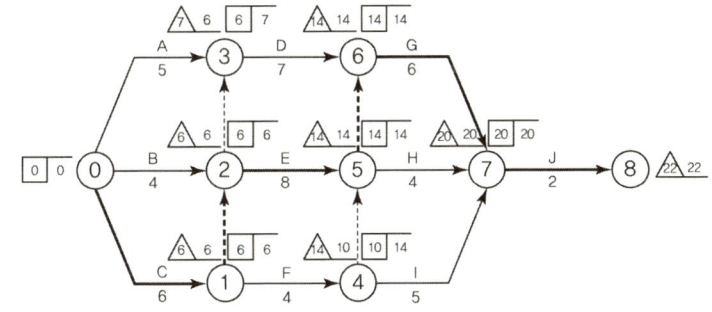

2. 작업의 여유시간

작업명	TF	FF	DF
B	2	2	0
D	1	1	0
F	4	0	4
G	0	0	0
I	5	5	0

33 다음 작업리스트에서 네트워크 공정표를 작성하고, 각 작업의 여유시간을 구하시오.

작업명	작업일수	선행작업	비 고
A	4	없음	
B	6	A	
C	5	A	1. CP는 굵은 선으로 표시한다.
D	4	A	2. 각 결합점에서는 다음과 같이 표시한다.
E	3	B	
F	7	B, C, D	
G	8	D	
H	6	E	
I	5	E, F	
J	8	E, F, G	
K	6	H, I, J	

보충) Data 분석

Data에서 작업의 수가 많은 경우 부분으로 나누어 생각하면 쉽다.

〈작성순서〉
① A작업
② B, C, D작업 : 이때 E, F, G작업군을 고려하여 C작업이 가운데 와야 한다.
③ E, G작업 ┐ 문제 27번 참조
④ F작업 ┘
⑤ H, I, J 작업 : 문제 26번의 역순이므로 Data의 수가 적은 작업부터 작성
⑥ K작업

해설

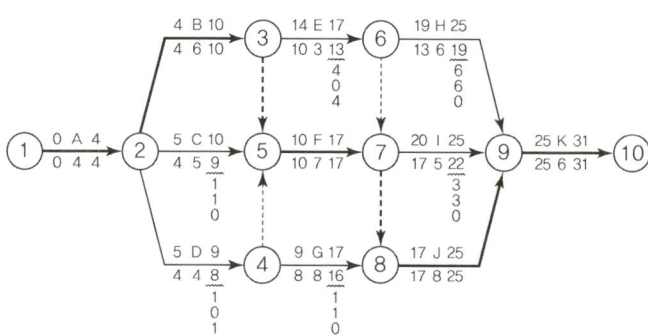

정답 1. 네트워크 공정표

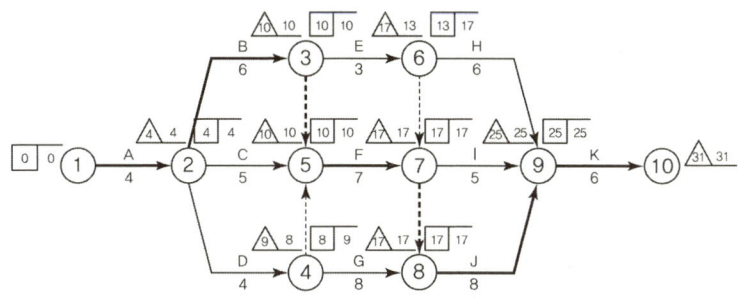

2. 작업의 여유시간

작업	TF	FF	DF
A	0	0	0
B	0	0	0
C	1	1	0
D	1	0	1
E	4	0	4
F	0	0	0
G	1	1	0
H	6	6	0
I	3	3	0
J	0	0	0
K	0	0	0

34 다음 데이터를 네트워크 공정표로 작성하고, 각 작업의 여유시간을 구하시오.

작업명	작업일수	선행작업	비 고
A	2	없음	결합점에는 다음과 같이 시간을 표시하고 주공정선은 굵은 선으로 표시하시오.
B	3	없음	
C	5	없음	
D	4	없음	
E	7	A, B, C	
F	4	B, C, D	

보충 **Data 분석**

선행작업이 없는 작업의 수가 4개 이상인 문제이다. 여기서 E, F의 선행작업 중에 B, C작업이 공통으로 되어 있다. 이런 경우 B, C작업을 하나의 작업으로 인식하면 작성이 쉽다.
즉, X=B, C

작업명	선행작업
E	A, X
F	X, D

그러면 X를 가운데, A, D작업을 위, 아래로 두어 작성하면 손쉽게 공정표를 그릴 수 있다.

보충 **별해**

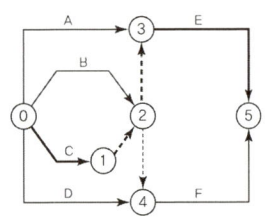

위의 공정표도 무방하다.
이때 dummy가 주공정선이 되는 것에 유의한다.

해설

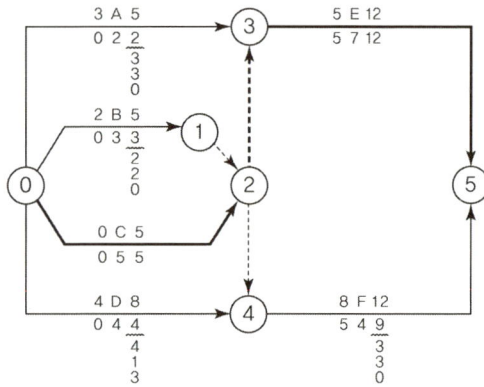

정답 **1. 네트워크 공정표**

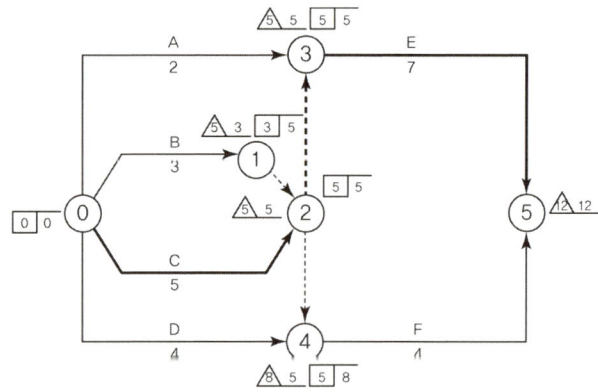

2. 작업의 여유시간

작업명	TF	FF	DF	CP
A	3	3	0	
B	2	2	0	
C	0	0	0	*
D	4	1	3	
E	0	0	0	*
F	3	3	0	

35 다음 작업 Data를 보고 네트워크 공정표를 작성하시오.

작업명	작업일수	선행관계	비 고
A	2	None	결합점에는 아래와 같이 표시하고, 주공정선은 굵은 선으로 표시하시오.
B	6	A	
C	5	A	
D	4	None	
E	3	B	
F	7	B, C, D	
G	8	D	
H	6	E, F, G	
I	8	F, G	
J	9	G	

해설 공정표 작성 시 E, F, G작업을 고려할 때 E와 G작업을 먼저 그리고 F작업을 그리는 것이 좋다.

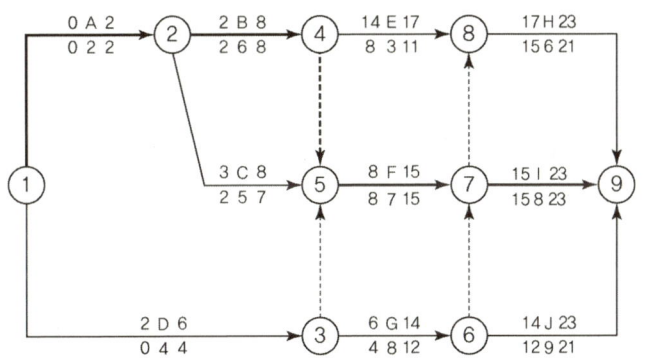

정답 〈네트워크 공정표〉

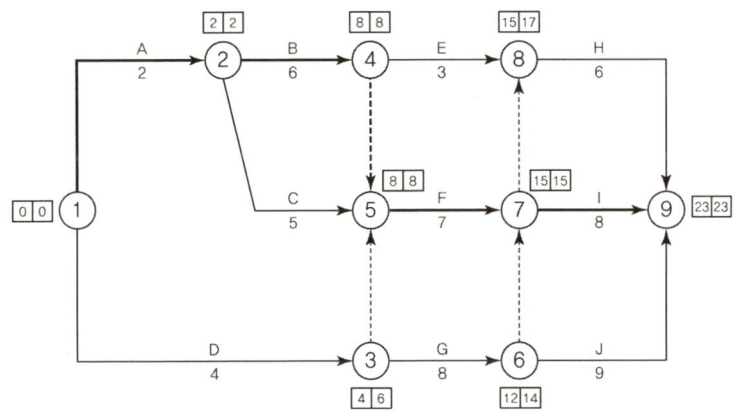

보충 Data 분석

문제 26번과 27번의 Data가 조합된 경우이다.

〈작성순서〉
① A, D작업
② B, C작업
③ E, G작업
④ F작업
⑤ J, I, H작업 순으로 작성함이 좋다.

보충 결합점 일정

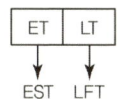

36 다음 데이터를 네트워크 공정표로 작성하고, 각 작업의 여유시간을 구하시오.

• 24③ · 21①

작업명	작업일수	선행작업	비 고
A	5	없음	네트워크 작성은 다음과 같이 표기하고 주공정선은 굵은 선으로 표시하시오.
B	3	없음	
C	2	없음	
D	2	A, B	
E	5	A, B, C	
F	4	A, C	

보충 Data 분석

문제 27번의 응용문제이다.

〈작성순서〉
① A, B, C작업 : A작업이 중앙에 오게 함이 좋다. 그 이유는 A작업이 후속 작업에 모두 포함되면서 문제 27번 문제의 E작업과 같이 Data의 수가 증가되는 경우가 아니기 때문이다.
② D, F삽입
③ E작업

해설

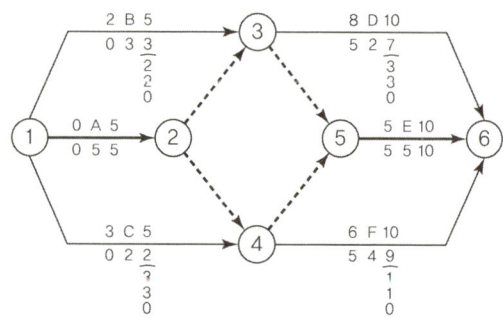

정답 1. 네트워크 공정표

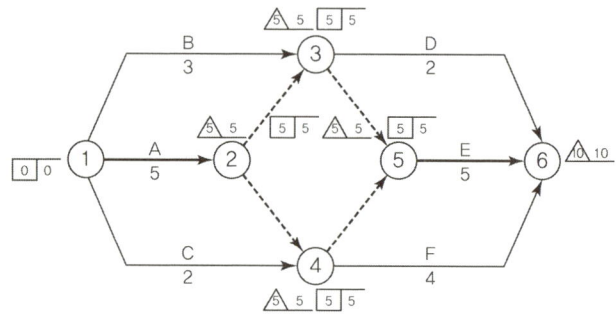

보충 주의사항

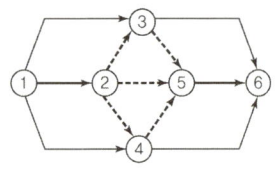

공정표 작성 시 초기에는 위와 같이 작성된다. 이때 공정표 작성 시 주의사항 중 하나인 '불필요한 Dummy는 없도록 한다'는 사항을 인지하여 각각 하나씩 Dummy를 생략하여도 되는지를 판단하면 해설과 같이 작성될 수 있다.

2. 작업의 여유시간

작업명	TF	FF	DF	CP
A	0	0	0	*
B	2	2	0	
C	3	3	0	
D	3	3	0	
E	0	0	0	*
F	1	1	0	

37 다음 데이터를 네트워크 공정표로 작성하고, 각 작업의 여유시간을 계산하시오.

• 23②

작업명	작업일수	선행작업	비 고
A	5	없음	더미는 작업이 아니므로 여유시간 계산에서는 제외하고 실제적인 여유에 대하여 계산한다.
B	2	없음	
C	4	없음	
D	4	A, B, C	
E	3	A, B, C	
F	2	A, B, C	

[해설]

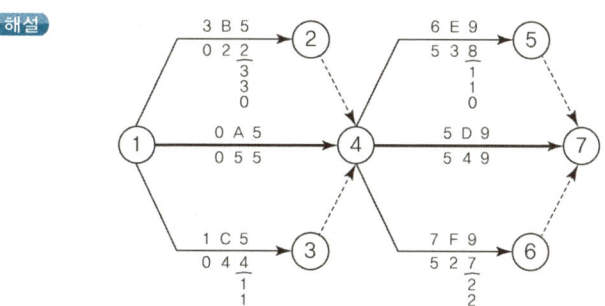

[정답] 1. 네트워크 공정표

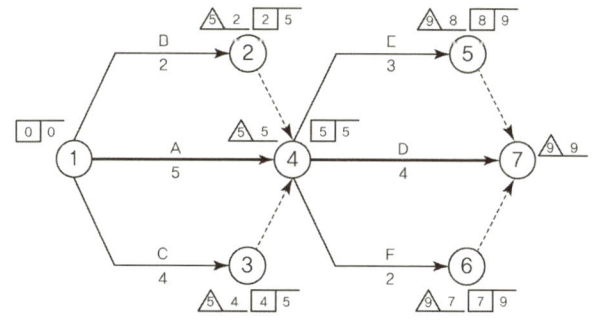

2. 작업의 여유시간

작업명	EST	EFT	LST	LFT	TF	FF	DF	CP
A	0	5	0	5	0	0	0	*
B	0	2	3	5	3	3	0	
C	0	4	1	5	1	1	0	
D	5	9	5	9	0	0	0	*
E	5	8	6	9	1	1	0	
F	5	7	7	9	2	2	0	

[보충] 여러 가지 답안

해설과 다른 유형의 공정표가 작성될 수 있다.

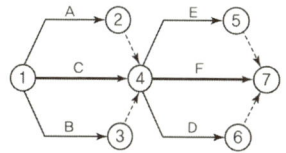

[작업의 순서가 바뀐 공정표]

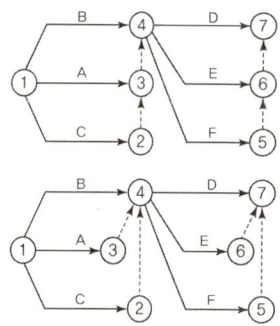

〈작업명의 순서가 바뀔 수 있다.〉

- 주의 : 여러 유형의 공정표는 결합점의 일정은 다를 수 있으나, 작업의 일정은 문제조건에서 제시된 실제적인 여유를 계산하면 항상 동일하다.
- 각 작업의 여유 산출 시 Dummy의 일정을 고려하지 않은 후속작업의 일정만으로 계산해야 한다.
- 각기 다른 공정표에서 Dummy가 주공정이 되는지를 파악하여 표시하는 데 주의한다.

〈답안 작성 시〉

- 작업의 일정은 작성하지 않아도 무방하다.

38 다음 데이터를 네트워크 공정표로 작성하시오.

작업명	작업일수	선행관계	비 고
A	5	없음	주공정선은 굵은 선으로 표시한다. 각 결합점 일정 계산은 PERT 기법에 의거 다음과 같이 계산한다. 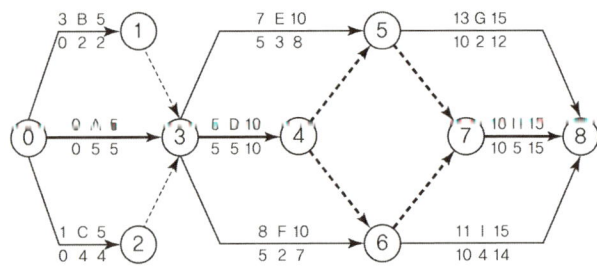 단, 결합점 번호는 규정에 따라 기입한다.
B	2	없음	
C	4	없음	
D	5	A, B, C	
E	3	A, B, C	
F	2	A, B, C	
G	2	D, E	
H	5	D, E, F	
I	4	D, F	

보충) Data 분석

문제 32번과 33번의 조합문제

〈작성순서〉
① A, B, C작업 : 이때 세 작업은 순서에 상관없다.
② D, E, F작업 : G, H, I작업의 선행조건을 파악하여 D작업이 중앙에 위치하여야 한다.(문제 32번 참조)
③ G, H, I작업
④ 작성 완료

보충) 결합점의 ET, LT

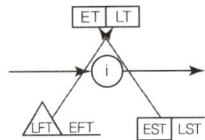

해설

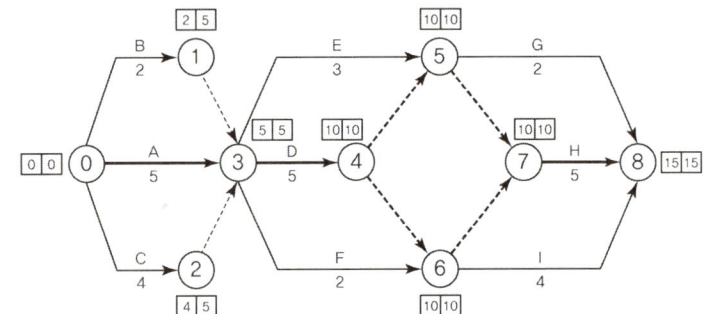

정답 〈네트워크 공정표〉

39 다음 데이터를 네트워크 공정표로 작성하시오.

작업명	소요일수	선행관계	작업명	소요일수	선행관계	비 고
A	4	없음	F	2	B, C	단, 이벤트(Event)에는 번호를 기입하고, 주공정선은 굵은 선으로 표기한다.
B	8	없음	G	5	B, C	
C	6	A	H	2	D	
D	11	A	I	8	D, F	
E	14	A	J	9	E, H, G, I	

[해설]

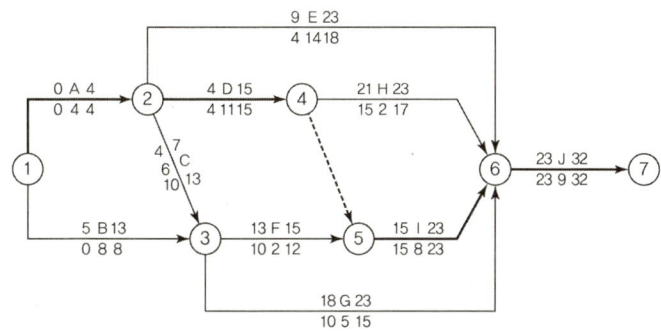

[정답] 〈네트워크 공정표〉

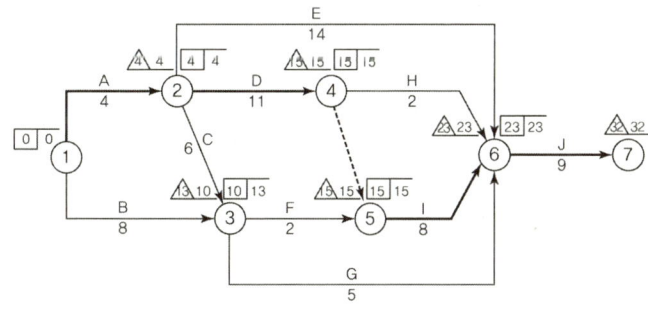

[보충] 초안공정표 작성 시

처음부터 모양을 만들려고 하지 말고 선행과 후속의 관계 즉 data만 만족시켜 작성한 뒤에 모양(형태)을 다듬어 완성한다.

40 다음 데이터를 네트워크 공정표로 작성하고, 각 작업별 여유시간을 산출하시오.

• 23① · 22①

작업명	작업일수	선행작업	비 고
A	3	없음	단, 이벤트(Event)에는 번호를 기입하고, 주공정선은 굵은 선으로 표기한다.
B	2	없음	
C	4	없음	
D	5	C	
E	2	B	
F	3	A	
G	3	A, C, E	
H	4	D, F, G	

가. 공정표
나. 작업의 여유시간

보충) Data 분석
D, E, F, G, H의 작업 전부가 선행작업이 동일하지 않다. 그러므로 각 작업은 각기 다른 결합점에서 시작한다.

해설

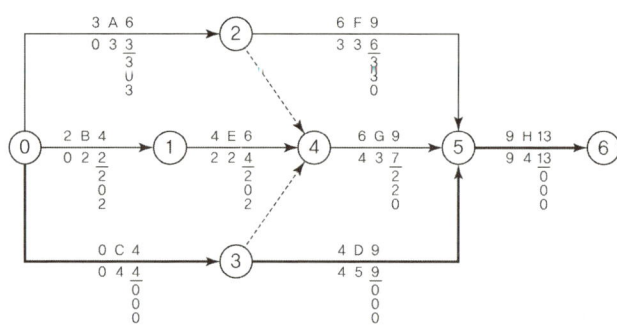

정답) 가. 네트워크 공정표

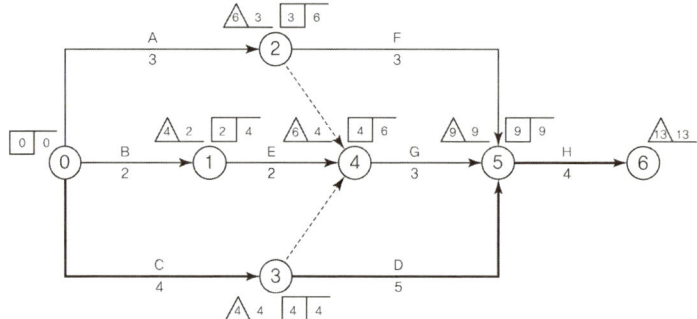

나. 여유시간

작업명	TF	FF	DF	CP
A	3	0	3	
B	2	0	2	
C	0	0	0	*
D	0	0	0	*
E	2	0	2	
F	3	3	0	
G	2	2	0	
H	0	0	0	*

41 다음과 같은 데이터를 갖고 있는 프로젝트(Project)를 위한 네트워크(Network) 공정표를 작성하고 주공정(Critical Path)을 굵은 선으로 표시하시오.(단, 알파벳 대문자는 이 Project의 작업명(Activity)이다.)

① S는 이 프로젝트의 최초작업이다.
② P와 L은 동시에 일어나고 S의 완료 후에 개시된다.
③ U와 T는 병행작업이고, L이 완료되어야만 시작할 수 있다.
④ M은 T에 계속되고 Z에 선행한다.
⑤ N과 A는 양쪽 모두 P의 완료 후에 개시된다.
⑥ C, A, U 그리고 Z는 이 프로젝트의 최후의 작업인 R이 개시되기 전에 모두 완료되어야 한다.
⑦ C는 N에 계속된다.

작업명	S	P	L	U	T	M	N	A	Z	C	R
소요일수	2	3	4	3	5	6	3	4	8	7	3

해설 우측의 참고사항을 재차 정리하고 아래의 표와 같이 Data가 정리된다.

작업명	S	P	L	U	T	M	N	A	Z	C	R
선행작업	없음	S	S	L	L	T	P	P	M	N	C, A, U, Z
소요일수	2	3	4	3	5	6	3	4	8	7	3

위의 Data를 이용하여 공정표를 작성하여 일정을 계산하면

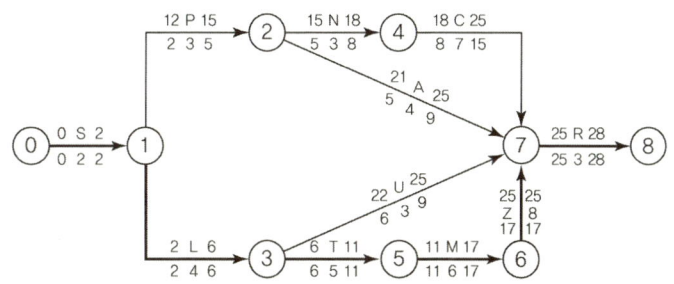

보충 Data를 1차 정리

①
작업명	선행작업
S	없음

②
작업명	선행작업
P	S
L	S

③
작업명	선행작업
U	L
T	L

④
작업명	선행작업
M	T
Z	M

⑤	작업명	선행작업
	N	P
	A	P

⑥	작업명	선행작업
	R	C, A, U, Z

⑦	작업명	선행작업
	C	N

정답 〈네트워크 공정표〉

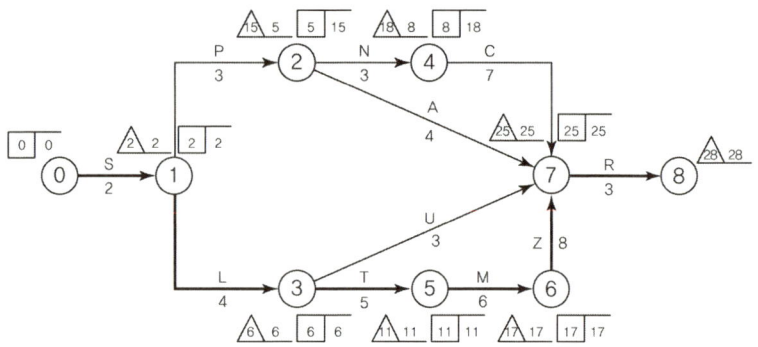

42 다음 데이터를 네트워크 공정표로 작성하시오.

(단, (1) 결합점에서는 아래와 같이 표시한다.

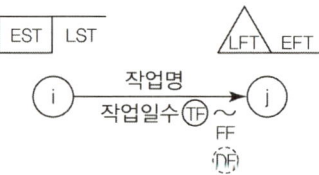

(2) 주공정선은 굵은 선으로 표기한다.)

작업명	작업일수	선행작업	비 고
A	20	없음	더미는 작업이 아니므로 여유시간 계산대상에서 제외하고 실작업의 여유에 대하여 계산한다.
B	17	없음	
C	2	없음	
D	4	C	
E	3	없음	
F	5	D, E	

보충 문제조건 분석

각 작업의 여유를 일정표로 묻지 않고, 다른 표기법이 주어지면 조건에 의거하여 작성한다.

해설

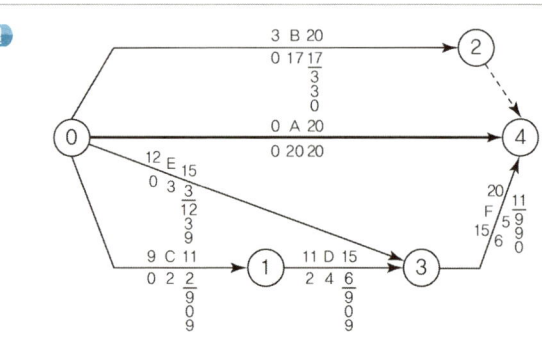

정답 〈네트워크 공정표〉

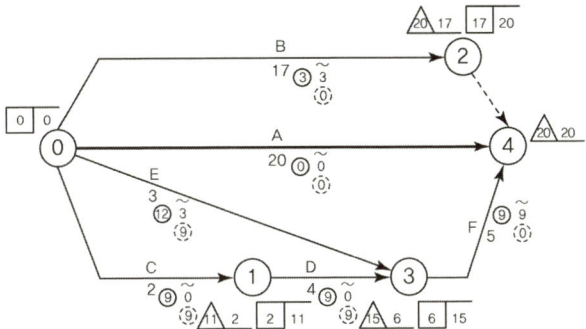

보충 유의사항
- 실작업의 여유계산으로 한다.
- 이때는 dummy의 일정으로 선행작업의 여유를 계산하는 것이 아니고 후속의 실제작업의 일정을 이용하여 계산한다.

43 다음 주어진 데이터를 보고 Network 공정표를 작성하시오. 아울러 각 작업의 여유를 구하시오.

작업명	선행관계	작업일수	비 고
A	None	4	
B	None	8	네트워크 작성은 다음과 같이 표기하고, 주공정선은 굵은 선으로 표기하시오.
C	A	11	
D	C	2	
E	B, J	5	
F	A	14	
G	B, J	7	
H	C, G	8	
I	D, E, F, H	9	
J	A	6	

해설

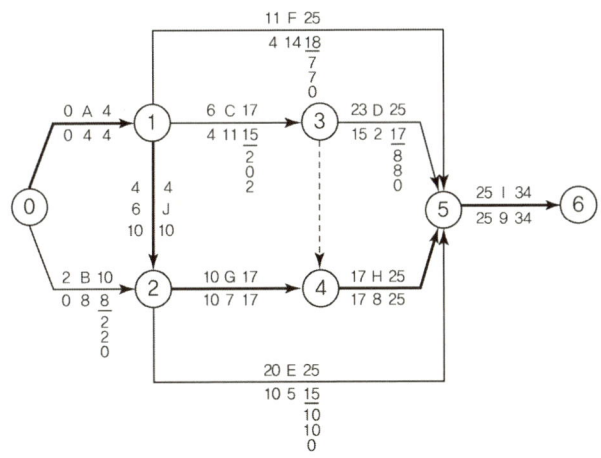

보충 Data 분석

앞에서 몇 차례 설명한 바 있듯이 알파벳 순서대로 공정표를 작성해야 하는 것은 아니다.

〈작성순서〉
① A, B작업
② C, F, J작업
- A작업을 선행으로 하는 작업을 한 번에 작성
- 순서를 바꿔 가면서 작성해야 함
- E와 G작업 Data에 의하여 J 작업을 B작업에 인접시켜 작성
③ D작업

④ E, G작업
- Data가 동일하므로 개시 결합점이 같다.
- G작업의 위치를 C작업에 인접시켜야 다음 H작업을 작성하기 용이함

⑤ H작업
- G와 C를 결합함에 C작업에서 G작업으로 dummy 발생

⑥ I 작업
- D, E, F, H작업이 모두 각기 다른 결합점에서 시작되므로 종료 결합점은 1개로 가능하다.

⑦ 작성 완료

정답 1. 네트워크 공정표

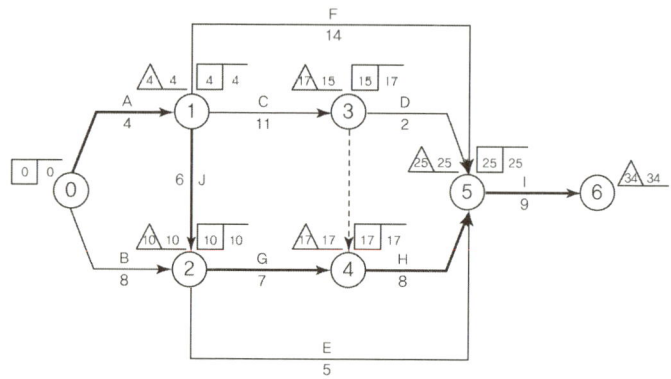

2. 일정표 작성

작업명	TF	FF	DF	CP
A	0	0	0	*
B	2	2	0	
C	2	0	2	
D	8	8	0	
E	10	10	0	
F	7	7	0	
G	0	0	0	*
H	0	0	0	*
I	0	0	0	*
J	0	0	0	*

44 작업리스트에 따라 네트워크 공정표를 작성하시오.   •23③

작업명	작업일수	선행작업
A	2	없음
B	3	없음
C	5	A
D	5	A, B
E	2	A, B
F	3	C, D, E
G	5	E

비 고

가. CP는 굵은 선으로 표시한다.
나. 각 결합점에서는 다음과 같이 표시한다.

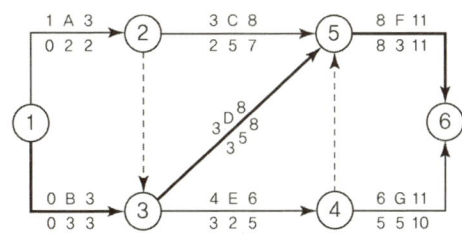

[해설]

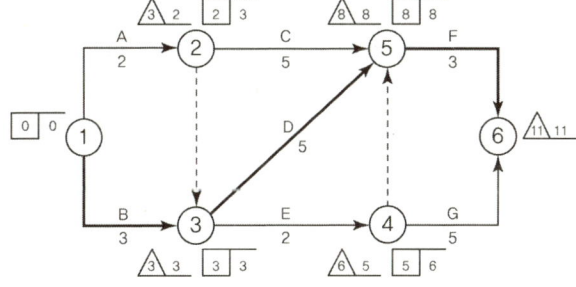

[정답] 〈네트워크 공정표〉

45 다음 데이터를 네트워크 공정표로 작성하고 각 작업의 전체여유(TF)와 자유여유(FF)를 구하시오.

작업명	작업일수	선행작업	비 고
A	5	없음	네트워크 작성은 다음과 같이 표기하고, 주공정선은 굵은 선으로 표기하시오.
B	6	없음	
C	5	A, B	
D	7	A, B	
E	3	B	
F	4	B	
G	2	C, E	
H	4	C, D, E, F	

해설

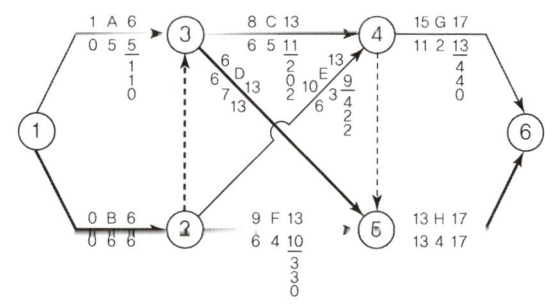

정답 1. 네트워크 공정표

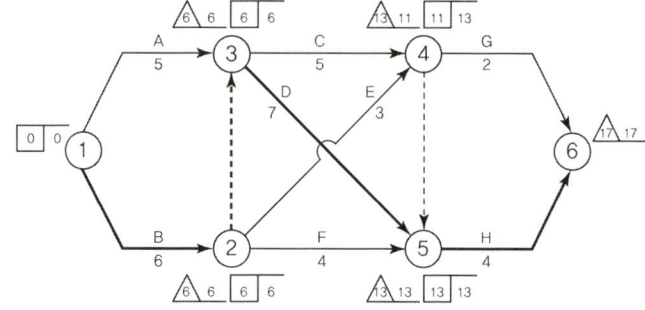

2. 작업의 여유시간

작업	TF	FF
A	1	1
B	0	0
C	2	0
D	0	0
E	4	2
F	3	3
G	4	4
H	0	0

보충 Data 분석

앞의 문제에서 전부 다루었던 부분들의 조합이므로 어려워할 필요는 없다.

〈작성순서〉
① A작업
② B, C, D작업 : F작업의 선행조건에 의하여 C작업이 중앙에 위치
③ E, G작업 ┐ 문제 27번 참조
④ F작업 ┘
⑤ H, I, J 작업 : 문제 26번 참조
  • H, I, J 작업을 작성하기 위하여 선행 작업을 E, G, F의 순으로 위치하여야 한다.
  • F와 G가 교차됨에 유의한다.
⑥ K작업
⑦ 작성 완료

보충 작업의 교차표시

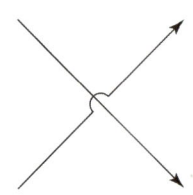

46 다음 데이터를 네트워크 공정표로 작성하고 각 작업의 여유시간을 구하시오.

작업명	선행작업	소요일수	비고
A	없음	5	
B	없음	6	EST|LST △LFT|EFT
C	A	5	
D	A, B	2	i →작업명/작업일수→ j
E	A	3	
F	C, E	4	결합점에서는 위와 같이 표기하고,
G	D	2	주공정선은 굵은 선으로 표기하시오.
H	G, F	3	

가. 네트워크 공정표
나. 각 작업의 여유시간

작업명	TF	FF	DF	CP
A				
B				
C				
D				
E				
F				
G				
H				

해설

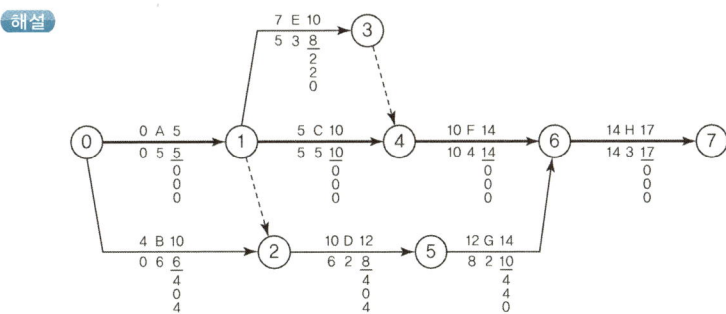

정답 가. 네트워크 공정표

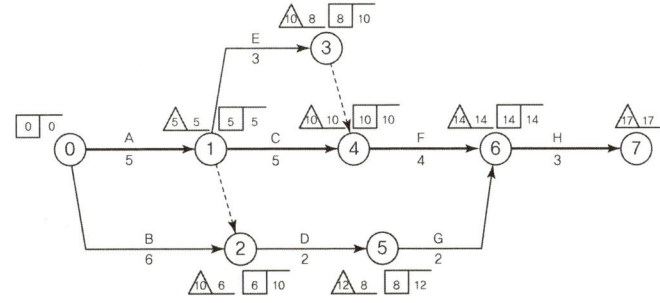

나. 각 작업의 여유시간

작업명	TF	FF	DF	CP
A	0	0	0	*
B	4	0	4	
C	0	0	0	*
D	4	0	4	
E	2	2	0	
F	0	0	0	*
G	4	4	0	
H	0	0	0	*

47 다음 데이터를 네트워크 공정표로 작성하고, 각 작업별 여유시간을 산출하시오.

● 24② · 22②

작업명	소요일수	선행작업	비 고
A	3	없음	
B	4	없음	단, 이벤트(Event)에는 번호를 기입하고, 주공정선은 굵은 선으로 표기한다.
C	5	없음	
D	6	A, B	
E	7	B	
F	4	D	
G	5	D, E	
H	6	C, F, G	
I	7	F, G	

정답 가. 네트워크 공정표

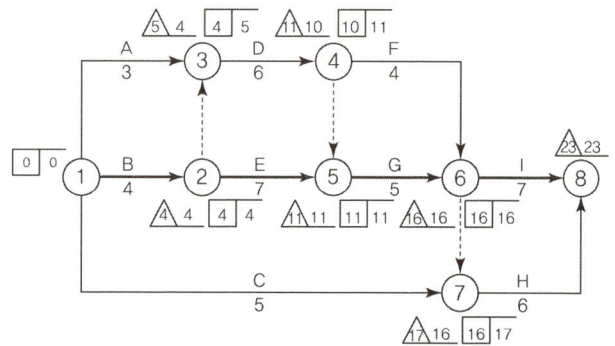

나. 작업별 여유시간

작업명	TF	FF	DF	CP
A	2	1	1	
B	0	0	0	*
C	12	11	1	
D	1	0	1	
E	0	0	0	*
F	2	2	0	
G	0	0	0	*
H	1	1	0	
I	0	0	0	*

미듬 건축산업기사

멘토스는 당신의 쉬운 합격을 응원합니다!

Engineer Architecture

CHAPTER 03
횡선식 공정표(Bar Chart)

CONTENTS

제1절 문제 유형 분석   75
제2절 유형별 문제풀이   76

미듬 건축산업기사

멘토스는 당신의 쉬운 합격을 응원합니다!

횡선식 공정표(Bar Chart)

회독 CHECK!
1회독 □ 월 일
2회독 □ 월 일
3회독 □ 월 일

|학|습|포|인|트| * 횡선식 공정표는 출제경향이 비교적 적은 편이다. 그렇지만 3가지 출제유형 중 가장 기본적인 Data를 이용하여 Bar Chart를 작성하는 문제는 기본적인 내용이므로 반드시 숙지하여야 한다.

제1절 문제 유형 분석

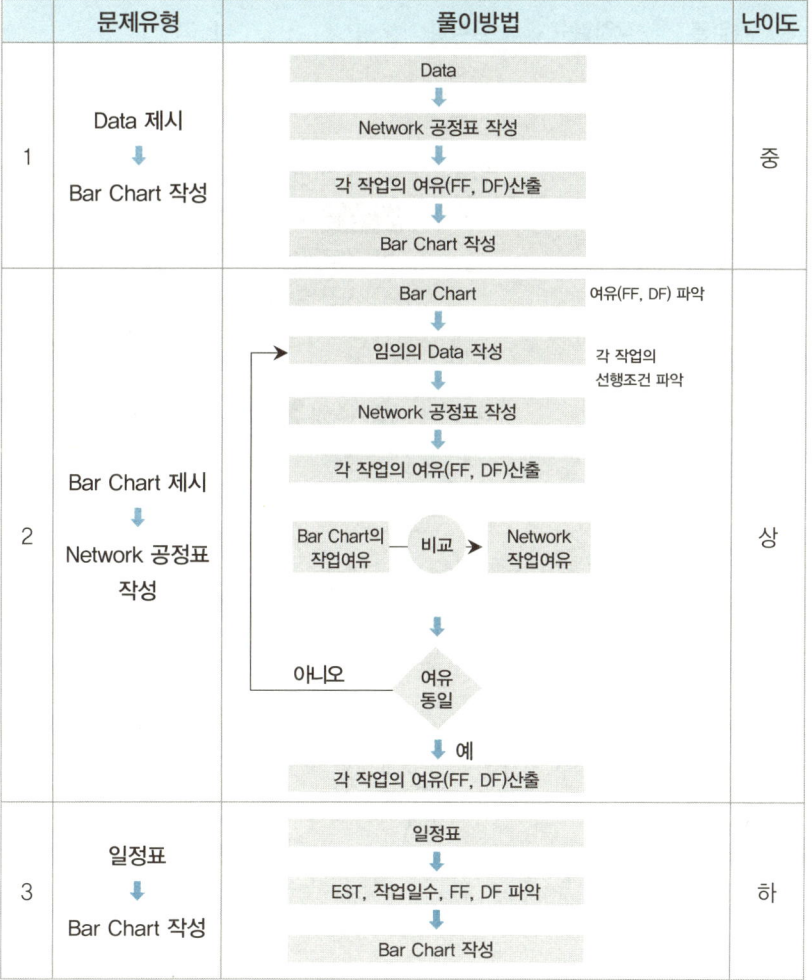

제2절 유형별 문제풀이

01 Data 제시 → Bar Chart 작성

① 주어진 Data를 이용하여 Network 공정표를 작성하고, 일정계산을 통하여 각 작업의 여유(FF, DF)를 파악한 후 작성한다.
② Bar Chart 작성 시 모든 작업은 EST에서 시작하는 것으로 작성하고, 작업일수 뒤에 여유를 표시한다.
③ 범례표를 작성하여 여러 기호들의 설명을 도시한다.

예제 01

다음 데이터를 Bar Chart로 작성하시오.

작업명	작업일수	선행작업	비 고
A	3	없음	
B	4	없음	
C	2	없음	단, 각 작업은 가장 빠른 시간으로 하여 ■로 표시하고 네트워크 공정표로 작성하였을 경우 생기는 여유시간 중 F.F는 [ ]로 D.F는 [ ]로 표기할 것
D	2	B	
E	2	A	
F	1	C	
G	3	D, C	
H	3	D, C	예 A작업 ■□ 와 같이 표시한다.
I	3	H	
J	2	G, F	
K	2	I, J	

[풀이]

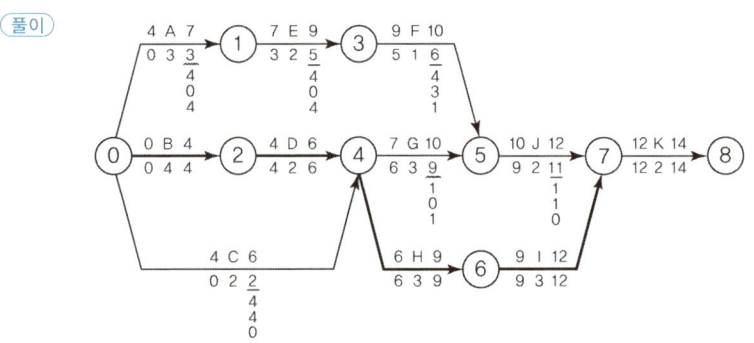

[보충] 작성순서
네트워크 공정표 작성 후 각 작업의 여유를 산정한다.

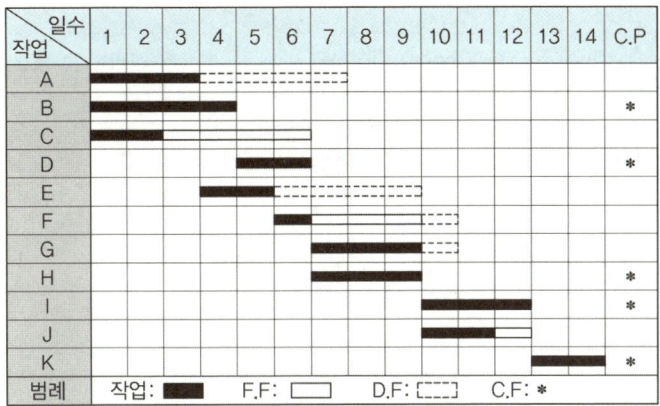

보충	범례표

범례표를 작성하는 이유는 DF, FF의 여유표시가 혼동되는 경우 두 가지 여유를 구분하여 작성한 뒤 범례표에 표기하면 된다.

02 Bar Chart → Network 공정표 작성

① 주어진 Bar Chart에서 Data(선행관계)를 구한다.
② 구한 Data를 이용하여 네트워크 공정표를 작성한다.
③ 네트워크 공정표에서 일정계산을 하여 각 작업의 여유(FF, DF)를 계산한다.
④ 구해진 작업의 여유(FF, DF)와 문제조건(Bar Chart)의 여유를 비교한다.
⑤ 작업의 여유(FF, DF)를 비교한 결과 같다면, 작성된 네트워크 공정표가 맞지만 같지 않다면, 또 다른 Data(선행관계)를 구하여 같아질 때까지 계속 반복하여 네트워크 공정표를 작성한다.

예제 02

다음에 주어진 횡선식 공정표(Bar Chart)를 네트워크 공정표로 작성하시오.

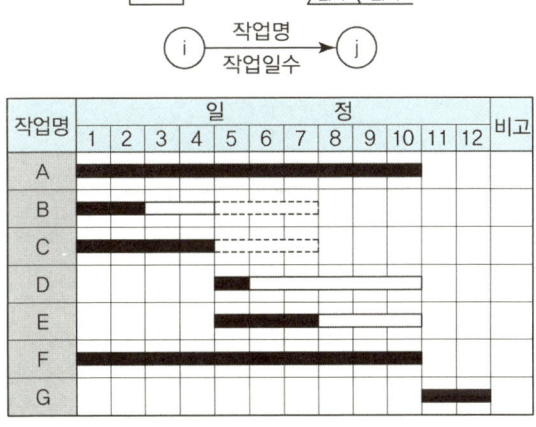

(단, (1) 주공정선은 굵은 선으로 표시한다.
(2) 화살표형 네트워크로 하며 각 결합점에서 계산은 다음과 같다.)

제3장 횡선식 공정표(Bar Chart) 2-77

> **보충** Data 분석
>
> D의 선행작업을 B로, E의 선행작업을 C로 설정하는 이유는 일단 여유 일수가 같은 것끼리 연결하였다.

풀이

데이터 작성	주어진 Bar Chart를 분석하면 • A, B, C, F작업은 선행작업이 없다. • G작업은 A와 F작업을 선행으로 하고 있다. • D, E작업의 선후 관계가 문제풀이의 핵심이 된다. 그러므로 일단 D의 선행작업을 B, E의 선행작업을 C작업으로 설정하여 임의의 Data를 작성하면 우측과 같이 된다. 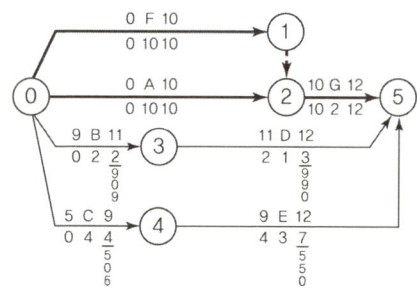

작업명	선행작업
A	없음
B	없음
C	없음
D	B
E	C
F	없음
G	A, F

공정표 작성/ 일정계산	
비교· 분석	위와 같이 일정이 계산된다. 여기서, 1) D작업은 전체 여유가 5일이어야 하므로 D작업의 LFT - EFT가 5가 되어야 한다. 그러므로 D작업 후속작업을 G작업으로 하면 LFT는 10일이 되고, C작업을 선행으로 하면 EFT는 5가 된다. 2) E작업의 TF = 3일이어야 하므로 G작업을 후속작업으로 하면 E작업의 LFT가 10일이 되므로 TF = 3일이 된다. 그러므로 Data를 다시 산출하여 공정표를 작성하여 일정을 계산하면 다음과 같다.

↓

데이터 작성	• D작업의 TF가 5일이 되려면 C작업을 선행으로 하고 G작업을 후속으로 한다. • E작업의 TF가 3일이 되려면 G작업을 후속으로 한다. • 위의 두 가지를 고려하여 데이터를 작성하면 오른쪽과 같다.

작업명	선행작업
A	없음
B	없음
C	없음
D	B, C
E	B, C
F	없음
G	A, D, E, F

공정표 작성 / 일정계산	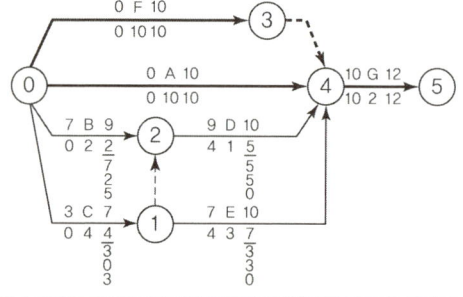
비교 · 분석	• 여기서 B작업의 TF가 7일로 계산되었다. 주어진 Bar Chart는 TF = 5일이다. 그러므로 B 작업의 EFT 2일은 불변이기 때문에 LFT를 7일로 만들어야 한다. B작업의 LFT가 7일이 되려면 E작업이 B작업의 후속작업으로 되어야 한다.

데이터 작성	• 위에서 분석한 내용을 정리하면 D와 E작업 모두 B, C작업을 선행으로 하여야 한다. • 최종의 Data는 오른쪽과 같다.

작업명	선행작업
A	없음
B	없음
C	없음
D	B, C
E	B, C
F	없음
G	A, D, E, F

공정표 작성/ 일정계산	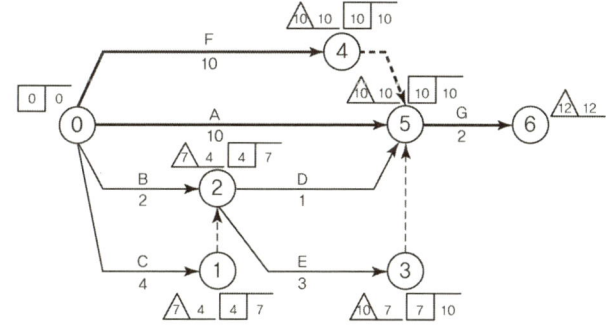
비교	계산된 각 작업의 여유가 Bar Chart에서 제시된 여유와 동일하므로 위의 Data와 공정표는 맞는 공정표가 된다.

〈공정표 작성〉

CHAPTER 03 핵심 기출문제

01 다음 주어진 데이터를 이용하여 Bar Chart를 작성하시오.

작업명	선행작업	소요일수	비 고
A	없음	5	단, 각 작업은 가장 빠른 시간으로 하여 작성하고, 네트워크 공정표로 작성하였을 경우 생기는 여유시간을 아래와 같이 표기할 것 ■ : 작업일수 □ : FF ┄ : DF로 표기함
B	없음	6	
C	A	5	
D	A, B	2	
E	A	3	
F	C, E	4	
G	D	2	
H	G, F	3	

보충) 여유계산
주공정선(CP)을 구한 뒤 주공정선을 제외한 나머지 작업의 여유만을 구하여도 작성이 가능하다.

해설

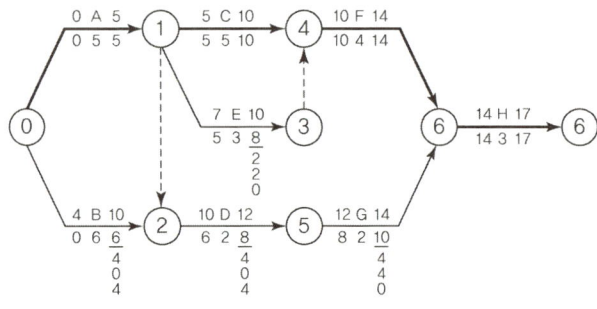

정답 〈Bar Chart〉

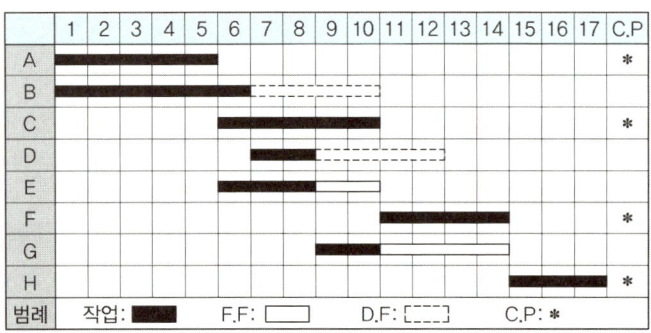

02 다음 데이터를 이용하여 바차트를 작성하시오.(단, 가장 빠른 시간으로 하고 여유시간은 점선으로 표시하고 주공정선을 나타내어라.)

작업명	소요일수	선행작업	작업명	소요일	선행작업
A	4	없음	E	3	A
B	3	A	F	2	D, E
C	5	A	G	3	F
D	2	B, C	H	6	A

[해설]

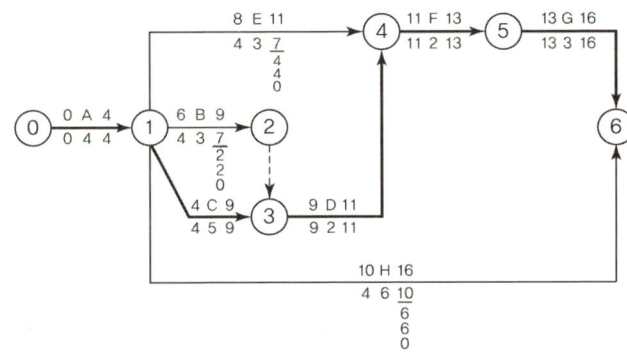

[정답] 〈Bar Chart〉

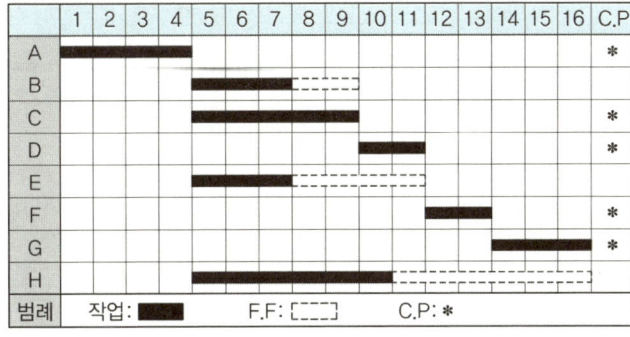

[보충] 작업의 여유표현

B작업의 여유는 실제작업의 여유로 작성한다. 아울러 문제 조건에서 모든 작업의 여유는 점선으로 표시하라는 점에 유의한다.

03 다음 데이터를 네트워크 공정표로 작성하고, 각 작업의 여유시간을 구하시오. 또한 이를 횡선식 공정표로 전환하시오.

> **보충** 참고사항
> 이 문제는 Bar Chart를 제외하고 출제되기도 한다.

작업명	소요일수	선행작업	비 고
A	5	없음	
B	6	없음	EST│LST △LFT\EFT
C	5	A	i —작업명/작업일수→ j
D	2	A, B	주공정선은 굵은 선으로 표시하시오.
E	3	A	(단, Bar Chart로 전환하는 경우)
F	4	C, E	■ : 작업일수
G	2	D	□ : FF
H	3	G, F	┆ : DF로 표기함

가. 공정표 작성

나. 여유시간 계산

작업명	TF	FF	DF	CP
A				
B				
C				
D				
E				
F				
G				
H				

다. 횡선식 공정표(Bar Chart)

일수\작업	1	2	3	4	5	6	7	8	9	10	11	12	13	14	15	16	17	비고
A																		
B																		
C																		
D																		
E																		
F																		
G																		
H																		

해설

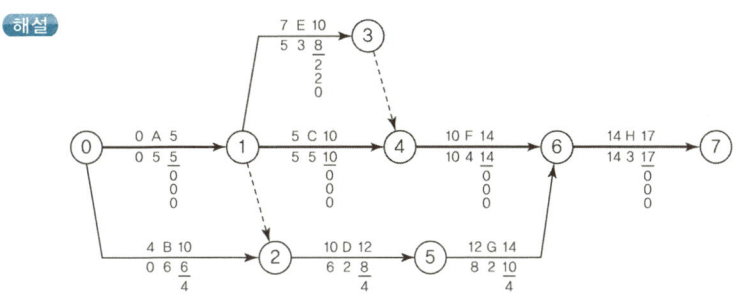

정답 1. 공정표

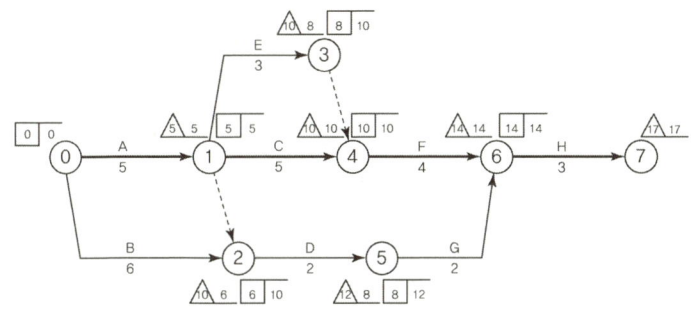

2. 여유시간

작업명	TF	FF	DF	CP
A	0	0	0	*
B	4	0	4	
C	0	0	0	*
D	4	0	4	
E	2	2	0	
F	0	0	0	*
G	4	4	0	
H	0	0	0	*

보충) 여유시간 계산
- Dummy의 일정을 고려하지 않고 실작업의 여유로 계산하여야 한다.
- Bar Chart 작성 시 실작업의 여유로 표현되기 때문이다.

3. 횡선식 공정표(Bar Chart)

	1	2	3	4	5	6	7	8	9	10	11	12	13	14	15	16	17	C.P
A																		※
B																		
C																		※
D																		
E																		
F																		※
G																		
H																		※

범례: 작업: ■ F.F: □ D.F: [┄] C.P: ※

보충) Bar Chart 작성
- 각 작업은 EST에 시작하는 것으로 작성한다.
- 범례표를 작성하는 것이 좋다.

미듬 건축산업기사

멘토스는 당신의 쉬운 합격을 응원합니다!

Engineer Architecture

CHAPTER 04
공기단축

CONTENTS

제1절 개요 87
제2절 공기단축법 88

미듬 건축산업기사

멘토스는 당신의 쉬운 합격을 응원합니다!

CHAPTER 04 공기단축

회독 CHECK!
- 1회독 ☐ 월 일
- 2회독 ☐ 월 일
- 3회독 ☐ 월 일

| 학 | 습 | 포 | 인 | 트 |
* 속도가 중요한 것이 아니라 정확한 방법이 중요
* 하루씩 단축하는 방법부터 숙달
* 경우의 수를 찾는 것임

제1절 개요

01 공기단축 시기

① 지정공기보다 계산공기가 긴 경우
② 진도관리(Follow up)에 의해 작업이 지연되고 있음을 알았을 경우

02 시간과 비용의 관계

① 총공사비는 직접비와 간접비의 합으로 구성된다.
② 시공속도를 빨리하면 간접비는 감소되고 직접비는 증대된다.
③ 직접비와 간접비의 총 합계가 최소가 되도록 한 시공속도를 최적 시공속도 또는 경제속도라 한다.

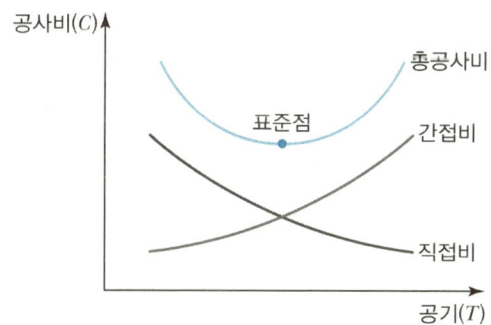

03 비용구배(Cost Slope)

① 비용구배란 공기 1일 단축 시 증가비용을 말한다.
② 시간 단축 시 증가되는 비용의 곡선을 직선으로 가정한 기울기의 값이다.
③ 비용구배 = $\dfrac{\text{특급비용} - \text{표준비용}}{\text{표준공기} - \text{특급공기}}$
④ 단위는 원/일이다.
⑤ 공기단축 가능일수 = 표준공기 - 특급공기
⑥ 특급점이란 더 이상 단축이 불가능한 시간(절대공기)을 말한다.

보충 직접비의 그래프

①
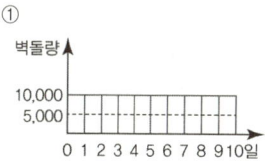

(1일 10,000장씩 벽돌을 투입하여 10일간 공사를 하는 경우)
↓
공기단축
↓

②
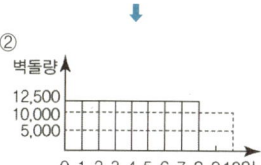

2일 단축 시 1일 투입 벽돌량은 12,500장으로 늘어나게 된다.
↓
공기단축
↓

③
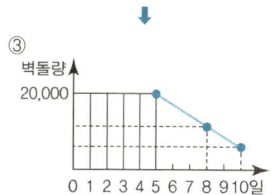

5일 단축 시 1일 투입 벽돌량은 20,000장으로 늘어나게 된다.
위의 그래프에서 보듯이 직접비는 시간을 단축할수록 1일 비용이 증가된다.

보충 특급점

앞의 직접비 경우에서 벽돌 100,000장이 소요되는 구조물이라 가정할 때 시간을 단축한다고 조적공 100,000명을 투입하여도 공사기간이 0일이 되지는 않는다. 이와 같이 단위공종이 절대적으로 필요한 공기까지를 특급점이라고 한다.

용어 특급점

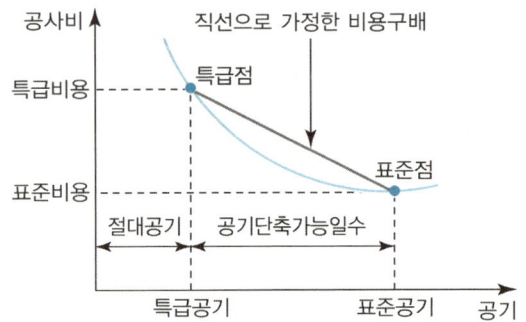

●21②

용어 비용구배

●24①

계산 비용구배 구하기

예제 01

다음 각 작업의 비용구배를 구하시오.

작업	표준(Normal)		특급(Crash)	
	공기	공비	공기	공비
A	10일	90,000원	6일	150,000원
B	8일	80,000원	5일	110,000원

해설 A작업 : 비용구배 = $\dfrac{150,000 - 90,000원}{10일 - 6일}$ = 15,000원/일

B작업 : 비용구배 = $\dfrac{110,000 - 80,000원}{8일 - 5일}$ = 10,000원/일

보충 비용구배 단위

비용구배 산출 시 단위가 원/일 임에 유의한다(단순히 원만 기입하면 틀림).

순서 공기단축

제2절 공기단축법

01 MCX(Minimum Cost Expediting) 기법

① 네트워크 공정표를 작성한다.
② 주공정선(CP)을 구한다.
③ 각 작업의 비용구배를 구한다.
④ 주공정선(CP)의 작업에서 비용구배가 최소인 작업부터 단축가능일 수 범위 내에서 단축한다.
⑤ 이때 주공정선(CP)이 바뀌지 않도록 주의해야 한다.(부공정선이 추가로 주공정선이 될 수 있다.)

예제 02

다음 네트워크 공정표와 작업 Data는 어떤 공사계획의 일부분이다. 이 공정에서 3일간의 공기를 단축하고자 한다. 공기단축 시 총공사비를 산출하시오.

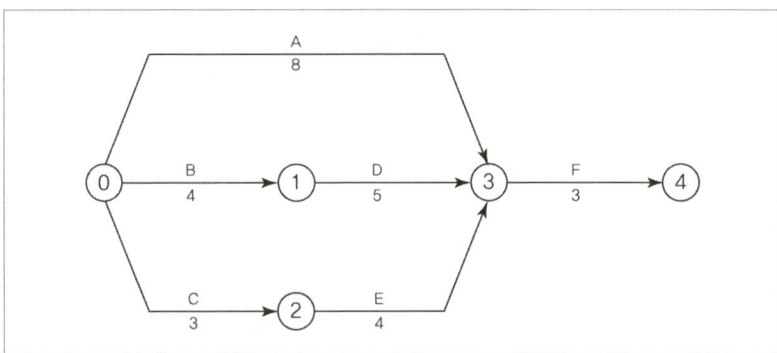

작업	표준(Normal)		특급(Crash)	
	공기	공비	공기	공비
A	8	40,000	6	52,000
B	4	40,000	2	50,000
C	3	60,000	3	60,000
D	5	70,000	3	86,000
E	4	60,000	2	100,000
F	3	40,000	2	50,000

[풀이] 1. 주공정선(CP)을 구한다.

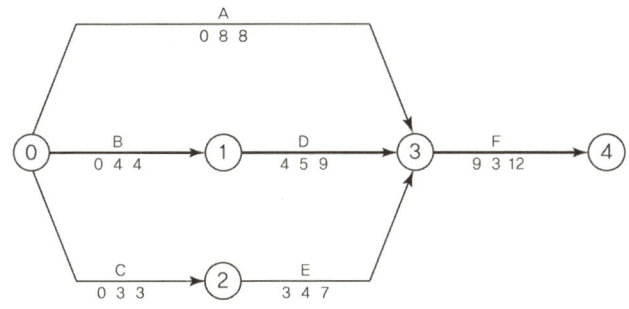

2. 각 작업의 단축가능일수 및 비용구배를 구한다.

작업	단축가능일수	비용구배
A	2	6,000
B	2	5,000
C	단축 불가	단축 불가
D	2	8,000
E	2	20,000
F	1	10,000

[보충] 공기단축법
공기단축법을 예제 2번을 통하여 상세히 알아보기로 하자.

[보충] 주공정선(CP)
공정표를 작성 후 각 작업의 EST와 EFT만을 구하여 주공정선(CP)을 구한다.

[보충] 단축가능일수
단축가능일수＝표준공기－특급공기

3. 주공정선(CP)의 작업에서 비용구배가 최소인 작업부터 단축가능일수 범위 내에서 단축하되, 주공정선이 뒤바뀌지 않도록 주의한다.

① **1차 단축** : B-D-F작업(CP) 중 비용구배가 최소인 B작업에서 단축하되 단축가능일수 2일을 전부 단축하면 주공정선이 A-F로 바뀌게 된다. 그러므로 B작업에서는 1일밖에 단축할 수 없다.

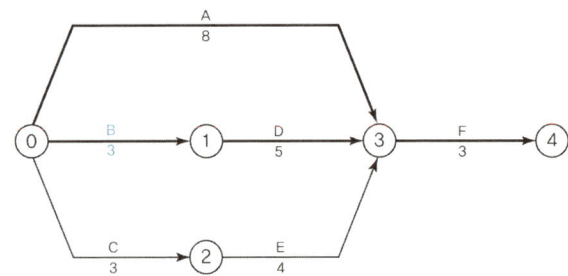

B작업에서 1일 단축 후 A작업이 추가로 주공정선이 되었다.

② **2차 단축** : 주공정선(B-D-F와 A-F)의 B작업과 D작업에서 1일을 단축한다면 A작업에서도 1일을 단축해야 전체 일정이 줄어든다. 또한 F작업에서 1일을 단축하면 전체 일정이 1일이 단축된다. 이를 비교히여 비용증가가 최소가 되는 경우를 선택하여 단축한다.

⟨비교⟩
- A작업과 B작업을 동시 1일 단축 시 증가비용 : 5,000+6,000=11,000원
- F작업 1일 단축 시 증가비용 : 10,000원

∴ F작업에서 1일 단축

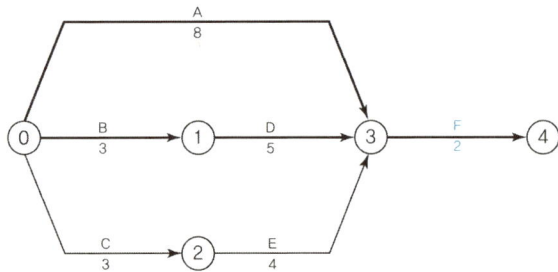

③ **3차 단축** : ②번에서 살펴본 결과, A작업과 B작업에서 1일씩 단축한다.

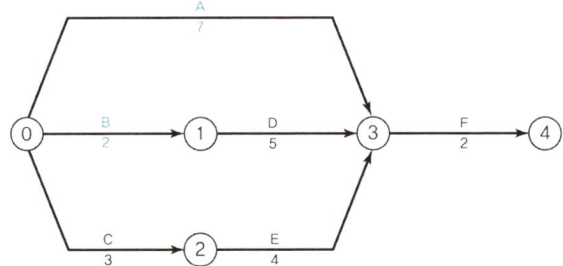

작업 단축 후 C작업, E작업도 주공정선이 된다.

4. 공기단축 시 총공사비 산출
   ① 표준상태 총공사비=310,000원
   ② 공기단축 시 증가비용
   　ⅰ) 1차 단축 : B작업 1일 단축　∴ 1× 5,000= 5,000원
   　ⅱ) 2차 단축 : F작업 1일 단축　∴ 1×10,000=10,000원

보충) 공기단축 시 변화비용

공기단축 시 변화된 비용은 증가된 비용만을 묻는 것인지 총공사비를 묻는 것인지 유의하여 답란을 작성한다.

iii) 3차 단축 : A작업 1일 단축　∴ 1× 6,000 = 6,000원
　　　　　　　　　B작업 1일 단축　∴ 1× 5,000 = 5,000원
　∴ ⅰ) + ⅱ) + ⅲ) = 26,000원

　③ 공기단축 시 총공사비
　　①+② = 310,000 + 26,000 = 336,000원

> (보충) 총공사비 작성 예시
> 1. 표준상태 총공사비
> 2. 단축 시 증가비용
>   1) 1차
>   2) 2차　→ 단축 순서를 반드시 기재하여야 함
>   3) 3차
> 3. 단축 시 총공사비

02 SAM(Siemens Approximation Method)

공기비용 – 매트릭스의 도표에 의하여 공기 – 비용의 최적화를 도모하는 방법으로 단축 순서는 MCX법과 동일하나 최초의 결합점(Event)에서 최후의 결합점(Event)에 이르기까지의 모든 경로를 나타내어 각 경로별로 공기 – 비용의 최적화를 구하는 데 특색이 있는 방법이다. 즉 비용경사(Cost Slope)를 각 경로에 균등히 분할하여 할당하는 것으로, 어떤 단위작업이 2개 이상의 경로를 지날 때는 모든 경로에 비용경사를 분할하여 할당한다.

예제 03

다음 네트워크 공정표와 작업 Data는 어떤 공사계획의 일부분이다. 이 공정에서 3일간의 공기를 단축하고자 한다. 공기단축 시 총공사비를 산출하시오.

> (보충) SAM법
> 앞의 MCX법으로 풀었던 문제와 동일하다.

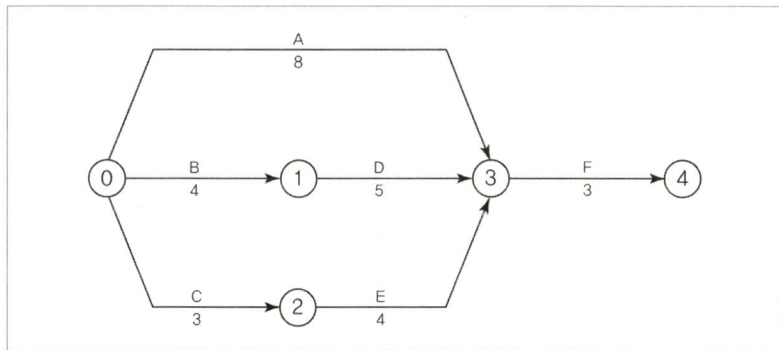

작업	표준(Normal)		특급(Crash)	
	공기	공비	공기	공비
A	8	40,000	6	52,000
B	4	40,000	2	50,000
C	3	60,000	3	60,000
D	5	70,000	3	86,000
E	4	60,000	2	100,000
F	3	40,000	2	50,000

> **보충) SAM법 해설**
>
> 가급적이면 MCX법으로 문제를 풀고 SAM법은 도표를 작성하는 쪽으로 접근하는 것이 좋다.
> 그래야 정확한 증가비용법 단축작업을 파악할 수 있다.

[풀이]

1. 개시 결합점에서 종료 결합점에 이르는 전체 경로(Path)를 아래 도표와 같이 표시한다.

	A-F	B-D-F	C-E-F	비용구배	단축일수	증가비용
A				6,000		
B				5,000		
C			단축 불가	단축 불가		
D				8,000		
E				20,000		
F				10,000		
공기	11일	12일	10일			

2. Path에 해당하지 않는 작업은 ⨯ 표시한다.

3. 각 칸 안에는 $\dfrac{\text{비용구배}}{\text{단축가능일수(단축일수)}}$ 를 표시한다.

4. 공기가 가장 긴 경로 중 비용구배가 최소인 작업부터 단축하며 그 작업이 속해 있는 Path는 동일하게 적용한다.

5. 이와 같은 방법으로 공기단축하면 아래와 같다.

	A-F	B-D-F	C-E-F	비용구배	단축일수	증가비용
A	$\dfrac{6,000}{2(1)}$			6,000	1	6,000
B		$\dfrac{5,000}{2(2)}$		5,000	2	10,000
C			단축 불가	단축 불가		
D		$\dfrac{8,000}{2}$		8,000		
E			$\dfrac{20,000}{2}$	20,000		
F	$\dfrac{10,000}{1(1)}$	$\dfrac{10,000}{1(1)}$	$\dfrac{10,000}{1(1)}$	10,000	1	10,000
공기	~~11일~~ 9일	~~12일~~ 9일	~~10일~~ 9일			

6. 공기단축 시 총공사비용 = 310,000 + 26,000 = 336,000원

CHAPTER 04 핵심 기출문제

01 다음에 해당하는 용어를 쓰시오.

> 가. 네트워크에서 어느 임의의 결합점에서 종료 결합점에 이르는 최장패스의 소요시간
> 나. 공사기간을 단축하는 경우 공사종류별 1일 단축시마다 추가되는 공사비의 증가액
> 다. 비용이나 인원을 증가하여도 더 이상 단축이 불가능한 시간

가. _____ 나. _____
다. _____

정답
가. 간공기
나. 비용구배
다. 특급점

02 네트워크 공정표를 공기조정(공기단축)할 때 검토하여야 할 사항을 4가지만 쓰시오.

가. _____ 나. _____
다. _____ 라. _____

정답
가. 잔여공기 재검토
나. 최소비용 검토
다. 변경 후 공정계획 검토
라. 작업의 병행성 여부 검토

03 다음 그림의 CPM의 고찰에 의한 비용과 시간 증가율을 표시한 것이다. 그림의 ( ) 속에 대응하는 용어를 써 넣으시오.

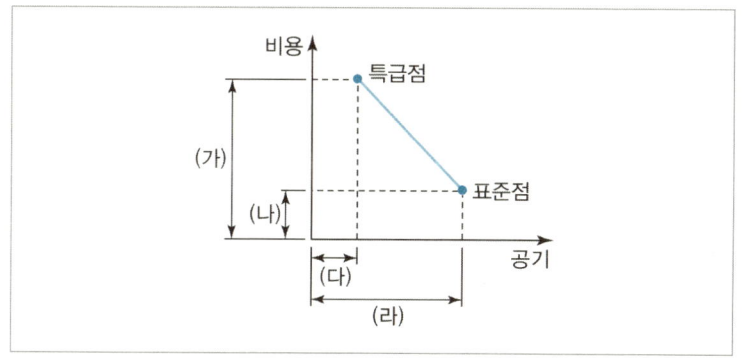

가. _____ 나. _____
다. _____ 라. _____

정답
가. 특급비용(Crash cost)
나. 표준비용(Normal cost)
다. 특급공기(Crash time)
라. 표준공기(Normal time)

04 아래 데이터를 보고 A작업, B작업의 비용구배를 구하시오. • 24①·21②

작업	표준상태		특급상태	
	공기	공비	공기	공비
A	8	10,000	6	12,000
B	6	60,000	4	90,000

가. A작업 :

나. B작업 :

정답 비용구배

가. A작업 : $\dfrac{12,000-10,000}{8-6}$
= 1,000원/일

나. B작업 : $\dfrac{90,000-60,000}{6-4}$
= 15,000원/일

05 어느 건설공사의 한 작업이 정상적으로 시공할 때 공사기일은 10일, 공사비는 700,000원이고, 특급으로 시공할 때 공사기일은 6일, 공사비는 900,000원이라 할 때 이 공사의 공기단축 시 필요한 비용구배(Cost Slope)를 구하시오.

정답
비용구배
= $\dfrac{특급비용-표준비용}{표준공기-특급공기}$
= $\dfrac{900,000-700,000}{10일-6일}$
= 50,000원/일

06 다음 네트워크 공정표에서 공기단축에 관한 설명 중 틀린 것을 모두 골라 번호를 쓰시오.

가. 최초의 공기단축은 반드시 주공정선에서부터 단축되어야만 한다.
나. 여러 작업 중 공기단축의 결정은 비용구배(Cost)가 최대인 것에서부터 실시한다.
다. 한 개의 작업이 공기단축할 수 있는 범위는 급속시간(Crash Time)보다 더 작게 하여서는 안 된다.
라. 급속시간 조건을 만족시키는 조건에서 하나의 작업이 최대한의 공기단축 가능한 시간은 주공정선이 그대로 존재하거나 혹은 주공정선이 아닌 작업에서 주공정선이 병행하여 발생한 그 시점까지이다.
마. 요구된 공기단축이 완료된 최종 공정표에서의 주공정선은 최초의 주공정선과 달라져야만 한다.

정답
나. 비용구배가 최소인 작업부터 단축한다.
마. 주공정선은 추가로 발생될 수 있으나, 반드시 달라져야 되는 것은 아니다.

07 공기단축기법에서 MCX(Minimum Cost Expediting) 기법의 순서를 보기에서 골라 기호로 쓰시오.

> 가. 우선 비용 구배가 최소인 작업을 단축한다.
> 나. 보조 주공정선의 발생을 확인한다.
> 다. 단축한계까지 단축한다.
> 라. 단축가능한 작업이어야 한다.
> 마. 주공정선상의 작업을 선택한다.
> 바. 보조주공정선의 동시단축 경로를 고려한다.
> 사. 앞의 순서를 반복 시행한다.

( ) → ( ) → ( ) → ( ) → ( ) → ( ) → ( )

정답
마 – 라 – 가 – 나 – 다 – 바 – 사

08 다음과 같은 네트워크 공정표에서 계산공기가 47일이었으나 지정공기가 42일로 되었다. 주공정선이 바뀌지 않게 작업일수를 42일로 단축 조정하시오. (단, 작업 ③ → ⑤와 ⑤ → ⑥에서 단축조정하고 주공정선은 생기는 대로 번호를 기입할 것)

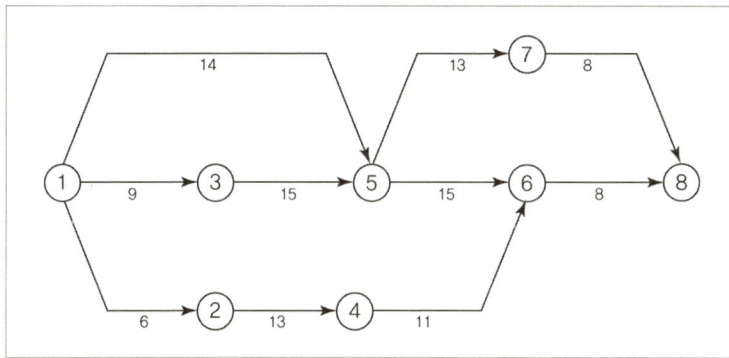

해설 1) 일정계산(EST, EFT)

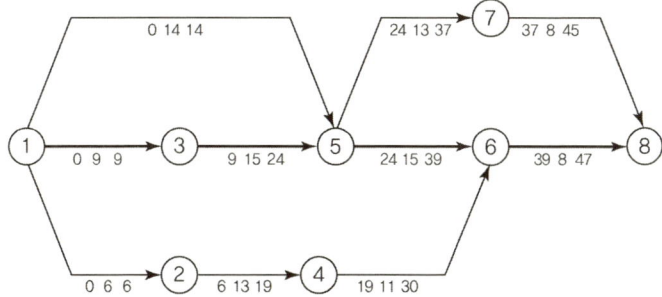

2) 주공정선은 ① – ③ – ⑤ – ⑥ – ⑧ 이다.
3) 주공정선이 바뀌지 않게 공기단축을 하기 위해서는 부공정선의 일수와 비교하여야 한다.

보충

① 1차 단축

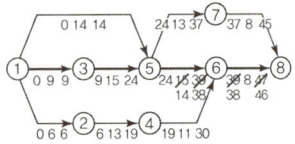

② 2차 단축

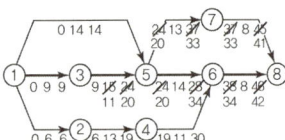

4) ⑤-⑦-⑧ Path의 EFT = 45일이므로 ⑤-⑥-⑧의 Path에서는 1일 단축이 가능하므로 문제조건에 의거 ⑤-⑥에서 1일 단축한다.(2일 단축 시는 추가 주공정선이 발생된다.)
5) ①-③-⑤ Path와 ①-⑤ Path와의 공기 차이는 현저하므로 문제조건에 의거 ③-⑤에서 4일 단축한다.
6) 공기단축된 공정표는 다음과 같다.

정답

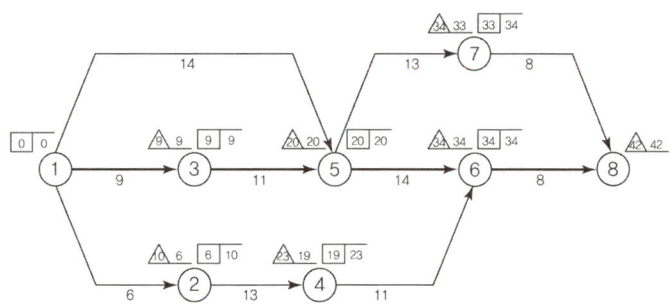

∴ 주공정선 : ①-③-⑤-⑥-⑧

09 다음과 같은 네트워크와 작업 Data에서 공기를 5일 단축하고자 한다. 최소의 Extra Cost(증가비용)를 계산하시오.

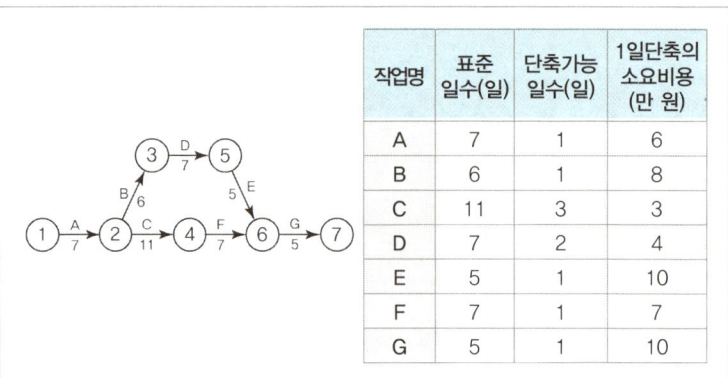

작업명	표준일수(일)	단축가능일수(일)	1일단축의 소요비용(만 원)
A	7	1	6
B	6	1	8
C	11	3	3
D	7	2	4
E	5	1	10
F	7	1	7
G	5	1	10

보충 문제 분석

• 전체가 주공정선
• A작업과 G작업은 단독 단축 가능
• B-D-E 패스와 C-F 패스는 항상 같이 단축되어야 한다.

해설

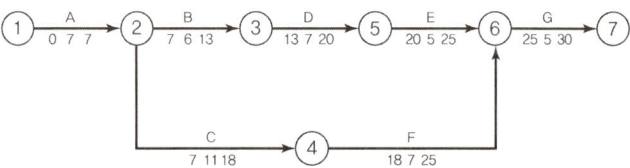

1) 공정표 전체가 주공정선이므로 단축 시 유의하여야 한다.
2) B-D-E와 C-F는 공기단축 시 동시에 단축되어야 한다.
3) 비용구배가 최소가 되는 경우의 수를 나열하면
   ① A작업 6만 원
   ② C, D작업 동시 단축 7만 원
   ③ G작업 10만 원
   ④ C, B작업 동시 단축 11만 원의 순으로 단축한다.

4) 순차적으로 단축 시 증가비용을 계산하면

	단축가능일수	1차	2차	3차	4차
A	1	1			
B	1				1
C	3		2		1
D	2		2		
E	1				
F	1				
G	1			1	

정답 ① 1차 단축 : A작업 1일 　　∴ 1× 60,000 = 60,000원
　　　② 2차 단축 : C작업 2일 　　∴ 2× 30,000 = 60,000원
　　　　　　　　　 D작업 2일 　　∴ 2× 40,000 = 80,000원
　　　③ 3차 단축 : G작업 1일 　　∴ 1×100,000 =100,000원
　　　④ 4차 단축 : B작업 1일 　　∴ 1× 80,000 = 80,000원
　　　　　　　　　 C작업 1일 　　∴ 1× 30,000 = 30,000원

∴ 총 증가비용 = ① + ② + ③ + ④ = 410,000원

10 주어진 자료(Data)에 의하여 다음 물음에 답하시오.

(1) 표준(Normal) 네트워크 공정표를 작성하시오.
(2) 공기를 5일 단축한 네트워크 공정표를 작성하시오.
(3) 공기단축된 총공사비를 산출하시오.
　(단, ① 네트워크 공정표 작성은 화살형(Arrow) 네트워크로 한다.
　　　② 주공정선은 굵은 선 또는 이중선으로 표시한다.
　　　③ 각 결합점에는 다음과 같이 표시한다.)

　　　④ 공기단축된 네트워크 공정표에는 EST | LST　△LFT EFT 를 표시하지 않는다.)

작업명	공정관계	선행관계	작업일수	공기 1일 단축 시 비용(원)	비 고
A	①-②	없음	6	10,000	
B	①-③	없음	13	12,000	
C	①-④	없음	20	9,000	
D	②-③	A	2	8,000	(1) 공기단축은 각 작업일수의 1/2를 초과할 수 없다.
E	②-④	A	5	5,000	
F	③-⑤	B, D	6	8,000	
G	③-⑥	B, D	3	5,000	(2) 표준공기 시 총공사비는 1,000,000원이다.
H	④-⑤	C, E	2	공기단축 불가	
I	⑤-⑦	H, F	3	6,000	
J	⑥-⑦	G	2	공기단축 불가	
K	⑦-⑧	I, J	2	15,000	

> **보충) 데이터의 이용**
> 공정관계를 이용하여 작성하지 말고 선행관계를 이용하여 작성한다.

> **정답) 표준 네트워크 공정표**

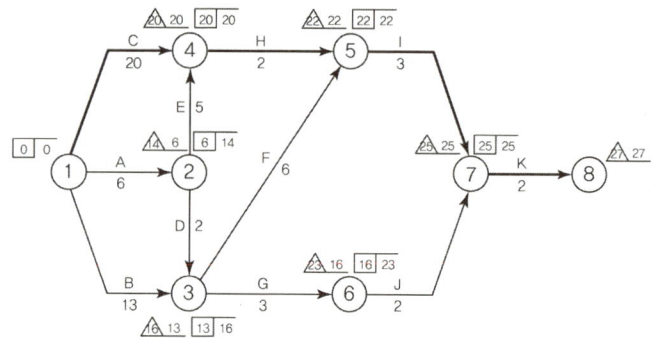

> **해설) 공기단축**
> 1) 일정계산 및 주공정선

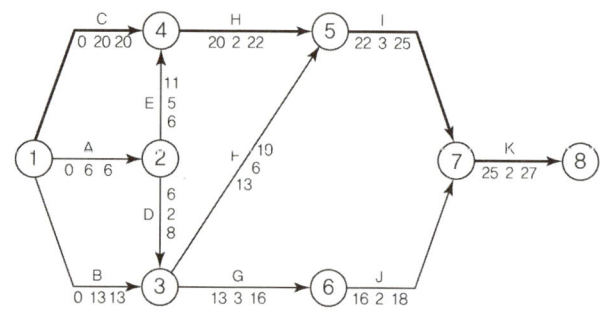

2) 주어진 Data를 정리

CP	작업	단축가능일수	비용구배(원)
	A	3	10,000
	B	6	12,000
*	C	10	9,000
	D	1	8,000
	E	2	5,000
	F	3	8,000
	G	1	5,000
*	H	–	–
*	I	1	6,000
	J	–	–
*	K	1	15,000

3) 공기단축
① 1차 단축 : 주공정선 중에서 비용구배가 최소인 I작업 1일 단축
② 2차 단축 : 주공정선 중에서 그 다음 비용구배가 최소인 C작업에서 단축하되 ①-④-⑤ Path와 ①-③-⑤ Path의 공기차이가 3일이므로 3일간 단축한다.
③ C작업 3일 단축으로 인하여 B, F작업도 주공정선이 되었다.
④ C작업 1일 단축 시 B작업이나 F작업에서 1일 단축하여야 하므로 비용구배가 최소인 F작업과 비용을 합하면 9,000+8,000 = 17,000원이고, K작업 1일 단축 시 15,000원의 증가 비용이 발생하므로 K작업에서 단축한다.
⑤ 3차 단축 : K작업에서 1일 단축

> **보충) 단축가능일수**
> 단축가능일수는 작업일수의 1/2을 초과할 수 없으므로 작업일수÷2 해서 소수점이 산출되면 소수점 이하는 버린다.
> **예)** B작업일수 13일
>   13÷2=6.5   ∴ 6일

> **보충) 단축순서**
> 1) 1차 단축

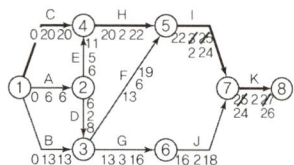

> 2) 2차 단축

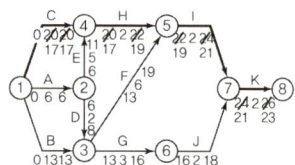

정답 1. 공사비 산출
　① 표준상태에서 총공사비 : 1,000,000원
　② 단축 시 증가비용
　　• 1차 단축 : I작업 1일 = 1 × 6,000 = 6,000원
　　• 2차 단축 : C작업 3일 = 3 × 9,000 = 27,000원
　　• 3차 단축 : K작업 1일 = 1 × 15,000 = 15,000원
　　∴ 48,000원
　③ 단축 시 총공사비용 = ① + ② = 1,048,000원

2. 공기단축 후 네트워크 공정표

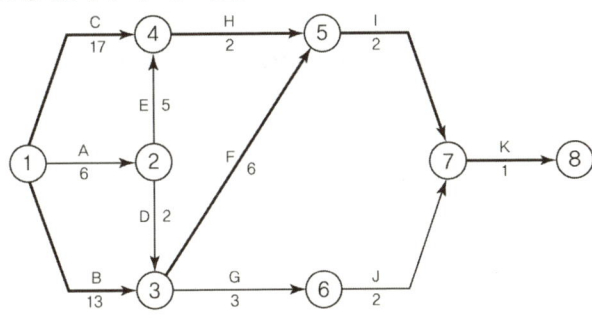

3) 3차 단축

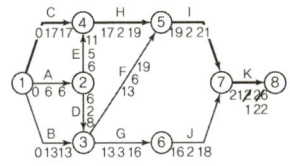

(보충) **공기단축된 공정표 작성**
공기단축된 공정표 작성 시 문제조건에 의하여 결합점의 일정은 작성하지 않음에 유의한다.

11 다음 데이터를 이용하여 정상공기를 산출한 결과 지정공기보다 3일이 지연되는 결과였다. 공기를 조정하여 3일의 공기를 단축한 네트워크 공정표를 작성하고 아울러 총공사금액을 산출하시오.

작업명	선행작업	정상(Normal) 공기(일)	정상(Normal) 공비(원)	특급(Crash) 공기(일)	특급(Crash) 공비(원)	비용구배(Cost Slope)(원/일)	비고
A	없음	3	7,000	3	7,000	–	단축된 공정표에서 CP는 굵은 선으로 표기하고 각 결합점에서는 아래와 같이 표기한다. (단, 정상공기는 답지에 표기하지 않고 시험지 여백을 이용할 것)
B	A	5	5,000	3	7,000	1,000	
C	A	6	9,000	4	12,000	1,500	
D	A	7	6,000	4	15,000	3,000	
E	B	4	8,000	3	8,500	500	
F	B	10	15,000	6	19,000	1,000	
G	C, E	8	6,000	5	12,000	2,000	
H	D	9	10,000	7	18,000	4,000	
I	F, G, H	2	3,000	2	3,000	–	

가. 단축한 네트워크 공정표
나. 총공사 금액

[해설] 1. 공정표 작성

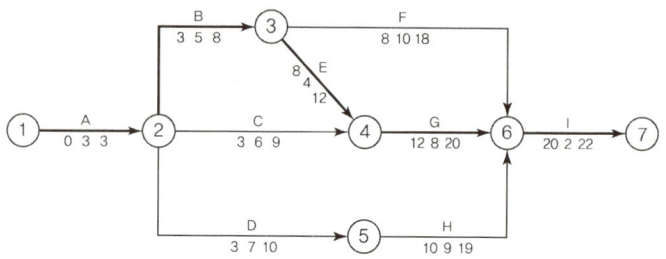

2. Data 정리

CP	작업	비용구배(원)	단축가능일수	1차	2차
*	A				
*	B	1,000	2		2
*	C	1,500	2		
*	D	3,000	3		2
*	E	500	1	1	
	F	1,000	4		
*	G	2,000	3		
	H	4,000	2		
*	I				

[보충] 단축순서

1) 1차 단축

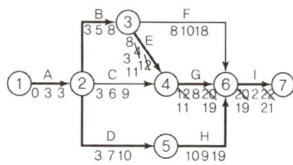

2) 2차 단축

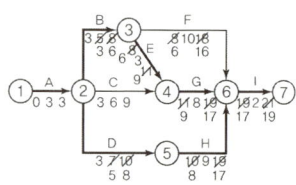

[정답] 가. 공기단축된 공정표

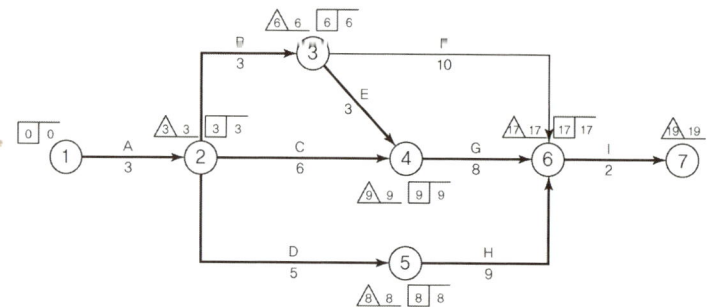

나. 공기단축 및 비용

1) 1차 단축 : E작업에서 1일 ∴ 1 × 500 = 500원
2) 2차 단축 : B작업에서 2일 ∴ 2 × 1,000 = 2,000
   D작업에서 2일 ∴ 2 × 3,000 = 6,000
3) 증가비용 1) + 2) = 8,500
4) 공기단축 시 총공사비
   ① 표준비용 = 69,000
   ② 증가비용 = 8,500
   ∴ ① + ② = 77,500원

12 주어진 자료(DATA)에 의하여 다음 물음에 답하시오.

작업명	선행 작업	정상 공기	정상 비용	특급 공기	특급 비용	비 고
A	없음	5일	170,000	4일	210,000	각 결합점 위에는 다음과 같이 시간을 표시한다. EST │ LST △LFT \ EFT (i) →작업명/작업일수→ (j)
B	없음	18일	300,000	13일	450,000	
C	없음	16일	320,000	12일	480,000	
D	A	8일	200,000	6일	260,000	
E	A	7일	110,000	6일	140,000	
F	A	6일	120,000	4일	200,000	
G	D, E, F	7일	150,000	5일	220,000	

가. 표준(Normal) Network 공정표를 작성하시오.
나. 표준공기 시 총공사비를 쓰시오.
다. 4일 단축하였을 때 총공사비를 쓰시오.

[해설]

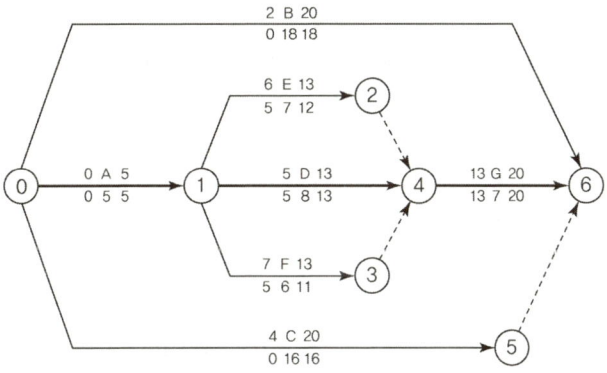

[정답] 가. 표준 네트워크 공정표

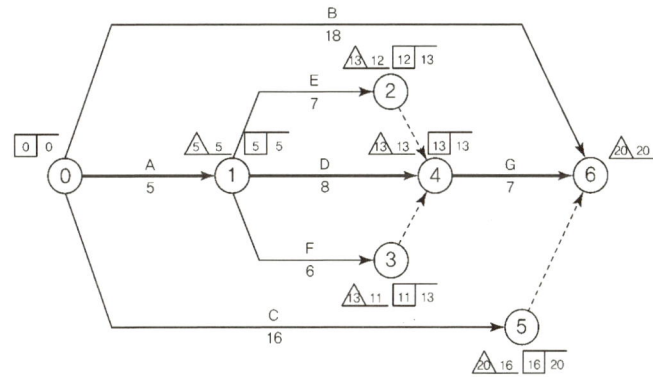

나. 표준 공기 시 총공사비
  = 170,000 + 300,000 + 320,000 + 200,000 + 110,000 + 120,000
   + 150,000
  = 1,370,000원

보충 **단축순서**

1) 1차 단축

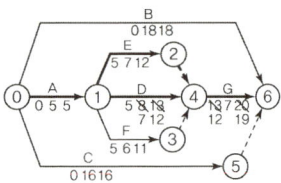

2) 2차 단축

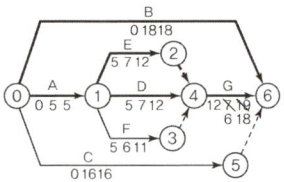

3) 3차 단축

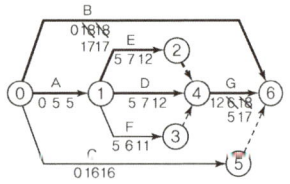

4) 4차 단축

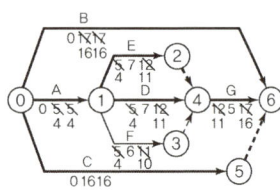

해설 **공기단축**
데이터 정리

CP	명	단축가능 일수	비용구배	1차	2차	3차	4차
*	A	1	40,000				1
*	B	5	30,000			1	1
*	C	4	40,000				
*	D	2	30,000	1			
*	E	1	30,000				
	F	2	40,000				
*	G	2	35,000		1	1	

정답 **다. 공기단축 시 총공사비**

① 1차 단축 : 주공정선 중에서 비용구배가 가장적은 D작업에서 1일 단축,
　　　　　　 E작업이 주공정선으로 추가
　　∴ 1×30,000 = 30,000원
② 2차 단축 : G작업에서 1일 단축, B작업이 주공정선으로 추가
　　∴ 1×35,000 = 35,000원
③ 3차 단축 : B작업에서 1일　∴ 1×30,000 = 30,000원
　　　　　　 G작업에서 1일　∴ 1×35,000 = 35,000원
④ 4차 단축 : A작업에서 1일　∴ 1×40,000 = 40,000원
　　　　　　 B작업에서 1일　∴ 1×30,000 = 30,000원
　　　　　　 C작업 주공정선 추가
∴ 총 증가비용 = ① + ② + ③ + ④ = 200,000원

공기단축 시 총공사비 = 1,370,000 + 200,000 = 1,570,000원

13 다음 데이터를 이용하여 Normal Time 네트워크 공정표를 작성하고, 아울러 공기 3일을 단축한 네트워크 공정표 및 총공사금액을 산출하시오.

Activity	Node		정상시간	정상비용	특급시간	특급비용
A	0	1	3일	20,000원	2일	26,000원
B	0	2	7일	40,000원	5일	50,000원
C	1	2	5일	45,000원	3일	59,000원
D	1	4	8일	50,000원	7일	60,000원
E	2	3	5일	35,000원	4일	44,000원
F	2	4	4일	15,000원	3일	20,000원
G	3	5	3일	15,000원	3일	15,000원
H	4	5	7일	60,000원	7일	60,000원

정답 1. 표준 네트워크 공정표

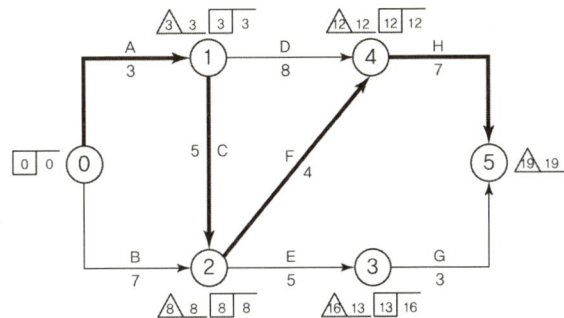

해설 공기단축

	일수	단축가능일수	비용구배	1차	2차	3차
A	3	1	6,000		1	
B	7	2	5,000			1
C	5	2	7,000			1
D	8	1	10,000			1
E	5	1	9,000			
F	4	1	5,000	1		
G	3					
H	7					

정답 2. 단축 시 공사비

1) 표준상태 총공사비 = 280,000원
2) 단축 시 증가 비용
   ① 1차 : F작업 1일 = 1×5,000 = 5,000원
   ② 2차 : A작업 1일 = 1×6,000 = 6,000원
   ③ 3차 : B작업 1일 = 1×5,000 = 5,000원
          C작업 1일 = 1×7,000 = 7,000원
          D작업 1일 = 1×10,000 = 10,000원
   ∴ ①+②+③ = 33,000원
3) 공기단축 시 총공사비 = 1+2 = 280,000 + 33,000 = 313,000원

3. 공기단축 공정표

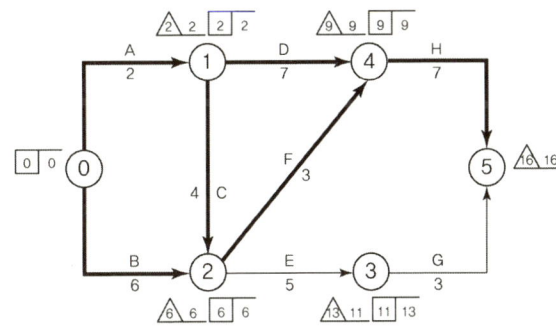

14 다음 데이터를 이용하여 3일 공기단축한 네트워크 공정표를 작성하고 공기단축된 상태의 총공사비를 산출하시오.

작업명	작업일수	선행작업	비용구배	비 고
A	3	없음	5,000	① 공기단축된 각 작업의 일정은 다음과 같이 표기하고 결합점 번호는 원칙에 따라 부여한다.
B	2	없음	1,000	
C	1	없음	–	
D	4	A, B, C	4,000	② 공기단축은 작업일수의 1/2을 초과할 수 없다.
E	6	B, C	3,000	③ 표준 공기 시 총공사비는 2,500,000원이다.
F	5	C	5,000	

가. 네트워크 공정표
나. 총공사비

[해설] 1. 일정계산 및 주공정선

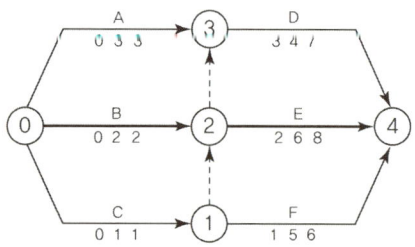

2. 주어진 Data 정리

CP	작업	단축가능일수	비용구배(원)
	A	1	5,000
*	B	1	1,000
	C	불가	0
	D	2	4,000
*	E	3	3,000
	F	2	5,000

3. 공기단축
  1) 1차 단축 : 주공정선 B, E작업 중 비용구배가 적은 B작업에서 단축가능일수인 1일 단축
  2) 2차 단축
    ① 1차 단축으로 인하여 A작업과 D작업도 주공정선이 되었다.
    ② B작업은 더 이상 단축이 불가하므로 A와 E작업, D와 E작업을 동시에 줄이는 방법 중 비용구배가 적은 D와 E작업을 단축한다.
    ③ 단축일수는 C, F작업의 종료일이 6일이므로 1일씩 단축한다.
    ④ C작업에서 E작업을 가는 Dummy 또한 주공정선이 되었음에 유의한다.

[보충] 단축순서

1) 1차 단축
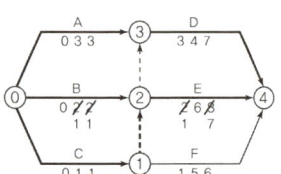

2) 2차 단축
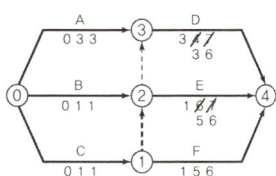

3) 3차 단축
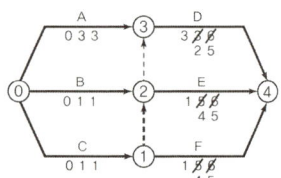

3) 3차 단축
① 2차 단축으로 인하여 모든 작업이 주공정선이 되었다.
② B작업과 C작업은 단축이 불가능하므로 A, E, F작업과 D, E, F작업을 1일씩 단축한다.
③ B작업에서 D작업으로 가는 Dummy는 주공정선이 되지 않음에 유의한다.

정답 1. 네트워크 공정표

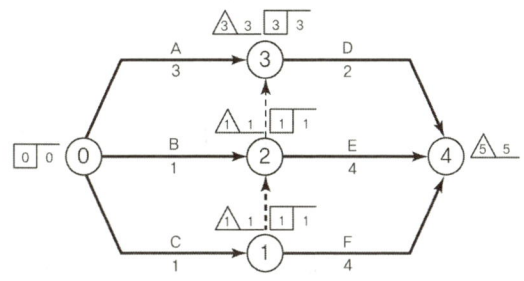

보충 주공정선 구하기
Dummy의 주공정을 파악하는 것이 핵심이다.

보충 주의사항
더미 2개가 전부 주공정이 아님에 유의한다.

2. 공기단축 시 총공사비
① 표준상태의 총공사비 = 2,500,000원
② 공기단축 시 증가비용
- 1차 단축 : B작업 1일 ∴ 1×1,000 = 1,000원
- 2차 단축 : D작업 1일 ∴ 1×4,000 = 4,000원
  E작업 1일 ∴ 1×3,000 = 3,000원
- 3차 단축 : D작업 1일 ∴ 1×4,000 = 4,000원
  E작업 1일 ∴ 1×3,000 = 3,000원
  F작업 1일 ∴ 1×5,000 = 5,000원
∴ 공기단축 시 증가비용 = 20,000원

③ 공기단축 시 총공사비
∴ 2,500,000 + 20,000 = 2,520,000원

15 다음 데이터를 이용하여 표준 네트워크 공정표를 작성하고 7일 공기단축한 네트워크 공정표를 완성하시오.

작업명	선행작업	공사일수	1일 공기단축 시 비용(천원)	비고
A(①→②)	없음	2	50	단, 공기단축은 작업일수의 1/2를 초과할 수 없다. 결합점 위에 다음과 같이 표기한다.
B(①→③)	없음	3	40	
C(①→④)	없음	4	30	
D(②→⑤)	A, B, C	5	20	
E(②→⑥)	A, B, C	6	10	
F(③→⑤)	B, C	4	15	
G(④→⑥)	C	3	23	
H(⑤→⑦)	D, F	6	37	
I(⑥→⑦)	E, G	7	45	

가. 표준 네트워크 공정표
나. 공기단축 네트워크 공정표

(보충) 참고사항
- 작업명에 주어진 결합점의 번호를 이용하지 않고 선행작업의 조건을 이용한다.
- 공기단축 문제 중 가장 난이도가 높은 문제이다.

(보충) 데이터의 이용
공기단축 문제 중 난이도가 최상으로 높은 문제이다. 어렵다고 포기하지 말고 끝까지 풀이보세요!

정답 1. 표준 네트워크 공정표

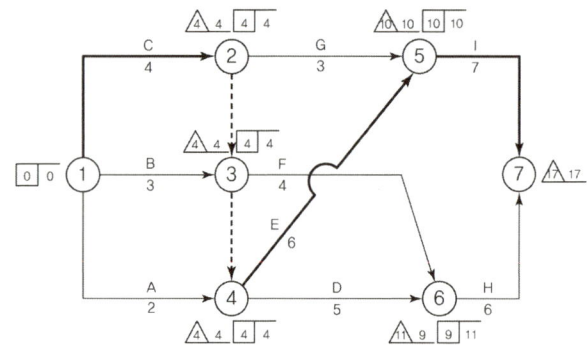

해설 공기단축

1) 데이터 정리

명	비용 구배	단축가능일수	1차	2차	3차	4차	5차	6차
A	50,000	1						
B	40,000	1				1		
C	30,000	2		1		1		
D	20,000	2			1		1	
E	10,000	3	2		1			
F	15,000	2					1	
G	23,000	1						
H	37,000	3						1
I	45,000	3					1	1

2) 공기단축 시 증가 비용

　① 1차 단축 E작업 2일 단축　　∴ 2×10,000 = 20,000원
　② 2차 단축 C작업 1일 단축　　∴ 1×30,000 = 30,000원
　③ 3차 단축 D작업 1일 단축　　∴ 1×20,000 = 20,000원
　　 3차 단축 E작업 1일 단축　　∴ 1×10,000 = 10,000원
　④ 4차 단축 B작업 1일 단축　　∴ 1×40,000 = 40,000원
　　 4차 단축 C작업 1일 단축　　∴ 1×30,000 = 30,000원
　⑤ 5차 단축 D작업 1일 단축　　∴ 1×20,000 = 20,000원
　　 5차 단축 F작업 1일 단축　　∴ 1×15,000 = 15,000원
　　 5차 단축 I작업 1일 단축　　∴ 1×45,000 = 45,000원
　⑥ 6차 단축 H작업 1일 단축　　∴ 1×37,000 = 37,000원
　　 6차 단축 I작업 1일 단축　　∴ 1×45,000 = 45,000원
∴ ① + ② + ③ + ④ + ⑤ + ⑥ = 312,000원

정답 2. 공기단축된 공정표(전부가 주공정선임)

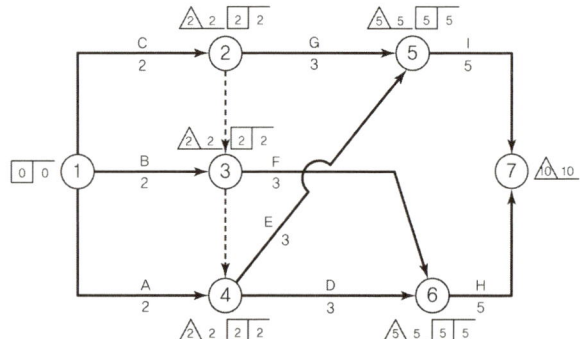

16 주어진 데이터에 의하여 다음 물음에 답하시오.

(단, ① Network 작성은 Arrow Network로 할 것, ② Critical Path는 굵은 선으로 표시할 것, ③ 각 결합점에서는 다음과 같이 표시한다.)

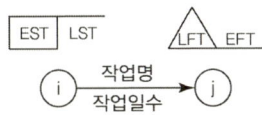

(Data)

Activity name	선행 작업	Duration	공기 1일 단축 시 비용(원)	비고
A	없음	5	10,000	
B	없음	8	15,000	① 공기단축은 Activity I에서 2일, Activity H에서 3일, Activity C에서 5일로 한다.
C	없음	15	9,000	
D	A	3	공기단축 불가	
E	A	6	25,000	
F	B, D	7	30,000	
G	B, D	9	21,000	② 표준공기 시 총공사비는 1,000,000원이다.
H	C, E	10	8,500	
I	H, F	4	9,500	
J	G	3	공기단축 불가	
K	I, J	2	공기단축 불가	

가. 표준(normal) Network를 작성하시오.
나. 공기를 10일 단축한 Network를 작성하시오.
다. 공기단축된 총공사비를 산출하시오.

정답 1. 표준 네트워크 공정표

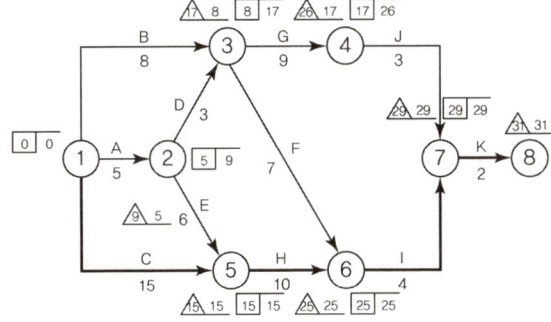

해설 〈공기단축〉

1) 1차 단축 : 주공정선 작업 중 비용구배가 적은 H작업에서 단축가능일수인 3일 단축
2) 2차 단축
   - 비용구배가 적은 C작업에서 단축가능일수 4일을 단축한다.
   - 4일을 단축하면 Sub CP가 (A-E-H-I-K)가 발생하며 이후 단축 시 Sub CP도 고려해야 한다.
3) 3차 단축 : 주CP와 서브를 고려 비용구배가 적은 I작업에서 2일 단축한다.
4) 4차 단축 : 주CP와 서브CP를 고려(A·B·C) 작업을 병렬 단축하여 1일을 단축한다.

정답 2. 단축된 네트워크 공정표

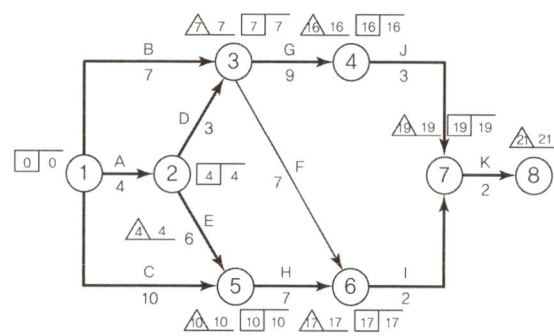

3. 총공사비
   1) 표준상태 총공사비 = 1,000,000원
   2) 단축 시 증가비용
      ① 1차 단축 H작업 3일   ∴ 8,500×3일 = 25,500원
      ② 2차 단축 C작업 4일   ∴ 9,000×4일 = 36,000원
      ③ 3차 단축 I작업 2일   ∴ 9,500×2일 = 19,000원
      ④ 4차 단축
         A작업 1일   ∴ 10,000×1 = 10,000원
         B작업 1일   ∴ 15,000×1 = 15,000원
         C작업 1일   ∴ 9,000×1 = 9,000원
      ∴ ①+②+③+④ = 114,500원

   3) 단축 시 총공사비 = 1)+2) = 1,114,500원

● 최적공기 구하기

17 다음 네트워크 공정표에서 최적공기를 구하라.(단, 간접비용은 1일당 8만원이 소요된다.)

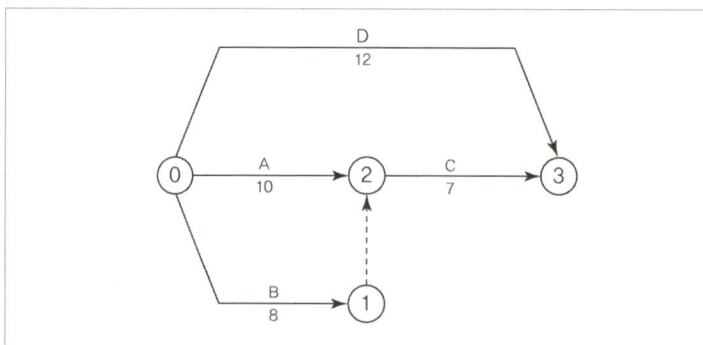

작업	표준(Normal)		특급(Crash)		비용구배
	소요일수	직접비(만원)	소요일수	직접비(만원)	(만원/일)
A	10	50	5	80	6
B	8	35	6	49	7
C	7	70	5	90	10
D	10	30	6	46	4

정답
1) 최적공기는 총공사비(직접공사비 + 간접공사비)가 최소인 시점이다.
2) 표준상태에서 공기를 1일 단축 시 직접공사비 증가폭이 간접공사비 감소폭보다 적어지는 경우는 계속 단축한다.
3) 아래의 도표와 같이 표를 만들어 공기단축을 1일씩 행하며 비용의 변화를 고려한 후 총공사비가 최소가 되는 시간이 최적공기가 된다.

소요공기	단축대상	직접비(만원)	간접비(만원)	총공사비
17	정상작업	185	17×8=136	321
16	A	185+6=191	16×8=128	319
15	A	191+6=197	15×8=120	317(★최소)
14	C	197+10=207	14×8=112	319
13	C	207+10=217	13×8=104	321
12	A, B	217+13=230	12×8=96	326

4) 그러므로 최적공기는 15일이며 이때 총공사비는 317만 원이다.

보충 시간과 비용관계

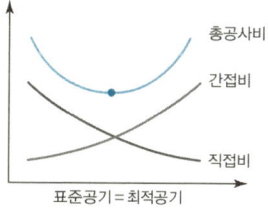

- 일정계산 후 총공기=17일
- 공기단축 시
  - 간접비 감소
  - 직접비 증가
- 정상작업 직접비 산출
  A작업+B작업+C작업+D작업
  =50+35+70+30
  =185만원

미듬 건축산업기사

멘토스는 당신의 쉬운 합격을 응원합니다!

Engineer Architecture

CHAPTER 05
공정관리기법

CONTENTS

제1절 진도관리(Follow up)	113
제2절 자원배당	114
제3절 EVMS(비용시간 통합관리)	116

미듬 건축산업기사

멘토스는 당신의 쉬운 합격을 응원합니다!

CHAPTER 05 공정관리 기법

| 학 | 습 | 포 | 인 | 트 |
* 진도관리 시기·개념·순서 파악
* 자원배당의 목적·방법·산적표 작성
* EVMS 기본원리, 측정요소, 평가방법

제1절 진도관리(Follow up)

1) 진도관리란 계획 공정표에 의해 공사를 진행하며 일정기간이 경과된 후 중간 점검을 하는 관리를 말한다.
2) 일반적으로 진도관리의 주기는 통상 15일(2주) 내지 30일(4주)을 기준으로 하며 30일을 넘지 않도록 한다.
3) 진도관리 결과 전체공기의 사항을 체크하고 공기지연이 예상될 경우 공기조정을 실시한다.
4) 진도관리 순서
   ① 작업이 진행되는 도중 완료 작업량과 잔여 작업량을 조사한다.
   ② 진도관리 시점에서 잔여작업량을 기준으로 네트워크 일정계산을 한다.
   ③ 잔여공기가 당초 공기보다 지연되고 있는 경로를 찾는다.
   ④ 공기단축은 최소비용의 공기단축으로 한다.
   ⑤ 단축된 공정표를 재작성하고 이에 따라 관리를 행한다.

예제 01

다음의 네트워크에 의하여 공사를 개시한 후, 24일째 진도관리(Follow up)한 바 작업의 잔여일수는 각각 표와 같다. 당초 공기를 초과한다면 어느 작업에서 며칠 단축해야 하는지 조치를 취하시오.

작업	당초 작업일수	잔여 소요일수	비고
A	5	0	완료
B	4	0	완료
C	29	5	작업 중
D	18	2	작업 중
E	10	0	완료
F	22	4	작업 중
G	19	19	미착수
H	15	15	미착수

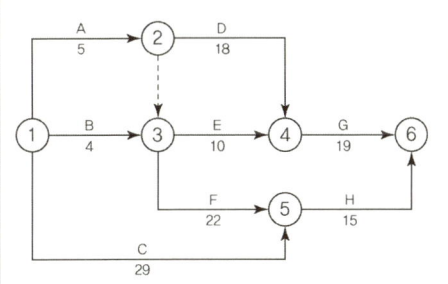

해설 1. 네트워크 공정표에 일정계산을 한다.

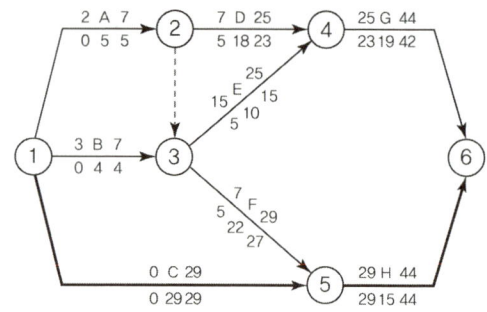

2. 완료된 작업을 제외하고 작업 중이거나 미착수된 작업을 검토한다.

작업	작업일수	잔여일수	검토(종료일)	판정	조치
C	29	5	24+5=29	정상	
D	18	2	24+2=26	1일 지연	1일 단축
F	22	4	24+4=28	정상	
G	19	19	24+19=43	정상	
H	15	15	24+15=39	정상	

※ 검토는 24일+잔여일수가 LFT보다 지연되고 있는가를 비교한다.
① C작업은 29일 종료되므로 정상(LFT=29)
② D작업은 26일 종료되므로 LFT보다 1일이 지연되고 있다. 그러므로 D작업은 1일 단축해야 하며, 만약 D작업에서 단축이 불가능할 경우 G작업에서 단축해야 한다.
③ F작업은 28일 종료되므로 정상(LFT=29)
④ G작업과 H작업은 미착수 작업이므로 진도관리일(24일)과 LST를 비교하여 LST 이전이면 정상이다.

제2절 자원배당

01 개요

1) 자원배당은 자원(인력, 자재, 장비, 자금) 소요량과 투입량을 상호조정하며 자원의 비효율성을 제거하여 비용의 증가를 최소화하는 것이다.
2) 여유시간을 이용하여 논리적 순서에 따라 작업을 조절하여 자원을 배당함으로써 자원 이용에 대한 손실을 줄이고, 자원수요를 평준화하는 데 목적이 있다.

02 목적

1) 자원변동의 최소화
2) 자원의 시간낭비 제거
3) 자원의 효율화
4) 공사비 절감

03 자원배당의 대상

1) 인력(Man)
2) 장비(Machine)
3) 자재(Material)
4) 자금(Money)

예제 02

다음 네트워크 공정표를 아래 물음에 답하시오.(단, ( ) 안의 숫자는 1일당 소요인원이고, 지정공기는 계산공기와 같다.)

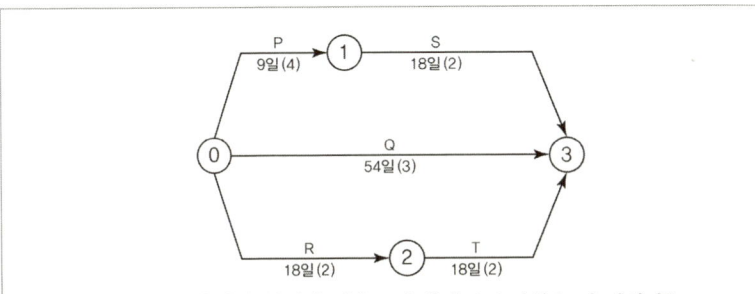

1) 각 작업을 EST에 따라 실시할 경우 1일 최대 소요인원은 몇 명인가?
2) 각 작업을 LST에 따라 실시할 경우 1일 최대 소요인원은 몇 명인가?
3) 가장 적합한 계획에 따라 인원 배당을 행할 경우 1일 최대 소요인원은 몇 명인가?

풀이
- 주어진 공정표에 일정계산을 하고 주공정선(CP)과 EST, LST를 구한 다음 산적표(분배도)를 작성한다.
- 산적표 작성 시 주공정선의 작업부터 우선적으로 배당한다.

1. 일정계산

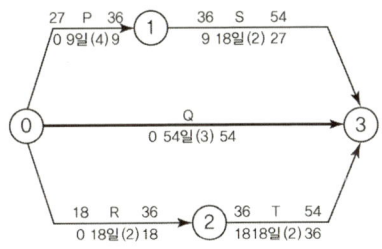

2. EST에 실시할 경우 = 최대 9명

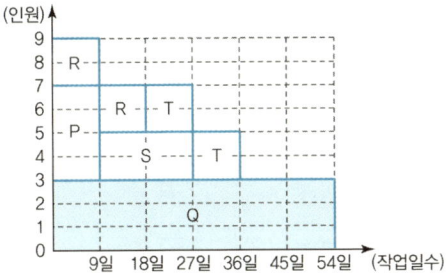

3. LST에 실시할 경우 = 최대 9명

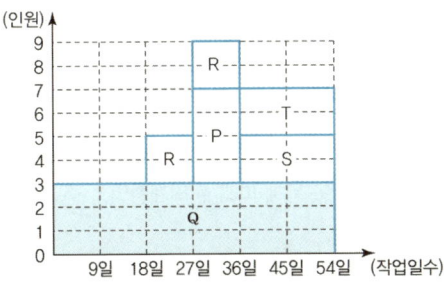

보충 산적표(EST에 시작하는 경우)

①
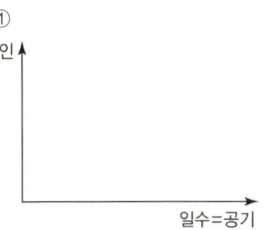

② 주공정선에 작업 배당
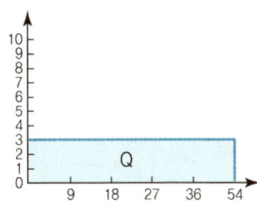

③ P작업과 S작업 : 순서는 임의
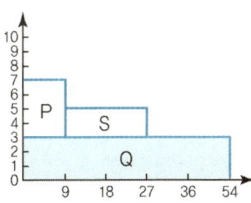

④ R과 T작업 : 좌도와 같이 완성

※ LST를 실시하는 경우도 EST와 동일

보충 | 최적계획 시
① 선행과 후속의 관계(단계원칙) 준수
② 주어진 공정표에서 P작업과 S작업, R작업과 T작업은 선행과 후속의 관계에 있으므로 S작업을 P작업보다 먼저 시행할 수 없고, T작업 역시 R작업보다 먼저 시행할 수 없다.

4. 최적계획 = 최대 7명

최적에 의한 계획 시 선행작업과 후속작업의 관계를 고려하여 작성함에 유의한다.

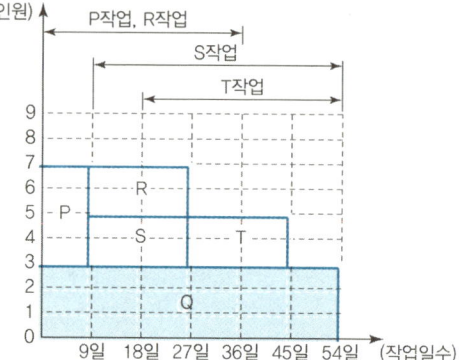

제3절 EVMS(Earnecl Value Management System, 비용시간 통합관리)

01 정의

프로젝트의 업무정의, 일정계획 및 예산배분, 성과측정 및 분석의 과정을 통하여 **비용과 일정의 계획값과 실제값을 통합관리** 함으로써 문제를 파악하고 분석하여 비용과 일정을 예측하고 만회대책 수립을 가능하게 한다.

02 도입 효과

발주자 측면	시공자 측면
• 계획대비 실적관리 • 객관적인 원가 집행 및 관리	• 원가와 공정 통합관리 • 공사관리의 효율성 증대 • 기성관리체계의 간소화 도모

03 구성 요소

EVMS를 구성하는 요소는 계획요소, 측정요소, 분석요소 3개로 나눌 수 있다.

(1) 계획요소

1) 작업분류체계(Work Breakdown Structure : WBS)

프로젝트의 모든 작업을 계층적으로 분류하여 동일한 기준으로 일정과 성과를 측정하기 위한 표준체계

보충 | 분류체계
• WBS(작업 분류체계)
• OBS(조직 분류체계)
• CBS(비용 분류체계)

2) 관리계정(Control Account : CA)

작업분류체계에 의해 분할된 최소 관리 단위를 의미하며, 공정 및 공사비 통합 및 성과측정의 기본단위. 프로젝트의 규모나 난이도 등에 따라 관리계정의 수준이 결정

용어 | CA

3) 성과 기준(Performance Measurement Baseline : PMB)

관리계정을 구성하는 항목별로 비용을 일정에 따라 배분하여 표기한 누계곡선을 말하며 소화곡선(S-curve)이라고도 함. 이는 계획과 실적을 비교 관리하는 성과측정의 관리기준

(2) 측정요소

측정요소는 실제 공사가 진행되는 과정에서 주기적으로 성과를 측정하고 분석하기 위한 자료를 수집하는 과정으로 실행원가, 실행기성, 실투입비로 나뉜다.

1) 실행원가(Budgeted Cost of Work Scheduled : BCWS)

실행예산 또는 계획실적 등으로 불리며, 공사계획에 의해 특정 시점까지 완료해야 할 작업에 배분된 예산으로 원가관리의 기준

2) 실행기성(Budgeted Cost of Work Performed : BCWP)

소화금액, 기성, Earned Value(EV) 등으로 불리며 특정시점까지 실제 완료한 작업에 배분된 예산

3) 실투입비(Actual Cost of Work Performed : ACWP)

특정시점까지 실제 완료한 작업에 소요된 실제 투입비용

(3) 분석요소

분석요소는 측정요소를 활용하여 특정시점에서의 공사의 상태를 파악하고, 향후 성과를 예측하여 일정과 비용의 추세를 분석하는 지표이다. 분석요소에는 일정분산, 비용분산, 잔여비용 추정, 최종비용 추정, 변경실행예산, 공사비 편차 추정, 비용차이율, 일정차이율 등이 포함된다.

1) 일정분산(Schedule Variance : SV)

특정시점에서 실행과 실행기성의 차이를 원가의 개념으로 표현한 것으로 공정의 지연정도를 금액 기준으로 표시

2) 일정수행지수(Schedule Performance Index : SPI)

계획 일정과 실제 일정을 비교하기 위한 지수로 실행과 실행기성의 비율로 표시

3) 비용분산(Cost Variance : CV)

특정시점에서 실행기성과 실투입비의 차이로서 실투입이 원가 내에 있는지 여부를 구분하는 척도이며 시공자 입장에서 공사 수행을 통한 손익 정도를 분석

4) 비용수행지수(Cost Performance Index : CPI)

비용의 초과 집행 또는 절감을 분석하는 지수로서 실행기성과 실투입비의 비율로 표시

보충 측정요소
- 실행원가(BCWS) = 계획수량 × 계획단가
- 실행기성(BCWP) = 실제수량 × 계획단가
- 실투입비(ACWP) = 실제수량 × 실제단가

용어 ACWP

용어 CV

보충 분석요소

1) 일정분산(SV)
   = BCWP − BCWS
   $\begin{pmatrix} SV<0 : 지연 \\ SV>0 : 초과 \end{pmatrix}$

2) 일정수행지수(SPI)
   $= \dfrac{BCWP}{BCWS}$ $\begin{pmatrix} SPI<1 : 지연 \\ SPI>1 : 초과 \end{pmatrix}$

   ※ SPI = 0.80이면 100원 어치로 예정된 공사가 80원 어치 완료

3) 비용분산(Cost Variance : CV)
   = BCWP − ACWP
   $\begin{pmatrix} CV<0 : 원가초과 \\ CV>0 : 원가절감 \end{pmatrix}$

4) 비용수행지수(CPI)
   $= \dfrac{BCWP}{ACWP}$ $\begin{pmatrix} CPI<1 : 비용초과 \\ CPI>1 : 비용절감 \end{pmatrix}$

   ※ CPI가 0.85이면 85원의 가치로 예정되었던 공사를 실제로 100원을 투입하여 완료한 것을 의미한다.

5) 총실행예산(BAC)

6) 잔여비용 추정액(ETC)

$$= \frac{BAC - BCWP}{CPI}$$

7) 변경실행예산(EAC)

$$= ACWP + ETC$$

$$= ACWP + \frac{(BAC - BCWP)}{CPI}$$

$$= \frac{BAC}{CPI}$$

8) 실행공정률(PC) $= \frac{BCWP}{BAC}$

9) 공사비 편차 추정(VAC)

$$= BAC - EAC$$

10) 잔여공사비 성과지표(TCPI)

$$= \frac{BAC - BCWP}{BAC - ACWP}$$

11) 비용 차이율(CVP)

$$= \frac{CV}{BCWP} = \frac{BCWP - ACWP}{BCWP}$$

$$= 1 - \frac{ACWP}{BCWP}$$

$$= 1 - \frac{1}{CPI}$$

12) 일정 차이율(SVP)

$$= \frac{SV}{BCWS} = \frac{BCWP - BCWS}{BCWS}$$

$$= \frac{BCWP}{BCWS} - 1 = SPI - 1$$

5) 총실행예산(Budgeted at Completion : BAC)

공사 준공 시까지 소요되는 예산의 총합

6) 잔여비용 추정액(Estimate to Completion ; ETC)

성과측정 기준일부터 추정 준공일까지 실투입비에 대한 추정액

7) 변경실행예산(Estimate at Complection : EAC)

공사 착공부터 추정 준공일까지 실투입비 총액 추정치

8) 실행공정률(Percent Complete : PC)

특정시점 기준으로 총사업예산 대비 기성률을 나타내는 척도

9) 공사비 편차 추정(Variance at Completion : VAC)

총실행예산과 변경실행예산의 차이로서 공사 준공시점에서 비용 성과를 추정하는 지표

10) 잔여공사비 성과지표(To-Complete Cost Performance Index : TCPI)

측정시점 기준에서 잔여 공사물량에 대한 예산과 실투입비 추정액의 비율

11) 비용 차이율(Cost Variance Percentage : CVP)

비용분산과 실행기성의 비율

12) 일정 차이율(Schedule Variance Performance : SVP)

일정분산과 실행의 비율

CHAPTER 05 핵심 기출문제

01 자원배당의 목적을 4가지만 쓰시오.

가. ___
나. ___
다. ___
라. ___

정답
가. 자원변동의 최소화
나. 자원의 시간낭비 제거
다. 자원의 효율화
라. 공사비 절감

02 네트워크 공정표에서 자원배당(Resource allocation)의 대상을 3가지만 쓰시오.

가. ___ 나. ___
다. ___ 라. ___

정답
가. 인력(Man)
나. 장비(Machine)
다. 자재(Material)
라. 자금(Money)

03 공사관리를 실시하는 데에는 자원에 대한 배당이 매우 중요하다 할 수 있다. 이때 소요되는 자원을 아래와 같은 특성상으로 분류하면 그 대상은 어떤 것일까? ( ) 안을 기입하시오.

가. 내구성 자원(Carried-forward resource) : ___
나. 소모성 자원(Used-by-job resource) : ___

정답
가. 인력, 장비(기계)
나. 자재, 자금

04 네트워크 공정표에서 자원배당의 대상이 되는 자원을 쓰시오.

가. ___
나. 장비, 설비
다. ___
라. 자금
마. ___
바. ___

정답
가. 인력, 노무
다. 재료, 자원
마. 공법, 관리
바. 경험, 기억(기술축적)

05 다음 네트워크 공정표에 있어서 동원인력이 7인/일인 경우에 맞추어 Man Power Leveling을 행하시오.(단, △ 안의 숫자는 그 Activity에 있어서의 1일 필요인원으로 한다.)

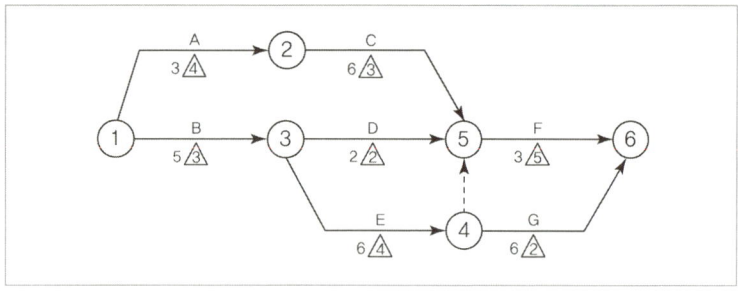

해설 일정 계산

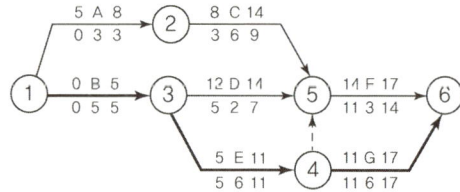

정답 1. EST에 실시할 경우

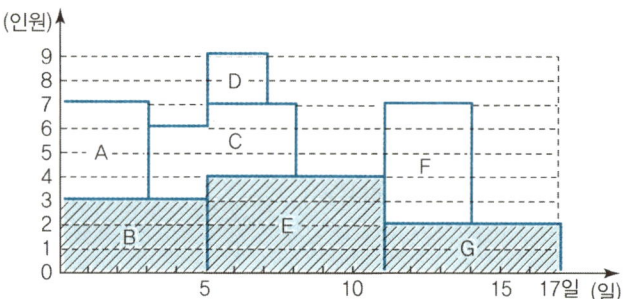

2. LST에 실시할 경우

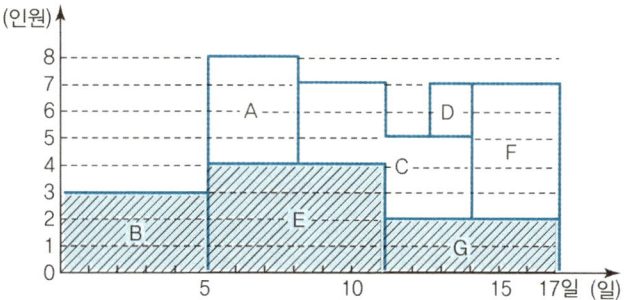

3. 최적계획

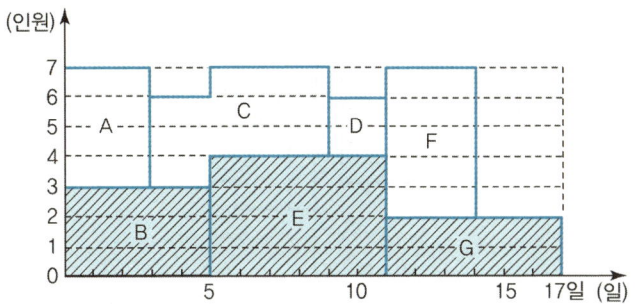

06 다음 네트워크와 같이 공사를 진행시키고자 한다. 가장 빠른 시작시간 (Earliest Start Time), 가장 늦은 시작시간(Latest Start Time)에 의한 인력부하도(Loading Diagram)와 균배도(Leveling Diagram)를 작성하고 총동원 인원수 및 최소 동원 인원수를 산출하라.

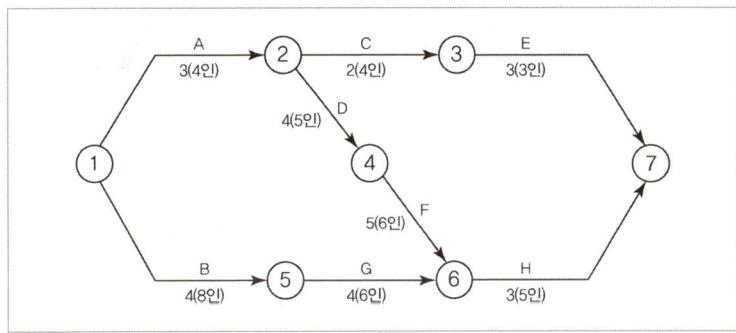

해설 일정계산

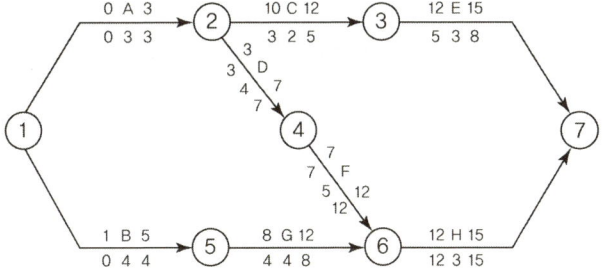

정답 1. EST에 실시할 경우

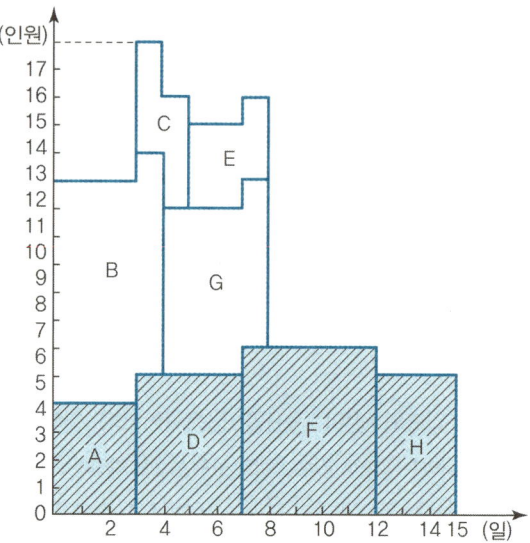

2. LST에 실시할 경우

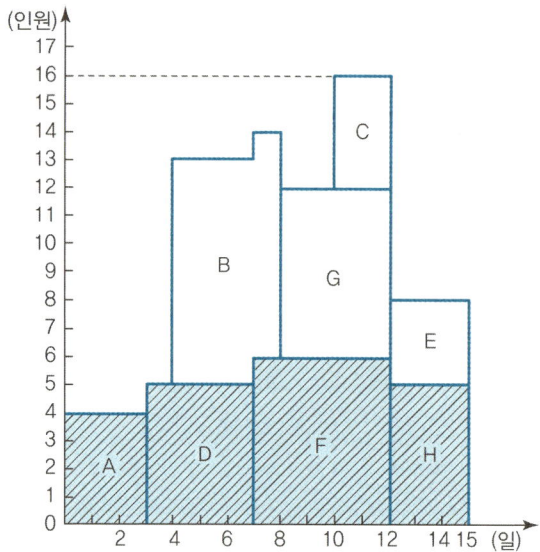

3. 균배도

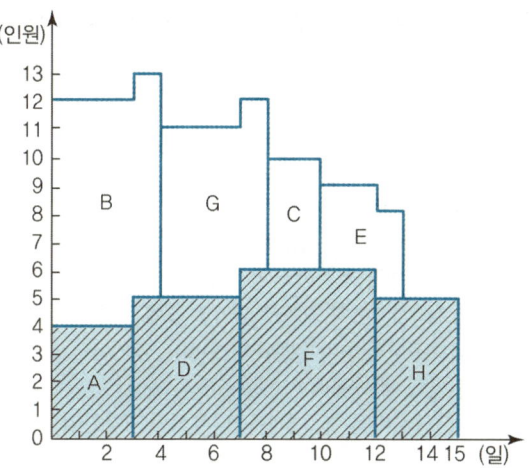

4. 총동원 인원수
   (각 작업 소요일수×1일 인원수)의 총합
   =3×4+4×8+2×4+4×5+3×3+5×6+4×6+3×5=150인/일

5. 최소 인원수
   13인(3번 균배도에 의함)

07 다음 통합공정관리(EVMS : Earned Value Management System) 용어를 설명한 것 중 맞는 것을 보기에서 선택하여 번호로 쓰시오.

① 프로젝트의 모든 작업내용을 계층적으로 분류한 것으로 가계도와 유사한 형성을 나타낸다.
② 성과측정시점까지 투입예정된 공사비
③ 공사착수일로부터 추정준공일까지의 실 투입비에 대한 추정치
④ 성과측정시점까지 지불된 공사비(BCWP)에서 성과측정시점까지 투입예정된 공사비를 제외한 비용
⑤ 성과측정시점까지 실제로 투입된 금액을 말한다.
⑥ 성과측정시점까지 지불된 공사비(BCWP)에서 성과측정시점까지 실제로 투입된 금액을 제외한 비용
⑦ 공정, 공사비 통합, 성과측정, 분석의 기본단위를 말한다.

가. CA(Control Account) :
나. CV(Cost Variance) :
다. ACWP(Actual cost for work performed) :

정답
가. CA : ⑦
나. CV : ⑥
다. ACWP : ⑤

08 다음 통합공정관리(EVMS : Earned Value Management System) 용어를 설명한 것 중 맞는 것을 보기에서 선택하여 번호로 쓰시오.

> ① 프로젝트의 모든 작업내용을 계층적으로 분류한 것으로 가계도와 유사한 형성을 나타낸다.
> ② 성과측정시점까지 투입예정된 공사비
> ③ 공사착수일로부터 추정준공일까지의 실 투입비에 대한 추정치
> ④ 성과측정시점까지 지불된 공사비(BCWP)에서 성과측정시점까지 투입예정된 공사비를 제외한 비용
> ⑤ 성과측정시점까지 실제로 투입된 금액을 말한다.
> ⑥ 성과측정시점까지 지불된 공사비(BCWP)에서 성과측정시점까지 실제로 투입된 금액을 제외한 비용
> ⑦ 공정, 공사비 통합, 성과측정, 분석의 기본단위를 말한다.

가. WBS(Work Breakdown Structure) :

나. SV(Schedule Variance) :

다. BCWS(Bugdeted Cost for Work Scheduled) :

정답
가. WBS : ①
나. SV : ④
다. BCWS : ②

09 EVMS를 구성하는 요소는 계획요소, 측정요소, 분석요소 3가지로 나눌 수 있다. 여기에 속하는 측정요소 3가지를 쓰시오.

가.

나.

다.

정답
가. 실행원가(BCWS)
  : 계획수량×계획단가
나. 실행기성(BCWP)
  : 실제수량×계획단가
다. 실투입비(ACWP)
  : 실제수량×실제단가

10 EVMS의 분석요소 중 아래에서 요구하는 사항을 보기에서 골라 식을 완성하시오.

> • BCWS(Budgeted Cost of Work Scheduled)
> • BCWP(Budgeted Cost of Work Performed)
> • ACWP(Actual Cost of Work Performed)
> • WBS(Work Breakdown Structure)

가. 일정분산(SV) :

나. 비용분산(CV) :

다. 일정수행지수(SPI) :

라. 비용수행지수(CPI) :

정답
가. SV = BCWP − BCWS
나. CV = BCWP − ACWP
다. SPI = $\dfrac{BCWP}{BCWS}$
라. CPI = $\dfrac{BCWP}{ACWP}$

Engineer Architecture

CHAPTER 06
품질관리

CONTENTS

제1절 시공기술 품질관리	127
제2절 통계적 품질관리	144
제3절 자재 품질관리	148

미듬 건축산업기사

멘토스는 당신의 쉬운 합격을 응원합니다!

품질관리

제1절 시공기술 품질관리

|학|습|포|인|트| *품질관리 순서(Cycle) 이해하기
              *QC수법 이해하기

I. 총론

01 품질

(1) 정의

① 제품의 유용성을 결정하는 성질 또는 제품의 사용목적을 다하기 위하여 구비해야 할 성질
② 사용해 볼 소비자에 의하여 평가된다.
③ 좋은 품질이란 그것을 사용할 소비자에 의하여 평가되며 소비자의 사용목적이나 조건에 맞는 품질이다. 또한 '최고나 최상'이 아닌 '최적'의 품질

(2) 특성

① 참특성 : 소비자가 요구하는 품질 특성(예 경제성, 시공성)
② 대용특성 : 참특성의 세부적인 항목(예 크기, 색상, 개수, 수량)

> 보충 **특성**
> 품질평가의 대상이 되는 성질이나 성능

(3) 분류

구분	내 용
목표품질	• 제품에 대한 소비자의 요구 • 품질 특성의 규정
설계품질	• 목표 품질을 실현하기 위해 기획한 결과를 시방으로 정리하여 표현화한 품질
제조품질 (적합품질)	• 실제로 제조된 품질특성 • 현장의 품질관리는 제조품질을 설계품질에 합치시키기 위한 노력
시장품질 (사용품질)	• 소비자의 사용상태에 있는 동안 만족을 주는 품질 • 시장품질을 높이기 위해서는 서비스 비용의 증액이 필요
서비스품질	• 제품을 직접 취급하지 않는 기업도 제공되는 서비스를 품질이라 한다.

02 관리

(1) 정의

목표를 설정하고 이를 능률적으로 달성하기 위한 모든 조직적인 활동

(2) 대상

① 자원(Material) 또는 재료
② 인력(Man) 또는 노무
③ 장비(Machine) 또는 기술
④ 자금(Money)
⑤ 기억(Memory)
⑥ 관리(Management)

(3) 단계(Cycle)

계획(Plan) – 실시(Do) – 검토(Check) – 시정(Action)

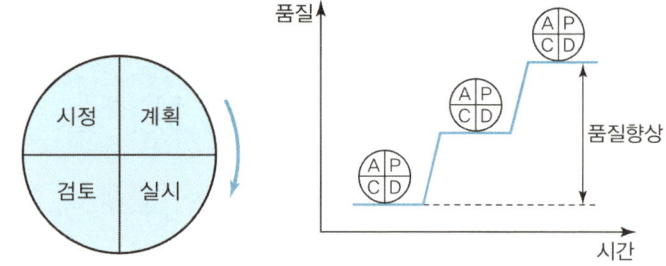

03 품질관리

(1) 정의

품질관리(QC : Quality Control)란 수요자의 요구에 맞는 품질의 제품을 경제적으로 만들어 내는 모든 수단의 체계를 말한다.
즉, 건축공사의 품질관리란 설계서나 시방서 등에 따른 시공 목적물을 소요강도 및 내구성, 경제성 등에 맞도록 모든 공정 중의 품질에 대하여 기술적인 지식을 응용하여 관리하고 시험하며 통계적 방법을 응용해 나가는 것이라 할 수 있다.

(2) 목적(장점)

① 결함 방지(원가절감)
② 하자/유지비 절감
③ 신뢰성 확보
④ 결과 예측 가능
⑤ 작업 중 문제점 도출 및 대처 가능
⑥ 작업의 합리화(표준화)
⑦ 작업능률 향상(작업자 기능 향상)
⑧ 기회 손실의 방지

(3) 순서

① 품질관리의 항목 선정(품질특성 – 결정) : 품질에 중요한 영향을 미치는 품질특성 중에서 신속한 조치가 필요한 것을 선정한다.
② 품질표준의 결정 : 품질표준은 그 공사에서 품질을 목표로 하는 것으로 대부분 설계서나 시방서에 의하여 결정된다.
③ 작업표준의 결정 : 품질표준에 따른 작업조건, 작업방법, 사용재료, 사용장비 등을 결정한다.
④ 작업표준에 따른 교육 및 훈련 : 현장 작업원에게 각자의 작업내용을 교육 훈련하여 숙지시킨다.
⑤ 작업실시

⑥ **품질의 조사, 품질검사** : 품질표준과 일치하고 있는지의 여부를 조사하고 히스토그램이나 공정능력도를 작성하여 이상 여부를 확인한다.
⑦ **관리도 작성** : 공정능력도나 히스토그램이 양호한 상태로 나타나면 적당한 관리도를 선정하여 이상 여부를 계속 주시한다.
⑧ **이상의 판정 및 수정조치** : 관리도에서 이상이 발견되면 그 원인을 분석하고 수정조치한다.
⑨ **결과확인** : 수정조치 후 그 결과를 확인한다.

04 품질경영(QM : Quality Management)

(1) 정의

최고 경영자의 리더십 아래, 품질을 경영의 최우선 과제로 하고 고객만족의 확보를 통한 기업의 장기적인 성공은 물론, 기업구성원과 사회 전체의 이익에 기여하기 위하여 경영활동 전반에 걸쳐 모든 구성원의 참가와 총체적 수단을 활용하는 전사적인 경영관리 체계

> (보충) 참고사항 : 품질비용
> ① 하자비용
> ② 예방비용
> ③ 무형비용

(2) 과정

구분	특징
QC	• 공정불량품 제거 • 검사수단을 통한 표준과 대조 • 일정한 품질수준 유지
SQC	• 공정불량의 개선 • 관리도에 의한 통계학적인 공정통계 • 검사 · 품질관리부서 중심의 활동
TQC	• 불량개선의 시스템 • 품질에 영향을 주는 사내 모든 기능의 종합적 참여
TQM	• 품질, 공정, 사람, 자원 등 전체(T)의 질(Q) 향상

> (보충) 참고사항
> 1. QI(Quality Improvement : 품질관리)
>   : 활동의 공정과 유효성, 효율성 향상 활동
> 2. QA(Quality Assurance : 품질보증)
>   : 신뢰감 확보를 위한 체계적이고 계획적인 활동

05 모델화

(1) 정의

품질관리상 문제의 본질을 누구나 알 수 있도록 용이하게 표현하는 기법을 말한다.

(2) 종류

① **구체적 모델** : 모형(건물, 선박, 항공기 등), 배치 결정에 의한 기계의 모형 또는 카드(Card), 원척도 등으로 표시한다.
② **그래픽 모델** : 각종 변수를 선의 길이나 면적 등으로 표시하는 등 문제를 그래프화하여 표시한다.
③ **픽토리얼 모델** : 만화 또는 일러스트 등 이미지를 환기시키는 모델화를 말한다.
④ **스키마틱 모델** : 정보의 흐름, 공정분석, 조직도 등을 지칭하는 것으로 각종의 흐름을 언어모델로 표시하는 것보다 훨씬 명료하게 된다.
⑤ **수학적 모델** : 생산계획, 생산할당도 등이 있다.
⑥ **시뮬레이션 모델** : 어떤 현상을 훈련이나 실험용 현상으로 모의하는 것을 말한다.

06 품질관리 계획

(1) 품질관리 계획서 제출 대상공사

① 전면책임감리 대상인 건설공사로서 총공사비가 500억 원 이상인 건설공사
② 다중이용건축물의 건설공사로서 연면적이 30,000m² 이상인 건축물의 건설공사
③ 당해 건설공사의 계약에 품질관리 계획의 수립이 명시되어 있는 건설공사

(2) 품질관리 계획서 작성내용

건설공사정보 / 품질방침 및 목표 / 현장조직관리 / 문서관리 / 기록관리 / 자원관리 / 설계관리 / 공사수행준비 / 교육훈련 / 의사소통 / 자재구매관리 / 지급자재관리 / 하도급관리 / 공사관리 / 중점품질관리 / 계약변경 / 식별 및 추적 / 기자재 및 공사목적물의 보존관리 / 검사, 측정 및 시험장비의 관리 / 검사 및 시험, 모니터링 / 부적합사항관리 / 데이터의 분석관리 / 시정 및 예방조치 / 품질감사 / 건설공사 운영성과 / 공사준공 및 인계

II. 품질관리(QC) 수법

도구명	내 용
히스토그램	계량치(데이터)가 어떠한 분포를 하는지 알아보기 위하여 작성하는 것
특성요인도	결과에 원인이 어떻게 관계하고 있는가를 한눈에 알아보기 위하여 작성하는 것(체계적 정리, 원인 발견)
파레토도	불량, 결점, 고장 등의 발생건수를 분류항목별로 나누어 크기 순서대로 나열해 놓은 것(불량항목과 원인의 중요성 발견)
체크시트	계수치의 데이터가 분류항목별의 어디에 집중되어 있는가를 알아보기 쉽게 나타낸 것(불량항목 발생, 상황파악 데이터의 사실 파악)
그래프	품질관리에서 얻은 각종 자료의 결과를 알기 쉽게 그림으로 정리한 것
산점도	서로 대응되는 두 개의 짝으로 된 데이터를 그래프 용지에 점으로 나타내어 두 변수 간의 상관관계를 짐작할 수 있다.
층별	집단을 구성하고 있는 많은 데이터를 어떤 특징에 따라 몇 개의 부분집단으로 나눈 것

01 히스토그램(Histogram)

길이, 무게, 시간, 경도 등을 측정하는 계량치(데이터)가 어떠한 분포를 하고 있는가를 알아보기 쉽게 나타낸 그림으로 데이터만으론 알아보기 어려웠던 전체의 모습을 간단하게 알 수 있고 대체적인 평균이나 산포의 모습 및 크기를 간단하게 알 수 있다.

(1) 작성방법

① 데이터를 수집한다.
② 데이터 중의 최대치와 최소치를 구한 다음 전범위(R)를 구한다.

③ 구간폭을 정한다.(계급의 수와 데이터의 수)
④ 경계치를 결정한다.(측정단위의 1/2)
⑤ 도수분포도를 작성한다.
⑥ 히스토그램을 작성한다.
⑦ 히스토그램과 규격값과 대조하여 안정상태인지 검토한다.

히스토그램을 작성하면 규격치를 넣어 규격치와 데이터와의 관계를 판정한다. 여유판정에는 정규분포와의 관계를 파악하기 위한 것으로 평균치로부터 양측으로 3σ가 규격치 내에 있다면 여유가 있는 것으로 본다.

ⅰ) 상한 규격치와 하한 규격치가 있을 때

$$\frac{SU-SL}{\sigma} \geqq 6 \quad 가능하면\ 8$$

ⅱ) 한 쪽 규격치만 있을 때

$$\frac{S-\overline{x}}{\sigma} \geqq 3 \quad 가능하면\ 6$$

여기서, SU : 상한 규격치
SL : 하한 규격치
S : 한쪽 규격치
$\overline{x}$: 평균치
σ : 표본 표준편차

3. 계급의 수
〈데이터수와 계급의 수〉

데이터수(N)	계급의 수(K)
50 미만	5~7
50~100	6~10
100~250	7~12
250 이상	10~20

예제 01

다음의 데이터(Data)는 콘크리트의 29일 압축강도 측정치를 나타낸 것이다. 데이터를 이용하여 히스토그램(Histogram)을 작성하시오.
(단, 폭은 20kg/cm², 폭의 수는 8, 폭의 경계치는 0.5kg/cm²이다.)

[콘크리트 압축강도(kg/cm²)의 데이터]

● : 최댓값　▲ : 최솟값

횟수	1	2	3	4	5	6	7	8	9	10
측 정 치	245	278	260	281	281	281	293	290	245	278
	287	293	308	293	248	263	284	305	227	293
	350	245	290	305	281	248	293	290	260	296
	281	290	260	308	275	284	341	296	257	311
	293	281	281	278	308	254	227	287	305	260
	335	326	347	320	242	290	269	227	293	305
	263	308	326	236	269	287	284	275	260	248
	257	272	281	224	287	272	217	290	242	272
	260	215	305	257	293	287	281	260	305	▲212
	278	227	●353	260	281	257	272	236	287	260

[풀이]

1. 최대치와 최소치
   ① 최댓값 : 353kg/cm²
   ② 최솟값 : 212kg/cm²

2. 범위(R) = 최댓값 − 최솟값
   = 353 − 212 = 141kg/cm²

3. 계급의 폭과 수는 문제조건 활용
   ① 계급의 폭 : 20
   ② 계급의 수 : 8

4. 계급의 구간 결정
   데이터의 최솟값이 첫 번째 계급에 들어가도록 적절히 설정한다. 예제에서는 최솟값이 212이고 계급의 폭이 20이므로 첫 번째 계급의 구간을 200으로 설정하여 계급의 구간을 나타내면 오른쪽 도표와 같다.

계급	구간
1	200~220
2	220~240
3	240~260
4	260~280
5	280~300
6	300~320
7	320~340
8	310~360

5. 경계치 결정
   측정치의 1/2 측정값이 단단위 정수이므로 0.5를 적용하여 경계를 구분한다.

6. 도수 분포표 작성

번호	폭의 경계치	중앙치	점검표	도수	누적도수
1	199.5~219.5	209.5		3	3
2	219.5~239.5	229.5		7	10
3	239.5~259.5	249.5		12	22
4	295.5~279.5	269.5		23	45
5	279.5~299.5	289.5		36	81
6	299.5~319.5	309.5		11	92
7	319.5~339.5	329.5		4	96
8	339.5~359.5	349.5		4	100

7. 히스토그램 작성

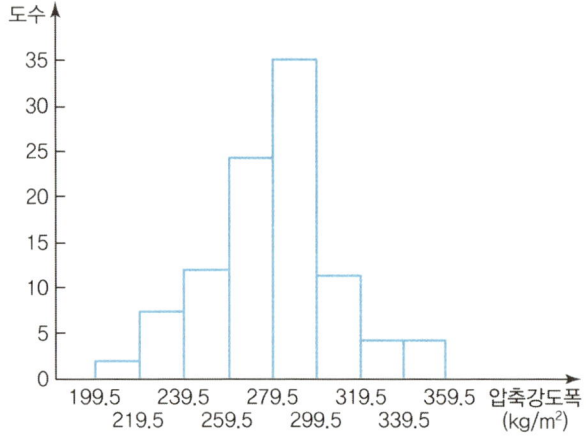

[보충] 경계치

경계치의 의미는 좌상의 도표에서 보면 220, 240, 260 등은 두 개의 구간에 모두 적용되기 때문에 이것을 구분하기 위한 의미이다.

02 특성요인도

(1) 정의

특성요인도란 **품질특성에 대하여 원인과 결과의 관계**를 나뭇가지 모양으로 도시한 것으로 일반적인 요인을 세밀하게 구체적으로 파악할 수 있다.

용어) 특성요인도

(2) 작성방법

① 품질의 특성을 정한다.
② 품질의 특성을 오른편에 쓰고 왼편에서 오른편을 향해 굵은 화살표를 기입한다.
③ 품질특성에 영향을 미치는 요인 중 중요항목을 중간 뼈에 기입한다. 이때, 재료(원료), 설비(기계), 작업자, 방법 등의 4M으로 중간 가지를 만들면 좋다.
④ 중간 가지에 정리한 중요항목 원인에 다시 작은 원인으로 생각되는 것을 작은 가지에 보탠다. 또, 그 작은 가지에 새끼 가지를 덧붙여간다.

(3) 작성 예

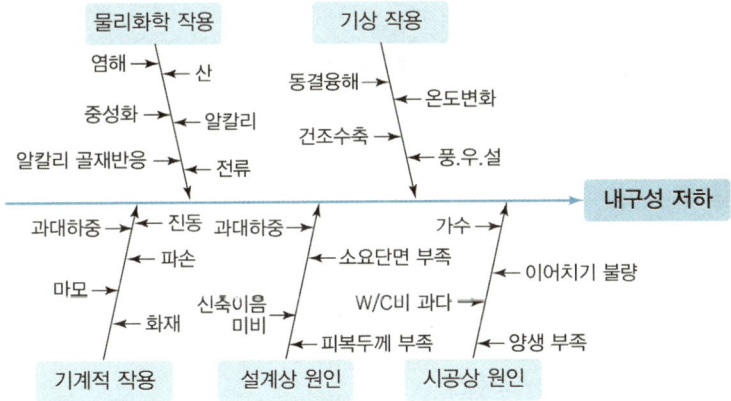

03 파레토도

(1) 정의

결함부나 기타 **결손항목을 항목별로 구분하여 크기순으로 나열**하여 그린 그림으로 가장 많은 결함의 항목을 집중적으로 감소시키는 데 효과적으로 사용되는 그림을 파레토도라고 한다.

용어) 파레토도

(2) 작성방법

① 조사 사항 결정과 분류항목을 선정
② 데이터 수집 : 집계 후 수가 많은 순서대로 정리
③ 막대그래프 작성
④ 누적곡선(파레토 곡선)을 작성 : 누적 불량률을 꺾은선 그래프로 작성

(3) 작성 예

불량항목	불량개수	불량률(%)	누적불량 개수	누적불량률
A	198	47.6	198	47.6
B	103	24.8	301	72.4
C	72	17.3	373	89.7
D	25	6.0	398	95.7
E	28	4.3	416	100.0
계	416	100.0	—	

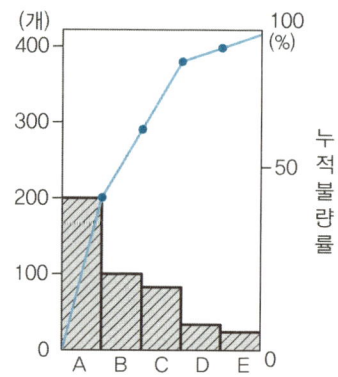

04 체크시트

(1) 정의

체크시트란 계수치의 **데이터(불량수, 결점수)가 분류 항목별의 어디에 집중**되어 있는가를 알아보기 쉽게 나타낸 것으로, 기록용지 구실을 하며 기록이 끝난 후에는 비교·검토함으로써 문제점을 판단할 수 있다.

(2) 작성 예

[건축용 전자제품 조립공정의 불량항목별 체크시트]

항목＼날짜	5월 1일	2일	3일	4일	5일	6일	계
위치교정	//	/	///	////	//	////-/	18
조임불량	/		//	//		/	6
결품보충			/	//		/	4
램프교환		/	////-	///	//	////-/	17
기타	/	/		//	///	/	8
계	4	3	11	13	7	15	53

05 그래프

(1) 정의

데이터의 **결과를 알기 쉽게 표현**하여 보는 사람이 빠르게 정보를 얻을 수 있도록 하는 그림이다.

(2) 각종 그래프의 예

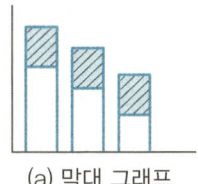  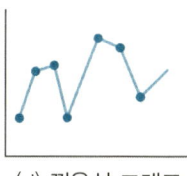

　(a) 막대 그래프　　(b) 점 그래프　　(c) 원 그래프　　(d) 꺾은선 그래프

06 산점도

(1) 정의

산점도란 **서로 대응하는 두 개의 짝으로 된 데이터를 그래프용지 위에 점으로 나타낸 그림**으로서 30개 이상의 시료에 대해 2종류의 특징인 x와 y의 값을 횡축, 종축에 각각 x, y의 눈금으로 타점한 것을 말한다.

(2) 상관관계

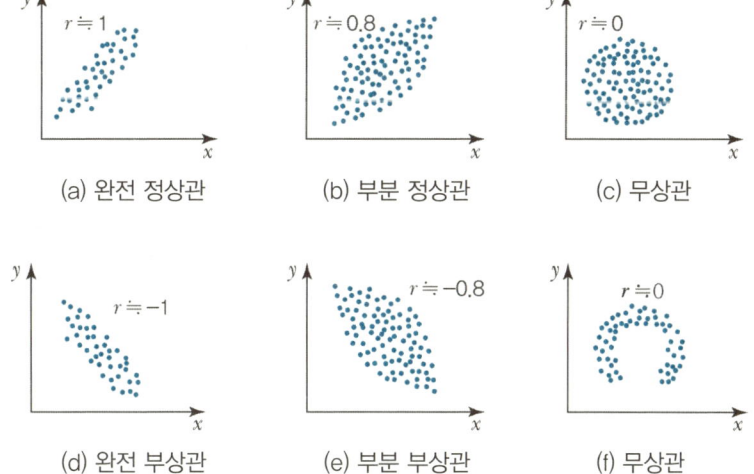

(a) 완전 정상관　　(b) 부분 정상관　　(c) 무상관

(d) 완전 부상관　　(e) 부분 부상관　　(f) 무상관

07 층별

층별이란 집단을 구성하고 있는 많은 데이터를 어떤 특징에 따라서 **몇 개의 부분 집단으로 나누는 것**을 말한다. 측정치에는 반드시 산포가 있다. 따라서 산포의 원인이 되는 인자에 관하여 층별하면 산포의 발생원인을 규명할 수 있게 되고, 산포를 줄이거나, 공정의 평균을 좋은 방향으로 개선하는 등 품질향상에 도움이 된다.

용어) 그래프

● 24② · 22②
용어) 산점도

보충) 상관계수(r)
r = 0
r = 0.8, −0.8
r = 1, −1

용어) 층별

08 관리도

(1) 정의
공정의 상태를 나타내는 그래프로 공정이 안정된 상태인지를 조사하기 위하여 사용한다.

(2) 관리도의 종류

데이터	호칭	용도 비교
계량치	$\bar{x} - R$ 관리도	평균치와 범위
계량치	x_i 관리도	개개의 측정치
계량치	$\tilde{x} - R$ 관리도	중위수와 범위
계수치	P_n 관리도	불량개수
계수치	P 관리도	불량률
계수치	C 관리도	결점수
계수치	u 관리도	단위결점수

1) $\bar{x} - R$ 관리도
이 관리도는 시료의 길이, 무게, 시간, 인장강도 등 계량치의 데이터에 대하여 $\bar{x}$과 R를 사용하여 공정을 관리하는 관리도로서 가장 대표적인 것이다.

2) $\tilde{x} - R$ 관리도
$\bar{x} - R$ 관리도의 $\bar{x}$ 대신 $\tilde{x}$를 사용하는 관리도법이다. 평균치 $\bar{x}$를 계산하는 시간과 노력을 줄이기 위해서 사용되며 작성방법은 $\bar{x} - R$ 관리도와 거의 같다.

3) x_i 관리도(일점 관리도)
데이터를 군으로 나누지 않고 한 개 한 개의 측정치를 그대로 사용하여 공정관리 시에 사용한다. 데이터로 얻은 간격이 크거나 군으로 나누어도 별로 의미가 없는 경우, 또는 정해진 공정으로부터 한 개의 데이터밖에 얻을 수 없을 때 사용한다.

4) P_n 관리도
데이터가 계량치가 아니고 하나하나의 물품을 양호, 불량으로 판정하여 시료 전체 속에 불량품의 개수로서 공정을 관리할 때 사용한다. 시료의 크기(개수)가 항상 일정한 경우에만 사용한다.

5) P 관리도
시료의 크기가 반드시 일정하지 않아도 된다.

6) C 관리도
일정 크기의 시료 가운데 나타나는 결점수에 의거 공정을 관리할 때 사용한다.

용어 관리도

보충 용어정리
① 계량치 : 연속량으로서 측정되는 품질 특성의 값
  예 길이, 질량, 온도
② 계수치 : 개수로 셀 수 있는 품질특성의 값
  예 불량개수, 결점수

보충 기호
- $\bar{x}$: 평균값
- R : 범위
- $\tilde{x}$: 중위수

7) u 관리도

결점수에 의거 공정을 관리할 때에 나타나는 결점의 크기가 일정하지 않을 때에 결점수를 일정단위당으로 바꾸어 u 관리도로 사용한다.

> **참고** Reference
>
> **01. 관련도법**
> 몇 가지 문제점과 그 요인과의 관계를 명확히 하기 위한 도구로서, 연관도를 사용하면 요인이 복잡하게 연결된 문제를 정리하기 좋고, 계획단계에서부터 문제를 넓은 시각에서 관망할 수 있다.
>
> **02. 친화도법**
> 다량의 아이디어를 유사성이나 연관성에 따라 묶는(Grouping) 방법으로 장래의 문제나 미지의 문제에 대해 수집한 정보를 상호 친화성에 의해 정리하고 해결해야 할 문제를 명확히 할 수 있다.
>
> **03. 계통도법**
> 설정된 목적을 달성하기 위해 목적과 수단의 계열을 계통적으로 전개하여 최적의 목적달성 수단을 찾고자 하는 방법이다. 목적을 달성하기 위한 수단을 찾고, 또 그 수단을 달성하기 위한 하위 수준의 수단을 찾아 나가게 된다. 따라서 상위 수준의 수단은 하위 수준의 목적이 된다.
>
> **04. 매트릭스 도법**
> 문제되는 것 중에서 '짝'이 되는 요소를 찾아 매트릭스도를 만들어 각 요소의 관련성이나 그 정도를 표시하여 파악하고, 문제 해결을 효과적으로 달성하고자 하는 것이다.
>
> **05. 매트릭스 데이터 해석법**
> 매트릭스도에 배열된 많은 데이터를 판단하기 좋게 정리하는 방법을 말한다. 매트릭스도의 요소 간의 관련이 단순히 ⊙, ○, △ 등의 기호가 아니고 정량화된 수치 데이터로 취한 경우 이를 계산에 의해서 평가하여 판단하기 쉽게 하고자 하는 것이다.
> 신 QC 7가지 도구 중에서 유일한 데이터 해석법이고 컴퓨터 프로그램에 의한 해석도 가능하다.
>
> **06. PDPC(과정 결정 계획도법)**
> 문제해결이나 개선계획을 실시하는 단계에서는 계획입안단계에서 예측하지 못한 여러 가지 트러블이나 사고 등이 발생하는 경우가 많다.
> PDPC(Process Decision Program Chart)법은 이러한 경우에 계획단계에서 여러 가지 결과를 예측하여 그 결과들이 가급적 목표로 삼은 결과에 접근하도록 대책을 입안하여 미리 손을 쓴다. 다시 실시 단계에서는 앞을 예측하면서 결과를 목표에 맞추어 가는 사전대책을 구사하여 예정된 결과를 효과적으로 얻고자 하는 방법이다.
>
> **07. 애로다이어그램**
> 여러 가지 작업이 복잡한 순서로 실시되면서 목적이 달성되는 경우에 그 순서와 일정 계획을 명확히 하고 효율적으로 진척도를 관리하기 위한 방법이다. 작업절차가 도표상에서 명확해지고 그에 따라 하나하나의 작업에 필요한 시간 단축을 꾀할 수가 있다.

CHAPTER 06 핵심 기출문제

정답
가. 품질유지
나. 품질향상
다. 품질보증
라. 결함방지
마. 작업능률 향상
바. 문제점 도출 및 대처가능

01 품질관리의 3가지 목적은?

가. _____
나. _____
다. _____

정답
가. 자원 또는 재료(Material)
나. 노무(Man)
다. 장비 또는 기계(Machine)
라. 자금(Money)
마. 관리(Management) 또는 시공법(Method)
바. 기억(Memory)
※ 4M : 가~라, 5M : 가~마, 6M : 가~바

02 품질관리 등 일반관리의 제반요인(대상)이 되는 여러 M 중에서 4M만을 쓰시오. ●21③

가. _____
나. _____
다. _____
라. _____

정답
① 인력
② 자재
③ 공법 또는 관리
④ 기억

03 네트워크 공정표에서 자원배당의 대상이 되는 자원을 쓰시오.

가. (①)　　　　나. 장비, 설비
다. (②)　　　　라. 자금
마. (③)　　　　바. (④)

정답
계획(Plan) → 실시(Do) → 검토(Check) → 시정(Action)

04 품질관리의 4사이클 순서인 PDCA명을 쓰시오. ●24①·21①

_____
_____

정답
가. 품질관리
나. 공정관리
다. 원가관리

05 건축생산에서 관리의 3대 목표가 되는 관리명을 쓰시오.

가. _____
나. _____
다. _____

06 다음 보기에서 각종 관리 중 목표가 되는 관리와 수단이 되는 관리로 분류하여 번호로 쓰시오.

```
(가) 원가관리    (나) 자원관리    (다) 설비관리    (라) 품질관리
(마) 자금관리    (바) 공정관리    (사) 인력관리
```

가. 목표 : _____
나. 수단 : _____

> 보충 **보충설명**
>
>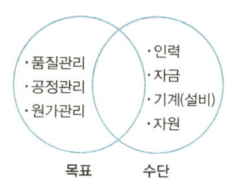
>
> 정답
> 가. 목표 : (가), (라), (바)
> 나. 수단 : (나), (다), (마), (사)

07 건설공사의 품질관리 순서 4가지를 〈보기〉에서 골라 번호를 쓰시오.

```
(가) 실시      (나) 통제      (다) 조치
(라) 계측      (마) 방침      (바) 계획
```

(   ) → (   ) → (   ) → (   )

> 정답
> (바) → (가) → (나) → (다)

08 품질관리의 순서를 〈보기〉에서 골라 번호를 순서대로 나열하시오.

```
(가) 작업표준            (나) 품질표준            (다) 품질조사
(라) 수정조치의 조사    (마) 수정조치
```

(   ) → (   ) → (   ) → (   ) → (   )

> 정답
> (나) → (가) → (다) → (마) → (라)

09 다음 〈보기〉에서 일반적인 품질관리의 순서를 번호별로 나열하시오.

```
(가) 품질관리 항목선정        (나) 교육 및 작업실시
(다) 품질시험 및 검사         (라) 관리한계선의 재결정
(마) 공정의 안정성 검토       (바) 품질 및 작업기준 결정
(사) 이상원인 조사 및 수정조치
```

> 정답 **품질관리의 순서**
> ① 품질관리 대상항목(품질특성)을 정한다.
> ② 품질표준(규격치)을 정한다.
> ③ 품질표준에 작업지침서(작업표준)을 만든다.
> ④ 작업표준에 따른 작업원에 대한 교육 및 훈련을 실시한다.
> ⑤ 작업을 실시한다.
> ⑥ 작업 결과를 검사한다(품질검사)
> ⑦ 검사자료를 토대로 관리도를 작성한다.
> ⑧ 관리도에 의한 이상 유무를 확인하고 이상이 발견되면 그 원인을 제거한다.
>
> ∴ (가) → (바) → (나) → (다) → (마) → (사) → (라)

10 품질관리 계획서 제출 시 필수적으로 기입하여야 하는 항목을 4가지 적으시오.

가. _____
나. _____
다. _____
라. _____

정답 품질관리계획서 항목
가. 품질 방침 및 목표
나. 품질관리 절차
다. 품질관리 검사 및 시험계획
라. 품질관리 부적격 판정 및 처리계획

11 다음 설명한 내용에 적합한 항목을 〈보기〉에서 골라 기호를 쓰시오.

| ① TQC | ② SQC | ③ TQM | ④ QC |

가. 불량품을 제거하여 일정한 품질수준을 유지하기 위한 방법 ( )
나. 공정불량의 개선을 목적으로 관리도에 의한 통계적인 관리 방법 ( )
다. 품질에 영향을 주는 사내의 모든 기능을 종합적으로 참여시켜 불량 개선의 System을 구축하고자 하는 방법 ( )
라. 경영활동 전반에 걸쳐 모든 구성원의 참가와 총체적 수단을 활용하는 경영관리 ( )

정답
가. ④ 나. ② 다. ① 라. ③

12 품질관리의 모델화 종류 3가지를 쓰시오.

가. _____
나. _____
다. _____

정답
가. 구체적 모델   나. 수학적 모델
다. 그래픽   라. 시뮬레이션
마. 픽토리얼   바. 스키마틱

13 공업생산에 품질관리의 기초수법으로 이용되는 도구 5가지를 쓰시오. • 24②

가. _____
나. _____
다. _____
라. _____
마. _____

정답
가. 히스토그램   나. 파레토도
다. 특성 요인도 라. 층별
마. 체크시트   바. 산점도
사. 그래프

14 건설업의 TQC에 이용되는 도구의 명칭을 쓰시오.

가. 계량치의 분포가 어떠한 분포를 하는지 알아보기 위하여 작성하는 것 (①)

나. 결과에 원인이 어떻게 관계하고 있는가를 한눈에 알아보기 위하여 작성하는 것 (②)

다. 불량, 결점, 고장 등의 발생 건수를 분류 항목별로 나누어 크기 순서대로 나열해 놓은 것 (③)

라. 계수치의 데이터가 분류 항목별의 어디에 집중되어 있는가를 알아보기 쉽게 나타낸 것 (④)

마. 품질관리에서 얻은 각종 자료를 알기 쉽게 그림으로 정리한 것 (⑤)

바. 서로 대응되는 두 개의 짝으로 된 데이터를 그래프용지에 점으로 나타낸 것 (⑥)

사. 집단을 구성하고 있는 많은 데이터를 어떤 특징에 따라 몇 개의 부분집단으로 나눈 것 (⑦)

정답
① 히스토그램 ② 특성 요인도
③ 파레토도 ④ 체크시트
⑤ 그래프 ⑥ 산점도
⑦ 층별

15 품질관리 도구 중 특성요인도에 대해 설명하시오.

정답 특성요인도
결과에 어떤 원인이 관계하는지를 알 수 있도록 작성한 그림

16 다음에서 설명하는 품질관리(QC) 수법을 쓰시오. ●24①,③·23②·21①

가. 불량, 고장, 결점 등의 발생건수를 분류 항목별로 나누어 크기 순서대로 나열해 놓은 것
나. 결과에 원인이 어떻게 작용하고 있는가를 한눈에 나타낸 그림
다. 계량치의 데이터가 어떠한 분포를 하고 있는지를 알아보기 위하여 작성하는 것
다. 서로 대응하는 두 개의 짝으로 된 데이터를 그래프용지 위에 타점하여 나타낸 것

가.
나.
다.
라.

정답 품질관리 수법
가. 파레토도
나. 특성요인도
다. 히스토그램
라. 산점도

17 히스토그램 정의와 작성 순서를 간략히 기재하시오.

가. 정의 :

나. 작성 순서 ①
　　　　　　 ②
　　　　　　 ③
　　　　　　 ④
　　　　　　 ⑤

> **정답** 히스토그램 정의와 작성 순서
> 가. 정의 : 계량치(데이터)가 어떠한 분포를 하는지 알아보기 쉽게 나타낸 그림
> 나. 작성 순서
> 　① 데이터를 수집
> 　② 전범위를 산정
> 　③ 구간폭과 경계치 결정
> 　④ 도수분포표 작성
> 　⑤ 히스토그램 작성 및 규격값과 대조하여 검토

18 품질관리에 이용되는 관리도명을 계량치, 계수치로 구분하여 각 2가지씩만 쓰시오.

가. 계량치 관리도 :

나. 계수치 관리도 :

> **정답**
> 가. 계량치 관리도 : $\bar{x} - R$ 관리도, x_i 관리도, $\tilde{x} - R$ 관리도
> 나. 계수치 관리도 : P_n 관리도, P 관리도, C 관리도, u 관리도

19 건설공사 현장에 레미콘을 납품하고 발생된 불량사항을 조사한 결과는 다음 표와 같다. 이 데이터를 이용하여 파레토도를 작성하시오.

불량항목	불량개수
슬럼프 불량	17
공기불량	4
재료량 부족불량	8
압축강도 불량	9
균열발생 불량	10
기타	2

> **해설** 파레토도 작성순서
> (1) 불량 항목을 크기별로 작성한다. 이때 불량률, 누적불량수, 누적 %를 계산한다.
>
> | 불량항목 | 불량개수 | % | 누적불량수 | 누적 % |
> |---|---|---|---|---|
> | 슬럼프 | 17 | 34 | 17 | 34 |
> | 균열발생 | 10 | 20 | 27 | 54 |
> | 압축강도 | 9 | 18 | 36 | 72 |
> | 재료량 부족 | 8 | 16 | 44 | 88 |
> | 공기량 | 4 | 8 | 48 | 96 |
> | 기타 | 2 | 4 | 50 | 100 |
> | 계 | 50 | 100 | – | – |

> **보충** 항목정리 : 기타
> 기타는 발생건수가 많아도 마지막에 표기한다.

(2) 가로축에 크기순으로 불량항목을 나열하고, 세로축에 불량수를 잡아 막대그래프와 꺾은선을 그린다.

정답

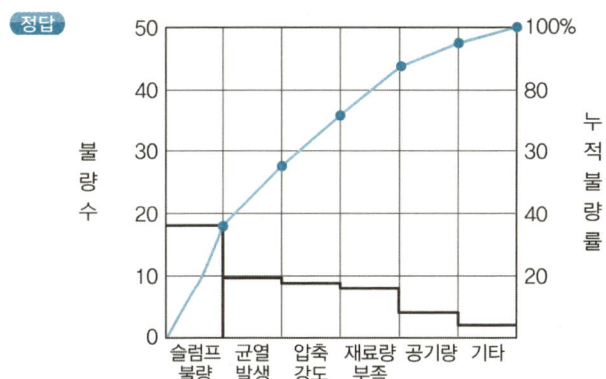

20 다음은 품질관리(QC)에 이용되는 관리도의 설명이다. 설명에 맞는 관리도명을 〈보기〉에서 골라 번호로 쓰시오.

| ① x_i 관리도 | ② P 관리도 | ③ C 관리도 |
| ④ $\bar{x}-R$ 관리도 | ⑤ P_n 관리도 | ⑥ $\tilde{x}-R$ 관리도 |

가. 계수치를 불량률로 관리한다. ( )
나. 계량치를 평균치와 범위로 관리한다. ( )
다. 한 개 값의 계량치 데이터를 개개의 값과 앞뒤 값의 범위로 관리한다.
 ( )
라. 계량치를 메디안과 범위로 관리한다. ( )
마. 계수치를 불량개수로 관리한다. ( )
바. 일정 단위량 결점수로 관리한다. ( )

정답
가. ② 나. ④ 다. ①
라. ⑥ 마. ⑤ 바. ③

제2절 통계적 품질관리(SQC : Statistical Quality Control)

|학|습|포|인|트| ＊중심치에 의한 정리와 흩어짐에 의한 정리방법
＊계산식이 틀리지 않도록 유의

01 정의

하나의 건물의 건설 과정에서는 시공법, 사용방법, 재료 등이 몇 번이고 되풀이 되어 사용되게 된다. 따라서 이들의 데이터를 통계적으로 조사, 처리하면 가장 좋은 시공계획 작업계획을 세울 수 있다.
즉, 통계적인 품질관리란 보다 유용하고 시장성 있는 제품을 보다 경제적으로 생산하기 위하여 생산의 모든 단계에 통계적인 수법을 응용한 것이다.

02 데이터의 특성(정리 방법)

(1) 중심치에 의한 정리

① 평균치($\bar{x}$)
측정치에 대한 평균값으로 n개의 데이터가 있을 때
$$\bar{x} = \frac{x_1 + x_2 + x_3 \cdots + x_n}{n}$$

② 중위수(Median : $\tilde{x}$)
데이터를 크기 순서대로 나열했을 때 Data의 개수가 홀수이면 중앙값이고 짝수이면 중앙에 위치하는 두 개의 데이터의 평균치를 말한다.

③ 미드레인지(Midrange : M)
1조의 데이터 중 최대치($x_{\max}$)와 최소치($x_{\min}$)의 평균치
$$M = \frac{x_{\max} + x_{\min}}{2}$$

(2) 흩어짐(산포)에 의한 정리

① 범위(R)
1조의 데이터 중 최대치와 최소치의 차
$$R = x_{\max} - x_{\min}$$

② 변동(S)
개개의 측정치의 시료 평균으로부터 편차의 제곱합을 말한다.
n개의 데이터 $x_1, x_2, x_3, \cdots, x_n$이 있을 때
$$S = (x_1 - \bar{x})^2 + (x_2 - \bar{x})^2 + \ldots + (x_n - \bar{x})^2$$

③ 표본분산(s^2)
데이터 수가 n개 있을 때 이 데이터의 제곱의 합(S)을 $(n-1)$로 나눈 것을 말한다.
여기서, $(n-1)$을 자유도라고 부르고 ϕ라 표시한다.
$$s^2 = \frac{S}{n-1} = \frac{S}{\phi}$$

보충 데이터의 정리

아래 Data를 이용하여 데이터의 정리방법을 풀어 보기로 하자.

[Data] 9, 6, 7, 3, 2

주어진 Data를 크기순으로 나열하는 것이 좋다.
∴ 2, 3, 6, 7, 9

① 평균치($\bar{x}$)
$= \frac{2+3+6+7+9}{5개} = 5.4$

② 중위수($\tilde{x}$)
= 데이터의 개수가 홀수이므로 크기 순으로 나열한 후 중앙의 수치
∴ 2, 3, 6, 7, 9
       중위수

③ 미드레인지(M) $= \frac{2+9}{2} = 5.5$

보충 데이터 정리

아래 Data를 이용하여 데이터의 정리방법을 풀어 보기로 하자.

[Data] 9, 6, 7, 3, 2

① 범위(R) = 9 − 2 = 7

② 변동(S) : 산출 시 유의해야 한다.
$(2-5.4)^2 + (3-5.4)^2 +$
$(6-5.4)^2 + (7-5.4)^2 +$
$(9-5.4)^2$
$= 33.2$

③ 표본분산(s^2) $= \frac{33.2}{5-1} = 8.3$

④ 분산(σ^2)

　데이터의 제곱의 합(S)을 데이터의 수(n)로 나눈 값을 말한다.

　$\sigma^2 = \dfrac{S}{n}$

⑤ 표본 표준편차(s)

　$s = \sqrt{\dfrac{S}{n-1}}$

⑥ 변동계수(CV)

　표준편차를 평균치로 나눈 것으로 보통 백분율로 표시한다.

　$CV = \dfrac{\text{표본 표준편차}}{\text{평균값}} = \dfrac{s}{\overline{x}} \times 100$

④ 분산(σ^2) $= \dfrac{33.2}{5} = 6.64$

⑤ 표본 표준편차(s)

　$= \sqrt{\dfrac{S}{n-1}} = \sqrt{\dfrac{33.2}{4}} = 2.88$

⑥ 변동계수(CV)

　$= \dfrac{2.88}{5.4} \times 100 = 53.33\%$

CHAPTER 06 핵심 기출문제

01 다음 데이터의 중위수(메디안 $\tilde{x}$), 표본분산(s^2), 표본 표준편차(s)를 구하시오.

[Data] 9, 4, 2, 7, 6

정답 (1) 중위수($\tilde{x}$) : 데이터를 크기순으로 나열한 중앙값 2, 4, 6, 7, 9 ∴ 6
(2) 표본분산(s^2)
① 평균값($\bar{x}$) $= \dfrac{2+4+6+7+9}{5} = 5.6$
② 편차 제곱합 $= (5.6-2)^2 + (5.6-4)^2 + (5.6-6)^2 + (5.6-7)^2 + (5.6-9)^2$
$= 29.2$
③ 표본분산(s^2) $= \dfrac{29.2}{5-1} = 7.3$
(3) 표본 표준편차(s) $= \sqrt{\dfrac{29.2}{5-1}} = 2.7$

보충 데이터 정렬
가. 크기순으로 나열한 후 문제를 풀어가는 것이 좋다.
나. 2009년 이전 문제는 변경 전 문제이므로 보지 않는 것이 좋다.

02 다음 데이터를 이용하여 아래 물음에 답하시오.

[Data] 460, 540, 450, 430, 470, 500, 530, 480, 490, 550

(1) 산술평균($\bar{x}$) :
(2) 표본분산(s^2) :

정답 (1) 산술평균($\bar{x}$)
$\dfrac{460+540+450+430+470+500+530+480+490+550}{10} = 490$
(2) 표본분산(s^2)
① 편차 제곱의 합 : $(490-460)^2 + (490-540)^2 + (490-450)^2 + (490-430)^2$
$+ (490-470)^2 + (490-500)^2 + (490-530)^2$
$+ (490-480)^2 + (490-490)^2 + (490-550)^2 = 14,400$
② 표본분산 : $\dfrac{14,400}{10-1} = 1,600$

03 콘크리트의 설계기준강도가 21MPa, 배합강도가 24MPa인 콘크리트에서 표준편차가 2MPa라면 배합설계 시 이 콘크리트의 변동계수를 구하시오.

정답 변동계수(CV) = $\dfrac{\text{표준편차}}{\text{평균치}} \times 100\% = \dfrac{2}{21} \times 100\% = 9.52\%$

04 다음 용어의 뜻을 간단히 설명하시오.

> (1) 미드레인지(Midrange : M)
> (2) 특성요인도

(1) 미드레인지 :

(2) 특성요인도 :

정답 1. 미드레인지(Midrange : M)
주어진 데이터의 최소치와 최대치의 평균값을 말한다.
즉, M = $\dfrac{\text{최대치} + \text{최소치}}{2}$

2. 특성요인도
원인과 결과와의 관계를 알기 쉽게 수형상으로 도시한 것을 말한다. 공정 중에 발생한 문제나 하자분석을 할 때 쓰인다.

제3절 자재 품질관리

|학|습|포|인|트| ＊식을 이해하고 문제에 대입할 것
＊무작정 공식만 암기하지 않기

01 목재

(1) 연륜

① 평균 연륜폭(mm/개) = $\dfrac{\overline{AB}}{n}$

② 연륜밀도(개/cm) = $\dfrac{n}{\overline{AB}}$

여기서, $\overline{AB}$: 연륜에 직교하는 임의의 선분길이(mm)
n : 연륜개수(개)

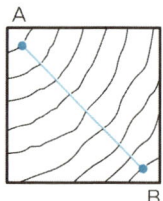

> **보충** 연륜개수 산정
> 연륜의 개수는 선이 아닌 구간의 개수로 측정함에 유의한다.

예제 01

그림과 같은 목재의 AB 구간의 평균 연륜폭과 연륜밀도를 구하시오.

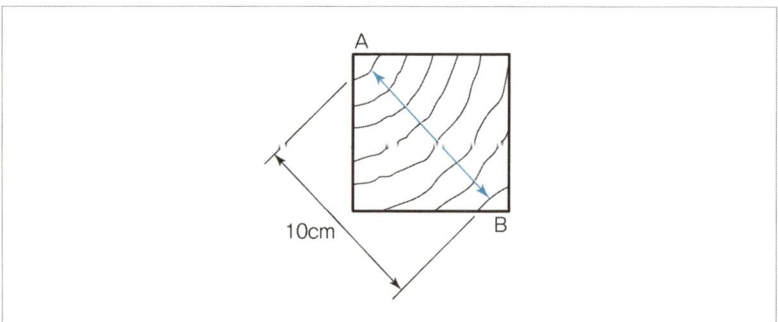

풀이 ① 평균 연륜폭 = $\dfrac{10}{7}$ = 1.43cm/개

② 연륜밀도 = $\dfrac{7}{10}$ = 0.7개/cm

(2) 함수율

함수율(%) = $\dfrac{W_1 - W_2}{W_2} \times 100$

여기서, W_1 : 건조 전 공시체 중량(g), W_2 : 건조중량(g)

02 시멘트

(1) 비중

비중 = $\dfrac{W}{V_2 - V_1}$

여기서, W : 시료시멘트의 무게(g)
V_1 : 시료를 넣기 전 광유를 넣은 비중병의 눈금(cc)
V_2 : 시료를 넣은 후의 눈금(cc)

> **연결** 시멘트 시험/기구

> **보충** 측정기구
> 르샤틀리에 비중병

예제 02

건설공사 현장에 시멘트가 반입되었다. 특기 시방서에 시멘트의 비중은 3.10 이상으로 규정되어 있다고 할 때, 르샤틀리에 비중병을 이용하여 KS규격에 의거 시멘트 비중을 시험한 결과에 대하여 시멘트의 비중을 구하고, 자재 품질관리상 합격여부를 판정하시오.(시험결과 비중병에 광유를 채웠을 때의 최소눈금은 0.5cc, 실험에 사용한 시멘트 량은 100g, 광유에 시멘트를 넣은 후의 눈금은 32.2cc이었다.)

풀이 ① 시멘트의 비중 = $\dfrac{100}{32.2 - 0.5}$ = 3.15

② 판정 = 합격(∵ 3.15 > 3.10)

(2) 분말도(브레인법)

분말도(cm²/g) = $Ss\sqrt{\dfrac{T}{T_s}}$

여기서, Ss : 표준시료의 비표면적(cm²/g)
T : 시험시료에 대한 마노미터액의 B표선부터 C표선까지 낙하하는 시간(sec)
T_s : 표준시료에 대한 마노미터액의 B표선부터 C표선까지 낙하하는 시간(sec)

(3) 응결시간

① **표준주도** : 시멘트 페이스트 혼합이 끝난 후 30초에 비커장치의 플랜저 침이 처음 면에서 10±1mm지점까지 내려갔을 때의 빈죽상태
② **초결** : 표준주도로 반죽된 시멘트 페이스트 시험체를 1mm의 비커침으로 관입시켜 30초간에 25mm의 침입도를 얻을 때까지의 가수 후 경과시간(단, 길모아 장치로는 패드의 표면에 초결침을 가볍게 올려놓았을 때 알아볼 만한 흔적을 내지 않는 경과시간)
③ **종결** : 길모아 장치로 패드의 표면에 종결침을 가볍게 올려놓았을 때 알아볼만한 흔적을 내지 않는 경과시간

보충) 측정기구
비카 장치, 길모아 장치

(4) 안정성

팽창도(%) = $\dfrac{l_2 - l_1}{l_1} \times 100$

여기서, l_1 : 시험체의 유효 표점거리(mm)
l_2 : 오토 클레이브 시험 후 시험체 길이(mm)

보충) 측정기구
오토 클레이브 시험체

예제 03

KS 규격상 시멘트의 오토 클레이브 팽창도는 0.80% 이하로 규정되어 있다. 반입된 시멘트의 안정성 시험결과가 다음과 같다고 할 때 합격 여부를 판정하시오.(단, 시험 전 시험체의 유효 표점길이는 254mm, 오토 클레이브 시험 후 시험체의 길이는 255.78mm이었다.)

풀이 ① 오토 클레이브 팽창도(%)
$$= \frac{255.78 - 254}{254} \times 100 = 0.70\%$$
② 판정 = 합격(∵ 0.70 < 0.80)

03 골재

(1) 체가름 시험

① 조립률(FM) = $\dfrac{\text{각 체의 남는 양 누계}(\%)\text{의 합계}}{100}$

(단, 사용체는 80, 40, 20, 10mm, No.4, 8, 16, 30, 50, 100의 10개만을 이용한다.)

[입도곡선 예]

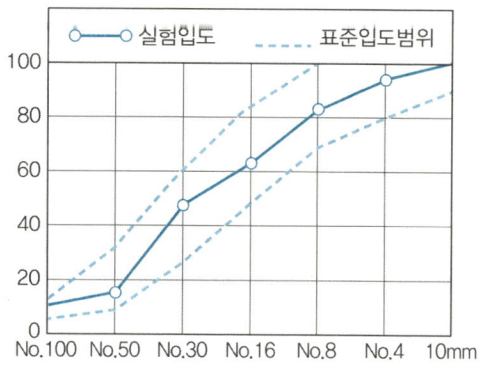

[체규격]

예제 04

콘크리트용 잔골재가 현장 반입되어 KS 규격에 의거 체가름 시험을 실시한 결과는 다음과 같다. 조립률(FM)을 구하시오.

체규격	체의 남는 양(g)	체규격	체의 남는 양(g)
10mm	0	No.30	90
No.4	20	No.50	165
No.8	70	No.100	75
No.16	75	Pan	5

풀이 조립률은 다음과 같이 구하여진다.

체규격	각 체의 남는 양		각 체의 남는 누계의 양	
	g	%	g	%
10mm	0	0	0	0
No.4	20	4	20	4
No.8	70	14	90	18
No.16	75	15	165	33
No.30	90	18	255	51
No.50	165	33	420	84
No.100	75	15	495	99
Pan	5	1	500	100

$$\therefore \text{조립률(FM)} = \frac{4+18+33+51+84+99}{100} = 2.89$$

(2) 굵은골재의 밀도 및 흡수율

① 겉보기밀도 : 절대건조상태의 체적에 대한 절대건조상태의 질량
② 표면건조 포화밀도 : 표면건조 포화상태의 체적에 대한 표면건조 포화상태의 질량
③ 밀도 및 흡수율

- 겉보기 밀도(D_A) = $\dfrac{A}{A-C} \times P_w$

- 절대건조상태의 시료 밀도(D_d) = $\dfrac{A}{B-C} \times P_w$

- 표면건조 포화상태의 시료 밀도(D_s) = $\dfrac{B}{B-C} \times P_w$

- 흡수율(Q) = $\dfrac{B-A}{A} \times 100$

여기서, A : 절대건조상태의 시료 질량
B : 표면건조 포화상태의 시료 질량
C : 침지된 시료의 수중 질량
P_w : 시험 온도에서의 물의 밀도

예제 05

최대 치수가 25mm인 굵은골재의 밀도 및 흡수율 시험 결과가 다음과 같을 때 겉보기 밀도, 표면건조 포화상태의 밀도, 절대건조상태의 밀도, 흡수율을 구하시오.(시험결과 표면건조 포화상태의 중량은 4,000g, 절건중량은 3,980g, 수중중량은 2,500g이고 물의 밀도는 1g/cm³이다.)

풀이 ① 겉보기밀도 = $\dfrac{3,980}{3,980-2,500} \times 1 = 2.69$

② 표면건조 포화상태의 밀도 = $\dfrac{4,000}{4,000-2,500} \times 1 = 2.67$

③ 절대건조상태의 밀도 = $\dfrac{3,980}{4,000-2,500} \times 1 = 2.65$

④ 흡수율 = $\dfrac{4,000-3,980}{3,980} \times 100 = 0.50\%$

보충 유사문제

다음 자료를 이용하여 흡수율, 겉보기밀도, 표건상태의 밀도를 구하시오.

- 물의 밀도 : 1g/cm³
- 골재의 수중중량 : 2,450g
- 골재의 표면건조 내부포수 중량 : 3,950g
- 골재의 절건 중량 : 3,600g

(3) 공극률

$$공극률(\%) = \left(\frac{G-M}{G}\right) \times 100$$

여기서, G : 비중
M : 단위용적중량(t/m³)

예제 06

비중이 2.6이고, 단위용적중량이 1,750kg/m³인 굵은골재가 있다. 공극률을 구하시오.

풀이 공극률(%) $= \left(\frac{G-M}{G}\right) \times 100$

∴ 공극률 $= \left(\frac{2.6 - 1.75}{2.6}\right) \times 100$

$= 32.69\%$

> **보충) 유사문제**
>
> 밀도가 2.65g/cm³이고 단위용적중량이 1,600kg/m³일 때 골재의 공극률(%)을 구하시오.

(4) 마모율

① 마모율(%) $= \dfrac{W_1 - W_2}{W_1} \times 100$

② 마모손실 중량(kg) $= W_1 - W_2$

여기서, W_1 : 시험 전의 시료 중량(g)
W_2 : 시험 후의 시료 중량(시험 후 No.12체에 남는 시료의 중량)(g)

③ 측정기구 : 로스엔젤레스 마모 시험기

예제 07

KS 규격상 굵은골재의 마모율은 40% 이하로 규정되어 있다. 굵은골재 5,000g을 로스앤젤레스 마모시험기에 넣은 후 규정수만큼 회전시킨 다음 No.12체에 남은 시료의 중량을 달았더니 3,500g이었다. 이 시료의 마모율을 구하고, KS 규격상 합격 여부를 판정하시오.

풀이 ① 마모율 $= \dfrac{5,000 - 3,500}{5,000} \times 100 = 30\%$

② 판정 = 합격(∵ 30 < 40)

04 콘크리트

(1) 슬럼프 시험

① 슬럼프치(cm) = 30 − B = A

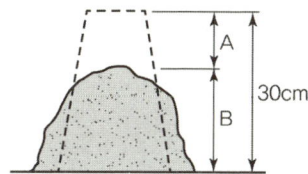

② 측정기구 : 수밀성 평판, 시험통, 다짐막대, 측정계기

예제 08

슬럼프치가 18cm인 레미콘을 이용하여 콘크리트를 타설하고자 한다. 건축공사 표준시방서에 슬럼프치의 허용차는 ±2.5cm로 규정되어 있다. KS 규격에 의거 슬럼프를 시험한 결과가 다음과 같을 때 이 제품의 슬럼프치는 몇 cm이며, 합격 여부를 판정하시오.

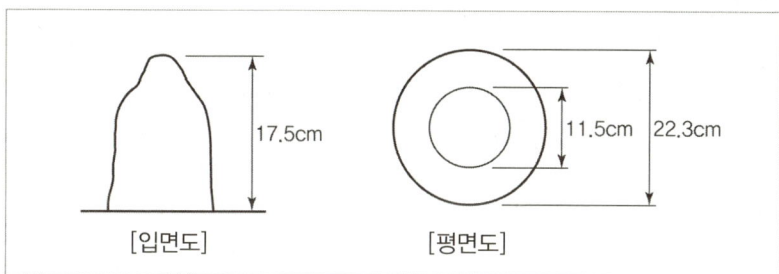

(풀이) ① 슬럼프치 = 30 − 17.5 = 12.5cm
② 판정 = 불합격
(∵ 12.5는 18cm±2.5cm의 범위에서 벗어나고 있다.)

(2) 압축강도 시험

압축강도(N/mm^2) = $\dfrac{P}{A}$

여기서, P : 최대 하중(N)
A : 시험체의 단면적(mm^2)
※ 시험체 : Con'c 공시체

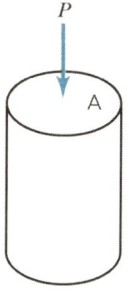

(계산) 압축강도 구하기

예제 09

특기 시방서상 레미콘의 압축강도가 21MPa 이상으로 규정되어 있다고 할 때, 납품된 레미콘으로부터 임의의 3개 공시체(지름 10cm, 높이 20cm인 원주체)를 제작하여 압축강도 시험한 결과 최대하중 134kN, 128kN, 145kN에서 파괴되었다. 평균 압축강도를 구하고 규정을 상회하고 있는지 여부에 따라 합격 및 불합격으로 판정하시오.

풀이 1) 압축강도 $= \dfrac{P}{A}$

2) 평균 압축강도

① 공시체면적 $= \dfrac{\pi D^2}{4} = \dfrac{3.14 \times 100 \times 100}{4}$
$= 7,850 \text{mm}^2$

② 평균하중 $= \dfrac{134,000 + 128,000 + 145,000}{3}$

③ 평균압축강도 $= \dfrac{135.667\text{N}}{7,850\text{mm}^2} = 17.28\text{MPa}$

∴ 불합격(∵ 21 > 17.28)

(3) 인장강도

인장강도(N/mm²) $= \dfrac{2P}{\pi l d}$

여기서, P : 최대 하중(N)
l : 시험체의 길이(mm)
d : 시험체의 지름(mm)

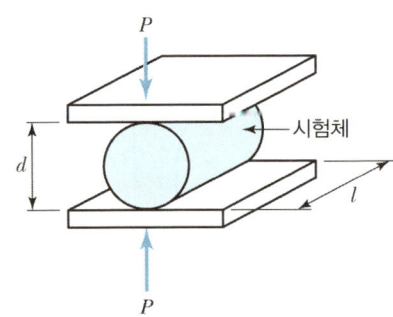

예제 10

콘크리트 공시체 지름 150, 높이 300의 규격체로 인장강도를 시험한 결과 180kN에서 파괴되었다. 인장강도를 구하시오.

풀이 콘크리트 인장강도 $= \dfrac{2P}{3.14 \times l \times d} = \dfrac{2 \times 180 \times 1,000}{3.14 \times 150 \times 300}$
$= 2.55\text{MPa}$

예제 11

특기 시방서상 콘크리트의 인장강도가 2MPa 이상으로 규정되어 있다고 할 때, 원지름 10cm, 길이 20cm인 원주공시체 3개를 제작하여 할열 방법으로 인장강도를 시험한 결과 50kN, 62kN, 53kN에서 파괴되었다. 평균 인장강도를 구하고 평균값이 규정을 상회하고 있는지 여부에 따라 합격 및 불합격으로 판정하시오.

풀이) 1) $\dfrac{2\times 50\times 1{,}000}{3.14\times 200\times 100}=1.59\mathrm{MPa}$

2) $\dfrac{2\times 62\times 1{,}000}{3.14\times 200\times 100}=1.97\mathrm{MPa}$

3) $\dfrac{2\times 53\times 1{,}000}{3.14\times 200\times 100}=1.69\mathrm{MPa}$

∴ 평균강도 $=\dfrac{1.59+1.97+1.69}{3}=1.75\mathrm{MPa}$

∴ 불합격(∵ 2 > 1.75)

(4) 휨강도

① 중앙점 하중법 휨강도(N/mm²) $=\dfrac{3Pl}{2bd^2}$

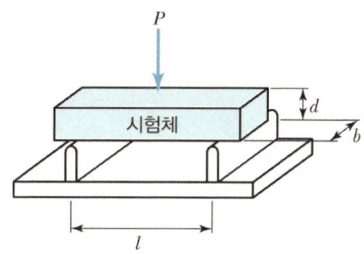

② 삼등분점 하중법 휨강도(N/mm²) $=\dfrac{Pl}{bd^2}$

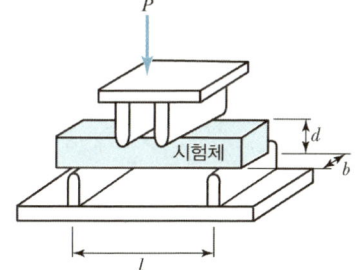

여기서, P : 최대 하중(N)
 l : 스팬
 b : 시험체의 폭(mm)
 d : 시험체의 높이(mm)

예제 12

특기 시방서상 콘크리트의 휨강도가 4.5MPa로 규정되어 있다. 15cm×15cm×53cm 공시체를 제작하여 지간(span) 45cm인 3등분점 하중으로 휨강도를 3회 실시한 결과 중앙에서 45kN, 43kN, 35kN의 하중으로 파괴되었다면 평균 휨강도를 구하고, 평균치가 규정을 상회하고 있는지 여부에 따라 합격 및 불합격으로 판정하시오.

풀이) 1) $\dfrac{45\times 1{,}000\times 450}{150\times 150\times 150}=6\mathrm{MPa}$

2) $\dfrac{43\times 1{,}000\times 450}{150\times 150\times 150}=5.73\mathrm{MPa}$

3) $\dfrac{35\times 1{,}000\times 450}{150\times 150\times 150}=4.67\mathrm{MPa}$

∴ 평균강도 $=\dfrac{6+5.73+4.67}{3}=5.46\mathrm{MPa}$

∴ 합격(∵ 4.5 < 5.46)

05 조적재료

(1) 벽돌 압축강도(N/mm²)

벽돌 압축강도 $= \dfrac{P}{A}$

여기서, A : 단면적(길이×두께)
P : 최대 중량(N)

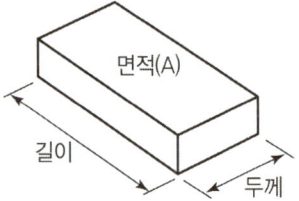

예제 13

KS 규격상 시멘트 벽돌의 압축강도는 8MPa 이상으로 규정되어 있다. 현장에 반입된 벽돌의 규격은 다음 그림과 같고 표준방법에 의한 압축강도 시험결과는 100kN, 95kN 및 90kN에서 파괴되었다면 평균 압축강도를 구하고 규격을 상회하고 있는지 여부에 따라 합격 및 불합격으로 판정하시오.

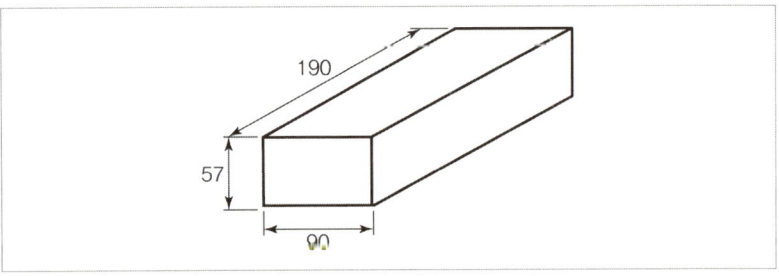

[풀이]

1) $\dfrac{100 \times 1,000}{190 \times 90} = 5.85 \text{MPa}$

2) $\dfrac{95 \times 1,000}{190 \times 90} = 5.56 \text{MPa}$

3) $\dfrac{90 \times 1,000}{190 \times 90} = 5.26 \text{MPa}$

∴ 평균강도 $= \dfrac{5.85 + 5.56 + 5.26}{3} = 5.56 \text{MPa}$

∴ 불합격(∵ 8 > 5.56)

(2) 블록 압축강도(N/mm²)

블록 압축강도 $= \dfrac{P}{A}$

여기서, A : 전단면적(mm²)
(블록의 속 빈 부분을 무시한 전단면적)
P : 최대 하중(N)

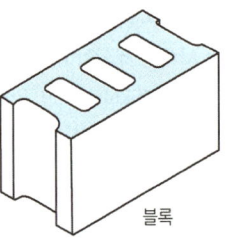

예제 14

블록의 1급 압축강도는 8MPa 이상으로 규정되어 있다. 현장에 반입된 블록의 규격이 다음 그림과 같을 때, 압축강도 시험을 실시한 결과 550kN, 500kN, 600kN에서 파괴되었다면 평균 압축강도를 구하고 규격을 상회하고 있는지 여부에 따라 합격 및 불합격 판정을 하시오.(단, 블록의 전단면적(19cm×39cm)은 741cm²이고, 구멍을 공제한 중앙부의 순단면적은 460cm²이다.)

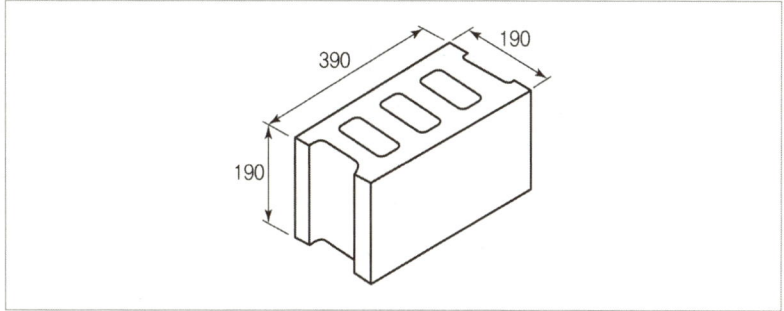

[풀이]
1) $\dfrac{550\times1,000}{390\times190} = 7.42\text{MPa}$

2) $\dfrac{500\times1,000}{390\times190} = 6.75\text{MPa}$

3) $\dfrac{600\times1,000}{390\times190} = 8.10\text{MPa}$

∴ 평균강도 = $\dfrac{7.42+6.75+8.1}{3} = 7.42\text{MPa}$

∴ 불합격(∵ 8 > 7.42)

(3) 석재 흡수율 및 비중

① 흡수율(%) = $\dfrac{B-A}{A}\times100$

② 비중 = $\dfrac{A}{B-C}$

여기서, A : 공시체의 건조중량(g)
B : 공시체의 침수 후 표면건조 포화상태의 중량(g)
C : 공시체의 수중중량(g)

예제 15

특기 시방서상 화강암의 비중을 2.62 이상, 흡수율(%)을 0.3% 이하로 규정하고 있을 때 화강암의 비중과 흡수율을 구하고, 재료의 적합 여부를 판정하시오.(단, 공시체의 건조중량은 5,000g, 공시체의 침수 후 표면건조 포화상태의 중량은 5,020g, 공시체의 수중중량은 3,150g이었다.)

[풀이]
1) 비중 = $\dfrac{5,000}{5,020-3,150} = 2.67$

2) 흡수율 = $\dfrac{5,020-5,000}{5,000}\times100 = 0.4\%$

∴ 판정 = 불합격(∵ 규정치 이하)

06 기타 재료 시험

(1) 역청재료 침입도 시험

침입도란 표준조건하에 침이 관입하는 척도로서 1/10mm 관입을 침입도 1로 한다.(표준시험조건 : 온도 25℃, 하중 100g, 시간 5초)

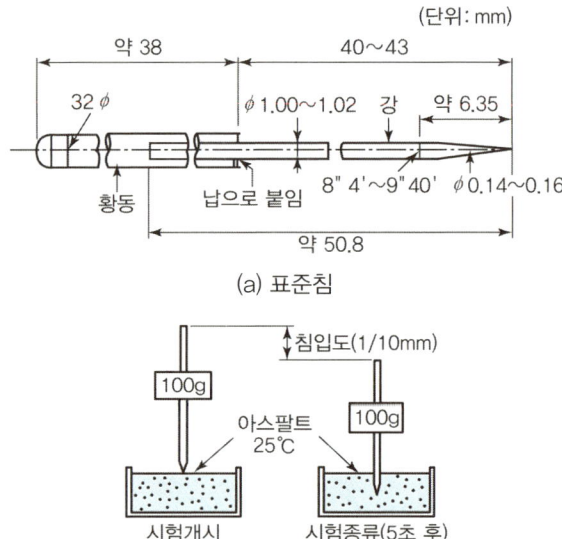

(a) 표준침

(b) 침입도 시험방법

예제 16

블론 아스팔트로 방수공사를 하고자 한다. KS M 2252 규정의 표준시험방법(온도 25℃, 하중 100g, 측정시간 5초의 표준침)으로 침입도를 시험한 결과 2mm 관입량을 측정하였다. 침입도를 구하시오.

풀이 침입도 = 2mm × 10
       = 20($\frac{1}{10}$ mm 관입을 침입도 1로 한다.)

(2) 금속재료 항복강도/인장강도(N/mm²)

항복강도 = $\dfrac{P}{A}$

예제 17

특기 시방서상 철근의 인장강도가 240N/mm² 이상으로 규정되어 있다고 할 때, 건설공사 현장에서 반입된 철근을 KS 규격에 의거 중앙부 지름 14mm, 표점거리 50mm로 가공하여 인장강도를 시험하였더니 37,000N, 40,570N, 38,150N에서 파괴되었다. 평균 인장강도를 구하고 규정과 비교하여 합격 여부를 판정하시오.

[풀이]

1) 철근의 단면적 $= \dfrac{3.14 \times 14 \times 14}{4} = 153.86\text{mm}^2$

2) 철근 인장 강도 $= \dfrac{P}{A}$

　① $\dfrac{37,000}{153.86} = 240.47\text{N/mm}^2$

　② $\dfrac{40,570}{153.86} = 263.68\text{N/mm}^2$

　③ $\dfrac{38,150}{153.86} = 247.95\text{N/mm}^2$

3) 평균 강도 $= \dfrac{240.47 + 263.68 + 247.95}{3} = 250.7\text{N/mm}^2$

4) 판정 — 기준강도 이상(250.7 > 240)

∴ 합격

CHAPTER 06 핵심 기출문제

01 품질관리 시험의 종류를 3가지 쓰시오.

가. _____
나. _____
다. _____

정답
품질관리 시험의 종류로는 선정시험, 관리시험, 검사시험 등이 있으며 관리시험의 범위에는 재료강도(압축, 인장, 휨)시험, 콘크리트 슬럼프시험, 시멘트 비중시험, 역청재 침입도 시험 등이 있다.
가. 선정시험 나. 관리시험 다. 검사시험

02 백분율을 나타내는 방법은 중량과 용적이 있다. 각 백분율에 속하는 실험 항목을 〈보기〉에서 골라 쓰시오.

| (가) 흙의 간극률 | (나) 흙의 흡수율 |
| (다) 콘크리트의 물·시멘트비 | (라) 잔골재율 |

(1) 중량 백분율(°/wt) : _____
(2) 용적 백분율(°/vl) : _____

정답
(1) (나), (다)
(2) (가), (라)

03 시멘트의 재료 시험방법에 대해 4가지 쓰시오.

가. _____ 나. _____
다. _____ 라. _____

정답
가. 비중 시험
나. 분말도 시험
다. 응결시간 시험
라. 안정성 시험

04 다음에 열거한 KS 규격의 시멘트 관련 시험에 쓰이는 시험기구 및 재료를 아래 〈보기〉에서 골라 쓰시오.

① 르샤틀리에 플라스크	② 마노미터
③ 표준모래	④ 오토 클레이브
⑤ 길모아 장치	

가. 분말도 시험   나. 압축강도 시험
다. 비중 시험   라. 응결시간 시험
마. 안정성 시험

정답
가. ②
나. ③
다. ①
라. ⑤
마. ④

05 시멘트와 표준사를 1 : 2.45의 표준배합 모르타르로 KS 규격에 의거 5.08cm 입방공시체를 만들어 28일 수중 양생 후 압축강도를 시험한 결과 77.42kN에서 파괴되었다. 이 시멘트의 압축강도를 구하시오.

> **정답**
> 압축강도 $= \dfrac{P}{A} = \dfrac{77.42 \times 1{,}000}{50.8 \times 50.8}$
> $= 30 \mathrm{N/mm^2}$

06 KSL 5201(포틀랜드 시멘트)의 1종인 보통 포틀랜드 시멘트의 28일 압축강도는 29MPa 이상으로 규정되어 있다. 납품된 시멘트와 표준사를 이용하여 3개의 모르타르 공시체(5.08cm 입방형체)를 제작하여 압축강도를 시험한 결과 최대 하중 72kN, 65kN, 59kN에서 파괴되었다면 시멘트의 평균 압축강도를 구하고 규정을 상회하고 있는지 여부에 따라 합격 및 불합격을 판정하시오.

> **정답**
> ① 면적
> $= 50.8 \times 50.8 = 2{,}580.64 \mathrm{mm^2}$
> ② 평균하중
> $= \dfrac{72{,}000 + 65{,}000 + 59{,}000}{3}$
> $= 65{,}333.33 \mathrm{N}$
> ③ 평균압축강도 $= \dfrac{65{,}333.33}{2{,}580.64}$
> $= 25.31 \mathrm{MPa}$
> ④ 판정 $= 29 > 25.31$
> ∴ 불합격

07 콘크리트용 잔골재의 체가름 시험을 실시한 결과 다음과 같은 데이터를 얻었다. 이 경우의 조립률(FM)을 구하시오.

체의 규격(mm)	각 체의 남은 양(g)	체의 규격(mm)	각 체의 남은 양(g)
10	0	No.30	90
No.4	20	No.50	165
No.8	70	No.100	75
No.16	75	접시(Pan)	5

> **해설**
>
> | 체의 규격(mm) | 각 체의 남은 양 g | 각 체의 남은 양 % | 각 체의 남은 양의 누계 g | 각 체의 남은 양의 누계 % |
> |---|---|---|---|---|
> | 10 | 0 | 0 | 0 | 0 |
> | No.4 | 20 | 4 | 20 | 4 |
> | No.8 | 70 | 14 | 90 | 18 |
> | No.16 | 75 | 15 | 165 | 33 |
> | No.30 | 90 | 18 | 255 | 51 |
> | No.50 | 165 | 33 | 420 | 84 |
> | No.100 | 75 | 15 | 495 | 99 |
> | 접시(Pan) | 5 | 1 | 500 | 100 |
> | 합 계 | 500 | 100 | | |

> **정답**
> 조립률(FM)
> $= \dfrac{4 + 18 + 33 + 51 + 84 + 99}{100}$
> $= 2.89$

보충 함수량

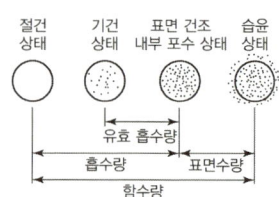

① 함수량 = 습윤 - 절건

② 함수율 = $\dfrac{습윤 - 절건}{절건} \times 100$

③ 표면수량 = 습윤 - 표/건

④ 표면수율 = $\dfrac{습윤 - 표/건}{표/건} \times 100$

⑤ 유효 흡수량 = 표건 - 기건

⑥ 유효 흡수율 = $\dfrac{표건 - 기건}{기건} \times 100$

⑦ 흡수량 = 표건 - 절건

⑧ 흡수율 = $\dfrac{표건 - 절건}{절건} \times 100$

정답

조립률(FM)
= $\dfrac{각\ 체의\ 남은\ 양\ 누계\%\ 합계}{100}$

이므로
(1) 최대(FM)
= $\dfrac{5 + 20 + 50 + 75 + 90 + 98}{100}$
= 3.38

(2) 최소(FM)
= $\dfrac{15 + 40 + 70 + 90}{100} = 2.15$

08 수중에 있는 골재를 채취 시의 무게가 1,000g이고 표면건조 내부포화상태의 무게 900g, 대기건조상태 시료무게 860g, 완전건조상태 시료무게가 850g일 때 다음을 구하시오.

(1) 함수량 : _____
(2) 표면수율 : _____
(3) 흡수율 : _____
(4) 유효 흡수량 : _____

정답 골재의 수량

(1) 함수량 = $1,000 - 850 = 150g$

(2) 표면수율 = $\dfrac{1,000 - 900}{900} \times 100 = 11.11\%$

(3) 흡수율 = $\dfrac{900 - 850}{850} \times 100 = 5.88\%$

(4) 유효 흡수량 = $900 - 860 = 40g$

09 KS 규격의 콘크리트용 잔골재는 다음과 같은 입도 규격을 규정하고 있다. 이 자료를 이용하여 실용상 허용입도 범위에 속할 수 있는 최대 및 최소 조립률(FM)을 구하시오.

체의 규격(mm)	10	No.4	No.8	No.16	No.30	No.50	No.100	Pan(접시)
체를 통과하는 양(%)	100	95~100	80~100	50~85	25~60	10~30	2~10	0

해설

체의 규격(mm)	각 체의 남은 양 %	각 체의 남은 양의 누계 %
10	0	0
No.4	0	5
No.8	0	20
No.16	15	50
No.30	40	75
No.50	70	90
No.100	90	98
	〈최대의 경우〉	〈최소의 경우〉

10 굵은골재의 밀도 및 흡수량 시험에서 A : 절건중량, B : 대기 중 시료의 표면건조 포화상태의 무게, C : 물속에서 시료의 무게를 각각 나타내고 있을 때, ABC의 관계를 이용하여 다음의 용어를 도식화하시오.

(1) 표면건조 포화상태의 밀도 : _____

(2) 겉보기 밀도 : _____

(3) 흡수율 : _____

정답

(1) $\dfrac{B}{B-C}$

(2) $\dfrac{A}{A-C}$

(3) $\dfrac{B-A}{A}$

11 비중이 2.6이고, 단위용적중량이 1,750kg/m³인 굵은골재가 있다. 공극률을 구하시오.

정답

공극률
$= \left(\dfrac{비중 - 중량}{비중}\right) \times 100$
$= \left(\dfrac{2.6 - 1.75}{2.6}\right) \times 100$
$= 32.69\%$

12 어떤 골재의 비중이 2.65이고, 단위용적 중량이 1,800kg/m³라면 이 골재의 실적률을 구하시오.

정답

가. 실적률 + 공극률 = 100%
∴ 실적률 = 100 − 공극률

나. 공극률
$= \left(\dfrac{2.65 - 1.8}{2.65}\right) \times 100$
$= 32.08\%$

다. 실적률
$= (100 - 32.08) = 67.92\%$

13 콘크리트용 굵은골재가 현장에 반입되어 KS 규격에 따라 체가름 시험을 실시한 결과는 다음과 같다. 조립률(FM)을 구하시오.

체의 규격(mm)	40	25	20	16	13	10	No.4	Pan(접시)
각 체의 남은 양(%)	0	140	2,850	1,230	800	270	10	0

해설 조립률(FM) = $\dfrac{각\ 체의\ 남은\ 양의\ 누계\ \%의\ 합계}{100}$ 이므로

여기서, 체의 규격 중 다음 표준체 10개만 사용한다.
No.100, No.50, No.30, No.16, No.8, No.4, 10mm, 20mm, 40mm, 80mm

체의 규격 (mm)	각 체의 남은 양(g)	각 체의 남은 양(%)	각 체의 남은 누계(%)
* 40	0	0	0
25	140	2.64	2.64
* 20	2,850	55.77	56.41
16	1,230	23.20	79.61
13	800	15.1	94.71
* 10	270	5.1	99.81
No.4	10	0.19	100
* No.8			100
* No.16			100
* No.30			100
* No.50			100
* No.100			100

정답
조립률은 *표 있는 곳에 한해서 계산한다.

$$\therefore FM = \frac{56.41 + 99.81 + 600}{100}$$
$$= 7.56$$

14 재령 28일 콘크리트 표준공시체($\phi 150 \times 300$)에 대한 압축강도시험 결과 파괴하중이 450kN일 때 압축강도를 구하시오.

정답 콘크리트 압축강도

$$\frac{P}{A} = \frac{450 \times 1,000}{\frac{\pi D^2}{4}}$$
$$= \frac{450 \times 1,000 \text{N}}{\frac{3.14 \times 150 \times 150}{4}}$$
$$= 25.478 \, (\text{N/mm}^2)$$

※ 하중이 변경되어 자주 출제되는 문제임

15 특기 시방서상 레미콘의 압축강도가 24MPa 이상으로 규정되어 있다고 할 때, 납품된 레미콘으로부터 임의의 3개 공시체(지름 10cm, 높이 20cm인 원주체)를 제작하여 압축강도 시험을 한 결과 최대하중 180kN, 170kN, 200kN에서 파괴되었다. 평균 압축강도를 구하고 규정을 상회하고 있는지 여부에 따라 합격 및 불합격으로 판정하시오.

정답
① 공시체 면적 $= \frac{3.14 \times 100 \times 100}{4}$
$= 7,850 \text{mm}^2$
② 평균하중
$= \frac{180,000 + 170,000 + 200,000}{3}$
$= 183,333\text{N}$
③ 평균압축강도 $= \frac{183,333.33}{7,850}$
$= 23.35\text{MPa}$
④ 판정=불합격

16 콘크리트의 하중속도는 압축강도에 크게 영향을 미친다. 그러므로 콘크리트 강도시험에서 하중속도를 초당 0.2~0.3N/mm²로 할 때 φ10×20cm 공시체를 이용하면 1분 후에 하중계가 얼마의 값의 범위를 지시하여야 하는가를 산출하시오.

정답

1) 공시체의 단면적(A)
$$= \frac{\pi D^2}{4} = \frac{3.14 \times 100^2}{4}$$
$$= 7{,}850 \text{mm}^2$$

2) 1분 후의 하중 범위
① 초당 0.2N/mm²일 때
$= 7{,}850 \times 0.2 \times 60$초
$= 94{,}200$N
② 초당 0.3N/mm²일 때
$= 7{,}850 \times 0.3 \times 60$초
$= 14{,}130$N

∴ 범위 = 94,200~14,130N

17 특기 시방서상 콘크리트 휨강도가 5MPa로 규정되어 있다. 15cm×15cm×50cm 공시체를 제작하여 지간(Span) 45cm인 중앙점 하중으로 휨강도를 3회 실시한 결과 중앙에서 45kN, 43kN, 35kN의 하중으로 파괴되었다면 평균 휨강도를 구하고, 평균치가 규정을 상회하고 있는지 여부에 따라 합격 여부를 판정하시오.

정답

가. 중앙점 휨강도 $= \frac{3Pl}{2bd^2}$ (N/mm²)

나. 평균하중
$$= \frac{45{,}000 + 43{,}000 + 35{,}000}{3}$$
$$= 41{,}000 \text{N}$$

다. 평균강도
$$= \frac{3 \times 41{,}000 \times 450}{2 \times 150 \times 150 \times 150}$$
$$= 8.2 \text{MPa}$$

라. 판정 = 합격

18 특기 시방서상 철근의 항복강도는 240N/mm² 이상으로 규정되어 있다. 건설 공사 현장에서 반입된 철근을 KS규격에 의거 중앙부지름 14mm, 표점거리 50mm로 가공하여 인장강도를 시험하였더니 37,000N, 40,570N, 38,150N에서 항복현상이 나타났다. 평균 항복강도를 구하고, 특기 시방서상의 규정과 비교하여 합격 여부를 판정하시오.

정답

가. 철근의 단면적
$$= \frac{3.14 \times 14 \times 14}{4}$$
$$= 153.86 \text{mm}^2$$

나. 철근 인장 강도 $= \frac{P}{A}$

① $\frac{37{,}000}{153.86} = 240.47 \text{N/mm}^2$
② $\frac{40{,}570}{153.86} = 263.68 \text{N/mm}^2$
③ $\frac{38{,}150}{153.86} = 247.95 \text{N/mm}^2$

다. 평균 강도
$$= \frac{240.47 + 263.68 + 247.95}{3}$$
$$= 250.7 \text{N/mm}^2$$

라. 판정 → 기준강도 이상
(250.7 > 240)
∴ 합격

정답

가. 압축강도 = $\dfrac{P}{A} \geq 8(\text{N/mm}^2)$

나. $P = A \times 8$
    $= 190 \times 90 \times 8 = 136,800\text{N}$
∴ 136.8kN

---

19 KS 규정상 시멘트 벽돌의 압축강도는 8MPa 이상으로 되어 있다. 현장에 반입된 190×90×57 벽돌을 압축강도 시험할 때 압축강도 시험기의 하중이 얼마 이상을 지시하여야 합격인지 하중값을 구하시오.

정답

가. 압축강도 = $\dfrac{P}{A} \geq 8(\text{N/mm}^2)$

나. $P = A \times 8 = 390 \times 190 \times 8$
    $= 592,800\text{N}$

다. 1초당 가압하중
    $= 0.2 \times 390 \times 190$
    $= 14,820\text{N}$

라. 붕괴시간 $= \dfrac{592,800}{14,820} = 40$초

---

20 39cm×19cm×19cm인 시멘트 블록의 압축강도 시험에서 하중속도를 매초 0.2N/mm² 한다면 압축강도 8MPa인 블록은 몇 초에서 붕괴되겠는지 붕괴시간을 구하시오.

정답

가. 압축강도 = $\dfrac{P}{A}(\text{N/mm}^2)$

나. 면적 = $390 \times 190 = 74,100 \text{mm}^2$

다. 평균하중
    $= \dfrac{500,000 + 600,000 + 550,000}{3}$
    $= 550,000$

라. 평균강도
    $= \dfrac{550,000}{74,100} = 7.42\text{MPa}$
∴ 합격

---

21 현장에 반입된 2급 블록(6MPa)의 품질시험을 위하여 압축강도 시험을 실시한 결과 500kN, 600kN, 550kN에서 파괴되었다면 현장에 반입된 블록의 압축강도를 구하고 2급 블록 규격의 합격 및 불합격 여부를 판정하시오.(단, 구멍부분을 공제한 중앙부의 순단면적은 460cm²이고 규격은 390mm×190mm×190mm이다.)

정답

가. 흡수율
    $= \dfrac{\text{표·건상태중량} - \text{절건중량}}{\text{절건중량}} \times 100$
    $= \dfrac{4.725 - 4.5}{4.5} \times 100 = 5\%$

나. 판정 = 합격(∵ 5% < 12%)

---

22 특기시방서상 시멘트기와의 흡수율이 12% 이하로 규정되어 있다. 완전 침수 후 표면건조 포화상태의 중량이 4.725kg, 기건중량 4.64kg, 완전건조중량 4.5kg, 수중중량이 2.94kg일 때 흡수율을 구하고, 규격상회 여부에 따라 합격 여부를 판정하시오.

PART 03

건축 적산

CONTENTS

01장 총론
02장 가설공사
03장 토공사
04장 철근콘크리트공사
05장 철골공사
06장 조적공사
07장 목공사
08장 기타공사
09장 종합적산

미듬 건축산업기사
cafe.naver.com/ikaiscom

한눈에 보기

01 가설공사

- 시멘트 창고(m^2)
  - $1m^2$당
    - 30~35포(통로 有)
    - 50포(통로 無)
  - $0.4 \times \dfrac{N}{n}$
  - N : 저장포대수
    - ① 600포 이상 1/3
    - ② 600포 미만 전량
- 변전소 면적(m^2) = $3.3 \times \sqrt{\text{피크전력(kW)}}$
- 동바리량(공m^3, 10공m^3) = 상층 슬라브 밑면적 × 높이 × 0.9
- 비 계
  - 내부(m^2) = 연면적 × 0.9
  - 외부 = $\{\sum \ell + 8 \times D\} \times H$

02 토공사

- 터파기 밑변 = 기초판 너비 + 2 × D (터파기 여유)

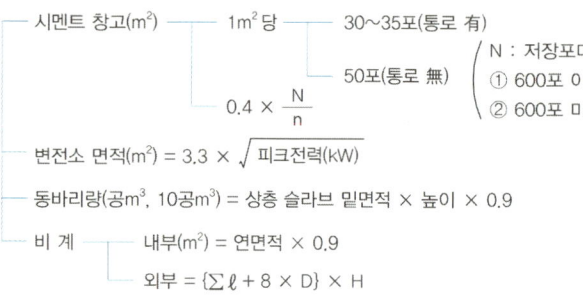

1m	20cm
2m	30cm

- 터파기 윗변 = 터파기 밑변 + 2 × $\dfrac{D'}{0.3H}$
- 토량환산계수 = $\dfrac{\text{구하고자 하는 상태}}{\text{원래상태}}$

		독립기초	줄 기초	온통기초
1. 터파기량		$V = \dfrac{H}{6}\{(2a + a') \times b + (2a' + a) \times b'\}$	$V = t \times H \times$ 유효길이 여기서 유효길이 $\{\sum \ell - \dfrac{t}{2}$ 중복개소수 $\}$	V = 가로 × 세로 × 깊이
2. 되메우기량	기초구조부 체적	• 잡석 = 가로 × 세로 × 높이 • 버림 = 가로 × 세로 × 높이 • 기초판(수평) = 가로 × 세로 × 높이 • 기초판(경사) = $\dfrac{H}{6}\{(2a + a') \times b + (2a' + a) \times b'\}$ • 기초 기둥 = 가로 × 세로 × 높이	• 잡석 $V = t \times H \times$ 유효길이 • 버림 • 기초판 • 기초벽	• 잡석 가로 × 세로 × 높이 • 버림 • 기초판 • 기초벽
		• 터파기량 − 기초구조부 체적	• 터파기량 − 기초구조부 체적	• 터파기량 − 기초구조부 체적
3. 잔토처리량		• 기초구조부 × 토량환산계수 (L)	• 기초구조부 × 토량환산계수 (L)	• 기초구조부 × 토량환산계수 (L)

Thinking Map

03 철근콘크리트(철근공사)

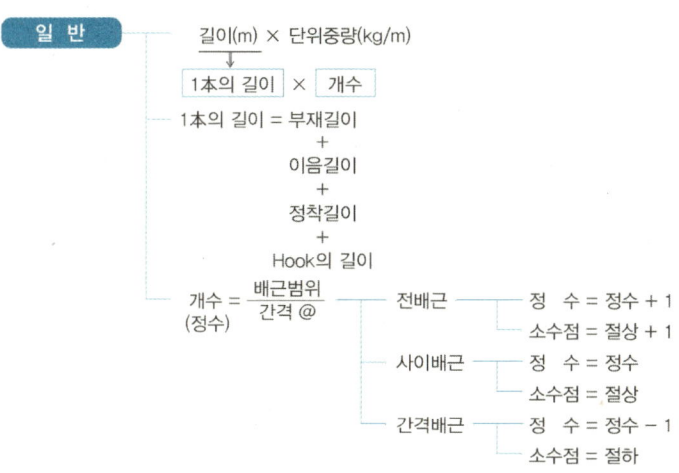

일 반
- 길이(m) × 단위중량(kg/m)
- 1本의 길이 × 개수
- 1本의 길이 = 부재길이 + 이음길이 + 정착길이 + Hook의 길이
- 개수(정수) = 배근범위 / 간격 @
  - 전배근 — 정 수 = 정수 + 1 / 소수점 = 절상 + 1
  - 사이배근 — 정 수 = 정수 / 소수점 = 절상
  - 간격배근 — 정 수 = 정수 − 1 / 소수점 = 절하

부재명	구 성		철근배근	부재의 길이	이음길이	정착길이	Hook의 길이	개수	비고
독립기초	기초판		가로근	A				B/@	전배근
			세로근	B				A/@	
			대각선근	$\sqrt{A^2+B^2}$				도면 제시	
	기초기둥		주근	H + 기초판두께		0.4		도면 제시	
			대근	기둥 둘레길이				(H+t(기초판두께))/@	
			보조대근	기둥 둘레길이				(H+t(기초판두께))/@	
줄기초	기초벽 기초판		선철근	기초판 너비				$\Sigma\ell$/@	사이배근 정도
			점철근	$\Sigma\ell$	25d × 개소수			A/@	전배근
			선철근	H + 기초판두께		0.4		$\Sigma\ell$/@	사이배근 정도
			점철근	$\Sigma\ell$	25d × 개소수			(H+t(기초판두께))/@	전배근
기둥			주근	H	25d	0.4	최상층만 10.3d	도면 제시	
			대근	기둥 둘레길이				H/@	H : 층고
			보조대근	기둥 둘레길이		맨하층 = 0.4		H/@	
보	최상층		상부	ℓ'	40d × 2(양쪽)	10.3d × 2(양쪽)		보 일람에서 찾기	
			하부	ℓ_0	25d × 2(양쪽)	10.3d × 2(양쪽)		보 일람에서 찾기	단부 / 중앙부
			밴트	ℓ' + 늘어난길이	40d × 2(양쪽)	10.3d × 2(양쪽)		보 일람에서 찾기	
			특근	보 둘레길이				$\frac{\ell_x}{2}$ ÷ @ 단부/중앙부	단부(전배근), 중앙부(간격배근)
	중간층		상부	ℓ_0	40d × 2(양쪽)	10.3d × 2(양쪽)		보 일람에서 찾기	
			하부	ℓ_0	25d × 2(양쪽)	10.3d × 2(양쪽)		보 일람에서 찾기	
			밴트	ℓ_0 + 늘어난길이	40d × 2(양쪽)	10.3d × 2(양쪽)			0.828 × (D − 0.1) : 늘어난 길이
슬라브	장변=ℓ_y 단변 ℓ_x ① 주열대 ② 중간대	단변방향	상부	ℓ_x		40d × 2			
			하부	ℓ_x		25d × 2			
			밴트	ℓ_x		40d × 2			늘어난 길이 고려하지 않음
			톱바	$\frac{\ell_x}{4}$ + 15d		40d			여장길이 문제 조건제시 없을때 15d
		장변방향	상부	ℓ_y					
			하부	ℓ_y					
			밴트	ℓ_y					
			톱바	$\frac{\ell_x}{4}$ + 15d					

04 철근콘크리트(거푸집)

일반
- 정미면적
- 공제하지 아니하는 부분
  - ① $1m^2$ 이하의 개구부
  - ② 기초 + 지중보
  - ③ 지중보 + 기둥
  - ④ 기둥 + 큰보
  - ⑤ 큰보 + 작은보
  - ⑥ 기둥 + 벽체
  - ⑦ 보 + 벽체
  - ⑧ 바닥판 + 기둥
- 접합부 면적

05 철근콘크리트(Con'c량)

일반 — 정미량(m^3)

배합비에 따른 재료량

V 정산식 = $\dfrac{1 \times W_C}{g_C} + \dfrac{m \times W_S}{g_S} + \dfrac{n \times W_g}{g_g} + W_C \times x$

약산식 = $1.1m + 0.57n$

C량 = $\dfrac{1}{V}$ (m^3) × 1,500(kg/m^3)

S량 = $\dfrac{m}{V}$ (m^3)

G량 = $\dfrac{n}{V}$ (m^3)

Con'c $1m^3$당 재료량

부재명	구성		Con'c 량	거푸집량	
독립기초	기초판	① 수평부	가로 × 세로 × 높이	(가로 × 세로) × 2 × 높이	
		② 경사부	$V = \dfrac{H}{6}\{(2a+a') \times b + (2a'+a) \times b'\}$	30° 이상인 경우 설치 $\dfrac{a+a'}{2} \times S \times$ 개소수 (경사길이)	
줄기초	기초기둥		가로 × 세로 × 높이	(가로 × 세로) × 2 × 높이	
	기초판 → 동일 기초벽		단면적 × 유효길이 $\{\Sigma\ell - \dfrac{t}{2} \times$ 중복개소수 $\}$	높이 × 2 × 유효길이 $\{\Sigma\ell - \dfrac{t}{2} \times$ 중복개소수 $\}$	공제면적 = 단면적 × 중복개소수
기둥			단면적 × (H − t_s) × 개수	둘레길이 × (H − t_s) × 개수	
보			= 단면적 × 유효길이 (ℓ_o) = b × (D − t_s) × ℓ_o × 개수	옆 : (D − t_s) × 2 × ℓ_o × 개수 밑 : 계산하지 않고 슬라브 계산시 산입하여 계산	
슬라브량			A × B × t_s	측면 : (A + B) × 2 × t_s 밑면 : A × B	

Thinking Map

06 철골공사

	산출	비고
강판량	면적(m²) × 단위중량(kg/m²)	• 면적은 사각형에 면적 스크랩양 발생(70% 공제)
	부피(m³) × 비중	
형강량	길이(m) × 단위중량(kg/m)	• 길이는 도면에서 제시
	부피(m³) × 비중	• 형강 표시법 숙지 • H - A × B × At × Bt

07 조적공사 벽면적(m²) × 단위수량(장/m²)

	벽면적	단위수량				비고
벽돌량	외벽 = 중심간 길이 × 높이 − 개구부면적 내벽 = 안목길이 × 높이 − 개구부면적		0.5B	1.0B	1.5B	2.0B	정미량	• 할증률 5% : 시멘트 벽돌 • 할증률 3% : 붉은벽돌 내화벽돌
		표준	75	⊖1		⊖1	
		기존	65				
		내화	59	증가	증가	증가	
블럭량	외벽 = 중심간 길이 × 높이 − 개구부면적 내벽 = 안목길이 × 높이 − 개구부면적	390 × 190 ×	100 150 190 210	13	소요량
		290 × 190 ×	100 150 190	17	
타일량	안목면적	$\left(\dfrac{1,000}{한변 + 줄눈}\right) \times \left(\dfrac{1,000}{다른변 + 줄눈}\right)$	정미량

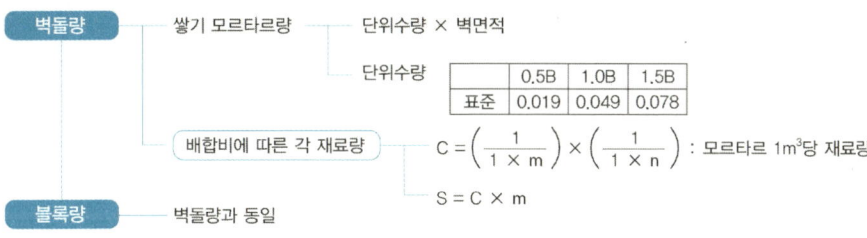

- 벽돌량 — 쌓기 모르타르량 — 단위수량 × 벽면적
  - 단위수량

	0.5B	1.0B	1.5B
표준	0.019	0.049	0.078

  - 배합비에 따른 각 재료량
    $C = \left(\dfrac{1}{1 \times m}\right) \times \left(\dfrac{1}{1 \times n}\right)$: 모르타르 1m³당 재료량
    $S = C \times m$
- 블록량 — 벽돌량과 동일

08 목공사

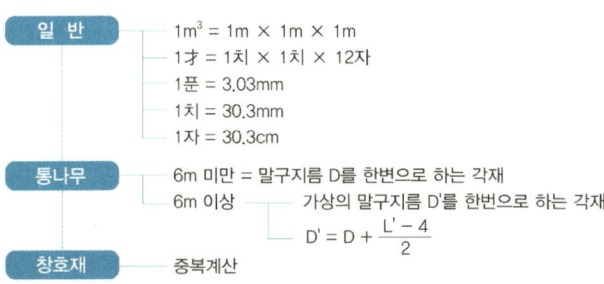

- 일반
  - 1m³ = 1m × 1m × 1m
  - 1才 = 1치 × 1치 × 12자
  - 1푼 = 3.03mm
  - 1치 = 30.3mm
  - 1자 = 30.3cm
- 통나무
  - 6m 미만 = 말구지름 D를 한변으로 하는 각재
  - 6m 이상 — 가상의 말구지름 D'를 한변으로 하는 각재
    $D' = D + \dfrac{L' - 4}{2}$
- 창호재 — 중복계산

09 기타(마감)

시공면적(m³)으로 산출

미듬 건축산업기사

멘토스는 당신의 쉬운 합격을 응원합니다!

Engineer Architecture

CHAPTER 01
총 론

CONTENTS

제1절 적산 기본사항	9
제2절 건축적산의 일반사항	16
제3절 수량산출 기준	18

미듬 건축산업기사

멘토스는 당신의 쉬운 합격을 응원합니다!

총론

회독 CHECK!
- 1회독 ☐ 월 일
- 2회독 ☐ 월 일
- 3회독 ☐ 월 일

| 학 | 습 | 포 | 인 | 트 |
* 견적의 기본적인 개념과 순서 기억
* 할증률 암기 및 적용방법
* 공제하지 않는 부분 정리 및 이해

제1절 적산 기본사항

Ⅰ. 길이·면적·체적 산출 방법

01 둘레길이·면적 산출법

(1)

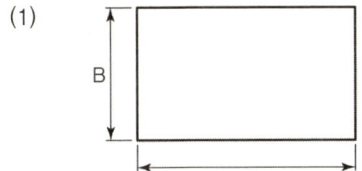

① 면적 = $A \times B$
② 둘레길이 = $(A+B) \times 2$

보충 면적 산출법
전체 면적 − 공제 부분 면적

(2)

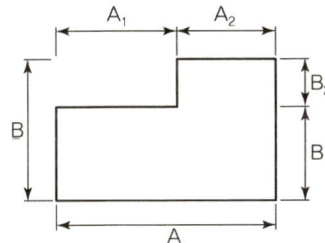

① 면적 = $A \times B - (A_1 \times B_2)$
② 둘레길이 = $(A+B) \times 2$

보충 둘레길이

굵은 선 부분을 밖으로 밀면 점선과 같이 되어 1번의 도형이 된다.

(3)

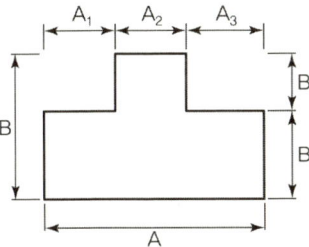

① 면적 = $A \times B - \{(A_1 + A_3) \times B_2\}$
② 둘레길이 = $(A+B) \times 2$

보충 둘레길이

(2)번과 같은 방법으로 길이를 계산한다.

(4)

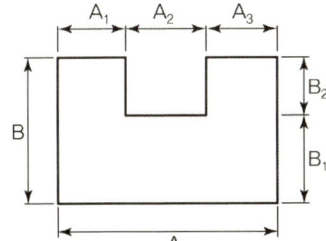

① 면적 = $A \times B - (A_2 \times B_2)$
② 둘레길이 = $(A+B+B_2) \times 2$

보충 둘레길이

굵은 선 부분을 밖으로 밀어내면 B_2 부분만 남게 된다.

> **보충** t
> 윗변과 밑변 길이의 평균값이 되면 사다리꼴 도형의 면적은 항상 평균 길이(t)를 이용하여 계산한다.

(5)

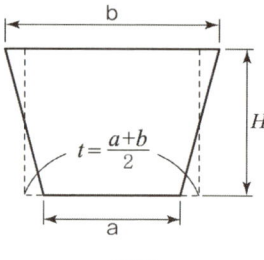

※ 면적 = $\dfrac{a+b}{2} \times H = t \times H$

> **보충** 원
> 지름(D)과 반지름(r) 두 가지를 이용하여 필요 부분을 계산할 수 있어야 한다.

(6)

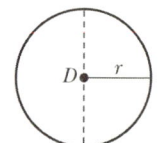

① 면적 = $\pi r^2 = \dfrac{\pi D^2}{4}$

② 둘레길이 = $2\pi r = \pi D$

02 면적 산출법 Ⅰ

일반적으로 우리가 다루게 될 도면은 앞에서 정리한 도형보다는 아래에 있는 도면(두께가 있는)의 형태가 된다. 이러한 도면에서 우리가 필요로 하는 것을 계산해 보도록 하자. 면적 산출 시 1차적으로 해야 할 것은 각 부분의 길이 산출이다.

(1) 중심 간 면적

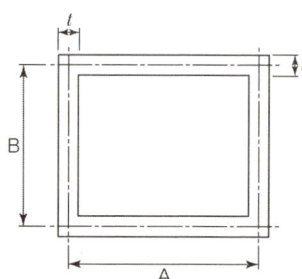

① 면적 = A×B
② 둘레길이 = (A+B)×2

(2) 내측 간 면적

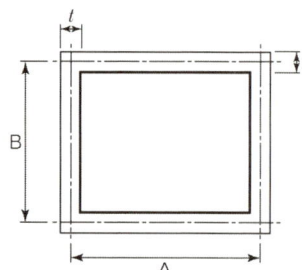

① 면적 = (A−t)×(B−t)
② 둘레길이 = {(A−t)+(B−t)}×2

> **보충** 적용방법의 예
>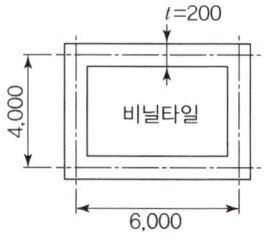
>
> 바닥 비닐 타일의 수량(m²)은?
> ① 5.8×3.8 = 22.04m²(×)
> ② (6−0.2)×(4−0.2)
>   = 22.04m²(○)
>
> ①번과 같이 하지 않고 ②번과 같이 하는 이유는 가급적 도면(문제)에서 제시된 수치를 활용해야 검산이 용이하기 때문이다.

(3) 외측 간 면적

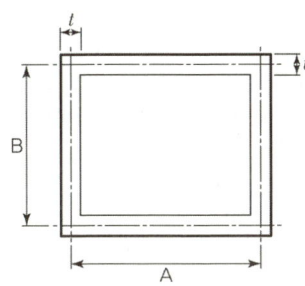

① 면적 = (A+t)×(B+t)
② 둘레길이 = {(A+t)+(B+t)}×2

(4) 빗금 친 부분의 면적

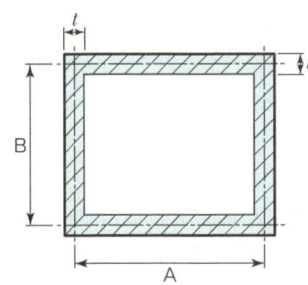

① 면적 = (A+B)×2×t
↓
중심 간 둘레길이

03 면적 산출법 II

이번에는 외측 부분과 내측 부분이 같이 있는 경우를 살펴보자.

(1) 내측과 외측의 두께(t)가 같은 경우

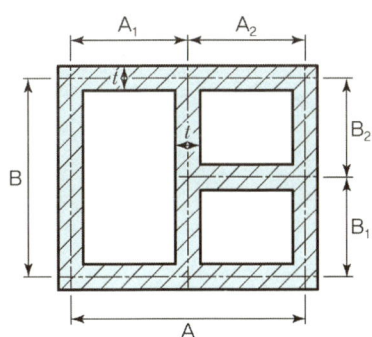

① 외측 부분
앞에서 계산한 것과 같다.
∴ (A+B)×2×t

② 내측 부분 = 안목길이×두께
- 가로 부분 = $(A_2-t)×t$

$$\dfrac{t}{2}×2개소$$

- 세로 부분 = (B−t)×t

③ 여기서 외측과 내측의 면적을 한 번에 구하여 보자.
외측 + 내측 = ① + ②
$= (A+B)×2×t + \{(A_2-t)+(B-t)\}×t$
$= \{(A+B)×2 + (A_2-t)+(B-t)\}×t$

→ $\dfrac{t}{2}×2$

$= [\{(A+B)×2 + A_2 + B\} - (\dfrac{t}{2}×4)]×t$

↑ 내·외측 중심 간 길이 합(Σl)　　↑ 공제 길이

보충 산출 과정

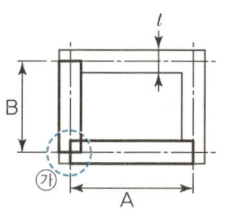

A×t×2(상하)
+
B×t×2(좌우)

〈㉮ 부분 상세도〉

2번계산
서로 상쇄됨
계산 누락

보충 공제길이

$\dfrac{t}{2}$×중복개소수

> 보충) 중복개소수
> ① 외측＋내측 접합부
> ② 내측＋내측 접합부

④ 재차 정리하여 공식화시켜 보자.

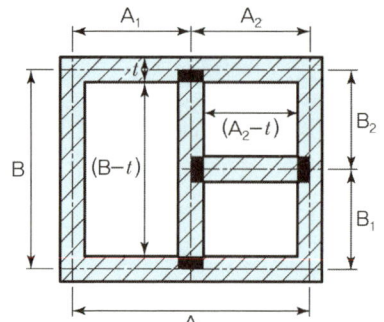

① 내측 ＋외측 중심 간 길이 합 : Σl
② 중심 간 길이로 계산 시 중복되는 부분
  (좌측 도면에서 검정 부분)
  : 중복개소수(4개소)
③ 중복되는 부분의 길이 : $\dfrac{t}{2}$

공식 : 면적(A)＝$\{\Sigma l-(\dfrac{t}{2}\times 중복개소수)\}\times t$

(2) 내측과 외측의 두께가 다른 경우

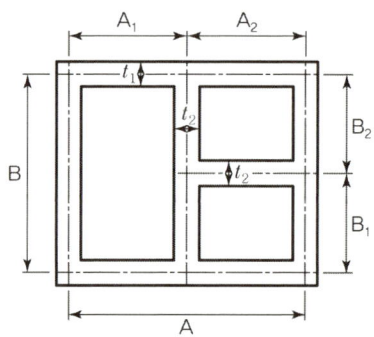

좌측의 도면과 같이 두께가 다른 경우는 외측과 내측을 분리하여 산출한다.

① 외측 부분
 앞에서의 계산 과정과 동일하다.
 ＝(A＋B)×2×t_1

② 내측 부분
 • 가로 부분 : $\{A_2-(\dfrac{t_2}{2}+\dfrac{t_1}{2})\}\times t_2$
 • 세로 부분 : $\{B-(\dfrac{t_1}{2}\times 2개소)\}\times t_2$

③ 여기서 내측 부분의 가로와 세로를 한 번에 계산해 보자.

$\{(A_2+B)-(\underbrace{\dfrac{t_1}{2}\times 3개소+\dfrac{t_2}{2}}_{})\}\times t_2$

내측 중심길이($\Sigma l'$) 　공제 길이

(3) 앞의 두 가지 경우를 공식화해보면

> 1. 두께 동일 ⇒ 내·외측 한 번에 계산
>
> 면적(A)＝$\{\underbrace{\Sigma l}_{}-(\dfrac{t}{2}\times 중복개소수)\}\times t$: 두께 동일
>
> 　내·외측 중심 간 길이의 합
>
> 2. 두께 상이 ⇒ 내·외측 구분하여 계산
> ① 외측＝$\underbrace{\Sigma l}_{}\times t_1$
>
> 　외측의 중심 간 길이

② 내측={ $\sum l - (\frac{t_1}{2} \times 중복개소수 + \frac{t_2}{2} \times 중복개소수)\} \times t_2$: 두께 동일

↑ 내측의 중심 간 길이

즉, 두께가 다른 경우 중복개소수를 두께가 같은 것끼리 나누어 중심 간 길이에서 공제하여 주면 된다.

04 면적 산출법 III

이번에는 아래의 도면과 같이 구조물의 측면 면적(빗금 친 부분)을 산출해 보자. 이와 같은 측면 면적 산출방법을 숙달하면 뒤에서 배우게 될 철근콘크리트 공사편의 줄기초, 보 등의 거푸집 면적 산출 시 이해가 빠르며 쉽게 계산할 수 있다.

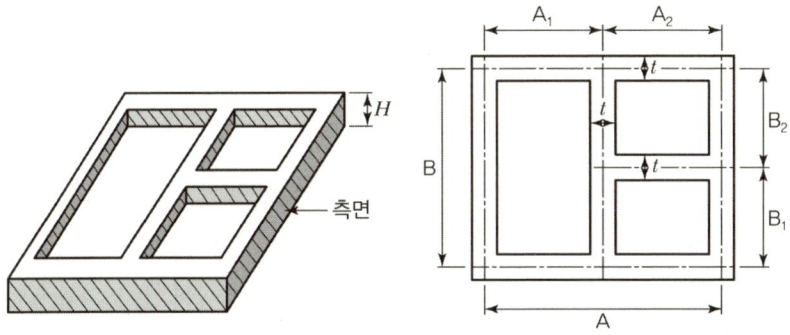

(1) 외측 부분

1) 가로 부분

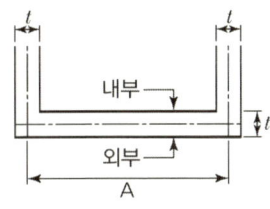

① 내부 = $(A-t) \times H \times 2$개소(상·하)
② 외부 = $(A+t) \times H \times 2$개소(상·하)
∴ ①+② = $A \times 2 \times H \times 2$개소(상·하)
   ↑ 중심 간 길이 ↑ 양쪽 ↑ 높이

(보충) 양쪽 면적 계산
양쪽은 내부와 외부를 한 번에 계산하기 때문이다.

2) 세로 부분

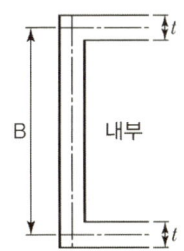

① 내부 = $(B-t) \times H \times 2$개소(좌·우)
② 외부 = $(B+t) \times H \times 2$개소(좌·우)
∴ ①+② = $B \times 2 \times H \times 2$개소(상·하)
   ↑ 중심 간 길이 ↑ 양쪽 ↑ 높이

∴ 1)+2) = $(A+B) \times 2 \times H \times 2$
   ↑ 중심 간 길이   ↑ 높이 ↑ 양쪽

> **보충** 중복개소수(2개소)

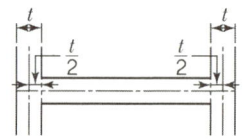

(2) 내측 부분

1) 가로 부분

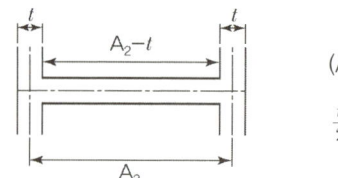

$(A_2 - t) \times H \times 2(양쪽)$
↑
$\dfrac{t}{2} \times 중복개소수(2개소)$

2) 세로 부분

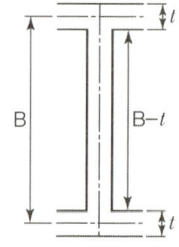

$(B - t) \times H \times 2(양쪽)$
↑
$\dfrac{t}{2} \times 중복개소수(2개소)$

∴ 1) + 2) = $\{(A_2 + B) - (\dfrac{t}{2} \times 중복개소수)\} \times H \times 2(양쪽)$
　　　　　　　　↑　　　　　　↑
　　　　　중심 간 길이　　　공제길이

(3) 외측과 내측의 면적을 합해서 계산하면

외측 = $(A + B) \times 2 \times H \times 2(양쪽)$
　　　　　↑
　　중심 간 길이

내측 = $\{(A_2 + B) - (\dfrac{t}{2} \times 중복개소수)\} \times H \times 2(양쪽)$
　　　　　↑
　　중심 간 길이

여기서, Σl : 내·외측 중심 간 길이 합
　　　　　H : 높이
　　　　　t : 두께

> 공식 : $\{\Sigma l - (\dfrac{t}{2} \times 중복개소수)\} \times H \times 2(양쪽)$

(4) 공제 부분

> **보충** 공제면적

단면적×중복개소수

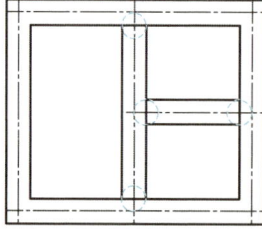

앞에서 계산된 외측과 내측 부분의 면적을 좌도에 표시하면 굵은 선 부분이 된다.

여기서, ◯ 표시 부분의 면적을 공제해야 되는 경우 공제면적은 아래와 같이 계산한다.

∴ 공제면적 = t×H×중복개소수

05 체적 산출법

앞에서 계산해 보았던 구조물의 체적을 구하는 방법을 알아보자.

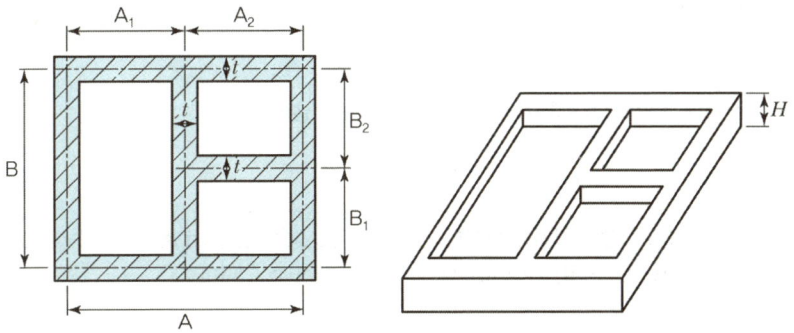

우리는 앞에서 위의 평면도의 빗금 친 부분의 면적을 아래와 같이 정리하여 공식화하였다.

$$면적(A) = \{\Sigma l - (\frac{t}{2} \times 중복개소수)\} \times t$$

그러므로 상기 구조물은 빗금 친 면적에다 높이(H)를 곱하면 체적을 구할 수 있다. 그 내용을 정리하면 아래와 같다.

$$체적(V) = t \times H \times \{\Sigma l - (\frac{t}{2} \times 중복개소수)\}$$

II. 비중을 이용하여 중량과 부피 구하기

> **참고**   Reference
>
> **비중**
> 1. 비중 = $\dfrac{중량(t)}{부피(m^3)}$
> 2. 중량(t) = 비중 × 부피(m^3)
> 3. 부피(m^3) = $\dfrac{중량(t)}{비중}$

제2절 건축적산의 일반사항

01 적산과 견적

(1) 적산
공사 진행에 필요한 공사량(재료, 품)을 산출하는 기술활동

(2) 견적
산출된 공사량에 적정한 단가를 설정하여 곱한 후, 합산하여 총공사비를 산출하는 기술활동으로 공사개요 및 기일, 기타 조건에 의하여 달라질 수 있다.

02 견적의 종류

(1) 명세견적
설계도서(도면, 시방서), 현장설명서, 질의응답서, 구조계산서 등에 의거하여 가장 정확하고 정밀하게 공사비를 산출하는 방법

(2) 개산견적
기 수행된 공사의 자료, 통계치, 경험, 실험식 등에 의하여 개략적으로 공사비를 산출하는 방법

1) 단위 수량에 의한 방법
① 단위 면적에 의한 개산견적
② 단위 체적에 의한 개산견적
③ 단위 설비에 의한 개산견적

2) 단위 비율에 의한 방법
① 가격 비율에 의한 개산견적
② 수량 비율에 의한 개산견적

(3) 부위별 개산견적
건축물을 일정한 형식에 의거해 부위별로 나누고, 그 부위를 구성하고 요소마다 가격을 결정하여 개략적인 공사비를 산출하는 방법

(용어) 적산과 견적

●22②

(용어) 견적

(보충) 부위별 개산견적
부위별 개산견적은 설계 변경 시 유리하게 적용할 수 있는 견적방법이다.

03 견적의 순서

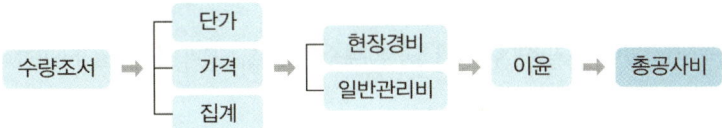

04 공사비 구성

(1) 총공사비

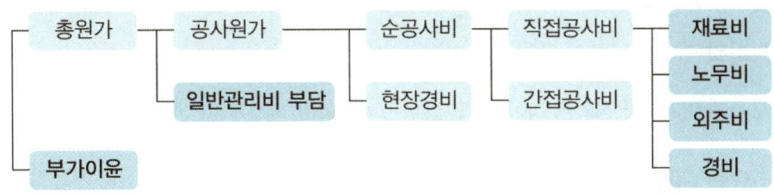

(2) 총공사비

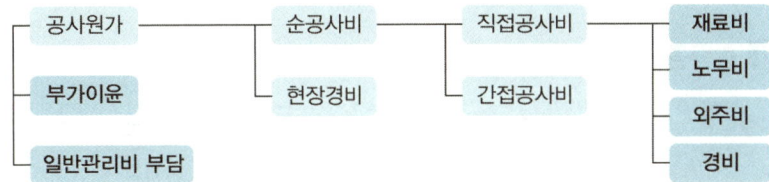

05 공사비 비목

비목	비목 내용
재료비	① 직접재료비 : 공사 목적물의 실체를 형성하는 재료의 비용 ② 간접재료비 : 공사 목적물의 실체를 형성하지 않으나, 공사에 보조적으로 소비되는 재료의 비용(소모품) ③ 부산물 : 시공 중 발생되는 부산물은 이용가치를 추산하여 재료비에서 공제한다.
노무비	① 직접노무비 : 공사 목적물을 완성하기 위하여 직접 작업에 종사하는 종업원 및 노무자에게 지급하는 금액 ② 간접노무비 : 직접 작업에 종사하지 않으나, 공사 현장의 보조작업에 종사하는 노무자, 종업원, 현장사무직원에 지급하는 금액
외주비	• 도급에 의해 공사 목적물의 일부를 위탁, 제작하여 반입되는 재료비와 노무비
경비	• 전력비, 운반비, 기계경비, 가설비, 특허권 사용료, 기술료, 시험검사비, 지급 임차료, 보험료, 보관비, 외주가공비, 안전관리비, 기타 경비로 계산한다.
일반관리비	• 기업의 유지를 위한 관리활동 부분에서 발행하는 제 비용
이윤	• 영업 이익

보충 단가

단가는 여러 가지 요인에 따라 다르게 설정될 수 있다. 재료의 운반 거리, 등급 품질 등에 따라 차이가 발생하며 내역서상의 단가는 아래와 같이 세 가지로 나눌 수 있다.

예 벽돌 10,000장의 단가
① 재료단가
  10,000장 × 48원(재료비)
② 시공단가
  10,000장 × 15원(시공비)
③ 복합단가
  10,000장 × 63원(재료비 + 시공비)

※ 합성단가 : 2가지 이상의 공종을 합한 단가

종류 직접공사비

용어 공사원가, 일반관리비, 직접노무비

종류 공사비 비목

> **참고** Reference
>
> **공사원가**
> 공사시공과정에서 발생하는 직접공사비와 간접공사비에 속한 재료비, 노무비, 경비(현장경비 포함) 등의 합

제3절 수량산출 기준

01 수량의 종류

(1) 정미량

설계도서에 의거하여 정확한 길이(m), 면적(m^2), 체적(m^3), 개수 등을 산출한 수량

(2) 소요량, 구입량

산출된 정미량에 시공 시 발생되는 손실량, 망실량 등을 고려하여 일정 비율의 수량(할증량)을 가산하여 산출된 수량

02 할증률

●22①

(할증률) 유리, 시멘트, 벽돌, 단열재

(보충) 수량의 계산

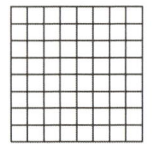

위의 그림에서 타일량(장)을 그림의 수대로 구하면
정미량 = 8 × 8 = 64장
그러나 만일 현장에 64장만 반입하였을 시 1장이라도 파손이 되면 시공이 완료되지 못한다. 그러므로 각 재료별로 시공 시 손율을 조사해 설정한 것이 할증률이다.

(보충) 할증률 적용

위의 타일을 자기질 타일(할증 3%)이라 하고 소요량을 계산하면

소요량 = 정미량 + 할증량
      = 64장 + 64 × 0.03
      = 65.92장
  ↓
향후 할증률 적용 시 풀이방법
→ 64 × 1.03 = 65.92장
∴ 66장(절상)

할증률	재료	할증률	재료
1%	유리 콘크리트(철근)	5%	원형철근 일반 볼트, 리벳, 강관 소형형강(Angle) 시멘트 벽돌 타일(합성수지계) 수장합판 목재(각재) 텍스, 석고보드, 기와
2%	도료 콘크리트(무근) 위생기구	6%	테라초 판
		7%	대형형강
3%	이형철근 고력볼트 붉은벽돌 내화벽돌 타일(점토계) 타일(클링커) 테라코타 일반합판 슬레이트	10%	강판(Plate) 단열재 석재(정형) 목재(판재)
4%	시멘트 블록	20%	졸대
		30%	석재(원석, 부정형)

03 수량의 계산(기준)

1) 수량의 C.G.S 단위를 사용한다.
2) 수량의 단위 및 소수위는 표준 품셈 단위 표준에 의한다.
3) 수량의 계산은 지정 소수위 이하 1위까지 구하고, 끝수는 4사 5입한다.
4) 계산에 쓰이는 분도(分度)는 분까지, 원둘레율(圓周率), 삼각함수(三角函數) 및 호도(弧度)의 유효숫자는 3자리(3位)로 한다.
5) 곱하거나 나눗셈에 있어서는 기재된 순서에 의하여 계산하고, 분수는 약분법을 쓰지 않으며, 각 분수마다 그의 값을 구한 다음 전부의 계산을 한다.
6) 면적의 계산은 보통 수학공식에 의하는 외에 삼사법(三四法)이나 삼사유치법(參斜誘致法) 또는 프라니미터로 한다. 다만, 프라니미터를 사용할 경우에는 3회 이상 측정하여 그중 정확하다고 생각되는 평균값으로 한다.
7) 체적계산은 의사공식(擬似公式)에 의함을 원칙으로 하나, 토사의 입적은 양단면적을 평균한 값에 그 단면적 간의 거리를 곱하여 산출하는 것을 원칙으로 한다. 다만, 거리평균법으로 고쳐서 산출할 수도 있다.
8) 다음에 열거하는 것의 체적과 면적은 구조물의 수량에서 공제하지 않는다.
   ① 콘크리트 구조물 중의 말뚝머리 체적
   ② 볼트의 구멍
   ③ 모따기 또는 물구멍(水孔)
   ④ 이음줄눈의 간격
   ⑤ 포장공종의 1개소당 $0.1m^2$ 이하의 구조물 자리
   ⑥ 강(鋼) 구조물의 리벳 구멍
   ⑦ 철근콘크리트 내의 철근
   ⑧ 조약돌 중의 말뚝 체적 및 책동목(柵胴木)

04 수량 산출 시 주의사항

1) 수량 산출 시 가급적 시공순서에 의해서 계산한다.
2) 지정 소수위(소수점 자릿수)를 확인한다.
3) 단위 환산에 유의한다.
   ① 도면 단위(mm) → 수량 단위(m, m^2, m^3)
   ② 반드시 정수 단위인 경우
      - 벽돌 · 블록 · 타일(장)
      - 시멘트(포대)
      - 인부수(인)
      - 운반횟수(회)
      - 장비(대) 등

보충) 포장공종
포장공종이라 함은 미장, 도장, 방수 등의 마감공정을 뜻함

보충) 시공순서
① 아래 → 위
② 내부 → 외부
③ 단위세대 → 전체

보충) 지정 소수위
예) 소수 2위
→ 소수점 둘째 자리
→ $2.2 \times 2.2 \times 0.05 = 0.242m^3$
위의 식을 지정 소수위 조건에 만족시키는 답은 0.24가 된다.

보충) 정수 단위 환산
정수 단위로 환산하기 위하여 절상 혹은 절하하여 계산
① 절상 : 소수점 이하 무조건 올림
   예) 5.9 → 6, 5.02 → 6
② 절하 : 소수점 이하 무조건 버림
   예) 5.9 → 5, 5.02 → 5

CHAPTER 01 핵심 기출문제

01 다음 ( ) 안에 알맞은 말을 쓰시오.

> 적산은 공사에 필요한 재료, 품의 수량, 즉 (가)를(을) 산출하는 기술활동이고 견적은 그 (나)에 (다)을(를) 곱하여 (라)을(를) 산출하는 기술활동이다.

가. _____   나. _____
다. _____   라. _____

[정답]
가. 공사량   나. 공사량
다. 단가   라. 총공사비

02 다음 용어에 대해 설명하시오.

가. 적산(積算) : _____

나. 견적(見積) : _____

[정답]
가. 적산 : 공사에 필요한 재료, 품의 수량 즉 공사량을 산출하는 기술 활동
나. 견적 : 산출된 공사량에 단가를 곱하여 총공사비를 산출하는 기술 활동

03 다음 ( ) 안에 알맞은 용어를 쓰시오.

> 견적의 종류는 크게 나누어 (가) 견적과 (나) 견적으로 나눌 수 있으며, (다)은 설계도서 등을 근거하여 가장 정확하고 정밀하게 공사비를 산출하는 방법이며, (라)은 자료, 통계치, 경험, 실험식 등에 의하여 개략적으로 공사비를 산출하는 방법이다.

가. _____   나. _____
다. _____   라. _____

[정답]
가. 명세   나. 개산
다. 명세견적   라. 개산견적

04 개산견적의 종류를 5가지 쓰시오.

가. _____   나. _____
다. _____   라. _____
마. _____

[정답]
가. 단위면적에 의한 방법
나. 단위체적에 의한 방법
다. 단위설비에 의한 방법
라. 가격비율에 의한 방법
마. 수량비율에 의한 방법

05 부위별 개산견적을 간단히 설명하시오.

정답
건축물을 일정한 형식에 의거해 부위별로 나누고, 그 부위를 구성하는 요소마다 가격을 결정하여 공사비를 결정하는 방법으로 설계 변경 시 유리하다.

06 다음 〈보기〉에서 견적의 일반적인 순서를 기호로 골라 순서대로 쓰시오.

| (가) 이윤 | (나) 가격 | (다) 수량조사 | (라) 단가 |
| (마) 총공사비 | (바) 일반 관리비 | (사) 집계 | (아) 현장경비 |

( ) → ( ) → ( ) → ( ) → ( ) → ( ) → ( ) → ( )

정답
(다) → (라) → (나) → (사) → (아) → (바) → (가) → (마)

07 공사비 구성의 분류이다. ( ) 안을 채우시오.

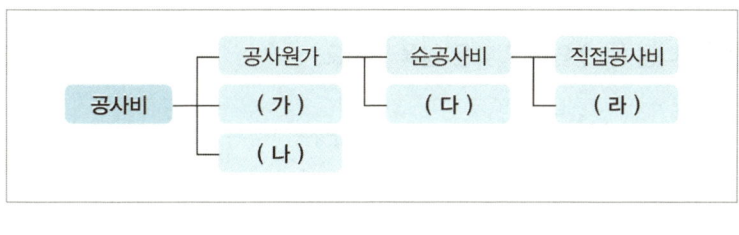

가. .... 나. ....
다. .... 라. ....

정답
가. 일반관리 부담금
나. 부가이윤
다. 현장경비
라. 간접공사비

08 실시설계도서가 완성되고 공사물량 산출 등 견적업무가 끝나면 공사예정가격 작성을 위한 원가계산을 하게 된다. 원가계산 기준 중 아래 내용에 대한 답안을 쓰시오.

가. 공사시공과정에서 발생하는 재료비, 노무비, 경비의 합계액 ( )
나. 기업의 유지를 위한 관리활동부문에서 발생하는 제 비용 ( )
다. 공사계약 목적물을 완성하기 위하여 직접 작업에 종사하는 종업원 및 기능공에 제공되는 노동력의 대가 ( )

가. ....
나. ....
다. ....

정답
가. 공사원가
나. 일반관리비
다. 직접노무비

09 상세견적의 개략적인 견적절차 3단계를 쓰시오.

가. _____
나. _____
다. _____

정답
가. 수량산출 및 집계
나. 일위대가 및 단가산정
다. 공사비 산출

10 다음 〈보기〉의 자료에 의한 공사원가와 총공사비를 산출하시오.

㉠ 자재비	50,000,000원	㉡ 노무비	35,000,000원
㉢ 현장경비	15,000,000원	㉣ 간접공사비	12,000,000원
㉤ 일반관리비 부담금	3,000,000원	㉥ 이윤	13,000,000원

가. 공사원가 : _____
나. 총공사비 : _____

정답
가. 공사원가
　= 자재비 + 노무비 + 간접공사비
　　+ 현장경비
　= 50,000,000 + 35,000,000
　　+ 12,000,000 + 15,000,000
　= 112,000,000원
나. 총공사비
　= 공사원가 + 일반관리비
　　부담금 + 이윤
　= 112,000,000 + 3,000,000
　　+ 13,000,000
　= 128,000,000원

11 다음 ( ) 안에 알맞은 말을 쓰시오.

공사비의 구성 중 직접공사비의 산출항목 종류는 (가), (나), (다), 경비로 구성된다.

가. _____
나. _____
다. _____

정답
가. 재료비
나. 노무비
다. 외주비

12 다음 수량산출 시 할증률이 작은 것부터 큰 순서를 〈보기〉에서 골라 번호로 쓰시오.

| (가) 이형철근 | (나) 원형철근 |
| (다) 대형형강 | (라) 강판 |

( ) → ( ) → ( ) → ( )

정답
(가) 이형철근 : 3%
(나) 원형철근 : 5%
(다) 대형형강 : 7%
(라) 강판 : 10%
작은 것부터 큰 순서는
(가) → (나) → (다) → (라)

13 다음 재료의 할증률을 기입하시오.　　　•22①

| 가. 유리 ·················· (　　) | 나. 기와 ·················· (　　) |
| 다. 붉은 벽돌 ············ (　　) | 라. 단열재 ················ (　　) |

가. _____　　나. _____

다. _____　　라. _____

> **정답** 재료의 할증률
> 가. 1%　　나. 5%
> 다. 3%　　라. 10%

14 길이 4m×높이 1m 담장을 세우려 한다. 블록 소요량을 산출하고, 일위대가표를 작성 후 재료비와 노무비를 산출하시오.(단, 블록규격 390×190×150)

(1) 담장 쌓기의 블록 소요량을 산출하시오.

　　계산식 : _____

(2) 아래 수량과 단가를 기준으로 일위대가표를 작성하시오.

(단위 : m²당)

| 구분 | 단위 | 수량 | 재료비 | | 노무비 | | 비고 |
			단가	금액	단가	금액	
블록							금액산출 시 소수 이하 수치 버림
시멘트							
모래							
조적공							
보통인부							
합계							

(수량)
1. 시멘트 : 4.59kg/m²당
2. 모래 : 0.01m³
3. 조적공 : 0.17인/m²당
4. 보통인부 : 0.08인/m²당

(단가)
1. 블록 : 550원/매당
2. 시멘트(40kg) : 3,800원/포대당
3. 모래 : 20,000원/m³당
4. 조적공 : 89,437원/인
5. 보통인부 : 66,622원/인

(3) 작성한 일위대가표를 기준으로 담장 쌓기의 재료비와 노무비를 산출하시오.

　　계산식 : (재료비) = _____

　　　　　　 (노무비) = _____

　　　　　　 (재료비 + 노무비) = _____

정답 (1) 담장 쌓기의 블록 소요량(단위수량 13매는 할증 4% 포함 수량임)
계산식 : 4×1 = 4m² × 13 = 52매

(2) 아래 수량과 단가를 기준으로 한 일위대가표

(단위 : m²당)

구분	단위	수량	재료비		노무비		비고
			단가	금액	단가	금액	
블록	매	13	550	7,150			금액산출 시 소수 이하 수치 버림
시멘트	kg	4.59	95	436			
모래	m³	0.01	20,000	200			
조적공	인	0.17	–	–	89,437	15,204	
보통인부	인	0.08	–	–	66,622	5,329	
합계				7,786		20,533	

(수량)
1. 시멘트 : 4.59kg/m²당
2. 모래 : 0.01m³
3. 조적공 : 0.17인/m²당
4. 보통인부 : 0.08인/m²당

(단가)
1. 블록 : 550원/매당
2. 시멘트(40kg) : 3,800원/포대당
3. 모래 : 20,000원/m³당
4. 조적공 : 89,437원/인
5. 보통인부 : 66,622원/인

(3) 작성한 일위대가표를 기준으로 한 담장 쌓기의 재료비와 노무비
계산식 : (재료비) = 4×1 = 4m² → 4× 7,786 = 31,144원
　　　　(노무비) = 4×1 = 4m² → 4×20,533 = 82,132원
　　　　(재료비 + 노무비) = 31,144 + 82,132 = 113,276원

Engineer Architecture

CHAPTER 02
가설공사

CONTENTS

제1절 개요	27
제2절 공통 가설공사	27
제3절 직접 가설공사	29

미듬 건축산업기사

멘토스는 당신의 쉬운 합격을 응원합니다!

CHAPTER 02 가설공사

| 학 | 습 | 포 | 인 | 트 |
* 시멘트 창고 면적(m²) : 저장량, 사용량 구분
* 변전소 면적 : 최대 피크 전력 구하기
* 규준틀 : 평규준틀, 귀규준틀 구분하여 산출
* 동바리량 : 공제 부분 이해, 단위 맞추기
* 비계면적 : 재료별, 비계별 구분하여 산출하기

제1절 개요

01 가설공사의 결정 요건

① 공사장의 위치
② 대지 및 건축물의 규모
③ 공사기간

02 가설물의 종류

① 현장 사무소(시공자용)
② 감리 사무소(공사 감독자용)
③ 가설 창고(시멘트 창고, 자재 창고, 기계기구 창고)
⑤ 가설 작업일간
⑤ 가설 숙소
⑥ 가설 화장실
⑦ 구대(構臺 : 보도상에 2층으로 지은 건물의 대)
⑧ 규준틀(수평 규준틀, 세로 규준틀)
⑨ 가설 동바리
⑩ 가설비계, 비계다리
⑪ 낙하물 방지
⑫ 가설 울타리

제2절 공통 가설공사

01 시설물 규모에 의한 구분

종별 \ 본 건물의 규모 단위	단위	200m² 이하	1,000m² 이하	3,000m² 이하	6,000m² 이하	6,000m² 이상
감독사무소	m²	6	12	25	30	50
도급자사무소	m²	12	24	50	60	100
기타자재창고	m²	10	20	30	40	60
작업헛간	m²	–	50	70	90	120

① 가설공사비는 그 성질에 따라 계상할 수 있다.
② 가설물 종류의 선택은 공사 종류 및 규모에 따라 택한다.
③ 가설물은 공사의 성질과 소요재료의 수급계획에 따라 증감할 수 있다.

02 시멘트 창고 면적(m²)

(1) 비례식(창고 바닥면적 1m²당)

① 30~35포 저장(창고 내 통로 설치)
② 50포 저장(창고 내 통로를 고려치 않는 경우)

(2) 식에 의한 경우

$$A = 0.4 \times \frac{N}{n}$$

여기서, A : 창고 면적(m²)
　　　　n : 최고 쌓기 단수
　　　　　① 문제조건 우선
　　　　　② 조건이 없는 경우 13단
　　　　　③ 장기 저장인 경우 7단
　　　　N : 저장할 수 있는 시멘트량
　　　　　① 사용 시멘트량 600포 미만 : 전량 저장
　　　　　② 사용 시멘트량 600포 이상 : 사용량의 1/3
　　　(단, 공사기간이 단기인 경우 사용 시멘트량에 관계없이 전량을 저장)

예제 01

사용 시멘트가 각각 500포, 2,400포대가 있다. 12단으로 쌓을 경우 필요한 시멘트 창고 면적을 계산하시오.

[풀이] ① 500포인 경우 ⇒ 전량 저장

$$A = 0.4 \times \frac{500}{12} = 16.67 m^2$$

② 2,400포인 경우 ⇒ 전량의 1/3인 800포 저장

$$A = 0.4 \times \frac{800}{12} = 26.67 m^2$$

03 동력소 및 변전소 면적 산출(m²)

$$A = 3.3 \times \sqrt{W}$$

여기서, A : 설치 면적(m²)
　　　　W : 사용기계기구의 최대 전력(kW)의 합
　　　　　(1HP≒746W = 0.746kW)

(면적) 시멘트 창고

(보충) 시멘트 창고 면적 시
비례식으로 적용해야 하는 경우는 문제조건에서 창고 내에 통로의 설치 유무가 주어진 경우이다.

(예) 시멘트 600포를 저장하려 한다. 창고 내 통로를 설치하지 않는 경우 필요한 창고 면적(m²)은?

1m² : 50포 = x(m²) : 600포
∴ x = 12m²

(보충) N(시멘트량)
N은 사용 시멘트량이 아닌 저장량임에 유의한다.

(예) 가설공사 계획 시 시멘트 저장량이 3,600포임을 알았다. 최고 쌓기 단수를 12단으로 할 때 필요한 창고면적(m²)을 구하시오.

$A = 0.4 \times \frac{3,600}{12} = 120 m^2$

(면적) 변전소

예제 02

다음의 조건으로 필요한 동력소 면적을 산출하고, 아울러 1개월에 소요되는 전력량을 구하시오.

> ① 20HP 전동기 3대
> ② 10HP 윈치 2대
> ③ 200W 전등 20개
> ④ 1일 10시간 사용, 1개월을 25일로 계산한다.

[풀이] 각 사용기계 기구의 단위를 kW로 환산하여 그 합을 구한 후 $\sqrt{\ }$를 씌워 답을 계산한다.
① 20HP 전동기 3대 = 20 × 0.746 × 3 = 44.76kW
② 10HP 윈치 2대 = 10 × 0.746 × 2 = 14.92kW
③ 200W 전등 20개 = 0.2 × 20 = 4kW
∴ 최대 전력은 ①+②+③ = 44.76 + 14.92 + 4 = 63.68kW

가. 동력소 면적(m^2) : $A = 3.3 \times \sqrt{63.68} = 26.33m^2$
나. 1개월 소요 전력량(kWh) : 63.68 × 10 × 25 = 15,920kWh

제3절 직접 가설공사

01 수평규준틀

(1) 수평규준틀 산출방법

① 평면 배치도를 작성하여 귀규준틀 또는 평규준틀로 나누어 개소수로 산출함을 원칙으로 하되, 건축면적의 규모 및 평면구조상 불가피한 경우 면적당으로 계산할 수도 있다.
② 2층 이상의 수평보기는 먹매김품을 적용한다.
③ 수평규준틀의 목재 손율은 80%로 한다.
  ㉠ 면적으로 산출 시 : 중심선으로 둘러싸인 건축면적(m^2)으로 계산
  ㉡ 개소당 산출 시

종류	구조	설치 위치
평규준틀	RC조	모서리 기둥을 제외한 기둥마다 설치
	조적조	모서리 부분 및 노출되는 부분의 내력벽마다 설치
귀규준틀	RC조	외관 모서리 기둥과 외부로 노출되는 기둥에 설치
	조적조	모서리 부분 및 노출되는 부분에 설치

(개소수) 평규준틀, 귀규준틀

예제 03

다음 그림에서 평규준틀과 귀규준틀의 개수를 구하시오.(조적조)

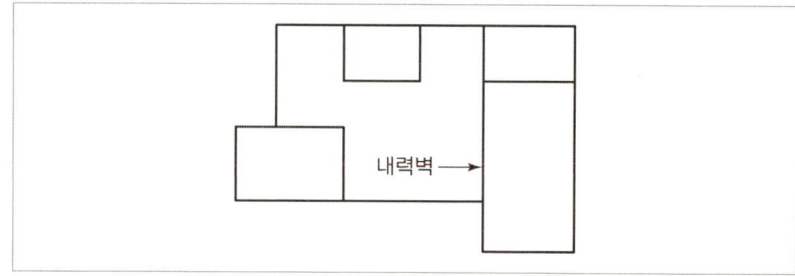

풀이

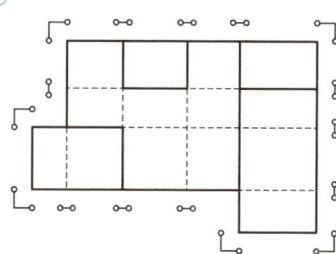

가. 귀규준틀 (⌐) : 6개소
나. 평규준틀 (∘∘) : 10개소

02 동바리량(공m³, 10공m³)

① 동바리 체적 계산은 공m³로 산출한다.
② 공m³의 산출은 상층바닥판 면적(개소당 1m² 이상의 개구부 공제)×층안목높이×0.9 로 한다.
③ 조적조에서 테두리보 하부에 내력벽이 있는 경우는 공제한다.
(보 밑면적 공제)
④ 조적조에서 1층의 경우 공정상 상층 슬래브를 먼저 시공할 경우 동바리 길이는 G.L에서 상층 바닥판 밑까지 산정한다.

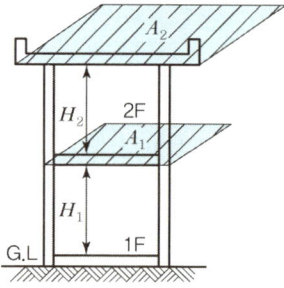

1층 : $A_1 \times H_1$(G.L까지)×0.9
2층 : $A_2 \times H_2 \times 0.9$
(단, A_1, A_2의 면적에서 1m² 이상의 개구부나 테두리보 밑면적은 공제한다.)

⑤ 동바리 재료는 사용횟수별 손료로 계상한다.

예제 04

다음의 도면을 보고 동바리량(10공m³)을 산출하시오.

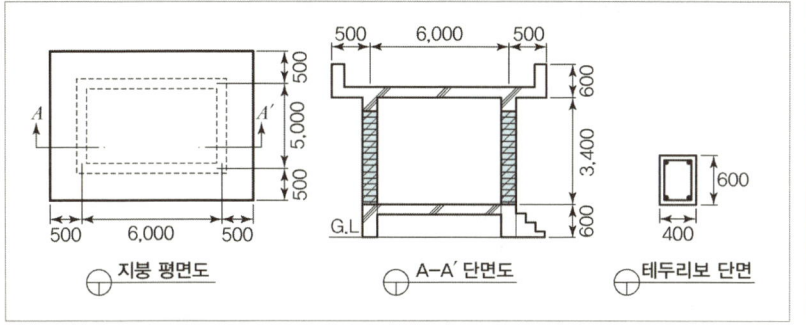

[풀이] {7×6−(6+5)×2×0.4}×4×0.9=119.52
∴ 동바리량(10공m³) ⇒ 11.952(10공m³)

03 비계면적(m²)

(1) 내부 비계면적

① 내부비계의 비계면적은 연면적의 90%로 하고 손료는 외부비계 3개월까지의 손율을 적용함을 원칙으로 한다.
② 수평비계는 2가지 이상의 복합공사 또는 단일공사라도 작업이 복잡한 경우에 사용함을 원칙으로 한다.
③ 말비계는 층고 3.6m 미만일 때의 내부공사에 사용함을 원칙으로 한다.

(2) 외부 비계면적

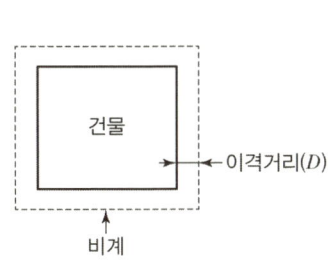

비계 종류 건물구조	통나무 비계		단관 파이프 틀비계	비고
	외줄· 겹비계	쌍줄 틀비계		
목구조	45	90	100	벽 중심 에서 이격
조적조 철근콘크리트구조 철골구조	45	90	100	벽 외측 에서 이격

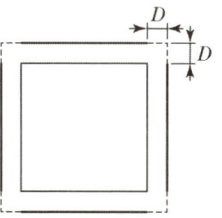

> 비계면적(A) = 비계 둘레길이 × 건물의 높이

① 비계 둘레길이 = (건물 둘레길이 + 늘어난 비계길이)
② 늘어난 비계길이 산정방법은 오른쪽 그림에서 알 수 있듯이 8개소×이격거리(D)이다.

[보충] 벽체의 단면적
벽체의 단면적(공제 부분)
⇒ 중심 간 길이×두께(t)

[면적] 내부 비계, 외부 비계

[서술] 비계면적 산출법
(외줄, 쌍줄비계)

[보충] 이격거리(D)
● 목구조 : 벽체 중심

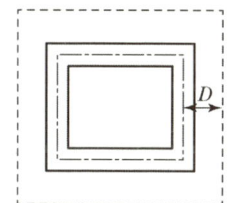

● 기타 구조 : 벽 외측

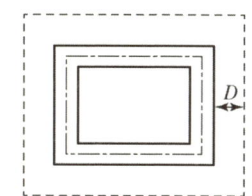

(계산) 쌍줄비계면적

1. 내부 비계면적 = 연면적 × 0.9
2. 외부 비계면적
   ① 외줄·겹비계 : [Σl + 8 × 0.45] × H
   ② 쌍줄비계 : [Σl + 8 × 0.9] × H
   ③ 단관·틀비계 : [Σl + 8 × 1.0] × H

여기서, Σl : 건물 둘레길이   H : 건물의 높이
- 목구조 : 중심 간 길이
- 기타구조 : 외측 간 길이

예제 05

다음과 같은 2층 목조건축물의 비계면적을 구하시오.(단, 통나무 외줄비계 사용, 벽두께 200mm이다.)

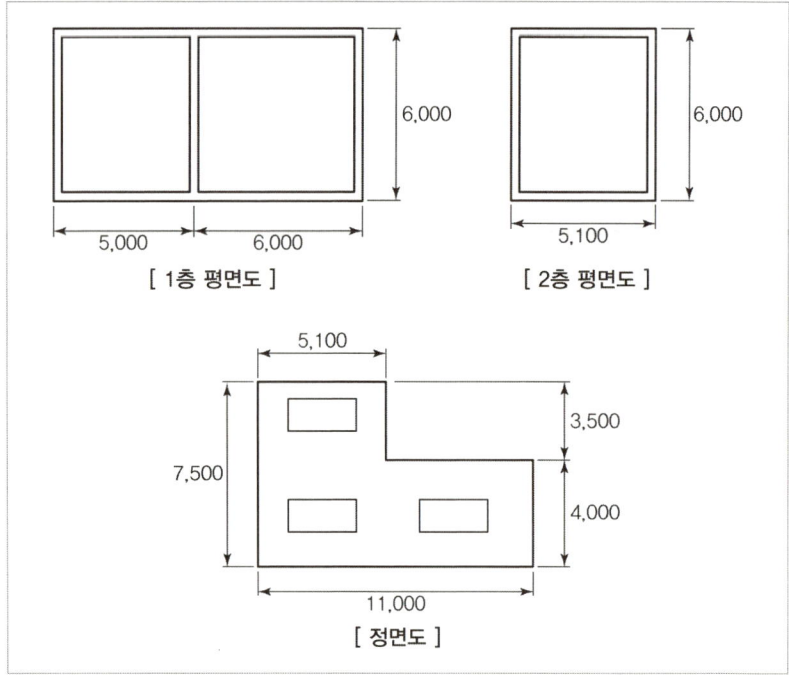

[1층 평면도]   [2층 평면도]

[정면도]

(풀이) ① 1층 면적 : [{(11−0.2)+(6−0.2)}×2+8×0.45]×4 = 147.2m²
② 2층 면적 : [{(5.1−0.2)+(6−0.2)}×2+8×0.45]×3.5 = 87.5m²
∴ ①+② = 234.7m²

(보충) 목구조의 비계면적

주어진 도면의 치수가 외측 간의 치수로 주어져 있으므로 목구조에서는 중심 간의 둘레길이가 필요하다.

CHAPTER 02 핵심 기출문제

01 다음 그림과 같은 철근콘크리트조 5층 건축물을 신축 시 필요한 귀규준틀, 평규준틀 수량을 기재하시오.

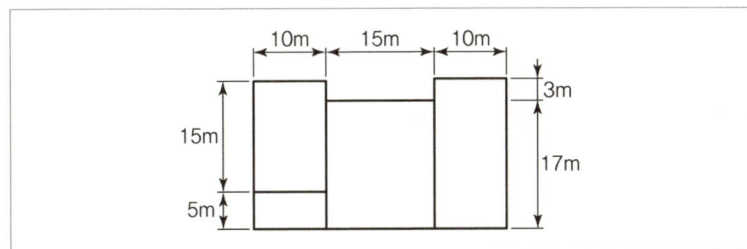

가. 귀규준틀 : _____ 개소

나. 평규준틀 : _____ 개소

정답

적산 – 규준틀

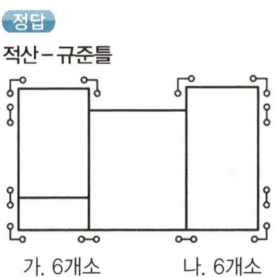

가. 6개소   나. 6개소

02 다음 ( ) 안에 알맞은 말을 쓰시오.

동바리량 산출은 상층 바닥판 면적에 층 안목높이를 곱한 체적의 (①)%로 산정하며 이때 단위는 (②)와 (③)가 있으며, 이 중에 수량이 많을 시 (④)로 사용한다.

① _____   ② _____
③ _____   ④ _____

정답

① 90   ② 공m³
③ 10공m³   ④ 10공m³

03 다음 그림은 건물 평면도이다. 이 건물이 지상 5층일 때 내부 수평비계 면적을 산출하시오.

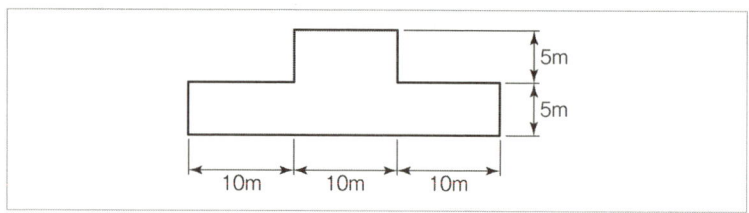

> **정답**
> ① 내부 비계면적 = 연면적 × 0.9
>   (연면적 = 각층 바닥면적의 합)
> ② 바닥면적 = 30 × 5 + 10 × 5
>   = 200m²
> ③ 연면적 = 200m² × 5개층
>   = 1,000m²
> ∴ 내부 비계면적 = 1,000 × 0.9
>   = 900m²

04 다음 그림을 보고 내부 비계의 면적을 산출하시오.

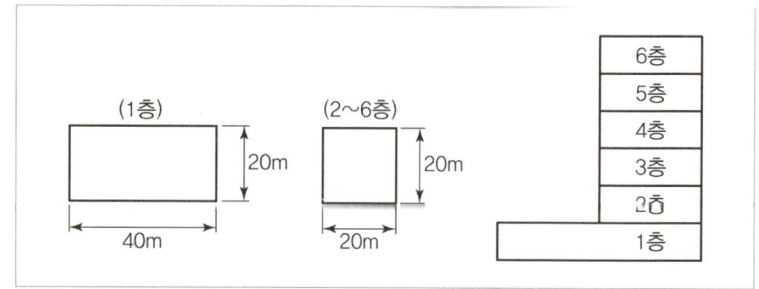

> **정답**
> 연면적 산출 시 각층마다 면적이 다를 경우 각각의 바닥면적을 산출한 후 합산하여 구한다.
> (1) 연면적
>   ① 1층 : 40 × 20 = 800m²
>   ② 2~6층 : 20 × 20 × 5개층
>   = 2,000m²
>   ∴ ① + ② = 2,800m²
> (2) 내부 비계면적 = 2,800 × 0.9
>   = 2,520m²

> **보충) 유사문제**
> 외부 쌍줄비계와 외줄비계의 면적 산출방법을 기술

> **보충) 유사문제**
> 적산 – 가로 18m, 세로 13m, 높이 13.5m 쌍줄 비계면적

> **정답**
> 비계면적(A)
> = {(20 + 15) × 2 + 8 × 0.9} × 30
> = 2,316m²

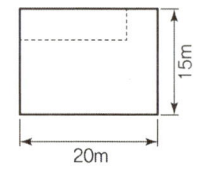

05 다음 그림은 건물의 평면도이다. 한 층의 높이가 3m이고 10층 건물이라고 할 경우의 외부 쌍줄비계면적을 산출하시오.

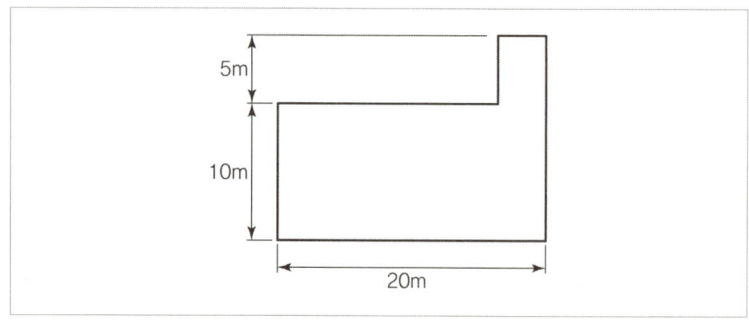

06 다음 도면을 보고 내부 비계면적 및 외부 비계면적을 산출하시오.(단, 외부 비계는 외줄비계이다.)

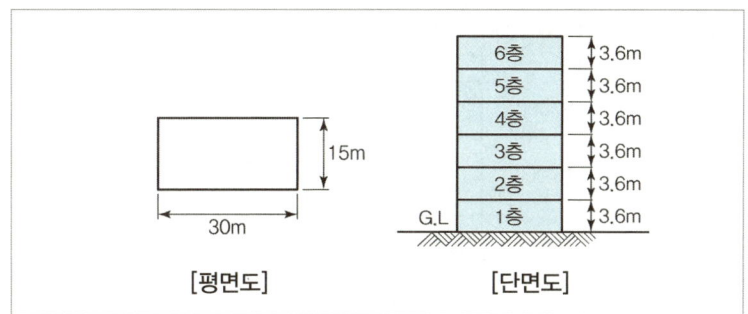

정답
① 내부 비계면적
  연면적×0.9
  $= 30 \times 15 \times 6 \times 0.9$
  $= 2,430 m^2$
② 외부 비계면적
  $A = \{\Sigma l + (8 \times 0.45)\} \times H$
  $= \{(30+15) \times 2 + (8 \times 0.45)\} \times 21.6$
  $= 2,021.76 m^2$

07 다음 평면의 건물높이가 16.5m일 때 비계면적을 산출하시오.(단, 쌍줄비계로 한다.)

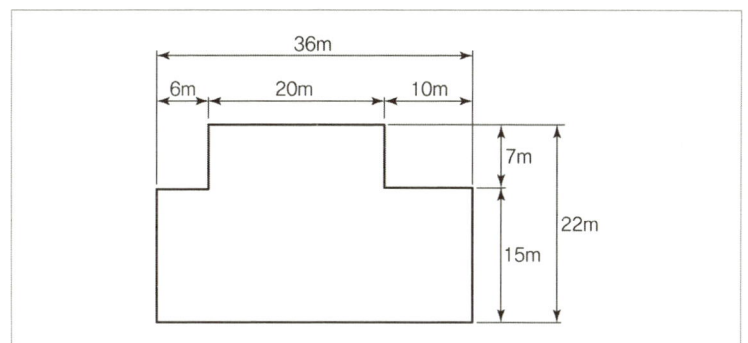

정답
쌍줄 비계면적(A)
$= \{\Sigma l + (8 \times 0.9)\} \times H$
$= \{(36+22) \times 2 + (8 \times 0.9)\} \times 16.5$
$= 2,032.8 m^2$

08 다음 평면도와 같은 건물에 외부 쌍줄비계를 설치하고자 한다. 비계면적을 산출하시오.(단, 건물높이는 27m이다.)

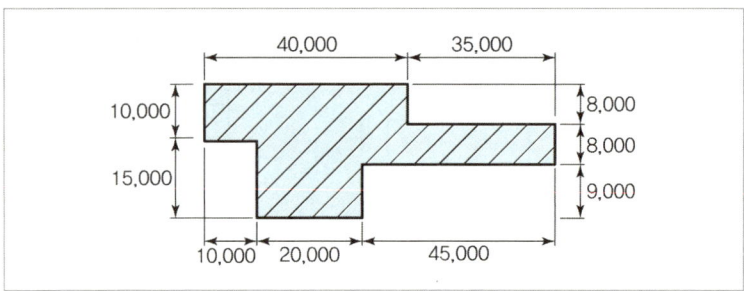

정답
쌍줄 비계면적(A)
= {∑l + (8×0.9)} × H
= {(75+25)×2 + (8×0.9)} × 27
= 5,594.4m^2

09 다음 비계의 면적 산출방법에 대해 기술하시오.(단, 철근콘크리트조의 경우)

① 외부 쌍줄비계 :

② 외줄비계 :

정답
① 외부 쌍줄비계 : 건물 벽 외면에서 90cm 이격시킨 둘레길이에 건물 높이를 곱하여 계상
② 외줄비계 : 건물 벽 외면에서 45cm 이격시킨 둘레길이에 건물 높이를 곱하여 계상

10 그림과 같은 철근콘크리트조 건물에서 외부 비계의 쌍줄 비계면적을 산출하시오.(단, 건물높이는 5m이다.)

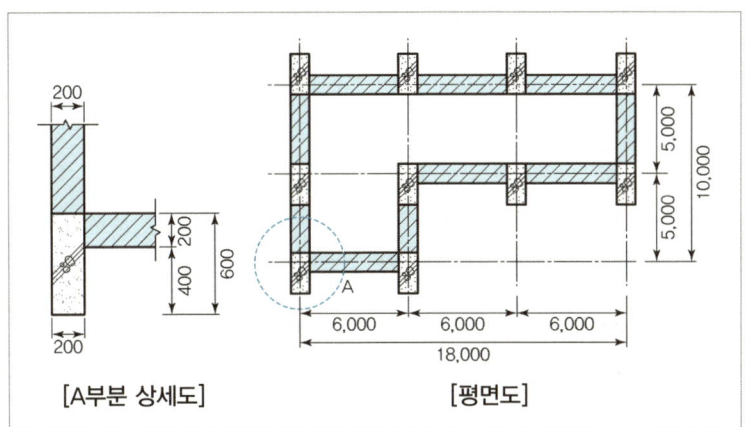

정답

비계면적 산출 시 적산기준은 외벽에서부터 90cm(쌍줄비계) 떨어진 외주 면적으로 계산하므로 기둥 돌출부는 관계가 없다.
쌍줄 비계면적 (A)
$= \{\Sigma l + (8 \times 0.9)\} \times H$
$= [\{(A+t)+(B+t)\} \times 2 + (8 \times 0.9)] \times H$
$= [\{(18+0.2)+(10+0.2)\} \times 2 + (8 \times 0.9)] \times 5$
$= 320m^2$

11 트럭 적재한도의 중량이 6t일 때 비중 0.6, 부피 300,000(才)의 목재 운반 트럭 대수를 구하시오.(단, 6t 트럭의 적재량은 8.3m³)

보충 비중/부피/중량

- 비중 = $\dfrac{중량(t)}{부피(m^3)}$
- 중량(t) = 비중 × 부피(m^3)
- 부피(m^3) = $\dfrac{중량(t)}{비중}$

정답

① 목재 1m³는 300才이므로
   300,000 ÷ 300 = 1,000m³
② 6t의 트럭에 적재되는 목재 8.3m³를 중량으로 계산하면
   8.3 × 0.6(비중) = 4.98t
   (6t 트럭에 적재 가능 범위)
③ 목재 6t을 부피로 환산
   부피 = 6 ÷ 0.6(비중) = 10m³
   (6t 트럭의 적재범위 초과)
④ 운반대수 = 1,000m³ ÷ 8.3
              = 120.48대
   ∴ 121대

> (보충) 참고사항
>
> 목재의 부피단위가 문제에서 사이(才)수로 출제되었지만 앞으로는 m^3로 출제될 확률이 높음

정답

적산 – 목재 운반 대수

① 목재의 부피
   = 300,000才 ÷ 300才
   = 1,000m^3 (∵ 1m^3 = 300才)

② 목재를 중량으로 환산
   = 1,000 × 0.8 = 800t

③ 목재 6t을 부피로 환산
   = $\dfrac{6}{0.8}$ = 7.5m^3 (○)

④ 목재 9.5m^3를 중량으로 환산
   = 0.8 × 9.5 = 7.6t   (×)
   ∵ 트럭 9.5m^3의 용량에 목재를 9.5m^3 싣는 경우 중량이 초과된다.

⑤ 1,000m^3 ÷ 7.5m^3 = 133.3
   ∴ 134대

12 목재 300,000재(才)를 최대적재량이 6ton(중량), 9.5m^3(용적)인 차량으로 운반하려고 할 때 필요한 운반차량 대수를 구하시오. (단, 운반차량 대수는 중량과 용적을 모두 고려하여 종합적으로 산정, 목재의 비중은 0.8로 가정하고, 최종 답은 정수로 표기)

Engineer Architecture

CHAPTER 03
토공사

CONTENTS

제1절 터파기량   42
제2절 되메우기량   45
제3절 잔토처리량   45
제4절 건설기계 및 소운반   48

미듬 건축산업기사

멘토스는 당신의 쉬운 합격을 응원합니다!

토공사

|학|습|포|인|트|
* 터파기량 필요치수 암기
* 토량환산계수 적용하기
* 독립기초, 줄기초, 온통기초 토공수량 파악
* 토공장비 1시간당 작업량 산출하기

1. 터파기량(m³) : ①

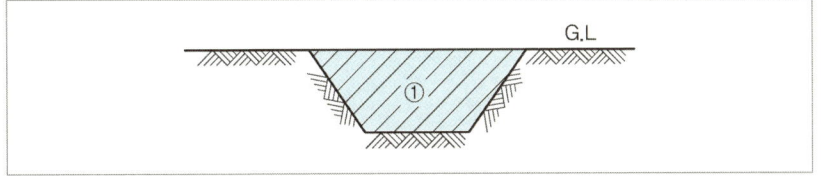

2. 되메우기량(m³) : 터파기량 – 기초구조부 체적(G.L 이하) = ① – ②

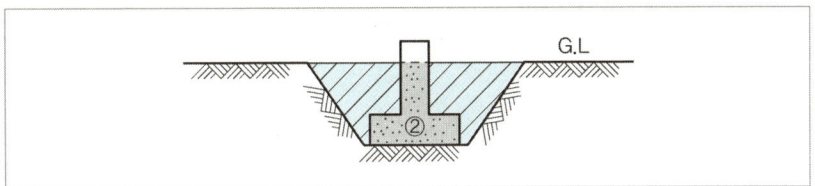

3. 잔토처리량(m³) :
기초구조부 체적(G.L 이하) × 토량환산계수 = ② × 토량환산계수

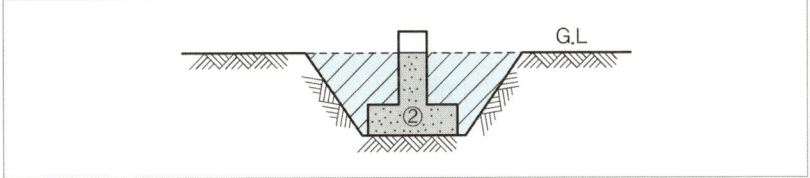

①, ②의 체적을 계산하면 그 체적량은 자연상태의 체적이다.

∴ 터파기량 = 되메우기량 + 기초 구조부의 체적(G.L 이하)

보충 체적량 계산

①, ②의 체적을 계산하면 그 체적량은 자연상태의 체적이다.
터파기량 = 되메우기량 + 기초구조부 체적

제1절 터파기량

01 터파기 종류

(1) 흙막이가 없는 경우

① 수직 터파기 : 높이가 1m 미만

[수직 터파기]

② 경사각 터파기 : 높이가 1m 이상

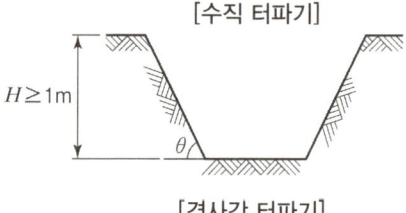
[경사각 터파기]

(2) 흙막이가 있는 경우

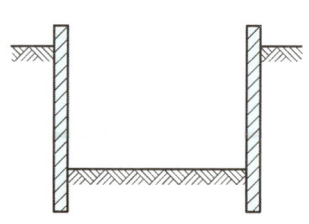
[흙막이가 있는 경우]

02 터파기 너비 결정

(1) 흙막이가 없는 경우

① 높이 : 설계도에 따른다.
② 밑변 : 기초판의 너비 + 2 × 터파기 여유(D)

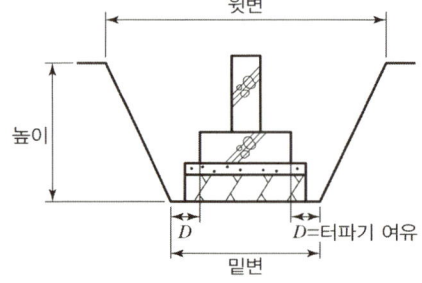

⟨밑변 터파기 여유(D)⟩

터파기 높이(H)	터파기 여유(D)
1m 이하	20cm
2m 이하	30cm
4m 이하	50cm
4m 초과	60cm

(보충) 터파기 높이(H) : 결정요소
① 수직 / 경사각 터파기 결정
   H<1m H≧1m
② 터파기 밑변의 크기결정
③ 터파기 윗변의 크기결정

(보충) 밑변 터파기 여유(D)
밑변 터파기 여유(D)는 지정의 측면이 아닌 기초판 측면에서의 여유 거리임에 유의한다.

③ 윗변 : 밑변＋2×윗변터파기 여유(D′)

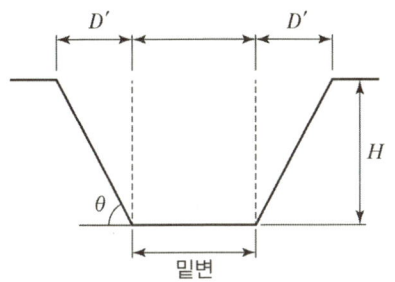

※ 윗변 터파기 여유(D′)
㉠ 경사각(θ)이 주어진 경우
  : 삼각함수를 이용하여 산출
㉡ 경사각(θ)이 없는 경우
  : 높이(H)×0.3
  (단, 수직 터파기는 밑변과 동일)

(2) 흙막이를 설치하는 경우

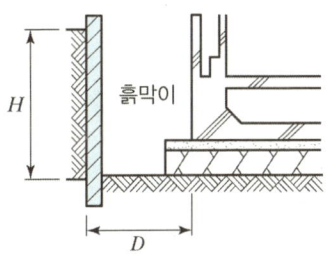

● 터파기 여유(D)

높이(H)	터파기 폭(D)
5.0m 이하	60~90cm
5.0m 이상	90~120cm

① 높이 : 설계도에 따른다.
② 밑변 : 기초판 너비＋2×터파기 여유(D)
③ 윗변 : 밑변과 동일

03 터파기량 계산

(1) 독립기초

① 기초판의 크기에서 터파기 밑변과 윗변의 크기를 결정한다.
② 터파기량 전체를 입체적으로 표현하면 아래 그림과 같다.

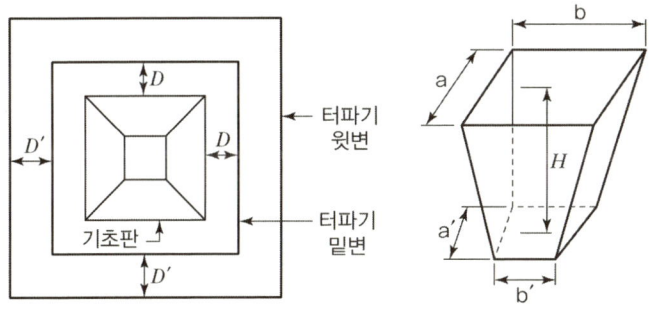

③ 위 그림의 입체 체적은 아래 공식을 사용하여 독립기초 파기량을 결정한다.

$$V = \frac{H}{6}\{(2a+a')\times b+(2a'+a)\times b'\}$$

> **보충** 계산기 사용 주의
> 공식에 대입 후 계산기 사용 시 주의하여 실수가 없도록 유의한다.

(2) 줄기초

① 기초 구조부 단면에서 터파기 밑변과 윗변의 크기를 결정한다.
② 터파기의 단면을 표현하면 아래 그림과 같다.

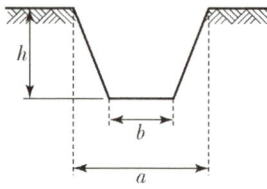 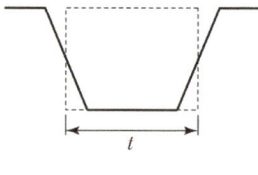

③ 터파기량 = 단면적 × 길이
- 단면적 = $\dfrac{a+b}{2} \times h$ (여기서 $\dfrac{a+b}{2} = t$) = $t \times h$
- 길이는 외측은 중심 간 길이, 내측은 안목길이로 산출

④ 줄기초는 길이 변화에 유의하여야 한다.

보충) **중복부분 계산**

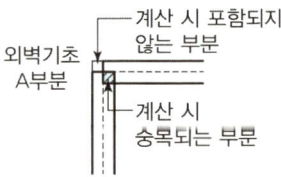

[가 부분상세]

[나 부분상세]

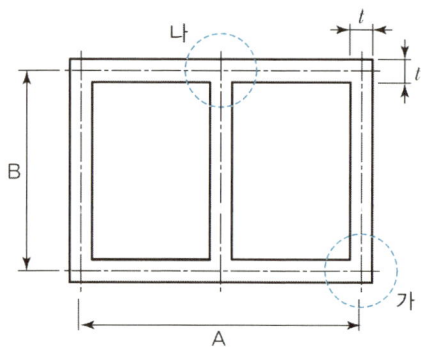

⑤ 줄기초 터파기량은 앞장에서 정리했던 체적 구하는 공식을 활용하여 아래의 방법을 이용한다.

| ① 터파기 높이 결정(H) |
| ② 밑변, 윗변 너비 결정(t = 산출) |
| ③ 중심 간 길이 산출(내·외측합 = Σl) |
| ④ 중복개소수 산출 |

$t \times H \times [\Sigma l - \dfrac{t}{2} \times 중복개소수]$

온통기초) 터파기량, 되메우기량, 잔토처리량

(3) 온통파기(흙막이가 없을 때)

① 건축물 외측길이 l_x, l_y
② 터파기량 = 터파기 면적 × H
③ 여유폭$(a) = d + \dfrac{H_x}{2}$

∴ 터파기량$(V) = (l_x + 2a) \times (l_y + 2a) \times H$

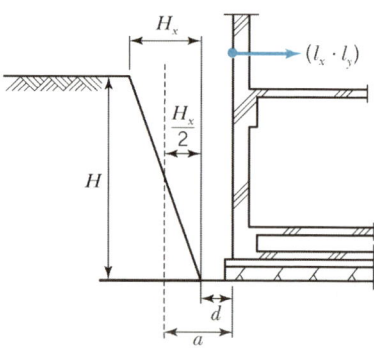

제2절 되메우기량

> 되메우기량 = 터파기량 − 기초구조부 체적(G.L 이하)

여기서, 기초구조부 체적은 지반선 이하의 잡석다짐량, 기초 콘크리트, 지하실의 용적 등의 합계를 말한다. 단, 잡석다짐량 산출 시 설계도서상에 특기가 없는 경우에 목조 및 조적조 기초 측면은 10cm, 철근콘크리트조 기초 측면은 15cm를 가산하여 잡석지정의 폭으로 한다.

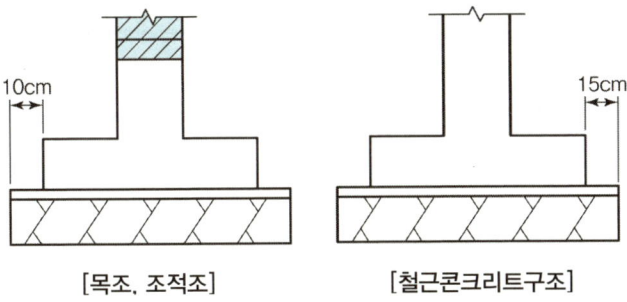

[목조, 조적조]   [철근콘크리트구조]

(보충) 건물의 구조

목조, 조적조, 철근콘크리트의 구조는 기초의 구조가 아닌 건물의 구조임에 유의한다.

제3절 잔토처리량

> 잔토처리량 = 기초구조부 체적(G.L 이하) × 토량환산계수(L)

01 기초구조부 체적(G.L 이하)

기초구조부 체적은 되메우기량에서 구한 값을 이용한다.

02 토량환산계수

토량의 상태변화에 따른 흙의 부피변화를 나타낸 상수

자연상태(1)	흐트러진 상태(L)	다짐상태(C)
	부피 증가 (20%)	부피 감소 (10%) / 밀실

(1) 토량의 변화

① $L = \dfrac{\text{흐트러진 상태의 토량}(m^3)}{\text{자연상태의 토량}(m^3)}$

② $C = \dfrac{\text{다져진 상태의 토량}(m^3)}{\text{자연상태의 토량}(m^3)}$

(2) 토량환산계수(f)표

기준이 되는 상태 \ 구하는 상태	자연상태의 토량	흐트러진 상태의 토량	다짐상태의 토량
자연상태의 토량	1	L	C
흐트러진 상태의 토량	1/L	1	C/L
다짐상태의 토량	1/C	L/C	1

> 보충) 토량환산계수표 적용
> 구하는 상태(변화된 상태) → 분자
> 기준이 되는 상태(원상태) → 분모

예제 01

흐트러진 상태의 흙 10m³를 이용하여 10m²의 면적에 다짐상태로 50cm 두께로 터 돋우기할 때 시공 완료된 후 흐트러진 상태로 남은 흙의 양을 산출하시오.(단, 이 흙의 L=1.2이고, C=0.9이다.)

풀이
① 시공되는 다짐상태의 흙량 = 10×0.5 = 5m³
② 시공되는 다짐상태의 흙량을 흐트러진 상태로 환산
$$5 \times \frac{L}{C} = 5 \times \frac{1.2}{0.9} = 6.67m^3$$
③ 시공 후 흐트러진 상태로 남는 흙량
10 − 6.67 = 3.33m³

> 보충) 별해
> $10 - \{(10 \times 0.5) \times \frac{1.2}{0.9}\} = 3.33m^3$

03 잔토처리

(1) 일부 흙을 되메우고 잔토처리할 때

① 흙 메우기만 할 때 = (흙파기 체적 − 되메우기 체적) × 토량환산계수
② 흙 메우고 흙 돋우기할 때
  = {흙파기 체적 − (되메우기 체적 + 돋우기 체적)} × 토량환산계수

(2) 흙파기량을 전부 잔토처리할 때 = 흙파기 체적 × 토량환산계수

예제 02

아래 그림과 같은 독립기초의 터파기량, 되메우기량, 잔토처리량을 산출하시오.(단, 소수점 셋째 자리에서 반올림하고, 토량환산계수 : C=0.9, L=1.2이다.)

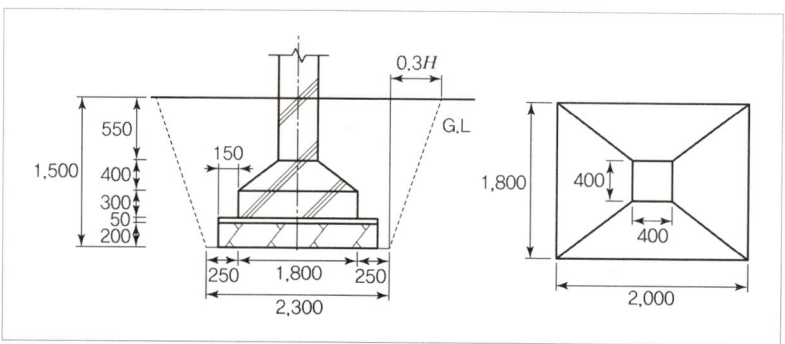

[풀이] 주어진 조건을 활용하여 터파기 밑변과 윗변의 크기를 결정하면 아래 그림과 같다.

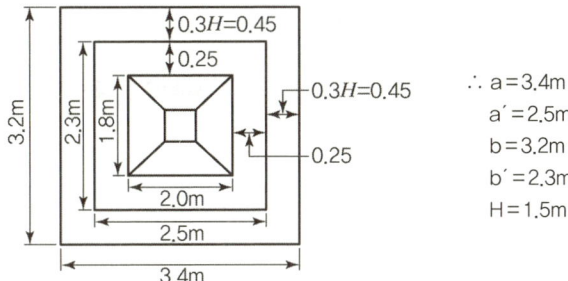

∴ a = 3.4m
  a' = 2.5m
  b = 3.2m
  b' = 2.3m
  H = 1.5m

1. 터파기량(V) = $\dfrac{H}{6}\{(2a+a')\times b + (2a'+a)\times b'\}$

   = $\dfrac{1.5}{6}\{(2\times 3.4 + 2.5)\times 3.2 + (2\times 2.5 + 3.4)\times 2.3\} = 12.27\text{m}^3$

2. 되메우기량 = 터파기량 − 기초구조부 체적(G.L 이하 부분)

   ∴ 기초구조부 체적(G.L 이하 부분)
   ① 잡석량 = 2.3×2.1×0.2 = 0.97m³
   ② 밑창 콘크리트 = 2.3×2.1×0.05 = 0.24m³
   ③ 기초판 콘크리트
      ㉠ 수평부 = 2×1.8×0.3 = 1.08m³
      ㉡ 경사부 = $\dfrac{0.4}{6}\times\{(2\times 2+0.4)\times 1.8 + (2\times 0.4+2)\times 0.4\} = 0.60\text{m}^3$
      ∴ ㉠ + ㉡ = 1.08 + 0.60 = 1.68m³
   ④ 기초기둥 = 0.4×0.4×0.55 = 0.09m³

   ① + ② + ③ + ④ = 0.97 + 0.24 + 1.68 + 0.09 = 2.98m³

   ∴ 되메우기량 = 12.27 − 2.98 = 9.29m³

3. 잔토처리량 = (터파기량 − 되메우기량) × 토량환산계수
             = 기초구조부 체적(G.L 이하 부분) × 토량환산계수
             = 2.98 × 1.2 = 3.58m³

보충) 기초부 명칭

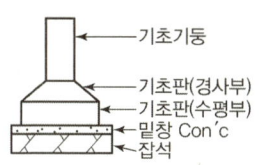
기초기둥
기초판(경사부)
기초판(수평부)
밑창 Con'c
잡석

보충) 경사부 상세

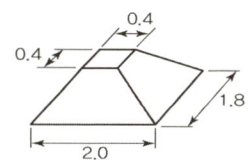

∴ a = 2.0m
  a' = 0.4m
  b = 1.8m
  b' = 0.4m
  H = 0.4m

예제 03

다음 그림과 같은 연속 기초에 있어서 터파기량, 되메우기량 및 잔토처리량을 구하시오. (단, 토량 변화계수 L = 1.2로 한다.)

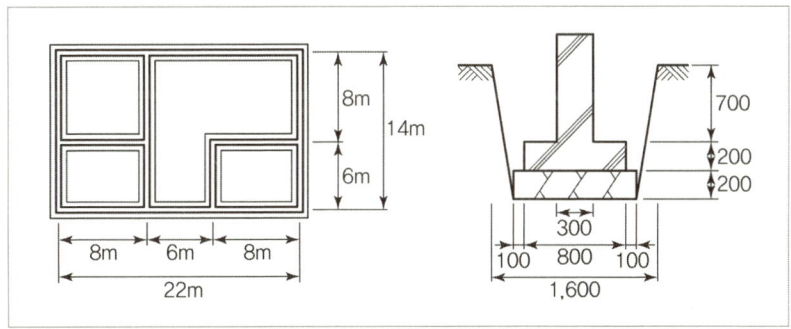

보충 중복이 되는 부위

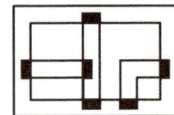

① 중심 간 길이(Σl)
   $=(22+14)\times 2+8\times 2+14+6$
   $=108$m
② 중복개소수 = 6개소
③ 터파기 너비(t)
   = 윗변 1.6m, 밑변 1m
   $\therefore t=\dfrac{1+1.6}{2}=1.3$m

풀이 줄기초 수량산출은 아래의 공식을 활용하여 산출한다.

공식 ⇒ $t\times H\times\{\Sigma l-(\dfrac{t}{2}\times\text{중복개소수})\}$

	터파기	잡석	기초판	기초벽(G.L 이하 부분)
t	1.3	1	0.8	0.3
H	1.1	0.2	0.2	0.7

(1) 터파기량 $=1.3\times 1.1\times\{108-(\dfrac{1.3}{2}\times 6)\}=148.863$m^3

(2) 되메우기량 = 터파기량 − 기초구조부 체적(GL 이하 부분)
   ∴ 기초 구조부 체적도 터파기량 공식을 이용하여 계산한다.
   여기서 중심 간 길이와 중복개소수는 동일하므로, 각 부위의 높이와 두께를,
   위에서 산정한 표를 이용하여 터파기량 산출공식에 대입하여 산출한다.

   ① 잡석량 $=1\times 0.2\times\{108-(\dfrac{1}{2}\times 6)\}=21$m^3

   ② 기초판 콘크리트 $=0.8\times 0.2\times\{108-(\dfrac{0.8}{2}\times 6)\}=16.896$m^3

   ③ 기초벽 콘크리트 $=0.3\times 0.7\times\{108-(\dfrac{0.3}{2}\times 6)\}=22.491$m^3

   ①+②+③ $=21+16.896+22.491=60.387$m^3
   ∴ 되메우기량 $=148.863-60.387=88.476$m^3

(3) 잔토처리량 = 기초구조부 체적(G.L 이하 부분) × 토량환산계수
   $=60.387\times 1.2=72.464$m^3

제4절 건설기계 및 소운반

01 기계 경비의 적산

(1) 경비항목

파워쇼벨 시간당 작업내용

(2) 건설장비 작업량(Q)

$$Q=n\cdot g\cdot f\cdot E(\text{m}^3/\text{hr})$$

여기서, Q : 장비의 1시간당 작업량
   n : 시간당 작업횟수($n=\dfrac{60}{C_m(\min)}$ 또는 $\dfrac{3,600}{C_m(\sec)}$)
   C_m : 1회 작업당 소요시간

g : 1회 작업사이클당 표준작업량(m³ 또는 ton)
f : 토량환산계수
E : 작업효율

예제 04

토량 600m³를 2대의 도저로 작업하려 한다. 삽날 용량 0.6m³, 토량환산계수 0.7, 작업 효율 0.9이며 1회 사이클 시간이 10분일 때 작업을 완료할 수 있는 시간을 구하시오.

(풀이) ① 도저 1대의 1회 작업량 = 0.6 × 0.7 × 0.9 = 0.378m³
∴ 2대의 1회 작업량 = 0.378 × 2 = 0.756m³
② 600m³를 2대로 작업 시 작업횟수 = 600 ÷ 0.756 = 793.65회
∴ 794회
③ 작업완료시간 = $\frac{794 \times 10}{60}$ = 132.33시간

(불도저) 작업시간 구하기

02 소운반 및 차량 운반(횟수, 대수)

계산과정은 간단하나 단위는 반드시 정수로 환산하여야 한다.

예제 05

3m³의 모래를 운반하려고 한다. 소요 인부수를 구하시오.(단, 질통의 무게 50kg, 상하차 시간 2분, 운반거리 240m, 평균운반속도 60m/분, 모래의 단위 용적중량 1,600kg/m³, 1일 8시간 작업하는 것으로 가정한다.)

(풀이) ① 운반해야 할 모래를 중량으로 환산하면 = 3 × 1,600 = 4,800kg
② 전체 모래를 50kg의 질통으로 운반 시 횟수 = 4,800 ÷ 50 = 96회
③ 질통 1회 왕복 시 소요시간 : 2분
㉮ 상하차 시간 : 2분
㉯ 운반 소요시간 × 2(왕복) : (240 ÷ 60) × 2 = 8분
∴ ㉮ + ㉯ = 10분
④ 1일 1인의 운반 횟수 = $\frac{8시간 \times 60분}{10분}$ = 48회
∴ 총인부수 = $\frac{96회}{48회}$ = 2인

(보충) 운반의 종류
① 대운반 : 외부에서 현장까지의 운반으로 운반비를 계상한다.
② 소운반 : 현장 내부에서의 운반을 뜻하며 운반비를 게싱하지 않는다. 그러므로 소운반의 범위를 수평거리 20m 이하로 제한하고 있다.
경사는 수평거리 6에 대한 수직1의 높이까지이다.

(수치) 소운반 (   ) 넣기

CHAPTER 03 핵심 기출문제

보충) 문제조건 분석

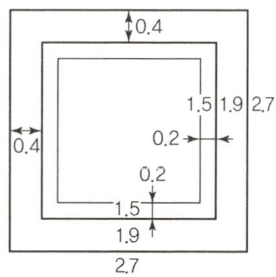

∴ a = 2.7m a´ = 1.9m
  b = 2.7m b´ = 1.9m
  H = 1.0m

01 다음 기초공사에 소요되는 터파기량(m^3), 되메우기량(m^3), 잔토처리량(m^3)을 산출하시오.(단, 토량환산계수는 C=0.9, L=1.2이다.)

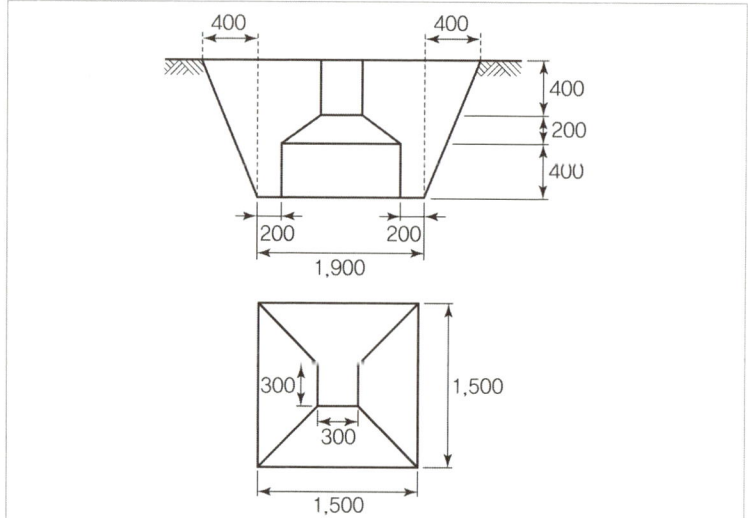

정답 (1) 터파기량(V) = $\dfrac{H}{6}[(2a+a´) \times b + (2a´+a) \times b´]$

= $\dfrac{1}{6}[(2 \times 2.7 + 1.9) \times 2.7 + (2 \times 1.9 + 2.7) \times 1.9] = 5.343m^3$

(2) 되메우기량 = 터파기량 – 기초구조부 체적(G.L 이하 부분)
  ∴ 기초구조부 체적
  ① 기초판(수평) = 1.5 × 1.5 × 0.4 = 0.9m^3
  ② 기초판(경사) = $\dfrac{0.2}{6}[(2 \times 1.5 + 0.3) \times 1.5 + (2 \times 0.3 + 1.5) \times 0.3] = 0.186m^3$
  ③ 기초기둥 = 0.3 × 0.3 × 0.4 = 0.036m^3
  ① + ② + ③ = 0.9 + 0.186 + 0.036 = 1.122m^3
  ∴ 되메우기량 = 5.343 – 1.122 = 4.221m^3

(3) 잔토처리량 = 기초구조부 체적(G.L 이하) × 토량환산계수(L=1.2)
  = 1.122 × 1.2 = 1.346m^3

02 다음과 같은 조적조 줄기초 시공에 필요한 터파기량, 되메우기량, 잔토처리량, 잡석다짐량, 콘크리트량 및 거푸집량을 건축적산 기준을 적용하여 정미량으로 산출하시오.(단, 토질의 토량환산계수 C=0.9, L=1.2로 하며, 설계지반선은 원지반선과 동일하다.)

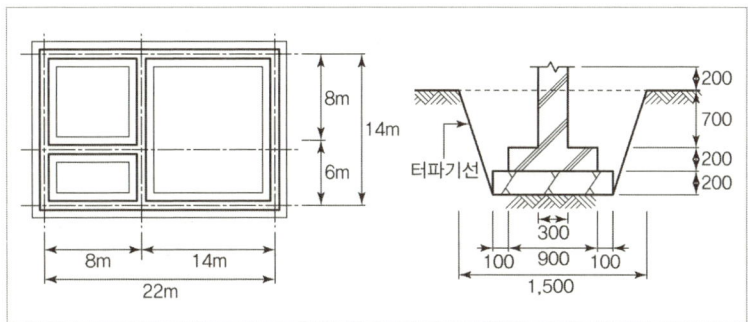

정답 줄기초 수량산출공식을 활용 $t \times H \times \{\Sigma l - (\frac{t}{2} \times 중복개소수)\}$

	터파기	잡석	기초판	기초벽 G.L 이하	기초벽 G.L 이상
t	1.3	1.1	0.9	0.3	0.3
H	1.1	0.2	0.2	0.7	0.2

(1) 터파기량(V) = $1.3 \times 1.1 \times \{94 - (\frac{1.3}{2} \times 4)\}$ = 130.702m³

(2) 되메우기량 = 터파기량 − 기초구조부 체적(G.L 이하 부분)

　① 잡석량 = $1.1 \times 0.2 \times \{94 - (\frac{1.1}{2} \times 4)\}$ = 20.196m³

　② 기초판 콘크리트 = $0.9 \times 0.2 \times \{94 - (\frac{0.9}{2} \times 4)\}$ = 16.596m³

　③ 기초벽 콘크리트(G.L 이하) = $0.3 \times 0.7 \times \{94 - (\frac{0.3}{2} \times 4)\}$ = 19.614m³

　④ 기초벽 콘크리트(G.L 이상) → 콘크리트 수량산출 시 이용
　　 = $0.3 \times 0.2 \times \{94 - (\frac{0.3}{2} \times 4)\}$ = 5.604m³

　∴ 기초구조부 체적(G.L 이하 부분)
　　 = ① + ② + ③ = 20.196 + 16.596 + 19.614 = 56.406m³
　∴ 되메우기량 = 130.702 − 56.406 = 74.296m³

(3) 잔토처리량 = 기초구조부 체적(G.L 이하)×토량환산계수(L = 1.2)
　　　　　　 = 56.406 × 1.2 = 67.687m³

(4) 잡석다짐량 = (2) ① 수량 = 20.196m³

(5) 콘크리트량 = (2) ②, ③, ④의 수량 = 16.596 + 19.614 + 5.604 = 41.814m³

(6) 거푸집량

　① 기초판 : $0.2 \times \{94 - (\frac{0.9}{2} \times 4)\} \times 2(양면)$ = 36.88m²

　② 기초벽 : $0.9 \times \{94 - (\frac{0.3}{2} \times 4)\} \times 2(양면)$ = 168.12m²

　③ 공제 부분 : (0.9×0.2 + 0.3×0.9)×4개소 = 1.8m²

　∴ 거푸집량 = ① + ② − ③ = 36.88 + 168.12 − 1.8 = 203.2m³

보충 문제조건 분석

① 중심 간 길이(Σl)
　 = (22+14)×2+8+14 = 94m
② 중복개소수 = 4개소

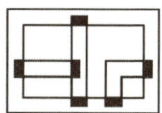

③ 터파기 두께(t)

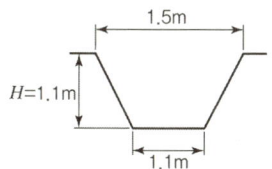

∴ $t = \frac{1.1+1.5}{2}$ = 1.3m

보충 지반선 기준

기초벽을 G.L 기준으로 상하로 구분하는 이유는 되메우기 수량 산출과 잔토처리량 산출에 이용되는 기초구조부는 G.L 이하 부분만 해당되기 때문이다.

보충 거푸집량 산출

제4장 철근콘크리트 공사편 중 줄기초 거푸집량 산출법 참조

03 다음 그림과 같은 온통기초에서 터파기량, 되메우기량, 잔토처리량을 산출하시오.(C = 0.9, L = 1.2)

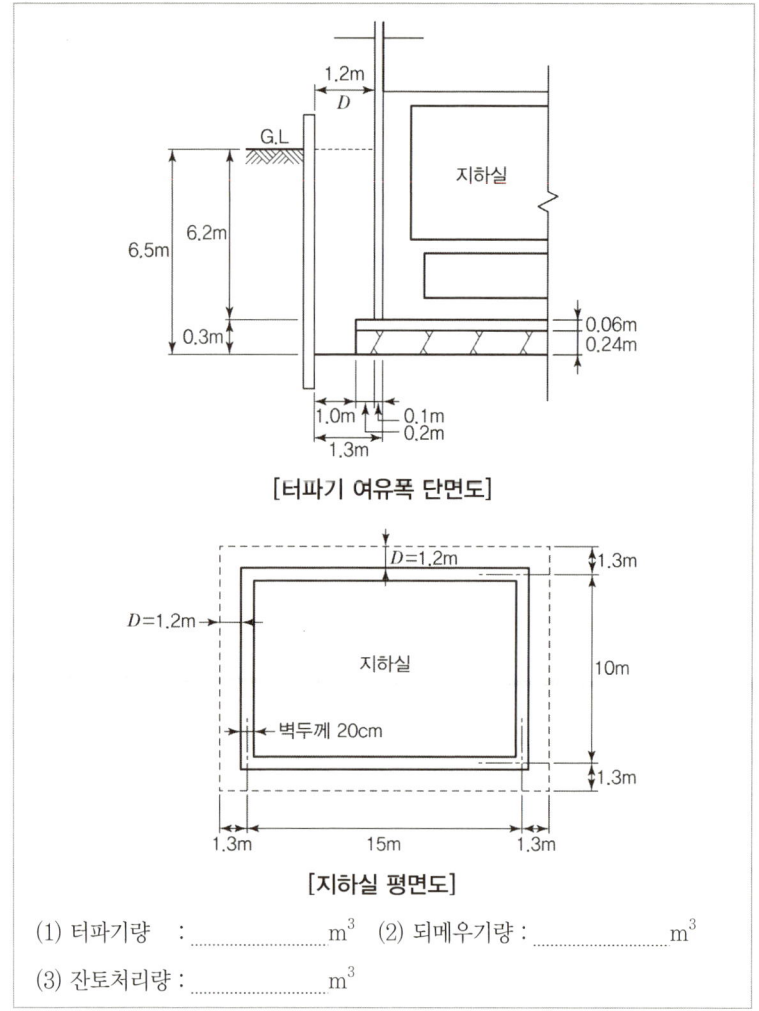

[터파기 여유폭 단면도]

[지하실 평면도]

(1) 터파기량 : _____ m³ (2) 되메우기량 : _____ m³
(3) 잔토처리량 : _____ m³

> **정답** 적산 온통기초 토공사 수량
> (1) 터파기량 = (15 + 1.3 × 2) × (10 + 1.3 × 2) × 6.5 = 1,441.44m³
> (2) 되메우기량 = 터파기량 − 기초구조부 체적
>   ∴ 기초구조부 체적
>   ① 잡석 : 15.6 × 10.6 × 0.24 = 39.69m³
>   ② 버림 : 15.6 × 10.6 × 0.06 = 9.92m³
>   ③ 지하실 용적 : 15.2 × 10.2 × 6.2 = 961.25m³
>   ① + ② + ③ = 1,010.86
>   ∴ 되메우기량 = 1,441.44 − 1,010.86 = 430.58m³
> (3) 잔토처리량 = 기초구조부 체적 × 토량환산계수 = 1,010.86 × 1.2
>   = 1,213.03m³

04 다음 조건으로 요구하는 물량을 산출하시오.(단, L=1.3, C=0.9)

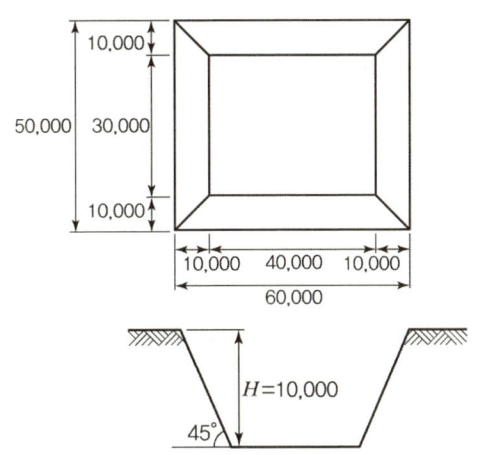

(1) 터파기량을 산출하시오.
(2) 운반대수를 산출하시오.(운반대수는 1재, 적재량은 12m³)
(3) 5,000m²의 면적을 가진 성토장에서 성토하여 다짐할 때 표고는 몇 m인지 구하시오.(비탈면은 수직으로 가정한다.)

정답 1. 온통파기
 1) 터파기량 = 50×40×10 = 20,000m³
 2) 운반대수
  ① 운반량 = 20,000×1.3 = 26,000m³
  ② 운반대수 = 26,000÷12 = 2,166.67 ∴ 2,167대
 3) 성토높이(다짐상태)
  ① 터파기량을 다짐상태로 부피 환원 = 20,000×0.9 = 18,000m³
  ② 성토높이 = 18,000÷5,000 = 3.6m

2. 독립기초 공식 사용(별해)
 1) 터파기량 = $\dfrac{H}{6}\{(2a+a')\times b+(2a'+a)\times b'\}$
  = $\dfrac{10}{6}\{(2\times 60+40)\times 50+(2\times 40+60)\times 30\}$
  = 20,333.33m³
 2) 운반대수
  ① 운반량 = 20,333.33×1.3 = 26,433.33m³
  ② 운반대수 = 26,433.33÷12 = 2,202.77 ∴ 2,203대
 3) 성토높이(다짐상태)
  ① 터파기량을 다짐상태로 환산 = 20,333.33×0.9 = 18,299.99m³
  ② 성토높이 = 18,299.99÷5,000 ≒ 3.66m

보충 온통파기

(1) 장변

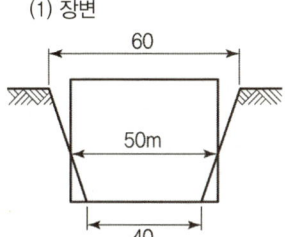

(2) 단변

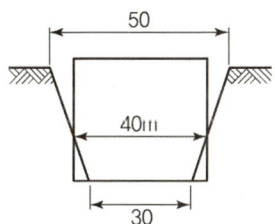

보충 독립기초 공식 사용(별해)

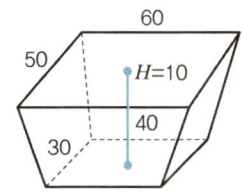

$a=60$, $b=50$,
$a'=40$, $b'=30$,
$H=10$

보충 절상시킨 정수

운반대수는 소수점 이하를 무조건 올린 정수이어야 한다.

정답
(1) 시간당 작업횟수
   = 3,600초 ÷ 40초 = 90회
(2) 1회당 작업량
   = 0.8 × 0.83 × 0.8 × 0.7
   = 0.372m³
(3) 시간당 작업량
   = 0.372 × 90 = 33.48m³/시간

정답
(1) 1회 작업량
   = 0.6 × 0.7 × 0.9 = 0.378m³
(2) 전체 작업횟수
   = $\frac{2,000}{0.378}$ = 5,291.005
   ∴ 5,292회
(3) 2대 작업횟수
   = 5,292÷2 = 2,646회
(4) 전체 작업시간
   = 2,646 × $\frac{15분}{60분}$
   = 661시간 30분

정답
① 터파기량 : 90m² × 10m
   = 900m³
② 잔토처리량 : 900m³ × 1.25
   = 1,125m³
③ 운반횟수 :
   1,125m³ ÷ 5.3m³
   = 212.26회
   ∴ 213회
④ 1일 차량대수 :
   213÷5 = 42.6대
   ∴ 1일 운반 차량대수는 43대

보충) 토량환산계수
양토(loam)의 토량 환산계수는 1.2~1.30이다.
문제 해설은 1.25를 적용하였으나 요즘 문제는 다 주어지므로 조건에 맞춰서 풀이를 하면 된다.

05 다음 조건을 참고하여 파워 쇼벨 시간당 추정 작업량을 산출하시오.

[조건]
- 버킷 용량(q) : 0.8m³
- 토량환산계수(k) : 0.8
- 1회 사이클 시간(C_m) : 40초
- 버킷 효율(E) : 0.83
- 작업 효율(f) : 0.7

06 토량 2,000m³을 2대로 불도저로 작업할 예정이다. 삽날용량 0.6m³, 토량환산계수 0.7, 작업효율 0.9이며, 1회 사이클 시간이 15분일 때 작업완료에 필요한 시간을 산출하시오.

계산과정 :

07 깊이 10m, 면적 90m²인 흙(Laom층)을 운반하려고 할 때 필요한 1일 차량대수를 구하시오.(단, 차량은 8ton차이고, 1대는 1일 5회 왕복, 적재량은 5.3m³라 한다.)

계산과정 :

08 다음과 같은 조건하에서 덤프트럭의 1일 운반횟수(사이클 수)를 구하시오.

① 운반거리 : 2km
② 적재·적하 및 작업장 진입시간 : 15분
③ 평균 운반속도 : 40km/hr
④ 1일 작업시간 : 8시간

정답

① 운반거리 왕복 시 소요시간
$$= \frac{60분 \times 2km \times 2}{40km} = 6분$$
② 총소요시간
= 적재시간 + 왕복소요시간
= 15 + 6 = 21분
③ 1일 운반횟수 $= \frac{8시간 \times 60분}{21분}$
= 22.857(운반횟수는 절하)
∴ 22회

09 흐트러진 상태의 흙 30m³를 이용하여 30m²의 면적에 다짐 상태로 60센티미터 두께로 터 돋우기할 때 시공 완료된 다음의 흐트러진 상태의 토량을 산출하시오.(C = 0.9, L = 1.2)

정답

$$\left\{ 30 - \left(30 \times 0.6 \times \frac{1.2}{0.9} \right) \right\} = 6m^3$$

10 모래질 흙으로 된 지하실의 터파기량(자연상태) 12,000m³ 중에서 5,000m³를 되메우기하고 나머지 전부를 8t 덤프로 잔토 처리할 경우 덤프트럭 1회 적재량과 필요한 차량대수를 산출하시오.(단, 자연상태에서의 토석의 단위중량 : 1,800kg/m³, 토량변화율(L) : 1.25)

가. 덤프트럭 1회 적재량

나. 필요 차량 대수

정답

가. 덤프트럭 1회 적재량
　① 8t 트럭 적재량(자연상태)
　　8t ÷ 1.8t/m³ = 4.44m³
　② 1대당 적재량(흐트러진 상태)
　　4.44 × 1.25 = 5.55m³
나. 필요 차량대수
　① 잔토처리량(흐트러진 상태)
　　7,000 × 1.25 = 8,750m³
　② 필요한 차량대수
　　8,750 ÷ 5.55 = 1576.5
　　∴ 1,577대

보충 토량상태 변화 시

상태	자연(I)	L	C
부피	기준	증가	감소
중량	동일(변화 없음)		

11 다음 도면의 줄기초 도면을 보고 주어진 조건에 따라 터파기된 토량을 6톤 트럭으로 운반하였을 경우 트럭의 운반대수를 산정하시오.(단, 토량의 할증은 25%이며 토량의 자연상태의 단위중량은 1,600kg/m³이다.)

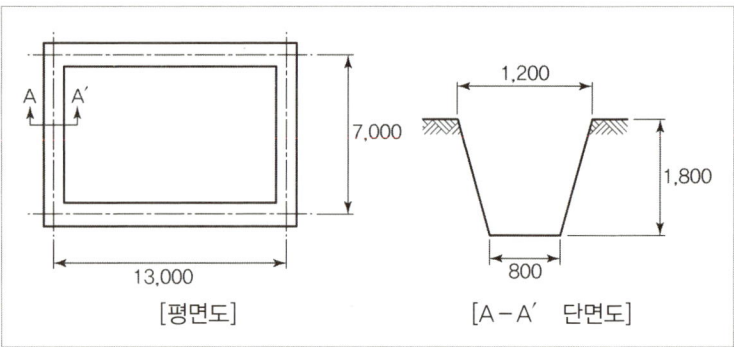

정답

직산 – 토공사

1) 터파기량
   = 단면적 × 유효길이
   = $\dfrac{1.2+0.8}{2} \times 1.8 \times (13+7) \times 2$
   = 72m³ (자연상태 토량)

2) 잔토처리량의 중량
   = 터파기량 × 흙의 단위중량
   = 72 × 1.6t/m³ = 115.2ton

3) 6톤 트럭 운반대수
   = 115.2 ÷ 6 = 19.2대

∴ 20대

※ 잔토처리량을 흐트러진 상태로 부피를 변환하여도 중량의 변화는 없음

Engineer Architecture

CHAPTER 04
철근콘크리트공사

CONTENTS

제1절 배합비에 따른 각 재료량	59
제2절 콘크리트량 · 거푸집량	61
제3절 철근량	71

미듬 건축산업기사

멘토스는 당신의 쉬운 합격을 응원합니다!

CHAPTER 04 철근콘크리트공사

회독 CHECK!
1회독 □ 월 일
2회독 □ 월 일
3회독 □ 월 일

|학|습|포|인|트|
* 출제빈도가 가장 높은 부분
* 비벼내기량을 이해하여 배합비에 따른 재료량 파악
* 부재별 콘크리트, 거푸집량 파악/RC조 1개층 수량 산출
* 철근 개수 산정 이해
* 부재별 철근 배근 이해/수량산출

제1절 배합비에 따른 각 재료량

콘크리트 부피 = 시멘트의 부피 + 모래의 부피 + 자갈의 부피 + 물의 부피

$$비중 = \frac{중량(t)}{부피(m^3)} \qquad \therefore 부피(m^3) = \frac{중량(t)}{비중}$$

배합비가 1 : m : n인 콘크리트 1m³당 각 재료의 소요량은 비벼내기량(V)을 구한 후 각 재료량을 산출한다.

비벼내기량(V)을 산출하는 식은 정산식과 약산식으로 나눌 수 있다.

01 정산식

표준 계량 용적 배합비가 1 : m : n이고, W/C가 x%일 때

$$V = 1 \times \frac{W_c}{g_c} + \frac{m \times W_s}{g_s} + \frac{n \times W_g}{g_g} + W_c \cdot x$$

여기서, V : 콘크리트의 비벼내기량(m³)
W_c : 시멘트의 단위용적 중량(t/m³ 또는 kg/l)
W_s : 모래의 단위용적 중량(t/m³ 또는 kg/l)
W_g : 자갈의 단위용적 중량(t/m³ 또는 kg/l)
g_c : 시멘트의 비중, g_s : 모래의 비중, g_g : 자갈의 비중

재료량

보충) 비벼내기량
비벼내기량은 배합해서 나오는 실제 콘크리트량이다.

예) 1 : 2 : 4인 경우

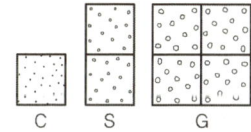

C S G

위에서 각 재료의 입자 사이에 간극이 존재하고 입자가 작은 재료는 간극 사이에 충진하게 되므로 수치의 합인 7보다 적은 콘크리트의 양이 생성된다. 이것을 비벼내기량이라 한다.

보충) 단위용적 단위
각 재료의 단위용적 중량을 식에 대입할 때 단위는 ton으로 한다.

02 약산식

콘크리트 현장 용적 배합비가 1 : m : n이고, W/C를 고려하지 않는 경우

$$V = 1.1m + 0.57n$$

03 각 재료량 산출

① 시멘트량 = $\dfrac{1}{V}$(m³) ⇒ 단위용적 중량 = 1,500kg/m³

② 모래량 = $\dfrac{m}{V}$(m³)

③ 자갈량 = $\dfrac{n}{V}$(m³)

④ 물의 양 = 시멘트 중량 × 물·시멘트비(x)

예제 01

다음과 같은 재료조건으로 표준계량 용적 배합비 1 : 2 : 4 콘크리트를 제조하는 데 필요한 시멘트(포대수), 모래(m³), 자갈(m³), 물(kg)의 양을 구하시오.

① 시멘트 비중 : 3.15
② 모래 비중 : 2.5
③ 자갈 비중 : 2.6
④ 물·시멘트비 : 55%
⑤ 시멘트의 단위용적 중량 : 1,500kg/m³
⑥ 모래의 단위용적 중량 : 1,700kg/m³
⑦ 자갈의 단위용적 중량 : 1,600kg/m³

풀이 (1) 비벼내기량(V) = $\dfrac{1 \times W_c}{g_c} + \dfrac{m \times W_s}{g_s} + \dfrac{n \times W_g}{g_g} + W_c \cdot x$

$= \dfrac{1 \times 1.5}{3.15} + \dfrac{2 \times 1.7}{2.5} + \dfrac{4 \times 1.6}{2.6} + 1.5 \times 0.55 = 5.123$m³

(2) 시멘트량(포대수) = $\dfrac{1}{V} = \dfrac{1}{5.123} \times 1,500 \div 40 = 7.32$ ∴ 8포

(3) 모래(m³) = $\dfrac{m}{V} = \dfrac{2}{5.123} = 0.39$m³

(4) 자갈(m³) = $\dfrac{n}{V} = \dfrac{4}{5.123} = 0.78$m³

(5) 물의 양 = $\dfrac{1,500}{5.123} \times 0.55 = 161.04$kg

보충 시멘트의 단위
포대수로 계산 시는 최종의 답을 절상시킨 정수로 한다.

예제 02

다음 조건에서 콘크리트 1m³를 비비는 데 필요한 시멘트, 모래, 자갈, 물의 양을 각각 중량(kg)으로 산출하시오.

> ① 시멘트 비중 : 3.15
> ② 모래, 자갈 비중 : 2.65
> ③ 단위수량 : 192kg/m³
> ④ 잔골재율(S/A) : 40%
> ⑤ 공기량 : 1.2%
> ⑥ 물시멘트비 : 60%

(보충) **다른 조건 문제**
① 단위수량 : 160kg/m³
② 물시멘트비 : 50%
③ 잔골재율 : 40%
④ 시멘트 비중 : 3.15
⑤ 잔골재 비중 : 2.6
⑥ 굵은골재 비중 : 2.6
⑦ 공기량 : 1%
※ 문제 조건은 수시로 변할 수 있으므로 암기가 아닌 이해가 필요

(풀이) 콘크리트 1m³ = 물의 용적 + 시멘트 용적 + 전골재(모래+자갈)용적 + 공기용적

(1) 물
  ① 중량 = 192kg (∵ 문제 조건의 단위수량)
  ② 용적 = 0.192m³ (∵ 1m³ = 1,000kg)

(2) 시멘트
  ① 중량 = 물의 양 ÷ 물시멘트비 = 192kg ÷ 0.6 = 320kg
  ② 용적 = $\frac{0.32}{3.15}$ (∵ 비중 = $\frac{중량(t)}{부피(m^2)}$) = 0.102m³

(3) 공기 용적 = 0.012m³
  여기서 전골재의 용적 = 1 - (물의 용적 + 시멘트 용적 + 공기량)
             = 1 - (0.192 + 0.102 + 0.012) = 0.694m³

(4) 잔골재
  ① 용적 = 전골재 용적 × 잔골재율 = 0.694 × 0.4 = 0.2776m³
  ② 중량 = 0.2776 × 2.65 × 1,000 = 735.64 kg

(5) 굵은골재
  ① 용적 = 전골재 용적 - 잔골재 용적 = 0.694 - 0.2776 = 0.4164m³
  ② 중량 = 0.4164 × 2.65 × 1,000 = 1,103.46kg

(보충) **잔골재율**

= $\frac{잔골재\ 용적}{(잔골재 + 굵은골재)\ 용적} \times 100$

∴ 잔골재 용적
  = 전골재 용적 × 잔골재율

제2절 콘크리트량 · 거푸집량

01 일반사항

(1) 콘크리트

① 콘크리트 소요량은 품질·배합의 종류·제치장 마무리 등의 종류별로 구분하여 산출하며 도면의 정미량으로 한다.
② 체적 산출 시는 일반적으로 건물의 최하부에서부터 상부로, 또한 각층별로 구분하여 기초, 기둥, 벽체, 보, 바닥판, 계단 및 기타 세부의 순으로 산출하되 연결부분은 서로 중복이 없도록 한다.
③ 레디믹스트 콘크리트는 그 경제성 및 품질을 현장 콘크리트와 비교하여 사용 여부를 결정한다.

(콘크리트량) 부위별 산출하기

④ 콘크리트 배합설계재료의 할증률은 다음 표의 값 이내로 한다.

종류	정치식(%)	기타(%)
시멘트	2	3
잔골재	10	12
굵은골재	3	5
혼화재	2	–

(2) 거푸집

① 거푸집 소요량은 설계도서에 의하여 산출한 정미면적으로 한다.
② 거푸집 소요량은 종류별(목재거푸집, 합판거푸집, 제치장거푸집) 사용장소별로 구분하여 그 면적으로 산출한다.
③ 거푸집 면적산출 방법은 각층별 또는 구조별로 나누어 각 부분에 서로 중복이 없도록 한다.
④ 1m² 이하의 개구부는 주위 사용재를 고려하여 거푸집 면적에서 공제하지 않는다.
⑤ 다음의 접합부 면적은 거푸집 면적에서 공제하지 않는다.
- 기초와 지중보의 접합부
- 지중보와 기둥의 접합부
- 기둥과 큰 보의 접합부
- 큰 보와 작은 보의 접합부
- 기둥과 벽체의 접합부
- 보와 벽체의 접합부
- 바닥판과 기둥의 접합부

⑥ 거푸집의 전용(반복 사용)
거푸집의 전용은 일반적으로 1개층을 걸러 전용하는 것으로 한다.

예제 03

그림과 같은 건축물을 완성하기 위해서 거푸집을 구입할 경우 구입량을 계산하시오.
(단, 거푸집 전용률 : 75%, 구입률 : 105%)

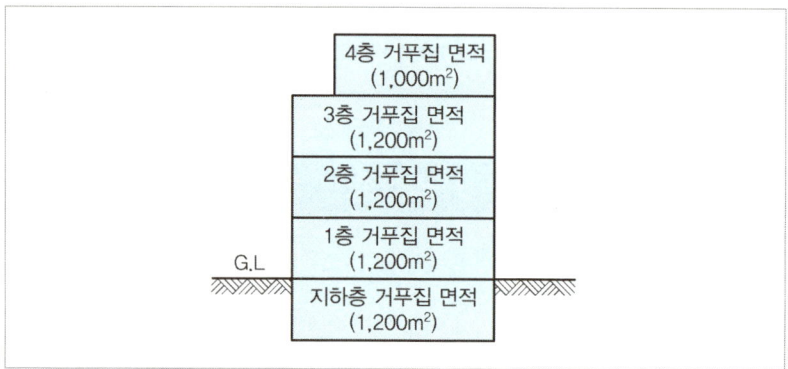

풀이 ① 지하층 구입량 : 전용하지 않으므로 = 1,200 × 1.05 = 1,260m²
② 1층 구입량 : 전용하지 않으므로 = 1,200 × 1.05 = 1,260m²
③ 2층 구입량 : 지하층에서 전용하므로
= {1,200 − (1,200 × 0.75)} × 1.05 = 315m²
④ 3층 구입량 : 1층에서 전용 = {1,200 − (1,200 × 0.75)} × 1.05 = 315m²
⑤ 4층 구입량 : 2층에서 전용 = {1,000 − (1,200 × 0.75)} × 1.05 = 105m²
∴ 총구입량 = ① + ② + ③ + ④ + ⑤
= 1,260 + 1,260 + 315 + 315 + 105 = 3,255m²

거푸집량 부위별 산출하기

보충 개구부 공제

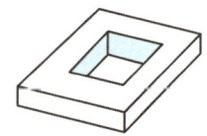

① 1m² 이하 개구부는 빗금 친 부분의 설치 거푸집과 주위의 부속재와 상쇄되는 것으로 한다.
② 1m²를 초과하는 개구부는 거푸집 면적을 공제하는 대신 빗금 친 마구리 면적의 거푸집을 산출하여야 한다.

보충 거푸집 전용

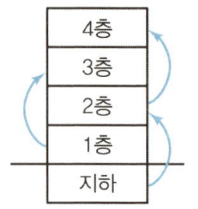

① 지하층 거푸집은 2층으로 1층 거푸집은 3층, 2층 거푸집은 4층으로 전용한다.
② 전용하지 않는 경우 구입량
= 정미량 × 구입률
③ 전용할 경우 구입량
= (정미량 − 전용량) × 구입률
④ 전용량 = 정미량 × 전용률

02 부위별 산출방법

(1) 기초

기초는 지반선 이하로 한다.
지하실이 있는 경우에는 지하실 바닥을 경계로 한다.

1) 독립기초

기초판은 모양·치수가 동일한 개수를 계상하고 1개의 체적을 산출하여 개수를 곱한다.

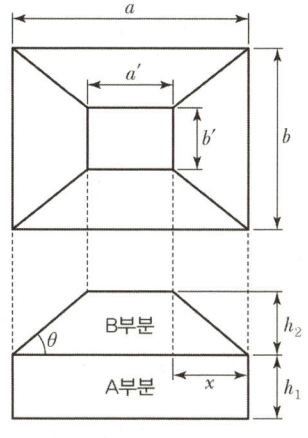

① 콘크리트
- A부분 = $a \times b \times h_1$
- B부분 = $\dfrac{h_2}{6}\{(2a+a')b+(2a'+a)b'\}$

② 거푸집

$\theta \geq 30°$ 인 경우에는 B부분의 비탈면 거푸집을 계상하고 $\theta < 30°$ 인 경우에는 A부분의 수직면 거푸집만 계상한다.
- A부분 = $(a+b) \times 2 \times h_1$
- B부분 = $(\dfrac{a+a'}{2} \times \sqrt{x^2+h_2^2}) \times$ 개소수

2) 줄기초(연속기초)

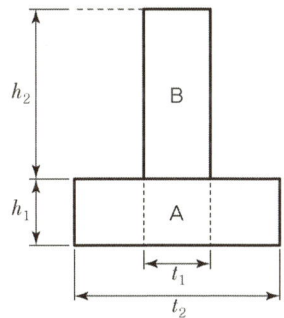

① 콘크리트량 : 단면적 × 유효길이(l)
- A부분 : $t_2 \times h_1 \times l$
- B부분 : $t_1 \times h_2 \times l$

② 거푸집량 : 수직면만 계상
- A부분 : $h_1 \times 2 \times l$
- B부분 : $h_2 \times 2 \times l$

※ 줄기초와 줄기초가 만나는 부재면 적은 거푸집 산출 시 공제한다.
(빗금 친 부분)

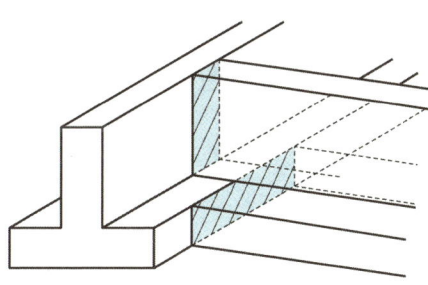

(보충) 비탈면 거푸집 계산 시

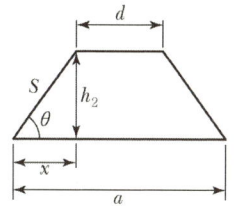

$\tan 30° = 0.577$

∴ $\dfrac{h_2}{x} \geq 0.577$ 이상이면 거푸집 설치

면적 = $\dfrac{a+a'}{2} \times h_2$이 아님에 유의

※ 경사길이 $S = \sqrt{x^2+h_2^2}$

(보충) 사용 공식

앞장에서 정리한 공식을 이용하여 콘크리트량, 거푸집량 산출

$t \times H \times \{\Sigma l - (\dfrac{t}{2} \times 중복개소수)\}$

$H \times 2 \times \{\Sigma l - (\dfrac{t}{2} \times 중복개소수)\}$

(보충) 공제면적

기초단면적 × 중복개소수(다만, 기초의 높이가 다른 줄기초 종합적산 문제에서 F_1과 F_2가 만나는 부분은 F_1을 선시공한 후 F_2를 시공하여야 한다. 그러므로 그 부분은 공제하지 않는다.

예제 04

다음 도면의 철근콘크리트 독립기초 2개소 시공에 필요한 다음 소요 재료량을 정미량으로 산출하시오.

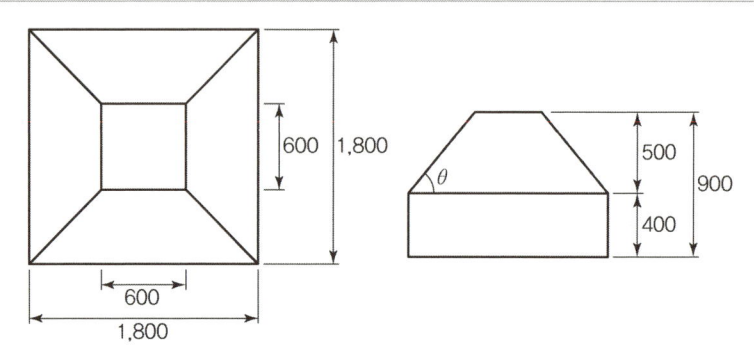

1) 콘크리트량(m^3)
2) 거푸집량(m^2)
3) 시멘트량(단, 1 : 2 : 4 현장계량 용적배합임 – 포대수)
4) 물량(물 · 시멘트비는 60%임 – l)

보충 기초구분

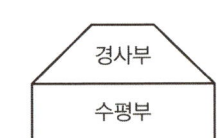

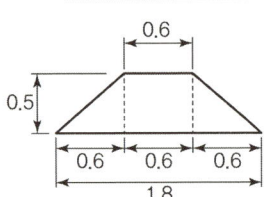

보충 물의 양

물 $1m^3$ = 1t
= 1,000kg
= 1,000l

풀이 1) 콘크리트량(m^3)

① 수평부 : $1.8 \times 1.8 \times 0.4 = 1.296 m^3$

② 경사부 = $\dfrac{0.5}{6}\{(2 \times 1.8 + 0.6) \times 1.8 + (2 \times 0.6 + 1.8) \times 0.6\} = 0.78 m^3$

∴ (①+②)×2 = (1.296+0.78)×2개소 = 4.152m^3

2) 거푸집량(m^2)

① 수평부 : (1.8+1.8)×2×0.4 = 2.88m^2

② 경사부 = $\dfrac{0.5}{0.6} \geq \tan 30°$ 이면 거푸집 설치

0.83 ≥ 0.577이므로 경사면 거푸집 설치

∴ ($\dfrac{1.8+0.6}{2} \times \sqrt{0.6^2+0.5^2}$) × 4 = 3.749$m^2$

∴ (①+②)×2개소 = (2.88+3.749)×2 = 13.258m^2

3) 시멘트량

비벼내기량(V)을 산출하고 그에 따른 재료량을 산출한다.
여기서는 약산식 V = 1.1m + 0.57n을 이용

① 비벼내기량 : V = 1.1×2+0.57×4 = 4.48m^3

② 시멘트량(포대) = ($\dfrac{1}{4.48} \times 1,500 \div 40$) × 4.152$m^3$

  = 8.37포×4.152m^3 = 34.752   ∴ 절상하여 35포

4) 물의 양(l) = 물 · 시멘트비(W/C)에 의해서 계산

① 시멘트량(kg) = ($\dfrac{1}{4.48} \times 1,500$) × 4.152$m^3$ = 1,390.178kg

② 물의 양(l) = 시멘트량×물·시멘트비 = 1,390.178×0.6 = 834.107kg

∴ 834.107l (∵ 1,000kg = 1,000l)

예제 05

아래의 도면과 같은 줄기초에서 콘크리트량과 거푸집량을 산출하시오.

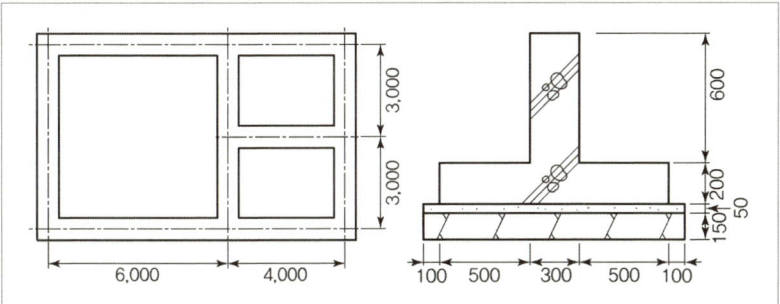

풀이 토공사에서 기초구조부 체적 산출 시 활용한 공식

$t \times H \times \left\{ \Sigma l - (\dfrac{t}{2} \times 중복개소수) \right\}$ 를 이용

	버림콘크리트	기초판	기초벽
t	1.5	1.3	0.3
H	0.05	0.2	0.6

1) 콘크리트량(m³)

① 버림콘크리트 = $1.5 \times 0.05 \times \{42 - (\dfrac{1.5}{2} \times 4)\} = 2.925\text{m}^3$

② 기초판 콘크리트 = $1.3 \times 0.2 \times \{42 - (\dfrac{1.3}{2} \times 4)\} = 10.244\text{m}^3$

③ 기초벽 콘크리트 = $0.3 \times 0.6 \times \{42 - (\dfrac{0.3}{2} \times 4)\} = 7.452\text{m}^3$

∴ 버림콘크리트 = ① = 2.925m³
  콘크리트 = ② + ③ = 10.244 + 7.452 = 17.696m³
∴ ① + ② + ③ = 20.621

2) 거푸집량(m²)
부재가 접하는 면은 거푸집을 필요로 하지 않으므로 공제한다.
공식 = $H \times 2 \times \{\Sigma l - (\dfrac{t}{2} \times 중복개소수)\}$ 를 이용

① 버림콘크리트 거푸집 = $0.05 \times 2 \times \{42 - (\dfrac{1.5}{2} \times 4)\} = 3.9\text{m}^2$

② 기초판 콘크리트 거푸집 = $0.2 \times 2 \times \{42 - (\dfrac{1.3}{2} \times 4)\} = 15.76\text{m}^2$

③ 기초벽 콘크리트 거푸집 = $0.6 \times 2 \times \{42 - (\dfrac{0.3}{2} \times 4)\} = 49.68\text{m}^2$

④ 공제 부분 = {(1.5×0.05) + (1.3×0.2) + (0.3×0.6)} × 4개소 = 2.06m²

∴ 거푸집량 = ① + ② + ③ - ④ = 3.9 + 15.76 + 49.68 - 2.06 = 67.28m²

보충 문제조건 분석

① 중심 간 거리
  = (10 + 6) × 2 + 4 + 6 = 42m
② 중복개소수 = 4개소

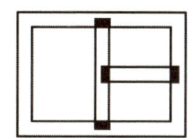

보충 콘크리트량 산출 시

버림과 구조체 부분을 나누어서 산출하라고 하는 경우는 구분하여 답을 기재하고, 그렇지 않은 경우는 전체량을 기재하여야 한다.

보충 공제 부분(거푸집)

$\left\{ \begin{array}{c} 버림부\ 단면 \\ + \\ 기초판\ 단면 \\ + \\ 기초벽\ 단면 \end{array} \right\} \times 중복개소수$

(2) 기둥

기둥은 모양 치수가 동일한 개수를 계산하고 층높이에서 바닥판 두께를 뺀 높이를 곱하여 계산한다.

① **콘크리트량** : 기둥단면적×바닥판 사이 높이(H−t_s)
② **거푸집** : 기둥둘레길이×바닥판 사이 높이(H−t_s)

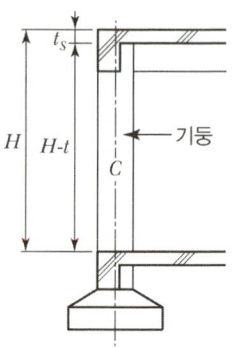

예제 06

500mm×500mm의 단면을 가진 3m 높이의 기둥 10개에 소요되는 콘크리트량과 거푸집량을 산출하시오.

● 24②·21②

풀이
1) 콘크리트량
  0.5 × 0.5 × 3 × 10개 = 7.5m³
2) 거푸집량
  (0.5+0.5) × 2 × 3 × 10개 = 60m²

(3) 벽체

1) 기둥이 없을 때

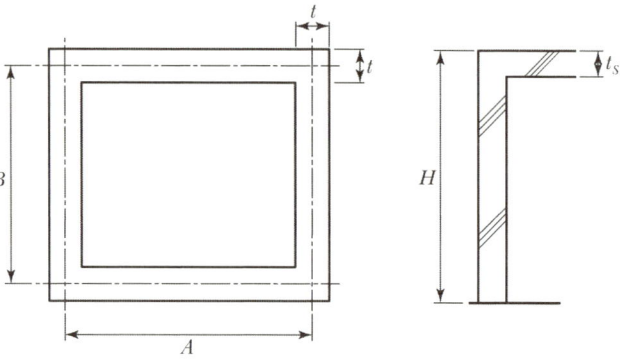

① **콘크리트량** = 중심 간 길이×벽두께×안목높이 = (A+B)×2×t×(H−t_s)
② **거푸집량** = 중심 간 길이×2×안목높이 = (A+B)×2×2×(H−t_s)
※ 벽체와 바닥판이 만나는 부분의 거푸집은 바닥판 거푸집 산출 시 공제한다.

2) 기둥이 있을 때

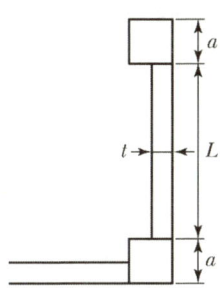 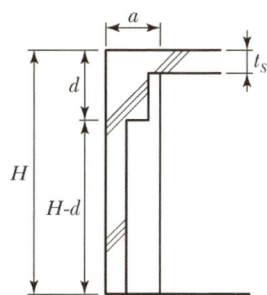

① **콘크리트량** = 기둥 간 안목 길이 × 벽두께 × 안목높이 = L × t × (H − d)
② **거푸집량** = 중심 간 길이 × 2 × 안목높이 = L × 2 × (H − d)
※ 기둥과 벽체가 만나는 부분은 공제하지 않는다.

(4) 보

① **콘크리트량** = 보 단면적 × 기둥 간 안목길이 = $b \times d \times l_0$

② **거푸집량**
- 측면 = 슬래브 두께를 뺀 측면 높이$(d - t_s)$ × 기둥 간 안목길이 × 2(양면)
  = $(d - t_s) \times l_0 \times 2$(양면)
- 밑면 = 보 너비 × 기둥 간 안목길이 = $b \times l_0$
  ※ 헌치 부위는 별도로 계상

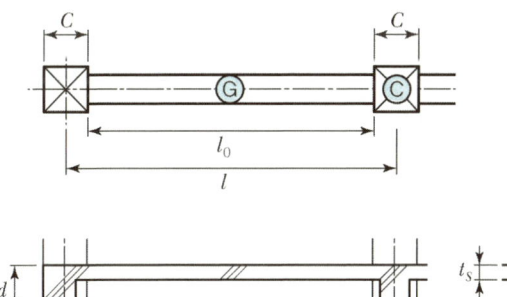

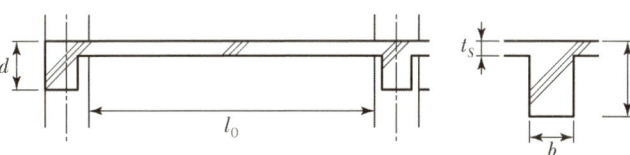

보충 보 산출 시
① 콘크리트량

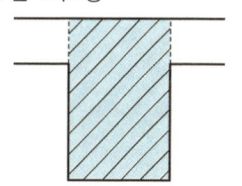

② 거푸집량

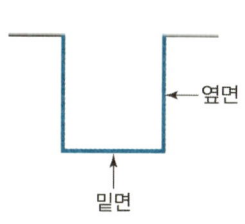

예제 07

다음 그림의 보에 대하여 콘크리트량과 거푸집량을 구하시오.

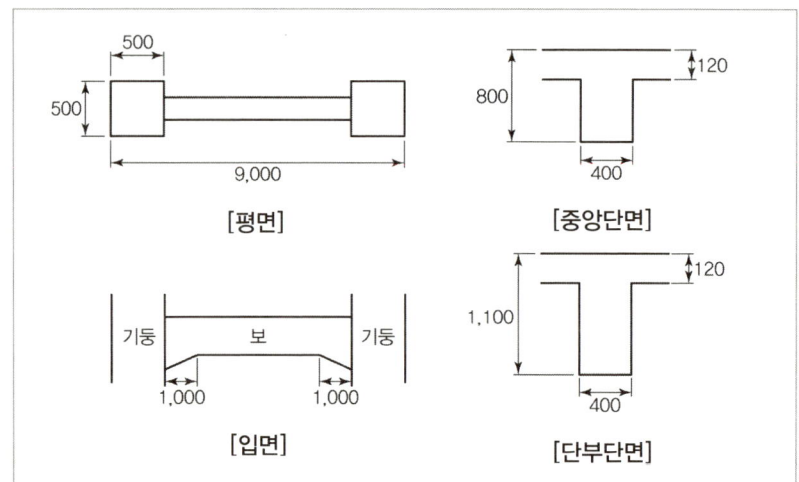

풀이

1) **콘크리트량(m³)** : 보 단일 수량이므로 바닥판 두께를 포함하여 산출하며, 헌치 부분도 별도로 산출하여야 한다.
   ① 보 : 0.4×0.8×8 = 2.56m³
   ② 헌치 : 1×0.3×0.5×0.4×2개소 = 0.12m³
   ∴ ①+② = 2.56+0.12 = 2.68m³

2) **거푸집량** : 보 밑 부분의 수량은 RC조 1개층일 경우 슬래브 밑판에 산입하여 계산하였으나 여기서는 보 거푸집 면적으로 같이 계산하여야 한다.
   ① 보 밑 = 안목길이×보너비 = 6m×0.4 = 2.4m²
   ② 헌치 밑 = 경사길이×보너비 = ($\sqrt{1^2+0.3^2}$ ×0.4)×2개소 = 0.835m²
   ③ 보 옆 = 슬래브 두께를 뺀 보춤×안목길이×2개소
       = (0.8−0.12)×8×2 = 10.88m²
   ④ 헌치 옆 = 0.3×1×0.5×2(양면)×2개소 = 0.6m²
   ∴ 거푸집량 = ①+②+③+④
       = 2.4+0.835+10.88+0.6 = 14.715m²

(5) 바닥판

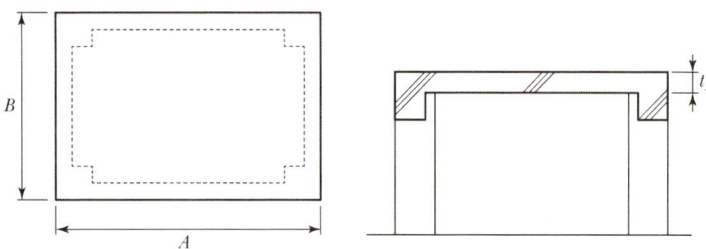

① **콘크리트량** = 바닥판 면적×두께 = A×B×t_s
② **거푸집량** = 밑면적+옆면적 = (A×B)+(A+B)×2×t_s

※ 슬래브 밑에 벽체가 있는 경우 바닥판과 벽체가 접하는 부분은 공제하므로 밑면 거푸집량 산출 시 외벽의 두께를 뺀 내벽 간 바닥면적으로 한다.

(6) R.C조 1개층

① 슬래브 기준
② 기둥높이 적용($H - t_s$)
③ 보 • 콘크리트량 : 슬래브 두께만큼 공제
　　• 거푸집 : 밑면은 슬래브 바닥거푸집에 산입하여 계산

예제 08

아래 그림은 철근콘크리트 사무소 건물이다. 주어진 평면도 및 단면도 A-A′를 보고 C_1, G_1, S_1에 해당하는 부분의 콘크리트량과 거푸집량을 산출하시오.(단, 소수점 셋째 자리에서 반올림한다.)

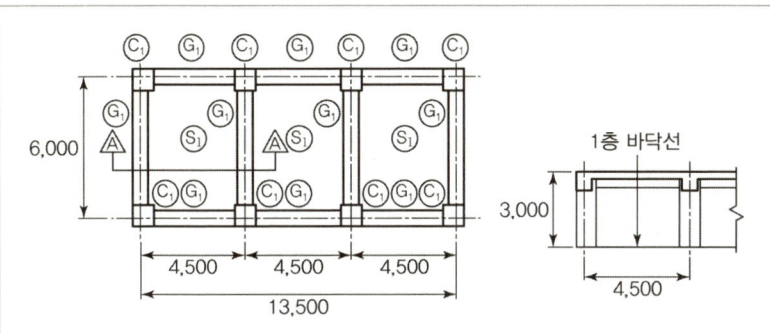

1) 기둥단면 → 40×40cm
2) 보 단면 →

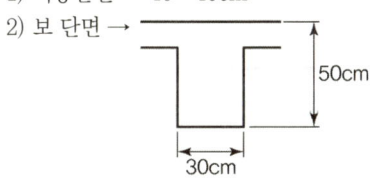

3) 슬래브 두께 → 12cm
4) 층고 → 3m
　단, 단면도 A-A′에 표기된 1층 바닥선 이하는 계산하지 않는다.

풀이 ※ 각 부재별 필요 길이, 개소수 등을 먼저 파악한 후 수량을 산출한다.
　　　※ 재료별 산출보다 부위별 산출 후 각 재료를 합산하는 것이 훨씬 편리하다.

(1) 기둥(C_1)
　① 콘크리트 : $0.4 \times 0.4 \times 2.88 \times 8 = 3.69 m^3$
　② 거푸집 : $(0.4+0.4) \times 2 \times 2.88 \times 8 = 36.86 m^2$

(2) 보(G_1 : 4.05m)
　③ 콘크리트 : $0.3 \times 0.38 \times 4.05 \times 4 = 1.85 m^3$
　④ 거푸집(옆면) : $0.38 \times 4.05 \times 2 \times 4 = 12.31 m^2$

(3) 보(G_1 : 4.1m)
　⑤ 콘크리트 : $0.3 \times 0.38 \times 4.1 \times 2 = 0.93 m^3$
　⑥ 거푸집(옆면) : $0.38 \times 4.1 \times 2 \times 2 = 6.23 m^2$

보충 문제 조건 분석

각 보의 길이 산출에 유의하며 각부 상세치수는 아래쪽 그림과 같다.

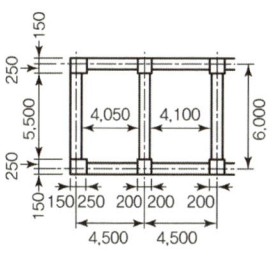

보충 문제조건 분석

① 기둥 간 안목길이
　㉠ 가로외측부 : 4.5-(0.25+0.2)
　　　　　　　 = 4.05m
　㉡ 가로중앙부 : 4.5-(0.2×2)
　　　　　　　 = 4.1m
　㉢ 세로 : 6-(0.25×2)=5.5m
② 기둥 안목 높이 : 3-0.12=2.88
③ 기둥 개수 : 8개소
④ 보 개수
　㉠ 4.05m : 4개소
　㉡ 4.1m : 2개소
　㉢ 5.5m : 4개소
⑤ 슬래브 전체 길이
　㉠ 가로 : 13.5+(0.15×2)
　　　　 = 13.8m
　㉡ 세로 : 6+(0.15×2)=6.3m

(4) 보(G_1 : 5.5m)
  ⑦ 콘크리트 : $0.3 \times 0.38 \times 5.5 \times 4 = 2.51 m^3$
  ⑧ 거푸집(옆면) : $0.38 \times 5.5 \times 2 \times 4 = 16.72 m^2$

(5) 슬래브
  ⑨ 콘크리트 : $13.8 \times 6.3 \times 0.12 = 10.43 m^3$
  ⑩ 거푸집량(밑면) : $13.8 \times 6.3 = 86.94 m^2$
  ⑪ 거푸집(옆면) : $(13.8 + 6.3) \times 2 \times 0.12 = 4.82 m^2$

∴ 콘크리트량 = ① + ③ + ⑤ + ⑦ + ⑨
  $= 3.69 + 1.85 + 0.93 + 2.51 + 10.43 = 19.41 m^3$
∴ 거푸집량 = ② + ④ + ⑥ + ⑧ + ⑩ + ⑪
  $= 36.86 + 12.31 + 6.23 + 16.72 + 86.94 + 4.82 = 163.88 m^2$

(7) 계단

① 콘크리트량 = 경사면적 × 계단 평균두께(t)
② 거푸집 = 경사 밑면적 + 챌판면적 + 옆판면적

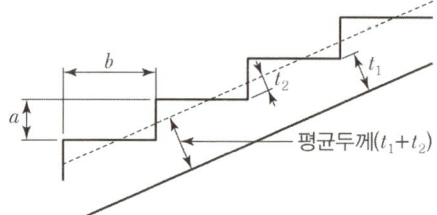

예제 09

다음 그림과 같은 철근콘크리트 계단공사에 필요한 콘크리트량을 산출하시오.

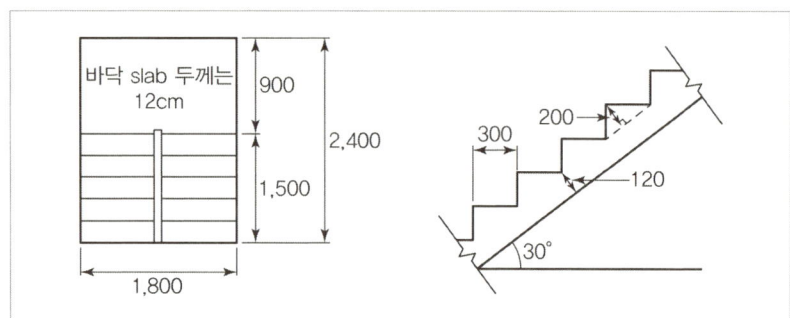

풀이 (1) 계단참
  $1.8 \times 0.9 \times 0.12 = 0.194 m^3$

(2) 경사 부분
  ① 경사길이 = $\dfrac{1.5}{\cos 30°} = \sqrt{3}$
  ② 평균두께 = $0.12 + \dfrac{0.2}{2} = 0.22$
  ∴ $0.9 \times \sqrt{3} \times 0.22 \times 2 = 0.686 m^3$
  ∴ (1) + (2) = $0.194 + 0.686 = 0.88 m^3$

제3절 철근량

01 일반사항

① 철근은 종별, 지름별로 총연길이를 산출하고 단위중량을 곱하여 총중량으로 산출한다.
② 철근은 각 층별로 기초, 기둥, 보, 바닥판, 벽체, 계단 기타로 구분하여 각 부분에 중복이 없도록 산출한다.
③ 철근 수량은 이음정착길이를 정밀히 계산하여 정미량을 산정하고 정미량에다 원형철근은 5% 이내, 이형철근은 3% 이내의 할증률을 가산하여 소요량으로 한다.
④ 철근의 가스압접개소는 철근의 정착길이에 의한 실수량으로 산정하되, 개략치를 산정할 때 철근의 단위길이는 6m를 기준으로 한다.
⑤ 이형철근 지름 13mm 이하의 철근 사용 시 Hook를 가산하지 않으나, 지름 16mm 이상 이형철근에서 기둥, 보, 굴뚝 등은 Hook의 길이를 산정한다.(단, 조건이 제시된 경우에는 조건에 따른다.)
⑥ 대근(Hoop), 늑근(Stirrup)의 길이 계산은 콘크리트 단면치수로 계산한다.(피복두께 무시)
⑦ 철근이음 길이 산정 시 이음개소는 D13mm 이하는 6m마다, D16mm 이상은 7m마다 한다.(단, 조건이 제시된 경우는 조건에 따른다.)
⑧ 철근량은 길이(m)로 산출하고, 산출된 길이에 단위중량(kg/m)을 곱하여 총중량으로 산출한다.

호칭지름(mm)	무게(kg/m)	단면적(cm²)	둘레(cm)
D10	0.56	0.713	3
D13	0.995	1.27	4
D16	1.56	1.98	5
D19	2.25	2.85	6
D22	3.04	3.88	7
D25	3.98	5.07	8
D29	5.04	6.41	9
D32	6.23	7.92	10

(철근량) 기초, 기둥, 보, 슬라브

(보충) 할증률 계산
할증률을 적용할 때에는 지름별로 할증을 적용하여 산출한 다음 전체 중량을 계산한다.

(보충) 단위중량(kg/m)
D10, D13, D16, D19, D22의 단위중량은 암기하도록 한다.

02 철근의 길이(m) 산출법

철근의 길이는 1본(本)의 길이 산출 후 개수를 곱하여 총길이를 산출한다.

(1) 철근 1본의 길이

> 부재(적용)길이 + 이음길이 + 정착길이 + Hook의 길이

1) 부재(적용)길이

부재별로 그림과 같이 3개의 적용을 필요로 하며 각 구조 부위별 수량 산출법을 참조한다.

보충) 부재길이

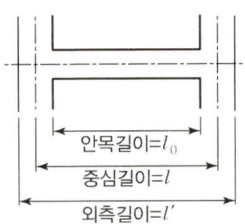

2) 이음길이

① 큰 인장력을 받는 경우 : 40d(l_1)
② 압축력, 작은 인장력을 받는 경우 : 25d(l_2)
※ 지름이 다른 경우는 작은 지름(d)

보충) 이음길이

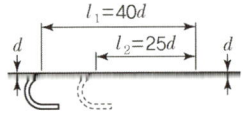

3) 정착길이

① 정착길이는 이음길이와 동일하다.
② 정착위치는 각 부재에 따라 적용한다.

4) Hook의 길이

① Hook를 두는 곳
 • 원형철근 단부
 • 이형철근의 굴뚝, 기둥, 보의 단부
 • 도면에서 지정하고 있는 곳

② Hook의 적용길이(180° = 10.3d)

$$= \frac{2\pi r}{2} + 4d \text{(여기서, r = 2d)}$$

$= 3.14 \times 2d + 4d = 10.28d$

∴ ≒ 10.3d

보충) Hook 길이

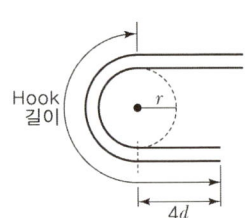

(2) 철근의 개수

$$개수 = \frac{길이(l)}{간격(@)}$$

보충) 철근의 배근

문제에서 제시되는 철근의 간격보다 조금 작아지는 것은 허용되나 넓어지는 것은 안 되므로, 여유분이 발생하면 1본을 더 넣어 전체 간격을 재조절하여 철근을 배근한다.

1) 전배근인 경우

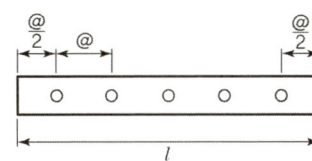

개수 = $\dfrac{\text{길이}(l)}{\text{간격}(@)}$ ➡ ① 정수로 떨어지는 경우 = 정수 + 1

　　例 $\dfrac{1\text{m}}{0.2\text{m}} = 5$　1 2 3 4 5　→ 6개

　　② 소수점으로 나누어지는 경우 = 절상 + 1

　　例 $\dfrac{1.1\text{m}}{0.2\text{m}} = 5.5$　1 2 3 4 5 5.5　→ 7개

보충) 전배근 적용
- 기초판
- 보단부 늑근
- 슬래브 단부 하부근

2) 사이배근인 경우

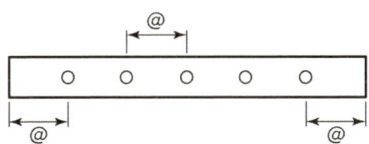

개수 = $\dfrac{\text{길이}(l)}{\text{간격}(@)}$ ➡ ① 정수로 떨어지는 경우 = 정수

　　例 $\dfrac{1\text{m}}{0.2\text{m}} = 5$　1 2 3 4 5　→ 5개

　　② 소수점으로 나누어지는 경우 = 절상시킨 정수

　　例 $\dfrac{1.1\text{m}}{0.2\text{m}} = 5.5$　1 2 3 4 5 5.5　→ 6개

보충) 사이배근 적용
- 슬래브 밴트근

3) 간격배근인 경우

개수 = $\dfrac{\text{길이}(l)}{\text{간격}(@)}$ ➡ ① 정수로 떨어지는 경우 = 정수 − 1

　　例 $\dfrac{1\text{m}}{0.2\text{m}} = 5$　1 2 3 4 5　→ 4개

　　② 소수점으로 나누어지는 경우 = 절하시킨 정수

　　例 $\dfrac{1.1\text{m}}{0.2\text{m}} = 5.5$　1 2 3 4 5 5.5　→ 5개

보충) 간격배근 적용
- 보 중앙부 늑근
- 슬래브 중간대 하부근
- 슬래브 톱바

03 각 구조부위별 수량산출

(1) 기초

1) 독립기초

① 기초판

> 1본의 길이 = 부재의 길이(이음, 정착 Hook는 고려하지 않는다.)

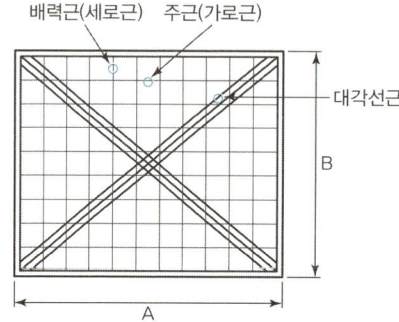

㉮ 주근(규격) : $A \times \dfrac{B}{@}$ (개)

㉯ 배력근(규격) : $B \times \dfrac{A}{@}$ (개)

㉰ 대각선근(규격)
: $\sqrt{A^2 + B^2} \times$ 개수
  (노면표기)

② 기초기둥

> 1본의 길이 = 부재의 길이(H) + 정착길이(이음, Hook는 고려하지 않는다.)

보충 기초기둥 정착길이 산출
기초판의 크기에 상관없이 정착길이를 40cm로 한다. 단, 문제조건에서 제시되는 경우에는 그 조건을 준수하여 산출한다.

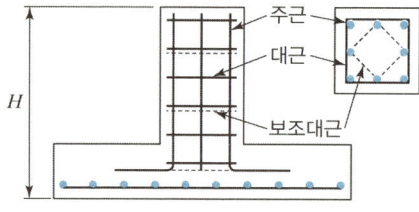

㉮ 주근(규격)
: (H+0.4)×개수(도면표기)

㉯ 대근(규격)
: 기둥둘레길이 × $\dfrac{H}{@}$ (개)

㉰ 보조대근(규격)
: 기둥둘레길이 × $\dfrac{H}{@}$ (개)

2) 줄기초

> 1본 길이 = 부재의 길이 + 이음길이(25d) × 이음 개소수

※ 이음 개소수 산정 = $\dfrac{\text{길이}}{\text{철근 1본의 길이}}$

① 직선거리에서의 철근이음 개소 산정

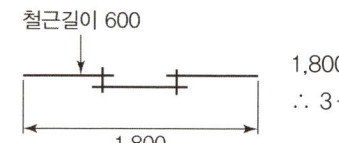

$1,800 \div 600 = 3$
∴ $3 - 1 = 2$개소

보충 철근 1본의 길이 적용
① 문제 조건에서 제시되는 경우 제시된 길이를 적용한다.
② 조건에서 제시되지 않는 경우 D13 이하 6m, D16 이상은 7m 마다 이음 개소수를 산정한다.

② 줄기초와 같은 연속에서의 철근이음 개소 산정

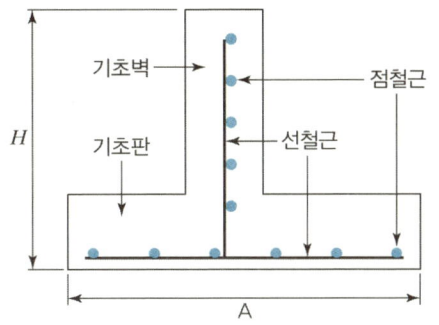

1,800 ÷ 600 = 3
∴ 3개소

㉮ 기초판
- 선철근(규격) : $A \times \dfrac{\Sigma l}{@}$ (개)
- 점철근(규격) : $[\Sigma l + \{이음길이(25d) \times 이음개소\}] \times \dfrac{A}{@}$ (개)

㉯ 기초벽
- 선철근(규격) : $(H+0.4) \times \dfrac{\Sigma l}{@}$ (개)
- 점철근(규격) : $[\Sigma l + \{이음길이(25d) \times 이음개소\}] \times \dfrac{H}{@}$ (개)

(보충) **이음 개소수**

이음 개소수는 전체길이 ÷ 철근 1본의 길이를 계산하여 사사오입 처리해도 무방하다.

예제 10

주어진 도면을 보고 철근량을 산출하시오.(단, 정미량으로 하고 D16 = 1.56kg/m, D10 = 0.56kg/m이며, 소수 셋째 자리에서 반올림한다.)

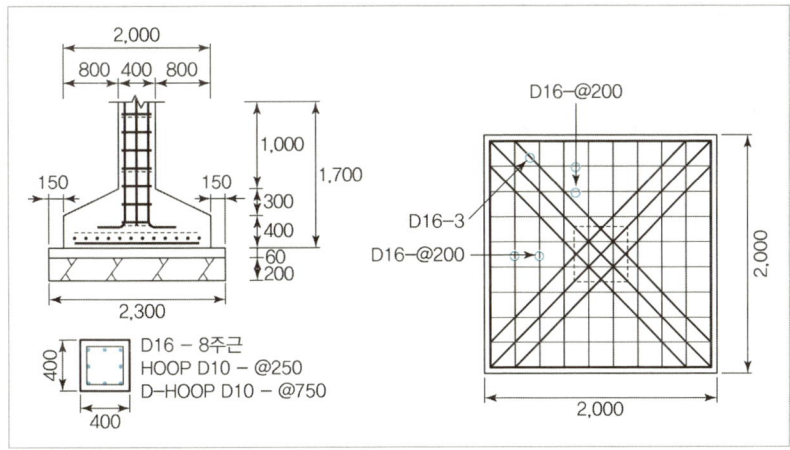

(풀이) 1) 기초판
① 가로근 (D16) : $2 \times \dfrac{2}{0.2}$ (11개) = 22m
② 세로근 (D16) : $2 \times \dfrac{2}{0.2}$ (11개) = 22m
③ 대각선근 (D16) : $\sqrt{2^2+2^2} \times 3 \times 2 = 16.97$m

(보충) **문제 조건 분석**

도면에서 철근의 개수를 판단하여 10개로 풀이하여도 가능하나 가급적 길이 ÷ 간격으로 개수를 산출한다.

2) 기초기둥

④ 주근(D16) : $(1.7+0.4) \times 8 = 16.8$m

⑤ 대근(D10) : $(0.4+0.4) \times 2 \times \frac{1.7}{0.25}$(7개) $= 11.2$m

⑥ 보조대근(D10) : $(0.4+0.4) \times 2 \times \frac{1.7}{0.75}$(3개) $= 4.8$m

∴ D10 = ⑤ + ⑥ = 11.2 + 4.8 = 16m
  $16 \times 0.56 = 8.96$kg
  D16 = ① + ② + ③ + ④ = 22 + 22 + 16.97 + 16.8 = 77.77m
  $77.77 \times 1.56 = 121.321$kg
∴ 총중량 = D10 + D16 = 8.96 + 121.321 = 130.28kg

예제 11

다음 도면의 철근콘크리트 줄기초 시공에 필요한 철근량을 산출하시오.(단, D10 = 0.56kg/m, D13 = 0.995kg/m이다.)

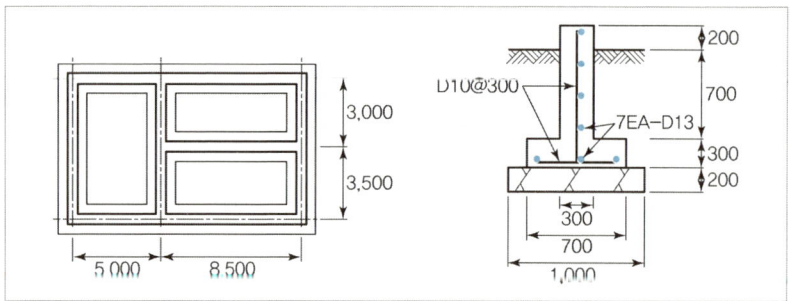

(풀이) ① 기초벽의 선철근의 정착길이는 40cm로 한다.
② 중심 간 길이(Σl) 산정 = $(13.5+6.5) \times 2 + 8.5 + 6.5 = 55$m
③ 이음개소 : 조건이 없으므로 13mm 이하는 6m마다 이음개소 발생
  $55 \div 6 = 9.16$ ∴ 9개소

1) 기초판

① 선철근(D10) : $0.7 \times \frac{55}{0.3}$(184개) $= 128.8$m

② 점철근(D13) : $\{55+(25 \times 0.013 \times 9)\} \times 3 = 173.775$m

2) 기초벽

③ 선철근(D10) : $(1.2+0.4) \times \frac{55}{0.3}$(184개) $= 294.4$m

④ 점철근(D13) : $(55+(25 \times 0.013 \times 9)) \times 4 = 231.7$m

∴ D10 = ① + ③ = 423.2m
  $423.2 \times 0.56 = 236.992$kg $\times 1.03 = 244.102$kg
  D13 = ② + ④ = 405.475m
  $405.475 \times 0.995 = 403.448$kg $\times 1.03 = 415.551$kg

∴ 총 철근의 소요량 = D10 + D13 = 659.653kg

(보충) 철근개수

문제 조건에서 점철근의 개수가 7EA로 제시되었는데 이를 기초판 3개, 기초벽 4개로 구분하여 산출하였다.

(2) 기둥

> 1본의 길이 = 부재의 길이 + 정착길이 + Hook + 이음길이

※ 독립기초의 기초 기둥 산출방법과 동일하나 이음개소 및 상단의 Hook에 유의한다.

1) 주근
① 부재길이의 높이 ─────── 기둥높이
② 정착길이 ─────────── 40cm
③ 이음길이 ─────────── 25d
④ 이음개소 ─────────── 층마다
⑤ 개수 ─────────────── 도면표기
⑥ Hook ─────────────── 10.3d

2) 대근
① 1개의 길이 ─────────── 기둥 둘레길이
② 개수 ──────────────── 기둥높이÷간격

3) 보조대근
① 1개의 길이 ─────────── 기둥 둘레길이
② 개수 ──────────────── 기둥높이÷간격

보충) 기둥 철근이음 개소
기둥에서 철근의 이음 개소수는 철근 1본의 길이와 무관하게 매 층마다 발생되는데, 이는 시공과정에서 발생되기 때문이다.

예제 12

다음 도면과 같은 기둥주근의 철근량을 산출하시오.(단, 층고는 3.6m, 주근의 이음길이는 25d로 하고, 철근의 중량은 D22는 3.04kg/m, D19 = 2.25kg/m, D10은 0.56kg/m이다.) 주근 상단의 Hook와 하단의 정착길이는 연속된 것으로 간주하여 고려하지 않는다.

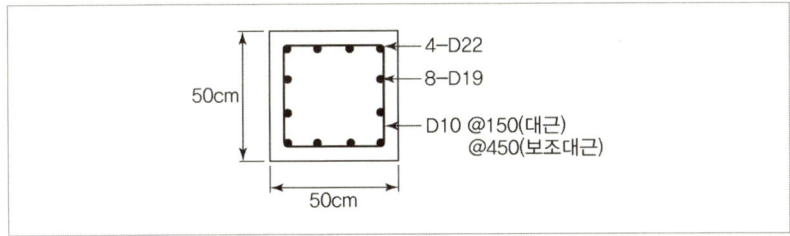

풀이
① 주근(D22) : {3.6+(25×0.022)+(10.3×0.022×2)}×4 = 18.41m
② 주근(D19) : {(3.6+(25×0.019)+(10.3×0.019×2)}×8 = 35.73m
∴ D22 = 18.41×3.04 = 55.966kg
   D19 = 35.73×2.25 = 80.393kg
∴ 총중량 = D19+D22 = 55.966+80.393 = 136.359kg

보충) 이음길이 산정
이음길이 산정 시 Hook의 길이(10.3d)는 포함되지 않는다. 그러므로 10.3d는 없어도 무방하다.

(3) 보

> 1본의 길이 = 부재의 길이 + 정착길이 + Hook

1) 부재의 길이

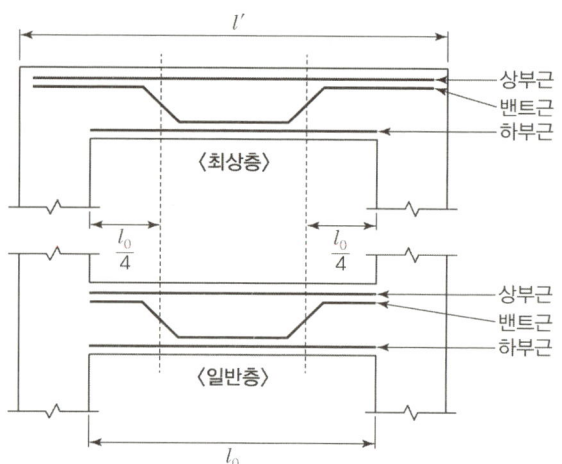

① 최상층 보 : 상부주근 ──── 외주길이(l')
　　　　　　　밴트근 ──── 외주길이(l')
　　　　　　　하부주근 ──── 안목길이(l_0)
② 일반층 보 : 상부주근 ──── 안목길이(l_0)
　　　　　　　밴트근 ──── 안목길이(l_0)
　　　　　　　하부주근 ──── 안목길이(l_0)

2) 정착 길이

① 인장력을 받는 곳 : 40d(상부주근, 밴트근)
② 압축력을 받는 곳 : 25d(하부주근)

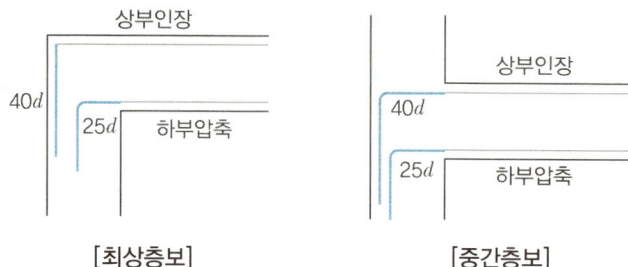

3) Hook의 길이 : 10.3d

4) 철근의 개수 : 보 단면(보 일람표)에서 산출

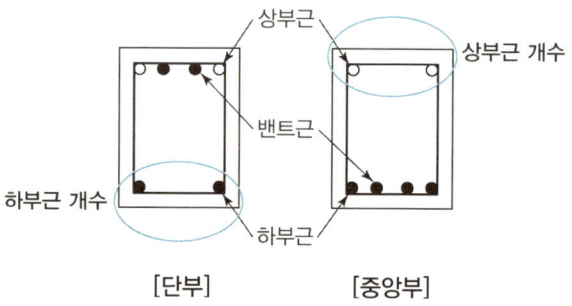

① 상부근 개수 : 중앙부 단면 상부에 위치한 주근의 개수
② 하부근 개수 : 단부 단면 하부에 위치한 주근의 개수
③ 밴트근의 개수 : 중앙부 단면과 단부 단면에서 위치가 변화된 주근의 개수

5) 밴트근의 늘어난 길이 : $0.828 \times (D-0.1)$

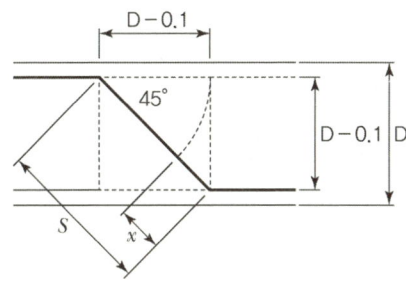

> **보충) 밴트근의 늘어난 길이**
> 밴트근의 늘어난 길이 산정 시 피복두께 및 스트럽근의 지름을 계산하여 보의 춤에서 10cm를 공제하여 산출한다.

$$\sin 45° = \frac{D-0.1}{S} \Rightarrow \frac{1}{\sqrt{2}} = \frac{D-0.1}{S}$$

∴ $S = \sqrt{2}(D-0.1)$ … 여기서 $S = (D-0.1) + x$

$(D-0.1) + x = \sqrt{2}(D-0.1)$

∴ 늘어난 길이 $x = \sqrt{2}(D-0.1) - (D-0.1) = (\sqrt{2}-1)(D-0.1)$
$= 0.414(D-0.1)$

∴ 양쪽 늘어난 길이 = $0.828(D-0.1)$
(D = 보의 깊이(춤), 단위 : m)

6) 늑근

늑근은 단부와 중앙부의 배근 간격이 다르므로 나누어 산출한다.
① 늑근의 길이 : 보 둘레길이

② 개수 ┬ 단부 : $\left(\dfrac{\frac{l_0}{4}}{@} \cdots \text{단부간격}\right) \times 2$

　　　└ 중앙부 : $\dfrac{\frac{l_0}{2}}{@} \cdots$ 중앙부 간격

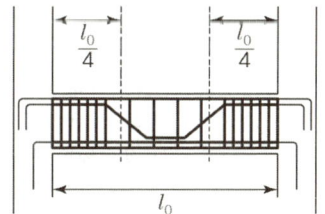

③ 단부 개수(전배근), 중앙부 개수(간격배근)

> **보충) 늑근 산출 별해**
> 보 둘레길이 ×
> { $\dfrac{\frac{l_0}{2}}{@}$ (개) + $\dfrac{\frac{l_0}{2}}{@}$ (개) }
> 　단부 간격　　중앙부 간격

〈 [공식] 철근량 산출법 〉

1. 최상층 보
   ① 상부주근(규격) : $\{l' + (40 + 10.3) \times d \times 2\} \times$ 개수
   ② 밴트근(규격) : $\{l' + (40 + 10.3) \times d \times 2 + 0.828(D-0.1)\} \times$ 개수
   ③ 하부주근(규격) : $\{l_0 + (25 + 10.3) \times d \times 2\} \times$ 개수

> **보충) 보 문제 풀이 유의사항**
> ① 최상층 보인지 일반층 보인지 판단
> ② 최상층 보일 경우 상부근, 밴트근의 길이가 외주길이임에 유의

보충) 늑근의 개수
단부를 각각 풀거나 한 번에 풀었을 때 개수가 1~2개 차이나는 것은 답의 오차 범위에 들어간다.

④ 늑근 : 단부(규격) : {보의 둘레길이 $\times \dfrac{\frac{l_0}{4}}{@}$ (개)} $\times$ 2

중앙부(규격) : 보의 둘레길이 $\times \dfrac{\frac{l_0}{2}}{@}$ (개)

2. 중간층 보
① 상부주근(규격) : {$l_0 + (40+10.3) \times d \times 2$} $\times$ 개수
② 밴트근(규격) : {$l_0 + (40+10.3) \times d \times 2 + 0.828(D-0.1)$} $\times$ 개수
③ 하부주근(규격) : {$l_0 + (25+10.3) \times d \times 2$} $\times$ 개수
④ 늑근 : 최상층 보와 동일

예제 13

다음과 같은 철근콘크리트 보의 철근량을 구하시오.(단, D10 = 0.56kg/m, D13 = 0.995kg/m이고, 주근 Hook의 길이는 10.3d로 한다.)

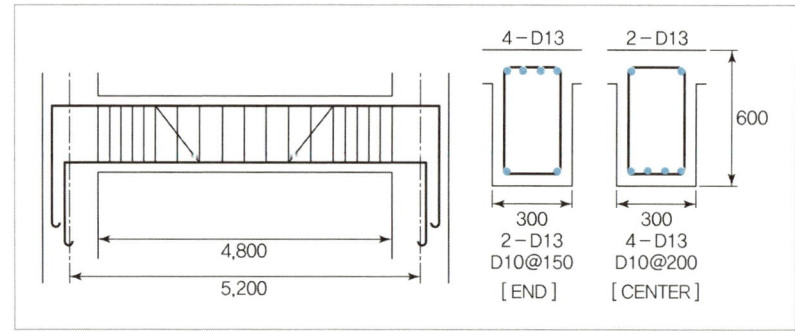

보충) 중간층 보
- 안목길이 l_0 = 4.8m
- 상부근 : 2개
- 하부근 : 2개
- 밴트근 : 2개

보충) 늑근산출 별해
$(0.3+0.6) \times 2 \times$
{$\dfrac{2.4}{0.15}$(17개) + $\dfrac{2.4}{0.2}$(12개)}

풀이) 일반층(중간층에 위치) 보이므로 각 철근의 길이를 안목길이로 적용하여 산출한다.
1) 상부근(D13) : {4.8+(40+10.3)$\times$0.013$\times$2}$\times$2개 = 12.216m
2) 밴트근(D13) : {4.8+(40+10.3)$\times$0.013$\times$2+0.828$\times$(0.6−0.1)}$\times$2개
            = 13.044m
3) 하부근(D13) : {4.8+(25+10.3)$\times$0.013$\times$2}$\times$2개 = 11.436m
4) 늑근 ① 단부(D10) : {(0.3+0.6)$\times$2$\times\dfrac{1.2}{0.15}$(9개)}$\times$2 = 32.4m

② 중앙부(D10) : (0.3+0.6)$\times$2$\times\dfrac{2.4}{0.2}$(11개) = 19.8m

∴ D10 = ①+② = 32.4+19.8 = 52.2$\times$0.56 = 29.232kg
   D13 = 1)+2)+3) = 12.216+13.044+11.436
       = 36.696m$\times$0.995 = 36.513kg
∴ 총 중량 = D10+D13 = 29.232+36.513 = 65.75kg

(4) 슬래브

슬래브의 철근길이는 일반적으로 철근 배치간격이 일정할 때는 간단히 산출되지만 l_x 방향과 l_y 방향, 중앙부와 단부 또는 상부근과 하부근의 배치간격이 다를 때는 산출이 복잡하다.

1) 중간대, 주열대 구분

중간대, 주열대를 구분하는 것은 철근의 배근 범위를 알기 위함이다.

① 하부에 벽·기둥이 없는 경우

단변(l_x)의 1/4의 길이만큼 단변이나 장변 모두 적용하여 구분한다.

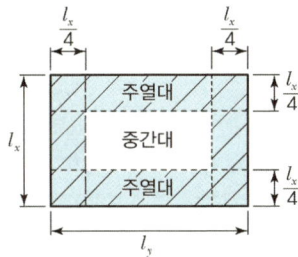

② 하부에 벽·기둥이 있는 경우

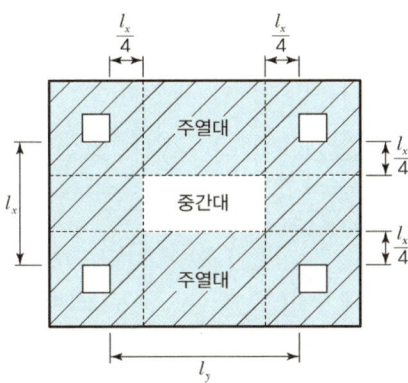

㉠ 기둥이나 벽체의 안목길이 중 단면(l_x)의 1/4의 길이만큼 단변이나 장변 모두 적용하여 구분한다.

㉡ 기둥이나 벽체의 외부를 포함하여 주열대로 하고, 하부 구조물은 없는 것으로 간주하여 철근량을 산출한다.

③ 철근 배근 구간

㉠ 주열대 배근 철근 : 상부주근, 하부주근, 상부부근, 하부부근

㉡ 중간대 배근 철근 : 주근톱바, 주근밴트근, 부근톱바, 부근밴트근, 하부주근, 하부부근

2) 철근 배근도

① 단변방향(주근)

• **상부주근**(주열대 구간) • **하부주근**(주열대, 중간대 구간)

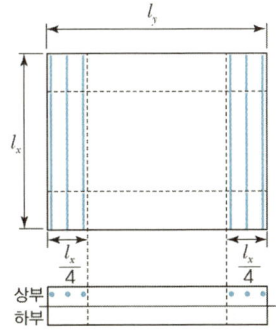 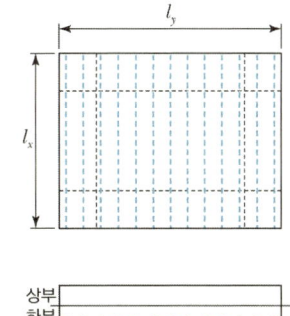

(보충) 단면의 모습

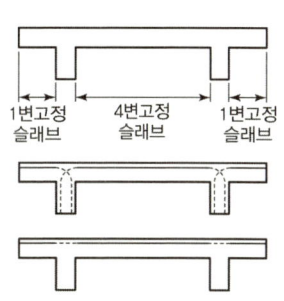

1면 슬래브나 4변 슬래브 전부 보에 정착시켜도 무방하나 다음과 같이 상호정착으로 보고 계산하는 것이 좋다.
그러므로 1변 고정 슬래브는 4변 고정 슬래브의 주열대 구간과 동일하게 적용하여 문제를 푼다.

(보충) 상부주근

$$\{l_x \times \frac{\frac{l_x}{4}}{@}(\quad 개)\} \times 2(양쪽)$$

(보충) 하부주근

$$l_x \times \frac{l_y}{@}(\quad 개)$$

보충 **주근밴트**

$l_x \times \dfrac{l_y - \dfrac{l_x}{2}}{@}$ (개)

보충 **주근톱바**

$\{(\dfrac{l_x}{4} + 여장길이) \times \dfrac{l_y - \dfrac{l_x}{2}}{@}$ (개)$\}$
$\times 2$

※ 문제 조건에 제시되지 않는 여장길이의 경우 15d 적용

보충 **상부부근**

$\{l_y \times \dfrac{\dfrac{l_x}{4}}{@}$ (개)$\} \times 2$

보충 **하부부근**

$l_y \times \dfrac{l_x}{@}$ (개)

보충 **부근밴트**

$l_y \times \dfrac{\dfrac{l_x}{2}}{@}$ (개)

보충 **부근톱바**

$\{(\dfrac{l_x}{4} + 여장길이) \times \dfrac{\dfrac{l_x}{2}}{@}$ (개)$\} \times 2$

※ 여장길이는 문제 조건에 제시되지 않는 경우 15d 적용

● 주근밴트(중간대 구간)

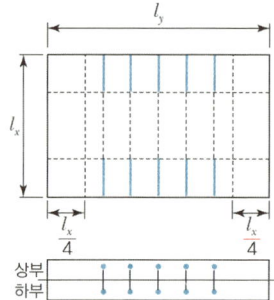

● 주근톱바(중간대 구간)

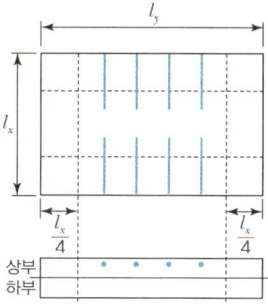

② 장변방향(부근)

● 상부부근(주열대 구간)

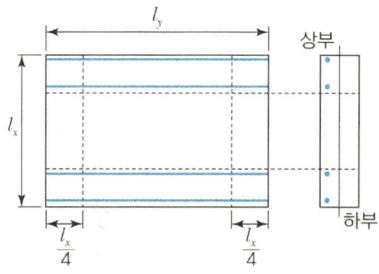

● 하부부근(중간대, 주열대 구간)

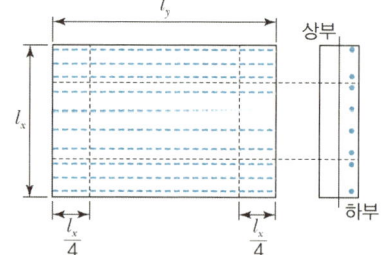

● 부근밴트(중간대 구간)

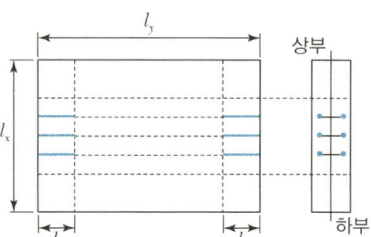

● 부근톱바(중간대 구간)

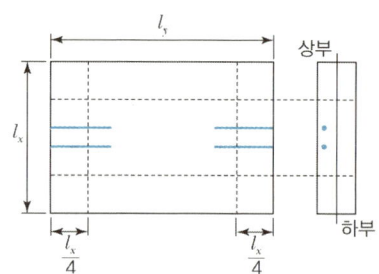

3) 철근량 산출

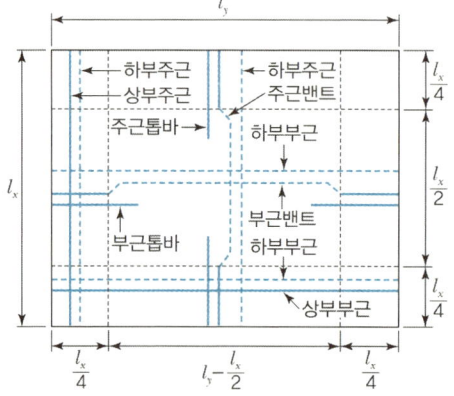

● 배근 범위

	주근	부근
상부	$\dfrac{l_x}{4}$	$\dfrac{l_x}{4}$
하부	l_y	l_x
밴트	$l_y - \dfrac{l_x}{2}$	$\dfrac{l_x}{2}$
톱바	$l_y - \dfrac{l_x}{2}$	$\dfrac{l_x}{2}$

⟨ [공식] 단변방향 ⟩

1. 상부주근(규격) : $\{l_x \times \dfrac{\frac{l_x}{4}}{@}(\ 개)\} \times 2$

2. 하부주근(규격) : $l_x \times \dfrac{l_y}{@}(\ 개)$

3. 주근밴트(규격) : $l_x \times \dfrac{l_y - \frac{l_x}{2}}{@}(\ 개)$

   ※ 밴트근의 늘어난 길이는 미세하므로 고려하지 않는다.

4. 주근톱바(규격) : $\{(\dfrac{l_x}{4} + 여장길이) \times \dfrac{l_y - \frac{l_x}{2}}{@}(\ 개)\} \times 2$

   ※ 여장길이는 조건이 제시되지 않으면 15d로 산정

⟨별해⟩ 상부주근, 하부주근, 주근밴트의 규격과 간격이 동일할 때

① 주근(규격) : $l_x \times \dfrac{l_y}{@}(\ 개)$

   (이때, 간격은 하부주근과 주근밴트의 사이 간격이다.)

② 주근톱바(규격) : $\{(\dfrac{l_x}{4} + 여장길이) \times \dfrac{l_y - \frac{l_x}{2}}{@}(\ 개)\} \times 2$

   (이때, 간격은 톱바의 순간격이다.)

⟨ [공식] 장변방향 ⟩

1. 상부부근(규격) : $\{l_y \times \dfrac{\frac{l_x}{4}}{@}(\ 개)\} \times 2$

2. 하부부근(규격) : $l_y \times \dfrac{l_x}{@}(\ 개)$

3. 부근밴트(규격) : $l_y \times \dfrac{\frac{l_x}{2}}{@}(\ 개)$

4. 부근톱바(규격) : $\{(\dfrac{l_x}{4} + 여장길이) \times \dfrac{\frac{l_x}{2}}{@}(\ 개)\} \times 2$

⟨별해⟩ 상부부근, 하부부근, 부근밴트의 규격과 간격이 동일할 때

① 부근(규격) : $l_y \times \dfrac{l_x}{@}(\ 개)$

   (이때, 간격은 하부주근과 주근밴트의 사이 간격이다.)

② 부근톱바(규격) : $\{(\dfrac{l_x}{4} + 여장길이) \times \dfrac{\frac{l_x}{2}}{@}(\ 개)\} \times 2$

보충 **주근**

상부주근, 하부주근, 밴트근을 전부 포함한 것임

보충 **부근**

상부부근, 하부부근, 밴트근을 전부 포함한 것임

예제 14

다음 도면의 슬래브 철근 수량을 산출하시오.(단, D13=0.995kg/m, D10=0.56kg/m, 상부 Top bar 내민길이 20cm이다.)

> **보충) 슬래브 문제 풀이**
> 슬래브 문제 풀이 시 항상 주열대, 중간대를 구분하여 아래와 같이 각 구간별 치수를 계산한 후 철근량을 산출한다.

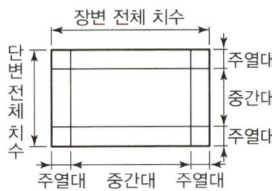

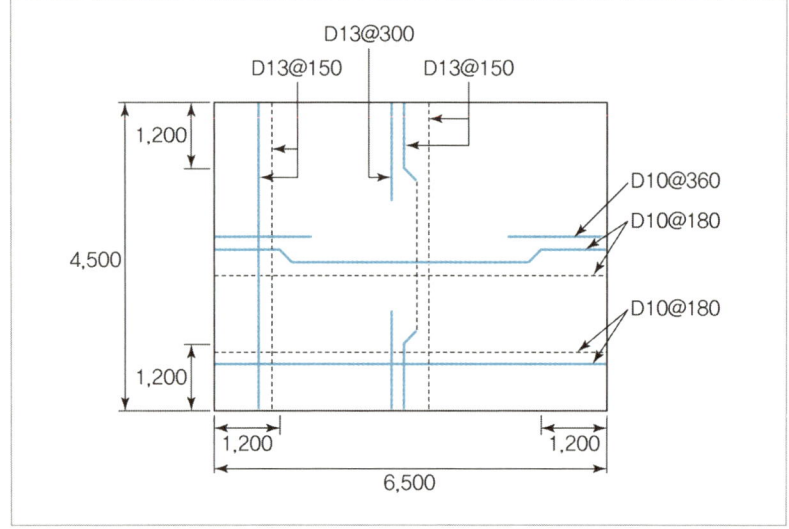

> **보충) 문제에 주어진 간격**
> 이와 같은 문제에서는 주어진 간격이 각각의 간격인지 인접절근과의 간격인지 구분이 잘 되지 않으므로 톱바의 간격을 보고 판단해야 한다. 또한 주열대와 중간대가 주어져 있으므로 별도의 계산은 하지 않는다.

풀이 1) 단변방향

① 상부주근(D13) : $\{4.5 \times \frac{1.2}{0.3}(5개)\} \times 2 = 45\text{m}$

② 하부주근(D13) : $\{4.5 \times \frac{6.5}{0.3}(23개)\} = 103.5\text{m}$

③ 주근밴트(D13) : $4.5 \times \frac{4.1}{0.3}(13개) = 58.5\text{m}$

④ 주근톱바(D13) : $\{(1.2+0.2) \times \frac{4.1}{0.3}(14개)\} \times 2 = 39.2\text{m}$

2) 장변방향

⑤ 상부부근(D10) : $\{6.5 \times \frac{1.2}{0.36}(5개)\} \times 2 = 65\text{m}$

⑥ 하부부근(D10) : $\{6.5 \times \frac{4.5}{0.36}(14개)\} = 91\text{m}$

⑦ 부근밴트(D10) : $6.5 \times \frac{2.1}{0.36}(5개) = 32.5\text{m}$

⑧ 부근톱바(D10) : $\{(1.2+0.2) \times \frac{2.1}{0.36}(6개)\} \times 2 = 16.8\text{m}$

∴ D10 = ⑤+⑥+⑦+⑧ = 65+91+32.5+16.8
　　　= 205.3m×0.56 = 114.968kg
　D13 = ①+②+③+④ = 45+103.5+58.5+39.2
　　　= 246.2m×0.995 = 244.969kg
∴ 총 중량 = D10+D13 = 114.968+244.969 = 359.937kg

〈별해〉 상부주근, 하부주근, 주근밴트와 상부부근, 하부부근, 부근밴트가 규격이 같고, 간격이 동일하므로 동시에 산출할 수 있다.

① 주근(D13) : $4.5 \times \frac{6.5}{0.15}(45개) = 202.5\text{m}$

② 주근톱바(D13) : $\{(1.2+0.2) \times \frac{4.1}{0.3}(14개)\} \times 2 = 39.2\text{m}$

> **보충) 철근량 차이**
> 풀이에서처럼 8개로 나누어서 계산한 경우와 별해의 경우 철근의 개수에서 차이가 나서 철근량이 다르나 이는 답의 오차범위에 들어간다.

③ 부근(D10) : $6.5 \times \dfrac{4.5}{0.18}$ (26개) = 169m

④ 부근톱바(D10) : $\{(1.2+0.2) \times \dfrac{2.1}{0.36}$ (6개)$\} \times 2 = 16.8$m

∴ D13 = ① + ② = 202.5 + 39.2 = 241.7m × 0.995 = 240.492kg
∴ D10 = ③ + ④ = 169 + 16.8 = 185.8m × 0.56 = 104.048kg
∴ 총 중량 = D10 + D13 = 104.048 + 240.492 = 344.54kg

(5) 벽체

① 벽체의 철근은 복근과 단근으로 배근된 것을 구분하고 도중에 단절된 철근에 주의한다.
② 세로근과 가로근의 배근간격이 같은 때는 한 방향의 철근량은 직교하는 다른 방향의 철근량과 같다.
③ 세로근은 층높이를 철근의 길이로 하고, 벽길이를 배근간격으로 나누어 개수를 산출하여 곱하면 벽 세로철근의 총 연길이가 계산된다. 가로근 또한 이와 같이 한다.

(6) 계단철근

계단은 바닥판 철근 계산에 준하여 한 층분씩 산출한다.

(7) 세부철근

철근콘크리트 라멘 구조체에 표기되지 아니한 창대, 차양, 기타 세부에 배치된 철근은 일반 상세도에 표시될 때가 많으므로 라멘체의 철근 수량산출이 끝나면 반드시 세부 철근수량을 계상한다.

CHAPTER 04 핵심 기출문제

01 콘크리트의 용적 배합비가 1 : 3 : 6이고, 물·시멘트비가 70%일 때 콘크리트 1m³당 각 재료량 및 물의 양을 산출하시오.(시멘트는 포대 단위로 산출한다. 단, 시멘트 비중 3.15, 모래·자갈의 비중 2.65, 시멘트의 단위 용적 중량 1.5ton/m³, 모래와 자갈의 단위 용적 중량 1.7ton/m³이다.)

정답 비벼내기량 $(V) = 1 \times \dfrac{W_c}{g_c} + \dfrac{m \times W_s}{g_d} n \times \dfrac{W_g}{g_g} + W_c \cdot x$ 이용

$\therefore V = \dfrac{1.5}{3.15} + \dfrac{3 \times 1.7}{2.65} + \dfrac{6 \times 1.7}{2.65} + 1.5 \times 0.7 = 7.3 \text{m}^3$

(1) 시멘트량(포대수) = $\dfrac{1}{V} = \dfrac{1}{7.3} \times 1,500 = 205.479 \text{kg}$

$\therefore$ 포대수 : $= \dfrac{205.479}{40} = 5.137$ $\therefore$ 6포

(2) 모래량 : $\dfrac{m}{V} = \dfrac{3}{7.3} = 0.411 \text{m}^3$

(3) 자갈량 = $\dfrac{n}{V} = \dfrac{6}{7.3} = 0.822 \text{m}^3$

(4) 물의 양 = 시멘트량 × 물·시멘트비
  $= 205.479 \times 0.7 = 143.835 \text{kg}(l)$

> **보충** 재료량
> 산출된 각 재료량은 Con'c 1m³에 들어가는 수량이다.

> **보충** 물 양의 단위
> 물 1m³ = 1t = 1,000kg = 1,000l

02 배합비가 1 : 3 : 6인 무근콘크리트 1m³를 만드는 데 소요되는 시멘트량(포), 모래(m³), 자갈(m³)의 재료량을 산출하시오.

정답 비벼내기량(V)을 약산식으로 산출하면,
$\therefore V = 1.1m + 0.57n = 1.1 \times 3 + 0.57 \times 6 = 6.72 \text{m}^3$

(1) 시멘트 소요량 : $C = \dfrac{1}{V} \times 1,500 = \dfrac{1}{6.72} \times 1,500 = 223 \text{kg}$

$\therefore$ 223kg ÷ 40 = 5.5 $\therefore$ 6포대

(2) 모래 소요량 : $S = \dfrac{m}{V} = \dfrac{3}{6.72} = 0.45 \text{m}^3$

(3) 자갈량 : $G = \dfrac{n}{V} = \dfrac{6}{6.72} = 0.89 \text{m}^3$

03 시멘트 320kg, 모래 0.45m³, 자갈 0.90m³를 배합하여 물·시멘트비 60%의 콘크리트 1m³를 만드는 데 필요한 물의 용적은 얼마인가?

> **정답**
> 물·시멘트비(x)
> $= \dfrac{W(\text{물의 중량})}{C(\text{시멘트 중량})} \times 100$
> ∴ W = x×C = 0.6×320kg
>   = 192kg
> ∴ 0.192m³

> **보충** 물양의 단위
> 물 1m³ = 1t = 1,000kg = 1,000l

04 콘크리트 펌프에서 실린더의 안지름 18cm, 스트로크 길이 1m, 스트로크 수 24회/분, 효율 100%인 조건으로 1일 6시간 작업할 때 가능한 1일 최대 콘크리트 펌핑량을 구하시오.

> **정답**
> ① 1회 펌핑량
>   = (실린더 안면적)×길이×효율
>   = 3.14×0.09×0.09×1×1
>   = 0.025m³
> ② 1분 펌핑량 = 0.025×24(회)
>   = 0.6m³
> ③ 1일(6시간) 펌핑량
>   = 0.6×60×6 = 216m³

05 콘크리트 펌프에서 실린더 내경 18cm, 스트로크 길이 1m, 스트로크 수 24회/분, 효율 90% 조건으로 계속적으로 콘크리트를 펌핑할 때 원활한 시공을 위한 7m³ 레미콘 트럭의 배차시간 간격(분)을 구하시오.

> **정답** 적산-레미콘 펌핑
> ① 면적 = $\dfrac{\pi D^2}{4}$
>   = $\dfrac{3.14 \times 0.18 \times 0.18}{4}$
>   = 0.0254m²
> ② 1회 작업량 = 0.0254×1×0.9
>   = 0.02286m³
> ③ 1분 작업량 = 0.02286×24
>   = 0.54864m³
> ④ 1차 작업시간 = 7÷0.54864
>   = 12.76분
> ∴ 12분

> **보충** 배차 간격
> 소수점이 발생하면 절하시킨 점수로 산출한다. 레미콘은 현장에서 대기하는 것이 콘크리트 타설시 유리하기 때문이다.

06 설계도에서 정미량으로 산출한 D10 철근량이 2,574kg이었다. 건설공사의 할증률을 고려하여 소요량으로서 8m짜리 철근을 구입하고자 하는데, 이때 D10 철근(0.56kg/m) 몇 개를 운반하면 좋을지 필요한 개수를 산출하시오. (단, 계근소의 휴업으로 개수로 구입할 수밖에 없는 조건이다.)

> **정답**
> ① 철근(D10) 1본의 중량
>   = 0.56×8 = 4.48kg
> ② 철근 구입량(소요량)
>   = 2,574×1.03 = 2,651kg
> ③ 철근의 개수 = 2,651÷4.48
>   = 591.7
> ∴ 592개(본)

보충 **유사문제**
- 보 : 300×400
- 길이 : 1m
- 수량 : 120개

보충 **단위 용적 중량**
- 철근콘크리트 : 2.4t/m³
- 무근콘크리트 : 2.3t/m³

보충 **배차간격(절하)**
(1) 배차간격은 작업대수에서 1대를 빼고 계산하여야 한다.
(2) 배차간격이 소수점으로 계산되면 절하하여 계산한다. 현장에 와서 약간 대기하는 것이 좋기 때문이다.

07 다음 철근콘크리트부재의 부피와 중량을 산출하시오. •23②

> 1) 기둥 : 450 × 600, 길이 4m, 수량 50개
> 2) 보 : 300 × 400, 길이 1m, 수량 150개

가. 부피 :

나. 중량 :

정답 적산 – 콘크리트 부피와 중량
1) 기둥
   ① 부피 : 0.45 × 0.6 × 4 × 50 = 54m³
   ② 중량 : 54 × 2.4t = 129.6t
2) 보
   ③ 부피 : 0.3 × 0.4 × 1 × 150 = 18m³
   ④ 중량 : 18 × 2.4t = 43.2t

가. 부피 = ① + ③ = 72m³
나. 중량 = ② + ④ = 172.8t

08 두께 0.15m, 너비 6m, 길이 100m 도로를 7m³ 레미콘을 이용하여 하루 8시간 작업 시 레미콘 배차간격은?

정답
① 콘크리트 작업량 = 0.15 × 6 × 100 = 90m³
② 레미콘 작업대수 = 90 ÷ 7 = 12.857   ∴ 13대(절상) : 배차간격 12회
③ 배차간격 = $\frac{8 \times 60}{12}$ = 40   ∴ 40분(절하)

09 500×500 단면을 가진 높이 3m 콘크리트 기둥 10개의 거푸집과 콘크리트량을 구하시오. •24②

가. 콘크리트량

.... m³

나. 거푸집량

.... m²

정답 적산 – 기둥의 거푸집과 콘크리트량
가. 콘크리트량 : 0.5 × 0.5 × 3 × 10 = 7.5m³
나. 거푸집량 : (0.5 + 0.5) × 2 × 3 × 10 = 60m²

● 콘크리트량/거푸집량

10 다음 그림과 같은 철근콘크리트조 건물에서 벽체와 기둥의 거푸집량을 산출하시오.(단, 높이는 3m로 한다.)

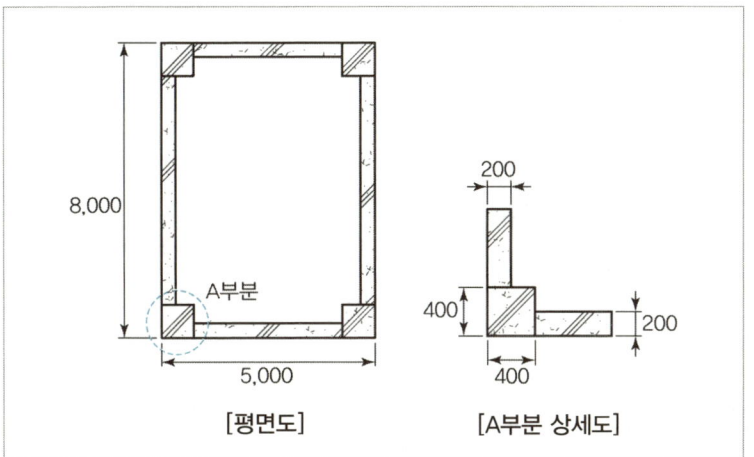

[평면도]   [A부분 상세도]

정답 (1) 기둥 부분 = (0.4+0.4)×2×3×4(개소) = 19.2m²
(2) 벽 부분
  ① 가로벽 = (5−0.4×2)×3×2(양면)×2개 = 50.4m²
  ② 세로벽 = (8−0.4×2)×3×2(양면)×2개 = 86.4m²
①+② = 136.8
∴ (1)+(2) = 156m²

보충 **벽과 기둥이 만나는 부분 면적**
벽과 기둥이 만나는 부분의 면적은 거푸집 산출 시 공제하지 않는다.

11 다음 도면을 보고 콘크리트량과 거푸집량을 산출하시오. • 23①

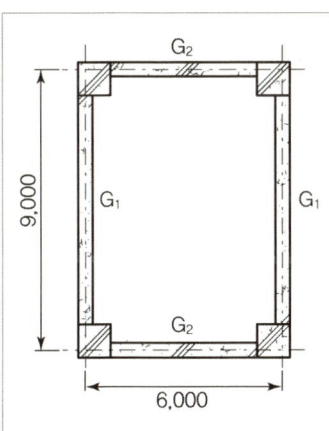

- 단위 : mm
- 기둥(철근콘크리트) : 500×500
- 슬래브 두께 : 120
- 높이 : 3,600
- G_1, G_2 보 : 400×600

가. 콘크리트량
나. 거푸집량

정답 1. 기둥
   1) 콘크리트량 = 0.5 × 0.5 × 3.48 × 4개 = 3.48m³
   2) 거푸집량 = (0.5 + 0.5) × 2 × 3.48 × 4개 = 27.84m²
2. 보(G_1) = 8.4m
   3) 콘크리트량 = 0.4 × 0.48 × 8.4 × 2개 = 3.23m³
   4) 거푸집량(옆면) = 0.48 × 2(양쪽) × 8.4 × 2개 = 16.13m²
3. 보(G_2) = 5.4m
   5) 콘크리트량 = 0.4 × 0.48 × 5.4 × 2개 = 2.07m³
   6) 거푸집량(옆면) = 0.48 × 2(양쪽) × 5.4 × 2개 = 10.37m²
4. 슬래브
   7) 콘크리트량 = 6.4 × 9.4 × 0.12 = 7.22m³
   8) 거푸집량 ① 밑면 = 6.4 × 9.4 = 60.16m²
              ② 측면 = (6.4 + 9.4) × 2 × 0.12 = 3.80m²

∴ 가. 콘크리트량 : 1) + 3) + 5) + 7) = 16m³
  나. 거푸집량 : 2) + 4) + 6) + 8) ① + ② = 118.30m²

12 다음 그림의 보에 대하여 콘크리트량과 거푸집량을 구하시오.

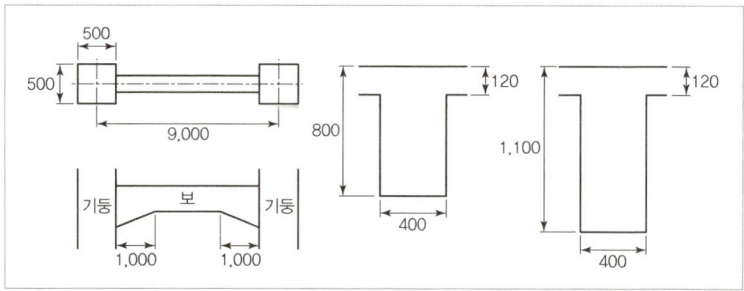

정답 보 단일문제로 보의 두께에서 슬래브 두께를 공제하지 않는다.

(1) 콘크리트량
  ① 보 부분 = 0.4 × 0.8 × 8.5 = 2.72m³
  ② 헌치 부분 = 0.3 × 1 × 0.4 × 0.5 × 2개소 = 0.12m³
  ∴ ① + ② = 2.72 + 0.12 = 2.84m³

(2) 거푸집량
  ① 보옆 = 0.68 × 8.5 × 2(양면) = 11.56m²
  ② 헌치 = 0.3 × 1 × 0.5 × 2(양면) × 2(양쪽) = 0.6m²
  ③ 보밑 = 0.4 × 6.5 + 0.4 × $\sqrt{0.3^2 + 1^2}$ × 2(양쪽) = 3.435m²
  ∴ ① + ② + ③ = 11.56 + 0.6 + 3.435 = 15.595m²

보충 유사문제

1) 기둥 : 700 × 700
2) 보의 크기
   ① 단부 : 500 × 400
   ② 중앙부 : 500 × 800
   ③ 헌치길이 : 1,000
3) 기둥 중심 간 거리 : 9,000
4) 슬래브 두께 : 120
※ 보 밑면 거푸집을 산출하라는 조건이 제시됨

13 아래 그림은 철근콘크리트조 경비실 건물이다. 주어진 평면도 및 단면도를 보고 C_1, G_1, G_2, S_1에 해당되는 부분의 1층과 2층 콘크리트량과 거푸집량을 산출하시오.

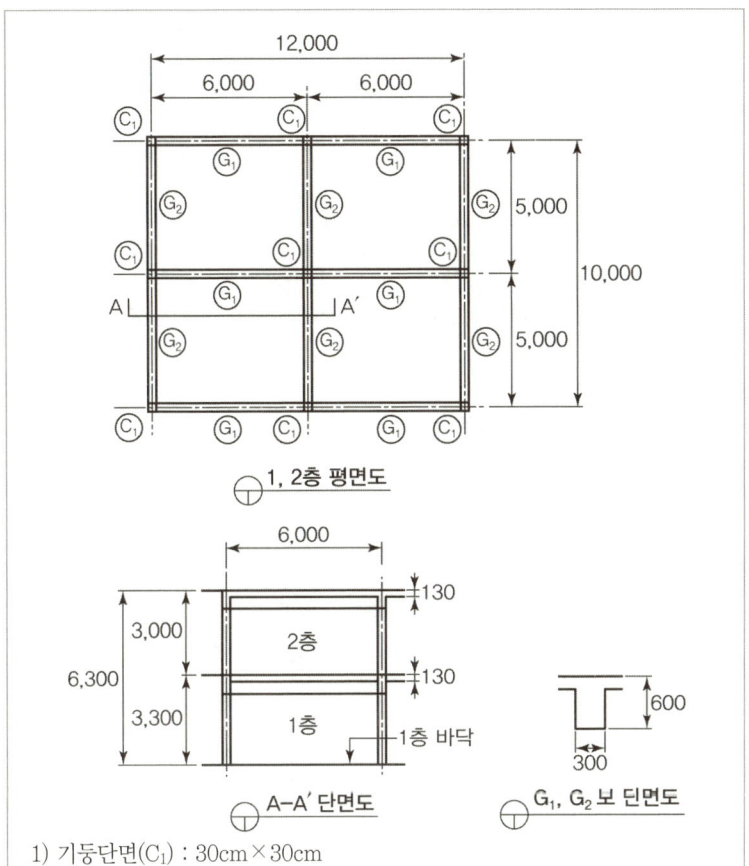

1) 기둥단면(C_1) : 30cm×30cm
2) 보단면(G_1, G_2) : 30cm×60cm
3) 슬래브 두께(S_1) : 13cm
4) 층고 : 단면도 참조
단, 단면도에 표기된 1층 바닥선 이하는 계산하지 않는다.

정답 1. 기둥
　　1) 콘크리트량
　　　① 1층 = 0.3×0.3×3.17×9개소 = 2.568m³
　　　② 2층 = 0.3×0.3×2.87×9개소 = 2.325m³
　　2) 거푸집량
　　　① 1층 = (0.3+0.3)×2×3.17×9 = 34.236m²
　　　② 2층 = (0.3+0.3)×2×2.87×9 = 30.996m²

2. G_1 보
　　3) 콘크리트량
　　　① 1층 = 0.3×0.47×5.7×6개소 = 4.822m³
　　　② 2층 = 0.3×0.47×5.7×6개소 = 4.822m³
　　4) 거푸집량
　　　① 1층 = 0.47×2×5.7×6개소 = 32.148m²
　　　② 2층 = 0.47×2×5.7×6개소 = 32.148m²

보충 기둥
1) 단면 : 0.3×0.3
2) $H - t_s$ =
　① 1층 = 3.3 − 0.13 = 3.17m
　② 2층 = 3 − 0.13 = 2.87m
3) 9개소

보충 G_1 보
1) 단면 : (b×(D−t_s))
　　= 0.3×(0.6−0.13)
　　= 0.3×0.47
2) 길이 : 6 − 0.3 = 5.7m
3) 개수 ① 1층 = 6개소
　　　　② 2층 = 6개소

보충 G_2 보
1) 단면 = 0.3×0.47
2) 길이 = 5 - 0.3 = 4.7m
3) 개소수 ① 1층 = 6개소
　　　　　② 2층 = 6개소

보충 슬래브
1) 크기 = 12.3×10.3
2) t_s = 0.13

보충 기초벽 점철근 개수
6개도 무방하며 이음길이는 문제 조건에 의거 고려치 않음

3. G_2 보
　5) 콘크리트량
　　　① 1층 = 0.3×0.47×4.7×6 = 3.976m³
　　　② 2층 = 0.3×0.47×4.7×6 = 3.976m³
　6) 거푸집량
　　　① 1층 = 0.47×2×4.7×6개소 = 26.508m²
　　　② 2층 = 0.47×2×4.7×6개소 = 26.508m²

4. 슬래브
　7) 콘크리트량 = 12.3×10.3×0.13×2개층 = 32.939m³
　8) 거푸집량
　　　① 밑면 = 12.3×10.3×2개층 = 253.38m²
　　　② 측면 = (12.3+10.3)×2×0.13×2개층 = 11.752m²
　∴ Con'c = 1)+3)+5)+7) = 55.428m³ ≒ 55.43m³
　∴ 거푸집 = 2)+4)+6)+8) = 447.676m² ≒ 447.68m²

14 아래 그림에서 한 층분의 물량을 산출하시오.

(1) 부재치수
　　(단위 : mm)
(2) C_1 : 400×400,
　　C_2 : 500×500
　　슬래브(t) = 120
(3) G_1 : 300×600(b×D),
　　G_2 : 300×700
(4) 층고 : 3,300
　가. 전체 콘크리트 물량(m³)
　나. 전체 거푸집 면적(m²)

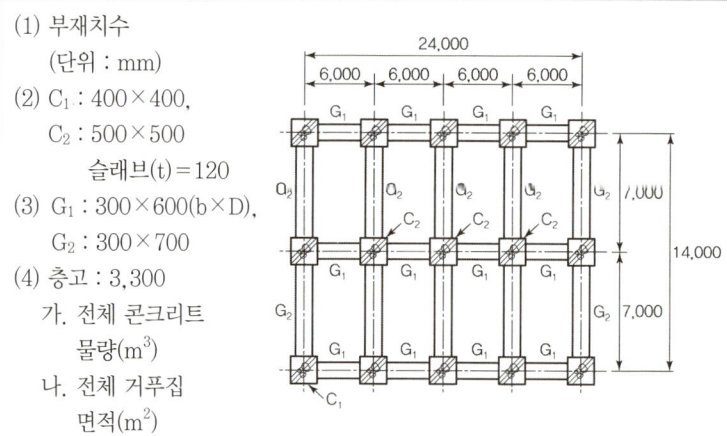

정답 (1) 기둥(C_1) → 12개소
　　　① 콘크리트 : 0.4×0.4×3.18×12 = 6.1056m³
　　　② 거푸집 : (0.4+0.4)×2×3.18×12 = 61.056m²

　　(2) 기둥(C_2) → 3개소
　　　③ 콘크리트 : 0.5×0.5×3.18×3 = 2.385m³
　　　④ 거푸집 : (0.5+0.5)×2×3.18×3 = 19.08m²

　　(3) 보(G_1 : 5.5m) → 2개
　　　⑤ 콘크리트 : 0.3×0.48×5.5×2 = 1.584m³
　　　⑥ 거푸집 : 0.48×2×5.5×2 = 10.56m²

　　(4) 보(G_1 : 5.55m) → 2개
　　　⑦ 콘크리트 : 0.3×0.48×5.55×2 = 1.5984m³
　　　⑧ 거푸집 : 0.48×2×5.55×2 = 10.656m²

　　(5) 보(G_1 : 5.6m) → 8개
　　　⑨ 콘크리트 : 0.3×0.48×5.6×8 = 6.4512m³
　　　⑩ 거푸집 : 0.48×2×5.6×8 = 43.008m²

(6) 보(G_2 : 6.55m) → 6개
  ⑪ 콘크리트 : $0.3 \times 0.58 \times 6.55 \times 6 = 6.8382 m^3$
  ⑫ 거푸집 : $0.58 \times 2 \times 6.55 \times 6 = 45.588 m^2$

(7) 보(G_2 : 6.6m) → 4개
  ⑬ 콘크리트 : $0.3 \times 0.58 \times 6.6 \times 4 = 4.5936 m^3$
  ⑭ 거푸집 : $0.58 \times 2 \times 6.6 \times 4 = 30.624 m^2$

(8) 슬래브
  ⑮ 콘크리트 : $24.4 \times 14.4 \times 0.12 = 42.1632 m^3$
  ⑯ 거푸집(밑면) : $24.4 \times 14.4 = 351.36 m^2$
  ⑰ 거푸집(옆면) : $(24.4 + 14.4) \times 2 \times 0.12 = 9.312 m^2$

∴ 콘크리트량 = ① + ③ + ⑤ + ⑦ + ⑨ + ⑪ + ⑬ + ⑮ = 71.7192 ≒ 71.72 m^3
∴ 거푸집량 = ② + ④ + ⑥ + ⑧ + ⑩ + ⑫ + ⑭ + ⑯ + ⑰ = 581.244 ≒ 581.24 m^2

15 아래 그림에서 한 층분의 물량을 산출하시오.

(1) 부재치수(단위 : mm)
(2) 전기둥(C_1) : 500×500, 슬래브 두께(t) : 120
(3) G_1, G_2 : 400×600(b×D), G_3 : 400×700, B_1 : 300×600
(4) 층고 : 3,600

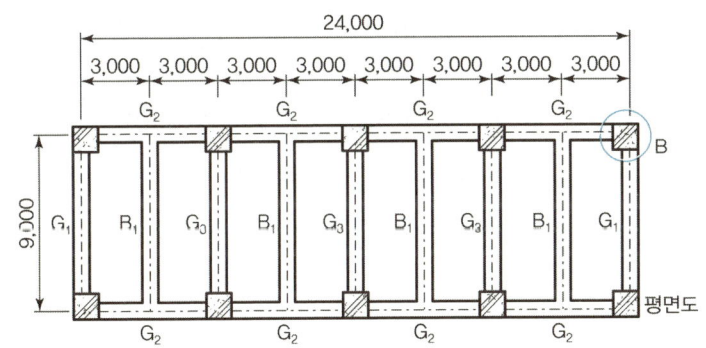

가. 전체 콘크리트 물량(m^3)
나. 전체 거푸집 면적(m^2)
다. 시멘트(포대수), 모래(m^3), 자갈량(m^3)을 계산하시오.(가항에 산출된 물량을 이용, 배합비 1 : 3 : 6 약산식 이용)

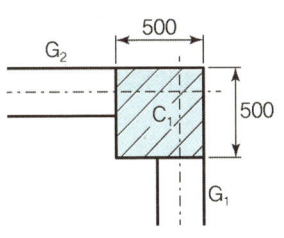

정답 부재별로 콘크리트량과 거푸집량을 산출한 후 재료별로 합산한다.

1. 기둥(C_1)
  (1) 콘크리트량 : $0.5 \times 0.5 \times 3.48 \times 10$개 $= 8.7 m^3$
  (2) 거푸집량 : $(0.5 + 0.5) \times 2 \times 3.48 \times 10$개 $= 69.6 m^2$

2. 보(G_1)
  (3) 콘크리트량 : $0.4 \times (0.6 - 0.12) \times 8.4 \times 2$개 $= 3.226 m^3$
  (4) 거푸집량 : $(0.6 - 0.12) \times 2 \times 8.4 \times 2$개 $= 16.128 m^2$

보충 기둥

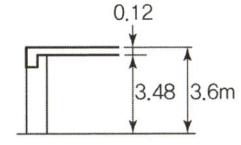

높이 = 층고 − 슬래브 두께
∴ 3.6 − 0.12 = 3.48m

보충 G_1 보

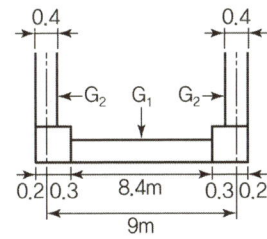

안목길이 = 9 − 0.3 × 2 = 8.4m

보충 G_2 보 〈모서리〉

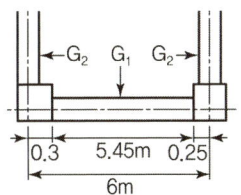

모서리 4개소…
안목길이 = 6 − (0.25 + 0.3)
       = 5.45m

보충 G_2 보 〈중앙부〉

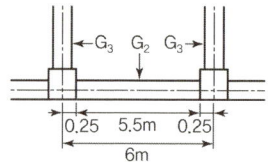

중앙부 4개소…
안목길이 = 6 − 0.25 × 2
= 5.5m

보충 G_3 보 : G_1 보와 길이가 동일
안목길이 = 9 − 0.3 × 2 = 8.4m

보충 B_1 보

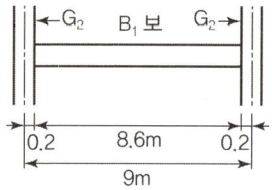

안목길이 = 9 − 0.2 × 2 = 8.6m

3. 보(G_2 : 5.45m)
    (5) 콘크리트량 : 0.4 × (0.6 − 0.12) × 5.45 × 4개 = 4.186m³
    (6) 거푸집량 : (0.6 − 0.12) × 2 × 5.45 × 4개 = 20.928m²

4. 보(G_2 : 5.5m)
    (7) 콘크리트량 : 0.4 × (0.6 − 0.12) × 5.5 × 4개 = 4.224m³
    (8) 거푸집량 : (0.6 − 0.12) × 2 × 5.5 × 4개 = 21.12m²

5. 보(G_3)
    (9) 콘크리트량 : 0.4 × (0.7 − 0.12) × 8.4 × 3개 = 5.846m³
    (10) 거푸집량 : (0.7 − 0.12) × 2 × 8.4 × 3개 = 29.232m²

6. 보(B_1)
    (11) 콘크리트량 : 0.3 × (0.6 − 0.12) × 8.6 × 4개 = 4.954m³
    (12) 거푸집량 : (0.6 − 0.12) × 2 × 8.6 × 4개 = 33.024m²

7. 슬래브 : 가로 = (24 + 0.2 × 2) = 24.4m, 세로 = 9 + 0.2 × 2 = 9.4m
    (13) 콘크리트량 : 24.4 × 9.4 × 0.12 = 27.523m³
    (14) 거푸집량
        ① 밑면 : 24.4 × 9.4 = 229.36m²
        ② 측면 : (24.4 + 9.4) × 2 × 0.12 = 8.112m²
        가. 콘크리트량 = (1) + (3) + (5) + (7) + (9) + (11) + (13) = 58.659m³
        나. 거푸집량 = (2) + (4) + (6) + (8) + (10) + (12) + (14)
                    = 427.504m²
        다. 재료량 : 주어진 조건에 의하여 약산식 적용하여 먼저 비벼내기량
            (V)을 산출하면, V = 1.1m + 0.57n
    ∴ V = 1.1 × 3 + 0.57 × 6 = 6.72
        ㉠ 시멘트량(포) : $(\frac{1}{6.72} \times 1,500 \div 40) \times 58.659 = 327.338$ ∴ 328포
        ㉡ 모래량(m³) : $\frac{3}{6.72} \times 58.659 = 26.187$m³
        ㉢ 자갈량(m³) : $\frac{6}{6.72} \times 58.659 = 52.374$m³

● 철근량

16 다음 기초에 소요되는 철근, 콘크리트, 거푸집의 정미량을 산출하시오.
(단, 이형철근 D16의 단위중량은 1.56kg/m, D13의 단위중량은 0.995kg/m 이다.)

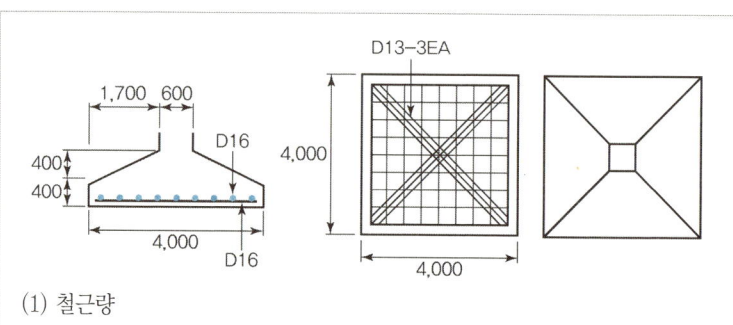

(1) 철근량
(2) 콘크리트량
(3) 거푸집량

정답 (1) 철근량(간격이 주어지지 않아서 도면의 개수로 적용)
　　① 가로근(D16) : 4×9개 = 36m
　　② 세로근(D16) : 4×9개 = 36m
　　③ 대각선근(D13) : $\sqrt{4^2+4^2}\times 3\times 2$개 = 33.94m
　　∴ D13 = ③ = 33.94m × 0.995kg/m = 33.77kg
　　　 D16 = ①+② = 72m × 1.56kg/m = 112.32kg
　　∴ 총중량 = D13 + D16 = 146.09kg

(2) 콘크리트량
　　① 수평부 = 4×4×0.4 = 6.4m³
　　② 경사부 = $\dfrac{0.4}{6}\times\{(2\times 4+0.6)\times 4+(2\times 0.6+4)\times 0.6\}$ = 2.5m³
　　∴ ①+② = 8.9m³

(3) 거푸집량
　　① 수평부 = (4+4)×2×0.4 = 6.4m²
　　② 경사부는 30° 미만이므로 설치하지 않는다.
　　∴ ① 6.4m²

17 다음의 도면을 보고 아래 물량을 산출하시오.(단, 기초 1개 공사량이고, 기초판 밑부분 터파기 여유는 30cm로 한다.)

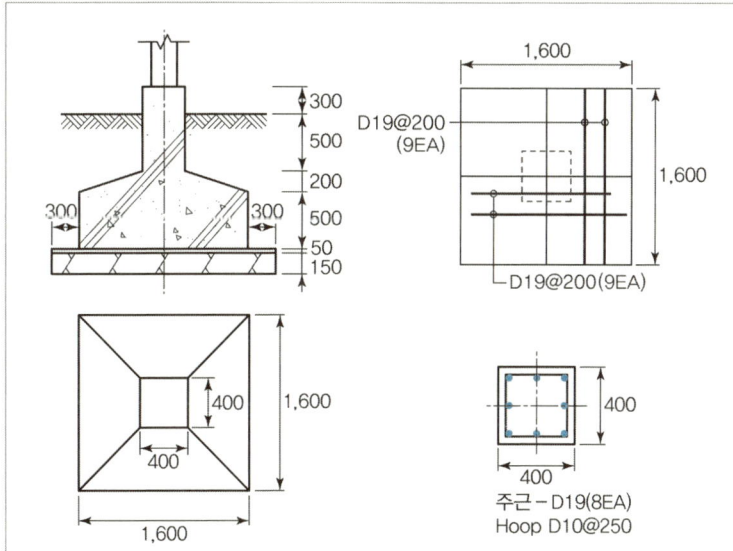

(1) 잔토처리량(m³)(단, 흙파기 경사도는 60°, 흙의 할증률은 20%로 본다.)
(2) 거푸집 면적(m²)(단, 밑창콘크리트 거푸집은 제외한다.)
(3) 콘크리트량(m³)(단, 밑창콘크리트는 제외한다.)
(4) 철근량(kg)(단, 기초판 철근에 부착되는 기둥철근의 정착길이는 40cm로 하고, 기초판 대각선근 및 보조대근은 산출에서 제외하며, 철근은 Hook을 하지 않고 피복두께는 무시한다.)
(5) D19 = 2.25kg/m, D10 = 0.56kg/m

보충) 점철근 개수
점철근 개수는 도면에서 파악하여 기초판과 기초벽 각각 3개로 산정하였다.

보충) 정착길이
정착길이는 기초판의 크기에 구애받지 않고 40cm를 적용한다.

> 보충 잔토처리량 산출

잔토처리량 산출 시 터파기량, 되메우기량을 산출하지 않고 계산한다.

> 보충 밑창 콘크리트

Con'c량 산출 시는 문제조건에 의거 제외되지만 잔토처리량 산출 시 기초구조부 체적에는 들어가니 유의하여야 한다.

정답 문제의 조건을 잘 파악한 후 계산할 것

1. 잔토처리량 = 기초구조부 체적(G.L 이하) × 토량환산계수(L=1.2)
   ∴ 기초구조부 체적을 산출하면,
   (1) 잡석 = 2.2 × 2.2 × 0.15 = 0.726m³
   (2) 밑창 콘크리트 = 2.2 × 2.2 × 0.05 = 0.242m³
   (3) 콘크리트
       ① 기초판 수평부 = 1.6 × 1.6 × 0.5 = 1.28m³
       ② 기초판 경사부 = $\frac{0.2}{6}${(2×1.6+0.4)×1.6+(2×0.4+1.6)×0.4}
                        = 0.224m³
       ③ 기초기둥(G.L 이하) = 0.4 × 0.4 × 0.5 = 0.08m³
       ④ 기초기둥(G.L 이상) = 0.4 × 0.4 × 0.3 = 0.048m³
   ∴ 기초구조부 체적(G.L 이하) = (1)+(2)+(3)①+(3)②+(3)③ = 2.552m³
   ∴ 잔토처리량 = 2.552 × 1.2 = 3.062m³

2. 거푸집 면적 - 밑창콘크리트 거푸집 제외
   (1) 기초판
       ① 수평부 = (1.6+1.6)×2×0.5
              = 3.2m²
       ② 경사부 = $\frac{0.2}{0.6}$ < 0.577 (tan 30°)
       ∴ 설치하지 않는다.
   (2) 기초기둥 = (0.4+0.4)×2×0.8
              = 1.28m²
   ∴ (1)+(2) = 4.48m²

3. 콘크리트량 - 밑창 콘크리트 제외
   잔토처리량 산출 시 계산된 부분 참조하면
   1. (3)의 ①+②+③+④ = 1.28+0.224+0.08+0.048 = 1.632m³

4. 철근량
   (1) 기초판
       ① 가로근(D19) : 1.6×9(개) = 14.4m
       ② 세로근(D19) : 1.6×9(개) = 14.4m
       (대각선근은 문제조건에 따라 산출하지 않는다.)
   (2) 기초기둥
       ③ 주근(D19) : (1.5+0.4)×8 = 15.2m
       ④ 대근(D10) : (0.4+0.4)×2×$\frac{1.5}{0.25}$(7개) = 11.2m
       (보조대근은 문제조건에 따라 산출하지 않는다.)
   ∴ D10 = ④ = 11.2×0.56 = 6.272kg
     D19 = ①+②+③ = 44×2.25 = 99kg
   ∴ 총중량 = D10+D19 = 6.272+99 = 105.272kg

18 그림과 같은 줄기초의 연길이가 150m일 때 기초콘크리트량, 철근량을 산출하시오.(단, D13=0.995kg/m, D10=0.56kg/m이며, 이음길이는 무시하고 정미량으로 산출한다.)

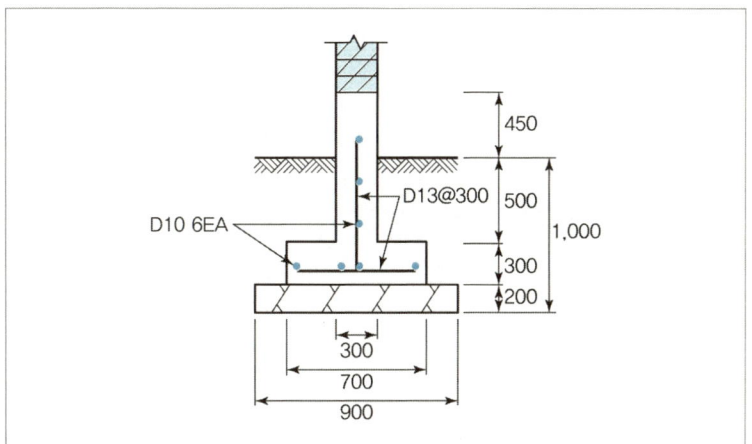

정답 1. 콘크리트량
  (1) 기초판 = 0.7×0.3×150 = 31.5m³
  (2) 기초벽 = 0.3×0.95×150 = 42.75m³

2. 철근량 → (이음길이는 문제조건에 의해 고려하지 않는다.)
  (1) 기초판
    ① 선철근(D13) : $0.7 \times \frac{150}{0.3}$ (500개) = 350m
    ② 점철근(D10) : 150×3 = 450m
  (2) 기초벽
    ③ 선철근(D13) : $(1.25+0.4) \times \frac{150}{0.3}$ (500개) = 825m
    ④ 점철근(D10) : 150×3 = 450m
  ∴ D10 = ②+④ = 900m×0.56 = 504kg
    D13 = ①+③ = 1,175m×0.995 = 1,169.125kg
  ∴ 총중량 = D10+D13 = 504+1,169.125 = 1,673.125kg

19 다음과 같은 철근콘크리트 기초 및 기둥 시공에 필요한 각 철근량을 산출하시오.(단, 대근은 제외한다.)

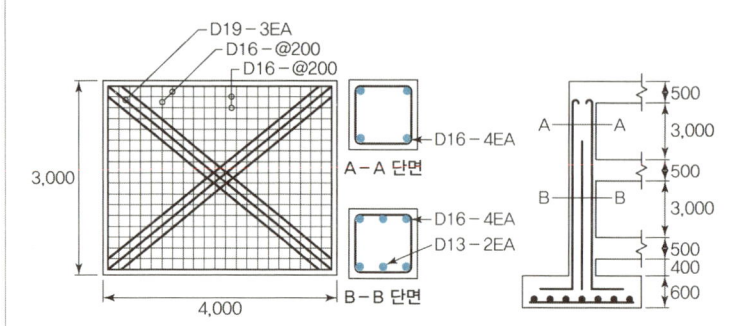

〈조건〉
① D13＝0.995kg/m, D16＝1.56kg/m, D19＝2.25kg/m
② 기초의 피복두께는 6cm이다.
③ 기초의 정착길이는 기초판 두께에서 10cm를 공제하고, 여장은 40cm로 한다.
④ 기둥 최상부 철근의 여장은 30cm로 한다.
⑤ 중간층 부위에서 철근 정착 여장은 상층 바닥판 위에서 30cm를 가산한다.

정답 (1) 기초판

① 가로근(D16) : $4 \times \dfrac{3}{0.2}$ (16개) ＝ 64m

② 세로근(D16) : $3 \times \dfrac{4}{0.2}$ (21개) ＝ 63m

③ 대각선근(D19) : $\sqrt{3^2 \times 4^2}$ ＝ 5m

∴ 5×3개×2(양쪽) ＝ 30m

(2) 기둥(이음 시 Hook는 없는 것으로 계상한다.)
④ 주근(D16) : [(8.5－0.1)＋0.4＋0.3＋25×0.016×2개소]×4 ＝ 39.6m
⑤ 주근(D13) : [(5－0.1)＋0.4＋0.3＋25×0.013×1개소]×2 ＝ 11.85m
∴ D13 ＝ ⑤ ＝ 11.85×0.995 ＝ 11.791kg
  D16 ＝ ①＋②＋④ ＝ 64＋63＋39.6 ＝ 166.6×1.56kg ＝ 259.896kg
  D19 ＝ ③ ＝ 30×2.25 ＝ 67.5kg

∴ 총중량 ＝ D13＋D16＋D19 ＝ 11.791＋259.896＋67.5 ＝ 339.187kg

보충 **피복두께**
주어진 문제조건에서 피복두께는 무시하고 수량을 산출한다.

보충 **기둥 이음개소**
매층마다 발생

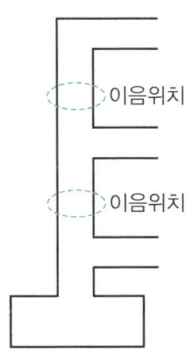

20 다음과 같은 철근콘크리트 보에서 철근 중량을 산출하시오.(단, D22 = 3.04kg/m, D10 = 0.56kg/m이고, Hook의 길이는 10.3d로 한다.)

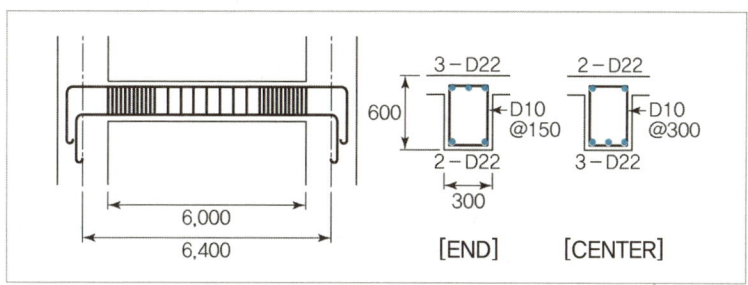

정답 ① 상부주근(D22) : $\{6+(40+10.3)\times 0.022\times 2\}\times 2 = 16.426$m
② 하부주근(D22) : $\{6+(25+10.3)\times 0.022\times 2\}\times 2 = 15.106$m
③ 밴트근(D22) : $\{6+(40+10.3)\times 0.022\times 2 + 0.828\times(0.6-0.1)\}\times 1$
  $= 8.627$m
④ 늑근(D10) : $(0.3+0.6)\times 2\times \{\dfrac{1.5}{0.15}(11개)\times 2 + \dfrac{3}{0.3}(9개)\} = 55.8$m

∴ D22 = ① + ② + ③ = 40.159m × 3.04kg/m = 122.083kg
  D10 = ④ = 55.8m × 0.56kg/m = 31.248kg

21 다음은 최상층 철근콘크리트 보이다. 이 보의 철근량을 구하시오.(단, 철근이음은 없는 것으로 하고, 정미량을 산출한다. D19 = 2.25kg/m, D10 = 0.56kg/m, 주근 Hook 길이는 10.3d이다.)

(1) 주근량(D19)
(2) 늑근량(D10)

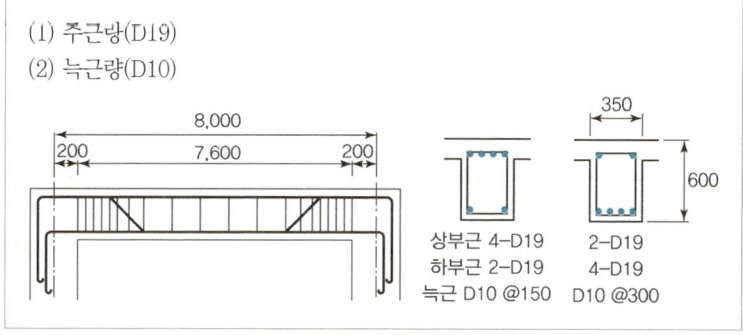

정답 최상층에 위치한 보이므로 외측 길이(l')가 부재의 길이가 된다.
(1) 상부주근(D19) : $\{8.4+(40+10.3)\times 0.019\times 2\}\times 2 = 20.62$m
(2) 하부주근(D19) : $\{7.6+(25+10.3)\times 0.019\times 2\}\times 2 = 17.88$m
(3) 밴트근(D19) : $\{8.4+(40+10.3)\times 0.019\times 2 + 0.828\times(0.6-0.1)\}\times 2$
  $= 21.45$m
(4) 늑근 ① 단부(D10) : $\{(0.35+0.6)\times 2\times \dfrac{1.9}{0.15}(14개)\}\times 2 = 53.2$m

  ② 중앙부(D10) : $\{(0.35+0.6)\times 2\times \dfrac{3.8}{0.3}(12개)\} = 22.8$m

∴ D10 = (4) = 53.2 + 22.8 = 76m × 0.56 = 42.56kg
  D19 = (1) + (2) + (3) = 20.62 + 17.88 + 21.45 = 59.95m
  59.95m × 2.25kg/m = 134.888kg

22 주어진 도면의 보 및 슬래브의 철근량을 산출하시오.

단, (1) 보철근의 정착길이는 인장측 40d, 압축측 25d로 한다.
　　(2) 이음길이는 계산하지 않는다.
　　(3) 주근의 Hook은 보 철근의 정착부분(G_1, G_2, B_1)에만 계산하며, Hook의 길이는 10.3d로 한다.
　　(4) 할증률은 3%이다.
　　(5) d는 철근의 공칭 직경이며, 철근의 규격은 다음과 같다.

구분	D10	D13	D16	D22
공칭직경(mm)	9.53	12.7	15.9	22.2
단위중량(kg/m)	0.56	0.995	1.56	3.04

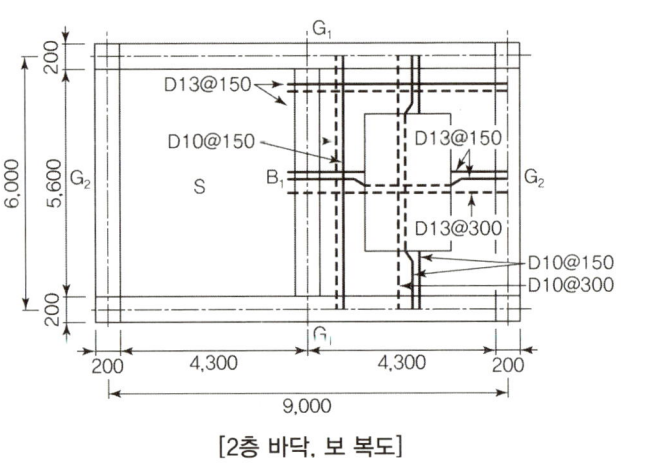

[2층 바닥, 보 복도]

종류	G_1		G_2		B_1	
	단부	중앙	단부	중앙	단부	중앙
단면	700	400	700	400	600	300
상부근	7-D22	3-D22	5-D22	3-D22	7-D16	4-D16
하부근	3-D22	7-D22	3-D22	5-D22	4-D16	7-D16
늑근	D10@150	D10@300	D10@150	D10@300	D10@150	D10@300

보충) 문제조건 분석

① 정착 및 Hook의 길이 산정 시 d가 공칭 직경임에 유의하여 산출한다.
② 보는 중간층 보이며 슬래브철근은 보에 정착되므로 정착길이 산정
③ 할증률은 각 철근의 지름별로 적용

정답 1. 보

(1) G_1 보
① 상부주근(D22) : $\{8.6+(40+10.3)\times 0.0222\times 2\}\times 3\times 2 = 65m$
② 하부주근(D22) : $\{8.6+(25+10.3)\times 0.0222\times 2)\}\times 3\times 2 = 61m$
③ 밴트근(D22) : $\{8.6+(40+10.3)\times 0.0222\times 2+0.828(0.7-0.1)\}\times 4\times 2$
　　　　　　　　$= 90.64m$
④ 늑근(D10) : $(0.4+0.7)\times 2\times \{\dfrac{2.15}{0.15}(16개)\times 2+\dfrac{4.3}{0.3}(14개)\}\times 2$
　　　　　　　$= 202.4m$

(2) G_2 보
① 상부주근(D22) : $\{5.6+(40+10.3)\times 0.0222\times 2\}\times 3\times 2 = 47m$
② 하부주근(D22) : $\{5.6+(25+10.3)\times 0.0222\times 2)\}\times 3\times 2 = 43m$
③ 밴트근(D22) : $\{5.6+(40+10.3)\times 0.0222\times 2+0.828(0.7-0.1)\}\times 2\times 2$
　　　　　　　　$= 33.32m$
④ 늑근(D10) : $(0.4+0.7)\times 2\times \{\dfrac{1.4}{0.15}(11개)\times 2+\dfrac{2.8}{0.3}(9개)\}\times 2 = 136.4m$

(3) B_1 보
① 상부주근(D16) : $\{5.6+(40+10.3)\times 0.0159\times 2\}\times 4 = 28.8m$
② 하부주근(D16) : $\{5.6+(25+10.3)\times 0.0159\times 2\}\times 4 = 26.89m$
③ 밴트근(D16) : $\{5.6+(40+10.3)\times 0.0159\times 2+0.828(0.6-0.1)\}\times 3$
　　　　　　　　$= 22.84m$
④ 늑근(D10) : $(0.3+0.6)\times 2\times \{\dfrac{1.4}{0.15}(11개)\times 2+\dfrac{2.8}{0.3}(9개)\} = 55.8m$

2. 슬래브

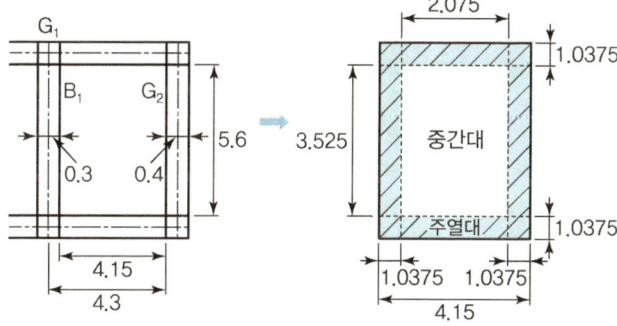

(1) 단변방향
① 상부주근(D13) : $\{(4.15+0.15+40\times 0.127)\times \dfrac{1.0375}{0.3}(5개)\}\times 2\times 2개소$
　　　　　　　　$= 96.16m$
② 하부주근(D13) : $\{(4.15+0.15+25\times 0.0127)\times \dfrac{5.6}{0.3}(20개)\}\times 2개소$
　　　　　　　　$= 184.7m$
③ 주근밴트(D13) : $\{4.15+0.15+40\times 0.0127\times \dfrac{3.525}{0.3}(12개)\}\times 2개소$
　　　　　　　　$= 115.39m$
④ 주근톱바(D13) : $\{(1.0375+0.15+15\times 0.0127)+(1.0375+40\times$
　　　　　　　　$0.0127+15\times 0.0127)\}\times \dfrac{3.525}{0.3}(11개)\times 2개소$
　　　　　　　　$= 68.51m$

보충 G_1 보
안목거리 8.6m, 2개소

보충 G_2 보
안목거리 5.6m, 2개소

보충 B_1 보
안목거리 5.6m, 1개소

보충 슬래브
슬래브의 철근도 보철근과 똑같은 정착길이를 갖는다. 다만 인접 슬래브는 상호 정착될 수 있다.

보충 정착길이

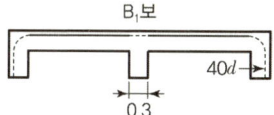

인접 슬래브 상호 간 연결된 것으로 간주하여 B_1 보의 1/2의 수치를 정착길이로 계산하였으나 아래와 같이 계산하여도 무방하다.

● 예 상부주근 :
(4.15+40×0.0127×2개소)
×개수

즉, 장변방향의 정착길이 계산방법과 동일하게 구하여도 무방하다.

(2) 장변방향

① 상부부근(D10) : $\{5.6+40\times0.00953\times2)\times\dfrac{1.0375}{0.3}$(5개)$\}\times2\times2$개소
  $=127.25m$

② 하부부근(D10) : $\{(5.6+25\times0.00953\times2)\times\dfrac{4.15}{0.3}$(15개)$\}\times2\times2$개소
  $=182.30m$

③ 부근밴트(D10) : $\{5.6+40\times0.00953\times2)\times\dfrac{2.075}{0.3}$(7개)$\}\times2\times2$개소
  $=89.07m$

④ 부근톱바(D10) : $\{(1.0375+40\times0.00953+15\times0.00953)\}\times\dfrac{2.075}{0.3}$(6개)
  $\times2\times2$개소 $=37.48m$

3. 철근량

(1) G_1 보
  ① D22 = 216.64m × 3.04 = 658.59kg/m
  ② D10 = 202.4m × 0.56 = 113.34kg

(2) G_2 보
  ③ D22 = 123.32m × 3.04 = 374.89kg
  ④ D10 = 136.4m × 0.56 = 76.38kg

(3) B_1 보
  ⑤ D16 = 78.53m × 1.56 = 122.51kg
  ⑥ D10 = 55.8m × 0.56 = 31.25kg

(4) 슬래브
  ⑦ D13 = 464.76m × 0.995 = 462.44kg
  ⑧ D10 = 436.1m × 0.56 = 244.22kg

∴ D10 = ② + ④ + ⑥ + ⑧ = 465.19kg × 1.03 = 479.15kg
  D13 = ⑦ = 462.44kg × 1.03 = 476.31kg
  D16 = ⑤ = 122.51kg × 1.03 = 126.19kg
  D22 = ① + ③ = 1,033.48kg × 1.03 = 1,064.48kg

∴ 총중량 = D10 + D13 + D16 + D22 = 2,146.13kg

(보충) **할증률 적용**
지름별로 할증률을 적용하여야 한다.

23 철근콘크리트공사의 바닥(Slab) 철근물량 산출에서 주어진 그림과 같은 Two way slab의 철근물량을 산출(정미량)하시오.(단, D10=0.56kg/m, D13=0.995kg/m)

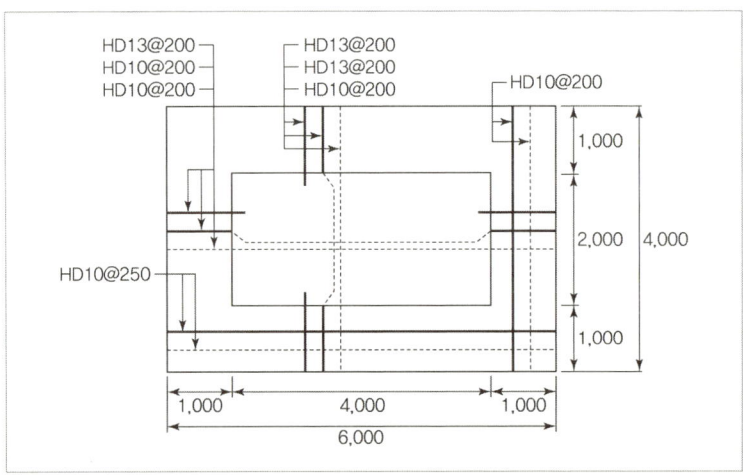

[정답] 단변(주근) 방향 밴트근(D13)이 하부근(D10), 상부근(D10)과 지름이 다르고, 장변(부근) 방향 철근 배근 간격이 주열대(@250)와 중간대(@200)가 다르다는 것에 유의하여야 한다.

1. 단변방향

   ① 상부주근(HD10) : $4 \times \dfrac{1}{0.2}$ (6개) $\times 2$(양쪽) $= 48$m

   ② 하부주근(HD10) : $4 \times \dfrac{6}{0.2}$ (31개) $= 124$m

   ③ 주근밴트(HD13) : $4 \times \dfrac{4}{0.2}$ (20개) $= 80$m

   ④ 주근톱바(HD13) : $(1 + 15 \times 0.013) \times \dfrac{4}{0.2}$ (19개) $\times 2$(양쪽) $= 45.41$m

2. 장변방향

   ⑤ 상부부근(HD10) : $6 \times \dfrac{1}{0.25}$ (5개) $\times 2$(양쪽) $= 60$m

   ⑥ 하부부근 주열대(HD10) : $6 \times \dfrac{1}{0.25}$ (5개) $\times 2$(양쪽) $= 60$m

   ⑦ 하부부근 중간대(HD10) : $6 \times \dfrac{2}{0.2}$ (9개) $= 54$m

   ⑧ 부근밴트(HD10) : $6 \times \dfrac{2}{0.2}$ (10개) $= 60$m

   ⑨ 부근톱바(HD13) : $(1 + 15 \times 0.013) \times \dfrac{2}{0.2}$ (9개) $\times 2$(양쪽) $= 21.51$m

   ∴ D10 = ① + ② + ⑤ + ⑥ + ⑦ + ⑧ = 406m × 0.56kg/m = 227.36kg
   D13 = ③ + ④ + ⑨ = 146.92m × 0.995kg/m = 146.19kg

   ∴ D10 + D13 = 373.55kg

[보충] 주열대/중간대 구분

주어진 조건으로 산출

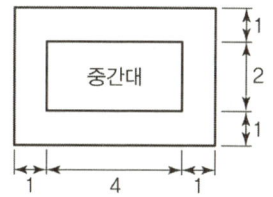

문제에서 제시되었음

[보충] 철근의 배근

- 주근밴트는 사이 배근
- 주근톱바는 간격 배근
- 하부부근은 간격 배근
- 부근밴트는 사이 배근
- 부근톱바는 간격 배근

미듬 건축산업기사

멘토스는 당신의 쉬운 합격을 응원합니다!

Engineer Architecture

CHAPTER 05
철골공사

CONTENTS

제1절 일반사항   105
제2절 수량산출   105

미듬 건축산업기사

멘토스는 당신의 쉬운 합격을 응원합니다!

CHAPTER 05 철골공사

| 학 | 습 | 포 | 인 | 트 |
* 형강재 표시법 $H-A \times B \times A_t \times B_t$
* 강판 = 면적(m^2)×단위중량(kg/m^2)
* 앵글 = 길이(m)×단위중량(kg/m)
* 비중값을 이용하여 산출하기

제1절 일반사항

01 철골공사 수량산출의 일반사항

① 철골재는 층별로 기둥벽체 바닥 및 지붕틀의 순으로 구별하여 산출한다. 또 주재와 부속재로 나누어 계산한다.
② 철골재는 도면 정미량에 다음 표의 값 이내의 할증률을 가산하여 소요량으로 한다. 단, 조건이 없을 때는 정미량으로 산출한다.

종류	할증률(%)
고장력볼트(H.T.B)	3
경량 형강·소형 형강·강관·각관·일반볼트 리벳(제품)·봉강·평강·대강	5
대형 형강	7
강판	10

제2절 수량산출

01 강판 : 면적(m^2)×단위중량(kg/m^2)

① 실제 면적에 가장 가까운 사각형, 삼각형, 평행사변형, 사다리꼴로 면적을 계산한다.

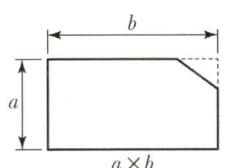
$a \times b$

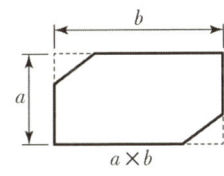
$a \times b$

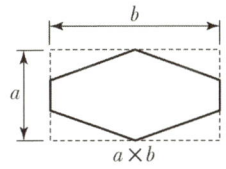
$a \times b$

(철골량) 강판, 앵글량

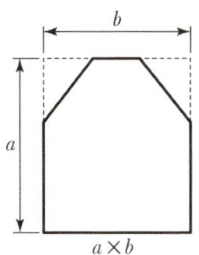 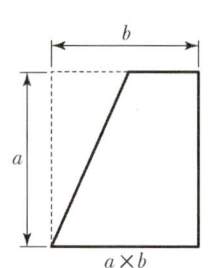 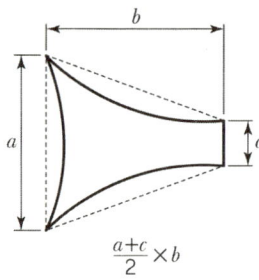

② 볼트, 리벳구멍 및 콘크리트 타설용 구멍은 면적에서 공제하지 않는다. 단, 가공상 배관 등으로 구멍이 큰 경우에는 면적에서 공제한다.
③ 지름, 길이, 모양별로 개수 또는 중량으로 산출한다.
④ 소요 강재량과 도면 정미량과의 차이에서 생기는 스크랩(Scrap)은 스크랩 발생량의 70%를 시중의 도매가격으로 환산하여 그 대금을 설계 당시에 미리 공제(70%)한다.

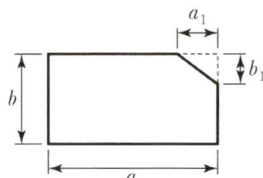

㉠ 강재량 = a × b
㉡ 스크랩량 = $a_1 \times b_1 \times \dfrac{1}{2}$

> [보충] 공제금액
>
> 공제금액 = 스크랩량 × 0.7
> (Scrap ton당 단가)

02 형강(앵글)량

종류 및 단별 치수별로 구분하여 총연길이(m)를 산출하고, 길이당 단위중량을 곱하여 총 중량으로 계산한다.

예제 01

강판을 그림과 같이 가공하여 20개의 수량을 사용하고자 한다. 강판의 비중이 7.85일 때 소요량(kg)을 산출하고 스크랩의 발생량(kg)도 함께 산출하시오.

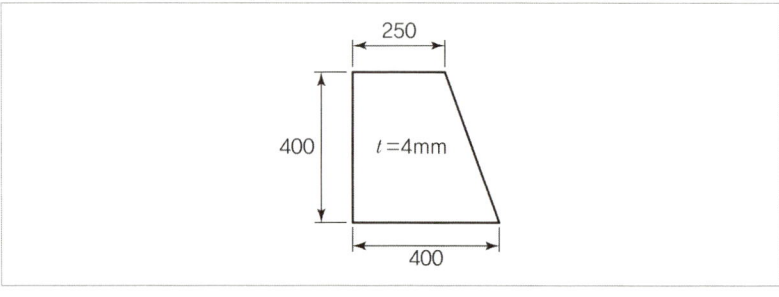

> [보충] 앵글표시법
>
>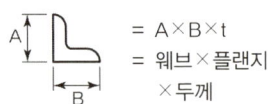
> = A × B × t
> = 웨브 × 플랜지 × 두께
>
> ⓐ 2Ls – 100 × 100 × 9
>   수량 형강 웨브 플랜지 두께
>   종류

[풀이] 강판(플레이트) 수량은 면적 × 면적당 단위중량으로 산출하나 여기서는 문제조건으로 단위중량이 주어져 있지 않고 비중이 주어져 있으므로 다음의 식을 이용한다.

비중 = $\dfrac{중량(t)}{부피(m^3)}$ ∴ 중량(t) = 비중 × 부피(m^3)

① 강판소요량 = (0.4 × 0.4 × 0.004 × 7.85 × 1,000kg × 20개) × 1.1 = 110.528kg
② 스크랩량 = 0.4 × 0.15 × 0.5 × 0.004 × 7.85 × 1,000kg × 20개 = 18.84kg

> [보충] 유사문제
>
>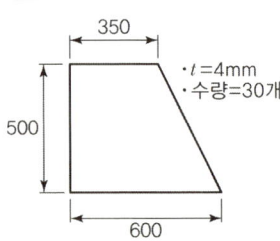

> [보충] 스크랩 양(공사비 산출)
>
> kg당 500원이라 할 때
> (110.528kg × 500) –
> (18.84kg × 500원 × 0.7)
> = 48,670원

예제 02

다음과 같은 플레이트 보의 각 부재 수량을 산출하시오.(단, 보의 길이는 10m로 하고 L-90×90×10은 13.3kg/m, PL-10은 78.5kg/m², PL-12는 94.2kg/m²로 한다.)

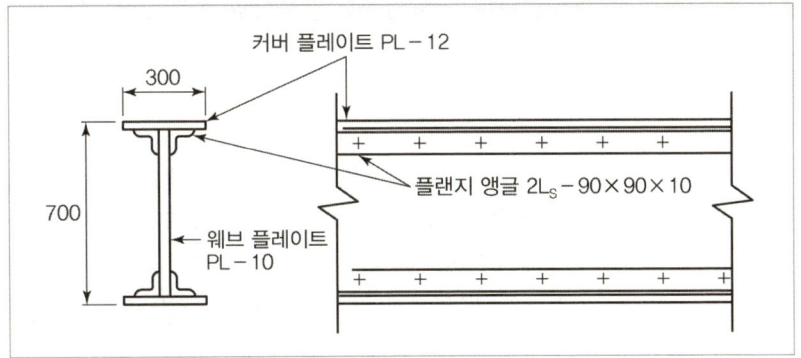

(풀이) 1. 앵글량(L-90×90×10) : 10×2×2=40m
∴ 40m×13.3kg/m=532kg

2. 강판량
① 웨브 플레이트(T=10) : (0.7-0.012×2)×10=6.76m²
∴ 6.76m²×78.5kg/m²=530.66kg
② 커버 플레이트(T=12) : 0.3×10×2=6m²
∴ 6m²×94.2kg/m²=565.2kg

03 기초 주각부 명칭

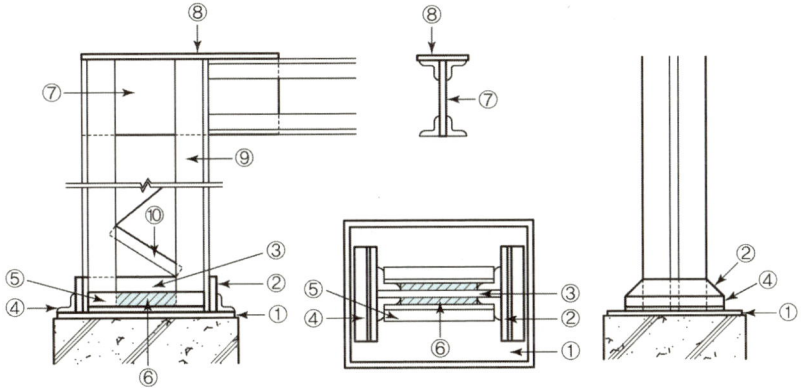

① Base plate
② Wing plate
③ Web plate
④ Side angle
⑤ Clip angle
⑥ Filler
⑦ Gusset plate
⑧ Cover plate
⑨ Main angle
⑩ Lattice

> **보충 각부의 명칭**
> 각부 명칭은 시공 부분의 시험문제에서도 출제가 되므로 정확한 부재 명칭을 이해하여야 한다.

> **보충 길이 산출**
> 적산 산출 시 Clip angle과, Filler PL의 길이 산출 시 유의한다.

CHAPTER 05 핵심 기출문제

보충) 문제조건 분석

주어진 문제를 도면으로 표기하면 아래와 같다.

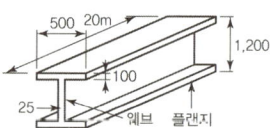

01 철골구조물에서 보 및 기둥에는 H형강이 많이 사용되는데 Longspan에서는 기성품인 Rolled 형강을 사용할 수 없을 정도의 큰 단면의 부재가 필요하게 된다. 이 경우 공장에서 두꺼운 철강판을 절단하여 소요 크기로 용접제작하여 현장제작(Built up) 형강을 사용하게 되는데 H−1200×500×25×100 부재($l=20$m) 20개의 철강판 중량은 얼마(ton)인가?(단, 철강의 비중은 7.85로 한다.)

정답

$$\text{비중} = \frac{\text{중량}(t)}{\text{부피}(m^3)} \quad \therefore \text{중량} = \text{비중} \times \text{부피}(m^3)$$

좌측의 도면을 참조하여 부재별로 수량을 산출한다.
(1) 플랜지 = 0.5×0.1×20×7.85×2(상·하)×20개 = 314t
(2) 웨브 = (1.2−0.1×2)×0.025×20×7.85×20개 = 78.5t
∴ (1)+(2) = 392.5t

02 다음 도면을 보고 요구하는 각 재료량을 산출하시오.(단, 기둥은 고려하지 않고 평행 트러스 보만 계산할 것)

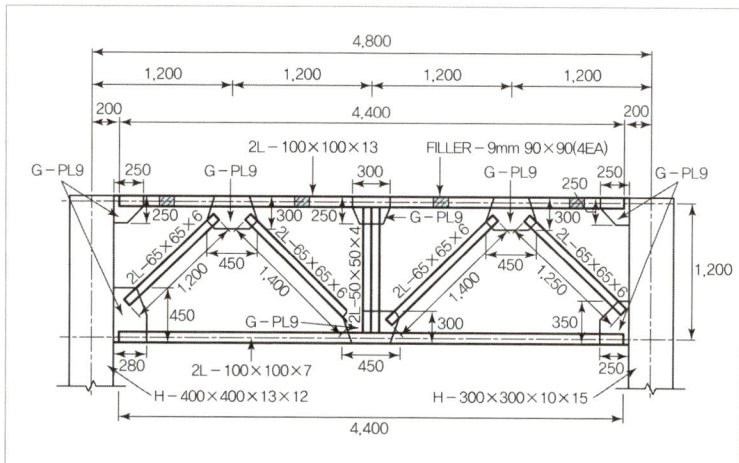

(1) Angle양(kg)은?
  (단, L−50×50×4 = 3.06kg/m, L−65×65×6 = 5.9kg/m,
     L−100×100×7 = 10.7kg/m, L−100×100×13 = 19.1kg/m)
(2) PL−9의 양(kg)은?(단, PL−9 = 70.56kg/m²)

정답 1. 앵글량
① L−100×100×13 : 4.4×2=8.8m
② L−100×100×7 : 4.4×2=8.8m
③ L−65×65×6 : 1.2×2=2.4m
④ L−65×65×6 : 1.4×2×2=5.6m
⑤ L−65×65×6 : 1.25×2=2.5m
⑥ L−50×50×4 : (1.2−0.05×2)×2=2.2m
∴ L−50×50×4 = ⑥ = 2.2×3.06=6.732kg
 L−65×65×6 = ③+④+⑤=10.5×5.9=61.95kg
 L−100×100×7 = ② = 8.8×10.7=94.16kg
 L−100×100×13 = ① = 8.8×19.1=168.08kg
∴ 총중량 = 330.922kg

2. 플레이트량
① Gusset PL : (0.25×0.25)+(0.45×0.3)+(0.3×0.25)+(0.45×0.3)+
 (0.25×0.25)+(0.25×0.35)+(0.45×0.3)
 +(0.28×0.45)=0.8185m²×70.56=57.75kg
② Filler : 0.09×0.09×4×70.56=2.286kg
∴ 총중량=①+②=60.036kg

보충 앵글량
그림과 같이 번호순서대로 산출한 후 같은 크기별로 합산한다.

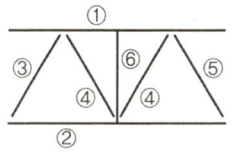

∴ ⑥번의 부재의 길이 산출에 유의

보충 플레이트량
그림과 같이 번호순서대로 산출한 후 같은 크기별로 합산한다.

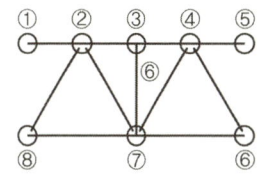

∴ ⑥번의 부재의 길이 산출에 유의

03 다음 철골트러스 1개분의 철골량을 산출하시오.(단, L−65×65×6=5.91 kg/m, L−50×50×6=4.43kg/m, PL−6=47.1kg/m²)

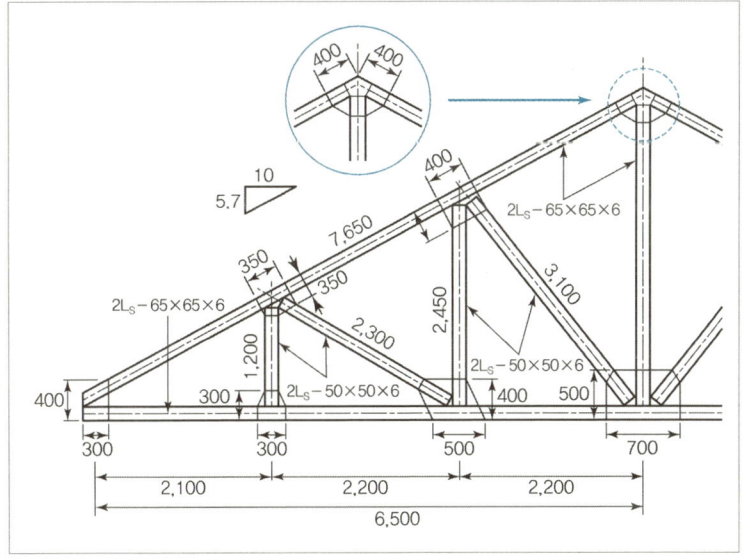

정답 1. 플레이트량
 가. 면적 = (0.3×0.4×2)+(0.35×0.35×2)+(0.4×0.4×2)+(0.4×0.4)
  +(0.7×0.5)+(0.5×0.4×2)+(0.3×0.3×2)=1.895m²
 나. 중량 = 1.895m²×47.1kg/m²=89.25kg

2. 앵글량
 가. 길이 ① L−65×65×6=7.65×2×2=30.6m
   ② L−65×65×6=3.79×2=7.58m
   ③ L−50×50×6=3.1×2×2=12.4m
   ④ L−50×50×6=2.45×2×2=9.8m

보충 플레이트량

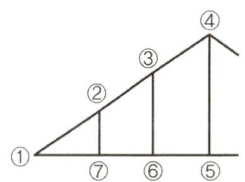

④번, ⑤번 부재수량이 1개임에 유의하여 순서대로 면적을 산출한다.

보충) 앵글량

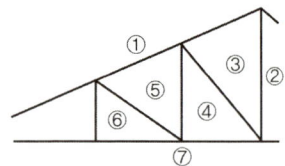

(L = 3.79m)
∵ 10 : 5.7 = 6.65 : L
②번 부재수량이 1개임. 또한 ②번 부재의 길이는 물매를 이용하여 산출

⑤ L−50×50×6 = 2.3×2×2 = 9.2m
⑥ L−50×50×6 = 1.2×2×2 = 4.8m
⑦ L−65×65×6 = (6.5+0.15)×2×2 = 26.6m

나. 중량 ① L−50×50×6 = 가.(③+④+⑤+⑥)×4.43kg/m = 36.2m×4.43kg/m
= 160.37kg
② L−65×65×6 = 가.(①+②+⑦)5.91kg/m = 64.78m×5.91kg/m
= 382.85kg
∴ 총중량 = ① + ② = 160.37 + 382.85 = 543.22kg

Engineer Architecture

CHAPTER 06
조적공사

CONTENTS

제1절 벽돌공사	113
제2절 블록공사	116
제3절 타일 및 석공사	117

미듬 건축산업기사

멘토스는 당신의 쉬운 합격을 응원합니다!

CHAPTER 06 조적공사

|학|습|포|인|트|
* 벽돌량=(벽면적-개구부 면적)×단위수량 → 할증 유무 확인
* 쌓기 모르타르량=벽면적×단위수량
* 벽돌량 산출 시 벽의 길이와 높이 산정이 중요

제1절 벽돌공사

01 벽돌량(장)

$$\text{유효 벽면적} \times \text{단위수량}$$

① 종류별(시멘트벽돌, 붉은 벽돌, 내화벽돌), 크기별로 나누어 산출한다.
② 벽체의 두께별로 벽면적을 산출하고 여기에 단위면적당(1m^2) 장수를 곱하여 벽돌의 정미수량을 산출한다.

(벽돌량) 정미량, 소요량 산출

(보충) 벽돌량(장)
= 벽면적×단위수량
↓
(벽의 길이×높이)-개구부 면적
↓
① 내벽 : 안목길이
② 외벽 : 중심 간 길이

(1) 단위수량(1m^{2}당)

구분	0.5B	1.0B	1.5B	2.0B	← 벽두께
표준형	75	149	224	298	┐ 줄눈 10mm
기존형	65	130	195	260	┘
내화	59	118	177	236	← 줄눈 6mm

(2) 단위수량 산출법

① 벽면적 1m^{2}를 벽돌 1장의 면적으로 나누어 산출한다.
② 벽돌 1장의 면적은 가로, 세로 줄눈의 너비를 합한 면적이다.

예 표준형 벽돌 0.5B 두께 1m^{2}의 수량

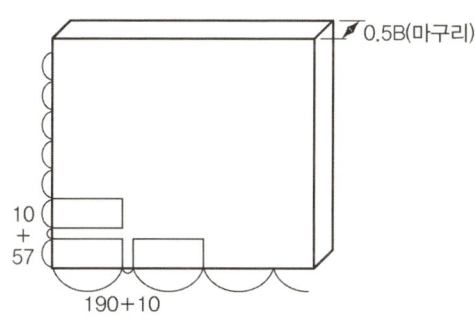

$$\frac{1{,}000}{190+10} \times \frac{1{,}000}{57+10} = 74.63 \qquad \therefore\ 75\text{매}$$

(3) 벽면적

① 외벽 = 중심 간 길이 × 높이(H_1) − 개구부 면적
② 내벽 = 안목 간 길이 × 높이(H_2) − 개구부 면적
③ 벽돌의 소요량은 정미량에 시멘트벽돌 5%, 붉은 벽돌·내화벽돌 3%의 할증을 가산하여 구한다.
④ 벽돌량의 단위는 장(매)이므로 절상시킨 정수이다.

02 쌓기 모르타르량(m^3)

(1) 벽돌 쌓기 시 모르타르량 산출(단위 : m^3)

(m^2당)

구분	0.5B	1.0B	1.5B
모르타르량	0.019	0.049	0.078

① 벽면적을 두께별(0.5B, 1.0B, 1.5B)로 구분하여 산출
② 산출된 벽면적에 단위수량을 곱하여 계상

예제 01

표준형 벽돌을 사용하여 1.0B 두께로 쌓을 경우, 벽돌쌓기 시 벽돌량과 쌓기 모르타르량을 산출하시오.(단, 벽길이 100m, 벽높이 3m, 개구부 1.8×1.2m 10개소, 줄눈두께 10mm, 정미량으로 산출한다.)

풀이

1. **벽돌량** = 벽면적 × 단위수량 = (전체 벽면적 − 개구부 면적) × 단위수량
   ① 전체 벽면적 = 100 × 3 = 300m^2
   ② 개구부 면적 = 1.8 × 1.2 × 10개소 = 21.6m^2
   ③ 단위수량 = 표준형 1.0B 두께 1m^2의 수량은 149장
   ∴ (300 − 21.6) × 149 = 41,481.6   ∴ 41,482장

2. **쌓기 모르타르량**
   ① 벽면적 = 100 × 3 = 300m^2
   ② 개구부 면적 = 21.6m^2
   ③ 유효벽면적(1.0B) = 300 − 21.6 = 278.4m^2
   ④ 단위수량 = 0.049m^3/m^2
   ∴ 쌓기 모르타르량 = 278.4 × 0.049 = 13.642m^3

보충 | 벽면적 산출

① 단위수량 산출 시 사사오입하여 정수처리한다.
② 외벽의 높이와 내벽의 높이가 같지 않을 수 있으므로 유의한다.
③ 최종의 답은 항상 절상시킨 정수로 처리한다.(단, 문제조건에서 별도의 표기가 있는 경우는 그 조건을 따른다.)

모르타르량 | 쌓기 모르타르량

보충 | 문제조건 분석

앞으로 풀이과정을 나열하지 않고 아래와 같이 하나의 식과 답으로 풀이한다.
{(100×3) − (1.8×1.2×10개소)} × 149 = 41,481.6

∴ 41,482장

예제 02

주어진 도면을 보고 다음에 요구하는 각 재료량을 산출하시오.

① 벽두께 : 외벽 1.0B, 내벽 0.5B ② 벽돌벽 높이 : 3m
③ 벽돌크기 : 표준형(190×90×57) ④ 줄눈너비 : 1cm
⑤ 창호크기 :

$\frac{1}{W}$: 1.2×1.2m, $\frac{2}{W}$: 2.1×3.0m,

$\frac{1}{D}$: 1.0×2.3m, $\frac{2}{D}$: 0.9×2.1m

⑥ 벽돌 할증률 : 5%
(시멘트 벽돌수량 쌓기 모르타르량 산출 시 길이 산정은 모두 중심선으로 한다.)

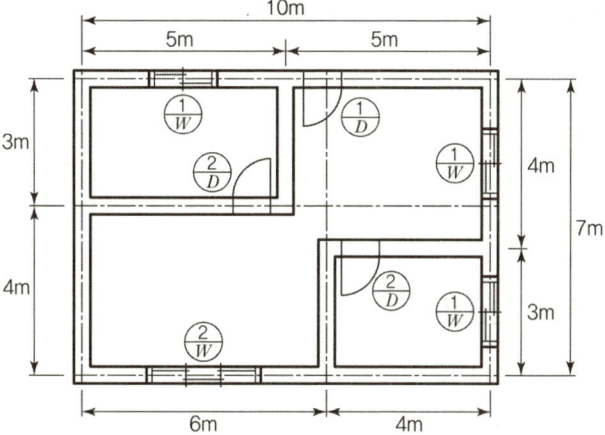

1) 시멘트벽돌 소요량
2) 쌓기 모르타르량

[풀이]

1. 시멘트벽돌 소요량

① 외벽 : {(10+7)×2×3-(1.2×1.2×3+2.1×3.0+1.0×2.3)}×149
     =13,273장
  ∴ 13,273×1.05=13,937장

② 내벽 : 안목길이로 산정해야 하나 문제조건에 따라 중심 간 길이로 산정한다.
     {15×3-(0.9×2.1×2)}×75=3,092장
  ∴ 3,092×1.05=3,247장

∴ ①+②=17,184장

2. 쌓기 모르타르량

1) 외벽(1.0B)
   ① 벽면적={(10+7)×2×3-(1.2×1.2×3+2.1×3.0+1.0×2.3)
           =89.08m²
   ② 모르타르량=89.08×0.049=4.36m³

2) 내벽(0.5B)
   ① 벽면적=15×3-(0.9×2.1×2)=41.22m²
   ② 모르타르량=41.22×0.019=0.78m³

제2절 블록공사

01 블록량(장) 산출방법

> 블록량(장) = 벽면적 × 단위수량

① 벽면적 산출은 벽돌량 산출방법과 동일하다.
② 단위수량 속에는 블록의 할증 4%가 포함되어 있으므로 소요량 계산 시 별도의 할증을 고려하지 않는다.
③ 단위수량(1m²)은 다음과 같다.

(1m²당)

구분	치수	블록(장)
기본형	390×190×190	13
	390×190×150	
	390×190×100	

※ 할증 4%가 포함된 수량임

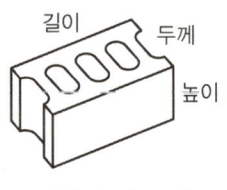

보충) 블록의 표시법

길이, 두께, 높이

길이 × 높이 × 두께

보충) 단위수량 산출

$$\frac{1,000}{길이+줄눈} \times \frac{1,000}{높이+줄눈}$$

02 단위수량 산출법 예

(1) 기본형(390×190×210) 1m²의 수량 산출

① 벽돌량 단위수량과 동일한 방법으로 산출한다.

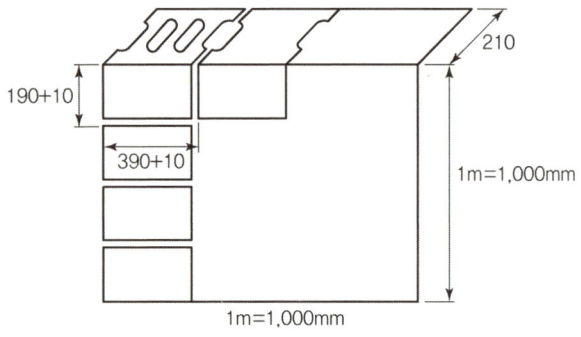

② $\dfrac{1,000}{390+10} \times \dfrac{1,000}{190+10} = 12.5$장

③ 블록은 정미량의 소수점을 절상하지 않고 여기에 4%의 할증을 가산한다.

∴ 12.5 × 1.04 = 13장

(2) 블록 쌓기 모르타르량

(m²당)

구분	단위	수량(블록규격)		
		390×190×190	390×190×150	390×190×100
모르타르	m³	0.010	0.009	0.006

제3절 타일 및 석공사

01 타일량 산출법

$$\text{타일량} = \text{시공면적} \times \text{단위수량}(1m^2)$$

1) 단위수량 산출법

$$\frac{1,000}{\text{타일 한 변 크기} + \text{줄눈}} \times \frac{1,000}{\text{타일 다른 변 크기} + \text{줄눈}}$$

2) 타일의 줄눈

① 대형 외부 : 9mm
② 대형 내부 : 6mm
③ 소형 : 3mm
④ 모자이크 : 2mm

예제 03

타일 108mm, 각형, 줄눈 5mm로 타일 $6m^2$를 붙일 때 타일 장수를 계산하시오.(단, 정미량으로 계산한다.)

풀이) $\left(\dfrac{1,000}{108+5} \times \dfrac{1,000}{108+5}\right) \times 6 = 470$장

02 석재량 산출법

① 석재량 산출은 면적(m^2), 길이(m), 장수로 산출되며, 규격과 재질 표면 마무리 등으로 구분한다.
② 면적 산출은 시공되는 면적에 정형의 돌은 10%, 부정형은 30%의 할증을 가산하여 산출한다.
③ 장(매) 산출은 타일 산출법에 준하여 산출한다.

보충) **타일량 산출**

타일량 산출 시 면적을 아래와 같이 한꺼번에 산출하는데, 이는 바람직하지 못하다.

$\left(\dfrac{1,000}{108+5}\right) \times \left(\dfrac{6,000}{108+5}\right) = 470$

CHAPTER 06 핵심 기출문제

01 표준형 벽돌 1,000장으로 1.5B 두께로 쌓을 수 있는 벽면적은?(단, 할증률은 고려하지 않는다.) • 23②

.... m²

> (보충) **유사문제**
> 벽면적 20m²에 표준형 벽돌 1.5B 쌓기 시 붉은벽돌의 소요량
> 20×224×1.03 = 4,614.4
> ∴ 4,615장
> ※ 소요량으로 산출하라고 주어졌으나 재료 표기가 없는 경우 정미량으로 산출
>
> **정답** 표준형 벽돌 벽면적
> 표준형 벽돌 1.5B 두께 1m²의 정미수량은 224장
> 1m² : 224 = x(m²) : 1,000장
> ∴ 벽면적 = 1,000÷224
> = 4.46m²

02 붉은 벽돌 1.0B 쌓기로 60m²의 면적에 소요되는 벽돌량을 산출하시오.(단, 줄눈 너비는 10mm, 할증 고려) • 24③·22②

.... 매

> **정답** 벽돌량
> 60×149×1.03 = 9,208.2
> ∴ 9,209장(매)

03 20m²의 벽면적에 시멘트 벽돌 1.0B 두께로 시공 시 할증을 고려한 필요 수량을 산출하시오. • 24③

.... 매

> **정답** 시멘트 벽돌량
> 20×149×1.05=3,129매

04 표준형 벽돌 1,600장으로 1.5B 두께로 쌓을 수 있는 벽면적은?(단, 할증률은 고려하지 않는다.) • 23③

.... m²

> **정답** 표준형 벽돌 벽면적
> ① 표준형 벽돌 1.5B 두께 1m²의 정미수량은 224장
> ② 1m² : 224 = x(m²) : 1,600장
> ∴ 벽면적 = 1,600÷224
> = 7.14m²

05 아래 도면과 같은 벽돌조 건물의 벽돌 소요량과 쌓기용 모르타르를 구하시오.(단, 벽돌수량은 소수점 아래 첫째 자리에서, 모르타르량은 소수점 아래 셋째 자리에서 반올림한다.)

① 벽돌벽의 높이 : 3.0m
② 벽두께 : 1.0B
③ 벽돌 크기 : 190×90×57
④ 창호의 크기 : 출입문-1.0×2.0m, 창문-2.4×1.5m
⑤ 벽돌 할증률 : 5%

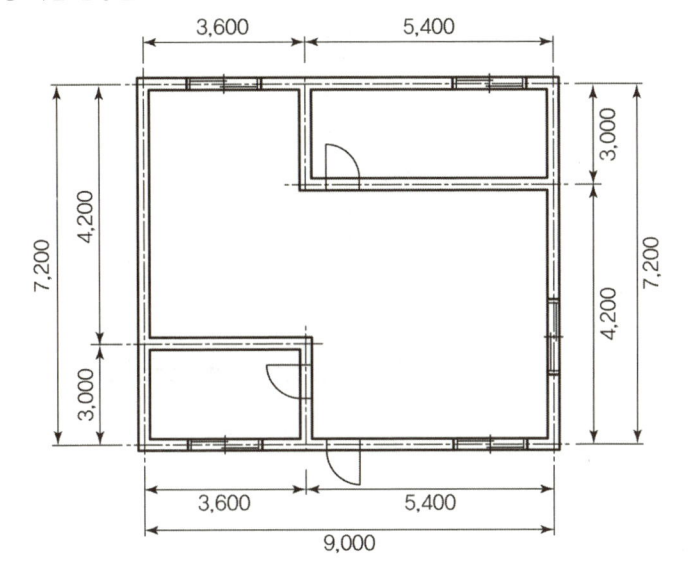

정답 내벽과 외벽으로 나누어 산출함이 용이하다.

1. **외벽**
   ① 벽돌량(1.0B) : [(9+7.2)×2×3-{(1.0×2.0×1)+(2.4×1.5×5)}]×149
   ×1.05=12,078장
   ② 모르타르량(1.0B) : [(9+7.2)×2×3-{(1.0×2.0×1)+(2.4×1.5×5)}]
   ×0.049=3.783m³
   ∴ 3.78m³

2. **내벽**
   ③ 벽돌량 : {(15-$\frac{0.19}{2}$×4)×3-(1.0×2.0×2)}×149×1.05=6,237장
   ④ 모르타르량 : {(15-$\frac{0.19}{2}$×4)×3-(1.0×2.0×2)}×0.049=1.953m³
   ∴ 1.95m³
∴ 전체 벽돌소요량 = ① + ③ = 18,315장
  전체 모르타르량 = ② + ④ = 5.73m³

보충 내벽 벽체의 중심 간 길이
3.6+3+5.4+3=15m

06 다음과 같은 건축물 공사에 필요한 시멘트 벽돌량과 쌓기 모르타르량을 산출하시오.

① 벽높이는 3.6m이다.
② 외벽은 1.5B, 내벽은 1.0B이다.
③ 시멘트 벽돌 할증률은 5%이다.
④ 벽돌은 190×90×57이다.
⑤ 창호의 크기
　$\frac{1}{WW}$: 1.2×1.2m　　$\frac{2}{WW}$: 2.4×1.2m
　$\frac{1}{AD}$: 0.9×2.4m　　$\frac{2}{AD}$: 2.2×2.4m

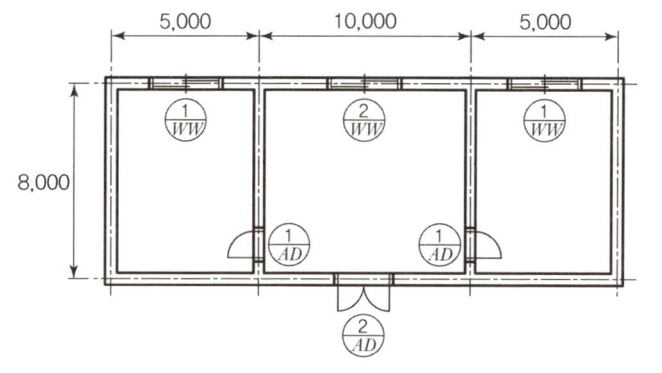

정답

1. 외벽(1.5B)
　① 벽돌량 : [(20+8)×2×3.6 − {(1.2×1.2×2)+(2.4×1.2)+
　　　　　　(2.2×2.4)}]×224
　　　　　　= 42,686장
　　∴ 42,686×1.05 = 44,821장
　② 모르타르량 : [(20+8)×2×3.6 − {(1.2×1.2×2)+(2.4×1.2)+
　　　　　　(2.2×2.4)}]×0.078 = 14.864m³

2. 내벽(1.0B)
　③ 벽돌량 : {(16 − $\frac{0.29}{2}$ ×4)×3.6 − (0.9×2.4×2)}×149 = 7,628장
　　∴ 7,628×1.05 = 8,010장
　④ 모르타르량 : {(16 − $\frac{0.29}{2}$ ×4)×3.6 − (0.9×2.4×2)}×0.049
　　　　　　　= 2.508m³
　∴ 전체 벽돌량 = ① + ③ = 52,831장
　　 전체 모르타르량 = ② + ④ = 17.372m³

보충 내벽 벽체의 중심 간 길이
8+8 = 16m

07 주어진 도면을 보고 다음에 요구하는 각 재료량을 산출하시오.(단, 사용하는 벽돌은 표준형 시멘트벽돌이며, 소수 셋째 자리에서 반올림한다.)

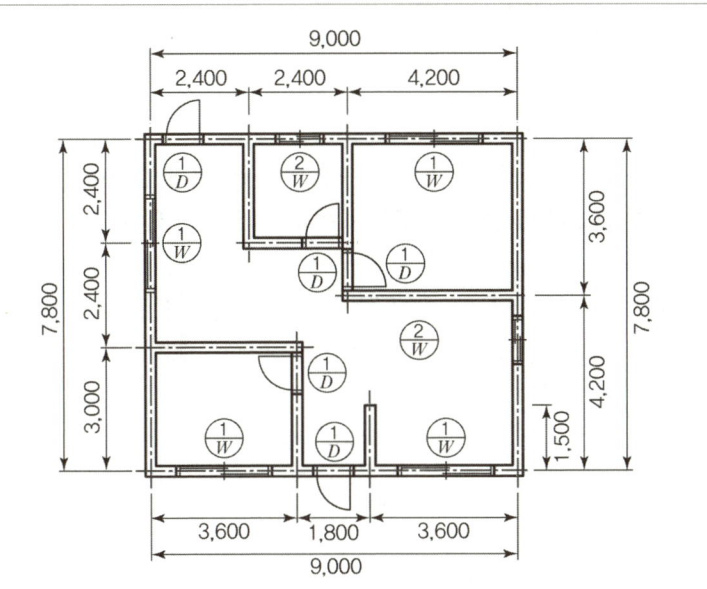

(가) 벽돌 소요량(장)
(나) 벽돌쌓기에 필요한 모르타르량(m³)

단, (1) 벽돌벽의 높이 : 2,500
   (2) 벽두께 : 1.0B
   (3) 줄눈너비 : 10mm
   (4) 창호의 크기
       ①/W : 2,400 × 1,500   ②/W : 1,200 × 1,500
       ①/D : 1,000 × 2,100
   (5) 벽돌의 할증률 : 5%

정답 1. 외벽(1.0B)
① 벽돌량 : [(9+7.8)×2×2.5−{(2.4×1.5×4)+(1.2×1.5×2)+
       (1.0×2.1×2)}]×149 = 9,209장
       ∴ 9,209×1.05 = 9,670장
② 모르타르량 : [(9+7.8)×2×2.5−{(2.4×1.5×4)+(1.2×1.5×2)
       +(1.0×2.1×2)}]×0.049 = 3.028m³

2. 내벽(1.0B)
③ 벽돌량 : {(20.7 − $\frac{0.19}{2}$ ×7)×2.5−(1.0×2.1×3)}×149 = 6,525장
       ∴ 6,525×1.05 = 6,852장
④ 모르타르량 : {(20.7 − $\frac{0.19}{2}$ ×7)×2.5−(1.0×2.1×3)}×0.049
       = 2.146m³
∴ 전체 벽돌량 = ①+③ = 16,522장
  전체 모르타르량 = ②+④ = 5.174m³

보충 내벽 벽체의 중심 간 길이
3.6+3+2.4+2.4+3.6+4.2+1.5
= 20.7m

08 10m²의 바닥에 모자이크타일을 붙일 경우 소요되는 모자이크 종이의 장수는?(단, 종이 1장 크기는 30cm×30cm, 할증은 3%이다.)

> **정답** $\left(\dfrac{1,000}{300+2} \times \dfrac{1,000}{300+2}\right) = 11$장
> ∴ 11장×10×1.03 = 114장

09 다음 그림의 욕실에 소요되는 타일면적(m²)과 붙임모르타르량(m³)을 산출하시오.(단, 타일 붙임모르타르 두께는 18mm로 한다.)

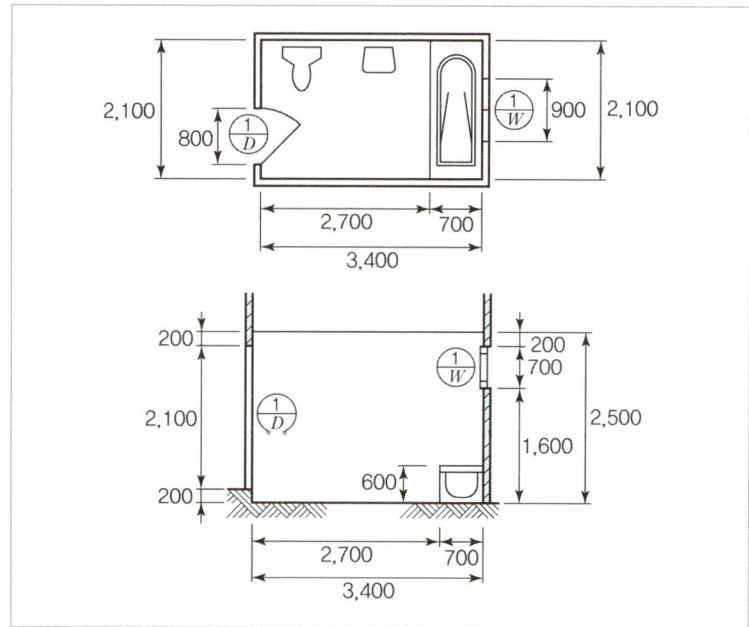

> **정답** 타일면적 산출 시 욕조면적은 공제한다. 또한 타일면적에 두께를 곱하여 모르타르량을 산출한다.
>
> 1. 타일량
>   ① 바닥 = (3.4×2.1) − (0.7×2.1) = 5.67m²
>   ② 벽 = (3.4+2.1)×2×2.5 − {(0.8×2.1)+(0.9×0.7)+
>   (0.7×2+2.1)×0.6}
>   = 23.09m²
>   ∴ ① + ② = 28.76m²
>
> 2. 모르타르량 = 28.76×0.018 = 0.518m³

10 바닥마감공사에서 규격 180×180mm인 크링커타일을 줄눈너비 10mm로 바닥면적 200m²에 붙일 때 붙임매수는 몇 장인가?(단, 할증률 및 파손은 없는 것으로 가정한다.)

> **정답** 단위수량×시공면적
> $= \left(\dfrac{1,000}{180+10} \times \dfrac{1,000}{180+10}\right) \times 200 = 5,541$장

보충 면적

① 바닥

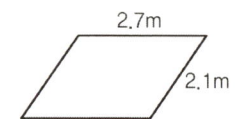

② 벽

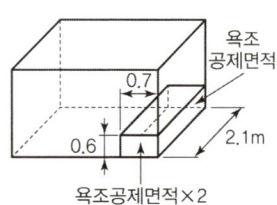

Engineer Architecture

CHAPTER 07
목공사

CONTENTS

제1절 일반사항   125
제2절 수량 산출   125

미듬 건축산업기사

멘토스는 당신의 쉬운 합격을 응원합니다!

CHAPTER 07 목공사

| 학 | 습 | 포 | 인 | 트 |
* $1m^3 = 1m \times 1m \times 1m$
* $1才 = 1치 \times 1치 \times 12자$
* 통나무 6m 이상인 경우, $D' = D + \dfrac{L'-4}{2}$
* 창호재의 맞춤 부위 중복계산

제1절 일반사항

01 치수 적용

목재는 종류·재질·치수·용도별로 산출하고 설계도서상 특기가 없는 수장재, 구조재는 도면치수를 호칭치수로 보며, 창호재와 가구재는 도면치수를 실제(마감)치수로 하여 재적을 산출한다. 단, 증기건조제품을 사용하는 경우에는 수축률을 고려하여 재적을 산출한다.

02 할증률

목재는 도면정미량에 다음 표의 값 이내의 할증률을 가산하여 소요량으로 한다.

종류		할증률(%)	종류	할증률(%)
각재		5~10	단열재	10
합판	일반용	3	판재	10~20
	수장용	5	졸대	20

제2절 수량 산출

01 목재의 수량 산출

목재의 수량 산출은 체적(재적 : m^3, 才)으로 산출한다.

02 각 기준단위의 재적

1) $1m^3 = 1m \times 1m \times 1m$
2) $1才 = 1치 \times 1치 \times 12자(30mm \times 30mm \times 3,600mm)$
※ $1分(푼) = 3.03mm ≒ 3mm$
  $1寸(치) = 30.3mm ≒ 30mm$
  $1尺(자) = 30.3cm ≒ 30cm$
∴ $1才(사이) = 30 \times 30 \times 3,600$(단위 : mm)로 환산할 수 있다.

03 수량 산출방법

(1) 각재, 판재, 널재

① m³ ⇒ a(m)×b(m)×l(m)

② 才 ⇒ ㉠ $\dfrac{a(mm) \times b(mm) \times l(mm)}{30 \times 30 \times 3,600}$

㉡ $\dfrac{a(치) \times b(치) \times l(치)}{1치 \times 1치 \times 12자}$

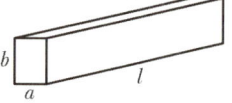

예제 01

다음 목재의 재적을 사이수로 산정하시오.

(1) 6푼널 10평
(2) 3치각 9자짜리 30개

풀이 (1) 6푼널 10평 : 6푼은 18mm, 1평은 1.8m×1.8m의 크기로 산정

∴ $\dfrac{18 \times 1,800 \times 1,800}{30 \times 30 \times 3,600} \times 10 = 180$才

(2) 3치각 9자 30개 : $\dfrac{3치 \times 3치 \times 9자}{1치 \times 1치 \times 12자} \times 30개 = 202.5$才

(2) 통나무

1) 길이가 6m 미만인 경우

말구지름(D)을 한 변으로 하는 각재로 환산하여 수량 산출한다.

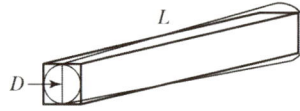

① m³ = D(m)×D(m)×L(m)

② 才 ⇒ $\dfrac{D(mm) \times D(mm) \times L(mm)}{30 \times 30 \times 3,600}$

2) 길이가 6m 이상인 경우

원래의 말구지름(D)보다 조금 더 큰 가상의 말구지름(D′)을 한 변으로 하는 각재로 환산하여 수량 산출한다.

$$D' = D + \dfrac{L' - 4}{2}$$

여기서, D′ : 가상의 말구지름(cm)
D : 본래의 말구지름(cm)
L′ : L에서 절하시킨 정수(m)

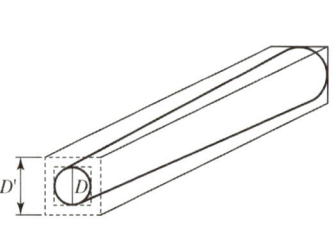

① m³ = D′(m)×D′(m)×L(m)

② 才 ⇒ $\dfrac{D'(mm) \times D'(mm) \times L'(mm)}{30 \times 30 \times 3,600}$

보충 통나무 문제

① 길이 확인
② 말구지름 크기
③ 길이가 6m 이상인 경우
$(D' = D + \dfrac{D' - 4}{2})$
대입하여 가상의 말구지름 산출

예제 02

다음 목재의 재적을 m³와 才수로 각각 산정하시오.

> (1) 통나무의 말구지름 10cm에 길이 5.4m짜리 10개
> (2) 통나무의 말구지름 9cm에 길이 12.4m짜리 5개

[풀이] 통나무의 재적산출 시 가장 먼저 길이를 확인한 후 6m 미만인지 6m 이상인지를 구분하여 산출한다.

(1) 길이가 6m 미만이므로 말구지름(D)을 한 변으로 하는 각재로 환산
① m³ = 0.1 × 0.1 × 5.4 × 10개 = 0.54m³
② 才 = $\dfrac{100 \times 100 \times 5,400}{30 \times 30 \times 3,600}$ × 10개 = 166.67才

(2) 길이가 6m 이상이므로 가상의 말구지름(D′)을 한 변으로 하는 각재로 환산하여 산출
가상의 말구지름(D′) = D + $\dfrac{L'-4}{2}$ = 9 + $\dfrac{12-4}{2}$ = 13cm
① m³ = 0.13 × 0.13 × 12.4 × 5개 = 1.0478m³
② 才 = $\dfrac{130 \times 130 \times 12,400}{30 \times 30 \times 3,600}$ × 5개 = 323.40才

(3) 창호재

① 창호재는 수평부재와 수직부재가 만나는 곳, 선대와 만나는 곳은 맞춤 및 연귀로 접합되어 있다.
② 그림에서와 같이 접합되는 부분은 중복해서 수량을 산출함에 주의하여야 한다.

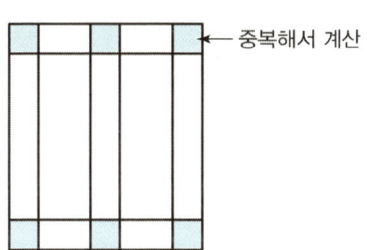
— 중복해서 계산

예제 03

아래의 도면과 같은 목재 창문틀에서 목재량을 m³로 산출하시오.

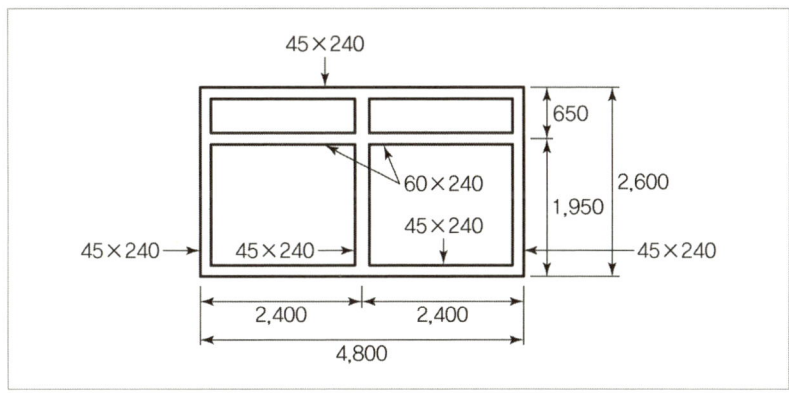

[풀이] 각 부재의 크기가 같은지를 확인한 후 부위별로 구분하여 산출한다.
① 수평부재(상·하) : 0.045 × 0.24 × 4.8 × 2 = 0.104m³
② 수평부재(중) : 0.06 × 0.24 × 4.8 × 1 = 0.069m³
③ 수직부재 : 0.045 × 0.24 × 2.6 × 3 = 0.084m³

∴ ① + ② + ③ = 0.104 + 0.069 + 0.084 = 0.257m³

[보충] 창문 목재량

단면 × 길이
 └ 외측 간 길이

CHAPTER 07 핵심 기출문제

01 다음 그림과 같은 목재의 재적을 사이수로 산출하시오.

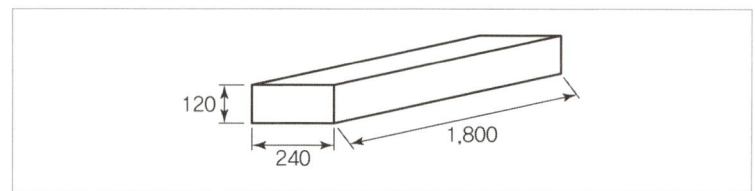

정답

$才 = \dfrac{120 \times 240 \times 1,800}{30 \times 30 \times 3,600} = 16才$

(보충) 별해

각 부재의 크기를 치와 자로 환산하여 구할 수 있다.

$才 \Rightarrow \dfrac{4치 \times 8치 \times 6자}{1치 \times 1치 \times 12자} = 16才$

02 두께 24mm, 너비 12cm, 길이 3.6m인 판재가 60개 있을 때 m³와 재수를 산출하시오.

정답

① m³ = 0.024 × 0.12 × 3.6 × 60개
     = 0.62208m³

② $才 = \dfrac{24 \times 120 \times 3,600}{30 \times 30 \times 3,600} \times 60개$
     = 192才

03 말구지름 9cm, 길이 10.5m짜리 통나무 10개의 재적은 몇 m³인가?

정답

길이가 6m 이상이므로 가상의 말구지름(D′)을 한 변으로 하는 각재로 산출한다.

∴ $D' = 9 + \dfrac{10-4}{2} = 12\text{cm}$

∴ 0.12 × 0.12 × 10.5 × 10개
   = 1.512m³

04 원구지름이 15cm이고, 말구지름이 10cm이며, 길이가 8.6m인 통나무가 5개 있다. 이 통나무의 재적을 산출하시오.(단, 재적단위 : m³)

정답

가상의 말구지름(D′)

$= 10 + \dfrac{8-4}{2} = 12\text{cm}$

∴ 0.12 × 0.12 × 8.6 × 5개
  = 0.6192m³

05 그림과 같은 통나무를 제재할 때 최대 몇 cm 각으로 제재할 수 있는가?

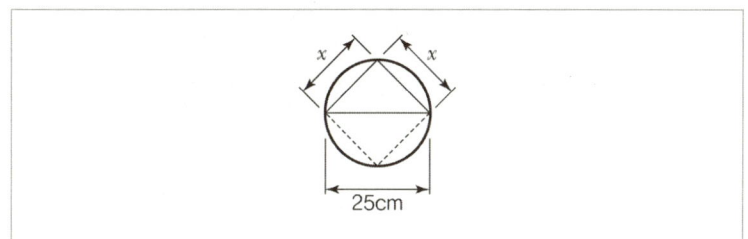

> **정답**
> $x^2 + x^2 = 25^2$
> ∴ $x = 17.68$cm

06 말구지름 16cm, 원구지름 20cm, 길이 10m인 통나무가 10개가 있다. 제재시 껍질을 포함하지 않은 최대 사각형 기둥으로 만들려고 할 때, 제재된 전체 목재의 재적(m³)을 구하시오. 아울러 제재 전 통나무의 재적(才)도 산출하시오.

> **정답** 1. 제재된 목재의 재적(m³)
> $x^2 + x^2 = 16^2 \rightarrow 2x^2 = 256$
> ∴ $x = 11.31$cm
> ∴ $0.1131 \times 0.1131 \times 10 \times 10 = 1.28$m³
>
> 2. 제재 전 통나무의 재적(才)
> L′ 길이가 6m 이상이므로 가상의 말구지름(D′)을 한 변으로 하는 각재
> $D′ = D + \dfrac{L′ - 4}{2} = 16 + \dfrac{10 - 4}{2} = 19$cm
> ∴ 才 ⇒ $\dfrac{190 \times 190 \times 10,000}{30 \times 30 \times 3,600} \times 10 = 1,114.2$才

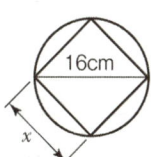

07 그림과 같은 목구조물을 제작하려 한다. 이때 소요되는 목재의 수량(m³)을 구하시오.(단, 정미량으로 하며, 계산단위는 소수 다섯 자리까지 한다.)

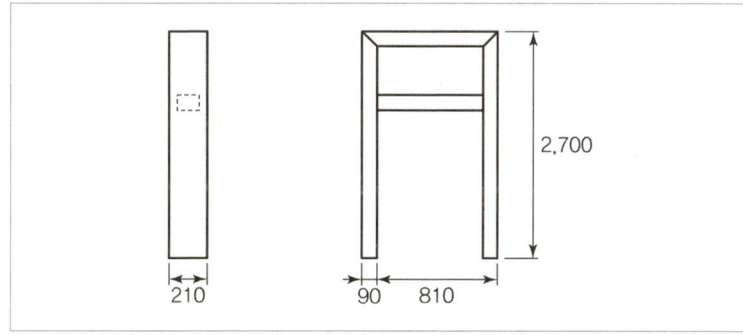

> **정답** 도면이 주어지면 도면을 먼저 이해해야 정확한 수량을 산출할 수 있다. 주어진 도면에서 부재단면은 90×210mm, 높이 2,700, 폭 900임을 파악한 수평부재와 수직부재로 나누어 산출한다.
> ① 수평부재 : 0.09×0.21×0.9×2개 = 0.03402m³
> ② 수직부재 : 0.09×0.21×2.7×2개 = 0.10206m³
> ∴ ① + ② = 0.13608m³

08 그림과 같은 문틀을 제작하는 데 필요한 목재량(m³)을 산출하시오.

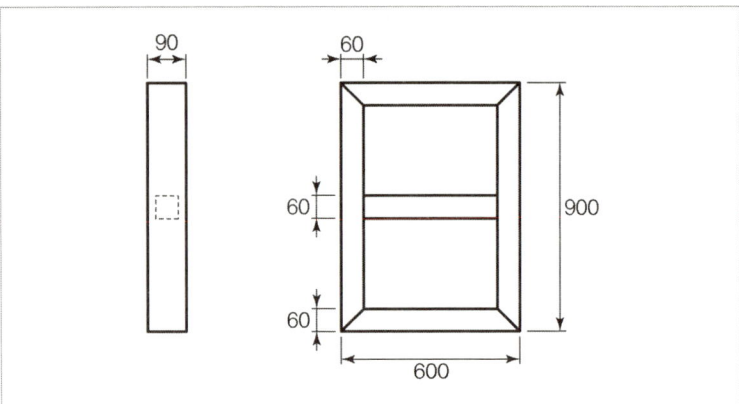

정답 ① 수평부재 : 0.06×0.09×0.6×3개 = 0.00972m³
② 수직부재 : 0.06×0.09×0.9×2개 = 0.00972m³
∴ ①+② = 0.01944m³

09 다음 그림과 같은 마루틀 평면도를 참조하여 전체 마루시공에 필요한 목재 소요량을 정미량으로 산출하시오.(단위 : m³)(단, 동바리의 규격은 105×105 mm로 하고, 1개의 높이는 50cm로 한다.)

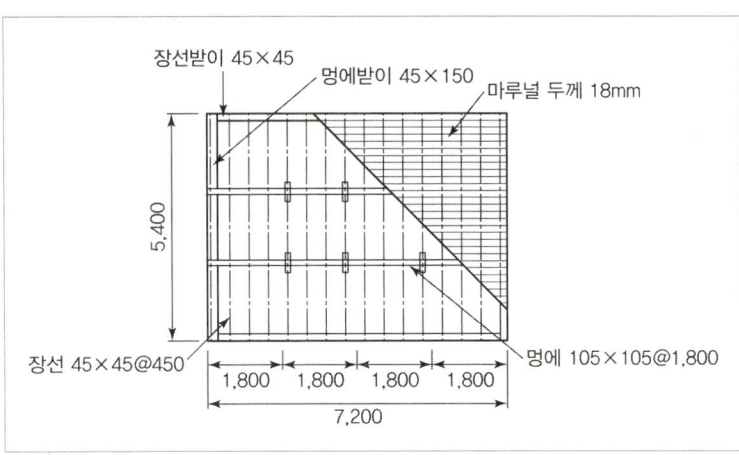

정답 ① 동바리 : 0.105×0.105×0.5×6개 = 0.03308m³
② 멍에 : 0.105×0.105×7.2×2개 = 0.15876m³
③ 멍에받이 : 0.045×0.105×5.4×2개 = 0.05103m³
④ 장선 : 0.045×0.045×5.4×7.2/0.45(17개) = 0.1859m³
⑤ 장선받이 : 0.045×0.045×7.2×2개 = 0.02916m³
⑥ 마룻널 : 7.2×5.4×0.018 = 0.69984m³
∴ ①+②+③+④+⑤+⑥ = 1.15777m³

보충 마루틀 단면도

장선받이는 멍에에 가려 보이지 않기 때문에 점선처리 되었다.

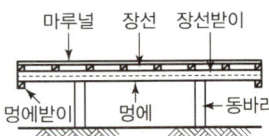

Engineer Architecture

CHAPTER 08
기타공사

CONTENTS

제1절 방수공사	133
제2절 지붕공사	133
제3절 미장공사	134
제4절 창호 및 유리공사	135
제5절 도장공사	135

미듬 건축산업기사

멘토스는 당신의 쉬운 합격을 응원합니다!

CHAPTER 08 기타공사

|학|습|포|인|트|
* 마감공사는 면적(m^2)으로 산출
* 횟수, 겹수, 층수 등은 무관
* 물매를 이용하여 지붕경사면적 산출

제1절 방수공사

① 수량은 겹수, 층수, 횟수와는 무관하게 시공면적(m^2)으로 산출한다.
② 면적 산출 시 부위별(바닥·벽·지하실·옥상 등), 공법별(아스팔트 방수·액체방수·방수 모르타르 등)로 구분하여 산출한다.
③ 코킹 및 신출줄눈은 시공장소별·공종별로 구분하여 연길이로 산정한다.

제2절 지붕공사

01 기와잇기

① 기와는 도면 정미면적을 소요면적으로 하고 도면 정미량에 할증률 5% 이내를 가산하여 소요량으로 한다.
② 도면 정미량은 다음과 같다.

(지붕면적 : m^2당)

종별	치수(mm)	슬레이트 매수(매)
양기와 – 불란서식		15
– 스페인식		15
시멘트 기와(양식)	345×300×15	14
군기와(걸침)	295×295×16~21	17
	290×285×16~21	18
	280×275×16~21	19
	290×290×16~21	22

02 슬레이트 잇기

① 도면 정미면적은 소요면적으로 하고 도면 정미량에 할증률 3% 이내를 가산하여 소요량으로 한다.
② 도면 정미량은 다음과 같다.

(지붕면적 : m²당)

종별		치수(cm)	슬레이트 매수(매)
천연슬레이트	일자무늬	30.3×18.2 36.3×18.2	55.0 45.5
	귀갑무늬	30.3×18.2 36.3×18.2	55.0 45.5
석면슬레이트	일자무늬	40×40 30×30	17 29
	다이아몬드 무늬	40×40 30×30	10 17
골슬레이트	대골	182×96 212×96 242×96	0.67 0.57 0.49
	소골	182×72 212×72 242×72	0.95 0.81 0.70
	감새(m당) 가형 슬레이트(m당) 용마루(m당)	182 182 182	0.58 0.58 0.58

03 홈통

① 재료, 형태, 치수별로 구분한 후 도면 정미길이를 소요길이로 하여 계산한다.
② 지붕면적에 대한 홈통의 지름은 다음을 표준으로 한다.

종류 \ 지붕면적 \ 단위	30m² 내외	60m² 내외	100m² 내외	200m² 내외
처마홈통	cm	9.0	12.0	15.0	18.0
선홈통	cm	6.0	9.0	12.0	15.0

제3절 미장공사

01 모르타르 및 회사벽 바름

① 벽, 바닥, 천장 등의 장소별 또는 마무리 종류별로 면적을 산출한다. 바름폭이 30cm 이하이거나 원주바름일 때는 별도로 계산한다.
② 도면 정미면적(마무리 면적)을 소요면적으로 하여 재료량을 구하고 다음 표의 값 이내의 할증률을 가산하여 소요량으로 한다.

바름바탕별	할증률(%)	비고
바닥 벽, 천장 나무졸대	5 15 20	회사벽 바름은 제외

02 회반죽, 플라스터(돌로마이트·순석고), 스터코 및 리그노이드 바름

① 벽, 바닥, 천장 등의 장소별 또한 마무리 종류별로 면적을 산출한다. 바름폭이 30cm 이하이거나 원주바름일 때는 별도로 계산한다.
② 도면 정미면적(마무리 면적)을 소요면적으로 하여 재료의 소요량을 산출한다.

03 인조석 및 테라초 현장바름

① 바름장소(바닥, 벽 등)별, 마무리 두께별, 갈기방법(손갈기, 기계갈기 및 갈기 횟수별로 면적을 산출한다.
② 도면 정미면적을 소요면적으로 하여 재료의 소요량을 산출한다.

04 모르타르 배합 재료량

(지붕면적 : m^3당)

배합용적비	수량	
	시멘트(kg)	모래(m^3)
1 : 1	1,093	0.78
1 : 2	680	0.98
1 : 3	510	1.10
1 : 4	385	1.10
1 : 5	320	1.15

※ 위 재료량은 할증이 포함된 것이다.

●24①
배합비 재료량) 모르타르

제4절 창호 및 유리공사

01 창호

(1) 목재창호

① 창호의 목재는 문과 창으로 나누어 크기별로 구분하여 짝당으로 계산한다. 따라서 고창, 이중창 등은 상하 내외별로 구분하여 수량을 계산한다.
② 철물수량은 틀의 외곽치수로 면적을 계산한다.

(2) 강재창호

한 개구부마다 틀의 외곽치수로 면적을 계산한다.

02 유리

(1) 판유리

1) 유리는 생산품 치수 중 정미면적에 가장 가까운 것 또는 그 배수가 되는 것으로 매수로 계산한 양을 소요량으로 한다. 단, 사용량이 다량인 경우에는 주문 생산품과 경제성을 비교하여 결정한다.
2) 유리 정미면적은 창호 종류별(목재창호, 강재창호, 알루미늄창호) 및 규격별 또는 유리 종류별·두께별로 구분하여 매수로 계산하며, 유리끼우기 홈의 깊이를 고려한다.
    ① 유리끼우기 홈의 깊이는 보통 7.5mm 정도이다.
    ② 두꺼운 유리라 함은 두께가 5mm 초과한 것을 말한다.
    ③ 유리 닦기는 유리 정미면적을 소요면적으로 한다.

제5절 도장공사

① 칠면적은 도료의 종별·장소별(바탕종별, 내·외부)로 구분하여 산출하며, 도면 정미면적을 소요면적으로 한다.
② 고급, 고가인 도료를 제외하고는 다음의 칠면적 배수표에 의하여 소요면적을 산정한다.

CHAPTER 08 핵심 기출문제

01 그림과 같은 옥상 슬래브에 3겹 아스팔트 방수를 할 때의 방수면적을 산출하시오.(단, 패러핏 부분방수의 높이는 40cm이다.)

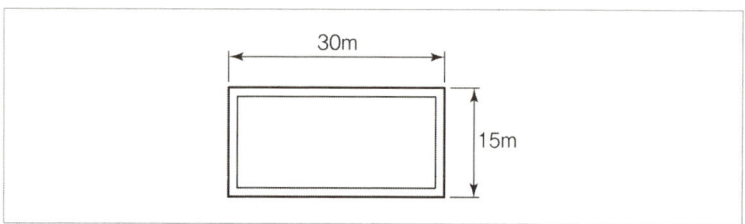

정답
① 바닥 = 30 × 15 = 450m²
② 패러핏 = (30 + 15) × 2 × 0.4 = 36m²
∴ ① + ② = 486m²

02 인조석 현장갈기 바닥면적이 12×35m일 때 줄눈대의 전 길이를 산출하시오.(단, 줄눈대의 간격은 90cm로 한다.)

정답 $12 \times \dfrac{35}{0.9}(40개) + 35 \times \dfrac{12}{0.9}(15개) = 1,005m$

03 바닥 미장면적 400m²를 시공하기 위하여 1일에 미장공 5명을 동원할 경우 작업완료에 필요한 소요일수를 산출하시오.(단, 아래와 같은 품셈을 기준으로 한다.)

(바닥미장 품셈(m²))

구분	단위	수량
미장공	인	0.05

정답 1m²당 0.05명이 필요하다.(0.05m²에 1명이 필요한 것이 아님에 유의)
① 총소요인원 = 400 × 0.05 = 20인
② 소요일수 = 20 ÷ 5 = 4일

보충 개수산정

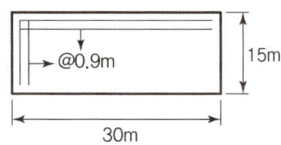

보충 유사문제

바닥 미장면적이 1,000m²일 때, 1일 10인 작업 시 작업 소요일을 구하시오.(단, 아래와 같은 품셈을 기준으로 하며 계산과정을 쓰시오.)

바닥미장 품셈(m²당)		
구분	단위	수량
미장공	인	0.05

① 1,000 × 0.05 = 50인
② 50 ÷ 10 = 5일

04 배합비 1:3의 모르타르 10m³의 제조에 필요한 시멘트와 모래량을 산출하시오.
● 24①

가. 시멘트량

_____ m³

나. 모래량

_____ m³

정답 모르타르 시멘트와 모래량
1:3 모르타르 1m³ 개산견적의 기준(시멘트 510kg 모래 1.10m³)
가. 시멘트 = 510 × 10 = 5,100kg
나. 모래 = 1.10 × 10 = 11m³

05 다음 도면을 보고 요구하는 재료량(정미량)을 산출하시오.(단, 벽돌은 190× 90×57을 사용한다.)
● 21③

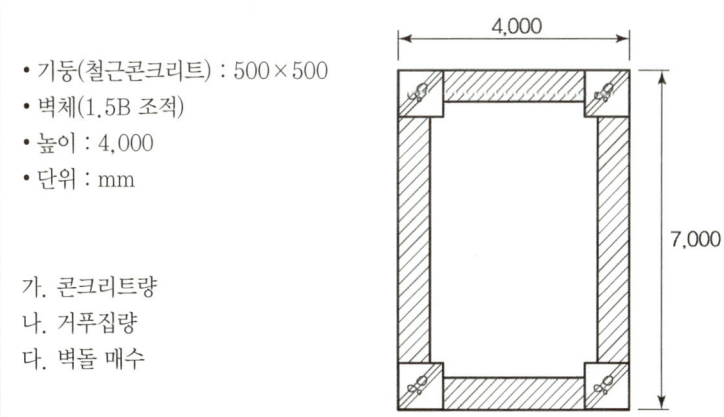

- 기둥(철근콘크리트) : 500×500
- 벽체(1.5B 조적)
- 높이 : 4,000
- 단위 : mm

가. 콘크리트량
나. 거푸집량
다. 벽돌 매수

가. 콘크리트량 : _____
나. 거푸집량 : _____
다. 벽돌 매수 : _____

정답 재료량 산출
가. 철근콘크리트량 : 0.5 × 0.5 × 4 × 4개소 = 4m³
나. 거푸집량 : (0.5+0.5) × 2 × 4 × 4개소 = 32m²
다. 벽돌 매수 : {(7−1) × 2+(4−1) × 2} × 4 × 224 = 16,128장

> [보충] 다른 유형의 문제
> 도면의 치수가 외측 간으로 주어지는 경우 중심선의 치수로 환산하여 계산한다.

06 다음 그림과 같은 창고를 시멘트벽돌로 신축하고자 할 때 벽돌쌓기량(장)과 내외벽 시멘트 미장시의 미장면적을 구하시오.

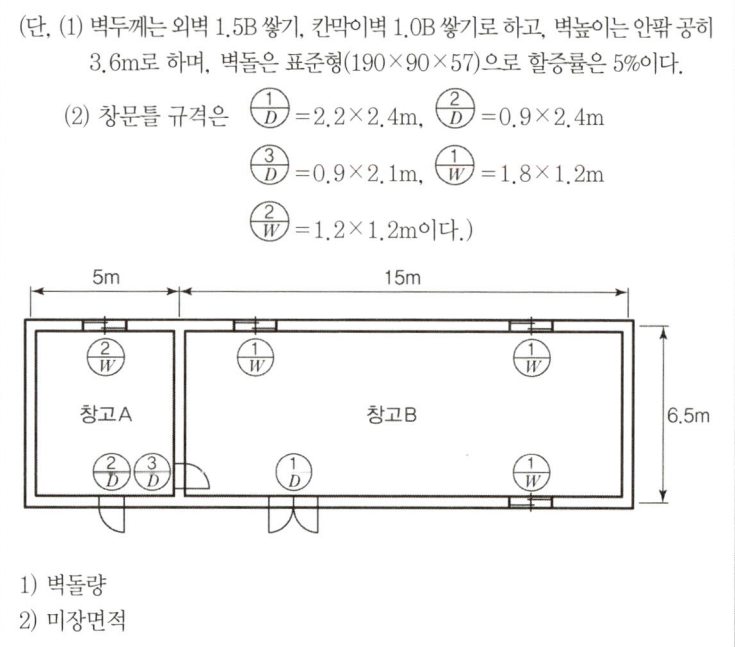

1) 벽돌량
2) 미장면적

정답 1. 벽돌량
① 외벽 : $[(20+6.5) \times 2 \times 3.6 - \{(2.2 \times 2.4) + (0.9 \times 2.4) + (1.8 \times 1.2 \times 3) + (1.2 \times 1.2)\}] \times 224 \times 1.05 = 41,264$장
② 내벽 : $\{(6.5-0.29) \times 3.6 - (0.9 \times 2.1)\} \times 149 \times 1.05 = 3,202$장
∴ ① + ② = 44,466장

2. 미장면적
① 외벽 : $\{(20+0.29)+(6.5+0.29)\} \times 2 \times 3.6 - \{(2.2 \times 2.4)+(0.9 \times 2.4) + (1.8 \times 1.2 \times 3)+(1.2 \times 1.2)\} = 179.62 m^2$
② 내벽
  ㉠ 창고 A : $[\{5-(\frac{0.29}{2}+\frac{0.19}{2})\}+(6.5-\frac{0.29}{2} \times 2)] \times 2 \times 3.6$
  $-\{(0.9 \times 2.4)+(0.9 \times 2.1)+(1.2 \times 1.2)\} = 73.494 m^2$
  ㉡ 창고 B : $[15-(\frac{0.19}{2}+\frac{0.29}{2})+(6.5-\frac{0.29}{2} \times 2)] \times 2 \times 3.6$
  $-\{(2.2 \times 2.4)+(1.8 \times 1.2 \times 3)+(0.9 \times 2.1)\}$
  $= 137.334 m^2$
∴ ① + ② = 390.448m^2

07 다음 그림과 같은 간이 사무실 건축에서 바닥은 테라초 현장갈기로 하고, 벽은 시멘트 벽돌 바탕에 시멘트 모르타르로 바름할 때 각 공사수량을 산출하시오.

단, (1) 벽두께 : 외벽 1.0B, 내벽 0.5B
 (2) 벽돌의 크기 : 표준형으로 사용한다.
 (3) 벽돌의 높이 : 2.7m
 (4) 외벽 시멘트 모르타르 바름 높이 : 3m
 (5) 사무실 내부 걸레받이 높이는 15cm, 테라초 현장갈기 마감
 (6) 창호의 크기
    $\frac{1}{D}$: 2,200mm×2,400mm $\frac{2}{D}$: 1,000mm×2,100mm
    $\frac{1}{W}$: 1,800mm×1,200mm $\frac{2}{W}$: 1,200mm×900mm
 (7) 벽돌의 할증률 : 5%
 (8) 시멘트 벽돌 수량 산출 시 외벽 및 칸막이벽의 길이 산정은 모두 중심거리로 한다.

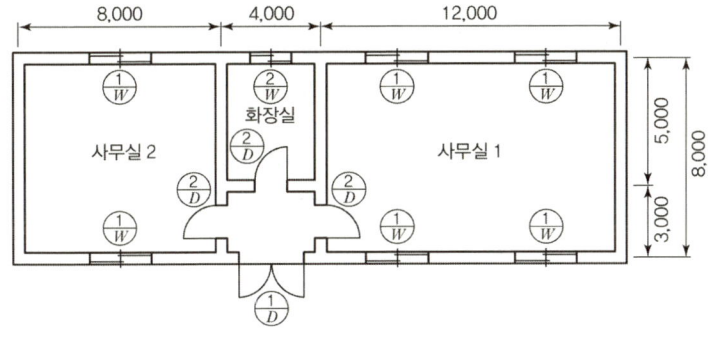

1) 시멘트 벽돌의 소요량(매)
2) 테라초 현장갈기의 수량(m^2)(단, 사무실 1, 2의 경우)
3) 외벽미장(m^2)

정답 1. 시멘트 벽돌 : 문제조건 중에서 중심 간 길이로 산출
 1) 외벽(1.0B) : [(24+8)×2×2.7 − {(2.2×2.4)+(1.8×1.2×6)+
   (1.2×0.9)}]×149×1.05 = 24,012장
 2) 내벽(0.5B) : {(8×2+4)×2.7−(1×2.1×3)}×75×1.05 = 3,757장
 ∴ 1)+2) = 27,769장

2. 테라초 현장갈기
 1) 사무실 1
  ① 바닥 : (12−0.14)×(8−0.19) = 92.63m^2
  ② 걸레받이 : [{(12−0.14)+(8−0.19)}×2−1]×0.15 = 5.75m^2
 2) 사무실 2
  ① 바닥 : (8−0.14)×(8−0.19) = 61.39m^2
  ② 걸레받이 : [{(8−0.14)+(8−0.19)}×2−1]×0.15 = 4.55m^2
 ∴ 1)+2) = 164.32m^2

3. 외벽미장
{(24+0.19)+(8+0.19)}×2×3−{(2.2×2.4)+(1.8×1.2×6)+(1.2×0.9)}
= 174.96m²

08 다음 도면을 보고 물량을 산출하시오. • 22③

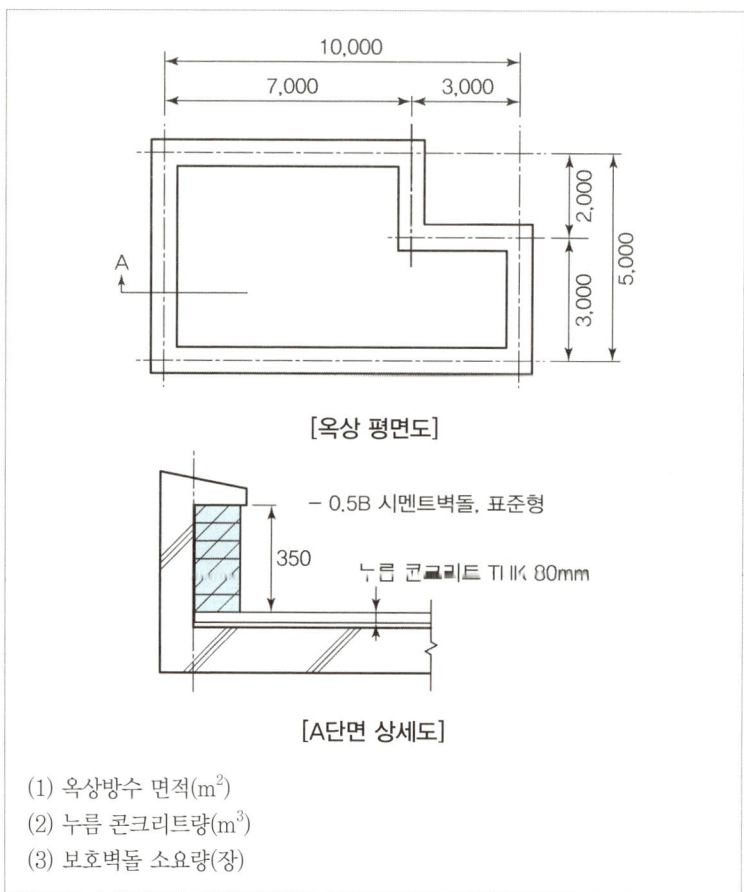

(1) 옥상방수 면적(m²)
(2) 누름 콘크리트량(m³)
(3) 보호벽돌 소요량(장)

정답 (1) 옥상방수 면적
① 바닥 = 10×5−3×2 = 44m²
② 파라펫 = (10+5)×2×0.43 = 12.9m²
∴ ①+② = 56.9m²
(2) 누름 Con'c = 41×0.08 = 3.28m³
(3) 보호벽돌 소요량
= {(10−0.09)+(5−0.09)}×2×0.35×75×1.05
= 816.95
∴ 817장

보충 파라펫 방수

문제조건이 없는 경우에도 30cm 높이까지 방수 면적을 구해야 한다. 이 문제는 도면에서 조건이 제시된 경우이다.

09 그림과 같은 박공지붕에 시멘트 기와를 얹을 경우, 박공지붕의 면적과 시멘트 기와량을 산출하시오.(단, 물매는 4.5cm이고, 할증은 5%로 본다.)

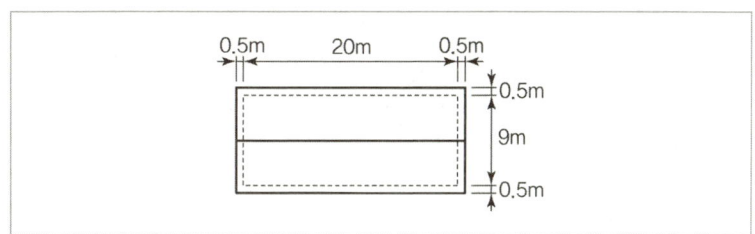

정답 10 : 4.5 = 5 : x

$x = \dfrac{4.5 \times 5}{10} = 2.25$

경사길이 S = $\sqrt{5^2 + 2.25^2}$ = 5.483m

∴ ① 지붕면적 = 21 × 5.483 × 2 = 230.286m²
　② 기와량 = 230.286 × 14장 × 1.05 = 3,386장

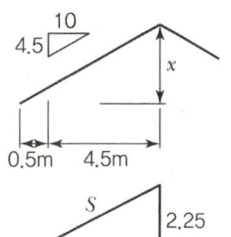

보충 시멘트 기와 수량

시멘트 기와는 지붕면적 1m³당 14장이 필요하다.

10 다음 그림과 같은 모임지붕면적의 정미량을 산출하시오.(단, 지붕물매는 5/10, 처마길이는 50cm이다.)

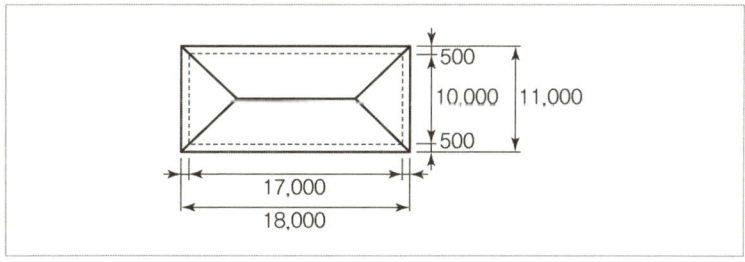

정답 모임지붕 특성상 박공지붕의 면적과 동일하다.

① 대공높이(x) ⇒ 10 : 5 = 5.5 : x

∴ $x = \dfrac{5 \times 5.5}{10} = 2.75$m

② 경사길이 = S

S = $\sqrt{5.5^2 + 2.75^2}$ = 6.15m

∴ 지붕면적 = 18 × 6.15 × 2 = 221.4m²

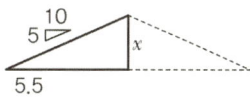
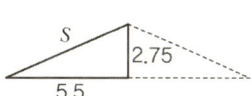

11 다음 그림과 같은 모임지붕면적에 시멘트 기와를 이을 때 전체 지붕면적을 산출하시오.(단, 지붕물매는 10 : 5로 한다.)

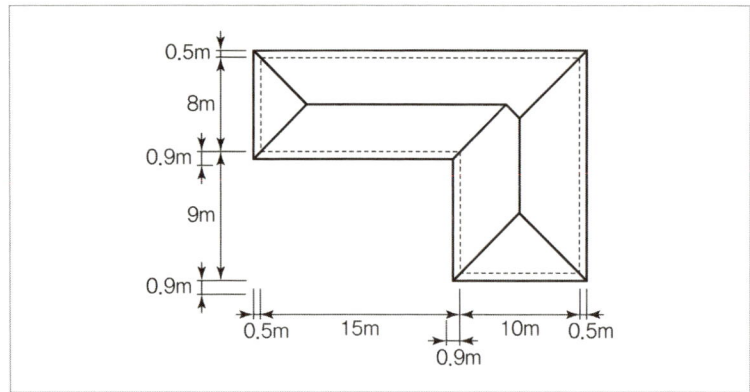

정답 그림과 같이 지붕평면도를 R_1, R_2로 나누어 각각 그 면적을 산출한다.

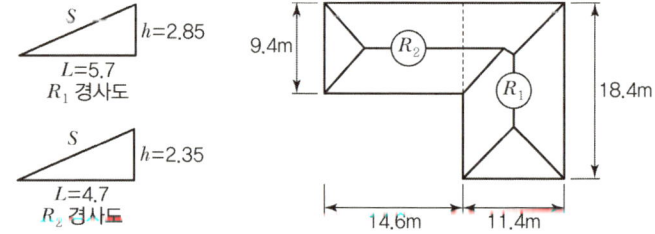

1) R_1 지붕에서 대공 부분의 높이를 h라 하면 10 : 5 = 5.7 : h
   ∴ h = 2.85m
   빗변길이를 S라 하면
   S = $\sqrt{L^2 + h^2}$ = $\sqrt{5.7^2 + 2.85^2}$ = $\sqrt{40.6125}$ = 6.373m
   ∴ R_1의 지붕면적(A_1) = 6.373 × 18.4 × 2 = 234.5m²

2) R_2 지붕에서 대공 부분의 높이를 h라 하면 10 : 5 = 4.7 : h
   ∴ h = 2.35m
   빗변길이를 S라 하면
   S = $\sqrt{L^2 + h^2}$ = $\sqrt{4.7^2 + 2.35^2}$ = 5.254m
   ∴ R_2의 지붕면적(A_2) = 5.254 × 14.6 × 2 = 153.4m²

따라서, 전체 지붕면적 : A = 1) + 2) = 234.5 + 153.4 = 387.9m²

Engineer Architecture

2024년
과년도 기출문제

CONTENTS

제1회	기출문제	3
제2회	기출문제	12
제3회	기출문제	18

2024년 1회 과년도 기출문제

01 콜드조인트에 대하여 설명하고 구조체에 생기는 영향을 쓰시오.

가. 정의 : ....

....

나. 영향 : ....

배점 4

02 다음 계약방식에 대하여 설명하시오.

가. BOT : ....

....

....

나. BTO : ....

....

....

다. BOO : ....

....

....

배점 4

03 데크플레이트를 이용한 슬래브 구조방법 분류를 〈보기〉에서 골라 적으시오.

〈보기〉
① 데크 합성슬래브   ② 데크 구조슬래브   ③ 데크 복합슬래브

가. 데크플레이트와 콘크리트가 일체가 되어 하중을 부담하는 구조 (   )
나. 데크플레이트의 리브에 철근을 배치한 철근 및 콘크리트와 데크플레이트가 하중을 부담하는 구조 (   )
다. 데크플레이트가 연직하중, 가새가 수평하중을 부담하는 구조 (   )

배점 3

04 공사비 지불 방식에 따른 계약방식 3가지를 쓰시오.

가. _____ 나. _____

다. _____

05 KSF 5201 규정에서 정한 포틀랜드 시멘트의 종류를 5가지 쓰시오.

가. _____ 나. _____

다. _____ 라. _____

마. _____

06 특명입찰(수의계약)의 장점, 단점을 각각 2가지씩 쓰시오.

가. 장점 : ① _____

② _____

나. 단점 : ① _____

② _____

07 다음에서 설명하는 비계의 명칭을 기재하시오.

가. 강관으로 현장에서 조립하여 설치하는 비계 (   )

나. 와이어로프로 옥상에서 매달아서 외부 작업용으로 사용하는 비계

(   )

다. 실내에서만 사용하는 비계 (   )

라. 수직재, 수평재, 가새로 조립해서 사용하는 비계 (   )

08 다음 데이터를 이용하여 네트워크 공정표를 작성하시오.

작업명	선행작업	작업시간	비 고
A	없음	5일	주공정선은 굵은 선으로 표시하고 결합점에서는 다음과 같이 표시하시오. 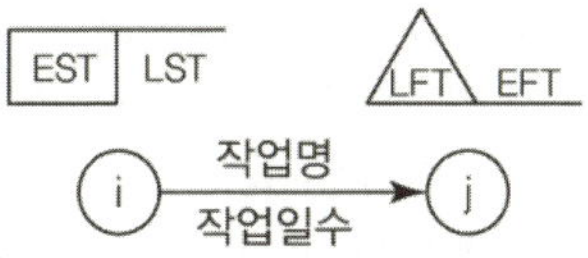
B	없음	6일	
C	A, B	5일	
D	B	4일	

〈표준 네크워크 공정표〉

09 철골의 내화피복공법의 종류를 4가지 및 각각에 사용되는 재료를 하나씩 쓰시오.

	공법	재료
가		
나		
다		
라		

10 목재의 건조 이유와 효과 3가지를 쓰시오.

가. 건조 이유 :

나. 건조 효과 : ①
　　　　　　 ②
　　　　　　 ③

11 다음은 수밀콘크리트의 특징이다. 틀린 내용을 하나 고르고 옳은 내용으로 수정하여 작성하시오.

> ① 배합은 콘크리트의 소요의 품질이 얻어지는 범위 내에서 단위수량 및 물-결합재비는 되도록 크게 하고, 단위 굵은 골재량은 되도록 작게 한다.
> ② 콘크리트의 소요 슬럼프는 되도록 작게 하여 180mm를 넘지 않도록 하며, 콘크리트 타설이 용이할 때에는 120mm 이하로 한다.
> ③ 물-결합재비는 50% 이하를 표준으로 한다.
> ④ 공기연행제를 사용하는 것을 원칙으로 한다.

가. 틀린 문항 :

나. 내용 수정 :

12 다음은 욕실 바닥 타일 붙이기 순서이다. 그림을 보고 〈보기〉에서 골라 알맞게 기재하시오.

〈보기〉
기포 콘크리트, 자기질 타일, 고름 모르타르, 보호모르타르(XL15), 액체방수 1종

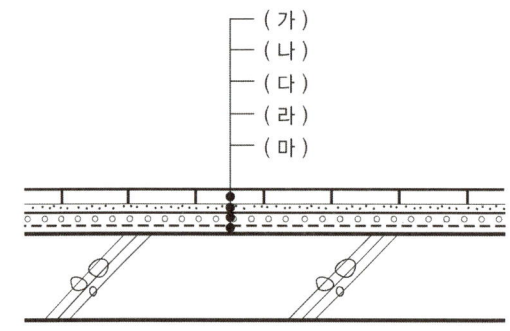

가. 　　　　　　　　　　　　나.

다. 　　　　　　　　　　　　라.

마.

13 굳지 않은 콘크리트에 대한 설명이다. 설명에 맞는 용어를 〈보기〉에서 골라 쓰시오.

〈보기〉
① 시공성   ② 유동성   ③ 마감성

가. 수량에 의해 변화하는 콘크리트 유동성의 정도 (   )
나. 컨시스턴시에 이어붓기 난이도 정도 및 재료분리에 저항하는 정도 (   )
다. 마감성의 난이를 표시하는 성질 (   )

14 다음 설명에 맞는 안전설비항목을 〈보기〉에서 골라 기호로 쓰시오.

가. 건설현장에서 근로자가 위험장소에 접근하지 못하도록 수직으로 설치하여 추락의 위험을 방지하는 방망 (   )
나. 상부에서 작업 도중 자재나 공구 등의 낙하로 인한 재해를 방지하기 위하여 개구 및 비계 외부 안전 통로 출입구 상부에 설치하는 목재 또는 금속 판재 (   )
다. 가설 구조물의 바깥면 등에 설치하여 낙하물의 비산 등을 방지하기 위해 설치하는 보호망 (   )
라. 근로자 또는 장비 등이 바닥 등에 뚫린 부분으로 떨어지는 것을 방지하기 위하여 설치하는 판재 또는 철판망 (   )

〈보기〉
① 개구부 수평보호덮개   ② 안전난간   ③ 방호선반
④ 낙하물 방시망   ⑤ 수직 보호망   ⑥ 추락 방호망
⑦ 수직형 추락방망

15 다음 설명하는 용접결함의 해결방안에 대한 용접결함을 〈보기〉에서 골라 쓰시오.

〈보기〉
① 오버랩   ② 언더컷   ③ 슬래그 혼입

가. 용접 시 전류를 약간 높이고 슬래그가 선행되지 않는 속도록 용접할 것 (   )
나. 용접봉의 각도를 적절히 유지하고 운봉 시 용접 비드 가장자리에서 잠시 멈출 것 (   )
다. 운봉의 운행속도를 증가시킬 것 (   )

16 강재의 접합 중 고력볼트의 접합 시 장점 4가지를 쓰시오.

가. _____
나. _____
다. _____
라. _____

17 다음 설명에 해당하는 콘크리트의 명칭을 쓰시오.

가. 건축구조물이 20층 이상이면서 기둥 크기를 적게 하도록 콘크리트 강도를 높게 하는 구조물에 사용되는 콘크리트로서 보통 설계기준 강도가 보통 40MPa 이상인 콘크리트
( )

나. 높은 외부기온으로 인하여 콘크리트의 슬럼프 또는 슬럼프 플로 저하나 수분의 급격한 증발 등의 우려가 있을 경우에 시공되며 하루 평균기온이 25℃를 초과하는 경우 타설되는 콘크리트
( )

다. 단면이 80cm 이상이고 내부 열이 높은 콘크리트 ( )

라. 시멘트 대체 혼화재로서 플라이애시 및 콘크리트용 고로슬래그 미분말을 결합재로 대량 치환하여 제조된 콘크리트 중 치환율이 50% 이상, 70% 이하인 콘크리트
( )

18 고무계 우레탄 방수의 보호 및 마감과 부위 용도 3가지를 쓰시오.

가. _____ 나. _____
다. _____

19 배합비 1:3의 모르타르 10m³의 제조에 필요한 시멘트와 모래량을 산출하시오.

가. 시멘트량

_____ m³

나. 모래량

_____ m³

20 아래 데이터를 보고 A작업, B작업의 비용구배를 구하시오.

작업	표준상태		특급상태	
	공기	공비	공기	공비
A	8	10,000	6	12,000
B	6	60,000	4	90,000

가. A작업 :

나. B작업 :

21 다음은 조적공사에 관한 설명이다. ( ) 안에 적당한 단어와 수치를 기재하시오.

벽돌쌓기 시 줄눈은 (①)을 표준으로 하고, 도면 또는 공사시방서에서 정한 바가 없을 때에는 영식 쌓기나 (②) 쌓기법으로 하며, 1일 벽돌쌓기 표준높이는 (③)~(④)로 한다.

① ②
③ ④

22 다음은 거푸집의 부속재 역할에 관한 설명이다. 적당한 부속재료를 기재하시오.

가. 철근과 거푸집 간격을 유지하기 위한 것 ( )
나. 거푸집 상호 간의 간격을 유지, 측벽 두께를 유지하기 위한 것 ( )
다. 마주보는 거푸집에서 거푸집 널을 일정하게 유지시켜 주는 동시에 측압을 최종적으로 지지하는 역할을 하는 것 ( )

23 다음 타일에 사용되는 줄눈의 크기를 기재하시오.

사용 부위	크기	두께(mm)	줄눈폭(mm)
욕실 바닥	200×200	7 이상	①
욕실 벽	200×250	6 이상	②
세탁실 바닥	150×150	7 이상	③
주방 벽	200×200	6 이상	④

① _____ ② _____
③ _____ ④ _____

24 모르타르에 사용되는 도료 3가지를 기재하시오.

가. _____ 나. _____
다. _____

25 안전난간에 관한 설명이다. ( ) 안에 적당한 수치를 기재하시오.

안전난간설치 시 발끝막이판의 높이는 바닥에서 (①) 이상이어야 하며, 상부난간대는 발판으로부터 (②)m 이상의 높이이어야 하고 난간의 상하 간격은 (③)m 이하이어야 하고, 구조적으로 가장 취약한 지점에서 가장 취약한 방향으로 작용하는 (④)kg 이상의 하중에 견딜 수 있는 강도를 가져야 한다.

① _____ ② _____
③ _____ ④ _____

26 다음은 거푸집 측압에 관한 내용이다. 아래 주어진 항목을 예시와 같이 나타내시오.

〈예시〉 타설속도 – 타설속도가 빠를수록 측압이 증가

가. 슬럼프치 – _____
나. 투수성 – _____
다. 거푸집 강성 – _____

27 품질관리 4단계를 순서대로 쓰시오.

___

28 건설업의 TQC에 이용되는 도구의 명칭을 쓰시오.

가. 계량치의 분포가 어떠한 분포를 하는지 알아보기 위하여 작성하는 것
( )

나. 결과에 원인이 어떻게 관계하고 있는가를 한눈에 알아보기 위하여 작성하는 것
( )

다. 불량, 결점, 고장 등의 발생 건수를 분류 항목별로 나누어 크기 순서대로 나열해 놓은 것 ( )

라. 서로 대응되는 두 개의 짝으로 된 데이터를 그래프용지에 점으로 나타낸 것
( )

2024년 2회 과년도 기출문제

01 건설업의 TQC에 이용되는 도구 5가지를 쓰시오. [배점 5]

가. _____ 나. _____
다. _____ 라. _____
마. _____

02 공개경쟁입찰의 장단점을 각각 2가지씩 쓰시오. [배점 4]

가. 장점 : ① _____
② _____
나. 단점 : ① _____
② _____

03 다음 이형봉강의 용도에 따라 구분하는 도색을 쓰시오. [배점 3]

가. 일반용 ( )
나. 용접용 ( )
다. 내진용 ( )

04 공사현장의 비산먼지로 인한 피해를 방지하기 위해 설치하는 시설 3가지를 쓰시오. [배점 3]

가. _____ 나. _____
다. _____

05 레미콘 받아들이기 시 품질검사 항목 5가지를 쓰시오. [배점 5]

가. _____ 나. _____
다. _____ 라. _____
마. _____

06 다음 데이터를 네트워크 공정표로 작성하고, 각 작업별 여유시간을 산출하시오.

작업명	소요일수	선행작업	비 고
A	3	없음	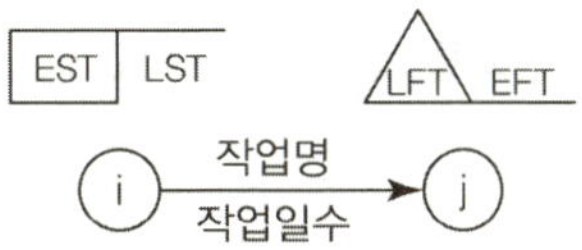
B	4	없음	단, 이벤트(Event)에는 번호를 기입하고,
C	5	없음	주공정선은 굵은 선으로 표기한다.
D	6	A, B	
E	7	B	
F	4	D	
G	5	D, E	
H	6	C, F, G	
I	7	F, G	

가. 네트워크 공정표

나. 작업의 여유시간

07 알루미늄 창호의 장점 4가지를 쓰시오.

득점	배점
	4

가. ....

나. ....

다. ....

라. ....

08 철골 용접부 비파괴 검사의 종류 3가지를 쓰시오.

득점	배점
	3

가. .... 나. ....

다. ....

09 디일공사에서 떠붙임공법과 압착붙임공법의 시공상 차이점을 쓰시오.

득점	배점
	4

....

....

....

10 다음은 낙하물 방지망에 관한 내용이다. ( ) 안에 적당한 수치를 기재하시오.

득점	배점
	4

> 낙하물 방지망의 설치 높이는 (가)m 마다 설치하며, 비계 또는 구조체의 외측에서 내민 길이는 (나)m 이상 설치하며, 경사는 (다) 이상 (라) 이하로 한다.

가. .... 나. ....

다. .... 라. ....

11 도급공사보다 직영공사의 장점 3가지를 쓰시오.

득점	배점
	3

가. ....

나. ....

다. ....

12 500×500 단면을 가진 높이 3m 콘크리트 기둥 10개의 거푸집과 콘크리트량을 구하시오.

가. 콘크리트량

　　　　　　　　　　　　　　　　　　　　　　　　　　　 m³

나. 거푸집량

　　　　　　　　　　　　　　　　　　　　　　　　　　　 m²

13 다음은 욕실 바닥 타일 붙이기 순서이다. 그림을 보고 〈보기〉에서 골라 알맞게 기재하시오.

〈보기〉
기포 콘크리트, 자기질 타일, 고름 모르타르, 보호모르타르(XL15), 액체방수 1종

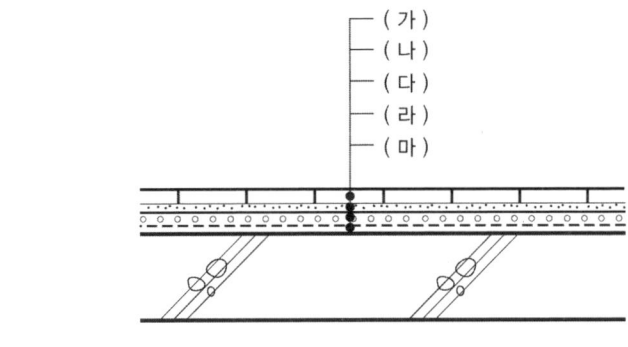

가. _____ 나. _____
다. _____ 라. _____
마. _____

14 다음 설명에 맞는 공사관계자를 기재하시오.

가. 건축주와 공사전체를 직접 계약한 사람　　　　　　(　　　　)

나. 건축주와 관계없이 원도급자와 도급공사 일부를 수행하기로 계약한 사람
　　　　　　　　　　　　　　　　　　　　　　　　(　　　　)

다. 건축주와 관계없이 원도급자와 도급공사 전부를 수행하기로 계약한 사람
　　　　　　　　　　　　　　　　　　　　　　　　(　　　　)

15 다음에서 설명하는 품질관리도구를 기재하시오.

가. 결과에 원인이 어떻게 관계하고 있는가를 한눈에 알아보기 위하여 작성하는 것
( )

나. 서로 대응하는 두 개의 짝으로 된 데이터를 그래프 용지에 점으로 나타내어 두 변수 간의 상관관계를 알 수 있는 것
( )

16 콘크리트 혼화재료인 AE제의 사용목적 4가지를 쓰시오.

가. _____ 나. _____
다. _____ 라. _____

17 다음 설명하는 계약방식을 알맞게 기재하시오.

가. 건설된 공공시설물의 소유권을 발주자에게 먼저 이전하고 투자자는 일정기간 동안의 운영권을 갖는 방식
( )

나. 공공시설사업의 시행, 운영, 소유까지 투자자가 행사하며 발주자는 사업시행에 대한 통제를 하는 방식
( )

나. 공공시설물을 완공한 후 일정시킨 임내하고, 그 임내료로 투자자금을 회수하고 발주자에게 양도하는 방식
( )

18 다음 굳지 않은 콘크리트의 성질에 관한 용어를 간단히 설명하시오.

가. 플라스틱시티 : _____

나. 워커빌리티 : _____

19 다음 미장공사의 순서를 〈보기〉에서 골라 기호로 쓰시오.

〈보기〉
① 고름질   ② 정벌   ③ 초벌   ④ 재벌

20 용접결함에 해당하는 그림이다. 아래 그림을 보고 적당한 기호를 골라 적으시오.

득점	배점
	4

〈보기〉

① ② ③ ④

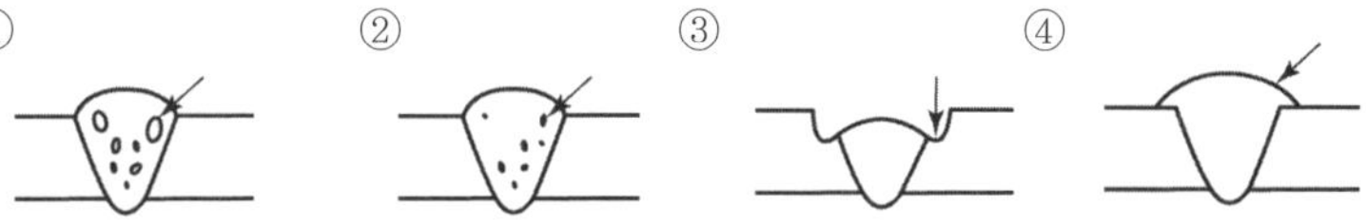

가. 언더컷 : .... 나. 블로우 홀 : ....

다. 오버랩 : .... 라. 슬래그 혼입 : ....

21 다음은 거푸집 측압에 관한 내용이다. 아래 주어진 항목을 〈예시〉와 같이 나타내시오.

득점	배점
	3

〈예시〉 타설속도 – 타설속도가 빠를수록 측압이 증가

가. 슬럼프치 – ....

나. 투수성 – ....

다. 거푸집 강성 – ....

라. 타설속도 – ....

22 벽돌 공간 쌓기 목적 2가지를 기재하시오.

득점	배점
	2

가. .... 나. ....

23 철근공사의 순서이다. 〈보기〉에서 기호를 골라 순서대로 쓰시오.

득점	배점
	3

〈보기〉

① 보 ② 기둥 ③ 기초 ④ 벽 ⑤ 계단 ⑥ 슬래브

....

24 콘크리트 초기 양생 목적 및 양생 방법 3가지를 쓰시오.

　　가. 초기 양생 목적 : ① _____
　　　　　　　　　　　② _____

　　나. 양생 방법 : ① _____
　　　　　　　　　② _____
　　　　　　　　　③ _____

25 다음 설명하는 목재에 관한 용어를 기재하시오.

　　가. 두께가 75mm 미만이고 너비가 두께의 4배 이상인 것　　(　　　　　)
　　나. 건조 및 대패 마감된 후의 실제적인 최종 치수　　　　　(　　　　　)
　　다. 나무가 성장과정에서 받는 내부 응력으로 인하여 목재 조직이 나이테에 평행한 방향으로 갈라지는 결함　　　　　　　　　　　　　　　(　　　　　)

26 고무계 우레탄 방수의 보호 및 마감과 부위 용도 3가지를 쓰시오.

　　가. _____　　나. _____
　　다. _____

27 추락재해 방지시설 3가지를 쓰시오.

　　가. _____　　나. _____
　　다. _____

2024년 3회 과년도 기출문제

01 다음은 일반 구조용 압연강재에 관한 기계적 성질 중 인장강도에 관한 내용이다. 설명에 맞는 강재를 〈보기〉에서 골라 쓰시오.

〈보기〉
① SS235 ② SS450 ③ SS550 ④ SS275 ⑤ SS315 ⑥ SS410

가. 인장강도(N/mm^2) : 330~450   (   )
나. 인장강도(N/mm^2) : 490~630   (   )
다. 인장강도(N/mm^2) : 590 이상   (   )

02 용접접합의 장단점을 각각 2가지씩 쓰시오.

가. 장점 : ① _____
         ② _____
나. 단점 : ① _____
         ② _____

03 직영공사의 정의 및 장점 2가지를 쓰시오.

가. 정의 : _____
         _____
나. 장점 : ① _____
         ② _____

04 목공사에 사용되는 쪽매의 그림이다. 각 명칭을 〈보기〉에서 골라 기재하시오.

〈보기〉
① 딴혀쪽매   ② 오니쪽매   ③ 제혀쪽매   ④ 반턱쪽매   ⑤ 빗쪽매

가.　　　　　나.　　　　　다.　　　　　라.　　　　　마.

가. _____   나. _____
다. _____   라. _____
마. _____

배점: 5

05 탄산화 현상에 대한 정의와 구조체에 미치는 영향 3가지를 쓰시오.

가. 정의 : _____

나. 구조체에 미치는 영향 : ① _____
　　　　　　　　　　　　② _____
　　　　　　　　　　　　③ _____

배점: 5

06 다음 ( ) 안에 알맞은 단어나 수치를 기재하시오.

벽돌쌓기 시 줄눈은 (가)mm로 하고, 도면 또는 공사시방서에서 정한 바가 없을 때에는 (나) 쌓기나 (다) 쌓기법으로 하며, 1일 벽돌량 쌓기 표준높이는 (라)이다.

가. _____   나. _____
다. _____   라. _____

배점: 4

07 거푸집 부속 재료 중 긴결재, 격리재의 용도별 차이점을 쓰시오.

가. 격리재 : _____

나. 긴결재 : _____

배점: 3

08 다음 줄눈 그림에 맞는 각 명칭을 〈보기〉에서 골라 기재하시오.

가.
나.
다.
라.
마.

〈보기〉
① 민줄눈   ② 평줄눈   ③ 볼록줄눈   ④ 빗줄눈   ⑤ 오목줄눈

가. _____   나. _____
다. _____   라. _____
마. _____

09 다음은 달비계 관련 내용이다. 다음 가, 나 항목별 내용에 맞는 답을 고르시오.

가	나
① 이음매가 없는 것	① 안전블록
② 와이어 로프의 한 꼬임에서 끊어진 소선의 수가 10% 이상인 것	② 안전모
③ 지름의 감소가 공칭지름의 7% 이상인 것	③ 안전대
④ 변형이 없고 부식되지 않은 것	④ 안전그네
⑤ 꼬임이 없고 반듯한 것	⑤ 구명줄
⑥ 열과 전기충격에 의해 손상되지 않은 것	

1) "가"항에서 달비계에 사용되면 안 되는 와이어 로프 항목을 고르시오.

   _____

2) 근로자의 추락 위험을 방지하기 위하여 다음과 같은 조치를 한다. 다음 (   ) 안에 알맞은 내용을 "나"항의 보기에서 골라 기호로 쓰시오.

   > 달비계에 (가)을 설치하고, 근로자에게 (나)를 착용하도록 하고 근로자가 착용한 안전줄을 달비계의 (가)에 체결하도록 한다.

   가. _____   나. _____

10 다음에서 설명하는 품질관리(QC) 수법을 쓰시오.

> 가. 불량, 고장, 결점 등의 발생건수를 분류 항목별로 나누어 크기 순서대로 나열해 놓은 것
> 나. 결과에 원인이 어떻게 작용하고 있는가를 한눈에 나타낸 그림
> 다. 계량치의 데이터가 어떠한 분포를 하고 있는지를 알아보기 위하여 작성하는 것
> 라. 서로 대응하는 두 개의 짝으로 된 데이터를 그래프용지 위에 타점하여 나타낸 것

가. _____ 나. _____
다. _____ 라. _____

11 콘크리트 시공 후 양생하는 이유 2가지를 쓰시오.

가. _____
나. _____

12 다음 데이터를 네트워크 공정표로 작성하시오.

작업명	소요일수	선행작업	비 고
A	5	없음	단, 이벤트(Event)에는 다음과 같이 표기하고, 주공정선은 굵은 선으로 표기한다.
B	3	없음	
C	2	없음	
D	2	A, B	
E	5	A, B, C	
F	4	A, C	

네트워크 공정표

13 다음의 공사관리 계약방식에 대하여 쓰시오.

가. CM for fee :

나. CM at risk :

14 다음 설명하는 공사계약방식을 기재하시오.

가. 건설업자가 기획, 설계, 시공 등의 주문자가 필요로 하는 모든 것을 조달하여 주문자에게 인도하는 방식 (　　　　)

나. 공사의 실비를 건축주와 도급자가 확인 정산하고, 건축주는 미리 정한 보수지급방법에 따라 도급자에게 그 보수액을 지불하는 방식 (　　　　)

15 다음 타일 시공검사에 관한 내용이다. (　) 안에 적당한 수치를 기재하시오.

1) 벽타일 붙이기 중 떠붙임 공법의 경우는 접착용 모르타르 밀착정도를 검사하여 중앙부를 기준으로 밀착정도 (가)% 이상이면 합격처리하고 불합격 시는 주변 8장을 다시 떼어내 확인하여 이중 1장이라도 불합격이 있으면 시공물량을 재시공한다.
2) 타일의 접착력 시험은 일반건축물의 경우 타일면적 (나)m^2당, 공동주택은 (다)당 1호에 한 장씩 시험한다.
3) 시험결과의 판정은 타일 인장강도가 (라)N/mm^2 이상이어야 한다.

가.　　　　　　　　　　　나.
다.　　　　　　　　　　　라.

16 20m^2의 벽면적에 시멘트 벽돌 1.0B 두께로 시공 시 할증을 고려한 필요 수량을 산출하시오.

　　　　　　　　　　　　　　　　　　　매

17 다음은 추락재해 방지 시설의 추락방호망에 관한 내용이다. ( ) 안에 적당한 수치를 기재하시오.

> 작업면으로부터 추락방호망의 설치지점까지의 수직거리는 (가)m 초과금지하며, 수평으로 설치하고 추락방호망의 중앙부 처짐은 추락방호망의 짧은 변길이의 (나)% 이내로 하며 같은 간격으로 테두리로프와 지지점을 달기로프로 결속 추락방호망의 짧은 변길이가 되는 내민길이는 (다)m 이상으로 한다.

가. _____ 나. _____ 다. _____

18 다음 〈보기〉의 거푸집에서 벽 전용거푸집을 골라 쓰시오.

> 〈보기〉
> 갱폼, 클라이밍폼, 슬립폼, 워플폼, 데크 플레이트

19 다음 설명하는 도장의 용어를 〈보기〉에서 골라 적으시오.

> 〈보기〉
> 눈먹임, 퍼티, 연마, 착색, 상도, 중도, 백업재 조색

가. 목재 바탕재의 도관 등을 메우는 작업   (   )
나. 몇 가지 색의 도료를 혼합해서 얻는 도막의 색이 희망하는 색이 되도록 하는 작업
                                                          (   )
다. 마무리로서 도장하는 작업 또는 그 작업에 의해 생긴 도장면   (   )
라. 바탕의 파임, 균열, 구멍 등의 결함을 메워 바탕의 평편함을 향상하기 위해 사용하는 살붙임용의 도료 안료분을 많이 함유하고 대부분은 페이스트상이다.(   )

20 다음의 용접기호로써 알 수 있는 사항을 4가지 쓰시오.

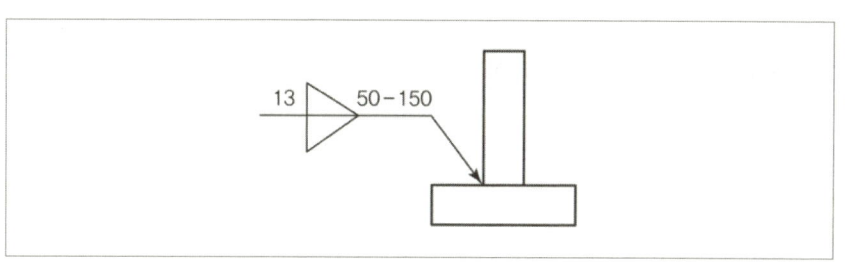

가. .... 나. ....
다. .... 라. ....

21 다음은 지하실 바깥방수에 관한 내용이다. 각 항목에 해당하는 번호를 골라 쓰시오.

	1	2
가. 수압	약함	강함
나. 보호누름	필요	불필요
다. 경제성	싸다	비싸다
라. 공사정도	간단하다	까다롭다

가. .... 나. ....
다. .... 라. ....

22 다음은 내화피복의 공법을 설명하는 내용이다. 적합한 공법을 〈보기〉에서 골라 적으시오.

〈보기〉
타설공법, 조적공법, 뿜칠공법, 미장공법, 성형판 붙임공법, 합성공법

가. 콘크리트, 경량콘크리트 등을 타설하여 강재를 피복하는 공법 (　　　　)
나. 모르타르, 펄라이트 등으로 강재에 발라 피복하는 공법 (　　　　)
다. 다른 공법으로 2번하거나 2개의 공법을 절반씩 나누어 각지 사용 (　　　　)
라. 벽돌, 블록 등을 쌓아 강재를 피복하는 공법 (　　　　)

23 다음은 콘크리트의 굳지 않은 성질이다. 알맞은 내용을 쓰시오.

가. 수량에 의해 변화하는 콘크리트 유동성의 정도 (　　　　)
나. 컨시스턴시에 이어붓기 난이도 정도 및 재료 분리에 저항하는 정도 (　　　　)
다. 마감성의 난이를 표시하는 성질 (　　　　)
라. 거푸집 등의 형상에 순응하여 채우기 쉽고 분리가 일어나지 않는 성질 (　　　　)

24 다음 설명하는 혼화재료를 〈보기〉에서 골라 적으시오.

〈보기〉
유동화제, 방청제, 응결지연제, AE제, 고로 슬래그 미분말

가. 콘크리트의 움직이는 성질을 일시적으로 증가시키는 혼화재료 ( )
나. 염화물 등으로 인한 철근이 부식되는 것을 방지하기 위하여 사용되는 혼화재료
( )
다. 콘크리트 타설시 콜드조인드 등을 방지하기 위하여 사용되는 혼화재료
( )
라. 콘크리트의 시공성을 높이고 재료분리 등을 방지하기 위하여 사용되는 혼화재료
( )

25 다음 내용에 맞는 안전설비를 〈보기〉에서 골라 기호로 쓰시오.

〈보기〉
① 추락방호망 ② 낙하물 방지망 ③ 방호선반 ④ 안전난간 ⑤ 개구부 수평보호덮개

가. 작업 도중 자재, 공구 등의 낙하로 인한 피해를 방지하기 위하여 개구부 및 비계 외부에 수평으로 설치하는 망 ( )
나. 상부에서 작업 도중 자재나 공구 등의 낙하로 인한 재해를 방지하기 위하여 개구 및 비계 외부 안전 통로 출입구 상부에 설치하는 낙하물 방지망 대신 설치하는 목재 또는 금속판재 ( )
다. 고소 작업 중 근로자의 추락 및 물체의 낙하를 방지하기 위하여 수평으로 설치하는 보호망 ( )
라. 근로자 또는 장비 등이 바닥 등에 뚫린 부분으로 떨어지는 것을 방지하기 위하여 설치하는 판재 또는 철판망 ( )
마. 추락의 우려가 있는 통로, 작업발판의 가장자리, 개구부 주변 등의 장소에 임시로 조립하여 설치하는 수평난간대와 난간기둥으로 구성된 안전시설 ( )

26 피복두께의 정의를 쓰고 다음 부재의 피복두께를 기재하시오.

옥외의 공기나 흙에 직접 접하지 않는 콘크리트	슬래브, 벽체	D35 초과	(나)
		D35 이하	(다)
	보, 기둥		(라)

가. 정의 : _____
나. _____ 다. _____
라. _____

Engineer Architecture

2023년 과년도 기출문제

CONTENTS

제1회	기출문제	29
제2회	기출문제	36
제3회	기출문제	44

2023년 1회 과년도 기출문제

01 갱폼의 장점 4가지를 쓰시오.

가. _____
나. _____
다. _____
라. _____

02 KSF 5201 규정에서 정한 포틀랜드 시멘트의 종류를 5가지 쓰시오.

가. _____
나. _____
다. _____
라. _____
마. _____

03 철골공사의 기초 Anchor Bolt는 구조물 전체의 집중하중을 지탱하는 중요한 부분이다. Anchor Bolt 매입공법의 종류 3가지를 쓰시오.

가. _____ 나. _____
다. _____

04 히스토그램 정의와 작성 순서를 간략히 기재하시오.

가. 정의 : _____
나. 작성 순서 ① _____
② _____
③ _____
④ _____
⑤ _____

05 벽타일 붙이기 공법의 종류 4가지를 쓰시오.

가. _____
나. _____
다. _____
라. _____

06 다음 〈보기〉에서 수성 도료, 유성 도료를 골라 알맞게 쓰시오.

〈보기〉
① 알루미늄 도료   ② 아크릴 도료   ③ 합성수지 에멀션 퍼티
④ 합성수지 에멀션 도료 ⑤ 조합 도료   ⑥ 아크릴 도료

가. 수성 도료 : _____
나. 유성 도료 : _____

07 건설공사 입찰과정에서 실시하는 PQ제도의 장점과 단점을 각각 2가지씩 쓰시오.

가. 장점 ① _____
       ② _____
나. 단점 ① _____
       ② _____

08 철근콘크리트조 건축물에서 철근에 대한 콘크리트의 피복두께를 유지하여야 하는 목적 4가지를 쓰시오.

가. _____
나. _____
다. _____
라. _____

09 강재를 이용한 구조물로 경량형 강재의 장단점에 대하여 각 2가지씩 쓰시오.

가. 장점 ① _____
　　　　 ② _____
나. 단점 ① _____
　　　　 ② _____

10 기준점(Bench Mark) 설치 시 주의사항 3가지를 쓰시오.

가. _____
나. _____
다. _____

11 다음에서 설명하는 입찰 방법이 무엇인지 알맞게 쓰시오.

가. 최소한의 자격을 가진 업체가 참여할 수 있는 입찰방식　　(　　　　　)
나. 3~7개 업체를 지명, 부적격자의 사전제거로 공사의 신뢰성 확보 가능하나 담합의 우려가 있는 입찰방식　　(　　　　　)
다. 1개의 업체와 협의하여 계약, 공사기밀 유지기능, 공사비 상승 우려가 있는 입찰방식
　　　　　　　　　　　　　　　　　　　　(　　　　　)

12 건설공사 현장 인근 사람들이 보기 쉬운 곳에 게시하는 공사표지판에 기입사항 4가지를 쓰시오.

가. _____　　나. _____
다. _____　　라. _____

13 다음은 혼화재의 종류에 대한 설명이다. 설명이 뜻하는 혼화재의 명칭을 쓰시오.

가. 콘크리트의 움직이는 성질을 일시적으로 증가시키는 혼화재료 (　　　　　)
나. 염화물 등으로 인한 철근이 부식되는 것을 방지하기 위하여 사용되는 혼화재료
　　　　　　　　　　　　　　　　　　(　　　　　)
다. 콘크리트 타설 시 콜드조인트 등을 방지하기 위하여 사용되는 혼화재료
　　　　　　　　　　　　　　　　　　(　　　　　)
라. 콘크리트의 시공성을 높이고 재료분리 등을 방지하기 위하여 사용되는 혼화재료
　　　　　　　　　　　　　　　　　　(　　　　　)

14 다음은 콘크리트에 대한 설명이다. ( ) 안에 맞는 콘크리트를 기재하시오.

가. 일평균 기온이 25도 이상일 때 타설되는 콘크리트 (   )
나. 단면이 80cm 이상이고 내부열이 높은 콘크리트 (   )
다. PS 강재를 이용하여 콘크리트 인장능력을 키운 콘크리트 (   )
라. 거푸집에 골재와 철근을 미리 넣고 트레미관을 이용하여 모르타르를 주입하여 만드는 콘크리트 (   )

15 다음은 욕실 바닥 타일 붙이기 순서이다. 그림을 보고 〈보기〉에서 골라 알맞게 기재하시오.

〈보기〉
기포 콘크리트, 자기질 타일, 고름 모르타르, 보호모르타르(XL15), 액체방수 1종

— (가)
— (나)
— (다)
— (라)
— (마)

가. _____ 나. _____
다. _____ 라. _____
마. _____

16 다음 설명하는 보호장구를 〈보기〉에서 골라 기재하시오.

〈보기〉
① 안전화   ② 안전대   ③ 안전모   ④ 방열복

가. 물체의 낙하, 충격 및 바닥으로 날카로운 물체에 의한 찔림 위험으로부터 발을 보호하는 장구 (   )
나. 물체의 낙하 및 비래에 의한 위험을 방지 또는 경감시키기 위한 보호장구 (   )
다. 고열작업에서 화상과 열중증을 방지하기 위하여 사용하는 보호장구 (   )
라. 높은 장소의 작업에서 작업자를 보호하기 위하여 작업자의 허리와 구조물 또는 발판 등을 연결하기 위한 줄 (   )

17 다음 〈보기〉를 보고 미장 순서를 기호로 표기하시오.

〈보기〉
가. 고름질   나. 초벌바름 및 라스 먹임
다. 재료준비 및 운반   라. 정벌   마. 재벌

18 다음 설명하는 목재의 용어를 〈보기〉에서 골라 쓰시오.

〈보기〉
토대, 도리, 기둥, 평보, 인방보, ㅅ자보, 띠쇠, 가새, 달대

가. 개구부를 보호하기 위하여 개구부 상단에 설치하는 부재   (   )
나. 지붕틀 하부에 수평으로 설치되는 인장 부재   (   )
다. 수평력에 대항하여 건물 전체에 균등하게 사선으로 배치되는 부재 (   )
라. 기둥 최하부에 수평으로 설치되는 부재   (   )

19 다음 용어를 간단히 설명하시오.

가. 밀시트 :
나. 스캘럽 :

20 벽돌벽의 표면에 생기는 백화현상의 정의와 발생 방지대책 3가지를 쓰시오.

가. 정의 :

나. 방지대책 : ①
②
③

21 굵은 골재의 공칭 최대치수는 다음 값을 초과하지 않아야 한다. ( ) 안에 적당한 수치를 기재하시오.

　가. 거푸집 양 측면 사이의 최소 거리의 (　　)
　나. 슬래브 두께의 (　　)
　다. 개별철근, 다발철근, 긴장재 또는 덕트 사이 최소 순간격의 (　　)

22 방수공법 중 멤브레인 방수공법 3가지를 쓰시오.

　가. _____　나. _____
　다. _____

23 다음 도면을 보고 콘크리트량과 거푸집량을 산출하시오.

- 단위 : mm
- 기둥(철근콘크리트) : 500 × 500
- 슬래브 두께 : 120
- 높이 : 3,600
- G_1, G_2 보 : 400 × 600

가. 콘크리트량
나. 거푸집량

가. 콘크리트량

나. 거푸집량

24.

가. 공정표

주공정선(Critical Path): C → D → H (공기 13일)

나. 각 작업의 여유시간

작업명	TF	FF	DF	CP
A	3	0	3	
B	2	0	2	
C	0	0	0	*
D	0	0	0	*
E	2	0	2	
F	3	3	0	
G	2	2	0	
H	0	0	0	*

25. 건축 생산의 3대 관리 목표

가. 공정관리 (공기단축)
나. 원가관리 (원가절감)
다. 품질관리 (품질확보)

2023년 2회 과년도 기출문제

01 특명입찰의 정의와 장점 2가지를 쓰시오.

득점	배점
	4

가. 정의 : ....

....

나. 장점 : ① ....

② ....

02 벽돌벽의 표면에 생기는 백화현상의 방지대책 4가지를 쓰시오.

득점	배점
	4

가. ....

나. ....

다. ....

라. ....

03 콘크리트 혼화재료 중 AE제의 장점 4가지를 쓰시오.

득점	배점
	4

가. .... 나. ....

다. .... 라. ....

04 건설공사에서 계약분쟁의 해결방법 3가지를 쓰시오.

득점	배점
	3

가. ....

나. ....

다. ....

05 BOT 방식과 BTO 방식을 비교하여 설명하시오.

06 레디믹스트 콘크리트의 정의를 쓰고 종류 3가지를 보기에서 골라 알맞은 기호를 쓰시오.

〈보기〉
① 센트럴 믹스트 콘크리트　② 슈링크 믹스트 콘크리트　③ 트랜싯 믹스트 콘크리트

가. 정의 :

나. 1) 레미콘 공장에서 어느 정도 비빈 후 운반 중 완전히 비비는 콘크리트　(　　)
　　2) 공장에서는 계량만 하고 운반하면서 비비는 콘크리트　　　　　　(　　)
　　3) 공장에서 계량 및 비빔을 완료하고 운반 후 타설되는 콘크리트　　(　　)

07 다음 철근콘크리트 부재의 중량을 산출하시오.

보 : 크기 300 × 400, 길이 1m, 수량 120개

가. 부피 :

　　　　　　　　　　　　　　　　　　　　　　　　　　　　　m^2

나. 중량 :

　　　　　　　　　　　　　　　　　　　　　　　　　　　　　t

08 철골조 내화피복 공법 중 타설과 조적공법에 해당하는 재료를 각각 2가지씩 쓰시오.

가. 타설공법 :

나. 조적공법 :

09 공개경쟁입찰의 순서를 〈보기〉에서 골라 나열하시오.

〈보기〉
① 설계도서 교부   ② 현장설명   ③ 낙찰   ④ 질의응답
⑤ 계약   ⑥ 입찰 공고   ⑦ 참가등록   ⑧ 적산 및 견적
⑨ 개찰   ⑩ 입찰 등록   ⑪ 입찰

---

10 다음 〈보기〉에서 커튼월 조립방식 3가지와 설명하는 내용의 조립방식을 골라 쓰시오.

〈보기〉
① 패널방식   ② 그리드 방식   ③ 유닛월
④ 윈도우월   ⑤ 스틱방식

가. 커튼월 조립방식   (   )
나. 구성 부재 모두가 공장에서 조립된 프리패브(Pre-Fab) 형식으로 현장 상황에 융통성을 발휘하기가 어렵고, 창호와 유리, 패널의 일괄발주 방식   (   )
다. 창호와 유리, 패널의 개별발주 방식으로 창호 주변이 패널로 구성됨으로써 창호의 구조가 패널 트러스에 연결할 수 있어서 비교적 경제적인 시스템 구성이 가능한 방식
                                                        (   )

---

11 아래 설명에 적합한 타일을 〈보기〉에서 골라 기호로 적으시오.(단, 번호 중복 기재 가능)

〈보기〉
① 토기질 타일   ② 도기질 타일
③ 석기질 타일   ④ 자기질 타일

가. 외장에 사용하는 타일은 (   ), (   )을 사용하고 내동해성이 우수한 것으로 한다.
나. 내장에 사용하는 타일은 (   ), (   ), (   )을 사용하고 한랭지 및 이에 준하는 장소의 노출부위에는 (   ), (   )을 사용한다.
다. 바닥 타일은 유약을 바르지 않은 (   ), (   )을 사용한다.

12. 아래 데이터를 네트워크 공정표로 작성하고 각 작업의 여유시간을 계산하시오.

작업명	작업일수	선행작업	비 고
A	5	없음	더미는 작업이 아니므로 여유시간 계산에서는 제외하고 실제적인 여유에 대하여 계산한다. 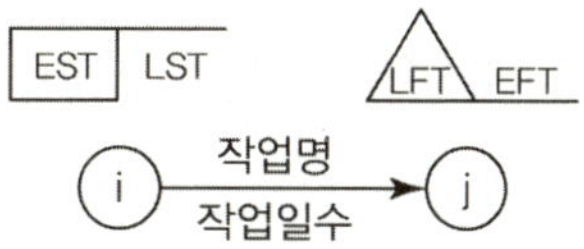
B	2	없음	
C	4	없음	
D	4	A, B, C	
E	3	A, B, C	
F	2	A, B, C	

가. 네트워크 공정표

나. 작업의 여유시간

13 목재의 방부처리법에 대하여 4가지를 쓰시오.

가. _____ 나. _____

다. _____ 라. _____

14 표준형 벽돌(190×90×57) 1,000장으로 1.5B 두께로 쌓을 수 있는 벽면적은?(단, 할증은 고려하지 않는다.)

_____ m²

15 다음은 목재 마루타일 붙이기 순서이다. 〈보기〉에서 골라 순서를 알맞게 기재하시오.

〈보기〉
가. 목재마루타일   나. 기포콘크리트   다. 단열재   라. 보호모르타르

_____

16 다음 설명하는 용접방법을 〈보기〉에서 골라 알맞게 적으시오.

〈보기〉
① 피복아크 용접   ② 서브 머지드 용접
③ 가스 실드 아크 용접   ④ 일렉트로 슬래그 용접

가. 용융슬래그 속에 용접봉을 연속으로 공급하며, 용접봉과 용융 금속 내부에 흐르는 전류에 의한 전기 저항발열로써 전극을 용접시키는 방법 (   )

나. 용접부 표면에 미세한 입상의 플럭스를 공급하고 플럭스 내부에서 피복하지 않은 용접봉을 사용하는 용접 (   )

다. 피복재를 유착시킨 용접봉을 사용한 수동용접으로 가장 많이 사용되는 방법 (   )

라. 가스로서 아크를 보호하며 진행하는 용접 (   )

17 거푸집 측압이 증가하는 원인 4가지를 쓰시오.

가. ....
나. ....
다. ....
라. ....

18 다음 맞댐용접에 대한 표기에 맞는 치수를 써 넣으시오.

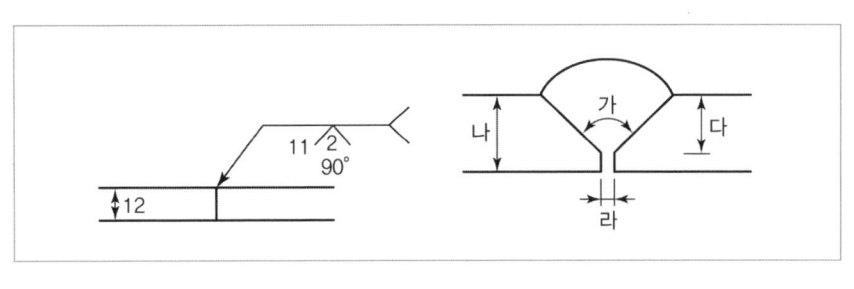

가. .... 나. ....
다. .... 라. ....

19 다음 설명하는 품질관리 도구명을 기재하시오.

가. 계량치의 분포가 어떠한 분포를 하는지 알아보기 위하여 작성하는 것
(   )

나. 서로 대응하는 두 개의 짝으로 된 데이터를 그래프용지에 점으로 나타낸 것
(   )

다. 결과에 원인이 어떻게 관계하고 있는가를 한눈에 알아보기 위하여 작성하는 것
(   )

20 안전 설비시설에서 추락방지 시설 4가지를 쓰시오.

가. .... 나. ....
다. .... 라. ....

21 굵은 골재의 공칭 최대치수는 다음 값을 초과하지 않아야 한다. ( ) 안에 적당한 수치를 기재하시오.

> 가. 일반 콘크리트 20mm 또는 (①)
> 나. 단면이 큰 부재일 때 (②)
> 다. 무근일 때 (③) 또는 슬래브 부재치수의 (④) 초과 금지

① _____ ② _____
③ _____ ④ _____

22 다음 보통콘크리트의 피복두께를 기재하시오.

구분	피복두께 (단위 : mm)	
수중 콘크리트	①	
흙(영구)	②	
흙+공기노출	D19 이상	③
	D16 이하	④

① _____ ② _____
③ _____ ④ _____

23 다음 달비계 안전계수를 써 넣으시오.

> 가. 달기 와이어로프 및 달기 강선의 안전계수 (①) 이상
> 나. 달기 체인 및 달기훅의 안전계수 (②) 이상
> 다. 달기 강대와 달비계의 하부 및 상부 지점의 안전계수 강재의 경우 (③) 이상, 목재의 경우 (④) 이상

① _____ ② _____
③ _____ ④ _____

24 다음 설명하는 내용에 적합한 보호장구를 기재하시오.

가. 물체의 낙하, 충격 및 바닥으로 날카로운 물체에 의한 찔림 위험으로부터 발을 보호하는 장구 ( )
나. 용접 시 불꽃이나 물체가 흩날릴 위험이 있는 작업 ( )
다. 고열작업에서 화상과 열중증을 방지하기 위하여 사용하는 보호장구 ( )
라. 높은 장소의 작업에서 작업자를 보호하기 위하여 작업자의 허리와 구조물 또는 발판 등을 연결하기 위한 줄 ( )

25 도막방수와 비교한 시트방수특징에 해당하는 번호를 골라 적으시오.

① 핀홀과 같은 안정성이 떨어진다.
② 겹침부에 취약하다.
③ 기후의 영향을 받는다.
④ 흘러내림이 있다.
⑤ 굴곡부같은 곳에 적용하기 어렵다.
⑥ 자재 자체의 방수성이 좋다.

26 다음은 한중 콘크리트에 대한 설명이다. ( ) 안에 적당한 단어나 숫자를 기재하시오.

가. 타설일의 일평균기온이 (①)℃ 이하 또는 콘크리트 타설 완료 후 24시간 동안 일최저기온 0℃ 이하가 예상되는 조건이거나 그 이후라도 초기동해 위험이 있는 경우 한중 콘크리트로 시공하여야 한다.
나. 한중 콘크리트에는 (②) 콘크리트를 사용하는 것을 원칙으로 한다.
다. 물-결합재비는 원칙적으로 (③)% 이하로 하여야 한다.

가. .... 나. .... 다. ....

2023년 3회 과년도 기출문제

01 저탄소 콘크리트에 사용되는 혼화재 종류 2가지를 쓰시오.

가. ………………………………………………   나. ………………………………………………

득점 / 배점 4

02 석재의 등급은 다음 설명의 기준에 의하여 1에서 3등급으로 구분한다. 각 설명에 해당하는 등급을 쓰시오.

> 가. 1등급 기준에 결점이 심하지 않은 석재
> 나. 시공의 실용상 지장이 없는 것
> 다. 흐름(구름무늬, 얼룩), 점(흰점, 검은점), 띠(흰줄, 검은줄), 철분(녹물), 끊어지는 줄(균열, 짬), 산화, 풍화 등이 조금도 없는 석재

가. ………………………   나. ………………………   다. ………………………

득점 / 배점 3

03 콜드조인트와 시공줄눈의 차이점을 쓰시오.

득점 / 배점 4

04 콘크리트 슬럼프 저하 원인 3가지를 쓰시오.

가. ………………………………………………   나. ………………………………………………
다. ………………………………………………

득점 / 배점 3

05 다음 그림에서 설명하는 용접결함에 해당하는 명칭을 쓰시오.

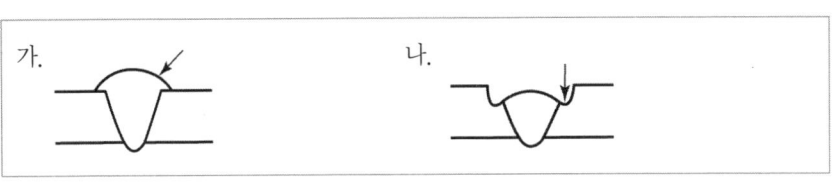

가. _____ 나. _____

06 PQ제도에 대하여 간단히 설명하시오.

07 Life Cycle Cost(LCC)에 대하여 간단히 설명하시오.

08 공동도급을 수행하는 공동이행방식과 분담이행방식의 차이점을 쓰시오.

09 조적벽체에서 테두리보의 설치 목적 3가지를 쓰시오.

가. ....
나. ....
다. ....

10 표준형 벽돌 1,600장으로 1.5B 두께로 쌓을 수 있는 벽면적은?(단, 할증률은 고려하지 않는다.)

.... m^2

11 다음 곤돌라형 달비계에 사용 금지된 와이어로프에 대한 설명이다. 각 항목에 맞는 기준을 고르시오.

| 가. 이음매가 (① 있는 것 ② 없는 것)
| 나. 이음매가 있는 와이어로프의 한 꼬임에서 끊어진 소선의 수가 (① 3% ② 5% ③ 10% ④ 15%) 이상인 와이어로프
| 다. 지름의 감소가 공칭지름의 (① 3% ② 7% ③ 10% ④ 15%)를 초과하는 꼬인 와이어로프
| 라. 꼬임이 (① 있는 것 ② 없는 것)

가. ....   나. ....
다. ....   라. ....

12 각 설명에 해당하는 목재 균열의 종류를 〈보기〉에서 골라 쓰시오.

〈보기〉
① 분할　　　② 윤할　　　③ 할렬

가. 나무가 생장과정에서 받는 내부응력으로 인하여 목재 조직이 나이테에 평행한 방향으로 갈라지는 결함　　　　　　　　　　　　　　　　　（　　　）
나. 제재목의 끝 부분에서 상하가 관통하여 갈라진 결함　　　（　　　）
다. 목재가 건조과정에서 방향에 따른 수축률의 차이로 나이테에 직각 방향으로 갈라지는 결함　　　　　　　　　　　　　　　　　　　　　（　　　）

13 작업리스트에 따라 네트워크 공정표를 작성하시오.

작업명	작업일수	선행작업
A	2	없음
B	3	없음
C	5	A
D	5	A, B
E	2	A, B
F	3	C, D, E
G	5	E

비 고
가. CP는 굵은 선으로 표시한다.
나. 각 결합점에서는 다음과 같이 표시한다.

네트워크 공정표

14 감리자의 역할에 대하여 3가지를 쓰시오.

가. _____
나. _____
다. _____

15 다음 설명하는 거푸집 부속재료를 쓰시오.

가. 거푸집의 탈형과 청소를 용이하게 만들기 위해 합판 거푸집 표면에 미리 바르는 것
　　(　　　　　)
나. 철근의 피복두께를 유지하기 위해 벽이나 바닥 철근에 대어주는 것　(　　　　　)
다. 거푸집의 간격을 유지하며 벌어지는 것을 막는 긴장재　　　　(　　　　　)

16 비계 해체 시 주의사항에 대한 설명이다. 〈보기〉에서 틀린 항목 2개를 고르고 옳은 내용으로 수정하시오.

〈보기〉
가. 해체 및 철거는 시공의 역순으로 진행하여야 한다.
나. 해체 착수 전에 비계에 결함이 발생했을 경우에는 정상적인 상태로 복구한 후에 해체하여야 한다. 특히, 벽 이음재와 가새는 반드시 확인하여야 한다.
다. 해체는 규칙적이고 계획적으로 진행되어야 하며, 수직부재부터 차례로 해체하여야 한다.
라. 해체 및 철거 시에는 도괴, 낙하, 추락 등의 방지를 위한 조치를 취하여야 한다.
마. 모든 분리된 부재와 이음재는 비계로부터 떨어뜨리지 말고 내려야 하며, 아직 분해되지 않은 비계부분은 안정성이 유지되도록 작업하여야 한다.
사. 해체된 부재들은 비계 위에 적재해서는 안 되며, 해체된 부재들은 지정된 위치에 보관하여야 한다.
아. 벽 이음재는 가능하면 먼저 해체한다.

17 다음 네트워크 공정표에 사용되는 용어이다. 〈보기〉에서 골라 표기하시오.

〈보기〉
EST, EFT, LST, LFT, CP, SLACK, FLOAT, TF, FF, DF

가. 작업을 가장 빨리 시작할 수 있는 시간   (   )
나. 네트워크 공정표에서 결합점이 가지는 여유시간   (   )
다. 후속작업의 FF에 영향을 주는 여유   (   )

18 다음 설명하는 데크 플레이트의 종류를 〈보기〉에서 골라 기호로 쓰시오.

〈보기〉
① 데크 플레이트   ② 합성데크 플레이트   ③ 복합데크 플레이트

가. 압축응력을 콘크리트가 부담하고 인장응력은 철근 대신 여러 가지 형상으로 만들어진 데크 플레이트가 부담하는 것   (   )
나. 하중에 무관하고 거푸집 대용으로 사용하거나 콘크리트와 일체가 되게 사용하는 것
    (   )
다. 거푸집 대용 플레이트와 슬래브 철근 주근을 공장에서 조립하고 현장에서 배력근만 설치하고 콘크리트를 타설하는 것   (   )

19 한중 콘크리트에 대한 설명이다. (   ) 안에 적당한 단어나 숫자를 적으시오.

한중 콘크리트는 (가) 콘크리트를 사용하는 것을 원칙으로 하며, 물 결합재비는 가급적 (나) 사용해야 하며, 원칙적으로 (다)% 이하로 하여야 한다.

가. _____   나. _____
다. _____

20 다음은 가설통로 중 경사로에 관한 설명이다. (　　) 안에 적당한 숫자를 기재하시오.

득점	배점
	3

경사로 설치 시 경사각은 (가)도 이하이여야 하며, (나)도 이상일 경우 미끄럼 막이를 일정한 간격으로 설치하고, 높이 (다)m 마다 경사로의 꺾임 부분에는 계단참을 설치하여야 한다.

가. ....　나. ....

다. ....

21 다음은 슬럼프 콘에 관한 시험방법이다. (　　) 안에 적당한 숫자를 기재하시오.

득점	배점
	3

슬럼프 콘에 콘크리트를 거의 같은 양의 3층으로 나누어 채우고 다짐봉으로 (가)회씩 똑같이 다진다. 슬럼프 콘에 콘크리트를 채우기 시작하고 나서 슬럼프 콘의 들어올리기를 종료할 때까지의 시간은 (나)분 이내로 하며, 슬럼프 시험의 측정 단위는 (다)cm로 표기한다.

가. ....　나. ....

다. ....

22 다음 그림을 보고 적당한 재료명칭을 쓰시오.

득점	배점
	3

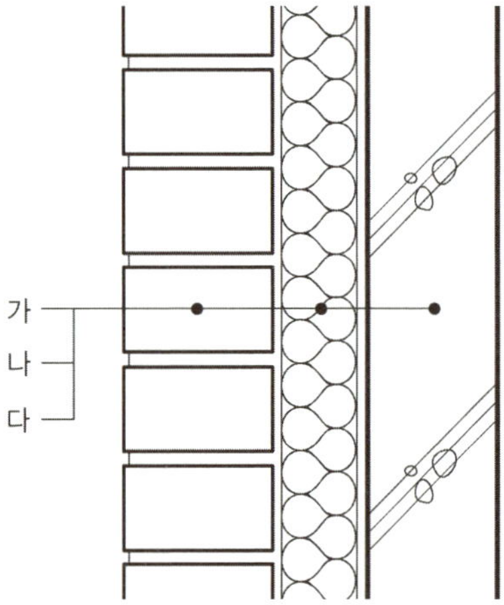

가. ....　나. ....

다. ....

23 다음 〈보기〉를 보고 아래의 각 부재의 철근 정착 위치를 골라 기호로 쓰시오.

〈보기〉
① 기초   ② 기둥   ③ 보   ④ 벽   ⑤ 바닥

가. 기초 (   )   나. 바닥 (   )
다. 벽 (   )   라. 지중보 주근 (   )

24 다음은 레디믹스트 콘크리트에 관한 설명이다. (   ) 안에 적당한 말을 기재하시오.

레디믹스트 콘크리트의 종류는 보통콘크리트, 경량콘크리트, 포장콘크리트, 고강도 콘크리트로 하고, 구입자는 (가), (나), (다)를 조합한 표에 표한 표시한 범위 내에서 종류를 지정하는 것을 원칙으로 한다.

가. _____   나. _____
다. _____

25 광학유리의 종류 2가지를 쓰시오.

가. _____   나. _____

26 시멘트 모르타르 바름 시공순서의 일반사항이다. 〈보기〉에서 틀린 것을 골라 올바르게 적으시오.

〈보기〉
가. 바탕을 모르타르로 바탕의 요철을 조정하고 긁어놓은 다음 2주 이상 가능한 한 오래 방치한다.
나. 바탕은 바름하기 직전에 잘 청소하고, 완전히 건조시킨 다음 초벌 바름을 한다.
다. 모르타르의 현장배합은 표준 배합비에 따른다.
라. 마무리 두께는 공사시방서에 다르며 천정 차양은 15mm 이하, 기타는 15mm 이상으로 한다.
마. 바름 두께는 바탕의 표면부터 측정하는 것으로, 라스 먹임의 바름두께를 포함하여 측정한다.
사. 바름두께에서 메탈라스 및 와이어라스 라스 먹임의 경우는 제외한다.

27 다음은 한중 콘크리트 양생방법에 관한 설명이다. ( ) 안에 알맞은 양생방법을 〈보기〉에서 골라 기호로 쓰시오.

〈보기〉
① 피복양생   ② 급열양생   ③ 봉함양생   ④ 단열양생

가. 양생기간 중 어떤 열원을 이용하여 콘크리트를 가열하는 양생 ( )
나. 단열성이 높은 재료로 콘크리트 주위를 감싸 시멘트의 수화열을 이용하여 보온하는 양생 ( )
다. 시트 등을 이용하여 콘크리트의 표면 온도를 저하시키지 않는 양생 ( )
라. 콘크리트 공시체를 봉투 등을 이용하여 대기와 차단하는 양생 ( )

28 다음은 도장 작업별 점검사항이다. 순서에 맞는 점검사항을 〈보기〉에서 골라 기호로 쓰시오.

가. 표면처리   나. 하도
다. 중도/상도   라. 현장마감

〈보기〉
① 도막상태   ② 표면조도   ③ 미스트코트 작업여부
④ 마찰계수   ⑤ 오염물 제거여부

가. _____   나. _____
다. _____   라. _____

29 다음은 단열재의 시공방법에 관한 설명이다. ( ) 안에 적당한 단어를 〈보기〉에서 골라 적으시오.

〈보기〉
① 긴변   ② 짧은 변   ③ 위   ④ 아래

단열재를 시공할 때 건물의 수직, 수평의 기준선을 정한 후 단열재의 (가)을 지면과 수평을 유지하며 (나)에서부터 (다)의 방향으로 설치하고, 수직 통줄눈이 생기지 않도록 엇갈리게 교차하여 단열재를 설치한다.

가. _____   나. _____
다. _____

Engineer Architecture

2022년 과년도 기출문제

CONTENTS

제1회	기출문제	55
제2회	기출문제	63
제3회	기출문제	71

2022년 1회 과년도 기출문제

01 석재의 가공순서를 〈보기〉에서 골라 기호로 쓰시오.

〈보기〉
① 도드락다듬   ② 혹두기   ③ 잔다듬   ④ 정다듬

02 품질관리(QC) 등 일반관리의 제반요인(대상)이 되는 여러 M 중 4M만을 쓰시오.

| 가. 자원 | 나. 노무 | 다. 장비 |
| 라. 자금 | 마. 관리 | 바. 기억 |

가. _____   나. _____
다. _____   라. _____

03 아래 데이터를 이용하여 공정표를 작성하시오.

작업명	작업일수	선행작업	비 고
A	3	없음	단, 이벤트(Event)에는 번호를 기입하고, 주공정선은 굵은 선으로 표기한다.
B	2	없음	
C	4	없음	
D	5	C	
E	2	B	
F	3	A	
G	3	A, C, E	
H	4	D, F, G	

네트워크 공정표

04 다음 재료의 할증률을 기입하시오.

| 가. 유리 ·················· (   ) 나. 기와 ·················· (   ) |
| 다. 붉은 벽돌 ············ (   ) 라. 단열재 ················ (   ) |

가. _____   나. _____
다. _____   라. _____

득점 | 배점
     | 4

05 쉬어커넥터의 정의와 종류 3가지를 쓰시오.

가. _____
  _____

나. ① _____
   ② _____
   ③ _____

득점 | 배점
     | 5

06 용접 접합의 장점 4가지를 쓰시오.

가. _____   나. _____
다. _____   라. _____

득점 | 배점
     | 4

07 LCC의 정의를 간단히 설명하시오.

득점	배점
	2

08 혼화제와 혼화재의 차이점을 쓰고 혼화재의 종류 3가지를 쓰시오.

가.

나. ①

②

③

득점	배점
	5

09 건설 프로젝트 관리에서 리스크관리 대안 4가지를 쓰시오.

가. 나.

다. 라.

득점	배점
	4

10 시멘트 대체 혼화재로서 플라이애쉬 및 콘크리트용 고로슬래그 미분말을 결합재로 대량 치환하여 제조된 콘크리트 중 치환율이 50% 이상, 70% 이하인 콘크리트를 무엇이라 하는가?

득점	배점
	2

11 공동 도급의 정의와 장단점을 각각 2가지씩 쓰시오.

가.

나. 장점 ①

②

단점 ①

②

득점	배점
	5

12 다음에서 설명하는 내용을 〈보기〉에서 골라 기호로 쓰시오.

가. 콘크리트의 질량을 경감시킬 목적으로 사용하는 보통의 암석보다 밀도가 낮은 골재
나. 모르타르 또는 콘크리트를 만들기 위하여 시멘트 및 물과 반죽 혼합하는 모래, 자갈, 부순돌, 기타 이와 유사한 입상의 재료
다. 암석을 크러셔 등으로 분쇄하여 인공적으로 만든 골재
라. 건설폐기물을 물리적 또는 화학적 처리과정 등을 통하여 순환골재 품질기준에 적합하게 만든 골재로 재생골재라고도 함

〈보기〉
① 순환 골재   ② 부순골재   ③ 경량골재   ④ 골재
⑤ 굵은 골재   ⑥ 골재   ⑦ 자갈

가. _____ 나. _____
다. _____ 라. _____

13 다음은 마감공사에 대한 순서이다. 〈보기〉를 보고 골라 순서대로 쓰시오.

〈보기〉
① 고름질   ② 초벌 또는 덧먹임   ③ 정벌   ④ 바탕처리   ⑤ 보양   ⑥ 재벌

14 철골공사에서 녹막이칠 하지 않는 부분 4개소를 쓰시오.

가. _____
나. _____
다. _____
라. _____

15 공개경쟁입찰의 장점과 단점을 2가지씩 쓰시오.

가. 장점 ① _____
       ② _____
나. 단점 ① _____
       ② _____

16 지하실 외벽의 경우에 안방수와 바깥방수를 다음의 관점에서 각각 비교하여 쓰시오.

구분	안방수	바깥방수	보기	
(1) 사용환경			① 수압이 작고 얕은 지하실	② 수압이 크고 깊은 지하실
(2) 바탕처리			① 따로 만들 필요 없음	② 따로 만들어야 함
(3) 공사시기			① 자유롭다	② 본 공사에 선행
(4) 시공용이			① 간단하다	② 번거롭다
(5) 보호누름			① 필요하다	② 필요없다

17 다음은 콘크리트 균열의 원인이다. 〈보기〉를 보고 재료상의 원인과 시공상의 원인을 골라 기호로 쓰시오.

〈보기〉
① 시멘트의 이상 응결   ② 혼화재료의 불균일한 분산
③ 펌프 압송 시 시멘트량, 수량의 증량   ④ 콘크리트의 건조 수축
⑤ 초기의 급격한 건조   ⑥ 골재에 포함되어 있는 염화물

가. 재료상의 원인 :

나. 시공상의 원인 :

18 다음은 고강도 콘크리트에 관한 사항이다. 알맞은 기호를 고르시오.

재료 및 배합	보기	
(1) 단위 수량	① 크게	② 작게
(2) 단위 시멘트량	① 크게	② 작게
(3) 잔골재량	① 크게	② 작게
(4) 슬럼프치	① 크게	② 작게

(1)   (3)
(2)   (4)

19 다음은 거푸집의 존치기간에 관한 규정이다. ( ) 안에 알맞은 수치를 써 넣으시오.

> 수직 거푸집의 경우는 압축강도가 (①)MPa 이상이면 제거가 가능하며, 수평 거푸집이 단층일 경우 설계 기준강도의 (②) 이상의 강도가 얻어질 때, 최소 (③)MPa 이상이 되어야 해체가 가능하다.

① _____ ② _____ ③ _____

20 다음은 낙하물 방지망에 관한 내용이다. ( ) 안에 적당한 수치를 기재하시오.

> 낙하물 방지망의 설치 높이는 (①)m 마다 설치하며, 비계 또는 구조체의 외측에서 내민 길이는 (②)m 이상 설치하며, 경사는 (③) 이상 (④) 이하로 한다.

① _____ ② _____
③ _____ ④ _____

21 건설공사에서 악천후에 따른 철골공사 중지 기준이다. ( ) 안에 적당한 수치를 기재하시오.

> 가. 풍속 : (①)m/s 나. 강수량 : (②)mm/hr
> 다. 강설량 : (③)cm/hr

① _____ ② _____ ③ _____

22 건설공사에 사용되는 안전유리 3가지를 쓰시오.

가. _____ 나. _____
다. _____

23 기준점의 정의 및 주의사항 3가지를 쓰시오.

가. 정의 : _____

나. 주의사항 : ① _____
② _____
③ _____

24 다음은 목재의 접합에 관한 내용이다. 〈보기〉에서 골라 적당한 단어를 쓰시오.

가. 2개 이상의 목재를 길이 방향으로 잇는 것   (   )
나. 사용 널재를 옆으로 이어 대는 것   (   )
다. 수직재와 수평재 등 각도를 갖고 맞추는 것   (   )

〈보기〉
맞춤, 쪽매, 이음

25 아래 도면을 보고 실내 마감표 상에서 바탕, 마감, 두께를 알맞게 적으시오.

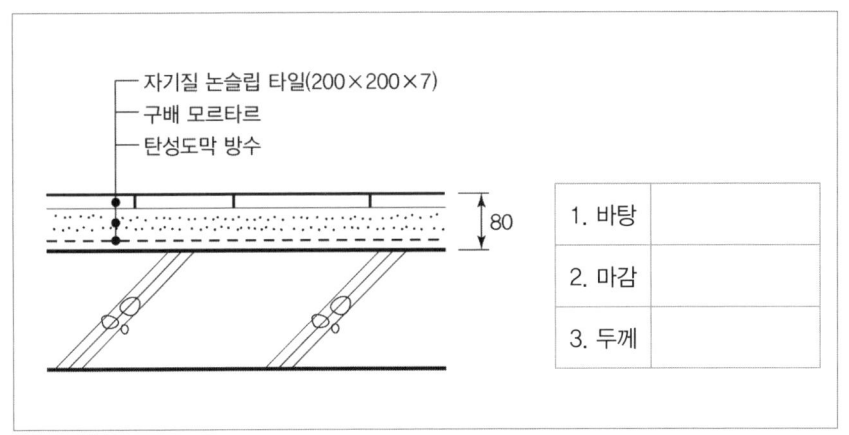

1. 바탕	
2. 마감	
3. 두께	

26 아래 표는 거푸집 설치 후 시험 및 검사에 관한 내용이다. 빈칸에 맞는 말을 〈보기〉에서 골라 기호로 쓰시오.

항목	시험, 검사 방법	시기, 회수	판정
거푸집, 동바리의 재료 및 체결재의 종류, 재질 형상치수	가	거푸집, 동바리 조립 전	지정한 품질 및 치수의 것일 것
동바리의 배치	나	동바리 조립 후	경화한 콘크리트 부재는 거푸집의 허용오차 규정에 적합할 것
조임재의 위치 및 수량	다	콘크리트 타설 전	
거푸집의 형상 치수 및 위치	라	콘크리트 타설 전 및 타설 도중	
거푸집과 최외측 철근과의 거리	마		철근피복 허용오차 규정에 적합할 것

〈보기〉
① 외관 검사   ② 스케일에 의한 측정   ③ 외관 검사 및 스케일에 의한 측정

가. _____   나. _____
다. _____   라. _____
마. _____

2022년 2회 과년도 기출문제

01 철골공사에서 철골에 녹막이 칠을 하지 않는 부분 4가지만 쓰시오.

가. _____
나. _____
다. _____
라. _____

02 다음 데이터를 네트워크 공정표로 작성하고, 각 작업별 여유시간을 산출하시오.

작업명	소요일수	선행작업	비 고
A	3	없음	단, 이벤트(Event)에는 번호를 기입하고, 주공정선은 굵은 선으로 표기한다. 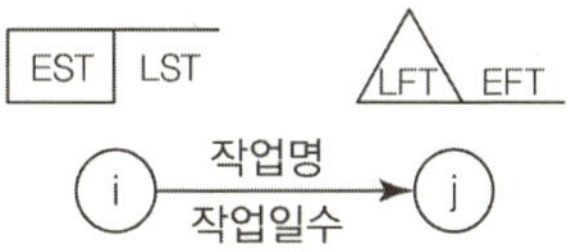
B	4	없음	
C	5	없음	
D	6	A, B	
E	7	B	
F	4	D	
G	5	D, E	
H	6	C, F, G	
I	7	F, G	

가. 네트워크 공정표

나. 작업별 여유시간

03 정액도급, 단가도급의 장점을 각각 2가지씩 쓰시오.

　가. 정액도급
　　① _____
　　② _____
　나. 단가도급
　　① _____
　　② _____

04 실비정산 보수 가산식 도급의 정의와 단점 2가지를 쓰시오.

　가. 정의 : _____

　나. 단점 : ① _____
　　　　　 ② _____

05 도장공사 시공 순서를 〈보기〉에서 골라 순서대로 쓰시오.

〈보기〉
가. 바탕처리　　　나. 상도 1회　　　다. 상도 2회
라. 퍼티먹임　　　마. 연마　　　　　바. 하도 1회

06 다음 설명에 해당하는 콘크리트의 명칭을 쓰시오.

가. 거푸집에 골재와 철근을 미리 넣고 트레미관을 이용하여 모르타르를 주입하여 만드는 콘크리트 (　　　　)

나. 단면이 80cm 이상이고 내부 열이 높은 콘크리트 (　　　　)

다. PS강재를 이용하여 콘크리트의 인장능력을 키운 콘크리트 (　　　　)

라. 시멘트 대체 혼화재로서 플라이애시 및 콘크리트용 고로슬래그 미분말을 결합재로 대량 치환하여 제조된 콘크리트 중 치환율이 50% 이상, 70% 이하인 콘크리트
(　　　　)

07 한중 콘크리트에 대한 설명이다. 〈보기〉 내용이 맞는지의 여부를 ○, ×로 답하시오.

〈보기〉
가. 물-결합재비는 원칙적으로 60% 이하로 사용한다.
나. 공기 연행제를 사용해야 한다.
다. 타설할 때의 콘크리트 온도는 구조물의 단면치수, 기상조건 등을 고려하여 5~20℃의 범위에서 정하여야 한다.
라. 기상조건이 가혹한 경우나 단면 두께가 300mm 이하인 경우에는 타설 시 콘크리트의 최저 온도를 10℃ 이상 확보하여야 한다.

가. _____　　나. _____
다. _____　　라. _____

08 조적공사에 대한 설명이다. 〈보기〉 내용이 맞는지의 여부를 ○, ×로 답하시오.

〈보기〉
가. 하루의 쌓기 높이는 1.2m를 표준으로 하고, 최대 1.5m 이하로 한다.
나. 공사시방서에서 정한 바가 없을 때에는 영식 쌓기 또는 불식 쌓기로 한다.
다. 가로 및 세로줄눈의 너비는 도면 또는 공사시방서에 정한 바가 없을 때는 10mm로 하고, 세로줄눈은 통줄눈이 되지 않도록 한다.

가. _____　　나. _____
다. _____

09 다음 시설에 맞게 〈보기〉에서 골라 기호로 쓰시오.

가. 작업 도중 자재, 공구 등의 낙하로 인한 피해를 방지하기 위하여 개구부 및 비계 외부에 수평으로 설치하는 망 ( )

나. 상부에서 작업 도중 자재나 공구 등의 낙하로 인한 재해를 방지하기 위하여 개구 및 비계 외부 안전 통로 출입구 상부에 설치하는 낙하물 방지망 대신 설치하는 목재 또는 금속판재 ( )

다. 고소 작업 중 근로자의 추락 및 물체의 낙하를 방지하기 위하여 수평으로 설치하는 보호망 ( )

라. 근로자 또는 장비 등이 바닥 등에 뚫린 부분으로 떨어지는 것을 방지하기 위하여 설치하는 판재 또는 철판망 ( )

〈보기〉
① 개구부 수평보호덮개 ② 안전난간 ③ 방호선반 ④ 낙하물 방지망
⑤ 수직보호망 ⑥ 추락 방호망 ⑦ 수직형 추락방망

가. _____ 나. _____
다. _____ 라. _____

10 다음 용어에 대해 설명하시오.

가. 적산(積算) : _____

나. 견적(見積) : _____

11 다음에서 설명하는 품질관리(QC) 수법을 쓰시오.

가. 불량, 고장, 결점 등의 발생건수를 분류 항목별로 나누어 크기 순서대로 나열해 놓은 것 ( )

나. 결과에 원인이 어떻게 작용하고 있는가를 한눈에 나타낸 그림 ( )

다. 서로 대응하는 두 개의 짝으로 된 데이터를 그래프용지 위에 타점하여 나타낸 것 ( )

12 철골공사에서 내화피복공법 종류에 따른 재료를 각각 2가지씩 쓰시오.

공법	재료	
타설공법	가	나
조적공법	다	라

가. _____ 나. _____
다. _____ 라. _____

13 중대재해에 대한 설명이다. 해당 내용에 맞는 인원수를 기재하시오.

> 중대재해라 함은 산업재해 중 사망 등 재해의 정도가 심한 것으로, 사망자가 (가)인 이상 발생한 재해사고, 동일한 사고로 6개월 이상 치료가 필요한 부상자가 (나)인 이상 발생한 재해사고, 동일한 유해요인으로 급성중독 등 직업성 발병자가 1년 이내에 (다)인 이상 발생한 재해를 말한다.

가. _____ 나. _____ 다. _____

14 갱폼의 장단점을 2가지씩 기술하시오.

가. 장점 ① _____
　　　　② _____
나. 단점 ① _____
　　　　② _____

15 콘크리트의 알칼리 골재반응의 정의와 대책 3가지를 쓰시오.

가. 정의 : _____
_____
_____

나. 대책 : ① _____
　　　　② _____
　　　　③ _____

16 벽면적 60m²에 붉은 벽돌 1.0B를 쌓을 때 벽돌의 소요량을 산출하시오.

〈산출근거〉

답 : _____

17 지붕방수공사에 사용되는 도막재 종류 3가지를 기재하시오.

가. _____ 나. _____

다. _____

18 철골공사에서 용접부 비파괴 검사 방법 4가지를 쓰시오.

가. _____ 나. _____

다. _____ 라. _____

19 아래 표는 거푸집 설치 후 시험 및 검사에 관한 내용이다. 빈칸에 맞는 말을 보기에서 골라 기호로 쓰시오.

항목	시험, 검사 방법	시기, 회수	판정
거푸집, 동바리의 재료 및 체결재의 종류, 재질 형상치수	가	거푸집, 동바리 조립 전	지정한 품질 및 치수의 것일 것
동바리의 배치	나	동바리 조립 후	경화한 콘크리트 부재는 거푸집의 허용오차 규정에 적합할 것
조임재의 위치 및 수량	다	콘크리트 타설 전	
거푸집의 형상 치수 및 위치	라	콘크리트 타설 전 및 타설 도중	
거푸집과 최외측 철근과의 거리	마		철근피복 허용오차 규정에 적합할 것

〈보기〉
① 외관 검사   ② 스케일에 의한 측정   ③ 외관 검사 및 스케일에 의한 측정

가. _____ 나. _____

다. _____ 라. _____

마. _____

20 콘크리트에 사용되는 염화칼슘, 플라이애쉬, 유동화제, 팽창제의 사용하는 목적을 1가지씩 기재하시오.

득점	배점
	4

가. 염화칼슘 : ......

나. 플라이애쉬 : ......

다. 유동화제 : ......

라. 팽창제 : ......

21 관리기법의 하나인 VE를 효율적으로 적용할 수 있는 공사의 종류 3가지를 쓰시오.

득점	배점
	3

가. ......

나. ......

다. ......

22 석재 붙임 공법 중 앙카 긴결법을 설명하고 습식 공사에 비해 장점 3가지를 기재하시오.

득점	배점
	5

가. 성의 : ......

......

나. 장점 : ① ......

② ......

③ ......

23 다음은 포틀랜드 시멘트의 품질 시험에 관한 항목이다. 각 시험에 사용되는 기계, 기구명을 쓰시오.

득점	배점
	3

가. 분말도 (　　　　　　)

나. 응결 및 경화 (　　　　　　)

다. 안정성 시험 (　　　　　　)

24 다음 도면을 보고 각 번호에 해당하는 재료를 〈보기〉에서 골라 기호로 쓰시오.

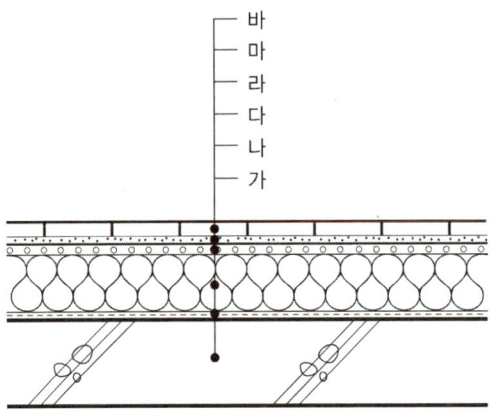

〈보기〉
PE필름, 바닥마감재 자기질 타일, 시멘트 모르타르, 콘크리트 바탕,
단열재, 표준메쉬

가. _____   나. _____
다. _____   라. _____
마. _____   바. _____

25 다음에서 설명하는 공학목재 제품을 〈보기〉에서 골라 기호로 쓰시오.

가. 얇게 만든 단판을 섬유방향과 직교되게 3, 5, 7, 9 등의 홀수로 붙여 만든 판형제품
나. 목재의 조각을 충분히 건조시킨 후 유기질의 접착제를 첨가하여 가열, 압축하여 만든 제품
다. 목질의 섬유를 합성수지와 접착제를 섞어 판상으로 만든 제품

〈보기〉
① OSB   ② 합판   ③ 파티클보드   ④ 집성목재   ⑤ MDF   ⑥ 섬유판

가. _____   나. _____
다. _____

2022년 3회 과년도 기출문제

01 실비정산 보수 가산법의 정의와 단점 2가지를 기재하시오.

가. 정의 :

나. 단점 : ①
②

02 콘크리트에 사용되는 골재의 요구성능 5가지를 기재하시오.

가.
나.
다.
라.
마.

03 다음 도면을 보고 물량을 산출하시오.

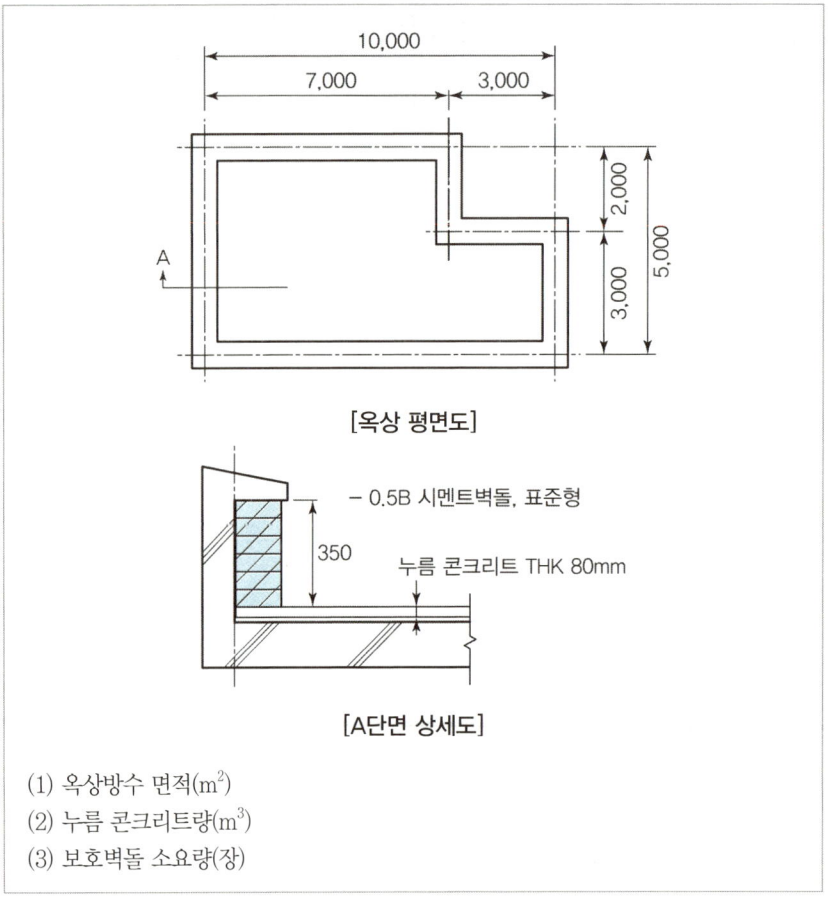

(1) 옥상방수 면적(m^2)
(2) 누름 콘크리트량(m^3)
(3) 보호벽돌 소요량(장)

계산과정 :

04 시트방수의 장점, 단점을 각각 2가지씩 쓰시오.

가. 장점 : ①
　　　　 ②

나. 단점 : ①
　　　　 ②

05 다음 데이터를 이용하여 네트워크 공정표를 작성하시오.

작업명	작업일수	선행작업	비고
A	7	없음	단, 주공정선은 굵은선으로 표시하고, 결합점에서는 다음과 같이 표시한다.
B	4	없음	
C	4	없음	
D	3	B	
E	7	A, B	
F	6	A, C	

〈네트워크 공정표〉

06 한중 콘크리트 양생방법 3가지를 기재하시오.

가.
나.
다.

07 고장력 볼트 접합의 장점 5가지를 기재하시오.

가.
나.
다.
라.
마.

08 TQC의 도구 4가지를 기재하시오.

득점	배점
	4

가. ______________ 나. ______________

다. ______________ 라. ______________

09 목재면의 조합도료 도장공정이다. 순서를 〈보기〉에서 골라 기호로 적으시오.

득점	배점
	4

〈보기〉
① 나뭇결 먹임 ② 바탕처리 ③ 하도 ④ 상도 2 ⑤ 상도 1 ⑥ 연마

____

10 목공사 접합에서 사용되는 이음 맞춤 시 주의사항 4가지를 기재하시오.

득점	배점
	4

가. ______________

나. ______________

다. ______________

라. ______________

11 콘크리트공사에 사용되는 벽체 거푸집 3가지를 기재하시오.

득점	배점
	3

가. ______________ 나. ______________

다. ______________

12 아래에서 설명하는 CM의 종류를 〈보기〉에서 골라 기호로 쓰시오.

〈 보기 〉
① A(agency) CM   ② X(eXtended) CM
③ O(Owner) CM   ④ GMP(Guaranteed Maximum Price) CM

가. CM의 고유업무뿐만 아니라 하도급 업체와 직접 계약을 체결하여 공사에 소요되는
   금액도 책임을 지는 방식   (   )
나. 건설업의 전 과정인 기획단계에서 부터 설계, 발주, 시공, 유지 관리 등에 걸쳐 사업을
   관리하는 방식   (   )
다. 설계단계에서부터 설계, 시공의 전 과정을 관리하는 방식   (   )
라. 발주자 자체가 CM업무를 수행하는 방식   (   )

13 조적공사에서 사용되는 수평과 수직보기 도구 3가지를 쓰시오.

가. _____   나. _____
다. _____

14 다음에서 설명하는 타일 붙이기 공법을 〈보기〉에서 골라 기호로 쓰시오.

가. 타일의 뒷면에 모르타르를 떠서 벽체 바탕에 1장씩 붙이는 공법   (   )
나. 바탕면에 타일 접착용 모르타르를 바르고 타일에도 붙임 모르타르를 발라 붙이는 공법
                                                          (   )
다. 바탕면에 타일 접착용 모르타르를 바르고 타일을 눌러 붙이는 공법   (   )

〈 보기 〉
① 떠붙이기   ② 압착 붙이기   ③ 개량압착 붙이기

15 다음에서 설명하는 비계의 종류를 〈보기〉에서 골라 적으시오.

가. 강관으로 현장에서 조립하여 설치하는 비계   (   )
나. 와이어로프로 옥상에서 매달아서 외부 작업용으로 사용하는 비계 (   )
다. 실내에서만 사용하는 비계   (   )
라. 수직재, 수평재, 가새로 조립해서 사용하는 비계   (   )

〈보기〉
말비계   달비계   강관비계   시스템비계

16 다음은 골재의 함수상태이다. 해당하는 사항을 기재하시오.

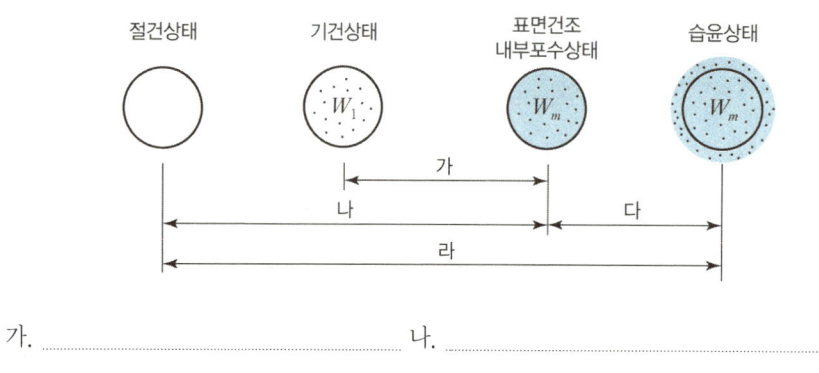

가. _____ 나. _____
다. _____ 라. _____

17 가설공사에서 사용되는 수평 규준틀과 수직 규준틀의 설치 목적을 각각 2가지씩 기재하시오.

가. 수평 규준틀
　① _____
　② _____
나. 수직 규준틀(세로 규준틀)
　① _____
　② _____

18 철골공사에 사용되는 내화 공법 중에서 습식 공법 4가지를 기재하시오.

가. _____ 나. _____
다. _____ 라. _____

19 다음에서 설명하는 용접결함을 보기에서 골라 적으시오.

가. 용접금속과 모재가 융합되지 않고 단순히 겹쳐지는 것 (　　　　　)
나. 용접상부에 모재가 녹아 용착금속이 채워지지 않고 홈으로 남게 된 부분
　　　　　　　　　　　　　　　　　　　　　　　　　　　(　　　　　)
다. 용접봉의 피복재 용해물인 회분이 용착금속 내에 혼합된 것 (　　　　　)
라. 용융금속이 응고 할 때 방출 되었어야 할 가스가 남아서 생기는 용접부의 빈자리
　　　　　　　　　　　　　　　　　　　　　　　　　　　(　　　　　)

〈보기〉
블로홀, 슬래그 감싸들기, 언더컷, 오버랩

20 매스 콘크리트의 수화열 감소 방안 4가지를 기재하시오.

가.
나.
다.
라.

21 다음에서 설명하는 네트워크 용어를 보기에서 기호로 골라 넣으시오.

가. 최초 개시결합점에서 최종 종료결합점에 이르는 경로 중 가장 긴 경로
　　　　　　　　　　　　　　　　　　　　　　　　(　　　　　)
나. 네트워크 공정표 작성 시 작업 상호 간의 관계를 정상적으로 표현하지 못할 때 나타내는
　　점선 화살표　　　　　　　　　　　　　　　　　(　　　　　)
다. 두 개 이상의 작업이 연결되는 것　　　　　　　(　　　　　)

〈보기〉
패스(Path), 더미(Dummy), 주공정선(Critical Path), EST, LT

22 다음은 강관비계를 설치하는 방법이다. (　　) 안에 적당한 수치를 기재하시오.

강관 파이프 비계를 설치할 때 기둥은 (가)m가 넘는 부분은 2본 이상 설치하며, 띠장의 간격은 (나)m 이하로 설치하고, 기둥 1본의 최대 적재하중은 (다)kN, 기둥 사이 1.85m 이내의 최대 적재하중은 (라)kN으로 한다.

가.　　　　　　　　　　나.
다.　　　　　　　　　　라.

23 콘크리트가 공기 중의 탄산가스의 작용을 받아서 콘크리트 중의 수산화칼슘이 서서히 탄산칼슘으로 되어 콘크리트의 알칼리성을 상실하는 현상을 무엇이라고 하는가?

---

24 다음은 데크 플레이트에 관한 설명이다. 〈보기〉에서 적당한 기호를 골라 적으시오.

가. 거푸집재의 용도로만 사용하는 데크 플레이트 ( )
나. 콘크리트와 일체로 되어 구조체를 형성하는 데크 플레이트 ( )
다. 주근 철근이 배근되어 있고 거푸집 데크 플레이트의 용도로도 사용되는 데크 플레이트
( )

〈보기〉
① 데크 플레이트   ② 복합 데크 플레이트   ③ 합성 데크 플레이트

25 다음은 콘크리트에 사용되는 혼화재료의 설명이다. 보기에서 골라 기호를 넣으시오.

가. 콘크리트의 움직이는 성질을 일시적으로 증가시키는 혼화재료 ( )
나. 염화물 등으로 인한 철근이 부식되는 것을 방지하기 위하여 사용되는 혼화재료
( )
다. 콘크리트 타설시 콜드조인트 등을 방지하기 위하여 사용되는 혼화재료 ( )
라. 콘크리트의 시공성을 높이고 재료분리 등을 방지하기 위하여 사용되는 혼화재료
( )

〈보기〉
① 유동화제   ② 방청제   ③ 응결지연제   ④ AE제

26 다음은 관리기법에 사용되는 용어들이다. 〈보기〉에서 알맞게 골라 적으시오.

가. 선후행의 적정한 연계성을 파악하고 후행작업의 요구에 따라 선행작업이 진행되어 낭비를 최소화하는 건설생산체계 ( )
나. 최적의 비용으로 공사에 요구되는 품질, 공기, 안전성 등의 기능을 충족시키는 개선방안 ( )
다. 컴퓨터를 이용한 건축 전생산활동을 능률적으로 처리하고자 하는 기법 ( )
라. 건축물이 생산되는 전과정을 정보화하여 건설관련 이용자가 누구나 이용할 수 있는 정보통합전산망 ( )

〈보기〉
① CALS   ② CIC   ③ VE   ④ Just In Time

Engineer Architecture

2021년 과년도 기출문제

CONTENTS

제1회 기출문제 … 81
제2회 기출문제 … 89
제3회 기출문제 … 95

2021년 1회 과년도 기출문제

01 건축공사의 단열공법에서 단열부위 위치에 따른 벽단열공법의 종류를 3가지만 쓰시오.

가.
나.
다.

02 철골용접 접합 후 용접부위 비파괴시험방법 3가지를 쓰시오.

가.
나.
다.

03 공사계약방식 중 단가도급의 장단점을 2가지씩 쓰시오.

가. 장점
　①
　②
나. 단점
　①
　②

04 목공사에 사용되는 쪽매의 그림이다. 각 명칭을 기재하시오.

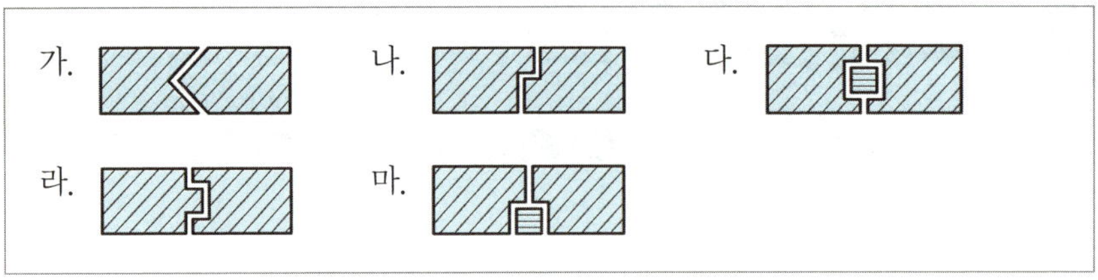

가. _____ 나. _____
다. _____ 라. _____
마. _____

05 다음 데이터로 네트워크 공정표를 작성하시오.

작업명	작업일수	선행작업	비고
A	5	없음	네트워크 작성은 다음과 같이 표기하고 주공정선은 굵은 선으로 표시하시오.
B	3	없음	
C	2	없음	
D	2	A, B	
E	5	A, B, C	
F	4	A, C	

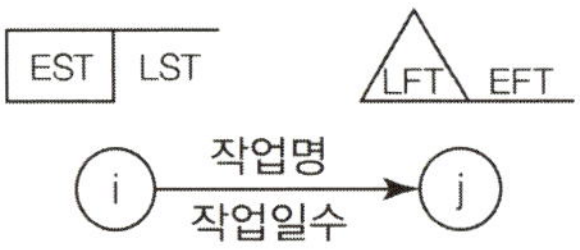

〈네트워크 공정표〉

06 아래 설명에 적합한 타일을 〈보기〉에서 골라 기호로 적으시오.(단, 번호 중복 기재 가능)

① 토기질 타일   ② 도기질 타일   ③ 석기질 타일   ④ 자기질 타일

가. 외장에 사용하는 타일은 ( ), ( )을 사용하고 내동해성이 우수한 것으로 한다.
나. 내장에 사용하는 타일은 ( ), ( ), ( )을 사용하고 한랭지 및 이에 준하는 장소의 노출부위에는 ( ), ( )을 사용한다.
다. 바닥 타일은 유약을 바르지 않은 ( ), ( )을 사용한다.

07 다음에서 설명하는 비계의 명칭을 기재하시오.

가. 강관으로 현장에서 조립하여 설치하는 비계   ( )
나. 와이어로프로 옥상에서 매달아서 외부 작업용으로 사용하는 비계   ( )
다. 실내에서만 사용하는 비계   ( )
라. 수직재, 수평재, 가새로 조립해서 사용하는 비계   ( )

08 붉은 벽돌 1.0B 쌓기로 $10m^2$의 면적에 소요되는 벽돌량을 산출하시오.(단, 줄눈 너비는 10mm, 할증 고려)

09 철골조 내화피복공법 중 습식공법 4가지를 쓰시오.

가.   나.
다.   라.

10 철근의 이음위치 선정 시 주의사항을 2가지만 기재하시오.

가.
나.

11 다음은 입찰순서이다. 괄호 안에 적당한 단어를 보기에서 골라 넣으시오.

① 참가 신청　② 입찰　③ 개찰
④ 낙찰　　　　⑤ 계약　⑥ 현장 설명

입찰공고 - (가) - 설계도서 배부 - (나) - 질의응답 - 견적 - (다) - (라) - (마) - (바)

가. ....　나. ....　다. ....
라. ....　마. ....　바. ....

12 다음에서 설명하는 품질관리(QC) 수법을 쓰시오.

가. 불량, 고장, 결점 등의 발생건수를 분류 항목별로 나누어 크기 순서대로 나열해 놓은 것
나. 결과에 원인이 어떻게 작용하고 있는가를 한눈에 나타낸 그림
다. 계량치의 데이터가 어떠한 분포를 하고 있는지를 알아보기 위하여 작성하는 것
라. 서로 대응하는 두 개의 짝으로 된 데이터를 그래프용지 위에 타점하여 나타낸 것

가. ....
나. ....
다. ....
라. ....

13 바닥용 시멘트 액체 방수층 시공순서를 보기에서 골라 순서대로 쓰시오.

방수 모르타르, 방수액 침투, 바탕면 정리 및 물청소, 방수 시멘트 페이스트 1차, 방수 시멘트 페이스트 2차

14 다음 도배공사의 풀칠공법을 간단히 설명하시오.

가. 온통붙임 :

나. 봉투붙임 :

다. 비닐붙임 :

15 다음 〈보기〉의 재료를 알맞게 골라 넣으시오.(단, 중복 기재 가능)

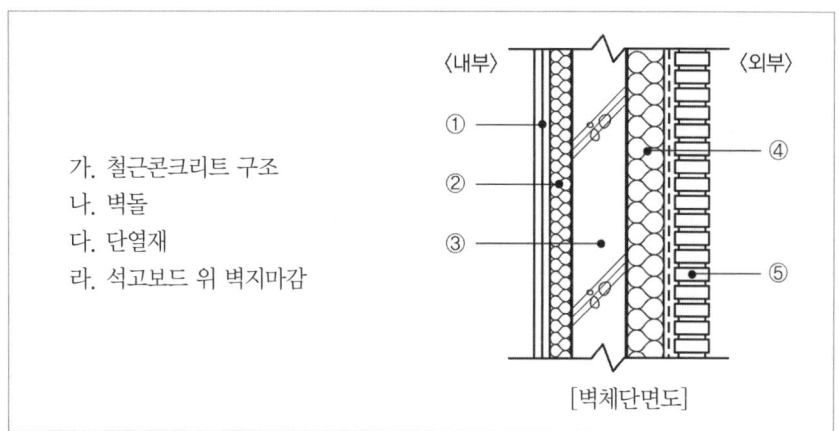

가. 철근콘크리트 구조
나. 벽돌
다. 단열재
라. 석고보드 위 벽지마감

① _____ ② _____
③ _____ ④ _____
⑤ _____

16 콘크리트 타설 시 수직거푸집에 측압이 발생한다. 아래 요인을 보고 측압이 증가하는 경우를 고르시오.

가. 컨시스턴시(① 크다 ② 작다)	나. 투수성(① 크다 ② 작다)
다. 거푸집 강성(① 크다 ② 작다)	라. 부어넣기 속도(① 크다 ② 작다)
마. 슬럼프(① 크다 ② 작다)	바. 부재의 크기(① 크다 ② 작다)

가. _____ 나. _____
다. _____ 라. _____
마. _____ 바. _____

17 아래 〈보기〉를 보고 방청도료를 전부 고르시오.

〈보기〉
① 아크릴도료   ② 아연 분말 프라이머
③ 광명단조합 페인트   ④ 래커 프라이머
⑤ 알루미늄도료   ⑥ 합성수지 에멀션도료

18 아래 그림을 보고 적당한 기호를 골라 적으시오.

① ② ③ ④

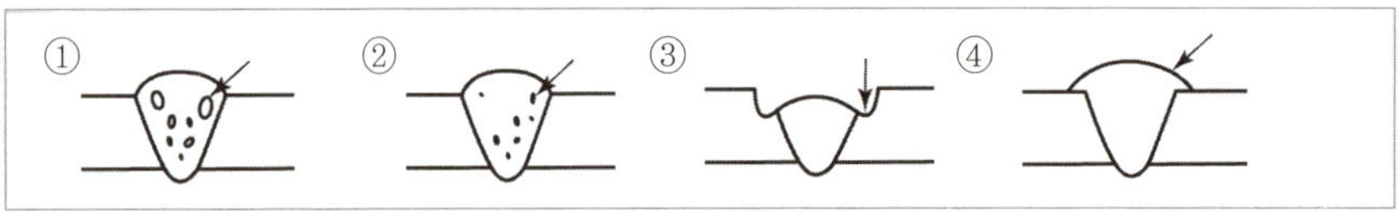

가. 언더컷 _____ 나. 블로우 홀 _____
다. 오버랩 _____ 라. 슬래그 혼입 _____

19 다음은 굳지 않은 콘크리트의 성질을 설명한 것이다. 내용에 부합하는 용어를 기재하시오.

가. 수량의 다소에 따른 반죽의 되고 진 정도   (   )
나. 작업의 난이 정도 및 재료 분리의 저항의 정도   (   )
다. 거푸집에 콘크리트가 잘 채워질 수 있는지의 난이 정도 (   )
라. 콘크리트 표면 정리의 난이 정도   (   )

20 다음은 미장공사의 시공순서이다. ( ) 안에 적당한 단어를 보기에서 골라 적으시오.

① 바탕처리   ② 초벌   ③ 재벌
④ 정벌   ⑤ 덧먹임

고름질 – 라스 붙임 – (가) – 존치기간 – (나) – (다) – (라)

가.
나.
다.
라.

21 현장에서는 작업조건에 맞는 보호구를 근로자에게 지급하고 착용하여야 한다. 설명하는 작업에 적합한 보호구를 〈보기〉에서 골라 쓰시오.

〈보기〉
안전화   안전모   방진마스크   방열복   안전대   보안경
절연용 보호구   방화복   안전대   방한모   보안면

가. 높은 곳에서 떨어지는 물체나 도구 등의 위험이 있는 경우 (   )
나. 비산물질이 많이 발생하는 경우   (   )
다. 용접 등 불꽃이 날리는 경우   (   )
라. 2m 이상의 고소작업을 하는 경우   (   )
마. 전기감전의 우려가 있는 경우   (   )

22 알루미늄 창호의 장점 4가지를 쓰시오.

가.
나.
다.
라.

23 다음은 방수재료에 대한 설명이다. 〈보기〉를 보고 알맞은 단어를 넣으시오.

〈보기〉
방수 모르타르   방수 시멘트 페이스트   방수용액   프라이머   발수제
백업재   실링재   경화재   벤토나이트   시멘트 혼입 폴리머계 방수재

가. 시멘트, 모래와 방수제 및 물을 혼합하여 반죽한 것　　　(　방수 모르타르　)
나. 시멘트와 방수제 및 물을 혼합하여 반죽한 것　　　(　방수 시멘트 페이스트　)
다. 물에 방수제를 넣어 희석 또는 용해한 것　　　(　방수용액　)
라. 분산제와 수경성 무기분체(시멘트와 규사 및 기타 첨가물)로 혼합하여 분산제에 함유된 수분을 시멘트 경화반응에 공급하고 급속히 응집·고화시켜 피막을 형성하는 방수제　　　(　시멘트 혼입 폴리머계 방수재　)

2021년 2회 과년도 기출문제

01 품질관리의 순서 4단계를 쓰시오.

02 단가도급의 정의와 장점 2가지를 쓰시오.

가. 정의 :

나. 장점 : ①
②

03 워커빌리티의 정의와 시험 종류 3가지를 쓰시오.

가. 정의 :

나. 시험 종류 : ①
②
③

04 500mm×500mm의 단면을 가진 3m 높이의 기둥 10개에 소요되는 콘크리트량과 거푸집량을 산출하시오.

가. 콘크리트량 :
나. 거푸집량 :

05 건축공사에 사용되는 단열재의 요구성능 4가지를 쓰시오.

득점	배점
	4

가.

나.

다.

라.

06 공개경쟁입찰과 지명경쟁입찰의 차이점과 공개경쟁입찰의 장점 2가지를 쓰시오.

득점	배점
	6

가. 차이점 :

나. 공개경쟁입찰의 장점 : ①

②

07 목재 방부처리법에 대하여 4가지를 쓰고 간단히 설명하시오.

득점	배점
	4

가.

나.

다.

라.

08 아래 데이터를 보고 A작업, B작업의 비용구배를 구하시오.

득점	배점
	4

작업	표준상태		특급상태	
	공기	공비	공기	공비
A	8	10,000	6	12,000
B	6	60,000	4	90,000

가. A작업 :

나. B작업 :

09 다음 보기를 보고 철골조 내화피복공법 중 건식공법을 고르시오.

> 타설공법, 조적공법, 성형판 붙임공법, 합성공법, 세라믹 울 공법, 내화도료 공법, 뿜칠공법

10 AE제 사용 시 장점을 4가지만 쓰시오.

가.
나.
다.
라.

11 통나무 비계에 비하여 단관 파이프 비계의 장점 4가지를 쓰시오.

가.
나.
다.
라.

12 건설현장에서 사용되는 추락재해 방지시설 3가지를 쓰시오.

가.
나.
다.

13 벽타일붙이기공법 4가지를 쓰시오.

가.
나.
다.
라.

14 다음에서 설명하는 계약방식을 보기에서 골라 쓰시오.

> 성능발주방식, BOT, BTO, BOO, CM, 파트너링 방식, 턴키도급, 공동도급

가. 설계단계에서 시공법을 결정하지 않고 요구성능만을 시공자에게 제시하여 시공자가 자유로이 재료나 시공방법을 결정하여 제시하는 방식　(　　　　　　)

나. 공공시설물을 민간이 투자하여 완성하고 운영하여 비용을 회수하고 소유하는 방식
(　　　　　　)

다. 발주자가 사업에 같이 참여하는 공동도급의 형태　(　　　　　　)

라. 건설업자가 기획, 설계, 시공 등의 주문자가 필요로 하는 모든 것을 조달하여 주문자에게 인도하는 모든 요소를 포괄한 도급계약방식　(　　　　　　)

15 아래 외단열의 그림을 보고 순서에 맞게 고르시오.

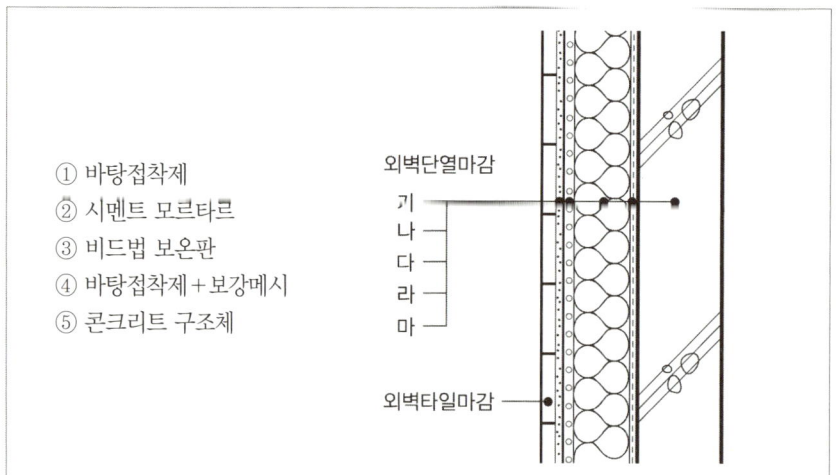

① 바탕접착제
② 시멘트 모르타르
③ 비드법 보온판
④ 바탕접착제+보강메시
⑤ 콘크리트 구조체

가. _____　나. _____　다. _____
라. _____　마. _____

16 다음은 거푸집 존치기간에 관한 내용이다. 아래 표에 맞는 일수를 기재하시오.

구분	조강포틀랜드 시멘트	보통포틀랜드 시멘트
20℃ 이상	①	③
10℃ 이상~20℃ 미만	②	④

① _____　② _____
③ _____　④ _____

17 다음에서 설명하는 내용에 맞는 용어를 〈보기〉에서 골라 기재하시오.

〈보기〉
① DF   ② FF   ③ TF   ④ Slack
⑤ CP   ⑥ LP   ⑦ 더미(Dummy)

가. 최초 개시 결합점에서 최종 종료 결합점에 이르는 경로 중 가장 긴 경로 (   )
나. 그 작업을 EST에 시작하고, 후속작업도 EST에 시작할 때 생기는 여유 (   )
다. 네트워크 공정표에서 결합점이 가지는 여유 (   )

18 다음 (   ) 안에 적당한 단어나 수치를 기재하시오.

벽돌쌓기 시 줄눈은 (가)mm로 하고, 도면 또는 공사시방서에서 정한 바가 없을 때에는 (나) 쌓기나 (다) 쌓기법으로 하며, 1일 벽돌량쌓기 표준높이는 (라)이다.

가. _____   나. _____
다. _____   라. _____

19 철골공사에서 사용하는 용접접합의 장점 4가지를 쓰시오.

가. _____
나. _____
다. _____
라. _____

20 다음에서 설명하는 내용에 맞는 용어를 보기에서 골라 기재하시오.

〈보기〉
① 눈먹임   ② 퍼티   ③ 상도   ④ 착색   ⑤ 조색
⑥ 연마   ⑦ 하도   ⑧ 도막   ⑨ 중도

가. 몇 가지 색의 도료를 혼합해서 얻어지는 도막의 색이 희망하는 색이 되도록 하는 작업
 (   )
나. 바탕의 파임·균열·구멍 등의 결함을 메워 바탕의 평편함을 향상시키기 위해 사용하는 살붙임용의 도료. 안료분을 많이 함유하고 대부분은 페이스트상이다. (   )
다. 목부 바탕재의 도관 등을 메우는 작업 (   )

21 다음은 콘크리트에 대한 설명이다. ( ) 안에 맞는 콘크리트를 기재하시오.

가. 일평균 기온이 25도 이상일 때 시공되는 콘크리트　　　　(　　　　)
나. 단면이 80cm 이상이고 내부 열이 높은 콘크리트　　　　(　　　　)
다. PS강재를 이용하여 콘크리트의 인장능력을 키운 콘크리트　(　　　　)
라. 거푸집에 골재와 철근을 미리 넣고 트레미관을 이용하여 모르타르를 주입하여 만드는 콘크리트　　　　　　　　　　　　　　　　　　　　(　　　　)

22 다음은 수밀 콘크리트에 대한 설명이다. ( ) 안에 적당한 단어나 숫자를 기재하시오.

가. 배합은 콘크리트의 소요의 품질이 얻어지는 범위 내에서 단위수량 및 물-결합재비는 되도록 (① 크게 / ② 작게) 하고, 단위 굵은 골재량은 되도록 (① 크게 / ② 작게) 한다.
나. 콘크리트의 소요 슬럼프는 되도록 작게 하여 (　　)mm를 넘지 않도록 하며, 콘크리트 타설이 용이한 때에는 120mm 이하로 한다.
다. 물-결합재비는 (　　) 이하를 표준으로 한다.

23 용접결함의 종류 4가지를 쓰시오

가.
나.
다.
라.

24 다음은 가설공사에 대한 내용이다. ( ) 안에 적당한 수치를 기입하시오.

가. 가설 경사로는 견고한 구조로 해야 하고, 경사는 (　　)도 이하로 한다. 경사가 (　　)도를 초과할 때는 미끄러지지 않는 구조로 한다.
나. 수직갱에 가설된 통로길이가 15m 이상일 때는 (　　)m 이내마다 계단참을 설치하고, 건설공사에 사용되는 높이 8m 이상인 비계다리에는 (　　)m 이내마다 계단참을 설치한다.

2021년 3회 과년도 기출문제

01 멤브레인 방수의 정의와 종류 3가지를 쓰시오.

득점	배점
	5

가. 정의 :

나. 종류 : ①

②

③

02 품질관리(QC) 등 일반관리의 제반요인(대상)이 되는 여러 M 중 4M만을 쓰시오.

득점	배점
	4

가. 나.

다. 라.

03 철골공사에서 용접부의 비파괴검사 4가지를 쓰시오.

득점	배점
	4

가. 나.

다. 라.

04 벽체 전용 시스템 거푸집 4가지를 쓰시오.

득점	배점
	4

가. 나.

다. 라.

05 공동도급의 정의와 장점 3가지를 쓰시오.

　가. 정의 : _____
　　　　　　 _____

　나. 장점 : ① _____
　　　　　　② _____
　　　　　　③ _____

06 철근 피복두께의 정의와 유지 목적 3가지를 적으시오.

　가. 정의 : _____
　　　　　　 _____

　나. 유지 목적 : ① _____
　　　　　　　　② _____
　　　　　　　　③ _____

07 강재의 접합방법 중 고장력 볼트 접합의 장점 4가지를 쓰시오.

　가. _____
　나. _____
　다. _____
　라. _____

08 다음 콘크리트 줄눈의 종류를 쓰시오.

　가. 콘크리트 작업관계로 경화된 콘크리트에 새로 콘크리트를 타설할 경우 발생하는 Joint
　　　　　　　　　　　　　　　　　　　　　　　　　　　　(　　　　　　)
　나. 온도 변화에 따른 팽창, 수축 혹은 부동침하, 진동 등에 의해 균열이 예상되는 위치에
　　　설치하는 Joint　　　　　　　　　　　　　　　　　　(　　　　　　)
　다. 균열을 전체 벽면 중의 일정한 곳에만 일어나도록 유도하는 Joint (　　　　　　)
　라. 시공상 콘크리트를 한 번에 계속해서 부어나가지 못할 때 타설 구획을 정함으로써 형성
　　　되는 Joint　　　　　　　　　　　　　　　　　　　　(　　　　　　)

09 목공사에서 바닥의 마루를 설치할 때 사용되는 쪽매 4가지를 쓰시오.

가. _____ 나. _____
다. _____ 라. _____

10 건설현장에서 사용되는 추락재해 방지시설 3가지를 쓰시오.

가. _____ 나. _____
다. _____

11 기경성 미장재료 4가지를 쓰시오.

가. _____ 나. _____
다. _____ 라. _____

12 타일공사에서 떠붙임공법과 압착붙임공법의 차이점을 쓰시오.

13 BOT와 BTO의 차이점을 설명하시오.

14 다음 도면을 보고 요구하는 재료량(정미량)을 산출하시오.(단, 벽돌은 190×90×57 을 사용한다.)

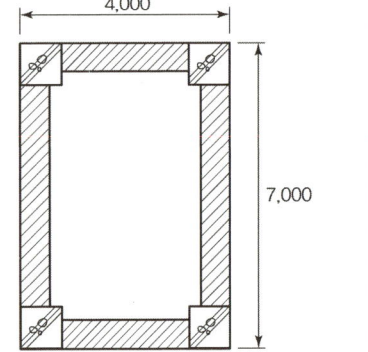

- 기둥(철근콘크리트) : 500×500
- 벽체(1.5B 조적)
- 높이 : 4,000
- 단위 : mm

가. 콘크리트량
나. 거푸집량
다. 벽돌 매수

가. 콘크리트량 :

나. 거푸집량 :

다. 벽돌 매수 :

15 콘크리트 혼화재료 중 플라이애시의 특징 4가지를 쓰시오.

가. _____ 나. _____

다. _____ 라. _____

16 다음은 거푸집 존치기간에 관한 내용이다. 아래 표에 맞는 일수를 기재하시오.

구분	조강포틀랜드 시멘트	보통포틀랜드 시멘트
20℃ 이상	①	③
10℃ 이상~20℃ 미만	②	④

① _____ ② _____
③ _____ ④ _____

17 다음은 프로젝트사업 진행순서이다. ( ) 안에 맞는 번호를 기재하시오.

① 구매 및 조달   ② 시공
③ 설계   ④ 시운전 및 완공

타당성 분석 - (가) - (나) - (다) - (라) - 인도

18 다음은 가설공사에 대한 내용이다. ( ) 안에 적당한 수치를 기입하시오.

가. 가설 경사로는 견고한 구조로 해야 하고, 경사는 ( )도 이하로 한다. 경사가 ( )도를 초과할 때는 미끄러지지 않는 구조로 한다.

나. 수직갱에 가설된 통로길이가 15m 이상일 때는 ( )m 이내마다 계단참을 설치하고, 건설공사에 사용되는 높이 8m 이상인 비계다리에는 ( )m 이내마다 계단참을 설치한다.

19 가설공사에서 사용되는 기준점의 설치목적과 주의사항 3가지를 쓰시오.

가. 목적 : _____

나. 주의사항 ① _____
　　　　　　② _____
　　　　　　③ _____

20 다음 거푸집 측압에 영향을 주는 요인이 측압을 증가시키는 경우를 표기하시오.

가. 부재의 수평단면　　　　(① 크다　② 작다)
나. 거푸집의 투수성　　　　(① 크다　② 작다)
다. 거푸집의 강성　　　　　(① 크다　② 작다)
라. 대기온도　　　　　　　(① 높다　② 낮다)

21 지붕처마구조의 방수공법순서를 보기에서 골라 기호로 적으시오.

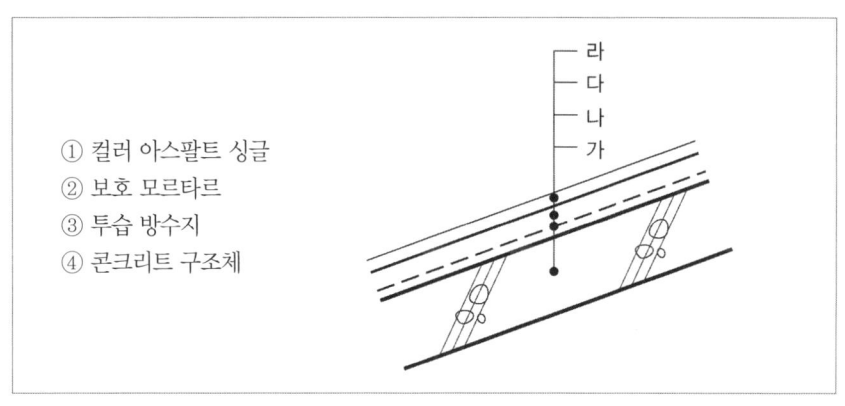

① 컬러 아스팔트 싱글
② 보호 모르타르
③ 투습 방수지
④ 콘크리트 구조체

가. _____　　나. _____
다. _____　　라. _____

22 다음은 용접결함에 관한 설명이다. ( ) 안에 적당한 결함항목을 기재하시오.

가. 용접금속과 모재가 융합되지 않고 단순히 겹쳐지는 것 ( )

나. 용접 상부에 모재가 녹아 용착금속이 채워지지 않고 홈으로 남게 된 부분
( )

다. 용접봉의 피복재 용해물인 회분이 용착금속 내에 혼입된 것 ( )

라. 용융금속이 응고할 때 방출되었어야 할 가스가 남아서 생기는 용접부의 빈자리
( )

23 커튼월공사에서 실시하는 실물모형실험(mock up test)에서 성능시험의 시험항목 4가지를 쓰시오.

가. _____ 나. _____

다. _____ 라. _____

24 아래 공정표를 보고 주공정선을 굵게 칠하고 각 결합점의 일정을 기재하시오.

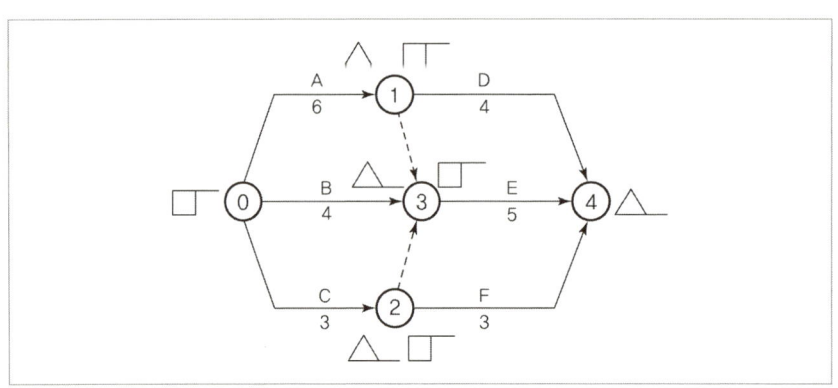

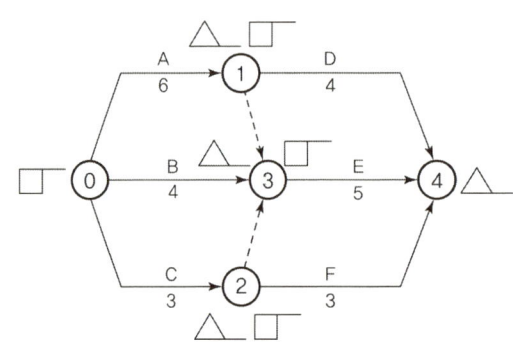

Engineer Architecture

과년도 기출문제 해설 및 정답

CONTENTS

2024년
제1회 103   제2회 105   제3회 107

2023년
제1회 109   제2회 112   제3회 114

2022년
제1회 116   제2회 118   제3회 120

2021년
제1회 122   제2회 124   제3회 126

해설 및 정답

01 콜드조인트

  가. 정의 : 콘크리트 시공과정 중 휴식시간 등으로 응결하기 시작한 콘크리트에 새로운 콘크리트를 이어칠 때 일체화가 저해되어 생기게 되는 줄눈
  나. 영향
   ① 구조물의 내력상 약점   ② 경화 시 균열 발생
   ③ 철근부식 촉진   ④ 마감재 균열

02 계약방식

  가. BOT : 사회간접시설의 확충을 위해 민간이 자금조달과 공사를 완성하여 투자액의 회수를 위해 일정기간 운영하고 시설물과 운영권을 발주측에 이전하는 방식
  나. BTO : 사회간접시설의 확충을 위해 민간이 자금조달과 공사를 완성하여 소유권을 공공부문에 먼저 이양하고, 약정기간 동안 그 시설물을 운영하여 투자금액을 회수하는 방식
  다. BOO : 사회간접시설의 확충을 위해 민간이 자금조달과 공사를 완성하여 시설물의 운영과 함께 소유권도 민간에 이전되는 방식

03 데크플레이트

  가. ①   나. ③   다. ②

04 공사비 지불 방식에 따른 계약방식

  가. 정액도급
  나. 단가도급
  다. 실비정산보수가산도급

05 포틀랜드 시멘트의 종류 5가지

  가. 1종 : 보통 포틀랜드 시멘트
  나. 2종 : 중용열 포틀랜드 시멘트
  다. 3종 : 조강 포틀랜드 시멘트
  라. 4종 : 저열 포틀랜드 시멘트
  마. 5종 : 내황산염 포틀랜드 시멘트

06 특명입찰(수의계약)의 장점, 단점

  가. 장점 : ① 공사의 기밀을 유지
         ② 입찰업무가 간단
         ③ 우량공사가 기대
  나. 단점 : ① 공사비 증대
         ② 초기 공사금액 결정이 어려움
         ③ 시공자 독선 우려

07 비계의 명칭

  가. 강관비계   나. 달비계
  다. 말비계   라. 시스템비계

08 표준 네트워크 공정표

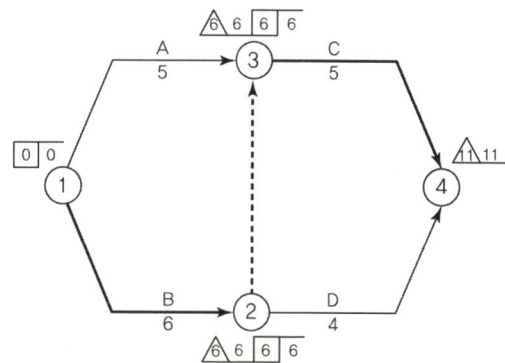

09 내화피복공법의 종류를 4가지 및 각각에 사용되는 재료

	공법	재료
가	타설공법	콘크리트
나	조적공법	벽돌
다	미장공법	철망모르타르
라	도장공법	방화페인트

10 목재의 건조 이유와 효과

  가. 건조 이유 : 수축으로 인한 변형을 방지하기 위함이다.
  나. 건조 효과 : ① 수축변형 감소
              ② 강도 증가
              ③ 내구성 증가

11 수밀 콘크리트의 특징

  구조용 압연강재 – 인장강도
  가. 틀린 문항 : ①
  나. 내용 수정 : 크게 → 작게, 작게 → 크게

12 욕실 바닥 타일 붙이기 순서

  가. 타일
  나. 고름모르타르
  다. 보호모르타르(XL15)
  라. 기포콘크리트
  마. 액체방수 1종

13 용어 – 콘크리트

  가 – ②,   나 – ①,   다 – ③

14 안전설비항목

가 – ⑦   나 – ③   다 – ⑤   라 – ①

15 용접결함

가. ③   나. ②   다. ①

16 고력볼트의 접합 시 장점

가. 불량 개소의 수정이 용이하다.
나. 이음 부분의 강도가 크다.
다. 경제적인 시공을 할 수 있다.
라. 소음이 적다.

17 콘크리트의 명칭

가. 고강도콘크리트
나. 서중콘크리트
다. 매스콘크리트
라. 저탄소콘크리트

18 고무계 우레탄 방수의 보호 및 마감과 부위 용도

가. 약간의 보행이 가능한 지붕
나. 운동장 지붕
다. 개방복노
라. 발코니

19 적산 – 모르타르 시멘트와 모래량

1:3 모르타르 1m³ 개산견적의 기준(시멘트 510kg 모래 1.10m³)

가. 시멘트 = 510 × 10 = 5,100kg
나. 모래 = 1.10 × 10 = 11m³

20 비용구배

가. A작업 = $\dfrac{12{,}000 - 10{,}000}{8 - 6}$ = 1,000원/일

나. B작업 = $\dfrac{9{,}000 - 6{,}000}{6 - 4}$ = 15,000원/일

21 조적공사

① 10mm   ② 화란식 쌓기
③ 1.2m   ④ 1.5m

22 거푸집의 부속재 역할

가. 간격재
나. 격리재
다. 긴결재

23 타일에 사용되는 줄눈의 크기

① 4   ② 2
③ 4   ④ 2

24 모르타르에 사용되는 도료

가. 합성수지에멀션도료
나. 아크릴도료
다. 염화비닐수지도료

25 안전난간

① 100mm   ② 0.9
③ 0.6   ④ 100

26 거푸집 측압

가. 슬럼프치가 클수록 측압이 증가
나. 투수성이 작을수록 측압이 증가
다. 거푸집 강성이 클수록 측압이 증가

27 품질관리 4단계도

계획 – 실시 – 검토 – 시정(조치)

28 TQC에 이용되는 도구의 명칭

가. 히스토그램   나. 특성요인도
다. 파레토도   라. 산점도

해설 및 정답

01 TQC에 이용되는 도구

  가. 히스토그램   나. 특성요인도
  다. 파레토도   라. 체크시트
  마. 그래프   바. 산점도
  사. 층별

02 공개경쟁입찰의 장단점

  가. 장점 ① 균등한 기회를 부여
           ② 공사비를 절감
           ③ 담합의 우려가 적음
  나. 단점 ① 과다경쟁
           ② 부적격자 낙찰 우려
           ③ 입찰업무 번잡

03 이형봉강의 용도에 따라 구분하는 도색

  가. 일반용 – (녹색)
  나. 용접용 – (백색)
  다. 내진용 – (보라색)

04 비산먼지 피해 방지 시설

  가. 방진망   나. 방진벽
  다. 방진막   라. 방진덮개
  마. 세륜시설

05 레미콘 들여오기 시 품질검사 항목

  가. 강도   나. 슬럼프치
  다. 공기량   라. 염화물 함유량
  마. 제조시간

06 네트워크 공정표 작성 및 작업별 여유시간

  가. 네트워크 공정표

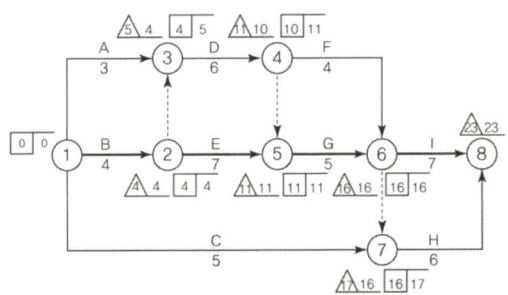

  나. 작업별 여유시간

작업명	TF	FF	DF	CP
A	2	1	1	
B	0	0	0	*
C	12	11	1	
D	1	0	1	
E	0	0	0	*
F	2	2	0	
G	0	0	0	*
H	1	1	0	
I	0	0	0	*

07 알루미늄 창호의 장점

  가. 비중은 철의 약 1/3로 가볍다.
  나. 녹슬지 않고 수명이 길다.
  다. 공작이 자유롭고 기밀성이 있다.
  라. 여닫음이 경쾌하고 미려하다.

08 철골 용접부 비파괴 검사의 종류

  가. 방사선 투과검사
  나. 초음파 탐상법
  다. 자기분말 탐상법
  라. 침투 탐상법

09 떠붙임공법과 압착붙임공법의 시공상 차이점

  떠붙임공법은 타일 뒷면에 붙임용 모르타르를 바르고 벽면의 아래에서 위로 붙여나가는 종래의 공법이며, 압착붙임공법은 바탕면을 고르고 붙임 모르타르를 고르게 바른 후 그곳에 타일을 눌러 붙이는 공법이다.

10 낙하물 방지망

  가. 10   나. 2
  다. 20도   라. 30도

11 직영공사의 장점

  가. 양질의 공사 가능
  나. 임기응변 처리 가능
  다. 발주계약 등의 수속 절감

12 적산 – 기둥의 거푸집과 콘크리트량

  가. 콘크리트량 : $0.5 \times 0.5 \times 3 \times 10 = 7.5m^3$
  나. 거푸집량 : $(0.5+0.5) \times 2 \times 3 \times 10 = 60m^2$

13 욕실 바닥 타일 붙이기 순서

    가. 자기질 타일
    나. 고름 모르타르
    다. 보호모르타르(XL15)
    라. 기포 콘크리트
    마. 액체방수 1종

14 용어 – 공사관계자

    가. 원도급자
    나. 하도급자
    다. 재도급자

15 품질관리도구

    가. 특성요인도
    나. 산점도

16 AE제의 사용 목적

    가. 내구성 향상
    나. 시공연도 증진
    다. 동결 융해 저항성 증진
    라. 재료분리 감소

17 계약 방식

    가. BTO
    나. BOO
    다. BLT

18 용어 – 콘크리트의 성질

    가. 플라스틱시티 : 콘크리트가 거푸집에 잘 채워질 수 있는지의 난이 정도
    나. 워커빌리티 : 작업의 난이 정도 및 재료분리에 저항하는 정도

19 미장공사의 순서

    ③ – ① – ④ – ②

20 용접결함

    가. 언더컷 – ③   나. 블로우 홀 – ①
    다. 오버랩 – ④   라. 슬래그 혼입 – ②

21 거푸집 측압

    가. 슬럼프치가 클수록 측압이 증가
    나. 투수성이 작을수록 측압이 증가
    다. 거푸집 강성이 클수록 측압이 증가
    라. 타설 속도가 빠를수록 측압이 증가

22 벽돌 공간 쌓기 목적

    가. 방습(방수)
    나. 단열
    다. 결로 방지

23 철근공사의 순서

    ③ – ② – ④ – ① – ⑥ – ⑤

24 콘크리트 초기 양생 목적 및 양생 방법

    가. 초기 양생 목적
        ① 경화에 필요한 온도, 습도 유지
        ② 외부 진동, 충격, 하중 등의 유해한 작용으로부터 보호
    나. 양생 방법
        ① 습윤양생
        ② 증기양생
        ③ 전기양생
        ④ 피막양생

25 용어 – 목재

    가. 판재
    나. 실제치수
    다. 윤할

26 고무계 우레탄 방수의 보호 및 마감과 부위 용도

    가. 약간의 보행이 가능한 지붕
    나. 운동장 지붕
    다. 개방복도
    라. 발코니

27 추락재해 방지시설

    가. 추락 방호망
    나. 안전난간
    다. 개구부 수평보호덮개
    라. 리프트 승강구안전문
    마. 수직형 추락방망
    바. 안전대 부착설비

해설 및 정답

01 구조용 압연강재 - 인장강도

가. ① 나. ⑤ 다. ②

02 용접접합

가. 장점 ① 이음과 응력 전달이 확실
② 철골의 중량 감소
③ 강재량의 절약(경제적)
④ 무진동
⑤ 무소음
⑥ 수밀성 유지
나. 단점 ① 숙련공이 필요
② 용접 내부 시공검사 곤란
③ 용접열에 의한 결함, 변형 발생

03 직영공사

가. 정의 : 건축주가 직접 공사에 관한 계획을 세우고 재료 구입, 노무자 고용, 시공기계, 가설재 등을 확보하여 공사를 시행하는 것
나. 장점
① 양질의 공사 가능
② 임기응변 처리 가능
③ 발주계약 등의 수속 절감

04 쪽매

가. ③ 나. ② 다. ④
라. ① 마. ⑤

05 탄산화 현상

가. 정의 : 공기 중의 탄산가스의 작용을 받아 콘크리트 중의 수산화칼슘이 서서히 탄산칼슘으로 되어 콘크리트의 알칼리성이 상실되는 현상
나. 구조체에 미치는 영향
① 철근의 부식
② 콘크리트 균열
③ 내구성 저하

06 벽돌 쌓기

가. 10 나. 영식
다. 화란식 라. 1.2m

07 거푸집 부속 재료 중 긴결재, 격리재

가. 격리재 : 거푸집 상호 간의 간격을 유지, 측벽 두께를 유지하기 위한 것
나. 긴결재 : 기둥, 벽체 거푸집과 같이 마주보는 거푸집에서 거푸집 널을 일정한 간격으로 유지시켜 주는 것

08 줄눈 명칭

가. ③ 나. ① 다. ④
라. ② 마. ⑤

09 달비계

1) ②, ③
2) 가 - ⑤, 나 - ③

10 품질관리(QC) 수법

가. 파레토도
나. 특성요인도
다. 히스토그램
라. 산점도

11 콘크리트 시공 후 양생 이유

① 타설한 후 소요 기간까지 경화에 필요한 온도, 습도 조건을 유지
② 양생 기간 중에 예상되는 진동, 충격, 하중 등의 유해한 작용으로부터 보호
③ 재령 5일이 될 때까지는 물에 씻기지 않도록 보호

12 네트워크 공정표

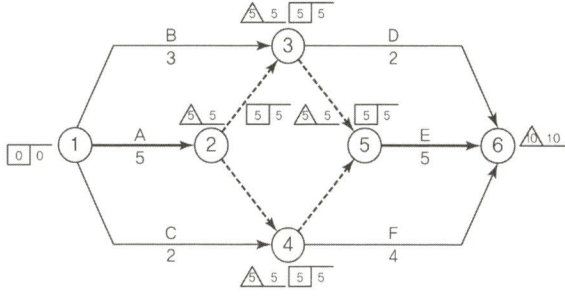

13 공사계약방식

가. CM for fee : 관리자가 발주자의 대행인으로서 공사관리 업무를 수행하는 방식
나. CM at risk : 관리자가 직접 계약에 참여하여 시공에 대한 책임을 지는 방식

14 공사계약방식

　가. 턴키방식
　나. 실비정산보수가산방식

15 타일 시공검사

　가. 80　　　나. 200
　다. 10　　　라. 0.39

16 적산 – 시멘트 벽돌량

　20×149×1.05=3,129매

17 추락방호망

　가. 10
　나. 12~18
　다. 3

18 벽 전용거푸집

　갱폼, 클라이밍폼, 슬립폼

19 용어–도장

　가. 눈먹임　　　나. 조색
　다. 상도　　　　라. 퍼티

20 용접 기호

　가. 모살용접
　나. 다리길이 13mm
　다. 용접길이 50mm
　라. 용접간격 150mm

21 지하실 바깥방수

　가. 2　　　나. 2
　다. 2　　　라. 2

22 내화피복의 공법

　가. 타설공법　　나. 미장공법
　다. 합성공법　　라. 조적공법

23 콘크리트의 성질

　가. 반죽질기　　나. 시공연도
　다. 마감성　　　라. 성형성

24 혼화재료

　가. 유동화제　　나. 방청제
　다. 응결지연제　라. AE제

25 안전설비

　가. ② 낙하물 방지망
　나. ③ 방호선반
　다. ① 추락방호망
　라. ⑤ 개구부 수평보호덮개
　마. ④ 안전난간

26 피복두께

　가. 철근콘크리트 외면으로부터 첫 번째 철근의 표면까지의 최단거리
　나. 40mm
　다. 20mm
　라. 40mm

2023년 1회 해설 및 정답

01 갱폼의 장점

가. 인건비가 단축
나. 공기가 단축
다. 이음 부위 감소
라. 콘크리트 마감 작업 단순화
마. 기능공의 영향 미미

02 포틀랜드 시멘트의 종류

가. 1종 : 보통 포틀랜드 시멘트
나. 2종 : 중용열 포틀랜드 시멘트
다. 3종 : 조강 포틀랜드 시멘트
라. 4종 : 저열 포틀랜드 시멘트
마. 5종 : 내황산염 포틀랜드 시멘트

03 Anchor Bolt 매입공법의 종류

가. 고정 매입 공법
나. 가동 매입 공법
다. 나중 매입 공법

04 히스토그램 정의와 작성 순서

가. 정의 : 계량치(데이터)가 어떠한 분포를 하는지 알아보기 쉽게 나타낸 그림
나. 작성 순서
① 데이터를 수집
② 전범위를 산정
③ 구간폭과 경계치 결정
④ 도수분포표 작성
⑤ 히스토그램 작성 및 규격값과 대조하여 검토

05 벽타일 붙이기 공법의 종류

가. 떠붙이기(적층) 공법
나. 압착 공법
다. 개량적층 공법
라. 개량압착 공법
마. 밀착(동시줄눈) 공법

06 수성 도료, 유성 도료

가. 수성 도료 : ③, ④
나. 유성 도료 : ①, ②, ⑤, ⑥

07 PQ제도의 장점과 단점

가. 장점
① 부실시공 방지
② 기업의 경쟁력 확보
③ 입찰자 감소로 입찰 시 소요시간과 비용 감소
나. 단점
① 자유경쟁 원리에 위배
② 대기업에 유리한 제도
③ 평가의 공정성 확보 문제
④ 신규참여 업체에 장벽으로 간주
⑤ PQ 통과 후 담합 우려

08 콘크리트의 피복두께 유지 목적

가. 철근의 부식방지
나. 소요 내화성 확보
다. 콘크리트 부착력 확보
라. 시공성(Con'c 타설) 증대

09 경량형 강재의 장점과 단점

가. 장점
① 강재량에 비해 단면효율이 크다.
② 성형가공이 용이하다.
나. 단점
① 국부좌굴 및 뒤틀림이 생기기 쉽다.
② 부식에 약하여 방청도료를 사용해야 한다.

10 기준점(Bench Mark) 설치 시 주의사항

가. 이동의 염려가 없는 곳에 설치한다.
나. 현장 어디서나 바라보기 좋고 공사에 지장이 없는 곳에 설치한다.
다. 최소 2개소 이상 설치한다.
라. 지면에서 0.5~1m 정도 위치에 설치하는 것이 좋다.
마. 착공과 동시에 설치하고 완공 시까지 존치시킨다.

11 입찰 방법

가. 공개경쟁입찰
나. 지명경쟁입찰
다. 특명입찰

12 공사표지판에 기입 사항

가. 공사명   나. 공사기간
다. 공사내용   라. 사업개요
마. 시공사   바. 현장대리인

13 혼화재의 종류

가. 유동화제　　나. 방청제
다. 응결지연제　라. AE제

14 콘크리트의 종류

가. 서중 콘크리트
나. 매스 콘크리트
다. 프리스트레스트 콘크리트
라. 프리플레이스트 콘크리트

15 욕실 바닥 타일 붙이기 순서

가. 자기질 타일
나. 고름 모르타르
다. 보호모르타르(XL15)
라. 기포 콘크리트
마. 액체방수 1종

16 보호장구

가. ①　　나. ③
다. ④　　라. ②

17 미장 순서

다 – 나 – 가 – 마 – 라

18 목재의 용어

가. 인방보　　나. 평보
다. 가새　　　라. 토대

19 용어

가. 밀시트 : 철강 제품의 품질 보증을 위해 공인된 시험기관에서 발급하는 제조업체의 품질보증서
나. 스캘럽 : 용접 시 인접부재가 열 영향을 받는 것을 방지하기 위하여 용접 부재를 모따기 한 것

20 백화현상의 정의와 발생 방지대책

가. 정의 : 벽체에 침투된 물이 모르타르 중의 석회분과 결합한 후 벽으로 흘러나와 물이 증발되면서 탄산가스와 반응하면서 벽면을 하얗게 만드는 현상
나. 방지대책 ① 흡수율이 낮은 벽돌 사용
　　　　　　② 줄눈을 수밀하게 시공
　　　　　　③ 구조적인 비막이 설치
　　　　　　④ 벽면에 방수 처리

21 굵은골재의 공칭 최대치수

가. 1/5　　나. 1/3　　다. 3/4

22 멤브레인 방수공법

가. 아스팔트 방수
나. 합성고분자계 시트 방수
다. 개량형 아스팔트 방수
라. 도막 방수

23 콘크리트량과 거푸집량 산출

1. 기둥
　1) 콘크리트량 = 0.5 × 0.5 × 3.48 × 4개 = 3.48m³
　2) 거푸집량 = (0.5+0.5) × 2 × 3.48 × 4개 = 27.84m²
2. 보(G_1) = 8.4m
　3) 콘크리트량 = 0.4 × 0.48 × 8.4 × 2개 = 3.23m³
　4) 거푸집량(옆면) = 0.48 × 2(양쪽) × 8.4 × 2개
　　　　　　　　　= 16.13m²
3. 보(G_2) = 5.4m
　5) 콘크리트량 = 0.4 × 0.48 × 5.4 × 2개 = 2.07m³
　6) 거푸집량(옆면) = 0.48 × 2(양쪽) × 5.4 × 2개
　　　　　　　　　= 10.37m²
4. 슬래브
　7) 콘크리트량 = 6.4 × 9.4 × 0.12 = 7.22m³
　8) 거푸집량 ① 밑면 = 6.4 × 9.4 = 60.16m²
　　　　　　　② 측면 = (6.4+9.4) × 2 × 0.12 = 3.80m²

∴ 가. 콘크리트량 : 1) + 3) + 5) + 7) = 16m³
　 나. 거푸집량 : 2) + 4) + 6) + 8) ① + ② = 118.30m²

24 공정표 및 여유시간

[해설]

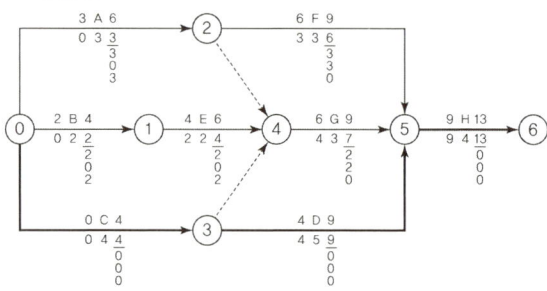

가. 공정표

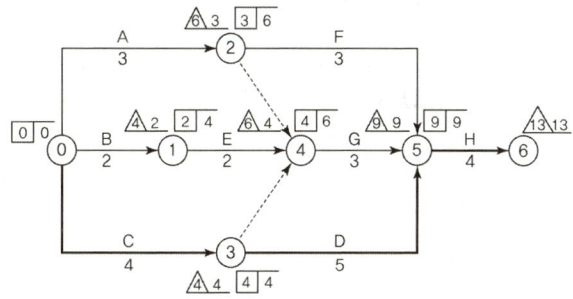

나. 각 작업의 여유시간

작업명	TF	FF	DF	CP
A	3	0	3	
B	2	0	2	
C	0	0	0	*
D	0	0	0	*
E	2	0	2	
F	3	3	0	
G	2	2	0	
H	0	0	0	*

25 건축 생산의 3대 관리 목표

가. 공정관리
나. 원가관리
다. 품질관리

해설 및 정답

01 특명입찰의 정의와 장점

가. 정의 : 건축주가 가장 적격한 건설회사 하나를 선정하여 공사조건에 대한 협의를 통하여 공사계약을 체결하는 수의계약

나. 장점 : ① 공사의 기밀을 유지
② 입찰업무가 간단
③ 우량공사가 기대

02 백화현상의 방지대책

가. 벽체방수(파라핀 도료, 실베스터법 등)
나. 흡수율 낮은 벽돌 사용(벽돌의 소성 온도를 높임)
다. 줄눈을 수밀하게 시공
라. 구조적인 비막이 고려(처마, 차양, 돌림띠 등)

03 AE제의 장점

가. 수밀성 증가   나. 동결융해 저항성 증진
다. 워커빌리티 증진   라. 재료분리 감소
마. 단위수량 감소   바. 블리딩 현상 감소
사. 발열량 감소

04 건설공사에서 계약분쟁의 해결방법

가. 상호합의에 의한 해결(합의)
나. 조정 및 중재에 의한 해결(조정, 중재)
다. 재판에 의한 해결(소송)

05 BOT 방식과 BTO 방식 비교

BOT는 건설된 시설물을 투자자가 일정기간 소유, 운영한 뒤 시설물의 소유권을 발주자에게 이전하는 방식이며, BTO는 건설된 시설물의 소유권을 발주자에게 먼저 이전하고, 투자자는 일정기간 동안의 운영권을 갖는 방식이다.

06 레디믹스트 콘크리트의 정의와 종류

가. 정의 : 레미콘 공장에서 콘크리트를 제조·운반하여 현장에서 타설되는 콘크리트
나. 1) ②   2) ③   3) ①

07 철근콘크리트 부재의 중량 산출

중량=부피×단위중량
① 부피=(0.3×0.4)×1×120=14.4m³
② 중량=14.4m³×2.4t/m³=34.56t

08 타설공법과 조적공법의 재료

가. 타설공법 : ① 콘크리트
② 경량콘크리트
나. 조적공법 : ① 벽돌
② 블록

09 공개경쟁입찰 순서

⑥ - ⑦ - ① - ② - ④ - ⑧ - ⑩ - ⑪ - ⑨ - ③ - ⑤

10 커튼월 조립방식

가. 커튼월 조립방식   (③, ④, ⑤)
나. 구성 부재 모두가 공장에서 조립된 프리패브(Pre-Fab) 형식으로 현장 상황에 융통성을 발휘하기가 어렵고, 창호와 유리, 패널의 일괄발주 방식   (③)
다. 창호와 유리, 패널의 개별발주 방식으로 창호 주변이 패널로 구성됨으로써 창호의 구조가 패널 트러스에 연결할 수 있어서 비교적 경제적인 시스템 구성이 가능한 방식
(④)

11 타일

가. ③, ④
나. ③, ②, ①
다. ③, ④

12 네트워크 공정표와 여유시간

[해설]

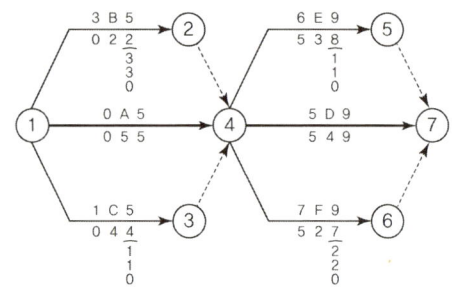

가. 네트워크 공정표

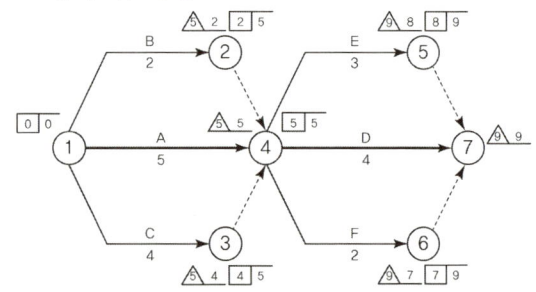

나. 작업의 여유시간

작업명	EST	EFT	LST	LFT	TF	FF	DF	CP
A	0	5	0	5	0	0	0	*
B	0	2	3	5	3	3	0	
C	0	4	1	5	1	1	0	
D	5	9	5	9	0	0	0	*
E	5	8	6	9	1	1	0	
F	5	7	7	9	2	2	0	

13 목재의 방부처리법

    가. 표면탄화법   나. 일광직사법
    다. 수침법   라. 피복법
    마. 방부제법

14 표준형 벽돌 벽면적

    $1m^2 : 224 = x m^2 : 1,000$
    ∴ 벽면적은 $1,000 ÷ 224 = 4.46 m^2$

15 목재 마루타일 붙이기 순서

    다 – 나 – 라 – 가

16 용접방법

    가. ④   나. ②
    다. ①   라. ③

17 거푸집 측압이 증가하는 원인

    가. 사용철근량이 적을수록
    나. 온도가 낮을수록
    다. 분말도가 작을수록
    라. 단위사용 시멘트량이 작을수록
    마. 슬럼프가 클수록
    바. 벽두께가 두꺼울수록
    사. 속도가 빠를수록
    아. 타설 높이가 높을수록

18 맞댐용접

    가. 90도   나. 12mm
    다. 11mm   라. 2mm

19 품질관리 도구명

    가. 히스토그램
    나. 산점도
    다. 특성요인도

20 추락방지 시설

    가. 추락 방호망
    나. 안전난간
    다. 개구부 수평 보호덮개
    라. 리프트 승강구 안전문
    마. 엘리베이터 개구부용 난간틀
    바. 수직형 추락방망
    사. 안전대 부착 설비

21 굵은 골재의 공칭 최대치수

    ① 25mm   ② 40mm
    ③ 40mm   ④ 1/3

22 보통콘크리트의 피복두께

    ① 100   ② 75
    ③ 50   ④ 40

23 달비계 안전계수

    ① 10   ② 5
    ③ 2.5   ④ 5

24 보호장구

    가. 안전화   나. 보안면
    다. 방열복   라. 안전대

25 도막방수와 비교한 시트방수 특징

    ②, ③, ⑤, ⑥

26 한중 콘크리트

    가. 4   나. 공기연행
    다. 60

2023년 3회 해설 및 정답

01 저탄소콘크리트에 사용되는 혼화재 종류

　가. 플라이애시
　나. 고로슬래그

02 석재의 등급

　가. 2등급　　나. 3등급　　다. 1등급

03 콜드조인트와 시공줄눈의 차이점

　콜드조인트는 콘크리트 시공과정 중 휴식시간 등으로 응결하기 시작한 콘크리트에 새로운 콘크리트를 이어칠 때 일체화가 저해되어 생기는 줄눈이며 시공줄눈은 콘크리트를 한번에 계속하여 부어 나가지 못할 때에 이어붓기의 계획에 의해 생기는 줄눈

04 콘크리트 슬럼프 저하 원인

　가. 수분의 증발
　나. 운반 시간이 긴 경우
　다. 펌프 압송거리가 클 때
　라. 타설 시간이 길어질 때
　마. 서중 콘크리트일 때

05 용접결함

　가. 오버랩
　나. 언더컷

06 PQ제도

　건설업체의 공사수행능력을 기술적 능력, 재무능력, 조직 및 공사능력 등 비가격 요인을 검토하여 가장 효율적으로 공사를 수행할 수 있는 업체에 입찰참가자격을 부여하는 제도

07 Life Cycle Cost(LCC)

　건축물의 초기 기획단계에서 설계, 시공, 유지관리, 해체에 이르는 일련의 과정에 소요되는 비용을 분석하는 원가관리기법

08 공동이행방식과 분담이행방식의 차이점

　공동이행방식은 여러 기존 건설회사가 출자하여 조직한 새로운 건설회사의 책임하에 시공하는 방식으로 손익계산은 출자비율에 따른 공동책임이며 분담이행방식은 대상공사를 분할하여 기존의 건설회사가 분할된 공사(공정)에 대한 책임을 갖고 시공하는 방식

09 테두리보의 설치 목적

　가. 분산된 벽체를 일체화한다.
　나. 집중하중을 균등 분산한다.
　다. 벽의 균열을 방지한다.

10 표준형 벽돌 벽면적

　① 표준형 벽돌 1.5B 두께 $1m^2$의 정미수량은 224장
　② $1m^2 : 224 = x(m^2) : 1,600$장
　∴ 벽면적 = $1,600 \div 224 = 7.14m^2$

11 곤돌라형 달비계

　가. ①　　　　나. ③
　다. ②　　　　라. ①

12 목재 균열의 종류

　가. ②　　　　나. ①
　다. ③

13 네트워크 공정표

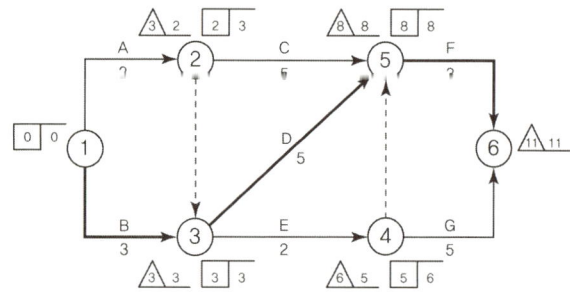

14 감리자의 역할

　가. 발주자의 입장에서 감독기능을 보완
　나. 계약서, 설계도서, 관련 법규대로 시공하는지를 확인
　다. 공사 중 발생되는 문제 지도, 조언
　라. 공사의 진도 파악 및 공사비 내역명세의 조사

15 거푸집 부속재료

　가. 박리제
　나. 간격재
　다. 긴결재

16 비계 해체 시 주의사항

　다. 수직부재 → 수평부재
　아. 먼저 → 나중에

17 네트워크 공정표에 사용되는 용어

　가. EST
　나. SLACK
　다. DF

18 데크 플레이트의 종류

　가. ②
　나. ①
　다. ③

19 한중 콘크리트

　가. 공기연행
　나. 적게
　다. 60

20 가설통로 중 경사로

　가. 30
　나. 15
　다. 7

21 슬럼프 콘 시험방법

　가. 25
　나. 3
　다. 0.5

22 재료명칭

　가. 벽돌
　나. 단열재
　다. 콘크리트

23 철근 정착 위치

　가. ②　　　　나. ③
　다. ③, ⑤　　라. ①

24 레디믹스트 콘크리트

　가. 굵은 골재의 최대치수
　나. 슬럼프
　다. 호칭강도

25 광학유리의 종류

　가. 크라운 유리
　나. 플린트 유리

26 시멘트 모르타르 바름 시공순서

　나. 완전히 건조 → 물 축임을 한 후
　마. 바름두께를 포함 → 바름두께를 포함하지 않고

27 한중 콘크리트 양생방법

　가. ②　　　　나. ④
　다. ①　　　　라. ③

28 도장작업별 점검사항

　가. ②　　　　나. ①
　다. ③　　　　라. ⑤

29 단열재의 시공방법

　가. ①　　　　나. ④
　다. ③

해설 및 정답

01 석재의 가공순서

② – ④ – ① – ③

02 품질관리

가. 자원 나. 노무
다. 장비 라. 자금
마. 관리 바. 기억

03 네트워크 공정표

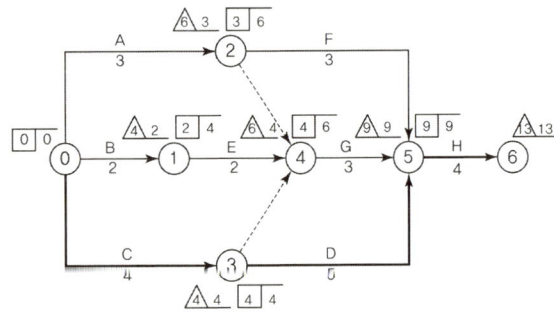

04 재료의 할증률

가. 1% 나. 5%
다. 3% 라. 10%

05 쉬어커넥터

가. 정의 : 콘크리트와의 합성구조에서 양자 사이의 전단 응력 전달 및 일체성을 확보하기 위해 설치하는 연결재
나. 종류
① 합성슬라브 쉬어커넥터(듀벨바, 스피럴바, 옴니어바)
② 철골조의 쉬어커넥터(스터드 볼트, 하트형, 이형철근 구부리기)
③ GPC 공법의 쉬어커넥터(매입앵커형, 꺾쇠형, 집게형)

06 용접 접합의 장점

가. 이음과 응력 전달이 확실
나. 철골의 중량 감소
다. 강재량의 절약
라. 무소음, 무진동
마. 수밀성 유지

07 용어 – LCC

건축물의 초기 기획단계에서 설계, 시공, 유지관리, 해체에 이르는 일련의 과정에 소요되는 비용을 분석하는 원가관리 기법

08 혼화제와 혼화재

가. 차이점 : 혼화제는 약품자체의 성질로, 혼화재는 시멘트와 반응하여 콘크리트의 성질을 개량하거나 특수한 성질을 부여함
나. 혼화재의 종류 : ① 고로슬래그
② 플라이애쉬
③ 실리카 퓸
④ 포졸란

09 리스크 관리 대안

가. 리스크 회피 나. 리스크 감소
다. 리스크 전이 라. 리스크 보유

10 용어

저탄소 콘크리트

11 용어 – 공동도급

가. 정의 : 2개 이상의 시공사가 공사를 수급할 목적으로 공동의 기업체를 조직하여 한 회사의 입장에서 공사를 수급하는 방식
나. 장점 : ① 융자력의 증대
② 위험의 분산
③ 기술의 확충 및 경험의 증대
④ 시공의 확실성

12 골재

가. ③ 나. ④
다. ② 라. ①

13 미장 마감공사 시공순서

④ – ② – ① – ⑥ – ③ – ⑤

14 녹막이칠 하지 않는 부분

가. 콘크리트에 매입되는 부분
나. 조립에 의하여 맞닿는 면
다. 현장 용접하는 부분
라. 고장력 볼트 마찰 접합면
마. 밀착 또는 회전시키기 위해 기계 깎기 마무리면
바. 폐쇄형 단면을 한 부재의 밀폐된 면

15 공개 경쟁입찰

    가. 장점 : ① 균등한 기회를 부여
               ② 공사비를 절감
               ③ 담합의 우려가 적음
    나. 단점 : ① 과다 경쟁
               ② 부적격자 낙찰 우려
              ③ 입찰 업무 번잡

16 안방수와 바깥방수 비교

구분	안방수	바깥방수	보기	
(1) 사용환경	①	②	① 수압이 작고 얕은 지하실	② 수압이 크고 깊은 지하실
(2) 바탕처리	①	②	① 따로 만들 필요 없음	② 따로 만들어야 함
(3) 공사시기	①	②	① 자유롭다	② 본 공사에 선행
(4) 시공용이	①	②	① 간단하다	② 번거롭다
(5) 보호누름	①	②	① 필요하다	② 필요 없다

17 콘크리트의 균열 원인

    가. 재료상의 원인 : ①, ④, ⑥
    나. 시공상의 원인 : ②, ③, ⑤

18 고강도 콘크리트

    (1) ②   (2) ②
    (3) ②   (4) ②

19 거푸집의 존치기간

    ① 5   ② 2/3
    ③ 14

20 낙하물 방지망

    ① 10   ② 2
    ③ 20도   ④ 30도

21 철골공사 중지 기준

    ① 10   ② 1   ③ 1

22 안전유리

    가. 접합유리   나. 강화유리
    다. 망입유리

23 용어 – 기준점

    가. 목적 : 공사를 진행함에 있어서 높이를 결정
    나. 주의사항 : ① 바라보기 좋은 곳에 설치
                  ② 공사에 지장이 없는 곳에 설치
                  ③ 2개소 이상 설치
                  ④ 이동이나 훼손되지 않게 설치
                  ⑤ 지반에 0.5~1m 위에 설치

24 용어

    가. 이음   나. 쪽매
    다. 맞춤

25 실내마감표

    1. 바탕 : 콘크리트
    2. 마감 : 자기질 논슬립 타일
    3. 두께 : 80mm

26 거푸집 설치 후 시험 및 검사항목

    가. ①   나. ③
    다. ③   라. ②
    마. ②

해설 및 정답

01 녹막이 칠을 하지 않는 부분
가. 고장력볼트 접합부의 마찰면
나. 콘크리트에 밀착되거나 매입되는 부분
다. 조립에 의하여 맞닿는 면
라. 폐쇄형 단면의 밀폐되는 면

02 공정표
1. 네트워크 공정표

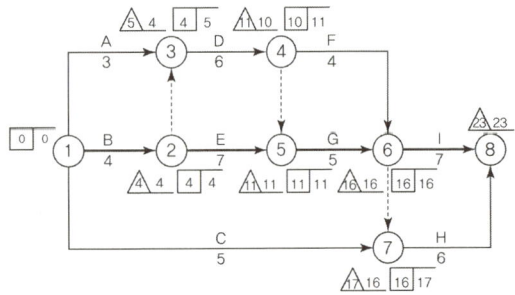

2. 작업별 여유시간

작업명	TF	FF	DF	CP
A	2	1	1	
B	0	0	0	*
C	12	11	1	
D	1	0	1	
E	0	0	0	*
F	2	2	0	
G	0	0	0	*
H	1	1	0	
I	0	0	0	*

03 정액도급과 단가도급의 장점
가. 정액도급
① 공사관리 업무 간편
② 총액 확정으로 자금, 공사계획 등의 수립이 명확
나. 단가도급
① 공사의 신속한 착공
② 설계변경으로 인한 수량증감의 계산이 용이
③ 간단한 계약 가능

04 실비정산 보수가산식 도급방식
가. 정의 : 공사의 실비를 건축주와 도급자가 확인 정산하고, 건축주는 미리 정한 보수지급방법에 따라 도급자에게 그 보수액을 지불하는 방식
나. 단점 : ① 공사기간 연장의 우려
② 공사비 절감노력 결여
③ 공사비 증대 우려

05 수성도료 시공 순서
가 - 바 - 라 - 마 - 나 - 다

06 콘크리트의 종류
가. 프리플레이스트 콘크리트
나. 매스 콘크리트
다. 프리스트레스트 콘크리트
라. 저탄소 콘크리트

07 한중 콘크리트
가. ○ 나. ○
다. ○ 라. ○

08 주저공사
가. ○ 나. × 다. ○

09 가설공사 안전설비
가. ④ 나. ③
다. ⑥ 라. ①

10 용어
가. 적산 : 공사에 필요한 재료, 품의 수량 즉 공사량을 산출하는 기술 활동
나. 견적 : 산출된 공사량에 단가를 곱하여 총 공사비를 산출하는 기술 활동

11 용어 - 품질관리
가. 파레토도 나. 특성요인도
다. 산점도

12 내화피복공법
가. 콘크리트 나. 경량콘크리트
다. 벽돌 라. 블록

13 중대재해

　가. 1　　나. 2　　다. 3

14 갱폼의 장단점

　가. 장점
　　① 조립·해체작업이 간편하므로 시간과 인력의 단축 가능
　　② 가설설비가 불필요하므로 가설비, 노무비의 절약 가능
　나. 단점
　　① 중량물이므로 대형 양중장비가 소요
　　② 거푸집 제작비용이 크므로 초기 투자비용이 증가

15 알칼리 골재반응

　가. 정의 : 시멘트의 알칼리 성분과 골재 중의 실리카, 탄산염 등의 광물이 화합하여 알칼리 겔이 생성되어 콘크리트의 균열을 일으키는 현상
　나. 대책 : ① 저알칼리 시멘트 사용
　　　　　② 무반응 골재 사용
　　　　　③ 포졸란 반응 사전 촉진

16 적산 – 벽돌 소요량

　$60 \times 149 \times 1.03 = 9,208.2$　∴ 9,209장

17 도막재의 종류

　가. 우레탄 고무계　　나. 아크릴 고무계
　다. 클로로프렌 고무계　라. 실리콘 고무계
　마. 고무 아스팔트

18 용접부 비파괴 검사방법

　가. 방사선 투과시험　　나. 초음파탐상법
　다. 자기분말 탐상법　　라. 침투탐상법

19 거푸집 설치 후 시험 및 검사항목

　가. ①　　　나. ③
　다. ③　　　라. ②
　마. ②

20 혼화재료의 목적

　가. 염화칼슘 : 응결경화 촉진제, 방동제
　나. 플라이애쉬 : 워커빌리티 증진, 수밀성 증진, 재료분리 감소
　다. 유동화제 : 유동성 증가
　라. 팽창제 : 건조수축 저감, 무수축 모르타르

21 VE 적용 공사 종류

　가. 수량이 많거나 반복 효과가 큰 공사
　나. 원가 절감액이 큰 공사
　다. 공사 내용이 복잡하고 원가 절감의 효과가 큰 공사
　라. 장시간 숙달되어 개선에 의한 효과가 큰 공사
　마. 그 공사에 특수한 개선 효과가 있는 공사
　바. 하자가 빈번한 공사

22 앙카 긴결법

　가. 정의 : 건물 벽체에 단위 석재를 독립적으로 설치하여 석재와 바탕재를 앙카로 연결하는 공법
　나. 장점 : ① 시공 속도가 빠르다.
　　　　　② 겨울철 공사가 가능하다.
　　　　　③ 동결, 백화 현상이 없다.
　　　　　④ 공법을 다양화할 수 있다.
　　　　　⑤ 고층건물에 유리하다.

23 포틀랜드 시멘트의 품질 시험 기계, 기구명

　가. 마노미터액, 체가름 체
　나. 비이카 장치, 길모아 장치
　다. 오토 클레이브 팽창제

24 실내 마감

　가. 콘크리트 바탕　　나. PE필름
　다. 단열재　　　　　라. 표준메쉬
　마. 시멘트 모르타르　바. 바닥마감재 자기질 타일

25 공학목재

　가. ②　　　나. ③　　　다. ⑥

2022년 3회 해설 및 정답

01 실비정산 보수가산식 도급방식

가. 정의 : 공사의 실비를 건축주와 도급자가 확인 정산하고, 건축주는 미리 정한 보수지급방법에 따라 도급자에게 그 보수액을 지급하는 방식

나. 단점
① 공사기간 연장의 우려
② 공사비 절감노력 결여
③ 공사비 증대 우려

02 골재의 요구성능

가. 소요강도가 충족될 것
나. 입도가 좋을 것
다. 입형이 좋을 것
라. 재료 분리가 일어나지 않을 것
마. 불순물을 함유하지 않은 것

03 적산 물량산출

(1) 옥상방수
  ① 바닥 = $10 \times 5 - 3 \times 2 = 44m^2$
  ② 파라펫 = $(10+5) \times 2 \times 0.43 = 12.9m^2$
  ∴ ① + ② = $56.9m^2$
(2) 누름 Con'c = $41 \times 0.08 = 3.28m^3$
(3) 보호벽돌 소요량
  = $\{(10-0.09)+(5-0.09)\} \times 2 \times 0.35 \times 75 \times 1.05$
  = 816.95
  ∴ 817장

04 시트방수

가. 장점 : ① 내후성, 신축성, 접착성 우수
② 공기 단축
③ 내약품성

나. 단점 : ① 접착 불완전 시 균열, 박리
② 보호층 필요
③ 복잡한 형상시공 어려움

05 공정 – 네트워크 공정표

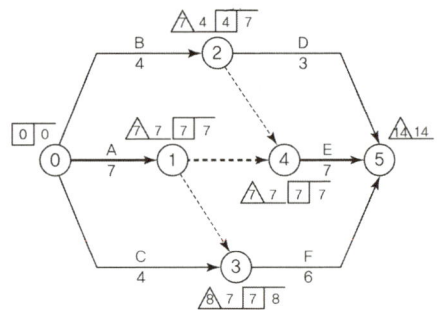

06 한중 콘크리트 양생방법

가. 급열양생
나. 단열양생
다. 피복양생

07 고장력 볼트 접합의 장점

가. 불량 개소의 수정이 용이하다.
나. 이음 부분의 강도가 크다.
다. 경제적인 시공을 기대할 수 있다.
라. 소음이 적다.
마. 재해의 위험이 적다.
바. 노동력이 절약된다.
사. 현장 시공 설비가 간편하다.
아. 공사 기간을 단축시킨다.

08 TQC 도구

가. 히스토그램
나. 특성요인도
다. 파레토도
라. 체크시트
마. 그래프
바. 산점도
사. 층별

09 도장공정 시공 순서

② – ③ – ① – ⑥ – ⑤ – ④

10 이음 맞춤 시 주의사항

가. 이음 맞춤은 가능한 한 응력이 적은 곳에서 만든다.
나. 재료는 될 수 있는 대로 적게 깎아내어 약해지지 않도록 한다.
다. 접합면은 정확히 가공하여 밀착시켜 빈틈이 없게 한다.
라. 큰 응력을 받는 부분이나 약한 부분은 철물로 보강한다.
마. 이음, 맞춤의 단면은 응력의 방향에 직각으로 한다.
바. 공작이 간단한 것을 쓰고 모양에 치중하지 않는다.

11 벽체 거푸집 종류
가. 대형패널폼   나. 갱폼
다. 클라이밍폼   라. 셔터링폼

12 CM의 종류
가. ④   나. ②
다. ①   라. ③

13 조적공사 수평, 수직보기 도구
가. 다림추   나. 수평수준기
다. 수직수준기   라. 수평실

14 타일 붙이기 공법
가. ①   나. ③
다. ②

15 비계의 종류
가. 강관비계   나. 달비계
다. 말비계   라. 시스템비계

16 골재의 함수상태
가. 유효흡수량   나. 흡수량
다. 표면수량   라. 함수량

17 규준틀 설치 목적
가. 수평 규준틀
 ① 터파기의 윗변, 아랫변의 표기
 ② 건물의 각부 위치
나. 수직 규준틀(세로 규준틀)
 ① 조적공사 쌓기 높이
 ② 개구부 위치

18 내화습식공법
가. 타설공법   나. 조적공법
다. 미장공법   라. 뿜칠공법

19 용접결함
가. 오버랩   나. 언더컷
다. 슬래그 감싸들기   라. 블로홀

20 매스 콘크리트의 수화열 감소 방안
가. 수화열이 낮은 시멘트를 사용할 것
나. 굵은 골재의 크기를 가능한 크게 할 것
다. 단위 시멘트량을 적게 할 것
라. 선행냉각공법을 사용할 것
마. Post 쿨링 공법을 사용할 것

21 용어 – 네트워크
가. 주공정선(Critical Path)
나. 더미(Dummy)
다. 패스(Path)

22 강관 비계
가. 31   나. 2
다. 7.0   라. 4.0

23 용어 – 콘크리트의 중성화
중성화

24 데크 플레이트
가. ①   나. ③
다. ②

25 콘크리트 혼화재료
가. ①   나. ②
다. ③   라. ④

26 용어 – 관리기법
가. ④   나. ③
다. ②   라. ①

해설 및 정답

01 벽단열공법의 종류
   가. 외벽단열
   나. 내벽단열
   다. 중공벽단열

02 비파괴시험방법
   가. 방사선투과법
   나. 초음파 탐상법
   다. 자기분말탐상법
   라. 침투탐상법

03 단가도급의 장단점
   가. 장점
      ① 공사의 신속한 착공
      ② 설계 변경으로 인한 수량 증감의 계산이 용이
      ③ 간단한 계약 가능
   나. 단점
      ① 공사비 예측이 어려움
      ② 공사비 증대 우려
      ③ 자재, 노무비 절감 의욕 저하
      ④ 대형 공사에는 부적합

04 쪽매 명칭
   가. 오늬
   나. 반턱
   다. 딴혀
   라. 제혀
   마. 틈막이대

05 공정표 작성

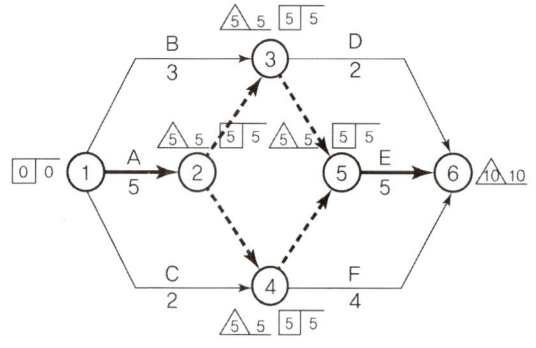

06 용도별 타일
   가. ③, ④
   나. ②, ③, ④, ③, ④
   다. ③, ④

07 비계 명칭
   가. 강관비계
   나. 달비계
   다. 말비계
   라. 시스템비계

08 벽돌량
   10 × 149 × 1.03 = 1,534.7
   ∴ 1,535장

09 철골조 습식 내화 피복공법
   가. 타설공법
   나. 조적공법
   다. 미장공법
   라. 뿜칠공법

10 철근 이음위치 선정 시 주의사항
   가. 이음의 위치는 가급적 인장력이 적게 발생하는 곳에서 한다.
   나. 한 위치에서 철근수의 1/2 이상을 하지 않는다.
   다. D35 이상은 겹침이음을 하지 않는다.
   라. 상호 엇갈리게 이음의 위치를 설정한다.
   마. 겹침이음은 두 개소 이상 결속선으로 긴결한다.

11 입찰 순서
   가. ①
   나. ⑥
   다. ②
   라. ③
   마. ④
   바. ⑤

12 품질관리 수법

　가. 파레토도
　나. 특성요인도
　다. 히스토그램
　라. 산점도

13 바닥용 시멘트 액체 방수층 시공순서

　바탕면 정리 및 물청소 – 방수 시멘트 페이스트 1차 – 방수액 침투 – 방수 시멘트 페이스트 2차 – 방수 모르타르

14 도배공사 풀칠공법

　가. 온통붙임 : 도배지 전면에 풀칠하여 붙이는 공법
　나. 봉투붙임 : 도배지 가장자리에만 풀칠하여 붙이는 공법
　다. 비닐붙임 : 도배지 절반 정도만 풀칠하여 붙이는 공법

15 벽체시공

　① 라
　② 다
　③ 가
　④ 다
　⑤ 나

16 수직거푸집 측압

　가. ①
　나. ②
　다. ①
　라. ①
　마. ①
　바. ①

17 방청도료

　③, ⑤

18 용접결함

　가. 언더컷 – ③
　나. 블로우 홀 – ①
　다. 오버랩 – ④
　라. 슬래그 혼입 – ②

19 굳지 않은 콘크리트의 성질

　가. 반죽질기
　나. 시공연도
　다. 성형성
　라. 마감성

20 미장공사 시공순서

　가. ②
　나. ⑤
　다. ③
　라. ④

21 작업조건별 보호구

　가. 안전모
　나. 방진마스크
　다. 방화복
　라. 안전대
　마. 보호구

22 알루미늄 창호의 장점

　가. 비중이 철의 1/3로 가볍다.
　나. 녹슬지 않고 수명이 길다.
　다. 공작이 자유롭고 기밀성이 있다.
　라. 여닫음이 경쾌하다.

23 방수재료

　가. 방수 모르타르
　나. 방수 시멘트 페이스트
　다. 방수용액
　라. 시멘트 혼입 폴리머계 방수재

2021년 2회 해설 및 정답

01 품질관리순서
계획(Plan) – 실시(Do) – 검토(Check) – 시정(Action)

02 단가도급
가. 정의
공사금액을 구성하는 물량 또는 단위공사에 대한 단가만을 확정하고 공사가 완료되면 실시 수량의 확정에 따라 정산하는 도급
나. 장점
① 공사의 신속한 착공이 가능
② 설계변경으로 인한 수량증감의 계산이 용이
③ 계약절차가 간단

03 워커빌리티
가. 정의
작업의 난이 정도와 재료분리의 저항을 나타내는 굳지 않은 콘크리트의 성질
나. 시험 종류
① 슬럼프테스트
② 플로시험
③ 다짐계수시험
④ 구관입시험
⑤ 비비시험
⑥ 낙하시험

04 콘크리트량 / 거푸집량
가. 콘크리트량 : 0.5 × 0.5 × 3 × 10개 = 7.5m^3
나. 거푸집량 : (0.5+0.5) × 2 × 3 × 10개 = 60m^2

05 단열재 요구성능
가. 열전도율이 낮을 것
나. 내화성이 있을 것
다. 흡수율이 낮을 것
라. 통기성이 작을 것
마. 비중이 작고 시공성이 용이할 것
바. 내부식성이 있을 것
사. 기계적 강도가 발현될 것

06 공개경쟁입찰
가. 차이점
공개경쟁입찰은 최소한의 자격을 가진 모든 업체의 참여가 가능하고, 지명경쟁입찰은 건축주가 지명하는 3~7개의 업체만이 입찰에 참여할 수 있다.
나. 공개경쟁입찰의 장점
① 균등한 기회를 부여
② 다수의 경쟁으로 공사비를 절감
③ 담합의 우려가 적음

07 목재 방부 처리법
가. 표면탄화법 : 표면을 태워 균의 기생을 제거하는 방법
나. 일광직사법 : 햇빛을 30시간 이상 쪼이는 방법
다. 수침법 : 물속에 목재를 담가 균이 기생하지 못하게 하는 방법
라. 피복법 : 금속이나 기타 재료로 목재를 감싸는 방법
마. 방부제법 : 방부제를 바르거나 침투시키는 방법

08 비용구배
가. A작업 : $\dfrac{12,000-10,000}{8-6}=1,000$원/일
나. B작업 : $\dfrac{90,000-60,000}{6-4}=15,000$원/일

09 철골조 내화피복공법
성형판 붙임공법, 세라믹울공법

10 AE제 사용 시 장점
가. 수밀성 증가
나. 동결융해 저항성 증가
다. 워커빌리티 증가
라. 재료분리 감소
마. 단위수량 감소
바. 블리딩 현상 감소
사. 발열량 감소

11 단관 파이프 비계의 장점
가. 조립·해체가 용이하다.
나. 사용횟수가 많다.
다. 강도가 커서 고층 건축시공에 유리하다.
라. 작업장이 미관상 좋다.

12 추락재해 방지시설
가. 추락방호망
나. 안전난간
다. 개구부 수평 보호덮개
라. 리프트 승강구 안전문
마. 수직형 추락방망

13 벽타일붙이기공법

가. 떠붙이기
나. 압착붙이기
다. 개량형 압착붙이기
라. 개량형 떠붙이기
마. 접착붙이기
바. 선부착공법

14 계약방식

가. 성능발주방식
나. BOO
다. 파트너링 방식
라. 턴키도급

15 단열시공 재료

가. ⑤   나. ①
다. ③   라. ④
마. ②

16 거푸집 존치기간

① 2일   ② 3일
③ 4일   ④ 6일

17 용어 – 네트워크 공정표

가. ⑤   나. ②
다. ④

18 벽돌쌓기

가. 10   나. 영국식
다. 화란식   라. 1.2m

19 용접접합의 장점

가. 이음과 응력전달이 확실하다.
나. 철골의 중량이 감소된다.
다. 강재량이 절약된다.
라. 무진동·무소음시공이다.
마. 수밀성이 좋다.

20 용어 – 도장공사

가. ⑤   나. ②
다. ①

21 콘크리트 종류

가. 서중 콘크리트
나. 매스 콘크리트
다. 프리스트레스트 콘크리트
라. 프리플레이스트 콘크리트

22 수밀 콘크리트

가. ②/①
나. 180
다. 50%

23 용접결함의 종류

가. 크랙
나. 블로홀
다. 슬래그 감싸들기
라. 크레이터
마. 언더컷
바. 피트
사. 피시아이
아. 오버랩

24 가설공사

가. 30, 15
나. 10, 7

2021년 3회 해설 및 정답

01 멤브레인 방수
가. 정의 : 불투수성 피막을 형성하여 방수하는 공법
나. 종류
① 아스팔트 방수
② 시트 방수
③ 도막 방수
④ 개량형 아스팔트 방수

02 품질관리 4M
가. 인력(Man)
나. 재료(Material)
다. 시공법(Method)
라. 기계설비(Machine)

03 비파괴검사
가. 방사선투과검사
나. 초음파탐상법
다. 자기분말탐상법
라. 침투탐상법

04 벽체 전용 시스템 거푸집
① 대형 패널 폼
② 갱 폼
③ 클라이밍 폼
④ 셔터링 폼

05 공동도급
가. 정의 : 2개 이상의 시공자가 공사를 수급할 목적으로 공동의 기업체를 조직하여 한 회사의 입장에서 공사를 수급하는 방식
나. 장점
① 융자력의 증대
② 위험의 분산
③ 기술의 확충 및 경험의 증대
④ 시공의 확실성

06 철근 피복두께
가. 정의 : 콘크리트 표면에서부터 첫 번째 나오는 철근의 표면까지의 거리
나. 유지 목적
① 시공성
② 내구성
③ 내화성
④ 부착력 증대

07 고장력 볼트 접합의 장점
가. 불량 개소의 수정이 용이하다.
나. 이음 부분의 강도가 크다.
다. 경제적인 시공을 기대할 수 있다.
라. 소음이 적다.
마. 재해의 위험이 적다.

08 콘크리트 줄눈의 종류
가. 콜드조인트
나. 신축줄눈
다. 조절줄눈
라. 시공줄눈

09 쪽매의 종류
가. 반턱 쪽매
나. 틈막이대 쪽매
다. 딴혀 쪽매
라. 오니 쪽매
마. 제혀 쪽매
사. 맞댐 쪽매

10 추락재해 방지시설
가. 추락방호망
나. 안전난간
다. 개구부 수평 보호덮개
라. 리프트 승강구 안전문
마. 수직형 추락방망

11 기경성 미장재료
가. 진흙
나. 회반죽
다. 회사벽
라. 돌로마이트 플라스터

12 떠붙임공법과 압착붙임공법의 차이점
떠붙임공법은 타일 뒷면에 붙임용 모르타르를 바르고 벽면의 아래에서 위로 붙여나가는 종래의 공법이며, 압착붙임공법은 바탕면을 고르고 붙임 모르타르를 고르게 바른 후 그곳에 타일을 눌러 붙이는 공법이다.

13 BOT와 BTO의 차이점
BOT는 민간이 자금조달과 공사를 완성하여 투자액 회수를 위해 일정기간 운영하고 시설물과 운영권을 발주 측에 이전하는 방식이며, BTO는 먼저 시설물과 운영권을 발주 측에 이전하고 운영하면서 투자액을 회수하는 방식이다.

14 재료량 산출
가. 철근콘크리트량 : $0.5 \times 0.5 \times 4 \times 4개소 = 4m^3$
나. 거푸집량 : $(0.5+0.5) \times 2 \times 4 \times 4개소 = 32m^2$
다. 벽돌 매수 : $\{(7-1) \times 2+(4-1) \times 2\} \times 4 \times 224$
　　　　　　 $= 16,128장$

15 플라이애시의 특징

가. 시공연도 증대
나. 단위수량 감소
다. 장기강도 증가
라. 수밀성 증가
마. 수화열 감소
바. 해수저항성 증가

16 거푸집 존치기간

① 2일 ② 3일
③ 4일 ④ 6일

17 프로젝트사업 진행순서

가. ③ 나. ①
다. ② 라. ④

18 가설공사

가. 30, 15
나. 10, 7

19 기준점의 설치목적 / 주의사항

가. 목적 : 공사를 진행하는 데 높이를 결정
나. 주의사항
① 바라보기 좋은 곳에 설치
② 공사에 지장이 없는 곳에 설치
③ 2개소 이상 설치
④ 이동이나 훼손되지 않게 설치
⑤ 지반에 0.5~1m 위에 설치

20 거푸집 측압 증가요인

가. 클수록 나. 작을수록
다. 클수록 라. 낮을수록

21 방수공법순서

가. ④ 나. ③
다. ② 라. ①

22 용접결함

가. 오버랩
나. 언더컷
다. 슬래그 감싸들기
라. 블로홀

23 커튼월공사 시험항목

가. 기밀시험
나. 수밀시험
다. 풍압시험
라. 층간 변위 시험

24 공정표

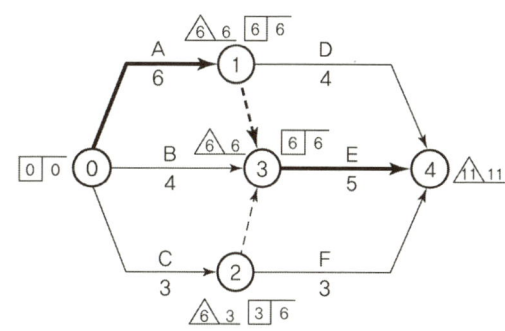

미듬 건축산업기사

멘토스는 당신의 쉬운 합격을 응원합니다!

2025 건축산업기사 실기시험 완벽 대비

미듬 건축산업기사 실기 1·2

발행일 | 2023. 2. 20 초판 발행
2025. 2. 20 개정2판 발행

편저자 | 임근재
펴낸이 | 홍성근

펴낸곳 | 멘토스
등록번호 | 제2022-000194호
주　소 | 경기도 고양시 일산동구 무궁화로 43-33
T E L | 031) 994-3434
도서 문의 및 기타 문의 | mentors_easy@naver.com

이 책의 무단 복제 및 이용을 금합니다.
파본 및 낙장은 구매하신 곳에서 교환해 드립니다.

정가 : 36,000원

ISBN 979-11-93772-04-1 13540

Industrial Engineer Architecture

더 쉽고 빠른 합격 전략서
합격 EASY

1. 전체를 한눈에 파악할 수 있도록 핵심 내용을 도안으로 정리
2. 본문 내용 피악이 용이하도록 단원별 용이외 출제빈도 표시
3. 전체의 공부 일정을 파악하기 쉽도록 Daily 공부량 표시
4. 교재를 반복해서 볼 수 있도록 회독 표기란 표시
5. 본문 좌우에 기출문제 유형과 빈도를 표기하여 핵심을 쉽게 찾을 수 있도록 정리
6. 네이버 "합격하자 건축기사" 카페를 통해 신속하고 정확한 질의응답 및 최신 수험정보 제공

교재 상세 정보

한 권의 책은 한 사람의 멘토를 만나는 것과 같다
멘토스는 책의 가치를 소중히 합니다.